Linear Algebra

프리드버그 선형대수학

5판

스티븐 H. 프리드버그, 아놀드 J. 인셀, 로렌스 E. 스펜스 지음
한빛수학교재연구소 옮김 심형보 감수

최초 번역판
Canonical Forms 수록

한빛아카데미
Hanbit Academy, Inc.

지은이 머리말

행렬 이론과 (이보다 일반적인) 선형대수학의 언어와 개념은 사회과학, 자연과학, 컴퓨터 과학 및 통계학에서 널리 사용되었다. 또한 현대 기하학과 해석학에서도 선형대수학을 주된 방법론으로 사용하고 있다.

이번 선형대수학 5판의 가장 주된 목적은 선형대수학의 중요한 주제와 이 주제가 어떻게 응용되는지를 제시하여 그 중요성을 보여주는 데 있다. 이 책은 전반에 걸쳐 선형변환과 행렬 사이의 공생 관계를 강조한다. 일부 정리는 일반적 경우인 무한차원에 대하여 다룬다. 이러한 정리 덕에 벡터공간 및 선형변환의 기본 이론을 사용하여, 연속함수를 삼각다항식으로 최적근사하고 동차 선형미분방정식의 풀이법을 다룰 수 있다.

이 책의 선행 과정은 1학년 과정인 미적분학뿐이지만, 이 책의 내용을 온전히 이해하기 위해서는 통상적인 학부 2~3학년 수준의 수학적 성숙도가 필요하다. 이 책은 추상 벡터공간을 강조하는 선형대수학 두 학기 과정 수업을 염두에 두고 있으나, 이론 위주로 빠르게 진행되는 한 학기 과정 수업에도 이 책을 교재로 사용할 수 있다.

강의 계획을 위한 제안

이 책은 다양한 교육과정(3~8학점)에 사용할 수 있도록 구성하였다. 가장 중요한 내용(벡터공간, 선형변환과 행렬, 연립일차방정식, 행렬식, 대각화, 내적공간)은 1~5장과 6.1~6.5절에 걸쳐 다룬다. 6장과 7장에서 다루는 내적공간과 표준형은 서로 독립적인 내용이다. 둘 중 어디를 먼저 공부하더라도 지장이 없다.

또한 이 책 전반에 걸쳐 미분방정식, 경제학, 기하학 및 물리학에서의 응용을 소개하였다. 이러한 응용은 선형대수학 이론을 정립하는 데 꼭 필요한 내용이 아니므로, 강의자의 재량에 따라 제외해도 무방하다.

이 책을 쓰며 선형대수학의 중요한 주제를 한 학기 안에 다룰 수 있도록 노력하였다. 따라서 예전보다 선행 과정을 적게 다루며 중요한 주제를 논의할 수 있었다. (예를 들어, 이 책에서는 다항식 이론 없이 조르당 표준형을 설명한다.) 이러한 효율적인 접근을 통해 (선택적인 절과 행렬식에 대한 자세한 논의를 생략한다면) 책의 핵심 주제를 주 4시간 한 학기 과정 수업으로 다룰 수 있다.

이 책에서 다루는 내용

1장	1장에서는 벡터공간의 기본 이론(부분공간, 일차결합, 일차독립과 일차종속, 기저, 차원)을 소개한다. 이 장은 모든 무한차원 벡터공간에 기저가 존재함을 증명하는 선택적인 절로 마무리된다.
2장	2장에서는 선형변환과 행렬의 관계(영공간, 상공간, 선형변환의 행렬표현, 동형사상, 좌표변환)를 다룬다. 이 장은 쌍대공간과 동차 선형 미분방정식을 다루는 선택적인 절로 마무리된다.
3장	3장에서는 벡터공간과 선형변환을 이용한 연립일차방정식의 풀이법을 다룬다. 이 장은 1~2장에 종속되도록 구성하였다. 이러한 접근을 통해 연립일차방정식의 친숙한 내용이 추상 이론의 예임을 설명할 수 있고, 1장과 2장에서 복잡한 행렬 계산을 피할 수 있게 하였다. 이전 두 장에서도 종종 연립일차방정식을 다루는 예가 있긴 하다(물론, 이론을 정립하는 데 필요한 부분은 아니다). 이를 위해 필요한 내용은 1.4절에서 다룬다.
4장	4장에서는 행렬식을 공부한다. 행렬식은 과거에 대단히 중요한 주제였지만, 최근 그 중요성이 줄어들었다. 한 학기 정도의 짧은 교육과정이면 이 장을 가볍게 다루고, 5~7장에 집중하길 권한다. 결과적으로 이 장에서 두 가지 길을 제시한다. 행렬식을 이론적으로 완벽히 규명하는 길(4.1~4.3절)과 이후 장에서 사용되는 행렬식에 대한 중요한 사실들을 요약한 길(4.4절)이다. 4.5절에서는 행렬식을 공리적으로 구성하는 방법을 설명하였으며, 필요에 따라 선택적으로 공부하면 된다.
5장	5장에서는 고윳값, 고유벡터, 대각화를 설명한다. 이 주제의 가장 중요한 응용은 행렬 극한을 계산하는 것이다. 이와 관련된 일부 내용(행렬 극한, 마르코프 연쇄)은 일반화하는 데 조르당 표준형에 대한 지식이 필요하긴 하지만, 워낙 중요하므로 이 내용을 다루지 않을 수 없다. 이 내용은 선택적인 절로 구성하였다. 5.4절에서는 불변 부분공간과 케일리-해밀턴 정리를 다룬다.
6장	6장에서는 내적공간을 공부한다. 기본 주제인 내적공간, 그람-슈미트 직교화, 직교여공간, 수반연산자, 정규연산자, 자기수반연산자, 직교연산자, 유니타리 연산자, 정사영, 스펙트럼 정리는 6.1~6.6절에서 다룬다. 6.7~6.11절에서는 내적공간의 응용을 풍부하게 제시한다.
7장	7장에서는 표준형을 다룬다. 7.1~7.2절에서 조르당 표준형, 7.3절에서 최소다항식, 7.4절에서 유리 표준형을 설명한다.

이 책의 부록은 여섯 부분으로 이루어져 있다. 부록 A~D에서 다루는 집합, 함수, 체, 복소수는 이 책 전반에 걸쳐 사용되는 기본 내용이다. 부록 E에서 다루는 다항식은 주로 5장과 7장, 특히 7.4절에서 중요하다. 부록 F는 이 책에서 사용한 기호를 소개한다. 부록을 처음부터 끝까지 한 번에 공부하기보다 필요할 때마다 발췌하여 공부하길 권한다.

지은이 머리말

다음 표는 각 단원 사이의 관계를 나타낸다.

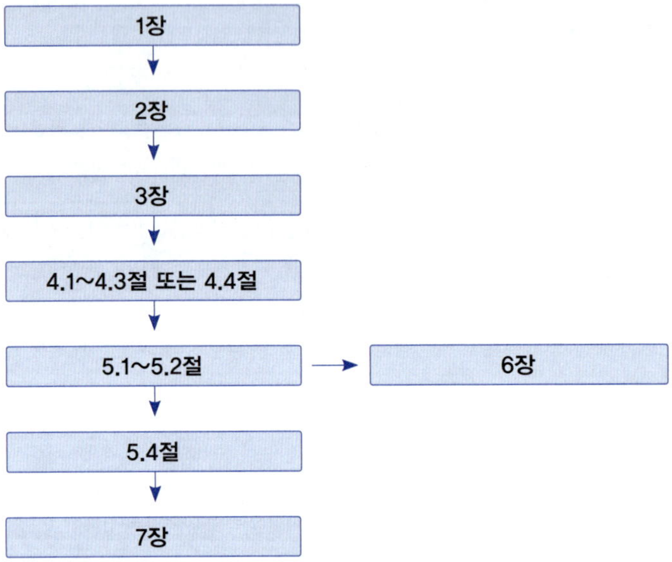

학생들을 위한 조언

일반적으로 선형대수학을 선형화의 수학으로 생각할 수 있다. 선형대수학은 어떤 객체들이 모인 집합(벡터공간)과 벡터공간 사이에 정의된 특별한 함수(선형변환)를 다룬다. 이때, 벡터공간은 선형성을 가지고, 선형변환은 선형성을 보존한다. 선형대수학은 순수 수학의 한 분야이지만 통계, 공학, 물리학 등 응용 수학의 많은 영역에서 아주 중요하게 사용된다. 최근 컴퓨터가 개발되고 계산, 시뮬레이션, 모델링의 중요성이 커짐에 따라 여러 분야에서 선형대수학의 중요성이 더욱 커졌다.

모든 고급 연구 분야에서 의사소통하기 위해서는, 먼저 해당 분야의 언어에 숙달해야만 한다. 수학에서 '정의'는 정의되는 객체가 만족하는 속성을 매우 정확하게 진술한 문장이다. 이러한 속성은 객체가 해당 정의를 충족함을 보이기 위해 무엇을 확인해야 할지 정확하게 알려준다. 예를 들어, 1.2절에서 벡터공간을 정의한다. 덧셈과 스칼라 곱이라는 특정 연산이 주어진 집합 **V**가 벡터공간임을 증명하기 위해 주어진 연산과 집합 **V**가 조건 (VS1)부터 (VS8)까지 모두 만족하는지 확인해야 한다. 1.2절 연습문제 10~13에서 이를 정확히 확인하는 연습을 한다. 각 조건의 의미를 이해하지 못한다면 이 연습문제를 풀지 못할 것이다. 따라서 각 절의 연습문제를 풀기 전에 해당 절에서 정의한 모든 용어의 의미를 반드시 이해해야 한다. 정의한 개념을 몇 가지 예와 함께 기억하는 것도 좋은 방법이다.

각 절에서 새로운 용어를 도입한 다음에는 이를 이용하여 중요한 결과를 이끌어낼 것이다. 이러한 결과는 주로 '정리'라고 한다. 정리에 주목하고, 모든 내용을 완벽히 이해하려 노력해야 한다. 그다음 자신의 말로 결과를 표현해 보자. 공부한 개념을 글로 쓸 수 없다면, 아마도 내용을 충분히 이해하지 못했을 가능성이 크다.

"수학은 스포츠 관객처럼 구경만 해선 안 된다."라는 말을 들어본 적이 있는가? 수학을 배우는 최선의 방법은 직접 해보는 것(working exercise)이다. 이 책의 연습문제는 각 절의 중요한 아이디어(및 용어)에 대한 이해를 확인하는 참-거짓 문항으로 시작한다. 그다음 기본 계산 능력만을 요구하는 문제가 나오기도 한다. 그 뒤에 설명이나 증명, 추측을 요구하는 문제가 나온다. 이처럼 다양한 유형의 연습문제는 중요한 개념을 얼마나 이해했는지 측정하고, 배운 용어와 기호를 연습하는 데 도움이 된다. 따라서 선형대수학을 완벽히 이해하려면 연습문제를 꾸준히 풀어 보아야 한다.

이제 선형대수학에 대한 이해도를 최대한 높이는 데 도움이 되는 3가지 조언을 하겠다.

1. 수업을 시작하기 전에 본문을 주의 깊게 읽어라. 일부 학생들은 교과서를 연습문제를 풀 때 예시를 확인하는 정도로만 사용한다. 그러나 수업을 시작하기 전에 교과서를 읽어 보면 배울 내용을 대략 파악할 수 있고, 이해한 내용과 이해하지 못한 내용을 구분할 수 있다.

2. 충분한 시간을 투자하여 수업에서 배운 내용을 이해하라. 일주일에 한 번 수업에 참석하는 것만으로 악기를 배울 수는 없다. 평소 꾸준히 악기를 연습해야 한다. 선형대수학 또한 마찬가지다. 최소한 수업 시간에 다룬 주제를 복습하고, 낯선 주제의 연습문제를 풀어 봐야 한다.

각 수업에서 배운 중요한 개념과 정의는 다음 절의 내용을 이해하는 데 필요하다. 즉, 하루라도 공부가 뒤처지면 뒤에 오는 내용을 이해하지 못하게 된다. 선형대수학을 정복하고 싶다면, 덜 바쁠 때나 시험이 임박할 때까지 공부를 미루지 말고 새로 배운 개념을 바로 복습해야 한다.

3. 자주 복습하라. 새로운 내용을 이해하려 할 때, 이전 내용을 잊어버렸거나 충분히 이해하지 못했음을 깨닫곤 한다. 이런 내용을 다시 공부하면 이전 주제를 더 깊이 이해하게 될 뿐만 아니라, 새로운 아이디어를 빠르고 깊이 있게 배울 수 있다. 같은 수업을 듣는 학생들과 토의하는 것도 좋은 복습 방법이다.

모쪼록 이 책으로 공부하는 학생들이 선형대수학을 잘 습득하고, 이 책에서 배운 주된 개념과 기술이 이후 수업뿐만 아니라 앞으로의 경력에도 도움이 되길 바란다.

프리드버그, 인셀, 스펜스

미리보기

정의

본문에서 기억해 두어야 할 개념을 보여준다.

예제

본문에서 다룬 개념을 적용한 문제와 상세한 풀이를 제시한다.

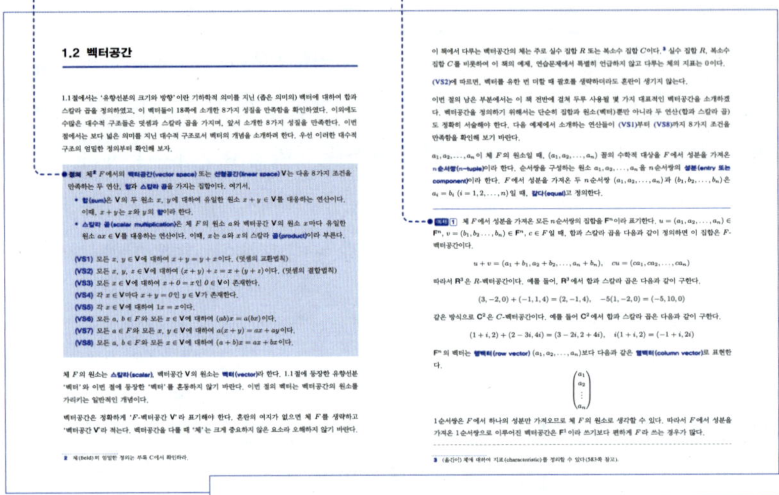

정리 및 증명

각 장에서 중요한 명제와, 이 명제가 성립하는 논리적인 이유를 제시한다.

보조정리

정리를 증명하기 위해 필요한, 보조적이고 참인 명제로, 관련 정리 **앞**에 소개한다.

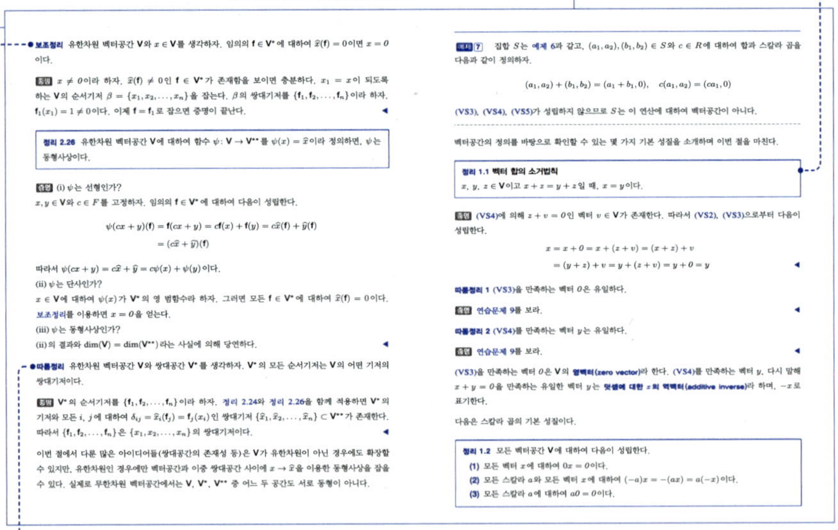

따름정리

정리를 바탕으로 도출할 수 있는 참인 명제로, 관련 정리 **뒤**에 소개한다.

✱ 표시가 된 절이나 부분은 필요에 따라 선택적으로 학습할 수 있다.

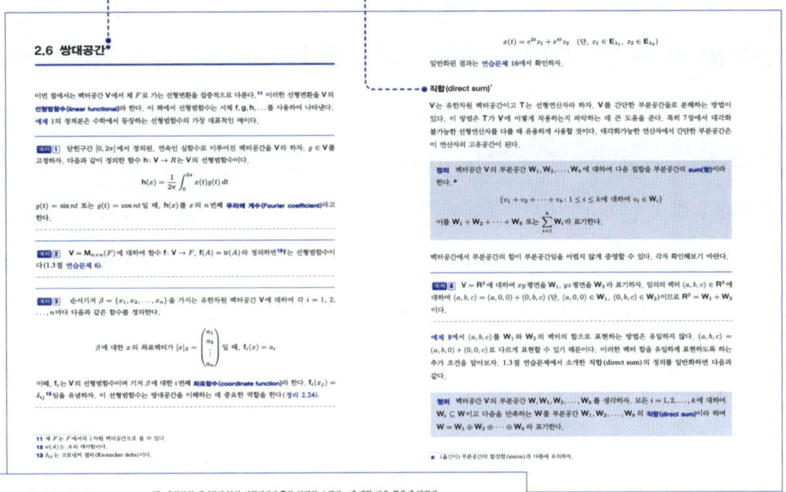

연습문제

해당 절이 끝날 때마다 본문에서 익힌 내용을 제대로 이해했는지 확인한다.

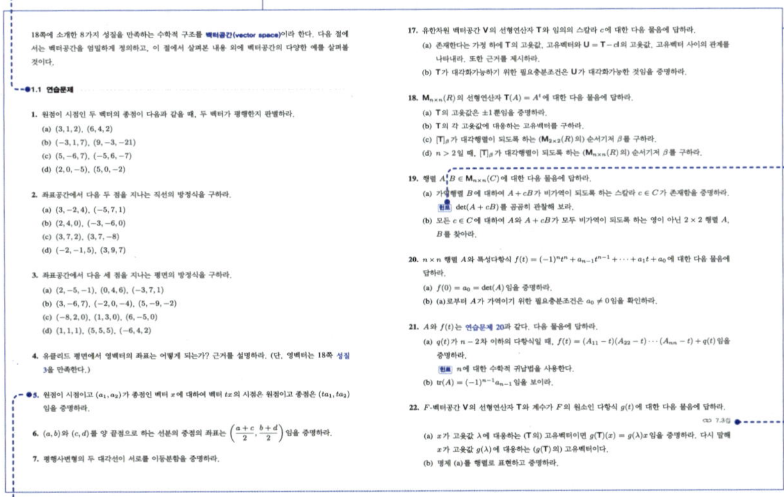

힌트

문제 풀이에 도움이 되는 아이디어를 제공한다.

∞

해당 문제와 직접적으로 관련 있는 단원을 알려준다.

별도의 색 표시를 한 문항은 공개용 답안에서 그 풀이를 확인할 수 있다.

- **강의자용 : 강의보조자료 다운로드**

  한빛출판네트워크 접속(http://www.hanbit.co.kr) → [교수전용] 클릭 → [강의자료] 클릭

- **학습자용 : 공개용 답안 다운로드**

  한빛출판네트워크 접속(http://www.hanbit.co.kr) → [SUPPORT] 클릭 → [자료실] 클릭

감수자 머리말

수학의 여러 분야 중에 선형대수학만큼 다양한 학문에서 중요하게 사용되는 것도 많지 않다. 우리가 인공지능 분야든, 빅데이터 분야든, 그 어떤 분야를 탐구하든 여러 개의 변수를 동시에 다루고자 할 때부터 선형대수학의 방법이 시작되기 때문이다. 심지어 비선형의 세상을 탐구할 때조차 국소적인 근사 모델은 결국 선형으로 회귀되는 경우가 대부분이니 선형대수학을 피할 수 없다.

응용 분야를 차치하고서라도 선형대수학 자체의 아름다움에 매료되었다는 사람도 많다. 적절한 추상화를 통해 다양한 문제를 한 번에 설명하는 선형대수학의 기본 철학을 맛보면 여러분은 인류의 지적 유산에 또 한 번 감탄하게 될 것이다.

선형대수학 입문서 중에 전 세계에서 오랫동안 사랑받은 책을 꼽으라면 프리드버그, 인셀, 스펜스 세 분이 집필한 선형대수학을 꼽는 사람이 많다. 이 책은 가장 기본에서 출발하여 기초 선형대수학의 모든 주제를 빠짐없이 논의한다. 또한, 논리와 증명이 엄밀할 뿐만 아니라 풍부한 예제와 연습문제를 통해 여러분이 충분히 이해할 수 있도록 지속해서 도와준다. 이 책에 대한 독자들의 수많은 경험과 호평은 검색을 통해 쉽게 찾을 수 있다.

이렇게 좋은 책을 우리나라의 더 많은 이들에게 소개하고 싶다는 한빛아카데미의 계획을 듣고 기쁜 마음으로 감수 요청에 응하게 되었다. 이번 작업을 통해 한빛수학교재연구소에서 얼마나 꼼꼼하게 번역하였는지 직접 확인하였다. 우리말 단어의 선택 하나하나에 신중을 기하고 원문의 뜻을 가감 없이 전달하기 위해 많은 시간과 노력을 기울였다.

아무쪼록 이 책을 통해 언어의 장벽을 넘어 선형대수학의 즐거움을 함께 맛보시기를 권해 드린다.

심형보

목차

* 표시가 된 절은 필요에 따라 선택적으로 학습할 수 있다.

목차

목차

1

벡터공간
Vector Spaces

1.1 개론

힘, 속도[1], 가속도 등 많은 물리적 개념은 크기 뿐 아니라 방향 정보를 가지고 있다. 이처럼 크기와 방향을 모두 가진 물리량을 **벡터(vector)**라 한다. 벡터는 흔히 화살표로 표현하며 벡터의 크기는 화살표의 길이로, 벡터가 작용하는 방향은 화살표의 방향으로 나타낸다. 벡터로 기술할 수 있는 물리적 상황은 크기와 방향만 고려하면 충분한 경우가 많다. 다시 말해, 벡터가 어디에 위치했는지와 무관하게 크기와 방향이 같으면 동일한 벡터로 생각한다. 이번 절에서는 벡터에 담긴 기하학적 의미를 설명할 것이다.

한 지점에 두 개의 물리량이 작용하였을 때, 합력은 두 물리량의 크기만 합한다고 충분한 것은 아니다. 예를 들어, 어느 수영선수가 시속 2마일의 속도로 강물을 거슬러 수영하고 있다고 가정하자. 강물은 시속 1마일의 속도로 흘러가고 있다. 이때 수영선수는 강물을 거슬러 수영하므로 속도는 시속 3마일일 수 없다. 하지만 수영선수가 방향을 바꿔 강물이 흘러가는 방향으로 수영한다면, 그의 속도는 시속 3마일이 된다.

위 예를 통해 두 물리량이 함께 작용할 때, 물리량의 크기 뿐 아니라 방향을 함께 고려해야 함을 알 수 있다. 두 물리량이 결합될 때 나타나는 효과는 두 벡터를 결합시켜 얻은 합성벡터로 설명할 수 있다. 이 합성벡터를 두 벡터의 **합(sum)**이라 하며, 두 벡터를 결합시키는 규칙을 벡터 합의 **평행사변형 법칙(parallelogram law)**이라 한다(그림 1.1).

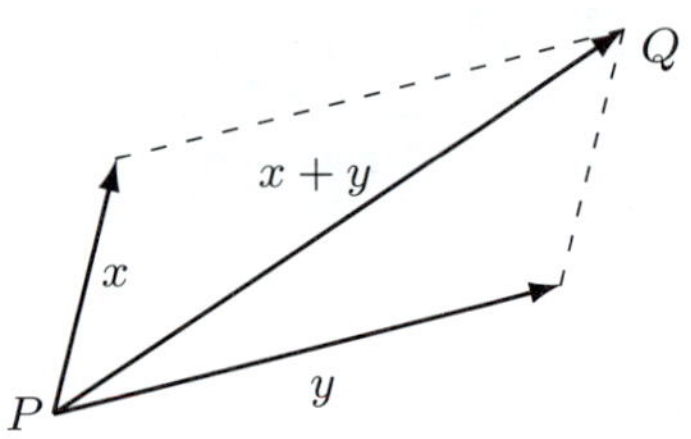

[그림 1.1] 벡터 합의 평행사변형 법칙

> **벡터 합의 평행사변형 법칙** 시점이 P로 일치하는 두 벡터 x, y의 합은 점 P에서 시작하는 벡터이고, 이는 x와 y를 이웃한 변으로 하는 평행사변형의 대각선으로 나타난다.

1 여기에서 **속도(velocity)**는 크기와 방향을 모두 가진 물리량을 가리키는 과학 용어로 사용되었다. (방향을 무시한) 속도의 크기는 **속력(speed)**이라 한다.

평행사변형의 대변은 평행하고 길이가 같으므로 벡터 $x+y$의 종점 Q는 점 P에서 시작하는 벡터 x의 종점에 벡터 y의 시점을 이어붙여 도달한 것으로 이해할 수 있다. 같은 방식으로 벡터 y의 종점에 벡터 x의 시점을 이어붙여도 종점 Q에 도달할 수 있다. 점 P에 작용한 두 벡터를 합할 때는 한 벡터의 종점에 다른 벡터의 시점을 이어붙이는 방식으로 더한다. x와 y 중에 어느 것을 먼저 택하고, 어느 것을 처음 벡터의 종점에 이어붙일지 그 순서는 중요하지 않다.

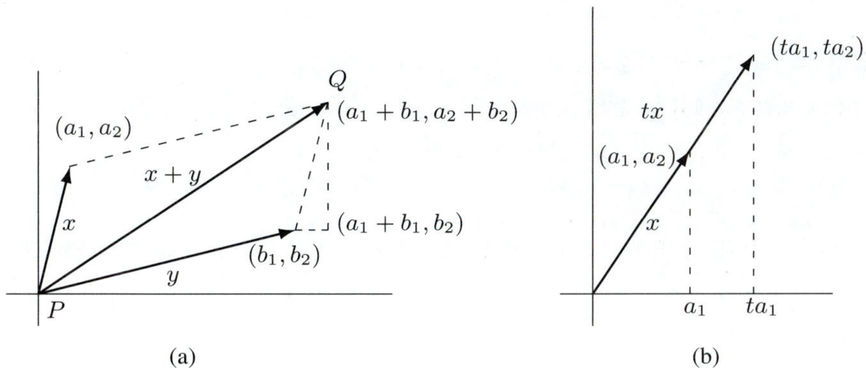

[그림 1.2] 벡터의 합과 벡터의 스칼라 곱

벡터의 합은 해석기하학의 도움을 받아 대수적으로 이해할 수 있다. 두 벡터 x와 y를 포함하는 평면에 P를 원점으로 하는 직교좌표를 부여하자. 그림 1.2(a)와 같이 벡터 x의 종점을 (a_1, a_2), 벡터 y의 종점을 (b_1, b_2)라 하면 벡터 $x+y$의 종점은 (a_1+b_1, a_2+b_2)이다. 이제부터 좌표를 사용하여 벡터를 해석할 때 모든 벡터의 시점은 원점이라 가정한다. 시점이 원점이면 종점이 벡터를 결정하므로, 시점을 원점으로 하는 벡터 x의 종점을 간단히 점 x라 쓰기도 할 것이다.

벡터에서는 합 외에도 자연스러운 연산이 하나 더 있다. 벡터는 크기를 확대하거나 축소할 수 있는데, 이를 벡터에 실수를 곱하는 **스칼라 곱(scalar multiplication)**이라는 연산으로 나타낸다. 벡터 x를 유향선분으로 이해하자. 0이 아닌 실수 t에 대하여 벡터 tx의 방향은 $t>0$일 때 x의 방향과 같고, $t<0$일 때 x의 방향과 $180°$ 반대이다. 벡터 tx의 크기는 유향선분 x의 크기에 $|t|$를 곱한 것이다. 영이 아닌 두 벡터 x, y에 대하여 $y=tx$인 0이 아닌 실수 t가 존재할 때, 두 벡터는 **평행(parallel)**하다. 다시 말해, 방향이 같거나 $180°$ 반대인 벡터들은 평행하다.

벡터 x의 시점이 원점이 되도록 하는 좌표평면을 사용하면 스칼라 곱을 대수적으로 설명할 수 있다. 원점을 시점으로 하는 벡터 x의 종점이 (a_1, a_2)일 때, tx의 종점은 (ta_1, ta_2)이다(그림 1.2(b)).

평면에서 벡터의 합과 스칼라 곱을 대수적으로 설명하면 다음 8가지 성질을 확인할 수 있다.

성질 1 모든 벡터 x, y에 대하여 $x+y=y+x$이다.
성질 2 모든 벡터 x, y, z에 대하여 $(x+y)+z=x+(y+z)$이다.
성질 3 모든 벡터 x에 대하여 $x+\mathit{0}=x$를 만족하는 벡터 $\mathit{0}$이 존재한다.
성질 4 각 벡터 x마다 $x+y=\mathit{0}$을 만족하는 벡터 y가 존재한다.
성질 5 모든 벡터 x에 대하여 $1x=x$이다.
성질 6 모든 실수 a, b와 모든 벡터 x에 대하여 $(ab)x=a(bx)$이다.
성질 7 모든 실수 a와 모든 벡터 x, y에 대하여 $a(x+y)=ax+ay$이다.
성질 8 모든 실수 a, b와 모든 벡터 x에 대하여 $(a+b)x=ax+bx$이다.

(2차원) 평면뿐만 아니라 (3차원) 공간에서도 비슷한 방식으로 벡터의 합과 스칼라 곱을 기하학적으로 해석할 수 있고, 8가지 성질을 만족함을 설명할 수 있다. 이 결과는 공간에서 직선의 방정식과 평면의 방정식을 나타내는 데 사용된다.

공간에서 서로 다른 두 점 A, B를 지나는 직선을 생각하자. 이 공간에 공간좌표를 부여하고 원점을 O라 표기하자. 시점이 O이고 종점이 A, B인 두 벡터를 각각 u, v라 하자. 시점이 A이고 종점이 B인 벡터를 w라 할 때, 시점과 종점을 이어붙이는 방식에 의하면 $u+w=v$, $w=v-u$이다. 이때, $-u$는 $(-1)u$를 의미한다(그림 1.3). w의 스칼라 곱은 w에 평행하지만, 크기는 w와 다를 수 있다.

두 점 A, B를 이은 직선 위 임의의 점은 A를 시점으로 하는 벡터의 종점이고, 적절한 실수 t에 대하여 tw의 형태로 표현할 수 있다. 반대로, A를 시점으로 하는 벡터 tw의 종점은 두 점 A, B를 지나는 직선 위의 점이다. 따라서 두 점 A, B를 지나는 직선의 방정식은 다음과 같다.

$$x=u+tw=u+t(v-u) \quad (\text{단, } t\text{는 임의의 실수이고 } x\text{는 직선 위 임의의 점})$$

또한 그림 1.3에서 벡터 $v-u$의 종점 C의 좌표는 B의 좌표에서 A의 좌표를 뺀 것과 같음을 유념하자.

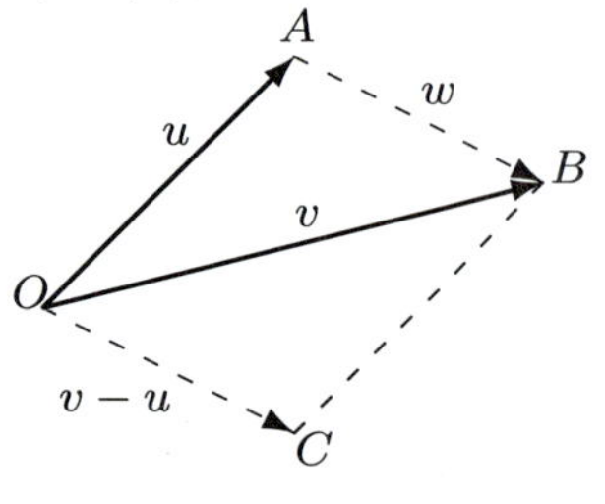

[그림 1.3] 공간에서 서로 다른 두 점 A, B를 지나는 직선

예제 1 공간좌표에서 두 점 $A(-2,0,1)$과 $B(4,5,3)$을 생각하자. A가 시점이고 B가 종점인 벡터와 같은 크기와 방향을 가지고, 시점이 원점인 벡터 C의 종점은 $(4,5,3)-(-2,0,1)=(6,5,2)$이다. 따라서 두 점 A, B를 지나는 직선의 방정식은 다음과 같다.

$$x=(-2,0,1)+t(6,5,2) \quad (\text{단, } t\text{는 임의의 실수})$$

이제 공간에서 한 직선 위에 있지 않은 세 점 A, B, C를 생각하자. 이 세 점은 하나의 평면을 결정하고, 지금까지 공부한 벡터의 성질을 이용하면 평면의 방정식을 구할 수 있다. 시점이 A이고 종점이 B, C인 두 벡터를 각각 u, v라 하자. 세 점 A, B, C로 이루어진 평면 위 임의의 점 S는 A를 시점으로 하고, $su+tv$ 형태(이때, s와 t는 임의의 실수)인 벡터 x의 종점이다. 벡터 su의 종점은 직선 AB와, 점 S를 지나고 직선 AC와 평행한 직선의 교점이다(그림 1.4). 같은 방식으로 벡터 tv의 종점도 알 수 있다. 임의의 실수 s, t에 대하여 벡터 $su+tv$는 세 점 A, B, C를 포함하는 평면에 위치한다. 따라서 세 점 A, B, C를 포함하는 평면의 방정식은 다음과 같다.

$$x=A+su+tv \quad (\text{단, } s,\ t\text{는 임의의 실수이고 } x\text{는 평면 위 임의의 점})$$

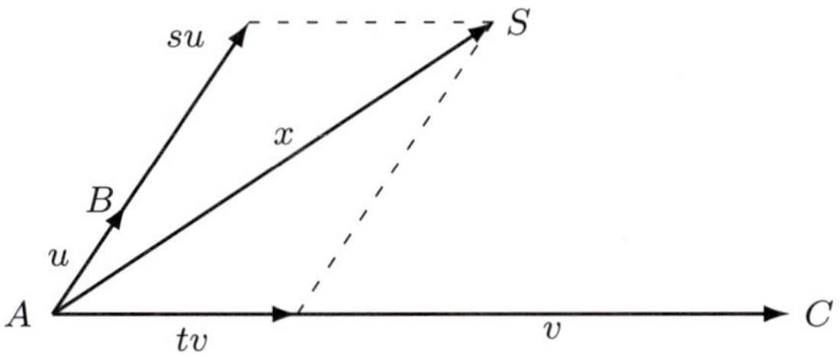

[그림 1.4] 공간에서 한 직선 위에 있지 않은 세 점 A, B, C로 결정되는 평면

예제 2 공간에서 세 점 $A(1,0,2)$, $B(-3,-2,4)$, $C(1,8,-5)$를 생각하자. A가 시점이고 B가 종점인 벡터와 같은 크기와 방향을 가지고, 시점이 원점인 벡터의 종점은 다음과 같다.

$$(-3,-2,4)-(1,0,2)=(-4,-2,2)$$

A가 시점이고 C가 종점인 벡터와 같은 크기와 방향을 가지고, 시점이 원점인 벡터의 종점은 $(1,8,-5)-(1,0,2)=(0,8,-7)$이다. 따라서 세 점을 포함하는 평면의 방정식은 다음과 같다.

$$x=(1,0,2)+s(-4,-2,2)+t(0,8,-7) \quad (\text{단, } s,\ t\text{는 임의의 실수})$$

18쪽에 소개한 8가지 성질을 만족하는 수학적 구조를 **벡터공간(vector space)**이라 한다. 다음 절에서는 벡터공간을 엄밀하게 정의하고, 이 절에서 살펴본 내용 외에 벡터공간의 다양한 예를 살펴볼 것이다.

1.1 연습문제

1. 원점이 시점인 두 벡터의 종점이 다음과 같을 때, 두 벡터가 평행한지 판별하라.

(a) $(3,1,2)$, $(6,4,2)$

(b) $(-3,1,7)$, $(9,-3,-21)$

(c) $(5,-6,7)$, $(-5,6,-7)$

(d) $(2,0,-5)$, $(5,0,-2)$

2. 좌표공간에서 다음 두 점을 지나는 직선의 방정식을 구하라.

(a) $(3,-2,4)$, $(-5,7,1)$

(b) $(2,4,0)$, $(-3,-6,0)$

(c) $(3,7,2)$, $(3,7,-8)$

(d) $(-2,-1,5)$, $(3,9,7)$

3. 좌표공간에서 다음 세 점을 지나는 평면의 방정식을 구하라.

(a) $(2,-5,-1)$, $(0,4,6)$, $(-3,7,1)$

(b) $(3,-6,7)$, $(-2,0,-4)$, $(5,-9,-2)$

(c) $(-8,2,0)$, $(1,3,0)$, $(6,-5,0)$

(d) $(1,1,1)$, $(5,5,5)$, $(-6,4,2)$

4. 유클리드 평면에서 영벡터의 좌표는 어떻게 되는가? 근거를 설명하라. (단, 영벡터는 18쪽 성질 3을 만족한다.)

5. 원점이 시점이고 (a_1, a_2)가 종점인 벡터 x에 대하여 벡터 tx의 시점은 원점이고 종점은 (ta_1, ta_2)임을 증명하라.

6. (a,b)와 (c,d)를 양 끝점으로 하는 선분의 중점의 좌표는 $\left(\dfrac{a+c}{2}, \dfrac{b+d}{2}\right)$임을 증명하라.

7. 평행사변형의 두 대각선이 서로를 이등분함을 증명하라.

1.2 벡터공간

1.1절에서는 '유향선분의 크기와 방향'이란 기하학적 의미를 지닌 (좁은 의미의) 벡터에 대하여 합과 스칼라 곱을 정의하였고, 이 벡터들이 18쪽에 소개한 8가지 성질을 만족함을 확인하였다. 이외에도 수많은 대수적 구조들은 덧셈과 스칼라 곱을 가지며, 앞서 소개한 8가지 성질을 만족한다. 이번 절에서는 보다 넓은 의미를 지닌 대수적 구조로서 벡터의 개념을 소개하려 한다. 우선 이러한 대수적 구조의 엄밀한 정의부터 확인해 보자.

정의 체[2] F에서의 **벡터공간(vector space)** 또는 **선형공간(linear space)** V는 다음 8가지 조건을 만족하는 두 연산, **합**과 **스칼라 곱**을 가지는 집합이다.

- **합(sum)**은 V의 두 원소 x, y에 대하여 유일한 원소 $x+y \in \mathsf{V}$를 대응하는 연산이다. 이때, $x+y$는 x와 y의 **합**이라 한다.
- **스칼라 곱(scalar multiplication)**은 체 F의 원소 a와 벡터공간 V의 원소 x마다 유일한 원소 $ax \in \mathsf{V}$를 대응하는 연산이다. 이때, ax는 a와 x의 스칼라 **곱(product)**이라 한다.

(VS1) 모든 $x,\ y \in \mathsf{V}$에 대하여 $x+y=y+x$이다. (덧셈의 교환법칙)
(VS2) 모든 $x,\ y,\ z \in \mathsf{V}$에 대하여 $(x+y)+z=x+(y+z)$이다. (덧셈의 결합법칙)
(VS3) 모든 $x \in \mathsf{V}$에 대하여 $x+\mathit{0}=x$인 $\mathit{0} \in \mathsf{V}$이 존재한다.
(VS4) 각 $x \in \mathsf{V}$마다 $x+y=\mathit{0}$인 $y \in \mathsf{V}$가 존재한다.
(VS5) 각 $x \in \mathsf{V}$에 대하여 $1x=x$이다.
(VS6) 모든 $a,\ b \in F$와 모든 $x \in \mathsf{V}$에 대하여 $(ab)x=a(bx)$이다.
(VS7) 모든 $a \in F$와 모든 $x,\ y \in \mathsf{V}$에 대하여 $a(x+y)=ax+ay$이다.
(VS8) 모든 $a,\ b \in F$와 모든 $x \in \mathsf{V}$에 대하여 $(a+b)x=ax+bx$이다.

체 F의 원소는 **스칼라(scalar)**, 벡터공간 V의 원소는 **벡터(vector)**라 한다. 1.1절에 등장한 유향선분 '벡터'와 이번 절에 등장한 '벡터'를 혼동하지 않기 바란다. 이번 절의 벡터는 벡터공간의 원소를 가리키는 일반적인 개념이다.

벡터공간은 정확하게 'F-벡터공간 V'라 표기해야 한다. 혼란의 여지가 없으면 체 F를 생략하고 '벡터공간 V'라 적는다. 벡터공간을 다룰 때 '체'는 크게 중요하지 않은 요소라 오해하지 않기 바란다.

2 체(field)의 엄밀한 정의는 부록 C에서 확인하라.

이 책에서 다루는 벡터공간의 체는 주로 실수 집합 R 또는 복소수 집합 C이다.[3] 실수 집합 R, 복소수 집합 C를 비롯하여 이 책의 예제, 연습문제에서 특별히 언급하지 않고 다루는 체의 지표는 0이다.

(VS2)에 따르면, 벡터를 유한 번 더할 때 괄호를 생략하더라도 혼란이 생기지 않는다.

이번 절의 남은 부분에서는 이 책 전반에 걸쳐 두루 사용될 몇 가지 대표적인 벡터공간을 소개하겠다. 벡터공간을 정의하기 위해서는 단순히 집합과 원소(벡터)뿐만 아니라 두 연산(합과 스칼라 곱)도 정확히 서술해야 한다. 다음 예제에서 소개하는 연산들이 (VS1)부터 (VS8)까지 8가지 조건을 만족함을 확인해 보기 바란다.

$a_1, a_2, \ldots, a_n$이 체 F의 원소일 때, $(a_1, a_2, \ldots, a_n)$ 꼴의 수학적 대상을 F에서 성분을 가져온 **n순서쌍(n−tuple)**이라 한다. 순서쌍을 구성하는 원소 $a_1, a_2, \ldots, a_n$을 n순서쌍의 **성분(entry 또는 component)**이라 한다. F에서 성분을 가져온 두 n순서쌍 $(a_1, a_2, \ldots, a_n)$과 $(b_1, b_2, \ldots, b_n)$은 $a_i = b_i$ $(i = 1, 2, \ldots, n)$일 때, **같다(equal)**고 정의한다.

예제 1 체 F에서 성분을 가져온 모든 n순서쌍의 집합을 F^n이라 표기한다. $u = (a_1, a_2, \ldots, a_n) \in \mathsf{F}^n$, $v = (b_1, b_2 \ldots, b_n) \in \mathsf{F}^n$, $c \in F$일 때, 합과 스칼라 곱을 다음과 같이 정의하면 이 집합은 F-벡터공간이다.

$$u + v = (a_1 + b_1, a_2 + b_2, \ldots, a_n + b_n), \quad cu = (ca_1, ca_2, \ldots, ca_n)$$

따라서 R^3은 R-벡터공간이다. 예를 들어, R^3에서 합과 스칼라 곱은 다음과 같이 구한다.

$$(3, -2, 0) + (-1, 1, 4) = (2, -1, 4), \quad -5(1, -2, 0) = (-5, 10, 0)$$

같은 방식으로 C^2은 C-벡터공간이다. 예를 들어 C^2에서 합과 스칼라 곱은 다음과 같이 구한다.

$$(1 + i, 2) + (2 - 3i, 4i) = (3 - 2i, 2 + 4i), \quad i(1 + i, 2) = (-1 + i, 2i)$$

F^n의 벡터는 **행벡터(row vector)** $(a_1, a_2, \ldots, a_n)$보다 다음과 같은 **열벡터(column vector)**로 표현한다.

$$\begin{pmatrix} a_1 \\ a_2 \\ \vdots \\ a_n \end{pmatrix}$$

1순서쌍은 F에서 하나의 성분만 가져오므로 체 F의 원소로 생각할 수 있다. 따라서 F에서 성분을 가져온 1순서쌍으로 이루어진 벡터공간은 F^1이라 쓰기보다 편하게 F라 쓰는 경우가 많다.

---

3 (옮긴이) 체에 대하여 지표(characteristic)를 정의할 수 있다(583쪽 참고).

F에서 성분을 가져온 $m \times n$ **행렬(matrix)**은 다음과 같은 직사각형 모양의 배열이다.

$$\begin{pmatrix} a_{11} & a_{12} & \cdots & a_{1n} \\ a_{21} & a_{22} & \cdots & a_{2n} \\ \vdots & \vdots & & \vdots \\ a_{m1} & a_{m2} & \cdots & a_{mn} \end{pmatrix}$$

이때, 모든 a_{ij} $(1 \leq i \leq m, 1 \leq j \leq n)$는 F의 원소이다. $i = j$인 성분 a_{ij}는 이 행렬의 **대각성분(diagonal entry)**, 성분 $a_{i1}, a_{i2}, \ldots, a_{in}$은 이 행렬의 i번째 **행(row)**, 성분 $a_{1j}, a_{2j}, \ldots, a_{mj}$는 이 행렬의 j번째 **열(column)**이라 한다. 행렬의 각 행은 F^n의 벡터로, 각 열은 F^m의 벡터로 나타낼 수 있다. 더 나아가 F^n의 행벡터를 $1 \times n$ 행렬로, F^m의 열벡터를 $m \times 1$ 행렬로 나타낼 수 있다.

모든 성분이 0인 $m \times n$ 행렬을 **영행렬(zero matrix)**이라 하며 O로 표기한다.

행렬은 이탤릭 대문자(A, B, C 등)를 사용하여 나타낸다. A의 i행 j열에 위치한 성분을 A_{ij}라 표기할 것이다. 행의 개수와 열의 개수가 같은 행렬을 **정사각행렬(square matrix)**이라 한다. 두 $m \times n$ 행렬 A, B에서 대응하는 성분이 모두 일치할 때, **같다**고 정의한다. 모든 $1 \leq i \leq m$, $1 \leq j \leq n$에 대하여 $A_{ij} = B_{ij}$이면 두 행렬은 서로 같다.

예제 2 성분이 체 F의 원소인 모든 $m \times n$ 행렬의 집합은 $\mathsf{M}_{m \times n}(F)$라 표기한다. $A, B \in \mathsf{M}_{m \times n}(F)$, $c \in F$일 때, **합**과 **스칼라 곱**을 다음과 같이 정의하면 $\mathsf{M}_{m \times n}(F)$는 벡터공간이다.

$$(A+B)_{ij} = A_{ij} + B_{ij}, \quad (cA)_{ij} = cA_{ij} \quad (\text{단, } 1 \leq i \leq m, 1 \leq j \leq n)$$

예를 들어 $\mathsf{M}_{2 \times 3}(R)$에서 합과 스칼라 곱은 다음과 같이 구한다.

$$\begin{pmatrix} 2 & 0 & -1 \\ 1 & -3 & 4 \end{pmatrix} + \begin{pmatrix} -5 & -2 & 6 \\ 3 & 4 & -1 \end{pmatrix} = \begin{pmatrix} -3 & -2 & 5 \\ 4 & 1 & 3 \end{pmatrix}$$

$$-3\begin{pmatrix} 1 & 0 & -2 \\ -3 & 2 & 3 \end{pmatrix} = \begin{pmatrix} -3 & 0 & 6 \\ 9 & -6 & -9 \end{pmatrix}$$

$m \times n$ 행렬의 합과 스칼라 곱은 F^n과 F^m에서 정의한 연산이 자연스럽게 확장된 것이다. 두 $m \times n$ 행렬을 더하여 얻은 행렬의 i행은 처음 두 행렬에서 i번째 행벡터들의 합이고, 스칼라 c를 곱하여 얻은 행렬 cA의 각 행은 처음 행렬의 각 행벡터에 스칼라를 곱한 것과 같다. 같은 방식으로 두 $m \times n$ 행렬을 더하여 얻은 행렬의 j열은 처음 두 행렬에서 j번째 열벡터들의 합이고, 스칼라 c를 곱하여 얻은 행렬 cA의 각 열은 처음 행렬의 각 열벡터에 스칼라를 곱한 것과 같다.

예제 3 체 F의 공집합이 아닌 집합 S를 생각하자. $\mathcal{F}(S, F)$는 S에서 F로 가는 모든 함수의 집합이다. $\mathcal{F}(S, F)$에서 모든 $s \in S$에 대하여 $f(s) = g(s)$일 때, 두 함수 f, g는 **같다**고 한다. $f, g \in \mathcal{F}(S, F), c \in F, s \in S$일 때, 합과 스칼라 곱을 다음과 같이 정의하면 $\mathcal{F}(S, F)$는 벡터공간이다.

$$(f+g)(s) = f(s) + g(s), \quad (cf)(s) = c[f(s)]$$

대수학이나 미분적분학을 학습했다면 이 정의에 이미 익숙할 것이다.

계수가 체 F의 원소인 **다항식(polynomial)**은 다음과 같이 정의한다.

$$f(x) = a_n x^n + a_{n-1} x^{n-1} + \cdots + a_1 x + a_0$$

이때 n은 음이 아닌 정수이고, 각 a_k(x^k의 **계수(coefficient)**)는 F의 원소이다. $f(x) = 0$이면, 다시 말해 $a_n = a_{n-1} = \cdots = a_0 = 0$이면 $f(x)$는 **영 다항식(zero polynomial)**이라 한다. 편의를 위해 영 다항식의 차수는 -1로 정의한다.

영 다항식이 아닌 다항식을 살펴보자.

$$f(x) = a_n x^n + a_{n-1} x^{n-1} + \cdots + a_1 x + a_0$$

이때 다항식의 **차수(degree)**는 계수가 0이 아닌 항의 x의 지수 중 가장 큰 값으로 정의한다. 차수가 0인 다항식은 $f(x) = c$ 꼴이다(단, c는 0이 아닌 스칼라).

두 다항식 f, g를 살펴보자.

$$f(x) = a_n x^n + a_{n-1} x^{n-1} + \cdots + a_1 x + a_0, \quad g(x) = b_m x^m + b_{m-1} x^{m-1} + \cdots + b_1 x + b_0$$

$m = n$이고 모든 $i = 0, 1, \ldots, n$에 대하여 $a_i = b_i$일 때 f, g는 **같다**고 한다.

F가 무한집합일 때, F에서 계수를 가져온 다항식을 F에서 F로 가는 함수로 볼 수 있다(599쪽). 이때, $c \in F$에서 $f(x) = a_n x^n + a_{n-1} x^{n-1} + \cdots + a_1 x + a_0$의 함숫값은 다음 스칼라를 가리킨다.

$$f(c) = a_n c^n + a_{n-1} c^{n-1} + \cdots + a_1 c + a_0$$

다항함수 $f(x) = a_n x^n + a_{n-1} x^{n-1} + \cdots + a_1 x + a_0$은 간단히 f 또는 $f(x)$라 쓴다.

예제 4 F에서 계수를 가져온 두 다항식 f, g를 생각하자.

$$f(x) = a_n x^n + a_{n-1}x^{n-1} + \cdots + a_1 x + a_0, \quad g(x) = b_m x^m + b_{m-1}x^{m-1} + \cdots + b_1 x + b_0$$

$m \le n$일 때, $b_{m+1} = b_{m+2} = \cdots = b_n = 0$이라 정의하면 $g(x)$를 다음과 같이 쓸 수 있다.

$$g(x) = b_n x^n + b_{n-1}x^{n-1} + \cdots + b_1 x + b_0$$

두 다항식의 합과 스칼라 곱을 다음과 같이 정의하면, F에서 계수를 가져온 모든 다항식의 집합은 벡터공간이다.

$$f(x) + g(x) = (a_n + b_n)x^n + (a_{n-1} + b_{n-1})x^{n-1} + \cdots + (a_1 + b_1)x + (a_0 + b_0)$$
$$cf(x) = ca_n x^n + ca_{n-1}x^{n-1} + \cdots + ca_1 x + ca_0 \quad (\text{이때, } c\text{는 임의의 스칼라})$$

이 벡터공간을 $\mathsf{P}(F)$라 쓴다.

다음 예제에서 소개하는 벡터공간과 $\mathsf{P}(F)$는 본질적으로 같다.

예제 5 (임의의 체) F 위에서 정의된 **수열(sequence)**은 자연수 집합을 정의역, F를 공역으로 하는 함수이다. 이 책에서는 $\sigma(n) = a_n$ $(n = 1, 2, 3, \ldots)$인 수열 σ를 (a_n)이라 표기할 것이다. F에서 정의된 모든 수열의 집합을 V라 하자. 두 수열 (a_n), (b_n)과 스칼라 t에 대하여 다음과 같이 합과 스칼라 곱을 정의하자.

$$(a_n) + (b_n) = (a_n + b_n), \quad t(a_n) = (ta_n)$$

V는 벡터공간이다.

다음 두 예제는 합과 스칼라 곱이 정의되어 있지만 벡터공간이 아닌 경우를 소개한다.

예제 6 $S = \{(a_1, a_2) : a_1, a_2 \in R\}$일 때, $(a_1, a_2), (b_1, b_2) \in S$와 $c \in R$에 대하여 합과 스칼라 곱을 다음과 같이 정의하자.

$$(a_1, a_2) + (b_1, b_2) = (a_1 + b_1, a_2 - b_2), \quad c(a_1, a_2) = (ca_1, ca_2)$$

(VS1), (VS2), (VS8)이 성립하지 않으므로 S는 이 연산에 대하여 벡터공간이 아니다.

예제 7 집합 S는 예제 6과 같고, $(a_1, a_2), (b_1, b_2) \in S$와 $c \in R$에 대하여 합과 스칼라 곱을 다음과 같이 정의하자.

$$(a_1, a_2) + (b_1, b_2) = (a_1 + b_1, 0), \quad c(a_1, a_2) = (ca_1, 0)$$

(VS3), (VS4), (VS5)가 성립하지 않으므로 S는 이 연산에 대하여 벡터공간이 아니다.

벡터공간의 정의를 바탕으로 확인할 수 있는 몇 가지 기본 성질을 소개하며 이번 절을 마친다.

정리 1.1 벡터 합의 소거법칙
$x,\ y,\ z \in \mathsf{V}$이고 $x + z = y + z$일 때, $x = y$이다.

증명 (VS4)에 의해 $z + v = \mathit{0}$인 벡터 $v \in \mathsf{V}$가 존재한다. 따라서 (VS2), (VS3)으로부터 다음이 성립한다.

$$\begin{aligned} x &= x + \mathit{0} = x + (z + v) = (x + z) + v \\ &= (y + z) + v = y + (z + v) = y + \mathit{0} = y \end{aligned}$$ ◀

따름정리 1 (VS3)을 만족하는 벡터 $\mathit{0}$은 유일하다.

증명 연습문제 9를 보라. ◀

따름정리 2 (VS4)를 만족하는 벡터 y는 유일하다.

증명 연습문제 9를 보라. ◀

(VS3)을 만족하는 벡터 $\mathit{0}$은 V의 **영벡터(zero vector)**라 한다. (VS4)를 만족하는 벡터 y, 다시 말해 $x + y = \mathit{0}$을 만족하는 유일한 벡터 y는 **덧셈에 대한 x의 역벡터(additive inverse)**라 하며, $-x$로 표기한다.

다음은 스칼라 곱의 기본 성질이다.

정리 1.2 모든 벡터공간 V에 대하여 다음이 성립한다.

(1) 모든 벡터 x에 대하여 $0x = \mathit{0}$이다.
(2) 모든 스칼라 a와 모든 벡터 x에 대하여 $(-a)x = -(ax) = a(-x)$이다.
(3) 모든 스칼라 a에 대하여 $a\mathit{0} = \mathit{0}$이다.

증명 (1) (VS8), (VS3), (VS1)에 따르면 $0x+0x=(0+0)x=0x=0x+\mathit{0}=\mathit{0}+0x$이다. 정리 1.1에 의해 $0x=\mathit{0}$이다.

(2) 벡터 $-(ax)$는 $ax+\{-(ax)\}=\mathit{0}$인 유일한 벡터이다. 만약 $ax+(-a)x=\mathit{0}$이면 정리 1.1의 따름정리 2에 의해 $(-a)x=-(ax)$이다. (VS8)과 (1)로부터 $ax+(-a)x=\{a+(-a)\}x=0x=\mathit{0}$이므로 $(-a)x=-(ax)$이다. 특히, $(-1)x=-x$이다. 이제 (VS6)에 의해 다음이 성립한다.

$$a(-x)=a\{(-1)x\}=\{a(-1)\}x=(-a)x$$

(3)의 증명은 (1)의 증명과 비슷하다. ◀

1.2 연습문제

1. 다음 명제의 참-거짓을 판정하라.

(a) 모든 벡터공간에는 영벡터가 있다.

(b) 벡터공간에는 두 개 이상의 영벡터가 있을 수도 있다.

(c) 모든 벡터공간에 대하여 $ax=bx$이면 $a=b$이다.

(d) 모든 벡터공간에 대하여 $ax=ay$이면 $x=y$이다.

(e) F^n에 속한 벡터와 $\mathsf{M}_{n\times 1}(F)$에 속한 행렬은 서로 같다고 생각할 수 있다.

(f) $m\times n$ 행렬은 m개의 열과 n개의 행으로 이루어져 있다.

(g) $\mathsf{P}(F)$에서 다항식의 합은 두 다항식의 차수가 같을 때만 정의한다.

(h) 두 다항식 f와 g의 차수가 n일 때, 다항식 $f+g$의 차수는 n이다.

(i) 다항식 f의 차수가 n이고, c가 0이 아닌 스칼라이면 다항식 cf의 차수는 n이다.

(j) 체 F의 0이 아닌 스칼라와 $\mathsf{P}(F)$의 차수가 0인 다항식은 서로 같다고 생각할 수 있다.

(k) 함수 $f,g\in\mathcal{F}(S,F)$에 대하여 $f=g$이기 위한 필요충분조건은 S의 모든 원소에 대하여 같은 함숫값을 가지는 것이다.

2. 벡터공간 $\mathsf{M}_{3\times 4}(F)$의 영벡터를 구하라.

3. 행렬 $M=\begin{pmatrix}1&2&3\\4&5&6\end{pmatrix}$에 대하여 M_{13}, M_{21}, M_{22}를 각각 구하라.

4. 다음을 계산하라.

(a) $\begin{pmatrix}2&5&-3\\1&0&7\end{pmatrix}+\begin{pmatrix}4&-2&5\\-5&3&2\end{pmatrix}$ (b) $\begin{pmatrix}-6&4\\3&-2\\1&8\end{pmatrix}+\begin{pmatrix}7&-5\\0&-3\\2&0\end{pmatrix}$

(c) $4\begin{pmatrix} 2 & 5 & -3 \\ 1 & 0 & 7 \end{pmatrix}$ (d) $-5\begin{pmatrix} -6 & 4 \\ 3 & -2 \\ 1 & 8 \end{pmatrix}$

(e) $(2x^4 - 7x^3 + 4x + 3) + (8x^3 + 2x^2 - 6x + 7)$

(f) $(-3x^3 + 7x^2 + 8x - 6) + (2x^3 - 8x + 10)$

(g) $5(2x^7 - 6x^4 + 8x^2 - 3x)$

(h) $3(x^5 - 2x^3 + 4x + 2)$

연습문제 5와 연습문제 6은 예제 2에서 정의한 행렬의 합과 스칼라 곱이 왜 필요한지 설명한다.

5. 리처드 가드(Richard Gard)는 세이지헨(Sagehen) 강의 비버 댐을 거슬러 오르는 송어의 개체수를 다음과 같이 발표하였다.[4]

상류

	가을	봄	여름
민물송어	8	3	1
무지개송어	3	0	0
브라운송어	3	0	0

하류

	가을	봄	여름
민물송어	9	1	4
무지개송어	3	0	0
브라운송어	1	1	0

(a) 상류와 하류의 기록을 두 개의 3×3 행렬로 나타내라.

(b) 두 행렬의 합이 상류와 하류를 통틀어 강물을 거슬러 오른 모든 송어의 개체수를 송어의 종류와 계절에 따라 분류한 것임을 보여라.

6. 한 가구업자는 5월을 정산하며 비축된 가구 목록을 다음과 같이 정리하였다.

	초기 미국식	스페인식	지중해식	덴마크식
거실용	4	2	1	3
침실용	5	1	1	4
주방용	3	1	2	6

(a) 이 기록을 3×4 행렬 M으로 표현하라.

(b) 이 업자는 6월 판매를 준비하며 모든 가구의 비축량을 2배 늘리기로 결심하였다. 새 가구가 들어올 때까지 현재 비축된 가구가 단 하나도 팔리지 않는다고 가정하면, 6월 판매를 시작하기 전 물품 목록을 나타내는 행렬이 $2M$임을 보여라.

4 "Effects of Beaver on Trout in Sagehen Creek, California," *J. Wildlife Management*, **25**, 221-242.

(c) 6월 말 비축된 물품 목록을 나타내는 행렬이 다음과 같을 때, 행렬 $2M - A$가 뜻하는 바를 설명하라.

$$A = \begin{pmatrix} 5 & 3 & 1 & 2 \\ 6 & 2 & 1 & 5 \\ 1 & 0 & 3 & 3 \end{pmatrix}$$

(d) 6월 동안 판매된 가구의 수를 구하라.

7. 집합 S는 $S = \{0, 1\}$이고 $F = R$라 하자. $\mathcal{F}(S, R)$에 속한 세 함수 $f(t) = 2t + 1$, $g(t) = 1 + 4t - 2t^2$, $h(t) = 5^t + 1$에 대하여 $f = g$, $f + g = h$임을 보여라.

8. 임의의 벡터공간 **V**에서 모든 벡터 x, y와 모든 스칼라 a, b에 대하여 다음이 성립함을 증명하라.

$$(a + b)(x + y) = ax + ay + bx + by$$

9. 정리 1.1의 따름정리 1, 따름정리 2와 정리 1.2(3)을 각각 증명하라.

10. 집합 $\mathsf{V} = \{f : R \to R: f$는 미분가능$\}$에 예제 3과 같은 합과 스칼라 곱을 정의하자. **V**가 벡터공간임을 증명하라.

11. 영벡터만을 가지는 집합 $\mathsf{V} = \{0\}$에 다음과 같이 연산이 정의되어 있다고 하자.

$$0 + 0 = 0, \quad c0 = 0 \quad (\text{모든 } c \in F)$$

V가 벡터공간임을 증명하라. 이때, $\{0\}$는 F 위 **점공간(zero vector space)**이라 한다.

12. 함수 $f : R \to R$는 모든 실수 t에 대하여 $f(-t) = f(t)$일 때, **짝함수** 또는 **우함수(even function)**라 한다. 예제 3과 같이 합과 스칼라 곱을 정의할 때, 우함수의 집합이 벡터공간임을 증명하라.

13. 모든 실수 순서쌍 (x, y)의 집합 **V**가 있다. (a_1, a_2), $(b_1, b_2) \in \mathsf{V}$, $c \in R$에 대하여 합과 스칼라 곱을 다음과 같이 정의하자.

$$(a_1, a_2) + (b_1, b_2) = (a_1 + b_1, a_2 b_2), \quad c(a_1, a_2) = (ca_1, a_2)$$

V가 R-벡터공간인지 판정하고 근거를 설명하라.

14. 집합 $\mathbf{V} = \{(a_1, a_2, \ldots, a_n) \colon a_i \in C, i = 1, 2, \ldots, n\}$은 예제 1에서 확인했듯이 벡터공간이다. 벡터 합과 스칼라 곱을 예제 1과 같이 정의할 때, $\mathbf{V}$는 R-벡터공간인지 판정하라.

15. 집합 $\mathbf{V} = \{(a_1, a_2, \ldots, a_n) \colon a_i \in R, i = 1, 2, \ldots, n\}$은 예제 1에서 확인했듯이 벡터공간이다. 벡터 합과 스칼라 곱을 예제 1과 같이 정의할 때, $\mathbf{V}$는 C-벡터공간인지 판정하라.

16. 집합 $\mathbf{V} = \mathbf{M}_{m \times n}(R)$은 예제 2에서 확인했듯이 R-벡터공간이다. F가 유리수의 집합일 때, $\mathbf{V}$가 F-벡터공간인지 판정하라. (단, 벡터의 합과 스칼라 곱은 예제 2와 같은 방식으로 정의한다.)

17. 체 F에 대하여 집합 $\mathbf{V} = \{(a_1, a_2) \colon a_1, a_2 \in F\}$를 생각하자. (a_1, a_2), $(b_1, b_2) \in \mathbf{V}$, $c \in F$에 대하여 합과 스칼라 곱을 다음과 같이 정의한다.

$$(a_1, a_2) + (b_1, b_2) = (a_1 + b_1, a_2 + b_2), \quad c(a_1, a_2) = (a_1, 0)$$

$\mathbf{V}$가 F-벡터공간인지 판정하고 근거를 설명하라.

18. 집합 $\mathbf{V} = \{(a_1, a_2) \colon a_1, a_2 \in R\}$를 생각하자. $(a_1, a_2), (b_1, b_2) \in \mathbf{V}$, $c \in R$에 대하여 합과 스칼라 곱을 다음과 같이 정의한다.

$$(a_1, a_2) + (b_1, b_2) = (a_1 + 2b_1, a_2 + 3b_2), \quad c(a_1, a_2) = (ca_1, ca_2)$$

$\mathbf{V}$가 R-벡터공간인지 판정하고 근거를 설명하라.

19. 집합 $\mathbf{V} = \{(a_1, a_2) \colon a_1, a_2 \in R\}$를 생각하자. $(a_1, a_2), (b_1, b_2) \in \mathbf{V}$, $c \in R$에 대하여 합과 스칼라 곱을 다음과 같이 정의한다.

$$(a_1, a_2) + (b_1, b_2) = (a_1 + b_1, a_2 + b_2), \quad c(a_1, a_2) = \begin{cases} (0, 0) & (c = 0) \\ \left(ca_1, \dfrac{a_2}{c}\right) & (c \neq 0) \end{cases}$$

$\mathbf{V}$가 R-벡터공간인지 판정하고 근거를 설명하라.

20. $f : R \to R$, $f(1) = 0$인 모든 함수를 원소로 하는 집합을 $\mathbf{V}$라 하자. 예제 3과 같이 합과 스칼라 곱을 정의할 때, $\mathbf{V}$가 벡터공간임을 증명하라.

21. $\mathbf{V}$, $\mathbf{W}$는 F-벡터공간이다. 집합 $\mathbf{Z}$와 합, 스칼라 곱을 다음과 같이 정의하자.

$$\mathbf{Z} = \{(v, w) \colon v \in \mathbf{V}\text{이고 } w \in \mathbf{W}\}$$

$$(v_1, w_1) + (v_2, w_2) = (v_1 + v_2, w_1 + w_2), \quad c(v_1, w_1) = (cv_1, cw_1)$$

Z가 F-벡터공간임을 증명하라.

22. 벡터공간 $\mathsf{M}_{m\times n}(Z_2)$에 속한 행렬의 개수를 구하라.

힌트 부록 C를 참고하라.

1.3 부분공간

대수학에서는 부분집합과 처음 주어진 집합이 대수적 구조가 서로 같은지의 여부가 주요 화제다. 이번 절에서는 벡터공간에서 부분집합의 대수적 구조를 살펴본다.

정의 F-벡터공간 **V**의 부분집합 **W**를 생각하자. 이 부분집합 **W**가 **V**에서 정의한 합과 스칼라 곱을 가진 F-벡터공간일 때, **V**의 **부분공간(subspace)**이라 한다.

모든 벡터공간 **V**에 대하여 **V**와 $\{0\}$은 부분공간이다. 특히 $\{0\}$은 **점공간인 부분공간(zero subspace)**이라 한다. 다행히 어떤 부분집합이 부분공간인지 확인하기 위해 벡터공간의 8가지 정의를 모두 확인할 필요가 없다. 벡터공간의 모든 벡터에 대하여 (VS1), (VS2), (VS5), (VS6), (VS7), (VS8)이 성립하면, 부분집합의 모든 벡터에 대해서도 당연히 성립하기 때문이다. 따라서 부분집합 **W**가 **V**의 부분공간이기 위한 필요충분조건은 다음 4가지 성질을 만족하는 것이다.

성질 1 모든 $x \in$ **W**, $y \in$ **W**에 대하여 $x + y \in$ **W**이다(**W**는 **덧셈에 대하여 닫혀있다**).
성질 2 모든 $c \in F$와 모든 $x \in$ **W**에 대하여 $cx \in$ **W**이다(**W**는 **스칼라 곱에 대하여 닫혀있다**).
성질 3 **W**는 영벡터를 포함한다.
성질 4 **W**에 속한 모든 벡터의 덧셈에 대한 역벡터는 **W**의 원소이다.

다음 정리에 따르면 **W**의 영벡터와 **V**의 영벡터는 반드시 같으며, 부분공간인지 확인할 때 성질 4는 굳이 확인할 필요가 없다.

정리 1.3 벡터공간 **V**와 부분집합 **W**를 생각하자. **W**가 **V**의 부분공간이기 위한 필요충분조건은 다음 세 가지 조건을 만족하는 것이다. 이때, 연산은 **V**에서 정의된 것과 같다.

(1) $0 \in \mathbf{W}$

(2) 모든 $x \in \mathbf{W}$, $y \in \mathbf{W}$에 대하여 $x + y \in \mathbf{W}$이다.

(3) 모든 $c \in F$와 모든 $x \in \mathbf{W}$에 대하여 $cx \in \mathbf{W}$이다.

증명 **W**가 **V**의 부분공간이면 **W**는 **V**에서 정의된 합과 스칼라 곱을 그대로 물려받은 벡터공간이므로 두 조건 (2), (3)이 성립한다. **W**의 영벡터를 $0'$이라 하면 $x \in \mathbf{W}$에 대하여 $x + 0' = x$이다. 한편, $x \in \mathbf{V}$이므로 $x + 0 = x$도 성립한다. 정리 1.1에 의해 $0' = 0$이다. 따라서 조건 (1)이 성립한다.

역으로 세 조건 (1), (2), (3)이 성립한다고 가정하자. 직전의 논의에 따르면, (**V**의) 부분공간 **W**에 속한 모든 벡터의 덧셈에 대한 역벡터는 **W**의 원소임을 보이면 충분하다. 조건 (3)으로부터 $x \in \mathbf{W}$이면 $(-1)x \in \mathbf{W}$이고, 정리 1.2에 의해 $-x = (-1)x$이다. 즉, **W**는 **V**의 부분공간이다. ◀

정리 1.3을 이용하면 주어진 부분집합이 부분공간인지 쉽게 판별할 수 있다. 앞으로 주어진 집합이 부분공간임을 증명해야 할 때, 이 방법을 자주 사용할 것이다.

$m \times n$ 행렬 A의 **전치행렬(transpose matrix)** A^t는 A의 행과 열을 바꾸어 얻은 $n \times m$ 행렬이다. 즉, $(A^t)_{ij} = A_{ji}$이다. 전치행렬의 예는 다음과 같다.

$$\begin{pmatrix} 1 & -2 & 3 \\ 0 & 5 & -1 \end{pmatrix}^t = \begin{pmatrix} 1 & 0 \\ -2 & 5 \\ 3 & -1 \end{pmatrix}, \quad \begin{pmatrix} 1 & 2 \\ 2 & 3 \end{pmatrix}^t = \begin{pmatrix} 1 & 2 \\ 2 & 3 \end{pmatrix}$$

대칭행렬(symmetric matrix)은 $A^t = A$인 행렬이다. 위에서 소개한 2×2 행렬은 대칭행렬이다. 대칭행렬은 반드시 정사각행렬이어야 한다. $\mathsf{M}_{n \times n}(F)$의 모든 대칭행렬을 원소로 하는 집합 **W**는 정리 1.3을 만족하므로 부분공간이다. 확인해 보자.

1 영행렬의 전치행렬은 영행렬이다. 즉, 영행렬은 **W**의 원소이다.

임의의 두 행렬 A, B와 스칼라 a, b에 대하여 $(aA + bB)^t = aA^t + bB^t$임은 어렵지 않게 증명할 수 있다(연습문제 3). 이 사실을 기억하면 대칭행렬의 집합이 합과 스칼라 곱에 대하여 닫혀있음을 증명할 수 있다.

2 $A \in \mathbf{W}$, $B \in \mathbf{W}$이면 $A^t = A$, $B^t = B$이고 $(A + B)^t = A^t + B^t = A + B$이다. 즉, $A + B \in \mathbf{W}$이다.

3 $A \in \mathbf{W}$이면 $A^t = A$이고 임의의 스칼라 a에 대하여 $(aA)^t = aA^t = aA$이다. 즉, $aA \in \mathbf{W}$이다.

이제 대표적인 세 가지 부분공간을 소개한다. 예제를 통해 부분공간에 대한 이해가 깊어지리라 믿는다.

예제 1 음이 아닌 정수 n에 대하여, $\mathbf{P}_n(F)$를 n 이하의 차수를 가진 다항식이라 하자. $\mathbf{P}_n(F)$는 $\mathbf{P}(F)$의 부분집합이다.

(i) 영 다항식의 차수는 -1이므로 $\mathbf{P}_n(F)$에 속한다.
(ii) 차수가 n 이하인 두 다항식을 더하면 차수가 n 이하이다.
(iii) 차수가 n 이하인 다항식에 스칼라 곱을 해도 차수가 n 이하이다.

따라서 정리 1.3에 의해 $\mathbf{P}_n(F)$는 $\mathbf{P}(F)$의 부분공간이다.

예제 2 실수집합 R에서 R로 가는 모든 연속함수의 집합을 $\mathbf{C}(R)$라 하자. 명백히 $\mathbf{C}(R)$는 1.2절 예제 3에서 소개한 벡터공간 $\mathcal{F}(R, R)$의 부분집합이다. 이제 $\mathbf{C}(R)$가 $\mathcal{F}(R, R)$의 부분공간임을 보이자.

(i) $\mathcal{F}(R, R)$에 속한 영함수 $f(t) = 0$은 모든 실수 t에 대하여 함숫값이 0인 상수함수이다. 상수함수는 연속함수이므로 $f \in \mathbf{C}(R)$이다.
(ii) 두 연속함수의 합은 연속함수이고, 연속함수의 스칼라 곱도 연속함수이므로 $\mathbf{C}(R)$는 합과 스칼라 곱에 대하여 닫혀있다.

따라서 정리 1.3에 의해 $\mathbf{C}(R)$는 $\mathcal{F}(R, R)$의 부분공간이다.

다음 두 종류의 행렬은 특히 중요하다. $m \times n$ 행렬 A는 대각성분 아래의 모든 성분이 0이면 **상삼각행렬** 또는 **위삼각행렬(upper triangular matrix)**이라 한다. 즉, $i > j$일 때 $A_{ij} = 0$인 행렬이다. 대각성분을 제외한 모든 성분이 0인 정사각행렬을 **대각행렬(diagonal matrix)**이라 한다. 다시 말해, $i \neq j$일 때 $M_{ij} = 0$인 $n \times n$ 행렬 M이다. 예를 들어 다음 행렬 A는 3×4 상삼각행렬이고 B는 3×3 대각행렬이다.

$$A = \begin{pmatrix} 1 & 2 & 3 & 4 \\ 0 & 5 & 6 & 7 \\ 0 & 0 & 8 & 9 \end{pmatrix}, \quad B = \begin{pmatrix} 3 & 0 & 0 \\ 0 & -2 & 0 \\ 0 & 0 & 8 \end{pmatrix}$$

예제 3 영행렬은 (모든 성분이 0이므로) 대각행렬이다. $n \times n$ 대각행렬 A와 B는 $i \neq j$일 때, 임의의 스칼라 c에 대하여 다음을 만족한다.

$$(A+B)_{ij} = A_{ij} + B_{ij} = 0 + 0 = 0, \quad (cA)_{ij} = cA_{ij} = c0 = 0$$

따라서, 정리 1.3으로부터 대각행렬의 집합은 $\mathsf{M}_{n\times n}(F)$의 부분공간이다.

예제 4 $n \times n$ 행렬 M의 **대각합(trace)**은 모든 대각성분의 합이고, $\text{tr}(M)$으로 표기한다.

$$\text{tr}(M) = M_{11} + M_{22} + \cdots + M_{nn}$$

연습문제 6에서 대각합이 0인 $n \times n$ 행렬의 집합은 $\mathsf{M}_{n\times n}(F)$의 부분공간임을 증명한다.

예제 5 모든 성분이 음이 아닌 실수인 $m \times n$ 행렬의 집합은 $\mathsf{M}_{m\times n}(R)$의 부분공간이 아니다. 이 집합은 스칼라 곱에 대하여 닫혀있지 않기 때문이다(음의 스칼라를 곱하는 것을 생각해 보라).

다음 정리는 주어진 부분공간을 이용하여 새로운 부분공간을 만드는 방법을 설명한다.

정리 1.4 벡터공간 V의 부분공간들을 생각하자. 이 부분공간들의 임의의 교집합은 V의 부분공간이다.

증명 V의 부분공간을 원소로 하는 집합족(collection)[5]을 $\mathcal{C}$라 하고, $\mathcal{C}$에 속한 모든 부분공간의 교집합을 W라 하자. 영벡터는 모든 부분공간에 속하므로 $\mathit{0} \in \mathsf{W}$이다. 스칼라 a와 벡터 $x, y \in \mathsf{W}$에 대하여 x, y는 $\mathcal{C}$에서 꺼낸 임의의 부분공간에 속한다. $\mathcal{C}$에서 꺼낸 임의의 부분공간은 합과 스칼라 곱에 닫혀있으므로 $x+y$와 ax도 부분공간에 속한다. 즉 $x+y \in \mathsf{W}$, $ax \in \mathsf{W}$이므로 W는 정리 1.3에 의해 V의 부분공간이다. ◀

벡터공간 V의 임의의 교집합이 부분공간임을 확인하였으니, 합집합 또한 부분공간인지 아닌지 확인해 보자. 부분공간의 합집합이 영벡터를 포함하고, 스칼라 곱에 대하여 닫혀있음을 어렵지 않게 보일 수 있다. 아쉽게도 합에 대해서는 닫혀있다고 보장할 수 없다. 사실, V의 두 부분공간의 합집합이 V의

5 (옮긴이) 수학에서 집합족(collection, family of sets, class)이란 표현은 러셀의 역설을 야기할 수 있는 집합의 집합(a set of sets)이란 표현을 피하기 위해 사용한다.

부분공간이 되기 위한 필요충분조건은 한 부분공간이 다른 부분공간에 포함되는 것이다(연습문제 19). 두 부분공간 W_1과 W_2가 주어질 때, 두 부분공간을 결합하여 W_1과 W_2를 포함하는 더 큰 부분공간을 만드는 자연스러운 방법이 있다. 앞서 설명한 것처럼 이 방법의 핵심은 벡터 합에 대하여 닫힌 공간을 만드는 것이다(연습문제 23).[6]

1.3 연습문제

1. 다음 명제의 참-거짓을 판정하라.

(a) 벡터공간 V의 부분집합 W가 벡터공간이면 W는 V의 부분공간이다.

(b) 공집합은 모든 벡터공간의 부분공간이다.

(c) V가 점공간이 아닌 벡터공간이면 V에는 $\mathsf{W} \neq \mathsf{V}$인 부분공간 W를 포함한다.

(d) 벡터공간 V에서 두 부분집합의 교집합은 항상 V의 부분공간이다.

(e) $n \times n$ 대각행렬은 0이 아닌 성분의 개수가 n을 초과할 수 없다.

(f) 정사각행렬의 대각합은 대각성분의 곱이다.

(g) R^3에서 xy평면을 $\mathsf{W} = \{(a_1, a_2, 0)\colon a_1, a_2 \in R\}$이라 하면 $\mathsf{W} = \mathsf{R}^2$이다.

2. 다음 행렬의 전치행렬을 구하라. 만약 이 행렬이 정사각행렬이면 대각합도 구하라.

(a) $\begin{pmatrix} -4 & 2 \\ 5 & -1 \end{pmatrix}$ (b) $\begin{pmatrix} 0 & 8 & -6 \\ 3 & 4 & 7 \end{pmatrix}$

(c) $\begin{pmatrix} -3 & 9 \\ 0 & -2 \\ 6 & 1 \end{pmatrix}$ (d) $\begin{pmatrix} 10 & 0 & -8 \\ 2 & -4 & 3 \\ -5 & 7 & 6 \end{pmatrix}$

(e) $\begin{pmatrix} 1 & -1 & 3 & 5 \end{pmatrix}$ (f) $\begin{pmatrix} -2 & 5 & 1 & 4 \\ 7 & 0 & 1 & -6 \end{pmatrix}$

(g) $\begin{pmatrix} 5 \\ 6 \\ 7 \end{pmatrix}$ (h) $\begin{pmatrix} -4 & 0 & 6 \\ 0 & 1 & -3 \\ 6 & -3 & 5 \end{pmatrix}$

3. 행렬 $A, B \in \mathsf{M}_{m\times n}(F)$와 스칼라 a, b에 대하여 $(aA + bB)^t = aA^t + bB^t$임을 증명하라.

4. 행렬 $A \in \mathsf{M}_{m\times n}(F)$에 대하여 $(A^t)^t = A$임을 증명하라.

5. 정사각행렬 A에 대하여 $A + A^t$는 대칭행렬임을 증명하라.

6 (옮긴이) 두 벡터공간의 합 $\mathsf{V}+\mathsf{W}$와 합집합 $\mathsf{V}\cup\mathsf{W}$는 다르게 정의한다. 연습문제 19, 연습문제 23에서 차이점을 확인하라.

6. 행렬 $A, B \in \mathsf{M}_{n\times n}(F)$에 대하여 $\mathrm{tr}(aA+bB) = a\,\mathrm{tr}(A) + b\,\mathrm{tr}(B)$임을 증명하라.

7. 대각행렬은 대칭행렬임을 증명하라.

8. 다음 집합이 R^3의 부분공간인지 판정하고 근거를 설명하라. 여기서 벡터의 합과 스칼라 곱은 R^3에서 정의된 것과 같다.

   (a) $\mathsf{W}_1 = \{(a_1, a_2, a_3) \in \mathsf{R}^3 \colon a_1 = 3a_2,\ a_3 = -a_2\}$
   (b) $\mathsf{W}_2 = \{(a_1, a_2, a_3) \in \mathsf{R}^3 \colon a_1 = a_3 + 2\}$
   (c) $\mathsf{W}_3 = \{(a_1, a_2, a_3) \in \mathsf{R}^3 \colon 2a_1 - 7a_2 + a_3 = 0\}$
   (d) $\mathsf{W}_4 = \{(a_1, a_2, a_3) \in \mathsf{R}^3 \colon a_1 - 4a_2 - a_3 = 0\}$
   (e) $\mathsf{W}_5 = \{(a_1, a_2, a_3) \in \mathsf{R}^3 \colon a_1 + 2a_2 - 3a_3 = 1\}$
   (f) $\mathsf{W}_6 = \{(a_1, a_2, a_3) \in \mathsf{R}^3 \colon 5a_1^2 - 3a_2^2 + 6a_3^2 = 0\}$

9. W_1, W_3, W_4는 연습문제 8과 같다. $\mathsf{W}_1 \cap \mathsf{W}_3$, $\mathsf{W}_1 \cap \mathsf{W}_4$, $\mathsf{W}_3 \cap \mathsf{W}_4$를 간단히 표현하고 각각이 R^3의 부분공간인지 판단하라.

10. 두 집합 W_1과 W_2가 다음과 같이 주어져 있다.

$$\mathsf{W}_1 = \{(a_1, a_2, \ldots, a_n) \in \mathsf{F}^n \colon a_1 + a_2 + \cdots + a_n = 0\}$$
$$\mathsf{W}_2 = \{(a_1, a_2, \ldots, a_n) \in \mathsf{F}^n \colon a_1 + a_2 + \cdots + a_n = 1\}$$

   W_1은 F^n의 부분공간이지만 W_2는 부분공간이 아님을 증명하라.

11. 집합 $\mathsf{W} = \{f(x) \in \mathsf{P}(F) \colon f(x) = 0$ 또는 $f(x)$의 차수는 $n\}$이 $n \geq 1$일 때 $\mathsf{P}(F)$의 부분공간인지 판정하고 근거를 설명하라.

12. $m \times n$ 상삼각행렬의 집합은 $\mathsf{M}_{m\times n}(F)$의 부분공간임을 증명하라.

13. S는 공집합이 아닌 집합이고, F는 체이다. 임의의 $s_0 \in S$에 대응하는 집합 $\{f \in \mathcal{F}(S, F) \colon f(s_0) = 0\}$을 생각하자. 이 집합이 $\mathcal{F}(S, F)$의 부분공간임을 증명하라.

14. S는 공집합이 아닌 집합이고, F는 체이다. 유한개의 점을 제외한 모든 점에서 함숫값이 0인 함수 $f \in \mathcal{F}(S, F)$의 집합을 $\mathcal{C}(S, F)$라 하자. $\mathcal{C}(S, F)$가 $\mathcal{F}(S, F)$의 부분공간임을 증명하라.

15. 집합 $\{f : R \to R \colon f$는 미분가능$\}$은 $\mathsf{C}(R)$의 부분공간인지 판정하고 근거를 설명하라.

16. 연속인 n계 도함수를 가지는 함수 $f : R \to R$의 집합을 $\mathsf{C}^n(R)$라 하자. $\mathsf{C}^n(R)$가 $\mathcal{F}(R, R)$의 부분공간임을 증명하라.

17. 벡터공간 V의 부분집합 W가 (V의) 부분공간이 되기 위한 필요충분조건은 $\mathsf{W} \neq \varnothing$이고 모든 $a \in F$와 모든 $x, y \in \mathsf{W}$에 대하여 $ax \in \mathsf{W}$, $x + y \in \mathsf{W}$임을 증명하라.

18. 벡터공간 V의 부분집합 W가 (V의) 부분공간이 되기 위한 필요충분조건은 $0 \in \mathsf{W}$이고 모든 $a \in F$와 모든 $x, y \in \mathsf{W}$에 대하여 $ax + y \in \mathsf{W}$임을 증명하라.

19. 벡터공간 V와 부분공간 W_1, W_2에 대하여 $\mathsf{W}_1 \cup \mathsf{W}_2$가 V의 부분공간이 되기 위한 필요충분조건은 $\mathsf{W}_1 \subseteq \mathsf{W}_2$ 또는 $\mathsf{W}_2 \subseteq \mathsf{W}_1$ 임을 증명하라.

20. 벡터공간 V와 부분공간 W에 대하여 $w_1, w_2, \ldots, w_n \in \mathsf{W}$일 때, 모든 스칼라 $a_1, a_2, \ldots, a_n$에 대하여 $a_1w_1 + a_2w_2 + \cdots + a_nw_n \in \mathsf{W}$임을 증명하라. ∞ 1.4절

21. 실숫값을 가지는 모든 수열의 집합을 V라 하자. 1.2절 예제 5에서 확인한 것처럼 이 집합은 벡터공간이다. 수렴하는 수열 (a_n)의 집합은 V의 부분공간임을 증명하라.[7]

22. 두 집합 F_1과 F_2는 체이다. 함수 $g \in \mathcal{F}(F_1, F_2)$는 모든 $t \in F_1$에 대하여 $g(-t) = g(t)$일 때 **짝함수** 또는 **우함수(even function)**라 하고, $g(-t) = -g(t)$일 때 **홀함수** 또는 **기함수(odd function)**라 한다. 다음을 증명하라.

> (우함수의 집합)$\in \mathcal{F}(F_1, F_2)$과 (기함수의 집합)$\in \mathcal{F}(F_1, F_2)$은 각각 $\mathcal{F}(F_1, F_2)$의 부분공간이다.

23~30. 다음 정의를 이용하여 문제를 풀어 보자.

> **정의** 공집합이 아닌 S_1과 S_2는 벡터공간 V의 부분집합이다. 두 집합의 **합(sum)** $S_1 + S_2$는 다음과 같이 정의한다.
>
> $$\{x + y \colon x \in S_1, y \in S_2\}$$

7 수열 (a_n)은 극한 $\lim_{n\to\infty} a_n$이 존재하는 수열이다.

정의 벡터공간 V와 부분공간 W_1, W_2에 대하여 $\mathsf{W}_1 \cap \mathsf{W}_2 = \{0\}$이고 $\mathsf{W}_1 + \mathsf{W}_2 = \mathsf{V}$이면 V는 W_1와 W_2의 **직합(direct sum)**이라 하고 $\mathsf{V} = \mathsf{W}_1 \oplus \mathsf{W}_2$라 표기한다.

23. 벡터공간 V와 부분공간 W_1, W_2를 생각하자.

(a) $\mathsf{W}_1 + \mathsf{W}_2$는 W_1과 W_2를 포함하는 (V의) 부분공간임을 증명하라.

(b) W_1과 W_2를 포함하는 (V의) 부분공간은 $\mathsf{W}_1 + \mathsf{W}_2$도 포함함을 증명하라.

24. F^n이 다음 두 부분공간의 직합임을 증명하라.

$$\mathsf{W}_1 = \{(a_1, a_2, \ldots, a_n) \in \mathsf{F}^n : a_n = 0\}$$

$$\mathsf{W}_2 = \{(a_1, a_2, \ldots, a_n) \in \mathsf{F}^n : a_1 = a_2 = \cdots = a_{n-1} = 0\}$$

25. 다항식 $f(x) = a_n x^n + a_{n-1}x^{n-1} + \cdots + a_1 x + a_0 \in \mathsf{P}(F)$ 중 i가 짝수이면 $a_i = 0$인 다항식을 원소로 하는 집합을 W_1이라 하자. 같은 방식으로 다항식 $g(x) = b_m x^m + b_{m-1}x^{m-1} + \cdots + b_1 x + b_0 \in \mathsf{P}(F)$ 중 i가 홀수이면 $b_i = 0$인 다항식을 원소로 하는 집합을 W_2라 하자. $\mathsf{P}(F) = \mathsf{W}_1 \oplus \mathsf{W}_2$임을 증명하라.

26. 벡터공간 $\mathsf{M}_{m\times n}(F)$에 대하여 W_1, W_2를 다음과 같이 정의하자.

$$\mathsf{W}_1 = \{A \in \mathsf{M}_{m\times n}(F) : i > j\text{이면 } A_{ij} = 0\}$$

$$\mathsf{W}_2 = \{A \in \mathsf{M}_{m\times n}(F) : i \le j\text{이면 } A_{ij} = 0\}$$

W_1은 33쪽에서 정의한 상삼각행렬의 집합이다. 이때, $\mathsf{M}_{m\times n}(F) = \mathsf{W}_1 \oplus \mathsf{W}_2$임을 증명하라.

27. 벡터공간 V는 $n \times n$ 상삼각행렬의 집합이고, 부분공간 W_1은 V에 속한 모든 대각행렬로 이루어진 부분공간이다. $\mathsf{W}_2 = \{A \in \mathsf{V} : i \ge j\text{이면 } A_{ij} = 0\}$이라 정의할 때, $\mathsf{V} = \mathsf{W}_1 \oplus \mathsf{W}_2$임을 증명하라.

28. $M^t = -M$인 행렬 M을 **skew-symmetric matrix(반대칭행렬)**이라 한다. skew-symmetric 행렬은 정사각행렬이다. 체 F에 대하여 다음과 같이 정의한 W_1이 $\mathsf{M}_{n\times n}(F)$의 부분공간임을 증명하라.

$$\mathsf{W}_1 = \{A \in \mathsf{M}_{n\times n}(F) : A\text{는 skew-symmetric 행렬}\}$$

체 F의 지표(characteristic)가 2가 아닐 때(583쪽), $\mathsf{M}_{n\times n}(F)$에 속한 모든 대칭행렬의 집합을 W_2라 하자. $\mathsf{M}_{n\times n}(F) = \mathsf{W}_1 \oplus \mathsf{W}_2$임을 증명하라.

29. F는 지표가 2가 아닌 체이다. 다음과 같이 $\mathsf{M}_{n\times n}(F)$의 부분공간 W_1, W_2를 정의하자.

$$\mathsf{W}_1 = \{A \in \mathsf{M}_{n\times n}(F)\colon i \leq j\text{일 때 } A_{ij} = 0\}$$

$$\mathsf{W}_2 = \{A \in \mathsf{M}_{n\times n}(F)\colon A\text{는 대칭행렬}\}$$

$\mathsf{M}_{n\times n}(F) = \mathsf{W}_1 \oplus \mathsf{W}_2$임을 증명하라. 이 결과를 연습문제 28과 비교해 보라.

30. 벡터공간 V와 부분공간 W_1, W_2에 대하여 다음을 증명하라.

> V는 W_1과 W_2의 직합이다. $\iff$ 임의의 벡터 $v \in \mathsf{V}$의 표현 $v = x_1 + x_2$가 유일하다(단, $x_1 \in \mathsf{W}_1$, $x_2 \in \mathsf{W}_2$).

31. F-벡터공간 V와 부분공간 W를 생각하자. 임의의 $v \in \mathsf{V}$에 대하여 다음 집합을 v를 포함하는 W의 **coset(잉여류)**이라 한다.

$$\{v\} + \mathsf{W} = \{v + w\colon w \in \mathsf{W}\}$$

보통 $\{v\} + \mathsf{W}$보다 $v + \mathsf{W}$라고 많이 표기한다. 다음 물음에 답하라.

(a) $v + \mathsf{W}$가 V의 부분공간이 되기 위한 필요충분조건은 $v \in \mathsf{W}$임을 증명하라.

(b) $v_1 + \mathsf{W} = v_2 + \mathsf{W}$이기 위한 필요충분조건은 $v_1 - v_2 \in \mathsf{W}$임을 증명하라.

W의 모든 coset을 원소로 하는 집합족(collection) $S = \{v+\mathsf{W}\colon v \in \mathsf{V}\}$와 F에서 꺼낸 스칼라에 대하여 합과 스칼라 곱을 다음과 같이 정의한다.

$$\text{모든 } v_1, v_2 \in \mathsf{V}\text{에 대하여 } (v_1 + \mathsf{W}) + (v_2 + \mathsf{W}) = (v_1 + v_2) + \mathsf{W}$$

$$\text{모든 } v \in \mathsf{V}\text{와 } a \in F\text{에 대하여 } a(v + \mathsf{W}) = av + \mathsf{W}$$

(c) 위의 연산이 잘 정의(well-defined)되어 있음을 증명하라. $v_1+\mathsf{W} = v_1'+\mathsf{W}$, $v_2+\mathsf{W} = v_2'+\mathsf{W}$일 때, 임의의 스칼라 a에 대하여 다음을 증명하면 된다.

$$(v_1 + \mathsf{W}) + (v_2 + \mathsf{W}) = (v_1' + \mathsf{W}) + (v_2' + \mathsf{W})$$

$$a(v_1 + \mathsf{W}) = a(v_1' + \mathsf{W})$$

(d) 집합족 S가 위에서 정의한 합과 스칼라 곱에 대하여 벡터공간임을 증명하라. 이 벡터공간은 법 W에 대한 V(V modulo W)의 **몫공간(quotient space)**이라 하고, V/W라 표기한다.

1.4 일차결합과 연립일차방정식

1.1절(19쪽)에서는 공간에서 한 직선 위에 있지 않은 세 점 A, B, C를 지나는 평면의 방정식이 $x = A + su + tv$임을 설명하였다. A가 원점이면 이 평면은 $x = su + tv$로 나타낼 수 있고, $\mathbf{R}^3$의 부분공간이다(정리 1.5). $su + tv$ (s, t는 스칼라, u, v는 벡터)라는 표현은 벡터공간을 다룰 때 아주 중요하다. 이 아이디어를 일반화하여 다음을 정의할 수 있다.

정의 V는 벡터공간이고, S는 V의 공집합이 아닌 부분집합이라 하자. 유한개의 벡터 $u_1, u_2, \ldots, u_n \in S$와 스칼라 $a_1, a_2, \ldots, a_n$에 대하여 다음을 만족하는 벡터 $v \in \mathsf{V}$는 S의 **일차결합(linear combination)**이라 한다.

$$v = a_1u_1 + a_2u_2 + \cdots + a_nu_n$$

이때, v는 벡터 $u_1, u_2, \ldots, u_n$의 일차결합이고 $a_1, a_2, \ldots, a_n$은 이 일차결합의 **계수(coefficient)**이다.

모든 벡터공간 V와 모든 벡터 $v \in \mathsf{V}$에 대하여 $0v = \mathit{0}$이다. 영벡터는 공집합이 아닌 모든 부분집합의 일차결합이다.

[표 1.1] 특정한 광물 100kg에 함유된 원소의 양

	원소 X (g)	원소 Y (g)	원소 Z (g)	원소 W (g)	원소 U (g)
광물 A	0	1	2	20	2
광물 B	9000	3	2	10	4
광물 C	0	2	7	20	0
광물 D	10000	10	18	130	10
광물 E	0	5	6	30	0
광물 F	0	1	1	10	0
광물 G	1000	1	3	20	2
광물 H	0	2	2	40	0
광물 I	0	34	5	470	0
광물 J	0	2	25	40	0
광물 K	0	1	1	30	0
광물 L	0	45	63	620	0

예제 1 표 1.1은 12 종류의 광물에 포함된 (100kg 기준) 원소 X, Y, Z, W, U의 양을 나타낸다. 각 광물의 100kg에 포함된 원소의 양은 열벡터$\in \mathbf{R}^5$ 으로 표현할 수 있다. 예를 들어 광물 A에 들어 있는 원소의 양을 벡터로 나타내면 다음과 같다.

$$\begin{pmatrix} 0 \\ 1 \\ 2 \\ 20 \\ 2 \end{pmatrix}$$

광물 E, H, I, J, L에 포함된 원소의 양을 벡터의 식으로 나타내자.

$$\begin{pmatrix} 0 \\ 5 \\ 6 \\ 30 \\ 0 \end{pmatrix} + \begin{pmatrix} 0 \\ 2 \\ 2 \\ 40 \\ 0 \end{pmatrix} + \begin{pmatrix} 0 \\ 34 \\ 5 \\ 470 \\ 0 \end{pmatrix} + 2\begin{pmatrix} 0 \\ 2 \\ 25 \\ 40 \\ 0 \end{pmatrix} = \begin{pmatrix} 0 \\ 45 \\ 63 \\ 620 \\ 0 \end{pmatrix}$$

광물 L의 원소 벡터는 광물 E, H, I, J의 원소 벡터의 일차결합이다. 즉 광물 E, H, I를 각각 100kg, 광물 J를 200kg 채굴하면 광물 L을 100kg 채굴하는 것과 정확히 같은 양의 원소를 얻을 수 있다. 같은 방식으로 광물 A, B, C, F, G, K, D에 포함된 원소의 양을 벡터의 식으로 나타내자.

$$2\begin{pmatrix} 0 \\ 1 \\ 2 \\ 20 \\ 2 \end{pmatrix} + \begin{pmatrix} 9000 \\ 3 \\ 2 \\ 10 \\ 4 \end{pmatrix} + \begin{pmatrix} 0 \\ 2 \\ 7 \\ 20 \\ 0 \end{pmatrix} + \begin{pmatrix} 0 \\ 1 \\ 1 \\ 10 \\ 0 \end{pmatrix} + \begin{pmatrix} 1000 \\ 1 \\ 3 \\ 20 \\ 2 \end{pmatrix} + \begin{pmatrix} 0 \\ 1 \\ 1 \\ 30 \\ 0 \end{pmatrix} = \begin{pmatrix} 10000 \\ 10 \\ 18 \\ 130 \\ 10 \end{pmatrix}$$

즉 광물 A를 200kg, 광물 B, C, F, G, K를 각각 100kg 채굴하면 광물 D를 100kg 채굴하는 것과 정확히 같은 양의 원소를 얻을 수 있다.

1장과 2장에서 어떤 벡터가 다른 벡터의 일차결합으로 표현될 수 있는지, 가능하다면 어떻게 표현되는지를 계속 살펴볼 것이다. 이는 연립일차방정식의 풀이와 관련있다. 3장에서는 연립일차방정식을 푸는 일반적인 방법을 배우게 된다. 지금은 구체적인 예를 들어 이해하고 넘어가자.

벡터 $(2,6,8)$은 5개의 벡터 $u_1 = (1,2,1)$, $u_2 = (-2,-4,-2)$, $u_3 = (0,2,3)$, $u_4 = (2,0,-3)$, $u_5 = (-3,8,16)$의 일차결합으로 표현할 수 있다. 다음 식을 만족하는 스칼라 a_1, a_2, a_3, a_4, a_5를 찾아보자.

$$\begin{aligned}(2,6,8) &= a_1u_1 + a_2u_2 + a_3u_3 + a_4u_4 + a_5u_5 \\ &= a_1(1,2,1) + a_2(-2,-4,-2) + a_3(0,2,3) + a_4(2,0,-3) + a_5(-3,8,16) \\ &= (a_1 - 2a_2 + 2a_4 - 3a_5, 2a_1 - 4a_2 + 2a_3 + 8a_5, a_1 - 2a_2 + 3a_3 - 3a_4 + 16a_5)\end{aligned}$$

$(2,6,8)$이 u_1, u_2, u_3, u_4, u_5의 일차결합으로 표현되기 위한 필요충분조건은 다음 연립방정식을 만족하는 스칼라 5순서쌍 $(a_1, a_2, a_3, a_4, a_5)$가 존재하는 것이다.

$$\begin{aligned} a_1 - 2a_2 + 2a_4 - 3a_5 &= 2 \\ 2a_1 - 4a_2 + 2a_3 + 8a_5 &= 6 \\ a_1 - 2a_2 + 3a_3 - 3a_4 + 16a_5 &= 8 \end{aligned} \tag{1.1}$$

연립방정식 (1.1)을 해가 같으면서도 훨씬 풀기 쉬운 연립방정식으로 바꿔보자. 구체적으로는, 한 연립방정식을 다른 방정식에서 적절히 더하거나 빼서 일부 미지수를 다른 미지수에 대한 식으로 표현하려 한다. 먼저 1행을 제외한 방정식에서 a_1을 소거할 수 있다. 이를테면 2행에 1행의 -2배를 더하고, 3행에 1행의 -1배를 더하여 다음 연립일차방정식을 얻을 수 있다.

$$\begin{aligned} a_1 - 2a_2 + 2a_4 - 3a_5 &= 2 \\ 2a_3 - 4a_4 + 14a_5 &= 2 \\ 3a_3 - 5a_4 + 19a_5 &= 6 \end{aligned} \tag{1.2}$$

이 방정식에서는 a_1을 소거하는 과정에서 a_2도 없어졌다. 이제 2행의 a_3에 붙은 계수를 1로 바꾸기 위해 2행에 $\frac{1}{2}$을 곱한다.

$$\begin{aligned} a_1 - 2a_2 + 2a_4 - 3a_5 &= 2 \\ a_3 - 2a_4 + 7a_5 &= 1 \\ 3a_3 - 5a_4 + 19a_5 &= 6 \end{aligned}$$

이제 3행에 2행의 -3배를 더하면 다음 연립방정식을 얻는다.

$$\begin{aligned} a_1 - 2a_2 + 2a_4 - 3a_5 &= 2 \\ a_3 - 2a_4 + 7a_5 &= 1 \\ a_4 - 2a_5 &= 3 \end{aligned} \tag{1.3}$$

같은 방식으로 a_4는 3행에서만 나타나도록 연립방정식 (1.3)의 나머지 행에서 소거하자.

$$\begin{aligned} a_1 - 2a_2 + a_5 &= -4 \\ a_3 + 3a_5 &= 7 \\ a_4 - 2a_5 &= 3 \end{aligned} \tag{1.4}$$

연립방정식 (1.4)는 아주 바람직한 형태이다. 각 방정식에서 첫 번째로 등장하는 미지수 a_1, a_3, a_4를 다른 미지수 a_2, a_5에 대하여 풀 수 있기 때문이다. 연립방정식 (1.4)를 다시 쓰면 다음과 같다.

$$\begin{aligned} a_1 &= 2a_2 - a_5 - 4 \\ a_3 &= - 3a_5 + 7 \\ a_4 &= 2a_5 + 3 \end{aligned}$$

이제 벡터 $(a_1, a_2, a_3, a_4, a_5)$를 a_2, a_5에 대한 형태로 표현하자.

$$(a_1, a_2, a_3, a_4, a_5) = (2a_2 - a_5 - 4, a_2, -3a_5 + 7, 2a_5 + 3, a_5)$$

위 식은 (1.1)의 해이다. $a_2 = 0$, $a_5 = 0$을 대입하여 얻은 벡터 $(-4, 0, 7, 3, 0)$도 연립방정식 (1.1)의 해이다. 따라서 벡터 $(2, 6, 8)$은 다음과 같이 u_1, u_2, u_3, u_4, u_5의 일차결합으로 나타낼 수 있다.

$$(2, 6, 8) = -4u_1 + 0u_2 + 7u_3 + 3u_4 + 0u_5$$

이 과정은 세 종류의 연산을 반복하여 처음 주어진 연립방정식을 간단히 만드는 것으로 이해할 수 있다.

1 두 방정식의 위치를 바꾼다.
2 방정식에 0이 아닌 상수를 곱한다.
3 상수배하여 얻은 방정식을 다른 방정식에 더한다.

3.4절에서 이러한 연산이 처음 주어진 연립방정식의 해를 바꾸지 않음을 증명할 것이다. 이러한 과정을 반복하는 이유는 주어진 연립일차방정식이 다음 성질을 가지도록 하기 위해서이다.

성질 1 각 방정식에서 처음으로 등장하는 0이 아닌 계수는 1이다.
성질 2 어떤 미지수가 어떤 방정식에서 처음으로 등장하면(계수가 처음으로 0이 아니면), 그 외의 다른 행에서는 등장하지 않는다. 다시 말해, 다른 행에서 그 미지수에 붙은 계수는 0이다.
성질 3 처음 등장하는 미지수(계수가 처음으로 0이 아닌 미지수)의 첨자는 다음 행으로 내려갈 때마다 반드시 증가한다.

세 가지 성질의 의미를 명확히 하기 위해 위 성질을 만족하지 않는 예를 살펴보자.

$$\begin{aligned} x_1 + 3x_2 + x_4 &= 7 \\ 2x_3 - 5x_4 &= -1 \end{aligned} \tag{1.5}$$

$$\begin{aligned} x_1 - 2x_2 + 3x_3 + x_5 &= -5 \\ x_3 - 2x_5 &= 9 \\ x_4 + 3x_5 &= 6 \end{aligned} \tag{1.6}$$

$$
\begin{aligned}
x_1 \qquad - 2x_3 \qquad + \ x_5 &= \ \ 1 \\
x_4 - 6x_5 &= \ \ 0 \\
x_2 + 5x_3 \qquad - 3x_5 &= \ \ 2
\end{aligned}
\tag{1.7}
$$

연립방정식 (1.5)는 성질 1을 만족하지 않는다. 2행에 위치한 방정식의 첫 번째 계수가 2이기 때문이다. 연립방정식 (1.6)은 성질 2를 만족하지 않는다. x_3이 2행의 첫 번째 미지수인데, x_3이 1행에서도 등장하기 때문이다. 연립방정식 (1.7)은 성질 3을 만족하지 않는다. 2행의 첫 번째 미지수는 x_4인데, 3행의 첫 번째 미지수는 x_2이므로 행이 내려갈 때 미지수의 첨자는 반드시 증가한다는 성질에 위배된다.

연립방정식이 이상의 세 가지 성질을 만족하면, 앞서 확인한 것처럼 일부 미지수를 다른 미지수에 대하여 쉽게 풀 수 있다. 3가지 연산을 수행하다가 $0 = c$(c는 0이 아닌 스칼라) 라는 식이 나오면 주어진 연립방정식은 해가 없음을 뜻한다(예제 2).

3장에서는 연립일차방정식의 풀이법을 자세하게 다룰 것이다. 풀이법의 이론적 근거를 확인한 뒤, 행렬을 이용하여 간단하게 계산할 것이다.

예제 2 두 다항식이 다음과 같이 주어져 있다.

$$x^3 - 2x^2 - 5x - 3, \quad 3x^3 - 5x^2 - 4x - 9 \in \mathsf{P}_3(R)$$

다항식 $2x^3 - 2x^2 + 12x - 6$은 두 다항식의 일차결합이지만, 다항식 $3x^3 - 2x^2 + 7x + 8$은 두 다항식의 일차결합이 아님을 보이자.

첫 번째 경우는 다음 식을 만족하는 스칼라 a, b를 찾으면 충분하다.

$$
\begin{aligned}
2x^3 - 2x^2 + 12x - 6 &= a(x^3 - 2x^2 - 5x - 3) + b(3x^3 - 5x^2 - 4x - 9) \\
&= (a + 3b)x^3 + (-2a - 5b)x^2 + (-5a - 4b)x + (-3a - 9b)
\end{aligned}
$$

이는 다음 연립방정식을 푸는 문제와 같다.

$$
\begin{aligned}
a + 3b &= \ \ 2 \\
-2a - 5b &= -2 \\
-5a - 4b &= \ \ 12 \\
-3a - 9b &= -6
\end{aligned}
$$

a를 소거하기 위해 1행에 적절한 수를 곱하고 다른 행에 더하면 다음 방정식을 얻는다.

$$\begin{aligned} a + 3b &= 2 \\ b &= 2 \\ 11b &= 22 \\ 0b &= 0 \end{aligned}$$

다시 2행에 적절한 수를 곱하고 나머지 행에 더하여 다음 방정식을 얻는다.

$$\begin{aligned} a &= -4 \\ b &= 2 \\ 0 &= 0 \\ 0 &= 0 \end{aligned}$$

즉 $2x^3 - 2x^2 + 12x - 6 = -4(x^3 - 2x^2 - 5x - 3) + 2(3x^3 - 5x^2 - 4x - 9)$이다.

두 번째 경우는 다음 식을 만족하는 스칼라 a, b가 존재하지 않음을 보이면 된다.

$$3x^3 - 2x^2 + 7x + 8 = a(x^3 - 2x^2 - 5x - 3) + b(3x^3 - 5x^2 - 4x - 9)$$

이는 다음 연립방정식을 푸는 문제와 같다.

$$\begin{aligned} a + 3b &= 3 \\ -2a - 5b &= -2 \\ -5a - 4b &= 7 \\ -3a - 9b &= 8 \end{aligned} \tag{1.8}$$

a를 소거하면 다음 연립방정식을 얻는다.

$$\begin{aligned} a + 3b &= 3 \\ b &= 4 \\ 11b &= 22 \\ 0 &= 17 \end{aligned}$$

이때, $0 = 17$은 모순이므로 연립방정식 (1.8)의 해는 존재하지 않는다. 따라서 $3x^3 - 2x^2 + 7x + 8$은 $x^3 - 2x^2 - 5x - 3$, $3x^3 - 5x^2 - 4x - 9$의 일차결합이 아니다.

이 책에서는 계속 (벡터로 이루어진) 어떤 집합의 일차결합을 원소로 하는 집합을 다룰 것이다. 이 집합에 이름을 붙여보자.

정의 벡터공간 V의 공집합이 아닌 부분집합 S를 생각하자. S의 **생성공간(span)**은 S의 벡터를 사용하여 만든 모든 일차결합의 집합이며 $\text{span}(S)$라 표기한다. 편의를 위해 $\text{span}(\varnothing) = \{0\}$으로 정의한다.

예를 들어 R^3에서 집합 $\{(1,0,0),(0,1,0)\}$의 생성공간은 $a(1,0,0)+b(0,1,0)=(a,b,0)$ 형태의 벡터로 이루어진 집합이다(단, a, b는 스칼라). $\{(1,0,0),(0,1,0)\}$의 생성공간은 xy평면이고, R^3의 부분공간이다.

정리 1.5 벡터공간 V의 임의의 부분집합 S의 생성공간은 S를 포함하는 (V의) 부분공간이다. 또한 S를 포함하는 V의 부분공간은 반드시 S의 생성공간을 포함한다.

증명 $S = \varnothing$인 경우, $\text{span}(\varnothing) = \{0\}$이다. $\{0\}$은 $S = \varnothing$을 포함하고, V의 모든 부분공간에 포함된다.

$S \neq \varnothing$인 경우를 생각하자. $z \in S$에 대하여 $0z = 0 \in \text{span}(S)$이다. x, $y \in \text{span}(S)$에 대하여, 다음 등식을 만족하는 벡터 $u_1, u_2, \ldots, u_m$, $v_1, v_2, \ldots, v_n \in S$와 스칼라 $a_1, a_2, \ldots, a_m$, $b_1, b_2, \ldots, b_n$이 존재한다.

$$x = a_1u_1 + a_2u_2 + \cdots + a_mu_m, \quad y = b_1v_1 + b_2v_2 + \cdots + b_nv_n$$

이때, $x + y = a_1u_1 + a_2u_2 + \cdots + a_mu_m + b_1v_1 + b_2v_2 + \cdots + b_nv_n$이다. 임의의 스칼라 c에 대하여 $cx = (ca_1)u_1 + (ca_2)u_2 + \cdots + (ca_m)u_m$은 명백히 S의 일차결합이다. 다시 말해, $x+y$와 cx는 $\text{span}(S)$에 속한다. 따라서 $\text{span}(S)$는 V의 부분공간이다. $v \in S$이면 $v = 1 \cdot v \in \text{span}(S)$이므로 $\text{span}(S)$는 S를 포함한다.

이제 V의 부분공간 W가 S를 포함한다고 가정하자. $w \in \text{span}(S)$이면 $w_1, w_2, \ldots, w_k \in S$와 스칼라 $c_1, c_2, \ldots, c_k$에 대하여 w는 다음과 같이 쓸 수 있다.

$$w = c_1w_1 + c_2w_2 + \cdots + c_kw_k$$

$S \subseteq \mathsf{W}$이므로 $w_1, w_2, \ldots, w_k \in \mathsf{W}$이다. 1.3절 연습문제 20의 결과에 따르면 $w = c_1w_1 + c_2w_2 + \cdots + c_kw_k \in \mathsf{W}$이다. w는 $\text{span}(S)$에서 임의로 꺼낸 벡터이므로 $\text{span}(S) \subseteq \mathsf{W}$이다. ◀

정의 벡터공간 V의 부분집합 S에 대하여 $\text{span}(S) = \mathsf{V}$이면 S는 V를 **생성한다(generate 또는 span)**. 이 경우 S의 벡터가 V를 생성한다고 말하기도 한다.

예제 3 세 벡터 $(1,1,0)$, $(1,0,1)$, $(0,1,1)$은 R^3을 생성한다. 다시 말해, R^3의 임의의 벡터 (a_1, a_2, a_3)은 이 세 벡터의 일차결합이다. 이를 증명하기 위해서는 다음 조건을 만족하는 스칼라 r, s, t를 찾으면 충분하다.

$$r(1,1,0) + s(1,0,1) + t(0,1,1) = (a_1, a_2, a_3)$$

이때, $r = \dfrac{1}{2}(a_1 + a_2 - a_3)$, $s = \dfrac{1}{2}(a_1 - a_2 + a_3)$, $t = \dfrac{1}{2}(-a_1 + a_2 + a_3)$이다.

예제 4 다항식 $x^2 + 3x - 2$, $2x^2 + 5x - 3$, $-x^2 - 4x + 4$는 $\mathsf{P}_2(R)$를 생성한다. 세 다항식은 모두 $\mathsf{P}_2(R)$에 속하고, 임의의 다항식 $ax^2 + bx + c \in \mathsf{P}_2(R)$는 세 다항식의 일차결합이기 때문이다. 이를테면 다음과 같이 나타낼 수 있다.

$$\begin{aligned}(-8a + 5b + 3c)(x^2 + 3x - 2) + (4a - 2b - c)(2x^2 + 5x - 3)& \\ + (-a + b + c)(-x^2 - 4x + 4) &= ax^2 + bx + c\end{aligned}$$

예제 5 다음 네 행렬은 $\mathsf{M}_{2\times 2}(R)$를 생성한다.

$$\begin{pmatrix} 1 & 1 \\ 1 & 0 \end{pmatrix}, \quad \begin{pmatrix} 1 & 1 \\ 0 & 1 \end{pmatrix}, \quad \begin{pmatrix} 1 & 0 \\ 1 & 1 \end{pmatrix}, \quad \begin{pmatrix} 0 & 1 \\ 1 & 1 \end{pmatrix}$$

다시 말해, 임의의 행렬 $A \in \mathsf{M}_{2\times 2}(R)$는 다음과 같이 네 행렬의 일차결합이다.

$$\begin{aligned}\begin{pmatrix} a_{11} & a_{12} \\ a_{21} & a_{22} \end{pmatrix} = & \left(\frac{1}{3}a_{11} + \frac{1}{3}a_{12} + \frac{1}{3}a_{21} - \frac{2}{3}a_{22}\right)\begin{pmatrix} 1 & 1 \\ 1 & 0 \end{pmatrix} \\ & + \left(\frac{1}{3}a_{11} + \frac{1}{3}a_{12} - \frac{2}{3}a_{21} + \frac{1}{3}a_{22}\right)\begin{pmatrix} 1 & 1 \\ 0 & 1 \end{pmatrix} \\ & + \left(\frac{1}{3}a_{11} - \frac{2}{3}a_{12} + \frac{1}{3}a_{21} + \frac{1}{3}a_{22}\right)\begin{pmatrix} 1 & 0 \\ 1 & 1 \end{pmatrix} \\ & + \left(-\frac{2}{3}a_{11} + \frac{1}{3}a_{12} + \frac{1}{3}a_{21} + \frac{1}{3}a_{22}\right)\begin{pmatrix} 0 & 1 \\ 1 & 1 \end{pmatrix}\end{aligned}$$

반면, 행렬 $\begin{pmatrix} 1 & 0 \\ 0 & 1 \end{pmatrix}$, $\begin{pmatrix} 1 & 1 \\ 0 & 1 \end{pmatrix}$, $\begin{pmatrix} 1 & 0 \\ 1 & 1 \end{pmatrix}$은 $\mathsf{M}_{2\times 2}(R)$를 생성하지 못한다. 세 행렬의 대각성분이 모두 같기 때문에 일차결합한 행렬도 마찬가지로 대각성분이 같다. 따라서 $\mathsf{M}_{2\times 2}(R)$에 세 행렬의 일차결합으로 표현되지 않는 행렬이 존재한다.

이번 절의 초반부(40쪽)에서 한 직선 위에 있지 않은 세 점 중 한 점이 원점일 때, 평면의 방정식이 $x = su + tv$ ($u, v \in \mathsf{R}^3$, s, t는 스칼라)임을 설명하였다. $x \in \mathsf{R}^3$이 $u, v \in \mathsf{R}^3$의 일차결합이기 위한 필요충분조건은 x가 (u와 v를 포함하는) 평면에 포함되는 것이다(그림 1.5).

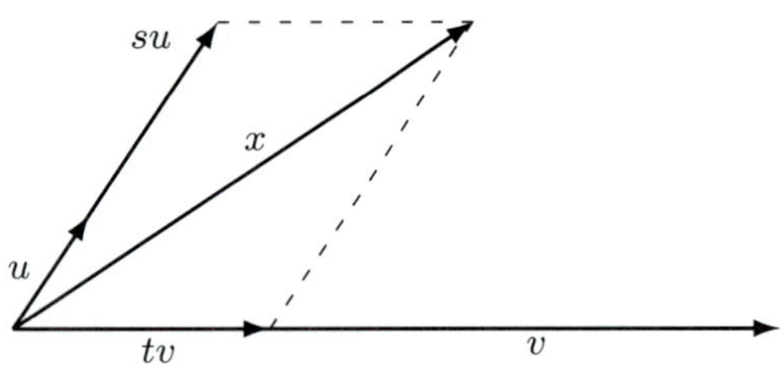

[그림 1.5] $u, v \in \mathsf{R}^3$의 일차결합으로 표현되는 x

일반적으로 서로 다른 부분집합이 같은 부분공간 W를 생성할 수 있다(연습문제 13). 그렇다면 W를 생성하는, 가능하면 가장 작은 (W의) 부분집합은 무엇일까? 다음 절에서 생성집합에서 불필요한 벡터를 제외하여 더 작은 생성집합을 얻는 방법을 공부할 것이다.

1.4 연습문제

1. 다음 명제의 참-거짓을 판정하라.

(a) 영벡터는 공집합이 아닌 임의의 (벡터에 대한) 집합의 일차결합이다.

(b) $\varnothing$의 생성공간은 $\varnothing$이다.

(c) 벡터공간 V의 부분집합 S에 대하여, $\text{span}(S)$는 S를 포함하는 V의 모든 부분공간의 교집합이다.

(d) 연립일차방정식을 풀 때, 임의의 상수를 방정식에 곱해도 해집합은 바뀌지 않는다.

(e) 연립일차방정식을 풀 때, 한 방정식에 임의의 스칼라를 곱하여 다른 방정식에 더해도 해집합은 바뀌지 않는다.

(f) 모든 연립일차방정식에는 해가 있다.

2. 이번 절에서 소개한 방법을 사용하여 다음 연립일차방정식을 풀어라.

(a) $\begin{aligned} 2x_1 - 2x_2 - 3x_3 &= -2 \\ 3x_1 - 3x_2 - 2x_3 + 5x_4 &= 7 \\ x_1 - x_2 - 2x_3 - x_4 &= -3 \end{aligned}$

(b) $\begin{aligned} 3x_1 - 7x_2 + 4x_3 &= 10 \\ x_1 - 2x_2 + x_3 &= 3 \\ 2x_1 - x_2 - 2x_3 &= 6 \end{aligned}$

(c) $\begin{aligned} x_1 + 2x_2 - x_3 + x_4 &= 5 \\ x_1 + 4x_2 - 3x_3 - 3x_4 &= 6 \\ 2x_1 + 3x_2 - x_3 + 4x_4 &= 8 \end{aligned}$

(d) $\begin{aligned} x_1 + 2x_2 + 2x_3 &= 2 \\ x_1 + 8x_3 + 5x_4 &= -6 \\ x_1 + x_2 + 5x_3 + 5x_4 &= 3 \end{aligned}$

(e) $\begin{aligned} x_1 + 2x_2 - 4x_3 - x_4 + x_5 &= 7 \\ -x_1 + 10x_3 - 3x_4 - 4x_5 &= -16 \\ 2x_1 + 5x_2 - 5x_3 - 4x_4 - x_5 &= 2 \\ 4x_1 + 11x_2 - 7x_3 - 10x_4 - 2x_5 &= 7 \end{aligned}$

(f) $\begin{aligned} x_1 + 2x_2 + 6x_3 &= -1 \\ 2x_1 + x_2 + x_3 &= 8 \\ 3x_1 + x_2 - x_3 &= 15 \\ x_1 + 3x_2 + 10x_3 &= -5 \end{aligned}$

3. 다음 R^3의 벡터 중에서 첫 번째 벡터가 나머지 두 벡터의 일차결합으로 표현될 수 있는지 판단하라.

(a) $(-2, 0, 3), (1, 3, 0), (2, 4, -1)$

(b) $(1, 2, -3), (-3, 2, 1), (2, -1, -1)$

(c) $(3, 4, 1), (1, -2, 1), (-2, -1, 1)$

(d) $(2, -1, 0), (1, 2, -3), (1, -3, 2)$

(e) $(5, 1, -5), (1, -2, -3), (-2, 3, -4)$

(f) $(-2, 2, 2), (1, 2, -1), (-3, -3, 3)$

4. 다음 $\mathsf{P}_3(R)$의 다항식 중에서 첫 번째 다항식이 나머지 두 다항식의 일차결합으로 표현될 수 있는지 판단하라.

(a) $x^3 - 3x + 5, x^3 + 2x^2 - x + 1, x^3 + 3x^2 - 1$

(b) $4x^3 + 2x^2 - 6, x^3 - 2x^2 + 4x + 1, 3x^3 - 6x^2 + x + 4$

(c) $-2x^3 - 11x^2 + 3x + 2, x^3 - 2x^2 + 3x - 1, 2x^3 + x^2 + 3x - 2$

(d) $x^3 + x^2 + 2x + 13, 2x^3 - 3x^2 + 4x + 1, x^3 - x^2 + 2x + 3$

(e) $x^3 - 8x^2 + 4x, x^3 - 2x^2 + 3x - 1, x^3 - 2x + 3$

(f) $6x^3 - 3x^2 + x + 2, x^3 - x^2 + 2x + 3, 2x^3 - 3x + 1$

5. 주어진 벡터가 집합 S의 생성공간에 속하는지 판단하라.

(a) $(2,-1,1), \quad S=\{(1,0,2),(-1,1,1)\}$

(b) $(-1,2,1), \quad S=\{(1,0,2),(-1,1,1)\}$

(c) $(-1,1,1,2), \quad S=\{(1,0,1,-1),(0,1,1,1)\}$

(d) $(2,-1,1,-3), \quad S=\{(1,0,1,-1),(0,1,1,1)\}$

(e) $-x^3+2x^2+3x+3, \quad S=\{x^3+x^2+x+1, x^2+x+1, x+1\}$

(f) $2x^3-x^2+x+3, \quad S=\{x^3+x^2+x+1, x^2+x+1, x+1\}$

(g) $\begin{pmatrix}1 & 2\\ -3 & 4\end{pmatrix}, \quad S=\left\{\begin{pmatrix}1 & 0\\ -1 & 0\end{pmatrix}, \begin{pmatrix}0 & 1\\ 0 & 1\end{pmatrix}, \begin{pmatrix}1 & 1\\ 0 & 0\end{pmatrix}\right\}$

(h) $\begin{pmatrix}1 & 0\\ 0 & 1\end{pmatrix}, \quad S=\left\{\begin{pmatrix}1 & 0\\ -1 & 0\end{pmatrix}, \begin{pmatrix}0 & 1\\ 0 & 1\end{pmatrix}, \begin{pmatrix}1 & 1\\ 0 & 0\end{pmatrix}\right\}$

6. 세 벡터 $(1,1,0)$, $(1,0,1)$, $(0,1,1)$이 F^3을 생성함을 보여라.

7. 벡터공간 F^n에서 j번째 성분만 1이고, 나머지 성분은 0인 벡터를 벡터 e_j라 표기하자. 집합 $\{e_1, e_2, \ldots, e_n\}$이 F^n을 생성함을 증명하라.

8. 집합 $\{1, x, \ldots, x^n\}$이 벡터공간 $\mathsf{P}_n(F)$를 생성함을 증명하라.

9. 다음 네 행렬이 $\mathsf{M}_{2\times 2}(F)$를 생성함을 증명하라.

$$\begin{pmatrix}1 & 0\\ 0 & 0\end{pmatrix}, \quad \begin{pmatrix}0 & 1\\ 0 & 0\end{pmatrix}, \quad \begin{pmatrix}0 & 0\\ 1 & 0\end{pmatrix}, \quad \begin{pmatrix}0 & 0\\ 0 & 1\end{pmatrix}$$

10. 다음 세 행렬이 2×2 대칭행렬의 집합을 생성함을 증명하라.

$$M_1=\begin{pmatrix}1 & 0\\ 0 & 0\end{pmatrix}, \quad M_2=\begin{pmatrix}0 & 0\\ 0 & 1\end{pmatrix}, \quad M_3=\begin{pmatrix}0 & 1\\ 1 & 0\end{pmatrix}$$

11. 벡터공간에서 임의의 벡터 x에 대하여 $\text{span}(\{x\})=\{ax\colon a\in F\}$임을 증명하라. 이 결과를 R^3에서 기하학적으로 설명하라. ∞ 1.6절

12. 벡터공간 V의 부분집합 W가 (V의) 부분공간이 되기 위한 필요충분조건은 $\text{span}(\mathsf{W})=\mathsf{W}$임을 증명하라.

13. 벡터공간 V와 두 부분집합 S_1, S_2(단, $S_1 \subseteq S_2$)에 대하여 $\text{span}(S_1) \subseteq \text{span}(S_2)$임을 증명하라. 특히, $S_1 \subseteq S_2$이고 $\text{span}(S_1) = \mathsf{V}$이면 $\text{span}(S_2) = \mathsf{V}$이다. ∞ 5.2절

14. 벡터공간 V의 두 부분집합 S_1, S_2에 대하여 $\text{span}(S_1 \cup S_2) = \text{span}(S_1) + \text{span}(S_2)$임을 증명하라. (두 부분집합의 합은 1.3절 연습문제 23~30에서 정의하였다.)

15. 벡터공간 V의 두 부분집합 S_1, S_2에 대하여 다음 질문에 답하라.

(a) $\text{span}(S_1 \cap S_2) \subseteq \text{span}(S_1) \cap \text{span}(S_2)$임을 증명하라.

(b) $\text{span}(S_1 \cap S_2) = \text{span}(S_1) \cap \text{span}(S_2)$인 예와 $\text{span}(S_1 \cap S_2) \neq \text{span}(S_1) \cap \text{span}(S_2)$인 예를 각각 하나씩 보여라.

16. 벡터공간 V의 부분집합 S에 대하여 $v_1, v_2, \ldots, v_n \in S$이고 $a_1v_1 + a_2v_2 + \cdots + a_nv_n = 0$일 때, $a_1 = a_2 = \cdots = a_n = 0$이라 하자. $\text{span}(S)$의 모든 벡터는 S의 일차결합으로 표현하는 방법이 유일함을 증명하라.

17. 벡터공간 V의 부분공간 W를 생각하자. W를 생성하는 서로 다른 (W의) 부분집합 S가 최대 유한개이기 위한 조건을 구하라.

1.5 일차종속과 일차독립

무한체에서 벡터공간 V와 부분공간 W를 생각하자. 점공간이 아닌 W는 무한집합이다. 이때, W를 생성하는 (W의) '조그마한' 유한 부분집합 S를 찾을 수 있으면 좋다. 이러한 집합은 W의 모든 벡터를 S에서 꺼낸 유한개의 벡터의 일차결합으로 표현할 수 있기 때문이다. 구체적으로 말하면, S가 작아질수록 W의 벡터를 일차결합으로 표현하는 데 필요한 연산의 횟수가 적어진다. 다음 예를 살펴보자.

벡터 $u_1 = (2, -1, 4), u_2 = (1, -1, 3), u_3 = (1, 1, -1), u_4 = (1, -2, -1)$에 대하여 집합 $S = \{u_1, u_2, u_3, u_4\}$가 생성한 R^3의 부분공간을 W라 하자. 혹시 W를 생성하는 S의 진부분집합이 존재하지 않는가? 이는 S에서 꺼낸 한 벡터가 S에서 꺼낸 또 다른 벡터의 일차결합으로 표현되는지

판단하는 문제와 같다. u_4를 나머지 벡터의 일차결합으로 표현하기 위한 필요충분조건은 다음 조건을 만족하는 스칼라 a_1, a_2, a_3이 존재하는 것이다.

$$u_4 = a_1u_1 + a_2u_2 + a_3u_3$$
$$(1, -2, -1) = (2a_1 + a_2 + a_3, -a_1 - a_2 + a_3, 4a_1 + 3a_2 - a_3)$$

즉, u_4가 u_1, u_2, u_3의 일차결합이기 위한 필요충분조건은 다음 연립일차방정식의 해가 존재하는 것이다.

$$\begin{aligned} 2a_1 + a_2 + a_3 &= 1 \\ -a_1 - a_2 + a_3 &= -2 \\ 4a_1 + 3a_2 - a_3 &= -1 \end{aligned}$$

여러분은 이 연립일차방정식의 해가 없음을 증명할 수 있다. 하지만 S의 모든 벡터가 다른 벡터의 일차결합으로 표현되지 않는다고 단정지을 수 없다. $u_3 = 2u_1 - 3u_2 + 0u_4$이므로 u_3은 세 벡터 u_1, u_2, u_4의 일차결합이다.

방금 살펴본 것처럼 S의 어떤 벡터를 (S의) 다른 벡터들의 일차결합으로 표현할 수 있는지 확인하는 과정은 번거롭다. 생각할 수 있는 모든 일차결합에 대한 연립일차방정식을 세우고 풀면서 해가 있는지 확인해야 한다. 하지만 다른 관점에서 생각하면 많은 시간과 노력을 절약할 수 있다. 식 $u_3 = 2u_1 - 3u_2 + 0u_4$의 우변을 좌변으로 이항하자.

$$-2u_1 + 3u_2 + u_3 - 0u_4 = \mathit{0}$$

S의 어떤 벡터가 다른 벡터의 일차결합이면 영벡터를 (S의) 일차결합으로 표현할 때, 어떤 계수가 0이 아닌 표현이 존재한다. 이 명제의 역 또한 참이다. 영벡터를 (S의) 벡터의 일차결합으로 표현하는 (모든 계수가 0인 것 외에) 다른 방법이 존재하면, S의 어떤 벡터는 다른 벡터의 일차결합이다.

위의 예를 생각해 보면 방정식 $-2u_1 + 3u_2 + u_3 - 0u_4 = \mathit{0}$은 $u_1 = \cdots$, $u_2 = \cdots$, $u_3 = \cdots$ 꼴로 풀 수 있다. u_1, u_2, u_3에 붙은 계수가 0이 아니므로 u_1, u_2, u_3은 각각 나머지 세 벡터의 일차결합이다.

지금까지의 논의를 정리하자. S의 한 벡터가 (S의) 다른 세 벡터의 일차결합으로 표현되는지 직접 확인하는 것보다 영벡터를 (S의) 벡터의 일차결합으로 표현할 때, 모든 계수가 0인 경우 외에 또 다른 표현이 존재하는지 확인하는 것이 효과적이다. 이러한 관찰을 바탕으로 다음을 정의할 수 있다.

정의 벡터공간 **V**의 부분집합 S에 대하여 $a_1u_1 + a_2u_2 + \cdots + a_nu_n = 0$을 만족하는 유한개의 서로 다른 벡터 $u_1, u_2, \ldots, u_n \in S$와 적어도 하나는 0이 아닌 스칼라 $a_1, a_2, \ldots, a_n$이 존재하면 집합 S는 **일차종속(linearly dependent)**이라 한다. 이때, S의 벡터 또한 일차종속이다.

임의의 벡터 $u_1, u_2, \ldots, u_n$에 대하여 $a_1 = a_2 = \cdots = a_n = 0$이면 $a_1u_1 + a_2u_2 + \cdots + a_nu_n = 0$이다. 이를 $u_1, u_2, \ldots, u_n$의 일차결합에 대한 **영벡터의 자명한 표현(trivial representation of 0)**이라 한다.

집합이 일차종속이면 적절한 벡터를 택하여 영벡터를 자명하지 않은 방식으로 표현할 수 있다. 영벡터 0을 포함하는 모든 부분집합은 일차종속이다. $0 = 1 \cdot 0$은 영벡터의 자명하지 않은 표현이기 때문이다.

예제 1 $\mathbf{R}^4$의 부분집합 $S = \{(1,3,-4,2), (2,2,-4,0), (1,-3,2,-4), (-1,0,1,0)\}$을 생각하자. S가 일차종속이고 S의 한 벡터가 다른 벡터의 일차결합임을 보일 것이다.

S가 일차종속임을 보이려면 다음 방정식을 만족하면서 적어도 하나는 0이 아닌 스칼라 a_1, a_2, a_3, a_4를 찾아야 한다.

$$a_1(1,3,-4,2) + a_2(2,2,-4,0) + a_3(1,-3,2,-4) + a_4(-1,0,1,0) = 0$$

이는 다음 연립일차방정식을 풀어 자명하지 않은 해를 찾는 것과 같다.

$$\begin{aligned} a_1 + 2a_2 + a_3 - a_4 &= 0 \\ 3a_1 + 2a_2 - 3a_3 \phantom{{}- a_4} &= 0 \\ -4a_1 - 4a_2 + 2a_3 + a_4 &= 0 \\ 2a_1 \phantom{{}+ 2a_2} - 4a_3 \phantom{{}- a_4} &= 0 \end{aligned}$$

$a_1 = 4$, $a_2 = -3$, $a_3 = 2$, $a_4 = 0$은 위 방정식의 해이다. 즉, S는 $\mathbf{R}^4$의 (일차종속인) 부분집합이다. a_1, a_2, a_3, a_4에 해를 대입하면 다음이 성립한다.

$$4(1,3,-4,2) - 3(2,2,-4,0) + 2(1,-3,2,-4) + 0(-1,0,1,0) = 0$$

따라서 $(1,3,-4,2)$는 다음과 같이 나머지 벡터의 일차결합으로 나타낼 수 있다.

$$(1,3,-4,2) = \frac{3}{4}(2,2,-4,0) - \frac{1}{2}(1,-3,2,-4) + 0(-1,0,1,0)$$

예제 2 $\mathsf{M}_{2\times 3}(R)$의 부분집합 $\left\{\begin{pmatrix}1 & -3 & 2\\ -4 & 0 & 5\end{pmatrix}, \begin{pmatrix}-3 & 7 & 4\\ 6 & -2 & -7\end{pmatrix}, \begin{pmatrix}-2 & 3 & 11\\ -1 & -3 & 2\end{pmatrix}\right\}$는 일차종속이다. 다음이 성립하기 때문이다.

$$5\begin{pmatrix}1 & -3 & 2\\ -4 & 0 & 5\end{pmatrix}+3\begin{pmatrix}-3 & 7 & 4\\ 6 & -2 & -7\end{pmatrix}-2\begin{pmatrix}-2 & 3 & 11\\ -1 & -3 & 2\end{pmatrix}=\begin{pmatrix}0 & 0 & 0\\ 0 & 0 & 0\end{pmatrix}$$

정의 벡터공간의 부분집합 S가 일차종속이 아니면 **일차독립(linearly independent)**이다. 이때, S의 벡터 또한 일차독립이다.

일차독립인 집합에 대한 다음 명제는 모든 벡터공간에서 참이다.

명제 1 공집합은 일차독립이다. 어떤 집합이 일차종속이기 위해선 반드시 공집합이 아니어야 한다.

명제 2 영이 아닌 벡터 하나로 이루어진 집합은 일차독립이다. 만약 $\{u\}$가 일차종속이면 0이 아닌 스칼라 a에 대하여 $au = \mathit{0}$이다. 양변에 a^{-1}을 곱하면 $u = a^{-1}(au) = a^{-1}\mathit{0} = \mathit{0}$이므로 u가 영벡터가 아니라는 사실에 모순이다.

명제 3 어떤 집합이 일차독립이기 위한 필요충분조건은 $\mathit{0}$을 주어진 집합에 대한 일차결합으로 표현하는 방법이 자명한 표현뿐인 것이다.

명제 3은 유한집합이 일차독립인지 판정할 때 아주 유용하게 사용된다. 다음 예제에서 확인해 보자.

예제 3 다음 집합이 일차독립임을 증명하고자 한다.

$$S = \{(1,0,0,-1),(0,1,0,-1),(0,0,1,-1),(0,0,0,1)\}$$

이 집합에서 $\mathit{0}$의 일차결합 표현이 자명한 표현뿐임을 보이면 된다. 스칼라 a_1, a_2, a_3, a_4에 대하여 다음이 성립한다고 가정하자.

$$a_1(1,0,0,-1)+a_2(0,1,0,-1)+a_3(0,0,1,-1)+a_4(0,0,0,1)=(0,0,0,0)$$

좌변과 우변의 성분을 비교하면 다음 관계식을 얻는다.

$$
\begin{aligned}
a_1 \qquad\qquad\qquad\qquad &= 0 \\
a_2 \qquad\qquad &= 0 \\
a_3 \qquad &= 0 \\
-a_1 - a_2 - a_3 + a_4 &= 0
\end{aligned}
$$

따라서 이 방정식의 유일한 해는 $a_1 = a_2 = a_3 = a_4 = 0$이다. 즉, S는 일차독립이다.

예제 4 $k = 0, 1, \ldots, n$에 대하여 $p_k(x) = x^k + x^{k+1} + \cdots + x^n$이라 하자. 집합 $\{p_0(x), p_1(x), \ldots, p_n(x)\}$는 $\mathsf{P}_n(F)$에서 일차독립이다. 이를 증명해 보자.

$$a_0p_0(x) + a_1p_1(x) + \cdots + a_np_n(x) = \mathit{0} \quad (\text{단, } a_0, a_1, \ldots, a_n\text{은 스칼라})$$

좌변을 정리하면 다음과 같다.[8]

$$a_0 + (a_0 + a_1)x + (a_0 + a_1 + a_2)x^2 + \cdots + (a_0 + a_1 + \cdots + a_n)x^n = \mathit{0}$$

$k = 1, 2, \ldots, n$일 때, 좌변과 우변의 각 항 x^k의 계수를 비교하면 다음 연립방정식을 얻는다.

$$
\begin{aligned}
a_0 \qquad\qquad\qquad &= 0 \\
a_0 + a_1 \qquad\qquad &= 0 \\
a_0 + a_1 + a_2 \qquad &= 0 \\
\vdots \qquad\qquad\qquad & \\
a_0 + a_1 + a_2 + \cdots + a_n &= 0
\end{aligned}
$$

이 연립방정식의 유일한 해는 $a_0 = a_1 = \cdots = a_n = 0$이다.

다음 정리는 일차종속과 일차독립의 정의를 바탕으로 바로 얻을 수 있으며 매우 중요하다.

정리 1.6 V는 벡터공간이고 $S_1 \subseteq S_2 \subseteq \mathsf{V}$이다. S_1이 일차종속이면 S_2도 일차종속이다.

증명 연습문제 12를 보라. ◀

따름정리 V는 벡터공간이고, $S_1 \subseteq S_2 \subseteq \mathsf{V}$이다. S_2가 일차독립이면 S_1도 일차독립이다.

증명 연습문제 12를 보라. ◀

8 (옮긴이) 우변의 $\mathit{0}$은 수 0이 아니라 $\mathsf{P}_n(F)$의 원소인(계수가 모두 0인) 영 다항식이다.

이번 절 초반부(51쪽)에서 S가 최소생성집합(S의 진부분집합은 생성집합이 아니라는 뜻)인지 확인하는 문제는 S의 어떤 벡터가 (S의) 다른 벡터의 일차결합으로 표현되는지 판단하는 것과 같은 문제임을 설명하였다. 다시 말해 S가 최소생성집합인지 판단하는 것은 집합 S가 일차독립인지 확인하는 것과 같다.

예를 들어, 51쪽에서 R^3의 부분집합 $S = \{u_1, u_2, u_3, u_4\}$ (단, $u_1 = (2, -1, 4)$, $u_2 = (1, -1, 3)$, $u_3 = (1, 1, -1)$, $u_4 = (1, -2, -1)$)을 생각해 보자. 앞서 집합 S가 일차종속임을 보였다. 다음 관계식이 성립하기 때문이다.

$$-2u_1 + 3u_2 + u_3 - 0u_4 = 0$$

이 식에 따르면 u_3(또는 u_1 또는 u_2)는 S의 어떤 벡터의 일차결합이다. $u_3 = 2u_1 - 3u_2 + 0u_4$이므로 일차결합 $a_1u_1 + a_2u_2 + a_3u_3 + a_4u_4$는 u_1, u_2, u_4만 사용하여 다음과 같이 나타낼 수 있다.

$$\begin{aligned} a_1u_1 + a_2u_2 + a_3u_3 + a_4u_4 &= a_1u_1 + a_2u_2 + a_3(2u_1 - 3u_2 + 0u_4) + a_4u_4 \\ &= (a_1 + 2a_3)u_1 + (a_2 - 3a_3)u_2 + a_4u_4 \end{aligned}$$

그러므로 진부분집합 $S' = \{u_1, u_2, u_4\}$는 S와 같은 공간을 생성한다!

일반적으로 S가 두 개 이상의 벡터를 가지고 일차종속인 집합이라 하자. $v \in S$를 S의 다른 벡터의 일차결합으로 표현할 수 있으면 S에서 v를 뺀 진부분집합으로도 S와 같은 공간을 생성할 수 있다. 즉, **S의 어떤 진부분집합도 S와 같은 공간을 생성하지 못하면 S는 일차독립이다.** 이 진술을 약간 다르게 표현하면 다음과 같다.

> **정리 1.7** 벡터공간 V 그리고 일차독립인 부분집합 S를 생각하자. S에 포함되지 않는 벡터 $v \in \mathsf{V}$에 대하여, $S \cup \{v\}$가 일차종속이기 위한 필요충분조건은 $v \in \mathrm{span}(S)$이다.

증명 $S \cup \{v\}$가 일차종속이면 다음 식을 만족하는 벡터 $u_1, u_2, \dots, u_n \in S \cup \{v\}$와 스칼라 $a_1, a_2, \dots, a_n$이 존재한다. (단, 스칼라 중 적어도 하나는 0이 아니다.)

$$a_1u_1 + a_2u_2 + \cdots + a_nu_n = 0$$

S가 일차독립이므로 위 식에 등장한 벡터 u_i 중 하나는 반드시 v이다. 이 벡터를 u_1이라 하자.[9] 이제 위의 식을 다음과 같이 쓸 수 있다.

9 (옮긴이) 이때, $a_1 \neq 0$이다. $a_1 = 0$이면 S가 일차독립이므로 $a_2 = \cdots = a_n = 0$이 되기 때문이다.

$$v = a_1^{-1}(-a_2u_2 - \cdots - a_nu_n) = -(a_1^{-1}a_2)u_2 - \cdots - (a_1^{-1}a_n)u_n$$

v는 $u_2, \ldots, u_n \in S$의 일차결합이므로 $v \in \mathrm{span}(S)$이다.

역으로 $v \in \mathrm{span}(S)$라 가정하자. 다음 식을 만족하는 벡터 $v_1, v_2, \ldots, v_m \in S$와 스칼라 b_1, b_2, $\ldots$, b_m이 존재한다.

$$v = b_1v_1 + b_2v_2 + \cdots + b_mv_m$$

그러므로 $0 = b_1v_1 + b_2v_2 + \cdots + b_mv_m + (-1)v$이다. $v \notin S$이므로 $v \neq v_i$ $(i = 1, 2, \ldots, m)$이다. 이런 이유로 위 일차결합에서 v의 계수는 0이 아니고 집합 $\{v_1, v_2, \ldots, v_m, v\}$는 일차종속이다. 정리 1.6에 의해 $S \cup \{v\}$는 일차종속이다. ◀

일차독립인 생성집합은 1.6절에서 더욱 집중적으로 다룬다.

1.5 연습문제

1. 다음 명제의 참-거짓을 판정하라.

(a) 집합 S가 일차종속이면 S의 모든 벡터는 (S의) 다른 벡터의 일차결합이다.

(b) 영벡터를 포함하는 임의의 집합은 일차종속이다.

(c) 공집합은 일차종속이다.

(d) 일차종속인 집합의 부분집합은 일차종속이다.

(e) 일차독립인 집합의 부분집합은 일차독립이다.

(f) $a_1x_1 + a_2x_2 + \cdots + a_nx_n = 0$이고, 벡터 $x_1, x_2, \ldots, x_n$이 일차독립이면 모든 스칼라 a_i는 0이다.

2. 다음 집합이 일차종속인지 일차독립인지 판정하라.[10]

(a) $\left\{\begin{pmatrix} 1 & -3 \\ -2 & 4 \end{pmatrix}, \begin{pmatrix} -2 & 6 \\ 4 & -8 \end{pmatrix}\right\} \subset \mathsf{M}_{2\times 2}(R)$

(b) $\left\{\begin{pmatrix} 1 & -2 \\ -1 & 4 \end{pmatrix}, \begin{pmatrix} -1 & 1 \\ 2 & -4 \end{pmatrix}\right\} \subset \mathsf{M}_{2\times 2}(R)$

(c) $\{x^3 + 2x^2, -x^2 + 3x + 1, x^3 - x^2 + 2x - 1\} \subset \mathsf{P}_3(R)$

(d) $\{x^3 - x, 2x^2 + 4, -2x^3 + 3x^2 + 2x + 6\} \subset \mathsf{P}_3(R)$

(e) $\{(1, -1, 2), (1, -2, 1), (1, 1, 4)\} \subset \mathsf{R}^3$

---

10 (g), (h), (i), (j)는 계산기를 사용하는 것이 좋다.

(f) $\{(1,-1,2),(2,0,1),(-1,2,-1)\} \subset \mathsf{R}^3$

(g) $\left\{\begin{pmatrix}1 & 0\\ -2 & 1\end{pmatrix}, \begin{pmatrix}0 & -1\\ 1 & 1\end{pmatrix}, \begin{pmatrix}-1 & 2\\ 1 & 0\end{pmatrix}, \begin{pmatrix}2 & 1\\ -4 & 4\end{pmatrix}\right\} \subset \mathsf{M}_{2\times 2}(R)$

(h) $\left\{\begin{pmatrix}1 & 0\\ -2 & 1\end{pmatrix}, \begin{pmatrix}0 & -1\\ 1 & 1\end{pmatrix}, \begin{pmatrix}-1 & 2\\ 1 & 0\end{pmatrix}, \begin{pmatrix}2 & 1\\ 2 & -2\end{pmatrix}\right\} \subset \mathsf{M}_{2\times 2}(R)$

(i) $\{x^4 - x^3 + 5x^2 - 8x + 6, -x^4 + x^3 - 5x^2 + 5x - 3,$
$x^4 + 3x^2 - 3x + 5, 2x^4 + 3x^3 + 4x^2 - x + 1, x^3 - x + 2\} \subset \mathsf{P}_4(R)$

(j) $\{x^4 - x^3 + 5x^2 - 8x + 6, -x^4 + x^3 - 5x^2 + 5x - 3,$
$x^4 + 3x^2 - 3x + 5, 2x^4 + x^3 + 4x^2 + 8x\} \subset \mathsf{P}_4(R)$

3. 벡터공간 $\mathsf{M}_{3\times 2}(F)$에서 다음 집합이 일차종속임을 증명하라.

$$\left\{\begin{pmatrix}1 & 1\\ 0 & 0\\ 0 & 0\end{pmatrix}, \begin{pmatrix}0 & 0\\ 1 & 1\\ 0 & 0\end{pmatrix}, \begin{pmatrix}0 & 0\\ 0 & 0\\ 1 & 1\end{pmatrix}, \begin{pmatrix}1 & 0\\ 1 & 0\\ 1 & 0\end{pmatrix}, \begin{pmatrix}0 & 1\\ 0 & 1\\ 0 & 1\end{pmatrix}\right\}$$

4. 벡터공간 F^n에서 j번째 성분만 1이고 나머지 성분이 0인 벡터를 e_j라 표기하자. 집합 $\{e_1, e_2, \ldots, e_n\}$이 일차독립임을 증명하라.

5. 벡터공간 $\mathsf{P}_n(F)$에서 집합 $\{1, x, x^2, \ldots, x^n\}$이 일차독립임을 증명하라.

6. 벡터공간 $\mathsf{M}_{m\times n}(F)$에서 i행 j열 성분만 1이고 나머지 성분이 0인 행렬을 E^{ij}라 표기하자. 집합 $\{E^{ij} : 1 \leq i \leq m,\ 1 \leq j \leq n\}$은 일차독립임을 증명하라.

7. 1.3절 예제 3에서 대각행렬의 집합은 $\mathsf{M}_{2\times 2}(F)$의 부분공간임을 설명하였다. 이 부분공간을 생성하는 일차독립인 집합을 구하라.

8. 벡터공간 F^3의 부분집합 $S = \{(1,1,0),(1,0,1),(0,1,1)\}$에 대한 다음 물음에 답하라.

(a) $F = R$이면 S는 일차독립임을 증명하라.

(b) 체 F의 지표가 2이면 S는 일차종속임을 증명하라.

9. 벡터공간 V와 서로 다른 두 벡터 u, v를 생각하자. 집합 $\{u, v\}$가 일차종속이기 위한 필요충분조건은 한 벡터가 다른 벡터의 스칼라 곱으로 표현되는 것임을 보여라. 1.6절

10. $\mathbf{R}^3$에서 일차종속인 세 벡터의 예를 들어라. 단, 이 세 벡터 중 어느 벡터도 다른 벡터의 스칼라 곱이 아니어야 한다.

11. 체 Z_2 위에서 정의된 벡터공간 $\mathbf{V}$를 생각하자. $\mathbf{V}$의 부분집합 $S=\{u_1, u_2, \ldots, u_n\}$은 일차독립이다. $\text{span}(S)$에 속한 벡터의 개수를 구하고 근거를 설명하라.

12. 정리 1.6과 정리 1.6의 따름정리를 증명하라.

13. 지표가 2가 아닌 체 F 위에서 정의된 벡터공간 $\mathbf{V}$를 생각하자. 다음 명제가 참임을 증명하라.

(a) $u,\ v \in \mathbf{V}$가 서로 다른 벡터일 때, 집합 $\{u, v\}$가 일차독립이기 위한 필요충분조건은 집합 $\{u+v, u-v\}$가 일차독립인 것이다.

(b) $u,\ v,\ w \in \mathbf{V}$가 서로 다른 벡터일 때, 집합 $\{u, v, w\}$가 일차독립이기 위한 필요충분조건은 집합 $\{u+v, u+w, v+w\}$가 일차독립인 것이다.

14. 집합 S가 일차종속이기 위한 필요충분조건은 '$S=\{\mathit{0}\}$이거나 v가 $u_1, u_2, \ldots, u_n$의 일차결합이 되도록 하는 서로 다른 벡터 $v, u_1, u_2, \ldots, u_n \in S$이 존재하는 것'임을 증명하라.

15. 집합 $S=\{u_1, u_2, \ldots, u_n\}$은 벡터를 원소로 하는 유한집합이다. S가 일차종속이기 위한 필요충분조건은 '$u_1=\mathit{0}$이거나 $u_{k+1} \in \text{span}(\{u_1, u_2, \ldots, u_k\})$(단, k는 1 이상 n 미만의 어떤 정수)' 임을 증명하라.

16. 벡터를 원소로 하는 집합 S가 일차독립이기 위한 필요충분조건은 S의 모든 유한 부분집합이 일차독립임을 증명하라.

17. 정사각행렬 M은 대각성분이 0이 아닌 상삼각행렬이다. M의 열벡터는 일차독립임을 증명하라.

힌트 상삼각행렬의 정의는 1.3절 33쪽을 참고하라.

18. 벡터공간 $\mathbf{P}(F)$의 부분집합 S에 대하여 영 다항식은 S에 속하지 않고, S에 속한 모든 다항식은 차수가 다르다고 하자. 집합 S는 일차독립임을 증명하라.

19. 벡터공간 $\mathbf{M}_{n\times n}(F)$의 부분집합 $\{A_1, A_2, \ldots, A_k\}$가 일차독립이면, 집합 $\{A_1^t, A_2^t, \ldots, A_k^t\}$도 일차독립임을 증명하라.

20. 다음 두 함수 $f, g, \in \mathcal{F}(R, R)$는 일차독립임을 증명하라.

$$f(t) = e^{rt}, \quad g(t) = e^{st} \quad (\text{단, } r \neq s)$$

21. 벡터공간 **V**의 일차독립이고 서로소인 두 부분집합 S_1, S_2를 생각하자. $S_1 \cup S_2$가 일차종속이기 위한 필요충분조건은 $\text{span}(S_1) \cap \text{span}(S_2) \neq \{0\}$임을 증명하라.

1.6 기저와 차원

1.5절에서 S가 부분공간 **W**의 생성집합이고 S의 어떤 진부분집합도 **W**를 생성하지 못할 때, S는 일차독립임을 확인하였다. 일차독립인 (**W**의) 생성집합 S에는 아주 특별한 성질이 있다. **W**에 속한 벡터는 반드시 S의 일차결합으로 표현할 수 있고, 그 표현은 유일하다(정리 1.8). 이 성질을 이용하면 일차독립인 생성집합은 주어진 벡터공간을 구성하는 가장 기본적인 레고 조각(building blocks)이라 할 수 있다.

정의 벡터공간 **V**와 부분집합 β를 생각하자. β가 일차독립이고 **V**를 생성하면 **V**의 **기저(basis)**라 한다. β가 **V**의 기저일 때, β의 벡터는 (**V**의) 기저를 형성한다.

예제 1 $\text{span}(\varnothing) = \{0\}$이고, $\varnothing$은 일차독립이다. 즉, $\varnothing$은 점공간의 기저이다.

예제 2 벡터공간 F^n에 대하여 다음 벡터를 생각하자.

$$e_1 = (1, 0, 0, \ldots, 0),\ e_2 = (0, 1, 0, \ldots, 0),\ \ldots,\ e_n = (0, 0, \ldots, 0, 1)$$

집합 $\{e_1, e_2, \ldots, e_n\}$은 F^n의 기저이다. 이 특별한 기저를 F^n의 **표준기저(standard basis)**라 한다.

예제 3 행렬 $E^{ij} \in \mathsf{M}_{m \times n}(F)$는 i행 j열 성분만 1이고, 나머지 성분은 0인 행렬이다. 집합 $\{E^{ij} : 1 \leq i \leq m, 1 \leq j \leq n\}$은 $\mathsf{M}_{m \times n}(F)$의 기저이다.

예제 4 집합 $\{1, x, x^2, \ldots, x^n\}$은 벡터공간 $\mathsf{P}_n(F)$의 기저이다. 이 특별한 기저를 $\mathsf{P}_n(F)$의 **표준기저**라 한다.

예제 5 집합 $\{1, x, x^2, \ldots\}$은 $\mathsf{P}(F)$의 기저이다.

예제 5에 따르면 기저는 유한집합이 아닐 수도 있다. 이번 절의 후반부에서는 $\mathsf{P}(F)$의 어떤 기저도 유한집합일 수 없음을 보일 것이다. 기저가 유한집합이 아닌 벡터공간도 존재한다. 기저의 매우 중요한 성질을 설명하는 다음 정리는 특히 2장에서 자주 사용한다.

> **정리 1.8** 벡터공간 V와 이 공간에 속한 서로 다른 n개의 벡터 $u_1, u_2, \ldots, u_n$을 생각하자. 집합 $\beta = \{u_1, u_2, \ldots, u_n\}$가 V의 기저가 되기 위한 필요충분조건은 '임의의 벡터 $v \in \mathsf{V}$를 β에 속한 벡터의 일차결합으로 나타낼 수 있고, 그 표현은 유일하다'는 것이다. 즉, 유일한 스칼라 $a_1, a_2, \ldots, a_n$에 대하여 벡터 v는 다음과 같다.
>
> $$v = a_1u_1 + a_2u_2 + \cdots + a_nu_n$$

증명 V의 기저를 β라 하자. 벡터 $v \in \mathsf{V}$에 대하여 $\text{span}(\beta) = \mathsf{V}$이므로 $v \in \text{span}(\beta)$이다. 이제 v의 β에 대한 일차결합 표현을 두 가지로 표현할 수 있다고 가정하자.

$$v = a_1u_1 + a_2u_2 + \cdots + a_nu_n \text{이고} \quad v = b_1u_1 + b_2u_2 + \cdots + b_nu_n$$

첫 번째 식에서 두 번째 식을 빼면 다음과 같다.

$$0 = (a_1 - b_1)u_1 + (a_2 - b_2)u_2 + \cdots + (a_n - b_n)u_n$$

β가 일차독립이므로 $a_1 - b_1 = a_2 - b_2 = \cdots = a_n - b_n = 0$이고 $a_1 = b_1, a_2 = b_2, \ldots, a_n = b_n$이다. 따라서 β에 대한 v의 일차결합 표현은 유일하다.

이 증명의 역은 연습문제 19에서 살펴보자. ◀

정리 1.8에 의하면 $u_1, u_2, \ldots, u_n$이 V의 기저를 형성할 때 V의 모든 벡터는 적절히 스칼라 a_1, a_2, $\ldots, a_n$을 가져와 다음과 같이 유일한 일차결합 형태로 표현할 수 있다.

$$v = a_1u_1 + a_2u_2 + \cdots + a_nu_n$$

즉, v가 주어지면 스칼라 n순서쌍 $(a_1, a_2, \ldots, a_n)$이 결정된다. 반대로 스칼라 n순서쌍이 주어지면 각 성분을 ($u_1, u_2, \ldots, u_n$의) 일차결합의 계수로 가지는 유일한 벡터 v를 생각할 수 있다. 그렇다면 벡터공간 V는 벡터공간 F^n과 별반 다를 바 없어 보인다. 이때, n은 V의 기저를 형성하는 벡터의 개수이다. 2.4절에서는 두 벡터공간이 본질적으로 같음을 확인할 것이다.

이 책은 주로 기저가 유한집합인 경우를 다룬다. 정리 1.9에 의하면 벡터공간의 상당수가 이 범주에 들어간다.

정리 1.9 유한집합 S가 벡터공간 V를 생성하면, S의 부분집합 중 V의 기저가 존재한다. 즉, V에는 유한집합인 기저를 포함한다.

증명 $S = \varnothing$ 또는 $S = \{0\}$이면, $\mathsf{V} = \{0\}$이다. $\varnothing$는 S의 부분집합이면서 V의 기저이다. 이제 S가 영이 아닌 벡터 u_1이 있다고 가정하자. 54쪽 명제 2에 따르면 $\{u_1\}$은 일차독립인 부분집합이다. 집합 $\{u_1, u_2, \ldots, u_k\}$가 일차독립이 되도록 S에서 순차적으로 $u_2, \ldots, u_k$를 꺼내자. S가 유한집합이므로 이 과정을 유한 번 반복하면 끝난다. 최종적으로 얻은 집합을 $\beta = \{u_1, u_2, \ldots, u_n\}$이라 하자. 이제 가능한 경우는 두 가지뿐이다.

(i) $\beta = S$일 때, S는 일차독립이고 V의 생성집합이므로 V의 기저이다.

(ii) β가 S의 일차독립인 진부분집합일 때, S에서 다른 벡터를 선택하여 β에 추가하는 순간 일차종속이 되면 β가 V의 기저임을 보이자. β는 구성 방식에 의해 일차독립이다. 이제 β가 V를 생성함을 보이자. 정리 1.5에 의해 $S \subseteq \mathrm{span}(\beta)$임을 보이면 충분하다. $v \in S$에 대하여 $v \in \beta$이면 당연히 $v \in \mathrm{span}(\beta)$이다. $v \notin \beta$이면 $\beta \cup \{v\}$는 일차종속이다. 정리 1.7로부터 $v \in \mathrm{span}(\beta)$이다. 따라서 $S \subseteq \mathrm{span}(\beta)$이다. ◀

정리 1.9의 증명은 (V의) 유한 생성집합을 축소하여 (V의) 기저를 얻는 구체적인 방법을 묘사한다. 다음 예를 확인해 보자.

예제 6 집합 $S = \{(2,-3,5), (8,-12,20), (1,0,-2), (0,2,-1), (7,2,0)\}$은 R^3의 생성집합이다. 정리 1.9에서 살핀 방법으로 S를 축소하여 R^3의 기저를 얻자.

S에서 영이 아닌 벡터를 아무것이나 선택한다. 지금은 $(2,-3,5)$를 선택하자. $4(2,-3,5) = (8,-12,20)$이므로 $\{(2,-3,5), (8,-12,20)\}$은 일차종속이다(1.5절 연습문제 9). $(8,-12,20)$은 기저에서 제외한다. 반면, $(2,-3,5)$와 $(1,0,-2)$는 서로의 스칼라 곱이 아니므로 $\{(2,-3,5), (1,0,-2)\}$는 일차독립이다. $(1,0,-2)$는 기저에 포함한다.

기저에 이미 포함한 두 개의 벡터와 S의 벡터 하나를 더하여 $\{(2,-3,5),(1,0,-2),(0,2,-1)\}$을 생각해 보자. 간단한 계산을 통해 이 집합이 일차독립임을 확인할 수 있다. 즉, $(0,2,-1)$은 기저에 포함한다.

비슷한 방식으로 S의 마지막 벡터가 기저에 포함될지 여부는 집합 $\{(2,-3,5), (1,0,-2), (0,2,-1), (7,2,0)\}$이 일차독립인지 일차종속인지에 따라 결정된다.

$$2(2,-3,5)+3(1,0,-2)+4(0,2,-1)-(7,2,0)=(0,0,0)$$

위의 등식이 성립하므로 $(7,2,0)$은 기저에서 제외한다. 최종적으로 집합 $\{(2,-3,5), (1,0,-2), (0,2,-1)\}$은 S의 진부분집합이며 $\mathbf{R}^3$의 기저이다.

정리 1.10의 따름정리들은 1장에서 가장 중요한 결과이다.

정리 1.10 대체정리 (replacement theorem)
n개의 벡터로 이루어진 집합 G가 벡터공간 $\mathbf{V}$를 생성한다고 하자. L이 m개의 일차독립인 벡터로 이루어진 $\mathbf{V}$의 부분집합이면, $m \leq n$이다. 또한 다음 조건을 만족하는 집합 $H \subseteq G$가 존재한다. H는 $n-m$개의 벡터로 이루어졌으며, $L \cup H$는 $\mathbf{V}$를 생성한다.

증명 m에 대한 수학적 귀납법으로 증명하자.

$m=0$(즉 $L=\varnothing$)일 때는 $H=G$로 잡으면 된다.

이제 어떤 정수 $m \geq 0$에 대하여 위 정리가 성립한다고 가정하고 $m+1$일 때도 이 정리가 성립함을 증명해 보자. $L=\{v_1, v_2, \ldots, v_{m+1}\}$이 $m+1$개의 벡터로 이루어진 일차독립인 ($\mathbf{V}$의) 부분집합이라 하자. 정리 1.6의 따름정리(55쪽)로부터 $\{v_1, v_2, \ldots, v_m\}$은 일차독립이다. 수학적 귀납법의 가정에 의해 집합 $\{v_1, v_2, \ldots, v_m\} \cup \{u_1, u_2, \ldots, u_{n-m}\}$이 $\mathbf{V}$를 생성하도록 하는 G의 부분집합 $\{u_1, u_2, \ldots, u_{n-m}\}$이 존재한다(단, $m \leq n$). 이제 다음 등식을 만족하는 스칼라 $a_1, a_2, \ldots, a_m$과 스칼라 $b_1, b_2, \ldots, b_{n-m}$이 존재한다.

$$a_1v_1+a_2v_2+\cdots+a_mv_m+b_1u_1+b_2u_2+\cdots+b_{n-m}u_{n-m}=v_{m+1} \tag{1.9}$$

여기서 $n-m>0$임을 유념하자. 혹시 $n-m=0$이지 않을까? 그렇다면 v_{m+1}이 $v_1, v_2, \ldots, v_m$의 일차결합이 되고, 이는 정리 1.7에 의해 L이 일차독립이라는 사실에 모순이다. $n-m>0 \iff n>m$이므로 $n \geq m+1$이다.

또한, b_i 중 0이 아닌 스칼라가 반드시 존재한다. 이 스칼라를 b_1이라 하자. (모든 b_i가 모두 0이라면 직전과 똑같은 모순이 발생한다.) 식 (1.9)를 u_1에 대하여 풀면 다음과 같다.

$$u_1 = (-b_1^{-1}a_1)v_1 + (-b_1^{-1}a_2)v_2 + \cdots + (-b_1^{-1}a_m)v_m + (b_1^{-1})v_{m+1} + (-b_1^{-1}b_2)u_2 + \cdots + (-b_1^{-1}b_{n-m})u_{n-m}$$

이제 $H = \{u_2, \ldots, u_{n-m}\}$이라 잡으면, $u_1 \in \text{span}(L \cup H)$임을 알 수 있다. $v_1, v_2, \ldots, v_m, u_2, \ldots, u_{n-m} \in \text{span}(L \cup H)$이므로 다음이 성립한다.

$$\{v_1, v_2, \ldots, v_m, u_1, u_2, \ldots, u_{n-m}\} \subseteq \text{span}(L \cup H)$$

$\{v_1, v_2, \ldots, v_m, u_1, u_2, \ldots, u_{n-m}\}$이 V를 생성하므로 정리 1.5에 의해 $\text{span}(L \cup H) = \mathsf{V}$이다. H는 $(n-m)-1 = n-(m+1)$개의 벡터를 가진 G의 부분집합이므로 이 정리는 $m+1$일 때도 성립한다. 따라서 수학적 귀납법에 의해 주어진 명제는 참이다. ◀

따름정리 1 벡터공간 V가 유한집합인 기저를 포함한다고 가정하자. V의 모든 기저는 유한집합이며, 같은 개수의 벡터로 이루어져 있다.

증명 β가 n개의 벡터로 이루어진 V의 기저이고, γ가 V의 또 다른 기저라 하자. γ가 n개를 초과하는 벡터로 이루어져 있으면 $n+1$개의 벡터로 이루어진 γ의 부분집합 S를 생각할 수 있다. S는 일차독립이고 β는 V를 생성하므로 대체정리에 의해 $n+1 \leq n$이 성립해야 한다. 이는 모순이다. 즉, γ가 m개의 벡터로 이루어진 유한집합이면 $m \leq n$이다. β와 γ를 바꾸어 똑같은 논리를 반복하면 $n \leq m$을 얻는다. 따라서 $n = m$이다. ◀

유한집합인 기저를 가지는 벡터공간을 생각하자. 대체정리의 따름정리 1에 따르면 V의 기저를 형성하는 벡터의 개수는 벡터공간 V의 본질적인 성질임을 알 수 있다. 이제 다음을 정의할 수 있다.

정의 기저가 유한집합인 벡터공간을 **유한차원(finite dimension)**이라 한다. V의 기저가 n개의 벡터로 이루어질 때, 유일한 자연수 n은 주어진 벡터공간의 **차원(dimension)**이고, $\dim(\mathsf{V})$라 표기한다. 유한차원이 아닌 벡터공간은 **무한차원(infinite dimension)**이다.

예제 1부터 예제 4까지 등장한 벡터공간의 차원은 다음과 같다.

예제 7 벡터공간 $\{0\}$의 차원은 0이다.

예제 8 벡터공간 F^n의 차원은 n이다.

예제 9 벡터공간 $\mathsf{M}_{m\times n}(F)$의 차원은 mn이다.

예제 10 벡터공간 $\mathsf{P}_n(F)$의 차원은 $n+1$이다.

벡터공간은 어느 체 위에 있는지에 따라 차원이 달라질 수 있다.

예제 11 복소수체 C에서 복소수 벡터공간의 차원은 1이고, 기저는 $\{1\}$이다.

예제 12 실수체 R에서 복소수 벡터공간의 차원은 2이고, 기저는 $\{1, i\}$이다.

이제 차원의 관점으로 대체정리를 살펴보자. 대체정리의 첫 번째 결론에 의하면, 유한차원 벡터공간 V에서 $\dim(\mathsf{V})$보다 더 많은 개수의 벡터를 가지는 부분집합은 절대 일차독립일 수 없다.

예제 13 벡터공간 $\mathsf{P}(F)$는 무한차원이다. 예제 5에서 확인했듯이 일차독립인 무한집합 $\{1, x, x^2, \dots\} \subset \mathsf{P}(F)$가 존재하기 때문이다.

예제 13에서 다룬 일차독립인 무한집합 $\{1, x, x^2, \dots\}$은 벡터공간 $\mathsf{P}(F)$의 기저이다. 아직 여기서는 무한차원 벡터공간이 반드시 기저를 가짐을 장담할 수 없지만, 1.7절에서 모든 벡터공간은 기저를 가짐을 증명할 것이다.

유한차원 벡터공간 V에서 $\dim(\mathsf{V})$보다 더 많은 벡터를 가지면서 일차독립인 부분집합이 존재하지 않는 것처럼, 생성집합의 크기와 관련된 명제를 생각할 수 있다.

따름정리 2 V를 차원이 n인 벡터공간이라 하자.

(1) V의 유한 생성집합에는 반드시 n개 이상의 벡터가 있다. 또한 n개의 벡터로 이루어진 (V의) 생성집합은 (V의) 기저이다.

(2) 일차독립이고 n개의 벡터로 이루어진 (V의) 부분집합은 V의 기저이다.

(3) 일차독립인 (V의) 부분집합을 확장시켜 기저를 만들 수 있다. 다시 말해 $L(\subseteq \mathsf{V})$이 일차독립이면 $L \subseteq \beta$인 V의 기저 β가 존재한다.

증명 V의 기저를 β라 하자.

(1) V의 유한 생성집합을 G라 하자. 정리 1.9에 따르면 G의 부분집합이자 V의 기저인 집합 H가 존재한다. 대체정리의 따름정리 1에 의해, H는 정확히 n개의 벡터로 이루어져 있다. G의 부분집합이 n개의 원소를 가지므로 G에는 n개 이상의 벡터가 있다. 또한, G가 정확히 n개의 벡터를 가지면 $H = G$이다. 즉, G는 V의 기저이다.

(2) 정확히 n개의 벡터로 이루어진 일차독립인 (V의) 부분집합을 L이라 하자. 대체정리에 의해 다음 조건을 만족하는 β의 부분집합 H가 존재한다.

$$H\text{는 } n - n = 0\text{개의 벡터로 이루어졌으며, } L \cup H\text{가 } \mathsf{V}\text{를 생성한다.}$$

$H = \varnothing$이므로 L은 V를 생성한다. 조건에서 L은 일차독립이므로 L은 V의 기저이다.

(3) m개의 벡터로 이루어진 V의 일차독립인 부분집합을 L이라 하자. 대체정리에 의해 다음 조건을 만족하는 β의 부분집합 H가 존재한다.

$$H\text{는 } n - m\text{개의 벡터로 이루어졌으며, } L \cup H\text{가 } \mathsf{V}\text{를 생성한다.}$$

$L \cup H$에는 기껏해야 n개의 벡터가 있다. (1)에 의해 $L \cup H$는 n개의 벡터로 이루어져 있고 $L \cup H$는 V의 기저이다. ◀

예제 14 1.4절 예제 4와 대체정리의 따름정리 2(1)에 의해, 다음 집합은 $\mathsf{P}_2(R)$의 기저이다.

$$\{x^2 + 3x - 2, 2x^2 + 5x - 3, -x^2 - 4x + 4\}$$

예제 15 1.4절 예제 5와 대체정리의 따름정리 2(1)에 의해, 다음 집합은 $\mathsf{M}_{2\times2}(R)$의 기저이다.

$$\left\{\begin{pmatrix}1 & 1\\1 & 0\end{pmatrix}, \begin{pmatrix}1 & 1\\0 & 1\end{pmatrix}, \begin{pmatrix}1 & 0\\1 & 1\end{pmatrix}, \begin{pmatrix}0 & 1\\1 & 1\end{pmatrix}\right\}$$

예제 16 1.5절 예제 3과 대체정리의 따름정리 2(2)에 의해, 다음 집합은 R^4의 기저이다.

$$\{(1,0,0,-1),(0,1,0,-1),(0,0,1,-1),(0,0,0,1)\}$$

예제 17 $p_k(x) = x^k + x^{k+1} + \cdots + x^n$(단, k는 0 이상 n 이하의 정수)라 하자. 1.5절 예제 4와 대체정리의 따름정리 2(2)에 의해, 집합 $\{p_0(x), p_1(x), \ldots, p_n(x)\}$는 $\mathsf{P}_n(F)$의 기저이다.

예제 6에서 생성집합을 축소하여 기저를 얻는 절차를 다루었다. 연립일차방정식의 풀이법을 공부하면 생성집합을 축소하여 기저를 얻는 간단한 방법을 알 수 있다. 이는 3.4절에서 자세히 설명하겠다. 이 방법은 일차독립인 집합을 확장하여 기저로 만들 때도 사용할 수 있다. 대체정리의 따름정리 2(3)을 구체화한 것이다.

기저와 연관 개념*

정리 1.9에는 일차독립인 집합, 기저, 생성집합 사이의 관계에 대하여 대체정리와 따름정리만큼이나 다양한 정보가 담겨있다. 이쯤에서 이번 절의 주요 내용을 정리하자.

벡터공간 V의 부분집합이 기저이기 위해서는 V를 생성하고 일차독립이어야 한다. V의 어떤 기저가 유한집합이면, V의 모든 기저는 이 집합과 같은 개수의 벡터를 포함한다. 이 자연수(개수)는 V의 차원이고 V는 유한차원 벡터공간이다. 벡터공간 V의 차원이 n이면, V의 모든 기저는 반드시 n개의 벡터로 이루어져 있다. 더 나아가 V의 일차독립인 부분집합은 n개를 초과하는 벡터를 가질 수 없으며, 적절히 몇 개의 벡터를 추가하여 기저로 확장할 수 있다. V의 모든 생성집합은 적어도 n개 이상의 벡터를 가지며 몇 개 벡터를 적절히 제외하면 V의 기저로 축소할 수 있다. 그림 1.6의 벤 다이어그램은 이 관계를 묘사한다.

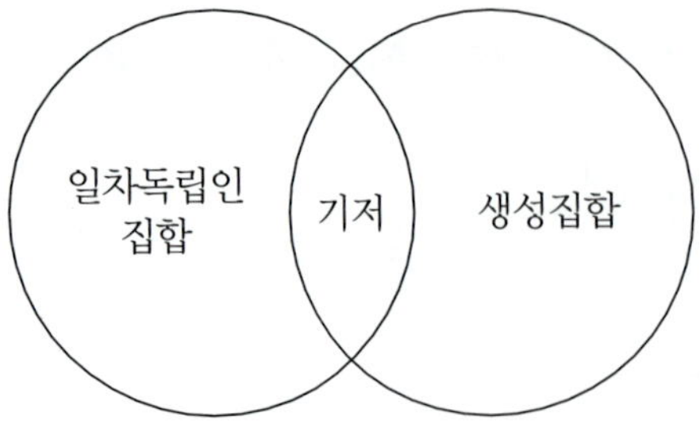

[그림 1.6] 기저는 일차독립인 집합과 생성집합의 교집합이다.

부분공간의 차원

다음 정리는 부분공간의 차원과 본래 공간의 차원 사이의 관계를 다룬다.

정리 1.11 유한차원 벡터공간 V에 대하여 부분공간 W는 유한차원이고, $\dim(\mathsf{W}) \leq \dim(\mathsf{V})$이다. 특히 $\dim(\mathsf{W}) = \dim(\mathsf{V})$이면 $\mathsf{V} = \mathsf{W}$이다.

증명 $\dim(\mathsf{V}) = n$이라 하자. $\mathsf{W} = \{\mathit{0}\}$이면 W는 유한차원이고 $\dim(\mathsf{W}) = 0 \leq n$이다. 그렇지 않으면 W는 영이 아닌 벡터 x_1을 가지고, $\{x_1\}$은 일차독립이다. $\{x_1, x_2, \ldots, x_k\}$가 일차독립이 되도록 W에서 벡터 $x_1, x_2, \ldots, x_k$를 순차적으로 하나씩 꺼내자.

V의 일차독립인 부분집합은 n개를 초과하는 벡터를 가질 수 없으므로 이 과정은 $k \leq n$인 k에서 멈춘다. 이때, $\{x_1, x_2, \ldots, x_k\}$는 일차독립이며 W에서 벡터를 하나만 더 꺼내 추가하면 일차종속이 된다. 정리 1.7에 의해, 집합 $\{x_1, x_2, \ldots, x_k\}$는 W를 생성하므로 W의 기저이다. 즉, $\dim(\mathsf{W}) = k \leq n$이다.

만약 $\dim(\mathsf{W}) = n$이면 W의 기저는 n개의 벡터로 이루어졌으며 일차독립인 V의 부분집합이다. 대체정리의 따름정리 2에 의하면 W의 기저인 이 집합은 V의 기저이기도 하다. 즉, $\mathsf{W} = \mathsf{V}$이다. ◀

예제 18 다음과 같이 주어진 벡터공간 W는 F^5의 부분공간이다.

$$\mathsf{W} = \{(a_1, a_2, a_3, a_4, a_5) \in \mathsf{F}^5 : a_1 + a_3 + a_5 = 0, a_2 = a_4\}$$

W의 기저는 $\{(-1,0,1,0,0), (-1,0,0,0,1), (0,1,0,1,0)\}$이므로 W의 차원은 3이다.

예제 19 $n \times n$ 대각행렬의 집합 $\mathbf{W}$는 $\mathbf{M}_{n\times n}(F)$의 부분공간이다(1.3절 예제 3). $\mathbf{W}$의 기저는 $\{E^{11}, E^{22}, \ldots, E^{nn}\}$ (단, E^{ij}는 i행 j열 성분만 1이고, 나머지 성분은 모두 0인 행렬)이므로 $\mathbf{W}$의 차원은 n이다.

예제 20 1.3절에서 $n \times n$ 대칭행렬의 집합 $\mathbf{W}$는 $\mathbf{M}_{n\times n}(F)$의 부분공간임을 확인하였다. $\mathbf{W}$의 기저는 $\{A^{ij}: 1 \le i \le j \le n\}$ (단, A^{ij}는 i행 j열과 j행 i열의 성분만 1이고, 나머지 성분은 모두 0인 $n \times n$ 행렬)이므로 $\mathbf{W}$의 차원은 다음과 같다.

$$\dim(\mathbf{W}) = n + (n-1) + \cdots + 1 = \frac{1}{2}n(n+1)$$

따름정리 유한차원 벡터공간 $\mathbf{V}$의 부분공간 $\mathbf{W}$를 생각하자. $\mathbf{W}$의 임의의 기저를 가져오면 이 기저를 확장하여 $\mathbf{V}$의 기저를 얻을 수 있다.

증명 $\mathbf{W}$의 기저를 S라 하자. S는 $\mathbf{V}$의 일차독립인 부분집합이므로 대체정리의 따름정리 2에 의해 $\mathbf{V}$의 기저로 확장할 수 있다. ◀

예제 21 다음과 같은 형태의 다항식을 원소로 가지는 집합 $\mathbf{W}$를 생각하자.

$$a_{18}x^{18} + a_{16}x^{16} + \cdots + a_2x^2 + a_0 \quad (\text{단, } a_{18}, a_{16}, \ldots, a_2, a_0 \in F)$$

이 집합은 $\mathbf{P}_{18}(F)$의 부분공간이다. $\mathbf{W}$의 기저는 $\{1, x^2, \ldots, x^{16}, x^{18}\}$이고, $\mathbf{P}_{18}(F)$의 표준기저의 부분집합이다.

정리 1.11을 사용하면 $\mathbf{R}^2$와 $\mathbf{R}^3$의 부분공간을 분류할 수 있다. $\mathbf{R}^2$은 2차원 벡터공간이므로 부분공간의 차원은 0, 1, 2가 될 수 있다. 차원이 0인 부분공간은 $\{\mathit{0}\}$이고, 차원이 2인 부분공간은 $\mathbf{R}^2$이다. 차원이 1인 부분공간은 (영이 아닌 벡터)$\in \mathbf{R}^2$을 하나 선택하고, 벡터의 스칼라 곱인 벡터를 원소로 가지는 집합이다(1.4절 연습문제 11).

자연스러운 방식을 따라 $\mathbf{R}^2$의 점을 유클리드 평면의 점과 일대일대응하면 $\mathbf{R}^2$의 부분공간을 기하학적으로 묘사할 수 있다. 차원이 0인 부분공간은 유클리드 평면의 원점이다. 차원이 1인 부분공간은 원점을 지나는 직선이다. 차원이 2인 부분공간은 유클리드 평면 전체이다.

비슷한 방식으로 $\mathbf{R}^3$의 차원은 0, 1, 2, 3이 될 수 있다. 유클리드 3차원 공간에서 차원이 0인 부분공간은 원점이다. 또한 차원이 1인 부분공간은 원점을 지나는 직선, 차원이 2인 부분공간은 원점을 포함하는 평면, 차원이 3인 부분공간은 유클리드 3차원 공간 전체이다.

라그랑주 보간법

지금까지 배운 내용은 실험이나 표본에서 수집한 데이터를 가공하는 과정에 응용할 수 있다. 예를 들어, 뉴욕에서 런던까지 가는 비행기의 몇 개의 특정한 시간과 위치를 대응한 데이터가 있다고 하자. 나머지 시간에 비행기가 어느 위치에 있는지 추정하려 한다. 이미 알고 있는 값을 바탕으로 그 사이의 값을 추정하는 방법을 **보간법** 또는 **내삽법(interpolation)**이라 한다.

대체정리의 따름정리 2는 데이터를 다항함수로 근사하는 유용한 공식을 얻는 데 사용한다. $c_0, c_1, \ldots, c_n$이 무한체 F에서 꺼낸 스칼라일 때, 다음과 같이 정의한 다항식 $f_0(x), f_1(x), \ldots, f_n(x)$를 $c_0, c_1, \ldots, c_n$에 대한 **라그랑주 다항식(Lagrange polynomial)**이라 한다.

$$f_i(x) = \frac{(x-c_0)\cdots(x-c_{i-1})(x-c_{i+1})\cdots(x-c_n)}{(c_i-c_0)\cdots(c_i-c_{i-1})(c_i-c_{i+1})\cdots(c_i-c_n)} = \prod_{\substack{k=0 \\ k\neq i}}^{n} \frac{x-c_k}{c_i-c_k}$$

각 다항식 $f_i(x)$는 차수가 n인 다항식이고 $\mathbf{P}_n(F)$의 원소이다. 이제 다항함수 $f_i\colon F \to F$에 대하여 다음과 같이 나타낼 수 있다.

$$f_i(c_j) = \begin{cases} 0 & (i \neq j) \\ 1 & (i = j) \end{cases} \tag{1.10}$$

라그랑주 다항식의 성질은 집합 $\beta = \{f_0, f_1, \ldots, f_n\}$이 $\mathbf{P}_n(F)$의 일차독립인 부분집합임을 보이는 데 사용된다. 다음 함수가 영함수라 가정하자.

$$\sum_{i=0}^{n} a_i f_i = 0 \quad (\text{단, } a_0, a_1, \ldots, a_n \text{은 스칼라})$$

이 함수에 c_j를 입력하면 $\sum_{i=0}^{n} a_i f_i(c_j) = 0 \; (j = 0, 1, \ldots, n)$이다. 한편, (1.10)에 의해 $\sum_{i=0}^{n} a_i f_i(c_j) = a_j$이다. 따라서 모든 $0 \leq j \leq n$에 대하여 $a_j = 0$이고 β는 일차독립이다. $\mathbf{P}_n(F)$의 차원이 $n+1$이므로 대체정리의 따름정리 2로부터 β는 $\mathbf{P}_n(F)$의 기저이다.

β가 $\mathbf{P}_n(F)$의 기저이므로 $\mathbf{P}_n(F)$에 속하는 모든 다항식 g는 β의 일차결합 $g = \sum_{i=0}^{n} b_i f_i$로 표현할 수 있다. 식의 양변에 $x = c_j$를 입력하면 $g(c_j)$는 다음과 같다.

$$g(c_j) = \sum_{i=0}^{n} b_i f_i(c_j) = b_j$$

따라서 $g = \sum_{i=0}^{n} g(c_i) f_i$는 β에 대한 유일한 일차결합 표현이다. 이 식을 **라그랑주 보간법(Lagrange interpolation formula)**이라 한다.

지금까지의 논의에 따르면 $n+1$개의 스칼라 $b_0, b_1, \ldots, b_n$(중복되는 값이 있을 수도 있다)이 주어질 때 다항함수 $g = \sum_{i=0}^{n} b_i f_i$는 $g(c_j) = b_j$인 유일한 다항식($\in \mathsf{P}_n(F)$)이다. 즉, 입력 값이 c_j ($j = 0, 1, \ldots, n$)일 때, 출력 값이 b_j이며 차수가 n을 넘지 않는 유일한 다항식을 항상 찾을 수 있다.

그래프가 세 점 $(1, 8)$, $(2, 5)$, $(3, -4)$를 지나는 이차 이하의 다항함수를 찾아보자. ($c_0 = 1, c_1 = 2$, $c_2 = 3$이고 $b_0 = 8$, $b_1 = 5$, $b_2 = -4$이다.) c_0, c_1, c_2에 대한 라그랑주 다항식은 다음과 같다.

$$f_0(x) = \frac{(x-2)(x-3)}{(1-2)(1-3)} = \frac{1}{2}(x^2 - 5x + 6)$$
$$f_1(x) = \frac{(x-1)(x-3)}{(2-1)(2-3)} = -1(x^2 - 4x + 3)$$
$$f_2(x) = \frac{(x-1)(x-2)}{(3-1)(3-2)} = \frac{1}{2}(x^2 - 3x + 2)$$

찾고자 하는 다항식 $g(x)$를 다음과 같이 나타낼 수 있다.

$$\begin{aligned} g(x) &= \sum_{i=0}^{2} b_i f_i(x) = 8f_0(x) + 5f_1(x) - 4f_2(x) \\ &= 4(x^2 - 5x + 6) - 5(x^2 - 4x + 3) - 2(x^2 - 3x + 2) \\ &= -3x^2 + 6x + 5 \end{aligned}$$

라그랑주 보간법을 바탕으로 확인할 수 있는 중요한 사실을 언급하며 이번 절을 마친다. 다항식 $f \in \mathsf{P}_n(F)$와 서로 다른 $n+1$개의 스칼라 $c_0, c_1, \ldots, c_n \in F$에 대하여 $f(c_i) = 0$이면 f는 영함수이다.

1.6 연습문제

1. 다음 명제의 참-거짓을 판정하라.

(a) 점공간은 기저가 없다.

(b) 유한집합이 생성한 벡터공간에는 기저가 있다.

(c) 모든 벡터의 기저는 유한집합이다.

(d) 벡터공간은 두 개 이상의 기저를 가질 수 없다.

(e) 벡터공간의 어떤 기저가 유한집합이면, 모든 기저의 원소의 개수는 같다.

(f) $\mathsf{P}_n(F)$의 차원은 n이다.

(g) $\mathsf{M}_{m\times n}(F)$의 차원은 $m+n$이다.

(h) 유한차원 벡터공간 V와 부분집합 S_1, S_2를 생각하자. S_1이 일차독립이고 S_2가 V를 생성하면, S_1의 벡터의 개수는 S_2를 구성하는 벡터의 개수를 초과할 수 없다.

(i) 집합 S가 벡터공간 V의 생성집합이면, V의 모든 벡터는 S의 일차결합으로 유일하게 표현할 수 있다.

(j) 유한차원 벡터공간의 부분공간은 유한차원이다.

(k) n차원 벡터공간 V를 생각하자. 차원이 0인 (V의) 부분공간과 차원이 n인 (V의) 부분공간은 각각 유일하다.

(l) n차원 벡터공간 V와 n개의 벡터를 가진 부분집합 S를 생각하자. S가 일차독립이기 위한 필요충분조건은 S가 V를 생성하는 것이다.

2. 다음 집합이 R^3의 기저인지 판정하라.

(a) $\{(1,0,-1),(2,5,1),(0,-4,3)\}$

(b) $\{(2,-4,1),(0,3,-1),(6,0,-1)\}$

(c) $\{(1,2,-1),(1,0,2),(2,1,1)\}$

(d) $\{(-1,3,1),(2,-4,-3),(-3,8,2)\}$

(e) $\{(1,-3,-2),(-3,1,3),(-2,-10,-2)\}$

3. 다음 집합이 $\mathsf{P}_2(R)$의 기저인지 판정하라.

(a) $\{-1-x+2x^2, 2+x-2x^2, 1-2x+4x^2\}$

(b) $\{1+2x+x^2, 3+x^2, x+x^2\}$

(c) $\{1-2x-2x^2, -2+3x-x^2, 1-x+6x^2\}$

(d) $\{-1+2x+4x^2, 3-4x-10x^2, -2-5x-6x^2\}$

(e) $\{1+2x-x^2, 4-2x+x^2, -1+18x-9x^2\}$

4. 세 다항식 $x^3-2x^2+1, 4x^2-x+3$, $3x-2$가 $\mathsf{P}_3(R)$를 생성하는지 판정하고 근거를 서술하라.

5. 집합 $\{(1,4,-6),(1,5,8),(2,1,1),(0,1,0)\}$은 일차독립인 R^3의 부분집합인지 판정하고 근거를 서술하라.

6. F^2과 $\mathsf{M}_{2\times 2}(F)$의 서로 다른 기저를 각각 3개씩 제시하라.

7. 다음 5개의 벡터는 R^3을 생성한다.

$u_1 = (2, -3, 1), u_2 = (1, 4, -2), u_3 = (-8, 12, -4), u_4 = (1, 37, -17), u_5 = (-3, -5, 8)$

$\{u_1, u_2, u_3, u_4, u_5\}$의 부분집합 중에서 R^3의 기저를 찾아라.

8. (좌표의 모든 성분의 합이 0인 벡터)$\in \mathsf{R}^5$으로 이루어진 집합을 W라 하자. 다음 8개의 벡터는 W를 생성한다.

$$\begin{aligned} u_1 &= (2, -3, 4, -5, 2), & u_2 &= (-6, 9, -12, 15, -6), \\ u_3 &= (3, -2, 7, -9, 1), & u_4 &= (2, -8, 2, -2, 6), \\ u_5 &= (-1, 1, 2, 1, -3), & u_6 &= (0, -3, -18, 9, 12), \\ u_7 &= (1, 0, -2, 3, -2), & u_8 &= (2, -1, 1, -9, 7) \end{aligned}$$

$\{u_1, u_2, \ldots, u_8\}$의 부분집합 중에서 W의 기저를 찾아라.

9. 네 벡터 $u_1 = (1, 1, 1, 1)$, $u_2 = (0, 1, 1, 1)$, $u_3 = (0, 0, 1, 1)$, $u_4 = (0, 0, 0, 1)$은 F^4의 기저를 형성한다. 임의의 벡터 $(a_1, a_2, a_3, a_4) \in \mathsf{F}^4$을 u_1, u_2, u_3, u_4의 유일한 일차결합 표현으로 나타내라.

10. 라그랑주 보간법을 사용하여 주어진 점을 지나는 가장 낮은 차수의 다항함수를 찾아라.

(a) $(-2, -6)$, $(-1, 5)$, $(1, 3)$

(b) $(-4, 24)$, $(1, 9)$, $(3, 3)$

(c) $(-2, 3)$, $(-1, -6)$, $(1, 0)$, $(3, -2)$

(d) $(-3, -30)$, $(-2, 7)$, $(0, 15)$, $(1, 10)$

11. 벡터공간 V의 서로 다른 두 벡터 u, v를 생각하자. 집합 $\{u, v\}$가 V의 기저이면 $\{u+v, au\}$와 $\{au, bv\}$도 V의 기저임을 보여라. (단, a, b는 0이 아닌 두 스칼라)

12. 벡터공간 V의 서로 다른 세 벡터 u, v, w를 생각하자. 집합 $\{u, v, w\}$가 V의 기저이면 $\{u+v+w, v+w, w\}$도 V의 기저임을 보여라.

13. 다음 연립방정식의 해를 원소로 가지는 집합은 R^3의 부분공간이다. 이 부분공간의 기저를 구하라.

$$\begin{aligned} x_1 - 2x_2 + x_3 &= 0 \\ 2x_1 - 3x_2 + x_3 &= 0 \end{aligned}$$

14. 벡터공간 F^5에서 다음과 같이 정의된 두 부분공간 W_1, W_2를 생각하자.

$$\mathsf{W}_1 = \{(a_1, a_2, a_3, a_4, a_5) \in \mathsf{F}^5 : a_1 - a_3 - a_4 = 0\}$$

$$\mathsf{W}_2 = \{(a_1, a_2, a_3, a_4, a_5) \in \mathsf{F}^5 : a_2 = a_3 = a_4 \text{이고 } a_1 + a_5 = 0\}$$

W_1과 W_2의 차원을 각각 구하라.

15. 대각합이 0인 $n \times n$ 행렬의 집합 W는 $\mathsf{M}_{n\times n}(F)$의 부분공간이다(1.3절 예제 4). W의 차원과 기저를 각각 구하라.

16. $n \times n$ 상삼각행렬의 집합 W는 $\mathsf{M}_{n\times n}(F)$의 부분공간이다(1.3절 연습문제 12). W의 차원과 기저를 각각 구하라.

17. $n \times n$ skew-symmetric 행렬의 집합은 $\mathsf{M}_{n\times n}(F)$의 부분공간이다(1.3절 연습문제 28). W의 차원과 기저를 각각 구하라.

18. 수열의 값이 F에 속하는 모든 수열의 집합을 V라 하자(1.2절 예제 5). 유한개의 수열 값만 0이 아닌 모든 수열 (a_n)의 집합을 W라 하면 W는 V의 부분공간이다. W의 기저를 찾고, 근거를 제시하라.

19. 정리 1.8의 증명을 완성하라.

20. n차원 벡터공간 V와 생성집합 S에 대한 다음 명제가 참임을 보여라. 5.4절

(a) S의 부분집합 중 V의 기저가 존재한다.

힌트 S를 유한집합이라 가정하지 않는다.

(b) S는 적어도 n개의 서로 다른 벡터를 포함한다.

21. 벡터공간이 무한차원이기 위한 필요충분조건은 부분집합 중 일차독립인 무한집합이 존재하는 것임을 증명하라.

22. 유한차원 벡터공간 V의 두 부분공간 W_1, W_2에 대하여 $\dim(\mathsf{W}_1 \cap \mathsf{W}_2) = \dim(\mathsf{W}_1)$이 되기 위한 필요충분조건을 구하라.

23. 벡터공간 V에 속한 벡터 $v_1, v_2, \ldots, v_k, v$에 대하여 다음 두 부분공간을 생각하자.

$$\mathsf{W}_1 = \operatorname{span}(\{v_1, v_2, \ldots, v_k\}), \quad \mathsf{W}_2 = \operatorname{span}(\{v_1, v_2, \ldots, v_k, v\})$$

(a) $\dim(\mathsf{W}_1) = \dim(\mathsf{W}_2)$이기 위한, v에 대한 필요충분조건을 찾아라.

(b) $\dim(\mathsf{W}_1) \neq \dim(\mathsf{W}_2)$일 때, $\dim(\mathsf{W}_1)$과 $\dim(\mathsf{W}_2)$ 사이에 어떤 관계가 성립하는지 찾고 이를 증명하라.

24. 다항식 $f(x) \in \mathsf{P}_n(R)$의 차수가 n이라 하자. 임의의 $g(x) \in \mathsf{P}_n(R)$에 대하여 다음을 만족하는 스칼라 c_0, $c_1, \ldots, c_n$이 존재함을 증명하라.

$g(x) = c_0 f(x) + c_1 f'(x) + c_2 f''(x) + \cdots + c_n f^{(n)}(x)$ (단, $f^{(n)}(x)$는 $f(x)$의 n계 도함수)

25. 벡터공간 V, W, Z는 1.2절 연습문제 21과 같다. V의 차원이 n이고, W는 차원이 m인 F-벡터공간일 때, Z의 차원을 구하라.

26. 상수 $a \in R$에 대하여 $\mathsf{P}_n(R)$의 부분공간 $\{f \in \mathsf{P}_n(R) \colon f(a) = 0\}$의 차원을 구하라.

27. $\mathsf{P}(F)$의 두 부분공간 W_1, W_2는 1.3절 연습문제 25와 같다. 두 부분공간 $\mathsf{W}_1 \cap \mathsf{P}_n(F)$, $\mathsf{W}_2 \cap \mathsf{P}_n(F)$의 차원을 각각 구하라.

28. 차원이 n인 C-벡터공간 V를 R-벡터공간으로 보면 차원이 $2n$임을 증명하라(예제 11, 예제 12).

29~34. 다음은 부분공간의 합과 직합(direct sum)에 대한 문제이다(1.3절 연습문제 23~30 참고).

29. 다음 명제가 참임을 보여라.

(a) 유한차원 벡터공간 V의 두 부분공간 W_1, W_2에 대하여 $\mathsf{W}_1 + \mathsf{W}_2$는 유한차원이고, 다음이 성립한다.

$$\dim(\mathsf{W}_1 + \mathsf{W}_2) = \dim(\mathsf{W}_1) + \dim(\mathsf{W}_2) - \dim(\mathsf{W}_1 \cap \mathsf{W}_2)$$

힌트 $\mathsf{W}_1 \cap \mathsf{W}_2$의 기저를 $\{u_1, u_2, \ldots, u_k\}$라 놓고, 이 기저를 확장하여 W_1의 기저 $\{u_1, u_2, \ldots, u_k, v_1, v_2, \ldots, v_m\}$과 W_2의 기저 $\{u_1, u_2, \ldots, u_k, w_1, w_2, \ldots, w_p\}$를 만든다.

(b) 벡터공간 V의 두 부분공간 W_1, W_2가 유한차원이고, $\mathsf{V} = \mathsf{W}_1 + \mathsf{W}_2$라 가정하자. V가 W_1과 W_2의 직합이기 위한 필요충분조건은 $\dim(\mathsf{V}) = \dim(\mathsf{W}_1) + \dim(\mathsf{W}_2)$이다.

30. 벡터공간 $\mathsf{V} = \mathsf{M}_{2\times 2}(F)$의 두 부분집합 W_1, W_2를 다음과 같이 정의하자.

$$\mathsf{W}_1 = \left\{\begin{pmatrix} a & b \\ c & a \end{pmatrix} \in \mathsf{V} \colon a, b, c \in F\right\}, \quad \mathsf{W}_2 = \left\{\begin{pmatrix} 0 & a \\ -a & b \end{pmatrix} \in \mathsf{V} \colon a, b \in F\right\}$$

W_1, W_2가 V의 부분공간임을 증명하고 W_1, W_2, $\mathsf{W}_1 + \mathsf{W}_2$, $\mathsf{W}_1 \cap \mathsf{W}_2$의 차원을 각각 구하라.

31. 벡터공간 V의 두 부분공간 W_1, W_2에 대하여 W_1의 차원은 m, W_2의 차원은 n이고 $m \geq n$이라 가정하자. 다음 부등식이 성립함을 증명하라.

(a) $\dim(\mathsf{W}_1 \cap \mathsf{W}_2) \leq n$

(b) $\dim(\mathsf{W}_1 + \mathsf{W}_2) \leq m + n$

32. 다음 조건을 만족하고 $\dim(\mathsf{W}_1) > \dim(\mathsf{W}_2) > 0$인 R^3의 두 부분공간 W_1, W_2의 예를 들어라.

(a) $\dim(\mathsf{W}_1 \cap \mathsf{W}_2) = \dim(\mathsf{W}_2)$

(b) $\dim(\mathsf{W}_1 + \mathsf{W}_2) = \dim(\mathsf{W}_1) + \dim(\mathsf{W}_2)$

(c) $\dim(\mathsf{W}_1 + \mathsf{W}_2) < \dim(\mathsf{W}_1) + \dim(\mathsf{W}_2)$

33. 다음 명제가 참임을 보여라.

(a) 벡터공간 V의 두 부분공간 W_1, W_2에 대하여 $\mathsf{V} = \mathsf{W}_1 \oplus \mathsf{W}_2$가 성립한다고 가정하자. β_1과 β_2가 각각 W_1과 W_2의 기저일 때, $\beta_1 \cap \beta_2 = \varnothing$이고 $\beta_1 \cup \beta_2$는 V의 기저이다.

(b) 벡터공간 V의 두 부분공간 W_1, W_2에 대하여 β_1과 β_2가 각각 W_1과 W_2의 기저이고, $\beta_1 \cap \beta_2 = \varnothing$라 가정하자. $\beta_1 \cup \beta_2$가 V의 기저이면 $\mathsf{V} = \mathsf{W}_1 \oplus \mathsf{W}_2$이다.

34. 다음 질문에 답하라.

(a) 유한차원 벡터공간 V의 임의의 부분공간 W_1에 대하여 $\mathsf{V} = \mathsf{W}_1 \oplus \mathsf{W}_2$인 부분공간 $\mathsf{W}_2 \subseteq \mathsf{V}$가 존재함을 증명하라.

(b) $\mathsf{V} = \mathsf{R}^2$, $\mathsf{W}_1 = \{(a_1, 0) \colon a_1 \in R\}$라 하자. $\mathsf{V} = \mathsf{W}_1 \oplus \mathsf{W}_2$, $\mathsf{V} = \mathsf{W}_1 \oplus \mathsf{W}_2'$, $\mathsf{W}_2 \neq \mathsf{W}_2'$인 부분공간 W_2, W_2'의 예를 들어라.

35. 1.3절 연습문제 31을 이해했다면, 유한차원 벡터공간 V의 부분공간인 W의 기저를 $\{u_1, u_2, \ldots, u_k\}$라 하자. 집합 $\{u_1, u_2, \ldots, u_k, u_{k+1}, \ldots, u_n\}$은 W의 기저를 확장하여 얻은 V의 기저이다. 다음 물음에 답하라.

(a) $\{u_{k+1} + \mathsf{W}, u_{k+2} + \mathsf{W}, \ldots, u_n + \mathsf{W}\}$는 몫공간(quotient space) V/W의 기저임을 증명하라.

(b) $\dim(\mathsf{V})$, $\dim(\mathsf{W})$, $\dim(\mathsf{V}/\mathsf{W})$ 사이의 관계식을 유도하라.

1.7 일차독립인 극대 부분집합*

이번 절에서는 1.6절의 중요한 결과를 무한차원 벡터공간에서 성립하는 형태로 일반화한다. 가장 중요한 목표는 '모든 벡터공간은 기저가 존재함'을 증명하는 것이다. 무한차원 벡터공간을 다룰 때 이 사실은 매우 중요하다. 무한차원 벡터공간의 기저를 구체적으로 기술하기란 무척 어렵기 때문이다. 유리수체에서 실수 벡터공간을 생각해 보자. 이 벡터공간의 기저는 어떤 모양일까? 구체적인 모양을 생각하기는 무척 힘들다. 그럼에도 불구하고 기저는 반드시 존재한다!

1.6절에서 증명한 결과를 무한차원으로 일반화하는 데 가장 큰 걸림돌은 수학적 귀납법을 더 이상 사용할 수 없다는 점이다. 대신 여기서 **하우스도르프 극대원리**를 사용할 것이다. 이 원리를 서술할 때 필요한 몇 가지 용어를 확인해 보자.

정의 $\mathcal{F}$를 집합족(family)이라 하자. 다음 조건을 만족하는 $\mathcal{F}$의 멤버(member) M은 (집합의 포함 관계에 대한) **극대(maximal)**이다.

$$M\text{을 포함하는 }\mathcal{F}\text{의 멤버는 오직 }M\text{뿐이다.}$$

예제 1 공집합이 아닌 집합 S의 모든 부분집합을 원소로 가지는 집합족(family) $\mathcal{F}$를 생각하자. 이 집합족은 S의 **멱집합(power set)**이라 한다. 집합 S는 당연히 $\mathcal{F}$의 극대원소(maximal element)이다.

예제 2 공집합이 아닌 두 집합 S, T가 서로소일 때, (두 집합의) 멱집합의 합집합으로 정의한 집합족 $\mathcal{F}$를 생각하자. 두 집합 S와 T는 모두 집합족 $\mathcal{F}$의 극대원소이다.

예제 3 무한집합 S의 모든 유한 부분집합을 원소로 가지는 집합족 $\mathcal{F}$를 생각하자. 집합족 $\mathcal{F}$는 극대원소를 가지지 않는다. 왜 그럴까? 집합족 $\mathcal{F}$에 속한 어떤 집합 M을 가져오더라도 M에 속하지 않은 $s \in S$를 사용하여 ($\mathcal{F}$의 멤버인) S의 유한 부분집합 $M \cup \{s\}$를 만들 수 있다. 이 집합은 M을 포함하는 더 큰 집합이다.

정의 다음 조건을 만족하는 집합족(collection) $\mathcal{C}$는 **사슬(chain)**[11]이라 한다.

$\mathcal{C}$의 멤버 A, B를 임의로 선택할 때 $A \subseteq B$ 또는 $B \subseteq A$가 반드시 성립한다.

예제 4 집합 $A_n = \{1, 2, \ldots, n\}$을 생각하자. (단, n은 자연수) 집합족(collection) $\mathcal{C} = \{A_n : n = 1, 2, 3, \ldots\}$은 사슬이다. $A_m \subseteq A_n$이기 위한 필요충분조건은 $m \leq n$이다.

이제 하우스도르프 극대원리를 서술할 준비를 마쳤다.

하우스도르프 극대원리(Hausdorff maximal principle)[12] 집합족(family) $\mathcal{F}$에 포함되는 임의의 사슬 $\mathcal{C}$를 가져왔을 때, $\mathcal{C}$의 모든 멤버를 포함하는 $\mathcal{F}$의 멤버가 존재하면 $\mathcal{F}$에는 극대원소가 있다.

하우스도르프 극대원리는 집합족(family)이 특정한 조건을 만족하면 극대원소가 반드시 존재함을 보장한다. 이제 극대원리의 관점에서 기저의 정의를 다른 형태로 표현하자. 정리 1.12에 의하면 다음 정의는 기저의 정의와 같다.

정의 벡터공간 V의 부분집합 S를 생각하자. S의 **일차독립인 극대 부분집합(maximal linearly independent subset)** B는 다음 두 가지 조건을 만족하는 S의 부분집합이다.

1. 집합 B는 일차독립이다.
2. 집합 B를 포함하고 일차독립인 (S의) 부분집합은 오직 B 뿐이다.

예제 5 1.4절의 예제 2에서는 집합 $\{x^3 - 2x^2 - 5x - 3, 3x^3 - 5x^2 - 4x - 9\}$가 다음과 같이 주어진 집합 S의 일차독립인 극대 부분집합임을 보였다.

$$S = \{2x^3 - 2x^2 + 12x - 6, x^3 - 2x^2 - 5x - 3, 3x^3 - 5x^2 - 4x - 9\} \in \mathsf{P}_3(R)$$

더 나아가 두 개의 다항식으로 구성된 S의 부분집합은 항상 S의 일차독립인 극대 부분집합임을 보일 수 있다. 일반적으로 일차독립인 극대 부분집합은 유일하지 않다.

---

11 **끼인 구조(nest)** 또는 **탑(tower)**이라고도 한다.

12 하우스도르프 극대원리는 선택공리(axiom of choice)와 동치이다. 선택공리는 공리(axiom)에 기반한 집합론을 구성하는 가장 중요한 주춧돌이다. 하우스도르프 극대원리의 집합론적인 활용을 더 공부하고 싶으면 다음 문헌을 참고하기 바란다. John L. Kelley, *General Topology*, Graduate Texts in Mathematics Series, Vol. 27, Springer-Verlag, 1991.

벡터공간 V의 기저 β는 일차독립인 극대 부분집합이다. 왜 그럴까?

1 정의에 따르면 β는 당연히 일차독립이다.

2 $v \in \mathsf{V}$, $v \notin \beta$이면 $\beta \cup \{v\}$는 정리 1.7에 의해 일차종속이다. $\mathrm{span}(\beta) = \mathsf{V}$이기 때문이다.

역이 성립함을 보이자.

> **정리 1.12** V는 벡터공간이고, 부분집합 S는 V를 생성한다. β가 S의 일차독립인 극대 부분집합이면 β는 V의 기저이다.

증명 β가 S의 일차독립인 극대 부분집합이라 하자. β는 일차독립이므로 β가 V를 생성함을 보이면 충분하다. $S \subseteq \mathrm{span}(\beta)$라 가정하자. 그렇지 않으면 $v \notin \mathrm{span}(\beta)$인 $v \in S$가 존재한다. 정리 1.7(56쪽)에 의해 $\beta \cup \{v\}$는 일차독립이고 β가 극대라는 가정에 모순이다. 따라서 $S \subseteq \mathrm{span}(\beta)$이고 S는 V를 생성하므로 정리 1.5로부터 $\mathrm{span}(\beta) = \mathsf{V}$이다. ◀

기저와 '일차독립인 극대 부분집합'은 동치이다. 즉, 모든 벡터공간마다 '일차독립인 극대 부분집합'이 존재함을 보이는 것과 모든 벡터공간이 기저를 가짐을 보이는 것은 같다. 이 결과는 다음 정리에서 바로 이끌어낼 수 있다.

> **정리 1.13** 벡터공간 V와 일차독립인 부분집합 S를 생각하자. S를 포함하는 V의 (일차독립인) 극대 부분집합이 존재한다.

증명 S를 포함하는 일차독립인 부분집합($\subseteq \mathsf{V}$)을 원소로 가지는 집합족(family)을 $\mathcal{F}$라 하자. $\mathcal{F}$가 극대원소를 가짐을 보이고자 한다. $\mathcal{F}$에서 사슬 $\mathcal{C}$를 임의로 하나 꺼낼 때, $\mathcal{C}$의 모든 멤버를 포함하는 $\mathcal{F}$의 멤버 U가 존재함을 보일 것이다.

$\mathcal{C}$가 공집합이면 $U = S$로 잡는다. $\mathcal{C}$가 공집합이 아니면 $\mathcal{C}$에 속한 모든 멤버의 합집합을 U로 잡는다. U는 확실히 $\mathcal{C}$의 모든 멤버를 포함한다. $U \in \mathcal{F}$(U가 일차독립인 V의 부분집합이고 S를 포함함)을 보이면 충분하다. 사슬 $\mathcal{C}$의 모든 멤버는 S를 포함하는 V의 부분집합이므로, $S \subseteq U \subseteq \mathsf{V}$이다.

U가 일차독립임을 보이자. $u_1, u_2, \ldots, u_n \in U$이고, $a_1, a_2, \ldots, a_n$은 스칼라이며 $a_1u_1 + a_2u_2 + \cdots + a_nu_n = \mathit{0}$이라 가정하자. $u_i \in U$ $(i = 1, 2, \ldots, n)$이므로, $u_i \in A_i$인 멤버 $A_i (\in \mathcal{C})$가 존재한다. $\mathcal{C}$는 사슬이므로 모든 A_i를 포함하는 집합이 존재한다. 이 집합을 A_k라 하자. 즉, 모든 i $(i = 1, 2, \ldots, n)$에 대하여 $u_i \in A_k$이다. A_k는 일차독립이므로 $a_1u_1 + a_2u_2 + \cdots + a_nu_n = \mathit{0}$은 $a_1 = a_2 = \cdots = a_n = 0$임을 의미한다. 따라서, U는 일차독립이다.

하우스도르프 극대원리에 의해 $\mathcal{F}$에는 극대원소가 있다. 이 극대원소는 **V**의 일차독립인 극대 부분집합이며 S를 포함한다. ◀

따름정리 모든 벡터공간은 기저를 포함한다.

두 집합 사이에 일대일대응이 존재할 때, 두 집합은 **기수(cardinality)**가 같다. 대체정리의 따름정리 1을 무한차원으로 유추하면 다음의 참인 명제를 생각할 수 있다.

> 무한차원 벡터공간이 주어질 때, 무한차원 벡터공간의 모든 기저는 기수가 같다.[13]

연습문제 4~7은 1.6절에서 보인 유한차원 벡터공간의 성질을 무한차원 벡터공간으로 확장한다.

1.7 연습문제

1. 다음 명제의 참-거짓을 판정하라.

(a) 모든 집합족(family)에는 극대원소가 있다.

(b) 모든 사슬에는 극대원소가 있다.

(c) 집합족이 극대원소를 가지면 그 극대원소는 유일하다.

(d) 사슬이 극대원소를 가지면 그 극대원소는 유일하다.

(e) 벡터공간의 기저는 일차독립인 극대 부분집합이다.

(f) 벡터공간의 일차독립인 극대 부분집합은 이 벡터공간의 기저이다.

2. (실숫값을 가지고) 수렴하는 수열의 집합은 (실숫값을 가지는) 수열로 이루어진 벡터공간의 부분공간이고 무한차원이다. 이를 증명하라(1.3절 연습문제 21 참고).

3. 실수 집합을 (유리수체에서의) 벡터공간 **V**로 간주하자. **V**가 무한차원임을 증명하라.

힌트 π는 초월수이다. 계수가 유리수인 어떤 다항식도 π를 근으로 가지지 않는다.

4. 벡터공간 **V**와 부분공간 **W**를 생각하자. **W**의 기저는 **V**의 기저의 부분집합임을 보이시오. (단, **V**는 유한차원이 아닐 수도 있다.)

13 이 명제의 증명은 다음 문헌에서 확인하자. N. Jacobson, *Lectures in Abstract Algebra*, vol. 2, Linear Algebra, D. Van Nostrand Company, New York, 1953, p. 240.

5. 정리 1.8을 무한차원으로 표현한 다음 명제가 참임을 보여라.

> 무한차원 벡터공간 **V**와 기저 β를 생각하자. β가 **V**의 기저가 되기 위한 필요충분조건은 '영이 아닌 벡터 $v \in \mathsf{V}$에 대하여 $v = c_1u_1 + c_2u_2 + \cdots + c_nu_n$을 만족하는 벡터 $u_1, u_2, \ldots, u_n \in \beta$와 0이 아닌 스칼라 $c_1, c_2, \ldots, c_n$이 유일하게 존재한다.'는 것이다.

6. 정리 1.9를 무한차원으로 표현한 다음 명제가 참임을 보여라.

> S_1, S_2는 벡터공간 **V**의 부분집합이고 $S_1 \subseteq S_2$이라 하자. S_1이 일차독립이고 S_2가 **V**를 생성하면, $S_1 \subseteq \beta \subseteq S_2$인 기저 β가 존재한다.

힌트 S_1을 포함하고 일차독립인 부분집합($\subseteq S_2$)을 원소로 가지는 집합족(family)에 하우스도르프 극대원리를 적용하라. 다음 과정은 정리 1.13의 증명과 비슷하다.

7. 대체정리(정리 1.10)를 무한차원으로 표현한 다음 명제가 참임을 보여라.

> β는 벡터공간 **V**의 기저이고, S는 **V**의 일차독립인 부분집합이라 하자. β의 어떤 부분집합 S_1에 대하여, $S \cup S_1$이 **V**의 기저가 된다.

2

선형변환과 행렬
Linear Transformations and Matrices

1장에서는 벡터공간에 대한 이론을 제법 자세히 살펴보았다. 이제 벡터공간의 구조를 '보존'하는 함수를 생각하자. 이런 특별한 함수를 선형변환이라 하는데, 순수수학과 응용수학을 통틀어 이 함수는 무척 자주 등장한다. 미적분학에서 배운 미분연산자와 적분연산자는 선형변환에서 아주 중요하고 대표적인 예이다(2.1절 예제 6, 예제 7). 이 두 가지 예는 미분방정식과 적분방정식을 특정한 벡터공간 위에서 정의된 선형변환으로 바꾸어 이해할 수 있게 해준다(2.7절, 5.2절).

기하학에 등장하는 선형변환에는 회전, 대칭, 사영(2.1절 예제 2~4)이 있다. 앞으로 R^n 의 등장사상을 분석할 때 이 변환들을 유용하게 사용할 것이다(6.10절).

이번 장 이후에도 물리학이나 사회과학에서 등장하는 선형변환의 예를 지속적으로 접하게 될 것이다. 이번 장 전체에서 등장하는 모든 벡터공간은 통상적인 체 F 위에서 정의된 벡터공간이다.

2.1 선형변환, 영공간, 상공간

이번 절에서는 다양한 선형변환을 소개한다. 이 중 몇 개는 자세히 살펴볼 것이다. 정의역이 V이고, 공역이 W인 함수 T를 $\mathsf{T}: \mathsf{V} \to \mathsf{W}$라 표기한다. 함수가 익숙하지 않다면 부록 B를 참고하라.

정의 V와 W는 모두 F-벡터공간이라 하자. 모든 $x, y \in \mathsf{V}$, $c \in F$에 대하여 다음을 모두 만족하는 함수 $\mathsf{T}: \mathsf{V} \to \mathsf{W}$를 V에서 W로 가는 **선형변환(linear transformation)**이라 한다.‡

1 $\mathsf{T}(x+y) = \mathsf{T}(x) + \mathsf{T}(y)$

2 $\mathsf{T}(cx) = c\mathsf{T}(x)$

체 F가 유리수 집합이면 1은 2를 함의한다(연습문제 38). 그러나 일반적으로 1, 2는 서로 논리적으로 독립된 명제이다. 연습문제 39와 연습문제 40을 참고하라.

'T가 선형변환이다.'라는 표현을 간단히 'T는 **선형(linear)**이다.'라고 한다. 각자 $\mathsf{T}: \mathsf{V} \to \mathsf{W}$가 다음 성질을 만족함을 확인해 보기 바란다(연습문제 7).

‡ (옮긴이) 또한, $\mathsf{W} = \mathsf{V}$인 선형변환을 선형연산자(linear operator)라고 한다. 상세한 내용은 138쪽을 확인하라.

성질 1 T가 선형이면 $\mathsf{T}(\mathit{0}) = \mathit{0}$이다.

성질 2 T가 선형이기 위한 필요충분조건은 모든 $x, y \in \mathsf{V}$, $c \in F$에 대하여 $\mathsf{T}(cx + y) = c\mathsf{T}(x) + \mathsf{T}(y)$인 것이다.

성질 3 T가 선형이면 모든 $x, y \in \mathsf{V}$에 대하여 $\mathsf{T}(x - y) = \mathsf{T}(x) - \mathsf{T}(y)$이다.

성질 4 T가 선형이기 위한 필요충분조건은 모든 $x_1, x_2, \ldots, x_n \in \mathsf{V}$와 $a_1, a_2, \ldots, a_n \in F$에 대하여 다음 식을 만족하는 것이다.

$$\mathsf{T}\left(\sum_{i=1}^{n} a_i x_i\right) = \sum_{i=1}^{n} a_i \mathsf{T}(x_i)$$

어떤 함수가 선형임을 보일 때, 주로 성질 2를 사용할 것이다.

예제 1 $\mathsf{T}: \mathsf{R}^2 \to \mathsf{R}^2$은 $\mathsf{T}(a_1, a_2) = (2a_1 + a_2, a_1)$이라 정의하자. T가 선형임을 보이기 위해 $c \in R$, $x = (b_1, b_2)$, $y = (d_1, d_2)$라 하면 $cx + y = (cb_1 + d_1, cb_2 + d_2)$이므로 다음이 성립한다.

$$\mathsf{T}(cx + y) = (2(cb_1 + d_1) + cb_2 + d_2, cb_1 + d_1)$$

또한, $c\mathsf{T}(x) + \mathsf{T}(y)$를 구하면 다음과 같다.

$$\begin{aligned} c\mathsf{T}(x) + \mathsf{T}(y) &= c(2b_1 + b_2, b_1) + (2d_1 + d_2, d_1) \\ &= (2cb_1 + cb_2 + 2d_1 + d_2, cb_1 + d_1) \\ &= (2(cb_1 + d_1) + cb_2 + d_2, cb_1 + d_1) \end{aligned}$$

따라서 T는 선형이다.

6장은 선형대수학이 기하학에서 매우 넓고 다양하게 사용됨을 설명한다. 선형대수학을 기하학에 응용할 수 있는 주요 이유는 중요한 기하 변환들이 선형이기 때문이다. 이제 대표적인 세 가지 예로 회전, 대칭, 사영을 살펴볼 것이다. 각 변환이 선형임을 확인하는 것은 여러분의 몫으로 남긴다.

예제 2 어떤 각 θ에 대하여 $\mathsf{T}_\theta: \mathsf{R}^2 \to \mathsf{R}^2$을 다음과 같이 정의한다.

$$\mathsf{T}_\theta(a_1, a_2) = \begin{cases} (a_1, a_2)\text{를 반시계방향으로 } \theta \text{만큼 회전한 벡터} & ((a_1, a_2) \neq (0, 0)) \\ (0, 0) & ((a_1, a_2) = (0, 0)) \end{cases}$$

$\mathsf{T}_\theta : \mathsf{R}^2 \to \mathsf{R}^2$는 각 θ만큼 **회전(rotation)**하는 선형변환이다.

T_θ에 대한 구체적인 식을 구해 보자. 벡터 $(a_1, a_2) \neq (0,0)$을 고정하고, 벡터 (a_1, a_2)와 x축의 양의 방향이 이루는 각을 α라 놓는다. $r = \sqrt{a_1^2 + a_2^2}$라 하면 $a_1 = r\cos\alpha$, $a_2 = r\sin\alpha$이다. 벡터 $\mathsf{T}_\theta(a_1, a_2)$의 크기는 r고, x축의 양의 방향과 이루는 각은 $\alpha + \theta$이므로 벡터 $\mathsf{T}_\theta(a_1, a_2)$를 성분으로 나타내면 다음과 같다.

$$\begin{aligned}\mathsf{T}_\theta(a_1, a_2) &= (r\cos(\alpha+\theta), r\sin(\alpha+\theta)) \\ &= (r\cos\alpha\cos\theta - r\sin\alpha\sin\theta, r\cos\alpha\sin\theta + r\sin\alpha\cos\theta) \\ &= (a_1\cos\theta - a_2\sin\theta, a_1\sin\theta + a_2\cos\theta)\end{aligned}$$

$(a_1, a_2) = (0,0)$인 경우에도 위 식은 성립한다.

예제 1과 비슷한 방식으로 어렵지 않게 T_θ가 선형임을 보일 수 있다.

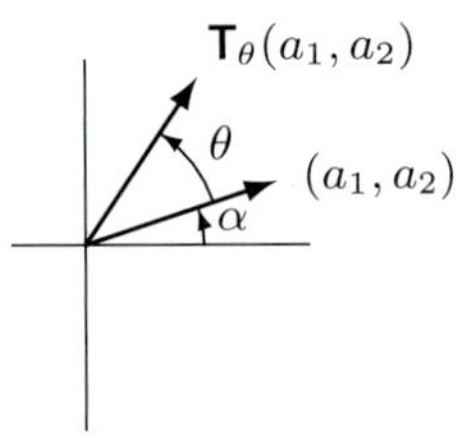

(a) 회전

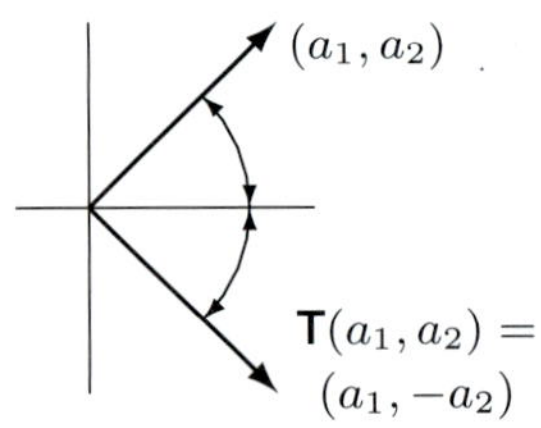

(b) 대칭

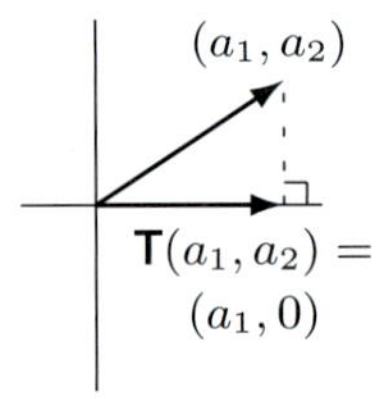

(c) 사영

[그림 2.1] 주요한 기하 변환 3가지

예제 3 $\mathsf{T}: \mathsf{R}^2 \to \mathsf{R}^2$을 $\mathsf{T}(a_1, a_2) = (a_1, -a_2)$라 정의하자. T는 **x축 대칭(reflection about x-axis)**이라 한다(그림 2.1(b)).

예제 4 $\mathsf{T}: \mathsf{R}^2 \to \mathsf{R}^2$을 $\mathsf{T}(a_1, a_2) = (a_1, 0)$이라 정의하자. T는 **x축으로 사영(projection on the x-axis)**이라 한다(그림 2.1(c)).

선형변환에 대한 몇 가지 예를 더 살펴보자.

예제 5 $\mathsf{T}: \mathsf{M}_{m\times n}(F) \to \mathsf{M}_{n\times m}(F)$를 $\mathsf{T}(A) = A^t$라 정의하자. 이때, A^t는 A의 전치행렬이다(1.3절). 1.3절 연습문제 3에 의해, T는 선형변환이다.

예제 6 무한 번 미분가능한 함수 $f: R \to R$의 집합을 V라 하자. V가 R-벡터공간임을 쉽게 보일 수 있다(1.3절 연습문제 16).

$\mathsf{T}: \mathsf{V} \to \mathsf{V}$를 $\mathsf{T}(f) = f'$이라 정의하면 함수 $g, h \in \mathsf{V}$와 $a \in R$에 대하여 다음 식이 성립한다.

$$\mathsf{T}(ag + h) = (ag + h)' = ag' + h' = a\mathsf{T}(g) + \mathsf{T}(h)$$

성질 2에 의해 T는 선형변환이다.

예제 7 $\mathsf{V} = \mathsf{C}(R)$는 R에서 정의된 모든 연속함수의 집합이다. $a, b \in R$, $a < b$에 대하여 $\mathsf{T}: \mathsf{V} \to R$를 다음과 같이 정의하자.

$$\mathsf{T}(f) = \int_a^b f(t)\, dt$$

T는 선형변환이다. 일차결합한 함수의 정적분은 각각의 함수를 정적분한 뒤 일차결합한 것과 같기 때문이다.[1]

앞으로 이 책에서 자주 등장할 선형변환 두 가지를 살펴보자.

F-벡터공간 V, W에 대하여

- **항등변환(identity transformation)** $\mathsf{I}_\mathsf{V}: \mathsf{V} \to \mathsf{V}$는 모든 $x \in \mathsf{V}$에 대하여 $\mathsf{I}_\mathsf{V}(x) = x$라 정의되는 함수이다.
- **영변환(zero transformation)** $\mathsf{T}_0: \mathsf{V} \to \mathsf{W}$는 모든 $x \in \mathsf{V}$에 대하여 $\mathsf{T}_0(x) = \mathit{0}$라 정의되는 함수이다.

항등변환과 영변환 모두 선형이다. I_V는 간단하게 I라 표기하기도 한다.

1 (옮긴이) 여러분은 미분적분학에서 $\int_a^b \{pf(t) + qg(t)\}\, dt = p\int_a^b f(t)\, dt + q\int_a^b g(t)\, dt$가 성립함을 이미 학습했을 것이다.

선형변환과 관련된 중요한 두 집합인 상공간과 영공간에 대해 알아보자. 상공간과 영공간을 알면 주어진 선형변환의 본질을 세밀하게 관찰할 수 있다.

정의 벡터공간 $\mathbf{V}$, $\mathbf{W}$와 선형변환 $\mathbf{T}: \mathbf{V} \to \mathbf{W}$에 대하여

- **영공간(null space 또는 kernel)**은 $\mathbf{T}(x) = 0$인 $x \in \mathbf{V}$를 원소로 가지는 집합이고, $\mathbf{N}(\mathbf{T})$라 표기한다. 집합으로 나타내면 $\mathbf{N}(\mathbf{T}) = \{x \in \mathbf{V}: \mathbf{T}(x) = 0\}$이다.
- **상공간(range 또는 image)**은 $\mathbf{T}$의 함숫값을 원소로 가지는 $\mathbf{W}$의 부분집합이고 $\mathbf{R}(\mathbf{T})$라 표기한다. 집합으로 나타내면 $\mathbf{R}(\mathbf{T}) = \{\mathbf{T}(x): x \in \mathbf{V}\}$이다.

예제 8 벡터공간 $\mathbf{V}$, $\mathbf{W}$와 항등변환 $\mathbf{I}: \mathbf{V} \to \mathbf{V}$, 영변환 $\mathbf{T}_0: \mathbf{V} \to \mathbf{W}$에 대하여 다음이 성립한다.

$$\mathbf{N}(\mathbf{I}) = \{0\}, \quad \mathbf{R}(\mathbf{I}) = \mathbf{V}, \quad \mathbf{N}(\mathbf{T}_0) = \mathbf{V}, \quad \mathbf{R}(\mathbf{T}_0) = \{0\}$$

예제 9 선형변환 $\mathbf{T}: \mathbf{R}^3 \to \mathbf{R}^2$을 $\mathbf{T}(a_1, a_2, a_3) = (a_1 - a_2, 2a_3)$이라 정의하면 다음이 성립한다.

$$\mathbf{N}(\mathbf{T}) = \{(a, a, 0): a \in R\}, \quad \mathbf{R}(\mathbf{T}) = \mathbf{R}^2$$

자세한 확인 과정은 여러분의 몫으로 남긴다.

예제 8과 예제 9로부터 선형변환의 영공간과 상공간이 벡터공간의 부분공간이라는 추측을 할 수 있다. 다음 정리는 이 추측이 참임을 밝힌다.

정리 2.1 벡터공간 $\mathbf{V}$, $\mathbf{W}$와 선형변환 $\mathbf{T}: \mathbf{V} \to \mathbf{W}$에 대하여 $\mathbf{N}(\mathbf{T})$, $\mathbf{R}(\mathbf{T})$는 각각 $\mathbf{V}$, $\mathbf{W}$의 부분공간이다.

증명 혼란을 막기 위해 $\mathbf{V}$, $\mathbf{W}$의 영벡터를 각각 $0_\mathbf{V}$, $0_\mathbf{W}$라 표기하자.

$\mathbf{T}(0_\mathbf{V}) = 0_\mathbf{W}$이므로 $0_\mathbf{V} \in \mathbf{N}(\mathbf{T})$이다. $x, y \in \mathbf{N}(\mathbf{T})$, $c \in F$에 대하여 다음과 같이 나타낼 수 있다.

$$\mathbf{T}(x+y) = \mathbf{T}(x) + \mathbf{T}(y) = 0_\mathbf{W} + 0_\mathbf{W} = 0_\mathbf{W}, \quad \mathbf{T}(cx) = c\mathbf{T}(x) = c0_\mathbf{W} = 0_\mathbf{W}$$

따라서 $x + y \in \mathbf{N}(\mathbf{T})$, $cx \in \mathbf{N}(\mathbf{T})$이므로 $\mathbf{N}(\mathbf{T})$는 $\mathbf{V}$의 부분공간이다.

$\mathsf{T}(0_{\mathsf{V}}) = 0_{\mathsf{W}}$이므로 $0_{\mathsf{W}} \in \mathsf{R}(\mathsf{T})$이다. $x, y \in \mathsf{R}(\mathsf{T})$, $c \in F$에 대하여 $\mathsf{T}(v) = x$, $\mathsf{T}(w) = y$인 v, $w \in \mathsf{V}$가 존재한다. 따라서 $\mathsf{T}(v + w)$, $\mathsf{T}(cv)$는 다음과 같이 나타낼 수 있다.

$$\mathsf{T}(v + w) = \mathsf{T}(v) + \mathsf{T}(w) = x + y, \quad \mathsf{T}(cv) = c\mathsf{T}(v) = cx$$

따라서 $x + y \in \mathsf{R}(\mathsf{T})$, $cx \in \mathsf{R}(\mathsf{T})$이므로 $\mathsf{R}(\mathsf{T})$는 W의 부분공간이다. ◀

다음 정리는 선형변환의 상공간을 생성하는 집합을 찾는 방법을 알려준다. 생성집합을 찾으면 1.6절 예제 6에서 소개한 방법을 사용하여 기저도 어렵지 않게 찾을 수 있다.

정리 2.2 벡터공간 V, W와 선형변환 $\mathsf{T}\colon \mathsf{V} \to \mathsf{W}$, V의 기저 $\beta = \{v_1, v_2, \ldots, v_n\}$에 대하여 다음이 성립한다.

$$\mathsf{R}(\mathsf{T}) = \mathrm{span}(\mathsf{T}(\beta)) = \mathrm{span}(\{\mathsf{T}(v_1), \mathsf{T}(v_2), \ldots, \mathsf{T}(v_n)\})$$

증명 모든 i에 대하여 $\mathsf{T}(v_i) \in \mathsf{R}(\mathsf{T})$이다.
$\mathsf{R}(\mathsf{T})$가 부분공간이므로 정리 1.5에 의해 $\mathrm{span}(\{\mathsf{T}(v_1), \mathsf{T}(v_2), \ldots, \mathsf{T}(v_n)\}) = \mathrm{span}(\mathsf{T}(\beta)) \subseteq \mathsf{R}(\mathsf{T})$이다.

이제 $w \in \mathsf{R}(\mathsf{T})$라 하면 $w = \mathsf{T}(v)$인 $v \in \mathsf{V}$가 존재한다. β가 V의 기저이므로 다음과 같이 쓸 수 있다.

$$v = \sum_{i=1}^{n} a_i v_i \quad (\text{단, } a_1, a_2, \ldots, a_n \in F)$$

T는 선형이므로 $w = \mathsf{T}(v) = \sum_{i=1}^{n} a_i \mathsf{T}(v_i) \in \mathrm{span}(\mathsf{T}(\beta))$이다. 즉, 다음이 성립한다.

$$\mathsf{R}(\mathsf{T}) \subseteq \mathrm{span}(\mathsf{T}(\beta)) = \mathrm{span}(\{\mathsf{T}(v_1), \mathsf{T}(v_2), \ldots, \mathsf{T}(v_n)\})$$ ◀

정리 2.2는 β가 무한집합일 때도 성립한다. 즉, $\mathsf{R}(\mathsf{T}) = \mathrm{span}(\{\mathsf{T}(v)\colon v \in \beta\})$이다(연습문제 34). 다음 예제는 정리 2.2가 유용함을 잘 보여준다.

예제 10 선형변환 $\mathsf{T}: \mathsf{P}_2(R) \to \mathsf{M}_{2\times 2}(R)$를 다음과 같이 정의하자.

$$\mathsf{T}(f(x)) = \begin{pmatrix} f(1)-f(2) & 0 \\ 0 & f(0) \end{pmatrix}$$

$\beta = \{1, x, x^2\}$은 $\mathsf{P}_2(R)$의 기저이므로 $\mathsf{R}(\mathsf{T})$를 다음과 같이 나타낼 수 있다.

$$\begin{aligned} \mathsf{R}(\mathsf{T}) &= \text{span}(\mathsf{T}(\beta)) = \text{span}(\{\mathsf{T}(1), \mathsf{T}(x), \mathsf{T}(x^2)\}) \\ &= \text{span}\left(\left\{\begin{pmatrix} 0 & 0 \\ 0 & 1 \end{pmatrix}, \begin{pmatrix} -1 & 0 \\ 0 & 0 \end{pmatrix}, \begin{pmatrix} -3 & 0 \\ 0 & 0 \end{pmatrix}\right\}\right) \\ &= \text{span}\left(\left\{\begin{pmatrix} 0 & 0 \\ 0 & 1 \end{pmatrix}, \begin{pmatrix} -1 & 0 \\ 0 & 0 \end{pmatrix}\right\}\right) \end{aligned}$$

$\mathsf{R}(\mathsf{T})$의 기저를 찾았다. 즉 $\dim(\mathsf{R}(\mathsf{T})) = 2$이다.

이제 $\mathsf{N}(\mathsf{T})$의 기저를 찾아보자. $f(x) \in \mathsf{N}(\mathsf{T}) \iff \mathsf{T}(f(x)) = O$ (2×2 영행렬)이므로 $f(x) \in \mathsf{N}(\mathsf{T})$와 다음 식은 동치이다.

$$\begin{pmatrix} f(1)-f(2) & 0 \\ 0 & f(0) \end{pmatrix} = \begin{pmatrix} 0 & 0 \\ 0 & 0 \end{pmatrix}$$

$f(x) = a + bx + cx^2$이라 하자. 위의 행렬 식으로부터 a, b, c의 관계식을 얻을 수 있다.

$$\begin{aligned} 0 &= f(1) - f(2) = (a+b+c) - (a+2b+4c) = -b-3c \\ 0 &= f(0) = a \end{aligned}$$

이제 $f(x)$를 다음과 같이 쓸 수 있다.

$$f(x) = a + bx + cx^2 = -3cx + cx^2 = c(-3x + x^2)$$

즉 $\mathsf{N}(\mathsf{T})$의 기저는 $\{-3x + x^2\}$이다. 한편, 이 예제에서 다음 식이 성립함을 알 수 있다.

$$\dim(\mathsf{N}(\mathsf{T})) + \dim(\mathsf{R}(\mathsf{T})) = 1 + 2 = 3 = \dim(\mathsf{P}_2(R))$$

사실 이 식은 일반적으로 성립하며, 이를 정리 2.3에서 확인할 것이다.

1장에서는 부분공간의 '크기'를 차원으로 가늠했다. 영공간과 상공간은 매우 중요하므로 차원에도 이름을 붙여 특별하게 다룬다.

벡터공간 V, W와 선형변환 $\mathsf{T}: \mathsf{V} \to \mathsf{W}$에 대하여 N(T)와 R(T)가 유한차원이라 가정하자.

- N(T)의 차원을 **nullity(영공간의 차원)**라 하고, nullity(T)라 표기한다.
- R(T)의 차원을 **랭크(rank)**라 하고, rank(T)라 표기한다.[2]

직관적으로 살펴보자. 선형변환에서 nullity가 커질수록 랭크는 작아진다. 많은 벡터가 $\mathit{0}$으로 갈수록 상공간은 작아진다. 같은 방식으로, 랭크가 커질수록 nullity는 작아진다. 다음에서 소개하는 **차원정리**가 랭크와 nullity 사이의 균형을 묘사한다.

정리 2.3 차원정리(dimension theorem)

벡터공간 V, W와 선형변환 $\mathsf{T}: \mathsf{V} \to \mathsf{W}$에 대하여 V가 유한차원이면 다음이 성립한다.

$$\text{nullity}(\mathsf{T}) + \text{rank}(\mathsf{T}) = \dim(\mathsf{V})$$

증명 $\dim(\mathsf{V}) = n$, $\dim(\mathsf{N}(\mathsf{T})) = k$라 하고, N(T)의 기저를 $\{v_1, v_2, \ldots, v_k\}$라 하자. 정리 1.11의 따름정리(69쪽)로부터 $\{v_1, v_2, \ldots, v_k\}$를 확장하여 V의 기저 $\beta = \{v_1, v_2, \ldots, v_n\}$을 얻을 수 있다.

$S = \{\mathsf{T}(v_{k+1}), \mathsf{T}(v_{k+2}), \ldots, \mathsf{T}(v_n)\}$이 R(T)의 기저임을 보이고자 한다. 우선 S가 R(T)를 생성함을 보이자. $1 \leq i \leq k$에 대하여 $\mathsf{T}(v_i) = \mathit{0}$이라는 사실과 정리 2.2를 이용하면 다음을 얻는다.

$$\begin{aligned}\mathsf{R}(\mathsf{T}) &= \text{span}(\{\mathsf{T}(v_1), \mathsf{T}(v_2), \ldots, \mathsf{T}(v_n)\} \\ &= \text{span}(\{\mathsf{T}(v_{k+1}), \mathsf{T}(v_{k+2}), \ldots, \mathsf{T}(v_n)\} = \text{span}(S)\end{aligned}$$

이제 S가 일차독립임을 보이자. $\sum_{i=k+1}^{n} b_i \mathsf{T}(v_i) = \mathit{0}$ (단, $b_{k+1}, b_{k+2}, \ldots, b_n \in F$)라 가정하면 T가 선형이므로 다음 두 식은 서로 동치이다.

$$\mathsf{T}\left(\sum_{i=k+1}^{n} b_i v_i\right) = \mathit{0} \quad \Longleftrightarrow \quad \sum_{i=k+1}^{n} b_i v_i \in \mathsf{N}(\mathsf{T})$$

따라서 적절한 $c_1, c_2, \ldots, c_k \in F$가 존재하여 다음 식을 만족한다.

$$\sum_{i=k+1}^{n} b_i v_i = \sum_{i=1}^{k} c_i v_i \quad \Longleftrightarrow \quad \sum_{i=1}^{k}(-c_i)v_i + \sum_{i=k+1}^{n} b_i v_i = \mathit{0}$$

2 (옮긴이) rank를 계수라 번역하기도 한다.

β가 V의 기저이므로 모든 i에 대하여 $b_i = 0$이다. 즉 S는 일차독립이다. 또한 증명과정에서 $\mathsf{T}(v_{k+1}), \mathsf{T}(v_{k+2}), \ldots, \mathsf{T}(v_n)$이 서로 다른 벡터임도 보였다. 따라서 $\text{rank}(\mathsf{T}) = n - k$이다. ◀

차원정리를 예제 9의 선형변환 T에 적용하면 $\text{nullity}(\mathsf{T}) + 2 = 3$이므로 $\text{nullity}(\mathsf{T}) = 1$이다.

단사함수 또는 일대일함수(one-to-one), 전사함수 또는 위로의 함수(onto)라는 용어에 익숙하지 않다면 부록 B를 참고하라. 흥미롭게도 선형변환에서 단사함수와 전사함수는 랭크, nullity와 밀접한 관련이 있다. 다음 두 정리를 보자.

정리 2.4 벡터공간 V, W와 선형변환 $\mathsf{T}: \mathsf{V} \to \mathsf{W}$에 대하여 다음이 성립한다.

$$\mathsf{T}\text{는 단사함수이다.} \iff \mathsf{N}(\mathsf{T}) = \{\mathit{0}\}$$

증명 T가 단사함수이고 $x \in \mathsf{N}(\mathsf{T})$라 가정하면 $\mathsf{T}(x) = \mathit{0} = \mathsf{T}(\mathit{0})$이다. T가 단사이므로 $x = \mathit{0}$이고 $\mathsf{N}(\mathsf{T}) = \{\mathit{0}\}$이다.

이제 $\mathsf{N}(\mathsf{T}) = \{\mathit{0}\}$, $\mathsf{T}(x) = \mathsf{T}(y)$라 가정하자. 85쪽 성질 3에 따르면 $\mathit{0} = \mathsf{T}(x) - \mathsf{T}(y) = \mathsf{T}(x - y)$이므로 다음이 성립한다.

$$x - y \in \mathsf{N}(\mathsf{T}) = \{\mathit{0}\} \iff x - y = \mathit{0} \iff x = y$$

따라서 T는 단사함수이다. ◀

정리 2.4에 의해 예제 9의 선형변환은 단사가 아님을 알 수 있다. 이제 단사함수와 전사함수가 동치인 특별한 경우를 살펴보자.

정리 2.5 유한차원 벡터공간 V, W의 차원이 같을 때, 선형변환 $\mathsf{T}: \mathsf{V} \to \mathsf{W}$에 대하여 다음 세 명제는 동치이다.

(1) T는 단사이다.
(2) T는 전사이다.
(3) $\text{rank}(\mathsf{T}) = \dim(\mathsf{V})$

증명 차원정리에 의해 $\text{nullity}(\mathsf{T}) + \text{rank}(\mathsf{T}) = \dim(\mathsf{V})$이다. 정리 2.4로부터 다음 명제는 동치이다.

$$\begin{aligned} \mathsf{T}\text{가 단사} &\iff \mathsf{N}(\mathsf{T}) = \{\mathit{0}\} \\ &\iff \text{nullity}(\mathsf{T}) = 0 \end{aligned}$$

$$\iff \quad \operatorname{rank}(\mathsf{T}) = \dim(\mathsf{V})$$
$$\iff \quad \operatorname{rank}(\mathsf{T}) = \dim(\mathsf{W})$$
$$\iff \quad \dim(\mathsf{R}(\mathsf{T})) = \dim(\mathsf{W})$$

정리 1.11에 따르면 위 식의 마지막 등호는 $\mathsf{R}(\mathsf{T}) = \mathsf{W}$와 동치이다. 전사함수의 정의를 만족하므로, T는 전사함수이다. ◀

하지만 무한차원 벡터공간 V와 선형변환 $\mathsf{T}\colon \mathsf{V} \to \mathsf{V}$에 대하여 단사와 전사는 동치가 아니다(연습문제 15, 연습문제 16, 연습문제 21).

정리 2.4와 정리 2.5에서 T는 필수적으로 선형이라 가정한다. 전사이지만 단사가 아니거나, 단사이지만 전사가 아닌 함수 $f\colon R \to R$를 찾는 것은 그리 어렵지 않다.

앞의 정리를 사용하면 주어진 선형변환이 단사 또는 전사인지 판별하기 쉽다. 다음 두 예제를 보자.

예제 11 선형변환 $\mathsf{T}\colon \mathsf{P}_2(R) \to \mathsf{P}_3(R)$를 다음과 같이 정의하자.

$$\mathsf{T}(f(x)) = 2f'(x) + \int_0^x 3f(t)\,dt$$

$\mathsf{R}(\mathsf{T})$를 구하면 다음과 같다.

$$\mathsf{R}(\mathsf{T}) = \operatorname{span}(\{\mathsf{T}(1), \mathsf{T}(x), \mathsf{T}(x^2)\}) = \operatorname{span}\left(\left\{3x, 2+\frac{3}{2}x^2, 4x+x^3\right\}\right)$$

이때 $\{3x, 2+\frac{3}{2}x^2, 4x+x^3\}$은 일차독립이므로 $\operatorname{rank}(\mathsf{T}) = 3$이다. $\dim(\mathsf{P}_3(R)) = 4$이므로 T는 전사가 아니다. 차원정리에 의해 $\operatorname{nullity}(\mathsf{T}) + 3 = 3$이고 다음이 성립한다.

$$\operatorname{nullity}(\mathsf{T}) = 0 \quad \iff \quad \mathsf{N}(\mathsf{T}) = \{\mathit{0}\}$$

따라서 T는 정리 2.4에 의해 단사이다.

예제 12 선형변환 $\mathsf{T}\colon \mathsf{F}^2 \to \mathsf{F}^2$을 다음과 같이 정의하자.

$$\mathsf{T}(a_1, a_2) = (a_1 + a_2, a_1)$$

$\mathsf{N}(\mathsf{T}) = \{\mathit{0}\}$임은 쉽게 보일 수 있다. T는 단사이므로 정리 2.5에 의해 T는 전사이다.

연습문제 14에서 선형변환 T가 단사일 때, S가 일차독립이기 위한 필요충분조건은 $\mathsf{T}(S)$가 일차독립임을 증명할 것이다. 이 결과의 효용성은 예제 13을 통해 확인해 보자.

예제 13 선형변환 $\mathsf{T}\colon \mathsf{P}_2(R) \to \mathsf{R}^3$을 다음과 같이 정의하자.

$$\mathsf{T}(a_0 + a_1x + a_2x^2) = (a_0, a_1, a_2)$$

T는 확실히 선형이고 단사이다. $S = \{2 - x + 3x^2, x + x^2, 1 - 2x^2\}$이라 하자. $\mathsf{P}_2(R)$의 부분집합인 S는 일차독립인 것을, 집합 $\mathsf{T}(S) = \{(2, -1, 3), (0, 1, 1), (1, 0, -2)\}$가 R^3에서 일차독립인 것으로부터 쉽게 확인할 수 있다.

예제 13에서는 3순서쌍 벡터공간을 사용하여 다항식으로 이루어진 벡터공간의 성질을 알아냈다. 곧, 이 기술과 연관된 큰 그림을 공부할 것이다.

선형변환의 중요한 성질은 기저에 따라 선형변환이 어떻게 행동하는지 완벽히 결정된다는 점이다. 다음 정리와 따름정리에서 증명해 보자. 이 책의 전반에 걸쳐 자주 사용할 것이다.

정리 2.6 F-벡터공간 V, W와 V의 기저 $\{v_1, v_2, \dots, v_n\}$을 생각하자. 벡터 $w_1, w_2, \dots, w_n \in \mathsf{W}$에 대하여 다음 조건을 만족하는 선형변환 $\mathsf{T}\colon \mathsf{V} \to \mathsf{W}$가 유일하게 존재한다.

$$i = 1, 2, \dots, n\text{에 대하여 } \mathsf{T}(v_i) = w_i$$

증명 $x \in \mathsf{V}$에 대하여 다음 일차결합 표현은 유일하다.

$$x = \sum_{i=1}^{n} a_i v_i \quad (a_1, a_2, \dots, a_n\text{은 스칼라})$$

선형변환 $\mathsf{T}\colon \mathsf{V} \to \mathsf{W}$를 $\mathsf{T}(x) = \sum_{i=1}^{n} a_i w_i$라 정의하자.

(i) T는 선형인가?

$u, v \in \mathsf{V}$, $d \in F$에 대하여 u, v를 다음과 같은 일차결합 표현으로 나타낼 수 있다.

$$u = \sum_{i=1}^{n} b_i v_i, \quad v = \sum_{i=1}^{n} c_i v_i \quad (\text{단, } b_1, b_2, \dots, b_n\text{과 } c_1, c_2, \dots, c_n\text{은 스칼라})$$

$du+v=\sum_{i=1}^{n}(db_i+c_i)v_i$ 이므로 다음이 성립한다.

$$\mathsf{T}(du+v)=\sum_{i=1}^{n}(db_i+c_i)w_i=d\sum_{i=1}^{n}b_iw_i+\sum_{i=1}^{n}c_iw_i=d\mathsf{T}(u)+\mathsf{T}(v)$$

(ii) $i=1,2,\ldots,n$ 에 대하여 $\mathsf{T}(v_i)=w_i$ 이다.

(iii) T 는 유일한가?

선형변환 $\mathsf{U}\colon \mathsf{V}\to\mathsf{W}$ 가 $i=1,2,\ldots,n$ 에 대하여 $\mathsf{U}(v_i)=w_i$ 를 만족한다고 가정하자. $x=\sum_{i=1}^{n}a_iv_i\in\mathsf{V}$ 에 대하여 $\mathsf{U}(x)=\sum_{i=1}^{n}a_i\mathsf{U}(v_i)=\sum_{i=1}^{n}a_iw_i=\mathsf{T}(x)$ 이다. 따라서 $\mathsf{U}=\mathsf{T}$ 이다. ◀

따름정리 두 벡터공간 V, W 에 대하여 V 가 유한집합인 기저 $\{v_1,v_2,\ldots,v_n\}$ 을 포함한다고 가정하자. 두 선형변환 $\mathsf{U},\mathsf{T}\colon \mathsf{V}\to\mathsf{W}$ 가 $i=1,2,\ldots,n$ 일 때 $\mathsf{U}(v_i)=\mathsf{T}(v_i)$ 를 만족하면 $\mathsf{U}=\mathsf{T}$ 이다.

예제 14 선형변환 $\mathsf{T}\colon \mathsf{R}^2\to\mathsf{R}^2$ 을 다음과 같이 정의하자.

$$\mathsf{T}(a_1,a_2)=(2a_2-a_1,3a_1)$$

선형변환 $\mathsf{U}\colon \mathsf{R}^2\to\mathsf{R}^2$ 이 $\mathsf{U}(1,2)=(3,3)$, $\mathsf{U}(1,1)=(1,3)$ 이면 $\mathsf{U}=\mathsf{T}$ 이다. $\{(1,2),(1,1)\}$ 은 R^2 의 기저이고, 위의 따름정리는 기저에서 함숫값이 같으면 같은 선형변환임을 보장하기 때문이다.

2.1 연습문제

1. V, W 는 F 에서의 유한차원 벡터공간이고, T 는 V 에서 W 로 가는 함수라 하자. 다음 명제의 참-거짓을 판정하라.

(a) T 가 선형이면 T 는 합과 스칼라 곱을 보존한다.

(b) $\mathsf{T}(x+y)=\mathsf{T}(x)+\mathsf{T}(y)$ 이면 T 는 선형이다.

(c) T 가 단사이기 위한 필요충분조건은 $\mathsf{T}(x)=\mathit{0}$ 인 유일한 벡터가 $x=\mathit{0}$ 뿐인 것이다.

(d) T 가 선형이면 $\mathsf{T}(\mathit{0}_{\mathsf{V}})=\mathit{0}_{\mathsf{W}}$ 이다.

(e) T 가 선형이면 $\text{nullity}(\mathsf{T})+\text{rank}(\mathsf{T})=\dim(\mathsf{W})$ 이다.

(f) T 가 선형이면 T 는 V 의 일차독립인 부분집합을 W 의 일차독립인 부분집합으로 옮긴다.

(g) 두 선형변환 $\mathsf{T},\mathsf{U}\colon \mathsf{V}\to\mathsf{W}$ 가 V 의 기저에서 함숫값이 같다면 $\mathsf{T}=\mathsf{U}$ 이다.

(h) 임의로 주어진 $x_1, x_2 \in \mathsf{V}$, $y_1, y_2 \in \mathsf{W}$에 대하여 $\mathsf{T}(x_1) = y_1$, $\mathsf{T}(x_2) = y_2$인 선형변환 $\mathsf{T}\colon \mathsf{V} \to \mathsf{W}$가 존재한다.

2~6. T가 선형변환임을 보이고, $\mathsf{N}(\mathsf{T})$와 $\mathsf{R}(\mathsf{T})$의 기저를 구하라. T의 nullity와 랭크를 구하고 차원정리가 성립함을 확인하라. 마지막으로, 적절한 정리를 사용하여 T가 단사이거나 전사인지 판정하라.

2. $\mathsf{T}\colon \mathsf{R}^3 \to \mathsf{R}^2$, $\mathsf{T}(a_1, a_2, a_3) = (a_1 - a_2, 2a_3)$

3. $\mathsf{T}\colon \mathsf{R}^2 \to \mathsf{R}^3$, $\mathsf{T}(a_1, a_2) = (a_1 + a_2, 0, 2a_1 - a_2)$

4. $\mathsf{T}\colon \mathsf{M}_{2\times 3}(F) \to \mathsf{M}_{2\times 2}(F)$, $\mathsf{T}\begin{pmatrix} a_{11} & a_{12} & a_{13} \\ a_{21} & a_{22} & a_{23} \end{pmatrix} = \begin{pmatrix} 2a_{11} - a_{12} & a_{13} + 2a_{12} \\ 0 & 0 \end{pmatrix}$

5. $\mathsf{T}\colon \mathsf{P}_2(R) \to \mathsf{P}_3(R)$, $\mathsf{T}(f(x)) = xf(x) + f'(x)$

6. $\mathsf{T}\colon \mathsf{M}_{n\times n}(F) \to F$, $\mathsf{T}(A) = \mathrm{tr}(A)$

힌트 1.3절 예제 4에서 $\mathrm{tr}(A) = \sum_{i=1}^{n} A_{ii}$라 정의하였다.

7. 85쪽의 성질 1~4를 각각 증명하라.

8. 예제 2와 예제 3의 함수가 선형임을 증명하라.

9. 다음 함수 $\mathsf{T}\colon \mathsf{R}^2 \to \mathsf{R}^2$에 대하여 T가 선형이 아닌 이유를 설명하라.

(a) $\mathsf{T}(a_1, a_2) = (1, a_2)$

(b) $\mathsf{T}(a_1, a_2) = (a_1, a_1^2)$

(c) $\mathsf{T}(a_1, a_2) = (\sin a_1, 0)$

(d) $\mathsf{T}(a_1, a_2) = (|a_1|, a_2)$

(e) $\mathsf{T}(a_1, a_2) = (a_1 + 1, a_2)$

10. $\mathsf{T}(1, 0) = (1, 4)$, $\mathsf{T}(1, 1) = (2, 5)$인 선형변환 $\mathsf{T}\colon \mathsf{R}^2 \to \mathsf{R}^2$에 대하여 $\mathsf{T}(2, 3)$의 값을 구하라. T는 단사인지 판정하라.

11. $\mathsf{T}(1,1) = (1,0,2)$, $\mathsf{T}(2,3) = (1,-1,4)$ 인 선형변환 $\mathsf{T}\colon \mathsf{R}^2 \to \mathsf{R}^3$ 이 존재함을 증명하라. $\mathsf{T}(8,11)$ 의 값을 구하라.

12. $\mathsf{T}(1,0,3) = (1,1)$, $\mathsf{T}(-2,0,-6) = (2,1)$ 인 선형변환 $\mathsf{T}\colon \mathsf{R}^3 \to \mathsf{R}^2$ 이 존재하는지 판정하라.

13. 벡터공간 V, W와 선형변환 $\mathsf{T}\colon \mathsf{V} \to \mathsf{W}$에 대하여 일차독립인 집합 $\{w_1, w_2, \ldots, w_k\} \subseteq \mathsf{R}(\mathsf{T})$ 를 생각하자. $\mathsf{T}(v_i) = w_i$ $(i = 1, 2, \ldots, k)$ 가 되도록 집합 $S = \{v_1, v_2, \ldots, v_k\}$ 를 선택하면 S 는 일차독립임을 보여라.

14. 벡터공간 V, W와 선형변환 $\mathsf{T}\colon \mathsf{V} \to \mathsf{W}$에 대한 다음 명제가 참임을 보여라.

(a) T가 단사이기 위한 필요충분조건은 T가 V의 일차독립인 부분집합을 W의 일차독립인 부분집합으로 옮기는 것이다.

(b) T가 단사이고, S는 V의 부분집합이라 가정하자. S가 일차독립이기 위한 필요충분조건은 $\mathsf{T}(S)$가 일차독립인 것이다.

(c) T가 일대일대응이라 가정하자. $\beta = \{v_1, v_2, \ldots, v_n\}$ 이 V의 기저일 때, $\mathsf{T}(\beta) = \{\mathsf{T}(v_1), \mathsf{T}(v_2), \ldots, \mathsf{T}(v_n)\}$ 이 W의 기저이다.

15. $\mathsf{P}(R)$ 의 정의는 25쪽에서 소개하였다. 다음과 같이 정의한 함수 T는 단사이지만 전사가 아닌 선형변환임을 증명하라.

$$\mathsf{T}\colon \mathsf{P}(R) \to \mathsf{P}(R), \quad \mathsf{T}(f(x)) = \int_0^x f(t)\,dt$$

16. 다음 선형변환 T가 전사이지만 단사가 아님을 증명하라.

$$\mathsf{T}\colon \mathsf{P}(R) \to \mathsf{P}(R), \quad \mathsf{T}(f(x)) = f'(x)$$

17. 유한차원 벡터공간 V, W와 선형변환 $\mathsf{T}\colon \mathsf{V} \to \mathsf{W}$에 대한 다음 물음에 답하라.

(a) $\dim(\mathsf{V}) < \dim(\mathsf{W})$ 일 때, T는 전사가 아님을 증명하라.

(b) $\dim(\mathsf{V}) > \dim(\mathsf{W})$ 일 때, T는 단사가 아님을 증명하라.

18. $\mathsf{N}(\mathsf{T}) = \mathsf{R}(\mathsf{T})$ 인 선형변환 $\mathsf{T}\colon \mathsf{R}^2 \to \mathsf{R}^2$ 의 예를 들어라.

19. 벡터공간 V, W에 대하여 $\mathsf{N}(\mathsf{T}) = \mathsf{N}(\mathsf{U})$, $\mathsf{R}(\mathsf{T}) = \mathsf{R}(\mathsf{U})$ 이지만 서로 다른 선형변환 $\mathsf{T}, \mathsf{U}\colon \mathsf{V} \to \mathsf{W}$ 의 예를 들어라.

20. 벡터공간 V, W와 각각의 부분공간 V_1, W_1, 선형변환 $\mathsf{T}: \mathsf{V} \to \mathsf{W}$를 생각하자. $\mathsf{T}(\mathsf{V}_1)$은 W의 부분공간이고 집합 $\{x \in \mathsf{V}: \mathsf{T}(x) \in \mathsf{W}_1\}$은 V의 부분공간임을 증명하라.

21. 1.2절 예제 5에서 다룬 수열로 이루어진 벡터공간 V와 다음과 같이 정의한 두 선형변환 $\mathsf{T}, \mathsf{U}: \mathsf{V} \to \mathsf{V}$를 생각하자.

$$\mathsf{T}(a_1, a_2, \ldots) = (a_2, a_3, \ldots), \quad \mathsf{U}(a_1, a_2, \ldots) = (0, a_1, a_2, \ldots)$$

T는 V의 **좌측 이동 연산자(left shift operator)**, U는 V의 **우측 이동 연산자(right shift operator)**이다. 다음 명제가 참임을 보여라.

(a) T, U는 각각 선형변환이다.

(b) T는 전사이지만 단사가 아니다.

(c) U는 단사이지만 전사가 아니다.

22. 임의의 선형변환 $\mathsf{T}: \mathsf{R}^3 \to R$는 $\mathsf{T}(x, y, z) = ax + by + cz$ (단, a, b, c는 스칼라) 꼴로 표현할 수 있음을 보여라. $\mathsf{T}: \mathsf{F}^n \to F$의 경우로 일반화할 수 있는지 판정하라. $\mathsf{T}: \mathsf{F}^n \to \mathsf{F}^m$에서 성립하는 위와 비슷한 명제를 서술하고 증명하라.

23. 선형변환 $\mathsf{T}: \mathsf{R}^3 \to R$에 대하여 T의 영공간이 될 수 있는 집합을 기하학적으로 묘사하라.

힌트 연습문제 22를 보라.

24. 선형변환 $\mathsf{T}: \mathsf{V} \to \mathsf{W}$와 벡터 $b \in \mathsf{W}$에 대하여 집합 $K = \{x \in \mathsf{V}: \mathsf{T}(x) = b\}$가 공집합이 아니라 가정하자. 임의의 $s \in K$에 대하여 $K = \{s\} + \mathsf{N}(\mathsf{T})$임을 증명하라.[3]

---

3 부분집합의 합의 정의는 37쪽을 참고하라.

25~28. 다음 정의를 이용하여 문제를 풀어 보자.

> **정의** 벡터공간 V와 $\mathsf{V} = \mathsf{W}_1 \oplus \mathsf{W}_2$인 부분공간 W_1, W_2에 대하여 다음과 같이 정의한 함수 $\mathsf{T}\colon \mathsf{V} \to \mathsf{V}$를 W_2에 대한 W_1 위로의 V의 **사영(projection)**이라 한다.[4]
>
> $$x = x_1 + x_2 \text{일 때, } \mathsf{T}(x) = x_1 \quad (\text{단, } x_1 \in \mathsf{W}_1, x_2 \in \mathsf{W}_2)$$

25. 선형변환 $\mathsf{T}\colon \mathsf{R}^2 \to \mathsf{R}^2$에 대한 다음 물음에 답하라.

(a) x에 대한 y축 위로의 사영을 T라 하자. $\mathsf{T}(a, b)$의 표현식을 찾아라.

(b) 직선 $L = \{(s, s)\colon s \in R\}$에 대한 y축 위로의 사영을 T라 하자. $\mathsf{T}(a, b)$의 표현식을 찾아라.

26. 선형변환 $\mathsf{T}\colon \mathsf{R}^3 \to \mathsf{R}^3$에 대한 다음 물음에 답하라.

(a) 함수 $\mathsf{T}(a, b, c) = (a, b, 0)$은 z축에 대한 xy평면 위로의 사영임을 증명하라.

(b) xy평면에 대한 z축 위로의 사영 $\mathsf{T}(a, b, c)$의 표현식을 찾아라.

(c) 함수 $\mathsf{T}(a, b, c) = (a - c, b, 0)$은 '직선 $L = \{(a, 0, a)\colon a \in R\}$에 대한 xy평면 위로의 사영' 임을 증명하라.

27. W_2에 대한 W_1 위로의 사영 $\mathsf{T}\colon \mathsf{V} \to \mathsf{V}$에 대한 다음 물음에 답하라.

(a) T가 선형이고 $\mathsf{W}_1 = \{x \in \mathsf{V}\colon \mathsf{T}(x) = x\}$임을 증명하라.

(b) $\mathsf{W}_1 = \mathsf{R}(\mathsf{T})$, $\mathsf{W}_2 = \mathsf{N}(\mathsf{T})$임을 증명하라.

(c) $\mathsf{W}_1 = \mathsf{V}$일 때, T를 묘사하라.

(d) $\mathsf{W}_1 = \{0\}$일 때, T를 묘사하라.

28. 유한차원 벡터공간 V와 그 부분공간 W에 대한 다음 물음에 답하라.

(a) 함수 $\mathsf{T}\colon \mathsf{V} \to \mathsf{V}$가 ($\mathsf{W}'$에 대한) W 위로의 사영인 부분공간 W'이 존재함을 증명하라.

(b) 서로 다른 두 부분공간에 대한 W 위로의 사영이 다른 (V의 부분공간) W의 예를 들어라.

4 직합(direct sum)의 정의는 38쪽을 참고하라.

29~33. 다음 정의를 이용하여 문제를 풀어 보자.

> **정의** 벡터공간 V, 선형변환 $\mathsf{T}: \mathsf{V} \to \mathsf{V}$와 V의 부분공간 W에 대하여
>
> - 모든 $x \in \mathsf{W}$에 대하여 $\mathsf{T}(x) \in \mathsf{W}$일 때, W는 **T-불변(T-invariant)**이라 한다. 즉, W가 T-불변일 때 $\mathsf{T}(\mathsf{W}) \subseteq \mathsf{W}$이다.
> - W가 T-불변일 때, W에서 정의된 T의 **제한(restriction)** $\mathsf{T}_\mathsf{W}: \mathsf{W} \to \mathsf{W}$는 다음과 같이 정의한다.[5]
>
> $$\text{모든 } x \in \mathsf{W}\text{에 대하여 } \mathsf{T}_\mathsf{W}(x) = \mathsf{T}(x)$$

힌트 연습문제 29~33에서 W는 벡터공간 V의 부분공간이며 $\mathsf{T}: \mathsf{V} \to \mathsf{V}$는 선형변환이라 가정하자. 단, 문제에 제시되어 있지 않으면 W가 T-불변공간이라거나 T가 사영이라 섣불리 가정하지 않는다.

29. 부분공간 $\{0\}$, V, $\mathsf{R}(\mathsf{T})$, $\mathsf{N}(\mathsf{T})$가 T-불변임을 증명하라.

30. W가 T-불변이면 T_W는 선형변환임을 증명하라.

31. T가 어떤 부분공간 W'에 대한 W 위로의 사영[6]일 때, W는 T-불변이며 $\mathsf{T}_\mathsf{W} = \mathsf{I}_\mathsf{W}$임을 증명하라.

32. $\mathsf{V} = \mathsf{R}(\mathsf{T}) \oplus \mathsf{W}$이고 W는 T-불변이라 가정하자. 다음 물음에 답하라.

(a) $\mathsf{W} \subseteq \mathsf{N}(\mathsf{T})$임을 증명하라.

(b) V가 유한차원이면 $\mathsf{W} = \mathsf{N}(\mathsf{T})$임을 증명하라.

(c) V가 무한차원일 때, (b)의 결론이 성립하지 않는 예를 들어라.

33. W가 T-불변일 때, $\mathsf{N}(\mathsf{T}_\mathsf{W}) = \mathsf{N}(\mathsf{T}) \cap \mathsf{W}$이고 $\mathsf{R}(\mathsf{T}_\mathsf{W}) = \mathsf{T}(\mathsf{W})$임을 증명하라.

34. β가 무한집합인 경우 정리 2.2가 성립함을 보여라. $\mathsf{R}(\mathsf{T}) = \text{span}(\{\mathsf{T}(v) : v \in \beta\})$임을 보여라.

5 (옮긴이) T와 T_W는 정의역이 다르므로 서로 다른 함수이다. 함수를 표현하는 식이 같더라도 정의역이나 공역이 달라지면 다른 함수가 된다. 고등학교 수학에서는 크게 중요하지 않았지만, 대학 수학에서는 주의해야 한다.

6 사영의 정의는 연습문제 25~28을 참고하라.

35. 정리 2.6을 일반화한 다음 명제를 증명하라.

> V, W는 통상적인 체에서의 벡터공간이고, β는 V의 기저라 하자. 임의의 함수 $f: \beta \to \mathsf{W}$에 대하여 $\mathsf{T}(x) = f(x)$ (단, x는 β의 임의의 벡터)인 선형변환 $\mathsf{T}: \mathsf{V} \to \mathsf{W}$가 유일하게 존재한다.

36~37. 38쪽 직합(direct sum)의 정의를 사용하여 문제를 풀어 보자.

36. V는 유한차원 벡터공간이고, $\mathsf{T}: \mathsf{V} \to \mathsf{V}$는 선형변환이다. 다음 명제가 참임을 보여라. 이때, 각 증명과정의 어느 부분에서 V가 유한차원이란 가정이 사용되는지 확인하라.

(a) $\mathsf{V} = \mathsf{R}(\mathsf{T}) + \mathsf{N}(\mathsf{T})$이면 $\mathsf{V} = \mathsf{R}(\mathsf{T}) \oplus \mathsf{N}(\mathsf{T})$이다.

(b) $\mathsf{R}(\mathsf{T}) \cap \mathsf{N}(\mathsf{T}) = \{\mathit{0}\}$이면 $\mathsf{V} = \mathsf{R}(\mathsf{T}) \oplus \mathsf{N}(\mathsf{T})$이다.

37. V와 T는 연습문제 21에서 정의한 것과 같다.

(a) $\mathsf{V} = \mathsf{R}(\mathsf{T}) + \mathsf{N}(\mathsf{T})$이지만 V가 두 공간의 직합은 아님을 증명하라.

힌트 연습문제 36(a)를 증명하는 과정에서 V가 유한차원이란 가정을 반드시 사용한다.

(b) $\mathsf{R}(\mathsf{T}_1) \cap \mathsf{N}(\mathsf{T}_1) = \{\mathit{0}\}$이지만 $\mathsf{R}(\mathsf{T}_1)$과 $\mathsf{N}(\mathsf{T}_1)$의 직합이 V가 아닌 선형연산자 T_1을 찾아라.

힌트 연습문제 36(b)를 증명하는 과정에서 V가 유한차원이란 가정을 반드시 사용한다.

38. 두 벡터공간 V, W에서 정의된 함수 $\mathsf{T}: \mathsf{V} \to \mathsf{W}$는 모든 $x, y \in \mathsf{V}$에 대하여 $\mathsf{T}(x + y) = \mathsf{T}(x) + \mathsf{T}(y)$일 때, **가법적(additive)**이다. V와 W가 유리수체에서의 벡터공간일 때, 임의의 가법적 함수 $\mathsf{T}: \mathsf{V} \to \mathsf{W}$는 선형변환임을 증명하라.

39. C-벡터공간 C에 대하여[7] 함수 $\mathsf{T}: C \to C$를 $\mathsf{T}(z) = \bar{z}$로 정의하자. T는 가법적이지만 선형이 아님을 증명하라.

7 (옮긴이) C를 R-벡터공간으로 볼 때 T는 선형변환이므로 원서에 생략된 조건을 추가하였다.

40. 가법적이지만 선형이 아닌 함수 $\mathsf{T}\colon R \to R$가 존재함을 증명하라.

힌트 유리수체에서의 벡터공간 R를 V라 표기하자. 정리 1.13의 따름정리(80쪽)로부터 V는 기저 β를 포함한다. β의 서로 다른 두 벡터 x, y에 대하여 다음과 같이 정의한 함수 $f\colon \beta \to \mathsf{V}$를 생각하자.

$$f(x) = y, \quad f(y) = x, \quad \text{그 외의 경우 } f(z) = z$$

연습문제 35에 따르면 모든 $u \in \beta$에 대하여 $\mathsf{T}(u) = f(u)$인 선형변환 $\mathsf{T}\colon \mathsf{V} \to \mathsf{V}$가 존재한다. T는 가법적이지만 $c = \dfrac{y}{x}$에 대하여 $\mathsf{T}(cx) \neq c\mathsf{T}(x)$이다.

41. V가 무한차원일 때, 정리 2.6과 정리 2.6의 따름정리를 증명하라.

42. 1.3절 연습문제 31에서 다룬 몫공간(quotient space)의 개념을 충분히 이해했다면, 벡터공간 V와 부분공간 W에 대하여 함수 $\eta\colon \mathsf{V} \to \mathsf{V}/\mathsf{W}$를 다음과 같이 정의하자.

$$v \in \mathsf{V}\text{에 대하여} \quad \eta(v) = v + \mathsf{W}$$

다음 물음에 답하라.

(a) η는 전사인 선형변환이고 $\mathsf{N}(\eta) = \mathsf{W}$임을 증명하라.

(b) V를 유한차원이라 가정하자. (a)의 결과와 차원정리를 이용하여 $\dim(\mathsf{V})$, $\dim(\mathsf{W})$, $\dim(\mathsf{V}/\mathsf{W})$ 사이의 관계식을 유도하라.

(c) 차원정리의 증명을 다시 한 번 읽어보라. (b)의 풀이과정과 1.6절 연습문제 35(b)의 풀이과정을 비교해 보라.

2.2 선형변환의 행렬표현

지금까지는 영공간과 상공간을 위주로 선형변환을 다뤘다. 이제 유한차원 벡터공간을 분석하는 데 가장 중요한 '행렬을 이용한 선형변환의 표현법'을 알아보자. 이번 절에서 선형변환과 행렬이 일대일 대응임을 보일 것이다. 선형변환과 행렬 중 하나의 성질을 알면 다른 하나의 성질도 저절로 파악할 수 있다.

우선 벡터공간의 순서기저의 개념을 살펴보자.

정의 유한차원 벡터공간 **V**의 **순서기저(ordered basis)**는 순서가 주어진 기저이다. 즉, 일차독립이며 **V**를 생성하는 벡터들로 이루어진 유한 수열을 순서기저라 한다.

예제 1 F^3에서 $\beta = \{e_1, e_2, e_3\}$과 $\gamma = \{e_2, e_1, e_3\}$은 모두 순서기저이다. 순서기저로 보면 $\beta \neq \gamma$이다.

벡터공간 F^n에서 $\{e_1, e_2, \ldots, e_n\}$을 F^n의 **표준 순서기저(standard ordered basis)**라 한다. 비슷한 방식으로 벡터공간 $\mathsf{P}_n(F)$에서 $\{1, x, \ldots, x^n\}$을 $\mathsf{P}_n(F)$의 **표준 순서기저**라 한다.

순서기저의 개념이 등장하였으므로 n차원 벡터공간의 추상적인 벡터와 n순서쌍을 같게 나타낼 수 있다. 이때 다음에 소개하는 좌표벡터의 개념을 사용한다.

정의 유한차원 벡터공간 **V**의 순서기저를 $\beta = \{u_1, u_2, \ldots, u_n\}$이라 하고, $x \in \mathsf{V}$에 대하여 $a_1, a_2, \ldots, a_n$은 $x = \sum_{i=1}^{n} a_i u_i$를 만족하는 유일한 스칼라라 하자. β에 대한 x의 **좌표벡터(coordinate vector)** $[x]_\beta$는 다음과 같다.

$$[x]_\beta = \begin{pmatrix} a_1 \\ a_2 \\ \vdots \\ a_n \end{pmatrix}$$

위 정의에 의하면 $[u_i]_\beta = e_i$이다. 대응 $x \to [x]_\beta$가 **V**에서 F^n으로 가는 선형변환임을 증명하는 것은 여러분의 몫으로 남긴다. 2.4절에서는 이 선형변환을 자세히 공부할 것이다.

예제 2 순서기저 $\beta = \{1, x, x^2\}$을 가지는 벡터공간 $\mathsf{V} = \mathsf{P}_2(R)$에 대하여 $f(x) = 4 + 6x - 7x^2$일 때, $[f]_\beta = \begin{pmatrix} 4 \\ 6 \\ -7 \end{pmatrix}$이다.

선형변환의 행렬표현을 알아보자. 유한차원 벡터공간 **V**, **W**와 각각의 순서기저 $\beta = \{v_1, v_2, \ldots, v_n\}$, $\gamma = \{w_1, w_2, \ldots, w_m\}$, 선형변환 $\mathsf{T}\colon \mathsf{V} \to \mathsf{W}$를 생각하자. $j = 1, 2, \ldots, n$일 때, j마다 다음을 만족하는 유일한 스칼라 $a_{ij} \in F$ $(i = 1, 2, \ldots, m)$가 존재한다.

$$\mathsf{T}(v_j) = \sum_{i=1}^{m} a_{ij} w_i \quad (\text{단, } j = 1, 2, \ldots, n)$$

정의 위의 표기법을 그대로 사용하자. 성분이 $A_{ij} = a_{ij}$ 인 $m \times n$ 행렬 A를 순서기저 β와 γ에 대한 선형변환 T의 **행렬표현(matrix representation)**이라 하고 $A = [\mathsf{T}]_\beta^\gamma$라 표기한다. $\mathsf{V} = \mathsf{W}$, $\beta = \gamma$이면 간단히 $A = [\mathsf{T}]_\beta$라 표기한다.

A의 j열은 $[\mathsf{T}(v_j)]_\gamma$이다. 또한 선형변환 $\mathsf{U}\colon \mathsf{V} \to \mathsf{W}$가 $[\mathsf{U}]_\beta^\gamma = [\mathsf{T}]_\beta^\gamma$를 만족하면 정리 2.6의 따름정리로부터 $\mathsf{U} = \mathsf{T}$이다. 몇 가지 예제를 통해 $[\mathsf{T}]_\beta^\gamma$를 구하는 방법을 연습하자.

예제 3 다음과 같이 정의한 선형변환 $\mathsf{T}\colon \mathsf{R}^2 \to \mathsf{R}^3$을 생각하자.

$$\mathsf{T}(a_1, a_2) = (a_1 + 3a_2, 0, 2a_1 - 4a_2)$$

R^2와 R^3의 표준 순서기저를 각각 β와 γ라 할 때 다음이 성립한다.

$$\mathsf{T}(1,0) = (1,0,2) = 1e_1 + 0e_2 + 2e_3$$
$$\mathsf{T}(0,1) = (3,0,-4) = 3e_1 + 0e_2 - 4e_3$$

즉, $[\mathsf{T}]_\beta^\gamma = \begin{pmatrix} 1 & 3 \\ 0 & 0 \\ 2 & -4 \end{pmatrix}$ 이다. 또 다른 순서기저 $\gamma' = \{e_3, e_2, e_1\}$을 가져오면 $[\mathsf{T}]_\beta^{\gamma'} = \begin{pmatrix} 2 & -4 \\ 0 & 0 \\ 1 & 3 \end{pmatrix}$ 이다.

예제 4 선형변환 $\mathsf{T}\colon \mathsf{P}_3(R) \to \mathsf{P}_2(R)$가 $\mathsf{T}(f(x)) = f'(x)$를 만족한다고 하자. $\mathsf{P}_3(R)$와 $\mathsf{P}_2(R)$의 표준 순서기저를 각각 β, γ라 할 때, 다음이 성립한다.

$$\mathsf{T}(1) = 0 \cdot 1 + 0 \cdot x + 0 \cdot x^2$$
$$\mathsf{T}(x) = 1 \cdot 1 + 0 \cdot x + 0 \cdot x^2$$
$$\mathsf{T}(x^2) = 0 \cdot 1 + 2 \cdot x + 0 \cdot x^2$$
$$\mathsf{T}(x^3) = 0 \cdot 1 + 0 \cdot x + 3 \cdot x^2$$

즉, $[\mathsf{T}]_\beta^\gamma = \begin{pmatrix} 0 & 1 & 0 & 0 \\ 0 & 0 & 2 & 0 \\ 0 & 0 & 0 & 3 \end{pmatrix}$ 이다. $\mathsf{T}(x^j)$을 γ의 일차결합으로 표현할 때, 계수를 모으면 $[\mathsf{T}]_\beta^\gamma$의 $j+1$열이 된다.

V와 W는 유한차원 벡터공간이고, 순서기저는 각각 $\beta = \{v_1, v_2, \ldots, v_n\}$, $\gamma = \{w_1, w_2, \ldots, w_m\}$이라 하자. $\mathsf{T_0}(v_j) = \mathit{0} = 0w_1 + 0w_2 + \cdots + 0w_m$이므로 $[\mathsf{T_0}]_\beta^\gamma = O(m \times n$ 영행렬)이다. 또한, 다음 식이 성립하므로 $\mathsf{I_V}$의 j열은 e_j이다.

$$\mathsf{I_V}(v_j) = v_j = 0v_1 + 0v_2 + \cdots + 0v_{j-1} + 1v_j + 0v_{j+1} + \cdots + 0v_n$$

따라서 $[\mathsf{I_V}]_\beta = \begin{pmatrix} 1 & 0 & \cdots & 0 \\ 0 & 1 & \cdots & 0 \\ \vdots & \vdots & & \vdots \\ 0 & 0 & \cdots & 1 \end{pmatrix}$이다. 이 행렬은 $n \times n$ 항등행렬이다.

이제 매우 편리한 표기법인 크로네커 델타를 소개하겠다.

정의 크로네커 델타(Kronecker delta)는 다음과 같이 정의한다.

$$i = j \text{일 때, } \delta_{ij} = 1 \text{이고, } i \neq j \text{일 때, } \delta_{ij} = 0$$

$n \times n$ **항등행렬(identity matrix)** I_n의 성분은 $(I_n)_{ij} = \delta_{ij}$이다. 가리키는 것이 명확하면 항등행렬의 아래 첨자를 생략하고 I라 표기하기도 한다.

예를 들어 $I_1 = (1)$, $I_2 = \begin{pmatrix} 1 & 0 \\ 0 & 1 \end{pmatrix}$, $I_3 = \begin{pmatrix} 1 & 0 & 0 \\ 0 & 1 & 0 \\ 0 & 0 & 1 \end{pmatrix}$이다. 즉 **영변환의 행렬표현은 영행렬이고, 항등변환의 행렬표현은 항등행렬이다.**

이제 행렬과 선형변환을 연결하였으므로 정리 2.8에서 이 연결이 합과 스칼라 곱을 보존함을 보일 것이다. 이를 위하여 우선 선형변환의 합과 스칼라 곱을 정의하는 것에서 시작하자.

정의 F-벡터공간 V, W 사이에 정의된 임의의 함수 $\mathsf{T}, \mathsf{U}\colon \mathsf{V} \to \mathsf{W}$와 스칼라 $a \in F$에 대하여, 두 함수의 합 $\mathsf{T} + \mathsf{U}\colon \mathsf{V} \to \mathsf{W}$와 스칼라 곱 $a\mathsf{T}\colon \mathsf{V} \to \mathsf{W}$를 다음과 같이 정의한다.

- **합** 모든 $x \in \mathsf{V}$에 대하여 $(\mathsf{T} + \mathsf{U})(x) = \mathsf{T}(x) + \mathsf{U}(x)$
- **스칼라 곱** 모든 $x \in \mathsf{V}$에 대하여 $(a\mathsf{T})(x) = a\mathsf{T}(x)$

이는 함수의 합과 스칼라 곱에 대한 보편적인 정의와 같다. 선형변환의 합과 스칼라 곱은 여전히 선형변환임을 다음 정리에서 확인하자.

정리 2.7 F-벡터공간 V, W와 선형변환 $\mathsf{T}, \mathsf{U}: \mathsf{V} \to \mathsf{W}$에 대하여 다음이 성립한다.

(1) 임의의 $a \in F$에 대하여, $a\mathsf{T} + \mathsf{U}$는 선형이다.

(2) 위 정의와 같이 선형변환의 합과 스칼라 곱을 정의할 때, V에서 W로 가는 모든 선형변환의 집합은 F-벡터공간이다.

증명 (1) $x, y \in \mathsf{V}$, $c \in F$에 대하여 다음이 성립한다.

$$\begin{aligned}(a\mathsf{T} + \mathsf{U})(cx + y) &= a\mathsf{T}(cx + y) + \mathsf{U}(cx + y)\\ &= a[\mathsf{T}(cx + y)] + c\mathsf{U}(x) + \mathsf{U}(y)\\ &= a[c\mathsf{T}(x) + \mathsf{T}(y)] + c\mathsf{U}(x) + \mathsf{U}(y)\\ &= ac\mathsf{T}(x) + c\mathsf{U}(x) + a\mathsf{T}(y) + \mathsf{U}(y)\\ &= c(a\mathsf{T} + \mathsf{U})(x) + (a\mathsf{T} + \mathsf{U})(y)\end{aligned}$$

즉 $a\mathsf{T} + \mathsf{U}$는 선형이다.

(2) 영변환 T_0는 (V에서 W로 가는 모든 선형변환을 원소로 가지는 집합에서) 영벡터의 역할을 한다. V에서 W로 가는 모든 선형변환을 원소로 가지는 집합이 벡터공간의 공리를 만족함은 쉽게 확인할 수 있다. 즉, 이 집합은 F-벡터공간이다. ◀

정의 F-벡터공간 V, W에 대하여 V에서 W로 가는 모든 선형변환의 모임으로 이루어진 벡터공간을 $\mathcal{L}(\mathsf{V}, \mathsf{W})$라 표기한다. $\mathsf{V} = \mathsf{W}$이면 $\mathcal{L}(\mathsf{V}, \mathsf{V})$를 간단히 $\mathcal{L}(\mathsf{V})$라 표기한다.

2.4절에서 $\mathcal{L}(\mathsf{V}, \mathsf{W})$와 $\mathsf{M}_{m\times n}(F)$(이때, V와 W의 차원은 각각 n과 m)가 본질적으로 같음을 보이는 과정을 마무리 할 것이다. 다음 정리로 시작하자.

정리 2.8 유한차원 벡터공간 V, W와 각각의 순서기저 β, γ, 선형변환 $\mathsf{T}, \mathsf{U}: \mathsf{V} \to \mathsf{W}$에 대하여 다음이 성립한다.

(1) $[\mathsf{T} + \mathsf{U}]_\beta^\gamma = [\mathsf{T}]_\beta^\gamma + [\mathsf{U}]_\beta^\gamma$

(2) 모든 스칼라 a에 대하여 $[a\mathsf{T}]_\beta^\gamma = a[\mathsf{T}]_\beta^\gamma$

증명 (1) $\beta = \{v_1, v_2, \ldots, v_n\}$, $\gamma = \{w_1, w_2, \ldots, w_m\}$이라 하자. 다음 식을 만족하는 유일한 스칼라 a_{ij}와 b_{ij} $(1 \le i \le m, 1 \le j \le n)$가 존재한다.

$$\mathsf{T}(v_j) = \sum_{i=1}^{m} a_{ij} w_i, \quad \mathsf{U}(v_j) = \sum_{i=1}^{m} b_{ij} w_i \quad (\text{단, } 1 \le j \le n)$$

즉 $(\mathsf{T}+\mathsf{U})(v_j) = \sum_{i=1}^{m}(a_{ij}+b_{ij})w_i$이고 $([\mathsf{T}+\mathsf{U}]_\beta^\gamma)_{ij} = a_{ij}+b_{ij} = ([\mathsf{T}]_\beta^\gamma + [\mathsf{U}]_\beta^\gamma)_{ij}$이다.

(2) (1)과 비슷한 방식으로 증명할 수 있다. ◀

예제 5 선형변환 $\mathsf{T}\colon \mathsf{R}^2 \to \mathsf{R}^3$, $\mathsf{U}\colon \mathsf{R}^2 \to \mathsf{R}^3$을 다음과 같이 정의하자.

$$\mathsf{T}(a_1, a_2) = (a_1 + 3a_2, 0, 2a_1 - 4a_2), \quad \mathsf{U}(a_1, a_2) = (a_1 - a_2, 2a_1, 3a_1 + 2a_2)$$

β와 γ는 각각 R^2과 R^3의 표준 순서기저이고 다음이 성립한다($[\mathsf{T}]_\beta^\gamma$는 예제 3에서 구했다).

$$[\mathsf{T}]_\beta^\gamma = \begin{pmatrix} 1 & 3 \\ 0 & 0 \\ 2 & -4 \end{pmatrix}, \quad [\mathsf{U}]_\beta^\gamma = \begin{pmatrix} 1 & -1 \\ 2 & 0 \\ 3 & 2 \end{pmatrix}$$

$\mathsf{T}+\mathsf{U}$를 앞서 소개한 정의에 따라 계산하면 $(\mathsf{T}+\mathsf{U})(a_1, a_2) = (2a_1 + 2a_2, 2a_1, 5a_1 - 2a_2)$이다. 이제 $[\mathsf{T}+\mathsf{U}]_\beta^\gamma$는 다음과 같이 나타낼 수 있다.

$$[\mathsf{T}+\mathsf{U}]_\beta^\gamma = \begin{pmatrix} 2 & 2 \\ 2 & 0 \\ 5 & -2 \end{pmatrix}$$

정리 2.8에서 설명한 것처럼 $[\mathsf{T}]_\beta^\gamma + [\mathsf{U}]_\beta^\gamma$와 같다.

2.2 연습문제

1. 다음 명제의 참-거짓을 판정하라. 이때, V와 W는 유한차원 벡터공간이고 각각의 순서기저는 β와 γ이다. $\mathsf{T}, \mathsf{U}\colon \mathsf{V} \to \mathsf{W}$는 선형변환이다.

(a) 임의의 스칼라 a에 대하여 $a\mathsf{T}+\mathsf{U}$는 V에서 W로 가는 선형변환이다.

(b) $[\mathsf{T}]_\beta^\gamma = [\mathsf{U}]_\beta^\gamma$라면 $\mathsf{T} = \mathsf{U}$이다.

(c) $m = \dim(\mathsf{V})$, $n = \dim(\mathsf{W})$일 때, $[\mathsf{T}]_\beta^\gamma$는 $m \times n$ 행렬이다.

(d) $[\mathsf{T}+\mathsf{U}]_\beta^\gamma = [\mathsf{T}]_\beta^\gamma + [\mathsf{U}]_\beta^\gamma$

(e) $\mathcal{L}(\mathsf{V}, \mathsf{W})$는 벡터공간이다.

(f) $\mathcal{L}(\mathsf{V}, \mathsf{W}) = \mathcal{L}(\mathsf{W}, \mathsf{V})$

2. R^n과 R^m의 표준 순서기저를 각각 β와 γ라 하자. 선형변환 $\mathsf{T}\colon \mathsf{R}^n \to \mathsf{R}^m$이 다음과 같이 주어질 때, $[\mathsf{T}]_\beta^\gamma$를 구하라.

(a) $\mathsf{T}\colon \mathsf{R}^2 \to \mathsf{R}^3$, $\mathsf{T}(a_1, a_2) = (2a_1 - a_2, 3a_1 + 4a_2, a_1)$

(b) $\mathsf{T}\colon \mathsf{R}^3 \to \mathsf{R}^2$, $\mathsf{T}(a_1, a_2, a_3) = (2a_1 + 3a_2 - a_3, a_1 + a_3)$

(c) $\mathsf{T}\colon \mathsf{R}^3 \to R$, $\mathsf{T}(a_1, a_2, a_3) = 2a_1 + a_2 - 3a_3$

(d) $\mathsf{T}\colon \mathsf{R}^3 \to \mathsf{R}^3$, $\mathsf{T}(a_1, a_2, a_3) = (2a_2 + a_3, -a_1 + 4a_2 + 5a_3, a_1 + a_3)$

(e) $\mathsf{T}\colon \mathsf{R}^n \to \mathsf{R}^n$, $\mathsf{T}(a_1, a_2, \ldots, a_n) = (a_1, a_1, \ldots, a_1)$

(f) $\mathsf{T}\colon \mathsf{R}^n \to \mathsf{R}^n$, $\mathsf{T}(a_1, a_2, \ldots, a_n) = (a_n, a_{n-1}, \ldots, a_1)$

(g) $\mathsf{T}\colon \mathsf{R}^n \to R$, $\mathsf{T}(a_1, a_2, \ldots, a_n) = a_1 + a_n$

3. 선형변환 $\mathsf{T}\colon \mathsf{R}^2 \to \mathsf{R}^3$을 $\mathsf{T}(a_1, a_2) = (a_1 - a_2, a_1, 2a_1 + a_2)$라 정의하자. β가 R^2의 표준 순서기저이고 $\gamma = \{(1,1,0), (0,1,1), (2,2,3)\}$일 때 다음 물음에 답하라.

(a) $[\mathsf{T}]_\beta^\gamma$를 구하라.

(b) $\alpha = \{(1,2), (2,3)\}$일 때, $[\mathsf{T}]_\alpha^\gamma$를 구하라.

4. 선형변환 $\mathsf{T}\colon \mathsf{M}_{2\times 2}(R) \to \mathsf{P}_2(R)$를 $\mathsf{T}\begin{pmatrix} a & b \\ c & d \end{pmatrix} = (a+b) + (2d)x + bx^2$이라 정의하자. 기저 $\beta = \left\{ \begin{pmatrix} 1 & 0 \\ 0 & 0 \end{pmatrix}, \begin{pmatrix} 0 & 1 \\ 0 & 0 \end{pmatrix}, \begin{pmatrix} 0 & 0 \\ 1 & 0 \end{pmatrix}, \begin{pmatrix} 0 & 0 \\ 0 & 1 \end{pmatrix} \right\}$, $\gamma = \{1, x, x^2\}$에 대하여 $[\mathsf{T}]_\beta^\gamma$를 구하라.

5. 세 기저 $\alpha = \left\{ \begin{pmatrix} 1 & 0 \\ 0 & 0 \end{pmatrix}, \begin{pmatrix} 0 & 1 \\ 0 & 0 \end{pmatrix}, \begin{pmatrix} 0 & 0 \\ 1 & 0 \end{pmatrix}, \begin{pmatrix} 0 & 0 \\ 0 & 1 \end{pmatrix} \right\}$, $\beta = \{1, x, x^2\}$, $\gamma = \{1\}$에 대한 다음 물음에 답하라.

(a) 선형변환 $\mathsf{T}\colon \mathsf{M}_{2\times 2}(F) \to \mathsf{M}_{2\times 2}(F)$를 $\mathsf{T}(A) = A^t$로 정의하자. $[\mathsf{T}]_\alpha$를 구하라.

(b) 선형변환 $\mathsf{T}\colon \mathsf{P}_2(R) \to \mathsf{M}_{2\times 2}(R)$를 $\mathsf{T}(f(x)) = \begin{pmatrix} f'(0) & 2f(1) \\ 0 & f''(3) \end{pmatrix}$이라 정의하자. $[\mathsf{T}]_\beta^\alpha$를 구하라. (단, $'$은 미분)

(c) 선형변환 $\mathsf{T}\colon \mathsf{M}_{2\times 2}(F) \to F$를 $\mathsf{T}(A) = \mathrm{tr}(A)$라 정의하자. $[\mathsf{T}]_\alpha^\gamma$를 구하라.

(d) 선형변환 $\mathsf{T}\colon \mathsf{P}_2(R) \to R$를 $\mathsf{T}(f(x)) = f(2)$라 정의하자. $[\mathsf{T}]_\beta^\gamma$를 구하라.

(e) 행렬 $A = \begin{pmatrix} 1 & -2 \\ 0 & 4 \end{pmatrix}$에 대하여 $[A]_\alpha$를 구하라.

(f) 다항식 $f(x) = 3 - 6x + x^2$에 대하여 $[f(x)]_\beta$를 구하라.

(g) 스칼라 $a \in F$에 대하여 $[a]_\gamma$를 구하라.

6. 정리 2.7(b)의 증명을 완성하라.

7. 정리 2.8(b)의 증명을 완성하라.

8. 순서기저 β를 가지는 n차원 벡터공간 V에 대하여 함수 $\mathsf{T}\colon \mathsf{V} \to \mathsf{F}^n$을 $\mathsf{T}(x) = [x]_\beta$라 정의하자. T가 선형변환임을 증명하라. ⊂⊃ 2.5절

9. R에서의 복소수 벡터공간을 V라 하자. 함수 $\mathsf{T}\colon \mathsf{V} \to \mathsf{V}$를 $\mathsf{T}(z) = \overline{z}$($\overline{z}$는 z의 켤레복소수)라 정의할 때, T가 선형변환임을 증명하라. 또한 $\beta = \{1, i\}$일 때, $[\mathsf{T}]_\beta$를 구하라. 2.1절 연습문제 39에서 V를 C-벡터공간으로 보면 T가 선형이 아님을 증명하였다.

10. 순서기저 $\beta = \{v_1, v_2, \ldots, v_n\}$를 가지는 벡터공간 V에 대하여 $v_0 = \mathit{0}$라 할 때, 정리 2.6에 따르면 $\mathsf{T}(v_j) = v_j + v_{j-1}$ $(j = 1, 2, \ldots, n)$인 선형변환 $\mathsf{T}\colon \mathsf{V} \to \mathsf{V}$가 존재한다. $[\mathsf{T}]_\beta$를 구하라.

11. n차원 벡터공간 V와 선형변환 $\mathsf{T}\colon \mathsf{V} \to \mathsf{V}$를 생각하자. W는 V의 T-불변 부분공간이고(2.1절 연습문제 29~33) 차원은 k이다. 다음 조건을 만족하는 V의 기저 β가 존재함을 보여라.

$$[\mathsf{T}]_\beta \text{는 } \begin{pmatrix} A & B \\ O & C \end{pmatrix} \text{ 꼴이다(단, } A\text{는 } k \times k \text{ 행렬이고 } O\text{는 } (n-k) \times k \text{ 영행렬).}$$

12. 순서기저 $\beta = \{v_1, v_2, \ldots, v_n\}$을 가지는 벡터공간 V에 대하여 선형변환 $\mathsf{T}\colon \mathsf{V} \to \mathsf{V}$를 생각하자. $[\mathsf{T}]_\beta$가 상삼각행렬이기 위한 필요충분조건은 $\mathsf{T}(v_j) \in \operatorname{span}(\{v_1, v_2, \ldots, v_j\})$ $(j = 1, 2, \ldots, n)$임을 증명하라. ⊂⊃ 6.4절

13. 유한차원 벡터공간 V와 부분공간 W, W'을 생각하자. T는 W'에 대한 W로의 사영이다.[8] $[\mathsf{T}]_\beta$가 대각행렬이 되도록 하는 V의 순서기저 β를 찾아라.

14. 벡터공간 V, W와 영이 아닌 선형변환 T, $\mathsf{U}\colon \mathsf{V} \to \mathsf{W}$를 생각하자. $\mathsf{R}(\mathsf{T}) \cap \mathsf{R}(\mathsf{U}) = \{\mathit{0}\}$일 때, 집합 $\{\mathsf{T}, \mathsf{U}\}$는 $\mathcal{L}(\mathsf{V}, \mathsf{W})$의 일차독립인 부분집합임을 증명하라.

8 사영의 정의는 99쪽 2.1절 연습문제 25~28을 참고하라.

15. 벡터공간 $\mathsf{V} = \mathsf{P}(R)$와 $j \geq 1$에 대하여 $\mathsf{T}_j(f(x)) = f^{(j)}(x)$라 정의하자. $f^{(j)}(x)$는 $f(x)$의 j계도함수이다. 임의의 자연수 n에 대하여 집합 $\{\mathsf{T}_1, \mathsf{T}_2, \ldots, \mathsf{T}_n\}$은 $\mathcal{L}(\mathsf{V})$의 일차독립인 부분집합임을 증명하라.

16. 벡터공간 V, W와 V의 부분집합 S를 생각하자. 다음과 같이 정의한 집합 S^0에 대한 다음 명제가 참임을 보여라.

$$S^0 = \{\mathsf{T} \in \mathcal{L}(\mathsf{V}, \mathsf{W})\colon \text{모든 } x \in S\text{에 대하여 } \mathsf{T}(x) = 0\}$$

(a) S^0은 $\mathcal{L}(\mathsf{V}, \mathsf{W})$의 부분공간이다.

(b) S_1, S_2가 V의 부분집합이고 $S_1 \subseteq S_2$이면 $S_2^0 \subseteq S_1^0$이다.

(c) V_1, V_2가 V의 부분공간일 때, $(\mathsf{V}_1 \cup \mathsf{V}_2)^0 = (\mathsf{V}_1 + \mathsf{V}_2)^0 = \mathsf{V}_1^0 \cap \mathsf{V}_2^0$이다.

17. 차원이 같은 벡터공간 V, W와 선형변환 $\mathsf{T}\colon \mathsf{V} \to \mathsf{W}$에 대하여, $[\mathsf{T}]_\beta^\gamma$가 대각행렬이 되도록 하는 V의 순서기저 β와 W의 순서기저 γ가 존재함을 보여라.

2.3 선형변환의 합성과 행렬 곱

2.2절에서 행렬의 합과 스칼라 곱을 각각 선형변환의 합과 스칼라 곱에 대응하는 방식으로 행렬과 선형변환의 개념을 연결하였다. 선형변환의 합성에 대응하는 행렬의 연산은 무엇일까? 행렬 곱이다. 두 선형변환 U, T의 합성을 나타낼 때, $\mathsf{U} \circ \mathsf{T}$ 대신 UT로 간단하게 표현할 것이다(부록 B).

선형변환의 합성이 여전히 선형임을 보이자.

정리 2.9 F-벡터공간 V, W, Z와 선형변환 $\mathsf{T}\colon \mathsf{V} \to \mathsf{W}$, $\mathsf{U}\colon \mathsf{W} \to \mathsf{Z}$를 생각하자. 두 선형변환의 합성 $\mathsf{UT}\colon \mathsf{V} \to \mathsf{Z}$는 선형변환이다.

증명 $x, y \in \mathsf{V}$, $a \in F$에 대하여 다음이 성립한다.

$$\begin{aligned}\mathsf{UT}(ax + y) &= \mathsf{U}(\mathsf{T}(ax + y)) = \mathsf{U}(a\mathsf{T}(x) + \mathsf{T}(y)) \\ &= a\mathsf{U}(\mathsf{T}(x)) + \mathsf{U}(\mathsf{T}(y)) = a(\mathsf{UT})(x) + \mathsf{UT}(y)\end{aligned}$$ ◀

선형변환의 합성에 대한 몇 가지 성질을 확인해 보자.

> **정리 2.10** 벡터공간 V와 선형변환 $\mathsf{T}, \mathsf{U}_1, \mathsf{U}_2 \in \mathcal{L}(\mathsf{V})$에 대하여 다음이 성립한다.
>
> **(1)** $\mathsf{T}(\mathsf{U}_1 + \mathsf{U}_2) = \mathsf{TU}_1 + \mathsf{TU}_2$이고 $(\mathsf{U}_1 + \mathsf{U}_2)\mathsf{T} = \mathsf{U}_1\mathsf{T} + \mathsf{U}_2\mathsf{T}$
>
> **(2)** $\mathsf{T}(\mathsf{U}_1\mathsf{U}_2) = (\mathsf{TU}_1)\mathsf{U}_2$
>
> **(3)** $\mathsf{TI} = \mathsf{IT} = \mathsf{T}$
>
> **(4)** 모든 스칼라 a에 대하여 $a(\mathsf{U}_1\mathsf{U}_2) = (a\mathsf{U}_1)\mathsf{U}_2 = \mathsf{U}_1(a\mathsf{U}_2)$

증명 여러분의 몫으로 남긴다. ◀

선형변환의 정의역과 공역이 같지 않으면 이보다 일반적인 결과가 성립한다(연습문제 8).

어떤 상황에서는 $\mathsf{T} \in \mathcal{L}(\mathsf{V})$인 T를 자연스럽게 여러 번 합성하기도 한다. 예를 들어 2.1절 예제 6에서 정의한 $\mathsf{T}\colon \mathsf{V} \to \mathsf{V}$, $\mathsf{T}(f) = f'$을 생각해 보자. (이때, V는 무한 번 미분가능한 실함수의 집합)

$$\mathsf{TT}(f) = \mathsf{T}(f') = (f')' = f'' : f\text{의 이계도함수}$$

$$\mathsf{TTT}(f) = f''' : f\text{의 삼계도함수}$$

이런 상황에서 다음 표기법을 유용하게 사용할 수 있다.

$\mathsf{T} \in \mathcal{L}(\mathsf{V})$일 때, $\mathsf{T}^1 = \mathsf{T}$, $\mathsf{T}^2 = \mathsf{TT}$, $\mathsf{T}^3 = \mathsf{T}^2\mathsf{T}$, $\ldots$라 정의한다. 즉, 2 이상의 자연수 k에 대하여 $\mathsf{T}^k = \mathsf{T}^{k-1}\mathsf{T}$이다. 편의를 위해 $\mathsf{T}^0 = \mathsf{I}_\mathsf{V}$라 정의한다.

이제 행렬 곱에 대해 알아보자. 유한차원 벡터공간 V, W, Z와 선형변환 $\mathsf{T}\colon \mathsf{V} \to \mathsf{W}$, $\mathsf{U}\colon \mathsf{W} \to \mathsf{Z}$가 있다. V의 순서기저 $\alpha = \{v_1, v_2, \ldots, v_n\}$, W의 순서기저 $\beta = \{w_1, w_2, \ldots, w_m\}$, Z의 순서기저 $\gamma = \{z_1, z_2, \ldots, z_p\}$에 대하여 $A = [\mathsf{U}]_\beta^\gamma$, $B = [\mathsf{T}]_\alpha^\beta$라 하자. $AB = [\mathsf{UT}]_\alpha^\gamma$가 되도록 하는 두 행렬 곱 AB를 정의하려 한다. $[\mathsf{UT}]_\alpha^\gamma$가 어떤 모양일지 생각해 보자. $j = 1, 2, \ldots, n$에 대하여 다음이 성립한다.

$$\begin{aligned}
(\mathsf{UT})(v_j) = \mathsf{U}(\mathsf{T}(v_j)) &= \mathsf{U}\left(\sum_{k=1}^{m} B_{kj} w_k\right) = \sum_{k=1}^{m} B_{kj}\mathsf{U}(w_k) \\
&= \sum_{k=1}^{m} B_{kj}\left(\sum_{i=1}^{p} A_{ik} z_i\right) = \sum_{i=1}^{p}\left(\sum_{k=1}^{m} A_{ik}B_{kj}\right) z_i \\
&= \sum_{i=1}^{p} C_{ij} z_i \qquad \left(\text{이때, } C_{ij} = \sum_{k=1}^{m} A_{ik}B_{kj}\right)
\end{aligned}$$

이 계산에 따르면 행렬 곱을 다음과 같이 자연스럽게 정의할 수 있다.

정의 $m \times n$ 행렬 A와 $n \times p$ 행렬 B에 대하여 두 행렬 A, B의 **곱(product)** AB는 다음과 같이 정의된 $m \times p$ 행렬이다.

$$1 \le i \le m,\ 1 \le j \le p\text{에 대하여 } (AB)_{ij} = \sum_{k=1}^{n} A_{ik}B_{kj}$$

$(AB)_{ij}$는 A의 i행과 B의 j열에 대응하는 성분을 곱하고 합한 것이다. 행렬 곱을 응용한 흥미로운 사례는 이번 절의 마지막에서 소개하겠다.

행렬 A, B의 크기가 서로 맞아야 행렬 곱 AB를 정의할 수 있다는 사실에 주의해야 한다. 다음과 같이 연상하면 쉽게 기억할 수 있다.

$$(m \times n) \cdot (n \times p) = (m \times p)$$

'내부'의 차원이 같아야 행렬 곱 AB를 정의할 수 있고, '외부'의 차원이 행렬 AB의 크기를 결정한다.

예제 1 두 행렬 $\begin{pmatrix} 1 & 2 & 1 \\ 0 & 4 & -1 \end{pmatrix}$, $\begin{pmatrix} 4 \\ 2 \\ 5 \end{pmatrix}$의 곱은 다음과 같다.

$$\begin{pmatrix} 1 & 2 & 1 \\ 0 & 4 & -1 \end{pmatrix}\begin{pmatrix} 4 \\ 2 \\ 5 \end{pmatrix} = \begin{pmatrix} 1\cdot 4 + 2\cdot 2 + 1\cdot 5 \\ 0\cdot 4 + 4\cdot 2 + (-1)\cdot 5 \end{pmatrix} = \begin{pmatrix} 13 \\ 3 \end{pmatrix}$$

행렬 크기 관계를 확인하면 $(2 \times 3) \cdot (3 \times 1) = 2 \times 1$이다.

함수의 합성과 마찬가지로 행렬 곱 또한 교환법칙이 성립하지 않는다. 다음 두 곱을 살펴보자.

$$\begin{pmatrix} 1 & 1 \\ 0 & 0 \end{pmatrix}\begin{pmatrix} 0 & 1 \\ 1 & 0 \end{pmatrix} = \begin{pmatrix} 1 & 1 \\ 0 & 0 \end{pmatrix}, \quad \begin{pmatrix} 0 & 1 \\ 1 & 0 \end{pmatrix}\begin{pmatrix} 1 & 1 \\ 0 & 0 \end{pmatrix} = \begin{pmatrix} 0 & 0 \\ 1 & 1 \end{pmatrix}$$

AB, BA가 모두 정의되더라도 $AB \ne BA$일 수 있다.

1.3절에서 다룬 전치행렬을 떠올려 보자. $m \times n$ 행렬 A와 $n \times p$ 행렬 B에 대하여 $(AB)^t = B^t A^t$이다. 왜냐하면 행렬의 성분을 각각 비교하면 다음과 같기 때문이다.

$$(AB)^t_{ij} = (AB)_{ji} = \sum_{k=1}^{n} A_{jk}B_{ki}, \quad (B^tA^t)_{ij} = \sum_{k=1}^{n}(B^t)_{ik}(A^t)_{kj} = \sum_{k=1}^{n} B_{ki}A_{jk}$$

즉, '행렬 곱의 전치'는 '순서가 뒤집힌 전치행렬의 곱'이 된다.

행렬 곱을 위와 같이 정의하면 다음 정리를 이끌어낼 수 있다.

정리 2.11 유한차원 벡터공간 V, W, Z와 각각의 순서기저 α, β, γ, 선형변환 $\mathsf{T}: \mathsf{V} \to \mathsf{W}$, $\mathsf{U}: \mathsf{W} \to \mathsf{Z}$에 대하여 다음이 성립한다.

$$[\mathsf{UT}]_\alpha^\gamma = [\mathsf{U}]_\beta^\gamma[\mathsf{T}]_\alpha^\beta$$

따름정리 유한차원 벡터공간 V와 순서기저 β, 선형연산자 $\mathsf{T}, \mathsf{U} \in \mathcal{L}(\mathsf{V})$에 대하여 다음이 성립한다.

$$[\mathsf{UT}]_\beta = [\mathsf{U}]_\beta[\mathsf{T}]_\beta$$

다음 예제는 정리 2.11을 구체적으로 설명한다.

예제 2 선형변환 $\mathsf{U}: \mathsf{P}_3(R) \to \mathsf{P}_2(R)$, $\mathsf{T}: \mathsf{P}_2(R) \to \mathsf{P}_3(R)$를 다음과 같이 정의한다.

$$\mathsf{U}(f(x)) = f'(x), \quad \mathsf{T}(f(x)) = \int_0^x f(t)\,dt$$

α, β는 각기 $\mathsf{P}_3(R)$, $\mathsf{P}_2(R)$의 표준 순서기저라 하자. 미적분학을 이용하면 $\mathsf{UT} = \mathsf{I}$가 $\mathsf{P}_2(R)$의 항등변환임을 알 수 있다. 다음 계산을 살펴보자.

$$[\mathsf{UT}]_\beta = [\mathsf{U}]_\alpha^\beta[\mathsf{T}]_\beta^\alpha = \begin{pmatrix} 0 & 1 & 0 & 0 \\ 0 & 0 & 2 & 0 \\ 0 & 0 & 0 & 3 \end{pmatrix} \begin{pmatrix} 0 & 0 & 0 \\ 1 & 0 & 0 \\ 0 & \frac{1}{2} & 0 \\ 0 & 0 & \frac{1}{3} \end{pmatrix} = \begin{pmatrix} 1 & 0 & 0 \\ 0 & 1 & 0 \\ 0 & 0 & 1 \end{pmatrix} = [\mathsf{I}]_\beta$$

정리 2.11이 성립함을 구체적으로 확인할 수 있다.

다음 정리는 정리 2.10의 (1), (3), (4)를 떠올리면 쉽게 이해할 수 있다. 정리 2.10(2)를 행렬로 나타내면 정리 2.16이다.

다음 정리의 (3)에 따르면 항등행렬은 $\mathsf{M}_{n\times n}(F)$에서 곱셈에 대한 항등원이다. 가리키는 것이 명확하면 I_n에서 아래 첨자 n을 생략하기도 한다.

정리 2.12 A가 $m \times n$ 행렬, B와 C가 $n \times p$ 행렬, D와 E가 $q \times m$ 행렬일 때, 다음이 성립한다.

(1) $A(B+C) = AB + AC$, $(D+E)A = DA + EA$

(2) 임의의 스칼라 a에 대하여 $a(AB) = (aA)B = A(aB)$

(3) $I_m A = A = AI_n$

증명 (1)과 (3)의 절반만 증명하고 나머지는 여러분의 몫으로 남긴다(연습문제 5).

(1)
$$\begin{aligned}[A(B+C)]_{ij} &= \sum_{k=1}^{n} A_{ik}(B+C)_{kj} = \sum_{k=1}^{n} A_{ik}(B_{kj} + C_{kj}) \\ &= \sum_{k=1}^{n}(A_{ik}B_{kj} + A_{ik}C_{kj}) = \sum_{k=1}^{n} A_{ik}B_{kj} + \sum_{k=1}^{n} A_{ik}C_{kj} \\ &= (AB)_{ij} + (AC)_{ij} = [AB + AC]_{ij}\end{aligned}$$

따라서 $A(B+C) = AB + AC$이다.

(3) $(I_m A)_{ij} = \sum_{k=1}^{m}(I_m)_{ik}A_{kj} = \sum_{k=1}^{m} \delta_{ik}A_{kj} = A_{ij}$ ◀

따름정리 $m \times n$ 행렬 A와 $n \times p$ 행렬 $B_1, B_2, \ldots, B_k$, $q \times m$ 행렬 $C_1, C_2, \ldots, C_k$, 스칼라 a_1, a_2, $\ldots, a_k$에 대하여 다음이 성립한다.

$$A\left(\sum_{i=1}^{k} a_i B_i\right) = \sum_{i=1}^{k} a_i AB_i, \quad \left(\sum_{i=1}^{k} a_i C_i\right) A = \sum_{i=1}^{k} a_i C_i A$$

증명 여러분의 몫으로 남긴다. ◀

$n \times n$ 행렬 A에 대하여 $A^1 = A$, $A^2 = AA$, $A^3 = A^2 A$이다. 일반화하면 2 이상의 자연수 k에 대하여 $A^k = A^{k-1}A$라 정의한다. 이때, $A^0 = I_n$이다.

이 표기법에 따르면 $A = \begin{pmatrix} 0 & 0 \\ 1 & 0 \end{pmatrix}$에 대하여 $A \neq O$이지만, $A^2 = O$이다(O는 영행렬). 행렬 곱에서 곱셈의 소거법칙은 성립하지 않는다. 소거법칙이 성립한다고 가정해 보자. $A \cdot A = A^2 = O = A \cdot O$에서 $A = O$이므로 모순이다.

정리 2.13 $m \times n$ 행렬 A와 $n \times p$ 행렬 B를 생각하자. $j = 1, 2, \ldots, p$인 j에 대하여 AB의 j열을 u_j, B의 j열을 각각 v_j라 표기하면 다음이 성립한다.

(1) $u_j = Av_j$

(2) $v_j = Be_j$ (이때, e_j는 F^p의 j번째 표준 벡터)

증명 (1) u_j를 전개하면 다음과 같다.

$$u_j = \begin{pmatrix} (AB)_{1j} \\ (AB)_{2j} \\ \vdots \\ (AB)_{mj} \end{pmatrix} = \begin{pmatrix} \sum_{k=1}^{n} A_{1k}B_{kj} \\ \sum_{k=1}^{n} A_{2k}B_{kj} \\ \vdots \\ \sum_{k=1}^{n} A_{mk}B_{kj} \end{pmatrix} = A \begin{pmatrix} B_{1j} \\ B_{2j} \\ \vdots \\ B_{nj} \end{pmatrix} = Av_j$$

(2) 연습문제 6을 보라. ◀

정리 2.13으로부터 다음이 성립한다(연습문제 14).

AB의 j열은 A의 열벡터의 일차결합이다. 이때 계수는 행렬 B의 j열에 의해 주어진다. 행에 대해서도 이와 비슷한 결과가 성립한다. AB의 i행은 B의 행벡터의 일차결합이다. 이때 계수는 A의 i행에 의해 주어진다.

다음 결과는 기존 작업의 상당수가 참임을 보여준다. 선형변환에 어떤 벡터를 입력하여 값을 구할 때, 먼저 선형변환에 벡터를 대입하고 행렬로 표현할지, 선형변환과 벡터를 각각 행렬로 표현하고 곱할지 고민할 필요가 없다. 둘 다 유효하기 때문이다.

정리 2.14 V, W는 유한차원 벡터공간이고, 순서기저는 각각 β, γ이다. 선형변환 $\mathsf{T}: \mathsf{V} \to \mathsf{W}$와 $u \in \mathsf{V}$에 대하여 다음이 성립한다.

$$[\mathsf{T}(u)]_\gamma = [\mathsf{T}]_\beta^\gamma [u]_\beta$$

증명 $u \in \mathsf{V}$를 고정하고 다음과 같이 선형변환 $f: F \to \mathsf{V}$, $g: F \to \mathsf{W}$를 정의하자.

$$\text{모든 } a \in F \text{에 대하여 } f(a) = au,\ g(a) = a\mathsf{T}(u)$$

$\alpha = \{1\}$을 F의 표준 순서기저라 하자. $g = \mathsf{T}f$임은 당연하다. 행렬의 각 열을 벡터로 보고 정리 2.11을 적용하면 다음이 성립한다.

$$[\mathsf{T}(u)]_\gamma = [g(1)]_\gamma = [g]_\alpha^\gamma = [\mathsf{T}f]_\alpha^\gamma = [\mathsf{T}]_\beta^\gamma [f]_\alpha^\beta = [\mathsf{T}]_\beta^\gamma [f(1)]_\beta = [\mathsf{T}]_\beta^\gamma [u]_\beta \qquad ◀$$

예제 3 선형변환 $\mathsf{T}\colon \mathsf{P}_3(R) \to \mathsf{P}_2(R)$를 $\mathsf{T}(f(x)) = f'(x)$라 정의하자. $\mathsf{P}_3(R)$의 표준 순서기저는 β, $\mathsf{P}_2(R)$의 표준 순서기저는 γ이다. $A = [\mathsf{T}]_\beta^\gamma$라 하면 2.2절 예제 4로부터 행렬 A는 다음과 같다.

$$A = \begin{pmatrix} 0 & 1 & 0 & 0 \\ 0 & 0 & 2 & 0 \\ 0 & 0 & 0 & 3 \end{pmatrix}$$

$p(x) = 2 - 4x + x^2 + 3x^3 \in \mathsf{P}_3(R)$라 하자. 정리 2.14에 의하면 $[\mathsf{T}(p(x))]_\gamma = [\mathsf{T}]_\beta^\gamma [p(x)]_\beta$가 성립해야 한다. $q(x) = \mathsf{T}(p(x)) = p'(x) = -4 + 2x + 9x^2$이므로 다음이 성립한다.

$$[\mathsf{T}(p(x))]_\gamma = [q(x)]_\gamma = \begin{pmatrix} -4 \\ 2 \\ 9 \end{pmatrix}$$

한편으로 다음 식도 성립한다.

$$[\mathsf{T}]_\beta^\gamma [p(x)]_\beta = A[p(x)]_\beta = \begin{pmatrix} 0 & 1 & 0 & 0 \\ 0 & 0 & 2 & 0 \\ 0 & 0 & 0 & 3 \end{pmatrix} \begin{pmatrix} 2 \\ -4 \\ 1 \\ 3 \end{pmatrix} = \begin{pmatrix} -4 \\ 2 \\ 9 \end{pmatrix}$$

$m \times n$ 행렬 A의 좌측 곱 변환 L_A를 소개하며 이번 절을 마치겠다. 좌측 곱 변환은 선형변환의 성질을 바탕으로 행렬의 성질을 유추하거나, 행렬의 성질을 바탕으로 선형변환의 성질을 유추할 때 가장 유용하게 사용할 수 있는 도구이다. 좌측 곱 변환을 이용하면 행렬 곱에서 결합법칙이 성립함을 증명할 수 있다.

정의 A는 $m \times n$ 행렬이고, 성분은 체 F의 원소이다. 다음 선형변환을 간단히 L_A라 표기하자.

$$\mathsf{L}_A\colon \mathsf{F}^n \to \mathsf{F}^m, \quad \mathsf{L}_A(x) = Ax$$

L_A는 **좌측 곱 변환(left multiplication transformation)**이라 한다. 이때, x는 F^n의 열벡터이고 Ax는 A와 x의 행렬 곱이다.

예제 4 행렬 $A = \begin{pmatrix} 1 & 2 & 1 \\ 0 & 1 & 2 \end{pmatrix} \in \mathsf{M}_{2\times 3}(R)$와 선형변환 $\mathsf{L}_A: \mathsf{R}^3 \to \mathsf{R}^2$을 생각하자. $x = \begin{pmatrix} 1 \\ 3 \\ -1 \end{pmatrix}$에 대하여 $\mathsf{L}_A(x) = Ax = \begin{pmatrix} 1 & 2 & 1 \\ 0 & 1 & 2 \end{pmatrix}\begin{pmatrix} 1 \\ 3 \\ -1 \end{pmatrix} = \begin{pmatrix} 6 \\ 1 \end{pmatrix}$이다.

다음 정리를 통해 L_A가 선형이라는 사실 뿐 아니라 유용한 성질을 많이 가지고 있음을 확인할 수 있다. 이 성질은 모두 자연스럽고 기억하기 쉽다.

정리 2.15 A는 $m \times n$ 행렬이고, 성분은 체 F의 원소라 하자. 좌측 곱 변환 $\mathsf{L}_A: \mathsf{F}^n \to \mathsf{F}^m$은 선형이다. 또한 임의의 $m \times n$ 행렬 B(성분은 체 F의 원소)와 F^n의 표준 순서기저 β, F^m의 표준 순서기저 γ에 대하여 다음이 성립한다.

(1) $[\mathsf{L}_A]_\beta^\gamma = A$

(2) $\mathsf{L}_A = \mathsf{L}_B \iff A = B$

(3) $\mathsf{L}_{A+B} = \mathsf{L}_A + \mathsf{L}_B$이고, 모든 $a \in F$에 대하여 $\mathsf{L}_{aA} = a\mathsf{L}_A$이다.

(4) $\mathsf{T}: \mathsf{F}^n \to \mathsf{F}^m$이 선형이면 $\mathsf{T} = \mathsf{L}_C$가 되도록 하는 $m \times n$ 행렬 C가 유일하게 존재한다. 실제로는 $C = [\mathsf{T}]_\beta^\gamma$이다.

(5) E가 $n \times p$ 행렬이면 $\mathsf{L}_{AE} = \mathsf{L}_A\mathsf{L}_E$이다.

(6) $m = n$이면 $\mathsf{L}_{I_n} = \mathsf{I}_{\mathsf{F}^n}$이다.

증명 L_A가 선형변환임은 정리 2.12를 바탕으로 확인할 수 있다.

(1) $[\mathsf{L}_A]_\beta^\gamma$의 j열은 $\mathsf{L}_A(e_j)$와 같다. 한편, $\mathsf{L}_A(e_j) = Ae_j$는 정리 2.13(2)로부터 A의 j열임을 알 수 있다. 즉 $[\mathsf{L}_A]_\beta^\gamma = A$이다.

(2) $\mathsf{L}_A = \mathsf{L}_B$이면 (1)에 의해 $A = [\mathsf{L}_A]_\beta^\gamma = [\mathsf{L}_B]_\beta^\gamma = B$, 즉 $A = B$이다. 그 역은 자명하다.

(3) 연습문제 7을 보라.

(4) $C = [\mathsf{T}]_\beta^\gamma$라 하자. 정리 2.14로부터 $[\mathsf{T}(x)]_\gamma = [\mathsf{T}]_\beta^\gamma[x]_\beta$이다. 모든 $x \in F^n$에 대하여 $\mathsf{T}(x) = Cx = \mathsf{L}_C(x)$, $\mathsf{T} = \mathsf{L}_C$이다. C의 유일성은 (2)에서 나온다.

(5) 임의의 j $(1 \le j \le p)$에 대하여 정리 2.13을 몇 차례 적용하자. $(AE)e_j$는 AE의 j열이고, AE의 j열은 $A(Ee_j)$와 같다. 즉 $(AE)e_j = A(Ee_j)$이다. 따라서 다음이 성립한다.

$$\mathsf{L}_{AE}(e_j) = (AE)e_j = A(Ee_j) = \mathsf{L}_A(Ee_j) = \mathsf{L}_A(\mathsf{L}_E(e_j))$$

정리 2.6의 따름정리로부터 $\mathsf{L}_{AE} = \mathsf{L}_A\mathsf{L}_E$ 이다.

(6) 연습문제 7을 보라. ◀

좌측 곱 변환을 이용하여 행렬 곱에서 결합법칙이 성립함을 보이자.

정리 2.16 $A(BC)$를 정의할 수 있는 행렬 A, B, C는 $(AB)C$도 정의할 수 있고 $A(BC) = (AB)C$이다. 즉, 행렬 곱에서 결합법칙이 성립한다.

증명 $(AB)C$를 정의하는 것을 보이는 과정은 여러분의 몫으로 남긴다. 정리 2.15(5)와 함수의 합성에서 결합법칙이 성립함을 이용하면(부록 B) 다음 관계식을 얻을 수 있다.

$$\mathsf{L}_{A(BC)} = \mathsf{L}_A\mathsf{L}_{BC} = \mathsf{L}_A(\mathsf{L}_B\mathsf{L}_C) = (\mathsf{L}_A\mathsf{L}_B)\mathsf{L}_C = \mathsf{L}_{AB}\mathsf{L}_C = \mathsf{L}_{(AB)C}$$

정리 2.15(2)에 의해 $A(BC) = (AB)C$이다. ◀

말할 필요도 없이 위 정리는 행렬 곱의 정의로부터 바로 증명할 수 있다(연습문제 19). 그러나 위와 같은 방식으로 증명하면 선형변환과 행렬 사이의 관계를 이용하여 여러 명제를 증명하는 훈련을 할 수 있다.

응용*

인구 성장을 연구할 때 행렬 곱이 어떻게 사용되는지 확인하고 싶으면 웹 사이트 `goo.gl/x5XDLw`를 방문해 보자.

결합행렬을 이용한 연구는 매우 광범위하게 진행되고 있다. **결합행렬(incidence matrix)**은 모든 성분이 0 또는 1이고, (편의를 위해) 대각성분은 모두 0인 정사각행렬이다. n개의 대상($1, 2, \ldots, n$이라 표기)으로 구성된 집합에 어떤 관계가 주어질 때, 대응하는 결합행렬 A는 다음과 같이 정의한다.

i와 j 사이에 관계가 있으면 $A_{ij} = 1$, 그렇지 않으면 $A_{ij} = 0$이다.

구체적으로 다음과 같은 예를 생각해 보자.

네 사람이 통신 장비를 가지고 있다. 신호를 보낼 수 있는지 여부로 이들의 관계를 정의하자. 인물 i가 인물 j에게 신호를 보낼 수 있으면 $A_{ij} = 1$이고 그렇지 못하면 $A_{ij} = 0$이다. 결합행렬이 다음과 같이 주어졌다고 가정하자.

$$A = \begin{pmatrix} 0 & 1 & 0 & 0 \\ 1 & 0 & 0 & 1 \\ 0 & 1 & 0 & 1 \\ 1 & 1 & 0 & 0 \end{pmatrix}$$

$A_{34} = 1$이고 $A_{14} = 0$이므로 인물 3은 인물 4에게 신호를 보낼 수 있지만 인물 1은 인물 4에게 신호를 보낼 수 없다.

A^2의 성분에는 어떤 의미가 있는가? 예를 들어, 다음과 같은 관계식이 있다고 하자.

$$(A^2)_{31} = A_{31}A_{11} + A_{32}A_{21} + A_{33}A_{31} + A_{34}A_{41}$$

다음과 같은 해석이 가능하다.

$A_{3k}A_{k1} = 1$

$\iff A_{3k} = 1$이고 $A_{k1} = 1$

$\iff$ 인물 3이 인물 k에게 신호를 보낼 수 있고, 인물 k가 인물 1에게 신호를 보낼 수 있다.

즉, $(A^2)_{31}$은 두 단계에 걸쳐 인물 3에서 인물 1까지 가는 신호의 경우의 수를 의미한다(이 경우에는 $3 \to 2 \to 1$과 $3 \to 4 \to 1$이 가능). 이때 A^2은 다음과 같다.

$$A^2 = \begin{pmatrix} 1 & 0 & 0 & 1 \\ 1 & 2 & 0 & 0 \\ 2 & 1 & 0 & 1 \\ 1 & 1 & 0 & 1 \end{pmatrix}$$

따라서 두 단계에 걸쳐 인물 3에서 인물 1까지 가는 신호의 경우의 수는 모두 두 가지임을 알 수 있다. 일반적으로 $(A + A^2 + \cdots + A^m)_{ij}$는 최대 m 단계에 걸쳐 인물 i에서 인물 j까지 갈 수 있는 신호의 경우의 수를 의미한다.

한편, 여러 명으로 이루어진 집합의 부분집합으로, 모든 인물이 서로 신호를 주고 받는 관계를 가진 3명 이상의 극대 부분집합을 **클리크(clique)**라 한다. 클리크를 찾는 문제는 어렵다. 그러나 어떤 인물이 클리크에 속하는지는 비교적 쉽게 판별할 수 있다.

행렬 B를 다음과 같이 정의하자.

인물 i와 인물 j가 서로 신호를 주고받을 수 있으면 $B_{ij} = 1$, 그렇지 않으면 $B_{ij} = 0$

인물 i가 클리크에 속하기 위한 필요충분조건은 $(B^3)_{ii} > 0$임을 보일 수 있다(연습문제 20). 예를 들어, 어떤 관계에 대한 결합행렬 A가 다음과 같이 주어졌다고 하자.

$$A = \begin{pmatrix} 0 & 1 & 0 & 1 \\ 1 & 0 & 1 & 0 \\ 1 & 1 & 0 & 1 \\ 1 & 1 & 1 & 0 \end{pmatrix}$$

누가 클리크에 속하는지 결정하려면 행렬 B와 B^3을 계산하면 된다.

$$B = \begin{pmatrix} 0 & 1 & 0 & 1 \\ 1 & 0 & 1 & 0 \\ 0 & 1 & 0 & 1 \\ 1 & 0 & 1 & 0 \end{pmatrix}, \quad B^3 = \begin{pmatrix} 0 & 4 & 0 & 4 \\ 4 & 0 & 4 & 0 \\ 0 & 4 & 0 & 4 \\ 4 & 0 & 4 & 0 \end{pmatrix}$$

B^3의 모든 대각성분이 0이므로 이 관계에서 클리크가 존재하지 않는다.

결합행렬을 이용하는 마지막 예는 '지배'와 관련있다. 여러 사람으로 구성된 집단에 주어진 관계의 결합행렬을 A라 하자. A가 $i \neq j$인 임의의 순서쌍 (i, j)에 대하여 다음을 만족하면 **지배관계(dominance relation)**라 한다.

$$A_{ij} = 1 \quad \Longleftrightarrow \quad A_{ji} = 0$$

즉 임의의 두 사람을 뽑으면 반드시 한 쪽이 다른 쪽을 지배하는 관계가 있다(또는 임의의 두 사람 중 한 사람은 항상 다른 사람에게 신호를 보낼 수 있으나 반대로는 신호를 보낼 수 없다는 뜻이다). A가 결합행렬이므로 모든 i에 대하여 $A_{ii} = 0$이다. 이 경우 행렬 $A + A^2$의 대각성분을 제외한 모든 성분이 양수인 행 또는 열을 가짐을 보일 수 있다(연습문제 22). 따라서, $A_{ij} = 1$일 때 i가 j를 지배한다고 하면 2단계 안에 모든 사람을 지배하거나 모든 사람에게 지배를 받는 인물이 적어도 한 명 존재한다. 그 인물은 첫 번째 단계에서 가장 많은 사람을 지배하거나, 가장 많은 사람에게 지배를 받는 사람이다.

그 예로 다음 행렬을 생각해 보자. 이 행렬이 지배관계에 대응함은 각자 확인해 보라.

$$A = \begin{pmatrix} 0 & 1 & 0 & 1 & 0 \\ 0 & 0 & 1 & 0 & 0 \\ 1 & 0 & 0 & 1 & 0 \\ 0 & 1 & 0 & 0 & 1 \\ 1 & 1 & 1 & 0 & 0 \end{pmatrix}, \quad A + A^2 = \begin{pmatrix} 0 & 2 & 1 & 1 & 1 \\ 1 & 0 & 1 & 1 & 0 \\ 1 & 2 & 0 & 2 & 1 \\ 1 & 2 & 2 & 0 & 1 \\ 2 & 2 & 2 & 2 & 0 \end{pmatrix}$$

위 계산에 따르면 인물 1, 3, 4, 5는 최대 2 단계 안에 다른 사람을 모두 지배할 수 있고(신호를 보냄), 인물 1, 2, 3, 4는 최대 2 단계 안에 모든 사람에게 지배를 받는다(신호를 받음).

2.3 연습문제

1. 다음 명제의 참-거짓을 판정하라. 각 명제에서 V, W, Z는 유한차원 벡터공간이고, α, β, γ는 각각의 순서기저, $\mathsf{T}\colon \mathsf{V} \to \mathsf{W}$, $\mathsf{U}\colon \mathsf{W} \to \mathsf{Z}$는 선형변환, A, B는 행렬이다.

(a) $[\mathsf{UT}]_\alpha^\gamma = [\mathsf{T}]_\alpha^\beta [\mathsf{U}]_\beta^\gamma$

(b) 모든 $v \in \mathsf{V}$에 대하여 $[\mathsf{T}(v)]_\beta = [\mathsf{T}]_\alpha^\beta [v]_\alpha$이다.

(c) 모든 $w \in \mathsf{W}$에 대하여 $[\mathsf{U}(w)]_\beta = [\mathsf{U}]_\alpha^\beta [w]_\beta$이다.

(d) $[\mathsf{I_V}]_\alpha = I$

(e) $[\mathsf{T}^2]_\alpha^\beta = ([\mathsf{T}]_\alpha^\beta)^2$

(f) $A^2 = I$이면 $A = I$ 또는 $A = -I$이다.

(g) $\mathsf{T} = \mathsf{L}_A$가 되도록 하는 행렬 A가 존재한다.

(h) $A^2 = O$이면 $A = O$이다(O는 영행렬).

(i) $\mathsf{L}_{A+B} = \mathsf{L}_A + \mathsf{L}_B$

(j) A가 모든 i, j에 대하여 $A_{ij} = \delta_{ij}$를 만족하는 정사각행렬이면 $A = I$이다.

2. 다음 물음에 답하라.

(a) 다음 행렬에 대하여 $A(2B+3C)$, $(AB)D$, $A(BD)$를 각각 계산하라.

$$A = \begin{pmatrix} 1 & 3 \\ 2 & -1 \end{pmatrix},\quad B = \begin{pmatrix} 1 & 0 & -3 \\ 4 & 1 & 2 \end{pmatrix},\quad C = \begin{pmatrix} 1 & 1 & 4 \\ -1 & -2 & 0 \end{pmatrix},\quad D = \begin{pmatrix} 2 \\ -2 \\ 3 \end{pmatrix}$$

(b) 다음 행렬에 대하여 A^t, A^tB, BC^t, CB, CA를 각각 계산하라.

$$A = \begin{pmatrix} 2 & 5 \\ -3 & 1 \\ 4 & 2 \end{pmatrix},\quad B = \begin{pmatrix} 3 & -2 & 0 \\ 1 & -1 & 4 \\ 5 & 5 & 3 \end{pmatrix},\quad C = \begin{pmatrix} 4 & 0 & 3 \end{pmatrix}$$

3. 다항식 $g(x) = 3 + x$에 대하여 선형변환 $\mathsf{T}\colon \mathsf{P}_2(R) \to \mathsf{P}_2(R)$, $\mathsf{U}\colon \mathsf{P}_2(R) \to \mathsf{R}^3$을 다음과 같이 정의하자.

$$\mathsf{T}(f(x)) = f'(x)g(x) + 2f(x), \quad U(a + bx + cx^2) = (a+b, c, a-b)$$

$\mathsf{P}_2(R)$의 표준 순서기저가 β, R^3의 표준 순서기저가 γ일 때, 다음 물음에 답하라.

(a) $[\mathsf{U}]_\beta^\gamma$, $[\mathsf{T}]_\beta$, $[\mathsf{UT}]_\beta^\gamma$를 직접 계산하고, 정리 2.11을 사용하여 결과가 참임을 확인하라.

(b) $h(x) = 3 - 2x + x^2$이라 하자. $[h(x)]_\beta$와 $[\mathsf{U}(h(x))]_\gamma$를 계산하라. (a)에서 계산한 $[\mathsf{U}]_\beta^\gamma$와 정리 2.14를 사용하여 결과가 참임을 확인하라.

4. 다음 T는 2.2절 연습문제 5에서 정의한 선형변환이다. 정리 2.14를 이용하여 다음 벡터를 구하라.

(a) $A = \begin{pmatrix} 1 & 4 \\ -1 & 6 \end{pmatrix}$ 일 때, $[\mathsf{T}(A)]_\alpha$

(b) $f(x) = 4 - 6x + 3x^2$ 일 때, $[\mathsf{T}(f(x))]_\alpha$

(c) $A = \begin{pmatrix} 1 & 3 \\ 2 & 4 \end{pmatrix}$ 일 때, $[\mathsf{T}(A)]_\gamma$

(d) $f(x) = 6 - x + 2x^2$ 일 때, $[\mathsf{T}(f(x))]_\gamma$

5. 정리 2.12와 정리 2.12의 따름정리의 증명을 각각 완성하라.

6. 정리 2.13(2)를 증명하라.

7. 정리 2.15(3), 정리 2.15(6)을 각각 증명하라.

8. 정리 2.10을 증명하라. 정의역과 공역이 같지 않은 선형변환을 포함하는, 일반적인 결과를 서술하고 증명하라.

9. $\mathsf{UT} = \mathsf{T}_0$(영변환)이지만 $\mathsf{TU} \neq \mathsf{T}_0$ 인 선형변환 $\mathsf{U}, \mathsf{T}\colon \mathsf{F}^2 \to \mathsf{F}^2$ 을 찾아라. 이 결과를 이용하여 $AB = O$ 이지만 $BA \neq O$ 인 행렬 A, B를 찾아라.

10. $n \times n$ 행렬 A에 대하여 A가 대각행렬이기 위한 필요충분조건은 모든 i, j에 대하여 $A_{ij} = \delta_{ij} A_{ij}$ 임을 증명하라.

11. 벡터공간 V와 선형변환 $\mathsf{T}\colon \mathsf{V} \to \mathsf{V}$에 대하여 $\mathsf{T}^2 = \mathsf{T}_0$ 이기 위한 필요충분조건은 $\mathsf{R}(\mathsf{T}) \subseteq \mathsf{N}(\mathsf{T})$ 임을 증명하라.

12. 벡터공간 V, W, Z와 선형변환 $\mathsf{T}\colon \mathsf{V} \to \mathsf{W}$, $\mathsf{U}\colon \mathsf{W} \to \mathsf{Z}$에 대한 다음 물음에 답하라.

(a) UT가 단사이면 T도 단사임을 증명하라. U는 반드시 단사이어야 하는지 판정하라.

(b) UT가 전사이면 U도 전사임을 증명하라. T는 반드시 전사이어야 하는지 판정하라.

(c) U, T가 일대일대응이면 UT도 일대일대응임을 증명하라.

13. $n \times n$ 행렬 A, B를 생각하자. A의 대각합은 $\operatorname{tr}(A) = \sum_{i=1}^{n} A_{ii}$ 라 정의하였다. 다음 두 등식이 성립함을 증명하라.

$$\operatorname{tr}(AB) = \operatorname{tr}(BA), \quad \operatorname{tr}(A) = \operatorname{tr}(A^t)$$

14. 이 문제에서는 정리 2.13에서 사용한 표기법을 그대로 사용한다. 다음 물음에 답하라.

(a) z는 F^p의 열벡터이다. 정리 2.13(2)를 사용하여 Bz는 B의 열벡터의 일차결합임을 증명하라. 특히, $z=(a_1, a_2, \ldots, a_p)^t$에 대하여 $Bz=\sum_{j=1}^{p} a_j v_j$ 임을 보여라.

(b) (a)의 결과를 확장하여 AB의 j열은 A의 열벡터의 일차결합이고 계수는 B의 j열에서 가져온 것임을 보여라.

(c) 임의의 행벡터 $w \in \mathsf{F}^m$에 대하여, wA는 A의 행벡터의 일차결합이고 계수는 w의 각 성분임을 보여라.

힌트 (a)에 적용한 전치행렬의 성질을 이용한다.

(d) (b)의 결과에 대응하는 열의 성질, 즉 AB의 i행은 B의 행벡터의 일차결합이고 계수는 A의 i행에서 가져온 것임을 증명하라.

15. 행렬 AB를 정의할 수 있는 행렬 A, B를 생각하자. u_j와 v_j는 각각 AB와 B의 j열을 의미한다. $v_p = c_1 v_{j_1} + c_2 v_{j_2} + \cdots + c_k v_{j_k}$ ($c_1, c_2, \ldots c_k$는 스칼라)일 때, $u_p = c_1 u_{j_1} + c_2 u_{j_2} + \cdots + c_k u_{j_k}$ 임을 증명하라.

3.2절, 3.3절, 4.3절

16. 유한차원 벡터공간 V와 선형변환 $\mathsf{T}: \mathsf{V} \to \mathsf{V}$에 대한 다음 물음에 답하라.

(a) $\text{rank}(\mathsf{T}) = \text{rank}(\mathsf{T}^2)$이면 $\mathsf{R}(\mathsf{T}) \cap \mathsf{N}(\mathsf{T}) = \{0\}$임을 증명하라. $\mathsf{V} = \mathsf{R}(\mathsf{T}) \oplus \mathsf{N}(\mathsf{T})$임을 유도하라(1.3절 연습문제 23~30 참고).

(b) 어떤 자연수 k에 대하여 $\mathsf{V} = \mathsf{R}(\mathsf{T}^k) \oplus \mathsf{N}(\mathsf{T}^k)$임을 증명하라.

17. 벡터공간 V와 선형변환 $\mathsf{T}: \mathsf{V} \to \mathsf{V}$에 대하여 다음을 증명하라.

> $\mathsf{T} = \mathsf{T}^2$이기 위한 필요충분조건은 T가 $\mathsf{N}(\mathsf{T})$에 대한 $\mathsf{W}_1 = \{y : \mathsf{T}(y) = y\}$로의 사영이다.[9]

18. 유한차원 벡터공간 V와 순서기저 β, 선형변환 $\mathsf{T}: \mathsf{V} \to \mathsf{V}$에 대하여 다음을 증명하라.

> 음이 아닌 임의의 정수 k에 대하여 $[\mathsf{T}^k]_\beta = ([\mathsf{T}]_\beta)^k$이다.

19. 행렬 곱에 대한 정의만을 사용하여 행렬 곱에서 결합법칙이 성립함을 증명하라.

9 사영의 정의와 그 성질은 99쪽을 참고하라.

20. 결합행렬 A와 이와 연관된 행렬 B(i와 j 사이에 관계가 있으면 $B_{ij} = 1$, 그렇지 않으면 $B_{ij} = 0$)에 대하여 다음을 증명하라.

> i가 클리크에 속하기 위한 필요충분조건은 $(B^3)_{ii} > 0$이다.

21. 연습문제 20의 결과를 이용하여 다음 결합행렬의 클리크를 찾아라.

(a) $\begin{pmatrix} 0 & 1 & 0 & 1 \\ 1 & 0 & 0 & 0 \\ 0 & 1 & 0 & 1 \\ 1 & 0 & 1 & 0 \end{pmatrix}$ (b) $\begin{pmatrix} 0 & 0 & 1 & 1 \\ 1 & 0 & 0 & 1 \\ 1 & 0 & 0 & 1 \\ 1 & 0 & 1 & 0 \end{pmatrix}$

22. 행렬 A가 지배관계에 대응하는 결합행렬이라 하자. 다음을 증명하라.

> 행렬 $A + A^2$에 대각성분을 제외한 모든 성분이 양수인 행 또는 열이 존재한다.

23. 행렬 $A = \begin{pmatrix} 0 & 1 & 0 \\ 0 & 0 & 1 \\ 1 & 0 & 0 \end{pmatrix}$이 지배관계에 대응함을 증명하라. 연습문제 22의 결과를 이용하여 두 단계 안에 '모두를 지배하는 사람' 또는 '모두에게 지배를 받는 사람'을 찾아라.

24. A가 지배관계에 대응하는 $n \times n$ 결합행렬이라 하자. A에 0이 아닌 성분의 개수를 구하라.

2.4 가역성과 동형사상

역함수가 존재하는가를 묻는 가역성은 함수 연구의 초기부터 등장한 문제이다. 다행히 함수와 역함수는 고유의 성질을 많이 공유한다. 이를테면 미적분학 시간에 어떤 함수가 연속이거나 미분가능할 때, 역함수 또한 적절한 조건하에서 연속이거나 미분가능임을 배웠을 것이다.

이번 절에서는 선형변환의 역사상이 선형임을 보일 것이다(정리 2.17). 이 결과는 행렬의 역행렬을 찾는 데 큰 도움이 된다. 여러분은 현명하므로 A의 역행렬의 성질을 파악할 때 2.3절에서 다룬 좌측곱 변환 L_A의 역사상이 (존재한다면) 유용하게 사용됨을 예상할 수 있을 것이다.

또한 가역성과 관련된 여러 성질을 바탕으로 동형사상을 다룰 것이다. 차원이 같은 (F 에서의) 유한차원 벡터공간은 본질적으로 같다.

역함수는 부록 B에서 다루며 역함수의 성질은 선형변환에서도 성립한다. 이번 절에서 사용되는 몇 가지 정의는 여기에서도 소개하겠다.

정의 벡터공간 V, W와 선형변환 $\mathsf{T}: \mathsf{V} \to \mathsf{W}$를 생각하자. $\mathsf{TU} = \mathsf{I_W}$ 이고 $\mathsf{UT} = \mathsf{I_V}$ 인 함수 U를 T의 **역함수(inverse)**라 한다. 역함수가 존재하는 T를 **가역(invertible)**이라 하며 이 역함수를 T^{-1} 라 표기한다. T가 가역이면 T의 역함수는 유일하다(부록 B).

가역인 함수 T, U에 대하여 다음이 성립한다. 이때, 함수가 가역이기 위한 필요충분조건은 단사이고 전사임을 확인하자. 정리 2.5를 다시 나타내면 사실 3이 된다.

사실 1 $(\mathsf{TU})^{-1} = \mathsf{U}^{-1}\mathsf{T}^{-1}$

사실 2 $(\mathsf{T}^{-1})^{-1} = \mathsf{T}$이다. 특히 T^{-1}는 가역이다.

사실 3 V, W가 차원이 같은 벡터공간이라 하자. 선형변환 $\mathsf{T}: \mathsf{V} \to \mathsf{W}$가 가역이기 위한 필요충분조건은 $\text{rank}(\mathsf{T}) = \dim(\mathsf{V})$ 이다.

예제 1 선형변환 $\mathsf{T}: \mathsf{P}_1(R) \to \mathsf{R}^2$을 $\mathsf{T}(a+bx) = (a, a+b)$라 정의하자. T^{-1}가 역함수임은 어렵지 않게 확인할 수 있다. 다음이 성립하기 때문이다.

$$\mathsf{T}^{-1}: \mathsf{R}^2 \to \mathsf{P}_1(R), \quad \mathsf{T}^{-1}(c,d) = c + (d-c)x$$

또한 T^{-1}는 선형이다. 정리 2.17에 의하면 이 성질은 일반적으로 성립한다.

정리 2.17 벡터공간 V, W와 가역인 선형변환 $\mathsf{T}: \mathsf{V} \to \mathsf{W}$에 대하여 역함수 $\mathsf{T}^{-1}: \mathsf{W} \to \mathsf{V}$ 또한 선형이다.

증명 $y_1, y_2 \in \mathsf{W}$와 $c \in F$에 대하여 T가 전사이고 단사이므로 $\mathsf{T}(x_1) = y_1$, $\mathsf{T}(x_2) = y_2$인 벡터 x_1, x_2가 유일하게 존재한다. $x_1 = \mathsf{T}^{-1}(y_1)$, $x_2 = \mathsf{T}^{-1}(y_2)$이다. 따라서 다음이 성립한다.

$$\begin{aligned}\mathsf{T}^{-1}(cy_1 + y_2) &= \mathsf{T}^{-1}[c\mathsf{T}(x_1) + \mathsf{T}(x_2)] = \mathsf{T}^{-1}[\mathsf{T}(cx_1 + x_2)] \\ &= cx_1 + x_2 = c\mathsf{T}^{-1}(y_1) + \mathsf{T}^{-1}(y_2)\end{aligned}$$ ◀

따름정리 선형변환 $\mathsf{T}: \mathsf{V} \to \mathsf{W}$가 가역이라 하자. V가 유한차원이기 위한 필요충분조건은 W가 유한차원인 것이다. 이때, $\dim(\mathsf{V}) = \dim(\mathsf{W})$이다.

증명 V가 유한차원이라 가정하고, 기저를 $\beta = \{x_1, x_2, \ldots, x_n\}$이라 표기하자. 정리 2.2에 따르면 $\mathsf{T}(\beta)$는 $\mathsf{R}(\mathsf{T}) = \mathsf{W}$를 생성한다. 정리 1.9에 따르면 W는 유한차원이다. 역으로 W를 유한차원이라 가정하자. T^{-1}를 사용하여 직전과 비슷한 방식으로 논리를 전개하면 V 또한 유한차원이다.

이제 V와 W는 모두 유한차원이라 가정할 수 있다. T가 단사이고 전사이므로 다음이 성립한다.

$$\text{nullity}(\mathsf{T}) = 0\text{이고} \quad \text{rank}(\mathsf{T}) = \dim(\mathsf{R}(\mathsf{T})) = \dim(\mathsf{W})$$

차원정리(정리 2.3)로부터 $\dim(\mathsf{V}) = \dim(\mathsf{W})$를 도출할 수 있다. ◀

정리 2.5(92쪽)에 따르면 같은 (유한)차원을 가지는 두 벡터공간 사이에 정의된 선형변환 T에서 가역, 단사, 전사는 모두 동치이다.

이제 행렬에 대한 내용을 살펴보자. 다음 정의는 선형변환에서 역함수를 정의한 것과 유사하다.

정의 $n \times n$ 행렬 A에 대하여 $AB = BA = I$인 $n \times n$ 행렬 B가 존재할 때, A는 **가역(invertible)**이라 한다.

A가 가역이면 $AB = BA = I$인 행렬 B는 유일하다. ($AC = CA = I$인 또 다른 행렬 C가 존재한다고 가정하면, $C = CI = C(AB) = (CA)B = IB = B$이다.) 이 행렬 B를 A의 **역행렬(inverse)**이라 하고, A^{-1}라 표기한다.

예제 2 $\begin{pmatrix} 5 & 7 \\ 2 & 3 \end{pmatrix}$의 역행렬은 $\begin{pmatrix} 3 & -7 \\ -2 & 5 \end{pmatrix}$이다. 확인해 보라.

3.2절에서 역행렬을 구하는 기법을 배울 것이다. 지금은 선형변환의 역함수와 행렬의 역행렬을 연결하는 몇 가지 내용을 다루겠다.

정리 2.18 유한차원 벡터공간 V, W와 각각의 순서기저 β, γ, 선형변환 $\mathsf{T}: \mathsf{V} \to \mathsf{W}$에 대하여 T가 가역이기 위한 필요충분조건은 $[\mathsf{T}]_\beta^\gamma$가 가역인 것이다. 특히, $[\mathsf{T}^{-1}]_\gamma^\beta = ([\mathsf{T}]_\beta^\gamma)^{-1}$이다.

증명 T가 가역이라 가정하자. 정리 2.17의 따름정리로부터 $\dim(\mathsf{V}) = \dim(\mathsf{W})$이다. $n = \dim(\mathsf{V})$라 하면 $[\mathsf{T}]_\beta^\gamma$는 $n \times n$ 행렬이다. 역함수 $\mathsf{T}^{-1}: \mathsf{W} \to \mathsf{V}$에 대하여 $\mathsf{TT}^{-1} = \mathsf{I_W}$, $\mathsf{T}^{-1}\mathsf{T} = \mathsf{I_V}$이다. 즉, 다음 식이 성립한다.

$$I_n = [\mathsf{I_V}]_\beta = [\mathsf{T}^{-1}\mathsf{T}]_\beta = [\mathsf{T}^{-1}]_\gamma^\beta [\mathsf{T}]_\beta^\gamma$$

같은 방식으로 $[\mathsf{T}]_\beta^\gamma [\mathsf{T}^{-1}]_\gamma^\beta = I_n$이다. 따라서 $[\mathsf{T}]_\beta^\gamma$는 가역이고 $\left([\mathsf{T}]_\beta^\gamma\right)^{-1} = [\mathsf{T}^{-1}]_\gamma^\beta$이다.

$A = [\mathsf{T}]_\beta^\gamma$가 가역이라 가정하자. $AB = BA = I_n$을 만족하는 $n \times n$ 행렬 B가 존재한다. 정리 2.6에 따라 $\gamma = \{w_1, w_2, \dots, w_n\}$, $\beta = \{v_1, v_2, \dots, v_n\}$일 때 다음을 만족하는 선형변환 $\mathsf{U} \in \mathcal{L}(\mathsf{W}, \mathsf{V})$가 존재한다.

$$j = 1, 2, \dots, n\text{에 대하여} \quad \mathsf{U}(w_j) = \sum_{i=1}^{n} B_{ij} v_i$$

즉, $[\mathsf{U}]_\gamma^\beta = B$이다. $\mathsf{U} = \mathsf{T}^{-1}$가 성립하는 이유는 다음 관계식과 정리 2.11로부터 확인할 수 있다.

$$[\mathsf{UT}]_\beta = [\mathsf{U}]_\gamma^\beta [\mathsf{T}]_\beta^\gamma = BA = I_n = [\mathsf{I_V}]_\beta$$

따라서 $\mathsf{UT} = \mathsf{I_V}$이다. 비슷한 방식으로 $\mathsf{TU} = \mathsf{I_W}$임을 보일 수 있다. ◀

예제 3 $\mathsf{P}_1(R)$, R^2의 표준 순서기저를 각각 β, γ라 하자. 예제 1에서 다룬 T에 대하여 다음이 성립한다.

$$[\mathsf{T}]_\beta^\gamma = \begin{pmatrix} 1 & 0 \\ 1 & 1 \end{pmatrix}, \quad [\mathsf{T}^{-1}]_\gamma^\beta = \begin{pmatrix} 1 & 0 \\ -1 & 1 \end{pmatrix}$$

두 행렬을 곱하면 각각이 서로의 역행렬임을 확인할 수 있다.

따름정리 1 순서기저 β를 가지는 유한차원 벡터공간 V와 선형변환 $\mathsf{T}: \mathsf{V} \to \mathsf{V}$에 대하여 T가 가역이기 위한 필요충분조건은 $[\mathsf{T}]_\beta$가 가역인 것이다. 특히, 다음이 성립한다.

$$[\mathsf{T}^{-1}]_\beta = ([\mathsf{T}]_\beta)^{-1}$$

증명 여러분의 몫으로 남긴다. ◀

따름정리 2 $n \times n$ 행렬 A에 대하여 A가 가역이기 위한 필요충분조건은 L_A가 가역인 것이다. 특히, $(\mathsf{L}_A)^{-1} = \mathsf{L}_{A^{-1}}$이다.

증명 여러분의 몫으로 남긴다. ◀

가역성을 이용하면 이미 어렴풋이 가진 아이디어를 구체화할 수 있다. 어떤 벡터공간은 벡터의 모양이 구체적으로 다르다는 점만 제외하면 서로 매우 닮아 있다. $\mathsf{M}_{2\times 2}(F)$와 F^4에 각각 집합 $\begin{pmatrix} a & b \\ c & d \end{pmatrix}$와 4순서쌍 (a, b, c, d)를 대응하면 벡터의 합과 스칼라 곱이 비슷한 방식으로 작동한다. 두 벡터공간은 구조적으로 **동형**이다.

정의 두 벡터공간 V, W 사이에 가역인 선형변환 $\mathsf{T}\colon \mathsf{V} \to \mathsf{W}$가 존재하면 V는 W와 **동형(isomorphic)**이다. 이때 가역인 선형변환을 V에서 W로 가는 **동형사상(isomorphism)**이라 한다.

'무엇이 무엇과 동형이다.'라는 개념은 동치관계(부록 A)이다. 이를 증명하는 것은 여러분의 몫으로 남긴다(연습문제 13). 따라서 동형인 두 벡터공간을 다룰 때, V가 W와 동형이라고 하든, W가 V와 동형이라고 하든 상관없다. 그저 'V와 W는 동형'인 것이다.

예제 4 선형변환 $\mathsf{T}\colon \mathsf{F}^2 \to \mathsf{P}_1(F)$를 $\mathsf{T}(a_1, a_2) = a_1 + a_2 x$라 정의하면 T가 동형사상임을 어렵지 않게 확인할 수 있다. F^2과 $\mathsf{P}_1(F)$는 동형이다.

예제 5 다음과 같이 정의한 함수 $\mathsf{T}\colon \mathsf{P}_3(R) \to \mathsf{M}_{2\times 2}(R)$는 선형변환이다. 각자 쉽게 확인할 수 있다.

$$\mathsf{T}(f) = \begin{pmatrix} f(1) & f(2) \\ f(3) & f(4) \end{pmatrix}$$

1.6절에서 소개한 라그랑주 보간법을 이용하면 f는 영 다항식일 때만 $\mathsf{T}(f) = O$이다(연습문제 22와 비교). T는 단사이고(연습문제 11) $\dim(\mathsf{P}_3(R)) = \dim(\mathsf{M}_{2\times 2}(R))$이므로, 정리 2.5에 의해 T는 가역이다. 따라서 $\mathsf{P}_3(R)$는 $\mathsf{M}_{2\times 2}(R)$와 동형이다.

여기서 예제 4와 예제 5를 보며 동형인 벡터공간의 차원이 같다는 사실을 알아차렸을 것이다. 다음 정리는 이러한 현상이 우연이 아님을 보여 준다.

정리 2.19 같은 체 위에서 정의된 유한차원 벡터공간 V, W에 대하여 V가 W와 동형이기 위한 필요충분조건은 $\dim(\mathsf{V}) = \dim(\mathsf{W})$이다.

증명 V가 W와 동형이고, $\mathsf{T}\colon \mathsf{V} \to \mathsf{W}$는 그 사이에 정의된 동형사상이라 가정하자. 정리 2.17의 따름정리에 의해 $\dim(\mathsf{V}) = \dim(\mathsf{W})$이다.

이제 $\dim(\mathsf{V}) = \dim(\mathsf{W})$라 가정하자. $\beta = \{v_1, v_2, \dots, v_n\}$과 $\gamma = \{w_1, w_2, \dots, w_n\}$은 각각 V와 W의 기저이다. 정리 2.6에 따르면 $\mathsf{T}(v_i) = w_i$ $(i = 1, 2, \dots, n)$인 선형변환 $\mathsf{T}\colon \mathsf{V} \to \mathsf{W}$가 존재한다. 정리 2.2를 이용하면 $\mathsf{R}(\mathsf{T}) = \text{span}(\mathsf{T}(\beta)) = \text{span}(\gamma) = \mathsf{W}$이므로 T는 전사이다. 정리 2.5에 의해 T는 단사이므로 T는 동형사상이다. ◀

정리 2.17의 따름정리에 의해 V와 W가 동형이면 둘 다 유한차원이거나 둘 다 무한차원이어야 한다.

따름정리 F-벡터공간 V에 대하여 V가 F^n과 동형이기 위한 필요충분조건은 $\dim(\mathsf{V}) = n$이다.

선형변환과 대응하는 행렬표현 사이를 연결할 때가 되었다. 두 벡터공간 사이에 정의된 모든 선형변환의 집합인 벡터공간은 $m \times n$ 행렬으로 이루어진 벡터공간과 같다.

정리 2.20 차원이 각각 n과 m인 F-벡터공간 V와 W를 생각하자. V와 W의 순서기저를 각각 β, γ라 할 때, 다음과 같이 정의한 함수 $\Phi_\beta^\gamma\colon \mathcal{L}(\mathsf{V}, \mathsf{W}) \to \mathsf{M}_{m\times n}(F)$는 동형사상이다.

$$\mathsf{T} \in \mathcal{L}(\mathsf{V}, \mathsf{W})\text{에 대하여} \quad \Phi_\beta^\gamma(\mathsf{T}) = [\mathsf{T}]_\beta^\gamma$$

증명 정리 2.8에 따르면 Φ_β^γ는 선형이다. 즉, Φ_β^γ가 단사이고 전사임을 보여야 한다. 임의의 $m \times n$ 행렬 A마다 $\Phi_\beta^\gamma(\mathsf{T}) = A$인 선형변환 $\mathsf{T}\colon \mathsf{V} \to \mathsf{W}$가 유일하게 존재함을 보이면 충분하다.

$\beta = \{v_1, v_2, \dots, v_n\}$, $\gamma = \{w_1, w_2, \dots, w_m\}$이고, A가 $m \times n$ 행렬이라 하자. 정리 2.6에 따르면 다음을 만족하는 선형변환 $\mathsf{T}\colon \mathsf{V} \to \mathsf{W}$는 유일하다.

$$\mathsf{T}(v_j) = \sum_{i=1}^{m} A_{ij} w_i \quad (\text{단, } 1 \leq j \leq n)$$

이는 $[\mathsf{T}]_\beta^\gamma = A$ 또는 $\Phi_\beta^\gamma(\mathsf{T}) = A$를 의미하므로 Φ_β^γ는 동형사상이다. ◀

따름정리 차원이 각각 n, m인 유한차원 벡터공간 V, W에 대하여 $\mathcal{L}(\mathsf{V}, \mathsf{W})$는 차원이 nm인 벡터공간이다.

증명 정리 2.20을 사용한 뒤 정리 2.19, $\dim(\mathsf{M}_{m\times n}(F)) = mn$을 이용하여 증명한다. ◀

추상적인 벡터공간에 정의된 선형변환과 F^n에서 F^m으로 가는 선형변환의 관계를 또렷하게 보여주는 결과를 소개하며 이번 절을 마치겠다. 2.2절에서 다룬 함수 $x \to [x]_\beta$에 이름을 붙이자.

정의 체 F에서의 n차원 벡터공간 V의 순서기저를 β라 하자. β에 대한 V의 **표준표현(standard representation)**은 다음과 같이 정의된 함수 $\phi_\beta : \mathsf{V} \to \mathsf{F}^n$이다.

$$x \in \mathsf{V}\text{에 대하여} \quad \phi_\beta(x) = [x]_\beta$$

예제 6 두 집합 $\beta = \{(1,0),(0,1)\}$, $\gamma = \{(1,2),(3,4)\}$는 R^2의 순서기저이다. $x = (1,-2)$에 대하여 다음이 성립한다.

$$\phi_\beta(x) = [x]_\beta = \begin{pmatrix} 1 \\ -2 \end{pmatrix}, \quad \phi_\gamma(x) = [x]_\gamma = \begin{pmatrix} -5 \\ 2 \end{pmatrix}$$

ϕ_β가 선형변환임은 이미 확인하였다. 다음 정리는 ϕ_β에 대해 더 많은 정보를 제공한다.

정리 2.21 임의의 유한차원 벡터공간 V와 순서기저 β에 대하여 ϕ_β는 동형사상이다.

증명 여러분의 몫으로 남긴다. ◀

이 정리에 따르면 n차원 벡터공간은 F^n과 동형이다(정리 2.19의 따름정리).

차원이 각각 n, m인 벡터공간 V, W와 선형변환 $\mathsf{T}: \mathsf{V} \to \mathsf{W}$에 대하여, $A = [\mathsf{T}]_\beta^\gamma$라 하자. 이때, β와 γ는 각각 V와 W의 임의의 순서기저이다. ϕ_β와 ϕ_γ를 이용하면 선형변환 T와 $\mathsf{L}_A: \mathsf{F}^n \to \mathsf{F}^m$ 사이의 관계를 파악할 수 있다.

그림 2.2를 보자. V에서 F^m으로 가는 길(선형변환의 합성)은 두 가지가 있다.

① ϕ_β를 타고 V에서 F^n으로 간 다음, 선형변환 L_A를 타고 가는 방법 : $\mathsf{L}_A\phi_\beta$
② T를 타고 V에서 W로 간 다음, ϕ_γ를 타고 가는 방법 : $\phi_\gamma\mathsf{T}$

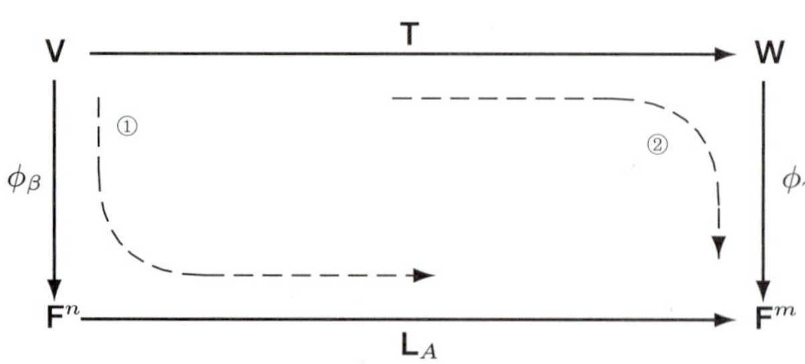

[그림 2.2] 선형변환의 합성

두 가지 합성은 다이어그램에 점선 화살표로 표현되어 있다. 정리 2.14를 이용하면 $\mathsf{L}_A\phi_\beta = \phi_\gamma\mathsf{T}$를 얻는다. 즉, 이 다이어그램은 **가환적(commutative)**이다. ϕ_β를 이용하면 V는 F^n과 동일시할 수 있고, ϕ_γ를 이용하면 W는 F^m과 동일시할 수 있다. 그렇다면 T와 L_A도 동일시할 수 있을 것이다. 이 다이어그램을 통해 임의의 추상적인 두 벡터공간 사이에 정의된 연산을 F^n과 F^m 사이에 정의된 연산으로 나타낼 수 있다.

예제 7 2.2절 예제 4에서 다룬 선형변환 $\mathsf{T}\colon \mathsf{P}_3(R) \to \mathsf{P}_2(R)$, $\mathsf{T}(f(x)) = f'(x)$를 생각해 보자. β와 γ를 각각 $\mathsf{P}_3(R)$와 $\mathsf{P}_2(R)$의 표준 순서기저라 하고, $\phi_\beta\colon \mathsf{P}_3(R) \to \mathsf{R}^4$, $\phi_\gamma\colon \mathsf{P}_2(R) \to \mathsf{R}^3$은 각 기저에 대응하는 표준표현이라 하자. 행렬 $A = [\mathsf{T}]_\beta^\gamma$는 다음과 같다.

$$A = \begin{pmatrix} 0 & 1 & 0 & 0 \\ 0 & 0 & 2 & 0 \\ 0 & 0 & 0 & 3 \end{pmatrix}$$

다항식 $p(x) = 2 + x - 3x^2 + 5x^3$에 대하여 $\mathsf{L}_A\phi_\beta(p(x)) = \phi_\gamma\mathsf{T}(p(x))$임을 보이자.

$$\mathsf{L}_A\phi_\beta(p(x)) = \begin{pmatrix} 0 & 1 & 0 & 0 \\ 0 & 0 & 2 & 0 \\ 0 & 0 & 0 & 3 \end{pmatrix}\begin{pmatrix} 2 \\ 1 \\ -3 \\ 5 \end{pmatrix} = \begin{pmatrix} 1 \\ -6 \\ 15 \end{pmatrix}$$

한편, $\mathsf{T}(p(x)) = p'(x) = 1 - 6x + 15x^2$이므로 다음을 얻는다.

$$\phi_\gamma\mathsf{T}(p(x)) = \begin{pmatrix} 1 \\ -6 \\ 15 \end{pmatrix}$$

따라서 $\mathsf{L}_A\phi_\beta(p(x)) = \phi_\gamma\mathsf{T}(p(x))$이다.

예제 7에 여러 가지 다항식 $p(x)$를 적용하며 계산하는 손맛을 느껴 보길 바란다.

2.4 연습문제

1. 다음 명제의 참-거짓을 판정하라. V와 W는 각각 α와 β를 순서기저로 하는 유한차원 벡터공간이고, $\mathsf{T}\colon \mathsf{V} \to \mathsf{W}$는 선형변환, A, B는 행렬이다.

(a) $\left([\mathsf{T}]_\alpha^\beta\right)^{-1} = [\mathsf{T}^{-1}]_\alpha^\beta$

(b) T가 가역이기 위한 필요충분조건은 T가 단사이고 전사인 것이다.

(c) $A = [\mathsf{T}]_\alpha^\beta$ 일 때, $\mathsf{T} = \mathsf{L}_A$ 이다.

(d) $\mathsf{M}_{2\times 3}(F)$는 F^5과 동형이다.

(e) $\mathsf{P}_n(F)$와 $\mathsf{P}_m(F)$가 동형이기 위한 필요충분조건은 $n = m$이다.

(f) $AB = I$는 A와 B가 가역임을 의미한다.

(g) A가 가역이면 $(A^{-1})^{-1} = A$이다.

(h) A가 가역이기 위한 필요충분조건은 L_A가 가역인 것이다.

(i) A의 역행렬이 존재하기 위해선 반드시 정사각행렬이어야 한다.

2. 다음 선형변환 T가 가역인지 판단하고 근거를 제시하라.

(a) $\mathsf{T}\colon \mathsf{R}^2 \to \mathsf{R}^3$, $\mathsf{T}(a_1, a_2) = (a_1 - 2a_2, a_2, 3a_1 + 4a_2)$

(b) $\mathsf{T}\colon \mathsf{R}^2 \to \mathsf{R}^3$, $\mathsf{T}(a_1, a_2) = (3a_1 - a_2, a_2, 4a_1)$

(c) $\mathsf{T}\colon \mathsf{R}^3 \to \mathsf{R}^3$, $\mathsf{T}(a_1, a_2, a_3) = (3a_1 - 2a_3, a_2, 3a_1 + 4a_2)$

(d) $\mathsf{T}\colon \mathsf{P}_3(R) \to \mathsf{P}_2(R)$, $\mathsf{T}(p(x)) = p'(x)$

(e) $\mathsf{T}\colon \mathsf{M}_{2\times 2}(R) \to \mathsf{P}_2(R)$, $\mathsf{T}\begin{pmatrix} a & b \\ c & d \end{pmatrix} = a + 2bx + (c+d)x^2$

(f) $\mathsf{T}\colon \mathsf{M}_{2\times 2}(R) \to \mathsf{M}_{2\times 2}(R)$, $\mathsf{T}\begin{pmatrix} a & b \\ c & d \end{pmatrix} = \begin{pmatrix} a+b & a \\ c & c+d \end{pmatrix}$

3. 다음 두 벡터공간이 서로 동형인지 판단하고 근거를 제시하라.

(a) F^3와 $\mathsf{P}_3(F)$

(b) F^4와 $\mathsf{P}_3(F)$

(c) $\mathsf{M}_{2\times 2}(R)$와 $\mathsf{P}_3(R)$

(d) $\mathsf{V} = \{A \in \mathsf{M}_{2\times 2}(R) \colon \operatorname{tr}(A) = 0\}$과 R^4

4. A, B가 $n \times n$ 가역행렬이면 AB가 가역이고, $(AB)^{-1} = B^{-1}A^{-1}$ 임을 증명하라. 3.2절

5. 가역행렬 A에 대하여 A^t가 가역이고 $(A^t)^{-1} = (A^{-1})^t$ 임을 증명하라. 4.3절

6. A가 가역이고 $AB = O$이면 $B = O$임을 증명하라.

7. $n \times n$ 행렬 A에 대한 다음 물음에 답하라.

(a) $A^2 = O$이면 A는 가역행렬이 아님을 증명하라.

(b) $AB = O$인 $n \times n$ 행렬 $B(\neq O)$가 존재한다고 가정하자. A는 가역일 수 있는가? 이유를 설명하라.

8. 정리 2.18의 따름정리 1과 정리 2.18의 따름정리 2를 각각 증명하라.

9. A, B가 $n \times n$ 행렬이고 AB는 가역이라 하자. 다음 물음에 답하라. ∞ 4.3절, 4.5절

(a) A, B 모두 가역임을 증명하라.

힌트 2.3절 연습문제 12를 보라.

(b) 가역행렬의 정의에 따르면 정사각행렬이 아닌 행렬은 가역일 수 없다. 정사각행렬이 아닌 두 행렬 곱이 가역행렬이 되는 예를 들어라.

10. $AB = I_n$인 $n \times n$ 행렬 A, B에 대한 다음 물음에 답하라. ∞ 3.1절, 6.5절

(a) 연습문제 9를 이용하여 A, B가 가역임을 보이라.

(b) $A = B^{-1}$(즉 $B = A^{-1}$)임을 증명하라. 이 결과에 따르면 정사각행렬에 있어 한 쪽에서 역원이기만 해도 양쪽에서 역원이 된다.

(c) 유한차원 벡터공간 사이에 정의된 선형변환에 대하여 위 결과와 비슷한 명제를 서술하고 증명하라.

11. 예제 5의 선형변환이 단사임을 보여라.

12. 정리 2.21을 증명하라.

13. 두 벡터공간 **V**, **W**에 대하여 **V** $\sim$ **W**는 **V**가 **W**와 동형임을 의미한다. $\sim$가 F-벡터공간을 원소로 가지는 집합족(class)에서 정의된 동치관계임을 증명하라.

14. 벡터공간 $\mathsf{V} = \left\{ \begin{pmatrix} a & a+b \\ 0 & c \end{pmatrix} : a, b, c \in F \right\}$에서 F^3으로 가는 동형사상을 찾아라.

15. n차원 벡터공간 **V**, **W**와 선형변환 **T**: **V** $\to$ **W**, **V**의 기저 β에 대하여 다음을 증명하라.

> **T**가 동형사상이기 위한 필요충분조건은 **T**(β)가 **W**의 기저인 것이다.

16. $n \times n$ 가역행렬 B에 대하여 $\Phi(A) = B^{-1}AB$로 정의된 함수 Φ: $\mathsf{M}_{n\times n}(F) \to \mathsf{M}_{n\times n}(F)$가 동형사상임을 보여라.

17. 유한차원 벡터공간 V, W와 동형사상 $\mathsf{T}\colon \mathsf{V} \to \mathsf{W}$, V의 부분공간 V_0에 대하여 다음을 증명하라.

(a) $\mathsf{T}(\mathsf{V}_0)$는 W의 부분공간이다. 3.2절

(b) $\dim(\mathsf{V}_0) = \dim(\mathsf{T}(\mathsf{V}_0))$

18. 다항식 $p(x) = 1 + x + 2x^2 + x^3$에 대하여 예제 7의 계산을 반복하라.

19. 2.1절 예제 5에서 다룬 선형변환 $\mathsf{T}\colon \mathsf{M}_{2\times 2}(R) \to \mathsf{M}_{2\times 2}(R)$, $\mathsf{T}(M) = M^t$을 생각하자(단, $M \in \mathsf{M}_{2\times 2}(R)$). $\beta = \{E^{11}, E^{12}, E^{21}, E^{22}\}$는 $\mathsf{M}_{2\times 2}(R)$의 기저이다(1.6절 예제 3). 다음 물음에 답하라.

(a) $[\mathsf{T}]_\beta$를 구하라.

(b) $A = [\mathsf{T}]_\beta$와 $M = \begin{pmatrix} 1 & 2 \\ 3 & 4 \end{pmatrix}$에 대하여 $\mathsf{L}_A\phi_\beta(M) = \phi_\beta\mathsf{T}(M)$이 성립함을 보여라.

20. n차원 벡터공간 V와 m차원 벡터공간 W, 선형변환 $\mathsf{T}\colon \mathsf{V} \to \mathsf{W}$, V의 순서기저 β, W의 순서기저 γ, 행렬 $A = [\mathsf{T}]_\beta^\gamma$에 대하여 다음을 증명하라. 3.2절

$$\operatorname{rank}(\mathsf{T}) = \operatorname{rank}(\mathsf{L}_A), \quad \operatorname{nullity}(\mathsf{T}) = \operatorname{nullity}(\mathsf{L}_A)$$

힌트 그림 2.2에 연습문제 17의 결과를 적용하라.

21. V, W는 유한차원 벡터공간이고 $\beta = \{v_1, v_2, \ldots, v_n\}$, $\gamma = \{w_1, w_2, \ldots, w_m\}$은 각각의 순서기저라 하자. 정리 2.6에 의해, 다음 조건을 만족하는 선형변환 $\mathsf{T}_{ij}\colon \mathsf{V} \to \mathsf{W}$가 존재한다.

$$\mathsf{T}_{ij}(v_k) = \begin{cases} w_i & (k = j) \\ 0 & (k \neq j) \end{cases}$$

다음 물음에 답하라.

(a) $\{\mathsf{T}_{ij}\colon 1 \le i \le m,\ 1 \le j \le n\}$이 $\mathcal{L}(\mathsf{V}, \mathsf{W})$의 기저임을 보이라.

(b) i행 j열 성분만 1이고 나머지 성분은 0인 $m \times n$ 행렬을 M^{ij}이라 표기할 때, $[\mathsf{T}_{ij}]_\beta^\gamma = M^{ij}$임을 증명하라.

(c) 정리 2.6에 따르면 선형변환 $\Phi_\beta^\gamma\colon \mathcal{L}(\mathsf{V}, \mathsf{W}) \to \mathsf{M}_{m\times n}(F)$, $\Phi_\beta^\gamma(\mathsf{T}_{ij}) = M^{ij}$가 존재한다. 함수 Φ_β^γ가 동형사상임을 증명하라.

22. 무한체 F의 서로 다른 스칼라 $c_0, c_1, \ldots, c_n$을 사용하여 선형변환 $\mathsf{T}\colon \mathsf{P}_n(F) \to \mathsf{F}^{n+1}$을 $\mathsf{T}(f) = (f(c_0), f(c_1), \ldots, f(c_n))$이라 정의하자. T가 동형사상임을 증명하라.

힌트 $c_0, c_1, \ldots, c_n$에 대한 라그랑주 다항식을 사용한다.

23. F에서 정의된 수열 중 유한개의 수열 값만 0이 아닌 모든 수열의 모임으로 이루어진 벡터공간을 W라 하자(1.6절 연습문제 18). $\mathsf{Z} = \mathsf{P}(F)$에 대하여 선형변환 $\mathsf{T}: \mathsf{W} \to \mathsf{Z}$를 $\mathsf{T}(\sigma) = \sum_{i=0}^{n} \sigma(i)x^i$이라 정의하자. 이때, n은 $\sigma(n) \neq 0$인 최대 정수이다. T가 동형사상임을 증명하라.

24. V와 Z는 벡터공간이고 $\mathsf{T}: \mathsf{V} \to \mathsf{Z}$는 전사인 선형변환이다. 몫공간(quotient space)의 개념을 이해했다면(1.3절 연습문제 31, 2.1절 연습문제 42), 함수 $\overline{\mathsf{T}}: \mathsf{V}/\mathsf{N}(\mathsf{T}) \to \mathsf{Z}$를 다음과 같이 정의하자.

$$\text{임의의 coset } v + \mathsf{N}(\mathsf{T}) \in \mathsf{V}/\mathsf{N}(\mathsf{T}) \text{에 대하여 } \overline{\mathsf{T}}(v + \mathsf{N}(\mathsf{T})) = \mathsf{T}(v)$$

다음 물음에 답하라.

(a) $\overline{\mathsf{T}}$가 잘 정의됨(well-defined)을 증명하라. $v + \mathsf{N}(\mathsf{T}) = v' + \mathsf{N}(\mathsf{T})$일 때 $\mathsf{T}(v) = \mathsf{T}(v')$임을 보이면 된다.

(b) $\overline{\mathsf{T}}$가 선형변환임을 증명하라.

(c) $\overline{\mathsf{T}}$가 동형사상임을 증명하라.

(d) 다음 다이어그램이 가환적임을 증명하라. $\mathsf{T} = \overline{\mathsf{T}}\eta$임을 보이면 된다.

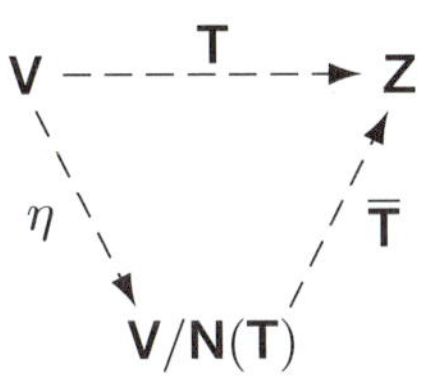

[그림 2.3] 세 공간 V, $\mathsf{V}/\mathsf{N}(\mathsf{T})$, Z에서 정의된 함수 T, η, $\overline{\mathsf{T}}$

25. F에서의 점공간이 아닌 벡터공간 V와 기저 S를 생각하자.[10] 유한개의 점에서만 함숫값 $f(s)(s \in S)$가 0이 아닌 함수 $f \in \mathcal{F}(S, F)$로 이루어진 벡터공간을 $\mathcal{C}(S, F)$라 표기하자(1.3절 연습문제 14). $\Psi: \mathcal{C}(S, F) \to \mathsf{V}$를 다음과 같이 정의한다.

$$\Psi(f) = \begin{cases} 0 & (f\text{가 영함수}) \\ \displaystyle\sum_{s \in S, f(s) \neq 0} f(s)s & (\text{그 외의 경우}) \end{cases}$$

Ψ가 동형사상임을 증명하라. 단, 점공간이 아닌 벡터공간 V는 함수 공간으로 생각할 수 있다.

10 1.7절 정리 1.13의 따름정리(80쪽)에 의하면 모든 벡터공간에는 기저가 존재한다.

2.5 좌표변환 행렬

수학에서는 변수를 치환하면 수식이 간단해지는 경우가 많다. 이를테면 미적분학에서는 변수를 $u = x^2$으로 치환하여 $2xe^{x^2}$의 역도함수를 쉽게 구하기도 한다. 역도함수를 쉽게 구할 수 있는 간단한 형태로 바뀌기 때문이다.

$$\int 2xe^{x^2}\,dx = \int e^u\,du = e^u + c = e^{x^2} + c$$

다음 변환을 생각해 보자.

$$x = \frac{2}{\sqrt{5}}x' - \frac{1}{\sqrt{5}}y'$$

$$y = \frac{1}{\sqrt{5}}x' + \frac{2}{\sqrt{5}}y'$$

방정식 $2x^2 - 4xy + 5y^2 = 1$은 위의 변환을 통해 간단한 꼴인 $(x')^2 + 6(y')^2 = 1$로 바뀌며 자취는 타원이다(그림 2.4). 6.5절에서 이러한 변환을 찾는 방법을 자세히 다룰 것이다. 다음 변환을 통해 평면 위의 점 P가 어떻게 움직이는지 기하학적으로 이해해 보자.

$$\begin{pmatrix} x \\ y \end{pmatrix} \to \begin{pmatrix} x' \\ y' \end{pmatrix}$$

처음의 xy좌표계가 원점에 대하여 회전한 좌표계가 $x'y'$좌표계이다. 새 좌표축은 타원의 축의 방향과 일치하도록 선택한다. x'축 양의 방향과 y'축 양의 방향 단위벡터를 모으면 다음과 같이 $\mathbf{R}^2$의 순서기저가 된다.

$$\beta' = \left\{ \frac{1}{\sqrt{5}}\begin{pmatrix} 2 \\ 1 \end{pmatrix}, \frac{1}{\sqrt{5}}\begin{pmatrix} -1 \\ 2 \end{pmatrix} \right\}$$

주어진 좌표변환은 표준 순서기저 $\beta = \{e_1, e_2\}$에 대한 P의 좌표벡터 $[P]_\beta = \begin{pmatrix} x \\ y \end{pmatrix}$를 회전하여 새롭게 얻은 기저 β'에 대한 P의 좌표벡터 $[P]_{\beta'} = \begin{pmatrix} x' \\ y' \end{pmatrix}$로 옮기는 변환이다.

저절로 궁금한 게 생길 것이다. 한 기저에 대한 좌표벡터를 다른 기저에 대한 좌표벡터로 바꾸면 모양이 어떻게 바뀔까? 위 변환에서 새로운 좌표와 기존의 좌표를 연관시키는 연립방정식은 행렬을 사용하여 다음과 같이 표현할 수 있다.

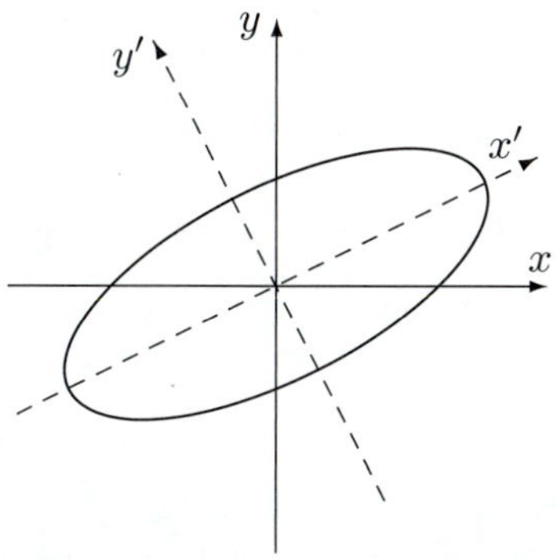

[그림 2.4] 축이 x축, y축에 평행하지 않은 타원

$$\begin{pmatrix} x \\ y \end{pmatrix} = \frac{1}{\sqrt{5}} \begin{pmatrix} 2 & -1 \\ 1 & 2 \end{pmatrix} \begin{pmatrix} x' \\ y' \end{pmatrix}$$

이때, 행렬 $Q = \dfrac{1}{\sqrt{5}} \begin{pmatrix} 2 & -1 \\ 1 & 2 \end{pmatrix}$는 $[\mathsf{I}]_{\beta'}^{\beta}$과 같다($\mathsf{I}$는 R^2의 항등변환). 따라서 모든 $v \in \mathsf{R}^2$에 대하여 $[v]_\beta = Q[v]_{\beta'}$이다. 일반적으로 비슷한 결과가 성립한다.

정리 2.22 유한차원 벡터공간 V의 두 순서기저 β, β'에 대하여, $Q = [\mathsf{I_V}]_{\beta'}^{\beta}$라 하자. 다음이 성립한다.

(1) Q는 가역행렬이다.

(2) 임의의 $v \in \mathsf{V}$에 대하여 $[v]_\beta = Q[v]_{\beta'}$이다.

증명 (1) 정리 2.18에 따르면 $\mathsf{I_V}$가 가역이므로 Q도 가역이다.

(2) 정리 2.14에 따르면 임의의 $v \in \mathsf{V}$에 대하여 다음이 성립한다.

$$[v]_\beta = [\mathsf{I_V}(v)]_\beta = [\mathsf{I_V}]_{\beta'}^{\beta}[v]_{\beta'} = Q[v]_{\beta'}$$ ◀

정리 2.22에서 정의된 행렬 $Q = [\mathsf{I_V}]_{\beta'}^{\beta}$을 **좌표변환 행렬(change of coordinate matrix)**이라 한다. 또한 정리 2.22(2)에 의해, Q는 β'좌표를 β좌표로 변환한다고 한다.

$\beta = \{x_1, x_2, \ldots, x_n\}$과 $\beta' = \{x'_1, x'_2, \ldots, x'_n\}$에 대하여 $x'_j = \sum_{i=1}^{n} Q_{ij}x_i$임을 기억하자($j = 1, 2, \ldots, n$). 즉, Q의 j열은 $[x'_j]_\beta$이다. 또한, Q가 β'좌표를 β좌표로 변환할 때, Q^{-1}는 β좌표를 β'좌표로 옮긴다(연습문제 11).

예제 1 $\mathbf{R}^2$에서 $\beta = \{(1,1),(1,-1)\}$, $\beta' = \{(2,4),(3,1)\}$에 대하여 $(2,4) = 3(1,1) - 1(1,-1)$, $(3,1) = 2(1,1)+1(1,-1)$이므로 β'좌표를 β좌표로 변환하는 행렬은 $Q = \begin{pmatrix} 3 & 2 \\ -1 & 1 \end{pmatrix}$이다. 따라서 다음이 성립한다.

$$[(2,4)]_\beta = Q[(2,4)]_{\beta'} = Q\begin{pmatrix} 1 \\ 0 \end{pmatrix} = \begin{pmatrix} 3 \\ -1 \end{pmatrix}$$

이번 절에서는 벡터공간 **V**에서 자기 자신으로 가는 선형변환만을 다룰 것이다. 이런 선형변환을 **V**의 **선형연산자(linear operator)**라 한다. 유한차원 벡터공간 **V**의 선형연산자 **T**와 **V**의 순서기저 β, β'에 대하여 **T**는 행렬 $[\mathbf{T}]_\beta$와 $[\mathbf{T}]_{\beta'}$으로 표현된다. 이 행렬 사이의 관계는 어떠할까? 다음 정리에서 좌표변환 행렬을 이용하여 알아보자.

> **정리 2.23** 유한차원 벡터공간 **V**의 선형연산자 **T**와 **V**의 순서기저 β, β'을 생각하자. Q가 β'좌표를 β좌표로 변환하는 행렬이라 하면 다음이 성립한다.
>
> $$[\mathbf{T}]_{\beta'} = Q^{-1}[\mathbf{T}]_\beta Q$$

증명 **V**의 항등변환을 **I**라 하면 $\mathbf{T} = \mathbf{IT} = \mathbf{TI}$이다. 정리 2.11로부터 다음 관계식이 성립한다.

$$Q[\mathbf{T}]_{\beta'} = [\mathbf{I}]_{\beta'}^{\beta}[\mathbf{T}]_{\beta'}^{\beta'} = [\mathbf{IT}]_{\beta'}^{\beta} = [\mathbf{TI}]_{\beta'}^{\beta} = [\mathbf{T}]_{\beta}^{\beta}[\mathbf{I}]_{\beta'}^{\beta} = [\mathbf{T}]_\beta Q$$

즉 $[\mathbf{T}]_{\beta'} = Q^{-1}[\mathbf{T}]_\beta Q$이다. ◀

예제 2 $\mathbf{R}^2$의 선형연산자 **T**가 $\mathbf{T}\begin{pmatrix} a \\ b \end{pmatrix} = \begin{pmatrix} 3a-b \\ a+3b \end{pmatrix}$로 정의되고, β, β'은 예제 1의 순서기저라 하자. $[\mathbf{T}]_\beta = \begin{pmatrix} 3 & 1 \\ -1 & 3 \end{pmatrix}$임을 확인할 수 있을 것이다. 예제 1에서 β'좌표를 β좌표로 변환하는 좌표변환 행렬은 $Q = \begin{pmatrix} 3 & 2 \\ -1 & 1 \end{pmatrix}$이고, $Q^{-1} = \frac{1}{5}\begin{pmatrix} 1 & -2 \\ 1 & 3 \end{pmatrix}$임을 확인할 수 있다. 정리 2.23을 이용하면 다음 행렬을 얻는다.

$$[\mathbf{T}]_{\beta'} = Q^{-1}[\mathbf{T}]_\beta Q = \begin{pmatrix} 4 & 1 \\ -2 & 2 \end{pmatrix}$$

이 행렬이 맞는지 확인해 보자. **T**에 의해 β'의 각 벡터가 옮겨지는 상은 β'의 일차결합이며, 대응하는 일차결합의 계수는 행렬 $[\mathsf{T}]_{\beta'}$의 열의 성분이다. 예를 들어, β'의 두 번째 벡터의 상은 $\mathsf{T}\begin{pmatrix}3\\1\end{pmatrix} = \begin{pmatrix}8\\6\end{pmatrix} = 1\begin{pmatrix}2\\4\end{pmatrix} + 2\begin{pmatrix}3\\1\end{pmatrix}$이다. 일차결합의 계수는 $[\mathsf{T}]_{\beta'}$의 두 번째 열의 각 성분이다.

정리 2.23은 $[\mathsf{T}]_\beta$를 계산할 때 유용하다. 다음 예제를 보자.

예제 3 2.1절 예제 3에서 다룬 x축 대칭을 생각하면 $(x, y) \to (x, -y)$라는 규칙을 쉽게 찾을 수 있다. 직선 $y = 2x$에 대한 대칭 T가 어떻게 표현될지 생각해 보자(그림 2.5).

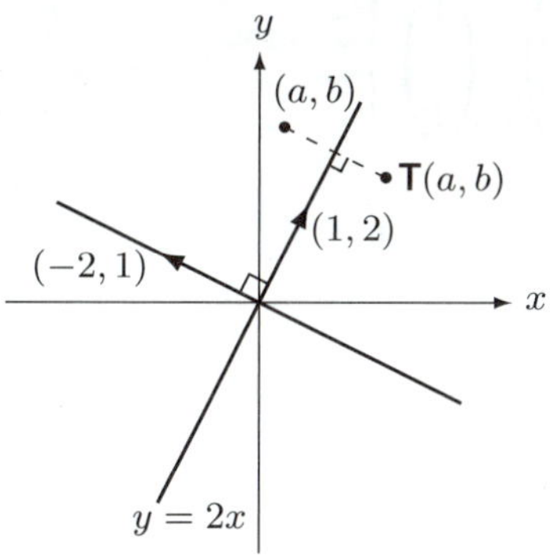

[그림 2.5] 직선 $y = 2x$에 대한 대칭

임의의 $(a, b) \in \mathbf{R}^2$에 대하여 $\mathsf{T}(a, b)$의 표현을 찾으면 되지만 결코 자명하지 않을 것이다. 힌트는 T가 선형이므로 $\mathbf{R}^2$의 기저에서 함숫값에 따라 함수 T가 완벽히 결정된다는 것이다. $\mathsf{T}(1, 2) = (1, 2)$, $\mathsf{T}(-2, 1) = -(-2, 1) = (2, -1)$이므로 $\beta' = \left\{\begin{pmatrix}1\\2\end{pmatrix}, \begin{pmatrix}-2\\1\end{pmatrix}\right\}$라 하면 β'은 $\mathbf{R}^2$의 순서기저이고, $[\mathsf{T}]_{\beta'} = \begin{pmatrix}1 & 0\\0 & -1\end{pmatrix}$이다. $\mathbf{R}^2$의 표준 순서기저를 β, β'좌표를 β좌표로 변환하는 행렬을 Q라 하자. 두 행렬 Q, Q^{-1}는 다음과 같다.

$$Q = \begin{pmatrix}1 & -2\\2 & 1\end{pmatrix}, \quad Q^{-1} = \frac{1}{5}\begin{pmatrix}1 & 2\\-2 & 1\end{pmatrix}$$

이때, $Q^{-1}[\mathsf{T}]_\beta Q = [\mathsf{T}]_{\beta'} \iff [\mathsf{T}]_\beta = Q[\mathsf{T}]_{\beta'}Q^{-1}$이다. 각자 계산하여 $[\mathsf{T}]_\beta = \frac{1}{5}\begin{pmatrix}-3 & 4\\4 & 3\end{pmatrix}$임을 확인해 보기 바란다. β가 표준 순서기저이므로 T의 좌측 곱 행렬은 $[\mathsf{T}]_\beta$이다. 따라서 임의의 $(a, b) \in \mathbf{R}^2$에 대하여 $\mathsf{T}\begin{pmatrix}a\\b\end{pmatrix} = \frac{1}{5}\begin{pmatrix}-3 & 4\\4 & 3\end{pmatrix}\begin{pmatrix}a\\b\end{pmatrix} = \frac{1}{5}\begin{pmatrix}-3a + 4b\\4a + 3b\end{pmatrix}$이다.

다음 따름정리는 정리 2.23의 특수하지만 유용한 경우를 다루고 있다. 증명은 여러분의 몫으로 남긴다.

따름정리 $A \in \mathsf{M}_{n\times n}(F)$와 F^n의 순서기저 γ에 대하여 다음이 성립한다.

$$[\mathsf{L}_A]_\gamma = Q^{-1}AQ$$

이때, $n \times n$ 행렬 Q의 j열은 γ의 j번째 벡터이다.

예제 4 행렬 A와 R^3의 순서기저가 각각 다음과 같다고 하자.

$$A = \begin{pmatrix} 2 & 1 & 0 \\ 1 & 1 & 3 \\ 0 & -1 & 0 \end{pmatrix}, \quad \gamma = \left\{ \begin{pmatrix} -1 \\ 0 \\ 0 \end{pmatrix}, \begin{pmatrix} 2 \\ 1 \\ 0 \end{pmatrix}, \begin{pmatrix} 1 \\ 1 \\ 1 \end{pmatrix} \right\}$$

Q는 j열이 γ의 j번째 벡터인 3×3 행렬이라 하면 Q와 Q^{-1}는 각각 다음과 같이 나타낼 수 있다.

$$Q = \begin{pmatrix} -1 & 2 & 1 \\ 0 & 1 & 1 \\ 0 & 0 & 1 \end{pmatrix}, \quad Q^{-1} = \begin{pmatrix} -1 & 2 & -1 \\ 0 & 1 & -1 \\ 0 & 0 & 1 \end{pmatrix}$$

정리 2.23의 따름정리에 의해 다음 관계가 성립함을 알 수 있다.

$$[\mathsf{L}_A]_\gamma = Q^{-1}AQ = \begin{pmatrix} 0 & 2 & 8 \\ -1 & 4 & 6 \\ 0 & -1 & -1 \end{pmatrix}$$

정리 2.23의 행렬 $[\mathsf{T}]_{\beta'}$, $[\mathsf{T}]_\beta$ 사이의 관계는 5~7장에서 더욱 자세히 다룬다. 지금은 이 관계에 이름만 붙이고 넘어가자.

정의 A, B가 $\mathsf{M}_{n\times n}(F)$의 행렬이라 하자. $B = Q^{-1}AQ$인 가역행렬 Q가 존재하면 B는 A와 서로 **닮음(similar)**이다.

닮음 관계는 동치관계이다(연습문제 9). 즉, A와 B는 서로 닮음이라 말할 수 있다. 닮음의 정의를 이용하여 정리 2.23을 다시 나타내면 다음과 같다.

T가 유한차원 벡터공간 **V**의 선형연산자이고 β와 β'이 **V**의 순서기저일 때, $[\mathsf{T}]_{\beta'}$과 $[\mathsf{T}]_\beta$는 서로 닮음이다.

정리 2.23은 서로 다른 벡터공간 V와 W 사이에 정의된 선형변환 $\mathsf{T}: \mathsf{V} \to \mathsf{W}$로 일반화할 수 있다. 이 경우 V의 기저를 바꾸듯이 W의 기저를 바꿀 수 있다(연습문제 8).

2.5 연습문제

1. 다음 명제의 참-거짓을 판정하라.

(a) $\beta = \{x_1, x_2, \ldots, x_n\}$, $\beta' = \{x_1', x_2', \ldots, x_n'\}$은 벡터공간의 순서기저이고 Q는 β'좌표를 β좌표로 변환하는 좌표변환 행렬이라 하자. 그러면 Q의 j열은 $[x_j]_{\beta'}$이다.

(b) 모든 좌표변환 행렬은 가역이다.

(c) 유한차원 벡터공간 V의 선형연산자 T와 V의 두 순서기저 β, β' 그리고 β'좌표를 β좌표로 변환하는 좌표변환 행렬 Q에 대하여 $[\mathsf{T}]_\beta = Q[\mathsf{T}]_{\beta'}Q^{-1}$이다.

(d) 행렬 $A, B \in \mathsf{M}_{n\times n}(F)$에 대하여 $B = Q^tAQ$인 행렬 $Q \in \mathsf{M}_{n\times n}(F)$가 존재하면 두 행렬 A, B는 서로 닮음이다.

(e) T를 유한차원 벡터공간 V의 선형연산자라 하자. V의 임의의 순서기저 β, γ에 대하여 $[\mathsf{T}]_\beta$와 $[\mathsf{T}]_\gamma$는 서로 닮음이다.

2. R^2의 두 순서기저 β, β'에 대하여 β'좌표를 β좌표로 변환하는 좌표변환 행렬을 각각 구하라.

(a) $\beta = \{e_1, e_2\}$, $\beta' = \{(a_1, a_2), (b_1, b_2)\}$

(b) $\beta = \{(-1, 3), (2, -1)\}$, $\beta' = \{(0, 10), (5, 0)\}$

(c) $\beta = \{(2, 5), (-1, -3)\}$, $\beta' = \{e_1, e_2\}$

(d) $\beta = \{(-4, 3), (2, -1)\}$, $\beta' = \{(2, 1), (-4, 1)\}$

3. $\mathsf{P}_2(R)$의 두 순서기저 β, β'에 대하여 β'좌표를 β좌표로 변환하는 좌표변환 행렬을 각각 구하라.

(a) $\beta = \{x^2, x, 1\}$,
$\beta' = \{a_2x^2 + a_1x + a_0, b_2x^2 + b_1x + b_0, c_2x^2 + c_1x + c_0\}$

(b) $\beta = \{1, x, x^2\}$,
$\beta' = \{a_2x^2 + a_1x + a_0, b_2x^2 + b_1x + b_0, c_2x^2 + c_1x + c_0\}$

(c) $\beta = \{2x^2 - x, 3x^2 + 1, x^2\}$, $\beta' = \{1, x, x^2\}$

(d) $\beta = \{x^2 - x + 1, x + 1, x^2 + 1\}$,
$\beta' = \{x^2 + x + 4, 4x^2 - 3x + 2, 2x^2 + 3\}$

(e) $\beta = \{x^2 - x, x^2 + 1, x - 1\}$,
$\beta' = \{5x^2 - 2x - 3, -2x^2 + 5x + 5, 2x^2 - x - 3\}$

(f) $\beta = \{2x^2 - x + 1, x^2 + 3x - 2, -x^2 + 2x + 1\}$,

$\beta' = \{9x - 9, x^2 + 21x - 2, 3x^2 + 5x + 2\}$

4. R^2 의 선형연산자 T를 $\mathsf{T}\begin{pmatrix} a \\ b \end{pmatrix} = \begin{pmatrix} 2a + b \\ a - 3b \end{pmatrix}$, R^2 의 표준 순서기저를 β라 정의하고 $\beta' = \left\{\begin{pmatrix} 1 \\ 1 \end{pmatrix}, \begin{pmatrix} 1 \\ 2 \end{pmatrix}\right\}$라 하자. 정리 2.23과 $\begin{pmatrix} 1 & 1 \\ 1 & 2 \end{pmatrix}^{-1} = \begin{pmatrix} 2 & -1 \\ -1 & 1 \end{pmatrix}$을 이용하여 $[\mathsf{T}]_{\beta'}$을 구하라.

5. $\mathsf{P}_1(R)$의 선형연산자 T를 $\mathsf{T}(p(x)) = p'(x)$($p(x)$의 도함수)라 정의하자. $\beta = \{1, x\}$, $\beta' = \{1 + x, 1 - x\}$라 할 때, 정리 2.23과 $\begin{pmatrix} 1 & 1 \\ 1 & -1 \end{pmatrix}^{-1} = \begin{pmatrix} \frac{1}{2} & \frac{1}{2} \\ \frac{1}{2} & -\frac{1}{2} \end{pmatrix}$을 이용하여 $[\mathsf{T}]_{\beta'}$을 구하라.

6. 각 행렬 A와 순서기저 β에 대하여 $[\mathsf{L}_A]_\beta$를 구하라. 또한, $[\mathsf{L}_A]_\beta = Q^{-1}AQ$를 만족하는 가역행렬 Q를 구하라.

(a) $A = \begin{pmatrix} 1 & 3 \\ 1 & 1 \end{pmatrix}$, $\beta = \left\{\begin{pmatrix} 1 \\ 1 \end{pmatrix}, \begin{pmatrix} 1 \\ 2 \end{pmatrix}\right\}$

(b) $A = \begin{pmatrix} 1 & 2 \\ 2 & 1 \end{pmatrix}$, $\beta = \left\{\begin{pmatrix} 1 \\ 1 \end{pmatrix}, \begin{pmatrix} 1 \\ -1 \end{pmatrix}\right\}$

(c) $A = \begin{pmatrix} 1 & 1 & -1 \\ 2 & 0 & 1 \\ 1 & 1 & 0 \end{pmatrix}$, $\beta = \left\{\begin{pmatrix} 1 \\ 1 \\ 1 \end{pmatrix}, \begin{pmatrix} 1 \\ 0 \\ 1 \end{pmatrix}, \begin{pmatrix} 1 \\ 1 \\ 2 \end{pmatrix}\right\}$

(d) $A = \begin{pmatrix} 13 & 1 & 4 \\ 1 & 13 & 4 \\ 4 & 4 & 10 \end{pmatrix}$, $\beta = \left\{\begin{pmatrix} 1 \\ 1 \\ -2 \end{pmatrix}, \begin{pmatrix} 1 \\ -1 \\ 0 \end{pmatrix}, \begin{pmatrix} 1 \\ 1 \\ 1 \end{pmatrix}\right\}$

7. R^2 에 직선 $L : y = mx$ $(m \neq 0)$가 있다. 다음을 만족하는 $\mathsf{T}(x, y)$의 표현식을 찾아라.

(a) T는 R^2 에서 직선 L에 대한 대칭

(b) T는 L에 수직인 직선의 L 위로의 사영(사영의 정의는 2.1절 연습문제 25~28 참고)

8. 정리 2.23을 일반화한 다음 정리를 증명하라.

> 유한차원 벡터공간 V, W와 선형변환 $\mathsf{T}: \mathsf{V} \to \mathsf{W}$, V의 두 순서기저 β, β', W의 두 순서기저 γ, γ'에 대하여 다음을 만족한다.
>
> $$[\mathsf{T}]_{\beta'}^{\gamma'} = P^{-1}[\mathsf{T}]_\beta^\gamma Q$$
>
> 이때, Q는 β' 좌표를 β좌표로 변환하는 행렬, P는 γ' 좌표를 γ좌표로 변환하는 행렬이다.

9. 행렬의 닮음 관계가 $\mathsf{M}_{n\times n}(F)$ 위에서 정의된 동치관계임을 증명하라.

10. 다음 물음에 답하라.

(a) 서로 닮음인 두 개의 $n\times n$ 행렬 A, B에 대하여 $\mathrm{tr}(A)=\mathrm{tr}(B)$ 임을 증명하라.

힌트 2.3절 연습문제 13을 보라.

(b) 유한차원 벡터공간에서 선형연산자의 대각합을 정의하고, 이 정의가 잘 정의됨(well-defined)을 설명하라.

11. 유한차원 벡터공간 V와 순서기저 α, β, γ에 대한 다음 물음에 답하라.

(a) Q가 α좌표를 β좌표로 변환하는 행렬, R는 β좌표를 γ좌표로 변환하는 행렬이라 할 때, RQ는 α좌표를 γ좌표로 변환하는 행렬임을 증명하라.

(b) Q가 α좌표를 β좌표로 변환하는 행렬이면 Q^{-1}는 β좌표를 α좌표로 변환하는 행렬임을 증명하라.

12. 정리 2.23의 따름정리를 증명하라.

13. 유한차원 F-벡터공간 V와 순서기저 $\beta=\{x_1,x_2,\dots,x_n\}$, 성분이 F의 원소인 $n\times n$ 가역행렬 Q에 대하여 x'_j을 다음과 같이 정의하자.

$$x'_j=\sum_{i=1}^{n}Q_{ij}x_i \quad (\text{단, } 1\le j\le n)$$

집합 $\beta'=\{x'_1,x'_2,\dots,x'_n\}$이 V의 기저이고, Q는 β'좌표를 β좌표로 변환하는 좌표변환 행렬임을 증명하라. 5.1절, 6.6절, 7.1절, 7.2절

14. 연습문제 8의 역을 증명하라.

> F의 원소를 성분으로 하는 $m\times n$ 행렬 A, B와 $B=P^{-1}AQ$인 $m\times m$ 가역행렬 P와 $n\times n$ 가역행렬 Q가 존재한다고 가정하자. n차원 벡터공간 V와 m차원 벡터공간 W가 존재하고, V의 순서기저 β, β', W의 순서기저 γ, γ', $A=[\mathsf{T}]_\beta^\gamma$, $B=[\mathsf{T}]_{\beta'}^{\gamma'}$인 선형변환 $\mathsf{T}:\mathsf{V}\to\mathsf{W}$가 존재한다. 이때, V와 W는 모두 F-벡터공간이다.

힌트 $\mathsf{V}=\mathsf{F}^n$, $\mathsf{W}=\mathsf{F}^m$, $\mathsf{T}=\mathsf{L}_A$이고 F^n과 F^m의 각각의 표준 순서기저를 β, γ라 하자. 연습문제 13의 결과를 이용한다. 행렬 Q를 통해 β에서 순서기저 β'을 얻고, 행렬 P를 통해 γ에서 순서기저 γ'을 얻는다.

2.6 쌍대공간*

이번 절에서는 벡터공간 **V**에서 체 F로 가는 선형변환을 집중적으로 다룬다.[11] 이러한 선형변환을 **V**의 **선형범함수(linear functional)**라 한다. 이 책에서 선형범함수는 서체 $\mathsf{f}, \mathsf{g}, \mathsf{h}, \ldots$를 사용하여 나타낸다. 예제 1의 정적분은 수학에서 등장하는 선형범함수의 가장 대표적인 예이다.

예제 1 닫힌구간 $[0, 2\pi]$에서 정의된, 연속인 실함수로 이루어진 벡터공간을 **V**라 하자. $g \in \mathsf{V}$를 고정하자. 다음과 같이 정의한 함수 $\mathsf{h}\colon \mathsf{V} \to R$는 **V**의 선형범함수이다.

$$\mathsf{h}(x) = \frac{1}{2\pi} \int_0^{2\pi} x(t)g(t)\,dt$$

$g(t) = \sin nt$ 또는 $g(t) = \cos nt$일 때, $\mathsf{h}(x)$를 x의 n번째 **푸리에 계수(Fourier coefficient)**라고 한다.

예제 2 $\mathsf{V} = \mathsf{M}_{n\times n}(F)$에 대하여 함수 $\mathsf{f}\colon \mathsf{V} \to F$, $\mathsf{f}(A) = \mathrm{tr}(A)$라 정의하면[12] f는 선형범함수이다(1.3절 연습문제 6).

예제 3 순서기저 $\beta = \{x_1, x_2, \ldots, x_n\}$을 가지는 유한차원 벡터공간 **V**에 대하여 각 $i = 1, 2, \ldots, n$마다 다음과 같은 함수를 정의한다.

$$\beta\text{에 대한 } x\text{의 좌표벡터가 } [x]_\beta = \begin{pmatrix} a_1 \\ a_2 \\ \vdots \\ a_n \end{pmatrix} \text{일 때, } \mathsf{f}_i(x) = a_i$$

이때, f_i는 **V**의 선형범함수이며 기저 β에 대한 i번째 **좌표함수(coordinate function)**라 한다. $\mathsf{f}_i(x_j) = \delta_{ij}$[13]임을 유념하자. 이 선형범함수는 쌍대공간을 이해하는 데 중요한 역할을 한다(정리 2.24).

---

11 체 F는 F에서의 1차원 벡터공간으로 볼 수 있다.

12 $\mathrm{tr}(A)$는 A의 대각합이다.

13 δ_{ij}는 크로네커 델타(Kronecker delta)이다.

정의 F-벡터공간 V에 대하여 벡터공간 $\mathcal{L}(\mathsf{V}, F)$를 V의 **쌍대공간(dual space)**이라 하며, 간단히 V^*라 표기한다.

V^*는 V의 모든 선형범함수로 이루어져 있으며 벡터의 합과 스칼라 곱은 2.2절에서 정의한 것과 같다. V가 유한차원이면, 정리 2.20의 따름정리로부터 다음이 성립한다.

$$\dim(\mathsf{V}^*) = \dim(\mathcal{L}(\mathsf{V}, F)) = \dim(\mathsf{V}) \cdot \dim(F) = \dim(\mathsf{V})$$

정리 2.19에 따르면 V와 V^*는 동형이다.

V^*의 쌍대공간을 V의 **이중 쌍대공간(double dual)** V^{**}이라 정의한다. 정리 2.26에서 V가 유한차원일 때, V와 V^{**} 사이에 자연스러운 동일화(identification)가 존재함을 보일 것이다.

정리 2.24 순서기저 $\beta = \{x_1, x_2, \ldots, x_n\}$을 가지는 유한차원 벡터공간 V와, β에 대한 i번째 좌표함수 f_i $(1 \le i \le n)$를 생각하자. 이때 $\beta^* = \{\mathsf{f}_1, \mathsf{f}_2, \ldots, \mathsf{f}_n\}$은 V^*의 순서기저이다. 임의의 $\mathsf{f} \in \mathsf{V}^*$에 대하여, $\mathsf{f} = \sum_{i=1}^{n} \mathsf{f}(x_i)\mathsf{f}_i$이다.

증명 $\dim(\mathsf{V}^*) = n$이므로 임의의 $\mathsf{f} \in \mathsf{V}^*$에 대하여 다음이 성립함을 보이면 충분하다.

$$\mathsf{f} = \sum_{i=1}^{n} \mathsf{f}(x_i)\mathsf{f}_i$$

다시 말해 β^*가 V^*를 생성하면, 대체정리의 따름정리 2(1)(66쪽)에 의해 β^*는 기저이다. 이제 $\mathsf{g} = \sum_{i=1}^{n} \mathsf{f}(x_i)\mathsf{f}_i$라 하자. $1 \le j \le n$에 대하여 다음이 성립한다.

$$\begin{aligned} \mathsf{g}(x_j) &= \left(\sum_{i=1}^{n} \mathsf{f}(x_i)\mathsf{f}_i\right)(x_j) = \sum_{i=1}^{n} \mathsf{f}(x_i)\mathsf{f}_i(x_j) \\ &= \sum_{i=1}^{n} \mathsf{f}(x_i)\delta_{ij} = \mathsf{f}(x_j) \end{aligned}$$

정리 2.6의 따름정리로부터 $\mathsf{f} = \mathsf{g}$임을 알 수 있다. ◀

정의 정리 2.24의 표기법을 그대로 따르자. $\mathsf{f}_i(x_j) = \delta_{ij}$ $(1 \le i, j \le n)$를 만족하는 V^*의 순서기저 $\beta^* = \{\mathsf{f}_1, \mathsf{f}_2, \ldots, \mathsf{f}_n\}$을 β의 **쌍대기저(dual basis)**라 한다.

예제 4 $\mathbf{R}^2$의 순서기저 $\beta = \{(2,1),(3,1)\}$에 대하여 β의 쌍대기저를 $\beta^* = \{\mathsf{f}_1, \mathsf{f}_2\}$라 하자. f_1의 구체적인 꼴을 구해 보자.

$$1 = \mathsf{f}_1(2,1) = \mathsf{f}_1(2e_1 + e_2) = 2\mathsf{f}_1(e_1) + \mathsf{f}_1(e_2)$$
$$0 = \mathsf{f}_1(3,1) = \mathsf{f}_1(3e_1 + e_2) = 3\mathsf{f}_1(e_1) + \mathsf{f}_1(e_2)$$

연립방정식을 풀면 $\mathsf{f}_1(e_1) = -1$, $\mathsf{f}_1(e_2) = 3$을 얻는다. 즉, $\mathsf{f}_1(x,y) = -x + 3y$이다. 비슷하게 $\mathsf{f}_2(x,y) = x - 2y$임을 보일 수 있다.

F에서의 n차원 벡터공간 V와 m차원 벡터공간 W 그리고 각각의 순서기저 β, γ를 생각하자. 2.4절에서 선형변환 $\mathsf{T}\colon \mathsf{V} \to \mathsf{W}$의 집합과 ($F$ 위) $m \times n$ 행렬의 집합 사이에 일대일대응 $\mathsf{T} \leftrightarrow [\mathsf{T}]_\beta^\gamma$가 존재함을 보였다. 이제 이런 의문을 가질 수 있다. 행렬 $A = [\mathsf{T}]_\beta^\gamma$에 대하여 (적절한 기저에 대한) 행렬표현은 A^t이고, T와 자연스럽게 연관되는 선형변환 U가 존재할 수 있지 않는가? $m \neq n$이면 U는 V에서 W로 가는 선형변환이 될 수 없다. 여기서 배운 쌍대공간에 대한 몇 가지 사실을 적용하면 이 질문에 대한 답을 얻을 수 있다.

> **정리 2.25** V와 W는 F에서의 유한차원 벡터공간이고, 순서기저는 각각 β와 γ이다. 임의의 선형변환 $\mathsf{T}\colon \mathsf{V} \to \mathsf{W}$에 대하여, 함수 $\mathsf{T}^t\colon \mathsf{W}^* \to \mathsf{V}^*$를 다음과 같이 정의하자.
>
> $$\text{모든 } \mathsf{g} \in \mathsf{W}^* \text{ 에 대하여 } \mathsf{T}^t(\mathsf{g}) = \mathsf{gT}$$
>
> 이 함수는 선형변환이고, $[\mathsf{T}^t]_{\gamma^*}^{\beta^*} = ([\mathsf{T}]_\beta^\gamma)^t$가 성립한다.

증명 $\mathsf{g} \in \mathsf{W}^*$에 대하여 $\mathsf{T}^t(\mathsf{g}) = \mathsf{gT}$가 V의 선형범함수임은 자명하므로 $\mathsf{gT} \in \mathsf{V}^*$이다. 따라서 T^t는 W^*에서 V^*로 가는 함수이다. T^t가 선형임을 확인하는 과정은 여러분의 몫으로 남긴다.

순서기저를 $\beta = \{x_1, x_2, \dots, x_n\}$, $\gamma = \{y_1, y_2, \dots, y_m\}$이라 하고, 각각의 쌍대기저를 $\beta^* = \{\mathsf{f}_1, \mathsf{f}_2, \dots, \mathsf{f}_n\}$, $\gamma^* = \{\mathsf{g}_1, \mathsf{g}_2, \dots, \mathsf{g}_m\}$이라 하자. 편의를 위해 $A = [\mathsf{T}]_\beta^\gamma$라 놓는다. $[\mathsf{T}^t]_{\gamma^*}^{\beta^*}$의 j열을 구하기 위해 $\mathsf{T}^t(\mathsf{g}_j)$를 β^*의 일차결합으로 나타내자. 정리 2.24를 이용하면 다음 관계식을 얻는다.

$$\mathsf{T}^t(\mathsf{g}_j) = \mathsf{g}_j\mathsf{T} = \sum_{s=1}^{n} (\mathsf{g}_j\mathsf{T})(x_s)\mathsf{f}_s$$

$[\mathsf{T}^t]_{\gamma^*}^{\beta^*}$의 i행 j열 성분은 다음과 같다.

$$(\mathbf{g}_j\mathsf{T})(x_i) = \mathbf{g}_j(\mathsf{T}(x_i)) = \mathbf{g}_j\left(\sum_{k=1}^{m} A_{ki}y_k\right)$$
$$= \sum_{k=1}^{m} A_{ki}\mathbf{g}_j(y_k) = \sum_{k=1}^{m} A_{ki}\delta_{jk} = A_{ji}$$

따라서 $[\mathsf{T}^t]_{\gamma^*}^{\beta^*} = A^t$ 이다. ◀

정리 2.25에서 정의한 선형변환 T^t를 T의 **전치(transpose)**라 한다. T^t가 $[\mathsf{U}]_{\gamma^*}^{\beta^*} = ([\mathsf{T}]_\beta^\gamma)^t$를 만족시키는 유일한 선형변환 U임은 자명하다.

다음 예제를 통해 정리 2.25를 쉽게 풀어 설명해 보겠다.

예제 5 선형변환 $\mathsf{T}: \mathsf{P}_1(R) \to \mathsf{R}^2$을 $\mathsf{T}(p(x)) = (p(0), p(2))$로 정의하자. $\mathsf{P}_1(R)$의 표준 순서기저 β와 R^2의 표준 순서기저 γ에 대하여 $[\mathsf{T}]_\beta^\gamma = \begin{pmatrix} 1 & 0 \\ 1 & 2 \end{pmatrix}$이다. 정의를 이용하여 $[\mathsf{T}^t]_{\gamma^*}^{\beta^*}$를 직접 계산해 보자.

$\beta^* = \{\mathbf{f}_1, \mathbf{f}_2\}$와 $\gamma^* = \{\mathbf{g}_1, \mathbf{g}_2\}$에 대하여 $[\mathsf{T}^t]_{\gamma^*}^{\beta^*} = \begin{pmatrix} a & b \\ c & d \end{pmatrix}$라 정의하면 $\mathsf{T}^t(\mathbf{g}_1) = a\mathbf{f}_1 + c\mathbf{f}_2$이다. 이때, 다음이 성립한다.

$$\mathsf{T}^t(\mathbf{g}_1)(1) = (a\mathbf{f}_1 + c\mathbf{f}_2)(1) = a\mathbf{f}_1(1) + c\mathbf{f}_2(1) = a(1) + c(0) = a$$

한편으로는 다음과 같이 계산할 수도 있다.

$$(\mathsf{T}^t(\mathbf{g}_1))(1) = \mathbf{g}_1(\mathsf{T}(1)) = \mathbf{g}_1(1,1) = 1$$

즉, $a = 1$을 얻는다. 비슷한 계산을 반복하면 $c = 0$, $b = 1$, $d = 2$를 얻을 수 있다. 계산을 직접 해봄으로써 $[\mathsf{T}^t]_{\gamma^*}^{\beta^*} = \begin{pmatrix} 1 & 1 \\ 0 & 2 \end{pmatrix} = \left([\mathsf{T}]_\beta^\gamma\right)^t$임을 확인하였고, 이는 정리 2.25와 부합한다.

유한차원 벡터공간 V와 이중 쌍대공간 V^{**}를 동일화하는 자연스러운 방법을 생각해 보자. 두 벡터공간의 기저를 어떻게 선택하더라도 영향을 받지 않는 (V와 V^{**} 사이의) 동형사상이 존재함을 의미한다.

벡터 $x \in \mathsf{V}$에 대하여 함수 $\hat{x}: \mathsf{V}^* \to F$를 $\hat{x}(\mathbf{f}) = \mathbf{f}(x)$ (단, $\mathbf{f} \in \mathsf{V}^*$)라 정의하자. $\hat{x}$이 V^*의 선형범함수임을 확인하는 것은 어렵지 않다. 따라서 $\hat{x} \in \mathsf{V}^{**}$이다. 대응 $x \leftrightarrow \hat{x}$은 여기서 찾고자 하는 V와 V^{**} 사이의 동형사상을 정의할 수 있게 해준다.

보조정리 유한차원 벡터공간 $\mathbf{V}$와 $x \in \mathbf{V}$를 생각하자. 임의의 $\mathbf{f} \in \mathbf{V}^*$에 대하여 $\widehat{x}(\mathbf{f}) = 0$이면 $x = \mathit{0}$이다.

증명 $x \neq \mathit{0}$이라 하자. $\widehat{x}(\mathbf{f}) \neq 0$인 $\mathbf{f} \in \mathbf{V}^*$가 존재함을 보이면 충분하다. $x_1 = x$이 되도록 하는 $\mathbf{V}$의 순서기저 $\beta = \{x_1, x_2, \ldots, x_n\}$을 잡는다. β의 쌍대기저를 $\{\mathbf{f}_1, \mathbf{f}_2, \ldots, \mathbf{f}_n\}$이라 하자. $\mathbf{f}_1(x_1) = 1 \neq 0$이다. 이제 $\mathbf{f} = \mathbf{f}_1$로 잡으면 증명이 끝난다. ◀

> **정리 2.26** 유한차원 벡터공간 $\mathbf{V}$에 대하여 함수 $\psi: \mathbf{V} \to \mathbf{V}^{**}$를 $\psi(x) = \widehat{x}$이라 정의하면, ψ는 동형사상이다.

증명 (i) ψ는 선형인가?

$x, y \in \mathbf{V}$와 $c \in F$를 고정하자. 임의의 $\mathbf{f} \in \mathbf{V}^*$에 대하여 다음이 성립한다.

$$\begin{aligned}\psi(cx+y)(\mathbf{f}) = \mathbf{f}(cx+y) = c\mathbf{f}(x) + \mathbf{f}(y) = c\widehat{x}(\mathbf{f}) + \widehat{y}(\mathbf{f}) \\ = (c\widehat{x} + \widehat{y})(\mathbf{f})\end{aligned}$$

따라서 $\psi(cx+y) = c\widehat{x} + \widehat{y} = c\psi(x) + \psi(y)$이다.

(ii) ψ는 단사인가?

$x \in \mathbf{V}$에 대하여 $\psi(x)$가 $\mathbf{V}^*$의 영 범함수라 하자. 그러면 모든 $\mathbf{f} \in \mathbf{V}^*$에 대하여 $\widehat{x}(\mathbf{f}) = 0$이다. 보조정리를 이용하면 $x = \mathit{0}$을 얻는다.

(iii) ψ는 동형사상인가?

(ii)의 결과와 $\dim(\mathbf{V}) = \dim(\mathbf{V}^{**})$라는 사실에 의해 당연하다. ◀

따름정리 유한차원 벡터공간 $\mathbf{V}$와 쌍대공간 $\mathbf{V}^*$를 생각하자. $\mathbf{V}^*$의 모든 순서기저는 $\mathbf{V}$의 어떤 기저의 쌍대기저이다.

증명 $\mathbf{V}^*$의 순서기저를 $\{\mathbf{f}_1, \mathbf{f}_2, \ldots, \mathbf{f}_n\}$이라 하자. 정리 2.24와 정리 2.26을 함께 적용하면 $\mathbf{V}^*$의 기저와 모든 i, j에 대하여 $\delta_{ij} = \widehat{x}_i(\mathbf{f}_j) = \mathbf{f}_j(x_i)$인 쌍대기저 $\{\widehat{x}_1, \widehat{x}_2, \ldots, \widehat{x}_n\} \subset \mathbf{V}^{**}$가 존재한다. 따라서 $\{\mathbf{f}_1, \mathbf{f}_2, \ldots, \mathbf{f}_n\}$은 $\{x_1, x_2, \ldots, x_n\}$의 쌍대기저이다. ◀

이번 절에서 다룬 많은 아이디어들(쌍대공간의 존재성 등)은 $\mathbf{V}$가 유한차원이 아닌 경우에도 확장할 수 있지만, 유한차원인 경우에만 벡터공간과 이중 쌍대공간 사이에 $x \to \widehat{x}$을 이용한 동형사상을 잡을 수 있다. 실제로 무한차원 벡터공간에서는 $\mathbf{V}$, $\mathbf{V}^*$, $\mathbf{V}^{**}$ 중 어느 두 공간도 서로 동형이 아니다.

2.6 연습문제

1. 다음 명제의 참-거짓을 판정하라. 모든 벡터공간은 유한차원이라 가정한다.

(a) 모든 선형변환은 선형범함수이다.

(b) 체 위에서 정의된 선형범함수는 1×1 행렬로 나타낼 수 있다.

(c) 모든 벡터공간은 그 쌍대공간과 동형이다.

(d) 모든 벡터공간은 어떤 벡터공간의 쌍대공간과 동형이다.

(e) V에서 V^*로 가는 동형사상 T와 V의 유한 순서기저 β에 대하여 $\mathsf{T}(\beta) = \beta^*$이다.

(f) V에서 W로 가는 선형변환 T에 대하여 $(\mathsf{T}^t)^t$의 정의역은 V^{**}이다.

(g) V와 W가 동형이면 V^*와 W^*도 동형이다.

(h) 미분가능한 함수로 이루어진 벡터공간에서 미분(derivative)은 선형범함수로 이해할 수 있다.

2. 벡터공간 V에서 정의된 다음 함수 f가 선형범함수인지 판정하라.

(a) $\mathsf{V} = \mathsf{P}(R)$, $\mathsf{f}(p(x)) = 2p'(0) + p''(1)$ (이때, $'$은 미분)

(b) $\mathsf{V} = \mathsf{R}^2$, $\mathsf{f}(x, y) = (2x, 4y)$

(c) $\mathsf{V} = \mathsf{M}_{2\times 2}(F)$, $\mathsf{f}(A) = \mathrm{tr}(A)$

(d) $\mathsf{V} = \mathsf{R}^3$, $\mathsf{f}(x, y, z) = x^2 + y^2 + z^2$

(e) $\mathsf{V} = \mathsf{P}(R)$, $\mathsf{f}(p(x)) = \displaystyle\int_0^1 p(t)\,dt$

(f) $\mathsf{V} = \mathsf{M}_{2\times 2}(F)$, $\mathsf{f}(A) = A_{11}$

3. 벡터공간 V와 기저 β에 대하여, 예제 4와 같이 쌍대공간 V^*의 쌍대기저 β^*를 구체적으로 표현하라.

(a) $\mathsf{V} = \mathsf{R}^3$, $\beta = \{(1, 0, 1), (1, 2, 1), (0, 0, 1)\}$

(b) $\mathsf{V} = \mathsf{P}_2(R)$, $\beta = \{1, x, x^2\}$

4. $\mathsf{V} = \mathsf{R}^3$에 대하여 $\mathsf{f}_1, \mathsf{f}_2, \mathsf{f}_3 \in \mathsf{V}^*$를 다음과 같이 정의한다.

$$\mathsf{f}_1(x, y, z) = x - 2y, \quad \mathsf{f}_2(x, y, z) = x + y + z, \quad \mathsf{f}_3(x, y, z) = y - 3z$$

$\{\mathsf{f}_1, \mathsf{f}_2, \mathsf{f}_3\}$이 V^*의 기저임을 증명하라. 이 기저를 쌍대기저로 가지는 V의 기저를 찾아라.

5. $\mathsf{V} = \mathsf{P}_1(R)$와 $p(x) \in \mathsf{V}$에 대하여 $\mathsf{f}_1, \mathsf{f}_2 \in \mathsf{V}^*$를 다음과 같이 정의한다.

$$\mathsf{f}_1(p(x)) = \int_0^1 p(t)\,dt, \quad \mathsf{f}_2(p(x)) = \int_0^2 p(t)\,dt$$

$\{\mathsf{f}_1, \mathsf{f}_2\}$는 V^*의 기저임을 증명하라. 이 기저를 쌍대기저로 가지는 V의 기저를 찾아라.

6. 선형범함수 $\mathsf{f} \in (\mathsf{R}^2)^*$를 $\mathsf{f}(x, y) = 2x + y$, 선형변환 $\mathsf{T}\colon \mathsf{R}^2 \to \mathsf{R}^2$을 $\mathsf{T}(x, y) = (3x + 2y, x)$라 정의하자. 다음 물음에 답하라.

(a) $\mathsf{T}^t(\mathsf{f})$를 구하라.

(b) R^2의 표준 순서기저를 β, 쌍대기저를 $\beta^* = \{\mathsf{f}_1, \mathsf{f}_2\}$라 하자. $\mathsf{T}^t(\mathsf{f}_1) = a\mathsf{f}_1 + c\mathsf{f}_2$, $\mathsf{T}^t(\mathsf{f}_2) = b\mathsf{f}_1 + d\mathsf{f}_2$를 만족하는 a, b, c, d를 찾는 방식으로 $[\mathsf{T}^t]_{\beta^*}$를 구하라.

(c) $[\mathsf{T}]_\beta$와 $([\mathsf{T}]_\beta)^t$를 구하고, (b)의 결과와 비교하라.

7. $\mathsf{V} = \mathsf{P}_1(R)$, $\mathsf{W} = \mathsf{R}^2$, 각각의 표준 순서기저 β와 γ에 대하여 선형변환 $\mathsf{T}\colon \mathsf{V} \to \mathsf{W}$를 다음과 같이 정의하자. 이때, $p'(x)$는 $p(x)$의 도함수이다.

$$\mathsf{T}(p(x)) = (p(0) - 2p(1), p(0) + p'(0))$$

다음 물음에 답하라.

(a) $\mathsf{f}(a, b) = a - 2b$로 정의된 $\mathsf{f} \in \mathsf{W}^*$에 대하여 $\mathsf{T}^t(\mathsf{f})$를 구하라.

(b) 정리 2.25를 사용하지 않고 $[\mathsf{T}^t]_{\gamma^*}^{\beta^*}$를 구하라.

(c) $[\mathsf{T}]_\beta^\gamma$와 그 전치행렬을 구하고, (b)의 결과와 비교하라.

8. 집합 $\{u, v\}$는 R^3의 일차독립인 부분집합이다. 원점을 포함하는 평면 $\{su + tv\colon s, t \in R\}$를 $(\mathsf{R}^3)^*$의 선형범함수의 영공간과 동일시할 수 있음을 보여라.

9. 함수 $\mathsf{T}\colon \mathsf{F}^n \to \mathsf{F}^m$이 선형이기 위한 필요충분조건은 모든 $x \in \mathsf{F}^n$에 대하여 $\mathsf{T}(x) = (\mathsf{f}_1(x), \mathsf{f}_2(x), \ldots, \mathsf{f}_m(x))$인 $\mathsf{f}_1, \mathsf{f}_2, \ldots, \mathsf{f}_m \in (\mathsf{F}^n)^*$가 존재하는 것임을 증명하라.

힌트 T가 선형일 때, 모든 $x \in \mathsf{F}^n$에 대하여 $\mathsf{f}_i(x) = (\mathsf{g}_i\mathsf{T})(x)$라 정의한다. 즉, F^m의 표준 순서기저의 쌍대기저 $\{\mathsf{g}_1, \mathsf{g}_2, \ldots, \mathsf{g}_m\}$에 대하여, $\mathsf{f}_i = \mathsf{T}^t(\mathsf{g}_i)$ $(1 \le i \le m)$이다.

10. $\mathsf{V} = \mathsf{P}_n(F)$와 F의 서로 다른 스칼라 $c_0, c_1, \ldots, c_n$에 대한 다음 물음에 답하라.

(a) $0 \le i \le n$에 대하여 $\mathsf{f}_i \in \mathsf{V}^*$를 $\mathsf{f}_i(p(x)) = p(c_i)$라 정의하자. 집합 $\{\mathsf{f}_0, \mathsf{f}_1, \ldots, \mathsf{f}_n\}$이 V^*의 기저임을 증명하라.

힌트 다항식 $p(x) = (x - c_1)(x - c_2)\cdots(x - c_n)$에 대하여 주어진 집합의 임의의 일차결합이 영변환과 같음을 이용하면 첫 번째 계수가 0임을 알 수 있다.

(b) 정리 2.26의 따름정리와 (a)를 이용하여 $p_i(c_j) = \delta_{ij}$ $(0 \le i \le n)$인 다항식 $p_0(x), p_1(x), \ldots, p_n(x)$가 유일하게 존재함을 보여라. 이 다항식은 1.6절에서 정의한 라그랑주 다항식이다.

(c) 임의의 스칼라 $a_0, a_1, \ldots, a_n$(중복되는 값이 있을 수도 있다)에 대하여 $q(c_i) = a_i$ $(0 \le i \le n)$이고 차수가 최대 n인 다항식 $q(x) = \sum_{i=0}^{n} a_i p_i(x)$가 유일하게 존재함을 유도하라.

(d) 임의의 다항식 $p(x) \in \mathsf{V}$에 대하여 라그랑주 보간법 $p(x) = \sum_{i=0}^{n} p(c_i)p_i(x)$를 유도하라.

(e) $d_i = \int_a^b p_i(t)\,dt$에 대하여 $\int_a^b p(t)\,dt = \sum_{i=0}^{n} p(c_i)d_i$ 임을 증명하라.

$c_i = a + \dfrac{i(b-a)}{n}$ $(i = 0, 1, \ldots, n)$라 하자. $n = 1$일 때, 위 결과로부터 다항식의 정적분 값을 구하는 사다리꼴 공식을 유도할 수 있다. $n = 2$일 때, 위 결과로부터 다항식의 정적분 값을 구하는 심프슨 공식(Simpson's rule)을 유도할 수 있다.

11. 정리 2.26과 같이 F에서의 유한차원 벡터공간 V와 W, V와 V^{**} 사이의 동형사상 ψ_1, W와 W^{**} 사이의 동형사상 ψ_2를 생각하자. $\mathsf{T}\colon \mathsf{V} \to \mathsf{W}$가 선형일 때, $\mathsf{T}^{tt} = (\mathsf{T}^t)^t$라 정의하자. 그림 2.6의 다이어그램이 가환적($\psi_2\mathsf{T} = \mathsf{T}^{tt}\psi_1$)임을 증명하라.

$$\begin{array}{ccc} \mathsf{V} & \xrightarrow{\ \mathsf{T}\ } & \mathsf{W} \\ {\scriptstyle \psi_1}\downarrow & & \downarrow{\scriptstyle \psi_2} \\ \mathsf{V}^{**} & \xrightarrow{\ \mathsf{T}^{tt}\ } & \mathsf{W}^{**} \end{array}$$

[그림 2.6] 꼭짓점은 벡터공간이고 변은 선형변환인 사각형 다이어그램

12. 순서기저 β를 가지는 유한차원 벡터공간 V에 대하여 $\psi(\beta) = \beta^{**}$임을 증명하라. ψ는 정리 2.26에서 정의된 것과 같다.

13~17. V는 F에서의 유한차원 벡터공간을 의미한다. V의 임의의 부분집합 S에 대하여 S의 **annihilator(소멸자)** S^0을 다음과 같이 정의한다.

$$S^0 = \{\mathsf{f} \in \mathsf{V}^* : \text{모든 } x \in S\text{에 대하여 } \mathsf{f}(x) = 0\}$$

13. 다음 물음에 답하라.

(a) S^0이 V^*의 부분공간임을 증명하라.

(b) V의 부분공간 W와 $x \notin \mathsf{W}$에 대하여 $\mathsf{f}(x) \neq 0$인 $\mathsf{f} \in \mathsf{W}^0$이 존재함을 보여라.

(c) ψ는 정리 2.26에서 정의된 것과 같다. $(S^0)^0 = \operatorname{span}(\psi(S))$임을 증명하라.

(d) 임의의 부분공간 W_1, W_2에 대하여 $\mathsf{W}_1 = \mathsf{W}_2$이기 위한 필요충분조건은 $\mathsf{W}_1^0 = \mathsf{W}_2^0$임을 증명하라.

(e) 임의의 부분공간 W_1, W_2에 대하여 $(\mathsf{W}_1 + \mathsf{W}_2)^0 = \mathsf{W}_1^0 \cap \mathsf{W}_2^0$임을 보여라.

14. V의 부분공간 W에 대하여 $\dim(\mathsf{W}) + \dim(\mathsf{W}^0) = \dim(\mathsf{V})$ 임을 증명하라.

힌트 W의 순서기저 $\{x_1, x_2, \ldots, x_k\}$를 확장하여 V의 순서기저 $\beta = \{x_1, x_2, \ldots, x_n\}$을 만든다. $\beta^* = \{\mathsf{f}_1, \mathsf{f}_2, \ldots, \mathsf{f}_n\}$이라 하고 $\{\mathsf{f}_{k+1}, \mathsf{f}_{k+2}, \ldots, \mathsf{f}_n\}$이 W^0의 기저임을 보인다.

15. 유한차원 벡터공간 W와 선형변환 $\mathsf{T}\colon \mathsf{V} \to \mathsf{W}$에 대하여 $\mathsf{N}(\mathsf{T}^t) = (\mathsf{R}(\mathsf{T}))^0$ 임을 증명하라.

16. 연습문제 14, 연습문제 15의 결과를 이용하여, 임의의 행렬 $A \in \mathsf{M}_{m\times n}(F)$에 대하여 $\operatorname{rank}(\mathsf{L}_{A^t}) = \operatorname{rank}(\mathsf{L}_A)$ 임을 유도하라.

17~20. V와 W는 유한차원 벡터공간이라 가정한다. (실제로 임의의 벡터공간 V와 W에 대하여 다음 연습문제가 성립함을 보일 수 있다.)

17. V의 선형연산자 T와 V의 부분공간 W에 대하여 W가 T-불변이기 위한 필요충분조건은 W^0이 T^t-불변임을 보여라. 불변공간의 정의는 2.1절 연습문제 29~33을 참고하라.

18. 점공간이 아닌 F-벡터공간 V와 기저 S를 생각하자. (정리 1.13의 따름정리(80쪽)에 의해 모든 벡터공간에는 기저가 존재한다.) 함수 $\Phi\colon \mathsf{V}^* \to \mathcal{F}(S, F)$를 $\Phi(\mathsf{f}) = \mathsf{f}_S$라 정의하자. (이때, f_S는 f를 S로 제한한 선형범함수) Φ가 동형사상임을 증명하라.

힌트 2.1절 연습문제 35를 보라.

19. 점공간이 아닌 벡터공간 V와 V의 진부분공간 W(즉, $\mathsf{W} \neq \mathsf{V}$)에 대한 다음 물음에 답하라.

(a) $\mathsf{g} \in \mathsf{W}^*$, $v \in \mathsf{V}$, $v \notin \mathsf{W}$라 하자. 임의의 스칼라 a와 모든 $x \in \mathsf{W}$에 대하여 $\mathsf{f}(v) = a$이고 $\mathsf{f}(x) = \mathsf{g}(x)$를 만족하는 함수 $\mathsf{f} \in \mathsf{V}^*$가 존재함을 증명하라.

힌트 무한차원인 경우, 1.7절 연습문제 4와 2.1절 연습문제 35를 사용한다.

(b) (a)의 결과를 이용하여 모든 $x \in \mathsf{W}$에 대하여 $\mathsf{f}(x) = 0$인 영이 아닌 선형범함수 $\mathsf{f} \in \mathsf{V}^*$가 존재함을 증명하라.

20. V와 W는 같은 체 위에서 정의된 점공간이 아닌 벡터공간이고, $\mathsf{T}\colon \mathsf{V} \to \mathsf{W}$는 선형변환이라 하자. 다음 명제가 참임을 보여라.

(a) T가 전사이기 위한 필요충분조건은 T^t가 단사인 것이다.

(b) T^t가 전사이기 위한 필요충분조건은 T가 단사인 것이다.

힌트 무한차원인 경우, 증명 과정 중 일부에 연습문제 19의 결과를 사용한다.

2.7 계수가 상수인 동차 선형 미분방정식*

다음과 같은 물리 문제를 생각해 보자. 질량이 m인 물체가 수직방향으로 늘어나는 용수철에 매달려 있다. 이 용수철은 힘이 가해지면 균형을 이룰 때까지 늘어날 수 있다. 움직임이 멈출 때, 물체의 위치를 원점으로 하고 용수철이 y축의 양의 방향에 놓이도록 xy좌표를 잡는다(그림 2.7).

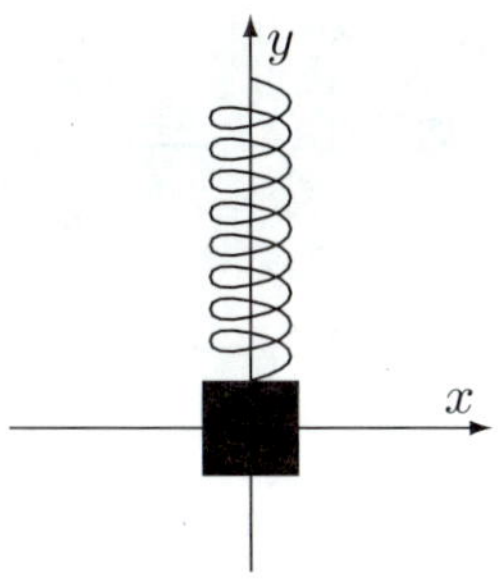

[그림 2.7] xy좌표계의 원점에 위치하고 용수철이 y축의 양의 방향에 놓인 물체

특정 시간을 $t = 0$이라 하자. y축을 따라 물체를 s만큼 아래로 당겼다가 놓으면 용수철은 진동할 것이다. 이 용수철의 움직임을 묘사하고자 한다.

$t \geq 0$일 때 물체에 가해지는 힘을 $F(t)$라 하고, $y(t)$는 y축을 따라 움직이는 물체의 위치라 하자. $y(0) = -s$이다. 시간에 대한 y의 이계도함수 $y''(t)$는 시간 t에 대한 물체의 가속도이다. 뉴턴 운동 제2법칙에 의해 다음이 성립한다.

$$F(t) = my''(t) \tag{2.1}$$

물체에 가해지는 힘은 모두 용수철을 늘어나게 하는 데 사용되며, 훅의 법칙[14]을 따른다고 가정한다. 양의 비례상수 k를 사용하여 훅의 법칙을 다음과 같이 쓸 수 있다.

$$F(t) = -ky(t) \tag{2.2}$$

두 식 (2.1), (2.2)를 연립하면 $my'' = -ky$ 또는 다음 방정식을 얻는다.

$$y'' + \frac{k}{m}y = 0 \tag{2.3}$$

(2.3)은 미분방정식의 한 예이다.

14 물체에 가해지는 힘의 크기는 균형 위치에서 얼마만큼 벗어났는가에 정비례하며 균형으로 돌아오는 방향으로 힘이 작용한다.

미분방정식(differential equation)은 t, y, y'(y의 도함수)을 포함하는 방정식이며 해는 함수 $y=y(t)$이다. 다음과 같은 형태의 미분방정식을 **선형(linear)**이라 한다.

$$a_n y^{(n)} + a_{n-1} y^{(n-1)} + \cdots + a_1 y^{(1)} + a_0 y = f \tag{2.4}$$

이때, $a_0, a_1, \ldots, a_n$과 f는 t에 대한 함수이고 $y^{(k)}$은 y의 k계도함수이다. 함수 a_i는 미분방정식 (2.4)의 **계수(coefficient)**이다. (2.3)은 계수가 상수이고 함수 f가 영함수인 선형 미분방정식의 예이다. 함수 f가 영함수일 때, 미분방정식 (2.4)는 **동차(homogeneous)**라 한다.

이번 절에서는 선형대수학을 이용하여 계수가 상수인 동차 선형 미분방정식을 풀 것이다. $a_n \neq 0$일 때, (2.4)를 **n계(order) 미분방정식**이라 한다. 양변을 a_n으로 나누어도 식이 변하지 않으므로 다음 방정식을 주로 다룰 것이다.

$$y^{(n)} + b_{n-1} y^{(n-1)} + \cdots + b_1 y^{(1)} + b_0 y = 0$$

이때, $b_i = a_i / a_n$ $(i = 0, 1, \ldots, n-1)$이다. 일반성을 잃지 않고 (2.4)에서 $a_n = 1$이라 가정할 수 있다.

미분방정식 (2.4)의 **해(solution)**는 y에 대입할 때 식 (2.4)를 항등식으로 만드는 함수이다.

예제 1 함수 $y(t) = \sin\sqrt{\dfrac{k}{m}}\,t$는 미분방정식 (2.3)의 해이다. 모든 t에 대하여 다음이 성립하기 때문이다.

$$y''(t) + \frac{k}{m} y(t) = -\frac{k}{m}\sin\sqrt{\frac{k}{m}}\,t + \frac{k}{m}\sin\sqrt{\frac{k}{m}}\,t = 0$$

하지만 $y(t) = t$를 (2.3)에 대입하면 $y''(t) + \dfrac{k}{m} y(t) = \dfrac{k}{m} t$이고 이는 영함수가 아니다. 즉, $y(t) = t$는 미분방정식 (2.3)의 해가 아니다.

미분방정식을 다룰 때, 물리적으로 의미를 가지는 함수는 실함수라 하더라도 주어진 함수 $y(t)$를 복소함수로 생각하면 편리하다. 그 이유는 추후에 설명하겠다. 먼저 함수공간 $\mathcal{F}(R, C)$(1.2절 예제 3)에서 해를 찾도록 하자. 실변수 복소함수[15]를 미분방정식의 해로 보려면 이런 함수를 미분하는 의미를 정확히 알아야 한다. 실변수 t에 대한 복소함수 $x \in \mathcal{F}(R, C)$에 대하여, 다음을 만족하는 실함수 x_1, x_2가 유일하게 존재한다.

15 (옮긴이) 정의역이 실수 집합이고, 공역이 복소수 집합인 함수이다.

실수 t에 대하여 $x(t) = x_1(t) + ix_2(t)$ (단, i는 $i^2 = -1$인 허수)

x_1과 x_2를 각각 x의 **실수부(real part)**와 **허수부(imaginary part)**라 한다.

정의 실수부가 x_1이고 허수부가 x_2인 함수 $x \in \mathcal{F}(R, C)$가 **미분가능하다(differentiable)**는 것은 x_1과 x_2가 모두 미분가능임을 의미한다. x가 미분가능하면 **도함수(derivative)** x'은 다음과 같다.

$$x' = x_1' + ix_2'$$

다음 예제에서 실변수 복소함수를 계산해 보자.

예제 2 $x(t) = \cos 2t + i \sin 2t$라 놓으면 $x'(t) = -2 \sin 2t + 2i \cos 2t$이다. x^2의 실수부와 허수부를 구해 보자. $x^2(t)$를 실수부와 허수부로 나타내면 다음과 같다.

$$\begin{aligned} x^2(t) &= (\cos 2t + i \sin 2t)^2 = (\cos^2 2t - \sin^2 2t) + i(2 \sin 2t \cos 2t) \\ &= \cos 4t + i \sin 4t \end{aligned}$$

$x^2(t)$의 실수부는 $\cos 4t$이고 허수부는 $\sin 4t$이다.

다음 정리에 의하면, $\mathcal{F}(R, C)$보다 훨씬 작은 벡터공간을 조사해도 충분하다. 그 증명은 예제 3과 비슷하게 간단히 귀납법을 사용하는데, 이 책에서는 생략하겠다.

정리 2.27 계수가 상수인 동차 선형 미분방정식의 해는 무한히 미분가능하다. 다시 말해 x가 어떤 방정식의 해이면 임의의 자연수 k에 대하여 $x^{(k)}$이 존재한다.

예제 3 정리 2.27을 직관적으로 설명하기 위해 방정식 $y^{(2)} + 4y = 0$을 생각하자. 함수 y가 방정식의 해가 되기 위해서는 두 번 미분가능해야 한다. 한편, y가 해이면 $y^{(2)} = -4y$이다. $y^{(2)}$은 두 번 미분가능한 함수 y의 상수배이므로 $y^{(2)}$은 두 번 이상 미분가능하고 $y^{(4)}$이 존재한다. 이제 $y^{(4)} = -4y^{(2)}$이다. $y^{(4)}$은 앞서 최소 두 번 미분가능한 함수의 상수배이므로 $y^{(4)}$은 두 번 이상 미분가능하고 $y^{(6)}$이 존재한다. 이런 방식으로 계속하면 임의의 해가 무한히 미분가능함을 보일 수 있다.

정의 $\mathcal{F}(R, C)$에 속한 함수 중 무한히 미분가능한 함수들의 집합을 C^∞라 표기한다.

C^∞가 $\mathcal{F}(R, C)$의 부분공간임을 보이는 것은 어렵지 않다. C^∞는 C-벡터공간이다. 정리 2.27의 관점에서 보면 이 벡터공간에 주목해야 한다. $x \in \mathsf{C}^\infty$이면 x' 또한 C^∞에 속한다. 미분을 이용하여 다음과 같은 함수 $\mathsf{D}: \mathsf{C}^\infty \to \mathsf{C}^\infty$를 정의하자.

$$x \in \mathsf{C}^\infty\text{에 대하여 } \mathsf{D}(x) = x'$$

D가 선형연산자임을 보이는 것은 어렵지 않다. 일반적인 결과 또한 성립한다. C 위에서 정의된 다항식 $p(t) = a_n t^n + a_{n-1}t^{n-1} + \cdots + a_1 t + a_0$에 대하여 다음과 같이 정의하면 $p(\mathsf{D})$도 C^∞의 선형연산자이다(부록 E).

$$p(\mathsf{D}) = a_n \mathsf{D}^n + a_{n-1}\mathsf{D}^{n-1} + \cdots + a_1 \mathsf{D} + a_0 \mathsf{I}$$

정의 C에서 임의의 다항식 $p(t)$(차수는 자연수)에 대하여 $p(\mathsf{D})$를 **계수가 상수인 미분연산자(differential operator with constant coefficients)** 혹은 간단히 **미분연산자**라 한다. 미분연산자 $p(\mathsf{D})$의 **계수(order)**[16]는 다항식 $p(t)$의 차수를 의미한다.

미분연산자는 미분방정식을 선형대수로 풀 수 있게 해주므로 아주 편리하다. 임의의 계수가 상수인 동차 선형 미분방정식 $y^{(n)} + a_{n-1}y^{(n-1)} + \cdots + a_1 y^{(1)} + a_0 y = 0$은 미분연산자를 사용하여 이렇게 다시 쓸 수 있다.

$$(\mathsf{D}^n + a_{n-1}\mathsf{D}^{n-1} + \cdots + a_1 \mathsf{D} + a_0 \mathsf{I})(y) = 0$$

정의 앞의 미분방정식에서 복소계수 다항식 $p(t) = t^n + a_{n-1}t^{n-1} + \cdots + a_1 t + a_0$을 주어진 미분방정식의 **보조다항식(auxiliary polynomial)**이라 한다.

예를 들어 식 (2.3)의 보조다항식은 $p(t) = t^2 + \dfrac{k}{m}$이다.

임의의 계수가 상수인 동차 선형 미분방정식은 $p(\mathsf{D})(y) = 0$으로 쓰일 수 있고, $p(t)$는 이 방정식의 보조다항식이다. 명백히 이 방정식은 다음 정리를 함의한다.

16 (옮긴이) 다항식의 각 항에서 주요 문자가 아닌 부분(주로 숫자로 표현)을 가리키는 용어 계수(coefficient)와 이름이 같지만 다른 의미이다.

정리 2.28 계수가 상수인 동차 선형 미분방정식의 모든 해로 이루어진 집합은 $p(\mathsf{D})$의 영공간과 같다. $p(t)$는 이 미분방정식의 보조다항식이다.

증명 여러분의 몫으로 남긴다. ◀

따름정리 계수가 상수인 동차 선형 미분방정식의 모든 해로 이루어진 집합은 C^{∞}의 부분공간이다.

따름정리의 관점에서 보면 계수가 상수인 동차 선형 미분방정식의 모든 해로 이루어진 집합은 이 방정식의 **해공간(solution space)**이다. 기저를 사용하여 해공간을 묘사해 보자. 해공간의 기저를 이루는 특별한 함수의 모임을 소개한다.

임의의 실수 s에 대하여, e^s은 익숙한 실수이다. 이때, e는 자연로그에 대입하면 1이 되는 유일한 실수(즉, $\ln e = 1$)이다. 임의의 실수 s와 t에 대하여 지수법칙 $e^{s+t} = e^s e^t$, $e^{-t} = \dfrac{1}{e^t}$이 성립하고, 이 성질을 만족하도록 e의 지수를 복소수로 확장할 것이다.

정의 실수부가 a이고, 허수부가 b인 복소수 $c = a + ib$를 다음과 같이 정의하자.

$$e^c = e^a(\cos b + i \sin b)$$

특수한 경우인 $e^{ib} = \cos b + i \sin b$는 **오일러 식(Euler's formula)**이라 한다.

예를 들어, $c = 2 + i\left(\dfrac{\pi}{3}\right)$일 때 $e^c = e^2\left(\cos\dfrac{\pi}{3} + i\sin\dfrac{\pi}{3}\right) = e^2\left(\dfrac{1}{2} + i\dfrac{\sqrt{3}}{2}\right)$이다.

c가 실수($b = 0$)이면 기존의 결과 $e^c = e^a$을 얻는다. 예제 2와 비슷한 방식으로 삼각 항등식을 적절히 사용하면 임의의 복소수 c, d에 대하여 다음을 증명할 수 있다.

$$e^{c+d} = e^c e^d, \quad e^{-c} = \frac{1}{e^c}$$

정의 고정된 복소수 c에 대하여 함수 $f: R \to C$, $f(t) = e^{ct}$을 **지수함수(exponential function)**라 한다.

다음 정리는 지수함수의 도함수가 실수일 때와 같은 성질을 가짐을 보여준다. 그 증명은 주어진 길을 따라가는 계산에 불과하기 때문에 여러분의 몫으로 남긴다.

정리 2.29 임의의 지수함수 $f(t) = e^{ct}$에 대하여 $f'(t) = ce^{ct}$이다.

증명 여러분의 몫으로 남긴다. ◀

지수함수를 이용하여 1계 동차 미분방정식의 해를 찾아보자. 미분방정식의 **계수(order)**는 보조다항식의 차수를 가리킨다. 즉, 1계 미분방정식은 다음 형태의 방정식을 의미한다.

$$y' + a_0 y = 0 \tag{2.5}$$

> **정리 2.30** 방정식 (2.5)의 해공간은 1차원 벡터공간이고 기저는 $\{e^{-a_0 t}\}$이다.

증명 명백히 $e^{-a_0 t}$은 방정식 (2.5)의 해이다. 또 다른 해를 $x(t)$라 하면 다음이 성립한다.

$$\text{모든 실수 } t\text{에 대하여 } x'(t) = -a_0 x(t)$$

$z(t) = e^{a_0 t} x(t)$라 정의하자. z를 미분하면 다음과 같다.

$$z'(t) = (e^{a_0 t})' x(t) + e^{a_0 t} x'(t) = a_0 e^{a_0 t} x(t) - a_0 e^{a_0 t} x(t) = 0$$

곱의 미분법은 실변수 복소함수를 미분할 때도 여전히 성립한다. 그 증명은 길고 지루한 계산에 불과하다.

z'이 영함수이므로 z는 상수함수이다.[17] 즉, 모든 실수 t에 대하여 $z(t) = e^{a_0 t} x(t) = k$를 만족하는 복소수 k가 존재한다. 따라서 $x(t) = ke^{-a_0 t}$이다. 방정식 (2.5)의 임의의 해가 $e^{-a_0 t}$의 스칼라 곱임이 증명되었다. ◀

정리 2.30을 이렇게 서술할 수도 있다.

따름정리 임의의 복소수 c에 대하여, 미분연산자 $\mathsf{D} - c\mathsf{I}$의 영공간은 $\{e^{ct}\}$을 기저로 포함한다.

2계 이상의 미분방정식을 다루어 보자. 계수가 상수인 n계 동차 선형 미분방정식을 다음과 같이 나타내자.

$$y^{(n)} + a_{n-1} y^{(n-1)} + \cdots + a_1 y^{(1)} + a_0 y = 0$$

보조다항식 $p(t) = t^n + a_{n-1} t^{n-1} + \cdots + a_1 t + a_0$은 일차식의 곱으로 나타낼 수 있다. 복소수 $c_1, c_2, \ldots, c_n$에 대하여(중복되는 수가 있을 수 있다) $p(t)$는 다음과 같이 인수분해할 수 있다.

17 이는 실함수와 복소함수에서 모두 성립한다. 복소함수인 경우, 증명은 복소함수의 실수부와 허수부를 분리하여 실함수에서 증명한 것과 비슷한 논리를 전개하면 된다.

$$p(t) = (t - c_1)(t - c_2) \cdots (t - c_n)$$

부록 D에서 소개한 대수학의 기본 정리의 결과를 참고하자. $p(\mathsf{D})$는 다음과 같이 인수분해된다.

$$p(\mathsf{D}) = (\mathsf{D} - c_1\mathsf{I})(\mathsf{D} - c_2\mathsf{I}) \cdots (\mathsf{D} - c_n\mathsf{I})$$

연산자 $\mathsf{D} - c_i\mathsf{I}$는 순서를 바꾸어 계산할 수 있으므로 연습문제 9를 이용하면 다음과 같다.

$$\text{모든 } i\text{에 대하여 } \mathsf{N}(\mathsf{D} - c_i\mathsf{I}) \subseteq \mathsf{N}(p(\mathsf{D}))$$

$\mathsf{N}(p(\mathsf{D}))$가 주어진 미분방정식의 해공간이므로 앞선 따름정리를 바탕으로 다음 결과를 확인할 수 있다.

> **정리 2.31** 계수가 상수인 동차 선형 미분방정식의 보조다항식을 $p(t)$라 하자. 방정식 $p(t) = 0$의 해인 복소수 c에 대하여, e^{ct}은 주어진 방정식의 해이다.

예제 4 미분방정식 $y'' - 3y' + 2y = 0$의 보조다항식은 다음과 같다.

$$p(t) = t^2 - 3t + 2 = (t - 1)(t - 2)$$

$p(t) = 0$의 해가 $c = 1$, $c = 2$이므로 정리 2.31로부터 e^t과 e^{2t}은 주어진 미분방정식의 해이다. 미분방정식의 해공간은 C^∞의 부분공간이므로, $\text{span}(\{e^t, e^{2t}\})$은 해공간의 부분집합이다. 집합 $\{e^t, e^{2t}\}$이 일차독립임은 쉽게 확인할 수 있다. 주어진 해공간이 2차원임을 확인할 수 있으면 $\{e^t, e^{2t}\}$이 해공간의 기저라 결론지을 수 있다. 다음 정리에 의해 이 추측은 참이다.

> **정리 2.32** 임의의 n계 미분연산자 $p(\mathsf{D})$에 대하여, $p(\mathsf{D})$의 영공간은 C^∞의 n차원 부분공간이다.

정리 2.32의 증명에 앞서 다음 두 보조정리를 증명하자.

보조정리 1 임의의 복소수 c에 대하여, 미분연산자 $\mathsf{D} - c\mathsf{I}: \mathsf{C}^\infty \to \mathsf{C}^\infty$는 전사이다.

증명 $v \in \mathsf{C}^\infty$에 대하여 $(\mathsf{D} - c\mathsf{I})u = v$인 $u \in \mathsf{C}^\infty$를 찾고자 한다. 실수 t에 대한 함수 $w(t) = v(t)e^{-ct}$을 생각하자. v와 e^{-ct}가 무한 번 미분가능하므로 $w \in \mathsf{C}^\infty$이다. w_1과 w_2를 각각 w의

실수부와 허수부라 하자. w_1과 w_2는 미분가능이므로 연속함수이다. 즉, 두 함수의 역도함수는 각각 W_1과 W_2이다. $W\colon R \to C$를 다음과 같이 정의하자.

$$\text{실수 } t\text{에 대하여 } W(t) = W_1(t) + iW_2(t)$$

$W \in \mathsf{C}^\infty$이고 W의 실수부는 W_1, 허수부는 W_2이다. 특히, $W' = w$이다.

임의의 실수 t에 대하여 $u\colon R \to C$를 $u(t) = W(t)e^{ct}$이라 잡자. $u \in \mathsf{C}^\infty$임은 당연하고 다음이 성립한다.

$$\begin{aligned}(\mathsf{D} - c\mathsf{I})u(t) &= u'(t) - cu(t) = W'(t)e^{ct} + W(t)ce^{ct} - cW(t)e^{ct} \\ &= w(t)e^{ct} = v(t)e^{-ct}e^{ct} = v(t)\end{aligned}$$

즉, $(\mathsf{D} - c\mathsf{I})u = v$이다. ◀

보조정리 2 벡터공간 V와 V의 선형연산자 T, U를 생각하자. U가 전사이고, T의 영공간과 U의 영공간이 모두 유한차원일 때, TU의 영공간도 유한차원이고 다음이 성립한다.

$$\dim(\mathsf{N}(\mathsf{TU})) = \dim(\mathsf{N}(\mathsf{T})) + \dim(\mathsf{N}(\mathsf{U}))$$

증명 $p = \dim(\mathsf{N}(\mathsf{T}))$, $q = \dim(\mathsf{N}(\mathsf{U}))$라 하고, $\mathsf{N}(\mathsf{T})$, $\mathsf{N}(\mathsf{U})$의 기저를 각각 $\{u_1, u_2, \ldots, u_p\}$, $\{v_1, v_2, \ldots, v_q\}$라 하자. U가 전사이므로, i $(1 \le i \le p)$마다 $\mathsf{U}(w_i) = u_i$인 $w_i \in \mathsf{V}$를 잡을 수 있다. 이때 w_i들은 모두 다르다. 더욱이 임의의 i, j에 대하여, $w_i \neq v_j$이다. 그렇지 않으면 $u_i = \mathsf{U}(w_i) = \mathsf{U}(v_j) = \mathit{0}$으로 모순이다. 집합 $\beta = \{w_1, w_2, \ldots, w_p, v_1, v_2, \ldots, v_q\}$는 서로 다른 $p+q$개의 벡터로 이루어져 있다. 이제 $\mathsf{N}(\mathsf{TU})$의 기저가 β임을 보이면 증명은 끝난다.

우선, β가 $\mathsf{N}(\mathsf{TU})$를 생성함을 보이자. 임의의 w_i, $v_j \in \beta$에 대하여 $\mathsf{TU}(w_i) = \mathsf{T}(u_i) = \mathit{0}$이고 $\mathsf{TU}(v_j) = \mathsf{T}(\mathit{0}) = \mathit{0}$이므로 $\beta \subseteq \mathsf{N}(\mathsf{TU})$이다. $v \in \mathsf{N}(\mathsf{TU})$라 가정하자. $\mathit{0} = \mathsf{TU}(v) = \mathsf{T}(\mathsf{U}(v))$이므로, $\mathsf{U}(v) \in \mathsf{N}(\mathsf{T})$이다. 즉, 다음 조건을 만족하는 스칼라 $a_1, a_2, \ldots, a_p$가 존재한다.

$$\begin{aligned}\mathsf{U}(v) &= a_1u_1 + a_2u_2 + \cdots + a_pu_p = a_1U(w_1) + a_2U(w_2) + \cdots + a_pU(w_p) \\ &= \mathsf{U}(a_1w_1 + a_2w_2 + \cdots + a_pw_p)\end{aligned}$$

$\mathsf{U}(v - (a_1w_1 + a_2w_2 + \cdots + a_pw_p)) = \mathit{0}$이므로, $v - (a_1w_1 + a_2w_2 + \cdots + a_pw_p) \in \mathsf{N}(\mathsf{U})$이다. 이제 적절한 스칼라 $b_1, b_2, \ldots, b_q$를 사용하여 다음과 같이 표현할 수 있다.

$$v - (a_1w_1 + a_2w_2 + \cdots + a_pw_p) = b_1v_1 + b_2v_2 + \cdots + b_qv_q$$

$$\iff \quad v = a_1w_1 + a_2w_2 + \cdots + a_pw_p + b_1v_1 + b_2v_2 + \cdots + b_qv_q$$

따라서 β는 $\mathsf{N}(\mathsf{TU})$를 생성한다.

이제 β가 일차독립임을 보이자. 임의의 스칼라 $a_1, a_2, \ldots, a_p$와 임의의 스칼라 $b_1, b_2, \ldots, b_q$에 대하여 다음과 같은 일차결합 표현을 생각할 수 있다.

$$a_1w_1 + a_2w_2 + \cdots + a_pw_p + b_1v_1 + b_2v_2 + \cdots + b_qv_q = 0 \tag{2.6}$$

식 (2.6)의 양변에 U를 씌우면, $a_1u_1 + a_2u_2 + \cdots + a_pu_p = 0$을 얻는다. $\{u_1, u_2, \ldots, u_p\}$는 일차독립이므로 a_i가 모두 0이다. 따라서 식 (2.6)은 $b_1v_1 + b_2v_2 + \cdots + b_qv_q = 0$과 같고, $\{v_1, v_2, \ldots, v_q\}$는 일차독립이므로 b_i가 모두 0이다. 즉 β는 $\mathsf{N}(\mathsf{TU})$의 기저이다. $\mathsf{N}(\mathsf{TU})$는 유한차원이고, $\dim(\mathsf{N}(\mathsf{TU})) = p + q = \dim(\mathsf{N}(\mathsf{T})) + \dim(\mathsf{N}(\mathsf{U}))$가 성립한다. ◀

정리 2.32의 증명 미분연산자 $p(\mathsf{D})$의 계수(order)에 대한 수학적 귀납법을 사용한다. 1계 미분방정식의 경우는 정리 2.30에서 증명하였다.

1보다 큰 정수 n을 고정하고, 계수가 n보다 작은 미분연산자에 대하여 정리 2.32가 성립하며 $p(\mathsf{D})$는 n계 미분연산자라 가정하자. 다항식 $p(t)$는 두 다항식의 곱으로 분해된다.

$$p(t) = q(t)(t - c)$$

이때 $q(t)$는 $n-1$차식이고 c는 복소수이다. 이에 대응하는 미분연산자는 다음과 같다.

$$p(\mathsf{D}) = q(\mathsf{D})(\mathsf{D} - c\mathsf{I})$$

정리 2.32의 보조정리 1에 따르면 $\mathsf{D} - c\mathsf{I}$는 전사이고, 정리 2.30의 따름정리로부터 $\dim(\mathsf{N}(\mathsf{D} - c\mathsf{I})) = 1$이다. 또한 수학적 귀납법의 가정에서 $\dim(\mathsf{N}(q(\mathsf{D})) = n - 1$이므로 정리 2.32의 보조정리 2를 이용하면 다음이 성립한다.

$$\begin{aligned}\dim(\mathsf{N}(p(\mathsf{D}))) &= \dim(\mathsf{N}(q(\mathsf{D}))) + \dim(\mathsf{N}(\mathsf{D} - c\mathsf{I})) \\ &= (n-1) + 1 = n\end{aligned}$$

◀

따름정리 계수가 상수인 n계 동차 선형 미분방정식의 해공간은 C^∞의 n차원 부분공간이다.

정리 2.32의 따름정리는 계수가 상수인 n계 동차 선형 미분방정식의 모든 해를 찾는 문제를 주어진 방정식의 (일차독립인) n개의 해로 이루어진 집합을 찾는 문제로 단순화시킨다. 1장의 결과에 의해, 이 집합은 분명히 해공간의 기저이다. 다음 정리에 따르면 많은 방정식의 기저를 쉽게 찾을 수 있다. 증명에 대한 힌트는 연습문제를 참고하라.

정리 2.33 서로 다른 n개의 복소수 $c_1, c_2, \ldots, c_n$에 대하여 지수함수의 집합 $\{e^{c_1 t},\ e^{c_2 t},\ \ldots,\ e^{c_n t}\}$은 일차독립이다.

증명 연습문제 10을 보라. ◀

따름정리 계수가 상수인 n계 동차 선형 미분방정식의 보조다항식이 서로 다른 n개의 해 $c_1, c_2, \ldots, c_n$을 가지면 $\{e^{c_1 t}, e^{c_2 t}, \ldots, e^{c_n t}\}$은 주어진 미분방정식의 해공간의 기저이다.

증명 연습문제 10을 보라. ◀

예제 5 미분방정식 $y'' + 5y' + 4y = 0$을 풀어 보자. 보조다항식을 인수분해하면 $(t+4)(t+1)$이므로 서로 다른 두 개의 해는 -1과 -4이다. 따라서 $\{e^{-t}, e^{-4t}\}$이 주어진 미분방정식의 해공간의 기저이다. 주어진 방정식의 임의의 해는 $y(t) = b_1 e^{-t} + b_2 e^{-4t}$이다. 이때, b_1, b_2는 초기조건에 의해 결정되는 유일한 스칼라 값이다.

예제 6 미분방정식 $y'' + 9y = 0$을 풀어 보자. 보조다항식 $t^2 + 9$를 인수분해하면 $(t-3i)(t+3i)$이므로 서로 다른 해는 $c_1 = 3i$와 $c_2 = -3i$이다. 따라서 $\{e^{3it}, e^{-3it}\}$이 주어진 미분방정식의 해공간의 기저이다. 이제 오일러 식에 따르면 $\cos 3t$와 $\sin 3t$를 다음과 같이 나타낼 수 있다.

$$\cos 3t = \frac{1}{2}(e^{3it} + e^{-3it}), \quad \sin 3t = \frac{1}{2i}(e^{3it} - e^{-3it})$$

연습문제 7의 결과로부터 $\{\cos 3t, \sin 3t\}$가 해공간의 기저이다. 이 기저는 처음 주어진 기저와 비교할 때, 낯선 복소지수 함수가 아니라 친숙한 사인함수와 코사인함수로 이루어져 있고 허수부가 없다는 장점이 있다. 기저 $\{\cos 3t, \sin 3t\}$를 이용하면 주어진 방정식의 임의의 해를 $y(t) = b_1 \cos 3t + b_2 \sin 3t$라 놓을 수 있다. 이때, b_1, b_2는 초기조건에 의해 결정되는 유일한 스칼라 값이다.

미분방정식 $y'' + 2y' + y = 0$을 생각해 보자. 보조다항식은 $(t+1)^2$이다. 정리 2.31에 따르면 e^{-t}은 이 방정식의 해이다. 정리 2.32의 따름정리에 의해, 해공간은 2차원 벡터공간이다. 해공간의 기저를 얻기 위해, e^{-t}과 일차독립인 해(함수)를 찾아야 한다. 여기서 te^{-t}이 e^{-t}과 일차독립인 해임을 확인해 보기 바란다. 다음 보조정리는 이 결과를 확장한 것이다.

보조정리 3 복소수 c와 자연수 n에 대하여 $(t-c)^n$이 계수가 상수인 어떤 동차 선형 미분방정식의 보조다항식이라 하자. 집합 $\beta = \{e^{ct}, te^{ct}, \ldots, t^{n-1}e^{ct}\}$은 주어진 미분방정식의 해공간의 기저이다.

증명 해공간이 n차원이므로 β가 일차독립이며 해공간에 포함됨을 보이면 충분하다. 임의의 자연수 k에 대하여 $(\mathbf{D}-c\mathbf{I})(t^k e^{ct}) = kt^{k-1}e^{ct} + ct^k e^{ct} - ct^k e^{ct} = kt^{k-1}e^{ct}$이다. $k < n$일 때 $(\mathbf{D}-c\mathbf{I})^n(t^k e^{ct}) = 0$이므로 β는 해공간의 부분집합이다.

β가 일차독립임을 보이자. 다음 관계식을 만족하는 β의 일차결합을 생각하자.

$$b_0 e^{ct} + b_1 te^{ct} + \cdots + b_{n-1}t^{n-1}e^{ct} = 0 \quad (b_0, b_1, \ldots, b_{n-1}\text{은 스칼라}) \tag{2.7}$$

식 (2.7)의 양변을 e^{ct}으로 나누면 다음과 같다.

$$b_0 + b_1 t + \cdots + b_{n-1}t^{n-1} = 0 \tag{2.8}$$

식 (2.8)의 좌변은 영함수가 되어야 한다. 즉, $b_0 = b_1 = \ldots = b_{n-1} = 0$이다. 따라서 β는 일차독립이고 주어진 미분방정식의 해공간의 기저이다. ◀

예제 7 미분방정식 $y^{(4)} - 4y^{(3)} + 6y^{(2)} - 4y^{(1)} + y = 0$의 해를 구해 보자. 보조다항식은 다음과 같이 인수분해된다.

$$t^4 - 4t^3 + 6t^2 - 4t + 1 = (t-1)^4$$

정리 2.33의 보조정리로부터 $\{e^t, te^t, t^2e^t, t^3e^t\}$이 주어진 미분방정식의 해공간의 기저이고, 임의의 해는 다음과 같이 나타낼 수 있다.

$$y(t) = b_1e^t + b_2te^t + b_3t^2e^t + b_4t^3e^t$$

이때, b_1, b_2, b_3, b_4는 초기조건에 의해 결정되는 유일한 스칼라 값이다.

다음 정리는 가장 일반적인 경우를 다룬다.

정리 2.34 계수가 상수인 어떤 동차 선형 미분방정식의 보조다항식이 다음과 같다고 하자.

$$(t-c_1)^{n_1}(t-c_2)^{n_2}\cdots(t-c_k)^{n_k}$$

이때 $n_1, n_2, \ldots, n_k$는 자연수이고 $c_1, c_2, \ldots, c_k$는 서로 다른 복소수이다. 주어진 미분방정식의 해공간의 기저는 $\{e^{c_1t}, te^{c_1t}, \ldots, t^{n_1-1}e^{c_1t}, \ldots, e^{c_kt}, te^{c_kt}, \ldots, t^{n_k-1}e^{c_kt}\}$이다.

증명 여러분의 몫으로 남긴다. ◀

예제 8 미분방정식 $y^{(3)} - 4y^{(2)} + 5y^{(1)} - 2y = 0$의 보조다항식은 다음과 같이 인수분해된다.

$$t^3 - 4t^2 + 5t - 2 = (t-1)^2(t-2)$$

정리 2.34로부터 $\{e^t, te^t, e^{2t}\}$은 주어진 미분방정식의 해공간의 기저이고 임의의 해는 $y(t) = b_1e^t + b_2te^t + b_3e^{2t}$이다. 이때, b_1, b_2, b_3은 초기조건에 의해 결정되는 유일한 스칼라 값이다.

2.7 연습문제

1. 다음 명제의 참-거짓을 판정하라.

(a) 상수 계수(coefficient)를 가지는 n계 동차 선형 미분방정식의 해집합은 C^∞의 n차원 부분공간이다.

(b) 계수가 상수인 동차 선형 미분방정식의 해공간은 미분연산자의 영공간이다.

(c) 계수가 상수인 동차 선형 미분방정식의 보조다항식은 미분방정식의 해이다.

(d) 계수가 상수인 동차 선형 미분방정식의 임의의 해는 ae^{ct} 또는 at^ke^{ct}(단, a와 c는 복소수이고, k는 자연수) 꼴이다.

(e) 계수가 상수인 동차 선형 미분방정식의 해의 일차결합은 여전히 방정식의 해이다.

(f) 계수가 상수인 어떤 동차 선형 미분방정식의 보조다항식이 $p(t)$라 하자. $c_1, c_2, \ldots, c_k$가 $p(t) = 0$의 서로 다른 해이면 $\{e^{c_1t}, e^{c_2t}, \ldots, e^{c_kt}\}$은 주어진 미분방정식의 해공간의 기저이다.

(g) 임의의 다항식 $p(t) \in \mathsf{P}(C)$에 대하여, 이 다항식을 보조다항식으로 가지는 상수 계수 동차 선형 미분방정식이 존재한다.

2. 다음 명제의 참-거짓을 판정하라. 명제가 참이면 증명하고, 거짓이면 반례를 제시하라.

(a) C^∞의 모든 유한차원 부분공간은 계수가 상수인 동차 선형 미분방정식의 해공간이다.

(b) 해공간의 기저가 $\{t, t^2\}$인 상수 계수 동차 선형 미분방정식이 존재한다.

(c) 계수가 상수인 동차 선형 미분방정식이 x를 해로 가지면, 도함수 x'도 해이다.

(d)~(e). 두 다항식 $p(t), q(t) \in \mathsf{P}(C)$에 대하여 $x \in \mathsf{N}(p(\mathsf{D}))$, $y \in \mathsf{N}(q(\mathsf{D}))$라 하자.

(d) $x + y \in \mathsf{N}(p(\mathsf{D})q(\mathsf{D}))$

(e) $xy \in \mathsf{N}(p(\mathsf{D})q(\mathsf{D}))$

3. 다음 미분방정식의 해공간의 기저를 찾아라.

(a) $y'' + 2y' + y = 0$

(b) $y''' = y'$

(c) $y^{(4)} - 2y^{(2)} + y = 0$

(d) $y'' + 2y' + y = 0$

(e) $y^{(3)} - y^{(2)} + 3y^{(1)} + 5y = 0$

4. 다음 $\mathbf{C}^\infty$ 의 부분공간의 기저를 찾아라.

(a) $\mathbf{N}(\mathbf{D}^2 - \mathbf{D} - \mathbf{I})$

(b) $\mathbf{N}(\mathbf{D}^3 - 3\mathbf{D}^2 + 3\mathbf{D} - \mathbf{I})$

(c) $\mathbf{N}(\mathbf{D}^3 + 6\mathbf{D}^2 + 8\mathbf{D})$

5. $\mathbf{C}^\infty$ 가 $\mathcal{F}(R, C)$ 의 부분공간임을 보여라.

6. 다음 물음에 답하라.

(a) $\mathbf{D}: \mathbf{C}^\infty \to \mathbf{C}^\infty$ 가 선형연산자임을 보여라.

(b) 임의의 미분연산자가 $\mathbf{C}^\infty$ 의 선형연산자임을 보여라.

7. C-벡터공간의 기저 $\{x, y\}$ 에 대하여, $\left\{\frac{1}{2}(x+y), \frac{1}{2i}(x-y)\right\}$ 도 이 공간의 기저임을 증명하라.

8. 계수가 상수인 2계 동차 선형 미분방정식의 보조다항식이 서로 다른 켤레복소수근이 $a + ib$ 와 $a - ib (a, b \in R)$ 라 하자. $\{e^{at}\cos bt, e^{at}\sin bt\}$ 가 주어진 미분방정식의 해공간의 기저임을 보여라.

9. $\{\mathbf{U}_1, \mathbf{U}_2, \ldots, \mathbf{U}_n\}$ 은 임의의 i, j 에 대하여 $\mathbf{U}_i\mathbf{U}_j = \mathbf{U}_j\mathbf{U}_i$ 를 만족하는 (벡터공간 $\mathbf{V}$ 의) 가환 선형연산자의 집합이다. 임의의 i $(1 \le i \le n)$ 에 대하여 다음이 성립함을 증명하라.

$$\mathbf{N}(\mathbf{U}_i) \subseteq \mathbf{N}(\mathbf{U}_1\mathbf{U}_2\cdots\mathbf{U}_n)$$

10. 정리 2.33과 정리 2.33의 따름정리를 증명하라.

힌트 정리 2.33은 n 에 대한 수학적 귀납법을 사용하여 증명한다. 스칼라 $a_1, a_2, \ldots, a_n$ 에 대하여 $\sum_{i=1}^{n} a_i e^{c_i t} = 0$ 이라 가정하자. 양변에 $e^{-c_n t}$ 을 곱하여 얻은 식을 t 에 대하여 미분한다. 정리 2.33의 따름정리는 정리 2.31, 정리 2.33을 적용한 뒤 정리 2.32를 사용하여 증명한다.

11. 정리 2.34를 증명하라.

힌트 기저라 생각하는 집합이 해공간에 포함됨을 보인다. 자연수 k에 대한 수학적 귀납법을 사용하여 이 집합이 일차독립임을 보이자. 그 과정은 다음과 같다.

$k = 1$인 경우는 정리 2.33의 보조정리에서 증명하였다.

이제 $k-1$개의 서로 다른 c_i에 대하여 정리가 성립함을 가정하고 연산자 $(\mathbf{D} - c_k\mathbf{I})^{n_k}$을 다음 식의 양변에 씌운다.

$$(\text{기저라 생각하는 집합의 일차결합}) = 0$$

12. 계수가 상수인 n계 동차 선형 미분방정식의 보조다항식을 $p(t)$, 해공간을 $\mathbf{V}$라 하자. $p(t) = g(t)h(t)$이고, $g(t)$와 $h(t)$가 1 이상의 차수를 가지는 다항식이면 다음이 성립함을 증명하라.

$$\mathbf{N}(h(\mathbf{D})) = \mathbf{R}(g(\mathbf{D_V})) = g(\mathbf{D})(\mathbf{V})$$

이때, $\mathbf{D_V}: \mathbf{V} \to \mathbf{V}$는 $x \in \mathbf{V}$에 대하여 $\mathbf{D_V}(x) = x'$이라 정의된 연산자이다.

힌트 우선 $g(\mathbf{D})(\mathbf{V}) \subseteq \mathbf{N}(h(\mathbf{D}))$임을 증명한 뒤 두 벡터공간이 같은 유한차원을 가짐을 보인다.

13. x가 영함수가 아닐 때, 미분방정식 $y^{(n)} + a_{n-1}y^{(n-1)} + \cdots + a_1y^{(1)} + a_0y = x$($a_i$가 모두 상수)를 계수가 상수인 **비동차(nonhomogeneous)** 선형 미분방정식이라 한다. 다음 물음에 답하라.

(a) 임의의 $x \in \mathbf{C}^\infty$에 대하여, 이 미분방정식의 해가 되는 $y \in \mathbf{C}^\infty$가 존재함을 증명하라.

힌트 정리 2.32의 보조정리 1을 사용하여 임의의 다항식 $p(t)$에 대하여 선형연산자 $p(\mathbf{D}) : \mathbf{C}^\infty \to \mathbf{C}^\infty$가 전사임을 보여라.

(b) 동차 선형 미분방정식 $y^{(n)} + a_{n-1}y^{(n-1)} + \cdots + a_1y^{(1)} + a_0y = 0$의 해공간을 $\mathbf{V}$라 하자. z가 처음 주어진 비동차 선형 미분방정식의 해일 때, 비동차 선형 미분방정식의 해집합은 $\{z + y : y \in \mathbf{V}\}$임을 증명하라.

14. 계수가 상수인 n계 동차 선형 미분방정식의 해 x와 임의의 상수 $t_0 \in R$에 대하여 $x(t_0) = x'(t_0) = \cdots = x^{(n-1)}(t_0) = 0$이면 x는 영함수임을 증명하라.

힌트 n에 대한 수학적 귀납법을 사용한다.

$n = 1$인 경우를 직접 증명하라.

그 다음 $n-1$계 미분방정식에서 주어진 명제가 참이라 가정하고, 보조다항식이 $p(t)$인 n계 미분방정식을 생각하자. $p(t) = q(t)(t-c)$로 인수분해하고, $z = q((D))x$라 하자. $z(t_0) = 0$이고, $z' - cz = 0$임을 증명하여 $z = 0$임을 보여라.

15. 계수가 상수인 n계 동차 선형 미분방정식의 해공간을 V라 하자. 상수 $t_0 \in R$에 대하여 함수 $\Phi: \mathsf{V} \to \mathsf{C}^n$을 다음과 같이 정의하자.

$$x \in \mathsf{V}\text{에 대하여 } \Phi(x) = \begin{pmatrix} x(t_0) \\ x'(t_0) \\ \vdots \\ x^{(n-1)}(t_0) \end{pmatrix}$$

(a) Φ가 선형이고 영공간은 V의 점공간인 부분공간(zero subspace)임을 증명하라. 이로부터 Φ가 동형사상임을 증명하라.

힌트 연습문제 14를 보라.

(b) 다음을 증명하라.

> 계수가 상수인 n계 동차 선형 미분방정식과 임의의 상수 $t_0 \in R$, 복소수 $c_0, c_1, \ldots, c_{n-1}$(같은 수가 있을 수도 있다)에 대하여 $x(t_0) = c_0$이고, $x^{(k)}(t_0) = c_k$인 유일한 해 x가 존재한다. (이때, $k = 1, 2, \ldots, n-1$)

16. **진자 운동(pendular motion)** 진자의 움직임은 미분방정식 $\theta'' + \frac{g}{l}\theta = 0$으로 근사할 수 있음이 잘 알려져 있다. 이때, $\theta(t)$는 라디안으로 측정한 '시각 t에 추와 수직선이 이루는 각'이고(그림 2.8), 추가 수직선보다 오른쪽에 있을 때 양수, 왼쪽에 있을 때 음수라 하자. l은 추의 길이이고, g는 중력 가속도의 크기이다. 변수 t와 상수 l, g의 단위는 서로 호환가능하다(예를 들어 t의 단위는 초, l의 단위는 미터(m), g의 단위는 m/s^2).

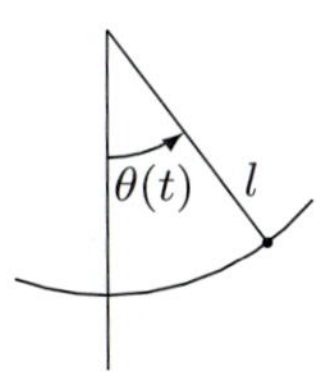

[그림 2.8] 시각 t에 추와 수직선이 이루는 각이 $\theta(t)$이고 추의 길이가 l인 진자 운동

다음 물음에 답하라.

(a) 방정식의 임의의 해를 두 실함수의 일차결합으로 나타내라.

(b) 초기조건 $\theta(0) = \theta_0 > 0$, $\theta'(0) = 0$을 만족하는 유일한 해를 구하라. 즉, $t = 0$인 순간 수직선의 오른쪽으로 각이 θ_0인 위치에서 추를 놓아 운동을 시작한 것이다.

(c) 추가 앞뒤로 한 바퀴 움직이는 데 걸리는 시간, 즉 추의 **주기(period)**가 $2\pi\sqrt{\dfrac{l}{g}}$임을 증명하라.

17. **진동이 감쇠하지 않는 용수철의 주기 운동** 마찰력을 무시한 용수철의 주기 운동을 묘사한 방정식 (2.3)의 일반해를 구하라.

18. **진동이 감쇠하는 용수철의 주기 운동** 방정식 (2.3)의 해는 마찰력을 무시한 이상적인 주기 운동이다. 그러나 현실에서는 운동의 속도에 비례하는 마찰력이 운동의 반대방향으로 작용한다. **마찰력** 또는 **감쇠력(damping force)**을 고려하여 (2.3)을 수정한 방정식은 $my'' + ry' + ky = 0$으로 주어진다. 이때, $r > 0$은 비례상수이다. 다음 물음에 답하라.

(a) 방정식의 일반해를 구하라.

(b) 초기조건 $y(0) = 0$, $y'(0) = v_0$(초기 속도)이고 (a)를 만족하는 유일한 해를 구하라.

(c) (b)에서 찾은 $y(t)$에 대하여, 진동의 진폭이 점차 0으로 감소함을 보여라. $\lim_{t\to\infty} y(t) = 0$임을 보이면 된다.

19. 이 책에서 미분방정식을 공부하면서 물리적으로 의미를 가지는 함수는 실함수임에도 불구하고 해를 실함수가 아닌 복소함수로 나타냈다. 이 접근이 정당한 이유를 설명하라.

20. 선형대수학의 내용은 아니지만 내용의 완결성을 위해 수록한 다음 물음에 답하라.

(a) 정리 2.27을 증명하라.

힌트 해의 n계도함수에 대하여, 수학적 귀납법을 사용하라.

(b) 임의의 $c, d \in C$에 대하여 $e^{c+d} = e^c e^d$, $e^{-c} = \dfrac{1}{e^c}$임을 증명하라.

(c) 정리 2.28을 증명하라.

(d) 정리 2.29를 증명하라.

(e) 실변수 복소함수에 대하여 곱의 미분법이 성립함을 증명하라.

> 임의의 미분가능한 함수 $x, y \in \mathcal{F}(R, C)$에 대하여, 곱 xy는 미분가능하고 $(xy)' = x'y + xy'$이다.

힌트 xy의 실수부와 허수부에 대하여 각각 (실함수에 대한) 미분법 공식을 적용하라.

(f) 함수 $x \in \mathcal{F}(R, C)$에 대하여 $x' = 0$이면 x는 상수함수임을 증명하라.

3

기본행렬연산과 연립일차방정식
Elementary Matrix Operations and Systems of Linear Equations

이번 장에서는 크게 두 가지 주제를 다룬다.

1 행렬에서 정의된 랭크를 보존하는 특정한 연산
2 이 연산과 선형변환 이론을 이용한 연립일차방정식의 풀이법

1을 응용하면, (선형변환을 나타내는) 행렬에 (랭크를 보존하는) 행렬을 곱하는 방식으로 (유한차원 벡터공간 사이에서 정의된) 선형변환의 랭크를 쉽게 계산할 수 있다.

연립일차방정식의 풀이법은 선형대수학에서 가장 중요한 응용 분야이다. 소거법(1.4절)은 변수를 소거해 주어진 방정식을 간단한 꼴로 만드는 방법이다. 다음 세 가지 연산만 적절히 사용하면 연립일차방정식의 변수를 소거해나갈 수 있다.

1 연립방정식의 두 행을 교환하는 것
2 연립방정식의 어느 행에 0이 아닌 스칼라를 곱하는 것
3 연립방정식의 어느 행에 다른 행의 스칼라 배를 더하는 것

3.3절에서는 연립일차방정식을 하나의 행렬 식(matrix equation)으로 나타낼 것이다. 이러한 연립방정식의 행렬표현에서 위 세 가지 연산은 행렬의 기본행연산에 대응한다. 기본행연산은 주어진 연립방정식의 모든 해를 구할 수 있게 해주는 아주 편리한 계산법이다.

3.1 기본행렬연산과 기본행렬

이번 절에서는 3장에서 두루 사용할 기본연산을 정의한다. 이후 기본연산을 사용하여 선형변환의 랭크를 계산하고 연립일차방정식의 해를 구할 것이다. 기본행렬연산에는 두 종류(행연산, 열연산)가 있으며 행연산이 더 유용하다. 기본연산은 연립일차방정식의 변수를 소거할 때 등장한 세 가지 연산에서 가져올 수 있다.

정의 $m \times n$ 행렬 A에 대하여 A의 행[열]에 대한 다음 세 연산을 **기본행[열]연산(elementary row[column] operation)**이라 한다.

1 A의 두 행[열]을 교환하는 것
2 A의 한 행[열]에 영이 아닌 스칼라를 곱하는 것
3 A의 한 행[열]에 다른 행[열]의 스칼라 배를 더하는 것

행연산(row operation)과 **열연산(column operation)**을 통틀어 **기본연산(elementary operation)**이라 한다. 기본연산의 1, 2, 3을 각각 **1형(type)**, **2형**, **3형**이라 한다.

예제 1 다음과 같은 행렬 A를 생각하자.

$$A = \begin{pmatrix} 1 & 2 & 3 & 4 \\ 2 & 1 & -1 & 3 \\ 4 & 0 & 1 & 2 \end{pmatrix}$$

A의 1행과 2행을 교환하는 것은 1형 기본행연산의 예이다. 그 결과 다음 행렬을 얻는다.

$$B = \begin{pmatrix} 2 & 1 & -1 & 3 \\ 1 & 2 & 3 & 4 \\ 4 & 0 & 1 & 2 \end{pmatrix}$$

A의 2열에 3을 곱하는 것은 2형 기본행연산의 예이다. 그 결과 다음 행렬을 얻는다.

$$C = \begin{pmatrix} 1 & 6 & 3 & 4 \\ 2 & 3 & -1 & 3 \\ 4 & 0 & 1 & 2 \end{pmatrix}$$

A의 1행에 3행의 4배를 더하는 것은 3형 기본행연산의 예이다. 그 결과 다음 행렬을 얻는다.

$$M = \begin{pmatrix} 17 & 2 & 7 & 12 \\ 2 & 1 & -1 & 3 \\ 4 & 0 & 1 & 2 \end{pmatrix}$$

행렬 P에 어떤 기본행연산을 적용하여 행렬 Q를 얻는다면 반대로 행렬 Q에 같은 유형의 기본행연산을 적용하여 P를 얻을 수 있다(연습문제 8). 예제 1에서는 M의 1행에 3행의 -4배를 더하여 A를 얻을 수 있다.

정의 $n \times n$ **기본행렬(elementary matrix)**은 항등행렬 I_n에 기본연산을 적용하여 얻은 행렬이다. I_n에 1형, 2형, 3형 연산을 하여 얻은 행렬을 각각 **1형**, **2형**, **3형**이라 한다.

예를 들어 I_3의 1행과 2행을 교환하면 다음 기본행렬을 얻는다.

$$E = \begin{pmatrix} 0 & 1 & 0 \\ 1 & 0 & 0 \\ 0 & 0 & 1 \end{pmatrix}$$

E는 I_3의 1열과 2열을 교환해도 얻을 수 있다. 사실 적어도 두 가지 방법(I_n에 기본행연산 또는 기본열연산을 적용)으로 임의의 기본행렬을 얻을 수 있다(연습문제 4). 비슷한 방식으로, I_3에 3형 기본열연산(3열에 1열의 -2배를 더하기) 또는 3형 기본행연산(1행에 3행의 -2배를 더하기)을 사용하여 다음 행렬을 얻을 수 있다.

$$\begin{pmatrix} 1 & 0 & -2 \\ 0 & 1 & 0 \\ 0 & 0 & 1 \end{pmatrix}$$

다음 정리에 따르면 어떤 행렬에 기본행연산을 적용하는 것은 그 행렬에 적절한 기본행렬을 곱하는 것과 동일하다.

정리 3.1 행렬 $A \in \mathsf{M}_{m\times n}(F)$에 기본행[열]연산을 하여 행렬 B를 얻었다면, $B = EA[B = AE]$가 되는 $m \times m[n \times n]$ 기본행렬 E가 존재한다. 사실, A에서 B를 얻은 기본행[열]연산을 $I_m[I_n]$에 똑같이 적용하면 행렬 E가 된다.
역으로 E가 $m \times m[n \times n]$ 기본행렬일 때, $I_m[I_n]$에서 E를 얻은 기본행[열]연산을 A에 똑같이 적용하면 $EA[AE]$가 된다.

1형, 2형, 3형 기본행연산에 대하여 정리 3.1의 주장이 참임을 각자 확인해 보자. 이 과정은 생략한다. 전치행렬을 이용하여 열연산을 행연산으로 바꾸면 기본열연산에 대한 증명도 끝난다. 자세한 과정은 여러분의 몫으로 남긴다(연습문제 7).

다음 예제를 통해 정리 3.1이 어떻게 사용되는지 확인해 보자.

예제 2 예제 1에서 등장한 두 행렬 A, B를 생각하자. B는 A의 1행과 2행을 교환하여 얻은 행렬이다. 같은 연산을 I_3에 적용하면 다음 기본행렬을 얻는다.

$$E = \begin{pmatrix} 0 & 1 & 0 \\ 1 & 0 & 0 \\ 0 & 0 & 1 \end{pmatrix}$$

이때, $EA = B$이다.

예제 1의 두 번째 부분에서 행렬 C는 A의 2열에 3을 곱하여 얻을 수 있다. 같은 연산을 I_4에 적용하면 다음 기본행렬을 얻는다.

$$E = \begin{pmatrix} 1 & 0 & 0 & 0 \\ 0 & 3 & 0 & 0 \\ 0 & 0 & 1 & 0 \\ 0 & 0 & 0 & 1 \end{pmatrix}$$

이때, $AE = C$이다.

기본행렬의 역행렬도 기본행렬이라는 사실은 아주 유용하게 쓰인다.

> **정리 3.2** 기본행렬은 가역이다. 그 역행렬은 같은 종류의 기본행렬이다.

증명 E를 $n \times n$ 기본행렬이라 하자. I_n에 기본행연산을 적용하여 행렬 E를 얻는다. 그 과정을 거꾸로 밟아나가면 E를 I_n으로 바꿀 수 있다. 즉 E에 같은 유형의 기본행연산을 적용하여 I_n을 얻을 수 있다. 정리 3.1에 따르면 $\overline{E}E = I_n$인 기본행렬 $\overline{E}$가 존재한다. 따라서 2.4절 연습문제 10으로부터 E는 가역이고 $E^{-1} = \overline{E}$이다. ◀

3.1 연습문제

1. 다음 명제의 참-거짓을 판별하라.

(a) 기본행렬은 반드시 정사각행렬이다.

(b) 기본행렬의 성분은 반드시 0 또는 1이다.

(c) $n \times n$ 항등행렬은 기본행렬이다.

(d) 두 $n \times n$ 기본행렬의 곱은 기본행렬이다.

(e) 기본행렬의 역행렬은 기본행렬이다.

(f) $n \times n$ 기본행렬의 합은 기본행렬이다.

(g) 기본행렬의 전치행렬은 기본행렬이다.

(h) 행렬 A에 기본행연산을 적용하여 행렬 B를 얻었다면, 행렬 A에 기본열연산을 적용하여 행렬 B를 얻을 수 있다.

(i) 행렬 A에 기본행연산을 적용하여 행렬 B를 얻었다면, 행렬 B에 기본행연산을 적용하여 행렬 A를 얻을 수 있다.

2. 다음과 같이 정의된 세 행렬 A, B, C를 생각하자.

$$A = \begin{pmatrix} 1 & 2 & 3 \\ 1 & 0 & 1 \\ 1 & -1 & 1 \end{pmatrix}, \quad B = \begin{pmatrix} 1 & 0 & 3 \\ 1 & -2 & 1 \\ 1 & -3 & 1 \end{pmatrix}, \quad C = \begin{pmatrix} 1 & 0 & 3 \\ 0 & -2 & -2 \\ 1 & -3 & 1 \end{pmatrix}$$

A를 B로 바꾸는 기본연산과 B를 C로 바꾸는 기본연산을 찾아라. 기본연산을 여러 번 사용하여 C를 I_3으로 바꿔라.

3. 정리 3.2의 증명과정을 응용하여 다음 기본행렬의 역행렬을 구하라.

(a) $\begin{pmatrix} 0 & 0 & 1 \\ 0 & 1 & 0 \\ 1 & 0 & 0 \end{pmatrix}$ (b) $\begin{pmatrix} 1 & 0 & 0 \\ 0 & 3 & 0 \\ 0 & 0 & 1 \end{pmatrix}$ (c) $\begin{pmatrix} 1 & 0 & 0 \\ 0 & 1 & 0 \\ -2 & 0 & 1 \end{pmatrix}$

4. 172쪽에 나온 다음 주장이 참임을 보여라.

> 임의의 $n \times n$ 기본행렬을 얻는 방법은 적어도 두 가지(I_n에 기본행연산을 적용하거나 I_n에 기본열연산을 적용)가 있다.

5. E가 기본행렬이기 위한 필요충분조건은 E^t가 기본행렬임을 증명하라.

6. $m \times n$ 행렬 A에 기본행[열]연산을 적용하여 B를 얻었다면, A^t에 대응하는 기본열[행]연산을 적용하여 B^t를 얻을 수 있음을 증명하라.

7. 정리 3.1을 증명하라.

8. P에 기본행연산을 적용하여 Q를 얻었다면 Q에 같은 유형의 기본행연산을 적용하여 P를 얻을 수 있음을 증명하라.

힌트 각 종류의 기본행연산을 따로 따로 생각해 보라.

9. 임의의 1형 기본행[열]연산은 3형 기본행[열]연산을 3번 적용하고, 2형 기본행[열]연산을 적용하여 얻을 수 있음을 증명하라.

10. 임의의 2형 기본행[열]연산은 어떤 행[열]을 (0이 아닌) 스칼라로 나누는 과정을 통해 얻을 수 있음을 증명하라.

11. 임의의 3형 기본행[열]연산은 어떤 행[열]에서 다른 행[열]의 스칼라 배를 빼는 과정을 통해 얻을 수 있음을 증명하라.

12. $m \times n$ 행렬 A에 대하여 1형과 3형 기본행연산을 반복하여 A를 상삼각행렬로 바꿀 수 있음을 증명하라.

3.2 행렬의 랭크와 역행렬

이번 절에서는 행렬의 랭크를 정의한다. 기본연산을 사용하여 행렬과 선형변환의 랭크를 계산하고, 가역행렬의 역행렬을 구하는 방법을 살펴보자.

정의 행렬 $A \in \mathsf{M}_{m\times n}(F)$에 대하여 A의 **랭크(rank)**는 선형변환 $\mathsf{L}_A: \mathsf{F}^n \to \mathsf{F}^m$의 랭크로 정의하고 $\text{rank}(A)$라 표기한다.

선형변환의 랭크가 가진 성질을 이용하면 행렬의 랭크에 대한 많은 정보를 얻을 수 있다. 중요한 결과를 하나 소개하겠다.

$n \times n$ 행렬이 가역이기 위한 필요충분조건은 행렬의 랭크가 n인 것이다.

이는 사실 3(125쪽)과 정리 2.18의 따름정리 2(127쪽)를 바탕으로 확인할 수 있다.

모든 행렬 A는 적절한 표준 순서기저에 대한 선형변환 L_A의 행렬표현이다. 즉, 선형변환 L_A의 랭크는 그 행렬표현 중 하나인 A의 랭크와 같다. 다음 정리에 따르면 유한차원 벡터공간에서 정의된 임의의 선형변환을 나타내는 모든 행렬표현에 대하여 이 사실을 확장할 수 있다.

정리 3.3 유한차원 벡터공간 사이에서 정의된 선형변환 $\mathsf{T}: \mathsf{V} \to \mathsf{W}$와 V, W 각각의 순서기저 β, γ에 대하여 $\text{rank}(\mathsf{T}) = \text{rank}([\mathsf{T}]_\beta^\gamma)$이다.

증명 2.4절 연습문제 20을 다시 서술한 것이다. ◀

선형변환의 랭크를 찾는 문제는 행렬의 랭크를 찾는 문제로 귀결한다. 행렬의 랭크를 보존하는 연산이 무엇인지 생각해 보자. 다음 정리와 그 따름정리에서 답을 찾을 수 있다.

정리 3.4 $m \times n$ 행렬 A, $m \times m$ 가역행렬 P, $n \times n$ 가역행렬 Q에 대하여 다음이 성립한다.

(1) $\text{rank}(AQ) = \text{rank}(A)$

(2) $\text{rank}(PA) = \text{rank}(A)$

(3) $\text{rank}(PAQ) = \text{rank}(A)$

증명 (1) L_Q가 전사이므로 다음 식이 성립한다.

$$\mathsf{R}(\mathsf{L}_{AQ}) = \mathsf{R}(\mathsf{L}_A\mathsf{L}_Q) = \mathsf{L}_A\mathsf{L}_Q(\mathsf{F}^n) = \mathsf{L}_A(\mathsf{L}_Q(\mathsf{F}^n)) = \mathsf{L}_A(\mathsf{F}^n) = \mathsf{R}(\mathsf{L}_A)$$

이때 AQ의 랭크는 다음과 같다.

$$\text{rank}(AQ) = \dim(\mathsf{R}(\mathsf{L}_{AQ})) = \dim(\mathsf{R}(\mathsf{L}_A)) = \text{rank}(A)$$

(2) 2.4절 연습문제 17의 결과를 $\mathsf{T} = \mathsf{L}_P$에 적용하자. 자세한 과정은 생략한다.

(3) (1), (2)를 모두 이용하면 $\text{rank}(PAQ) = \text{rank}(PA) = \text{rank}(A)$가 성립한다. ◀

따름정리 행렬의 기본행연산과 기본열연산은 랭크를 보존한다.

증명 행렬 A에 기본행연산을 적용하여 행렬 B를 얻었다면, $B = EA$인 기본행렬 E가 존재한다. 정리 3.2에 따르면 E는 가역이고 정리 3.4로부터 $\text{rank}(B) = \text{rank}(A)$이다. 기본열연산이 랭크를 보존함을 증명하는 것은 연습문제 9로 남긴다. ◀

랭크를 보존하는 행렬연산을 하나 얻었으니, 랭크를 구할 수 있도록 변형된 행렬을 살펴볼 필요가 있다. 다음 정리로 시작하자.

정리 3.5 임의의 행렬의 랭크는 일차독립인 열의 최대 개수와 같다. 즉, 행렬의 랭크는 그 열에 의해 생성된 부분공간의 차원이다.

증명 임의의 $A \in \mathsf{M}_{m\times n}(F)$에 대하여 다음이 성립한다.

$$\text{rank}(A) = \text{rank}(\mathsf{L}_A) = \dim(\mathsf{R}(\mathsf{L}_A))$$

F^n의 표준 순서기저 β를 생각하자. β는 F^n을 생성하므로 정리 2.2를 이용하면 다음과 같다.

$$\mathsf{R}(\mathsf{L}_A) = \text{span}(\mathsf{L}_A(\beta)) = \text{span}\left(\{\mathsf{L}_A(e_1), \mathsf{L}_A(e_2), \ldots, \mathsf{L}_A(e_n)\}\right)$$

한편, 임의의 j에 대하여 a_j를 A의 j열이라 하자. 정리 2.13(2)에서 $\mathsf{L}_A(e_j) = Ae_j = a_j$ 임을 확인할 수 있다. $\mathsf{R}(\mathsf{L}_A) = \text{span}\left(\{a_1, a_2, \ldots, a_n\}\right)$이므로 다음이 성립한다.

$$\text{rank}(A) = \dim(\mathsf{R}(\mathsf{L}_A)) = \dim(\text{span}\left(\{a_1, a_2, \ldots, a_n\}\right))$$ ◀

예제 1 행렬 $A = \begin{pmatrix} 1 & 0 & 1 \\ 0 & 1 & 1 \\ 1 & 0 & 1 \end{pmatrix}$의 1열과 2열은 일차독립이고, 3열은 처음 두 열의 일차결합이다. 따라서 행렬 A의 랭크는 다음과 같다.

$$\text{rank}(A) = \dim\left(\text{span}\left(\left\{\begin{pmatrix} 1 \\ 0 \\ 1 \end{pmatrix}, \begin{pmatrix} 0 \\ 1 \\ 0 \end{pmatrix}, \begin{pmatrix} 1 \\ 1 \\ 1 \end{pmatrix}\right\}\right)\right) = 2$$

행렬 A의 랭크를 구할 때, A에 적절한 기본행연산과 기본열연산을 적용하여 일차독립인 열의 개수를 확실히 구할 수 있도록 만든 뒤 정리 3.5를 사용하는 경우가 많다. 정리 3.4의 따름정리는 변형된 행렬의 랭크와 행렬 A의 랭크가 서로 같음을 알려준다. 행렬 A에 기본행연산과 기본열연산을 적용하여 0인 성분이 최대한 많이 나오면서도 랭크를 보존하게끔 변형할 수 있다. 다음 예제가 이 과정을 설명한다.

예제 2 다음과 같은 행렬 A를 생각하자.

$$A = \begin{pmatrix} 1 & 2 & 1 \\ 1 & 0 & 3 \\ 1 & 1 & 2 \end{pmatrix}$$

2행과 3행에서 각각 1행을 빼면(3형 기본행연산) 다음 행렬을 얻는다.

$$\begin{pmatrix} 1 & 2 & 1 \\ 0 & -2 & 2 \\ 0 & -1 & 1 \end{pmatrix}$$

2열에서 1열에 2배를 빼고, 3열에서 1열을 빼면(3형 기본열연산) 다음 행렬을 얻는다.

$$\begin{pmatrix} 1 & 0 & 0 \\ 0 & -2 & 2 \\ 0 & -1 & 1 \end{pmatrix}$$

위 행렬에서 일차독립인 열의 최대 개수가 2이므로 $\text{rank}(A) = 2$이다.

다음 정리는 위 과정을 이용하여 행렬을 간단하고 특별한 꼴로 만들 수 있음을 설명한다. 이 정리의 힘은 그 따름정리를 보면 알 수 있다.

정리 3.6 랭크가 r인 $m \times n$ 행렬 A를 생각하자. $r \le m$, $r \le n$이 성립하고 기본행연산과 기본열연산을 유한 번 사용하여 A를 다음과 같은 꼴로 바꿀 수 있다.

$$D = \begin{pmatrix} I_r & O_1 \\ O_2 & O_3 \end{pmatrix}$$

이때, $i \le r$이면 $D_{ii} = 1$, 그렇지 않으면 $D_{ij} = 0$이고 O_1, O_2, O_3은 영행렬이다.

정리 3.6과 정리 3.6의 따름정리는 상당히 중요하다. 증명은 어렵지 않으나 읽는 과정이 번거롭다. 이 증명의 이해를 돕기 위해 다음과 같은 예제를 먼저 소개한다.

예제 3 다음과 같은 행렬 A를 생각하자.

$$A = \begin{pmatrix} 0 & 2 & 4 & 2 & 2 \\ 4 & 4 & 4 & 8 & 0 \\ 8 & 2 & 0 & 10 & 2 \\ 6 & 3 & 2 & 9 & 1 \end{pmatrix}$$

A에 기본행연산과 기본열연산을 연속으로 적용하면 정리 3.6의 행렬 D로 변형할 수 있다. 그 중간 과정을 적어보면 다음과 같다. 같은 유형의 기본연산을 여러 번 반복한 것은 생략하였다. 각 화살표에 붙은 숫자는 기본연산을 몇 번 적용하였는지 나타낸다. 각 과정을 따라가며 어떤 연산(행연산, 열연산, 유형)을 사용했는지 파악하기 바란다.

$$\begin{pmatrix} 0 & 2 & 4 & 2 & 2 \\ 4 & 4 & 4 & 8 & 0 \\ 8 & 2 & 0 & 10 & 2 \\ 6 & 3 & 2 & 9 & 1 \end{pmatrix} \xrightarrow{1} \begin{pmatrix} 4 & 4 & 4 & 8 & 0 \\ 0 & 2 & 4 & 2 & 2 \\ 8 & 2 & 0 & 10 & 2 \\ 6 & 3 & 2 & 9 & 1 \end{pmatrix} \xrightarrow{1} \begin{pmatrix} 1 & 1 & 1 & 2 & 0 \\ 0 & 2 & 4 & 2 & 2 \\ 8 & 2 & 0 & 10 & 2 \\ 6 & 3 & 2 & 9 & 1 \end{pmatrix} \xrightarrow{2}$$

$$\begin{pmatrix} 1 & 1 & 1 & 2 & 0 \\ 0 & 2 & 4 & 2 & 2 \\ 0 & -6 & -8 & -6 & 2 \\ 0 & -3 & -4 & -3 & 1 \end{pmatrix} \xrightarrow{3} \begin{pmatrix} 1 & 0 & 0 & 0 & 0 \\ 0 & 2 & 4 & 2 & 2 \\ 0 & -6 & -8 & -6 & 2 \\ 0 & -3 & -4 & -3 & 1 \end{pmatrix} \xrightarrow{1}$$

$$\begin{pmatrix}1&0&0&0&0\\0&1&2&1&1\\0&-6&-8&-6&2\\0&-3&-4&-3&1\end{pmatrix} \xrightarrow{2} \begin{pmatrix}1&0&0&0&0\\0&1&2&1&1\\0&0&4&0&8\\0&0&2&0&4\end{pmatrix} \xrightarrow{3} \begin{pmatrix}1&0&0&0&0\\0&1&0&0&0\\0&0&4&0&8\\0&0&2&0&4\end{pmatrix} \xrightarrow{1}$$

$$\begin{pmatrix}1&0&0&0&0\\0&1&0&0&0\\0&0&1&0&2\\0&0&2&0&4\end{pmatrix} \xrightarrow{1} \begin{pmatrix}1&0&0&0&0\\0&1&0&0&0\\0&0&1&0&2\\0&0&0&0&0\end{pmatrix} \xrightarrow{1} \begin{pmatrix}1&0&0&0&0\\0&1&0&0&0\\0&0&1&0&0\\0&0&0&0&0\end{pmatrix} = D$$

정리 3.4의 따름정리로부터 $\text{rank}(A) = \text{rank}(D)$이다. $\text{rank}(D) = 3$이므로 $\text{rank}(A) = 3$이다.

예제 3에서 처음 두 기본연산은 1행 1열 성분을 1로 만들기 위한 과정이고, 그 다음 몇 번의 (3형) 연산은 1행과 1열에서 1행 1열을 제외한 성분을 모두 0으로 만드는 과정이다. 그 다음에 이어지는 기본연산들은 1행과 1열을 바꾸지 않았다. 이 점을 염두에 두고 정리 3.6의 증명을 읽어 보자.

정리 3.6의 증명 A가 영행렬이면 연습문제 3에 의해 $r = 0$이다. 이 경우 $D = A$이고, 증명이 끝난다.

$A \neq O$일 때 $r = \text{rank}(A)$라 하면 $r > 0$이다. A의 행의 개수 m에 대한 수학적 귀납법을 사용하자.

$m = 1$일 때, 1형 기본열연산과 2형 기본열연산을 각각 최대 한 번씩 사용하여 A의 1행 1열 성분을 1로 만들 수 있다. 또한 3형 기본열연산을 최대 $n-1$번 사용하여 다음과 같은 꼴로 변형할 수 있다.

$$\begin{pmatrix}1 & 0 & \cdots & 0\end{pmatrix}$$

D에서 일차독립인 열은 단 하나 존재한다. 정리 3.4의 따름정리와 정리 3.5로부터 $\text{rank}(D) = \text{rank}(A) = 1$이다. 따라서 $m = 1$일 때 주어진 명제가 성립한다.

어떤 자연수 m이 $m > 1$일 때, 최대 $m-1$개의 행을 가지는 임의의 행렬에 대하여 이 정리가 성립한다고 가정하자. 이제 m개의 행을 가지는 임의의 행렬에 대하여 위 정리가 성립함을 증명해야 한다.

A가 $m \times n$ 행렬이라 가정하자. $n = 1$일 때, $m = 1$인 경우와 비슷한 방식으로 정리 3.6을 증명할 수 있다(연습문제 10).

$n > 1$이라 가정하자. $A \neq O$이므로 어떤 i, j에 대하여 $A_{ij} \neq 0$이다. 1형 기본행연산과 1형 기본열연산을 각각 최대 한 번씩 적용하여(예제 3) 1행 1열 성분을 0이 아닌 값으로 만들 수 있다. 2형 기본연산을 적용하면 1행 1열의 성분을 1이라 가정할 수 있다(예제 3의 두 번째 연산). 3형 행연산을 최대 $m-1$번, 3형 열연산을 최대 $n-1$번 적용하여 1행과 1열에서 1행 1열을 제외한 모든 성분을 0으로 만들 수 있다(예제 3에서는 이렇게 만들기 위해 행연산을 2번, 열연산을 3번 적용하였다).

위와 같이 기본연산을 유한 번 적용하면 행렬 A를 다음과 같은 꼴로 바꿀 수 있다. 이때, B'은 $(m-1) \times (n-1)$ 행렬이다.

$$B = \left(\begin{array}{c|ccc} 1 & 0 & \cdots & 0 \\ \hline 0 & & & \\ \vdots & & B' & \\ 0 & & & \end{array}\right)$$

예를 들어 예제 3에서 B'을 구하면 다음과 같다.

$$B' = \begin{pmatrix} 2 & 4 & 2 & 2 \\ -6 & -8 & -6 & 2 \\ -3 & -4 & -3 & 1 \end{pmatrix}$$

연습문제 11에 의하면 B'의 랭크는 B의 랭크보다 1이 적다. $\text{rank}(A) = \text{rank}(B) = r$이므로 $\text{rank}(B') = r-1$이다. 이제 수학적 귀납법의 가정에 의해 $r-1 \leq m-1$이고 $r-1 \leq n-1$이다. 즉, $r \leq m$이고 $r \leq n$이다.

다시 수학적 귀납법의 가정에 의해, B'에 기본행연산과 기본열연산을 유한 번 적용하여 다음과 같은 꼴의 $(m-1) \times (n-1)$ 행렬 D'을 얻을 수 있다. 이때, O_4, O_5, O_6은 영행렬이다.

$$D' = \begin{pmatrix} I_{r-1} & O_4 \\ O_5 & O_6 \end{pmatrix}$$

즉 D'은 처음 $r-1$개의 대각성분만 1이고 나머지 성분은 모두 0이다. 행렬 D를 다음과 같이 놓자.

$$D = \left(\begin{array}{c|ccc} 1 & 0 & \cdots & 0 \\ \hline 0 & & & \\ \vdots & & D' & \\ 0 & & & \end{array}\right)$$

B에 기본행연산과 기본열연산을 유한 번 적용하여 D를 얻을 수 있다는 사실만 확인하면 증명을 완성할 수 있다. 이는 연습문제 12의 결과를 여러 번 반복한 것이다.

A에 기본연산을 유한 번 적용하여 B로 변환할 수 있고, 다시 B에 기본연산을 유한 번 적용하여 D로 변환할 수 있다. 따라서 A에 기본연산을 유한 번 적용하면 D를 얻을 수 있다. D'에서 처음 $r-1$개의 대각성분이 1이므로 D는 처음 r개의 대각성분이 1이고 그 외의 성분은 모두 0이다. 증명이 완성되었다. ◀

따름정리 1 랭크가 r인 $m \times n$ 행렬 A에 대하여 다음을 만족하는 $m \times m$ 가역행렬 B와 $n \times n$ 가역행렬 C가 존재한다.

$$D = \begin{pmatrix} I_r & O_1 \\ O_2 & O_3 \end{pmatrix} = BAC$$

여기서 D는 $m \times n$ 행렬이고, O_1, O_2, O_3은 영행렬이다.

증명 정리 3.6에 따르면 기본행연산과 기본열연산을 유한 번 적용하여 A를 D로 변형할 수 있다. 기본행연산을 기본행렬의 곱으로 표현할 수 있으므로(정리 3.1) $m \times m$ 기본행렬 $E_1, E_2, \ldots, E_p$와 $n \times n$ 기본행렬 $G_1, G_2, \ldots, G_q$가 존재하여 다음이 성립한다.

$$D = E_p E_{p-1} \cdots E_2 E_1 A G_1 G_2 \cdots G_q$$

정리 3.2에 의해 각 E_j와 G_j는 가역행렬이다. $B = E_p E_{p-1} \cdots E_1$, $C = G_1 G_2 \cdots G_q$라 하면 2.4절 연습문제 4에 의해 B와 C는 가역이고 $D = BAC$이다. ◀

따름정리 2 $m \times n$ 행렬 A에 대하여 다음이 성립한다.

(1) $\text{rank}(A^t) = \text{rank}(A)$

(2) 임의의 행렬의 랭크는 일차독립인 행의 최대 개수와 같다. 행렬의 랭크는 그 행에 의해 생성된 부분공간의 차원이다.

(3) 임의의 행렬의 행과 열은 차원이 같은 부분공간을 생성한다. 차원은 행렬의 랭크와 같다.

증명 (1) 따름정리 1에 따르면 $D = BAC$인 가역행렬 B, C가 존재한다. 이때, D는 따름정리 1에 서술된 조건을 만족한다. 이 행렬의 전치는 다음과 같다.

$$D^t = (BAC)^t = C^t A^t B^t$$

B와 C는 가역이므로 2.4절 연습문제 5에 의해 B^t와 C^t도 가역이다. 정리 3.4로부터 다음이 성립한다.

$$\text{rank}(A^t) = \text{rank}(C^t A^t B^t) = \text{rank}(D^t)$$

$r = \text{rank}(A)$라 하자. D^t는 $n \times m$ 행렬이고, D는 따름정리 1에서 서술한 꼴이다. 정리 3.5에 의하면 $\text{rank}(D^t) = r$이므로 다음이 성립한다.

$$\text{rank}(A^t) = \text{rank}(D^t) = r = \text{rank}(A)$$

따라서 (1)이 성립한다.

(2)와 (3)의 증명은 연습문제 13으로 남긴다. ◀

따름정리 3 모든 가역행렬은 기본행렬의 곱으로 나타난다.

증명 $n \times n$ 가역행렬 A의 랭크는 n이다. 따름정리 1의 행렬 D는 I_n과 같고 $I_n = BAC$인 가역행렬 B, C가 존재한다.

따름정리 1의 증명과 같이 $B = E_p E_{p-1} \cdots E_1$, $C = G_1 G_2 \cdots G_q$를 만족하는 기본행렬 E_i, G_i들이 존재한다. 이제 $A = B^{-1} I_n C^{-1} = B^{-1} C^{-1}$이고 다음이 성립한다.

$$A = E_1^{-1} E_2^{-1} \cdots E_p^{-1} G_q^{-1} G_{q-1}^{-1} \cdots G_1^{-1}$$

기본행렬의 역행렬은 기본행렬이므로 A는 기본행렬의 곱으로 나타난다. ◀

이제 따름정리 2를 사용하면 행렬 곱의 랭크와 주어진 행렬의 인수의 랭크가 어떤 관계인지 알 수 있다. 증명에서 행렬의 랭크와 선형변환의 랭크의 관계를 어떻게 활용하였는지 유심히 살펴보자.

정리 3.7 유한차원 벡터공간 V, W, Z 사이에 정의된 선형변환 $\mathsf{T}: \mathsf{V} \to \mathsf{W}$, $\mathsf{U}: \mathsf{W} \to \mathsf{Z}$와 행렬 곱 AB를 정의하는 두 행렬 A, B에 대하여 다음이 성립한다.

(1) $\text{rank}(\mathsf{UT}) \leq \text{rank}(\mathsf{U})$

(2) $\text{rank}(\mathsf{UT}) \leq \text{rank}(\mathsf{T})$

(3) $\text{rank}(AB) \leq \text{rank}(A)$

(4) $\text{rank}(AB) \leq \text{rank}(B)$

증명 (1), (3), (4), (2)의 순서로 증명한다.

(1) $\mathsf{R}(\mathsf{T}) \subseteq \mathsf{W}$이므로 다음이 성립한다.

$$\mathsf{R}(\mathsf{UT}) = \mathsf{UT}(\mathsf{V}) = \mathsf{U}(\mathsf{T}(\mathsf{V})) = \mathsf{U}(\mathsf{R}(\mathsf{T})) \subseteq \mathsf{U}(\mathsf{W}) = \mathsf{R}(\mathsf{U})$$

따라서 $\text{rank}(\mathsf{UT})$를 계산하면 다음과 같다.

$$\text{rank}(\mathsf{UT}) = \dim(\mathsf{R}(\mathsf{UT})) \leq \dim(\mathsf{R}(\mathsf{U})) = \text{rank}(\mathsf{U})$$

(3) (1)을 이용하여 $\text{rank}(AB)$를 구하면 다음과 같다.

$$\text{rank}(AB) = \text{rank}(\mathsf{L}_{AB}) = \text{rank}(\mathsf{L}_A\mathsf{L}_B) \leq \text{rank}(\mathsf{L}_A) = \text{rank}(A)$$

(4) (3)과 정리 3.6의 따름정리 2를 이용하자.

$$\text{rank}(AB) = \text{rank}((AB)^t) = \text{rank}(B^tA^t) \leq \text{rank}(B^t) = \text{rank}(B)$$

(2) V, W, Z의 순서기저를 각각 α, β, γ라 하자. $A' = [\mathsf{U}]_\beta^\gamma$, $B' = [\mathsf{T}]_\alpha^\beta$라 하면, 정리 2.11에 의해 $A'B' = [\mathsf{UT}]_\alpha^\gamma$로 나타낼 수 있다. 정리 3.3과 (4)를 이용하면 다음이 성립한다.

$$\text{rank}(\mathsf{UT}) = \text{rank}(A'B') \leq \text{rank}(B') = \text{rank}(\mathsf{T})$$ ◀

정리 3.4의 따름정리, 정리 3.5, 정리 3.6, 정리 3.6의 따름정리 2를 적용하면 임의의 행렬의 랭크를 구할 수 있다. 이 사실은 중요하다.

이제 목표는 기본행연산과 기본열연산을 행렬에 적용하여 (변형된 행렬이 0을 가능한 많이 가지도록) 간단하게 만들고 행렬에 일차독립인 행이나 열이 몇 개인지 쉽게 파악하여 랭크를 구하는 것이다.

예제 4 주어진 행렬의 랭크를 구하자.

(a) 행렬 $A = \begin{pmatrix} 1 & 2 & 1 & 1 \\ 1 & 1 & -1 & 1 \end{pmatrix}$의 1행과 2행은 서로 다른 행의 배수가 아니므로 일차독립이고 $\text{rank}(A) = 2$이다.

(b) 행렬 $A = \begin{pmatrix} 1 & 3 & 1 & 1 \\ 1 & 0 & 1 & 1 \\ 0 & 3 & 0 & 0 \end{pmatrix}$ 의 랭크를 구하는 방법은 여러 가지다.

첫 번째 방법은 기본행연산을 적용한다. 2행 1열 성분을 0으로 만들자. 2행에서 1행을 빼면 다음 행렬을 얻는다.

$$\begin{pmatrix} 1 & 3 & 1 & 1 \\ 0 & -3 & 0 & 0 \\ 0 & 3 & 0 & 0 \end{pmatrix}$$

3행은 2행의 배수이고 1행과 2행이 일차독립이므로 $\text{rank}(A) = 2$이다.

두 번째 방법은 행렬 A의 1열, 3열, 4열이 같고, 1열과 2열이 일차독립임을 이용한다. 즉, $\text{rank}(A) = 2$이다.

(c) 행렬 $A = \begin{pmatrix} 1 & 2 & 3 & 1 \\ 2 & 1 & 1 & 1 \\ 1 & -1 & 1 & 0 \end{pmatrix}$ 에 기본행연산을 적용하여 다음과 같이 변형할 수 있다.

$$A \longrightarrow \begin{pmatrix} 1 & 2 & 3 & 1 \\ 0 & -3 & -5 & -1 \\ 0 & -3 & -2 & -1 \end{pmatrix} \longrightarrow \begin{pmatrix} 1 & 2 & 3 & 1 \\ 0 & -3 & -5 & -1 \\ 0 & 0 & 3 & 0 \end{pmatrix}$$

마지막 행렬에서 3개의 행이 일차독립이므로 $\text{rank}(A) = 3$이다.

요약하면, 행렬의 일차독립인 열 또는 행의 최대 개수가 명확히 보일 때까지 기본행연산과 기본열연산을 적용하여 행렬을 간단하게 만들자는 것이다.

역행렬

$n \times n$ 행렬이 가역이기 위한 필요충분조건은 랭크가 n인 것이다. 이제 임의의 행렬의 랭크를 구할 수 있으므로 주어진 행렬이 가역인지 판단할 수 있다. 기본행연산을 사용하여 행렬의 역행렬을 구하는 간단한 방법을 알아보자.

> **정의** $m \times n$ 행렬 A와 $m \times p$ 행렬 B에 대하여 **첨가행렬(augmented matrix)** $(A|B)$는 $m \times (n+p)$ 행렬 $(A\ B)$이다. 즉, 처음 n개 열은 A의 열이고, 그 다음 p개 열은 B의 열인 행렬이다.

$n \times n$ 가역행렬 A에 대하여 $n \times 2n$ 첨가행렬 $C = (A|I_n)$을 생각하자. 연습문제 15에 따르면 다음

관계식이 성립한다.

$$A^{-1}C = (A^{-1}A|A^{-1}I_n) = (I_n|A^{-1}) \tag{3.1}$$

정리 3.6의 따름정리 3에 의해 A^{-1}는 기본행렬의 곱이다. $A^{-1} = E_pE_{p-1}\cdots E_1$이라 놓자. 식 (3.1)은 다음과 같이 쓸 수 있다.

$$E_pE_{p-1}\cdots E_1(A|I_n) = A^{-1}C = (I_n|A^{-1})$$

행렬에서 기본행렬을 왼쪽에 곱하는 것은 기본행연산을 적용하는 것과 같으므로(정리 3.1), 다음 결과를 얻는다.

> A가 $n \times n$ 가역행렬이면 행렬 $(A|I_n)$에 기본행연산을 유한 번 적용하여 $(I_n|A^{-1})$로 변형할 수 있다.

역으로, 가역행렬 A에 대하여 $(A|I_n)$에 기본행연산을 유한 번 적용하여 $(I_n|B)$로 변형할 수 있는 $n \times n$ 행렬 B가 존재한다고 가정하자. 정리 3.1과 같이 기본행연산에 대응하는 기본행렬을 각각 $E_1, E_2, \ldots, E_p$라 놓으면 다음과 같다.

$$E_pE_{p-1}\cdots E_1(A|I_n) = (I_n|B) \tag{3.2}$$

$M = E_pE_{p-1}\cdots E_1$이라 하면 식 (3.2)로부터 다음 결과를 얻는다.

$$(MA|M) = M(A|I_n) = (I_n|B)$$

$MA = I_n$이고 $M = B$이므로 $M = A^{-1}$, $B = A^{-1}$이다. 이제 이렇게 말할 수 있다.

> $n \times n$ 가역행렬 A에 대하여, 첨가행렬 $(A|I_n)$에 기본행연산을 유한 번 적용하여 $(I_n|B)$로 변형할 수 있으면 $B = A^{-1}$이다.

A가 가역이 아닌 $n \times n$ 행렬인 경우를 생각해 보자. $\text{rank}(A) < n$이다. 아무리 용을 써도 유한 번의 기본행연산으로 첨가행렬 $(A|I_n)$을 $(I_n|B)$로 변형할 수 없다. 그렇지 않다면 같은 행연산으로 A를 I_n으로 변형할 수 있는데 기본행연산은 랭크를 보존하므로 $\text{rank}(A) = n$이 되어 모순이다. 이때 A를 변형하면, 모든 성분이 0인 행을 포함한 행렬을 얻게 된다. 이는 다음을 의미한다.

> 가역이 아닌 $n \times n$ 행렬 A에 대하여, $(A|I_n)$에 기본행연산을 적용하여 $(I_n|B)$ 꼴로 변형을 시도하면 성공하지 못하고 처음 n개 성분이 모두 0인 행을 가진 행렬을 얻게 된다.

다음 두 예제는 이 설명을 구체화한 것이다.

예제 5 다음 행렬이 가역인지 판별하고, 가역이면 그 역행렬을 구하고자 한다.

$$A = \begin{pmatrix} 0 & 2 & 4 \\ 2 & 4 & 2 \\ 3 & 3 & 1 \end{pmatrix}$$

다음 행렬에 기본행연산을 적용하여 $(I|B)$ 꼴로 변형해 보자.

$$(A|I) = \left(\begin{array}{ccc|ccc} 0 & 2 & 4 & 1 & 0 & 0 \\ 2 & 4 & 2 & 0 & 1 & 0 \\ 3 & 3 & 1 & 0 & 0 & 1 \end{array}\right)$$

A의 1열부터 연달아 변환하여 I의 열에 대응하도록 하는 방법을 생각할 수 있다. 1행 1열 성분이 0이 아니어야 하므로 1행과 2행을 교환한다.

$$\left(\begin{array}{ccc|ccc} 2 & 4 & 2 & 0 & 1 & 0 \\ 0 & 2 & 4 & 1 & 0 & 0 \\ 3 & 3 & 1 & 0 & 0 & 1 \end{array}\right)$$

1행 1열의 성분을 1로 만들기 위해 첫 번째 성분에 $\frac{1}{2}$을 곱한다.

$$\left(\begin{array}{ccc|ccc} 1 & 2 & 1 & 0 & \frac{1}{2} & 0 \\ 0 & 2 & 4 & 1 & 0 & 0 \\ 3 & 3 & 1 & 0 & 0 & 1 \end{array}\right)$$

3행에 1행의 -3배를 더하면 1열이 마무리된다.

$$\left(\begin{array}{ccc|ccc} 1 & 2 & 1 & 0 & \frac{1}{2} & 0 \\ 0 & 2 & 4 & 1 & 0 & 0 \\ 0 & -3 & -2 & 0 & -\frac{3}{2} & 1 \end{array}\right)$$

앞에 위치한 행렬의 2열을 I의 2열로 바꾸기 위해, 2행에 $\frac{1}{2}$을 곱하여 2행 2열 성분을 1로 만든다.

$$\left(\begin{array}{ccc|ccc} 1 & 2 & 1 & 0 & \frac{1}{2} & 0 \\ 0 & 1 & 2 & \frac{1}{2} & 0 & 0 \\ 0 & -3 & -2 & 0 & -\frac{3}{2} & 1 \end{array}\right)$$

1행에 2행의 -2배를 더하고, 3행에 2행의 3배를 더하면 2열이 마무리된다.

$$\left(\begin{array}{ccc|ccc} 1 & 0 & -3 & -1 & \frac{1}{2} & 0 \\ 0 & 1 & 2 & \frac{1}{2} & 0 & 0 \\ 0 & 0 & 4 & \frac{3}{2} & -\frac{3}{2} & 1 \end{array}\right)$$

이제 3열만 남았다. 3행 3열 성분을 1로 만들기 위해 3행에 $\frac{1}{4}$을 곱한다.

$$\left(\begin{array}{ccc|ccc} 1 & 0 & -3 & -1 & \frac{1}{2} & 0 \\ 0 & 1 & 2 & \frac{1}{2} & 0 & 0 \\ 0 & 0 & 1 & \frac{3}{8} & -\frac{3}{8} & \frac{1}{4} \end{array}\right)$$

1행에 3행의 3배를 더하고, 2행에 3행의 -2배를 더하면 모든 절차가 끝난다. 최종적으로 변환된 행렬은 다음과 같다.

$$\left(\begin{array}{ccc|ccc} 1 & 0 & 0 & \frac{1}{8} & -\frac{5}{8} & \frac{3}{4} \\ 0 & 1 & 0 & -\frac{1}{4} & \frac{3}{4} & -\frac{1}{2} \\ 0 & 0 & 1 & \frac{3}{8} & -\frac{3}{8} & \frac{1}{4} \end{array}\right)$$

A는 가역이므로 역행렬은 다음과 같다.

$$A^{-1} = \begin{pmatrix} \frac{1}{8} & -\frac{5}{8} & \frac{3}{4} \\ -\frac{1}{4} & \frac{3}{4} & -\frac{1}{2} \\ \frac{3}{8} & -\frac{3}{8} & \frac{1}{4} \end{pmatrix}$$

예제 6 다음 행렬이 가역인지 판별하고, 가역이면 역행렬을 구하고자 한다.

$$A = \begin{pmatrix} 1 & 2 & 1 \\ 2 & 1 & -1 \\ 1 & 5 & 4 \end{pmatrix}$$

예제 5와 비슷한 방식으로 다음 행렬 $(A|I)$에 기본행연산을 적용하여 $(I|B)$ 꼴로 변형하자.

$$(A|I) = \left(\begin{array}{ccc|ccc} 1 & 2 & 1 & 1 & 0 & 0 \\ 2 & 1 & -1 & 0 & 1 & 0 \\ 1 & 5 & 4 & 0 & 0 & 1 \end{array}\right)$$

2행에 1행의 -2배를 더하고, 3행에 1행의 -1배를 더하자. 그 다음 2행을 3행에 더하면 다음과 같은 행렬을 얻는다.

$$\left(\begin{array}{ccc|ccc} 1 & 2 & 1 & 1 & 0 & 0 \\ 2 & 1 & -1 & 0 & 1 & 0 \\ 1 & 5 & 4 & 0 & 0 & 1 \end{array}\right) \longrightarrow \left(\begin{array}{ccc|ccc} 1 & 2 & 1 & 1 & 0 & 0 \\ 0 & -3 & -3 & -2 & 1 & 0 \\ 0 & 3 & 3 & -1 & 0 & 1 \end{array}\right)$$

$$\longrightarrow \left(\begin{array}{ccc|ccc} 1 & 2 & 1 & 1 & 0 & 0 \\ 0 & -3 & -3 & -2 & 1 & 0 \\ 0 & 0 & 0 & -3 & 1 & 1 \end{array}\right)$$

마지막 행렬에서 3행의 앞쪽 세 개 성분이 0이므로 A는 가역이 아니다.

행렬이 가역인지 판단하고, 가역이면 역행렬을 구할 수 있으므로 정리 2.18과 따름정리의 도움을 받아 선형변환이 가역인지 판단하고, 가역이면 역변환을 구할 수 있다. 다음 예제를 확인해 보자.

예제 7 다음과 같이 정의된 선형변환 $\mathsf{T}\colon \mathsf{P}_2(R) \to \mathsf{P}_2(R)$를 생각하자.

$$\mathsf{T}(f(x)) = f(x) + f'(x) + f''(x)$$

이때, $f'(x)$와 $f''(x)$는 각각 $f(x)$의 일계도함수와 이계도함수이다. 정리 2.18의 따름정리 1(127쪽)을 사용하여 T의 가역성을 확인하고 가역이면 역변환을 구해 보자.

$\mathsf{P}_2(R)$의 표준 순서기저를 β라 하면 다음과 같다.

$$[\mathsf{T}]_\beta = \begin{pmatrix} 1 & 1 & 2 \\ 0 & 1 & 2 \\ 0 & 0 & 1 \end{pmatrix}$$

예제 5와 예제 6의 방법을 사용하면 $[\mathsf{T}]_\beta$가 가역이다. 역행렬은 다음과 같이 구할 수 있다.

$$([\mathsf{T}]_\beta)^{-1} = \begin{pmatrix} 1 & -1 & 0 \\ 0 & 1 & -2 \\ 0 & 0 & 1 \end{pmatrix}$$

T는 가역이고 $([\mathsf{T}]_\beta)^{-1} = [\mathsf{T}^{-1}]_\beta$이다. 정리 2.14로부터 다음을 얻는다.

$$\begin{aligned}[\mathsf{T}^{-1}(a_0 + a_1x + a_2x^2)]_\beta &= \begin{pmatrix} 1 & -1 & 0 \\ 0 & 1 & -2 \\ 0 & 0 & 1 \end{pmatrix} \begin{pmatrix} a_0 \\ a_1 \\ a_2 \end{pmatrix} \\ &= \begin{pmatrix} a_0 - a_1 \\ a_1 - 2a_2 \\ a_2 \end{pmatrix}\end{aligned}$$

따라서 T의 역변환을 구하면 다음과 같다.

$$\mathsf{T}^{-1}(a_0 + a_1x + a_2x^2) = (a_0 - a_1) + (a_1 - 2a_2)x + a_2x^2$$

3.2 연습문제

1. 다음 명제의 참-거짓을 판정하라.

(a) 행렬의 랭크는 영이 아닌 열의 개수와 같다.

(b) 두 행렬 곱의 랭크는 두 행렬 각각의 랭크보다 작은 것과 항상 같다.

(c) 랭크가 0인 $m \times n$ 행렬은 $m \times n$ 영행렬뿐이다.

(d) 기본행연산은 랭크를 보존한다.

(e) 기본열연산이 반드시 랭크를 보존하지는 않는다.

(f) 행렬의 랭크는 일차독립인 열의 최대 개수와 같다.

(g) 기본행연산을 적용하면 행렬의 역행렬을 구체적으로 구할 수 있다.

(h) $n \times n$ 행렬의 랭크는 최대 n이다.

(i) 랭크가 n인 $n \times n$ 행렬은 가역이다.

2. 다음 행렬의 랭크를 구하라.

(a) $\begin{pmatrix} 1 & 1 & 0 \\ 0 & 1 & 1 \\ 1 & 1 & 0 \end{pmatrix}$ (b) $\begin{pmatrix} 1 & 1 & 0 \\ 2 & 1 & 1 \\ 1 & 1 & 1 \end{pmatrix}$ (c) $\begin{pmatrix} 1 & 0 & 2 \\ 1 & 1 & 4 \end{pmatrix}$ (d) $\begin{pmatrix} 1 & 2 & 1 \\ 2 & 4 & 2 \end{pmatrix}$

(e) $\begin{pmatrix} 1 & 2 & 3 & 1 & 1 \\ 1 & 4 & 0 & 1 & 2 \\ 0 & 2 & -3 & 0 & 1 \\ 1 & 0 & 0 & 0 & 0 \end{pmatrix}$ (f) $\begin{pmatrix} 1 & 2 & 0 & 1 & 1 \\ 2 & 4 & 1 & 3 & 0 \\ 3 & 6 & 2 & 5 & 1 \\ -4 & -8 & 1 & -3 & 1 \end{pmatrix}$ (g) $\begin{pmatrix} 1 & 1 & 0 & 1 \\ 2 & 2 & 0 & 2 \\ 1 & 1 & 0 & 1 \\ 1 & 1 & 0 & 1 \end{pmatrix}$

3. 임의의 $m\times n$ 행렬 A에 대하여 $\text{rank}(A)=0$이기 위한 필요충분조건은 A가 영행렬임을 증명하라.

4. 기본행연산과 기본열연산을 사용하여 다음 행렬을 정리 3.6의 조건을 만족하는 행렬 D로 변형한 뒤 랭크를 구하라.

(a) $\begin{pmatrix}1 & 1 & 1 & 2\\ 2 & 0 & -1 & 2\\ 1 & 1 & 1 & 2\end{pmatrix}$ (b) $\begin{pmatrix}2 & 1\\ -1 & 2\\ 2 & 1\end{pmatrix}$

5. 다음 행렬의 랭크를 계산하고 역행렬이 존재하면 역행렬을 구하라.

(a) $\begin{pmatrix}1 & 2\\ 1 & 1\end{pmatrix}$ (b) $\begin{pmatrix}1 & 2\\ 2 & 4\end{pmatrix}$ (c) $\begin{pmatrix}1 & 2 & 1\\ 1 & 3 & 4\\ 2 & 3 & -1\end{pmatrix}$

(d) $\begin{pmatrix}0 & -2 & 4\\ 1 & 1 & -1\\ 2 & 4 & -5\end{pmatrix}$ (e) $\begin{pmatrix}1 & 2 & 1\\ -1 & 1 & 2\\ 1 & 0 & 1\end{pmatrix}$ (f) $\begin{pmatrix}1 & 2 & 1\\ 1 & 0 & 1\\ 1 & 1 & 1\end{pmatrix}$

(g) $\begin{pmatrix}1 & 2 & 1 & 0\\ 2 & 5 & 5 & 1\\ -2 & -3 & 0 & 3\\ 3 & 4 & -2 & -3\end{pmatrix}$ (h) $\begin{pmatrix}1 & 0 & 1 & 1\\ 1 & 1 & -1 & 2\\ 2 & 0 & 1 & 0\\ 0 & -1 & 1 & -3\end{pmatrix}$

6. 다음 선형변환 T가 가역인지 판단하고, 가역이면 역변환 T^{-1}를 구하라.

(a) $\mathsf{T}\colon \mathsf{P}_2(R)\to\mathsf{P}_2(R)$, $\mathsf{T}(f(x))=f''(x)+2f'(x)-f(x)$

(b) $\mathsf{T}\colon \mathsf{P}_2(R)\to\mathsf{P}_2(R)$, $\mathsf{T}(f(x))=(x+1)f'(x)$

(c) $\mathsf{T}\colon \mathsf{R}^3\to\mathsf{R}^3$, $\mathsf{T}(a_1,a_2,a_3)=(a_1+2a_2+a_3,-a_1+a_2+2a_3,a_1+a_3)$

(d) $\mathsf{T}\colon \mathsf{R}^3\to\mathsf{P}_2(R)$, $\mathsf{T}(a_1,a_2,a_3)=(a_1+a_2+a_3)+(a_1-a_2+a_3)x+a_1x^2$

(e) $\mathsf{T}\colon \mathsf{P}_2(R)\to\mathsf{R}^3$, $\mathsf{T}(f(x))=(f(-1),f(0),f(1))$

(f) $\mathsf{T}\colon \mathsf{M}_{2\times 2}(R)\to\mathsf{R}^4$, $\mathsf{T}(A)=(\text{tr}(A),\text{tr}(A^t),\text{tr}(EA),\text{tr}(AE))$

$\left(\text{단, } E=\begin{pmatrix}0 & 1\\ 1 & 0\end{pmatrix}\right)$

7. 가역행렬 $\begin{pmatrix}1 & 2 & 1\\ 1 & 0 & 1\\ 1 & 1 & 2\end{pmatrix}$를 기본행렬의 곱으로 나타내라.

8. $m\times n$ 행렬 A와 0이 아닌 스칼라 c에 대하여 $\text{rank}(cA)=\text{rank}(A)$임을 증명하라.

9. 기본열연산이 랭크를 보존함을 이용하여 정리 3.4의 따름정리의 증명을 완성하라.

10. A가 $m \times 1$ 행렬일 때 정리 3.6을 증명하라.

11. 다음과 같이 정의된 행렬 B에 대하여 $\text{rank}(B) = r$면 $\text{rank}(B') = r - 1$임을 증명하라. 이때, B'은 B의 $m \times n$ 부분행렬이다.

$$B = \left(\begin{array}{c|ccc} 1 & 0 & \cdots & 0 \\ \hline 0 & & & \\ \vdots & & B' & \\ 0 & & & \end{array}\right)$$

12. 다음과 같이 정의된 $m \times n$ 행렬 B', D'과 $(m+1) \times (n+1)$ 행렬 B, D를 생각하자.

$$B = \left(\begin{array}{c|ccc} 1 & 0 & \cdots & 0 \\ \hline 0 & & & \\ \vdots & & B' & \\ 0 & & & \end{array}\right), \quad D = \left(\begin{array}{c|ccc} 1 & 0 & \cdots & 0 \\ \hline 0 & & & \\ \vdots & & D' & \\ 0 & & & \end{array}\right)$$

B'에 기본행[열]연산을 유한 번 적용하여 D'으로 변환할 수 있다면, B에 기본행[열]연산을 유한 번 적용하여 D로 변환할 수 있음을 증명하라.

13. 정리 3.6의 따름정리 2(2), (3)을 증명하라.

14. 선형변환 $\mathsf{T}, \mathsf{U}: \mathsf{V} \to \mathsf{W}$에 대한 다음 물음에 답하라.

(a) $\mathsf{R}(\mathsf{T}+\mathsf{U}) \subseteq \mathsf{R}(\mathsf{T}) + \mathsf{R}(\mathsf{U})$임을 증명하라.

힌트 벡터공간에서 부분집합의 합에 대한 정의는 37쪽 참고

(b) W가 유한차원이면 $\text{rank}(\mathsf{T}+\mathsf{U}) \leq \text{rank}(\mathsf{T}) + \text{rank}(\mathsf{U})$임을 증명하라.

(c) (b)로부터 임의의 $m \times n$ 행렬 A, B에 대하여 $\text{rank}(A+B) \leq \text{rank}(A) + \text{rank}(B)$임을 유도하라.

15. n개의 행을 가지는 행렬 A, B를 생각하자. 임의의 $m \times n$ 행렬 M에 대하여 다음이 성립함을 보여라.

$$M(A|B) = (MA|MB)$$

16. 정리 3.4(2)의 증명에서 세부 내용을 보충하라.

17. 3×1 행렬 B와 1×3 행렬 C에 대하여 3×3 행렬 BC의 랭크는 최대 1임을 증명하라. 역으로 3×3 행렬 A의 랭크가 1이면 $A = BC$인 3×1 행렬 B와 1×3 행렬 C가 존재함을 증명하라.

18. $m \times n$ 행렬 A와 $n \times p$ 행렬 B에 대하여 AB는 랭크가 최대 1인 n개 행렬의 합으로 나타낼 수 있음을 증명하라.

19. 랭크가 m인 $m \times n$ 행렬 A와 랭크가 n인 $n \times p$ 행렬 B에 대하여 AB의 랭크를 구하고 근거를 설명하라.

20. 다음 행렬 A에 대한 물음에 답하라.

$$A = \begin{pmatrix} 1 & 0 & -1 & 2 & 1 \\ -1 & 1 & 3 & -1 & 0 \\ -2 & 1 & 4 & -1 & 3 \\ 3 & -1 & -5 & 1 & -6 \end{pmatrix}$$

(a) 랭크가 2이고 $AM = O$인 5×5 행렬 M을 구하라. 이때, O는 4×5 영행렬이다.

(b) $AB = O$인 5×5 행렬 B에 대하여 $\text{rank}(B) \leq 2$임을 증명하라.

21. 랭크가 m인 $m \times n$ 행렬 A에 대하여 $AB = I_m$인 $n \times m$ 행렬 B가 존재함을 증명하라.

22. 랭크가 m인 $n \times m$ 행렬 B에 대하여 $AB = I_m$인 $m \times n$ 행렬 A가 존재함을 증명하라.

3.3 연립일차방정식 : 이론적 측면

3.3절과 3.4절은 연립일차방정식을 다룬다. 연립일차방정식은 자연과학과 사회과학에서 곧잘 등장하는 소재이다. 3.3절에서는 2장에서 얻은 결과를 응용하여 연립일차방정식의 해를 벡터공간의 부분공간으로 묘사할 것이다. 3.4절에서는 기본행연산을 사용하여 주어진 연립방정식의 모든 해를 찾는 방법을 공부할 것이다.

다음과 같은 형태의 연립방정식을 체 F 위 n개의 미지수와 m개의 일차방정식으로 이루어진 **연립일차방정식(system of linear equations)**이라 한다.

$$
(S) \qquad \begin{aligned}
a_{11}x_1 + \ a_{12}x_2 + \cdots + \ a_{1n}x_n &= b_1 \\
a_{21}x_1 + \ a_{22}x_2 + \cdots + \ a_{2n}x_n &= b_2 \\
&\vdots \\
a_{m1}x_1 + a_{m2}x_2 + \cdots + a_{mn}x_n &= b_m
\end{aligned}
$$

이때, a_{ij}와 b_i $(1 \leq i \leq m, 1 \leq j \leq n)$는 F의 스칼라이고, $x_1, x_2, \ldots, x_n$은 F에서 값을 가지는 n개의 변수이다.

다음 $m \times n$ 행렬을 연립일차방정식 (S)의 **계수행렬(coefficient matrix)**이라 한다.

$$
A = \begin{pmatrix} a_{11} & a_{12} & \cdots & a_{1n} \\ a_{21} & a_{22} & \cdots & a_{2n} \\ \vdots & \vdots & & \vdots \\ a_{m1} & a_{m2} & \cdots & a_{mn} \end{pmatrix}
$$

또한, $x = \begin{pmatrix} x_1 \\ x_2 \\ \vdots \\ x_n \end{pmatrix}$, $b = \begin{pmatrix} b_1 \\ b_2 \\ \vdots \\ b_m \end{pmatrix}$이라 하면 연립일차방정식 (S)는 다음과 같이 하나의 행렬 식(matrix equation) $Ax = b$로 나타낼 수 있다.

지금까지 공부한 내용을 적용할 수 있도록 앞으로 연립일차방정식을 위와 같은 행렬표현으로 자주 나타낼 것이다.

$As = b$인 n순서쌍 s를 연립일차방정식 (S)의 **해(solution)**라 한다.

$$
s = \begin{pmatrix} s_1 \\ s_2 \\ \vdots \\ s_n \end{pmatrix} \in \mathbf{F}^n
$$

연립일차방정식 (S)의 모든 해들의 집합을 이 연립일차방정식의 **해집합(solution set)**이라 한다. 연립일차방정식 (S)의 해집합이 공집합이 아니면 이 연립일차방정식을 **모순이 없다(consistent)** 또는 **해가 존재한다**고 하며, 그렇지 않은 경우 **모순이 있다(inconsistent)** 또는 **해가 존재하지 않는다**고 한다.

예제 1 다음 연립방정식의 해를 찾아보자.

(a) 다음 연립일차방정식을 생각하자.

$$
\begin{aligned}
x_1 + x_2 &= 3 \\
x_1 - x_2 &= 1
\end{aligned}
$$

익히 알려진 방법으로 방정식을 풀면 해 $x_1 = 2$, $x_2 = 1$은 유일하며 $s = \begin{pmatrix} 2 \\ 1 \end{pmatrix}$이라 나타낼 수 있다. 연립일차방정식을 행렬로 다음과 같이 나타내자.

$$\begin{pmatrix} 1 & 1 \\ 1 & -1 \end{pmatrix} \begin{pmatrix} x_1 \\ x_2 \end{pmatrix} = \begin{pmatrix} 3 \\ 1 \end{pmatrix}$$

이때 A와 b는 각각 $A = \begin{pmatrix} 1 & 1 \\ 1 & -1 \end{pmatrix}$, $b = \begin{pmatrix} 3 \\ 1 \end{pmatrix}$이다.

(b) 다음 연립일차방정식을 생각하자.

$$\begin{aligned} 2x_1 + 3x_2 + x_3 &= 1 \\ x_1 - x_2 + 2x_3 &= 6 \end{aligned}$$

행렬로 나타내면 다음과 같다.

$$\begin{pmatrix} 2 & 3 & 1 \\ 1 & -1 & 2 \end{pmatrix} \begin{pmatrix} x_1 \\ x_2 \\ x_3 \end{pmatrix} = \begin{pmatrix} 1 \\ 6 \end{pmatrix}$$

이 연립일차방정식에는 다음과 같이 여러 개의 해가 있다.

$$s = \begin{pmatrix} -6 \\ 2 \\ 7 \end{pmatrix}, \quad s = \begin{pmatrix} 8 \\ -4 \\ -3 \end{pmatrix}$$

(c) 다음 연립일차방정식을 생각하자.

$$\begin{aligned} x_1 + x_2 &= 0 \\ x_1 + x_2 &= 1 \end{aligned}$$

행렬로 나타내면 다음과 같다.

$$\begin{pmatrix} 1 & 1 \\ 1 & 1 \end{pmatrix} \begin{pmatrix} x_1 \\ x_2 \end{pmatrix} = \begin{pmatrix} 0 \\ 1 \end{pmatrix}$$

이 방정식의 해는 존재하지 않는다.

따라서 연립일차방정식은 해가 하나이거나, 해가 많거나, 해가 없음을 알 수 있다.

연립일차방정식을 마주하면 다음 두 질문에 완벽히 답할 수 있어야 한다.

1 주어진 연립방정식은 해가 있는가?

2 해가 있는 연립방정식의 모든 해를 어떻게 구할 수 있을까?

이번 절과 다음 절에서 이 주제를 계속 다룰 것이다.

연립일차방정식의 풀이법은 먼저 동차 연립일차방정식부터 시작한다. 곧 증명하게 될 정리 3.8에 따르면, n개의 미지수와 m개의 일차방정식으로 이루어진 동차 연립일차방정식의 해집합은 F^n의 부분공간이다. 해공간의 기저를 찾을 수 있다면 임의의 해는 기저를 구성하는 벡터들의 일차결합으로 나타낼 수 있다.

정의 n개의 미지수와 m개의 일차방정식으로 이루어진 연립일차방정식 $Ax = b$는 $b = \mathit{0}$일 때, **동차(homogeneous)**라 한다. 동차가 아닌 연립방정식은 **비동차(nonhomogeneous)**이다.

임의의 동차 연립일차방정식은 적어도 하나의 해(영벡터 $\mathit{0}$)가 있다. 다음 정리는 동차 연립일차방정식의 해집합에 대해 더 많은 정보를 알려준다.

정리 3.8 체 F에서 n개의 미지수와 m개의 일차방정식으로 이루어진 연립일차방정식 $Ax = \mathit{0}$을 생각하자. 방정식 $Ax = \mathit{0}$의 해집합을 K라 할 때, $\mathsf{K} = \mathsf{N}(\mathsf{L}_A)$이다. 즉, K는 F^n의 부분공간이고 차원은 $n - \text{rank}(\mathsf{L}_A) = n - \text{rank}(A)$이다.

증명 $\mathsf{K} = \{s \in \mathsf{F}^n : As = \mathit{0}\} = \mathsf{N}(\mathsf{L}_A)$이다. 이 정리의 두 번째 부분은 차원정리(정리 2.3)를 바탕으로 확인할 수 있다. ◀

따름정리 $m < n$이면 연립방정식 $Ax = \mathit{0}$은 영벡터가 아닌 해가 있다.

증명 $m < n$이라 가정하자. $\mathsf{K} = \mathsf{N}(\mathsf{L}_A)$라 하면 $\text{rank}(A) = \text{rank}(\mathsf{L}_A) \le m$이므로 다음이 성립한다.

$$\dim(\mathsf{K}) = n - \text{rank}(\mathsf{L}_A) \ge n - m > 0$$

이때, $\dim(\mathsf{K}) > 0$, $\mathsf{K} \ne \{\mathit{0}\}$이므로 영이 아닌 벡터 $s \in \mathsf{K}$가 존재한다. 즉 s는 $Ax = \mathit{0}$의 영벡터가 아닌 해이다. ◀

예제 2 다음 연립일차방정식의 해집합을 살펴보자.

(a) 다음 연립일차방정식을 생각하자.

$$\begin{aligned} x_1 + 2x_2 + x_3 &= 0 \\ x_1 - x_2 - x_3 &= 0 \end{aligned}$$

연립방정식의 계수행렬을 $A = \begin{pmatrix} 1 & 2 & 1 \\ 1 & -1 & -1 \end{pmatrix}$이라 하면 $\text{rank}(A) = 2$이다. 연립방정식의 해집합을 **K**라 하면 $\dim(\mathsf{K}) = 3 - 2 = 1$이다. 영벡터가 아닌 임의의 해가 **K**의 기저를 이룬다. 예를 들어, $\begin{pmatrix} 1 \\ -2 \\ 3 \end{pmatrix}$은 이 방정식의 해이고 $\left\{\begin{pmatrix} 1 \\ -2 \\ 3 \end{pmatrix}\right\}$은 **K**의 기저이다. 따라서 **K**에 속한 임의의 벡터는 $t \in R$에 대하여 다음과 같이 나타낼 수 있다.

$$t\begin{pmatrix} 1 \\ -2 \\ 3 \end{pmatrix} = \begin{pmatrix} t \\ -2t \\ 3t \end{pmatrix}$$

(b) 3개의 미지수와 1개의 방정식으로 이루어진 연립일차방정식 $x_1 - 2x_2 + x_3 = 0$의 계수행렬은 $A = \begin{pmatrix} 1 & -2 & 1 \end{pmatrix}$이고, $\text{rank}(A) = 1$이다. 해집합을 **K**라 표기하면 $\dim(\mathsf{K}) = 3 - 1 = 2$이다. 또한 **K**의 두 벡터 $\begin{pmatrix} 2 \\ 1 \\ 0 \end{pmatrix}$, $\begin{pmatrix} -1 \\ 0 \\ 1 \end{pmatrix}$은 일차독립이다. 두 벡터는 **K**의 기저이고 **K**는 다음과 같이 나타낼 수 있다.

$$\mathsf{K} = \left\{ t_1\begin{pmatrix} 2 \\ 1 \\ 0 \end{pmatrix} + t_2\begin{pmatrix} -1 \\ 0 \\ 1 \end{pmatrix} : t_1, t_2 \in R \right\}$$

동차 연립일차방정식의 해집합의 기저를 찾는 구체적인 방법은 3.4절에서 다룰 것이다.

비동차 연립일차방정식을 생각해 보자. 다음 정리에 따르면 비동차 연립일차방정식 $Ax = b$의 해집합은 동차 연립일차방정식 $Ax = 0$의 해집합과 관련지어 묘사할 수 있다. $Ax = 0$을 **$Ax = b$에 대응하는 동차 연립일차방정식**이라 한다.

정리 3.9 모순이 없는 연립일차방정식 $Ax = b$의 해집합을 K, 대응하는 연립일차방정식 $Ax = 0$의 해집합을 $\mathsf{K_H}$라 표기하자. $Ax = b$의 임의의 해를 s라 하면 다음이 성립한다.

$$K = \{s\} + \mathsf{K_H} = \{s + k : k \in \mathsf{K_H}\}$$

증명 $Ax = b$의 임의의 해를 s라 하자.

$K = \{s\} + \mathsf{K_H}$임을 보이고자 한다. $w \in K$이면 $Aw = b$이다. $A(w-s) = Aw - As = b - b = 0$이므로 $w - s \in \mathsf{K_H}$이다. 즉, $w - s = k$인 $k \in \mathsf{K_H}$가 존재한다. 또한 $w = s + k \in \{s\} + \mathsf{K_H}$이므로 다음이 성립한다.

$$K \subseteq \{s\} + \mathsf{K_H}$$

역으로 $w \in \{s\} + \mathsf{K_H}$라 가정하자. 적절한 $k \in \mathsf{K_H}$를 선택하여 $w = s + k$라 나타낼 수 있고 다음이 성립한다.

$$Aw = A(s + k) = As + Ak = b + 0 = b$$

$w \in K$이므로 $\{s\} + \mathsf{K_H} \subseteq K$이고, 따라서 $K = \{s\} + \mathsf{K_H}$이다. ◀

예제 3 다음 연립일차방정식의 해집합을 살펴보자.

(a) 다음 연립일차방정식을 생각하자.

$$\begin{aligned} x_1 + 2x_2 + x_3 &= 7 \\ x_1 - x_2 - x_3 &= -4 \end{aligned}$$

이 연립일차방정식에 대응하는 동차 연립일차방정식은 예제 2(a)에서 다루었다. 이 비동차 연립일차방정식의 해는 $s = \begin{pmatrix} 1 \\ 1 \\ 4 \end{pmatrix}$임을 확인할 수 있다. 정리 3.9에 따르면 주어진 연립일차방정식의 해집합은 다음과 같다.

$$\mathsf{K} = \left\{ \begin{pmatrix} 1 \\ 1 \\ 4 \end{pmatrix} + t \begin{pmatrix} 1 \\ -2 \\ 3 \end{pmatrix} : t \in R \right\}$$

(b) 연립일차방정식 $x_1 - 2x_2 + x_3 = 4$에 대응하는 동차 연립일차방정식은 예제 2(b)에서 다루었다. 이 비동차 연립일차방정식의 해는 $s = \begin{pmatrix} 4 \\ 0 \\ 0 \end{pmatrix}$이므로 해집합 K는 다음과 같이 쓸 수 있다.

$$\mathsf{K} = \left\{ \begin{pmatrix} 4 \\ 0 \\ 0 \end{pmatrix} + t_1 \begin{pmatrix} 2 \\ 1 \\ 0 \end{pmatrix} + t_2 \begin{pmatrix} -1 \\ 0 \\ 1 \end{pmatrix} : t_1, t_2 \in R \right\}$$

다음 정리는 특정 연립일차방정식의 해를 구하는 방법을 설명한다.

> **정리 3.10** n개의 미지수와 n개의 일차방정식으로 이루어진 연립일차방정식 $Ax = b$를 생각하자. 행렬 A가 가역이면 이 연립일차방정식은 유일한 해 $A^{-1}b$가 있다. 역으로, 이 방정식의 해가 유일하면 행렬 A는 가역이다.

증명 A가 가역이라 가정하자. $A^{-1}b$를 연립일차방정식에 대입하면 $A(A^{-1}b) = (AA^{-1})b = b$가 성립하므로 $A^{-1}b$는 해이다. 연립방정식의 임의의 해를 s라 하면 $As = b$이다. 이 식의 양변에 A^{-1}를 곱하면 $s = A^{-1}b$이다. 따라서 주어진 연립일차방정식은 유일한 해 $A^{-1}b$가 있다.

역으로 이 연립일차방정식의 유일한 해가 s라고 가정하자. 대응하는 동차 연립일차방정식 $Ax = 0$의 해집합을 $\mathsf{K_H}$라 하자. 정리 3.9에 의해, $\{s\} = \{s\} + \mathsf{K_H}$이다. 한편 이 등식은 $\mathsf{K_H} = \{0\}$일 때만 성립한다. $\mathsf{N}(\mathsf{L}_A) = \{0\}$이고, A는 가역이다. ◀

예제 4 3개의 미지수와 3개의 일차방정식으로 이루어진 다음 연립일차방정식을 생각하자.

$$\begin{aligned} 2x_2 + 4x_3 &= 2 \\ 2x_1 + 4x_2 + 2x_3 &= 3 \\ 3x_1 + 3x_2 + x_3 &= 1 \end{aligned}$$

3.2절 예제 5에서 연립방정식의 계수행렬 A의 역행렬을 구했다. 따라서 주어진 연립일차방정식은 해가 유일하고, 그 해는 다음과 같다.

$$\begin{pmatrix} x_1 \\ x_2 \\ x_3 \end{pmatrix} = A^{-1}b = \begin{pmatrix} \frac{1}{8} & -\frac{5}{8} & \frac{3}{4} \\ -\frac{1}{4} & \frac{3}{4} & -\frac{1}{2} \\ \frac{3}{8} & -\frac{3}{8} & \frac{1}{4} \end{pmatrix} \begin{pmatrix} 2 \\ 3 \\ 1 \end{pmatrix} = \begin{pmatrix} -\frac{7}{8} \\ \frac{5}{4} \\ -\frac{1}{8} \end{pmatrix}$$

이번 절의 응용에서 계수행렬이 가역인 연립일차방정식을 풀 때 이 기술을 사용할 것이다.

예제 1(c)에서 해가 없는 연립일차방정식이 존재함을 확인하였다. 주어진 연립일차방정식이 해가 있는지 판별하는 방법을 알아보자. 이 판별법은 연립방정식 $Ax = b$의 계수행렬의 랭크 그리고 행렬 $(A|b)$의 랭크와 관련 있다. 행렬 $(A|b)$를 연립일차방정식 $Ax = b$의 **첨가행렬(augmented matrix)**이라 한다.

> **정리 3.11** 연립일차방정식 $Ax = b$에 모순이 없기 위한 필요충분조건은 $\text{rank}(A) = \text{rank}(A|b)$인 것이다.

증명 $Ax = b$가 해가 있는 것은 사실 $b \in \mathsf{R}(\mathsf{L}_A)$임과 동치이다(연습문제 9). 정리 3.5의 증명에서 $\mathsf{R}(\mathsf{L}_A) = \text{span}(\{a_1, a_2, \ldots, a_n\})$임을 보였다. 따라서 $Ax = b$가 해가 있을 필요충분조건은 다음과 같다.

$$b \in \text{span}(\{a_1, a_2, \ldots, a_n\})$$

한편, $b \in \text{span}(\{a_1, a_2, \ldots, a_n\})$은 다음과 동치이다.

$$\text{span}(\{a_1, a_2, \ldots, a_n\}) = \text{span}(\{a_1, a_2, \ldots, a_n, b\})$$

따라서 $\dim(\text{span}(\{a_1, a_2, \ldots, a_n\})) = \dim(\text{span}(\{a_1, a_2, \ldots, a_n, b\}))$이다. 정리 3.5에 따르면 이 식은 다음 꼴로 간단해진다.

$$\text{rank}(A) = \text{rank}(A|b)$$ ◀

예제 5 예제 1(c)에서 다룬 연립방정식을 다시 생각해 보자.

$$\begin{aligned} x_1 + x_2 &= 0 \\ x_1 + x_2 &= 1 \end{aligned}$$

이때, $A = \begin{pmatrix} 1 & 1 \\ 1 & 1 \end{pmatrix}$, $(A|b) = \begin{pmatrix} 1 & 1 & 0 \\ 1 & 1 & 1 \end{pmatrix}$이므로 $\text{rank}(A) = 1$, $\text{rank}(A|b) = 2$이다. 두 행렬의 랭크가 서로 같지 않으므로 연립방정식은 해가 없다.

예제 6 정리 3.11을 사용하여 $(3, 3, 2)$가 다음과 같이 정의한 선형변환 $\mathsf{T}\colon \mathsf{R}^3 \to \mathsf{R}^3$의 치역에 포함되는지 판별할 수 있다.

$$\mathsf{T}(a_1, a_2, a_3) = (a_1 + a_2 + a_3, a_1 - a_2 + a_3, a_1 + a_3)$$

$(3, 3, 2) \in \mathsf{R}(\mathsf{T})$인 필요충분조건은 $\mathsf{T}(s) = (3, 3, 2)$인 벡터 $s = (x_1, x_2, x_3) \in \mathsf{R}^3$이 존재하는 것이다. 이러한 벡터 s는 다음 연립일차방정식의 해이다.

$$\begin{aligned} x_1 + x_2 + x_3 &= 3 \\ x_1 - x_2 + x_3 &= 3 \\ x_1 \qquad + x_3 &= 2 \end{aligned}$$

위 연립방정식의 계수행렬과 첨가행렬의 랭크는 각각 2와 3이므로 이 방정식은 해가 없고 $(3, 3, 2) \notin \mathsf{R}(\mathsf{T})$이다.

응용

바실리 레온티에프(Wassily Leontief)는 다양한 경제 현상을 묘사할 수 있는 수학 모델을 발전시킨 공로로 1973년에 노벨 경제학상을 수상하였다. 지금까지 공부한 내용을 바탕으로 레온티에프의 업적 중 두 가지 특수한 경우를 살펴볼 것이다.

세 사람으로 구성된 간단한 사회를 생각해 보자. 농부는 식량을 생산하고, 재단사는 옷을 만들며, 목수는 집을 짓는다. 이들은 중앙 시장에 보여 물건을 사고팔며 생산된 모든 재화를 소비한다고 가정하자. 외부로부터 유입되거나 외부로 빠져나가는 재화가 없는 **폐쇄모형(closed model)**을 가정한다.

세 사람은 각자 사회에서 생산된 세 가지 재화를 모두 소비한다. 각 사람이 소비한 재화의 비율은 다음 표와 같다고 가정하자. 각 열의 합은 반드시 1이어야 한다.

	식량	의복	주거
농부	0.40	0.20	0.20
재단사	0.10	0.70	0.20
목수	0.50	0.10	0.60

농부, 재단사, 목수의 수입을 각각 p_1, p_2, p_3이라 표기하자. 사회가 지속 가능하려면 각 구성원의 소비량이 본인의 수입을 넘기면 안 된다. 농부는 의복의 20%를 소비한다. 의복의 총 비용(이는 재단사의 수입이기도 하다)은 p_2이므로, 농부가 의복을 소비하는 비용은 $0.20p_2$이다. 농부가 소비하는 식량, 의복, 주거비용의 총합과 농부의 수입이 같으므로 다음 방정식을 얻는다.

$$0.40p_1 + 0.20p_2 + 0.20p_3 = p_1$$

같은 방식으로 재단사와 목수의 지출을 수량화하면 다음 연립일차방정식을 얻는다.

$$\begin{aligned} 0.40p_1 + 0.20p_2 + 0.20p_3 &= p_1 \\ 0.10p_1 + 0.70p_2 + 0.20p_3 &= p_2 \\ 0.50p_1 + 0.10p_2 + 0.60p_3 &= p_3 \end{aligned}$$

이 연립일차방정식은 $Ap = p$라 쓸 수 있다. 이때, $p = \begin{pmatrix} p_1 \\ p_2 \\ p_3 \end{pmatrix}$이고 A는 연립일차방정식의 계수행렬이다. 여기에서 A를 **투입-산출행렬(input-output matrix)** 또는 **소비행렬(consumption matrix)**, $Ap = p$는 **균형 조건(equilibrium condition)**이라 부르겠다.

$\mathbf{R}^n$의 두 벡터 $b = (b_1, b_2, \ldots, b_n)$, $c = (c_1, c_2, \ldots, c_n)$을 생각하자. 모든 i에 대하여 $b_i \geq c_i$ $[b_i > c_i]$일 때, $b \geq c$ $[b > c]$라 표기하자. 또한, b는 $b \geq 0$ $[b > 0]$일 때, 벡터 b는 **음이 아니다[양이다](nonnegative[positive])**라고 한다.

균형 조건을 $Ap \leq p$로 바꿔야하는 건 아닌지 궁금할 것이다. 소비가 수입을 넘을 수 없을 뿐이지, 반드시 같을 필요는 없지 않는가? 사실 폐쇄모형에서 $Ap \leq p$를 만족하는 p를 구하면 결국 $Ap = p$가 된다. 그렇지 않다면 어떤 k에 대하여 다음이 성립한다.

$$p_k > \sum_j A_{kj} p_j$$

A의 각 열의 합은 1이므로 다음과 같은 모순이 생긴다.

$$\sum_i p_i > \sum_i \sum_j A_{ij} p_j = \sum_j \left(\sum_i A_{ij} \right) p_j = \sum_j p_j$$

한편, 동차 연립일차방정식 $(I - A)x = \mathit{0}$(이는 균형 조건과 동치이다)의 해는 무한히 많으나 모든 해는 $p = \begin{pmatrix} 0.25 \\ 0.35 \\ 0.40 \end{pmatrix}$에 비례한다. 이는 다음과 같이 해석할 수 있다.

> 농부, 재단사, 목수가 이 사회에서 발생한 수입을 25 : 35 : 40(또는 5 : 7 : 8)으로 나누어 가질 때 이 사회는 지속 가능하다.

여기서는 영벡터가 아닌 해에 주목하는 것이 아니라, (p가 수입을 의미하므로) 음이 아닌 해에 주목한다. 연립일차방정식 $(I - A)x = \mathit{0}$이 음이 아닌 해가 있는지 판단해야 한다. 주목할 것은, A는 음이 아닌 성분으로 이루어져 있으며 각 열의 성분의 합이 1이라는 것이다.

이 문제를 해결하는 데 다음 정리가 아주 유용하게 사용된다.[1]

정리 3.12 다음과 같은 형태의 $n \times n$ 투입–산출행렬 A를 생각하자. 여기서 D는 $1 \times (n-1)$ 양벡터(positive vector)이고, C는 $(n-1) \times 1$ 양벡터이다.

$$A = \begin{pmatrix} B & C \\ D & E \end{pmatrix}$$

방정식 $(I - A)x = \mathit{0}$의 해집합은 어떤 음이 아닌 벡터에 의해 생성되는 1차원 벡터공간이다.

양수를 성분으로 가지는 임의의 투입–산출행렬은 위 정리의 가정을 만족한다. 다음 행렬도 마찬가지다.

1 증명은 다음 문헌에서 확인할 수 있다. "Applications of Matrices to Economic Models and Social Science Relationships," by Ben Noble, *Proceedings of the Summer Conference for College Teachers on Applied Mathematics*, 1971, CUPM, Berkeley, California

$$\begin{pmatrix} 0.75 & 0.50 & 0.65 \\ 0 & 0.25 & 0.35 \\ 0.25 & 0.25 & 0 \end{pmatrix}$$

개방모형(open model)에서는 생산되는 각 재화마다 외부 수요도 고려해야 한다. 우리가 다루는 간단한 사회로 돌아와 이번에는 식량, 의복, 주거의 생산량을 x_1, x_2, x_3달러, 각 재화의 외부 수요를 d_1, d_2, d_3달러라 표기하자. A는 3×3 행렬이고, A_{ij}는 재화 j를 1달러 생산하는 데 필요한 재화 i의 비용(달러)을 의미한다. 그렇다면 이 사회에서 잉여(surplus) 식량의 가치는 다음과 같다.

$$x_1 - (A_{11}x_1 + A_{12}x_2 + A_{13}x_3)$$

이는 생산된 식량의 가치에서 (세 재화를 생산하는 과정에서) 소비된 식량의 가치를 뺀 것이다. 생산된 모든 재화가 소비되어야 한다는 가정은 개방모형 하에서 세 재화의 잉여가 각 재화의 외부 수요에 대응한다는 균형 조건으로 바뀐다. 따라서 다음이 성립한다.

$$i = 1, 2, 3\text{일 때,} \qquad x_i - \sum_{j=1}^{3} A_{ij}x_j = d_i$$

이때, 우리는 연립일차방정식 $(I - A)x = d$의 음이 아닌 해를 찾아야 한다. 여기서 A는 음이 아닌 성분을 가지고 각 열의 성분의 합은 1을 넘을 수 없으며 $d \geq 0$이라 하자. 만약 $(I - A)^{-1}$가 존재하고 음이 아니면, 연립일차방정식의 해는 $(I - A)^{-1}d$이다.

참고로 실수 a에 대하여 $|a| < 1$일 때, 급수 $1 + a + a^2 + \cdots$는 $(1 - a)^{-1}$로 수렴한다. 5.3절에서 다룰 행렬의 수렴에 대한 개념을 이용하면 $\{A^n\}$이 영행렬로 수렴할 때, 급수 $I + A + A^2 + \cdots$은 $(I - A)^{-1}$로 수렴함을 알 수 있다. $I, A, A^2, \ldots$이 음이 아니므로 $(I - A)^{-1}$ 또한 음이 아니다.

개방모형으로 돌아와서 식량을 1달러 가치만큼 생산하는 데 사용되는 식량, 의복, 주거의 비용이 각각 30센트, 10센트, 30센트라 가정하자.[2] 비슷한 방식으로 의복을 1달러 가치만큼 생산하는 데 사용되는 식량, 의복, 주거의 비용이 각각 20센트, 40센트, 20센트라 하자. 마지막으로, 주거를 1달러 가치만큼 생산하는 데 사용되는 식량, 의복, 주거의 비용이 30센트, 10센트, 30센트라고 하면, 투입–산출행렬은 다음과 같다.

$$A = \begin{pmatrix} 0.30 & 0.20 & 0.30 \\ 0.10 & 0.40 & 0.10 \\ 0.30 & 0.20 & 0.30 \end{pmatrix}$$

$I - A$와 $(I - A)^{-1}$는 각각 다음과 같다.

2 (옮긴이) 100센트는 1달러이다.

$$I-A=\begin{pmatrix}0.70 & -0.20 & -0.30\\ -0.10 & 0.60 & -0.10\\ -0.30 & -0.20 & 0.70\end{pmatrix},\quad (I-A)^{-1}=\begin{pmatrix}2.0 & 1.0 & 1.0\\ 0.5 & 2.0 & 0.5\\ 1.0 & 1.0 & 2.0\end{pmatrix}$$

$(I-A)^{-1}$가 음이 아니므로 임의의 수요 d에 대한 연립방정식 $(I-A)x=d$의 음이 아닌 유일한 해를 찾을 수 있다.

예를 들어 식량에 대한 외부 수요가 30억 달러이고, 의복에 대한 외부 수요가 20억 달러, 주거에 대한 외부 수요가 10억 달러라 하자.

d를 $d=\begin{pmatrix}30\\ 20\\ 10\end{pmatrix}$이라 놓을 수 있으므로 해는 다음과 같다.

$$x=(I-A)^{-1}d=\begin{pmatrix}90\\ 60\\ 70\end{pmatrix}$$

즉, 사회가 지속 가능하기 위한 식량, 의복, 주거의 총생산량은 각각 90억 달러, 60억 달러, 70억 달러이다.

3.3 연습문제

1. 다음 명제의 참-거짓을 판정하라.

(a) 임의의 연립일차방정식에는 적어도 하나의 해가 있다.

(b) 임의의 연립일차방정식에는 기껏해야 하나의 해가 있다.

(c) 임의의 동차 연립일차방정식에는 적어도 하나의 해가 있다.

(d) n개의 미지수와 n개의 일차방정식으로 이루어진 연립일차방정식에는 기껏해야 하나의 해가 있다.

(e) n개의 미지수와 n개의 일차방정식으로 이루어진 연립일차방정식에는 적어도 하나의 해가 있다.

(f) 연립일차방정식에 대응하는 동차 연립일차방정식이 해가 있다면, 처음 주어진 연립일차방정식도 해가 있다.

(g) n개의 미지수와 n개의 일차방정식으로 이루어진 동차 연립일차방정식의 계수행렬이 가역이면 이 연립일차방정식은 영벡터가 아닌 해가 없다.

(h) n개의 미지수와 m개의 일차방정식으로 이루어진 임의의 연립일차방정식의 해집합은 F^n의 부분공간이다.

2. 주어진 동차 연립일차방정식에 대하여 해공간의 차원과 기저를 구하라.

(a) $\begin{aligned} x_1 + 3x_2 &= 0 \\ 2x_1 + 6x_2 &= 0 \end{aligned}$

(b) $\begin{aligned} x_1 + x_2 - x_3 &= 0 \\ 4x_1 + x_2 - 2x_3 &= 0 \end{aligned}$

(c) $\begin{aligned} x_1 + 2x_2 - x_3 &= 0 \\ 2x_1 + x_2 + x_3 &= 0 \end{aligned}$

(d) $\begin{aligned} 2x_1 + x_2 - x_3 &= 0 \\ x_1 - x_2 + x_3 &= 0 \\ x_1 + 2x_2 - 2x_3 &= 0 \end{aligned}$

(e) $x_1 + 2x_2 - 3x_3 + x_4 = 0$

(f) $\begin{aligned} x_1 + 2x_2 &= 0 \\ x_1 - x_2 &= 0 \end{aligned}$

(g) $\begin{aligned} x_1 + 2x_2 + x_3 + x_4 &= 0 \\ x_2 - x_3 + x_4 &= 0 \end{aligned}$

3. 연습문제 2의 결과를 이용하여 주어진 연립일차방정식의 모든 해를 구하라.

(a) $\begin{aligned} x_1 + 3x_2 &= 5 \\ 2x_1 + 6x_2 &= 10 \end{aligned}$

(b) $\begin{aligned} x_1 + x_2 - x_3 &= 1 \\ 4x_1 + x_2 - 2x_3 &= 3 \end{aligned}$

(c) $\begin{aligned} x_1 + 2x_2 - x_3 &= 3 \\ 2x_1 + x_2 + x_3 &= 6 \end{aligned}$

(d) $\begin{aligned} 2x_1 + x_2 - x_3 &= 5 \\ x_1 - x_2 + x_3 &= 1 \\ x_1 + 2x_2 - 2x_3 &= 4 \end{aligned}$

(e) $x_1 + 2x_2 - 3x_3 + x_4 = 1$

(f) $\begin{aligned} x_1 + 2x_2 &= 5 \\ x_1 - x_2 &= -1 \end{aligned}$

(g) $\begin{aligned} x_1 + 2x_2 + x_3 + x_4 &= 1 \\ x_2 - x_3 + x_4 &= 1 \end{aligned}$

4. 가역 계수행렬 A와 연립일차방정식에 대하여 **(1)** A^{-1}를 구하고 **(2)** A^{-1}를 이용하여 주어진 연립일차방정식을 풀어라.

(a) $\begin{aligned} x_1 + 3x_2 &= 4 \\ 2x_1 + 5x_2 &= 3 \end{aligned}$

(b) $\begin{aligned} x_1 + 2x_2 - x_3 &= 5 \\ x_1 + x_2 + x_3 &= 1 \\ 2x_1 - 2x_2 + x_3 &= 4 \end{aligned}$

5. n개의 미지수와 n개의 일차방정식으로 이루어지며, 해가 무수히 많은 연립일차방정식의 예를 들어라.

6. 선형변환 $\mathsf{T}\colon \mathsf{R}^3 \to \mathsf{R}^2$, $\mathsf{T}(a, b, c) = (a + b, 2a - c)$에 대하여 $\mathsf{T}^{-1}(1, 11)$을 구하라.

7. 주어진 연립일차방정식이 해가 있는지 판정하라.

(a) $\begin{aligned} x_1 + x_2 - x_3 + 2x_4 &= 2 \\ x_1 + x_2 + 2x_3 &= 1 \\ 2x_1 + 2x_2 + x_3 + 2x_4 &= 4 \end{aligned}$

(b) $\begin{aligned} x_1 + x_2 - x_3 &= 1 \\ 2x_1 + x_2 + 3x_3 &= 2 \end{aligned}$

(c) $\begin{aligned} x_1 + 2x_2 + 3x_3 &= 1 \\ x_1 + x_2 - x_3 &= 0 \\ x_1 + 2x_2 + x_3 &= 3 \end{aligned}$

(d) $\begin{aligned} x_1 + x_2 + 3x_3 - x_4 &= 0 \\ x_1 + x_2 + x_3 + x_4 &= 1 \\ x_1 - 2x_2 + x_3 - x_4 &= 1 \\ 4x_1 + x_2 + 8x_3 - x_4 &= 0 \end{aligned}$

(e) $\begin{aligned} x_1 + 2x_2 - x_3 &= 1 \\ 2x_1 + x_2 + 2x_3 &= 3 \\ x_1 - 4x_2 + 7x_3 &= 4 \end{aligned}$

8. 선형변환 $\mathsf{T}\colon \mathsf{R}^3 \to \mathsf{R}^3$, $\mathsf{T}(a,b,c) = (a+b, b-2c, a+2c)$와 R^3의 벡터 v에 대하여 $v \in \mathsf{R}(\mathsf{T})$인지 판정하라.

(a) $v = (1, 3, -2)$ (b) $v = (2, 1, 1)$

9. 연립일차방정식 $Ax = b$의 해가 있기 위한 필요충분조건은 $b \in \mathsf{R}(\mathsf{L}_A)$임을 증명하라.

10. 다음 명제를 증명하거나 반례를 제시하라.

> n개의 미지수와 m개의 일차방정식으로 이루어진 연립일차방정식의 계수행렬의 랭크가 m이면 주어진 연립일차방정식은 해가 있다.

11. 식량, 의복, 주거를 기간산업으로 하고 투입–산출행렬이 다음과 같은 레온티에프의 폐쇄모형을 생각하자.

$$A = \begin{pmatrix} \frac{7}{16} & \frac{1}{2} & \frac{3}{16} \\ \frac{5}{16} & \frac{1}{6} & \frac{5}{16} \\ \frac{1}{4} & \frac{1}{3} & \frac{1}{2} \end{pmatrix}$$

균형에 도달하기 위한 농부, 재단사, 목수의 생산 비율을 구하라.

12. 재화와 서비스 두 영역으로만 이루어진 경제 모델을 생각하자. 모든 재화의 60%와 모든 서비스의 30%가 재화의 생산 과정에서 소비된다고 가정하자. 경제 총생산 중 몇 %가 재화를 생산하는 데 사용되는지 구하라.

13. 투입–산출행렬과 수요벡터가 다음과 같이 주어진 레온티에프의 개방모형을 생각하자.

$$A = \begin{pmatrix} \frac{1}{2} & \frac{1}{5} \\ \frac{1}{3} & \frac{1}{5} \end{pmatrix}, \quad d = \begin{pmatrix} 2 \\ 5 \end{pmatrix}$$

이 수요를 맞추기 위해 각 재화가 얼마나 생산되어야 하는지 구하라.

14. 재화와 서비스 두 영역으로만 이루어지며 재화 중 90억 달러와 서비스 중 20억 달러를 국방을 위해 사용하는 경제 체계를 생각하자. 국방에 사용되는 비용은 경제 생산에 전혀 기여하지 못한다. 재화를 1달러 가치만큼 생산하는 데 사용되는 재화와 서비스의 가치는 각각 50센트, 20센트이고, 서비스를 1달러 가치만큼 생산하는 데 사용되는 재화와 서비스의 가치는 각각 30센트, 60센트이다. 이 경제 체계에서 국방을 유지하는 데 사용되는 총산출의 양을 구하라.

3.4 연립일차방정식 : 계산적 측면

3.3절에서는 다음 두 가지를 학습하였다.

1. 연립일차방정식의 해가 있기 위한 필요충분조건(정리 3.11)
2. 대응하는 동차 연립일차방정식의 해를 이용하여 비동차 연립일차방정식의 해를 표현하는 방법(정리 3.9)

2의 결과는 연립방정식에서 하나의 해를 찾을 수 있고, 대응하는 동차 연립일차방정식의 기저를 구할 수 있다면 주어진 연립방정식의 모든 해를 구할 수 있게 한다. 이번 절에서는 기본행연산을 이용하여 두 마리 토끼를 모두 잡아 보겠다. 이러한 기교의 핵심은 (1.4절과 같이) 처음 주어진 연립일차방정식을 (해가 같으면서) 더 풀기 쉬운 연립일차방정식으로 바꾸는 데 있다.

정의 두 연립일차방정식의 해집합이 서로 같을 때, 두 연립일차방정식은 **동치(equivalent)**라 한다.

다음 정리와 그 따름정리는 두 연립방정식이 동치인지 판정할 때 유용하게 사용할 수 있다.

정리 3.13 n개의 미지수와 m개의 일차방정식으로 이루어진 연립일차방정식 $Ax = b$와 $m \times m$ 가역행렬 C에 대하여, 다음 두 연립일차방정식은 동치이다.

$$Ax = b, \quad (CA)x = Cb$$

증명 $Ax = b$의 해집합을 K, $(CA)x = Cb$의 해집합을 K'이라 표기하자. $w \in K$이면 $Aw = b$이고, $(CA)w = Cb$이다. 따라서 $w \in K'$이므로 $K \subseteq K'$이다.

역으로 $w \in K'$이면 $(CA)w = Cb$이다. 따라서 다음이 성립한다.

$$Aw = C^{-1}(CAw) = C^{-1}(Cb) = b$$

그러므로 $w \in K$이고 $K' \subseteq K$이다. 즉 $K = K'$이다. ◀

따름정리 n개의 미지수와 m개의 일차방정식으로 이루어진 연립일차방정식 $Ax = b$를 생각하자. $(A|b)$에 기본행연산을 유한 번 적용하여 $(A'|b')$을 얻을 수 있다면 $A'x = b'$은 처음 주어진 연립일차방정식과 동치이다.

증명 $(A|b)$에 기본행연산을 유한 번 적용하여 $(A'|b')$을 얻었다고 가정하자. 이 과정은 $m \times m$ 기본행렬 $E_1, E_2, \ldots, E_p$를 $(A|b)$에 곱하는 것과 같다. $C = E_p \cdots E_2 E_1$이라 하면 다음이 성립한다.

$$(A'|b') = C(A|b) = (CA|Cb)$$

각 E_i가 가역이므로 C 또한 가역이다. $A' = CA$, $b' = Cb$이므로, 정리 3.13으로부터 연립일차방정식 $A'x = b'$은 연립일차방정식 $Ax = b$와 동치이다. ◀

이제 임의의 연립일차방정식을 푸는 방법을 알아보자. 예를 들어 다음과 같은 연립일차방정식을 생각하자.

$$\begin{aligned} 3x_1 + 2x_2 + 3x_3 - 2x_4 &= 1 \\ x_1 + x_2 + x_3 \qquad &= 3 \\ x_1 + 2x_2 + x_3 - x_4 &= 2 \end{aligned}$$

첨가행렬은 다음과 같다.

$$\left(\begin{array}{rrrr|r} 3 & 2 & 3 & -2 & 1 \\ 1 & 1 & 1 & 0 & 3 \\ 1 & 2 & 1 & -1 & 2 \end{array}\right)$$

첨가행렬에 기본행연산을 적용하면 각 행의 0이 아닌 첫 번째 성분은 1이고, 이 성분이 나타나는 열은 이전 행의 최초로 0이 아닌 성분이 나타나는 열보다 오른쪽에 위치하는 상삼각행렬로 변형할 수 있다($i > j$일 때, $A_{ij} = 0$인 행렬 A는 상삼각행렬이다).

1 **가장 왼쪽에 있는, 영이 아닌 열에서 1행의 성분을 1로 바꾼다.** (1행을 3으로 나누어도 되지만) 지금 다루는 예에서는 1행과 3행을 교환하면 된다. 그 결과 행렬은 다음과 같이 바뀐다.

$$\left(\begin{array}{rrrr|r} 1 & 2 & 1 & -1 & 2 \\ 1 & 1 & 1 & 0 & 3 \\ 3 & 2 & 3 & -2 & 1 \end{array}\right)$$

2 **1행의 적절한 스칼라를 곱하여 나머지 행에 더하는 *3*형 기본행연산을 적용하여 가장 왼쪽에 위치한 열의 나머지 성분들을 모두 0으로 만든다.** 지금 다루는 예에서는 2행에 1행의 -1배를 더하고, 3행에 1행의 -3배를 더하면 된다. 그 결과 행렬은 다음과 같이 바뀐다.

$$\left(\begin{array}{cccc|c} 1 & 2 & 1 & -1 & 2 \\ 0 & -1 & 0 & 1 & 1 \\ 0 & -4 & 0 & 1 & -5 \end{array}\right)$$

3 **직전 행에 영향을 주지 않는 범위에서, 그 다음 행의 가장 왼쪽 열에 있는 성분을 1로 만든다.** 지금 다루는 예에서는 2열이 가장 왼쪽에 위치한 열이다. 2행에 -1을 곱하여 2행의 영이 아닌 첫 번째 성분을 1로 만들 수 있다. 그 결과 행렬은 다음과 같이 바뀐다.‡

$$\left(\begin{array}{cccc|c} 1 & 2 & 1 & -1 & 2 \\ 0 & 1 & 0 & -1 & -1 \\ 0 & -4 & 0 & 1 & -5 \end{array}\right)$$

4 ***3*형 기본행연산을 사용하여 직전에 얻은 1 아래에 위치한 성분을 0으로 만든다.** 지금 다루는 예에서는 3행에 2행의 4배를 더하면 된다. 그 결과 행렬은 다음과 같이 바뀐다.

$$\left(\begin{array}{cccc|c} 1 & 2 & 1 & -1 & 2 \\ 0 & 1 & 0 & -1 & -1 \\ 0 & 0 & 0 & -3 & -9 \end{array}\right)$$

5 **0으로 이루어진 행만 나올 때까지 각 행마다 과정 *3*, *4*를 반복한다**(이러한 과정을 거칠 때마다 각 행에서 처음으로 0이 아닌 성분 아래에는 0만 위치한다). 지금 다루는 예에서는 3행에 $-\frac{1}{3}$을 곱하면 된다. 그 결과 행렬은 다음과 같이 바뀐다.

$$\left(\begin{array}{cccc|c} 1 & 2 & 1 & -1 & 2 \\ 0 & 1 & 0 & -1 & -1 \\ 0 & 0 & 0 & 1 & 3 \end{array}\right)$$

이제 원하는 행렬을 얻었다. 첨가행렬을 간단히 하는 마지막 과정은 각 행에서 최초로 0이 아닌 성분을 각 열에서 유일하게 0이 아닌 성분이 되도록 하는 것이다(이 과정은 주어진 방정식에서 다른 미지수들을 소거하여 한 문자만 남기는 과정에 대응한다).

‡ (옮긴이) 이 과정에서 직전 행의 아래에 위치한 행의 위치를 바꾸어야 할 수도 있다. 예를 들어 2단계까지 마쳤을 때 첨가행렬이 다음과 같다면, 2행과 3행의 위치를 바꾸고 2행 2열의 성분을 1로 바꾸어야 한다.

$$\left(\begin{array}{cccc|c} 1 & 2 & 1 & -1 & 2 \\ 0 & 0 & 0 & 1 & 1 \\ 0 & 4 & 0 & 1 & 1 \end{array}\right)$$

6 마지막으로 0이 아닌 행에서 시작하여 위로 거슬러 올라가면서, 각 행에 스칼라를 곱하여 위의 행에 더한다(이 과정에서 각 행에서 처음으로 나타난 0이 아닌 성분 위에 위치한 성분은 모두 0이 된다). 지금 다루는 예에서는 3행이 마지막으로 0이 아닌 행이고, 이 행에서 최초의 1은 4열에 위치한다. 3행을 1행과 2행에 각각 더하면 4열의 1행 성분과 2행 성분은 0이 된다. 그 결과 행렬은 다음과 같이 바뀐다.

$$\left(\begin{array}{cccc|c} 1 & 2 & 1 & 0 & 5 \\ 0 & 1 & 0 & 0 & 2 \\ 0 & 0 & 0 & 1 & 3 \end{array}\right)$$

7 과정 6을 2행까지 계속 반복하면 소거를 완료할 수 있다. 지금 다루는 예에서는 1행에 2행의 -2배를 더하면 1행 2열 성분은 0이 된다. 그 결과 행렬은 다음과 같이 바뀐다.

$$\left(\begin{array}{cccc|c} 1 & 0 & 1 & 0 & 1 \\ 0 & 1 & 0 & 0 & 2 \\ 0 & 0 & 0 & 1 & 3 \end{array}\right)$$

이제 원하는 간단한 형태의 첨가행렬을 얻었다. 이 행렬은 다음 연립일차방정식에 대응한다.

$$\begin{aligned} x_1 + \quad x_3 \quad &= 1 \\ x_2 \quad\quad &= 2 \\ x_4 &= 3 \end{aligned}$$

정리 3.13의 따름정리에 의해 처음 연립일차방정식과 동치인 이 연립일차방정식은 훨씬 풀기 쉽다. 두 해는 $x_2 = 2$, $x_4 = 3$으로 명확하며 x_1과 x_3은 합이 1인 임의의 값이다. $x_3 = t$라 하면 $x_1 = 1 - t$이다. 따라서 처음 주어진 연립일차방정식의 임의의 해는 다음과 같은 꼴이다.

$$\begin{pmatrix} 1-t \\ 2 \\ t \\ 3 \end{pmatrix} = \begin{pmatrix} 1 \\ 2 \\ 0 \\ 3 \end{pmatrix} + t\begin{pmatrix} -1 \\ 0 \\ 1 \\ 0 \end{pmatrix}$$

여기서 다음 집합은 대응하는 동차 연립일차방정식의 해집합의 기저이다.

$$\left\{\begin{pmatrix} -1 \\ 0 \\ 1 \\ 0 \end{pmatrix}\right\}$$

앞서 다룬 예에서는 첨가행렬에 기본행연산을 여러 번 적용하여 43쪽의 성질 1, 2, 3을 만족하는 첨가행렬로 변형하였다. 이러한 행렬에는 특별한 이름이 붙는다.

정의 다음 세 조건을 만족하는 행렬을 **행간소사다리꼴** 또는 **기약행사다리꼴**(reduced row echelon form)이라 한다.[3]

1. 0이 아닌 성분을 가지는 행은 모든 성분이 0인 행보다 위에 위치한다(모든 성분이 0인 행이 존재하지 않을 수도 있다).
2. 각 행의 처음으로 0이 아닌 성분은 그 성분을 포함한 열에서 유일하게 0이 아닌 성분이다.
3. 각 행의 처음으로 0이 아닌 성분은 1이고, 이전 행의 처음으로 0이 아닌 성분보다 오른쪽에 위치한다.

예제 1 행간소사다리꼴인 행렬과 행간소사다리꼴이 아닌 행렬을 살펴보자.

(a) 209쪽의 행렬은 행간소사다리꼴이다. 각 행의 처음으로 0이 아닌 성분은 모두 1이고, 이 성분을 포함하는 열의 나머지 성분은 모두 0이다. 또한 아래 방향으로 다음 행을 살펴보면 최초로 0이 아닌 성분이 등장하는 열은 오른쪽으로 이동하고 있음을 알 수 있다.

(b) 다음 행렬은 행간소사다리꼴이 아니다.

$$\begin{pmatrix} 1 & 1 & 0 \\ 0 & 1 & 0 \\ 1 & 0 & 1 \end{pmatrix}$$

1열은 1행에서 처음으로 0이 아닌 성분 외에 영이 아닌 성분이 존재하기 때문이다. 다음 행렬 또한 행간소사다리꼴이 아니다.

$$\begin{pmatrix} 0 & 1 & 0 & 2 \\ 1 & 0 & 0 & 1 \\ 0 & 0 & 1 & 1 \end{pmatrix}$$

2행에서 처음으로 0이 아닌 성분이 1행에서 처음으로 0이 아닌 성분의 오른쪽에 위치하지 않기 때문이다. 마지막으로 다음 행렬도 행간소사다리꼴이 아니다.

$$\begin{pmatrix} 2 & 0 & 0 \\ 0 & 1 & 0 \end{pmatrix}$$

1행에서 처음으로 0이 아닌 성분이 1이 아니기 때문이다.

주어진 행렬에 대하여 그 행렬의 행간소사다리꼴이 유일함(정리 3.16의 따름정리)을 증명할 수 있다. 이는 각기 다른 기본행연산을 적용하여 행간소사다리꼴 Q, Q'을 얻으면 $Q = Q'$이 성립함을 뜻한다. 행간소사다리꼴을 얻기 위해 기본행연산을 적용하는 방법은 여러 가지가 있지만 최종 결과는 같다.

첨가행렬을 행간소사다리꼴로 바꾸는 과정(207~209쪽)을 **가우스 소거법(Gaussian elimination)**이라 한다. 이 소거법은 두 부분으로 나눌 수 있다.

1 **위에서 아래로 내려가면서**(과정 1–5) 첨가행렬을 변형하여 각 행의 최초로 0이 아닌 성분은 1이고, 이 성분이 이전 행의 최초로 0이 아닌 성분보다 오른쪽 열에 위치하는 상삼각행렬로 만든다.

2 **아래에서 위로 거슬러 올라오면서**(과정 6–7) 상삼각행렬을 변형하여 각 행의 최초로 0이 아닌 성분이 이 성분을 포함하는 열에서 유일하게 0이 아닌 성분인 행간소사다리꼴로 만든다.

주어진 행렬을 행간소사다리꼴로 변형할 때, 산술 연산을 가장 적게 하는 방법이 가우스 소거법이다. 큰 행렬에서는 가우스-요르단 소거법(Gauss-Jordan method)[4]보다 가우스 소거법이 약 50% 이상 연산 횟수를 줄일 수 있다. 가우스 소거법에서는 각 행의 최초로 0이 아닌 성분을 이용하여 이를 포함한 열의 나머지 성분을 0으로 만든다.

이러한 효율성 때문에 컴퓨터로 연립일차방정식을 풀 때 가우스 소거법을 선호한다. 정확하게는 반올림 오차 오류를 최소화하기 위해 가우스 소거법을 약간 변형하여 사용한다. 이를 자세히 논하는 것은 이 책의 범위를 벗어나므로 흥미가 있다면 각자 수치해석학 책을 참고하기 바란다.

행렬이 행간소사다리꼴이면 대응하는 연립일차방정식은 풀기 쉽다. 첨가행렬이 행간소사다리꼴일 때, 연립일차방정식을 푸는 방법을 아래에 소개하겠다.

모든 행렬은 가우스 소거법을 사용하여 행간소사다리꼴로 바꿀 수 있다. 위에서 아래로 내려가면서 행간소사다리꼴의 정의 1과 정의 3을 우선 만족하도록 만든다. 즉, 각 행의 최초로 0이 아닌 성분의 아래에 위치한 성분은 모두 0이 되도록 한다. 그 다음 아래에서 위로 올라오면서 각 행의 최초로 0이 아닌 성분의 위에 위치한 성분이 모두 0이 되게 하면 행렬은 행간소사다리꼴의 정의 2를 만족하게 된다.

정리 3.14 가우스 소거법은 임의의 행렬을 행간소사다리꼴로 바꾸어 준다.

첨가행렬이 행간소사다리꼴일 때, 연립일차방정식을 푸는 방법을 알아보자. 이 과정을 설명하기 위해 다음과 같은 연립일차방정식을 생각하자.

---

3 (옮긴이) 행(row)간소(reduced)사다리꼴 또는 기약(reduced)행(row)사다리꼴이다.

4 (옮긴이) 독일의 측지학자 빌헬름 요르단(Wihelm Jordan)이 제안하였다.

$$\begin{aligned} 2x_1 + 3x_2 + x_3 + 4x_4 - 9x_5 &= 17 \\ x_1 + x_2 + x_3 + x_4 - 3x_5 &= 6 \\ x_1 + x_2 + x_3 + 2x_4 - 5x_5 &= 8 \\ 2x_1 + 2x_2 + 2x_3 + 3x_4 - 8x_5 &= 14 \end{aligned}$$

첨가행렬은 다음과 같다.

$$\left(\begin{array}{ccccc|c} 2 & 3 & 1 & 4 & -9 & 17 \\ 1 & 1 & 1 & 1 & -3 & 6 \\ 1 & 1 & 1 & 2 & -5 & 8 \\ 2 & 2 & 2 & 3 & -8 & 14 \end{array}\right)$$

연립방정식의 첨가행렬에 가우스 소거법을 적용하는 과정은 다음과 같다.

$$\left(\begin{array}{ccccc|c} 2 & 3 & 1 & 4 & -9 & 17 \\ 1 & 1 & 1 & 1 & -3 & 6 \\ 1 & 1 & 1 & 2 & -5 & 8 \\ 2 & 2 & 2 & 3 & -8 & 14 \end{array}\right) \longrightarrow \left(\begin{array}{ccccc|c} 1 & 1 & 1 & 1 & -3 & 6 \\ 2 & 3 & 1 & 4 & -9 & 17 \\ 1 & 1 & 1 & 2 & -5 & 8 \\ 2 & 2 & 2 & 3 & -8 & 14 \end{array}\right) \longrightarrow$$

$$\left(\begin{array}{ccccc|c} 1 & 1 & 1 & 1 & -3 & 6 \\ 0 & 1 & -1 & 2 & -3 & 5 \\ 0 & 0 & 0 & 1 & -2 & 2 \\ 0 & 0 & 0 & 1 & -2 & 2 \end{array}\right) \longrightarrow \left(\begin{array}{ccccc|c} 1 & 1 & 1 & 1 & -3 & 6 \\ 0 & 1 & -1 & 2 & -3 & 5 \\ 0 & 0 & 0 & 1 & -2 & 2 \\ 0 & 0 & 0 & 0 & 0 & 0 \end{array}\right) \longrightarrow$$

$$\left(\begin{array}{ccccc|c} 1 & 1 & 1 & 0 & -1 & 4 \\ 0 & 1 & -1 & 0 & 1 & 1 \\ 0 & 0 & 0 & 1 & -2 & 2 \\ 0 & 0 & 0 & 0 & 0 & 0 \end{array}\right) \longrightarrow \left(\begin{array}{ccccc|c} 1 & 0 & 2 & 0 & -2 & 3 \\ 0 & 1 & -1 & 0 & 1 & 1 \\ 0 & 0 & 0 & 1 & -2 & 2 \\ 0 & 0 & 0 & 0 & 0 & 0 \end{array}\right)$$

마지막 행렬에 대응하는 연립일차방정식은 다음과 같다.

$$\begin{aligned} x_1 \quad + 2x_3 \quad - 2x_5 &= 3 \\ x_2 - x_3 \quad + x_5 &= 1 \\ x_4 - 2x_5 &= 2 \end{aligned}$$

마지막 행은 모든 성분이 0이므로 무시한다.

첨가행렬이 행간소사다리꼴인 연립일차방정식을 풀기 위해 변수들을 두 집합으로 나누자. 첫 번째 집합 $\{x_1, x_2, x_4\}$는 연립방정식을 구성하는 방정식에서 가장 왼쪽에 존재하는 변수를 원소로 가지도록 선택한다. 두 번째 집합 $\{x_3, x_5\}$는 나머지 변수를 원소로 가지도록 한다. 그리고 두 번째 집합에 속한 변수 각각에 매개변수 $t_1, t_2, \ldots$ 를 부여한다($x_3 = t_1, x_5 = t_2$). 그 다음 첫 번째 집합에 속한 변수들을 두 번째 집합에 속한 변수들로 나타낸다.

$$
\begin{aligned}
x_1 &= -2x_3 + 2x_5 + 3 = -2t_1 + 2t_2 + 3 \\
x_2 &= \quad x_3 - \ x_5 + 1 = \quad t_1 - \ t_2 + 1 \\
x_4 &= \qquad\quad 2x_5 + 2 = \qquad\quad 2t_2 + 2
\end{aligned}
$$

즉, 임의의 해는 다음과 같은 꼴이다. (단, $t_1, t_2 \in R$)

$$
\begin{pmatrix} x_1 \\ x_2 \\ x_3 \\ x_4 \\ x_5 \end{pmatrix} = \begin{pmatrix} -2t_1 + 2t_2 + 3 \\ t_1 - t_2 + 1 \\ t_1 \\ 2t_2 + 2 \\ t_2 \end{pmatrix} = \begin{pmatrix} 3 \\ 1 \\ 0 \\ 2 \\ 0 \end{pmatrix} + t_1 \begin{pmatrix} -2 \\ 1 \\ 1 \\ 0 \\ 0 \end{pmatrix} + t_2 \begin{pmatrix} 2 \\ -1 \\ 0 \\ 2 \\ 1 \end{pmatrix}
$$

다음 집합은 대응하는 동차 연립일차방정식의 해집합의 기저이다.

$$
\left\{ \begin{pmatrix} -2 \\ 1 \\ 1 \\ 0 \\ 0 \end{pmatrix}, \begin{pmatrix} 2 \\ -1 \\ 0 \\ 2 \\ 1 \end{pmatrix} \right\}
$$

다음 벡터가 처음 연립일차방정식의 특수해(particular solution)이다.

$$
\begin{pmatrix} 3 \\ 1 \\ 0 \\ 2 \\ 0 \end{pmatrix}
$$

연립일차방정식의 첨가행렬을 행간소사다리꼴로 바꾸면 다음 두 가지 작업을 효과적으로 수행할 수 있다.

1 처음 연립일차방정식의 특수해를 찾는다.

2 대응하는 동차 연립일차방정식의 해집합의 기저를 찾는다.

이 과정을 통해 주어진 연립일차방정식에 모순이 없는지 확인할 수 있다. 연립일차방정식의 해가 존재하기 위한 필요충분조건은 첨가행렬을 정리하여 행간소사다리꼴을 만들 때, 0이 아닌 유일한 성분이 마지막 열에 있는 행이 존재하지 않는 것이다(연습문제 3).

n개의 미지수와 m개의 일차방정식으로 이루어진 연립일차방정식 $Ax = b$에 이 절차를 적용할 때, 가우스 소거법을 사용하여 첨가행렬 $(A|b)$를 행간소사다리꼴 $(A'|b')$으로 바꾸기만 하면 된다. 0이 아닌 유일한 성분이 마지막 열에 있는 행이 존재한다면 처음 연립일차방정식에 모순이 있다. 그렇지 않다면 $(A'|b')$에서 아래에 위치한 0인 행들은 무시하고, 대응하는 연립일차방정식을 작성한다. 그

다음 앞서 서술한 것처럼 이 연립방정식을 풀어 임의의 해의 꼴로 바꾸어 준다. 이때, r는 A'의 0이 아닌 행의 개수이다($r \leq m$).

$$s = s_0 + t_1 u_1 + t_2 u_2 + \cdots + t_{n-r} u_{n-r}$$

이 식을 연립일차방정식 $Ax = b$의 **일반해(general solution)**라 한다. 일반해는 방정식 $Ax = b$의 임의의 해 s를 $n-r$개의 매개변수로 표현한 것이다. 다음 정리에 따르면 s는 $n-r$개 미만의 변수로 표현할 수 없다.

> **정리 3.15** $Ax = b$를 n개의 미지수와 r개의 영이 아닌 방정식으로 이루어진 연립일차방정식이라 하자. $\text{rank}(A) = \text{rank}(A|b)$이고 $(A|b)$가 행간소사다리꼴이면 다음이 성립한다.
>
> **(1)** $\text{rank}(A) = r$
>
> **(2)** 앞선 과정을 거쳐 얻은 일반해가 다음과 같은 꼴이라 하자.
>
> $$s = s_0 + t_1 u_1 + t_2 u_2 + \cdots + t_{n-r} u_{n-r}$$
>
> 이때, $\{u_1, u_2, \ldots, u_{n-r}\}$는 대응하는 동차 연립일차방정식의 해집합의 기저이고, s_0은 처음 연립일차방정식의 해이다.

증명 $(A|b)$가 행간소사다리꼴이므로 $(A|b)$는 r개의 영이 아닌 행이 있다. 행간소사다리꼴의 정의에 따르면 이 행들은 일차독립이므로 $\text{rank}(A|b) = r$고, $\text{rank}(A) = r$다.

$Ax = b$의 해집합을 K, $Ax = 0$의 해집합을 $\mathsf{K_H}$라 하자. $t_1 = t_2 = \cdots = t_{n-r} = 0$이라 하면 $s = s_0 \in K$임을 알 수 있다. 정리 3.9에 의해 $K = \{s_0\} + \mathsf{K_H}$이므로 다음이 성립한다.

$$\mathsf{K_H} = \{-s_0\} + K = \text{span}(\{u_1, u_2, \ldots, u_{n-r}\})$$

$\text{rank}(A) = r$이므로 $\dim(\mathsf{K_H}) = n - r$다. $\dim(\mathsf{K_H}) = n - r$이고, $\mathsf{K_H}$는 최대 $n - r$ 개의 벡터로 이루어진 집합 $\{u_1, u_2, \ldots, u_{n-r}\}$에 의해 생성되므로 이 집합은 $\mathsf{K_H}$의 기저이다. ◀

행간소사다리꼴에 대한 해석

$m \times n$ 행렬 A의 열을 $a_1, a_2, \ldots, a_n$이라 하고, A의 행간소사다리꼴 B에 대하여 B의 열을 b_1, $b_2, \ldots, b_n$이라 표기하자. A의 랭크가 r면 정리 3.4의 따름정리(176쪽)에 의해 B의 랭크도 r다. 행간소사다리꼴 B의 영이 아닌 행은 다른 행의 일차결합으로 나타낼 수 없다. 따라서 B는 영이 아닌 행이 정확히 r개 있다. $r \geq 1$일 때, B의 열을 따라 벡터 $e_1, e_2, \ldots, e_r$가 반드시 나타난다. $i = 1, 2, \ldots, r$에 대하여 $b_{j_i} = e_i$인 지표 j_i가 존재한다. B의 이 열들에 대응하는 A의 열을

$a_{j_1}, a_{j_2}, \ldots, a_{j_r}$ 라 할 때, 이 열들이 일차독립임을 보이고자 한다. 스칼라 $c_1, c_2, \ldots, c_r$ 에 대하여 다음이 성립한다고 가정하자.

$$c_1 a_{j_1} + c_2 a_{j_2} + \cdots + c_r a_{j_r} = 0$$

A 에 기본행연산을 반복 적용하여 B 를 얻었으므로, (정리 3.13의 따름정리의 증명에서처럼) $m \times m$ 가역행렬 M 이 존재하여 $MA = B$ 이다.

위 식에 M 을 곱하면 $c_1 Ma_{j_1} + c_2 Ma_{j_2} + \cdots + c_r Ma_{j_r} = 0$ 이고 $Ma_{j_i} = b_{j_i} = e_i$ 이므로 다음을 얻는다.

$$c_1 e_1 + c_2 e_2 + \cdots + c_r e_r = 0$$

$c_1 = c_2 = \cdots = c_r = 0$ 이므로 벡터 $a_{j_1}, a_{j_2}, \ldots, a_{j_r}$ 는 일차독립이다. B 는 오직 r 개의 영이 아닌 행을 가지므로 B 의 모든 열은 다음과 같은 꼴이다. 이때, $d_1, d_2, \ldots, d_r$ 는 스칼라이다.

$$\begin{pmatrix} d_1 \\ d_2 \\ \vdots \\ d_r \\ 0 \\ \vdots \\ 0 \end{pmatrix}$$

그렇다면 A 의 대응하는 열은 이런 꼴일 것이다.

$$\begin{aligned} M^{-1}(d_1 e_1 + d_2 e_2 + \cdots + d_r e_r) &= d_1 M^{-1} e_1 + d_2 M^{-1} e_2 + \cdots + d_r M^{-1} e_r \\ &= d_1 M^{-1} b_{j_1} + d_2 M^{-1} b_{j_2} + \cdots + d_r M^{-1} b_{j_r} \\ &= d_1 a_{j_1} + d_2 a_{j_2} + \cdots + d_r a_{j_r} \end{aligned}$$

다음 정리는 이상의 결과를 요약한 것이다.

정리 3.16 랭크가 r 인 $m \times n$ 행렬 A 에 대하여(단, $r > 0$) 행간소사다리꼴을 B 라 하면 다음이 성립한다.

(1) B 의 영이 아닌 행의 개수는 r 이다.

(2) 각 $i = 1, 2, \ldots, r$ 에 대하여 $b_{j_i} = e_i$ 인 B 의 열 b_{j_i} 가 존재한다.

(3) A의 $j_1, j_2, \ldots, j_r$ 열은 일차독립이다.

(4) 각 $k = 1, 2, \ldots, n$에 대하여 B의 k열이 $d_1e_1 + d_2e_2 + \cdots + d_re_r$면 A의 k열은 $d_1a_{j_1} + d_2a_{j_2} + \cdots + d_ra_{j_r}$다.

따름정리 행렬의 행간소사다리꼴은 유일하다.

증명 연습문제 15를 보라. ◀

예제 2 행렬 A가 다음과 같이 주어져 있다고 하자.

$$A = \begin{pmatrix} 2 & 4 & 6 & 2 & 4 \\ 1 & 2 & 3 & 1 & 1 \\ 2 & 4 & 8 & 0 & 0 \\ 3 & 6 & 7 & 5 & 9 \end{pmatrix}$$

A의 행간소사다리꼴은 다음과 같다.

$$B = \begin{pmatrix} 1 & 2 & 0 & 4 & 0 \\ 0 & 0 & 1 & -1 & 0 \\ 0 & 0 & 0 & 0 & 1 \\ 0 & 0 & 0 & 0 & 0 \end{pmatrix}$$

B는 영이 아닌 행을 3개 가지고 있으므로 A의 랭크는 3이다. B의 1열, 3열, 5열이 각각 e_1, e_2, e_3이다. 정리 3.16(3)에 따라 A의 1열, 3열, 5열은 일차독립이다.

A의 각 열을 a_1, a_2, a_3, a_4, a_5라 표기하자. B의 2열이 $2e_1$이므로 정리 3.16(4)를 이용하면 $a_2 = 2a_1$임을 쉽게 확인할 수 있다. B의 4열이 $4e_1 + (-1)e_2$이므로 같은 방식으로 다음 식이 성립함을 보일 수 있다.

$$a_4 = 4a_1 + (-1)a_3$$

1.6절 예제 6에서 $\mathbf{R}^3$의 생성집합 $S = \{(2, -3, 5), (8, -12, 20), (1, 0, -2), (0, 2, -1), (7, 2, 0)\}$으로부터 기저를 얻었다. 이 과정은 정리 3.16을 사용하면 다음과 같이 간단히 나타낼 수 있다.

S가 일차독립이면 S는 $\mathbf{R}^3$의 기저임을 인지하고 진행하자. 이 경우 S가 $\dim(\mathbf{R}^3) = 3$개를 초과하는 벡터를 가지고 있으므로 S가 일차종속임은 자명하다. 그럼에도 불구하고 S가 일차종속인지

일차독립인지 계산하는 과정은 유익하다. 다음 조건을 만족하는, 적어도 하나는 0이 아닌 스칼라 c_1, c_2, c_3, c_4, c_5가 존재하면 S가 일차종속이다.

$$c_1(2,-3,5)+c_2(8,-12,20)+c_3(1,0,-2)+c_4(0,2,-1)+c_5(7,2,0)=(0,0,0)$$

S가 일차종속이기 위한 필요충분조건은 다음 연립일차방정식이 영벡터가 아닌 해가 있는 것이다.

$$\begin{aligned} 2c_1 + \ \ 8c_2 + \ \ c_3 \qquad\quad + 7c_5 &= 0 \\ -3c_1 - 12c_2 \qquad\quad + 2c_4 + 2c_5 &= 0 \\ 5c_1 + 20c_2 - 2c_3 - \ \ c_4 \qquad\quad &= 0 \end{aligned}$$

이 연립방정식의 첨가행렬은 다음과 같다.

$$A = \begin{pmatrix} 2 & 8 & 1 & 0 & 7 & 0 \\ -3 & -12 & 0 & 2 & 2 & 0 \\ 5 & 20 & -2 & -1 & 0 & 0 \end{pmatrix}$$

이 행렬의 행간소사다리꼴은 다음과 같다.

$$B = \begin{pmatrix} 1 & 4 & 0 & 0 & 2 & 0 \\ 0 & 0 & 1 & 0 & 3 & 0 \\ 0 & 0 & 0 & 1 & 4 & 0 \end{pmatrix}$$

이번 절의 초반부에 설명한 기술을 사용하면 위 연립일차방정식의 영이 아닌 해를 찾을 수 있고, S가 일차종속임도 확인할 수 있다. 한편, 정리 3.16(3)은 추가 정보를 준다. B의 1열, 3열, 4열(각각 e_1, e_2, e_3)이 일차독립이므로, A의 1열, 3열, 4열도 일차독립이다. A의 마지막 열(영벡터)를 제외한 열은 S에 속한 벡터이므로 $\beta = \{(2,-3,5),(1,0,-2),(0,2,-1)\}$은 S의 일차독립인 부분집합이다. 대체정리의 따름정리 2(2)(66쪽)에 의해 β는 R^3의 기저이다.

F에서의 모든 유한차원 벡터공간은 적절한 자연수 n에 대하여 F^n과 동형이므로 임의의 생성집합을 축소시켜 기저를 얻을 때 비슷한 방법을 사용할 수 있다. 다음 예제를 살펴보자.

예제 3 다음 집합은 $\mathsf{P}_3(R)$의 부분공간 V를 생성한다.

$$S=\{2+x+2x^2+3x^3, 4+2x+4x^2+6x^3, 6+3x+8x^2+7x^3, 2+x+5x^3, 4+x+9x^3\}$$

V의 기저가 되는 S의 부분집합을 찾기 위해 다음 부분집합을 생각하자.

$$S' = \{(2,1,2,3),(4,2,4,6),(6,3,8,7),(2,1,0,5),(4,1,0,9)\}$$

이 집합은 표준 순서기저에 대한 $\mathsf{P}_3(R)$의 표준표현에 의한 S의 상이다. S'의 벡터를 각각의 열로 가지는 4×5 행렬은 예제 2의 행렬 A이다. A의 행간소사다리꼴인 예제 2의 행렬 B를 이용하면 A의 1열, 3열, 5열은 일차독립이고, A의 2열과 4열은 1열, 3열, 5열의 일차결합임을 알 수 있다. 즉, 집합 $\{(2,1,2,3),(6,3,8,7),(4,1,0,9)\}$는 S'에 의해 생성된 (R^4의) 부분공간의 기저이다. 따라서 다음 집합은 $\mathsf{P}_3(R)$의 부분공간 V의 기저이다.

$$\{2+x+2x^2+3x^3, 6+3x+8x^2+7x^3, 4+x+9x^3\}$$

유한차원 벡터공간 V의 일차독립인 부분집합 S를 확장하여 V의 기저를 얻는 방법을 설명하며 이번 절을 마무리한다. 대체정리의 따름정리 2(3)(66쪽)에 의하면 이 방법은 항상 사용할 수 있다. 대체정리(정리 2.3)를 기반으로 V의 기저 β를 구체적으로 찾을 수 있다고 가정한 뒤 접근하자. S의 벡터에 덧붙여 β의 벡터로 이루어진 순서집합을 S'이라 하자. $\beta \subseteq S'$이므로, 집합 S'은 V를 생성한다. 앞서 설명한 기술을 사용하면 이 생성집합 S'을 축소하여 S를 포함하는 (V의) 기저를 만들 수 있다. 다음 예제를 통해 이해해 보자.

예제 4 다음과 같이 정의된 집합 V는 R^5의 부분공간임을 쉽게 확인할 수 있다.

$$\mathsf{V} = \{(x_1, x_2, x_3, x_4, x_5) \in \mathsf{R}^5 : x_1 + 7x_2 + 5x_3 - 4x_4 + 2x_5 = 0\}$$

또한 집합 S는 V의 일차독립인 부분집합이다.

$$S = \{(-2,0,0,-1,-1),(1,1,-2,-1,-1),(-5,1,0,1,1)\}$$

S를 확장하여 V의 기저를 얻어 보자. 먼저 V의 기저 β를 하나 찾는다. 이때 V를 정의하는 연립일차방정식을 푼다. V는 하나의 방정식으로 이루어져 있으므로 방정식을 다음과 같이 쓰자.

$$x_1 = -7x_2 - 5x_3 + 4x_4 - 2x_5$$

이제 x_2, x_3, x_4, x_5에 매개변수를 부여한다. $x_2 = t_1$, $x_3 = t_2$, $x_4 = t_3$, $x_5 = t_4$라 하면 V의 벡터는 다음과 같은 꼴이다.

$$\begin{aligned}(x_1, x_2, x_3, x_4, x_5) &= (-7t_1 - 5t_2 + 4t_3 - 2t_4, t_1, t_2, t_3, t_4) \\ &= t_1(-7,1,0,0,0) + t_2(-5,0,1,0,0) + t_3(4,0,0,1,0) + t_4(-2,0,0,0,1)\end{aligned}$$

따라서 다음 β는 정리 3.15에 의해 **V**의 기저가 된다.

$$\beta = \{(-7,1,0,0,0), (-5,0,1,0,0), (4,0,0,1,0), (-2,0,0,0,1)\}$$

S의 벡터에 이어 β의 벡터를 열로 가지는 행렬을 생각하자.

$$\begin{pmatrix} -2 & 1 & -5 & -7 & -5 & 4 & -2 \\ 0 & 1 & 1 & 1 & 0 & 0 & 0 \\ 0 & -2 & 0 & 0 & 1 & 0 & 0 \\ -1 & -1 & 1 & 0 & 0 & 1 & 0 \\ -1 & -1 & 1 & 0 & 0 & 0 & 1 \end{pmatrix}$$

이 행렬의 행간소사다리꼴은 다음과 같다.

$$\begin{pmatrix} 1 & 0 & 0 & 1 & 1 & 0 & -1 \\ 0 & 1 & 0 & 0 & -0.5 & 0 & 0 \\ 0 & 0 & 1 & 1 & 0.5 & 0 & 0 \\ 0 & 0 & 0 & 0 & 0 & 1 & -1 \\ 0 & 0 & 0 & 0 & 0 & 0 & 0 \end{pmatrix}$$

따라서 다음 집합은 S를 포함하는 (**V**의) 기저이다.

$$\{(-2,0,0,-1,-1), (1,1,-2,-1,-1), (-5,1,0,1,1), (4,0,0,1,0)\}$$

3.4 연습문제

1. 다음 명제의 참-거짓을 판정하라.

(a) $(A|b)$에 기본열연산을 유한 번 적용하여 $(A'|b')$을 얻었다면 두 연립일차방정식 $Ax = b$와 $A'x = b'$은 동치이다.

(b) $(A|b)$에 기본행연산을 유한 번 적용하여 $(A'|b')$을 얻었다면 두 연립일차방정식 $Ax = b$와 $A'x = b'$은 동치이다.

(c) $n \times n$ 행렬 A의 랭크가 n이면 행간소사다리꼴은 I_n이다.

(d) 임의의 행렬에 기본행연산을 유한 번 적용하여 행간소사다리꼴을 얻을 수 있다.

(e) $(A|b)$가 행간소사다리꼴이면 연립일차방정식 $Ax = b$는 모순이 없다.

(f) n개의 미지수와 m개의 일차방정식으로 이루어진 연립일차방정식 $Ax = b$의 첨가행렬이 기약행사다리꼴이라 하자. 이 연립방정식이 모순이 없고 영이 아닌 행의 개수가 r일 때, $Ax = 0$의 해집합의 차원은 $n - r$다.

(g) 행렬 A에 기본행연산을 적용하여 행간소사다리꼴 A'을 얻었다면 A'의 영이 아닌 행의 개수는 A의 랭크와 같다.

2. 가우스 소거법을 사용하여 다음 연립일차방정식의 해를 구하라.

(a) $\begin{aligned} x_1 + 2x_2 - x_3 &= -1 \\ 2x_1 + 2x_2 + x_3 &= 1 \\ 3x_1 + 5x_2 - 2x_3 &= -1 \end{aligned}$

(b) $\begin{aligned} x_1 - 2x_2 - x_3 &= 1 \\ 2x_1 - 3x_2 + x_3 &= 6 \\ 3x_1 - 5x_2 &= 7 \\ x_1 + 5x_3 &= 9 \end{aligned}$

(c) $\begin{aligned} x_1 + 2x_2 + 2x_4 &= 6 \\ 3x_1 + 5x_2 - x_3 + 6x_4 &= 17 \\ 2x_1 + 4x_2 + x_3 + 2x_4 &= 12 \\ 2x_1 - 7x_3 + 11x_4 &= 7 \end{aligned}$

(d) $\begin{aligned} x_1 - x_2 - 2x_3 + 3x_4 &= -63 \\ 2x_1 - x_2 + 6x_3 + 6x_4 &= -2 \\ -2x_1 + x_2 - 4x_3 - 3x_4 &= 0 \\ 3x_1 - 2x_2 + 9x_3 + 10x_4 &= -5 \end{aligned}$

(e) $\begin{aligned} x_1 - 4x_2 - x_3 + x_4 &= 3 \\ 2x_1 - 8x_2 + x_3 - 4x_4 &= 9 \\ -x_1 + 4x_2 - 2x_3 + 5x_4 &= -6 \end{aligned}$

(f) $\begin{aligned} x_1 + 2x_2 - x_3 + 3x_4 &= 2 \\ 2x_1 + 4x_2 - x_3 + 6x_4 &= 5 \\ x_2 + 2x_4 &= 3 \end{aligned}$

(g) $\begin{aligned} 2x_1 - 2x_2 - x_3 + 6x_4 - 2x_5 &= 1 \\ x_1 - x_2 + x_3 + 2x_4 - x_5 &= 2 \\ 4x_1 - 4x_2 + 5x_3 + 7x_4 - x_5 &= 6 \end{aligned}$

(h) $\begin{aligned} 3x_1 - x_2 + x_3 - x_4 + 2x_5 &= 5 \\ x_1 - x_2 - x_3 - 2x_4 - x_5 &= 2 \\ 5x_1 - 2x_2 + x_3 - 3x_4 + 3x_5 &= 10 \\ 2x_1 - x_2 - 2x_4 + x_5 &= 5 \end{aligned}$

(i) $\begin{aligned} 3x_1 - x_2 + 2x_3 + 4x_4 + x_5 &= 2 \\ x_1 - x_2 + 2x_3 + 3x_4 + x_5 &= -1 \\ 2x_1 - 3x_2 + 6x_3 + 9x_4 + 4x_5 &= -5 \\ 7x_1 - 2x_2 + 4x_3 + 8x_4 + x_5 &= 6 \end{aligned}$

(j) $\begin{aligned} 2x_1 + 3x_3 - 4x_5 &= 5 \\ 3x_1 - 4x_2 + 8x_3 + 3x_4 &= 8 \\ x_1 - x_2 + 2x_3 + x_4 - x_5 &= 2 \\ -2x_1 + 5x_2 - 9x_3 - 3x_4 - 5x_5 &= -8 \end{aligned}$

3. 연립일차방정식 $Ax = b$의 첨가행렬에 기본행연산을 유한 번 적용하여 행간소사다리꼴 $(A'|b')$을 얻었다고 하자. 다음 명제가 참임을 보여라.

(a) $\text{rank}(A') \neq \text{rank}(A'|b')$이기 위한 필요충분조건은 $(A'|b')$이 0이 아닌 유일한 성분이 마지막 열에 있는 행을 가지는 것이다.

(b) $Ax = b$에 모순이 없기 위한 필요충분조건은 $(A'|b')$이 0이 아닌 유일한 성분이 마지막 열에 있는 행을 가지지 않는 것이다.

4. 연습문제 3의 결과를 이용하여 각 연립일차방정식에 모순이 없는지 판별하라. 만약 연립일차방정식에 모순이 없으면 모든 해를 구하라. 마지막으로, 대응하는 동차 연립일차방정식의 해집합의 기저를 구하라.

$$\text{(a)}\quad \begin{aligned} x_1 + 2x_2 - x_3 + x_4 &= 2 \\ 2x_1 + x_2 + x_3 - x_4 &= 3 \\ x_1 + 2x_2 - 3x_3 + 2x_4 &= 2 \end{aligned} \qquad \text{(b)}\quad \begin{aligned} x_1 + x_2 - 3x_3 + x_4 &= -2 \\ x_1 + x_2 + x_3 - x_4 &= 2 \\ x_1 + x_2 - x_3 &= 0 \end{aligned}$$

$$\text{(c)}\quad \begin{aligned} x_1 + x_2 - 3x_3 + x_4 &= 1 \\ x_1 + x_2 + x_3 - x_4 &= 2 \\ x_1 + x_2 - x_3 &= 0 \end{aligned}$$

5. A의 행간소사다리꼴이 다음과 같다.

$$\begin{pmatrix} 1 & 0 & 2 & 0 & -2 \\ 0 & 1 & -5 & 0 & -3 \\ 0 & 0 & 0 & 1 & 6 \end{pmatrix}$$

A의 1열, 2열, 4열이 각각 다음과 같을 때, 행렬 A를 구하라.

$$\begin{pmatrix} 1 \\ -1 \\ 3 \end{pmatrix}, \quad \begin{pmatrix} 0 \\ -1 \\ 1 \end{pmatrix}, \quad \begin{pmatrix} 1 \\ -2 \\ 0 \end{pmatrix}$$

6. A의 행간소사다리꼴이 다음과 같다.

$$\begin{pmatrix} 1 & -3 & 0 & 4 & 0 & 5 \\ 0 & 0 & 1 & 3 & 0 & 2 \\ 0 & 0 & 0 & 0 & 1 & -1 \\ 0 & 0 & 0 & 0 & 0 & 0 \end{pmatrix}$$

A의 1열, 3열, 6열이 각각 다음과 같을 때, 행렬 A를 구하라.

$$\begin{pmatrix} 1 \\ -2 \\ -1 \\ 3 \end{pmatrix}, \quad \begin{pmatrix} -1 \\ 1 \\ 2 \\ -4 \end{pmatrix}, \quad \begin{pmatrix} 3 \\ -9 \\ 2 \\ 5 \end{pmatrix}$$

7. 벡터 $u_1 = (2, -3, 1)$, $u_2 = (1, 4, -2)$, $u_3 = (-8, 12, -4)$, $u_4 = (1, 37, -17)$, $u_5 = (-3, -5, 8)$은 R^3을 생성한다. 집합 $\{u_1, u_2, u_3, u_4, u_5\}$의 부분집합이면서 R^3의 기저인 집합을 찾아라.

8. R^5의 벡터 중 모든 성분의 합이 영인 벡터들의 집합을 W라 하자. 다음 벡터들은 W를 생성한다.

$$\begin{aligned} &u_1 = (2, -3, 4, -5, 2), &&u_2 = (-6, 9, -12, 15, -6), \\ &u_3 = (3, -2, 7, -9, 1), &&u_4 = (2, -8, 2, -2, 6), \\ &u_5 = (-1, 1, 2, 1, -3), &&u_6 = (0, -3, -18, 9, 12), \\ &u_7 = (1, 0, -2, 3, -2), &&u_8 = (2, -1, 1, -9, 7) \end{aligned}$$

$\{u_1, u_2, \ldots, u_8\}$의 부분집합이면서 **W**의 기저인 집합을 찾아라.

9. 2×2 대칭행렬로 이루어진 ($\mathsf{M}_{2\times 2}(R)$의) 부분공간을 **W**라 표기하자. 다음 집합은 **W**를 생성한다.

$$S = \left\{ \begin{pmatrix} 0 & -1 \\ -1 & 1 \end{pmatrix}, \begin{pmatrix} 1 & 2 \\ 2 & 3 \end{pmatrix}, \begin{pmatrix} 2 & 1 \\ 1 & 9 \end{pmatrix}, \begin{pmatrix} 1 & -2 \\ -2 & 4 \end{pmatrix}, \begin{pmatrix} -1 & 2 \\ 2 & -1 \end{pmatrix} \right\}$$

S의 부분집합이면서 **W**를 생성하는 집합을 찾아라.

10. $\mathsf{V} = \{(x_1, x_2, x_3, x_4, x_5) \in \mathsf{R}^5 : x_1 - 2x_2 + 3x_3 - x_4 + 2x_5 = 0\}$이라 할 때 다음 물음에 답하라.

(a) 집합 $S = \{(0, 1, 1, 1, 0)\}$이 **V**의 일차독립인 부분집합임을 보여라.

(b) S를 확장하여 (**V**의) 기저를 구하라.

11. **V**가 연습문제 10과 같을 때 다음 물음에 답하라.

(a) 집합 $S = \{(1, 2, 1, 0, 0)\}$이 **V**의 일차독립인 부분집합임을 보여라.

(b) S를 확장하여 (**V**의) 기저를 구하라.

12. 다음 연립일차방정식의 모든 해의 집합을 **V**라 하자.

$$\begin{aligned} x_1 - x_2 \qquad\quad + 2x_4 - 3x_5 + x_6 &= 0 \\ 2x_1 - x_2 - x_3 + 3x_4 - 4x_5 + 4x_6 &= 0 \end{aligned}$$

다음 물음에 답하라.

(a) 집합 $S = \{(0, -1, 0, 1, 1, 0), (1, 0, 1, 1, 1, 0)\}$이 **V**의 일차독립인 부분집합임을 보여라.

(b) S를 확장하여 (**V**의) 기저를 구하라.

13. **V**가 연습문제 12와 같을 때 다음 물음에 답하라.

(a) 집합 $S = \{(1, 0, 1, 1, 1, 0), (0, 2, 1, 1, 0, 0)\}$이 **V**의 일차독립인 부분집합임을 보여라.

(b) S를 확장하여 (**V**의) 기저를 구하라.

14. $(A|b)$가 행간소사다리꼴이면 A도 행간소사다리꼴임을 증명하라.

15. 정리 3.16의 따름정리를 증명하라.

4

행렬식
Determinants

행렬식은 정사각행렬 집합을 정의역으로 하고 스칼라를 함숫값으로 하는 특별한 함수이다. 행렬식은 과거에 비해 영향력이 적지만 여전히 선형대수학과 응용 분야에서 중요한 위치에 있다. 모든 선형대수학 교재가 그렇듯 이 책도 행렬식을 체계적으로 다룬다. 특히 행렬식은 5장에서 고윳값(eigenvalue)을 계산하고 그 성질을 공부할 때 유용하게 쓰인다.

$n > 1$일 때, 행렬식은 $\mathsf{M}_{n\times n}(F)$에서 정의된 선형변환이 아니지만 일종의 선형성[1]이 있다. 이번 장에서 같이 다루도록 하겠다. 4.1절에서는 2차 정사각행렬의 행렬식을 정의하여 중요한 성질을 확인하고, 행렬식을 쉽게 계산하는 방법을 다룬다. 기하학에서 행렬식이 가지는 중요한 의미를 설명하기 위해 넓이와 향을 도입한다. 이 내용은 여러분의 필요에 따라 선택적으로 공부하기 바란다. 4.2절과 4.3절에서는 임의의 n차 정사각행렬의 행렬식을 정의하여 중요한 성질을 확인하고, 행렬식을 쉽게 계산하는 방법을 다룬다. 행렬식의 꼭 필요한 내용만 공부하고 싶다면, 핵심만 요약한 4.4절을 확인하라. 선택적으로 공부해도 좋은 4.5절에서는 세 가지 성질을 바탕으로 행렬식을 공리적으로 접근할 것이다.

4.1 2차 정사각행렬의 행렬식

이번 절에서는 2×2 행렬의 행렬식을 정의하고, 넓이와 향의 관점에서 행렬식이 가지는 기하학적 의미를 다룬다.

정의 체 F의 원소를 성분으로 하는 2×2 행렬 A가 다음과 같다고 하자.

$$A = \begin{pmatrix} a & b \\ c & d \end{pmatrix}$$

스칼라 $ad - bc$를 A의 **행렬식(determinant)**이라 하며, $\det(A)$ 또는 $|A|$라 표기한다.

예제 1 두 행렬 $A, B \in \mathsf{M}_{2\times 2}(R)$가 다음과 같다고 하자.

$$A = \begin{pmatrix} 1 & 2 \\ 3 & 4 \end{pmatrix}, \quad B = \begin{pmatrix} 3 & 2 \\ 6 & 4 \end{pmatrix}$$

1 n-선형성(n-linearity)이라 불리는 성질이다.

두 행렬 A, B의 행렬식을 구하면 각각 -2, 0이다.

$$\det(A) = 1 \cdot 4 - 2 \cdot 3 = -2, \quad \det(B) = 3 \cdot 4 - 2 \cdot 6 = 0$$

예제 1에서 두 행렬 A, B의 합은 $A + B = \begin{pmatrix} 4 & 4 \\ 9 & 8 \end{pmatrix}$이고 $A + B$의 행렬식은 다음과 같다.

$$\det(A + B) = 4 \cdot 8 - 4 \cdot 9 = -4$$

이때, $\det(A + B) \neq \det(A) + \det(B)$이므로 함수 $\det : \mathsf{M}_{2\times 2}(R) \to R$는 선형이 **아니다.** 그러나 행렬식에는 중요한 선형적 성질이 있다. 다음 정리를 보자.

정리 4.1 함수 $\det : \mathsf{M}_{2\times 2}(F) \to F$는 2×2 행렬의 다른 행이 고정되어 있을 때, 행렬의 각 행에 대하여 선형함수이다. 즉 u, v, $w \in \mathsf{F}^2$과 스칼라 k에 대하여 다음 두 식이 성립한다.

(1) $\det \begin{pmatrix} u + kv \\ w \end{pmatrix} = \det \begin{pmatrix} u \\ w \end{pmatrix} + k \det \begin{pmatrix} v \\ w \end{pmatrix}$

(2) $\det \begin{pmatrix} w \\ u + kv \end{pmatrix} = \det \begin{pmatrix} w \\ u \end{pmatrix} + k \det \begin{pmatrix} w \\ v \end{pmatrix}$

증명 (1) $u = (a_1, a_2)$, $v = (b_1, b_2)$, $w = (c_1, c_2) \in \mathsf{F}^2$과 스칼라 k에 대하여 다음이 성립한다.

$$\begin{aligned} \det \begin{pmatrix} u \\ w \end{pmatrix} + k \det \begin{pmatrix} v \\ w \end{pmatrix} &= \det \begin{pmatrix} a_1 & a_2 \\ c_1 & c_2 \end{pmatrix} + k \det \begin{pmatrix} b_1 & b_2 \\ c_1 & c_2 \end{pmatrix} \\ &= (a_1c_2 - a_2c_1) + k(b_1c_2 - b_2c_1) \\ &= (a_1 + kb_1)c_2 - (a_2 + kb_2)c_1 \\ &= \det \begin{pmatrix} a_1 + kb_1 & a_2 + kb_2 \\ c_1 & c_2 \end{pmatrix} \\ &= \det \begin{pmatrix} u + kv \\ w \end{pmatrix} \end{aligned}$$

(2) (1)과 비슷한 방식으로 계산하면 다음 식도 성립함을 확인할 수 있다.

$$\det \begin{pmatrix} w \\ u \end{pmatrix} + k \det \begin{pmatrix} w \\ v \end{pmatrix} = \det \begin{pmatrix} w \\ u + kv \end{pmatrix}$$ ◀

예제 1에서 행렬 A는 가역행렬이지만 행렬 B는 가역행렬이 아님을 쉽게 확인할 수 있다. $\det(A) \neq 0$이지만 $\det(B) = 0$임을 떠올려 보자. 일반적으로 행렬식의 값으로 가역행렬을 판별할 수 있다.

정리 4.2 행렬 $A \in \mathsf{M}_{2\times 2}(F)$에 대하여 A의 행렬식이 0이 아니기 위한 필요충분조건은 A가 가역행렬인 것이다. 특히, A가 가역행렬이면 역행렬은 다음과 같다.

$$A^{-1} = \frac{1}{\det(A)}\begin{pmatrix} A_{22} & -A_{12} \\ -A_{21} & A_{11}\end{pmatrix}$$

증명 $\det(A) \neq 0$이면, 다음과 같이 정의한 행렬 M에 대하여 $AM = MA = I$임을 직접 계산하여 확인할 수 있다.

$$M = \frac{1}{\det(A)}\begin{pmatrix} A_{22} & -A_{12} \\ -A_{21} & A_{11}\end{pmatrix}$$

즉 A는 가역행렬이고, $M = A^{-1}$이다.

역으로 다음과 같이 주어진 가역행렬 A가 있다고 하자.

$$A = \begin{pmatrix} A_{11} & A_{12} \\ A_{21} & A_{22}\end{pmatrix}$$

175쪽에 따르면 $\text{rank}(A) = 2$이다. 즉 $A_{11} \neq 0$ 또는 $A_{21} \neq 0$이다. $A_{11} \neq 0$이면 A의 2행에 1행의 $\dfrac{-A_{21}}{A_{11}}$배를 더하여 다음 행렬을 얻을 수 있다.

$$\begin{pmatrix} A_{11} & A_{12} \\ 0 & A_{22} - \dfrac{A_{12}A_{21}}{A_{11}}\end{pmatrix}$$

정리 3.4에 따르면 기본행연산은 랭크를 보존하므로 다음이 성립한다.

$$A_{22} - \frac{A_{12}A_{21}}{A_{11}} \neq 0$$

즉, $\det(A) = A_{11}A_{22} - A_{12}A_{21} \neq 0$이다. 한편, $A_{21} \neq 0$이면 A의 1행에 2행의 $\dfrac{-A_{11}}{A_{21}}$배를 더하여 비슷한 방식으로 증명할 수 있다. 둘 중 어떤 경우에도 $\det(A) \neq 0$이다. ◀

4.2절과 4.3절에서는 n차 정사각행렬에서 행렬식을 정의하고, 이 경우에도 정리 4.2가 성립함을 보일 것이다. 이제 2×2 행렬의 행렬식에 담긴 기하학적 의미를 알아보자. 특히 향을 다룰 때 행렬식의 부호가 중요함을 설명할 것이다. 이 부분은 여러분의 필요에 따라 선택적으로 공부하기 바란다.

평행사변형의 넓이

R^2의 두 벡터가 이루는 **각(angle)**은 주어진 벡터와 같은 크기와 방향을 가지고 시점이 원점인 두 벡터가 이루는 각 θ $(0 \leq \theta < \pi)$을 의미한다(그림 4.1).

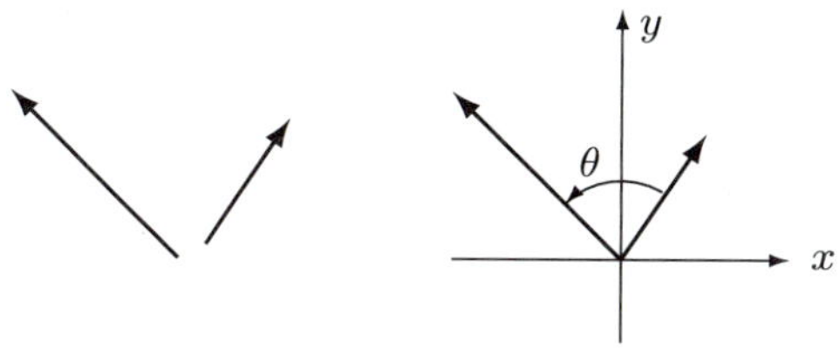

[그림 4.1] $\mathbf{R}^2$에서 정의된 두 벡터가 이루는 각

$\beta = \{u, v\}$가 $\mathbf{R}^2$의 순서기저일 때, β의 **향(orientation)**을 다음과 같은 실수로 정의한다.

$$\mathcal{O}\begin{pmatrix} u \\ v \end{pmatrix} = \frac{\det\begin{pmatrix} u \\ v \end{pmatrix}}{\left|\det\begin{pmatrix} u \\ v \end{pmatrix}\right|}$$

(정리 4.2에 따르면 위 식의 분모는 0이 아니다.) 따라서 $\mathcal{O}\begin{pmatrix} u \\ v \end{pmatrix} = \pm 1$이다. 또한 벡터 e_1, e_2에 대하여 다음이 성립한다.

$$\mathcal{O}\begin{pmatrix} e_1 \\ e_2 \end{pmatrix} = 1, \quad \mathcal{O}\begin{pmatrix} e_1 \\ -e_2 \end{pmatrix} = -1$$

좌표계 $\{u, v\}$에 대하여 벡터 u를 시계 반대방향으로 각 θ $(0 < \theta < \pi)$만큼 회전하여 벡터 v에 포갤 수 있으면 이 좌표계는 **오른손 좌표계(right-handed coordinate system)** 라 한다. 그렇지 않으면 $\{u, v\}$는 **왼손 좌표계(left-handed coordinate system)**라 한다(그림 4.2).

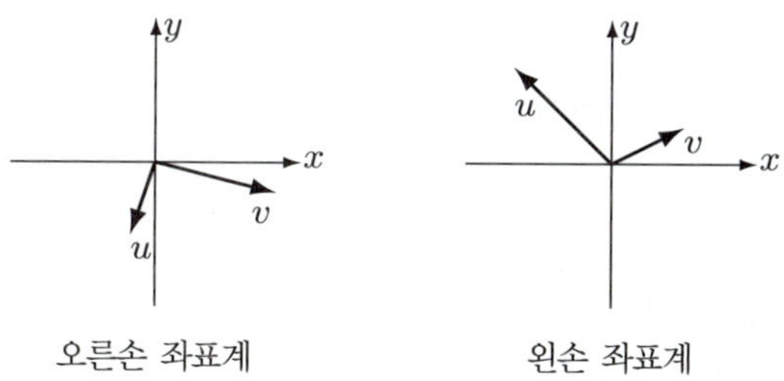

[그림 4.2] 오른손 좌표계와 왼손 좌표계

일반적으로 $\mathcal{O}\begin{pmatrix} u \\ v \end{pmatrix} = 1$이기 위한 필요충분조건은 순서기저 $\{u, v\}$가 오른손 좌표계인 것이다 (연습문제 12). 편의를 위해 $\{u, v\}$가 일차종속인 경우에도 $\mathcal{O}\begin{pmatrix} u \\ v \end{pmatrix} = 1$이라 정의하자.

다음과 같은 방식으로 임의의 순서집합 $\{u, v\} \in \mathbf{R}^2$에 대응하는 평행사변형을 생각할 수 있다. u, v를 $\mathbf{R}^2$의 원점을 시점으로 하는 유향선분이라 생각하자. 이웃한 두 변 u, v를 가지는 평행사변형을 u

와 v로 결정되는 **평행사변형(parallelogram)**이라 한다(그림 4.3). 집합 $\{u, v\}$가 일차종속(u와 v가 평행)이면, u와 v로 결정되는 평행사변형은 선분으로 퇴화하여 그 넓이는 0이 된다.

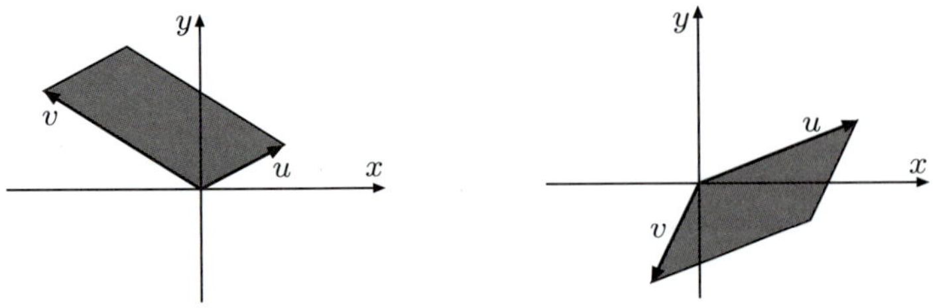

[그림 4.3] u와 v로 결정되는 평행사변형

u와 v로 결정되는 평행사변형의 넓이 $\mathcal{A}\begin{pmatrix} u \\ v \end{pmatrix}$와 $\det\begin{pmatrix} u \\ v \end{pmatrix}$ 사이에는 흥미로운 관계가 있다. 먼저, 행렬식 $\det\begin{pmatrix} u \\ v \end{pmatrix}$는 음수가 될 수도 있으므로 $\mathcal{A}\begin{pmatrix} u \\ v \end{pmatrix} = \det\begin{pmatrix} u \\ v \end{pmatrix}$가 성립한다고는 할 수 없다. 그러나 다음 관계식은 성립함을 보일 수 있다.

$$\mathcal{A}\begin{pmatrix} u \\ v \end{pmatrix} = \mathcal{O}\begin{pmatrix} u \\ v \end{pmatrix} \cdot \det\begin{pmatrix} u \\ v \end{pmatrix}$$

$\{u, v\}$의 향의 정의를 이용하여 u, v로 결정되는 평행사변형의 넓이를 다음과 같이 나타낼 수 있다.

$$\mathcal{A}\begin{pmatrix} u \\ v \end{pmatrix} = \left|\det\begin{pmatrix} u \\ v \end{pmatrix}\right|$$

다음 소개하는 $\mathcal{A}\begin{pmatrix} u \\ v \end{pmatrix} = \mathcal{O}\begin{pmatrix} u \\ v \end{pmatrix} \cdot \det\begin{pmatrix} u \\ v \end{pmatrix}$의 증명은 $\mathbf{R}^n$에서도 비슷한 결과가 성립함을 간접적으로 보여 준다. 증명하고자 하는 식의 양변에 $\mathcal{O}\begin{pmatrix} u \\ v \end{pmatrix} = \pm 1$을 곱하면 다음 동치인 식을 얻고, 이 식을 증명해도 충분하다.

$$\mathcal{O}\begin{pmatrix} u \\ v \end{pmatrix} \cdot \mathcal{A}\begin{pmatrix} u \\ v \end{pmatrix} = \det\begin{pmatrix} u \\ v \end{pmatrix}$$

이제 연습문제 11의 함수 $\delta\begin{pmatrix} u \\ v \end{pmatrix} = \mathcal{O}\begin{pmatrix} u \\ v \end{pmatrix} \cdot \mathcal{A}\begin{pmatrix} u \\ v \end{pmatrix}$가 세 가지 조건 (i), (ii), (iii)을 만족함을 보여 위 식을 증명하고자 한다.

(i) 임의의 실수 c에 대하여, 다음 식이 성립함을 보이자.

$$\delta\begin{pmatrix} u \\ cv \end{pmatrix} = c \cdot \delta\begin{pmatrix} u \\ v \end{pmatrix}$$

$c=0$인 경우, $\delta\begin{pmatrix}u\\cv\end{pmatrix}=\mathcal{O}\begin{pmatrix}u\\0\end{pmatrix}\cdot\mathcal{A}\begin{pmatrix}u\\0\end{pmatrix}=1\cdot 0=0$이므로 성립한다. 이제 $c\neq 0$이라 가정하자. u와 cv로 결정되는 평행사변형의 밑변을 cv로 보면 넓이는 다음과 같이 나타낼 수 있다.

$$\mathcal{A}\begin{pmatrix}u\\cv\end{pmatrix}=(\text{밑변})\times(\text{높이})=|c|(v\text{의 길이})(\text{높이})=|c|\cdot\mathcal{A}\begin{pmatrix}u\\v\end{pmatrix}$$

이때 그림 4.4에 따르면 u와 cv로 결정되는 평행사변형의 높이와 u와 v로 결정되는 평행사변형의 높이는 h로 같다.

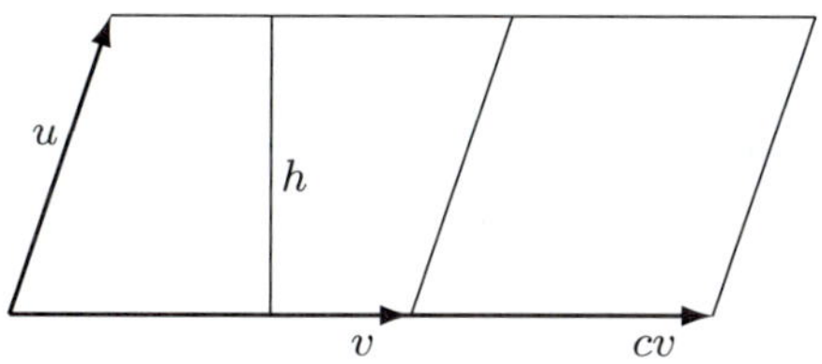

[그림 4.4] u와 cv로 결정되는 평행사변형과 u와 v로 결정되는 평행사변형

따라서, $\delta\begin{pmatrix}u\\cv\end{pmatrix}$를 계산하면 다음과 같다.

$$\begin{aligned}\delta\begin{pmatrix}u\\cv\end{pmatrix}&=\mathcal{O}\begin{pmatrix}u\\cv\end{pmatrix}\cdot\mathcal{A}\begin{pmatrix}u\\cv\end{pmatrix}=\left\{\frac{c}{|c|}\cdot\mathcal{O}\begin{pmatrix}u\\v\end{pmatrix}\right\}\left\{|c|\cdot\mathcal{A}\begin{pmatrix}u\\v\end{pmatrix}\right\}\\&=c\cdot\mathcal{O}\begin{pmatrix}u\\v\end{pmatrix}\cdot\mathcal{A}\begin{pmatrix}u\\v\end{pmatrix}=c\cdot\delta\begin{pmatrix}u\\v\end{pmatrix}\end{aligned}$$

비슷한 방식으로 다음 식도 증명할 수 있다.

$$\delta\begin{pmatrix}cu\\v\end{pmatrix}=c\cdot\delta\begin{pmatrix}u\\v\end{pmatrix}$$

이제 $u,w\in\mathbf{R}^2$과 실수 a, b에 대하여 다음이 성립함을 보이자.

$$\delta\begin{pmatrix}u\\au+bw\end{pmatrix}=b\cdot\delta\begin{pmatrix}u\\w\end{pmatrix}$$

u와 w로 결정되는 평행사변형과 u와 $u+w$로 결정되는 평행사변형은 공통인 밑변 u를 가지고, 그 높이가 같다(그림 4.5). 따라서, 다음이 성립한다.

$$\mathcal{A}\begin{pmatrix}u\\w\end{pmatrix}=\mathcal{A}\begin{pmatrix}u\\u+w\end{pmatrix}$$

$a=0$인 경우, (i)의 첫 번째 단락에서 증명한 결과에 의해 다음이 성립한다.

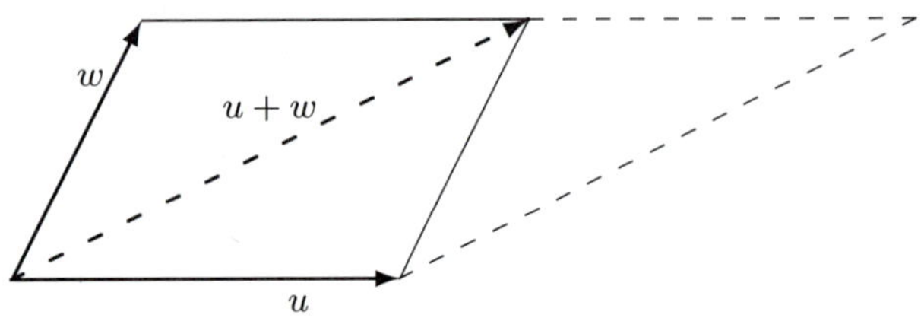

[그림 4.5] u와 w로 결정되는 평행사변형과 u와 $u+w$로 결정되는 평행사변형

$$\delta\begin{pmatrix} u \\ au+bw \end{pmatrix} = \delta\begin{pmatrix} u \\ bw \end{pmatrix} = b\cdot\delta\begin{pmatrix} u \\ w \end{pmatrix}$$

$a \neq 0$인 경우, 다음이 성립한다.

$$\delta\begin{pmatrix} u \\ au+bw \end{pmatrix} = a\cdot\delta\begin{pmatrix} u \\ u+\dfrac{b}{a}w \end{pmatrix} = a\cdot\delta\begin{pmatrix} u \\ \dfrac{b}{a}w \end{pmatrix} = b\cdot\delta\begin{pmatrix} u \\ w \end{pmatrix}$$

즉 어떤 경우에도 $\delta\begin{pmatrix} u \\ au+bw \end{pmatrix} = b\cdot\delta\begin{pmatrix} u \\ w \end{pmatrix}$이다.

이제 임의의 $u, v_1, v_2 \in \mathsf{R}^2$에 대하여, 다음 결과를 증명할 준비를 마쳤다.

$$\delta\begin{pmatrix} u \\ v_1+v_2 \end{pmatrix} = \delta\begin{pmatrix} u \\ v_1 \end{pmatrix} + \delta\begin{pmatrix} u \\ v_2 \end{pmatrix}$$

$u=0$이면 이 등식은 당연히 성립한다. $u \neq 0$이라 가정하자. u와 일차독립인 임의의 벡터 $w \in \mathsf{R}^2$을 하나 선택하자. 이제 임의의 벡터 $v_1, v_2 \in \mathsf{R}^2$에 대하여 $v_i = a_i u + b_i w$ $(i=1,2)$인 스칼라 a_i와 b_i가 존재한다. 즉, 다음이 성립한다.

$$\begin{aligned}
\delta\begin{pmatrix} u \\ v_1+v_2 \end{pmatrix} &= \delta\begin{pmatrix} u \\ (a_1+a_2)u+(b_1+b_2)w \end{pmatrix} = (b_1+b_2)\delta\begin{pmatrix} u \\ w \end{pmatrix} \\
&= \delta\begin{pmatrix} u \\ a_1u+b_1w \end{pmatrix} + \delta\begin{pmatrix} u \\ a_2u+b_2w \end{pmatrix} = \delta\begin{pmatrix} u \\ v_1 \end{pmatrix} + \delta\begin{pmatrix} u \\ v_2 \end{pmatrix}
\end{aligned}$$

비슷한 방식으로 모든 $u_1, u_2, v \in \mathsf{R}^2$에 대하여, 다음을 증명할 수 있다.

$$\delta\begin{pmatrix} u_1+u_2 \\ v \end{pmatrix} = \delta\begin{pmatrix} u_1 \\ v \end{pmatrix} + \delta\begin{pmatrix} u_2 \\ v \end{pmatrix}$$

(ii) $\mathcal{A}\begin{pmatrix} u \\ u \end{pmatrix} = 0$이므로, 임의의 $u \in \mathsf{R}^2$에 대하여 다음이 성립한다.

$$\delta\begin{pmatrix} u \\ u \end{pmatrix} = \mathcal{O}\begin{pmatrix} u \\ u \end{pmatrix}\cdot\mathcal{A}\begin{pmatrix} u \\ u \end{pmatrix} = 0$$

(iii) e_1과 e_2로 결정되는 평행사변형은 단위정사각형이므로 다음이 성립한다.

$$\delta\begin{pmatrix} e_1 \\ e_2 \end{pmatrix} = \mathcal{O}\begin{pmatrix} e_1 \\ e_2 \end{pmatrix} \cdot \mathcal{A}\begin{pmatrix} e_1 \\ e_2 \end{pmatrix} = 1 \cdot 1 = 1$$

즉 δ는 연습문제 11의 세 가지 조건 (i), (ii), (iii)을 만족하므로 $\delta = \det$이다. 따라서, u와 v로 결정되는 평행사변형의 넓이는 다음과 같다.

$$\mathcal{O}\begin{pmatrix} u \\ v \end{pmatrix} \cdot \det\begin{pmatrix} u \\ v \end{pmatrix}$$

예를 들어, $u = (-1, 5)$와 $v = (4, -2)$로 결정되는 평행사변형의 넓이는 다음과 같다.

$$\left|\det\begin{pmatrix} u \\ v \end{pmatrix}\right| = \left|\det\begin{pmatrix} -1 & 5 \\ 4 & -2 \end{pmatrix}\right| = 18$$

4.1 연습문제

1. 다음 명제의 참-거짓을 판정하라.

(a) 함수 $\det\colon \mathsf{M}_{2\times 2}(F) \to F$는 선형변환이다.

(b) 2×2 행렬의 행렬식은 다른 행이 고정되어 있을 때, 행렬의 각 행에 대하여 선형함수이다.

(c) $A \in \mathsf{M}_{2\times 2}(F)$이고 $\det(A) = 0$이면 A는 가역이다.

(d) 원점을 시점으로 하는 두 벡터 $u,\ v \in \mathsf{R}^2$에 대하여 이웃한 두 변 $u,\ v$를 가지는 평행사변형의 넓이는 $\det\begin{pmatrix} u \\ v \end{pmatrix}$이다.

(e) 좌표계가 오른손 좌표계일 필요충분조건은 향이 1인 것이다.

2. $\mathsf{M}_{2\times 2}(R)$에서 다음 행렬의 행렬식을 계산하라.

(a) $\begin{pmatrix} 6 & -3 \\ 2 & 4 \end{pmatrix}$ (b) $\begin{pmatrix} -5 & 2 \\ 6 & 1 \end{pmatrix}$ (c) $\begin{pmatrix} 8 & 0 \\ 3 & -1 \end{pmatrix}$

3. $\mathsf{M}_{2\times 2}(C)$에서 다음 행렬의 행렬식을 계산하라.

(a) $\begin{pmatrix} -1+i & 1-4i \\ 3+2i & 2-3i \end{pmatrix}$ (b) $\begin{pmatrix} 5-2i & 6+4i \\ -3+i & 7i \end{pmatrix}$ (c) $\begin{pmatrix} 2i & 3 \\ 4 & 6i \end{pmatrix}$

4. R^2의 벡터 $u,\ v$에 대하여, u와 v로 결정되는 평행사변형의 넓이를 구하라.

(a) $u = (3, -2),\ v = (2, 5)$

(b) $u = (1, 3),\ v = (-3, 1)$

(c) $u = (4, -1),\ v = (-6, -2)$

(d) $u = (3, 4)$, $v = (2, -6)$

5. 2×2 행렬 A의 두 행을 교환하여 얻은 행렬 B에 대하여 $\det(B) = -\det(A)$임을 증명하라.

6. $A \in \mathsf{M}_{2\times 2}(F)$의 두 열이 서로 같으면 $\det(A) = 0$임을 증명하라.

7. 임의의 $A \in \mathsf{M}_{2\times 2}(F)$에 대하여 $\det(A^t) = \det(A)$임을 증명하라.

8. 상삼각행렬 $A \in \mathsf{M}_{2\times 2}(F)$에 대하여 $\det(A)$는 A의 대각성분의 곱과 같음을 증명하라.

9. 임의의 $A, B \in \mathsf{M}_{2\times 2}(F)$에 대하여, $\det(AB) = \det(A) \cdot \det(B)$임을 증명하라.

10. 2×2 행렬 $A \in \mathsf{M}_{2\times 2}(F)$의 **고전적 수반행렬(classical adjoint matrix)**은 다음 행렬을 의미한다.

$$C = \begin{pmatrix} A_{22} & -A_{12} \\ -A_{21} & A_{11} \end{pmatrix}$$

두 행렬 A, C에 대하여 다음이 성립함을 보여라.

(a) $CA = AC = [\det(A)]I$

(b) $\det(C) = \det(A)$

(c) A^t의 고전적 수반행렬은 C^t이다.

(d) A가 가역이면 $A^{-1} = [\det(A)]^{-1}C$이다.

11. 함수 $\delta : \mathsf{M}_{2\times 2}(F) \to F$는 다음 조건 (i)~(iii)을 만족하는 함수이다.

> **(i)** 행렬의 다른 행이 고정되어 있을 때, 행렬의 각 행에 대하여 δ는 선형함수이다.
> **(ii)** 행렬 $A \in \mathsf{M}_{2\times 2}(F)$의 두 행이 같으면 $\delta(A) = 0$이다.
> **(iii)** 2×2 항등행렬 I에 대하여 $\delta(I) = 1$이다.

다음 명제가 참임을 증명하라.

(a) 임의의 기본행렬 $E \in \mathsf{M}_{2\times 2}(F)$에 대하여 $\delta(E) = \det(E)$이다.

(b) 임의의 행렬 $A \in \mathsf{M}_{2\times 2}(F)$, 임의의 기본행렬 $E \in \mathsf{M}_{2\times 2}(F)$에 대하여 $\delta(EA) = \delta(E)\delta(A)$이다.

12. 함수 $\delta : \mathsf{M}_{2\times 2}(F) \to F$가 연습문제 11의 조건 (i)~(iii)을 만족한다고 하자. 연습문제 11로부터 임의의 $A \in \mathsf{M}_{2\times 2}(F)$에 대하여 $\delta(A) = \det(A)$임을 증명하라. (4.5절에서 이 결과를 일반화할 것이다.)

13. $\mathbf{R}^2$의 순서기저 $\{u, v\}$에 대하여 다음 명제가 참임을 증명하라.

> $\mathcal{O}\begin{pmatrix} u \\ v \end{pmatrix} = 1$이기 위한 필요충분조건은 $\{u, v\}$가 오른손 좌표계를 구성하는 것이다.

힌트 2.1절 예제 2에서 다룬 회전의 정의를 생각하자.

4.2 n차 정사각행렬의 행렬식

이번 절에서는 $n \geq 3$인 $n \times n$ 행렬에서 행렬식을 정의한다. 편의를 위해 다음과 같이 정의하자.

$n \geq 2$일 때, 행렬 $A \in \mathsf{M}_{n\times n}(F)$에 대하여 A의 i행과 j열을 지워서 얻은 $(n-1) \times (n-1)$ 행렬을 $\tilde{A}_{ij}$라 한다.

예를 들어, 3×3 행렬 A와 4×4 행렬 B가 있다고 하자.

$$A = \begin{pmatrix} 1 & 2 & 3 \\ 4 & 5 & 6 \\ 7 & 8 & 9 \end{pmatrix}, \quad B = \begin{pmatrix} 1 & -1 & 2 & -1 \\ -3 & 4 & 1 & -1 \\ 2 & -5 & -3 & 8 \\ -2 & 6 & -4 & 1 \end{pmatrix}$$

이때, 행렬 $\tilde{A}_{11}$, $\tilde{A}_{13}$, $\tilde{A}_{32}$, $\tilde{B}_{23}$, $\tilde{B}_{42}$는 각각 다음과 같다.

$$\tilde{A}_{11} = \begin{pmatrix} 5 & 6 \\ 8 & 9 \end{pmatrix}, \quad \tilde{A}_{13} = \begin{pmatrix} 4 & 5 \\ 7 & 8 \end{pmatrix}, \quad \tilde{A}_{32} = \begin{pmatrix} 1 & 3 \\ 4 & 6 \end{pmatrix}$$

$$\tilde{B}_{23} = \begin{pmatrix} 1 & -1 & -1 \\ 2 & -5 & 8 \\ -2 & 6 & 1 \end{pmatrix}, \quad \tilde{B}_{42} = \begin{pmatrix} 1 & 2 & -1 \\ -3 & 1 & -1 \\ 2 & -3 & 8 \end{pmatrix}$$

정의 행렬 $A \in \mathsf{M}_{n\times n}(F)$에 대하여 $\det(A)$를 다음과 같이 귀납적으로 정의하자. (단, $n=1$일 때 $A=(A_{11})$)

$$\det(A) = \begin{cases} A_{11} & (n=1) \\ \displaystyle\sum_{j=1}^{n}(-1)^{1+j}A_{1j}\cdot\det(\tilde{A}_{1j}) & (n \geq 2) \end{cases}$$

- 스칼라 $\det(A)$는 A의 **행렬식(determinant)**이라 하며, $|A|$라 표기한다.
- 스칼라 $(-1)^{i+j}\det(\tilde{A}_{ij})$는 A의 i행 j열 성분에 대한 **여인수(cofactor)**라 한다.

A의 i행 j열 성분에 대한 여인수를 $c_{ij}=(-1)^{i+j}\det(\tilde{A}_{ij})$로 표기하면 A의 행렬식을 다음과 같이 쓸 수 있다.

$$\det(A) = A_{11}c_{11} + A_{12}c_{12} + \cdots + A_{1n}c_{1n}$$

즉, A의 행렬식은 (A의) 1행의 각 성분에 여인수를 곱하여 더한 것이다. 위 공식은 A의 1행에 대한 **여인수 전개(cofactor expansion)**라 한다. 2×2 행렬에 대하여 여인수 전개로 정의한 행렬식과 4.1절에서 다룬 행렬식의 정의는 서로 같다. 다음 식에서 확인해 보자.

$$\det(A) = A_{11}(-1)^{1+1}\det(\tilde{A}_{11}) + A_{12}(-1)^{1+2}\det(\tilde{A}_{12}) = A_{11}A_{22} - A_{12}A_{21}$$

예제 1 3×3 행렬 A가 다음과 같이 주어져 있다.

$$A = \begin{pmatrix} 1 & 3 & -3 \\ -3 & -5 & 2 \\ -4 & 4 & -6 \end{pmatrix} \in \mathsf{M}_{3\times 3}(R)$$

1행에 대한 여인수 전개를 하면 행렬식은 다음과 같다.

$$\begin{aligned}\det(A) &= (-1)^{1+1}A_{11}\cdot\det(\tilde{A}_{11}) + (-1)^{1+2}A_{12}\cdot\det(\tilde{A}_{12}) + (-1)^{1+3}A_{13}\cdot\det(\tilde{A}_{13}) \\ &= (-1)^2(1)\cdot\det\begin{pmatrix} -5 & 2 \\ 4 & -6 \end{pmatrix} + (-1)^3(3)\cdot\det\begin{pmatrix} -3 & 2 \\ -4 & -6 \end{pmatrix} \\ &\qquad + (-1)^4(-3)\cdot\det\begin{pmatrix} -3 & -5 \\ -4 & 4 \end{pmatrix} \\ &= 1\,[-5(-6)-2(4)] - 3\,[-3(-6)-2(-4)] - 3\,[-3(4)-(-5)(-4)] \\ &= 1(22) - 3(26) - 3(-32) = 40\end{aligned}$$

예제 2 3×3 행렬 B가 다음과 같이 주어져 있다.

$$B = \begin{pmatrix} 0 & 1 & 3 \\ -2 & -3 & -5 \\ 4 & -4 & 4 \end{pmatrix} \in \mathbf{M}_{3\times 3}(R)$$

1행에 대한 여인수 전개를 하면 행렬식은 다음과 같다.

$$\begin{aligned} \det(B) &= (-1)^{1+1}B_{11} \cdot \det(\tilde{B}_{11}) + (-1)^{1+2}B_{12} \cdot \det(\tilde{B}_{12}) + (-1)^{1+3}B_{13} \cdot \det(\tilde{B}_{13}) \\ &= (-1)^2(0) \cdot \det\begin{pmatrix} -3 & -5 \\ -4 & 4 \end{pmatrix} + (-1)^3(1) \cdot \det\begin{pmatrix} -2 & -5 \\ 4 & 4 \end{pmatrix} \\ &\quad + (-1)^4(3) \cdot \det\begin{pmatrix} -2 & -3 \\ 4 & -4 \end{pmatrix} \\ &= 0 - 1\,[-2(4) - (-5)(4)] + 3\,[-2(-4) - (-3)(4)] \\ &= 0 - 1(12) + 3(20) = 48 \end{aligned}$$

예제 3 4×4 행렬 C가 다음과 같이 주어져 있다.

$$C = \begin{pmatrix} 2 & 0 & 0 & 1 \\ 0 & 1 & 3 & -3 \\ -2 & -3 & -5 & 2 \\ 4 & -4 & 4 & -6 \end{pmatrix} \in \mathbf{M}_{4\times 4}(R)$$

1행에 대한 여인수 전개, 예제 1과 예제 2의 결과를 이용하면 C의 행렬식은 다음과 같다.

$$\begin{aligned} \det(C) &= (-1)^2(2) \cdot \det(\tilde{C}_{11}) + (-1)^3(0) \cdot \det(\tilde{C}_{12}) \\ &\quad + (-1)^4(0) \cdot \det(\tilde{C}_{13}) + (-1)^5(1) \cdot \det(\tilde{C}_{14}) \\ &= (-1)^2(2) \cdot \det\begin{pmatrix} 1 & 3 & -3 \\ -3 & -5 & 2 \\ -4 & 4 & -6 \end{pmatrix} + 0 + 0 + (-1)^5(1) \cdot \det\begin{pmatrix} 0 & 1 & 3 \\ -2 & -3 & -5 \\ 4 & -4 & 4 \end{pmatrix} \\ &= 2(40) + 0 + 0 - 1(48) = 32 \end{aligned}$$

예제 4 n에 대한 수학적 귀납법을 사용하여 $n \times n$ 항등행렬의 행렬식이 1임을 보이자.

$n=1$일 때, 1×1 항등행렬의 행렬식은 1이므로 참이다.

$n \geq 2$일 때, $(n-1) \times (n-1)$ 항등행렬의 행렬식을 1이라 가정하자. $n \times n$ 항등행렬을 I라 표기하자. $\tilde{I}_{11}$ 또한 $(n-1) \times (n-1)$ 항등행렬이므로 I의 1행에 대하여 여인수 전개하면 행렬식은 다음과 같다.

$$\begin{aligned}\det(I) &= (-1)^2(1)\cdot\det(\tilde{I}_{11}) + (-1)^3(0)\cdot\det(\tilde{I}_{12}) + \cdots + (-1)^{1+n}(0)\cdot\det(\tilde{I}_{1n}) \\ &= 1(1) + 0 + \cdots + 0 = 1\end{aligned}$$

즉 $n \times n$ 항등행렬의 행렬식은 1이다. 따라서 수학적 귀납법으로부터 임의의 항등행렬의 행렬식이 1임을 증명하였다.

예제 3의 4×4 행렬과 같이 작은 행렬에서도 귀납적 정의로 행렬식을 계산하는 것은 번거롭다. 귀납적 정의를 자세히 배운 뒤, 이번 절 후반부에서 행렬식을 효율적으로 계산하는 방법을 다룰 것이다.

정리 4.1을 상기해 보자. 2×2 행렬의 행렬식은 선형변환이 **아니지만** 다른 행이 고정되어 있을 때, 행렬의 각 행에 대하여 선형함수이다. 이 성질을 임의의 $n \times n$ 정사각행렬로 확장하자.

정리 4.3 $n \times n$ 행렬의 행렬식은 나머지 행이 고정되어 있을 때, 행렬의 각 행에 대하여 선형함수이다. 즉 $1 \leq r \leq n$인 r에 대하여 다음 식이 성립한다. 이때 k는 스칼라이고, u, v와 각 a_i는 행벡터($\in \mathsf{F}^n$)이다.

$$\det\begin{pmatrix} a_1 \\ \vdots \\ a_{r-1} \\ u+kv \\ a_{r+1} \\ \vdots \\ a_n \end{pmatrix} = \det\begin{pmatrix} a_1 \\ \vdots \\ a_{r-1} \\ u \\ a_{r+1} \\ \vdots \\ a_n \end{pmatrix} + k\det\begin{pmatrix} a_1 \\ \vdots \\ a_{r-1} \\ v \\ a_{r+1} \\ \vdots \\ a_n \end{pmatrix}$$

증명 n에 대한 수학적 귀납법을 사용하자.

$n=1$일 때, 당연히 참이다.

$n \geq 2$일 때, 임의의 $(n-1)\times(n-1)$ 행렬의 행렬식이 (다른 행이 고정되어 있을 때) 각 행에 대하여 선형함수라 가정하자. $n \times n$ 행렬 A의 각 행을 $a_1, a_2, \ldots, a_n$이라 할 때, 어떤 r $(1 \leq r \leq n)$와 $u = (b_1, b_2, \ldots, b_n) \in \mathsf{F}^n$, $v = (c_1, c_2, \ldots, c_n) \in \mathsf{F}^n$, 스칼라 k에 대하여 $a_r = u + kv$라 놓는다. A의 r행을 u, v로 바꾼 행렬을 각각 B, C라 할 때, $\det(A) = \det(B) + k\det(C)$가 성립함을 보여야 한다.

$r = 1$인 경우의 증명은 여러분의 몫으로 남긴다.

$r > 1$인 경우, $1 \leq j \leq n$에 대하여 $\tilde{A}_{1j}$, $\tilde{B}_{1j}$, $\tilde{C}_{1j}$는 $r-1$행을 제외한 나머지 행이 모두 같다. 이때 $\tilde{A}_{1j}$의 $r-1$행은 다음과 같다.

$$(b_1 + kc_1, \ldots, b_{j-1} + kc_{j-1}, b_{j+1} + kc_{j+1}, \ldots, b_n + kc_n)$$

이는 $\tilde{B}_{1j}$의 $r-1$행과 $\tilde{C}_{1j}$의 $r-1$행의 k배의 합과 같다. $\tilde{B}_{1j}$와 $\tilde{C}_{1j}$는 $(n-1)\times(n-1)$ 행렬이므로, 수학적 귀납법의 가정에 의해 $\det(\tilde{A}_{1j})$를 다음과 같이 나타낼 수 있다.

$$\det(\tilde{A}_{1j}) = \det(\tilde{B}_{1j}) + k\det(\tilde{C}_{1j})$$

이제 $A_{1j} = B_{1j} = C_{1j}$이므로, $\det(A)$는 다음과 같다.

$$\begin{aligned}\det(A) &= \sum_{j=1}^{n}(-1)^{1+j}A_{1j}\cdot\det(\tilde{A}_{1j})\\ &= \sum_{j=1}^{n}(-1)^{1+j}A_{1j}\cdot\left[\det(\tilde{B}_{1j}) + k\det(\tilde{C}_{1j})\right]\\ &= \sum_{j=1}^{n}(-1)^{1+j}A_{1j}\cdot\det(\tilde{B}_{1j}) + k\sum_{j=1}^{n}(-1)^{1+j}A_{1j}\cdot\det(\tilde{C}_{1j})\\ &= \det(B) + k\det(C)\end{aligned}$$

즉 $n \times n$ 행렬에 대하여 이 정리는 참이다.

수학적 귀납법에 따르면 임의의 정사각행렬에 대하여 행렬식은 나머지 행이 고정되어 있을 때, 행렬의 각 행에 대하여 선형함수이다. ◀

따름정리 행렬 $A \in \mathsf{M}_{n\times n}(F)$의 어느 행의 모든 성분이 0이면 $\det(A) = 0$이다.

증명 연습문제 24를 보라. ◀

행렬식은 정사각행렬을 1행에 대하여 여인수 전개해서 계산하는 것으로 정의한다. 그러나 다음 정리는 **임의의** 행에 대하여 여인수 전개해도 행렬식을 구할 수 있음을 설명한다. 증명은 다음과 같은 기교적 결과를 사용한다.

보조정리 1 $n \geq 2$인 행렬 $B \in \mathsf{M}_{n\times n}(F)$의 i행이 e_k(k는 $1 \leq k \leq n$인 어떤 자연수)이면, $\det(B) = (-1)^{i+k}\det(\tilde{B}_{ik})$이다.

증명 n에 대한 수학적 귀납법을 사용하자.

$n = 2$일 때, 이 보조정리는 쉽게 증명할 수 있다.

$n \geq 3$일 때, $(n-1)\times(n-1)$ 행렬에 대하여 위 보조정리가 성립한다고 가정하자. 어떤 자연수 k $(1 \leq k \leq n)$에 대하여, i행이 e_k인 $n \times n$ 행렬 B를 생각하자. $i = 1$이면 위 보조정리는 당연히 성립한다. $1 < i \leq n$이라 가정하자. 각 $j \neq k$ $(1 \leq j \leq n)$에 대하여, B의 1행과 i행, j열과 k열을 삭제하여 얻은 $(n-2)\times(n-2)$ 행렬을 C_{ij}라 하자. 각 j에 대하여, $\tilde{B}_{1j}$의 $i-1$행은 다음 벡터($\in \mathsf{F}^{n-1}$)와 같다.

$$\begin{cases} e_{k-1} & (j < k) \\ 0 & (j = k) \\ e_k & (j > k) \end{cases}$$

정리 4.3의 따름정리와 수학적 귀납법의 가정에 따라 $\det(\tilde{B}_{1j})$는 다음과 같이 표현된다.

$$\det(\tilde{B}_{1j}) = \begin{cases} (-1)^{(i-1)+(k-1)}\det(C_{ij}) & (j < k) \\ 0 & (j = k) \\ (-1)^{(i-1)+k}\det(C_{ij}) & (j > k) \end{cases}$$

따라서 $\det(B)$를 계산하면 다음과 같다.

$$\begin{aligned} \det(B) &= \sum_{j=1}^{n}(-1)^{1+j}B_{1j}\cdot\det(\tilde{B}_{1j}) \\ &= \sum_{j<k}(-1)^{1+j}B_{1j}\cdot\det(\tilde{B}_{1j}) + \sum_{j>k}(-1)^{1+j}B_{1j}\cdot\det(\tilde{B}_{1j}) \\ &= \sum_{j<k}(-1)^{1+j}B_{1j}\cdot\left\{(-1)^{(i-1)+(k-1)}\det(C_{ij})\right\} \\ &\qquad + \sum_{j>k}(-1)^{1+j}B_{1j}\cdot\left\{(-1)^{(i-1)+k}\det(C_{ij})\right\} \\ &= (-1)^{i+k}\left\{\sum_{j<k}(-1)^{1+j}B_{1j}\cdot\det(C_{ij}) + \sum_{j>k}(-1)^{1+(j-1)}B_{1j}\cdot\det(C_{ij})\right\} \end{aligned}$$

위 식에서 중괄호 안의 식은 $\tilde{B}_{ik}$를 1행에 대하여 여인수 전개한 것이므로 $\det(B)$는 다음과 같이 간단해진다.

$$\det(B) = (-1)^{i+k} \det(\tilde{B}_{ik})$$

즉 $n \times n$ 행렬에 대하여 이 보조정리는 성립한다. 따라서, 수학적 귀납법에 의해 임의의 정사각행렬에 대하여 보조정리가 성립한다. ◀

이제 임의의 행에 대한 여인수 전개를 사용하여 정사각행렬의 행렬식을 계산할 수 있음을 증명하자.

정리 4.4 정사각행렬의 행렬식은 임의의 행에 대하여 여인수 전개하여 구할 수 있다. 즉 $A \in \mathsf{M}_{n\times n}(F)$와 임의의 정수 $i(1 \leq i \leq n)$에 대하여 다음이 성립한다.

$$\det(A) = \sum_{j=1}^{n} (-1)^{i+j} A_{ij} \cdot \det(\tilde{A}_{ij})$$

증명 $i = 1$일 때, A의 1행에 대하여 여인수 전개하는 것은 행렬식의 정의를 이용하여 A의 행렬식을 계산하는 것과 같으므로 이 정리는 참이다.

이제 $i > 1$인 i를 선택하고 고정하자. A의 i행에 대한 전개는 $\sum_{j=1}^{n} A_{ij} e_j$이다. $1 \leq j \leq n$에 대하여 A의 i행을 e_j로 대체한 행렬을 B_j라 하자. 정리 4.3과 보조정리로부터 $\det(A)$를 다음과 같이 나타낼 수 있다.

$$\det(A) = \sum_{j=1}^{n} A_{ij} \cdot \det(B_j) = \sum_{j=1}^{n} (-1)^{i+j} A_{ij} \cdot \det(\tilde{A}_{ij})$$ ◀

따름정리 $A \in \mathsf{M}_{n\times n}(F)$의 두 행이 같으면 $\det(A) = 0$이다.

증명 n에 대한 수학적 귀납법을 사용하여 증명하자.

$n = 2$일 때의 증명은 여러분의 몫으로 남긴다.

$n \geq 3$일 때, $(n-1)\times(n-1)$ 행렬에 대하여 위 정리가 성립한다고 가정하자. 행렬 $A \in \mathsf{M}_{n\times n}(F)$에서 같은 값을 가지는 서로 다른 두 행을 각각 r행, s행$(r \neq s)$이라 표기하자. $n \geq 3$이므로 r, s가 아닌 정수 i $(1 \leq i \leq n)$를 선택할 수 있다. 정리 4.4를 이용하면 $\det(A)$를 임의의 i행에 대하여 여인수 전개할 수 있다.

$$\det(A) = \sum_{j=1}^{n} (-1)^{i+j} A_{ij} \cdot \det(\tilde{A}_{ij})$$

이때 $\tilde{A}_{ij}$ 는 $(n-1) \times (n-1)$ 행렬이고 서로 다른 두 행의 값이 같으므로 수학적 귀납법의 가정에 의해 $\det(\tilde{A}_{ij}) = 0$ 이고 $\det(A) = 0$ 이다.

따라서 $n \times n$ 행렬에서도 따름정리가 성립한다. 즉 수학적 귀납법에 의해 모든 정사각행렬에 대하여 따름정리가 성립한다. ◀

여인수 전개와 기본행연산을 함께 사용하면 행렬식을 효과적으로 계산할 수 있다. 이 방법을 공부하기에 앞서, 행렬에 기본행연산을 적용할 때 행렬식이 어떻게 바뀌는지 알아보자. 정리 4.3은 2형 기본행연산(행에 0이 아닌 스칼라를 곱하는 연산)을 적용할 때, 행렬식이 어떻게 바뀌는지 설명한다. 이제 1형 기본행연산(두 행을 교환하는 연산)과 행렬식 사이의 관계에 주목하자.

정리 4.5 행렬 $A \in \mathsf{M}_{n \times n}(F)$ 의 두 행을 교환하여 얻은 행렬을 B 라 할 때, $\det(B) = -\det(A)$ 이다.

증명 $A \in \mathsf{M}_{n \times n}(F)$ 의 행을 $a_1, a_2, \ldots, a_n$ 이라 하고, A 의 r 행과 s 행(단, $r < s$)을 교환하여 얻은 행렬을 B 라 하면 다음과 같이 나타낼 수 있다.

$$A = \begin{pmatrix} a_1 \\ \vdots \\ a_r \\ \vdots \\ a_s \\ \vdots \\ a_n \end{pmatrix}, \quad B = \begin{pmatrix} a_1 \\ \vdots \\ a_s \\ \vdots \\ a_r \\ \vdots \\ a_n \end{pmatrix}$$

A 의 r 행과 s 행을 모두 $a_r + a_s$ 로 바꾼 행렬에 정리 4.4의 따름정리와 정리 4.3을 적용하면 다음과 같은 관계식을 얻는다.

$$0 = \det \begin{pmatrix} a_1 \\ \vdots \\ a_r + a_s \\ \vdots \\ a_r + a_s \\ \vdots \\ a_n \end{pmatrix} = \det \begin{pmatrix} a_1 \\ \vdots \\ a_r \\ \vdots \\ a_r + a_s \\ \vdots \\ a_n \end{pmatrix} + \det \begin{pmatrix} a_1 \\ \vdots \\ a_s \\ \vdots \\ a_r + a_s \\ \vdots \\ a_n \end{pmatrix}$$

$$= \det \begin{pmatrix} a_1 \\ \vdots \\ a_r \\ \vdots \\ a_r \\ \vdots \\ a_n \end{pmatrix} + \det \begin{pmatrix} a_1 \\ \vdots \\ a_r \\ \vdots \\ a_s \\ \vdots \\ a_n \end{pmatrix} + \det \begin{pmatrix} a_1 \\ \vdots \\ a_s \\ \vdots \\ a_r \\ \vdots \\ a_n \end{pmatrix} + \det \begin{pmatrix} a_1 \\ \vdots \\ a_s \\ \vdots \\ a_s \\ \vdots \\ a_n \end{pmatrix}$$

$$= 0 + \det(A) + \det(B) + 0$$

즉 $\det(B) = -\det(A)$이다. ◀

3형 기본행연산은 행렬식을 바꾸지 않는다는 점을 확인하며, 기본행연산과 행렬식의 관계에 대한 학습을 마무리하자.

정리 4.6 행렬 $A \in \mathsf{M}_{n\times n}(F)$와 A의 한 행에 다른 행의 스칼라 배를 더하여 얻은 행렬을 B라 하자. 이때, $\det(B) = \det(A)$이다.

증명 A의 s행에 r행$(r \neq s)$의 k배를 더하여 얻은 $n \times n$ 행렬을 B라 하자. A의 각 행을 $a_1, a_2, \ldots, a_n$이라 하고, B의 각 행을 $b_1, b_2, \ldots, b_n$이라 하자. 즉 $i \neq s$일 때, $b_i = a_i$이고 $b_s = a_s + ka_r$이다. A의 s행을 a_r로 바꾼 행렬을 C라 하자. B의 s행에 정리 4.3을 적용하자. 정리 4.4의 따름정리로부터 $\det(C) = 0$이므로 다음이 성립한다.

$$\det(B) = \det(A) + k\det(C) = \det(A)$$ ◀

정리 4.2에서 2×2 행렬이 가역이기 위한 필요충분조건은 행렬식이 0이 아님을 증명하였다. 또한, 정리 4.2는 n차 정사각행렬로 일반화할 수 있음을 예고했다. 이 중 절반은 정리 4.6의 따름정리에서 증명하고, 역은 정리 4.7의 따름정리에서 증명한다.

따름정리 행렬 $A \in \mathsf{M}_{n\times n}(F)$의 랭크가 n 미만이면 $\det(A) = 0$이다.

증명 행렬 A의 랭크가 n 미만이면 A의 행 $a_1, a_2, \ldots, a_n$은 일차종속이다. 1.5절 연습문제 14에 의해, A의 어떤 행(이를 r행이라 하자)은 다른 행의 일차결합이다. 따라서, 다음 식을 만족하는 스칼라 c_i가 존재한다.

$$a_r = c_1a_1 + \cdots + c_{r-1}a_{r-1} + c_{r+1}a_{r+1} + \cdots + c_na_n$$

이제 $i \neq r$인 모든 i에 대하여 A의 r행에 i행의 $-c_i$배를 더하여 얻은 행렬을 B라 하자. 이렇게 하면 위의 식에 의해 B의 r행의 모든 성분은 0이므로 $\det(B) = 0$이다. 한편 정리 4.6에 따르면 $\det(B) = \det(A)$이다. 따라서 $\det(A) = 0$이다. ◀

기본행연산이 $A \in \mathsf{M}_{n \times n}(F)$에 미치는 영향을 정리하면 다음과 같다.

1. A의 두 행을 교환하여 얻은 행렬을 B라 하면 $\det(B) = -\det(A)$이다.
2. A의 한 행에 영이 아닌 스칼라 k를 곱하여 얻은 행렬을 B라 하면 $\det(B) = k\det(A)$이다.
3. A의 한 행에 다른 행의 스칼라 배를 더하여 얻은 행렬을 B라 하면 $\det(B) = \det(A)$이다.

위 사실은 행렬식의 계산을 간단하게 만든다. 예를 들어, 예제 1에서 다룬 행렬 A의 2행에 1행의 3배를 더하고 3행에 1행의 4배를 더하면 행렬 M을 얻는다.

$$A = \begin{pmatrix} 1 & 3 & -3 \\ -3 & -5 & 2 \\ -4 & 4 & -6 \end{pmatrix} \quad \longrightarrow \quad M = \begin{pmatrix} 1 & 3 & -3 \\ 0 & 4 & -7 \\ 0 & 16 & -18 \end{pmatrix}$$

행렬 M은 A에 3형 기본행연산을 적용하여 얻은 행렬이므로 $\det(A) = \det(M)$이다. M의 1행에 대하여 여인수 전개하면 $\det(M)$은 다음과 같다.

$$\begin{aligned}\det(M) = (-1)^{1+1}(1)\cdot\det(\tilde{M}_{11}) + (-1)^{1+2}(3)\cdot\det(\tilde{M}_{12})\\ + (-1)^{1+3}(-3)\cdot\det(\tilde{M}_{13})\end{aligned}$$

$\tilde{M}_{12}$와 $\tilde{M}_{13}$은 0으로만 이루어진 열을 포함하므로 정리 4.6의 따름정리에 의해 $\det(\tilde{M}_{12}) = \det(\tilde{M}_{13}) = 0$이다. 따라서 $\det(M)$의 값은 다음과 같이 구할 수 있다.

$$\begin{aligned}\det(M) &= (-1)^{1+1}(1)\cdot\det(\tilde{M}_{11}) \\ &= (-1)^{1+1}(1)\cdot\det\begin{pmatrix} 4 & -7 \\ 16 & -18 \end{pmatrix} \\ &= 1[4(-18) - (-7)(16)] = 40\end{aligned}$$

3형 기본행연산을 두 번 사용함으로써 $\det(A)$의 계산은 2×2 행렬의 행렬식을 한 번 구하는 것으로 단순해진다. 더 간단하게 계산할 수도 있다. M의 2행에 -4배를 하고 3행에 더하면(3형 기본행연산) 행렬 P를 얻는다.

$$M=\begin{pmatrix}1 & 3 & -3\\0 & 4 & -7\\0 & 16 & -18\end{pmatrix} \longrightarrow P=\begin{pmatrix}1 & 3 & -3\\0 & 4 & -7\\0 & 0 & 10\end{pmatrix}$$

P의 1행에 대하여 여인수 전개하고 $\det(P)$를 계산하면 다음과 같다.

$$\begin{aligned}\det(P) &= (-1)^{1+1}(1)\cdot\det(\tilde{P}_{11})\\ &= (-1)^{1+1}(1)\cdot\det\begin{pmatrix}4 & -7\\0 & 10\end{pmatrix} = 1\cdot4\cdot10 = 40\end{aligned}$$

$\det(A)=\det(M)=\det(P)$이므로 $\det(A)=40$이다.

$\det(P)$를 구하는 계산 과정은 일반적인 중요한 결과를 암시한다. **상삼각행렬의 행렬식은 대각성분의 곱과 같다**(연습문제 23). 임의의 정사각행렬은 1형과 3형 기본행연산만을 적용하여 상삼각행렬로 바꿀 수 있다. 그렇다면 임의의 정사각행렬의 행렬식 또한 쉽게 계산할 수 있다. 다음 두 예제를 통해 확인해 보자.

예제 5 예제 2에서 다룬 행렬 B의 행렬식을 계산해 보자.

$$B=\begin{pmatrix}0 & 1 & 3\\-2 & -3 & -5\\4 & -4 & 4\end{pmatrix}$$

B의 1행과 2행을 교환하여 얻은 행렬을 C라 하자.

$$C=\begin{pmatrix}-2 & -3 & -5\\0 & 1 & 3\\4 & -4 & 4\end{pmatrix}$$

3형 기본행연산을 연속으로 적용하면 C를 다음과 같이 상삼각행렬로 변형할 수 있다.

$$\begin{pmatrix}-2 & -3 & -5\\0 & 1 & 3\\4 & -4 & 4\end{pmatrix} \longrightarrow \begin{pmatrix}-2 & -3 & -5\\0 & 1 & 3\\0 & -10 & -6\end{pmatrix} \longrightarrow \begin{pmatrix}-2 & -3 & -5\\0 & 1 & 3\\0 & 0 & 24\end{pmatrix}$$

즉 $\det(C) = -2\cdot1\cdot24 = -48$이다. B의 두 행을 교환한 행렬이 C이므로, B의 행렬식은 $\det(B) = -\det(C) = 48$이다.

예제 6 예제 5와 같은 방법으로 예제 3에서 다룬 행렬 C의 행렬식을 계산해 보자.

$$C = \begin{pmatrix} 2 & 0 & 0 & 1 \\ 0 & 1 & 3 & -3 \\ -2 & -3 & -5 & 2 \\ 4 & -4 & 4 & -6 \end{pmatrix}$$

행렬 C에 3형 기본행연산을 다음과 같이 연속으로 적용하여 상삼각행렬로 변형할 수 있다.

$$\begin{pmatrix} 2 & 0 & 0 & 1 \\ 0 & 1 & 3 & -3 \\ -2 & -3 & -5 & 2 \\ 4 & -4 & 4 & -6 \end{pmatrix} \longrightarrow \begin{pmatrix} 2 & 0 & 0 & 1 \\ 0 & 1 & 3 & -3 \\ 0 & -3 & -5 & 3 \\ 0 & -4 & 4 & -8 \end{pmatrix} \longrightarrow \begin{pmatrix} 2 & 0 & 0 & 1 \\ 0 & 1 & 3 & -3 \\ 0 & 0 & 4 & -6 \\ 0 & 0 & 16 & -20 \end{pmatrix}$$

$$\longrightarrow \begin{pmatrix} 2 & 0 & 0 & 1 \\ 0 & 1 & 3 & -3 \\ 0 & 0 & 4 & -6 \\ 0 & 0 & 0 & 4 \end{pmatrix}$$

따라서 C의 행렬식은 $\det(C) = 2 \cdot 1 \cdot 4 \cdot 4 = 32$이다.

예제 6과 같이 행렬식을 계산하기 전에 기본행연산을 적용하는 것은 여인수 전개보다 훨씬 효과적이다. 2×2 행렬의 행렬식을 계산하는 과정을 되짚어 보자.

$$\det \begin{pmatrix} a & b \\ c & d \end{pmatrix} = ad - bc$$

2×2 행렬의 행렬식을 계산하는 과정은 2번의 곱셈(그리고 1번의 뺄셈)을 요구한다. $n \geq 3$일 때, 임의의 행에 대한 여인수 전개를 사용하여 $n \times n$ 행렬의 행렬식을 계산하는 것은 소행렬 ($(n-1) \times (n-1)$ 행렬)의 행렬식을 n번 구하고, 더하는 것과 같다. 모든 계산을 따질 경우, $n \times n$ 행렬의 행렬식을 계산할 때 임의의 행에 대한 여인수 전개를 사용하면 $n!$번 이상의 곱셈이 필요하다. 반면, 예제 5와 예제 6과 같이 기본행연산을 적용하여 행렬식을 계산하면 $\frac{1}{3}(n^3 + 2n - 3)$번의 곱셈만 하면 된다.

20×20 행렬의 행렬식을 계산한다고 생각해 보자. 행에 대한 여인수 전개를 사용하면 $20! \approx 2.4 \times 10^{18}$번의 곱셈이 필요하다. 연산속도가 1초에 10억번인 컴퓨터로 계산한다고 해도 77년이 걸릴 것이다. 그러나 기본행연산을 적용하면 2,679번의 곱셈이 필요하고, 같은 컴퓨터를 사용했을 때 3백만분의 일초도 걸리지 않는다! 임의의 행렬의 행렬식을 계산하는 컴퓨터 프로그램은 이러한 이유로 대부분 여인수 전개를 사용하지 않는다.

이번 절에서는 정사각행렬의 행렬식을 1행에 대한 여인수 전개의 관점에서 정의했다. 그 다음 정사각행렬의 **임의의** 행에 대하여 여인수 전개해도 행렬식을 구할 수 있음을 보였다. 또한, 행렬식이 가지는 몇 가지 특별한 성질을 확인했다. 특히 행렬 A에 기본행연산을 여러 번 적용하여 B를 얻었을 때, $\det(A)$로부터 $\det(B)$를 계산할 수 있으므로 행렬식을 구할 때 효과적이다. 다음 절에서도 행렬식에 대한 논의를 계속하여 추가적인 성질을 알아볼 것이다.

4.2 연습문제

1. 다음 명제의 참-거짓을 판정하라.

(a) 함수 $\det\colon \mathsf{M}_{n\times n}(F) \to F$는 선형변환이다.

(b) 정사각행렬의 행렬식은 임의의 행에 대하여 여인수 전개하여 계산할 수 있다.

(c) 정사각행렬 A의 두 행이 같으면 $\det(A) = 0$이다.

(d) 정사각행렬 A의 두 행을 바꾸어 얻은 행렬을 B라 하면 $\det(B) = -\det(A)$이다.

(e) 정사각행렬 A의 한 행에 스칼라를 곱하여 얻은 행렬을 B라 하면 $\det(B) = \det(A)$이다.

(f) 정사각행렬 A의 j행에 i행의 k배를 더하여 얻은 행렬을 B라 하면 $\det(B) = k\det(A)$이다.

(g) 행렬 $A \in \mathsf{M}_{n\times n}(F)$의 랭크가 n이면 $\det(A) = 0$이다.

(h) 상삼각행렬의 행렬식은 대각성분의 곱과 같다.

2. 다음 식을 만족하는 k의 값을 구하라.

$$\det\begin{pmatrix} 3a_1 & 3a_2 & 3a_3 \\ 3b_1 & 3b_2 & 3b_3 \\ 3c_1 & 3c_2 & 3c_3 \end{pmatrix} = k\det\begin{pmatrix} a_1 & a_2 & a_3 \\ b_1 & b_2 & b_3 \\ c_1 & c_2 & c_3 \end{pmatrix}$$

3. 다음 식을 만족하는 k의 값을 구하라.

$$\det\begin{pmatrix} 2a_1 & 2a_2 & 2a_3 \\ 3b_1+5c_1 & 3b_2+5c_2 & 3b_3+5c_3 \\ 7c_1 & 7c_2 & 7c_3 \end{pmatrix} = k\det\begin{pmatrix} a_1 & a_2 & a_3 \\ b_1 & b_2 & b_3 \\ c_1 & c_2 & c_3 \end{pmatrix}$$

4. 다음 식을 만족하는 k의 값을 구하라.

$$\det\begin{pmatrix} b_1+c_1 & b_2+c_2 & b_3+c_3 \\ a_1+c_1 & a_2+c_2 & a_3+c_3 \\ a_1+b_1 & a_2+b_2 & a_3+b_3 \end{pmatrix} = k\det\begin{pmatrix} a_1 & a_2 & a_3 \\ b_1 & b_2 & b_3 \\ c_1 & c_2 & c_3 \end{pmatrix}$$

5~12. 제시된 행에 대한 여인수 전개를 사용하여 행렬식을 계산하라.

5. $\begin{pmatrix} 0 & 1 & 2 \\ -1 & 0 & -3 \\ 2 & 3 & 0 \end{pmatrix}$ 1행에 대하여

6. $\begin{pmatrix} 1 & 0 & 2 \\ 0 & 1 & 5 \\ -1 & 3 & 0 \end{pmatrix}$ 1행에 대하여

7. $\begin{pmatrix} 0 & 1 & 2 \\ -1 & 0 & -3 \\ 2 & 3 & 0 \end{pmatrix}$ 2행에 대하여

8. $\begin{pmatrix} 1 & 0 & 2 \\ 0 & 1 & 5 \\ -1 & 3 & 0 \end{pmatrix}$ 3행에 대하여

9. $\begin{pmatrix} 0 & 1+i & 2 \\ -2i & 0 & 1-i \\ 3 & 4i & 0 \end{pmatrix}$ 3행에 대하여

10. $\begin{pmatrix} i & 2+i & 0 \\ -1 & 3 & 2i \\ 0 & -1 & 1-i \end{pmatrix}$ 2행에 대하여

11. $\begin{pmatrix} 0 & 2 & 1 & 3 \\ 1 & 0 & -2 & 2 \\ 3 & -1 & 0 & 1 \\ -1 & 1 & 2 & 0 \end{pmatrix}$ 4행에 대하여

12. $\begin{pmatrix} 1 & -1 & 2 & -1 \\ -3 & 4 & 1 & -1 \\ 2 & -5 & -3 & 8 \\ -2 & 6 & -4 & 1 \end{pmatrix}$ 4행에 대하여

13~22. 적절한 방법을 사용하여 주어진 행렬의 행렬식을 계산하라.

13. $\begin{pmatrix} 0 & 0 & 1 \\ 0 & 2 & 3 \\ 4 & 5 & 6 \end{pmatrix}$

14. $\begin{pmatrix} 2 & 3 & 4 \\ 5 & 6 & 0 \\ 7 & 0 & 0 \end{pmatrix}$

15. $\begin{pmatrix} 1 & 2 & 3 \\ 4 & 5 & 6 \\ 7 & 8 & 9 \end{pmatrix}$

16. $\begin{pmatrix} -1 & 3 & 2 \\ 4 & -8 & 1 \\ 2 & 2 & 5 \end{pmatrix}$

17. $\begin{pmatrix} 0 & 1 & 1 \\ 1 & 2 & -5 \\ 6 & -4 & 3 \end{pmatrix}$

18. $\begin{pmatrix} 1 & -2 & 3 \\ -1 & 2 & -5 \\ 3 & -1 & 2 \end{pmatrix}$

19. $\begin{pmatrix} i & 2 & -1 \\ 3 & 1+i & 2 \\ -2i & 1 & 4-i \end{pmatrix}$

20. $\begin{pmatrix} -1 & 2+i & 3 \\ 1-i & i & 1 \\ 3i & 2 & -1+i \end{pmatrix}$

21. $\begin{pmatrix} 1 & 0 & -2 & 3 \\ -3 & 1 & 1 & 2 \\ 0 & 4 & -1 & 1 \\ 2 & 3 & 0 & 1 \end{pmatrix}$

22. $\begin{pmatrix} 1 & -2 & 3 & -12 \\ -5 & 12 & -14 & 19 \\ -9 & 22 & -20 & 31 \\ -4 & 9 & -14 & 15 \end{pmatrix}$

23. 상삼각행렬의 행렬식이 대각성분의 곱과 같음을 증명하라.

24. 정리 4.3의 따름정리를 증명하라.

25. 임의의 $A \in \mathsf{M}_{n\times n}(F)$에 대하여 $\det(kA) = k^n \det(A)$임을 증명하라.

26. 행렬 $A \in \mathsf{M}_{n\times n}(F)$에 대하여 $\det(-A) = \det(A)$가 성립할 조건을 구하라.

27. 행렬 $A \in \mathsf{M}_{n\times n}(F)$의 두 열이 같으면 $\det(A) = 0$임을 증명하라.

28. i형 기본행렬 E_i에 대하여 $\det(E_i)$를 계산하라.

29. 기본행렬 E에 대하여 $\det(E^t) = \det(E)$임을 증명하라. 4.3절

30. 행렬 $A \in \mathsf{M}_{n\times n}(F)$의 행을 $a_1, a_2, \ldots, a_n$이라 표기하자. 각 행이 $a_n, a_{n-1}, \ldots, a_1$인 행렬을 B라 할 때, $\det(B)$를 $\det(A)$에 대한 식으로 표현하라.

4.3 행렬식의 성질

정리 3.1에서 행렬에 기본행연산을 적용하는 것과 행렬에 적절한 기본행렬을 곱하는 것이 같음을 확인하였다. 이 결과를 이용하면 기본행연산을 여러 번 적용할 때 행렬식이 어떻게 변화하는지 이해할 수 있다. 항등행렬의 행렬식은 1이므로(4.2절 예제 4), 242쪽에서 다룬 명제를 다음과 같이 기본행렬의 행렬식에 대한 사실로 바꿀 수 있다. (이때, I는 항등행렬)

1. I의 두 행의 위치를 바꾸어 얻은 기본행렬을 E라 하면 $\det(E) = -1$이다.
2. I의 한 행에 영이 아닌 스칼라 k를 곱하여 얻은 기본행렬을 E라 하면 $\det(E) = k$이다.
3. I의 한 행에 다른 행의 스칼라 배를 더하여 얻은 기본행렬을 E라 하면 $\det(E) = 1$이다.

이제 위 사실을 이용하여 행렬식이 **곱을 보존하는 함수**임을 증명하자.

> **정리 4.7** 임의의 $A, B \in \mathsf{M}_{n\times n}(F)$에 대하여 $\det(AB) = \det(A)\cdot\det(B)$이다.

증명 A가 1형 기본행렬인 경우부터 증명하자. 만약 A가 항등행렬 I의 두 행의 위치를 교환하여 얻은 기본행렬이면 $\det(A) = -1$이다. 한편, 정리 3.1에 따르면 행렬 AB는 B의 두 행을 바꾼 행렬이다. 즉 정리 4.5로부터 $\det(AB) = -\det(B) = \det(A) \cdot \det(B)$이다. 비슷한 방식으로 A가 2형이나 3형 기본행렬인 경우에도 같은 결과를 증명할 수 있다(연습문제 18).

만약 n차 정사각행렬 A의 랭크가 n보다 작다면 $\det(A) = 0$이다(정리 4.6의 따름정리). 정리 3.7에 의해, $\text{rank}(AB) \leq \text{rank}(A) < n$이므로 $\det(AB) = 0$이다. 이 경우에도 $\det(AB) = \det(A) \cdot \det(B)$이다.

반면, A의 랭크가 n이면 A는 가역행렬이고 기본행렬의 곱으로 표현할 수 있다(정리 3.6의 따름정리 3). $A = E_m \cdots E_2 E_1$이라 쓰자. 첫 번째 단락에서 증명한 사실을 이용하면 $\det(AB)$는 $\det(A) \cdot \det(B)$와 같음을 보일 수 있다.

$$\begin{aligned}
\det(AB) &= \det(E_m \cdots E_2 E_1 B) \\
&= \det(E_m) \cdot \det(E_{m-1} \cdots E_2 E_1 B) \\
&\vdots \\
&= \det(E_m) \cdot \cdots \cdot \det(E_2) \cdot \det(E_1) \cdot \det(B) \\
&= \det(E_m \cdots E_2 E_1) \cdot \det(B) \\
&= \det(A) \cdot \det(B)
\end{aligned}$$
◀

따름정리 행렬 $A \in \mathsf{M}_{n \times n}(F)$가 가역이기 위한 필요충분조건은 $\det(A) \neq 0$이다. 특히, A가 가역이면 $\det(A^{-1}) = \dfrac{1}{\det(A)}$이다.

증명 $A \in \mathsf{M}_{n \times n}(F)$가 가역이 아니면 A의 랭크는 n보다 작다. 즉 $\det(A) = 0$이다(정리 4.6의 따름정리). 반면, $A \in \mathsf{M}_{n \times n}(F)$가 가역이면 정리 4.7에 의해 다음이 성립한다.

$$\det(A) \cdot \det(A^{-1}) = \det(AA^{-1}) = \det(I) = 1$$

따라서 $\det(A) \neq 0$이고, $\det(A^{-1}) = \dfrac{1}{\det(A)}$이다. ◀

지금까지 **행**에 대한 여인수 전개를 이용한 행렬식의 귀납적 정의나, 4.2절에 다룬 **기본행연산**을 이용한 효과적인 방법 등, 행의 관점에서 행렬식을 다루었다. 다음의 정리 4.8에 따르면 A와 A^t의 행렬식은 항상 같다. A의 행이 A^t의 열이므로, 행렬식의 행에 대한 명제는 열에 대한 명제로 바꾸어 표현할 수 있다.

정리 4.8 임의의 $A \in \mathsf{M}_{n\times n}(F)$에 대하여 $\det(A^t) = \det(A)$이다.

증명 A가 가역이 아니라면 $\text{rank}(A) < n$이다. 한편, 정리 3.6의 따름정리 2에 따르면, $\text{rank}(A^t) = \text{rank}(A)$이므로 A^t도 가역이 아니다. 즉 $\det(A^t) = 0 = \det(A)$이다.

반면, A가 가역이면 A는 기본행렬의 곱으로 표현할 수 있다. $A = E_m \cdots E_2E_1$이라 쓰자. 4.2절 연습문제 29에 따르면 모든 i에 대하여 $\det(E_i) = \det(E_i^t)$이다. 이제 정리 4.7에 의해 $\det(A^t)$는 $\det(A)$와 같음을 알 수 있다.

$$\begin{aligned}\det(A^t) &= \det(E_1^tE_2^t\cdots E_m^t)\\ &= \det(E_1^t)\cdot\det(E_2^t)\cdot\cdots\cdot\det(E_m^t)\\ &= \det(E_1)\cdot\det(E_2)\cdot\cdots\cdot\det(E_m)\\ &= \det(E_m)\cdot\cdots\cdot\det(E_2)\cdot\det(E_1)\\ &= \det(E_m\cdots E_2E_1)\\ &= \det(A)\end{aligned}$$

즉 임의의 A에 대하여 $\det(A^t) = \det(A)$이다. ◀

정리 4.8을 바탕으로 몇 가지 유용한 결과를 확인할 수 있다. 행렬식은 열에 대하여 여인수 전개하여 구할 수 있으며, 기본행연산 대신 기본열연산을 사용할 수도 있다. (기본열연산에 따른 행렬식의 변화는 기본행연산의 경우와 같다.) 이제 특정한 연립일차방정식의 풀이에 행렬식이 어떻게 관련되어 있는지 설명하는, 잘 알려진 결과를 소개하고 이번 절을 마친다.

정리 4.9 크라머 공식(Cramer's Rule)
$Ax = b$를 n개의 미지수를 가진 n개의 연립일차방정식의 행렬표현이라 하자. (단, $x = (x_1, x_2, \ldots, x_n)^t$) $\det(A) \neq 0$일 때, 이 연립방정식은 다음과 같은 유일한 해가 있다.

$$x_k = \frac{\det(M_k)}{\det(A)}$$

이때, 각 k $(k = 1, 2, \ldots, n)$에 대하여 M_k는 A의 k열을 b로 바꾸어 얻은 $n \times n$ 행렬이다.

증명 $\det(A) \neq 0$이면, 정리 4.7의 따름정리와 정리 3.10에 의해 연립방정식 $Ax = b$는 유일한 해가 있다. $1 \leq k \leq n$인 정수 k에 대하여 a_k는 A의 k열이라 하고, X_k는 $n \times n$ 항등행렬의 k열을 x로 바꾸어 얻은 행렬이라 하자. 정리 2.13에 따르면 $n \times n$ 행렬 AX_k의 i열은, $i \neq k$일 때 $Ae_i = a_i$

이고 $i = k$일 때 $Ax = b$가 된다. 즉 $AX_k = M_k$이다. X_k를 k행에 대하여 여인수 전개하면 X_k의 행렬식은 다음과 같다.

$$\det(X_k) = x_k \cdot \det(I_{n-1}) = x_k$$

정리 4.7에 의해 $\det(M_k) = \det(AX_k) = \det(A) \cdot \det(X_k) = \det(A) \cdot x_k$이므로 x_k에 대하여 나타내면 $x_k = [\det(A)]^{-1} \cdot \det(M_k)$이다. ◀

예제 1 크라머 공식을 사용하여 다음 연립일차방정식을 풀어 보자.

$$\begin{aligned} x_1 + 2x_2 + 3x_3 &= 2 \\ x_1 \qquad\quad + x_3 &= 3 \\ x_1 + x_2 - x_3 &= 1 \end{aligned}$$

위 연립일차방정식을 $Ax = b$ 꼴로 표현하면 A, b는 각각 다음과 같다.

$$A = \begin{pmatrix} 1 & 2 & 3 \\ 1 & 0 & 1 \\ 1 & 1 & -1 \end{pmatrix}, \quad b = \begin{pmatrix} 2 \\ 3 \\ 1 \end{pmatrix}$$

$\det(A) = 6 \neq 0$이므로 크라머 공식을 사용할 수 있다. 정리 4.9를 이용하여 x_1, x_2, x_3을 다음과 같이 구할 수 있다.

$$x_1 = \frac{\det(M_1)}{\det(A)} = \frac{\det\begin{pmatrix} 2 & 2 & 3 \\ 3 & 0 & 1 \\ 1 & 1 & -1 \end{pmatrix}}{\det(A)} = \frac{15}{6} = \frac{5}{2}$$

$$x_2 = \frac{\det(M_2)}{\det(A)} = \frac{\det\begin{pmatrix} 1 & 2 & 3 \\ 1 & 3 & 1 \\ 1 & 1 & -1 \end{pmatrix}}{\det(A)} = \frac{-6}{6} = -1$$

$$x_3 = \frac{\det(M_3)}{\det(A)} = \frac{\det\begin{pmatrix} 1 & 2 & 2 \\ 1 & 0 & 3 \\ 1 & 1 & 1 \end{pmatrix}}{\det(A)} = \frac{3}{6} = \frac{1}{2}$$

따라서 주어진 연립일차방정식의 유일한 해는 $(x_1, x_2, x_3) = \left(\frac{5}{2}, -1, \frac{1}{2}\right)$이다.

실용적 요구에 따라 주어진 연립일차방정식이 정수해가 있는지 판단해야 할 때가 있다. 계수가 정수인

연립일차방정식에서 계수행렬의 행렬식이 ± 1인 경우, 크라머 공식에 의해 이 연립방정식은 정수해가 있다. 이럴 때는 크라머 공식이 유용해 보이지만 실제로는 그렇지 않다. n개의 미지수와 n개의 일차방정식으로 이루어진 연립일차방정식을 풀기 위해, $n \times n$ 행렬의 행렬식을 $n+1$번 계산해야 하기 때문이다. 3.4절에서 다룬 가우스 소거법과 비교하면 크라머 공식은 계산의 양이 너무 많아서 결코 효과적이지 않다. 실제로 크라머 공식은 계산에 도움이 되지 않지만, 이론적이고 심미적인 가치를 지닌 공식이다.

4.1절과 같이 행렬 $A \in \mathsf{M}_{n\times n}(R)$의 행렬식을 기하학적으로 해석해 보자. A의 각 행을 $a_1, a_2, \ldots, a_n$이라 표기하면 $|\det(A)|$는 벡터 $a_1, a_2, \ldots, a_n$을 이웃한 변으로 가지는 나란히꼴(parallelepiped)의 **n차원 부피(n–dimensional volume)**[2]이다.[3]

예제 2 벡터 $a_1 = (1, -2, 1)$, $a_2 = (1, 0, -1)$, $a_3 = (1, 1, 1)$을 이웃한 세 변으로 가지는 나란히꼴의 부피는 다음과 같다.

$$\left|\det\begin{pmatrix} 1 & -2 & 1 \\ 1 & 0 & -1 \\ 1 & 1 & 1 \end{pmatrix}\right| = 6$$

이 나란히꼴은 세 변의 길이가 $\sqrt{6}$, $\sqrt{2}$, $\sqrt{3}$인 직육면체이다(그림 4.6). 직육면체의 부피 공식을 이용하면 부피는 $\sqrt{6}\cdot\sqrt{2}\cdot\sqrt{3} = 6$이고, 이 값은 행렬식을 사용하여 계산한 값과 일치한다.

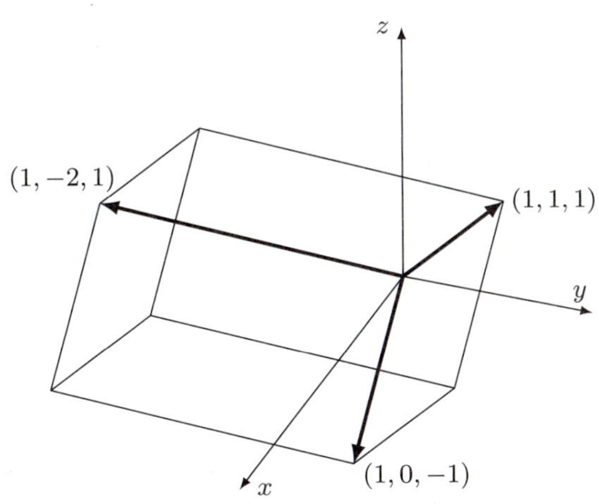

[그림 4.6] R^3 상의 세 벡터에 의하여 결정되는 평행육면체

2 n차원 부피는 R^2에서의 넓이와 R^3에서의 부피가 일반화된 개념이다.

3 일반적인 결과에 대한 증명은 Jerrold E. Marsden and Michael J. Hoffman, *Elementary Classical Analysis*, W.H. Freeman and Company, New York, 1993, p. 524를 참고하라.

$\mathbf{R}^2$의 순서기저를 사용한 행렬식의 기하학적 의미를 공부할 때, 행렬식이 양수이기 위한 필요충분조건은 기저가 오른손 좌표계를 이루는 것임을 확인했다. $\mathbf{R}^n$에서도 비슷한 사실이 성립한다. 특히 γ가 $\mathbf{R}^n$의 임의의 순서기저이고 β가 $\mathbf{R}^n$의 표준 순서기저일 때, γ가 **오른손 좌표계**를 이루기 위한 필요충분조건은 γ좌표를 β좌표로 변환하는 행렬 Q에 대하여, $\det(Q) > 0$인 것이다.

예를 들어 순서기저 $\gamma = \left\{ \begin{pmatrix} 1 \\ 1 \\ 0 \end{pmatrix}, \begin{pmatrix} 1 \\ -1 \\ 0 \end{pmatrix}, \begin{pmatrix} 0 \\ 0 \\ 1 \end{pmatrix} \right\}$은 $\mathbf{R}^3$의 왼손 좌표계를 이룬다. 행렬식을 계산하면 다음과 같이 음수이기 때문이다.

$$\det \begin{pmatrix} 1 & 1 & 0 \\ 1 & -1 & 0 \\ 0 & 0 & 1 \end{pmatrix} = -2 < 0$$

반면 순서기저 $\gamma' = \left\{ \begin{pmatrix} 1 \\ 2 \\ 0 \end{pmatrix}, \begin{pmatrix} -2 \\ 1 \\ 0 \end{pmatrix}, \begin{pmatrix} 0 \\ 0 \\ 1 \end{pmatrix} \right\}$은 $\mathbf{R}^3$의 오른손 좌표계를 이룬다. 행렬식을 계산하면 다음과 같이 양수이기 때문이다.

$$\det \begin{pmatrix} 1 & -2 & 0 \\ 2 & 1 & 0 \\ 0 & 0 & 1 \end{pmatrix} = 5 > 0$$

일반적으로 $\mathbf{R}^n$의 두 순서기저 β와 γ에 대하여, β로 이루어진 좌표계와 γ로 이루어진 좌표계가 같은 **향**(모두 오른손 좌표계이거나 모두 왼손 좌표계)을 가지기 위한 필요충분조건은 γ좌표를 β좌표로 변환하는 행렬 Q에 대하여 $\det(Q) > 0$인 것이다.

4.3 연습문제

1. 다음 명제의 참-거짓을 판정하라.

(a) E가 기본행렬이면 $\det(E) = \pm 1$이다.

(b) 임의의 $A, B \in \mathbf{M}_{n\times n}(F)$에 대하여 $\det(AB) = \det(A)\cdot\det(B)$이다.

(c) 행렬 $M \in \mathbf{M}_{n\times n}(F)$가 가역이기 위한 필요충분조건은 $\det(M) = 0$이다.

(d) 행렬 $M \in \mathbf{M}_{n\times n}(F)$의 랭크가 n이기 위한 필요충분조건은 $\det(M) \neq 0$이다.

(e) 임의의 $A \in \mathbf{M}_{n\times n}(F)$에 대하여 $\det(A^t) = -\det(A)$이다.

(f) 정사각행렬의 행렬식은 임의의 열에 대한 여인수 전개로 계산할 수 있다.

(g) n개의 미지수와 n개의 일차방정식으로 이루어진 모든 연립일차방정식은 크라머 공식으로 풀 수 있다.

(h) n개의 미지수와 n개의 일차방정식으로 이루어진 연립일차방정식의 행렬표현을 $Ax = b$라 하자. (단, $x = (x_1, x_2, \dots, x_n)^t$) $\det(A) \neq 0$이고 A의 k행을 b^t로 바꾸어 얻은 $n \times n$ 행렬을 M_k라 할 때, $Ax = b$의 유일한 해는 다음과 같다.

$$x_k = \frac{\det(M_k)}{\det(A)} \quad (k = 1, 2, \dots, n)$$

2~7. 크라머 공식을 사용하여 다음 연립일차방정식을 풀어라.

2. $$\begin{aligned} a_{11}x_1 + a_{12}x_2 &= b_1 \\ a_{21}x_1 + a_{22}x_2 &= b_2 \end{aligned}$$
(단, $a_{11}a_{22} - a_{12}a_{21} \neq 0$)

3. $$\begin{aligned} 2x_1 + x_2 - 3x_3 &= 5 \\ x_1 - 2x_2 + x_3 &= 10 \\ 3x_1 + 4x_2 - 2x_3 &= 0 \end{aligned}$$

4. $$\begin{aligned} 2x_1 + x_2 - 3x_3 &= 1 \\ x_1 - 2x_2 + x_3 &= 0 \\ 3x_1 + 4x_2 - 2x_3 &= -5 \end{aligned}$$

5. $$\begin{aligned} x_1 - x_2 + 4x_3 &= -4 \\ -8x_1 + 3x_2 + x_3 &= 8 \\ 2x_1 - x_2 + x_3 &= 0 \end{aligned}$$

6. $$\begin{aligned} x_1 - x_2 + 4x_3 &= -2 \\ -8x_1 + 3x_2 + x_3 &= 0 \\ 2x_1 - x_2 + x_3 &= 6 \end{aligned}$$

7. $$\begin{aligned} 3x_1 + x_2 + x_3 &= 4 \\ -2x_1 - x_2 &= 12 \\ x_1 + 2x_2 + x_3 &= -8 \end{aligned}$$

8. 정리 4.3과 유사한 다음 명제가 참임을 증명하라.

> $n \times n$ 행렬의 행렬식은 나머지 열이 고정되어 있을 때, 행렬의 각 열에 대하여 선형함수이다.

힌트 정리 4.8을 사용한다.

9. $n \times n$ 상삼각행렬이 가역이기 위한 필요충분조건은 모든 대각성분이 0이 아님을 증명하라.

10. 어떤 자연수 k에 대하여 $M^k = O$인 행렬 $M \in \mathsf{M}_{n\times n}(F)$를 **nilpotent matrix(멱영행렬)**이라 한다. (단, O는 $n \times n$ 영행렬) M이 nilpotent이면 $\det(M) = 0$임을 증명하라.

11. $M^t = -M$인 행렬 $M \in \mathsf{M}_{n\times n}(C)$를 **skew-symmetric matrix(반대칭행렬)**이라 한다. n이 홀수일 때, skew-symmetric 행렬 M은 가역이 아님을 증명하라. n이 짝수일 때는 어떻게 될지 설명하라.

12. $QQ^t = I$인 행렬 $Q \in \mathsf{M}_{n\times n}(R)$를 **직교행렬(orthogonal matrix)**이라 한다. Q가 직교행렬이면 $\det(Q) = \pm 1$임을 증명하라.

13. 행렬 $M \in \mathsf{M}_{n\times n}(C)$에 대하여 $\overline{M}$는 모든 i, j에 대하여 $(\overline{M})_{ij} = \overline{M_{ij}}$인 행렬이라 하자. 이때, $\overline{M_{ij}}$는 M_{ij}의 켤레복소수이다. 다음 물음에 답하라.

(a) $\det(\overline{M}) = \overline{\det(M)}$임을 증명하라.

(b) $Q^* = \overline{Q^t}$라 표기하자. $QQ^* = I$인 행렬 $Q \in \mathsf{M}_{n\times n}(C)$를 **유니타리 행렬(unitary matrix)**이라 한다. Q가 유니타리 행렬일 때, $|\det(Q)| = 1$임을 증명하라.

14. 서로 다른 n개의 벡터로 이루어진 집합 $\beta = \{u_1, u_2, \ldots, u_n\} \subset \mathsf{F}^n$와 j열이 u_j인 행렬 $B \in \mathsf{M}_{n\times n}(F)$를 생각하자. β가 F^n의 기저이기 위한 필요충분조건은 $\det(B) \neq 0$임을 증명하라.

15. 두 행렬 $A, B \in \mathsf{M}_{n\times n}(F)$가 닮음(similar)이면 $\det(A) = \det(B)$임을 증명하라. 4.4절

16. 두 행렬 $A, B \in \mathsf{M}_{n\times n}(F)$에 대하여, 행렬식을 사용하여 다음 명제를 증명하라.

> $AB = I$이면 A가 가역이다. (즉, $B = A^{-1}$)

17. $AB = -BA$인 두 행렬 $A, B \in \mathsf{M}_{n\times n}(F)$에 대하여, 다음 명제를 증명하라.

> n이 홀수이고 체 F의 지표가 2가 아니면, A 또는 B가 가역이 아니다.

18. A가 2형 또는 3형 기본행렬일 때, $\det(AB) = \det(A) \cdot \det(B)$임을 보여서 정리 4.7의 증명을 완성하라.

19. $1 \le i < j \le n$일 때 $A_{ij} = 0$인 행렬 $A \in \mathsf{M}_{n\times n}(F)$를 **하삼각행렬(lower triangular matrix)**이라 한다. A가 하삼각행렬일 때 $\det(A)$를 A의 성분으로 표현하라.

20. A가 정사각행렬일 때, 다음과 같은 꼴인 행렬 $M \in \mathsf{M}_{n\times n}(F)$를 생각하자.

$$M = \begin{pmatrix} A & B \\ O & I \end{pmatrix}$$

$\det(M) = \det(A)$ 임을 증명하라.

21. A와 C가 정사각행렬일 때, 다음과 같은 꼴인 행렬 $M \in \mathsf{M}_{n\times n}(F)$를 생각하자.

$$M = \begin{pmatrix} A & B \\ O & C \end{pmatrix}$$

$\det(M) = \det(A) \cdot \det(C)$ 임을 증명하라. 5.2절

22. 2.4절 연습문제 22에서 정의한 선형변환 $\mathsf{T}\colon \mathsf{P}_n(F) \to \mathsf{F}^{n+1}$, $\mathsf{T}(f) = (f(c_0), f(c_1), \ldots, f(c_n))$ 을 생각하자. 이때, $c_0, c_1, \ldots, c_n$ 은 무한체 F의 서로 다른 스칼라이다. $\mathsf{P}_n(F)$의 표준 순서기저 β와 F^{n+1}의 표준 순서기저 γ에 대한 다음 물음에 답하라.

(a) $M = [\mathsf{T}]_\beta^\gamma$ 가 다음과 같은 형태임을 보여라.

$$\begin{pmatrix} 1 & c_0 & c_0^2 & \cdots & c_0^n \\ 1 & c_1 & c_1^2 & \cdots & c_1^n \\ \vdots & \vdots & \vdots & & \vdots \\ 1 & c_n & c_n^2 & \cdots & c_n^n \end{pmatrix}$$

이러한 형태의 행렬을 **방데르몽드 행렬(Vandermonde matrix)**이라 한다.

(b) 2.4절 연습문제 22를 사용하여 $\det(M) \neq 0$ 임을 증명하라.

(c) 다음 등식을 증명하라.

$$\det(M) = \prod_{0 \le i < j \le n} (c_j - c_i)$$

위 식의 우변은 $0 \le i < j \le n$ 인 $c_j - c_i$ 꼴의 항을 모두 곱한 것이다.

23. 영행렬이 아닌 행렬 $A \in \mathsf{M}_{n\times n}(F)$를 생각하자. 임의의 m $(1 \le m \le n)$에 대하여, A에서 임의의 $n-m$개 행과 임의의 $n-m$개 열을 지워서 얻은 행렬을 $m \times m$ 부분행렬이라 한다. 다음 물음에 답하라.

(a) 행렬식이 0이 아닌 $l \times l$ 부분행렬이 존재하도록 하는 자연수 l의 최댓값을 k라 표기하자. (단, $1 \le k \le n$) 이때, $\mathrm{rank}(A) = k$ 임을 증명하라.

(b) 역으로 $\mathrm{rank}(A) = k$라 가정하자. 행렬식이 0이 아닌 $k \times k$ 부분행렬이 존재함을 증명하라.

24. 다음과 같은 형태의 행렬 $A \in \mathsf{M}_{n\times n}(F)$를 생각하자.

$$A = \begin{pmatrix} 0 & 0 & 0 & \cdots & 0 & a_0 \\ -1 & 0 & 0 & \cdots & 0 & a_1 \\ 0 & -1 & 0 & \cdots & 0 & a_2 \\ \vdots & \vdots & \vdots & & \vdots & \vdots \\ 0 & 0 & 0 & \cdots & -1 & a_{n-1} \end{pmatrix}$$

$n \times n$ 항등행렬을 I라 할 때, $\det(A+tI)$를 계산하라.

25. $A \in \mathsf{M}_{n\times n}(F)$의 j행 k열 성분에 대한 여인수를 c_{jk}라 표기하자. 다음 물음에 답하라.

(a) A의 k열을 e_j로 바꾸어 얻은 행렬을 B라 할 때, $\det(B) = c_{jk}$임을 증명하라.

(b) $1 \le j \le n$에 대하여 다음 식이 성립함을 보여라.

$$A\begin{pmatrix} c_{j1} \\ c_{j2} \\ \vdots \\ c_{jn} \end{pmatrix} = \det(A)\cdot e_j$$

힌트 $Ax = e_j$에 크라머 공식을 적용하라.

(c) $C_{ij} = c_{ji}$인 $n \times n$ 행렬 C에 대하여, $AC = \{\det(A)\}I$임을 유도하라.

(d) $\det(A) \neq 0$일 때, $A^{-1} = \{\det(A)\}^{-1}C$임을 보여라.

26~27. 다음 정의를 이용하여 문제를 풀어 보자.

> **정의** i행 j열 성분이 A의 ij 여인수인 행렬의 전치행렬을 A의 **고전적 수반행렬(classical adjoint matrix)**이라 한다.

26. 다음 행렬의 고전적 수반행렬을 구하라.

(a) $\begin{pmatrix} A_{11} & A_{12} \\ A_{21} & A_{22} \end{pmatrix}$

(b) $\begin{pmatrix} 4 & 0 & 0 \\ 0 & 4 & 0 \\ 0 & 0 & 4 \end{pmatrix}$

(c) $\begin{pmatrix} -4 & 0 & 0 \\ 0 & 2 & 0 \\ 0 & 0 & 5 \end{pmatrix}$

(d) $\begin{pmatrix} 3 & 6 & 7 \\ 0 & 4 & 8 \\ 0 & 0 & 5 \end{pmatrix}$

(e) $\begin{pmatrix} 1-i & 0 & 0 \\ 4 & 3i & 0 \\ 2i & 1+4i & -1 \end{pmatrix}$

(f) $\begin{pmatrix} 7 & 1 & 4 \\ 6 & -3 & 0 \\ -3 & 5 & -2 \end{pmatrix}$

(g) $\begin{pmatrix} -1 & 2 & 5 \\ 8 & 0 & -3 \\ 4 & 6 & 1 \end{pmatrix}$ (h) $\begin{pmatrix} 3 & 2+i & 0 \\ -1+i & 0 & i \\ 0 & 1 & 3-2i \end{pmatrix}$

27. C는 $A \in \mathsf{M}_{n\times n}(F)$의 고전적 수반행렬이다. 다음 명제가 참임을 증명하라.

(a) $\det(C) = [\det(A)]^{n-1}$

(b) A^t의 고전적 수반행렬은 C^t이다.

(c) A가 가역인 상삼각행렬이면, C와 A^{-1}는 모두 상삼각행렬이다.

28. $y_1, y_2, \ldots, y_n$은 C^∞의 일차독립인 함수들이다. 각 $y \in \mathsf{C}^\infty$에 대하여, 다음과 같이 정의한 행렬식 $\mathsf{T}(y) \in \mathsf{C}^\infty$를 $y, y_1, \ldots, y_n$의 **론스키 행렬식(Wronskian)**이라 한다.

$$[\mathsf{T}(y)](t) = \det \begin{pmatrix} y(t) & y_1(t) & y_2(t) & \cdots & y_n(t) \\ y'(t) & y_1'(t) & y_2'(t) & \cdots & y_n'(t) \\ \vdots & \vdots & \vdots & & \vdots \\ y^{(n)}(t) & y_1^{(n)}(t) & y_2^{(n)}(t) & \cdots & y_n^{(n)}(t) \end{pmatrix}$$

다음 물음에 답하라.

(a) $\mathsf{T}\colon \mathsf{C}^\infty \to \mathsf{C}^\infty$가 선형변환임을 증명하라.

(b) $\mathsf{N}(\mathsf{T})$가 $\text{span}(\{y_1, y_2, \ldots, y_n\})$을 포함함을 증명하라.

4.4 행렬식의 핵심 요약

이번 절에서는 이 책에서 계속 사용할 행렬식의 주요 성질을 정리한다. 4.2절과 4.3절을 바탕으로 확인한 결과도 증명 없이 소개한다.

체 F의 원소를 성분으로 가지는 $n \times n$ 행렬 A의 **행렬식**은 $\det(A)$ 또는 $|A|$라 표기하며 다음과 같은 방식으로 계산할 수 있다.

1. 1×1 행렬 A에 대하여 $\det(A) = A_{11}$이다. 즉 A의 행렬식은 A의 유일한 성분이다.

2. 2×2 행렬 A에 대하여 $\det(A) = A_{11}A_{22} - A_{12}A_{21}$이다. 예를 들면 다음과 같다.

$$\det\begin{pmatrix} -1 & 2 \\ 5 & 3 \end{pmatrix} = (-1)(3) - (2)(5) = -13$$

3. $n > 2$인 $n \times n$ 행렬 A를 생각하자. 모든 i에 대하여 i**행에 대한 여인수 전개**를 사용하면 행렬식은 다음과 같다.

$$\det(A) = \sum_{j=1}^{n} (-1)^{i+j} A_{ij} \cdot \det(\tilde{A}_{ij})$$

또는 모든 j에 대하여 j**열에 대한 여인수 전개**를 사용하면 행렬식은 다음과 같다.

$$\det(A) = \sum_{i=1}^{n} (-1)^{i+j} A_{ij} \cdot \det(\tilde{A}_{ij})$$

이때, $\tilde{A}_{ij}$는 A에서 i행과 j열을 지워서 얻은 $(n-1) \times (n-1)$ 행렬이다.

위 공식에서 스칼라 $(-1)^{i+j}\det(\tilde{A}_{ij})$는 A의 i행 j열 성분에 대한 **여인수(cofactor)**이다. 즉 A의 행렬식은 A의 어느 행 또는 열에 대한 각 성분과 대응하는 여인수를 곱한 항의 합이다. 따라서 $\det(A)$는 $(n-1) \times (n-1)$ 행렬의 n개 행렬식으로 나타낼 수 있다. 이 행렬식은 또 다시 $(n-2) \times (n-2)$ 행렬의 행렬식으로 나타나며, 계속 반복하면 2×2 행렬에 도달한다. 2×2 행렬의 행렬식은 2.처럼 계산한다.

다음 4×4 행렬의 행렬식을 행 또는 열에 대한 여인수 전개로 계산해 보자.

$$A = \begin{pmatrix} 2 & 1 & 1 & 5 \\ 1 & 1 & -4 & -1 \\ 2 & 0 & -3 & 1 \\ 3 & 6 & 1 & 2 \end{pmatrix}$$

A의 4행에 대하여 여인수 전개하여 행렬식을 계산하자. 4행의 각 성분에 대응하는 여인수를 알아야 한다. $A_{41} = 3$의 여인수는 $(-1)^{4+1}\det(B)$이다. 이때, B는 다음과 같다.

$$B = \begin{pmatrix} 1 & 1 & 5 \\ 1 & -4 & -1 \\ 0 & -3 & 1 \end{pmatrix}$$

이다. 행렬 B를 1열에 대하여 전개하여 행렬식을 구하자.

$$\begin{aligned} \det(B) &= (-1)^{1+1}(1)\det\begin{pmatrix} -4 & -1 \\ -3 & 1 \end{pmatrix} + (-1)^{2+1}(1)\det\begin{pmatrix} 1 & 5 \\ -3 & 1 \end{pmatrix} \\ &\quad + (-1)^{3+1}(0)\det\begin{pmatrix} 1 & 5 \\ -4 & -1 \end{pmatrix} \\ &= 1(1)[(-4)(1) - (-1)(-3)] + (-1)(1)[(1)(1) - (5)(-3)] + 0 \end{aligned}$$

$$= -7 - 16 + 0 = -23$$

즉, A_{41}의 여인수는 $(-1)^5(-23) = 23$이다. 비슷한 방식으로 A_{42}, A_{43}, A_{44}의 여인수는 각각 8, 11, -13이다. 이제, A의 4행의 각 성분과 대응하는 여인수를 곱하여 행렬식을 구할 수 있다.

$$\det(A) = 3(23) + 6(8) + 1(11) + 2(-13) = 102$$

비교를 위해 A의 2열에 대하여 여인수 전개하여 행렬식을 계산하자. A_{12}, A_{22}, A_{42}의 여인수가 각각 14, 40, 8임을 확인하기 바란다. A의 2열의 각 성분과 대응하는 여인수를 곱하여 행렬식을 구하면 다음과 같다.

$$\begin{aligned}
\det(A) &= (-1)^{1+2}(1)\det\begin{pmatrix}1 & -4 & -1\\ 2 & -3 & 1\\ 3 & 1 & 2\end{pmatrix} + (-1)^{2+2}(1)\det\begin{pmatrix}2 & 1 & 5\\ 2 & -3 & 1\\ 3 & 1 & 2\end{pmatrix}\\
&\quad + (-1)^{3+2}(0)\det\begin{pmatrix}2 & 1 & 5\\ 1 & -4 & -1\\ 3 & 1 & 2\end{pmatrix} + (-1)^{4+2}(6)\det\begin{pmatrix}2 & 1 & 5\\ 1 & -4 & -1\\ 2 & -3 & 1\end{pmatrix}\\
&= 14 + 40 + 0 + 48 = 102
\end{aligned}$$

물론, 이렇게 계산해도 똑같이 102를 얻는 것은 전혀 놀라운 일이 아니다. A의 행렬식은 전개하는 행 또는 열의 선택에 관계없음을 증명하였기 때문이다.

여기서는 $\det(A)$의 값을 계산할 때 4행보다 2열에 대하여 여인수 전개하는 것이 편리하다. 2열에는 0인 성분(A_{32})이 있어 여인수를 계산할 필요가 없기 때문이다. 이러한 이유로 0이 가장 많이 등장하는 행 또는 열을 선택하여 전개하는 것이 행렬식을 계산할 때 효과적이다. 기본행연산을 여러 번 적용하여 영인 성분이 행렬에 나타나도록 한 뒤 행렬식을 계산하면 좋다. 다음에 나올 행렬식의 성질 1~3을 확인하자.

행렬식의 성질

성질 1 $n \times n$ 행렬 A의 두 행 또는 두 열을 교환하여 얻은 행렬을 B라 하면 $\det(B) = -\det(A)$이다.

성질 2 $n \times n$ 행렬 A의 한 행 또는 열에 스칼라 k를 곱하여 얻은 행렬을 B라 하면 $\det(B) = k \cdot \det(A)$이다.

성질 3 $i \neq j$에 대하여, $n \times n$ 행렬 A의 j행에 i행의 스칼라 배를 더하거나 i열의 스칼라 배를 j열에 더하여 얻은 행렬 B를 생각하자. 이때 $\det(B) = \det(A)$이다.

성질 1~3을 사용하여 행렬식을 계산하는 예로 앞서 다룬 4×4 행렬 A를 다시 생각해 보자. 성질 3을 사용하여 2열의 성분에 0이 많이 나오도록 변형한 다음, 2열에 대하여 전개하자(2행과 4행에 1행의 스칼라 배를 각각 더하는 기본행연산). 이러한 과정을 통해 A의 행렬식은 다음과 같이 3×3 행렬의 행렬식으로 나타낼 수 있다.

$$\det(A) = \det\begin{pmatrix} 2 & 1 & 1 & 5 \\ 1 & 1 & -4 & -1 \\ 2 & 0 & -3 & 1 \\ 3 & 6 & 1 & 2 \end{pmatrix} = \det\begin{pmatrix} 2 & 1 & 1 & 5 \\ -1 & 0 & -5 & -6 \\ 2 & 0 & -3 & 1 \\ -9 & 0 & -5 & -28 \end{pmatrix}$$
$$= 1(-1)^{1+2}\det\begin{pmatrix} -1 & -5 & -6 \\ 2 & -3 & 1 \\ -9 & -5 & -28 \end{pmatrix}$$

위 3×3 행렬의 행렬식 또한 같은 방식으로 계산할 수 있다. 3형 기본행연산을 사용하여 1열에 두 개의 0이 나오도록 만들고, 1열에 대하여 전개하면 -102를 얻는다. 따라서 $\det(A)$의 값은 다음과 같다.

$$\det(A) = 1(-1)^{1+2}(-102) = 102$$

여인수 전개로만 $\det(A)$를 계산하는 방법과 기본행연산의 성질 1~3을 적용하고 $\det(A)$를 계산하는 방법을 비교하면 후자가 덜 번거로움을 알 수 있다. 앞으로도 특정한 행렬의 행렬식을 계산할 것이다. 이때, 행렬식의 다음 두 가지 성질이 유용하게 사용된다.

성질 4 상삼각행렬의 행렬식은 대각성분의 곱이다. 특히 $\det(I) = 1$이다.

성질 5 행렬의 두 행 또는 열이 같으면 그 행렬식은 0이다.

예를 들어, 다음 행렬은 성질 4를 사용하여 쉽게 행렬식을 구할 수 있다.

$$\det\begin{pmatrix} -3 & 1 & 2 \\ 0 & 4 & 5 \\ 0 & 0 & -6 \end{pmatrix} = (-3)(4)(-6) = 72$$

성질 4는 다음 순서로 적용하면 된다.

1. 가우스 소거법과 성질 1, 2, 3을 사용하여 주어진 행렬을 상삼각행렬로 변형한다.
2. 상삼각행렬의 대각성분의 곱을 계산한다.

이 순서대로 4×4 행렬의 행렬식을 계산해 보자.

$$\det\begin{pmatrix}1 & -1 & 2 & 1\\ 2 & -1 & -1 & 4\\ -4 & 5 & -10 & -6\\ 3 & -2 & 10 & -1\end{pmatrix} = \det\begin{pmatrix}1 & -1 & 2 & 1\\ 0 & 1 & -5 & 2\\ 0 & 1 & -2 & -2\\ 0 & 1 & 4 & -4\end{pmatrix}$$

$$= \det\begin{pmatrix}1 & -1 & 2 & 1\\ 0 & 1 & -5 & 2\\ 0 & 0 & 3 & -4\\ 0 & 0 & 9 & -6\end{pmatrix} = \det\begin{pmatrix}1 & -1 & 2 & 1\\ 0 & 1 & -5 & 2\\ 0 & 0 & 3 & -4\\ 0 & 0 & 0 & 6\end{pmatrix}$$

$$= 1\cdot 1\cdot 3\cdot 6 = 18$$

다음 세 가지 성질은 자주 사용될 것이다. 이 중에서 행렬이 가역인지를 쉽게 판단할 수 있다는 성질 7이 가장 중요하다.

> **성질 6** $n\times n$ 행렬 A와 B에 대하여 $\det(AB) = \det(A)\cdot\det(B)$이다.
>
> **성질 7** $n\times n$ 행렬 A가 가역이기 위한 필요충분조건은 $\det(A) \neq 0$이다. 특히, A가 가역이면 $\det(A^{-1}) = \dfrac{1}{\det(A)}$이다.
>
> **성질 8** $n\times n$ 행렬 A에 대하여 A와 A^t의 행렬식은 같다.

예를 들어, 258쪽 행렬 A는 $\det(A) = 102$이므로 성질 7에 의해 가역이다. 마지막 성질은 4.3절 연습문제 15에서 다룬 내용이며, 5장에서 사용된다. 성질 6과 성질 7을 바탕으로 쉽게 확인할 수 있다.

> **성질 9** A, B가 서로 닮음이면 $\det(A) = \det(B)$이다.

4.4 연습문제

1. 다음 명제의 참-거짓을 판정하라.

(a) 정사각행렬의 행렬식은 임의의 행이나 열에 대하여 전개하여 계산할 수 있다.

(b) 행렬의 행렬식을 계산할 때, 0이 가장 많이 등장하는 행이나 열에 대하여 전개하는 것이 현명하다.

(c) A의 두 행 또는 열이 같으면 $\det(A) = 0$이다.

(d) A의 두 행 또는 두 열을 교환하여 얻은 행렬을 B라 하면 $\det(B) = \det(A)$이다.

(e) A의 한 행 또는 열의 각 성분에 스칼라를 곱하여 얻은 행렬을 B라 하면 $\det(B) = \det(A)$이다.

(f) A의 한 행의 스칼라 배를 다른 행에 더하여 얻은 행렬을 B라 하면 $\det(B) = \det(A)$이다.

(g) $n \times n$ 상삼각행렬의 행렬식은 대각성분의 곱이다.

(h) 모든 $A \in \mathsf{M}_{n\times n}(F)$에 대하여 $\det(A^t) = -\det(A)$이다.

(i) $A, B \in \mathsf{M}_{n\times n}(F)$에 대하여 $\det(AB) = \det(A)\cdot\det(B)$이다.

(j) Q가 가역이면 $\det(Q^{-1}) = \{\det(Q)\}^{-1}$이다.

(k) 행렬 Q가 가역이기 위한 필요충분조건은 $\det(Q) \neq 0$이다.

2. 다음 2×2 행렬의 행렬식을 계산하라.

(a) $\begin{pmatrix} 4 & -5 \\ 2 & 3 \end{pmatrix}$ (b) $\begin{pmatrix} -1 & 7 \\ 3 & 8 \end{pmatrix}$

(c) $\begin{pmatrix} 2+i & -1+3i \\ 1-2i & 3-i \end{pmatrix}$ (d) $\begin{pmatrix} 3 & 4i \\ -6i & 2i \end{pmatrix}$

3. 다음 행렬의 행렬식을 제시된 방법에 따라 계산하라.

(a) $\begin{pmatrix} 0 & 1 & 2 \\ -1 & 0 & -3 \\ 2 & 3 & 0 \end{pmatrix}$ 1행에 대하여

(b) $\begin{pmatrix} 1 & 0 & 2 \\ 0 & 1 & 5 \\ -1 & 3 & 0 \end{pmatrix}$ 1열에 대하여

(c) $\begin{pmatrix} 0 & 1 & 2 \\ -1 & 0 & -3 \\ 2 & 3 & 0 \end{pmatrix}$ 2열에 대하여

(d) $\begin{pmatrix} 1 & 0 & 2 \\ 0 & 1 & 5 \\ -1 & 3 & 0 \end{pmatrix}$ 3행에 대하여

(e) $\begin{pmatrix} 0 & 1+i & 2 \\ -2i & 0 & 1-i \\ 3 & 4i & 0 \end{pmatrix}$ 3행에 대하여

(f) $\begin{pmatrix} i & 2+i & 0 \\ -1 & 3 & 2i \\ 0 & -1 & 1-i \end{pmatrix}$ 3열에 대하여

(g) $\begin{pmatrix} 0 & 2 & 1 & 3 \\ 1 & 0 & -2 & 2 \\ 3 & -1 & 0 & 1 \\ -1 & 1 & 2 & 0 \end{pmatrix}$ 4열에 대하여

(h) $\begin{pmatrix} 1 & -1 & 2 & -1 \\ -3 & 4 & 1 & -1 \\ 2 & -5 & -3 & 8 \\ -2 & 6 & -4 & 1 \end{pmatrix}$ 4행에 대하여

4. 다음 행렬의 행렬식을 적절한 방법을 사용하여 계산하라.

(a) $\begin{pmatrix} 1 & 2 & 3 \\ 4 & 5 & 6 \\ 7 & 8 & 9 \end{pmatrix}$ (b) $\begin{pmatrix} -1 & 3 & 2 \\ 4 & -8 & 1 \\ 2 & 2 & 5 \end{pmatrix}$

(c) $\begin{pmatrix} 0 & 1 & 1 \\ 1 & 2 & -5 \\ 6 & -4 & 3 \end{pmatrix}$ (d) $\begin{pmatrix} 1 & -2 & 3 \\ -1 & 2 & -5 \\ 3 & -1 & 2 \end{pmatrix}$

(e) $\begin{pmatrix} i & 2 & -1 \\ 3 & 1+i & 2 \\ -2i & 1 & 4-i \end{pmatrix}$ (f) $\begin{pmatrix} -1 & 2+i & 3 \\ 1-i & i & 1 \\ 3i & 2 & -1+i \end{pmatrix}$

(g) $\begin{pmatrix} 1 & 0 & -2 & 3 \\ -3 & 1 & 1 & 2 \\ 0 & 4 & -1 & 1 \\ 2 & 3 & 0 & 1 \end{pmatrix}$ (h) $\begin{pmatrix} 1 & -2 & 3 & -12 \\ -5 & 12 & -14 & 19 \\ -9 & 22 & -20 & 31 \\ -4 & 9 & -14 & 15 \end{pmatrix}$

5. A가 정사각행렬일 때, 다음과 같은 꼴인 행렬 $M \in \mathsf{M}_{n\times n}(F)$를 생각하자.

$$M = \begin{pmatrix} A & B \\ O & I \end{pmatrix}$$

$\det(M) = \det(A)$임을 증명하라.

6. A와 C는 정사각행렬일 때, 다음과 같은 꼴인 행렬 $M \in \mathsf{M}_{n\times n}(F)$를 생각하자.

$$M = \begin{pmatrix} A & B \\ O & C \end{pmatrix}$$

$\det(M) = \det(A)\cdot\det(C)$임을 증명하라. 5장, 7장

4.5 행렬식의 엄밀한 정의*

4.2절과 4.3절에서 행렬식이 다양한 성질을 가짐을 확인하였다. 이번 절에서는 세 가지 성질만으로 행렬식을 완벽히 정의할 수 있음을 학습할 것이다. 다시 말해 다음 세 가지 성질을 만족하는 유일한 함수 $\delta\colon \mathsf{M}_{n\times n}(F) \to F$가 바로 행렬식이다. 행렬식의 이러한 특징은 4.1절에서 $\det\begin{pmatrix} u \\ v \end{pmatrix}$와 u와 v

로 결정되는 평행사변형 사이의 관계를 통해 한 차례 다룬 바 있다. 행렬식을 정의하는 성질 중 첫 번째는 정리 4.3에서 다루었다.

정의 $n \times n$ 행렬의 다른 행이 고정되어 있을 때, 행렬의 각 행에 대하여 선형인 함수 $\delta: \mathsf{M}_{n\times n}(F) \to F$를 **$n$-선형함수($n$-linear function)**라 한다. 즉, 모든 $r = 1, 2, \ldots, n$에 대하여, F^n에 속하는 임의의 세 벡터 u, v, a_i와 스칼라 k에 대하여 다음 관계식을 만족하는 δ는 n-선형이다.

$$\delta\begin{pmatrix} a_1 \\ \vdots \\ a_{r-1} \\ u+kv \\ a_{r+1} \\ \vdots \\ a_n \end{pmatrix} = \delta\begin{pmatrix} a_1 \\ \vdots \\ a_{r-1} \\ u \\ a_{r+1} \\ \vdots \\ a_n \end{pmatrix} + k\delta\begin{pmatrix} a_1 \\ \vdots \\ a_{r-1} \\ v \\ a_{r+1} \\ \vdots \\ a_n \end{pmatrix}$$

예제 1 $A \in \mathsf{M}_{n\times n}(F)$에 대하여, $\delta(A) = 0$으로 정의된 함수 $\delta: \mathsf{M}_{n\times n}(F) \to F$는 n-선형함수이다.

예제 2 $1 \le j \le n$에 대하여, 다음과 같이 정의된 함수 $\delta_j: \mathsf{M}_{n\times n}(F) \to F$를 생각하자.

$$A \in \mathsf{M}_{n\times n}(F)\text{에 대하여 } \delta_j(A) = A_{1j}A_{2j}\cdots A_{nj}$$

즉 $\delta_j(A)$는 A의 j열 성분들의 곱이다. 이제 $A \in \mathsf{M}_{n\times n}(F)$, $a_i = (A_{i1}, A_{i2}, \ldots, A_{in})$, $v = (b_1, b_2, \ldots, b_n) \in \mathsf{F}^n$이라 하자. 각 δ_j는 n-선형이다. 임의의 스칼라 k에 대하여 다음이 성립하기 때문이다.

$$\begin{aligned}\delta\begin{pmatrix} a_1 \\ \vdots \\ a_{r-1} \\ a_r+kv \\ a_{r+1} \\ \vdots \\ a_n \end{pmatrix} &= A_{1j}\cdots A_{(r-1)j}(A_{rj}+kb_j)A_{(r+1)j}\cdots A_{nj} \\ &= A_{1j}\cdots A_{(r-1)j}A_{rj}A_{(r+1)j}\cdots A_{nj} + A_{1j}\cdots A_{(r-1)j}(kb_j)A_{(r+1)j}\cdots A_{nj}\end{aligned}$$

$$= A_{1j} \cdots A_{(r-1)j} A_{rj} A_{(r+1)j} \cdots A_{nj} + k(A_{1j} \cdots A_{(r-1)j} b_j A_{(r+1)j} \cdots A_{nj})$$

$$= \delta \begin{pmatrix} a_1 \\ \vdots \\ a_{r-1} \\ a_r \\ a_{r+1} \\ \vdots \\ a_n \end{pmatrix} + k\delta \begin{pmatrix} a_1 \\ \vdots \\ a_{r-1} \\ v \\ a_{r+1} \\ \vdots \\ a_n \end{pmatrix}$$

예제 3 $A \in \mathbf{M}_{n\times n}(F)$에 대하여, $\delta(A) = A_{11}A_{22}\cdots A_{nn}$ (A의 대각성분의 곱)으로 정의된 함수 $\delta\colon \mathbf{M}_{n\times n}(F) \to F$는 n-선형함수이다.

예제 4 $A \in \mathbf{M}_{n\times n}(R)$에 대하여, $\delta(A) = \mathrm{tr}(A)$로 정의된 함수 $\delta\colon \mathbf{M}_{n\times n}(R) \to R$는 $n \geq 2$일 때 n-선형함수가 아니다. $n \times n$ 항등행렬 I와 I의 1행에 2를 곱하여 얻은 행렬 A에 대하여 $\delta(A) = n + 1 \neq 2n = 2\cdot\delta(I)$이기 때문이다.

정리 4.3에 의하면 행렬식은 n-선형함수이다. 이번 절에서 다루는 n-선형함수의 가장 중요한 예는 행렬식이다. 이제 행렬식을 정의하는 두 번째 성질을 소개하겠다.

정의 이웃한 두 행이 서로 같은 행렬 $A \in \mathbf{M}_{n\times n}(F)$에 대하여, $\delta(A) = 0$인 n-선형함수 $\delta\colon \mathbf{M}_{n\times n}(F) \to F$를 **교대(alternating)**라 한다.

정리 4.10 교대 n-선형함수 $\delta\colon \mathbf{M}_{n\times n}(F) \to F$에 대하여 다음이 성립한다.

(1) $A \in \mathbf{M}_{n\times n}(F)$의 임의의 두 행을 교환하여 얻은 행렬을 B라 하면 $\delta(B) = -\delta(A)$이다.

(2) $A \in \mathbf{M}_{n\times n}(F)$의 임의의 두 행이 같으면 $\delta(A) = 0$이다.

증명 (1) $A \in \mathbf{M}_{n\times n}(F)$의 r행과 s행을 교환하여 얻은 행렬을 B라 하자. (이때 $r < s$이다.) 우선 $s = r + 1$인 경우를 증명하자. $\delta\colon \mathbf{M}_{n\times n}(F) \to F$가 교대 n-선형함수이므로, 다음 식이 성립한다.

$$0 = \delta\begin{pmatrix} a_1 \\ \vdots \\ a_r + a_{r+1} \\ a_r + a_{r+1} \\ \vdots \\ a_n \end{pmatrix} = \delta\begin{pmatrix} a_1 \\ \vdots \\ a_r \\ a_r + a_{r+1} \\ \vdots \\ a_n \end{pmatrix} + \delta\begin{pmatrix} a_1 \\ \vdots \\ a_{r+1} \\ a_r + a_{r+1} \\ \vdots \\ a_n \end{pmatrix}$$

$$= \delta\begin{pmatrix} a_1 \\ \vdots \\ a_r \\ a_r \\ \vdots \\ a_n \end{pmatrix} + \delta\begin{pmatrix} a_1 \\ \vdots \\ a_r \\ a_{r+1} \\ \vdots \\ a_n \end{pmatrix} + \delta\begin{pmatrix} a_1 \\ \vdots \\ a_{r+1} \\ a_r \\ \vdots \\ a_n \end{pmatrix} + \delta\begin{pmatrix} a_1 \\ \vdots \\ a_{r+1} \\ a_{r+1} \\ \vdots \\ a_n \end{pmatrix}$$

$$= 0 + \delta(A) + \delta(B) + 0$$

따라서 $\delta(B) = -\delta(A)$ 이다.

그 다음 $s > r+1$ 인 경우를 증명하자. A 의 행을 $a_1, a_2, \ldots, a_n$ 이라 표기하고, a_r 행과 이웃한 a_{r+1} 행부터 연속으로 교환하여 행의 배열이 다음과 같이 되도록 만들자.

$$a_1, a_2, \ldots, a_{r-1}, a_{r+1}, \ldots, a_s, a_r, a_{s+1}, \ldots, a_n$$

이웃한 두 행을 총 $s-r$ 번 교환하면 위와 같은 행의 배열을 얻는다. 이제 a_s 행을 이웃한 a_{s-1} 행부터 연속으로 $s-r-1$ 번 교환하여 행의 배열이 다음과 같이 되도록 만들자.

$$a_1, a_2, \ldots, a_{r-1}, a_s, a_{r+1}, \ldots, a_{s-1}, a_r, a_{s+1}, \ldots, a_n$$

이제 행렬 B 를 얻었다. 지금까지의 과정으로부터 다음이 성립한다.

$$\delta(B) = (-1)^{(s-r)+(s-r-1)}\delta(A) = -\delta(A)$$

(2) $A \in \mathsf{M}_{n\times n}(F)$ 의 r 행과 s 행이 같다고 가정하자. (단, $r < s$)
$s = r+1$ 인 경우, δ 가 교대이고 A 의 이웃한 두 행의 값이 같기 때문에 $\delta(A) = 0$ 이다.
$s > r+1$ 인 경우, A 의 $r+1$ 행과 s 행을 교환하여 얻은 행렬 B 를 생각하자. 한편 B 의 이웃한 두 행이 같으므로 $\delta(B) = 0$ 이다. (1)에서 $\delta(B) = -\delta(A)$ 이므로 $\delta(A) = 0$ 이다. ◀

따름정리 1 교대 n-선형함수 $\delta\colon \mathsf{M}_{n\times n}(F) \to F$ 를 생각하자. 행렬 $A \in \mathsf{M}_{n\times n}(F)$ 의 어느 행의 스칼라 배를 다른 행에 더하여 얻은 행렬을 B 라 하면 $\delta(B) = \delta(A)$ 이다.

증명 $A \in \mathsf{M}_{n\times n}(F) \to F$의 i행의 k배를 j행(단, $j \neq i$)에 더하여 얻은 행렬을 B라 하자. A의 j행을 i행으로 바꾸어 얻은 행렬을 C라 하자. 이제 A, B, C의 j행을 제외한 모든 행은 같다. 특히, B의 j행은 A의 j행과 C의 j행의 k배의 합이다. δ가 n-선형함수이고 C가 값이 같은 두 행을 가지므로, 다음이 성립한다.

$$\delta(B) = \delta(A) + k\delta(C) = \delta(A) + k\cdot 0 = \delta(A)$$ ◀

다음 결과는 정리 4.6의 따름정리의 증명과정에서 유도할 수 있다(연습문제 11).

따름정리 2 교대 n-선형함수 $\delta\colon \mathsf{M}_{n\times n}(F) \to F$를 생각하자. $M \in \mathsf{M}_{n\times n}(F)$의 랭크가 n 미만이면, $\delta(M) = 0$이다.

증명 여러분의 몫으로 남긴다. ◀

따름정리 3 교대 n-선형함수 $\delta\colon \mathsf{M}_{n\times n}(F) \to F$와 $\mathsf{M}_{n\times n}(F)$에 속한 1형 기본행렬 E_1, 2형 기본행렬 E_2, 3형 기본행렬 E_3을 생각하자. 특히, E_2는 I의 어느 행에 영이 아닌 스칼라 k를 곱하여 얻은 행렬이다. 이때, 다음이 성립한다.

$$\delta(E_1) = -\delta(I), \quad \delta(E_2) = k\cdot\delta(I), \quad \delta(E_3) = \delta(I)$$

증명 여러분의 몫으로 남긴다. ◀

이제 특정한 조건 하에서 유일한 교대 n-선형함수 $\delta\colon \mathsf{M}_{n\times n}(F) \to F$가 행렬식임을 보이려 한다. 다시 말해, 모든 $A \in \mathsf{M}_{n\times n}(F)$에 대하여 $\delta(A) = \det(A)$이다. 임의의 교대 n-선형함수의 스칼라 곱은 여전히 교대 n-선형함수이므로 여러 스칼라 곱 중 어떤 값이 행렬식인지 정의할 조건이 필요하다. 이를 위한 행렬식을 정의하는 세 번째 성질은 $n \times n$ 항등행렬의 행렬식이 1이라는 사실이다. 이번 절의 최종 목표에 도달하기 앞서 정리 4.7과 유사한 결과를 증명해야 한다. 그 증명은 정리 4.7의 증명과 비슷하므로 생략하겠다(연습문제 12).

정리 4.11 $\delta(I) = 1$인 교대 n-선형함수 $\delta\colon \mathsf{M}_{n\times n}(F) \to F$를 생각하자. 임의의 $A, B \in \mathsf{M}_{n\times n}(F)$에 대하여 $\delta(AB) = \delta(A)\cdot\delta(B)$이다.

증명 여러분의 몫으로 남긴다. ◀

정리 4.12 $\delta(I) = 1$인 교대 n-선형함수 $\delta\colon \mathsf{M}_{n\times n}(F) \to F$를 생각하자. 모든 $A \in \mathsf{M}_{n\times n}(F)$에 대하여 $\delta(A) = \det(A)$이다.

증명 $\delta(I) = 1$인 교대 n-선형함수 $\delta\colon \mathsf{M}_{n\times n}(F) \to F$와 $A \in \mathsf{M}_{n\times n}(F)$를 생각하자. A의 랭크가 n 미만이면, 정리 4.10의 따름정리 2에 의해 $\delta(A) = 0$이다. 정리 4.6의 따름정리에 따르면 $\det(A) = 0$이므로, 이 경우 $\delta(A) = \det(A)$임이 증명되었다.

만약 A의 랭크가 n이면, A는 가역이고 기본행렬의 곱으로 나타낼 수 있다(정리 3.6의 따름정리 3). $A = E_m \cdots E_2 E_1$이라 하자. $\delta(I) = 1$이므로 정리 4.10의 따름정리 3과 247쪽 사실에 의해 모든 기본행렬 E에 대하여 $\delta(E) = \det(E)$이다. 따라서 정리 4.11과 정리 4.7로부터 다음이 성립한다.

$$
\begin{aligned}
\delta(A) &= \delta(E_m \cdots E_2 E_1) \\
&= \det(E_m)\delta(E_{m-1} \cdot \cdots \cdot E_2 \cdot E_1) \\
&\ \ \vdots \\
&= \det(E_m) \cdot \cdots \cdot \det(E_2) \cdot \det(E_1) \\
&= \det(E_m \cdots E_2 E_1) \\
&= \det(A)
\end{aligned}
$$
◀

정리 4.12에 의해 이번 절의 최종 목표가 증명되었다. $\delta(I) = 1$인 유일한 교대 n-선형함수 $\delta\colon \mathsf{M}_{n\times n}(F) \to F$는 행렬식이다.

4.5 연습문제

1. 다음 명제의 참-거짓을 판정하라.

(a) 임의의 n-선형함수 $\delta\colon \mathsf{M}_{n\times n}(F) \to F$는 선형변환이다.

(b) 임의의 n-선형함수 $\delta\colon \mathsf{M}_{n\times n}(F) \to F$는 $n \times n$ 행렬의 다른 $n-1$개의 행이 고정되어 있을 때, 각 행에 대하여 선형함수이다.

(c) $\delta\colon \mathsf{M}_{n\times n}(F) \to F$가 교대 n-선형함수일 때 행렬 $A \in \mathsf{M}_{n\times n}(F)$의 두 행이 같으면 $\delta(A) = 0$이다.

(d) $\delta\colon \mathsf{M}_{n\times n}(F) \to F$가 교대 n-선형함수일 때 행렬 $A \in \mathsf{M}_{n\times n}(F)$의 두 행을 교환하여 얻은 행렬을 B라 하면 $\delta(B) = \delta(A)$이다.

(e) 교대 n-선형함수 $\delta\colon \mathsf{M}_{n\times n}(F) \to F$는 유일하다.

(f) 모든 $A \in \mathsf{M}_{n\times n}(F)$에 대하여 $\delta(A) = 0$으로 정의된 함수 $\delta\colon \mathsf{M}_{n\times n}(F) \to F$는 n-선형이다.

2. 1-선형함수 $\delta\colon \mathsf{M}_{1\times 1}(F) \to F$를 모두 찾아라.

3~10. 다음 함수 $\delta\colon \mathsf{M}_{3\times 3}(F) \to F$가 3-선형함수인지 판별하고, 그 근거를 설명하라.

3. $\delta(A) = k$ (단, k는 영이 아닌 임의의 스칼라)

4. $\delta(A) = A_{22}$

5. $\delta(A) = A_{11}A_{23}A_{32}$

6. $\delta(A) = A_{11} + A_{23} + A_{32}$

7. $\delta(A) = A_{11}A_{21}A_{32}$

8. $\delta(A) = A_{11}A_{31}A_{32}$

9. $\delta(A) = A_{11}^2 A_{22}^2 A_{33}^2$

10. $\delta(A) = A_{11}A_{22}A_{33} - A_{11}A_{21}A_{32}$

11. 정리 4.10의 따름정리 2와 따름정리 3을 각각 증명하라.

12. 정리 4.11을 증명하라.

13. $\det\colon \mathsf{M}_{2\times 2}(F) \to F$는 행렬의 **열**에 대한 2-선형함수임을 증명하라.

14. $a, b, c, d \in F$에 대하여 다음과 같이 정의된 함수 $\delta\colon \mathsf{M}_{2\times 2}(F) \to F$가 2-선형함수임을 증명하라.

$$\delta(A) = A_{11}A_{22}a + A_{11}A_{21}b + A_{12}A_{22}c + A_{12}A_{21}d$$

15. $\delta\colon \mathsf{M}_{2\times 2}(F) \to F$가 2-선형함수이기 위한 필요충분조건은 적절한 스칼라 $a, b, c, d \in F$에 대하여 다음과 같은 꼴인 것임을 증명하라.

$$\delta(A) = A_{11}A_{22}a + A_{11}A_{21}b + A_{12}A_{22}c + A_{12}A_{21}d$$

16. 교대 n-선형함수 $\delta: \mathsf{M}_{n\times n}(F) \to F$를 생각하자. 모든 $A \in \mathsf{M}_{n\times n}(F)$에 대하여 $\delta(A) = k\det(A)$인 스칼라 k가 존재함을 증명하라.

17. 두 n-선형함수의 일차결합이 n-선형함수임을 증명하라. 이때, n-선형함수의 합과 스칼라 곱은 1.2절 예제 3에서 정의한 것과 같다.

18. 체 F에서의 모든 n-선형함수들의 집합이 F-벡터공간임을 증명하라. 이때, 함수의 합과 스칼라 곱은 1.2절 예제 3에서 정의한 것과 같다.

19. n-선형함수 $\delta: \mathsf{M}_{n\times n}(F) \to F$와 지표가 2가 아닌 체 F를 생각하자. 다음 명제를 증명하라.

> $A \in \mathsf{M}_{n\times n}(F)$의 임의의 두 행을 교환하여 얻은 행렬 B에 대하여 $\delta(B) = -\delta(A)$이면, $M \in \mathsf{M}_{n\times n}(F)$의 두 행이 같을 때 $\delta(M) = 0$이다.

20. 체 F의 지표가 2이면 연습문제 19의 결론이 성립하지 않음을 예를 들어 확인하라.

5

대각화
Diagonalization

이번 장에서 다룰 **대각화 문제**는 유한차원 벡터공간 V에 선형연산자 T가 주어질 때 다음 물음에 답하는 과정이다.

1. $[\mathsf{T}]_\beta$가 대각행렬이 되도록 하는 (V의) 순서기저 β가 존재하는가?
2. 이러한 기저가 존재한다면 어떻게 찾을 수 있는가?

대각행렬을 사용한 연산은 계산이 쉽기 때문에 만약 첫 번째 질문의 답이 '그렇다'이면 T가 V에 어떻게 작용하는지 쉽게 이해할 수 있다. 두 번째 질문에 답할 수 있다면 많은 응용 문제는 선형대수학으로 쉽게 풀릴 것이다. 5.3절의 예제를 통해 일부 응용 문제의 풀이를 소개한다.

대각화 문제에서 중요한 **고윳값**과 **고유벡터**는 그 자체만으로도 의미가 있다. 예를 들어 공학에서는 차, 다리, 발전소와 같은 구조물이 붕괴하지 않도록 설계하는 것이 중요하다. 실제로 1850년 프랑스 메인 강의 앙제 다리와 1940년 펏젯 사운드 만의 타코마 다리(세계에서 3번째로 긴 현수교)가 의도하지 않은 진동으로 붕괴된 사건을 생각해 보자. 이런 진동 문제는 구조물을 모델링하여 얻은 미분방정식의 고윳값과 고유벡터를 연구하는 문제로 귀결된다. 또한 고윳값과 고유벡터는 얼굴 인식, 지문 인식, **주성분 분석**(principal component analysis)이라 불리는 통계적 처리 과정에서도 사용된다.

5.1 고윳값과 고유벡터

2.5절 예제 3에서 R^2에서 직선 $y=2x$에 대한 대칭 공식을 유도하였다. 유도 과정의 핵심은 $[\mathsf{T}]_{\beta'}$이 대각행렬이 되도록 하는 기저 β'을 찾는 것이다. 이제 이러한 기저를 가지는 연산자나 행렬에 대하여 알아보자.

정의 유한차원 벡터공간 V에서 정의된 선형연산자 T에 대하여

- $[\mathsf{T}]_\beta$가 대각행렬이 되도록 하는 (V의) 순서기저 β가 존재할 때, 선형연산자 T는 **대각화가능(diagonalizable)**하다고 한다.
- L_A가 대각화가능할 때, 정사각행렬 A는 **대각화가능(diagonalizable)**하다고 한다.

유한차원 벡터공간 V에서 정의된 선형연산자 T는 언제 대각화가능할까? 그때, $[\mathsf{T}]_\beta$가 대각행렬이

되도록 하는 순서기저 $\beta = \{v_1, v_2, \ldots, v_n\}$은 어떻게 찾을 수 있을까? $D = [\mathsf{T}]_\beta$가 대각행렬이라 하자. 각 벡터 $v_j \in \beta$에 대하여 $\mathsf{T}(v_j) = \sum_{i=1}^{n} D_{ij}v_i = D_{jj}v_j = \lambda_j v_j$ (단, $\lambda_j = D_{jj}$)가 성립한다. 역으로 $\beta = \{v_1, v_2, \ldots, v_n\}$이 적절한 스칼라 $\lambda_1, \lambda_2, \ldots, \lambda_n$에 대하여 $\mathsf{T}(v_j) = \lambda_j v_j$이 되도록 하는 ($\mathsf{V}$의) 순서기저이면 다음이 성립한다.

$$[\mathsf{T}]_\beta = \begin{pmatrix} \lambda_1 & 0 & \cdots & 0 \\ 0 & \lambda_2 & \cdots & 0 \\ \vdots & \vdots & & \vdots \\ 0 & 0 & \cdots & \lambda_n \end{pmatrix}$$

앞 단락에서 기저 β의 각 벡터 v는 적절한 스칼라 λ에 대하여 $\mathsf{T}(v) = \lambda v$를 만족한다. 특히, v는 기저의 원소이므로 v는 영벡터가 아니다. 이를 정리하면 다음과 같다.

정의 벡터공간 V의 선형연산자 T에 대하여

- 영벡터가 아닌 벡터 $v \in \mathsf{V}$와 어떤 스칼라 λ가 존재하여 $\mathsf{T}(v) = \lambda v$를 만족할 때, 벡터 v를 T의 **고유벡터(eigenvector)**라 한다.
- 스칼라 λ를 고유벡터 v에 대응하는 **고윳값(eigenvalue)**이라 한다.

$\mathsf{M}_{n\times n}(F)$에 속하는 행렬 A에 대하여

- L_A의 고유벡터, 즉 $Av = \lambda v$인 스칼라 λ가 존재하게 만드는 영벡터가 아닌 벡터 $v \in \mathsf{F}^n$을 A의 **고유벡터**라 한다.
- 스칼라 λ를 고유벡터 v에 대응하는 행렬 A의 **고윳값**이라 한다.

참고로 고유벡터 대신 **특성벡터(characteristic vector 또는 proper vector)**, 고윳값 대신 **특성값(characteristic value 또는 proper value)**이란 용어를 사용하기도 한다.

어떤 벡터가 행렬 A의 고유벡터이기 위한 필요충분조건은 그 벡터가 L_A의 고유벡터인 것이다. 같은 방식으로 스칼라 λ가 행렬 A의 고윳값이기 위한 필요충분조건은 스칼라 λ가 L_A의 고윳값인 것이다. 이 장의 첫 번째 질문은 고유벡터와 고윳값을 사용하여 다음과 같이 답할 수 있다.

정리 5.1 유한차원 벡터공간 V의 선형연산자 T가 대각화가능하기 위한 필요충분조건은 T의 고유벡터로 이루어진 (V의) 순서기저 β가 존재하는 것이다. 또한 T가 대각화가능하고 $\beta = \{v_1, v_2, \ldots, v_n\}$은 T의 고유벡터로 이루어진 순서기저이면 $D = [\mathsf{T}]_\beta$는 대각행렬이다. 이때, $D_{jj}(1 \leq j \leq n)$는 v_j에 대응하는 고윳값이다.

따름정리 행렬 $A \in \mathsf{M}_{n \times n}(F)$가 대각화가능하기 위한 필요충분조건은 A의 고유벡터로 이루어진 (F^n의) 순서기저가 존재하는 것이다. 또한 $\{v_1, v_2, \ldots, v_n\}$은 A의 고유벡터로 이루어진 (F^n의) 순서기저이고 j열이 벡터 v_j인 $n \times n$ 행렬 Q에 대하여 $D = Q^{-1}AQ$는 D_{jj}가 v_j에 대응하는 (A의) 고윳값인 대각행렬이다. 즉, 행렬 A가 대각화가능하기 위한 필요충분조건은 대각행렬과 닮음인 것이다.

행렬이나 선형연산자를 **대각화**하려면 고유벡터로 이루어진 기저와, 이에 대응하는 고윳값을 찾아야 한다. 다음 세 가지 예제에서 고유벡터와 고윳값을 살펴본 뒤 대각화를 깊게 다루어 보자.

예제 1 행렬 $A = \begin{pmatrix} 1 & 3 \\ 4 & 2 \end{pmatrix}$와 두 벡터 $v_1 = \begin{pmatrix} 1 \\ -1 \end{pmatrix}$, $v_2 = \begin{pmatrix} 3 \\ 4 \end{pmatrix}$에 대하여 다음 관계가 성립한다.

$$\mathsf{L}_A(v_1) = \begin{pmatrix} 1 & 3 \\ 4 & 2 \end{pmatrix} \begin{pmatrix} 1 \\ -1 \end{pmatrix} = \begin{pmatrix} -2 \\ 2 \end{pmatrix} = -2 \begin{pmatrix} 1 \\ -1 \end{pmatrix} = -2v_1$$

v_1은 L_A의 고유벡터이자 A의 고유벡터이다. v_1에 대응하는 고윳값은 $\lambda_1 = -2$이다. 다음 관계식을 살펴보자.

$$\mathsf{L}_A(v_2) = \begin{pmatrix} 1 & 3 \\ 4 & 2 \end{pmatrix} \begin{pmatrix} 3 \\ 4 \end{pmatrix} = \begin{pmatrix} 15 \\ 20 \end{pmatrix} = 5 \begin{pmatrix} 3 \\ 4 \end{pmatrix} = 5v_2$$

v_2는 L_A의 고유벡터이자 A의 고유벡터이다. v_2에 대응하는 고윳값은 $\lambda_2 = 5$이다. 여기서 $\beta = \{v_1, v_2\}$가 A와 L_A의 고유벡터로 이루어진 (R^2의) 순서기저임을 확인하자. 따라서 A와 L_A는 대각화가능하다. 또한 정리 5.1과 따름정리에 의해 $Q = \begin{pmatrix} 1 & 3 \\ -1 & 4 \end{pmatrix}$이면 $Q^{-1}AQ = [\mathsf{L}_A]_\beta = \begin{pmatrix} -2 & 0 \\ 0 & 5 \end{pmatrix}$이다.

예제 2 R^2의 벡터를 각 $\frac{\pi}{2}$만큼 회전시키는 선형연산자 T를 생각하자. 영이 아닌 임의의 벡터 v에 대하여 $\mathsf{T}(v)$는 0와 v를 지나는 직선 위에 있지 않음이 기하학적으로 명백하다. 즉, $\mathsf{T}(v)$는 v의 스칼라 배일 수 없으므로 T는 고유벡터와 고윳값을 가지지 않는다. 다시 말해 고유벡터와 고윳값을 가지지 않는 선형연산자(또는 행렬)가 존재한다. 물론 이러한 연산자와 행렬은 대각화 불가능하다.

예제 3 무한 번 미분가능한 함수 $f\colon R \to R$의 집합을 $\mathsf{C}^\infty(R)$라 나타내자.[1] 당연히 $\mathsf{C}^\infty(R)$는 1.2절에서 정의한 R에서 R로 가는 모든 함수의 집합 $\mathcal{F}(R, R)$의 부분공간이다. 함수 $\mathsf{T}\colon \mathsf{C}^\infty(R) \to$

1 $\mathsf{C}^\infty(R)$는 다항함수, 사인함수, 코사인함수, 지수함수 등을 포함한다.

$\mathsf{C}^\infty(R)$를 f의 도함수, 즉 $\mathsf{T}(f) = f'$으로 정의하자. T가 $\mathsf{C}^\infty(R)$의 선형연산자임을 쉽게 증명할 수 있다. 이제 T의 고유벡터와 고윳값을 구해 보자.

고윳값 λ에 대응하는 T의 고유벡터를 f라 하면 $f' = \mathsf{T}(f) = \lambda f$이다. 이 방정식은 1계 미분방정식이고, 해는 $f(t) = ce^{\lambda t}$(단, c는 상수) 꼴이다. 따라서 임의의 실수 λ는 T의 고윳값이고, λ에 대응하는 고유벡터는 $ce^{\lambda t}$ (단, $c \neq 0$)이다. $\lambda = 0$에 대응하는 고유벡터는 영이 아닌 임의의 상수함수다.

고윳값과 고유벡터부터 구해야 행렬(또는 선형연산자)의 고유벡터로 이루어진 기저를 얻을 수 있다. 다음 정리는 고윳값을 계산하는 한 가지 방법을 제시한다.

정리 5.2 행렬 $A \in \mathsf{M}_{n\times n}(F)$에 대하여 스칼라 λ가 A의 고윳값이기 위한 필요충분조건은 $\det(A - \lambda I_n) = 0$이다.

증명 스칼라 λ가 A의 고윳값이기 위한 필요충분조건은 $Av = \lambda v$를 만족하는 영이 아닌 벡터 $v \in \mathsf{F}^n$이 존재하는 것이다. 즉, $(A - \lambda I_n)(v) = \mathit{0}$이다. 이 식이 성립하기 위한 필요충분조건은 $A - \lambda I_n$이 가역이 아닌 것이다(정리 2.5). 한편 이 결과는 $\det(A - \lambda I_n) = 0$과 동치이다. ◀

정의 행렬 $A \in \mathsf{M}_{n\times n}(F)$에 대하여 다항식 $f(t) = \det(A - tI_n)$을 A의 **특성다항식(characteristic polynomial)**[2]이라 한다.

정리 5.2는 행렬의 고윳값이 특성다항식의 근임을 설명한다. 즉, 행렬(또는 선형연산자)의 고윳값은 특성다항식을 계산하여 구할 수 있다. 다음 예를 보자.

예제 4 행렬 $A = \begin{pmatrix} 1 & 1 \\ 4 & 1 \end{pmatrix} \in \mathsf{M}_{2\times 2}(R)$의 고윳값을 구해 보자. 특성다항식을 계산하면 다음과 같다.

$$\det(A - tI_2) = \det\begin{pmatrix} 1-t & 1 \\ 4 & 1-t \end{pmatrix} = t^2 - 2t - 3 = (t-3)(t+1)$$

정리 5.2로부터 A의 고윳값은 3과 -1뿐이다.

---

2 행렬 $A - tI_n$의 성분은 체 F가 아닌 상체(field of quotients) $F(t)$, 즉 모든 계수가 F의 원소인 (t에 대한) 유리식으로 이루어진 체의 스칼라이다. 따라서 4장에서 증명한 행렬식의 모든 성질은 여기에서도 사용할 수 있다.

닮은 행렬끼리는 서로 같은 행렬식과 특성다항식을 가진다(연습문제 13). 따라서 선형연산자의 행렬식과 특성다항식을 다음과 같이 정의할 수 있다.

정의 유한차원 벡터공간 V에서 정의된 선형연산자 T를 생각하자. V의 임의의 순서기저 β에 대하여 $A = [\mathsf{T}]_\beta$의 행렬식을 T의 **행렬식(determinant)**이라 하고 $\det(\mathsf{T})$라 표기한다. 또한 행렬 A의 특성다항식 $f(t) = \det(A - tI_n)$을 T의 **특성다항식**이라 한다.

위 정의는 순서기저 β의 선택과 관계없다. 즉, 유한차원 벡터공간 V에서 정의된 선형연산자 T와 (V의) 순서기저 β에 대하여 λ가 T의 고윳값이기 위한 필요충분조건은 λ가 $[\mathsf{T}]_\beta$의 고윳값인 것이다.

예제 5 벡터공간 $\mathsf{P}_2(R)$의 선형연산자 T를 $\mathsf{T}(f(x)) = f(x) + (x+1)f'(x)$라 하고, $\mathsf{P}_2(R)$의 표준 순서기저 β에 대하여 $A = [\mathsf{T}]_\beta$라 하자. 행렬 A는 다음과 같다.

$$A = \begin{pmatrix} 1 & 1 & 0 \\ 0 & 2 & 2 \\ 0 & 0 & 3 \end{pmatrix}$$

또한 T의 특성다항식은 다음과 같다.

$$\begin{aligned} \det(A - tI_3) &= \det \begin{pmatrix} 1-t & 1 & 0 \\ 0 & 2-t & 2 \\ 0 & 0 & 3-t \end{pmatrix} \\ &= (1-t)(2-t)(3-t) \\ &= -(t-1)(t-2)(t-3) \end{aligned}$$

따라서 T(또는 A)의 고윳값 λ는 $1, 2, 3$뿐이다.

예제 4와 예제 5는 $n \times n$ 행렬 A의 특성다항식이 n차 다항식임을 시사한다. 다음 정리에서 더 많은 사실을 확인하자.

정리 5.3 행렬 $A \in \mathsf{M}_{n\times n}(F)$에 대하여 다음이 성립한다.

(1) A의 특성다항식은 n차 다항식이고, 최고차항의 계수는 $(-1)^n$이다.

(2) A에는 최대 n개의 서로 다른 고윳값이 있다.

증명 여러분의 몫으로 남긴다. 수학적 귀납법을 사용하라. ◀

정리 5.2는 특성다항식의 영점(zero) 또는 근을 찾으면 유한차원 벡터공간의 행렬 또는 선형연산자의 고윳값을 모두 찾을 수 있음을 뜻한다. 다음 정리에서 고윳값에 대응하는 고유벡터를 찾는 방법을 알아보자.

정리 5.4 행렬 $A \in \mathsf{M}_{n\times n}(F)$와 고윳값 λ에 대하여 벡터 $v \in \mathsf{F}^n$이 λ에 대응하는 (A의) 고유벡터이기 위한 필요충분조건은 $v \neq 0$이고 $(A-\lambda I)v = 0$인 것이다.

증명 여러분의 몫으로 남긴다. ◀

예제 6 예제 4에서 다룬 행렬 $A = \begin{pmatrix} 1 & 1 \\ 4 & 1 \end{pmatrix}$의 모든 고유벡터를 구해 보자. A의 고윳값은 $\lambda_1 = 3$, $\lambda_2 = -1$이다. 먼저 $\lambda_1 = 3$에 대하여 행렬 B_1을 다음과 같이 정의하자.

$$B_1 = A - \lambda_1 I = \begin{pmatrix} 1 & 1 \\ 4 & 1 \end{pmatrix} - \begin{pmatrix} 3 & 0 \\ 0 & 3 \end{pmatrix} = \begin{pmatrix} -2 & 1 \\ 4 & -2 \end{pmatrix}$$

$x = \begin{pmatrix} x_1 \\ x_2 \end{pmatrix} \in \mathsf{R}^2$이 $\lambda_1 = 3$에 대응하는 고유벡터이기 위한 필요충분조건은 $x \neq 0$이고 $x \in \mathsf{N}(\mathsf{L}_{B_1})$인 것이다. 다시 말해 $x \neq 0$이고 다음 방정식이 성립하는 것이다.

$$\begin{pmatrix} -2 & 1 \\ 4 & -2 \end{pmatrix}\begin{pmatrix} x_1 \\ x_2 \end{pmatrix} = \begin{pmatrix} -2x_1 + x_2 \\ 4x_1 - 2x_2 \end{pmatrix} = \begin{pmatrix} 0 \\ 0 \end{pmatrix}$$

이 방정식의 해집합은 $\left\{t\begin{pmatrix} 1 \\ 2 \end{pmatrix} : t \in R\right\}$다. 즉 x가 $\lambda_1 = 3$에 대응하는 고유벡터이기 위한 필요충분조건은 적절한 $t \neq 0$에 대하여 $x = t\begin{pmatrix} 1 \\ 2 \end{pmatrix}$ 꼴인 것이다.

이제 $\lambda_2 = -1$에 대하여 행렬 B_2를 다음과 같이 정의하자.

$$B_2 = A - \lambda_2 I = \begin{pmatrix} 1 & 1 \\ 4 & 1 \end{pmatrix} - \begin{pmatrix} -1 & 0 \\ 0 & -1 \end{pmatrix} = \begin{pmatrix} 2 & 1 \\ 4 & 2 \end{pmatrix}$$

$x = \begin{pmatrix} x_1 \\ x_2 \end{pmatrix} \in \mathsf{N}(\mathsf{L}_{B_2})$이기 위한 필요충분조건은 x가 다음 연립방정식의 해인 것이다.

$$\begin{aligned} 2x_1 + x_2 &= 0 \\ 4x_1 + 2x_2 &= 0 \end{aligned}$$

즉 $\mathsf{N}(\mathsf{L}_{B_2}) = \left\{t\begin{pmatrix}1\\-2\end{pmatrix}: t \in R\right\}$다. x가 $\lambda_2 = -1$에 대응하는 고유벡터이기 위한 필요충분조건은 적절한 $t \neq 0$에 대하여 $x = t\begin{pmatrix}1\\-2\end{pmatrix}$ 꼴인 것이다. 집합 $\left\{\begin{pmatrix}1\\2\end{pmatrix}, \begin{pmatrix}1\\-2\end{pmatrix}\right\}$는 A의 고유벡터로 이루어진 (R^2의) 기저이므로 L_A와 A는 모두 대각화가능하다.

A의 고유벡터로 이루어진 F^n의 기저를 β라 하자. 정리 2.23의 따름정리(140쪽)는 β의 벡터를 열로 가지는 $n \times n$ 행렬 Q에 대하여 $Q^{-1}AQ$가 대각행렬임을 보장한다. 예를 들어 예제 6에서 $Q = \begin{pmatrix}1 & 1\\2 & -2\end{pmatrix}$에 대하여 $Q^{-1}AQ = \begin{pmatrix}3 & 0\\0 & -1\end{pmatrix}$이다. 행렬 $Q^{-1}AQ$의 대각성분은 A의 고윳값이고, 대응하는 고유벡터는 Q의 각 열이다.

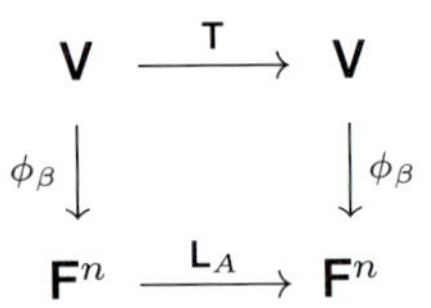

[그림 5.1] 벡터공간 V, F^n 사이의 선형변환

n차원 벡터공간에서 선형연산자 T의 고유벡터를 구해 보자. V의 순서기저 β를 하나 선택하고 $A = [\mathsf{T}]_\beta$라 하자. 그림 5.1은 2.4절 그림 2.2에서 $\mathsf{V} = \mathsf{W}$이고 $\beta = \gamma$인 특수한 경우이다. 앞서 β에 대한 $v \in \mathsf{V}$의 좌표벡터를 $\phi_\beta(v) = [v]_\beta$로 나타냈음을 떠올려 보자. $v \in \mathsf{V}$가 λ에 대응하는 (T의) 고유벡터이기 위한 필요충분조건은 $\phi_\beta(v)$가 λ에 대응하는 (A의) 고유벡터인 것이다. 이를 보이기 위해 v가 λ에 대응하는 (T의) 고유벡터라 가정하자. 즉, $\mathsf{T}(v) = \lambda v$이고 다음 관계식이 성립한다.

$$A\phi_\beta(v) = \mathsf{L}_A\phi_\beta(v) = \phi_\beta\mathsf{T}(v) = \phi_\beta(\lambda v) = \lambda\phi_\beta(v)$$

이때, ϕ_β는 동형사상이므로 $\phi_\beta(v) \neq \mathit{0}$이고 $\phi_\beta(v)$는 A의 고유벡터이다. 이 논증은 역으로도 가능하다. $\phi_\beta(v)$가 λ에 대응하는 (A의) 고유벡터라면, v는 λ에 대응하는 (T의) 고유벡터이다 (연습문제 14).

위 단락에서 얻은 결과와 동치인 공식을 생각해 보자. A의 고윳값 λ(T의 고윳값이기도 하다)에 대하여 벡터 $y \in \mathsf{F}^n$이 λ에 대응하는 (A의) 고유벡터이기 위한 필요충분조건은 $\phi_\beta^{-1}(y)$가 λ에 대응하는 (T의) 고유벡터인 것이다.

즉, 유한차원 벡터공간에서 정의된 선형연산자의 고유벡터를 찾는 문제는 행렬의 고유벡터를 찾는 문제로 귀결된다. 다음 예제에서 구체적으로 확인해 보자.

예제 7 예제 5에서 다룬 $\mathsf{P}_2(R)$의 선형연산자 $\mathsf{T}(f(x)) = f(x) + (x+1)f'(x)$와 $\mathsf{P}_2(R)$의 표준 순서기저 β를 생각하자. T의 고윳값은 1, 2, 3이고 $A = [\mathsf{T}]_\beta = \begin{pmatrix} 1 & 1 & 0 \\ 0 & 2 & 2 \\ 0 & 0 & 3 \end{pmatrix}$이다. 각각의 고윳값에 대응하는 고유벡터를 구해 보자. $\lambda_1 = 1$에 대하여 행렬 B_1을 다음과 같이 정의하자.

$$B_1 = A - \lambda_1 I = \begin{pmatrix} 0 & 1 & 0 \\ 0 & 1 & 2 \\ 0 & 0 & 2 \end{pmatrix}$$

$x = \begin{pmatrix} x_1 \\ x_2 \\ x_3 \end{pmatrix} \in \mathsf{R}^3$이 $\lambda_1 = 1$에 대응하는 고유벡터가 되기 위한 필요충분조건은 $x \neq \mathit{0}$이고 $x \in \mathsf{N}(\mathsf{L}_{B_1})$인 것이다. 다시 말해 x가 다음 연립방정식의 영벡터가 아닌 해인 것이다.

$$\begin{aligned} x_2 \qquad\ &= 0 \\ x_2 + 2x_3 &= 0 \\ 2x_3 &= 0 \end{aligned}$$

이 연립방정식은 세 개의 미지수 x_1, x_2, x_3으로 이루어져 있지만 x_1은 나타나지 않는다. x_1의 값은 연립방정식에 영향을 주지 않으므로 매개변수로 둘 수 있다. $x_1 = a$라 하자. x_2와 x_3에 대한 연립방정식을 풀면 $x_2 = x_3 = 0$이다. 즉 $\lambda_1 = 1$에 대응하는 (A의) 고유벡터는 $a \neq 0$에 대하여 $a\begin{pmatrix} 1 \\ 0 \\ 0 \end{pmatrix} = ae_1$ 꼴이다. 따라서 $\lambda_1 = 1$에 대응하는 (T의) 고유벡터를 다음과 같이 나타낼 수 있다.

$$\phi_\beta^{-1}(ae_1) = a\phi_\beta^{-1}(e_1) = a \cdot 1 = a \quad (\text{단, } a \neq 0)$$

$\lambda_1 = 1$에 대응하는 (T의) 고유벡터는 영이 아닌 상수 다항식임을 알 수 있다.

$\lambda_2 = 2$에 대하여 행렬 B_2를 다음과 같이 정의하자.

$$B_2 = A - \lambda_2 I = \begin{pmatrix} -1 & 1 & 0 \\ 0 & 0 & 2 \\ 0 & 0 & 1 \end{pmatrix}$$

$\mathsf{N}(\mathsf{L}_{B_2}) = \left\{ a\begin{pmatrix} 1 \\ 1 \\ 0 \end{pmatrix} : a \in R \right\}$이므로 $\lambda_2 = 2$에 대응하는 (T의) 고유벡터를 다음과 같이 나타낼 수 있다.

$$\phi_\beta^{-1}\left(a\begin{pmatrix}1\\1\\0\end{pmatrix}\right) = a\phi_\beta^{-1}(e_1+e_2) = a(1+x) \quad (\text{단, } a \neq 0)$$

$\lambda_3 = 3$에 대하여 행렬 B_3을 다음과 같이 정의하자.

$$B_3 = A - \lambda_3 I = \begin{pmatrix}-2 & 1 & 0\\ 0 & -1 & 2\\ 0 & 0 & 0\end{pmatrix}$$

$\mathsf{N}(\mathsf{L}_{B_3}) = \left\{a\begin{pmatrix}1\\2\\1\end{pmatrix} : a \in R\right\}$이므로 $\lambda_3 = 3$에 대응하는 (T의) 고유벡터를 다음과 같이 나타낼 수 있다.

$$\phi_\beta^{-1}\left(a\begin{pmatrix}1\\2\\1\end{pmatrix}\right) = a\phi_\beta^{-1}(e_1+2e_2+e_3) = a(1+2x+x^2) \quad (\text{단, } a \neq 0)$$

각 고윳값에 대응하고 $a = 1$인 고유벡터의 집합 $\gamma = \{1, 1+x, 1+2x+x^2\}$은 T의 고유벡터로 이루어진 ($\mathsf{P}_2(R)$의) 순서기저이다. 즉 T는 다음과 같이 대각화할 수 있다.

$$[\mathsf{T}]_\gamma = \begin{pmatrix}1 & 0 & 0\\ 0 & 2 & 0\\ 0 & 0 & 3\end{pmatrix}$$

마지막으로 R-벡터공간 V의 선형연산자 T가 고유벡터에 작용하는 방법을 기하학적으로 표현해 보자. T의 고유벡터를 v, 대응하는 고윳값을 λ라 하자. v에 의해 생성된 (V의) 일차원 부분공간인 $\mathsf{W} = \mathrm{span}(\{v\})$를 $\mathit{0}$과 v를 지나는 직선으로 생각할 수 있다. 임의의 $w \in \mathsf{W}$에 대하여 $w = cv$를 만족하는 스칼라 c가 존재하므로 다음과 같이 나타낼 수 있다.

$$\mathsf{T}(w) = \mathsf{T}(cv) = c\mathsf{T}(v) = c\lambda v = \lambda w$$

T는 W의 벡터를 λ만큼 스칼라 배하여 W에 작용한다. λ의 값에 따라 T가 W의 벡터에 작용하는 방법을 다섯 가지로 나누어 생각할 수 있다(그림 5.2).

경우 1 $\lambda > 1$일 때, T는 W의 벡터를 λ에 비례하여 $\mathit{0}$에서 밀어낸다.
경우 2 $\lambda = 1$일 때, T는 W에서 항등연산자이다.
경우 3 $0 < \lambda < 1$일 때, T는 W의 벡터를 λ에 비례하여 $\mathit{0}$ 방향으로 당긴다.
경우 4 $\lambda = 0$일 때, T는 W에서 영 연산자이다.
경우 5 $\lambda < 0$일 때, T는 W의 방향을 바꾼다. 즉 T는 W의 벡터를 $\mathit{0}$의 반대 방향으로 옮긴다.

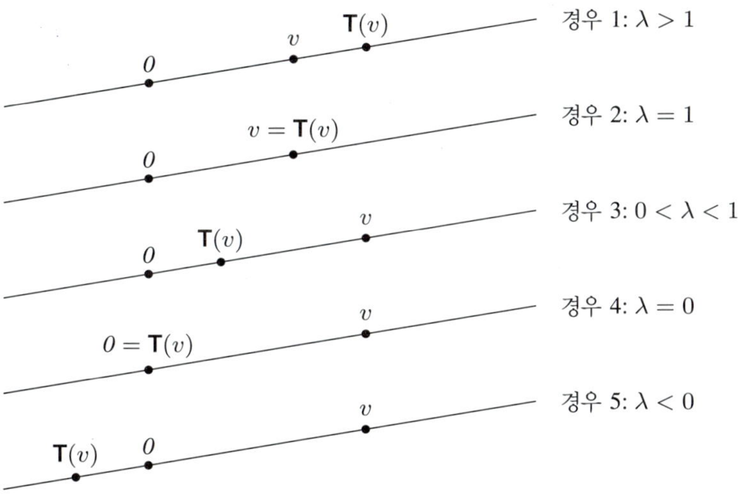

[그림 5.2] T의 고유벡터 v에 대하여 T가 $\mathsf{W} = \mathrm{span}(\{v\})$에 작용하는 방법

기하학에 등장하는 선형변환을 이 관점으로 살펴보자.

1 R^2의 x축에 대한 대칭 $\mathsf{T}(a_1, a_2) = (a_1, -a_2)$ (2.1절 예제 3)
e_1와 e_2는 T의 고유벡터이고 각각 고윳값 1과 -1에 대응한다. e_1와 e_2는 각각 x축과 y축을 생성하므로 T는 x축에서 항등변환, y축에서 방향을 바꾸는 변환으로 작용한다.

2 R^2의 x축으로의 사영 $\mathsf{T}(a_1, a_2) = (a_1, 0)$ (2.1절 예제 4)
e_1와 e_2는 T의 고유벡터이고 각각 고윳값 1과 0에 대응한다. T는 x축에서 항등변환, y축에서 영 연산자로 작용한다.

3 각 θ에 대한 회전 $\mathsf{T}_\theta(a_1, a_2) = (a_1\cos\theta - a_2\sin\theta, a_1\sin\theta + a_2\cos\theta)$ (2.1절 예제 2)
$0 < \theta < \pi$라 가정하자. 영이 아닌 임의의 벡터 v에 대하여 세 점 $\mathit{0}$, v, $\mathsf{T}_\theta(v)$는 한 직선 위에 있지 않다(not collinear). 즉, 선형변환 T_θ에 의해 보존되는 R^2의 일차원 부분공간은 없다. 결국 T_θ가 고유벡터와 고윳값을 가지지 않음을 뜻한다. 이를 확실하게 하기 위해 R^2의 표준 순서기저 β에 대하여 T_θ의 특성다항식을 계산하면 다음과 같다.

$$\det([\mathsf{T}_\theta]_\beta - tI_2) = \det\begin{pmatrix}\cos\theta - t & -\sin\theta\\ \sin\theta & \cos\theta - t\end{pmatrix} = t^2 - (2\cos\theta)t + 1$$

$0<\theta<\pi$일 때 판별식 $4\cos^2\theta - 4$가 항상 음수이므로 특성다항식은 실근을 가지지 않는다.

5.1 연습문제

1. 다음 명제의 참-거짓을 판정하라.

(a) n차원 벡터공간에서 정의된 모든 선형연산자에는 서로 다른 n개의 고윳값이 있다.

(b) 실행렬에서 고유벡터를 하나 찾을 수 있으면 이 실행렬의 고유벡터는 무수히 많다.

(c) 고유벡터를 가지지 않는 정사각행렬이 존재한다.

(d) 고윳값은 반드시 영이 아닌 스칼라이다.

(e) 임의의 두 고유벡터는 일차독립이다.

(f) 선형연산자 T의 두 고윳값의 합은 T의 고윳값이다.

(g) 무한차원 벡터공간의 선형연산자는 고윳값을 가지지 않는다.

(h) 체 F의 원소를 성분으로 하는 $n\times n$ 행렬 A가 대각행렬과 닮음이기 위한 필요충분조건은 A의 고유벡터로 이루어진 (F^n의) 기저가 존재하는 것이다.

(i) 닮은 행렬의 고윳값은 항상 같다.

(j) 닮은 행렬의 고유벡터는 항상 같다.

(k) 선형연산자 T의 두 고유벡터의 합은 T의 고유벡터이다.

2. 벡터공간 V에서 정의된 다음 선형연산자 T에 대하여 T의 행렬식과 T의 특성다항식을 계산하라.

(a) $\mathsf{V}=\mathsf{R}^2$, $\mathsf{T}\begin{pmatrix}a\\b\end{pmatrix} = \begin{pmatrix}2a-b\\5a+3b\end{pmatrix}$

(b) $\mathsf{V}=\mathsf{R}^3$, $\mathsf{T}\begin{pmatrix}a\\b\\c\end{pmatrix} = \begin{pmatrix}a-3b+2c\\-2a+b+c\\4a-c\end{pmatrix}$

(c) $\mathsf{V}=\mathsf{P}_3(R)$,

$\mathsf{T}(a+bx+cx^2+dx^3) = (a-c)+(-a+b+d)x+(a+b-d)x^2-cx^3$

(d) $\mathsf{V}=\mathsf{M}_{2\times 2}(R)$, $\mathsf{T}(A) = 2A^t - A$

3. 벡터공간 V에 정의된 다음 선형연산자 T와 순서기저 β에 대하여 $[\mathsf{T}]_\beta$를 계산하고, β가 T의 고유벡터로 이루어진 기저인지 판정하라.

(a) $\mathsf{V}=\mathsf{R}^2$, $\mathsf{T}\begin{pmatrix}a\\b\end{pmatrix} = \begin{pmatrix}10a-\ \ 6b\\17a-10b\end{pmatrix}$, $\beta = \left\{\begin{pmatrix}1\\2\end{pmatrix}, \begin{pmatrix}2\\3\end{pmatrix}\right\}$

(b) $\mathsf{V} = \mathsf{P}_1(R)$, $\mathsf{T}(a+bx) = (6a-6b) + (12a-11b)x$, $\beta = \{3+4x, 2+3x\}$

(c) $\mathsf{V} = \mathsf{R}^3$, $\mathsf{T}\begin{pmatrix} a \\ b \\ c \end{pmatrix} = \begin{pmatrix} 3a+2b-2c \\ -4a-3b+2c \\ -c \end{pmatrix}$, $\beta = \left\{ \begin{pmatrix} 0 \\ 1 \\ 1 \end{pmatrix}, \begin{pmatrix} 1 \\ -1 \\ 0 \end{pmatrix}, \begin{pmatrix} 1 \\ 0 \\ 2 \end{pmatrix} \right\}$

(d) $\mathsf{V} = \mathsf{P}_2(R)$,

$\mathsf{T}(a+bx+cx^2) = (-4a+2b-2c) - (7a+3b+7c)x + (7a+b+5c)x^2$,

$\beta = \{x - x^2, -1+x^2, -1-x+x^2\}$

(e) $\mathsf{V} = \mathsf{P}_3(R)$,

$\mathsf{T}(a+bx+cx^2+dx^3) = -d + (-c+d)x + (a+b-2c)x^2 + (-b+c-2d)x^3$,

$\beta = \{1-x+x^3, 1+x^2, 1, x+x^2\}$

(f) $\mathsf{V} = \mathsf{M}_{2\times 2}(R)$, $\mathsf{T}\begin{pmatrix} a & b \\ c & d \end{pmatrix} = \begin{pmatrix} -7a-4b+4c-4d & b \\ -8a-4b+5c-4d & d \end{pmatrix}$,

$\beta = \left\{ \begin{pmatrix} 1 & 0 \\ 1 & 0 \end{pmatrix}, \begin{pmatrix} -1 & 2 \\ 0 & 0 \end{pmatrix}, \begin{pmatrix} 1 & 0 \\ 2 & 0 \end{pmatrix}, \begin{pmatrix} -1 & 0 \\ 0 & 2 \end{pmatrix} \right\}$

4. (a)~(d)와 같이 주어진 행렬 $A \in \mathsf{M}_{n\times n}(F)$에 대한 다음 물음에 답하라.

(i) A의 고윳값을 구하라.

(ii) A의 고윳값 λ 각각에 대응하는 고유벡터의 집합을 찾아라.

(iii) 가능하다면, A의 고유벡터로 이루어진 (F^n 의) 기저를 찾아라.

(iv) 이러한 기저를 찾는 것이 가능하다면, $Q^{-1}AQ = D$를 만족하는 가역행렬 Q와 대각행렬 D를 찾아라.

(a) $A = \begin{pmatrix} 1 & 2 \\ 3 & 2 \end{pmatrix}$, $F = R$

(b) $A = \begin{pmatrix} 0 & -2 & -3 \\ -1 & 1 & -1 \\ 2 & 2 & 5 \end{pmatrix}$, $F = R$

(c) $A = \begin{pmatrix} i & 1 \\ 2 & -i \end{pmatrix}$, $F = C$

(d) $A = \begin{pmatrix} 2 & 0 & -1 \\ 4 & 1 & -4 \\ 2 & 0 & -1 \end{pmatrix}$, $F = R$

5. V에서 정의된 다음 선형연산자 T에 대하여 T의 고윳값과 $[\mathsf{T}]_\beta$가 대각행렬이 되도록 하는 (V의) 순서기저 β를 찾아라.

(a) $\mathsf{V} = \mathsf{R}^2$, $\mathsf{T}(a,b) = (-2a+3b, -10a+9b)$

(b) $\mathsf{V} = \mathsf{R}^3$, $\mathsf{T}(a,b,c) = (7a - 4b + 10c, 4a - 3b + 8c, -2a + b - 2c)$

(c) $\mathsf{V} = \mathsf{R}^3$, $\mathsf{T}(a,b,c) = (-4a + 3b - 6c, 6a - 7b + 12c, 6a - 6b + 11c)$

(d) $\mathsf{V} = \mathsf{P}_1(R)$, $\mathsf{T}(ax + b) = (-6a + 2b)x + (-6a + b)$

(e) $\mathsf{V} = \mathsf{P}_2(R)$, $\mathsf{T}(f(x)) = xf'(x) + f(2)x + f(3)$

(f) $\mathsf{V} = \mathsf{P}_3(R)$, $\mathsf{T}(f(x)) = f(x) + f(2)x$

(g) $\mathsf{V} = \mathsf{P}_3(R)$, $\mathsf{T}(f(x)) = xf'(x) + f''(x) - f(2)$

(h) $\mathsf{V} = \mathsf{M}_{2\times 2}(R)$, $\mathsf{T}\begin{pmatrix} a & b \\ c & d \end{pmatrix} = \begin{pmatrix} d & b \\ c & a \end{pmatrix}$

(i) $\mathsf{V} = \mathsf{M}_{2\times 2}(R)$, $\mathsf{T}\begin{pmatrix} a & b \\ c & d \end{pmatrix} = \begin{pmatrix} c & d \\ a & b \end{pmatrix}$

(j) $\mathsf{V} = \mathsf{M}_{2\times 2}(R)$, $\mathsf{T}(A) = A^t + 2 \cdot \mathrm{tr}(A) \cdot I_2$

6. 정리 5.4를 증명하라.

7. 유한차원 벡터공간 V에서 정의된 선형연산자 T와 순서기저 β를 생각하자. λ가 T의 고윳값이기 위한 필요충분조건은 λ가 $[\mathsf{T}]_\beta$의 고윳값인 것임을 증명하라.

8. 유한차원 벡터공간 V에서 정의된 선형연산자 T를 생각하자. T의 행렬식의 정의(276쪽)를 참고하여 다음 명제가 참임을 증명하라.

(a) V의 순서기저의 선택과 T의 행렬식의 정의는 서로 영향을 받지 않는다. 다시 말해 β와 γ가 V의 서로 다른 순서기저일 때, $\det([\mathsf{T}]_\beta) = \det([\mathsf{T}]_\gamma)$이다.

(b) T가 가역이기 위한 필요충분조건은 $\det(\mathsf{T}) \neq 0$이다.

(c) T가 가역이면 $\det(\mathsf{T}^{-1}) = [\det(\mathsf{T})]^{-1}$이다.

(d) U가 V의 선형연산자이면 $\det(\mathsf{TU}) = \det(\mathsf{T}) \cdot \det(\mathsf{U})$이다.

(e) 임의의 스칼라 λ와 임의의 (V의) 순서기저 β에 대하여 $\det(\mathsf{T} - \lambda \mathsf{I_V}) = \det([\mathsf{T}]_\beta - \lambda I)$이다.

9. 다음 물음에 답하라.

(a) 유한차원 벡터공간에서 정의된 선형연산자 T가 가역이기 위한 필요충분조건은 T의 고윳값이 0이 아닌 것임을 증명하라.

(b) 선형연산자 T가 가역일 때, 스칼라 λ가 T의 고윳값이기 위한 필요충분조건은 λ^{-1}가 T^{-1}의 고윳값인 것임을 증명하라.

(c) (a)와 (b)를 행렬에 대한 명제로 바꾸고 증명하라.

10. 상삼각행렬 M의 고윳값은 M의 대각성분임을 증명하라.

11. 유한차원 벡터공간 V와 임의의 스칼라 λ에 대한 다음 물음에 답하라.

(a) V의 임의의 순서기저 β에 대하여 $[\lambda \mathsf{I_V}]_\beta = \lambda I$임을 증명하라.

(b) $\lambda \mathsf{I_V}$의 특성다항식을 계산하라.

(c) $\lambda \mathsf{I_V}$가 대각화가능하고 유일한 고윳값을 가짐을 보이라.

12. 스칼라 λ에 대하여 λI 꼴로 나타나는 정사각행렬을 **스칼라행렬(scalar matrix)**이라고 한다. 즉, 스칼라행렬은 모든 대각성분의 값이 같은 대각행렬이다. 다음 물음에 답하라.

(a) 정사각행렬 A가 스칼라행렬 λI와 닮음(similar)일 때, $A = \lambda I$임을 증명하라.

(b) 유일한 고윳값을 가지는 대각화가능한 행렬은 스칼라행렬임을 보이라.

(c) $\begin{pmatrix} 1 & 1 \\ 0 & 1 \end{pmatrix}$은 대각화가능하지 않음을 증명하라.

13. 다음 물음에 답하라.

(a) 닮은 행렬은 같은 특성다항식을 가짐을 증명하라.

(b) 유한차원 벡터공간 V에서 정의된 선형연산자를 생각하자. 이 선형연산자의 특성다항식의 정의는 (V의) 기저의 선택에 관계없음을 보이라.

14. 유한차원 F-벡터공간 V에서 정의된 선형연산자 T와 V의 순서기저 β, 행렬 $A = [\mathsf{T}]_\beta$를 생각하자. 그림 5.1을 참고하여 다음을 증명하라.

(a) $v \in \mathsf{V}$에 대하여 고윳값 λ에 대응하는 (A의) 고유벡터가 $\phi_\beta(v)$일 때, v는 λ에 대응하는 (T의) 고유벡터이다.

(b) λ가 A(와 T)의 고윳값일 때, 벡터 $y \in \mathsf{F}^n$이 λ에 대응하는 (A의) 고유벡터이기 위한 필요충분조건은 $\phi_\beta^{-1}(y)$가 λ에 대응하는 (T의) 고유벡터인 것이다.

15. 임의의 정사각행렬 A에 대하여 A와 A^t의 특성다항식은 같음을 증명하라.(따라서 고윳값도 같다.)

5.2절, 5.3절

16. 다음 물음에 답하라. 6.6절

(a) 벡터공간 V의 선형연산자 T와 고윳값 λ에 대응하는 (T의) 고유벡터 x를 생각하자. 임의의 자연수 m에 대하여 x는 고윳값 λ^m에 대응하는 (T^m의) 고유벡터임을 증명하라.

(b) 명제 (a)를 행렬로 표현하고 증명하라.

17. 유한차원 벡터공간 V의 선형연산자 T와 임의의 스칼라 c에 대한 다음 물음에 답하라.

(a) 존재한다는 가정 하에 T의 고윳값, 고유벡터와 $\mathsf{U}=\mathsf{T}-c\mathsf{I}$의 고윳값, 고유벡터 사이의 관계를 나타내라. 또한 근거를 제시하라.

(b) T가 대각화가능하기 위한 필요충분조건은 U가 대각화가능한 것임을 증명하라.

18. $\mathsf{M}_{n\times n}(R)$의 선형연산자 $\mathsf{T}(A)=A^t$에 대한 다음 물음에 답하라.

(a) T의 고윳값은 ± 1뿐임을 증명하라.

(b) T의 각 고윳값에 대응하는 고유벡터를 구하라.

(c) $[\mathsf{T}]_\beta$가 대각행렬이 되도록 하는 ($\mathsf{M}_{2\times 2}(R)$의) 순서기저 β를 구하라.

(d) $n>2$일 때, $[\mathsf{T}]_\beta$가 대각행렬이 되도록 하는 ($\mathsf{M}_{n\times n}(R)$의) 순서기저 β를 구하라.

19. 행렬 $A, B \in \mathsf{M}_{n\times n}(C)$에 대한 다음 물음에 답하라.

(a) 가역행렬 B에 대하여 $A+cB$가 비가역이 되도록 하는 스칼라 $c\in C$가 존재함을 증명하라.

힌트 $\det(A+cB)$를 곰곰이 관찰해 보라.

(b) 모든 $c \in C$에 대하여 A와 $A+cB$가 모두 가역이 되도록 하는 영이 아닌 2×2 행렬 A, B를 찾아라.

20. $n\times n$ 행렬 A와 특성다항식 $f(t)=(-1)^n t^n + a_{n-1}t^{n-1}+\cdots+a_1 t + a_0$에 대한 다음 물음에 답하라.

(a) $f(0)=a_0=\det(A)$임을 증명하라.

(b) (a)로부터 A가 가역이기 위한 필요충분조건은 $a_0\neq 0$임을 확인하라.

21. A와 $f(t)$는 연습문제 20과 같다. 다음 물음에 답하라.

(a) $q(t)$가 $n-2$차 이하의 다항식일 때, $f(t)=(A_{11}-t)(A_{22}-t)\cdots(A_{nn}-t)+q(t)$임을 증명하라.

힌트 n에 대한 수학적 귀납법을 사용한다.

(b) $\mathrm{tr}(A)=(-1)^{n-1}a_{n-1}$임을 보이라.

22. F-벡터공간 V의 선형연산자 T와 계수가 F의 원소인 다항식 $g(t)$에 대한 다음 물음에 답하라.

7.3절

(a) x가 고윳값 λ에 대응하는 (T의) 고유벡터이면 $g(\mathsf{T})(x)=g(\lambda)x$임을 증명하라. 다시 말해 x가 고윳값 $g(\lambda)$에 대응하는 ($g(\mathsf{T})$의) 고유벡터이다.

(b) 명제 (a)를 행렬로 표현하고 증명하라.

(c) 연습문제 4(a)의 행렬, 다항식 $g(t) = 2t^2 - t + 1$, 고유벡터 $x = \begin{pmatrix} 2 \\ 3 \end{pmatrix}$, 대응하는 고윳값 $\lambda = 4$에 대하여 (b)가 성립함을 확인하라.

23. 연습문제 22를 이용하여 $f(t)$가 대각화가능한 선형연산자 T의 특성다항식일 때, $f(\mathsf{T}) = \mathsf{T}_0$임을 증명하라.[3] (단, T_0은 영 연산자)

24. 연습문제 21(a)를 사용하여 정리 5.3을 증명하라.

25. $\mathsf{M}_{2\times 2}(Z_2)$의 행렬에 대하여 서로 다른 특성다항식의 개수를 구하라.

5.2 대각화 가능성

5.1절에서는 대각화 문제를 소개하고 선형연산자와 행렬을 대각화하였다. 비록 대각화가능하기 위한 필요충분조건을 알고 있지만(정리 5.1) 모든 선형연산자와 행렬이 대각화가능한 것이 아니므로 대각화 문제를 완전히 해결한 것은 아니다. 어떤 연산자나 행렬이 주어지면 대각화가능한지 판별할 수 있어야 하며, 고유벡터로 이루어진 기저를 찾는 방법도 알아야 한다. 이번 절에서는 이러한 판정법과 방법론을 다룬다.

5.1절 예제 6에서 각 고윳값에 대응하는 고유벡터를 하나씩 선택하여 기저를 얻었다. 이 방법으로 매번 기저를 얻을 수 있는 것은 아니나, 이 방법으로 얻어진 고유벡터들은 언제나 일차독립인 집합을 이룬다. 다음 정리를 확인하자.

> **정리 5.5** 벡터공간의 선형연산자 T와 T의 서로 다른 고윳값 $\lambda_1, \lambda_2, \ldots, \lambda_k$를 생각하자. 각 $i = 1, 2, \ldots, k$에 대하여 λ_i에 대응하는 (T의) 고유벡터로 이루어진 유한집합을 S_i라 하자. 각 S_i $(i = 1, 2, \ldots, k)$가 일차독립이면 $S_1 \cup S_2 \cup \cdots \cup S_k$도 일차독립이다.

증명 k에 대한 수학적 귀납법을 사용하여 증명하자.

$k = 1$인 경우는 증명할 것이 없다.

---

3 5.4절에서 이 결과가 T가 대각화가능하지 않을 때도 성립함을 증명할 것이다.

이제 $k-1 \geq 1$인 $k-1$개의 서로 다른 고윳값에 대하여 정리가 성립한다고 가정하자. 서로 다른 k개의 고윳값 $\lambda_1, \lambda_2, \ldots, \lambda_k$를 생각하자. 각 $i = 1, 2, \ldots, k$에 대하여 $S_i = \{v_{i1}, v_{i2}, \ldots, v_{in_i}\}$가 λ_i에 대응하는 일차독립인 (**T**의) 고유벡터의 집합이라 하자. $S = S_1 \cup S_2 \cup \cdots \cup S_k$가 일차독립임을 보이고자 한다.

다음 식을 만족하는 스칼라 a_{ij}(단, $i = 1, 2, \ldots, k$이고 $j = 1, 2, \ldots n_i$)를 생각하자.

$$\sum_{i=1}^{k} \sum_{j=1}^{n_i} a_{ij} v_{ij} = 0 \tag{5.1}$$

v_{ij}가 λ_i에 대응하는 (**T**의) 고유벡터이므로 식 (5.1)의 양변에 $\mathsf{T} - \lambda_k \mathsf{I}$를 적용하면 다음을 얻는다.

$$\sum_{i=1}^{k-1} \sum_{j=1}^{n_i} a_{ij}(\lambda_i - \lambda_k) v_{ij} = 0 \tag{5.2}$$

한편, 수학적 귀납법의 가정에 의해 $S_1 \cup S_2 \cup \cdots \cup S_{k-1}$가 일차독립이므로 식 (5.2)는 각 $i = 1, 2, \ldots, k-1$과 $j = 1, 2, \ldots n_i$에 대하여 $a_{ij}(\lambda_i - \lambda_k) = 0$을 의미한다. $\lambda_1, \lambda_2, \ldots, \lambda_k$는 서로 다른 스칼라이므로 $1 \leq i \leq k-1$에 대하여 $\lambda_i - \lambda_k \neq 0$이다. 즉, $i = 1, 2, \ldots, k-1$과 $j = 1, 2, \ldots n_i$에 대하여, $a_{ij} = 0$이고 식 (5.1)은 $\sum_{j=1}^{n_k} a_{kj} v_{kj} = 0$으로 정리할 수 있다. 한편, S_k도 일차독립이므로 $j = 1, 2, \ldots n_k$에 대하여 $a_{kj} = 0$이다. 따라서 $i = 1, 2, \ldots, k$와 $j = 1, 2, \ldots n_i$에 대하여 $a_{ij} = 0$이고, S는 일차독립이다. ◀

따름정리 n차원 벡터공간의 선형연산자 **T**가 서로 다른 n개의 고윳값을 가지면 **T**는 대각화가능하다.

증명 **T**에 서로 다른 n개의 고윳값 $\lambda_1, \ldots, \lambda_n$이 있다고 가정하자. 각각의 i에 대하여 λ_i에 대응하는 고유벡터 v_i를 선택한다. 정리 5.5에 의해, $\{v_1, \ldots, v_n\}$은 일차독립이고 $\dim(\mathsf{V}) = n$이다. 즉, 이 집합은 **V**의 기저이다. 따라서 정리 5.1에 따르면 **T**는 대각화가능하다. ◀

예제 1 행렬 $A = \begin{pmatrix} 1 & 1 \\ 1 & 1 \end{pmatrix} \in \mathsf{M}_{2\times 2}(R)$의 특성다항식($\mathsf{L}_A$의 특성다항식)을 구하면 다음과 같다.

$$\det(A - tI) = \det\begin{pmatrix} 1-t & 1 \\ 1 & 1-t \end{pmatrix} = t(t-2)$$

이때 L_A의 고윳값은 0과 2이다. L_A는 2차원 벡터공간 R^2의 선형연산자이고, 정리 5.5의 따름정리에 의해 L_A(와 A)는 대각화가능하다.

정리 5.5의 따름정리의 역은 거짓이다. **T**가 대각화가능하다고 해서 반드시 서로 다른 n개의 고윳값이 있다고 할 순 없다. 항등연산자는 단 하나의 고윳값이 $\lambda = 1$이지만 대각화가능하다.

여태까지는 고윳값이 존재해야 대각화가 가능함을 살펴보았다. 사실 대각화 가능성은 특성다항식에 더욱 강한 조건이 갖춰져야 한다.

정의 다음 조건을 만족하는 다항식 $f(t) \in \mathsf{P}(F)$를 F **위에서 완전히 인수분해된다(split over F)**고 한다. 이때 스칼라 $c, a_1, \ldots, a_n \in F$ 중 같은 값이 있을 수도 있다.

$$f(t) = c(t - a_1)(t - a_2) \cdots (t - a_n)$$

R 위에서 $t^2 - 1 = (t+1)(t-1)$은 완전히 인수분해되지만 $(t^2+1)(t-2)$는 완전히 인수분해되지 않는다. t^2+1은 일차식으로 분해되지 않기 때문이다. 그러나 $(t+i)(t-i)(t-2)$이므로 $(t^2+1)(t-2)$는 C 위에서 완전히 인수분해된다.

$f(t)$가 F 위 선형연산자 또는 행렬의 특성다항식일 때, $f(t)$가 완전히 인수분해된다는 말은 체 F 위에서 완전히 인수분해됨을 의미한다.

정리 5.6 F-벡터공간 **V**의 대각화가능한 선형연산자의 특성다항식은 F 위에서 완전히 인수분해된다.

증명 n차원 벡터공간 **V**의 대각화가능한 선형연산자를 **T**라 하고 $[\mathsf{T}]_\beta = D$가 대각행렬이 되도록 하는 (**V**의) 순서기저를 β라 하면 행렬 D는 다음과 같다.

$$D = \begin{pmatrix} \lambda_1 & 0 & \cdots & 0 \\ 0 & \lambda_2 & \cdots & 0 \\ \vdots & \vdots & & \vdots \\ 0 & 0 & \cdots & \lambda_n \end{pmatrix}$$

T의 특성다항식을 $f(t)$라 하면 다음이 성립한다.

$$f(t) = \det(D - tI) = \det \begin{pmatrix} \lambda_1 - t & 0 & \cdots & 0 \\ 0 & \lambda_2 - t & \cdots & 0 \\ \vdots & \vdots & & \vdots \\ 0 & 0 & \cdots & \lambda_n - t \end{pmatrix}$$

$$= (\lambda_1 - t)(\lambda_2 - t) \cdots (\lambda_n - t) = (-1)^n (t - \lambda_1)(t - \lambda_2) \cdots (t - \lambda_n)$$

따라서 $f(t)$는 F 위에서 완전히 인수분해된다. ◀

위 정리에서 n차원 벡터공간의 대각화가능한 선형연산자 **T**가 서로 다른 n개의 고윳값을 가질 필요가 없음을 알 수 있다. 다시 말해 **T**의 특성다항식은 중근일 수도 있다.

정리 5.6의 역은 거짓이다. **T**의 특성다항식이 완전히 인수분해되어도 **T**는 대각화 불가능할 수 있다 (예제 3).

다음 정의는 완전히 인수분해되는 특성다항식을 가진 연산자가 대각화가능한지 판단할 때 도움을 준다.

정의 특성다항식이 $f(t)$인 선형연산자(또는 행렬)의 고윳값 λ에 대하여, $(t-\lambda)^k$이 $f(t)$의 인수가 되도록 하는 가장 큰 자연수 k를 λ의 **중복도(multiplicity)** 또는 **대수적 중복도(algebraic multiplicity)**라 한다.

예제 2 행렬 $A = \begin{pmatrix} 3 & 1 & 0 \\ 0 & 3 & 4 \\ 0 & 0 & 4 \end{pmatrix}$의 특성다항식은 $f(t) = -(t-3)^2(t-4)$이다. A의 고윳값 중에서 $\lambda = 3$의 중복도는 2이고, $\lambda = 4$의 중복도는 1이다.

유한차원 벡터공간 **V**의 대각화가능한 선형연산자 **T**에 대하여 **T**의 고유벡터로 이루어진 **V**의 순서기저 β가 존재한다. 정리 5.1에 의해 $[\mathsf{T}]_\beta$는 대각성분이 **T**의 고윳값인 대각행렬이다. **T**의 특성다항식이 $\det([\mathsf{T}]_\beta - tI)$이므로 **T**의 각 고윳값은 $[\mathsf{T}]_\beta$의 대각성분에 중복도만큼 나타난다. 또한 β에는 동일한 고윳값에 해당하는 고유벡터가 해당 고윳값의 중복도만큼 존재하는데, **T**가 대각화가능하기 때문에 이들 고유벡터는 일차독립임을 알 수 있다.

어떤 선형연산자가 대각화가능한지 판단할 때, 각 고윳값에 중복도만큼 일차독립인 고유벡터가 존재하는지 주목하게 된다. 정리 5.4에서 고윳값 λ에 대응하는 (**T**의) 고유벡터는 $\mathsf{T} - \lambda\mathsf{I}$의 영공간에 속하는 영이 아닌 벡터임을 확인하였으니 이제 $\mathsf{T} - \lambda\mathsf{I}$의 영공간을 살펴보자.

정의 벡터공간 **V**의 선형연산자 **T**와 고윳값 λ에 대하여, 다음 집합 E_λ를 고윳값 λ에 대응하는 **T**의 **고유공간(eigenspace)**이라 한다.

$$\mathsf{E}_\lambda = \{x \in \mathsf{V} : \mathsf{T}(x) = \lambda x\} = \mathsf{N}(\mathsf{T} - \lambda\mathsf{I}_\mathsf{V})$$

이와 비슷하게 λ에 대응하는 (L_A의) 고유공간을 λ에 대응하는 정사각행렬 A의 **고유공간**이라 한다.

명백히 E_λ는 고윳값 λ에 대응하는 (T의) 고유벡터와 영벡터로 이루어진 (V의) 부분공간이다. 즉 E_λ의 차원은 고윳값 λ에 대응하는 일차독립인 (T의) 고유벡터의 최대 개수이다. 다음 정리에서 E_λ의 차원과 λ의 중복도의 관계를 확인하자.

정리 5.7 유한차원 벡터공간 V의 선형연산자 T와 중복도가 m인 (T의) 고윳값 λ에 대하여, $1 \le \dim(\mathsf{E}_\lambda) \le m$이다.

증명 E_λ의 순서기저 $\{v_1, v_2, \ldots, v_p\}$를 확장하여 V의 순서기저 $\beta = \{v_1, v_2, \ldots, v_p, v_{p+1}, \ldots, v_n\}$을 만들자. $A = [\mathsf{T}]_\beta$에 대하여 λ에 대응하는 (T의) 고유벡터를 v_i $(1 \le i \le p)$라 표기하자. 이제 A를 다음과 같이 나타낼 수 있다.

$$A = \begin{pmatrix} \lambda I_p & B \\ O & C \end{pmatrix}$$

4.3절 연습문제 21에 의해, T의 특성다항식은 다음과 같다. (단, $g(t)$는 다항식)

$$\begin{aligned} f(t) = \det(A - tI_n) &= \det\begin{pmatrix} (\lambda - t)I_p & B \\ O & C - tI_{n-p} \end{pmatrix} \\ &= \det((\lambda - t)I_p) \cdot \det(C - tI_{n-p}) \\ &= (\lambda - t)^p g(t) \end{aligned}$$

$(\lambda - t)^p$은 $f(t)$의 인수이므로 λ의 중복도 m은 p 이상이다. 한편, $\dim(\mathsf{E}_\lambda) = p$이므로 $\dim(\mathsf{E}_\lambda) \le m$이다. ◀

예제 3 벡터공간 $\mathsf{P}_2(R)$의 선형연산자 T를 $\mathsf{T}(f(x)) = f'(x)$로 정의하자. $\mathsf{P}_2(R)$의 표준 순서기저 β에 대한 T의 행렬표현은 다음과 같다.

$$[\mathsf{T}]_\beta = \begin{pmatrix} 0 & 1 & 0 \\ 0 & 0 & 2 \\ 0 & 0 & 0 \end{pmatrix}$$

T의 특성다항식은 다음과 같이 구한다.

$$\det([\mathsf{T}]_\beta - tI) = \det\begin{pmatrix} -t & 1 & 0 \\ 0 & -t & 2 \\ 0 & 0 & -t \end{pmatrix} = -t^3$$

T의 유일한 고윳값은 $\lambda = 0$이고 중복도는 3이다. $\mathsf{T}(f(x)) = f'(x) = 0$을 풀면 $\mathsf{E}_\lambda = \mathsf{N}(\mathsf{T} - \lambda\mathsf{I}) = \mathsf{N}(\mathsf{T})$이고, 이 집합은 상수 다항식으로 이루어진 ($\mathsf{P}_2(R)$의) 부분공간이다. 즉 $\{1\}$은 E_λ의 기저이고 $\dim(\mathsf{E}_\lambda) = 1$이다. T의 고유벡터로 이루어진 ($\mathsf{P}_2(R)$의) 기저는 존재하지 않으므로 T는 대각화가능하지 않다. 비록 T는 대각화가능하지 않지만, 고윳값과 고유벡터는 여전히 선형연산자 T의 성질을 파악하는 데 유용함을 7장에서 살피게 될 것이다.

예제 4 벡터공간 R^3의 선형연산자 T를 다음과 같이 정의하자.

$$\mathsf{T}\begin{pmatrix} a_1 \\ a_2 \\ a_3 \end{pmatrix} = \begin{pmatrix} 4a_1 & & + \ a_3 \\ 2a_1 & + 3a_2 & + 2a_3 \\ a_1 & & + 4a_3 \end{pmatrix}$$

각 고윳값에 대응하는 (T의) 고유공간을 구해 보자. R^3의 표준 순서기저 β에 대한 T의 행렬표현은 다음과 같다.

$$[\mathsf{T}]_\beta = \begin{pmatrix} 4 & 0 & 1 \\ 2 & 3 & 2 \\ 1 & 0 & 4 \end{pmatrix}$$

T의 특성다항식은 다음과 같이 구한다.

$$\det([\mathsf{T}]_\beta - tI) = \det\begin{pmatrix} 4-t & 0 & 1 \\ 2 & 3-t & 2 \\ 1 & 0 & 4-t \end{pmatrix} = -(t-5)(t-3)^2$$

T의 고윳값은 $\lambda_1 = 5$와 $\lambda_2 = 3$이고 중복도는 각각 1과 2이다. 이제 E_{λ_1}을 구하면 다음과 같다.

$$\mathsf{E}_{\lambda_1} = \mathsf{N}(\mathsf{T} - \lambda_1\mathsf{I}) = \left\{ \begin{pmatrix} x_1 \\ x_2 \\ x_3 \end{pmatrix} \in \mathsf{R}^3 : \begin{pmatrix} -1 & 0 & 1 \\ 2 & -2 & 2 \\ 1 & 0 & -1 \end{pmatrix} \begin{pmatrix} x_1 \\ x_2 \\ x_3 \end{pmatrix} = \begin{pmatrix} 0 \\ 0 \\ 0 \end{pmatrix} \right\}$$

즉 E_{λ_1}은 다음 연립방정식의 해공간이다.

$$\begin{aligned} -x_1 \qquad\quad + \ x_3 &= 0 \\ 2x_1 - 2x_2 + 2x_3 &= 0 \\ x_1 \qquad\quad - \ x_3 &= 0 \end{aligned}$$

3장의 방법을 이용하면 $\left\{\begin{pmatrix}1\\2\\1\end{pmatrix}\right\}$이 E_{λ_1}의 기저임을 쉽게 확인할 수 있다. $\dim(\mathsf{E}_{\lambda_1}) = 1$이다.

비슷한 방법으로 $\mathsf{E}_{\lambda_2} = \mathsf{N}(\mathsf{T} - \lambda_2\mathsf{I})$는 다음 연립방정식의 해공간이다.

$$\begin{aligned} x_1 + \ x_3 &= 0 \\ 2x_1 + 2x_3 &= 0 \\ x_1 + \ x_3 &= 0 \end{aligned}$$

연립방정식에 미지수 x_2가 나타나지 않으므로 매개변수 $x_2 = s$라 둘 수 있다. x_1과 x_3에 대한 연립방정식을 풀면 새로운 매개변수 t가 등장한다. 즉, $s, t \in R$에 대하여 연립방정식의 일반해를 다음과 같이 나타낼 수 있다.

$$\begin{pmatrix}x_1\\x_2\\x_3\end{pmatrix} = s\begin{pmatrix}0\\1\\0\end{pmatrix} + t\begin{pmatrix}-1\\0\\1\end{pmatrix}$$

$\left\{\begin{pmatrix}0\\1\\0\end{pmatrix}, \begin{pmatrix}-1\\0\\1\end{pmatrix}\right\}$이 E_{λ_2}의 기저이며 $\dim(\mathsf{E}_{\lambda_2}) = 2$이다.

이때 각 고윳값 λ_i의 중복도는 대응하는 고유공간 E_{λ_i}의 차원과 같다. 다음과 같이 두 기저의 합집합을 생각하자.

$$\left\{\begin{pmatrix}1\\2\\1\end{pmatrix}, \begin{pmatrix}0\\1\\0\end{pmatrix}, \begin{pmatrix}-1\\0\\1\end{pmatrix}\right\}$$

이 집합은 정리 5.5에 의해 일차독립이며 T의 고유벡터로 이루어진 (R^3의) 기저이다. 즉 T는 대각화가능하다.

예제 3과 예제 4의 결과는 특성다항식이 완전히 인수분해되는 (V의) 선형연산자가 대각화가능하기 위한 필요충분조건이 각 고유공간의 차원과 해당 고윳값의 중복도가 같은 것임을 암시한다. 다음 정리에서 참임을 확인해 보자. 또한 선형연산자가 대각화가능할 때, 각 고유공간의 기저를 모아 이 연산자의 고유벡터로 이루어진 (V의) 기저를 만들 수 있다(정리 5.5).

정리 5.8 유한차원 벡터공간 V의 선형연산자 T에 대하여 T의 특성다항식이 완전히 인수분해되고 $\lambda_1, \lambda_2, \ldots, \lambda_k$가 서로 다른 ($\mathsf{T}$의) 고윳값일 때, 다음이 성립한다.

(1) T가 대각화가능하기 위한 필요충분조건은 모든 i에 대하여 λ_i의 중복도가 $\dim(\mathsf{E}_{\lambda_i})$와 같은 것이다.

(2) T가 대각화가능하고 각각의 i에 대하여 β_i가 E_{λ_i}의 순서기저일 때, $\beta = \beta_1 \cup \beta_2 \cup \cdots \cup \beta_k$는 T의 고유벡터로 이루어진 (V의) 순서기저[4]이다.

증명 각각의 i에 대하여 m_i는 λ_i의 중복도, $d_i = \dim(\mathsf{E}_{\lambda_i})$, $n = \dim(\mathsf{V})$라 하자.

먼저 T가 대각화가능하다고 가정하자. T의 고유벡터로 이루어진 V의 기저를 β라 표기하자. 각각의 i에 대하여 $\beta_i = \beta \cap \mathsf{E}_{\lambda_i}$는 β의 벡터 중 λ_i에 대응하는 고유벡터로 이루어진 집합이다. β_i의 벡터의 개수를 n_i라 표기하면 각각의 i에 대하여 $n_i \leq d_i$이다. β_i는 차원이 d_i인 부분공간의 일차독립인 부분집합이기 때문이다. 또한 정리 5.7에 의해 $d_i \leq m_i$이다.

β는 n개의 벡터로 이루어져 있으므로 n_i의 합은 n이다. T의 특성다항식의 차수는 각 고윳값의 중복도의 합과 같기 때문에 m_i의 합 또한 n이다. 즉 다음 부등식이 성립한다.

$$n = \sum_{i=1}^{k} n_i \leq \sum_{i=1}^{k} d_i \leq \sum_{i=1}^{k} m_i = n$$

따라서 $\sum_{i=1}^{k}(m_i - d_i) = 0$이다. 모든 i에 대하여 $(m_i - d_i) \geq 0$이므로 $m_i = d_i$이다.

역으로, 모든 i에 대하여 $m_i = d_i$라 가정하고 T가 대각화가능함과 (2)를 동시에 증명할 것이다. 각각의 i에 대하여 E_{λ_i}의 순서기저를 β_i라 하자. $\beta = \beta_1 \cup \beta_2 \cup \cdots \cup \beta_k$라 하면 정리 5.5에 의해 β는 일차독립이다. 또한 모든 i에 대하여 $d_i = m_i$이므로 β는 $\sum_{i=1}^{k} d_i = \sum_{i=1}^{k} m_i = n$개의 벡터로 구성되어 있다. 즉 β는 V의 고유벡터로 이루어진 (V의) 순서기저이다. 따라서 T는 대각화가능하다. ◀

이 정리를 끝으로 대각화 문제에 대한 논의를 마무리 하였다. 결과를 간략히 정리하면 다음과 같다.

대각화가능 판정법

n차원 벡터공간 V의 선형연산자 T가 대각화가능하기 위한 필요충분조건은 다음 두 조건이 모두 성립하는 것이다.

4 $\beta_1 \cup \beta_2 \cup \cdots \cup \beta_k$는 β_1의 벡터를 순서대로 나열하는 것으로 시작하여 자연스럽게 β_k의 벡터까지 순서대로 나열한 순서기저이다.

1 T의 특성다항식이 완전히 인수분해된다.
2 T의 고윳값 λ의 중복도가 $\text{nullity}(\mathsf{T}-\lambda\mathsf{I})$와 같다. 즉 λ의 중복도는 $n-\text{rank}(\mathsf{T}-\lambda\mathsf{I})$이다.

정사각행렬 A가 대각화가능한지 확인할 때도 이 조건을 똑같이 사용할 수 있다. A의 대각화 가능성과 연산자 L_A의 대각화 가능성은 동치이기 때문이다.

T가 대각화가능한 연산자이고 $\beta_1, \beta_2, \ldots, \beta_k$가 ($\mathsf{T}$의) 고유공간의 순서기저일 때, 합집합 $\beta = \beta_1 \cup \beta_2 \cup \cdots \cup \beta_k$는 T의 고유벡터로 이루어진 (V의) 기저이다. 즉 $[\mathsf{T}]_\beta$는 대각행렬이다.

T가 대각화가능한지 판정할 때 (V의) 기저 α를 적절하게 잡고 $B = [\mathsf{T}]_\alpha$를 다루는 것이 편리하다. B의 고유다항식이 완전히 인수분해되면 조건 2를 사용하여 B에서 중근인 고윳값의 중복도가 $n - \text{rank}(B-\lambda I)$인지 확인하라. (정리 5.7에 의해 중복도가 1인 고윳값은 저절로 조건 2를 만족한다.) 만약 그렇다면 B(와 T)는 대각화가능하다.

T가 대각화가능하고 T의 고유벡터로 이루어진 (V의) 기저 β를 찾을 때, 먼저 B의 각 고유공간의 기저를 찾아야 한다. 이 기저들의 합집합은 B의 고유벡터로 이루어진 (F^n의) 기저 γ이다. γ의 각 벡터는 T의 고유벡터의 (α에 대한) 좌표벡터이다. T의 n개의 고유벡터로 이루어진 이 집합이 찾고자 하는 기저 β이다.

대각화가능한 $n \times n$ 정사각행렬 A에 대하여 정리 2.23의 따름정리(140쪽)를 사용하면 $Q^{-1}AQ = D$를 만족하는 행렬 Q, D를 찾을 수 있다. 이때 Q는 $n \times n$ 가역행렬이고, 각 열은 A의 고유벡터이다. 또한 D는 $n \times n$ 대각행렬이고, j번째 대각성분은 'Q의 j열에 대응하는' A의 고윳값이다.

이상의 내용을 몇 가지 예제를 통해 구체화하자.

예제 5 다음 행렬이 대각화가능한지 확인하려 한다.

$$A = \begin{pmatrix} 3 & 1 & 0 \\ 0 & 3 & 0 \\ 0 & 0 & 4 \end{pmatrix} \in \mathsf{M}_{3\times 3}(R)$$

A의 특성다항식은 $\det(A - tI) = -(t-4)(t-3)^2$이고 완전히 인수분해된다. 즉, 대각화가능 판정법의 조건 1을 만족한다. A의 고윳값 $\lambda_1 = 4$의 중복도는 1이고, 고윳값 $\lambda_2 = 3$의 중복도는 2이다. λ_1의 중복도가 1이므로 λ_1은 조건 2를 만족한다.

그러나 행렬 $A-\lambda_2 I=\begin{pmatrix}0&1&0\\0&0&0\\0&0&1\end{pmatrix}$의 랭크가 2이므로 $3-\text{rank}(A-\lambda_2 I)=1$은 λ_2의 중복도와 다르다. λ_2는 조건 2를 만족하지 않으므로 A는 대각화가능하지 않다.

예제 6 벡터공간 $\mathsf{P}_2(R)$의 선형연산자 T를 다음과 같이 정의하자.

$$\mathsf{T}(f(x))=f(1)+f'(0)x+(f'(0)+f''(0))x^2$$

T가 대각화가능한지 확인해 보자. $\mathsf{P}_2(R)$의 표준 순서기저를 α라 하면 $B=[\mathsf{T}]_\alpha=\begin{pmatrix}1&1&1\\0&1&0\\0&1&2\end{pmatrix}$이다. B의 특성다항식(T의 특성다항식이기도 하다)은 $-(t-1)^2(t-2)$이고 완전히 인수분해된다. 즉, 대각화가능 판정법의 조건 1을 만족한다. B의 고윳값 $\lambda_1=1$의 중복도는 2이고, 고윳값 $\lambda_2=2$의 중복도가 1이다. λ_2의 중복도가 1이므로 λ_2는 조건 2를 만족한다. $\lambda_1=1$이 조건 2를 만족하는지 확인하자.

$$3-\text{rank}(B-\lambda_1 I)=3-\text{rank}\begin{pmatrix}0&1&1\\0&0&0\\0&1&1\end{pmatrix}=3-1=2$$

이고, 이는 λ_1의 중복도와 같다. 따라서, T는 대각화가능하다.

B의 고유벡터로 이루어진 (R^3의) 순서기저 γ를 찾고자 한다. 각 고윳값을 하나씩 살펴보자.

$\lambda_1=1$에 대응하는 고유공간은 다음과 같다.

$$\mathsf{E}_{\lambda_1}=\left\{\begin{pmatrix}x_1\\x_2\\x_3\end{pmatrix}\in\mathsf{R}^3:\begin{pmatrix}0&1&1\\0&0&0\\0&1&1\end{pmatrix}\begin{pmatrix}x_1\\x_2\\x_3\end{pmatrix}=\mathit{0}\right\}$$

이는 연립방정식 $x_2+x_3=0$의 해공간이며 집합 $\gamma_1=\left\{\begin{pmatrix}1\\0\\0\end{pmatrix},\begin{pmatrix}0\\-1\\1\end{pmatrix}\right\}$을 기저로 포함한다.

$\lambda_2=2$에 대응하는 고유공간은 다음과 같다.

$$\mathsf{E}_{\lambda_2} = \left\{ \begin{pmatrix} x_1 \\ x_2 \\ x_3 \end{pmatrix} \in \mathsf{R}^3 : \begin{pmatrix} -1 & 1 & 1 \\ 0 & -1 & 0 \\ 0 & 1 & 0 \end{pmatrix} \begin{pmatrix} x_1 \\ x_2 \\ x_3 \end{pmatrix} = \mathit{0} \right\}$$

이는 연립방정식 $\begin{cases} -x_1 + x_2 + x_3 = 0 \\ \qquad\quad x_2 \qquad\; = 0 \end{cases}$ 의 해공간이며 $\gamma_2 = \left\{ \begin{pmatrix} 1 \\ 0 \\ 1 \end{pmatrix} \right\}$을 기저로 한다.

γ_1, γ_2의 합집합을 γ라 하자.

$$\gamma = \gamma_1 \cup \gamma_2 = \left\{ \begin{pmatrix} 1 \\ 0 \\ 0 \end{pmatrix}, \begin{pmatrix} 0 \\ -1 \\ 1 \end{pmatrix}, \begin{pmatrix} 1 \\ 0 \\ 1 \end{pmatrix} \right\}$$

γ는 B의 고유벡터로 이루어진 (R^3의) 순서기저이다. γ의 벡터는 집합 $\beta = \{1, -x + x^2, 1 + x^2\}$의 α에 대한 좌표벡터이고 집합 β는 T의 고유벡터로 이루어진 ($\mathsf{P}_2(R)$의) 순서기저이다. 따라서 다음과 같이 T를 대각화할 수 있다.

$$[\mathsf{T}]_\beta = \begin{pmatrix} 1 & 0 & 0 \\ 0 & 1 & 0 \\ 0 & 0 & 2 \end{pmatrix}$$

다음 예제는 대각화의 응용을 다룬다. 5.3절에서 자세히 살펴보자.

예제 7 행렬 $A = \begin{pmatrix} 0 & -2 \\ 1 & 3 \end{pmatrix}$이 대각화가능함을 보이고, $Q^{-1}AQ$가 대각행렬이 되도록 하는 2×2 행렬 Q를 찾으려 한다. 또한 자연수 n에 대하여 A^n을 계산하자.

A의 특성다항식은 $(t-1)(t-2)$이므로 A의 서로 다른 두 고윳값은 $\lambda_1 = 1$, $\lambda_2 = 2$이다. 정리 5.5의 따름정리를 연산자 L_A에 적용하면 A는 대각화가능하다. 또한 고유공간 E_{λ_1}와 E_{λ_2}의 기저는 다음과 같다.

$$\gamma_1 = \left\{ \begin{pmatrix} -2 \\ 1 \end{pmatrix} \right\}, \quad \gamma_2 = \left\{ \begin{pmatrix} -1 \\ 1 \end{pmatrix} \right\}$$

즉 $\gamma = \gamma_1 \cup \gamma_2 = \left\{ \begin{pmatrix} -2 \\ 1 \end{pmatrix}, \begin{pmatrix} -1 \\ 1 \end{pmatrix} \right\}$은 A의 고유벡터로 이루어진 (R^2의) 순서기저이다. 행렬

$Q = \begin{pmatrix} -2 & -1 \\ 1 & 1 \end{pmatrix}$이라 하면 행렬 Q의 각 열은 γ의 벡터이다. 정리 2.23의 따름정리(140쪽)에 의해 다음이 성립한다.

$$D = Q^{-1}AQ = [\mathsf{L}_A]_\beta = \begin{pmatrix} 1 & 0 \\ 0 & 2 \end{pmatrix}$$

즉 $A = QDQ^{-1}$가 성립함을 쉽게 확인할 수 있다. 이제 자연수 n에 대하여 A^n을 직접 계산하는 대신, 다음과 같이 간단히 계산할 수 있다.

$$\begin{aligned} A^n &= (QDQ^{-1})^n \\ &= (QDQ^{-1})(QDQ^{-1})\cdots(QDQ^{-1}) \\ &= QD^nQ^{-1} \\ &= Q\begin{pmatrix} 1^n & 0 \\ 0 & 2^n \end{pmatrix}Q^{-1} \\ &= \begin{pmatrix} -2 & -1 \\ 1 & 1 \end{pmatrix}\begin{pmatrix} 1 & 0 \\ 0 & 2^n \end{pmatrix}\begin{pmatrix} -1 & -1 \\ 1 & 2 \end{pmatrix} = \begin{pmatrix} 2-2^n & 2-2^{n+1} \\ -1+2^n & -1+2^{n+1} \end{pmatrix} \end{aligned}$$

이제 연립 미분방정식을 푸는 데 대각화가 어떻게 응용되는지 살펴보자.

연립 미분방정식

다음 연립 미분방정식을 생각하자.

$$\begin{aligned} x_1' &= 3x_1 + x_2 + x_3 \\ x_2' &= 2x_1 + 4x_2 + 2x_3 \\ x_3' &= -x_1 - x_2 + x_3 \end{aligned}$$

각각의 i에 대하여, $x_i = x_i(t)$는 실변수 t에 대하여 미분가능한 실함수이다. 물론 위 연립 미분방정식의 하나의 해는 $x_i(t)$가 영함수인 것이지만, 여기서는 연립 미분방정식의 모든 해를 찾고자 한다.

함수 $x\colon R \to \mathbf{R}^3$을 $x(t) = \begin{pmatrix} x_1(t) \\ x_2(t) \\ x_3(t) \end{pmatrix}$라 하면 x의 **도함수**(x'라 표기함)는 $x'(t) = \begin{pmatrix} x_1'(t) \\ x_2'(t) \\ x_3'(t) \end{pmatrix}$로 정의한다. 이 연립방정식의 계수행렬을 A라 하면 $A = \begin{pmatrix} 3 & 1 & 1 \\ 2 & 4 & 2 \\ -1 & -1 & 1 \end{pmatrix}$이다. 행렬을 사용하면 주어진

연립 미분방정식을 $x' = Ax$라 나타낼 수 있다. 또한 다음 두 행렬 Q, D에 대하여 $Q^{-1}AQ = D$가 성립함을 확인할 수 있다.

$$Q = \begin{pmatrix} -1 & 0 & -1 \\ 0 & -1 & -2 \\ 1 & 1 & 1 \end{pmatrix}, \quad D = \begin{pmatrix} 2 & 0 & 0 \\ 0 & 2 & 0 \\ 0 & 0 & 4 \end{pmatrix}$$

$A = QDQ^{-1}$를 $x' = Ax$에 대입하면 $x' = QDQ^{-1}x$ 또는 동치인 식 $Q^{-1}x' = DQ^{-1}x$를 얻는다. 함수 $y\colon R \to \mathsf{R}^3$, $y(t) = Q^{-1}x(t)$는 미분가능하고, 도함수는 $y' = Q^{-1}x'$임을 증명할 수 있다(연습문제 17). 따라서 처음의 연립 미분방정식을 $y' = Dy$라 쓸 수 있다.

D가 대각행렬이므로 연립 미분방정식 $y' = Dy$는 쉽게 풀 수 있다. $y(t) = \begin{pmatrix} y_1(t) \\ y_2(t) \\ y_3(t) \end{pmatrix}$라 하자. $y' = Dy$는 다음과 같다.

$$\begin{pmatrix} y_1'(t) \\ y_2'(t) \\ y_3'(t) \end{pmatrix} = \begin{pmatrix} 2 & 0 & 0 \\ 0 & 2 & 0 \\ 0 & 0 & 4 \end{pmatrix} \begin{pmatrix} y_1(t) \\ y_2(t) \\ y_3(t) \end{pmatrix} = \begin{pmatrix} 2y_1(t) \\ 2y_2(t) \\ 4y_3(t) \end{pmatrix}$$

세 개의 미분방정식 $y_1' = 2y_1$, $y_2' = 2y_2$, $y_3' = 4y_3$은 서로 독립이므로 각각 풀 수 있다. 미분방정식의 일반해는 다음과 같다(5.1절 예제 3).

$$y_1(t) = c_1e^{2t}, \quad y_2(t) = c_2e^{2t}, \quad y_3(t) = c_3e^{4t} \quad (\text{단, } c_1, c_2, c_3 \text{는 임의의 상수})$$

따라서 처음에 주어진 연립 미분방정식의 일반해는 다음과 같다.

$$\begin{aligned} \begin{pmatrix} x_1(t) \\ x_2(t) \\ x_3(t) \end{pmatrix} = x(t) = Qy(t) &= \begin{pmatrix} -1 & 0 & -1 \\ 0 & -1 & -2 \\ 1 & 1 & 1 \end{pmatrix} \begin{pmatrix} c_1e^{2t} \\ c_2e^{2t} \\ c_3e^{4t} \end{pmatrix} \\ &= \begin{pmatrix} -c_1e^{2t} & & - c_3e^{4t} \\ & - c_2e^{2t} & - 2c_3e^{4t} \\ c_1e^{2t} & + c_2e^{2t} & + c_3e^{4t} \end{pmatrix} \end{aligned}$$

이 해는 다음과 같이 나타낼 수도 있다.

$$x(t) = e^{2t}\left[c_1 \begin{pmatrix} -1 \\ 0 \\ 1 \end{pmatrix} + c_2 \begin{pmatrix} 0 \\ -1 \\ 1 \end{pmatrix}\right] + e^{4t}\left[c_3 \begin{pmatrix} -1 \\ -2 \\ 1 \end{pmatrix}\right]$$

이때, $\lambda_1 = 2$, $\lambda_2 = 4$이고 대괄호 [ ] 안의 벡터는 각각 E_{λ_1}와 E_{λ_2}의 임의의 벡터이다. 즉, 처음에 주어진 연립 미분방정식의 일반해는 다음과 같다.

$$x(t) = e^{2t}z_1 + e^{4t}z_2 \quad (\text{단, } z_1 \in \mathsf{E}_{\lambda_1},\ z_2 \in \mathsf{E}_{\lambda_2})$$

일반화된 결과는 연습문제 16에서 확인하자.

직합(direct sum)*

V는 유한차원 벡터공간이고 T는 선형연산자라 하자. V를 간단한 부분공간들로 분해하는 방법이 있다. 이 방법은 T가 V에 어떻게 작용하는지 파악하는 데 큰 도움을 준다. 특히 7장에서 대각화 불가능한 선형연산자를 다룰 때 유용하게 사용할 것이다. 대각화가능한 연산자에서 간단한 부분공간은 이 연산자의 고유공간이 된다.

정의 벡터공간 V의 부분공간 $\mathsf{W}_1, \mathsf{W}_2, \dots, \mathsf{W}_k$에 대하여 다음 집합을 부분공간의 **sum(합)**이라 한다.[5]

$$\{v_1 + v_2 + \cdots + v_k : 1 \le i \le k\text{에 대하여 } v_i \in \mathsf{W}_i\}$$

이를 $\mathsf{W}_1 + \mathsf{W}_2 + \cdots + \mathsf{W}_k$ 또는 $\sum_{i=1}^{k} \mathsf{W}_i$라 표기한다.

벡터공간에서 부분공간의 합이 부분공간임을 어렵지 않게 증명할 수 있다. 각자 확인해 보자.

예제 8 $\mathsf{V} = \mathsf{R}^3$에 대하여 xy평면을 W_1, yz평면을 W_2라 표기하자. 임의의 벡터 $(a, b, c) \in \mathsf{R}^3$에 대하여 $(a, b, c) = (a, 0, 0) + (0, b, c)$ (단, $(a, 0, 0) \in \mathsf{W}_1$, $(0, b, c) \in \mathsf{W}_2$)이므로 $\mathsf{R}^3 = \mathsf{W}_1 + \mathsf{W}_2$이다.

예제 8에서 (a, b, c)를 W_1와 W_2의 벡터의 합으로 표현하는 방법은 유일하지 않다. $(a, b, c) = (a, b, 0) + (0, 0, c)$로 다르게 표현할 수 있기 때문이다. 이러한 벡터 합을 유일하게 표현하도록 하는 추가 조건을 알아보자. 1.3절 연습문제에서 소개한 직합(direct sum)의 정의를 일반화하면 다음과 같다.

정의 벡터공간 V의 부분공간 $\mathsf{W}, \mathsf{W}_1, \mathsf{W}_2, \dots, \mathsf{W}_k$를 생각하자. 모든 $i = 1, 2, \dots, k$에 대하여 $\mathsf{W}_i \subseteq \mathsf{W}$이고 다음을 만족하는 W를 부분공간 $\mathsf{W}_1, \mathsf{W}_2, \dots, \mathsf{W}_k$의 **직합(direct sum)**이라 하며 $\mathsf{W} = \mathsf{W}_1 \oplus \mathsf{W}_2 \oplus \cdots \oplus \mathsf{W}_k$라 표기한다.

5 (옮긴이) 부분공간의 합집합(union)과 다름에 유의하자.

$$\mathbf{W} = \sum_{i=1}^{k} \mathbf{W}_i \text{이고 각 } j(1 \le j \le k) \text{에 대하여 } \mathbf{W}_j \cap \sum_{i \ne j} \mathbf{W}_i = \{0\}$$

예제 9 $\mathbf{R}^5$에서 $\mathbf{W} = \{(x_1, x_2, x_3, x_4, x_5) \colon x_5 = 0\}$, $\mathbf{W}_1 = \{(a, b, 0, 0, 0) \colon a, b \in R\}$, $\mathbf{W}_2 = \{(0, 0, c, 0, 0) \colon c \in R\}$, $\mathbf{W}_3 = \{(0, 0, 0, d, 0) \colon d \in R\}$를 생각하자. 임의의 $(a, b, c, d, 0) \in \mathbf{W}$에 대하여 $(a, b, c, d, 0)$은 다음과 같이 표현할 수 있다.

$$(a, b, c, d, 0) = (a, b, 0, 0, 0) + (0, 0, c, 0, 0) + (0, 0, 0, d, 0) \in \mathbf{W}_1 + \mathbf{W}_2 + \mathbf{W}_3$$

즉 $\mathbf{W} = \sum_{i=1}^{3} \mathbf{W}_i$이다. 이제 $\mathbf{W}$가 $\mathbf{W}_1$, $\mathbf{W}_2$, $\mathbf{W}_3$의 직합임을 확인해 보자. $\mathbf{W}_1 \cap (\mathbf{W}_2 + \mathbf{W}_3) = \mathbf{W}_2 \cap (\mathbf{W}_1 + \mathbf{W}_3) = \mathbf{W}_3 \cap (\mathbf{W}_1 + \mathbf{W}_2) = \{0\}$임은 명백하다. 즉, $\mathbf{W} = \mathbf{W}_1 \oplus \mathbf{W}_2 \oplus \mathbf{W}_3$이다.

다음 정리는 직합의 정의와 동치인 몇 가지 조건을 다룬다.

정리 5.9 유한차원 벡터공간 $\mathbf{V}$의 부분공간 $\mathbf{W}_1, \mathbf{W}_2, \ldots, \mathbf{W}_k$에 대하여 다음 조건은 동치이다.

(1) $\mathbf{V} = \mathbf{W}_1 \oplus \mathbf{W}_2 \oplus \cdots \oplus \mathbf{W}_k$

(2) $\mathbf{V} = \sum_{i=1}^{k} \mathbf{W}_i$이고 $v_i \in \mathbf{W}_i\ (1 \le i \le k)$인 임의의 $v_1, v_2, \ldots, v_k$에 대하여 $v_1 + v_2 + \cdots + v_k = 0$일 때 모든 i에 대하여 $v_i = 0$이다.

(3) 모든 $v \in \mathbf{V}$마다 $v = v_1 + v_2 + \cdots + v_k$ 꼴로 표현하는 방법이 유일하다. (이때, $v_i \in \mathbf{W}_i$)

(4) $\mathbf{W}_i\ (1 \le i \le k)$의 순서기저 γ_i에 대하여 $\gamma_1 \cup \gamma_2 \cup \cdots \cup \gamma_k$는 $\mathbf{V}$의 순서기저이다.

(5) 각 $i = 1, 2, \ldots, k$에 대하여 $\gamma_1 \cup \gamma_2 \cup \cdots \cup \gamma_k$가 $\mathbf{V}$의 순서기저가 되도록 하는 ($\mathbf{W}_i$의) 순서기저 γ_i가 존재한다.

증명 (1)을 가정하고 (2)를 증명하자.

$\mathbf{V}$는 $\mathbf{V} = \sum_{i=1}^{k} \mathbf{W}_i$로 나타낼 수 있다. 모든 i에 대하여 $v_i \in \mathbf{W}_i$이고, $v_1 + v_2 + \cdots + v_k = 0$인 벡터 $v_1, v_2, \ldots, v_k$를 생각하자. 임의의 j에 대하여 $-v_j = \sum_{i \ne j} v_i \in \sum_{i \ne j} \mathbf{W}_i$이다. 한편, $-v_j \in \mathbf{W}_j$이므로 $-v_j \in \mathbf{W}_j \cap \sum_{i \ne j} \mathbf{W}_i = \{0\}$, 즉 $v_j = 0$이다. (2)가 증명되었다.

(2)를 가정하고 (3)을 증명하자.

(2)에 따르면 $v \in \mathbf{V}$에 대하여 $v_i \in \mathbf{W}_i$이고 $v = v_1 + v_2 + \cdots + v_k$인 벡터 $v_1, v_2, \ldots, v_k$가 존재

한다. 이 표현이 유일함을 증명하면 된다. 모든 i에 대하여 $w_i \in \mathsf{W}_i$이고 $v = w_1 + w_2 + \cdots + w_k$라 가정하자. 다음 식이 성립한다.

$$(v_1 - w_1) + (v_2 - w_2) + \cdots + (v_k - w_k) = \mathit{0}$$

모든 i에 대하여 $v_i - w_i \in \mathsf{W}_i$이므로 $v_i - w_i = \mathit{0}$이다. 따라서 모든 i에 대하여 $v_i = w_i$이다. 표현이 유일함을 증명하였다.

(3)을 가정하고 (4)를 증명하자.

각각의 i에 대하여 γ_i를 W_i의 순서기저라 하자. (3)에 따르면 $\mathsf{V} = \sum_{i=1}^{k} \mathsf{W}_i$이므로 $\gamma_1 \cup \gamma_2 \cup \cdots \cup \gamma_k$는 V를 생성한다. 이 집합이 일차독립임을 보이기 위해 $\sum_{i,j} a_{ij}v_{ij} = \mathit{0}$인 벡터 $v_{ij} \in \gamma_i$ ($j = 1, 2, \ldots, m_i$와, $i = 1, 2, \ldots, k$)와 스칼라 a_{ij}를 생각하자. 각각의 i에 대하여 $w_i = \sum_{j=1}^{m_i} a_{ij}v_{ij}$라 하면 $w_i \in \mathrm{span}(\gamma_i) = \mathsf{W}_i$이고 다음이 성립한다.

$$w_1 + w_2 + \cdots + w_k = \sum_{i,j} a_{ij}v_{ij} = \mathit{0}$$

모든 i에 대하여 $\mathit{0} \in \mathsf{W}_i$이므로 $\mathit{0} + \mathit{0} + \cdots + \mathit{0} = w_1 + w_2 + \cdots + w_k$이다. (3)에 따르면 모든 i에 대하여 $w_i = \mathit{0}$이다. 따라서 각각의 i에 대하여 다음이 성립한다.

$$\mathit{0} = w_i = \sum_{j=1}^{m_i} a_{ij}v_{ij}$$

한편 각각의 γ_i는 일차독립이므로 모든 i, j에 대하여 $a_{ij} = 0$이다. 즉 $\gamma_1 \cup \gamma_2 \cup \cdots \cup \gamma_k$는 일차독립이고 V의 기저이다.

(4)를 가정하면 (5)를 증명할 수 있다.

(5)를 가정하고 (1)을 증명하자.

각각의 i에 대하여 $\gamma_1 \cup \gamma_2 \cup \cdots \cup \gamma_k$가 V의 순서기저가 되도록 하는 W_i의 순서기저를 γ_i라 하자. 1.4절 연습문제 14의 결과를 반복해서 사용하면 V는 다음과 같다.

$$\begin{aligned}\mathsf{V} &= \mathrm{span}(\gamma_1 \cup \gamma_2 \cup \cdots \cup \gamma_k) \\ &= \mathrm{span}(\gamma_1) + \mathrm{span}(\gamma_2) + \cdots + \mathrm{span}(\gamma_k) = \sum_{i=1}^{k} \mathsf{W}_i\end{aligned}$$

j $(1 \le j \le k)$를 고정하고, 영이 아닌 어느 벡터 $v \in \mathsf{V}$에 대하여 $v \in \mathsf{W}_j \cap \sum_{i \ne j} \mathsf{W}_i$가 성립한다고 가정하자. $v \in \mathsf{W}_j = \text{span}(\gamma_j)$이고 $v \in \sum_{i \ne j} \mathsf{W}_i = \text{span}\left(\bigcup_{i \ne j} \gamma_i\right)$이다. 이때 v는 γ_j와 $\bigcup_{i \ne j} \gamma_i$의 자명하지 않은 일차결합이다. 이 말은 v를 $\gamma_1 \cup \gamma_2 \cup \cdots \cup \gamma_k$의 일차결합으로 표현하는 방법이 2가지 이상임을 뜻하므로 정리 1.8(61쪽)에 모순이다. 따라서 $\mathsf{W}_j \cap \sum_{i \ne j} \mathsf{W}_i = \{0\}$이다. (1)이 성립함을 증명하였다. ◀

정리 5.9에 따르면 직합의 관점에서 대각화 가능성을 다음과 같이 설명할 수 있다.

> **정리 5.10** 유한차원 벡터공간 V의 선형연산자 T가 대각화가능하기 위한 필요충분조건은 V가 (T의) 고유공간의 직합인 것이다.

증명 T의 서로 다른 고윳값을 $\lambda_1, \lambda_2, \ldots, \lambda_k$라 표기하자. 먼저 T가 대각화가능하다고 가정하자. 각각의 i에 대한 고유공간 E_{λ_i}의 순서기저를 γ_i라 하자. 정리 5.8에 따르면 $\gamma_1 \cup \gamma_2 \cup \cdots \cup \gamma_k$는 V의 기저이다. 정리 5.9에 따르면 V는 E_{λ_i}의 직합이다.

역으로 V가 (T의) 고유공간의 직합이라 가정하자. 각각의 i에 대하여 E_{λ_i}의 순서기저 γ_i를 선택하자. 정리 5.9에 의해 합집합 $\gamma_1 \cup \gamma_2 \cup \cdots \cup \gamma_k$는 V의 기저이다. 이 기저는 T의 고유벡터로 이루어진 기저이므로 T는 대각화가능하다. ◀

예제 10 벡터공간 R^4의 선형연산자 T를 다음과 같이 정의하자.

$$\mathsf{T}(a, b, c, d) = (a, b, 2c, 3d)$$

T가 대각화가능하고 고윳값은 $\lambda_1 = 1$, $\lambda_2 = 2$, $\lambda_3 = 3$임을 쉽게 확인할 수 있다. 또한 각 고윳값에 대응하는 고유공간은 예제 9에서 다룬 W_1, W_2, W_3과 일치한다. 이제 정리 5.10을 이용하면 $\mathsf{R}^4 = \mathsf{W}_1 \oplus \mathsf{W}_2 \oplus \mathsf{W}_3$임을 다른 방식으로 증명할 수 있다.

5.2 연습문제

1. 다음 명제의 참-거짓을 판정하라.

(a) n차원 벡터공간의 선형연산자가 n개 미만의 서로 다른 고윳값을 가지면 대각화 불가능하다.

(b) 같은 고윳값에 대응하는 서로 다른 고유벡터는 항상 일차종속이다.

(c) 선형연산자 T의 고윳값 λ에 대하여 E_λ의 모든 벡터는 T의 고유벡터이다.

(d) 선형연산자 T의 서로 다른 고윳값 λ_1와 λ_2에 대하여 $\mathsf{E}_{\lambda_1} \cap \mathsf{E}_{\lambda_2} = \{\mathit{0}\}$이다.

(e) 행렬 $A \in \mathsf{M}_{n\times n}(F)$와 A의 고유벡터로 이루어진 F^n의 순서기저 $\beta = \{v_1, v_2, \ldots, v_n\}$을 생각하자. j열이 v_j $(1 \le j \le n)$인 $n \times n$ 행렬 Q에 대하여 $Q^{-1}AQ$는 대각행렬이다.

(f) 유한차원 벡터공간의 선형연산자 T가 대각화가능하기 위한 필요충분조건은 각 고윳값 λ의 중복도가 E_λ의 차원과 같은 것이다.

(g) 점공간이 아닌 벡터공간의 대각화가능한 선형연산자에는 적어도 하나의 고윳값이 있다.

다음 두 문제는 직합(direct sum)을 다루므로 풀지 않고 넘어가도 좋다.

(h) 벡터공간이 부분공간 $\mathsf{W}_1, \mathsf{W}_2, \ldots, \mathsf{W}_k$의 직합일 때, $i \ne j$에 대하여 $\mathsf{W}_i \cap \mathsf{W}_j = \{\mathit{0}\}$이다.

(i) $\mathsf{V} = \sum_{i=1}^{k} \mathsf{W}_i$이고 $\mathsf{W}_i \cap \mathsf{W}_j = \{\mathit{0}\}$ $(i \ne j)$이면 $\mathsf{V} = \mathsf{W}_1 \oplus \mathsf{W}_2 \oplus \cdots \oplus \mathsf{W}_k$이다.

2. 다음 행렬 $A \in \mathsf{M}_{n\times n}(R)$에 대하여 A가 대각화가능한지 판정하라. A가 대각화가능하면 $Q^{-1}AQ = D$가 되도록 하는 가역행렬 Q, 대각행렬 D를 각각 찾아라.

(a) $\begin{pmatrix} 1 & 2 \\ 0 & 1 \end{pmatrix}$ (b) $\begin{pmatrix} 1 & 3 \\ 3 & 1 \end{pmatrix}$ (c) $\begin{pmatrix} 1 & 4 \\ 3 & 2 \end{pmatrix}$

(d) $\begin{pmatrix} 7 & -4 & 0 \\ 8 & -5 & 0 \\ 6 & -6 & 3 \end{pmatrix}$ (e) $\begin{pmatrix} 0 & 0 & 1 \\ 1 & 0 & -1 \\ 0 & 1 & 1 \end{pmatrix}$ (f) $\begin{pmatrix} 1 & 1 & 0 \\ 0 & 1 & 2 \\ 0 & 0 & 3 \end{pmatrix}$

(g) $\begin{pmatrix} 3 & 1 & 1 \\ 2 & 4 & 2 \\ -1 & -1 & 1 \end{pmatrix}$

3. 벡터공간 V의 다음 선형연산자 T에 대하여 T가 대각화가능한지 판정하라. T가 대각화가능하면 $[\mathsf{T}]_\beta$가 대각행렬이 되도록 하는 V의 기저 β를 찾아라.

(a) $\mathsf{V} = \mathsf{P}_3(R)$, $\mathsf{T}(f(x)) = f'(x) + f''(x)$

(b) $\mathsf{V} = \mathsf{P}_2(R)$, $\mathsf{T}(ax^2 + bx + c) = cx^2 + bx + a$

(c) $\mathsf{V} = \mathsf{R}^3$, $\mathsf{T}\begin{pmatrix} a_1 \\ a_2 \\ a_3 \end{pmatrix} = \begin{pmatrix} a_2 \\ -a_1 \\ 2a_3 \end{pmatrix}$

(d) $\mathsf{V} = \mathsf{P}_2(R)$, $\mathsf{T}(f(x)) = f(0) + f(1)(x + x^2)$

(e) $\mathsf{V} = \mathsf{C}^2$, $\mathsf{T}(z, w) = (z + iw, iz + w)$

(f) $\mathsf{V} = \mathsf{M}_{2\times 2}(R)$, $\mathsf{T}(A) = A^t$

4. 정리 5.5의 따름정리를 행렬로 표현한 다음 명제가 참임을 보여라.

> 행렬 $A \in \mathsf{M}_{n\times n}(F)$가 서로 다른 n개의 서로 다른 고윳값을 가지면 A는 대각화가능하다.

5. 정리 5.6을 행렬로 나타낸 명제를 서술하고 증명하라.

6. 다음 물음에 답하라.

(a) 5.2절에서 서술한 대각화가능 판정법과 대각화 방법이 정당한 이유를 설명하라.

(b) (a)의 결과를 행렬에 대한 방법으로 다시 서술하라.

7. 행렬 $A = \begin{pmatrix} 1 & 4 \\ 2 & 3 \end{pmatrix} \in \mathsf{M}_{2\times 2}(R)$에 대하여 A^n을 구하라. (단, n은 임의의 자연수)

8. 행렬 $A \in \mathsf{M}_{n\times n}(F)$에 서로 다른 두 개의 고윳값 λ_1, λ_2가 있다고 하자. $\dim(\mathsf{E}_{\lambda_1}) = n-1$이면 A가 대각화가능함을 증명하라.

9. 유한차원 벡터공간 V의 선형연산자 T를 생각하자. $[\mathsf{T}]_\beta$가 상삼각행렬인 (V의) 순서기저 β가 존재한다고 가정할 때, 다음 물음에 답하라.

(a) T의 특성다항식이 완전히 인수분해됨을 증명하라.

(b) 행렬에 대하여 (a)와 유사한 결과를 서술하고 증명하라.

(a)의 역을 연습문제 12(b)에서 다룬다.

10. 유한차원 벡터공간 V의 선형연산자 T가 서로 다른 고윳값 $\lambda_1, \lambda_2, \ldots, \lambda_k$를 가지고 각각의 고윳값의 중복도는 $m_1, m_2, \ldots, m_k$이다. $[\mathsf{T}]_\beta$가 상삼각행렬이 되도록 하는 (V의) 기저 β가 존재한다고 가정하자. $[\mathsf{T}]_\beta$의 대각성분은 $\lambda_1, \lambda_2, \ldots, \lambda_k$이고 각각의 λ_i가 m_i번 등장함을 증명하라. (단, $1 \leq i \leq k$)

11. 상삼각행렬과 닮음인 $n \times n$ 행렬 A에 서로 다른 고윳값 $\lambda_1, \lambda_2, \ldots, \lambda_k$가 있다고 하자. 각각의 고윳값의 중복도가 $m_1, m_2, \ldots, m_k$이라 할 때, 다음을 증명하라.

(a) $\mathrm{tr}(A) = \sum_{i=1}^{k} m_i\lambda_i$

(b) $\det(A) = (\lambda_1)^{m_1}(\lambda_2)^{m_2}\cdots(\lambda_k)^{m_k}$

12. 다음 물음에 답하라.

(a) 행렬 $A \in \mathsf{M}_{n\times n}(F)$의 특성다항식이 완전히 인수분해되면 A는 상삼각행렬과 닮은 행렬임을 증명하라(연습문제 9(b)의 역).

힌트 n에 대한 수학적 귀납법을 사용하라. v_1을 A의 고유벡터라 하고 $\{v_1\}$을 확장하여 F^n의 기저 $\{v_1, v_2, \ldots, v_n\}$을 만든다. j열이 v_j인 $n \times n$ 행렬을 P라 하고, $P^{-1}AP$를 생각한다. 5.1절 연습문제 13(a)나 4.3절 연습문제 21을 활용하자.

(b) 연습문제 9(a)의 역을 증명하라.

13. 유한차원 벡터공간 V의 선형연산자 T가 가역이라 하자. 다음 물음에 답하라.

(a) T의 임의의 고윳값 λ에 대하여 λ^{-1}는 T^{-1}의 고윳값이다(5.1절 연습문제 9). λ에 대응하는 (T의) 고유공간은 λ^{-1}에 대응하는 (T^{-1}의) 고유공간과 같음을 증명하라.

(b) T가 대각화가능하면 T^{-1}가 대각화가능함을 증명하라.

14. 행렬 $A \in \mathsf{M}_{n\times n}(F)$를 생각하자. 5.1절 연습문제 15에서 두 행렬 A, A^t가 같은 특성다항식을 가지므로 고윳값과 중복도 또한 같음을 확인했다. A, A^t의 고윳값 λ에 대하여 A, A^t 각각에 대응하는 고유공간을 E_λ, E'_λ라 표기하자. 다음 물음에 답하라.

(a) 고윳값이 같지만 각각의 고유공간이 서로 다른 예를 들어, 두 고유공간이 반드시 같지 않음을 보이라.

(b) 임의의 고윳값 λ에 대하여 $\dim(\mathsf{E}_\lambda) = \dim(\mathsf{E}'_\lambda)$임을 증명하라.

(c) A가 대각화가능하면 A^t도 대각화가능함을 증명하라.

15. 다음 연립 미분방정식의 일반해를 구하라.

(a) $\begin{aligned} x' &= x + y \\ y' &= 3x - y \end{aligned}$ (b) $\begin{aligned} x_1' &= 8x_1 + 10x_2 \\ x_2' &= -5x_1 - 7x_2 \end{aligned}$ (c) $\begin{aligned} x_1' &= x_1 + x_3 \\ x_2' &= x_2 + x_3 \\ x_3' &= 2x_3 \end{aligned}$

16. 다음 연립 미분방정식의 계수행렬을 A라 하자.

$$\begin{aligned} x_1' &= a_{11}x_1 + a_{12}x_2 + \cdots + a_{1n}x_n \\ x_2' &= a_{21}x_1 + a_{22}x_2 + \cdots + a_{2n}x_n \\ &\vdots \\ x_n' &= a_{n1}x_1 + a_{n2}x_2 + \cdots + a_{nn}x_n \end{aligned} \qquad A = \begin{pmatrix} a_{11} & a_{12} & \cdots & a_{1n} \\ a_{21} & a_{22} & \cdots & a_{2n} \\ \vdots & \vdots & & \vdots \\ a_{n1} & a_{n2} & \cdots & a_{nn} \end{pmatrix}$$

A는 대각화가능하고 서로 다른 고윳값이 $\lambda_1, \lambda_2, \ldots, \lambda_k$라고 하자. 미분가능한 함수 $x\colon R \to \mathsf{R}^n$이 연립 미분방정식의 해가 되기 위한 필요충분조건은 $i = 1, 2, \ldots, k$에 대하여 $z_i \in \mathsf{E}_{\lambda_i}$일 때 x가 다음과 같은 꼴임을 증명하라.

$$x(t) = e^{\lambda_1 t} z_1 + e^{\lambda_2 t} z_2 + \cdots + e^{\lambda_k t} z_k$$

이 결과를 이용하여 연립 미분방정식의 해집합이 n차원 R-벡터공간임을 증명하라.

17. 행렬 $C \in \mathsf{M}_{m\times n}(R)$와 미분가능한 함수로 이루어진 $n \times p$ 행렬 Y에 대하여 $(CY)' = CY'$임을 증명하라. 이때, 모든 i, j에 대하여 $(Y')_{ij} = Y'_{ij}$이다.

18~20. 다음 정의를 이용하여 문제를 풀어 보자.

> **정의**
>
> - 유한차원 벡터공간 V의 두 선형연산자 T와 U에 대하여 $[\mathsf{T}]_\beta$와 $[\mathsf{U}]_\beta$가 모두 대각행렬이 되도록 하는 (V의) 순서기저 β가 존재할 때, T, U는 **동시에 대각화가능(simultaneously diagonalizable)**하다고 한다.
> - 두 행렬 $A, B \in \mathsf{M}_{n\times n}(F)$에 대하여 $Q^{-1}AQ$와 $Q^{-1}BQ$가 모두 대각행렬이 되도록 하는 가역행렬 $Q \in \mathsf{M}_{n\times n}(F)$가 존재할 때, A, B는 **동시에 대각화가능**하다고 한다.

18. 다음 명제가 참임을 보여라.

(a) 유한차원 벡터공간 V의 선형연산자 T와 U는 동시에 대각화가능하다고 하자. 임의의 순서기저 β에 대하여 행렬 $[\mathsf{T}]_\beta$와 $[\mathsf{U}]_\beta$는 동시에 대각화가능하다.

(b) A와 B가 동시에 대각화가능한 행렬일 때 L_A와 L_B는 동시에 대각화가능한 선형연산자이다.

19. 다음 명제가 참임을 보여라.

(a) T와 U가 동시에 대각화가능한 연산자일 때 T와 U는 서로 교환가능(즉, $\mathsf{TU} = \mathsf{UT}$)하다.

(b) A와 B가 동시에 대각화가능한 행렬일 때 A와 B는 서로 교환가능(즉, $AB = BA$)하다.

(a)와 (b)의 역은 5.4절 연습문제 25에서 다룬다.

20. 유한차원 벡터공간의 선형연산자 T가 대각화가능하다고 하자. 임의의 자연수 m에 대하여 T와 T^m이 동시에 대각화가능함을 증명하라.

21~24. 직합을 사용하여 문제를 풀어 보자.

21. 유한차원 벡터공간 V에서 $\sum_{i=1}^{k} \mathsf{W}_i = \mathsf{V}$인 부분공간 $\mathsf{W}_1, \mathsf{W}_2, \ldots, \mathsf{W}_k$를 생각하자. V가 $\mathsf{W}_1, \mathsf{W}_2, \ldots, \mathsf{W}_k$의 직합이기 위한 필요충분조건은 $\dim(\mathsf{V}) = \sum_{i=1}^{k} \dim(\mathsf{W}_i)$임을 증명하라.

22. 유한차원 벡터공간 V와 기저 β를 생각하자. $\beta_1, \beta_2, \ldots, \beta_k$가 β의 분할[6]일 때, $\mathsf{V} = \mathrm{span}(\beta_1) \oplus \mathrm{span}(\beta_2) \oplus \cdots \oplus \mathrm{span}(\beta_k)$임을 증명하라.

23. 유한차원 벡터공간 V의 선형연산자 T를 생각하자. $\lambda_1, \lambda_2, \ldots, \lambda_k$는 T의 서로 다른 고윳값이다. 다음이 성립함을 보여라.

$$\mathrm{span}(\{x \in \mathsf{V} \colon x\text{는 } \mathsf{T}\text{의 고유벡터}\}) = \mathsf{E}_{\lambda_1} \oplus \mathsf{E}_{\lambda_2} \oplus \cdots \oplus \mathsf{E}_{\lambda_k}$$

24. $\mathsf{W}_1, \mathsf{W}_2, \mathsf{K}_1, \mathsf{K}_2, \ldots, \mathsf{K}_p, \mathsf{M}_1, \mathsf{M}_2, \ldots, \mathsf{M}_q$는 벡터공간 V의 부분공간이고 $\mathsf{W}_1 = \mathsf{K}_1 \oplus \mathsf{K}_2 \oplus \cdots \oplus \mathsf{K}_p$와 $\mathsf{W}_2 = \mathsf{M}_1 \oplus \mathsf{M}_2 \oplus \cdots \oplus \mathsf{M}_q$가 성립한다. $\mathsf{W}_1 \cap \mathsf{W}_2 = \{\mathit{0}\}$일 때, 다음이 성립함을 보여라.

$$\mathsf{W}_1 + \mathsf{W}_2 = \mathsf{W}_1 \oplus \mathsf{W}_2 = \mathsf{K}_1 \oplus \mathsf{K}_2 \oplus \cdots \oplus \mathsf{K}_p \oplus \mathsf{M}_1 \oplus \mathsf{M}_2 \oplus \cdots \oplus \mathsf{M}_q$$

5.3 행렬의 극한과 마르코프 연쇄*

이번 절에서는 5장에서 학습한 내용을 응용하여 복소수 성분을 가지는 정사각행렬 A의 거듭제곱 열 $A, A^2, \ldots, A^n, \ldots$의 **극한**을 다룬다. 행렬로 이루어진 수열과 극한은 자연과학과 사회과학에서 자주 사용된다.

여기서는 실수열의 극한을 이미 알고 있다고 가정하겠다. 복소수로 이루어진 수열의 극한 $\{z_m : m = 1, 2, \ldots\}$은 실수부와 허수부 각각의 (실수열의) 극한으로 정의한다. r_m과 s_m이 실수, i는 $i^2 = -1$인 허수, $\lim_{m\to\infty} r_m$과 $\lim_{m\to\infty} s_m$이 존재할 때 $z_m = r_m + is_m$이라 하면 다음이 성립한다.

6 $\beta_1, \beta_2, \ldots, \beta_k$가 β의 분할이면 $\beta_1, \beta_2, \ldots, \beta_k$는 β의 부분집합이고 $\beta = \beta_1 \cup \beta_2 \cup \cdots \cup \beta_k$이며 $i \neq j$일 때 $\beta_i \cap \beta_j = \varnothing$이다.

$$\lim_{m\to\infty} z_m = \lim_{m\to\infty} r_m + i \lim_{m\to\infty} s_m$$

정의 복소수 성분을 가지는 $n \times p$ 행렬 $L, A_1, A_2, \ldots$ 를 생각하자. 모든 $1 \leq i \leq n$과 $1 \leq j \leq p$에 대하여 $\lim_{m\to\infty} (A_m)_{ij} = L_{ij}$ 일 때, 행렬열 $A_1, A_2, \ldots$는 $n \times p$ 행렬 L로 **수렴(converge)**한다고 한다. 이때 행렬 L을 이 행렬열의 **극한(limit)**이라 한다. 행렬열의 극한을 L로 표기하면 간단히 $\lim_{m\to\infty} A_m = L$이라 나타내기도 한다.

예제 1 행렬 A가 다음과 같다고 하자.

$$A_m = \begin{pmatrix} 1-\dfrac{1}{m} & \left(-\dfrac{3}{4}\right)^m & \dfrac{3m^2}{m^2+1} + i\left(\dfrac{2m+1}{m-1}\right) \\ \left(\dfrac{i}{2}\right)^m & 2 & \left(1+\dfrac{1}{m}\right)^m \end{pmatrix}$$

A의 극한은 $\lim_{m\to\infty} A_m = \begin{pmatrix} 1 & 0 & 3+2i \\ 0 & 2 & e \end{pmatrix}$이다. 이때, e는 자연로그의 밑이다.

실수열의 극한에서 $\lim_{m\to\infty} a_m$이 존재하면 $\lim_{m\to\infty} ca_m = c\left(\lim_{m\to\infty} a_m\right)$이 성립한다. 이 결과를 행렬열로 표현하면 다음과 같이 중요한 성질을 얻는다.

정리 5.11 복소수 성분을 가지는 $n \times p$ 행렬열 $A_1, A_2, \ldots$이 행렬 L로 수렴한다고 하자. 임의의 $P \in \mathsf{M}_{r\times n}(C)$와 $Q \in \mathsf{M}_{p\times s}(C)$에 대하여 다음이 성립한다.

$$\lim_{m\to\infty} PA_m = PL, \quad \lim_{m\to\infty} A_mQ = LQ$$

증명 임의의 i, j $(1 \leq i \leq r, 1 \leq j \leq p)$에 대하여 다음이 성립한다.

$$\begin{aligned}\lim_{m\to\infty} (PA_m)_{ij} &= \lim_{m\to\infty} \sum_{k=1}^{n} P_{ik}(A_m)_{kj} \\ &= \sum_{k=1}^{n} P_{ik} \cdot \lim_{m\to\infty} (A_m)_{kj} = \sum_{k=1}^{n} P_{ik}L_{kj} = (PL)_{ij}\end{aligned}$$

즉 $\lim_{m\to\infty} PA_m = PL$이다.

같은 방법으로 $\lim_{m\to\infty} A_mQ = LQ$를 증명할 수 있다. ◀

따름정리 $\lim_{m\to\infty} A^m = L$인 행렬 $A \in \mathsf{M}_{n\times n}(C)$와 임의의 가역행렬 $Q \in \mathsf{M}_{n\times n}(C)$에 대하여 다음이 성립한다.

$$\lim_{m\to\infty}(QAQ^{-1})^m = QLQ^{-1}$$

증명 $(QAQ^{-1})^m$을 전개하면 $(QAQ^{-1})^m = (QAQ^{-1})(QAQ^{-1})\cdots(QAQ^{-1}) = QA^mQ^{-1}$이다. 정리 5.11을 두 번 사용하면 다음이 성립함을 확인할 수 있다.

$$\lim_{m\to\infty}(QAQ^{-1})^m = \lim_{m\to\infty} QA^mQ^{-1} = Q\left(\lim_{m\to\infty} A^m\right)Q^{-1} = QLQ^{-1}$$ ◀

앞으로 집합 $S = \{\lambda \in C\colon |\lambda| < 1 \text{ 또는 } \lambda = 1\}$을 자주 다루게 될 것이다. 기하학적으로 이 집합은 복소수 1과 단위원[7]의 내부로 이루어져 있다. 복소수 λ에 대하여 $\lim_{m\to\infty}\lambda^m$이 존재하기 위한 필요충분조건이 $\lambda \in S$이다. 이것이 집합 S가 중요한 이유이다. 이 사실은 λ가 실수이면 당연히 성립하며 복소수이면 약간의 계산을 통해 성립함을 보일 수 있다.

다음 정리는 특정한 종류의 극한이 존재하기 위한 필요충분조건을 제시한다.

정리 5.12 복소수 성분을 가지는 정사각행렬 A를 생각하자. $\lim_{m\to\infty} A^m$이 존재하기 위한 필요충분조건은 다음 두 조건을 모두 만족하는 것이다.

(1) A의 모든 고윳값은 S의 원소이다.

(2) 1이 A의 고윳값이면 1에 대응하는 고유공간의 차원은 (A의) 고윳값 1의 중복도와 같다.

정리 5.12를 증명하는 방법은 여러 가지가 있다. 한 가지 증명은 7.2절에서 다루는 조르당 표준형(Jordan canonical form)에 기반한다. 7.2절 연습문제 19에서 확인하라. 또 다른 증명은 슈어의 정리(6.4절 정리 6.14)를 사용한다.[8]

(1)은 반드시 필요한 조건이다. A의 고윳값 λ에 대하여 $\lambda \notin S$라 가정하자. λ에 대응하는 (A의) 고유벡터를 v라 할 때, v를 $n\times 1$ 행렬로 간주하면 정리 5.11에 의해, $\lim_{m\to\infty}(A^m v) = \left(\lim_{m\to\infty} A^m\right)v = Lv$가 성립한다. (단, $L = \lim_{m\to\infty} A^m$) 한편, $\lim_{m\to\infty}\lambda^m$이 존재하지 않으므로 $\lim_{m\to\infty}(A^m v) = \lim_{m\to\infty}(\lambda^m v)$는 발산하여 모순이다. 따라서 $\lim_{m\to\infty} A^m$이 존재하면 정리 5.12의 조건 (1)은 반드시 성립해야 한다.

7 단위원은 원점을 중심으로 하고 반지름의 길이가 1인 원이다.

8 다음 문헌에서 자세한 내용을 확인할 수 있다. S. H. Friedberg and A. J. Insel, "Convergence of matrix powers," *Int. J. Math. Educ. Sci. Technol.*, 1992, Vol. 23, no. 5, pp. 765-769

여기서 (2)도 반드시 필요한 조건임을 증명하기는 어려우므로 조건 (2)를 만족하지 않는 예를 하나 생각해 보자. 행렬 $B = \begin{pmatrix} 1 & 1 \\ 0 & 1 \end{pmatrix}$의 특성다항식은 $(t-1)^2$이다. B의 고윳값은 $\lambda = 1$이고 중복도는 2이다. 그러나 $\dim(\mathsf{E}_\lambda) = 1$이므로 정리 5.12의 조건 (2)를 만족하지 않는다. 수학적 귀납법을 사용하면 $B^m = \begin{pmatrix} 1 & m \\ 0 & 1 \end{pmatrix}$임을 간단히 계산할 수 있다. 이때 $\lim_{m\to\infty} B^m$은 존재하지 않는다.

7장에서 A가 조건 (2)를 만족하지 않는 행렬일 때, A는 왼쪽 상단의 2×2 부분행렬이 정확히 B인 행렬과 닮음임을 확인할 것이다.

행렬의 극한과 관계된 응용 문제에 대부분 대각화가능한 행렬이 나오므로 정리 5.12의 조건 (2)를 자동으로 만족한다. 이 경우 정리 5.12는 다음과 같이 단순화되고, 이전의 결과를 이용하여 증명할 수 있다.

정리 5.13 행렬 $A \in \mathsf{M}_{n\times n}(C)$가 다음 두 조건을 만족하면 $\lim_{m\to\infty} A^m$이 존재한다.

(1) A의 모든 고윳값은 S에 속한다.

(2) A는 대각화가능하다.

증명 A는 대각화가능하므로 $Q^{-1}AQ = D$가 대각행렬이 되도록 하는 가역행렬 Q가 존재한다. D가 다음과 같다고 하자.

$$D = \begin{pmatrix} \lambda_1 & 0 & \cdots & 0 \\ 0 & \lambda_2 & \cdots & 0 \\ \vdots & \vdots & & \vdots \\ 0 & 0 & \cdots & \lambda_n \end{pmatrix}$$

$\lambda_1, \lambda_2, \ldots, \lambda_n$이 A의 고윳값이므로 조건 (1)에 따르면 각각의 i에 대하여 $\lambda_i = 1$ 또는 $|\lambda_i| < 1$이다. ${\lambda_i}^m$의 극한을 다음과 같이 나타낼 수 있다.

$$\lim_{m\to\infty} {\lambda_i}^m = \begin{cases} 1 & (\lambda_i = 1) \\ 0 & (\text{그 외의 경우}) \end{cases}$$

행렬 D^m은 다음과 같다.

$$D^m = \begin{pmatrix} {\lambda_1}^m & 0 & \cdots & 0 \\ 0 & {\lambda_2}^m & \cdots & 0 \\ \vdots & \vdots & & \vdots \\ 0 & 0 & \cdots & {\lambda_n}^m \end{pmatrix}$$

행렬열 $D, D^2, \ldots$은 극한 L로 수렴한다. 정리 5.11의 따름정리에 의해 다음과 같이 $\lim_{m\to\infty} A^m$이 존재한다.

$$\lim_{m\to\infty} A^m = \lim_{m\to\infty} (QDQ^{-1})^m = QLQ^{-1}$$ ◀

정리 5.13의 증명에서 $\lim_{m\to\infty} A^m$을 계산한 방법은 실제로도 유용하다. 다음 행렬 A를 생각하자.

$$A = \begin{pmatrix} \frac{7}{4} & -\frac{9}{4} & -\frac{15}{4} \\ \frac{3}{4} & \frac{7}{4} & \frac{3}{4} \\ \frac{3}{4} & -\frac{9}{4} & -\frac{11}{4} \end{pmatrix}$$

5.1절과 5.2절의 방법을 사용하면 행렬 Q, D는 다음과 같으며 $Q^{-1}AQ = D$를 만족한다.

$$Q = \begin{pmatrix} 1 & 3 & -1 \\ -3 & -2 & 1 \\ 2 & 3 & -1 \end{pmatrix}, \quad D = \begin{pmatrix} 1 & 0 & 0 \\ 0 & -\frac{1}{2} & 0 \\ 0 & 0 & \frac{1}{4} \end{pmatrix}$$

A^m의 극한은 다음과 같이 계산할 수 있다.

$$\begin{aligned}
\lim_{m\to\infty} A^m &= \lim_{m\to\infty} (QDQ^{-1})^m = \lim_{m\to\infty} QD^mQ^{-1} = Q\left(\lim_{m\to\infty} D^m\right)Q^{-1} \\
&= \begin{pmatrix} 1 & 3 & -1 \\ -3 & -2 & 1 \\ 2 & 3 & -1 \end{pmatrix} \left[\lim_{m\to\infty} \begin{pmatrix} 1 & 0 & 0 \\ 0 & \left(-\frac{1}{2}\right)^m & 0 \\ 0 & 0 & \left(\frac{1}{4}\right)^m \end{pmatrix}\right] \begin{pmatrix} -1 & 0 & 1 \\ -1 & 1 & 2 \\ -5 & 3 & 7 \end{pmatrix} \\
&= \begin{pmatrix} 1 & 3 & -1 \\ -3 & -2 & 1 \\ 2 & 3 & -1 \end{pmatrix} \begin{pmatrix} 1 & 0 & 0 \\ 0 & 0 & 0 \\ 0 & 0 & 0 \end{pmatrix} \begin{pmatrix} -1 & 0 & 1 \\ -1 & 1 & 2 \\ -5 & 3 & 7 \end{pmatrix} = \begin{pmatrix} -1 & 0 & 1 \\ 3 & 0 & -3 \\ -2 & 0 & 2 \end{pmatrix}
\end{aligned}$$

행렬의 거듭제곱의 극한을 응용하는 사례를 살펴보자. 어느 대도시권 총인구는 변하지 않고 도시와 교외의 사람들만 이동한다고 가정하자. 다음 행렬 A의 성분은 1월 1일 도시나 교외에 거주하는 사람이 내년에 도시나 교외에 거주할 확률이다.

	현재 도시 거주	현재 교외 거주	
내년에 도시 거주	0.90	0.02	$= A$
내년에 교외 거주	0.10	0.98	

예를 들어 현재(1월 1일) 도시에 거주하는 어떤 사람이 내년(1월 1일)에 교외에서 거주할 확률은 0.10이다. A의 성분은 확률이므로 음수가 아니다. 또한 이 대도시권 총인구가 변하지 않으므로 A의 각 열의 성분의 합은 1이다.

이상의 두 가지 조건(음이 아닌 성분을 가지고 각 열의 합은 1)을 만족하는 임의의 행렬을 **추이행렬(transition matrix)** 또는 **확률행렬(stochastic matrix)**이라 한다.

임의의 $n \times n$ 추이행렬 M에 대하여 각 행과 열은 n 가지 **상태(state)**에 대응한다. M_{ij} 성분은 한 **단계(stage)**에 의해 상태 j에서 상태 i로 이동할 확률을 나타낸다.

이 문제는 두 가지 상태(도시에 거주하거나 교외에 거주함)가 있다. 예를 들어, A_{21}은 한 단계(1년 후)에 의해, 도시에서 교외로 이동할 확률을 의미한다. 도시 거주자가 2년 후 교외에 거주할 확률은 어떻게 될까? 경우는 두 가지이다(그림 5.3).

1 첫 해는 도시에 머무르고 두 번째 해에 교외로 이동함
2 첫 해에 교외로 이동하고 두 번째 해는 움직이지 않음

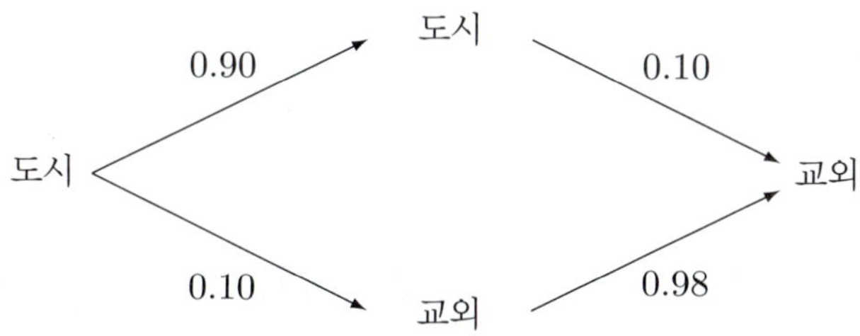

[그림 5.3] 도시–교외 거주 확률

도시 거주자가 첫 해에 도시에 머무를 확률은 0.90이고 교외로 이동할 확률은 0.10이다. 두 확률의 곱을 이용하면 도시 거주자가 첫 해에 도시에 머무르고 두 번째 해에 교외로 이동할 확률은 0.90×0.10이다. 같은 방법으로 도시 거주자가 첫 해에 교외로 이동하고, 두 번째 해에 교외에 머무를 확률은 0.10×0.98이다. 따라서 도시 거주자가 2년 후 교외에 거주할 확률은 $0.90 \times 0.10 + 0.10 \times 0.98 = 0.188$이다. 이 값이 얻어지는 과정은 $(A^2)_{21}$을 계산하는 과정과 같음을 확인하라. 즉 $(A^2)_{21}$은 도시 거주자가 2년 후 교외에 거주할 확률이다. 임의의 추이행렬 M에 대하여 $(M^m)_{ij}$ 성분은 m 단계만에 상태 j에서 상태 i로 이동할 확률이다.

이번에는 같은 조건 하에서 2000년에 대도시권 인구의 70%가 도시에 거주하고, 30%가 교외에 거주한다고 가정하자. 데이터를 열벡터로 저장하면 다음과 같다.

$$\begin{matrix} \text{도시 거주자의 비율} \\ \text{교외 거주자의 비율} \end{matrix} \quad \begin{pmatrix} 0.70 \\ 0.30 \end{pmatrix} = P$$

P의 행은 각각 도시 거주자의 상태와 교외 거주자의 상태에 대응한다. 이 상태는 추이행렬 A에 같은 순서로 나열되어 있다. 열벡터 P가 음이 아닌 성분을 가지고 각 성분의 합은 1임을 유념하자. 이러한

벡터를 **확률벡터(probability vector)**[9]라 한다. 추이행렬의 각 열은 확률벡터이다. 때로는 추이행렬이나 확률벡터의 각 성분을 확률이 아니라 비율이나 백분율로 생각하면 편하다. 이미 확률벡터 P를 다룰 때 그렇게 했다.

벡터 $AP = \begin{pmatrix} 0.636 \\ 0.364 \end{pmatrix}$의 첫 번째 성분은 $0.90 \times 0.70 + 0.02 \times 0.30$이다. 첫 번째 항 0.90×0.70은 2000년 도시 거주자가 이듬해에도 도시에 머무르는 비율이다. 두 번째 항 0.02×0.30은 2000년 교외 거주자가 이듬해에 도시로 이동하는 비율이다. 즉 AP의 첫 번째 성분은 2001년 대도시권 인구 중 도시 거주자의 비율이다. 비슷하게 AP의 두 번째 성분은 2001년 대도시권 인구 중 교외 거주자의 비율이다.

같은 방식으로 생각하면 $A^2P = A(AP) = \begin{pmatrix} 0.57968 \\ 0.42032 \end{pmatrix}$의 각 성분은 2002년 대도시권 인구 중 도시 거주자와 교외 거주자의 비율이다. 일반적으로 A^mP의 성분은 각각 m 단계에(2000년에서 m년 후) 대도시권 인구 중 도시 거주자와 교외 거주자의 비율이다.

이러한 경향이 계속된다면 도시는 쇠퇴하게 될까? 앞선 논의에 따라 도시 거주자와 교외 거주자의 궁극적인 인구 비율은 자연스럽게 $\lim_{m\to\infty} A^mP$의 첫 번째 성분과 두 번째 성분으로 정의할 수 있다. 극한을 계산해 보자. A가 대각화가능함을 쉽게 보일 수 있다. 즉 $Q^{-1}AQ = D$가 대각행렬이 되도록 하는 가역행렬 Q가 존재한다.

$$Q = \begin{pmatrix} \frac{1}{6} & -\frac{1}{6} \\ \frac{5}{6} & \frac{1}{6} \end{pmatrix}, \quad D = \begin{pmatrix} 1 & 0 \\ 0 & 0.88 \end{pmatrix}$$

A^m의 극한을 계산하면 다음과 같다.

$$L = \lim_{m\to\infty} A^m = \lim_{m\to\infty} QD^mQ^{-1} = Q\begin{pmatrix} 1 & 0 \\ 0 & 0 \end{pmatrix}Q^{-1} = \begin{pmatrix} \frac{1}{6} & \frac{1}{6} \\ \frac{5}{6} & \frac{5}{6} \end{pmatrix}$$

따라서 $\lim_{m\to\infty} A^mP = LP = \begin{pmatrix} \frac{1}{6} \\ \frac{5}{6} \end{pmatrix}$이다. 궁극적으로 대도시권 인구 중 $\frac{1}{6}$은 도시에 거주하고 $\frac{5}{6}$는 교외에 거주할 것이다. 벡터 LP에 대하여 $A(LP) = LP$가 성립함을 유념하자. LP는 확률벡터이자 고윳값 1에 대응하는 (A의) 고유벡터이다. 고윳값 1에 대응하는 (A의) 고유공간은 1차원이므로 이러한 벡터는 유일하다. 또한 LP는 처음 확률벡터 P의 선택과 관계없다(연습문제 15). 이를테면 2000년에 대도시권의 모든 사람이 도시에 거주했어도 최종 결과는 같을 것이다.

도시-교외 문제를 분석하면서 알게 된 내용을 다시 짚어 보자. A^2과 AP는 확률적 의미가 있다. A^2은 추이행렬이며 AP는 확률벡터이다. 사실 임의의 두 추이행렬의 곱은 여전히 추이행렬이며,

9 (옮긴이) 일부 책에서는 random vector와 probability vector를 다른 개념으로 정의하기도 한다.

추이행렬과 확률벡터의 곱은 확률벡터이다(정리 5.14의 따름정리). 증명은 추이행렬과 확률벡터의 특성을 잘 보여 준다.

정리 5.14 음이 아닌 실수 성분을 가지는 $n \times n$ 행렬 M과 음이 아닌 성분을 가지는 열벡터 $v \in \mathbf{R}^n$, 각 성분이 1인 열벡터 $u \in \mathbf{R}^n$에 대하여 다음이 성립한다.

(1) M이 추이행렬이기 위한 필요충분조건은 $u^t M = u^t$이다.

(2) v가 확률벡터이기 위한 필요충분조건은 $u^t v = (1)$이다.

증명 여러분의 몫으로 남긴다. ◀

따름정리

(1) 두 $n \times n$ 추이행렬의 곱은 $n \times n$ 추이행렬이다. 특히, 추이행렬의 거듭제곱은 추이행렬이다.

(2) 추이행렬과 확률벡터의 곱은 확률벡터이다.

증명 여러분의 몫으로 남긴다. ◀

도시-교외 문제는 한 상태에서 출발하여 시간이 지남에 따라 다른 상태로 바뀌는 과정을 나타낸다. 일반적으로 이러한 과정을 **확률 과정(stochastic process)**이라 한다. 각 상태가 바뀌는 과정은 확률로 기술된다. 일반적으로 이 확률은 묻는 시점의 상태, 묻는 시점의 시간, 대상의 과거와 지금을 종합한 상태의 일부 또는 전부, 다른 대상의 과거와 지금을 종합한 상태의 일부 또는 전부에 영향을 받는다.

예를 들어 미국 유권자를 대상으로 하고 유권자가 지지하는 정당을 대상의 상태라 할 수 있다. 또한 $\mathbf{H_2O}$ 분자를 대상으로 하고 $\mathbf{H_2O}$가 될 수 있는 세 가지 물리적 상태(고체, 액체, 기체)를 대상의 상태라 할 수 있다. 앞서 언급한 네 가지 요소는 모두 '특정한 시각에 특정한 상태에 있을 확률'에 영향을 끼칠 수 있다.

시간이 고정되어 있다고 하자. 대상이 한 상태에서 다른 상태로 바뀌는 확률이 (시간, 이전 상태 혹은 다른 요소에 무관하게) 오직 두 상태에 의해서만 결정될 때, 이 확률 과정을 **마르코프 과정(Markov process)**이라 한다. 가능한 상태의 경우의 수가 유한한 마르코프 과정을 **마르코프 연쇄(Markov chain)**라 한다. 앞서 다룬 도시-교외 문제는 두 상태로 이루어진 마르코프 연쇄다. 마르코프 연쇄는 현실을 이상적으로 모델링하였음을 참고하자. 시간이 흐르면 확률도 변하기 때문이다.

이 점을 염두에 두고 다른 마르코프 연쇄를 다루어 보자. 어느 전문대학에서 특정 상태의 학생이 졸업할 확률을 알고자 한다. 학교는 학생이 이수한 학점에 따라 1학년과 2학년으로 분류한다. 학교가 조사한 바에 따르면 가을 학기에 있는 2학년 학생 중 40%는 다음 해에 졸업하고 30%는 2학년에 남아있으며 30%는 자퇴한다고 한다. 또한 1학년 학생 중 10%는 다음 해에 졸업하고, 50%는 2

학년이 되며, 20%는 1학년에 남아있고, 20%는 자퇴한다고 한다. 올해 이 학교의 학생 중 50%는 2학년이고 50%는 1학년이라 하자. 이러한 경향이 계속된다면 학교는 다음 질문을 가질 것이다.

1. 올해 학생 중 다음 해에 졸업하는 비율, 2학년일 비율, 1학년일 비율, 자퇴하는 비율은 각각 어떻게 될 것인가?
2. **1**에서 언급한 학생의 비율은 2년 후에 각각 어떻게 될 것인가?
3. 현재 학생 중 졸업생의 비율은 궁극적으로 어떻게 될 것인가?

지금까지 묘사한 상황은 네 단계의 마르코프 연쇄이다. 각 단계는 다음과 같다.

1. 졸업생
2. 2학년
3. 1학년
4. 자퇴생

주어진 자료에 따르면 이 마르코프 연쇄의 추이행렬은 다음과 같다.[10]

$$A = \begin{pmatrix} 1 & 0.4 & 0.1 & 0 \\ 0 & 0.3 & 0.5 & 0 \\ 0 & 0 & 0.2 & 0 \\ 0 & 0.3 & 0.2 & 1 \end{pmatrix}$$

올해 학생 중 50%는 상태 2, 학생의 50%는 상태 3에 있고, 상태 1과 상태 4에는 아무도 없다. 각 단계의 초기 확률을 나타내는 다음 벡터를 마르코프 연쇄의 **초기확률벡터(initial probability vector)** 라 한다.

$$P = \begin{pmatrix} 0 \\ 0.5 \\ 0.5 \\ 0 \end{pmatrix}$$

첫 번째 질문에 답해 보자. 올해 학생이 다음 해에 각 단계에 위치할 확률을 구해야 한다. 앞서 확인했듯이 이 확률은 다음 벡터의 성분과 같다.

$$AP = \begin{pmatrix} 1 & 0.4 & 0.1 & 0 \\ 0 & 0.3 & 0.5 & 0 \\ 0 & 0 & 0.2 & 0 \\ 0 & 0.3 & 0.2 & 1 \end{pmatrix} \begin{pmatrix} 0 \\ 0.5 \\ 0.5 \\ 0 \end{pmatrix} = \begin{pmatrix} 0.25 \\ 0.40 \\ 0.10 \\ 0.25 \end{pmatrix}$$

---

10 한 번 졸업하거나 자퇴하면 그 상태로 남는다. 자퇴한 1학년 학생이 재입학하면 이 학생은 자퇴한 기간 동안 여전히 1학년이다.

다음 해에 현재 학생 중 25%는 졸업하고, 40%는 2학년, 10%는 1학년, 25%는 자퇴할 것이다. 두 번째 질문에 답하기 위해 A^2P를 구하자.

$$A^2P = A(AP) = \begin{pmatrix} 1 & 0.4 & 0.1 & 0 \\ 0 & 0.3 & 0.5 & 0 \\ 0 & 0 & 0.2 & 0 \\ 0 & 0.3 & 0.2 & 1 \end{pmatrix} \begin{pmatrix} 0.25 \\ 0.40 \\ 0.10 \\ 0.25 \end{pmatrix} = \begin{pmatrix} 0.42 \\ 0.17 \\ 0.02 \\ 0.39 \end{pmatrix}$$

앞으로 2년 안에 현재 학생 중 42%는 졸업하고, 17%는 2학년, 2%는 1학년, 39%는 자퇴할 것이다. 세 번째 질문에 답하기 위해 LP를 이용하자. (단, $L = \lim_{m\to\infty} A^m$) 행렬 Q, D는 다음과 같으며 $Q^{-1}AQ = D$를 만족한다.

$$Q = \begin{pmatrix} 1 & 4 & 19 & 0 \\ 0 & -7 & -40 & 0 \\ 0 & 0 & 8 & 0 \\ 0 & 3 & 13 & 1 \end{pmatrix}, \quad D = \begin{pmatrix} 1 & 0 & 0 & 0 \\ 0 & 0.3 & 0 & 0 \\ 0 & 0 & 0.2 & 0 \\ 0 & 0 & 0 & 1 \end{pmatrix}$$

A^m의 극한 L은 다음과 같이 계산할 수 있다.

$$\begin{aligned} L &= \lim_{m\to\infty} A^m = Q\left(\lim_{m\to\infty} D^m\right)Q^{-1} \\ &= \begin{pmatrix} 1 & 4 & 19 & 0 \\ 0 & -7 & -40 & 0 \\ 0 & 0 & 8 & 0 \\ 0 & 3 & 13 & 1 \end{pmatrix} \begin{pmatrix} 1 & 0 & 0 & 0 \\ 0 & 0 & 0 & 0 \\ 0 & 0 & 0 & 0 \\ 0 & 0 & 0 & 1 \end{pmatrix} \begin{pmatrix} 1 & \frac{4}{7} & \frac{27}{56} & 0 \\ 0 & -\frac{1}{7} & -\frac{5}{7} & 0 \\ 0 & 0 & \frac{1}{8} & 0 \\ 0 & \frac{3}{7} & \frac{29}{56} & 1 \end{pmatrix} \\ &= \begin{pmatrix} 1 & \frac{4}{7} & \frac{27}{56} & 0 \\ 0 & 0 & 0 & 0 \\ 0 & 0 & 0 & 0 \\ 0 & \frac{3}{7} & \frac{29}{56} & 1 \end{pmatrix} \end{aligned}$$

따라서 LP를 통해 현재 학생 중 졸업하는 비율이 $\dfrac{59}{112}$임을 알 수 있다.

$$LP = \begin{pmatrix} 1 & \frac{4}{7} & \frac{27}{56} & 0 \\ 0 & 0 & 0 & 0 \\ 0 & 0 & 0 & 0 \\ 0 & \frac{3}{7} & \frac{29}{56} & 1 \end{pmatrix} \begin{pmatrix} 0 \\ 0.5 \\ 0.5 \\ 0 \end{pmatrix} = \begin{pmatrix} \frac{59}{112} \\ 0 \\ 0 \\ \frac{53}{112} \end{pmatrix}$$

두 가지 문제를 통해 마르코프 연쇄에서 A가 추이행렬이고 P가 초기확률벡터이면 $\lim_{m\to\infty} A^mP$가 각 상태에 속하는 궁극적인 비율임을 확인하였다.

추이행렬의 극한은 존재하지 않을 수도 있다. $M=\begin{pmatrix}0 & 1\\ 1 & 0\end{pmatrix}$이라 하자. $\lim_{m\to\infty} M^m$은 존재하지 않는다. M을 홀수 번 거듭제곱하면 M이고 짝수 번 거듭제곱하면 I이기 때문이다. M^m의 극한이 존재하지 않는 이유는 고윳값으로도 확인할 수 있다. 행렬 M의 고윳값은 -1이므로 정리 5.12의 조건 (1)을 만족하지 않는다. 추이행렬 A에 대하여 $\lim_{m\to\infty} A^m$이 존재하지 않는 행렬은 정리 5.12의 조건 (2)를 만족하지 않는 행렬뿐이다(7.2절 연습문제 21).

추이행렬의 거듭제곱의 극한이 존재하더라도 행렬 계산이 매우 어려울 수 있다.[11] 다행히 추이행렬의 극한이 존재하면 대부분 극한을 쉽게 계산할 수 있다. Regular 추이행렬이 바로 그렇다.

정의 추이행렬 A의 어떤 거듭제곱이 영이 아닌 성분(양수)만 가지면 추이행렬 A를 **regular**라 한다.

예제 2 도시-교외 마르코프 연쇄의 추이행렬 $\begin{pmatrix}0.90 & 0.02\\ 0.10 & 0.98\end{pmatrix}$은 모든 성분이 양수이므로 regular이다. 전문대학 학생의 학적 마르코프 연쇄의 추이행렬을 A라 하면 A는 regular가 아니다. 모든 지수 m에 대하여 A^m의 1열에 0이 있기 때문이다.

$$A=\begin{pmatrix}1 & 0.4 & 0.1 & 0\\ 0 & 0.3 & 0.5 & 0\\ 0 & 0 & 0.2 & 0\\ 0 & 0.3 & 0.2 & 1\end{pmatrix} \quad\rightarrow\quad A^m\text{의 1열}:\ \begin{pmatrix}1\\0\\0\\0\end{pmatrix}$$

Regular 추이행렬은 0인 성분을 가질 수도 있다. 예를 들어 $M=\begin{pmatrix}0.9 & 0.5 & 0\\ 0 & 0.5 & 0.4\\ 0.1 & 0 & 0.6\end{pmatrix}$은 regular이다. M^2의 모든 성분이 양수이기 때문이다.

Regular 추이행렬 A의 거듭제곱 수열은 극한이 존재하고 동일한 열을 가짐을 증명하며 이번 절을 마무리하겠다. 이 사실에 따르면 극한을 쉽게 계산할 수 있다. 또한 증명 과정에서 임의의 정사각행렬에 대하여 고윳값의 크기에 관한 흥미로운 상한(bound)을 학습할 것이다. 상한은 행과 열의 절댓값의 합으로 표현된다. 이를 이해하기 위해 필요한 용어를 정의하겠다.

11 연습문제 6을 풀면 이 말에 동의할 수 있을 것이다.

정의 행렬 $A \in \mathsf{M}_{n\times n}(C)$를 생각하자. $1 \le i, j \le n$에 대하여 A의 i행 성분의 절댓값의 합을 $\rho_i(A)$라 하자. 또한 A의 j열 성분의 절댓값의 합을 $\nu_j(A)$라 하자. 즉, 다음이 성립한다.

$$\rho_i(A) = \sum_{j=1}^{n} |A_{ij}| \quad (\text{단, } i = 1, 2, \ldots, n)$$

$$\nu_j(A) = \sum_{i=1}^{n} |A_{ij}| \quad (\text{단, } j = 1, 2, \ldots, n)$$

A의 **행 합(row sum)** $\rho(A)$와 **열 합(column sum)** $\nu(A)$는 다음과 같이 정의한다.

$$\rho(A) = \max\{\rho_i(A)\colon 1 \le i \le n\}, \quad \nu(A) = \max\{\nu_j(A)\colon 1 \le j \le n\}$$

예제 3 행렬 A가 다음과 같다고 하자.

$$A = \begin{pmatrix} 1 & -i & 3-4i \\ -2+i & 0 & 6 \\ 3 & 2 & i \end{pmatrix}$$

$\rho_1(A) = 7$, $\rho_2(A) = 6 + \sqrt{5}$, $\rho_3(A) = 6$, $\nu_1(A) = 4 + \sqrt{5}$, $\nu_2(A) = 3$, $\nu_3(A) = 12$이다. A의 행 합은 $\rho(A) = 6 + \sqrt{5}$이고 열 합은 $\nu(A) = 12$이다.

$\rho(A)$와 $\nu(A)$ 중 작은 값이 (A의) 고윳값의 절댓값의 상한임을 정리 5.15에서 살펴볼 것이다. 예제 3에서는 A의 고윳값 중 절댓값이 $6 + \sqrt{5}$보다 큰 값은 존재하지 않는다.

정리 5.15이 가지는 기하학적 의미를 알기 위해 먼저 용어를 정의하자. $n \times n$ 행렬 A에 대하여 복소평면에서 A_{ii}를 중심으로 하고 반지름이 $r_i = \rho_i(A) - |A_{ii}|$인 원판을 i번째 **게르시고린 원판(Gershgorin disk)** C_i이라 한다. 즉, C_i는 다음과 같이 정의된 집합이다.

$$C_i = \{z \in C\colon |z - A_{ii}| \le r_i\}$$

예를 들어 행렬 $A = \begin{pmatrix} 1+2i & 1 \\ 2i & -3 \end{pmatrix}$에서 C_1은 중심이 $1+2i$이고 반지름이 1인 원판이고, C_2는 중심이 -3이고 반지름이 2인 원판이다(그림 5.4).

게르시고린의 원 정리는 A의 모든 고윳값이 두 원판 안에 놓여있음을 뜻한다. 이에 따라 0은 A의 고윳값이 아님을 알 수 있고, 5.1절 연습문제 9(c)에 따르면 A는 가역이다.

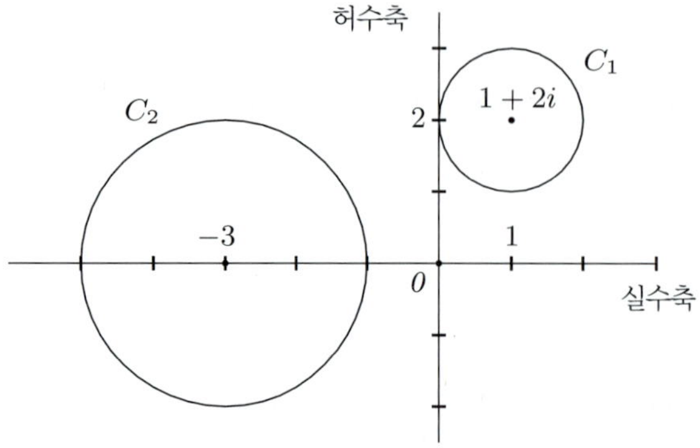

[그림 5.4] 행렬 A의 첫 번째 게르시고린 원판 C_1, 두 번째 게르시고린 원판 C_2

정리 5.15 게르시고린의 원 정리(Gershgorin's circle theorem)

행렬 $A \in \mathsf{M}_{n\times n}(C)$의 모든 고윳값은 게르시고린 원판에 속한다.

증명 A의 고윳값을 λ라 하고 대응하는 고유벡터를 $v = \begin{pmatrix} v_1 \\ v_2 \\ \vdots \\ v_n \end{pmatrix}$이라 하자. v는 행렬로 나타낸 식 $Av = \lambda v$를 만족한다. 식을 다음과 같이 다시 쓰자.

$$\sum_{j=1}^{n} A_{ij}v_j = \lambda v_i \quad (i = 1, 2, \ldots, n) \tag{5.3}$$

v의 성분 중 절댓값이 가장 큰 성분을 v_k라 하자. v는 A의 고유벡터이므로 $v_k \neq 0$이다. λ가 C_k에 속함($|\lambda - A_{kk}| \leq r_k$)을 보이자. $i = k$에 대하여 (5.3)으로부터 다음 부등식이 성립한다.

$$\begin{aligned} |\lambda v_k - A_{kk}v_k| &= \left|\sum_{j=1}^{n} A_{kj}v_j - A_{kk}v_k\right| = \left|\sum_{j\neq k} A_{kj}v_j\right| \\ &\leq \sum_{j\neq k} |A_{kj}||v_j| \leq \sum_{j\neq k} |A_{kj}||v_k| \\ &= |v_k| \sum_{j\neq k} |A_{kj}| = |v_k| r_k \end{aligned}$$

즉 $|v_k||\lambda - A_{kk}| \leq |v_k| r_k$이고 $|v_k| > 0$이므로 $|\lambda - A_{kk}| \leq r_k$가 성립한다. ◀

따름정리 1 행렬 $A \in \mathsf{M}_{n\times n}(C)$의 임의의 고윳값 λ에 대하여 $|\lambda| \leq \rho(A)$이다.

증명 게르시고린의 원 정리에 따르면 적절한 k에 대하여 $|\lambda - A_{kk}| \leq r_k$이다. 즉 다음 부등식이 성립한다.

$$|\lambda| = |(\lambda - A_{kk}) + A_{kk}| \leq |\lambda - A_{kk}| + |A_{kk}|$$

$$\le r_k + |A_{kk}| = \rho_k(A) \le \rho(A)$$ ◀

따름정리 2 행렬 $A \in \mathsf{M}_{n\times n}(C)$의 임의의 고윳값 λ에 대하여 $|\lambda| \le \min\{\rho(A), \nu(A)\}$이다.

증명 따름정리 1에 의해 $|\lambda| \le \rho(A)$이므로 $|\lambda| \le \nu(A)$만 보이면 충분하다. 5.1절 연습문제 15에서 λ는 A^t의 고윳값임을 증명하였다. 따름정리 1에 의해 $|\lambda| \le \rho(A^t)$이다. A^t의 행은 A의 열이므로 $\rho(A^t) = \nu(A)$이고 $|\lambda| \le \nu(A)$이다. ◀

따름정리 2에 의해 다음 결과가 성립한다.

따름정리 3 추이행렬의 고윳값 λ에 대하여 $|\lambda| \le 1$이다.

다음 정리는 따름정리 3의 상한이 최댓값임을 설명한다.

정리 5.16 모든 추이행렬의 고윳값에는 1이 있다.

증명 $n \times n$ 추이행렬 A와 모든 성분이 1인 열벡터 $u \in \mathsf{R}^n$에 정리 5.14를 적용하면 $A^t u = u$이다. u는 고윳값 1에 대응하는 (A^t의) 고유벡터이다. A와 A^t의 고윳값은 같으므로 1은 A의 고윳값이기도 하다. ◀

추이행렬 A의 고윳값 1에 대응하는 어떤 고유벡터의 모든 성분이 음이 아니라고 가정하자. 이제 이 벡터에 적절히 스칼라 배를 하면 고윳값 1에 대응하는 (A의) 고유벡터이자 확률벡터인 P를 얻을 수 있다. 추이행렬이 A인 어떤 마르코프 연쇄에서 초기확률벡터가 P라면 아주 흥미로울 것이다. 임의의 자연수 m에 대하여 $A^m P = P$이기 때문이다. 즉, 각 상태의 확률이 매 단계에서 변하지 않는다. 이를테면 도시-교외 문제에서 $P = \begin{pmatrix} \frac{1}{6} \\ \frac{5}{6} \end{pmatrix}$인 경우를 생각할 수 있다.

정리 5.17 모든 성분이 양수인 행렬 $A \in \mathsf{M}_{n\times n}(C)$를 생각하자. λ가 $|\lambda| = \rho(A)$인 (A의) 복소수 고윳값이면 $\lambda = \rho(A)$이고 $\{u\}$는 E_λ의 기저이다. 이때, u는 각 성분이 1인 복소수 열벡터 $u \in \mathsf{C}^n$이다.

증명 λ에 대응하는 (A의) 고유벡터 v의 성분을 $v_1, v_2, \ldots, v_n$이라 표기하고 v의 성분 중 절댓값이 가장 큰 성분을 v_k라 표기하자. $b = |v_k|$라 하면 다음 부등식이 성립한다.

$$|\lambda| b = |\lambda||v_k| = |\lambda v_k| = \left| \sum_{j=1}^{n} A_{kj} v_j \right| \le \sum_{j=1}^{n} |A_{kj} v_j|$$

$$= \sum_{j=1}^{n} |A_{kj}||v_j| \le \sum_{j=1}^{n} |A_{kj}|b = \rho_k(A)b \le \rho(A)b \tag{5.4}$$

$|\lambda| = \rho(A)$ 이므로 (5.4)의 세 부등호는 등호가 된다. 즉 다음이 성립한다.

(1) $\left|\sum_{j=1}^{n} A_{kj}v_j\right| = \sum_{j=1}^{n} |A_{kj}v_j|$

(2) $\sum_{j=1}^{n} |A_{kj}||v_j| = \sum_{j=1}^{n} |A_{kj}|b$

(3) $\rho_k(A) = \rho(A)$

6.1절 연습문제 15(b)에서 (1)이 성립하기 위한 필요충분조건은 모든 항 $A_{kj}v_j$ $(j = 1, 2, \ldots, n)$가 0이 아닌 어떤 복소수 z에 음이 아닌 실수를 곱한 꼴임을 보일 것이다.

일반성을 잃지 않고 $|z| = 1$이라 하자. 다음 식을 만족하는 음이 아닌 실수 $c_1, c_2, \ldots, c_n$이 존재한다.

$$A_{kj}v_j = c_j z \tag{5.5}$$

모든 k, j에 대하여 $A_{kj} \neq 0$이기 때문에, (2)로부터 다음이 성립한다.

$$|v_j| = b \quad (\text{단, } j = 1, 2, \ldots, n) \tag{5.6}$$

(5.5)와 (5.6)을 연립하면 b는 다음과 같다.

$$b = |v_j| = \left|\frac{c_j}{A_{kj}}z\right| = \frac{c_j}{A_{kj}} \quad (\text{단, } j = 1, 2, \ldots, n)$$

(5.5)에 따르면 모든 j에 대하여 $v_j = bz$이다. 즉 v는 다음과 같이 bzu이고 $\{u\}$는 E_λ의 기저이다.

$$v = \begin{pmatrix} v_1 \\ v_2 \\ \vdots \\ v_n \end{pmatrix} = \begin{pmatrix} bz \\ bz \\ \vdots \\ bz \end{pmatrix} = bzu$$

마지막으로 A와 u의 모든 성분이 양수이므로 Au의 모든 성분은 양수이다. $Au = \lambda u$이므로 $\lambda > 0$이다. 따라서 $\lambda = |\lambda| = \rho(A)$이다. ◀

따름정리 1 모든 성분이 양수인 행렬 $A \in \mathsf{M}_{n\times n}(C)$와 $|\lambda| = \nu(A)$인 (A의) 고윳값 λ에 대하여 $\lambda = \nu(A)$이고 E_λ의 차원은 1이다.

증명 여러분의 몫으로 남긴다. ◀

따름정리 2 성분이 모두 양수인 추이행렬 $A \in \mathsf{M}_{n\times n}(C)$의 1이 아닌 고윳값 λ에 대하여 $|\lambda| < 1$이다. 고윳값 1에 대응하는 고유공간의 차원은 1이다.

증명 여러분의 몫으로 남긴다. ◀

다음 결과는 따름정리 2를 regular 추이행렬에 적용한 것이다. regular 추이행렬은 정리 5.12의 조건 (1)과 정리 5.13을 만족한다.

> **정리 5.18** Regular 추이행렬 A와 고윳값 λ에 대하여 다음이 성립한다.
>
> **(1)** $|\lambda| \leq 1$
>
> **(2)** $|\lambda| = 1$이면 $\lambda = 1$이다. 또한 $\dim(\mathsf{E}_\lambda) = 1$이다.

증명 (1) 정리 5.15의 따름정리 3에 의해 성립한다.

(2) A가 regular이므로 A^s의 모든 성분이 양수가 되는 자연수 s가 존재한다. A가 추이행렬이고 A^s의 모든 성분이 양수이므로 $A^{s+1} = A^s(A)$의 모든 성분은 양수이다.

$|\lambda| = 1$이라 하자. λ^s, λ^{s+1}은 각각 A^s, A^{s+1}의 고윳값이고 절댓값은 1이다. 정리 5.17의 따름정리 2에 따르면 $\lambda^s = \lambda^{s+1} = 1$이므로 $\lambda = 1$이다. $\lambda = 1$에 대응하는 A, A^s의 고유공간을 각각 E_λ와 E'_λ라 하자. 이때 $\mathsf{E}_\lambda \subseteq \mathsf{E}'_\lambda$이고, 정리 5.17의 따름정리 2에 의해 $\dim(\mathsf{E}'_\lambda) = 1$이다. 따라서 $\mathsf{E}_\lambda = \mathsf{E}'_\lambda$이고 $\dim(\mathsf{E}_\lambda) = 1$이다. ◀

따름정리 대각화가능한 regular 추이행렬 A에 대하여 $\lim\limits_{m\to\infty} A^m$이 존재한다.

정리 5.18과 정리 5.13을 바탕으로 따름정리를 확인할 수 있다. 그러나 이 따름정리는 최선의 결과가 아니다. 사실 A가 regular 추이행렬이면 (A의) 고윳값 1의 중복도는 1이다. 즉 정리 5.7과 정리 5.12의 조건 (2)를 만족한다. A가 regular 추이행렬이라면 A가 대각화가능 여부에 관계없이 $\lim\limits_{m\to\infty} A^m$이 존재한다.

정리 5.12에서처럼 A의 고윳값 1의 중복도가 1임을 아직 증명할 수 없다. 그러나 이 결과를 여기에 소개하고 이를 바탕으로 regular 추이행렬 A의 극한 $\lim\limits_{m\to\infty} A^m$에 대한 성질을 확인하겠다.

정리 5.19 A가 regular 추이행렬일 때, 다음이 성립한다.

(1) A의 고윳값 1의 중복도는 1이다.

(2) $\lim_{m\to\infty} A^m$이 존재한다.

(3) $L = \lim_{m\to\infty} A^m$은 추이행렬이다.

(4) $AL = LA = L$

(5) L의 모든 열은 동일하다.
L의 각 열 v는 고윳값 1에 대응하는 고유벡터이자 확률벡터로 유일하게 결정된다.

(6) 임의의 확률 w에 대하여 $\lim_{m\to\infty}(A^m w) = v$이다.

증명 (1) 7.2절 연습문제 21을 확인하라.

(2) 정리 5.18, 정리 5.12 그리고 (1)을 바탕으로 확인할 수 있다.

(3) 정리 5.14를 적용하려면 $u^tL = u^t$을 보여야 한다. 정리 5.14의 따름정리는 A^m이 추이행렬임을 알려준다. 다음 전개식에 따르면 L도 추이행렬이다.

$$u^tL = u^t \lim_{m\to\infty} A^m = \lim_{m\to\infty} u^tA^m = \lim_{m\to\infty} u^t = u^t$$

(4) 정리 5.11에 따르면 $AL = A \lim_{m\to\infty} A^m = \lim_{m\to\infty} AA^m = \lim_{m\to\infty} A^{m+1} = L$이다. 비슷한 방식으로 $LA = L$도 성립한다.

(5) (4)에서 $AL = L$이므로 L의 각 열은 고윳값 1에 대응하는 (A의) 고유벡터이다. (3)에 따르면 L의 각 열은 확률벡터이다. (1)에서 L의 각 열은 (A의) 고윳값 1에 대응하는 유일한 확률벡터 v이다.

(6) 임의의 확률벡터 w에 대하여 $y = \lim_{m\to\infty} A^m w = Lw$라 하자. 정리 5.14의 따름정리에 의해 y는 확률벡터이다. (4)에서 $Ay = ALw = Lw = y$이므로 y는 A의 고윳값 1에 대응하는 고유벡터이다. (5)로부터 $y = v$임을 알 수 있다. ◀

정의 정리 5.19(5)에 등장하는 벡터 v를 regular 추이행렬 A의 **고정확률벡터(fixed probability vector 또는 stationary vector)**라 한다.

마르코프 연쇄가 regular 추이행렬을 가질 때 각 상태가 궁극적으로 어떻게 분포할지 알고 싶으면 정리 5.19를 사용하면 된다.

예제 4 기상청은 가을에 발발하는 엘니뇨 현상이 겨울의 적설량에 미치는 영향을 알고자 한다. 어떤 지역의 적설량이 평균 초과, 평균, 평균 미만일 확률은 각각 0.5, 0.3, 0.2이라 한다. 이 지역은 어떤 해의 적설량이 평균 초과일 때 이듬해의 적설량이 평균 초과, 평균, 평균 미만일 확률이 각각 0.4, 0.1, 0.5이다. 또한 어떤 해의 적설량이 평균일 때 이듬해의 적설량이 평균 초과, 평균, 평균 미만일 확률은 각각 0.2, 0.7, 0.1이다. 마지막으로 어떤 해의 적설량이 평균 미만일 때, 이듬해의 적설량이 평균 초과, 평균, 평균 미만일 확률은 각각 0.2, 0.2, 0.6이다.

이러한 경향이 계속된다면 이 상황은 세 상태(평균 초과, 평균, 평균 미만)로 구성된 마르코프 연쇄이다. 이번 겨울의 적설량을 예상하는 확률벡터 P와 추이행렬 A는 각각 다음과 같다.

$$P = \begin{pmatrix} 0.50 \\ 0.30 \\ 0.20 \end{pmatrix}, \quad A = \begin{pmatrix} 0.40 & 0.20 & 0.20 \\ 0.10 & 0.70 & 0.20 \\ 0.50 & 0.10 & 0.60 \end{pmatrix}$$

벡터 $A^m P$의 성분은 기상청이 이번 겨울의 적설량을 예측한 뒤 m번째 겨울의 적설량의 확률이다. 다음은 각자 확인하기 바란다.

$$AP = \begin{pmatrix} 0.30 \\ 0.30 \\ 0.40 \end{pmatrix}, \ A^2P = \begin{pmatrix} 0.26 \\ 0.32 \\ 0.42 \end{pmatrix}, \ A^3P = \begin{pmatrix} 0.252 \\ 0.334 \\ 0.414 \end{pmatrix}, \ A^4P = \begin{pmatrix} 0.2504 \\ 0.3418 \\ 0.4078 \end{pmatrix}$$

여기서 $A^m P$의 각 성분이 어떤 값으로 수렴함을 알아차릴 수 있다. A가 regular이므로 이 지역의 적설량을 장기적으로 예보하는 것은 A의 고정확률벡터를 계산하는 것으로 대신할 수 있다. 고정확률벡터 v는 $(A-I)v = \mathit{0}$을 만족하는 유일한 확률벡터이다.

$v = \begin{pmatrix} v_1 \\ v_2 \\ v_3 \end{pmatrix}$이라 놓고, 행렬로 표현된 방정식 $(A-I)v = \mathit{0}$을 풀면 다음 연립일차방정식을 얻는다.

$$\begin{aligned} -0.60v_1 + 0.20v_2 + 0.20v_3 &= 0 \\ 0.10v_1 - 0.30v_2 + 0.20v_3 &= 0 \\ 0.50v_1 + 0.10v_2 - 0.40v_3 &= 0 \end{aligned}$$

$\begin{pmatrix} 5 \\ 7 \\ 8 \end{pmatrix}$은 이 연립방정식 해공간의 기저이다. A의 유일한 고정확률벡터는 $\begin{pmatrix} \frac{5}{5+7+8} \\ \frac{7}{5+7+8} \\ \frac{8}{5+7+8} \end{pmatrix} = \begin{pmatrix} 0.25 \\ 0.35 \\ 0.40 \end{pmatrix}$

이다. 따라서 장기적으로 이 지역의 적설량이 평균 초과, 평균, 평균 미만일 확률은 각각 0.25, 0.35, 0.40이라 결론을 내릴 수 있다.

참고로 $Q = \begin{pmatrix} 5 & 0 & -3 \\ 7 & -1 & -1 \\ 8 & 1 & 4 \end{pmatrix}$ 이면 $Q^{-1}AQ = \begin{pmatrix} 1 & 0 & 0 \\ 0 & 0.5 & 0 \\ 0 & 0 & 0.2 \end{pmatrix}$ 이므로 A^m 을 다음과 같이 계산할 수 있음을 확인하자.

$$\begin{aligned} \lim_{m\to\infty} A^m &= Q\left[\lim_{m\to\infty} \begin{pmatrix} 1 & 0 & 0 \\ 0 & 0.5 & 0 \\ 0 & 0 & 0.2 \end{pmatrix}^m\right] Q^{-1} = Q\begin{pmatrix} 1 & 0 & 0 \\ 0 & 0 & 0 \\ 0 & 0 & 0 \end{pmatrix} Q^{-1} \\ &= \begin{pmatrix} 0.25 & 0.25 & 0.25 \\ 0.35 & 0.35 & 0.35 \\ 0.40 & 0.40 & 0.40 \end{pmatrix} \end{aligned}$$

예제 5 통보 지역의 농부들은 옥수수, 대두, 밀을 재배한다. 농부들은 작물을 번갈아가며 재배해야 한다고 생각하여 한 종류의 작물을 2년 연속으로 재배하지 않는다. 전년도에 어느 한 작물을 재배한 지역은 정확히 반으로 나누어 다른 두 작물을 재배한다고 한다. 올해 옥수수 재배 면적은 300 에이커, 대두 재배 면적은 200 에이커, 밀 재배 면적은 100 에이커라 하자.

이 상황은 세 상태(옥수수, 대두, 밀)로 구성된 마르코프 연쇄이다. 각 작물의 재배 비율 대신 작물을 재배하는 땅의 면적이 주어진 것이 앞선 문제와 다른 점이다. 이 면적을 전체 면적(600 에이커)에 대한 각 작물의 재배 비율로 바꾸기 위해 추이행렬 A와 초기확률벡터 P를 다음과 같이 생각하자.

$$A = \begin{pmatrix} 0 & \frac{1}{2} & \frac{1}{2} \\ \frac{1}{2} & 0 & \frac{1}{2} \\ \frac{1}{2} & \frac{1}{2} & 0 \end{pmatrix}, \quad P = \begin{pmatrix} \frac{300}{600} \\ \frac{200}{600} \\ \frac{100}{600} \end{pmatrix} = \begin{pmatrix} \frac{1}{2} \\ \frac{1}{3} \\ \frac{1}{6} \end{pmatrix}$$

A^mP의 성분은 m년 후 전체 면적에 대한 각 작물의 재배 비율이고 $\lim_{m\to\infty} A^mP$의 성분은 전체 면적에 대한 각 작물의 궁극적인 재배 비율이다. $\lim_{m\to\infty} A^mP$에 전체 면적을 곱한 $600\cdot \lim_{m\to\infty} A^mP$의 성분이 각 작물의 궁극적인 재배 면적이다.

A가 regular 추이행렬이므로 정리 5.19에 따르면 $\lim_{m\to\infty} A^m$은 각 열이 A의 유일한 고정확률벡터인 행렬 L이다. A의 고정확률벡터와 L은 각각 다음과 같다.

$$A\text{의 고정확률벡터}: \begin{pmatrix} \frac{1}{3} \\ \frac{1}{3} \\ \frac{1}{3} \end{pmatrix}, \quad L = \begin{pmatrix} \frac{1}{3} & \frac{1}{3} & \frac{1}{3} \\ \frac{1}{3} & \frac{1}{3} & \frac{1}{3} \\ \frac{1}{3} & \frac{1}{3} & \frac{1}{3} \end{pmatrix}$$

각 작물의 궁극적인 재배 면적은 다음과 같이 구한다.[12]

$$600 \cdot \lim_{m\to\infty} A^m P = 600LP = \begin{pmatrix} 200 \\ 200 \\ 200 \end{pmatrix}$$

장기적으로는 매년 각 작물을 200 에이커 땅에 재배한다는 결론을 내릴 수 있다.

이번 절에서는 주로 regular 추이행렬을 다루었다. 여러 가지 추이행렬 중 $\begin{pmatrix} I & B \\ O & C \end{pmatrix}$ (단, I는 항등행렬, O는 영행렬) 꼴은 무척 흥미롭다. (이런 형태의 추이행렬은 계속 거듭제곱해도 왼쪽 하단에 위치한 블록이 O이므로 regular가 아니다.) 항등 부분행렬에 대응하는 상태를 **흡수상태(absorbing states)**라 한다. 흡수상태에 도달하면 절대 다른 상태로 바뀌지 않기 때문이다.

단계를 유한 번 거치면 모든 상태가 흡수상태에 도달하는 마르코프 연쇄를 **흡수 마르코프 연쇄(absorbing Markov chain)**라 한다. 앞서 언급한 전문대학 학생의 학적 마르코프 연쇄는 상태 1과 상태 4가 흡수상태인 흡수 마르코프 연쇄다(316쪽).[13]

응용*

웹 사이트 goo.gl/cKTyHi에서는 마르코프 연쇄가 인터넷 검색에 어떻게 응용되는지 설명한다.

유성 생식을 하면 자손의 형질은 부모에게서 하나씩 물려받은 한 쌍의 유전자로 결정된다. 유전적 특성을 지닌 유전자는 두 종류(각각 G와 g라 표기)가 있다. G는 우성 형질, g는 열성 형질을 의미한다. 유전형이 GG이거나 Gg인 자손은 우성 형질이 발현되고, 유전형이 gg인 자손은 열성 형질이 발현된다. 사람의 갈색 눈동자는 우성이고, 푸른 눈동자는 대응하는 열성 형질이다. 유전형이 GG이거나 Gg인 자손은 갈색 눈동자이고, 유전형이 gg인 자손은 푸른 눈동자이다.

수컷 초파리의 유전형이 Gg일 때 자손이 각 유전 형질을 가질 확률을 생각해 보자. (모집단이 충분히 커서 짝짓기는 무작위로 발생하고 유전형의 분포는 성별과 기대 수명 등에 관련이 없다고 가정한다.) 초파리 모집단의 유전형 GG, Gg, gg에 대응하는 현재 비율이 다음과 같이 주어졌다고 하자.

---

12 $600 \cdot \lim_{m\to\infty} A^m P$를 계산하는 과정은 연습문제 14를 참고하라.

13 흡수 마르코프 연쇄에 대해 더 공부하고 싶으면 다음 문헌을 참고하기 바란다. *Introduction to Finite Mathematics* (third edition) by J. Kemeny, J. Snell, and G. Thompson (Prentice-Hall, Inc., Englewood Cliffs, N. J., 1974) 또는 *Discrete Mathematical Models* by Fred S. Roberts (Prentice-Hall, Inc., Englewood Cliffs, N. J., 1976).

$$P = \begin{pmatrix} p \\ q \\ r \end{pmatrix}$$

이 상황은 세 상태를 가진 마르코프 연쇄이고, 추이행렬은 다음과 같다.

		암컷 초파리의 유전형		
		GG	Gg	gg
자손의 유전형	GG	$\frac{1}{2}$	$\frac{1}{4}$	0
	Gg	$\frac{1}{2}$	$\frac{1}{2}$	$\frac{1}{2}$
	gg	0	$\frac{1}{4}$	$\frac{1}{2}$

$$\begin{pmatrix} \frac{1}{2} & \frac{1}{4} & 0 \\ \frac{1}{2} & \frac{1}{2} & \frac{1}{2} \\ 0 & \frac{1}{4} & \frac{1}{2} \end{pmatrix} = B$$

B^2의 성분이 모두 양수이므로 regular임을 쉽게 확인할 수 있다. 유전형이 Gg인 수컷만 생식이 가능한 성체로 자라난다고 할 때, 특정한 유전형을 가진 자손의 비율은 B의 고정확률벡터 $\begin{pmatrix} \frac{1}{4} \\ \frac{1}{2} \\ \frac{1}{4} \end{pmatrix}$로 수렴할 것이다.

수컷의 유전형이 GG인 경우와 gg인 경우에 비슷한 실험이 각각 시행된다고 가정하자. 앞서 언급한 것처럼 이 실험은 세 상태로 이루어진 마르코프 연쇄이고, 추이행렬은 각각 다음과 같다.

$$A = \begin{pmatrix} 1 & \frac{1}{2} & 0 \\ 0 & \frac{1}{2} & 1 \\ 0 & 0 & 0 \end{pmatrix}, \quad C = \begin{pmatrix} 0 & 0 & 0 \\ 1 & \frac{1}{2} & 0 \\ 0 & \frac{1}{2} & 1 \end{pmatrix}$$

모든 수컷은 생식이 가능하므로 추이행렬을 $M = pA + qB + rC$라 하자. 추이행렬 M은 A, B, C의 일차결합이고 특정 유전형의 비율만큼 가중치가 주어져 있으므로 다음과 같이 나타낼 수 있다.

$$M = \begin{pmatrix} p + \frac{1}{2}q & \frac{1}{2}p + \frac{1}{4}q & 0 \\ \frac{1}{2}q + r & \frac{1}{2}p + \frac{1}{2}q + \frac{1}{2}r & p + \frac{1}{2}q \\ 0 & \frac{1}{4}q + \frac{1}{2}r & \frac{1}{2}q + r \end{pmatrix}$$

간단하게 표현하기 위해 $a = p + \frac{1}{2}q$, $b = \frac{1}{2}q + r$라 하자. (수치 a와 b는 각각 모집단에서 유전자 G와 g의 비율이다.) 이때, $a + b = p + q + r = 1$이고 M을 다시 다음과 같이 나타낼 수 있다.

$$M = \begin{pmatrix} a & \frac{1}{2}a & 0 \\ b & \frac{1}{2} & a \\ 0 & \frac{1}{2}b & b \end{pmatrix}$$

1세대 중 유전형이 GG, Gg, gg인 비율을 각각 p', q', r'이라 하면 다음과 같다.

$$\begin{pmatrix} p' \\ q' \\ r' \end{pmatrix} = MP = \begin{pmatrix} ap + \frac{1}{2}aq \\ bp + \frac{1}{2}q + ar \\ \frac{1}{2}bq + br \end{pmatrix} = \begin{pmatrix} a^2 \\ 2ab \\ b^2 \end{pmatrix}$$

1세대 자손이 제약 없이 짝짓기 할 수 있으므로 1세대 유전형의 분포를 고려해 새로운 추이행렬 $\widetilde{M}$를 도입하자. 비슷한 논의를 거치면 행렬 $\widetilde{M}$는 다음과 같다.

$$\widetilde{M} = \begin{pmatrix} p' + \frac{1}{2}q' & \frac{1}{2}p' + \frac{1}{4}q' & 0 \\ \frac{1}{2}q' + r' & \frac{1}{2}p' + \frac{1}{2}q' + \frac{1}{2}r' & p' + \frac{1}{2}q' \\ 0 & \frac{1}{4}q' + \frac{1}{2}r' & \frac{1}{2}q' + r' \end{pmatrix} = \begin{pmatrix} a' & \frac{1}{2}a' & 0 \\ b' & \frac{1}{2} & a' \\ 0 & \frac{1}{2}b' & b' \end{pmatrix}$$

이때, $a' = p' + \frac{1}{2}q'$, $b' = \frac{1}{2}q' + r'$이다. $a' = a^2 + \frac{1}{2}(2ab) = a(a+b) = a$, $b' = \frac{1}{2}(2ab) + b^2 = b(a+b) = b$이므로 $\widetilde{M} = M$이다. 즉 2세대에서 세 종류의 유전형 분포는 다음과 같이 1세대와 동일하다.

$$\begin{aligned}\widetilde{M}(MP) = M^2P &= \begin{pmatrix} a^3 + a^2b \\ a^2b + ab + ab^2 \\ ab^2 + b^3 \end{pmatrix} = \begin{pmatrix} a^2(a+b) \\ ab(a+1+b) \\ b^2(a+b) \end{pmatrix} = \begin{pmatrix} a^2 \\ 2ab \\ b^2 \end{pmatrix} \\ &= MP\end{aligned}$$

MP는 M의 고정확률벡터이며 1세대만 지나면 유전적 균형에 도달한다.[14] 이 현상의 특수한 경우인 $a = b$(또는 동치관계인 $p = r$)일 때, 균형 상태의 분포는 다음과 같다.

$$MP = \begin{pmatrix} a^2 \\ 2ab \\ b^2 \end{pmatrix} = \begin{pmatrix} \frac{1}{4} \\ \frac{1}{2} \\ \frac{1}{4} \end{pmatrix}$$

14 이 결과를 **하디-바인베르크 법칙(Hardy-Weinberg law)**이라 한다.

5.3 연습문제

1. 다음 명제의 참-거짓을 판정하라.

(a) $A \in \mathsf{M}_{n\times n}(C)$ 이고 $\lim_{m\to\infty} A^m = L$ 이면 임의의 가역행렬 $Q \in \mathsf{M}_{n\times n}(C)$ 에 대하여 $\lim_{m\to\infty} QA^mQ^{-1} = QLQ^{-1}$ 이다.

(b) $A \in \mathsf{M}_{n\times n}(C)$ 의 고윳값이 2 이면 $\lim_{m\to\infty} A^m$ 은 존재하지 않는다.

(c) $x_1 + x_2 + \cdots + x_n = 1$ 인 임의의 벡터 $\begin{pmatrix} x_1 \\ x_2 \\ \vdots \\ x_n \end{pmatrix} \in \mathsf{R}^n$ 은 확률벡터이다.

(d) 추이행렬의 각 행의 합은 1 이다.

(e) 추이행렬과 확률벡터의 곱은 확률벡터이다.

(f) $|z| < 1$ 인 복소수 z 에 대하여 행렬 $\begin{pmatrix} 1 & z & -1 \\ z & 1 & 1 \\ -1 & 1 & z \end{pmatrix}$ 는 3 을 고윳값으로 가지지 않는다.

(g) 모든 추이행렬의 고윳값에는 1 이 있다.

(h) -1 을 고윳값으로 하는 추이행렬은 없다.

(i) A 가 추이행렬이면 $\lim_{m\to\infty} A^m$ 이 존재한다.

(j) A 가 regular 추이행렬이면 $\lim_{m\to\infty} A^m$ 이 존재하고 랭크는 1 이다.

2. 다음 행렬 A 에 대하여 $\lim_{m\to\infty} A^m$ 이 존재하는지 판정하고 극한이 존재하면 극한값을 구하라.

(a) $\begin{pmatrix} 0.1 & 0.7 \\ 0.7 & 0.1 \end{pmatrix}$ (b) $\begin{pmatrix} -1.4 & 0.8 \\ -2.4 & 1.8 \end{pmatrix}$ (c) $\begin{pmatrix} 0.4 & 0.7 \\ 0.6 & 0.3 \end{pmatrix}$

(d) $\begin{pmatrix} -1.8 & 4.8 \\ -0.8 & 2.2 \end{pmatrix}$ (e) $\begin{pmatrix} -2 & -1 \\ 4 & 3 \end{pmatrix}$ (f) $\begin{pmatrix} 2.0 & -0.5 \\ 3.0 & -0.5 \end{pmatrix}$

(g) $\begin{pmatrix} -1.8 & 0 & -1.4 \\ -5.6 & 1 & -2.8 \\ 2.8 & 0 & 2.4 \end{pmatrix}$ (h) $\begin{pmatrix} 3.4 & -0.2 & 0.8 \\ 3.9 & 1.8 & 1.3 \\ -16.5 & -2.0 & -4.5 \end{pmatrix}$ (i) $\begin{pmatrix} -\frac{1}{2} - 2i & 4i & \frac{1}{2} + 5i \\ 1 + 2i & -3i & -1 - 4i \\ -1 - 2i & 4i & 1 + 5i \end{pmatrix}$

(j) $\begin{pmatrix} \dfrac{-26+i}{3} & \dfrac{-28-4i}{3} & 28 \\ \dfrac{-7+2i}{3} & \dfrac{-5+i}{3} & 7-2i \\ \dfrac{-13+6i}{6} & \dfrac{-5+6i}{6} & \dfrac{35-20i}{6} \end{pmatrix}$

3. 복소수 성분을 가지는 $n\times p$ 행렬열 $A_1, A_2, \ldots$ 의 극한이 $\lim_{m\to\infty} A_m = L$ 일 때, $\lim_{m\to\infty} (A_m)^t = L^t$ 임을 증명하라.

4. 행렬 $A \in \mathsf{M}_{n\times n}(C)$가 대각화가능하고 $L = \lim_{m\to\infty} A^m$이 존재하면 $L = I_n$ 또는 $\text{rank}(L) < n$임을 증명하라.

5. $\lim_{m\to\infty} A^m$, $\lim_{m\to\infty} B^m$, $\lim_{m\to\infty} (AB)^m$이 모두 존재하지만 $\lim_{m\to\infty} (AB)^m \neq (\lim_{m\to\infty} A^m)(\lim_{m\to\infty} B^m)$인 2×2 실행렬 A, B를 찾아라.

6. 6월 1일로 시작하는 주에, 어떤 권역외상센터에 헬리콥터로 이송된 환자 중 30%는 보행가능하고, 70%는 병상에서 일어나지 못한다고 한다. 한 주가 지나면 보행가능한 환자의 60%는 퇴원하고, 20%는 보행가능하며, 20%는 병상에서 일어나지 못한다고 한다. 같은 기간에 병상에서 일어나지 못하는 환자 중 10%는 퇴원하고, 20%는 보행가능하며, 50%는 병상에서 일어나지 못하고, 20%는 사망한다고 한다.

6월 1일로 시작하는 주에 헬리콥터로 이송된 환자 중 1주 후에 4가지 상태에 속할 백분율을 각각 구하라. 이러한 경향이 계속되었을 때 4가지 단계의 궁극적인 백분율을 각각 구하라.

7. 어떤 사람이 **시작**이라 적힌 두 번째 칸에서 말을 이동하는 게임을 한다(그림 5.5). 주사위를 굴려 1 또는 2의 눈이 나오면 왼쪽으로 말을 한 칸 이동하고 3, 4, 5, 6의 눈이 나오면 오른쪽으로 말을 한 칸 이동한다. 게임을 계속하여 말이 첫 번째 칸에 도달하면 승리하고 네 번째 칸에 도달하면 진다. 이 사람이 게임에서 이길 확률을 구하라.

힌트 적절한 추이행렬 A를 대각화하는 것보다 A의 고유벡터의 일차결합을 e_2로 표현하고 A^n에 결과를 적용하는 것이 수월하다.

승 1	시작 2	 3	패 4

[그림 5.5] 말을 이동하는 게임판

8. 다음 중 regular 추이행렬을 모두 고르라.

(a) $\begin{pmatrix} 0.2 & 0.3 & 0.5 \\ 0.3 & 0.2 & 0.5 \\ 0.5 & 0.5 & 0 \end{pmatrix}$ (b) $\begin{pmatrix} 0.5 & 0 & 1 \\ 0.5 & 0 & 0 \\ 0 & 1 & 0 \end{pmatrix}$ (c) $\begin{pmatrix} 0.5 & 0 & 0 \\ 0.5 & 0 & 1 \\ 0 & 1 & 0 \end{pmatrix}$

(d) $\begin{pmatrix} 0.5 & 0 & 1 \\ 0.5 & 1 & 0 \\ 0 & 0 & 0 \end{pmatrix}$ (e) $\begin{pmatrix} \frac{1}{3} & 0 & 0 \\ \frac{1}{3} & 1 & 0 \\ \frac{1}{3} & 0 & 1 \end{pmatrix}$ (f) $\begin{pmatrix} 1 & 0 & 0 \\ 0 & 0.7 & 0.2 \\ 0 & 0.3 & 0.8 \end{pmatrix}$

(g) $\begin{pmatrix} 0 & \frac{1}{2} & 0 & 0 \\ \frac{1}{2} & 0 & 0 & 0 \\ \frac{1}{4} & \frac{1}{4} & 1 & 0 \\ \frac{1}{4} & \frac{1}{4} & 0 & 1 \end{pmatrix}$ (h) $\begin{pmatrix} \frac{1}{4} & \frac{1}{4} & 0 & 0 \\ \frac{1}{4} & \frac{1}{4} & 0 & 0 \\ \frac{1}{4} & \frac{1}{4} & 1 & 0 \\ \frac{1}{4} & \frac{1}{4} & 0 & 1 \end{pmatrix}$

9. 연습문제 8의 각 행렬 A에 대하여 $\lim_{m\to\infty} A^m$이 존재하면 극한값을 구하라.

10. 세 가지 상태로 이루어진 마르코프 연쇄의 regular 추이행렬이 (a)~(f)와 같다. 모든 경우의 초기 확률벡터를 $P = \begin{pmatrix} 0.3 \\ 0.3 \\ 0.4 \end{pmatrix}$라 하자. 각 추이행렬에 대하여 2 단계에서 각 상태의 비율을 계산하고 고정확률벡터를 찾는 방식으로 각 상태의 궁극적인 비율을 구하라.

(a) $\begin{pmatrix} 0.6 & 0.1 & 0.1 \\ 0.1 & 0.9 & 0.2 \\ 0.3 & 0 & 0.7 \end{pmatrix}$ (b) $\begin{pmatrix} 0.8 & 0.1 & 0.2 \\ 0.1 & 0.8 & 0.2 \\ 0.1 & 0.1 & 0.6 \end{pmatrix}$ (c) $\begin{pmatrix} 0.9 & 0.1 & 0.1 \\ 0.1 & 0.6 & 0.1 \\ 0 & 0.3 & 0.8 \end{pmatrix}$

(d) $\begin{pmatrix} 0.4 & 0.2 & 0.2 \\ 0.1 & 0.7 & 0.2 \\ 0.5 & 0.1 & 0.6 \end{pmatrix}$ (e) $\begin{pmatrix} 0.5 & 0.3 & 0.2 \\ 0.2 & 0.5 & 0.3 \\ 0.3 & 0.2 & 0.5 \end{pmatrix}$ (f) $\begin{pmatrix} 0.6 & 0 & 0.4 \\ 0.2 & 0.8 & 0.2 \\ 0.2 & 0.2 & 0.4 \end{pmatrix}$

11. 1940년 어떤 군청의 국토 이용 현황 조사에 따르면 국토의 10%는 도시 지역, 50%는 보존 지역, 40%는 농림 지역이라 한다. 5년 후(1945년) 후속 조사에서 도시 지역의 70%는 도시 지역, 10%는 보존 지역, 20%는 농림 지역이라 한다. 또한 보존 지역의 20%는 도시 지역, 60%는 보존 지역, 20%는 농림 지역이라 한다. 마지막으로 농림 지역의 20%는 보존 지역, 80%는 농림 지역이라 한다. 1945년의 경향이 계속된다고 할 때 1950년 도시 지역, 보존 지역, 농림 지역의 백분율과 모든 상태에 대응하는 궁극적인 백분율을 각각 구하라.

12. 아기가 입는 모든 기저귀는 안감을 포함한다. 기저귀를 바꿀 때 안감이 오염되어 있다면 새 안감으로 바꾼다. 안감은 기저귀와 함께 세척하고 최대 2번 재사용한다. 2번 사용한 안감은 깨끗하더라도 폐기하고 새 안감으로 교체한다. 아기가 안감을 오염시킬 확률은 $\frac{1}{3}$이다. 모든 기저귀는 처음에 새 안감만 포함한다고 할 때, 사용되는 안감 중 새 안감, 한 번 사용한 안감, 두 번 사용한 안감의 궁극적인 비율을 각각 구하라.

13. 1975년 미국 자동차 산업은 대형차 40%, 중형차 20%, 소형차 40%로 구성된다. 1985년 두 번째 조사에 따르면 1975년 대형차를 운전한 사람의 70%는 대형차를 유지하고 30%는 중형차로 바꾼다고 한다. 1975년 중형차를 운전한 사람의 10%는 대형차로 바꾸고, 70%는 중형차를 유지

하며, 20%는 소형차로 바꾼다고 한다. 1975년 소형차를 운전한 사람의 10%는 중형차로 바꾸고, 90%는 소형차를 유지한다고 한다. 이러한 경향이 계속된다고 할 때, 1995년 미국의 운전자 중 각 상태에 대응하는 비율과 궁극적인 비율을 각각 구하라.

14. 예제 5에서 다룬 행렬 A, P와 $r_m = \frac{1}{3}\left[1 + \frac{(-1)^m}{2^{m-1}}\right]$에 대하여 다음이 성립함을 보이라.

(a) $A^m = \begin{pmatrix} r_m & r_{m+1} & r_{m+1} \\ r_{m+1} & r_m & r_{m+1} \\ r_{m+1} & r_{m+1} & r_m \end{pmatrix}$

(b) $600(A^m P) = A^m \begin{pmatrix} 300 \\ 200 \\ 100 \end{pmatrix} = \begin{pmatrix} 200 + \frac{(-1)^m}{2^m}(100) \\ 200 \\ 200 + \frac{(-1)^{m+1}}{2^m}(100) \end{pmatrix}$

15. R^n의 1차원 부분공간 W가 모든 성분이 음이 아닌 벡터를 포함하면 W는 확률벡터를 유일하게 가짐을 증명하라.

16. 정리 5.14와 따름정리를 각각 증명하라.

17. 정리 5.17의 따름정리 1, 따름정리 2를 각각 증명하라.

18. 정리 5.18의 따름정리를 증명하라.

19. $n \times n$ 추이행렬 M과 M'에 대한 다음 명제가 참임을 보여라.

(a) M이 regular이고 N은 임의의 $n \times n$ 추이행렬이라 하자. c가 $0 < c \leq 1$인 실수일 때, $cM + (1-c)N$은 regular 추이행렬이다.

(b) 모든 i, j에 대하여 $M_{ij} > 0$일 때 $M'_{ij} > 0$이 성립한다고 가정하자. $M' = cM + (1-c)N$이 되도록 하는 추이행렬 N과 $0 < c \leq 1$인 실수 c가 존재한다.

(c) M와 M'의 영이 아닌 성분의 위치가 같으면 M가 regular이기 위한 필요충분조건은 M'이 regular인 것이다.

20~24. 다음 정의를 이용하여 문제를 풀어 보자.

> **정의** 행렬 $A \in \mathsf{M}_{n\times n}(C)$와 $B_m = I + A + \dfrac{A^2}{2!} + \cdots + \dfrac{A^m}{m!}$에 대하여 $e^A = \lim_{m\to\infty} B_m$이라 정의한다. 7.2절 연습문제 22에 따르면 극한 $\lim_{m\to\infty} B_m$이 존재한다. 즉 e^A은 무한급수 $I + A + \dfrac{A^2}{2!} + \dfrac{A^3}{3!} + \cdots$의 합이고 B_m은 이 급수의 m번째 부분합이다. (이 정의는 임의의 복소수 a에 대하여 성립하는 거듭제곱 급수 $e^a = 1 + a + \dfrac{a^2}{2!} + \dfrac{a^3}{3!} + \cdots$을 행렬로 바꾼 것이다.)

20. $n \times n$ 영행렬 O과 항등행렬 I에 대하여 e^O과 e^I을 각각 구하라.

21. $P^{-1}AP = D$가 대각행렬일 때 $e^A = Pe^D P^{-1}$임을 증명하라.

22. 대각화가능한 행렬 $A \in \mathsf{M}_{n\times n}(C)$에 대하여 e^A이 존재함을 증명하라. (7.2절 연습문제 22에서는 모든 $A \in \mathsf{M}_{n\times n}(C)$에 대하여 e^A이 존재함을 증명한다.)

힌트 연습문제 21의 결과를 사용한다.

23. $e^A e^B \neq e^{A+B}$인 행렬 $A, B \in \mathsf{M}_{2\times 2}(R)$를 찾아라.

24. 미분가능한 함수 $x \colon R \to \mathsf{R}^n$이 5.2절 연습문제 16에 제시된 연립 미분방정식의 해가 되기 위한 필요충분조건은 적절한 $v \in \mathsf{R}^n$에 대하여 $x(t) = e^{tA}v$인 것임을 증명하라. 이때, A는 해당 연습문제에서 정의한 것과 같다.

5.4 불변 부분공간과 케일리-해밀턴 정리

5.1절에서 선형연산자 T의 고유벡터 v에 대하여 T는 $\{v\}$로 생성된 공간을 자기자신으로 보낸다는 사실을 확인하였다. 이처럼 선형변환에 의해 자기 자신으로 사영되는 부분공간은 선형연산자를 공부하는 데 아주 중요하다(2.1절 연습문제 29~33 참고).

정의 벡터공간 V의 선형연산자 T를 생각하자. V의 부분공간 W에 대하여 T(W) ⊆ W인 W를 V의 **T-불변 부분공간(T-invariant subspace)**이라 한다. 즉 모든 $v \in$ W에 대하여 T$(v) \in$ W이다.

예제 1 벡터공간 V의 선형연산자 T에 대하여 (V의) 다음 부분공간은 T-불변이다.

1 $\{0\}$　　**2** V　　**3** R(T)　　**4** N(T)

5 T의 임의의 고윳값 λ에 대하여 E_λ

증명은 연습문제 3으로 남긴다.

예제 2 R^3의 선형연산자 T를 $T(a,b,c) = (a+b, b+c, 0)$이라 정의하자. xy평면을 나타내는 $\{(x,y,0)\colon x,y \in R\}$와 x축을 나타내는 $\{(x,0,0)\colon x \in R\}$는 R^3의 T-불변 부분공간이다.

벡터공간 V의 선형연산자 T와 영이 아닌 벡터 $x \in$ V에 대하여 다음과 같은 부분공간 W를 x에 의해 생성된 (V의) **T-순환 부분공간(T-cyclic subspace)**이라 한다.

$$W = \mathrm{span}(\{x, T(x), T^2(x), \ldots\})$$

W가 T-불변 부분공간임을 보이는 것은 그리 어렵지 않다. 사실 W는 x를 포함하는 (V의) 가장 작은 T-불변 부분공간이다. x를 포함하는 (V의) 임의의 T-불변 부분공간은 반드시 W를 포함한다(연습문제 11). 순환 부분공간은 쓰임새가 다양하다. 이번 절에서는 불변 부분공간의 개념을 사용하여 케일리-해밀턴 정리를 증명할 것이다. 연습문제 31에서 순환 부분공간을 사용하여 행렬식을 계산하지 않고 선형연산자의 특성다항식을 구하는 방법을 대략적으로 소개한다. 순환 부분공간은 7장에서 대각화 불가능한 선형연산자의 행렬표현을 학습할 때 매우 중요한 역할을 한다.

예제 3 R^3의 선형연산자 T를 $T(a,b,c) = (-b+c, a+c, 3c)$라 정의하자. $e_1 = (1,0,0)$에 의해 생성된 T-순환 부분공간을 구하고자 한다. $T(e_1) = T(1,0,0) = (0,1,0) = e_2$이고 $T^2(e_1) = T(T(e_1)) = T(e_2) = (-1,0,0) = -e_1$이므로 다음이 성립한다.

$$\mathrm{span}(\{e_1, T(e_1), T^2(e_1), \ldots\}) = \mathrm{span}(\{e_1, e_2\}) = \{(s,t,0)\colon s,t \in R\}$$

예제 4 $\mathsf{P}(R)$의 선형연산자 T를 $\mathsf{T}(f(x)) = f'(x)$라 정의하자. x^2에 의해 생성된 T-순환 부분공간은 $\text{span}(\{x^2, 2x, 2\}) = \mathsf{P}_2(R)$이다.

T-불변 부분공간이 존재하므로 T-불변 부분공간을 정의역으로 하는 새로운 선형연산자를 생각할 수 있다. V의 선형연산자 T와 (V의) T-불변 부분공간 W에 대하여 T를 W로 제한(restriction)한 $\mathsf{T_W}$는 W를 정의역, W를 공역으로 하는 함수이다(부록 B). 더 나아가 $\mathsf{T_W}$는 W의 선형변환이다(연습문제 7). 선형연산자 $\mathsf{T_W}$는 모 연산자 T의 특정한 성질을 그대로 물려받는다. 다음 정리는 두 연산자가 어떻게 연관되어 있는지 설명한다.

정리 5.20 유한차원 벡터공간 V의 선형연산자 T와 (V의) T-불변 부분공간 W에 대하여 $\mathsf{T_W}$의 특성다항식은 T의 특성다항식을 나눈다.

증명 W의 순서기저를 $\gamma = \{v_1, v_2, \ldots, v_k\}$라 하고 γ를 확장하여 V의 순서기저 $\beta = \{v_1, v_2, \ldots, v_k, v_{k+1}, \ldots, v_n\}$을 만든다. $A = [\mathsf{T}]_\beta$, $B_1 = [\mathsf{T_W}]_\gamma$라 하자. 연습문제 12에 의해, A는 $A = \begin{pmatrix} B_1 & B_2 \\ O & B_3 \end{pmatrix}$이라 쓸 수 있다. T의 특성다항식을 $f(t)$, $\mathsf{T_W}$의 특성다항식을 $g(t)$라 하자. 4.3절 연습문제 21에 따르면 $f(t)$는 다음과 같이 나타낼 수 있다.

$$f(t) = \det(A - tI_n) = \det\begin{pmatrix} B_1 - tI_k & B_2 \\ O & B_3 - tI_{n-k} \end{pmatrix} = g(t)\cdot\det(B_3 - tI_{n-k})$$

즉 $g(t)$는 $f(t)$를 나눈다. ◀

예제 5 R^4의 선형연산자 T를 $\mathsf{T}(a, b, c, d) = (a+b+2c-d, b+d, 2c-d, c+d)$라 정의하자. R^4의 부분공간 $\mathsf{W} = \{(t, s, 0, 0) \colon t, s \in R\}$는 T-불변 부분공간이다. 임의의 벡터 $(a, b, 0, 0) \in \mathsf{W}$에 대하여 $\mathsf{T}(a, b, 0, 0) = (a+b, b, 0, 0) \in \mathsf{W}$이기 때문이다. W의 순서기저 $\gamma = \{e_1, e_2\}$를 확장하여 R^4의 표준 순서기저 β를 만들자. 정리 5.20의 표기법을 따르면 B_1과 A는 각각 다음과 같다.

$$B_1 = [\mathsf{T_W}]_\gamma = \begin{pmatrix} 1 & 1 \\ 0 & 1 \end{pmatrix}, \quad A = [\mathsf{T}]_\beta = \begin{pmatrix} 1 & 1 & 2 & -1 \\ 0 & 1 & 0 & 1 \\ 0 & 0 & 2 & -1 \\ 0 & 0 & 1 & 1 \end{pmatrix}$$

T의 특성다항식을 $f(t)$, $\mathsf{T_W}$의 특성다항식을 $g(t)$라 하자. $f(t)$는 다음과 같이 나타낼 수 있다.

$$f(t) = \det(A - tI_4) = \det \begin{pmatrix} 1-t & 1 & 2 & -1 \\ 0 & 1-t & 0 & 1 \\ 0 & 0 & 2-t & -1 \\ 0 & 0 & 1 & 1-t \end{pmatrix}$$

$$= \det \begin{pmatrix} 1-t & 1 \\ 0 & 1-t \end{pmatrix} \cdot \det \begin{pmatrix} 2-t & -1 \\ 1 & 1-t \end{pmatrix}$$

$$= g(t) \cdot \det \begin{pmatrix} 2-t & -1 \\ 1 & 1-t \end{pmatrix}$$

정리 5.20에 의하면 $\mathsf{T_W}$의 특성다항식을 이용하여 T의 특성다항식에 대한 정보를 얻을 수 있다. 선형연산자 T를 순환 부분공간으로 제한하면 특성다항식을 쉽게 계산할 수 있다는 점에서 순환 부분공간은 유용하다.

정리 5.21 유한차원 벡터공간 V의 선형연산자 T와 영이 아닌 벡터 $v \in \mathsf{V}$에 의해 생성된 (V의) T-순환 부분공간 W를 생각하자. $k = \dim(\mathsf{W})$라 하면 다음이 성립한다.

(1) $\{v, \mathsf{T}(v), \mathsf{T}^2(v), \ldots, \mathsf{T}^{k-1}(v)\}$는 W의 기저이다.

(2) $a_0 v + a_1\mathsf{T}(v) + \cdots + a_{k-1}\mathsf{T}^{k-1}(v) + \mathsf{T}^k(v) = 0$이면 $\mathsf{T_W}$의 특성다항식은 $f(t) = (-1)^k(a_0 + a_1 t + \cdots + a_{k-1}t^{k-1} + t^k)$이다.

증명 (1) $v \neq 0$이므로 집합 $\{v\}$는 일차독립이다. $\beta = \{v, \mathsf{T}(v), \ldots, \mathsf{T}^{j-1}(v)\}$가 일차독립이 되도록 하는 가장 큰 자연수 j를 생각하자. V가 유한차원이므로 이러한 j는 반드시 존재한다. $\mathsf{Z} = \mathrm{span}(\beta)$라 하자. β는 Z의 기저이다. 더 나아가 정리 1.7에 의해 $\mathsf{T}^j(v) \in \mathsf{Z}$이다. 이를 이용하면 Z는 V의 T-불변 부분공간임을 보일 수 있다. $w \in \mathsf{Z}$라 하자. w는 β에 속한 벡터의 일차결합이므로 $w = b_0 v + b_1\mathsf{T}(v) + \cdots + b_{j-1}\mathsf{T}^{j-1}(v)$인 스칼라 $b_0, b_1, \ldots, b_{j-1}$이 존재한다. 즉 다음이 성립한다.

$$\mathsf{T}(w) = b_0\mathsf{T}(v) + b_1\mathsf{T}^2(v) + \cdots + b_{j-1}\mathsf{T}^j(v)$$

$\mathsf{T}(w)$는 Z에 속한 벡터의 일차결합이므로 Z에 속한다. 따라서 Z는 T-불변 부분공간이고 $v \in \mathsf{Z}$이다. 연습문제 11에 따르면 W는 v를 포함하는 가장 작은 (V의) T-불변 부분공간이므로 $\mathsf{W} \subseteq \mathsf{Z}$이다. 그런데 $\mathsf{Z} \subseteq \mathsf{W}$이므로 $\mathsf{Z} = \mathsf{W}$이다. β는 W의 기저이고 $\dim(\mathsf{W}) = j$이다. 즉 $j = k$이고 (1)을 증명하였다.

(2) (1)에 의해 β는 W의 순서기저이다. $a_0v + a_1\mathsf{T}(v) + \cdots + a_{k-1}\mathsf{T}^{k-1}(v) + \mathsf{T}^k(v) = \mathit{0}$을 만족하는 스칼라를 $a_0, a_1, \ldots, a_{k-1}$이라 하자. $[\mathsf{T_W}]_\beta$는 다음과 같다.

$$[\mathsf{T_W}]_\beta = \begin{pmatrix} 0 & 0 & \cdots & 0 & -a_0 \\ 1 & 0 & \cdots & 0 & -a_1 \\ \vdots & \vdots & & \vdots & \vdots \\ 0 & 0 & \cdots & 1 & -a_{k-1} \end{pmatrix}$$

연습문제 19에 따르면 $[\mathsf{T_W}]_\beta$의 특성다항식은 $f(t) = (-1)^k(a_0 + a_1t + \cdots + a_{k-1}t^{k-1} + t^k)$이다. 즉 $f(t)$는 $\mathsf{T_W}$의 특성다항식이므로 (2)를 증명하였다. ◀

예제 6 예제 3의 선형연산자 T와 e_1에 의해 생성된 T-순환 부분공간 $\mathsf{W} = \text{span}(\{e_1, e_2\})$에 대하여 $\mathsf{T_W}$의 특성다항식 $f(t)$를 두 가지 방법으로 구해 보자.

1 정리 5.21**을 사용** : 예제 3에서 $\{e_1, e_2\}$는 W를 생성하고 $\mathsf{T}^2(e_1) = -e_1$임을 확인하였다. 그러므로 $1e_1 + 0\mathsf{T}(e_1) + \mathsf{T}^2(e_1) = \mathit{0}$이다. 정리 5.21(2)에 따르면 다음이 성립한다.

$$f(t) = (-1)^2(1 + 0t + t^2) = t^2 + 1$$

2 행렬식을 사용 : W의 순서기저 $\beta = \{e_1, e_2\}$를 생각하자. $\mathsf{T}(e_1) = e_2$, $\mathsf{T}(e_2) = -e_1$이므로 $[\mathsf{T_W}]_\beta = \begin{pmatrix} 0 & -1 \\ 1 & 0 \end{pmatrix}$이다. 즉 다음이 성립한다.

$$f(t) = \det\begin{pmatrix} -t & -1 \\ 1 & -t \end{pmatrix} = t^2 + 1$$

케일리-해밀턴 정리

정리 5.21은 매우 중요하다. 이 정리의 중요성을 보여 주는 예로 7장에서 요긴하게 사용할, 널리 알려진 사실을 증명하겠다. 이번 장을 공부하기에 앞서 부록 E에서 $f(\mathsf{T})$의 정의(595쪽)를 확인하기 바란다. 이때, T는 선형연산자이고 $f(x)$는 다항식이다.

정리 5.22 케일리-해밀턴 정리 (Cayley-Hamilton theorem)
유한차원 벡터공간 V의 선형연산자 T와 (T의) 특성다항식 $f(t)$에 대하여 $f(\mathsf{T}) = \mathsf{T}_0$(영변환)이다. 즉 T는 특성다항식을 만족한다.

증명 모든 $v \in \mathsf{V}$에 대하여 $f(\mathsf{T})(v) = \mathit{0}$임을 보여야 한다. $f(\mathsf{T})$는 선형이므로 $v = \mathit{0}$이면 당연히 성립한다. $v \neq \mathit{0}$이라 가정하자. v에 의해 생성된 T-순환 부분공간을 W라 하고, $\dim(\mathsf{W}) = k$라 하자. 정리 5.21(1)에 따르면 $a_0 v + a_1 \mathsf{T}(v) + \cdots + a_{k-1}\mathsf{T}^{k-1}(v) + \mathsf{T}^k(v) = \mathit{0}$을 만족하는 스칼라 $a_0, a_1, \ldots, a_{k-1}$이 존재한다. 정리 5.21(2)에 따르면 $g(t) = (-1)^k(a_0 + a_1 t + \cdots + a_{k-1}t^{k-1} + t^k)$은 $\mathsf{T_W}$의 특성다항식이다. 두 식을 결합하면 다음과 같다.

$$g(\mathsf{T})(v) = (-1)^k(a_0\mathsf{I} + a_1\mathsf{T} + \cdots + a_{k-1}\mathsf{T}^{k-1} + \mathsf{T}^k)(v) = \mathit{0}$$

정리 5.20에 따르면 $g(t)$는 $f(t)$를 나눈다. $f(t) = q(t)g(t)$인 다항식 $q(t)$가 존재하므로 다음이 성립한다.

$$f(\mathsf{T})(v) = q(\mathsf{T})g(\mathsf{T})(v) = q(\mathsf{T})(g(\mathsf{T})(v)) = q(\mathsf{T})(\mathit{0}) = \mathit{0}$$ ◀

예제 7 R^2의 선형연산자 T를 $\mathsf{T}(a,b) = (a+2b, -2a+b)$라 정의하자. $\beta = \{e_1, e_2\}$에 대하여 $A = [\mathsf{T}]_\beta = A = \begin{pmatrix} 1 & 2 \\ -2 & 1 \end{pmatrix}$이다. T의 특성다항식은 $f(t) = \det(A - tI) = \det\begin{pmatrix} 1-t & 2 \\ -2 & 1-t \end{pmatrix} = t^2 - 2t + 5$이다. $\mathsf{T}_0 = f(\mathsf{T}) = \mathsf{T}^2 - 2\mathsf{T} + 5\mathsf{I}$임은 쉽게 확인할 수 있다. 비슷한 방식으로 다음이 성립한다.

$$f(A) = A^2 - 2A + 5I = \begin{pmatrix} -3 & 4 \\ -4 & -3 \end{pmatrix} + \begin{pmatrix} -2 & -4 \\ 4 & -2 \end{pmatrix} + \begin{pmatrix} 5 & 0 \\ 0 & 5 \end{pmatrix} = \begin{pmatrix} 0 & 0 \\ 0 & 0 \end{pmatrix}$$

예제 7은 다음 결과를 암시한다.

따름정리 행렬로 표현한 케일리-해밀턴 정리

$n \times n$ 행렬 A와 A의 특성다항식 $f(t)$에 대하여 $f(A) = O$ ($n \times n$ 영행렬)이다.

증명 연습문제 15를 보라. ◀

불변 부분공간과 직합[15*]

유한차원 벡터공간 V가 주어지면 이 공간을 가능한 많은 T-불변 부분공간의 직합으로 분해하는 것이 좋다. V의 선형연산자 T의 행동은 직합을 구성하는 각각의 부분공간에서 추론할 수 있기 때문이다. 예를 들어 T가 대각화가능하기위한 필요충분조건은 V가 1차원 T-불변 부분공간의 직합으로 완전히 분해되는 것이다(연습문제 35).

---

15 직합(direct sum)은 5.2절의 선택적 소재이다.

정리 5.23 유한차원 벡터공간 V의 선형연산자 T를 생각하자. 각각의 i $(1 \le i \le k)$에 대하여, W_i는 (V의) T-불변 부분공간이고 $\mathsf{V} = \mathsf{W}_1 \oplus \mathsf{W}_2 \oplus \cdots \oplus \mathsf{W}_k$가 성립한다고 가정하자. $\mathsf{T}_{\mathsf{W}_i}$의 특성다항식 $f_i(t)$ $(1 \le i \le k)$에 대하여 $f_1(t) \cdot f_2(t) \cdot \cdots \cdot f_k(t)$는 T의 특성다항식이다.

증명 k에 대한 수학적 귀납법으로 증명하자.

T의 특성다항식을 $f(t)$라 하자. $k = 2$일 때, W_1의 순서기저를 β_1, W_2의 순서기저를 β_2라 하고, $\beta = \beta_1 \cup \beta_2$라 둔다. 정리 5.9(4)에 따르면 β는 V의 순서기저이다. $A = [\mathsf{T}]_\beta$, $B_1 = [\mathsf{T}_{\mathsf{W}_1}]_{\beta_1}$, $B_2 = [\mathsf{T}_{\mathsf{W}_2}]_{\beta_2}$라 하자. 연습문제 33에 의해 $A = \begin{pmatrix} B_1 & O \\ O' & B_2 \end{pmatrix}$이다. (단, O와 O'은 적절한 크기의 영행렬) $f(t)$를 정리 5.20의 증명과 같이 전개하면 다음과 같다.

$$f(t) = \det(A - tI) = \det(B_1 - tI) \cdot \det(B_2 - tI) = f_1(t) \cdot f_2(t)$$

즉 $k = 2$일 때 참이다.

$k - 1 \ge 2$인 자연수 k일 때, $k - 1$개 부분공간의 직합에 대하여 이 정리가 성립하고 V는 k개 부분공간의 직합, 즉 $\mathsf{V} = \mathsf{W}_1 \oplus \mathsf{W}_2 \oplus \cdots \oplus \mathsf{W}_k$라 가정하자. $\mathsf{W} = \mathsf{W}_1 + \mathsf{W}_2 + \cdots + \mathsf{W}_{k-1}$이라 하면 W가 T-불변이고 $\mathsf{V} = \mathsf{W} \oplus \mathsf{W}_k$임을 쉽게 확인할 수 있다. $k = 2$일 때 참이므로 $f(t) = g(t) \cdot f_k(t)$이다. (단, $g(t)$는 T_W의 특성다항식) $\mathsf{W} = \mathsf{W}_1 \oplus \mathsf{W}_2 \oplus \cdots \oplus \mathsf{W}_{k-1}$이므로 수학적 귀납법의 가정에 따르면 $g(t) = f_1(t) \cdot f_2(t) \cdot \cdots \cdot f_{k-1}(t)$이다. 즉 $f(t)$는 다음과 같다.

$$f(t) = g(t) \cdot f_k(t) = f_1(t) \cdot f_2(t) \cdot \cdots \cdot f_k(t)$$ ◀

정리 5.23의 결과를 깊게 살펴보자. T가 유한차원 벡터공간 V의 대각화가능한 선형연산자이고 서로 다른 고윳값을 $\lambda_1, \lambda_2, \ldots, \lambda_k$라 하자. 정리 5.10에 따르면 V는 T의 고유공간의 직합이다. 각각의 고유공간은 T-불변이므로 정리 5.23의 상황에 부합한다. 각각의 고윳값 λ_i에 대하여 T를 E_{λ_i}로 제한하면 특성다항식은 $(\lambda_i - t)^{m_i}$이다. (단, m_i는 E_{λ_i}의 차원) 정리 5.23으로부터 T의 특성다항식 $f(t)$는 다음과 같다.

$$f(t) = (\lambda_1 - t)^{m_1}(\lambda_2 - t)^{m_2} \cdots (\lambda_k - t)^{m_k}$$

예상한 대로 각각의 고윳값의 중복도는 대응하는 고유공간의 차원과 같다.

예제 8 $\mathbf{R}^4$의 선형연산자 T를 $\mathsf{T}(a,b,c,d)=(2a-b,a+b,c-d,c+d)$라 정의하자. $\mathsf{W}_1=\{(s,t,0,0)\colon s,t\in R\}$, $\mathsf{W}_2=\{(0,0,s,t)\colon s,t\in R\}$라 하면 W_1과 W_2는 각각 T-불변이고 $\mathbf{R}^4=\mathsf{W}_1\oplus\mathsf{W}_2$이다. $\beta_1=\{e_1,e_2\}$, $\beta_2=\{e_3,e_4\}$, $\beta=\beta_1\cup\beta_2=\{e_1,e_2,e_3,e_4\}$라 하면 β_1은 W_1의 순서기저, β_2는 W_2의 순서기저, β는 $\mathbf{R}^4$의 순서기저이다. $A=[\mathsf{T}]_\beta$, $B_1=[\mathsf{T}_{\mathsf{W}_1}]_{\beta_1}$, $B_2=[\mathsf{T}_{\mathsf{W}_2}]_{\beta_2}$는 다음과 같이 나타낼 수 있다.

$$B_1=\begin{pmatrix}2&-1\\1&1\end{pmatrix},\qquad B_2=\begin{pmatrix}1&-1\\1&1\end{pmatrix},\qquad A=\begin{pmatrix}B_1&O\\O&B_2\end{pmatrix}=\begin{pmatrix}2&-1&0&0\\1&1&0&0\\0&0&1&-1\\0&0&1&1\end{pmatrix}$$

$f(t)$, $f_1(t)$, $f_2(t)$를 T, $\mathsf{T}_{\mathsf{W}_1}$, $\mathsf{T}_{\mathsf{W}_2}$의 특성다항식이라 하면 다음이 성립한다.

$$f(t)=\det(A-tI)=\det(B_1-tI)\cdot\det(B_2-tI)=f_1(t)\cdot f_2(t)$$

예제 8의 행렬 A는 두 행렬 B_1, B_2를 다음 정의에서 소개하는 방식으로 결합하여 얻을 수도 있다.

정의 $B_1\in\mathsf{M}_{m\times m}(F)$, $B_2\in\mathsf{M}_{n\times n}(F)$에 대하여 B_1, B_2의 **직합(direct sum)**은 다음과 같은 $(m+n)\times(m+n)$ 행렬 A로 정의하고 $B_1\oplus B_2$라 표기한다.

$$A_{ij}=\begin{cases}(B_1)_{ij} & (1\le i,j\le m)\\ (B_2)_{(i-m),(j-m)} & (m+1\le i,j\le n+m)\\ 0 & (\text{그 외의 경우})\end{cases}$$

F의 성분을 원소로 가지는 정사각행렬 $B_1,B_2,\ldots,B_k$에 대하여 $B_1,B_2,\ldots,B_k$의 **직합(direct sum)**은 재귀적으로 $B_1\oplus B_2\oplus\cdots\oplus B_k=(B_1\oplus B_2\oplus\cdots\oplus B_{k-1})\oplus B_k$라 정의한다. $A=B_1\oplus B_2\oplus\cdots\oplus B_k$이면 다음과 같이 나타내기도 한다.

$$A=\begin{pmatrix}B_1&O&\cdots&O\\O&B_2&\cdots&O\\\vdots&\vdots&&\vdots\\O&O&\cdots&B_k\end{pmatrix}$$

예제 9 세 행렬 $B_1 = \begin{pmatrix} 1 & 2 \\ 1 & 1 \end{pmatrix}$, $B_2 = (3)$, $B_3 = \begin{pmatrix} 1 & 2 & 1 \\ 1 & 2 & 3 \\ 1 & 1 & 1 \end{pmatrix}$ 에 대하여 $B_1 \oplus B_2 \oplus B_3$은 다음과 같다.

$$B_1 \oplus B_2 \oplus B_3 = \left(\begin{array}{cc|c|ccc} 1 & 2 & 0 & 0 & 0 & 0 \\ 1 & 1 & 0 & 0 & 0 & 0 \\ \hline 0 & 0 & 3 & 0 & 0 & 0 \\ \hline 0 & 0 & 0 & 1 & 2 & 1 \\ 0 & 0 & 0 & 1 & 2 & 3 \\ 0 & 0 & 0 & 1 & 1 & 1 \end{array}\right)$$

이번 절의 마지막 결과는 행렬의 직합을 불변 부분공간의 직합과 관련짓는다. 즉 연습문제 33을 $k \geq 2$인 경우로 확장한 것이다.

> **정리 5.24** 유한차원 벡터공간 V의 선형연산자 T와 $\mathsf{V} = \mathsf{W}_1 \oplus \mathsf{W}_2 \oplus \cdots \oplus \mathsf{W}_k$를 만족하는 ($\mathsf{V}$의) T-불변 부분공간 $\mathsf{W}_1, \mathsf{W}_2, \ldots, \mathsf{W}_k$를 생각하자. 각각의 i에 대하여 β_i는 W_i의 순서기저이고 $\beta = \beta_1 \cup \beta_2 \cup \cdots \cup \beta_k$라 하자. 또한 $i = 1, 2, \ldots, k$에 대하여 $A = [\mathsf{T}]_\beta$, $B_i = [\mathsf{T}_{\mathsf{W}_i}]_{\beta_i}$라 하자. A는 다음과 같다.
>
> $$A = B_1 \oplus B_2 \oplus \cdots \oplus B_k$$

증명 연습문제 34를 보라. ◀

5.4 연습문제

1. 다음 명제의 참-거짓을 판정하라.

(a) T-불변 부분공간을 가지지 않는 선형연산자 T가 존재한다.

(b) 유한차원 벡터공간 V의 선형연산자 T와, V의 T-불변 부분공간 W에 대하여 T_W의 특성다항식은 T의 특성다항식을 나눈다.

(c) 유한차원 벡터공간 V의 선형연산자 T와 V의 벡터 v, w를 생각하자. W가 v에 의해 생성된 T-순환 부분공간, W'은 w에 의해 생성된 T-순환 부분공간이고 $\mathsf{W} = \mathsf{W}'$이면 $v = w$이다.

(d) 유한차원 벡터공간 V의 선형연산자 T와 임의의 $v \in \mathsf{V}$를 생각하자. v에 의해 생성된 T-순환 부분공간은 $\mathsf{T}(v)$에 의해 생성된 T-순환 부분공간과 같다.

(e) n차원 벡터공간의 선형연산자 T를 생각하자. $g(\mathsf{T}) = \mathsf{T}_0$인 n차 다항식 $g(t)$가 존재한다.

(f) 최고차항의 계수가 $(-1)^n$인 임의의 n차 다항식은 어떤 선형연산자의 특성다항식이다.

(g) 유한차원 벡터공간 V의 선형연산자 T에 대하여 V가 T-불변 부분공간 k개의 직합이면 $[\mathsf{T}]_\beta$가 행렬 k개의 직합이 되도록 하는 V의 순서기저 β가 존재한다.

2. 벡터공간 V의 다음 선형연산자 T에 대하여 부분공간 W가 V의 T-불변 부분공간인지 판정하라.

(a) $\mathsf{V} = \mathsf{P}_3(R)$, $\mathsf{T}(f(x)) = f'(x)$, $\mathsf{W} = \mathsf{P}_2(R)$

(b) $\mathsf{V} = \mathsf{P}(R)$, $\mathsf{T}(f(x)) = xf(x)$, $\mathsf{W} = \mathsf{P}_2(R)$

(c) $\mathsf{V} = \mathsf{R}^3$, $\mathsf{T}(a, b, c) = (a+b+c, a+b+c, a+b+c)$, $\mathsf{W} = \{(t, t, t) \colon t \in R\}$

(d) $\mathsf{V} = \mathsf{C}([0, 1])$, $\mathsf{T}(f(t)) = \left[\int_0^1 f(x)\,dx\right] t$,
$\mathsf{W} = \{f \in \mathsf{V} \colon f(t) = at + b \text{ (단, } a, b\text{는 적절한 실수)}\}$

(e) $\mathsf{V} = \mathsf{M}_{2\times 2}(R)$, $\mathsf{T}(A) = \begin{pmatrix} 0 & 1 \\ 1 & 0 \end{pmatrix} A$, $\mathsf{W} = \{A \in \mathsf{V} \colon A^t = A\}$

3. 유한차원 벡터공간 V의 선형연산자 T에 대하여 다음 부분공간이 T-불변임을 증명하라.

(a) $\{0\}$, V

(b) $\mathsf{N}(\mathsf{T})$, $\mathsf{R}(\mathsf{T})$

(c) T의 임의의 고윳값 λ에 대하여 E_λ

4. 벡터공간 V의 선형연산자 T와 V의 T-불변 부분공간 W, 임의의 다항식 $g(t)$에 대하여 W가 $g(\mathsf{T})$-불변임을 증명하라.

5. 벡터공간 V의 선형연산자 T에 대하여 (V의) T-불변 부분공간의 임의의 교집합은 V의 T-불변 부분공간임을 증명하라.

6. 벡터공간 V의 선형연산자 T에 대하여 벡터 z에 의해 생성된 T-순환 부분공간의 순서기저를 찾아라.

(a) $\mathsf{V} = \mathsf{R}^4$, $\mathsf{T}(a, b, c, d) = (a+b, b-c, a+c, a+d)$, $z = e_1$

(b) $\mathsf{V} = \mathsf{P}_3(R)$, $\mathsf{T}(f(x)) = f''(x)$, $z = x^3$

(c) $\mathsf{V} = \mathsf{M}_{2\times 2}(R)$, $\mathsf{T}(A) = A^t$, $z = \begin{pmatrix} 0 & 1 \\ 1 & 0 \end{pmatrix}$

(d) $\mathsf{V} = \mathsf{M}_{2\times 2}(R)$, $\mathsf{T}(A) = \begin{pmatrix} 1 & 1 \\ 2 & 2 \end{pmatrix} A$, $z = \begin{pmatrix} 0 & 1 \\ 1 & 0 \end{pmatrix}$

7. T-불변 부분공간으로 제한한 선형변환 T는 주어진 T-불변 부분공간에서 선형연산자임을 증명하라.

8. 벡터공간의 선형연산자 T와 T-불변 부분공간 W를 생각하자. 고윳값 λ에 대응하는 ($\mathsf{T_W}$의) 고유벡터 v에 대하여 v는 고윳값 λ에 대응하는 (T의) 고유벡터임을 증명하라.

9. 연습문제 6의 각 선형연산자 T와 순환 부분공간 W에 대하여 $\mathsf{T_W}$의 특성다항식을 예제 6과 같이 두 가지 방식으로 구하라.

10. 연습문제 6의 각 선형연산자에 대하여 T의 특성다항식 $f(t)$를 찾고 연습문제 9에서 구한 $\mathsf{T_W}$의 특성다항식이 $f(t)$를 나눔을 확인하라.

11. 벡터공간 V의 선형연산자 T와 영이 아닌 벡터 $v \in \mathsf{V}$, v에 의해 생성된 V의 T-순환 부분공간 W에 대하여 다음을 증명하라.

(a) W는 T-불변이다.

(b) v를 포함하는 (V의) 임의의 T-불변 부분공간은 W도 포함한다.

12. 정리 5.20의 증명에서 $A = \begin{pmatrix} B_1 & B_2 \\ O & B_3 \end{pmatrix}$임을 증명하라.

13. 벡터공간 V의 선형연산자를 T, 영이 아닌 벡터 $v \in \mathsf{V}$에 의해 생성된 (V의) T-순환 부분공간을 W라 하자. 임의의 $w \in \mathsf{V}$에 대하여 $w \in \mathsf{W}$이기 위한 필요충분조건은 $w = g(\mathsf{T})(v)$인 다항식 $g(t)$가 존재하는 것임을 증명하라.

14. 연습문제 13의 다항식 $g(t)$는 차수가 $\dim(\mathsf{W})$보다 작도록 선택할 수 있음을 증명하라.

15. 케일리-해밀턴 정리(정리 5.22)를 사용하여 행렬로 표현한 따름정리를 증명하라.

주의 A의 특성다항식이 $f(t) = \det(A - tI)$일 때 $f(A) = \det(A - AI) = \det(O) = 0$이라 말하며 $f(A) = O$라 주장하기 쉽다. 이 주장에서 잘못된 부분을 찾아라.

16. 유한차원 벡터공간 V의 선형연산자 T에 대한 다음 명제가 참임을 보여라.

(a) T의 특성다항식이 완전히 인수분해될 때 (V의) 임의의 T-불변 부분공간으로 제한한 T의 특성다항식도 완전히 인수분해된다.

(b) T의 특성다항식이 완전히 인수분해될 때 점공간이 아닌 (V의) 임의의 T-불변 부분공간이 T의 고유벡터를 포함한다.

17. $n \times n$ 행렬 A에 대하여 $\dim(\mathrm{span}(\{I_n, A, A^2, \ldots\})) \le n$임을 증명하라.

18. $n \times n$ 행렬 A의 특성다항식이 $f(t) = (-1)^n t^n + a_{n-1}t^{n-1} + \cdots + a_1 t + a_0$이라 하자. 다음 물음에 답하라.

(a) A가 가역이기 위한 필요충분조건은 $a_0 \neq 0$임을 증명하라.

(b) A가 가역일 때 $A^{-1} = \dfrac{-1}{a_0}[(-1)^n A^{n-1} + a_{n-1}A^{n-2} + \cdots + a_1 I_n]$임을 증명하라.

(c) $A = \begin{pmatrix} 1 & 2 & 1 \\ 0 & 2 & 3 \\ 0 & 0 & -1 \end{pmatrix}$일 때 (b)를 이용하여 A^{-1}를 계산하라.

19. 다음 $k \times k$ 행렬 A가 다음과 같다고 하자. (단, $a_0, a_1, \ldots, a_{k-1}$는 임의의 스칼라)

$$\begin{pmatrix} 0 & 0 & \cdots & 0 & -a_0 \\ 1 & 0 & \cdots & 0 & -a_1 \\ 0 & 1 & \cdots & 0 & -a_2 \\ \vdots & \vdots & & \vdots & \vdots \\ 0 & 0 & \cdots & 0 & -a_{k-2} \\ 0 & 0 & \cdots & 1 & -a_{k-1} \end{pmatrix}$$

A의 특성다항식이 $(-1)^k(a_0 + a_1 t + \cdots + a_{k-1}t^{k-1} + t^k)$임을 증명하라.

힌트 k에 대한 수학적 귀납법을 사용한다. 1행에 대한 여인수 전개로 행렬식을 구한다.

20. 벡터공간 **V**의 선형연산자 **T**에 대하여 **V**를 자기 자신에 대한 **T**-순환 부분공간으로 가정할 때, 다음 명제가 참임을 보여라.

> **V**의 선형연산자 **U**에 대하여 **UT** = **TU**이기 위한 필요충분조건은 **U** $= g($**T**$)$인 다항식 $g(t)$가 존재하는 것이다.

힌트 v에 의해 **V**가 생성된다고 가정하자. 연습문제 13과 같은 방법으로 $g($**T**$)(v) =$ **U**(v)인 다항식 $g(t)$를 선택한다.

21. 2차원 벡터공간 **V**의 선형연산자 **T**에 대하여 **V**는 자기 자신에 대한 **T**-순환 부분공간이거나 적절한 스칼라 c에 대하여 **T** $= c$**I**임을 증명하라.

22. 2차원 벡터공간 **V**의 선형연산자 **T**가 임의의 스칼라 c에 대하여 **T** $\neq c$**I**라 하자. **UT** = **TU**인 임의의 (**V**의) 선형연산자 **U**에 대하여 **U** $= g($**T**$)$인 다항식 $g(t)$가 존재함을 보여라.

23. 유한차원 벡터공간 V의 선형연산자를 T라 하고 V의 T-불변 부분공간 W라 하자. 이때 T의 서로 다른 고윳값에 대응하는 고유벡터를 $v_1, v_2, \ldots, v_k$라 한다. $v_1 + v_2 + \cdots + v_k \in \mathsf{W}$일 때 모든 i에 대하여 $v_i \in \mathsf{W}$임을 증명하라.

힌트 k에 대한 수학적 귀납법을 사용한다.

24. 대각화가능한 선형연산자 T를 점공간이 아닌 임의의 T-불변 부분공간으로 제한해도 대각화가능함을 증명하라.

힌트 연습문제 23의 결과를 이용한다.

25. 다음 물음에 답하라.

(a) 5.2절 연습문제 19(a)의 역을 증명하라.

> 유한차원 벡터공간 V의 대각화가능한 선형연산자 T, U가 $\mathsf{UT} = \mathsf{TU}$이면 T와 U는 동시에 대각화가능하다.

힌트 '동시에 대각화'의 정의는 5.2절 연습문제 18~20에서 다루었다. T의 임의의 고윳값 λ에 대하여 E_λ가 U-불변임을 보이고 연습문제 24의 결과를 이용하여 U의 고유벡터로 이루어진 E_λ의 기저를 구하라.

(b) (a)를 행렬로 표현한 명제를 서술하고 증명하라.

26. n차원 벡터공간 V의 선형연산자 T에 n개의 서로 다른 고윳값이 있다고 하자. V는 자기 자신에 대한 T-순환 부분공간임을 증명하라.

힌트 연습문제 23의 결과를 이용하여 $\{v, \mathsf{T}(v), \ldots, \mathsf{T}^{n-1}(v)\}$가 일차독립이 되도록 하는 벡터 v를 찾는다.

27~31. 다음 문제는 1.3절 연습문제 31에서 정의한 몫공간(quotient space)에 대한 이해를 바탕으로 한다. T는 유한차원 벡터공간 V의 고정된 선형연산자이고 W는 이 아닌 (V의) T-불변 부분공간이다. 다음 몫공간의 정의를 바탕으로 문제를 풀어 보자.[16]

> **정의** 벡터공간 V의 선형연산자 T와 V의 T-불변 부분공간 W에 대하여 $\overline{\mathsf{T}}: \mathsf{V}/\mathsf{W} \to \mathsf{V}/\mathsf{W}$를 다음과 같이 정의한다.
>
> $$\text{임의의 } v + \mathsf{W} \in \mathsf{V}/\mathsf{W}\text{에 대하여 } \overline{\mathsf{T}}(v + \mathsf{W}) = \mathsf{T}(v) + \mathsf{W}$$

16 연습문제를 풀기에 앞서 몫공간을 다루는 1.6절 연습문제 35, 2.1절 연습문제 42, 2.4절 연습문제 24를 복습하자.

27. 다음 물음에 답하라.

(a) $\overline{\mathsf{T}}$가 잘 정의됨(well-defined)을 증명하라. $v+\mathsf{W}=v'+\mathsf{W}$일 때, $\overline{\mathsf{T}}(v+\mathsf{W})=\overline{\mathsf{T}}(v'+\mathsf{W})$임을 보이면 된다.

(b) $\overline{\mathsf{T}}$가 V/W의 선형연산자임을 증명하라.

(c) 2.1절 연습문제 42에서 $\eta\colon \mathsf{V}\to\mathsf{V}/\mathsf{W}$, $\eta(v)=v+\mathsf{W}$로 정의한 선형변환을 생각하자. 그림 5.6의 다이어그램이 가환적임을 증명하라. 즉 $\eta\mathsf{T}=\overline{\mathsf{T}}\eta$임을 보여라. ($\mathsf{V}$가 유한차원이 아닐 때에도 성립한다.)

$$\begin{array}{ccc} \mathsf{V} & \xrightarrow{\ \mathsf{T}\ } & \mathsf{V} \\ {\scriptstyle\eta}\downarrow & & \downarrow{\scriptstyle\eta} \\ \mathsf{V}/\mathsf{W} & \xrightarrow{\ \overline{\mathsf{T}}\ } & \mathsf{V}/\mathsf{W} \end{array}$$

[그림 5.6] 벡터공간 V, V/W 사이의 선형변환

28. T, $\mathsf{T_W}$, $\overline{\mathsf{T}}$의 특성다항식을 각각 $f(t)$, $g(t)$, $h(t)$라 하자. $f(t)=g(t)h(t)$임을 증명하라.

힌트 W의 순서기저 $\gamma=\{v_1,v_2,\ldots,v_k\}$를 확장하여 V의 순서기저 $\beta=\{v_1,v_2,\ldots,v_k,v_{k+1},\ldots,v_n\}$을 얻는다. coset의 집합족(collection) $\alpha=\{v_{k+1}+\mathsf{W},v_{k+2}+\mathsf{W},\ldots,v_n+\mathsf{W}\}$가 V/W의 순서기저임을 보여라. 또한 $[\mathsf{T}]_\beta=\begin{pmatrix}B_1 & B_2\\ O & B_3\end{pmatrix}$임을 보여라. 이때, $B_1=[\mathsf{T}]_\gamma$이고 $B_3=[\overline{\mathsf{T}}]_\alpha$이다.

29. 연습문제 28의 힌트를 사용하여 T가 대각화가능하면 $\overline{\mathsf{T}}$도 대각화가능함을 증명하라.

30. $\mathsf{T_W}$와 $\overline{\mathsf{T}}$가 모두 대각화가능하고 두 선형연산자의 공통인 고윳값이 없을 때, T는 대각화가능함을 증명하라.

31. $A=\begin{pmatrix}1 & 1 & -3\\ 2 & 3 & 4\\ 1 & 2 & 1\end{pmatrix}$, $\mathsf{T}=\mathsf{L}_A$라 하고 e_1에 의해 생성되는 R^3의 순환 부분공간을 W라 하자.[17] 다음 물음에 답하라.

(a) 정리 5.21을 사용하여 $\mathsf{T_W}$의 특성다항식을 계산하라.

(b) $\{e_2+\mathsf{W}\}$가 R^3/W의 기저임을 보이고 $\overline{\mathsf{T}}$의 특성다항식을 계산하라.

(c) (a)와 (b)를 사용하여 A의 특성다항식을 계산하라.

---

17 정리 5.21과 연습문제 28을 바탕으로 행렬식을 사용하지 않고 특성다항식을 계산할 수 있다.

32~39. 직합의 정의를 이용하여 문제를 풀어 보자.

32. 벡터공간 V의 선형연산자 T와 V의 T-불변 부분공간 $\mathsf{W}_1, \mathsf{W}_2, \dots, \mathsf{W}_k$에 대하여 $\mathsf{W}_1 + \mathsf{W}_2 + \cdots + \mathsf{W}_k$도 V의 T-불변 부분공간임을 증명하라.

33. 정리 5.24에서 $k = 2$인 경우를 직접 증명하라. (이 결과는 정리 5.23을 증명하는 데 사용된다.)

34. 정리 5.24를 증명하라.

힌트 연습문제 33에서 시작하자. 부분공간의 개수 k에 대한 수학적 귀납법을 사용하여 일반화한다.

35. 유한차원 벡터공간 V의 선형연산자 T에 대하여 다음 명제가 참임을 보여라.

> T가 대각화가능하기 위한 필요충분조건은 V가 1차원 T-불변 부분공간의 직합으로 표현되는 것이다.

36. 유한차원 벡터공간 V의 선형연산자 T와 $\mathsf{V} = \mathsf{W}_1 \oplus \mathsf{W}_2 \oplus \cdots \oplus \mathsf{W}_k$를 만족하는 ($\mathsf{V}$의) T-불변 부분공간 $\mathsf{W}_1, \mathsf{W}_2, \dots, \mathsf{W}_k$에 대하여 다음을 증명하라.

$$\det(\mathsf{T}) = \det(\mathsf{T}_{\mathsf{W}_1}) \cdot \det(\mathsf{T}_{\mathsf{W}_2}) \cdot \cdots \cdot \det(\mathsf{T}_{\mathsf{W}_k})$$

37. 유한차원 벡터공간 V의 선형연산자 T와 $\mathsf{V} = \mathsf{W}_1 \oplus \mathsf{W}_2 \oplus \cdots \oplus \mathsf{W}_k$를 만족하는 V의 T-불변 부분공간 $\mathsf{W}_1, \mathsf{W}_2, \dots, \mathsf{W}_k$에 대하여 다음 명제가 참임을 보여라.

> T가 대각화가능하기 위한 필요충분조건은 모든 i에 대하여 $\mathsf{T}_{\mathsf{W}_i}$가 대각화가능한 것이다.

38. 유한차원 벡터공간 V의 대각화가능한 선형연산자의 집합족(collection) $\mathcal{C}$에 대하여 다음 명제가 참임을 보여라.[18]

> 모든 $\mathsf{T} \in \mathcal{C}$에 대하여 $[\mathsf{T}]_\beta$가 대각행렬인 순서기저 β가 존재할 필요충분조건은 $\mathcal{C}$의 연산자가 함수의 합성에 대하여 가환적(commutative)인 것이다.

18 연습문제 25를 일반화한 것이다.

힌트 연산자가 순환하는 경우는 다음과 같이 증명하자. 각 연산자가 하나의 고윳값을 가지면 증명은 자명하다. 그렇지 않으면 V는 (C의) 두 개 이상의 고윳값을 가지는 어느 연산자에 대한 직합으로 표현된다. $\dim(\mathsf{V})$에 대한 수학적 귀납법을 적용하여 일반적인 결과를 얻어라.

39. 고정된 체의 원소를 성분으로 가지는 정사각행렬 $B_1, B_2, \ldots, B_k$와 $A = B_1 \oplus B_2 \oplus \cdots \oplus B_k$를 생각하자. A의 특성다항식은 B_i의 특성다항식의 곱임을 증명하라.

40. 다음 행렬 A의 특성다항식을 찾아라.

$$A = \begin{pmatrix} 1 & 2 & \cdots & n \\ n+1 & n+2 & \cdots & 2n \\ \vdots & \vdots & & \vdots \\ n^2-n+1 & n^2-n+2 & \cdots & n^2 \end{pmatrix}$$

힌트 우선 A의 랭크가 2임을 증명하고 $\text{span}(\{(1,1,\ldots,1),(1,2,\ldots,n)\})$이 L_A-불변임을 증명하라.

41. 모든 i, j에 대하여 $A_{ij} = 1$인 행렬 $A \in \mathsf{M}_{n\times n}(R)$의 특성다항식을 찾아라.

6

내적공간
Inner Product Spaces

수학이 응용되는 경우는 대부분 측도의 개념 다시 말해 다양한 양에 대한 규모 또는 상대적인 크기와 관련있다. 거리 개념을 내재적으로 포함한 실수체와 복소수체가 측정에 있어 중요한 역할을 할 것임은 그리 놀라운 일이 아니다. 6.8절을 제외하면, **이번 장에서 등장하는 모든 벡터공간은 R-벡터공간 또는 C-벡터공간이다.** 복소수의 성질은 부록 D를 참고하기 바란다.

이 장에서는 **내적공간**이라는 수학적 구조를 사용하여 벡터공간에 길이와 거리의 개념을 도입할 것이다. 내적공간은 기하학(6.5절, 6.11절), 물리학(6.9절), 연립일차방정식의 조건화(6.10절), 최소제곱법(6.3절), 이차형식(6.8절)등에 응용된다.

6.1 내적과 노름

$\mathbf{R}^2$와 $\mathbf{R}^3$에서 각, 길이, 직교성과 같은 기하학적 개념은 일반적인 R-벡터공간 또는 C-벡터공간으로 확장될 수 있다. 이 개념들은 모두 내적과 관련있다.

정의 F-벡터공간 $\mathbf{V}$를 생각하자. $\mathbf{V}$에 정의된 **내적(inner product)** $\langle x, y \rangle$는 $\mathbf{V}$의 임의의 벡터 x와 y의 순서쌍을 (F에 속한) 스칼라에 대응시키는 함수로, 다음 조건을 만족한다. 임의의 x, y, $z \in \mathbf{V}$와 임의의 $c \in F$에 대하여

1 $\langle x+z, y \rangle = \langle x, y \rangle + \langle z, y \rangle$

2 $\langle cx, y \rangle = c \langle x, y \rangle$

3 $\overline{\langle x, y \rangle} = \langle y, x \rangle$ (단, $\overline{z}$는 z의 켤레복소수)

4 $x \neq 0$일 때, $\langle x, x \rangle$는 양수이다.

$F=R$일 때 조건 3은 $\langle x, y \rangle = \langle y, x \rangle$가 됨을 유념하자. 조건 1과 조건 2는 첫 번째 성분에 대하여 내적이 선형임을 의미한다. $a_1, a_2, \ldots, a_n \in F$와 y 그리고 $v_1, v_2, \ldots v_n \in \mathbf{V}$에 대하여 다음이 성립함을 쉽게 보일 수 있다.

$$\left\langle \sum_{i=1}^{n} a_i v_i, y \right\rangle = \sum_{i=1}^{n} a_i \langle v_i, y \rangle$$

예제 1 F^n의 두 벡터 $x = (a_1, a_2, \ldots, a_n)$, $y = (b_1, b_2, \ldots, b_n)$에 대하여 $\langle x, y\rangle = \sum_{i=1}^{n} a_i\bar{b}_i$라 정의하자. $\langle \cdot, \cdot \rangle$가 내적의 조건 4가지를 모두 만족함을 쉽게 확인할 수 있다.

조건 1은 $z = (c_1, c_2, \ldots, c_n)$일 때, 다음과 같이 전개하여 확인한다.

$$\begin{aligned}\langle x+z, y\rangle &= \sum_{i=1}^{n}(a_i + c_i)\bar{b}_i = \sum_{i=1}^{n} a_i\bar{b}_i + \sum_{i=1}^{n} c_i\bar{b}_i \\ &= \langle x, y\rangle + \langle z, y\rangle\end{aligned}$$

예를 들어 C^2의 두 벡터 $x = (1+i, 4)$, $y = (2-3i, 4+5i)$에 대하여 $\langle x, y\rangle$는 다음과 같이 계산한다.

$$\langle x, y\rangle = (1+i)(2+3i) + 4(4-5i) = 15 - 15i$$

예제 1에서 정의한 내적을 F^n의 **표준 내적(standard inner product)**이라 한다.

$F = R$면 켤레복소수를 연산할 필요가 없다. 여러분은 이 경우의 표준 내적이 $\langle x, y\rangle$ 대신 $x \cdot y$라 표기하는 **내적(dot product)**이라 배웠을 것이다.

예제 2 벡터공간 V의 임의의 내적 $\langle x, y\rangle$와 $r > 0$에 대하여 또 다른 내적 $\langle x, y\rangle' = r\langle x, y\rangle$를 정의할 수도 있다. 단, $r \le 0$이면 내적의 조건 4가 성립하지 않는다.

예제 3 닫힌구간 $[0, 1]$에서 연속인 실함수로 이루어진 벡터공간 $\mathsf{V} = \mathsf{C}([0, 1])$을 생각하자. 두 함수 $f, g \in \mathsf{V}$에 대하여 f, g의 내적을 $\langle f, g\rangle = \int_0^1 f(t)g(t)\,dt$라 정의하자.

적분은 f에 대하여 선형이므로 내적의 조건 1, 2는 당연히 성립한다. 내적의 조건 3 또한 자명하다. f가 영함수가 아니면 f^2은 연속함수이므로 $[0, 1]$에 속하는 적절한 부분구간에서 0이 아니라 가정할 수 있다. 따라서 $\langle f, f\rangle = \int_0^1 [f(t)]^2\,dt > 0$이다.

정의 $A \in \mathsf{M}_{m\times n}(F)$를 생각하자. 모든 i, j에 대하여 $(A^*)_{ij} = \overline{A}_{ji}$인 $n \times m$ 행렬 A^*를 A의 **켤레 전치행렬(conjugate transpose)** 또는 **수반행렬(adjoint)**이라 한다.

예제 4 행렬 $A = \begin{pmatrix} i & 1+2i \\ 2 & 3+4i \end{pmatrix}$에 대하여 수반행렬은 $A^* = \begin{pmatrix} -i & 2 \\ 1-2i & 3-4i \end{pmatrix}$이다.

F^n에 속하는 열벡터 x, y에 대하여 $\langle x, y \rangle = y^* x$이다.

켤레 전치행렬은 이번 장에서 아주 중요한 역할을 할 것이다. A의 모든 성분이 실수이면 A^*는 단순히 A의 전치행렬이다.

예제 5 벡터공간 $\mathsf{V} = \mathsf{M}_{n\times n}(F)$와 두 행렬 $A, B \in \mathsf{V}$에 대하여 $\langle A, B \rangle = \text{tr}(B^*A)$라 정의하자.[1] 내적의 조건 1이 성립함을 확인하자. $A, B, C \in \mathsf{V}$에 대하여 1.3절 연습문제 6의 결과를 이용하면 다음이 성립한다.

$$\begin{aligned}\langle A+B, C\rangle &= \text{tr}(C^*(A+B)) = \text{tr}(C^*A + C^*B) \\ &= \text{tr}(C^*A) + \text{tr}(C^*B) = \langle A, C\rangle + \langle B, C\rangle\end{aligned}$$

내적의 조건 4는 다음과 같이 전개하여 확인할 수 있다.

$$\begin{aligned}\langle A, A\rangle = \text{tr}(A^*A) &= \sum_{i=1}^{n}(A^*A)_{ii} = \sum_{i=1}^{n}\sum_{k=1}^{n}(A^*)_{ik}A_{ki} \\ &= \sum_{i=1}^{n}\sum_{k=1}^{n}\overline{A}_{ki}A_{ki} = \sum_{i=1}^{n}\sum_{k=1}^{n}|A_{ki}|^2\end{aligned}$$

$A \neq O$이면 적절한 k와 i에 대하여 $A_{ki} \neq 0$이다. 즉 $\langle A, A\rangle > 0$이다.

예제의 정의가 내적의 조건 2, 조건 3을 만족함을 보이는 것은 연습문제 4(a)로 남긴다.

예제 5에서 소개한 $\mathsf{M}_{n\times n}(F)$의 내적을 **프로베니우스 내적(Frobenius inner product)**이라 한다.

내적이 주어진 F-벡터공간 V를 **내적공간(inner product space)**이라 한다. $F = C$이면 V를 **복소내적공간(complex inner product space)**이라 하고, $F = R$이면 V를 **실내적공간(real inner product space)**이라 한다.

V를 내적 $\langle x, y\rangle$가 주어진 내적공간이라 하자. W가 V의 부분공간일 때, W는 정의역을 $x, y \in \mathsf{W}$로 제한한, 같은 함수 $\langle x, y\rangle$가 주어진 내적공간이 된다.

1 앞서 A의 대각합을 $\text{tr}(A) = \sum_{i=1}^{n} A_{ii}$라 정의하였다.

예제 1, 예제 3, 예제 5는 내적공간의 예이기도 하다. 이제 6장에서 F^n 은 예제 1에서 정의한 표준 내적이 주어진 내적공간을 지칭하겠다. 또한 $\mathsf{M}_{n\times n}(F)$는 예제 5에서 정의한 프로베니우스 내적이 주어진 내적공간을 지칭하겠다.

같은 벡터공간에 서로 다른 내적을 주면 두 공간은 서로 다른 내적공간이 된다. 예를 들어 다음은 모두 벡터공간 $\mathsf{P}(R)$의 내적임을 쉽게 확인할 수 있다.

$$\langle f(x), g(x)\rangle_1 = \int_0^1 f(t)g(t)\,dt, \quad \langle f(x), g(x)\rangle_2 = \int_{-1}^1 f(t)g(t)\,dt$$

바탕이 되는 벡터공간이 같아도 두 내적은 서로 다른 내적공간을 만들어낸다. 예를 들어 다항식 $f(x)=x$, $g(x)=x^2$은 두 번째 내적공간에서 ($\langle f(x), g(x)\rangle = 0$이므로) 서로 수직이지만, 첫 번째 내적공간에서 서로 수직이 아니다.

$\mathsf{C}([0,1])$을 연상시키는 중요한 내적공간을 소개하겠다. 닫힌구간 $[0,2\pi]$에서 연속인 복소함수들로 이루어진 집합에 내적 $\langle f,g\rangle = \dfrac{1}{2\pi}\displaystyle\int_0^{2\pi} f(t)\overline{g(t)}\,dt$가 주어진 내적공간을 H라 표기한다. 이 내적공간은 아주 중요하다! 상수 $\dfrac{1}{2\pi}$이 곱해진 이유를 곧 알게 될 것이다. 물리학에서 자주 등장하는 내적공간 H는 6.2절부터 자세히 다룰 것이다.

지금은 복소함수의 적분에 대한 몇 가지 사실을 확인하고 넘어가자. 첫 번째로 허수 i는 적분기호에 대하여 상수로 취급한다. 두 번째로 모든 복소함수 f는 $f = f_1 + if_2$ 꼴로 표현된다. (이때, f_1, f_2는 실함수) 따라서 다음이 성립한다.

$$\int f\,dt = \int f_1\,dt + i\int f_2\,dt, \quad \overline{\int f\,dt} = \int \overline{f}\,dt$$

두 가지 사실과 H의 원소가 연속함수라는 가정으로부터 H가 내적공간임을 증명할 수 있다(연습문제 16(a)). 내적공간의 정의를 바탕으로 확인할 수 있는 몇 가지 성질을 소개한다.

정리 6.1 내적공간 V를 생각하자. 벡터 $x, y, z \in \mathsf{V}$와 스칼라 $c \in F$에 대하여 다음이 성립한다.

(1) $\langle x, y+z\rangle = \langle x,y\rangle + \langle x,z\rangle$

(2) $\langle x, cy\rangle = \overline{c}\langle x,y\rangle$

(3) $\langle x, \mathit{0}\rangle = \langle \mathit{0}, x\rangle = 0$

(4) $\langle x, x\rangle = 0 \iff x = \mathit{0}$

(5) 모든 $x \in \mathsf{V}$에 대하여 $\langle x,y\rangle = \langle x,z\rangle$이면 $y = z$이다.

증명 (1) 켤레복소수 성질을 이용하여 전개하면 다음과 같다.

$$\langle x, y+z\rangle = \overline{\langle y+z, x\rangle} = \overline{\langle y, x\rangle + \langle z, x\rangle}$$
$$= \overline{\langle y, x\rangle} + \overline{\langle z, x\rangle} = \langle x, y\rangle + \langle x, z\rangle$$

(2), (3), (4), (5)의 증명은 연습문제 6으로 남긴다. ◀

정리 6.1의 (1), (2)에서 내적은 두 번째 성분에 대하여 **켤레선형(conjugate linear)**임을 확인하라.

이제 $\mathbf{R}^3$ 에서 길이의 개념을 임의의 내적공간으로 일반화해 보자. 벡터 $x = (a, b, c) \in \mathbf{R}^3$ 의 길이가 $\sqrt{a^2+b^2+c^2} = \sqrt{\langle x, x\rangle}$ 로 주어지므로 다음과 같이 자연스럽게 정의할 수 있다.

정의 내적공간 V와 벡터 $x \in \mathsf{V}$에 대하여 x의 **노름(norm)** 또는 **길이(length)**를 $\|x\| = \sqrt{\langle x, x\rangle}$ 로 정의한다.

예제 6 $\mathsf{V} = \mathsf{F}^n$과 $x = (a_1, a_2 \ldots, a_n)$에 대하여 x의 유클리드 길이는 다음과 같이 정의한다.

$$\|x\| = \|(a_1, a_2 \ldots, a_n)\| = \left[\sum_{i=1}^{n} |a_i|^2\right]^{1/2}$$

$n = 1$일 때, $\|a\| = |a|$가 성립한다.

이미 예상했겠지만 $\mathbf{R}^3$ 의 유클리드 길이에서 성립하는 대표 성질은 일반적인 내적공간에서도 성립한다.

정리 6.2 F-내적공간 V와 임의의 벡터 $x, y \in \mathsf{V}$, 스칼라 $c \in F$에 대하여 다음이 성립한다.

(1) $\|cx\| = |c| \cdot \|x\|$

(2) $\|x\| = 0 \iff x = \mathit{0}$이다. 또한 모든 x에 대하여 $\|x\| \geq 0$이다.

(3) 코시-슈바르츠 부등식(Cauchy–Schwarz inequality) $|\langle x, y\rangle| \leq \|x\| \cdot \|y\|$

(4) 삼각 부등식(triangle inequality) $\|x+y\| \leq \|x\| + \|y\|$

증명 (1)과 (2)의 증명은 연습문제 7로 남긴다.

(3) $y = \mathit{0}$이면 당연히 성립한다. $y \neq \mathit{0}$이라 가정하자. 임의의 $c \in F$에 대하여 다음이 성립한다.

$$0 \leq \langle x - cy, x - cy\rangle = \langle x, x - cy\rangle - c\langle y, x - cy\rangle$$
$$= \langle x, x\rangle - \bar{c}\langle x, y\rangle - c\langle y, x\rangle + c\bar{c}\langle y, y\rangle$$

특히 $c = \dfrac{\langle x, y\rangle}{\langle y, y\rangle}$ 라 하면 $\bar{c}\langle x, y\rangle$, $c\langle y, x\rangle$, $c\bar{c}\langle y, y\rangle$ 는 모두 $\dfrac{\langle x, y\rangle\langle y, x\rangle}{\langle y, y\rangle} = \dfrac{|\langle x, y\rangle|^2}{\|y\|^2}$ 과 같다. 직전의 부등식을 다음과 같이 다시 나타낼 수 있다.

$$0 \le \langle x, x\rangle - \frac{|\langle x, y\rangle|^2}{\langle y, y\rangle} = \|x\|^2 - \frac{|\langle x, y\rangle|^2}{\|y\|^2}$$

따라서 (3)이 성립한다.

(4) (3)을 이용하여 $\|x+y\|^2$ 을 전개하자.

$$\begin{aligned}\|x+y\|^2 &= \langle x+y, x+y\rangle = \langle x, x\rangle + \langle y, x\rangle + \langle x, y\rangle + \langle y, y\rangle \\ &= \|x\|^2 + 2\Re\langle x, y\rangle + \|y\|^2 \\ &\le \|x\|^2 + 2|\langle x, y\rangle| + \|y\|^2 \\ &\le \|x\|^2 + 2\|x\|\cdot\|y\| + \|y\|^2 \\ &= (\|x\| + \|y\|)^2\end{aligned}$$

이때 $\Re\langle x, y\rangle$ 는 복소수 $\langle x, y\rangle$ 의 실수부를 의미한다. 따라서 (4)가 성립한다. ◀

정리 6.2의 (3), (4)에서 등호가 성립하는 경우는 연습문제 15에서 확인할 수 있다.

예제 7 표준 내적이 주어진 $\mathbf{F}^n$ 에 정리 6.2의 (3), (4)를 적용하면 잘 알려진 다음 부등식을 얻는다.

$$\left|\sum_{i=1}^{n} a_i\bar{b}_i\right| \le \left[\sum_{i=1}^{n}|a_i|^2\right]^{1/2}\left[\sum_{i=1}^{n}|b_i|^2\right]^{1/2}$$

$$\left[\sum_{i=1}^{n}|a_i+b_i|^2\right]^{1/2} \le \left[\sum_{i=1}^{n}|a_i|^2\right]^{1/2} + \left[\sum_{i=1}^{n}|b_i|^2\right]^{1/2}$$

여러분은 $\mathbf{R}^3$ 또는 $\mathbf{R}^2$ 의 벡터 x, y에 대하여 $\langle x, y\rangle = \|x\|\cdot\|y\|\cos\theta$가 성립함을 이미 학습했을 것이다. 이때, $\theta(0 \le \theta \le \pi)$는 x와 y 사이의 각을 나타낸다. $|\cos\theta| \le 1$이므로 바로 정리 6.2의 (3)을 유도할 수 있다. 영이 아닌 벡터 x, y가 서로 수직이기 위한 필요충분조건은 $\cos\theta = 0$이다. 이 조건은 다시 $\langle x, y\rangle = 0$과 동치이다.

이제 수직의 개념을 임의의 내적공간으로 일반화해 보자.

정의 내적공간 **V**를 생각하자. **V**의 벡터 x, y에 대하여 $\langle x, y\rangle = 0$이면 두 벡터는 **직교(orthogonal)** 또는 **수직(perpendicular)**이라고 정의한다. 또한,

1 **V**의 부분집합 S에 대하여 S에 속하는 서로 다른 임의의 두 벡터가 직교할 때, 집합 S를 **직교(orthogonal)집합**이라 한다.

2 $\|x\| = 1$인 벡터 $x \in$ **V**를 **단위벡터(unit vector)**라 한다.

3 **V**의 부분집합 S가 직교집합이고 단위벡터로만 이루어져 있을 때, 집합 S를 **정규직교(orthonormal)집합**이라 한다.

집합 $S = \{v_1, v_2, \ldots\}$가 정규직교집합이기 위한 필요충분조건은 $\langle v_i, v_j\rangle = \delta_{ij}$이다. 이때, δ_{ij}는 크로네커 델타(Kronecker delta)이다. 벡터에 영이 아닌 스칼라를 곱해도 직교성에 영향을 주지 않는다. 영이 아닌 임의의 벡터 x에 대하여 $\dfrac{x}{\|x\|}$는 단위벡터이다. 영이 아닌 벡터에 길이의 역수만큼의 스칼라를 곱하는 과정을 **정규화(normalizing)**라 한다.

예제 8 F^3에서 $\{(1,1,0), (1,-1,1), (-1,1,2)\}$는 영이 아닌 벡터들로 이루어진 직교집합이다. 그러나 이 집합은 정규직교집합이 아니다. 대신 이 집합의 벡터를 정규화하면 다음과 같은 정규직교 집합을 얻을 수 있다.

$$\left\{\frac{1}{\sqrt{2}}(1,1,0), \frac{1}{\sqrt{3}}(1,-1,1), \frac{1}{\sqrt{6}}(-1,1,2)\right\}$$

다음 예제에서 등장하는 무한 정규직교집합은 해석학에서 아주 중요하다. 6장의 예제에서 이 집합을 계속 다룰 것이다.

예제 9 (355쪽에서 정의한) 내적공간 **H**에 대하여 **H**의 중요한 정규직교 부분집합 S를 소개하겠다. 임의의 정수 n과 $0 \le t \le 2\pi$에 대하여 $f_n(t) = e^{int}$이라 정의하자.[2]

이제 $S = \{f_n : n\text{은 정수}\}$라 하자. S는 **H**의 부분집합이다. 임의의 실수 t에서 $\overline{e^{it}} = e^{-it}$임을 이용하면 $m \ne n$에 대하여 다음이 성립함을 보일 수 있다.

$$\begin{aligned}\langle f_m, f_n\rangle &= \frac{1}{2\pi}\int_0^{2\pi} e^{imt}\overline{e^{int}}\,dt = \frac{1}{2\pi}\int_0^{2\pi} e^{i(m-n)t}\,dt \\ &= \frac{1}{2\pi i(m-n)} e^{i(m-n)t}\Big|_0^{2\pi} = 0\end{aligned}$$

2 i는 $i^2 = -1$인 허수이며, 앞서 $e^{int} = \cos nt + i\sin nt$임을 다루었다.

또한 $\langle f_n, f_n \rangle = \frac{1}{2\pi}\int_0^{2\pi} e^{i(n-n)t}\,dt = \frac{1}{2\pi}\int_0^{2\pi} 1\,dt = 1$이다. 즉 $\langle f_m, f_n \rangle = \delta_{mn}$이다.

6.1 연습문제

1. 다음 명제의 참-거짓을 판정하라.

(a) 내적은 벡터 순서쌍에 대한 스칼라 함수(scalar–valued function)이다.

(b) 내적공간은 반드시 R-벡터공간 또는 C-벡터공간이다.

(c) 내적은 두 성분 모두에 대하여 선형이다.

(d) 벡터공간 R^n에는 단 하나의 내적만 존재한다.

(e) 삼각 부등식은 유한차원 내적공간에서만 성립한다.

(f) 정사각행렬만 켤레 전치행렬이 있다.

(g) 내적공간의 세 벡터 x, y, z에 대하여 $\langle x, y \rangle = \langle x, z \rangle$이면 $y = z$이다.

(h) 내적공간의 모든 벡터 x에 대하여 $\langle x, y \rangle = 0$이면 $y = \mathit{0}$이다.

2. 벡터공간 C^3의 두 벡터 $x = (2, 1+i, i)$, $y = (2-i, 2, 1+2i)$에 대하여 $\langle x, y \rangle$, $\|x\|$, $\|y\|$, $\|x+y\|$를 각각 계산하고, 코시-슈바르츠 부등식과 삼각 부등식이 성립함을 확인하라.

3. 함수공간 $\mathsf{C}([0,1])$의 두 함수 $f(t) = t$, $g(t) = e^t$에 대하여 (예제 3에서 정의한 방식으로) $\langle f, g \rangle$, $\|f\|$, $\|g\|$, $\|f+g\|$를 각각 계산하고, 코시-슈바르츠 부등식과 삼각 부등식이 성립함을 확인하라.

4. 다음 물음에 답하라.

(a) 예제 5의 $\mathsf{M}_{n\times n}(F)$에서 정의한 프로베니우스 내적 $\langle \cdot, \cdot \rangle$이 내적의 조건 2, 조건 3을 만족함을 보여라.

(b) 다음 두 행렬에 대하여 프로베니우스 내적을 사용하여 $\|A\|$, $\|B\|$, $\langle A, B \rangle$를 각각 계산하라.

$$A = \begin{pmatrix} 1 & 2+i \\ 3 & i \end{pmatrix}, \quad B = \begin{pmatrix} 1+i & 0 \\ i & -i \end{pmatrix}$$

5. 벡터공간 C^2과 행렬 $A = \begin{pmatrix} 1 & i \\ -i & 2 \end{pmatrix}$에 대하여 $\langle x, y \rangle = xAy^*$가 내적임을 보여라. 두 벡터 $x = (1-i, 2+3i)$, $y = (2+i, 3-2i)$에 대하여 $\langle x, y \rangle$를 계산하라.

6. 정리 6.1의 증명을 완성하라.

7. 정리 6.2의 증명을 완성하라.

8. 다음과 같이 주어진 벡터공간에서 주어진 연산은 내적이 될 수 없는 이유를 서술하라.

(a) $\mathbf{R}^2$에서 $\langle (a,b),(c,d)\rangle = ac - bd$

(b) $\mathbf{M}_{2\times 2}(R)$에서 $\langle A, B\rangle = \mathrm{tr}(A+B)$

(c) $\mathbf{P}(R)$에서 $\langle f(x), g(x)\rangle = \int_0^1 f'(t)g(t)\,dt$ (단, $'$은 미분)

9. 유한차원 내적공간의 기저 β에 대한 다음 명제가 참임을 보여라.

(a) 모든 $z \in \beta$에 대하여 $\langle x, z\rangle = 0$이면 $x = \mathit{0}$이다.

(b) 모든 $z \in \beta$에 대하여 $\langle x, z\rangle = \langle y, z\rangle$이면 $x = y$이다.

10. 내적공간 $\mathbf{V}$와 서로 수직인 두 벡터 x, $y \in \mathbf{V}$에 대하여 $\|x+y\|^2 = \|x\|^2 + \|y\|^2$임을 증명하고 이를 이용하여 $\mathbf{R}^2$에서 피타고라스 정리를 유도하라. 6.2절, 6.3절

11. 내적공간 $\mathbf{V}$에서 **평행사변형 법칙**을 증명하라. 즉 임의의 $x, y \in \mathbf{V}$에 대하여 다음이 성립함을 증명하라.

$$\|x+y\|^2 + \|x-y\|^2 = 2\|x\|^2 + 2\|y\|^2$$

$\mathbf{R}^2$의 평행사변형에서 이 등식이 의미하는 바를 나타내라.

12. $\mathbf{V}$의 직교집합 $\{v_1, v_2, \dots, v_k\}$와 스칼라 $a_1, a_2, \dots, a_k$에 대하여 $\left\|\sum_{i=1}^{k} a_i v_i\right\|^2 = \sum_{i=1}^{k} |a_i|^2 \|v_i\|^2$ 임을 증명하라. 6.6절, 6.11절

13. 벡터공간 $\mathbf{V}$의 서로 다른 내적 $\langle\cdot,\cdot\rangle_1$, $\langle\cdot,\cdot\rangle_2$에 대하여, $\langle\cdot,\cdot\rangle = \langle\cdot,\cdot\rangle_1 + \langle\cdot,\cdot\rangle_2$가 $\mathbf{V}$의 또 다른 내적임을 보여라.

14. $n \times n$ 행렬 A, B와 스칼라 c에 대하여, $(A+cB)^* = A^* + \bar{c}B^*$임을 증명하라.

15. 다음 물음에 답하라.

(a) 내적공간 $\mathbf{V}$에 대하여 $|\langle x, y\rangle| = \|x\|\cdot\|y\|$이기 위한 필요충분조건은 x , y 중 한 벡터가 다른 벡터의 스칼라 배임을 증명하라.

힌트 앞의 식이 성립하고, $y \neq \mathit{0}$일 때, $a = \dfrac{\langle x, y\rangle}{\|y\|^2}$, $z = x - ay$라 하자. y와 z가 직교하고

$|a| = \dfrac{\|x\|}{\|y\|}$ 임을 증명하라. 그 다음 연습문제 10의 결과를 $\|x\|^2 = \|ay + z\|^2$에 적용하여 $\|z\| = 0$ 임을 유도하라.

(b) 식 $\|x + y\| = \|x\| + \|y\|$에 대하여 (a)와 비슷한 결과를 유도하고 n개 벡터에 대한 결과로 일반화 하라.

16. 다음 물음에 답하라.

(a) 355쪽에서 정의한 내적 $\langle \cdot, \cdot \rangle$이 주어진 벡터공간 **H**가 내적공간임을 증명하라.

(b) $\mathbf{V} = \mathbf{C}([0,1])$에 대하여 두 함수의 연산을 $\langle f, g \rangle = \int_0^{\frac{1}{2}} f(t)g(t)\,dt$로 정의하자. 이 연산은 **V**의 내적인가?

17. 내적공간 **V**의 선형연산자 **T**를 생각하자. 모든 x에 대하여 $\|\mathbf{T}(x)\| = \|x\|$가 성립하면 **T**가 단사함수임을 증명하라.

18. F-벡터공간 **V**(이때, $F = R$ 또는 $F = C$)와 내적 $\langle \cdot, \cdot \rangle$가 주어진 F-내적공간 **W**를 생각하자. 선형변환 $\mathbf{T}\colon \mathbf{V} \to \mathbf{W}$에 대하여 $\langle x, y \rangle' = \langle \mathbf{T}(x), \mathbf{T}(y) \rangle$가 **V**의 내적이기 위한 필요충분조건은 **T**가 단사함수임을 증명하라.

19. 내적공간 **V**에 대하여 다음 명제가 참임을 보여라.

(a) 모든 $x, y \in \mathbf{V}$에 대하여 $\|x \pm y\|^2 = \|x\|^2 \pm 2\Re\langle x, y \rangle + \|y\|^2$이다. (단, $\Re\langle x, y \rangle$는 복소수 $\langle x, y \rangle$의 실수부)

(b) 모든 $x, y \in \mathbf{V}$에 대하여 $|\,\|x\| - \|y\|\,| \le \|x - y\|$이다.

20. F-내적공간 **V**와 모든 $x, y \in \mathbf{V}$에 대하여 다음 **극 항등식(polar identity)**을 증명하라.

(a) $F = R$일 때 $\langle x, y \rangle = \dfrac{1}{4}\|x + y\|^2 - \dfrac{1}{4}\|x - y\|^2$

(b) $F = C$일 때, $\langle x, y \rangle = \dfrac{1}{4}\displaystyle\sum_{k=1}^{4} i^k \|x + i^k y\|^2$ (단, $i^2 = -1$)

21. $n \times n$ 행렬 A에 대하여 $A_1 = \dfrac{1}{2}(A + A^*)$, $A_2 = \dfrac{1}{2i}(A - A^*)$라 정의할 때, 다음 물음에 답하라.

(a) $A_1^* = A_1$, $A_2^* = A_2$, $A = A_1 + iA_2$가 성립함을 증명하라. A_1과 A_2를 각각 행렬 A의 실수부와 허수부라 정의하는 것은 타당한가?

(b) $n \times n$ 행렬 A에 대하여 (a)의 표현이 유일함을 증명하라. 즉 $A = B_1 + iB_2$일 때, $B_1 = A_1$, $B_2 = A_2$임을 증명하라. (단, $B_1^* = B_1$, $B_2^* = B_2$)

22. 실벡터공간 또는 복소벡터공간 V(무한차원일수도 있다)와 (V의) 기저 β를 생각하자. $x, y \in \mathsf{V}$에 대하여 $x = \sum_{i=1}^{n} a_i v_i$, $y = \sum_{i=1}^{n} b_i v_i$ 인 $v_1, v_2, \ldots, v_n \in \beta$가 존재한다. $\langle x, y \rangle = \sum_{i=1}^{n} a_i \bar{b}_i$라 정의하자. 다음 명제가 참임을 보여라.

(a) $\langle \cdot, \cdot \rangle$는 V의 내적이고 β는 V의 정규직교기저이다. 즉 모든 실벡터공간이나 복소벡터공간은 내적공간으로 생각할 수 있다.

(b) $\mathsf{V} = \mathsf{R}^n$ 또는 $\mathsf{V} = \mathsf{C}^n$이고 β가 표준 순서기저이면 위에서 정의한 내적은 표준 내적이다.

23. $\mathsf{V} = \mathsf{F}^n$과 $A \in \mathsf{M}_{n \times n}(F)$에 대한 다음 물음에 답하라.

(a) 모든 $x, y \in \mathsf{V}$에 대하여 $\langle x, Ay \rangle = \langle A^*x, y \rangle$임을 증명하라.

(b) 어떤 $B \in \mathsf{M}_{n \times n}(F)$와 모든 $x, y \in \mathsf{V}$에 대하여 $\langle x, Ay \rangle = \langle Bx, y \rangle$가 성립한다고 가정하자. $B = A^*$임을 증명하라.

(c) V의 표준 순서기저 α와 V의 정규직교기저 β, 각 열이 β의 벡터인 $n \times n$ 행렬 Q에 대하여 $Q^* = Q^{-1}$임을 증명하라.

(d) V의 선형연산자 T, U를 각각 $\mathsf{T}(x) = Ax$, $\mathsf{U}(x) = A^*x$라 정의하자. 임의의 (V의) 정규직교기저 β에 대하여 $[\mathsf{U}]_\beta = [\mathsf{T}]_\beta^*$임을 증명하라.

24. 내적 $\langle \cdot, \cdot \rangle$가 주어진 복소내적공간 V를 생각하자. 임의의 $x, y \in \mathsf{V}$에 대하여 복소수 $\langle x, y \rangle$의 실수부를 $[x, y]$라 하면 $[\cdot, \cdot]$는 실함수이다. V를 R-벡터공간으로 볼 때 $[\cdot, \cdot]$는 V의 내적임을 증명하라. 또한 모든 $x \in \mathsf{V}$에 대하여 $[x, ix] = 0$임을 증명하라.

25. C-벡터공간 V를 생각하자. V를 R-벡터공간으로 볼 때, $[\cdot, \cdot]$가 V의 실내적(real inner product)이고 모든 $x \in \mathsf{V}$에 대하여 $[x, ix] = 0$이 성립한다고 가정하자. 또한 모든 $x, y \in \mathsf{V}$에 대하여 복소함수 $\langle \cdot, \cdot \rangle$를 $\langle x, y \rangle = [x, y] + i[x, iy]$라 정의하자. $\langle \cdot, \cdot \rangle$는 V의 복소내적(complex inner product)임을 증명하라.

26~30. 다음 정의를 이용하여 문제를 풀어 보자.

> **정의** F-벡터공간 V를 생각하자. (이때, $F = R$ 또는 $F = C$) V가 내적공간인지 여부와 관계없이 **노름(norm)** $\|\cdot\|_{\mathsf{V}}$를 다음 세 가지 성질을 만족하고 V를 정의역으로 하는 실함수(real-valued function)로 정의할 수 있다.
>
> 모든 $x, y \in \mathsf{V}$와 $a \in F$에 대하여,
>
> **1** $\|x\|_{\mathsf{V}} \geq 0$이다. $\|x\|_{\mathsf{V}} = 0$이기 위한 필요충분조건은 $x = \mathit{0}$이다.
>
> **2** $\|ax\|_{\mathsf{V}} = |a| \cdot \|x\|_{\mathsf{V}}$

3 $\|x+y\|_{\mathsf{V}} \le \|x\|_{\mathsf{V}} + \|y\|_{\mathsf{V}}$

26. 주어진 벡터공간 V에 대하여 주어진 함수가 노름임을 증명하라.

(a) $\mathsf{V} = \mathsf{R}^2$, 모든 $(a,b) \in \mathsf{V}$에 대하여 $\|(a,b)\|_{\mathsf{V}} = |a| + |b|$

(b) $\mathsf{V} = \mathsf{C}([0,1])$, 모든 $f \in \mathsf{V}$에 대하여 $\|f\|_{\mathsf{V}} = \max_{t\in[0,1]} |f(t)|$

(c) $\mathsf{V} = \mathsf{C}([0,1])$, 모든 $f \in \mathsf{V}$에 대하여 $\|f\|_{\mathsf{V}} = \int_0^1 |f(t)|\,dt$

(d) $\mathsf{V} = \mathsf{M}_{m\times n}(F)$, 모든 $A \in \mathsf{V}$에 대하여 $\|A\|_{\mathsf{V}} = \max_{i,j} |A_{ij}|$

27. 노름이 연습문제 26(a)에서 정의한 것과 같다고 하자. 연습문제 11의 결과를 사용하여 다음 명제가 참임을 보여라.

모든 $x \in \mathsf{R}^2$에 대하여 $\|x\|_{\mathsf{V}}^2 = \langle x, x\rangle$인 ($\mathsf{R}^2$의) 내적 $\langle\cdot,\cdot\rangle$이 존재하지 않는다.

28. 벡터공간 V의 노름 $\|\cdot\|_{\mathsf{V}}$와 벡터로 이루어진 순서쌍에 대하여 스칼라 $d(x,y) = \|x-y\|_{\mathsf{V}}$를 x와 y 사이의 **거리(distance)**라 정의한다. 모든 $x, y, z \in \mathsf{V}$에 대하여 다음이 성립함을 증명하라.

(a) $d(x,y) \ge 0$

(b) $d(x,y) = d(y,x)$

(c) $d(x,y) \le d(x,z) + d(z,y)$

(d) $d(x,x) = 0$

(e) $x \ne y$일 때, $d(x,y) \ne 0$

29. 연습문제 11에서 다룬 평행사변형 법칙을 만족하는 (실벡터공간 V의) 노름 $\|\cdot\|_{\mathsf{V}}$를 생각하자. x, y에 대하여 $\langle x,y\rangle$를 다음과 같이 정의하자.

$$\langle x,y\rangle = \frac{1}{4}\left[\|x+y\|_{\mathsf{V}}^2 - \|x-y\|_{\mathsf{V}}^2\right]$$

$\langle\cdot,\cdot\rangle$은 모든 $x \in \mathsf{V}$에 대하여 $\|x\|_{\mathsf{V}}^2 = \langle x,x\rangle$를 만족하는 내적임을 증명하라.

힌트 $\langle\cdot,\cdot\rangle$이 내적이 됨을 다음 순서를 따라 증명하라.

(a) 모든 $x, y \in \mathsf{V}$에 대하여 $\langle x, 2y\rangle = 2\langle x,y\rangle$임을 증명하라.

(b) 모든 $x, u, y \in \mathsf{V}$에 대하여 $\langle x+u, y\rangle = \langle x,y\rangle + \langle u,y\rangle$임을 증명하라.

(c) 모든 자연수 n과 모든 $x, y \in \mathsf{V}$에 대하여 $\langle nx, y \rangle = n \langle x, y \rangle$임을 증명하라.

(d) 모든 자연수 m과 모든 $x, y \in \mathsf{V}$에 대하여 $m \left\langle \frac{1}{m}x, y \right\rangle = \langle x, y \rangle$임을 증명하라.

(e) 모든 유리수 r와 모든 $x, y \in \mathsf{V}$에 대하여 $\langle rx, y \rangle = r \langle x, y \rangle$임을 증명하라.

(f) 모든 $x, y \in \mathsf{V}$에 대하여 $|\langle x, y \rangle| \le \|x\|_{\mathsf{V}} \|y\|_{\mathsf{V}}$임을 증명하라. (노름의 정의 중 조건 3이 유용할 것이다.)

(g) 모든 $c \in R$, 모든 유리수 r, 모든 $x, y \in \mathsf{V}$에 대하여 다음이 성립함을 보여라.

$$\begin{aligned} |c \langle x, y \rangle - \langle cx, y \rangle| &= |(c-r) \langle x, y \rangle - \langle (c-r)x, y \rangle| \\ &\le 2|c-r| \|x\|_{\mathsf{V}} \|y\|_{\mathsf{V}} \end{aligned}$$

(h) 임의의 $c \in R$에 대하여 $|c - r|$의 값을 얼마든지 작게 만드는 유리수 r가 존재한다는 사실을 이용하여 **내적(inner product)**의 정의 중 조건 2를 만족함을 보여라.

30. 연습문제 11에서 다룬 평행사변형 법칙을 만족하는 복소벡터공간 V의 노름 $\|\cdot\|_{\mathsf{V}}$(362쪽)를 생각하자. 모든 $x \in \mathsf{V}$에 대하여 $\|x\|_{\mathsf{V}}^2 = \langle x, x \rangle$를 만족하는 ($\mathsf{V}$의) 내적 $\langle \cdot, \cdot \rangle$이 존재함을 증명하라.

힌트 V를 R-벡터공간으로 생각하고 연습문제 25의 결과를 적용하라.

6.2 그람-슈미트 직교화와 직교여공간

이전 장에서는 C^n과 R^n의 표준 순서기저에 특별한 역할이 있음을 살펴보았다. 표준 순서기저는 벡터들이 정규직교집합을 이루기 때문에 특별한 성질을 지닌다. 벡터공간을 구성하는 기본 조각이 기저라면, 내적공간을 구성하는 기본 조각은 정규직교집합인 기저이다. 이제 이러한 기저에 이름을 붙이자.

정의 내적공간 V의 부분집합이 정규직교집합인 순서기저일 때, 이 부분집합을 **정규직교기저(orthonormal basis)**라 한다.

예제 1 F^n의 표준 순서기저는 F^n의 정규직교기저이다.

예제 2 집합 $\left\{\left(\frac{1}{\sqrt{5}}, \frac{2}{\sqrt{5}}\right), \left(\frac{2}{\sqrt{5}}, \frac{-1}{\sqrt{5}}\right)\right\}$은 $\mathbf{R}^2$의 정규직교기저이다.

다음 정리와 따름정리는 정규직교집합과, 특히 정규직교기저가 중요한 이유를 설명한다.

정리 6.3 내적공간 $\mathbf{V}$와 영이 아닌 벡터로 이루어진 ($\mathbf{V}$의) 직교 부분집합 $S = \{v_1, v_2, \ldots, v_k\}$를 생각하자. $y \in \text{span}(S)$에 대하여 다음이 성립한다.

$$y = \sum_{i=1}^{k} \frac{\langle y, v_i \rangle}{\|v_i\|^2} v_i$$

증명 $a_1, a_2, \ldots, a_k \in F$에 대하여 $y = \sum_{i=1}^{k} a_i v_i$라 하자. $1 \leq j \leq k$일 때 $\langle y, v_j \rangle$는 다음과 같이 나타낼 수 있다.

$$\langle y, v_j \rangle = \left\langle \sum_{i=1}^{k} a_i v_i, v_j \right\rangle = \sum_{i=1}^{k} a_i \langle v_i, v_j \rangle = a_j \langle v_j, v_j \rangle = a_j \|v_j\|^2$$

$a_j = \frac{\langle y, v_j \rangle}{\|v_j\|^2}$이므로 $y = \sum_{i=1}^{k} a_i v_i$에 대입하면 원하는 결과를 얻는다. ◀

정리 6.3에서 바로 따름정리를 이끌어낼 수 있다.

따름정리 1 정리 6.3에 S가 정규직교집합이라는 조건을 추가하자. $y \in \text{span}(S)$일 때, 다음이 성립한다.

$$y = \sum_{i=1}^{k} \langle y, v_i \rangle v_i$$

$\mathbf{V}$가 유한 정규직교기저를 가지면 따름정리 1을 이용하여 일차결합의 계수를 쉽게 계산할 수 있다 (예제 3).

따름정리 2 내적공간 $\mathbf{V}$와 영이 아닌 벡터로 이루어진 ($\mathbf{V}$의) 직교 부분집합 S를 생각하자. 집합 S는 일차독립이다.

증명 $v_1, v_2, \ldots, v_k \in S$이고 $\sum_{i=1}^{k} a_i v_i = \mathit{0}$이라 가정하자. 정리 6.3의 증명에서 $y = \mathit{0}$이라 생각하면 모든 j에 대하여 $a_j = \frac{\langle \mathit{0}, v_j \rangle}{\|v_j\|^2} = 0$이다. 따라서 S는 일차독립이다. ◀

예제 3 6.1절 예제 8에서 얻은 정규직교집합 $\left\{\frac{1}{\sqrt{2}}(1,1,0), \frac{1}{\sqrt{3}}(1,-1,1), \frac{1}{\sqrt{6}}(-1,1,2)\right\}$는 따름정리 2에 의해 $\mathbf{R}^3$의 정규직교기저이다. $x=(2,1,3)$에 대하여 이 기저의 일차결합의 계수를 구하자.

정리 6.3의 따름정리 1을 사용하면 다음과 같이 구할 수 있다.

$$a_1 = \frac{1}{\sqrt{2}}(2+1) = \frac{3}{\sqrt{2}}, \quad a_2 = \frac{1}{\sqrt{3}}(2-1+3) = \frac{4}{\sqrt{3}}, \quad a_3 = \frac{1}{\sqrt{6}}(-2+1+6) = \frac{5}{\sqrt{6}}$$

검산하면 $(2,1,3) = \frac{3}{2}(1,1,0) + \frac{4}{3}(1,-1,1) + \frac{5}{6}(-1,1,2)$임을 알 수 있다.

따름정리 2에 의해 6.1절의 벡터공간 **H**는 일차독립인 무한집합을 포함한다. 즉 **H**는 유한차원 벡터공간이 아니다.

아직 모든 유한차원 내적공간이 정규직교기저를 가짐을 증명하지 않았다. 정리 6.4는 이를 증명하는데 결정적인 역할을 한다. 임의로 주어진 일차독립인 집합과 동일한 부분공간을 생성하는 직교집합을 얻는 방법을 설명하기 때문이다.

정리를 서술하기 전에 간단한 예를 살펴보자. 내적공간의 일차독립인 부분집합 $\{w_1, w_2\}$를 생각하자.[3] 집합 $\{w_1, w_2\}$와 같은 부분공간을 생성하는 직교집합을 얻고자 한다. 그림 6.1은 $v_1 = w_1$, $v_2 = w_2 - cw_1$로 이루어진 집합 $\{v_1, v_2\}$가 이러한 조건을 만족함을 설명한다. 이때, c는 v_2가 w_1에 수직이 되도록 고른 것이다.

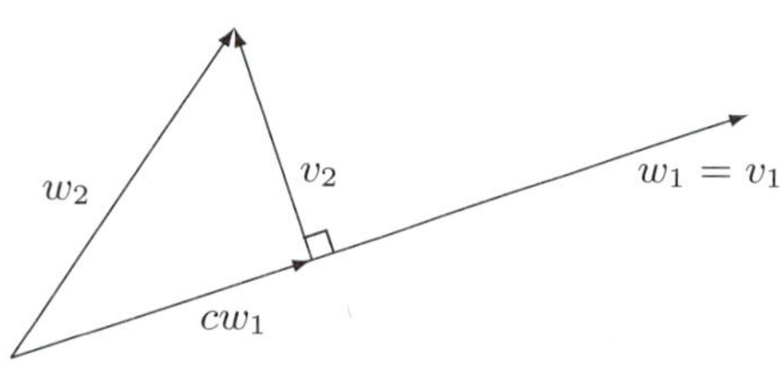

[그림 6.1] 일차독립인 집합에서 직교집합을 얻는 방법

상수 c의 값을 구하려면 다음 방정식을 풀어야 한다.

$$0 = \langle v_2, w_1 \rangle = \langle w_2 - cw_1, w_1 \rangle = \langle w_2, w_1 \rangle - c\langle w_1, w_1 \rangle$$

즉 $c = \frac{\langle w_2, w_1 \rangle}{\|w_1\|^2}$이다. 따라서 $v_2 = w_2 - \frac{\langle w_2, w_1 \rangle}{\|w_1\|^2} w_1$이다. 일차독립인 부분집합과 같은 공간을

3 이 집합은 어떤 2차원 부분공간의 기저이다.

생성하는 직교집합을 얻는 이 과정은 이제 임의의 일차독립인 유한 부분집합으로 확장할 수 있다. 다음 정리를 살펴보자.

> **정리 6.4** 내적공간 **V**의 일차독립인 부분집합 $S = \{w_1, w_2, \ldots, w_n\}$에 대하여 집합 $S' = \{v_1, v_2, \ldots, v_n\}$을 다음과 같이 정의하자.
>
> $$v_1 = w_1, \quad v_k = w_k - \sum_{j=1}^{k-1} \frac{\langle w_k, v_j \rangle}{\|v_j\|^2} v_j \quad (\text{단, } 2 \le k \le n) \tag{6.1}$$
>
> 이때 S'은 $\text{span}(S') = \text{span}(S)$이고 영이 아닌 벡터로 이루어진 직교집합이다.

증명 집합 S를 구성하는 벡터의 개수 n에 대한 수학적 귀납법을 사용하자.

$k = 1, 2, \ldots, n$에 대하여 $S_k = \{w_1, w_2, \ldots, w_k\}$라 하자.

$n = 1$일 때 $S_1' = S_1$이라 하면 증명이 끝난다. 즉 $v_1 = w_1 \neq \mathit{0}$이다.

(6.1)을 반복하여 얻은 집합 $S_{k-1}' = \{v_1, v_2, \ldots, v_{k-1}\}$이 조건을 만족한다고 가정하자. 집합 $S_k' = \{v_1, v_2, \ldots, v_{k-1}, v_k\}$도 조건을 만족함을 보일 것이다. 이때, v_k는 집합 S_{k-1}'에 (6.1)을 적용하여 얻은 벡터이다.

$v_k = \mathit{0}$이면 (6.1)은 $w_k \in \text{span}(S_{k-1}') = \text{span}(S_{k-1})$을 뜻하며 S_k가 일차독립이란 가정에 모순이다. $1 \le i \le k-1$에 대하여 (6.1)로부터 다음 관계식을 얻는다.

$$\langle v_k, v_i \rangle = \langle w_k, v_i \rangle - \sum_{j=1}^{k-1} \frac{\langle w_k, v_j \rangle}{\|v_j\|^2} \langle v_j, v_i \rangle = \langle w_k, v_i \rangle - \frac{\langle w_k, v_i \rangle}{\|v_i\|^2} \|v_i\|^2 = 0$$

위 식이 성립하는 이유는 귀납법의 가정에서 S_{k-1}'이 직교집합이므로 $i \neq j$일 때 $\langle v_j, v_i \rangle = 0$이기 때문이다. 즉 S_k'은 영이 아닌 벡터로 이루어진 직교집합이다. (6.1)에 따르면 $\text{span}(S_k') \subseteq \text{span}(S_k)$가 성립한다. 정리 6.3의 따름정리 2에 의해 S_k'는 일차독립이다. 즉 $\dim(\text{span}(S_k')) = \dim(\text{span}(S_k)) = k$이므로 $\text{span}(S_k') = \text{span}(S_k)$이다. ◀

정리 6.4에서 보인 $\{v_1, v_2, \ldots, v_n\}$을 얻는 방법을 **그람-슈미트 직교화(Gram-Schmidt process)**라 한다.

예제 4 벡터공간 $\mathbf{R}^4$의 세 벡터 $w_1 = (1, 0, 1, 0)$, $w_2 = (1, 1, 1, 1)$, $w_3 = (0, 1, 2, 1)$을 생각하자. 집합 $\{w_1, w_2, w_3\}$은 일차독립이다. 그람-슈미트 직교화를 이용하면 서로 직교하는 세 벡터 v_1, v_2, v_3을 얻고, 정규화하면 정규직교집합을 얻는다.

$v_1 = w_1 = (1,0,1,0)$이라 하자. v_2는 다음과 같이 구한다.

$$\begin{aligned} v_2 &= w_2 - \frac{\langle w_2, v_1\rangle}{\|v_1\|^2}v_1 \\ &= (1,1,1,1) - \frac{2}{2}(1,0,1,0) = (0,1,0,1) \end{aligned}$$

v_3은 다음과 같이 구한다.

$$\begin{aligned} v_3 &= w_3 - \frac{\langle w_3, v_1\rangle}{\|v_1\|^2}v_1 - \frac{\langle w_3, v_2\rangle}{\|v_2\|^2}v_2 \\ &= (0,1,2,1) - \frac{2}{2}(1,0,1,0) - \frac{2}{2}(0,1,0,1) = (-1,0,1,0) \end{aligned}$$

이 벡터를 정규화하면 정규직교기저 $\{u_1, u_2, u_3\}$를 얻는다. 이때, u_1, u_2, u_3는 다음과 같다.

$$u_1 = \frac{1}{\|v_1\|}v_1 = \frac{1}{\sqrt{2}}(1,0,1,0),\ u_2 = \frac{1}{\|v_2\|}v_2 = \frac{1}{\sqrt{2}}(0,1,0,1),\ u_3 = \frac{v_3}{\|v_3\|} = \frac{1}{\sqrt{2}}(-1,0,1,0)$$

예제 5 내적 $\langle f(x), g(x)\rangle = \int_{-1}^{1} f(t)g(t)\,dt$가 주어진 벡터공간 $\mathbf{V} = \mathbf{P}(R)$의 부분공간 $\mathbf{P}_2(R)$와 표준 순서기저 β를 생각하자. 그람–슈미트 직교화를 사용하여 β를 ($\mathbf{P}_2(R)$의) 직교기저 $\{v_1, v_2, v_3\}$으로 바꾸고 직교기저를 이용하여 $\mathbf{P}_2(R)$의 정규직교기저를 구하려 한다.

$v_1 = 1$이라 하자. $\|v_1\|^2 = \int_{-1}^{1} 1^2\,dt = 2$이고 $\langle x, v_1\rangle = \int_{-1}^{1} t\cdot 1\,dt = 0$이다. 따라서 v_2는 다음과 같다.

$$v_2 = x - \frac{\langle v_1, x\rangle}{\|v_1\|^2}v_1 = x - \frac{0}{2}\cdot 1 = x$$

또한 $\langle x^2, v_1\rangle = \int_{-1}^{1} t^2\cdot 1\,dt = \frac{2}{3}$, $\langle x^2, v_2\rangle = \int_{-1}^{1} t^2\cdot t\,dt = 0$이므로 v_3은 다음과 같다.

$$\begin{aligned} v_3 &= x^2 - \frac{\langle x^2, v_1\rangle}{\|v_1\|^2}v_1 - \frac{\langle x^2, v_2\rangle}{\|v_2\|^2}v_2 \\ &= x^2 - \frac{1}{3}\cdot 1 - 0\cdot x = x^2 - \frac{1}{3} \end{aligned}$$

따라서 $\mathbf{P}_2(R)$의 직교기저는 $\left\{1, x, x^2 - \frac{1}{3}\right\}$이다. 정규직교기저를 얻기 위해 v_1, v_2, v_3을 정규화하면 다음과 같다.

$$u_1 = \frac{1}{\sqrt{\int_{-1}^{1} 1^2\, dt}} = \frac{1}{\sqrt{2}}, \quad u_2 = \frac{x}{\sqrt{\int_{-1}^{1} t^2\, dt}} = \sqrt{\frac{3}{2}}\, x, \quad u_3 = \frac{v_3}{\|v_3\|} = \sqrt{\frac{5}{8}}\,(3x^2 - 1)$$

따라서 $\{u_1, u_2, u_3\}$은 $\mathsf{P}_2(R)$의 정규직교기저이다.

$\mathsf{P}(R)$의 기저 $\{1, x, x^2, \ldots\}$에 그람–슈미트 직교화를 반복하면 직교기저 $\{v_1, v_2, v_3 \ldots\}$을 얻을 수 있다. 각 n에 대하여, 다항식 $\dfrac{v_k}{v_k(1)}$를 k차 **르장드르 다항식(Legendre polynomial)**이라 한다. 예제 5에서 처음 세 르장드르 다항식은 1, x, $\dfrac{1}{2}(3x^2 - 1)$이다. 르장드르 다항식의 집합은 $\mathsf{P}(R)$의 직교기저이다.

다음 결과는 주어진 벡터를 정규직교기저의 일차결합으로 나타내는 간단한 방법을 설명한다.

> **정리 6.5** 점공간이 아닌 유한차원 내적공간 V는 정규직교기저 β를 포함한다. 특히, $\beta = \{v_1, v_2, \ldots, v_n\}$일 때, $x \in \mathsf{V}$에 대하여 $x = \sum_{i=1}^{n} \langle x, v_i \rangle\, v_i$이다.

증명 V의 한 순서기저를 β_0이라 하자. 정리 6.4를 사용하여 직교집합 β'을 얻을 수 있고, $\text{span}(\beta') = \text{span}(\beta_0) = \mathsf{V}$이다. β'의 각 벡터를 정규화하면 V를 생성하는 정규직교집합 β를 얻을 수 있다. 정리 6.3의 따름정리 2에 의해 β는 일차독립이므로 β는 V의 정규직교기저이다. 정리의 나머지 부분은 정리 6.3의 따름정리 1에 의해 유도된다. ◀

예제 6 정리 6.5를 사용하여 다항식 $f(x) = 1 + 2x + 3x^2$을 (예제 5의) $\mathsf{P}_2(R)$의 정규직교기저 $\{u_1, u_2, u_3\}$의 일차결합으로 나타내 보자.

$$\langle f(x), u_1 \rangle = \int_{-1}^{1} \frac{1}{\sqrt{2}}(1 + 2t + 3t^2)\, dt = 2\sqrt{2}$$
$$\langle f(x), u_2 \rangle = \int_{-1}^{1} \sqrt{\frac{3}{2}}\, t(1 + 2t + 3t^2)\, dt = \frac{2\sqrt{6}}{3}$$
$$\langle f(x), u_3 \rangle = \int_{-1}^{1} \sqrt{\frac{5}{8}}(3t^2 - 1)(1 + 2t + 3t^2)\, dt = \frac{2\sqrt{10}}{5}$$

따라서 $f(x) = 2\sqrt{2}\, u_1 + \dfrac{2\sqrt{6}}{3}\, u_2 + \dfrac{2\sqrt{10}}{5}\, u_3$이다.

정리 6.5를 이용하면 선형연산자의 정규직교기저에 대한 행렬표현의 성분을 쉽게 구할 수 있다.

따름정리 정규직교기저 $\beta = \{v_1, v_2, \ldots, v_n\}$을 포함한 유한차원 내적공간 **V**와 (**V**의) 선형연산자 **T**를 생각하자. $A = [\mathsf{T}]_\beta$일 때 임의의 i, j에 대하여 $A_{ij} = \langle \mathsf{T}(v_j), v_i \rangle$이다.

증명 정리 6.5에 의해 $\mathsf{T}(v_j) = \sum_{i=1}^{n} \langle \mathsf{T}(v_j), v_i \rangle v_i$이다. 즉 $A_{ij} = \langle \mathsf{T}(v_j), v_i \rangle$이다. ◀

정리 6.5에 등장한 스칼라 $\langle x, v_i \rangle$는 특별한 내적공간을 다룰 때 집중적으로 공부할 것이다. $v_1, v_2, \ldots, v_n$은 정규직교기저에 속하는 벡터이지만 보편적인 내적공간에서 정규직교집합 β와 연관된 용어를 하나 소개하고자 한다.

정의 내적공간 **V**의 정규직교 부분집합 β(무한집합일수도 있다)와 $x \in \mathbf{V}$를 생각하자. $y \in \beta$일 때 스칼라 $\langle x, y \rangle$를 β에 대한 x의 **푸리에 계수(Fourier coefficient)**라 한다.

19세기 전반기에 프랑스 수학자 장 바티스트 조제프 푸리에(Jean Baptiste Joseph Fourier)는 함수 f에 대하여 다음 형태의 스칼라를 연구하였다.

$$\int_0^{2\pi} f(t) \sin nt \, dt, \quad \int_0^{2\pi} f(t) \cos nt \, dt$$

복소함수인 경우에는 이렇게 표현할 수도 있다.

$$c_n = \frac{1}{2\pi} \int_0^{2\pi} f(t) e^{-int} \, dt$$

6.1절 예제 9에서 $f_n(t) = e^{int}$에 대하여 $c_n = \langle f, f_n \rangle$임을 확인하였다. 즉 c_n은 S에 대한 (연속함수) $f \in \mathbf{V}$의 n번째 푸리에 계수이다. 계수 c_n은 이 함수의 고전적인 푸리에 계수이고, 관련 연구자료도 많다. 푸리에 계수를 자세히 살펴보자.

예제 7 집합 $S = \{e^{int} : n\text{은 정수}\}$를 생각하자. 6.1절 예제 9에서 S는 **H**의 정규직교집합임을 보였다. S에 대한 $f(t) = t$의 푸리에 계수를 계산해 보자. $n \neq 0$일 때 부분적분법을 사용하면 $\langle f, f_n \rangle$의 값은 다음과 같다.

$$\langle f, f_n \rangle = \frac{1}{2\pi} \int_0^{2\pi} t\overline{e^{int}} \, dt = \frac{1}{2\pi} \int_0^{2\pi} te^{-int} \, dt = \frac{-1}{in}$$

또한 $n = 0$일 때 $\langle f, 1 \rangle = \dfrac{1}{2\pi} \displaystyle\int_0^{2\pi} t(1) \, dt = \pi$이다.

연습문제 16의 결과를 함께 적용하면 어떤 특별한 무한급수의 값의 상한을 얻을 수 있다. 모든 k에 대하여 다음 관계식이 성립한다.

$$
\begin{aligned}
\|f\|^2 &\geq \sum_{n=-k}^{-1} |\langle f, f_n\rangle|^2 + |\langle f, 1\rangle|^2 + \sum_{n=1}^{k} |\langle f, f_n\rangle|^2 \\
&= \sum_{n=-k}^{-1} \frac{1}{n^2} + \pi^2 + \sum_{n=1}^{k} \frac{1}{n^2} \\
&= 2\sum_{n=1}^{k} \frac{1}{n^2} + \pi^2
\end{aligned}
$$

또한 $\|f\|^2 = \frac{4}{3}\pi^2$ 이므로 $\frac{4}{3}\pi^2 \geq 2\sum_{n=1}^{k} \frac{1}{n^2} + \pi^2$ 또는 $\frac{\pi^2}{6} \geq \sum_{n=1}^{k} \frac{1}{n^2}$ 을 얻는다. 이 부등식은 모든 k에 대하여 성립하므로 $k \to \infty$일 때 다음 부등식을 얻는다.

$$\frac{\pi^2}{6} \geq \sum_{n=1}^{\infty} \frac{1}{n^2}$$

f를 다른 함수로 바꾸어 계산하면 다양한 결과를 얻을 수 있다.

이제 직교여공간을 학습할 준비를 마쳤다.

정의 내적공간 V의 공집합이 아닌 부분집합 S에 대하여, S의 모든 벡터와 수직인 (V의) 벡터의 집합을 $S^\perp$라 하자.[4] 즉 $S^\perp = \{x \in \mathsf{V}\colon$ 모든 $y \in S$에 대하여 $\langle x, y\rangle = 0\}$이다. 집합 $S^\perp$를 S의 **직교여공간(orthogonal complement)**이라 한다.

V의 임의의 부분집합 S에 대하여 $S^\perp$는 V의 부분공간임을 쉽게 보일 수 있다.

예제 8 임의의 내적공간 V에 대하여 $\{0\}^\perp = \mathsf{V}$이고 $\mathsf{V}^\perp = \{0\}$이다. 증명은 여러분의 몫으로 남긴다.

예제 9 $\mathsf{V} = \mathsf{R}^3$, $S = \{e_3\}$에 대하여 $S^\perp$는 xy평면이다(연습문제 5).

연습문제 18은 무한차원 벡터공간에서 볼 수 있는 흥미로운 직교여공간을 다룬다.

4 기호 $S^\perp$는 'S perp'라 읽는다.

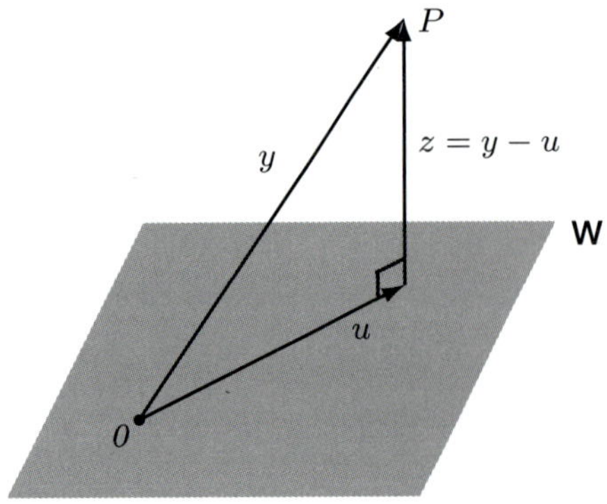

[그림 6.2] $\mathbf{R}^3$에서 점 P와 평면 **W** 사이의 거리

$\mathbf{R}^3$에서 점 P와 평면 **W** 사이의 거리를 구하는 문제를 생각하자(그림 6.2). 이러한 문제는 다양한 상황에서 등장한다. 두 점 0, P로 결정되는 벡터를 y라 하면 주어진 문제를 다음과 같이 다시 나타낼 수 있다.

W의 벡터 중 y와 가장 가까운 벡터 u를 찾아라.

이때, 구하려는 거리는 $\|y-u\|$이다. 그림에서 확인할 수 있듯이 벡터 $z=y-u$는 **W**의 모든 벡터와 수직이다. 즉 $z \in \mathbf{W}^{\perp}$이다.

다음 정리는 **W**가 내적공간의 유한차원 부분공간일 때, 벡터 u를 찾는 실용적인 방법을 알려준다.

정리 6.6 내적공간 **V**의 유한차원 부분공간 **W**와 벡터 $y \in \mathbf{V}$에 대하여 $y=u+z$인 유일한 벡터 $u \in \mathbf{W}$와 $z \in \mathbf{W}^{\perp}$가 존재한다. 또한 $\{v_1, v_2, \ldots, v_k\}$가 **W**의 정규직교기저일 때, 다음이 성립한다.

$$u = \sum_{i=1}^{k} \langle y, v_i \rangle v_i$$

증명 **W**의 정규직교기저 $\{v_1, v_2, \ldots, v_k\}$와 앞서 서술한 벡터 u에 대하여 $z=y-u$라 하자. $u \in \mathbf{W}$, $y=u+z$이다.

$z \in \mathbf{W}^{\perp}$임을 보이고자 한다. 연습문제 7로부터 z가 각 v_j에 수직임을 보이면 충분하다. 임의의 j에 대하여 다음이 성립한다.

$$\begin{aligned}\langle z, v_j \rangle &= \left\langle \left(y - \sum_{i=1}^{k} \langle y, v_i \rangle v_i \right), v_j \right\rangle = \langle y, v_j \rangle - \sum_{i=1}^{k} \langle y, v_i \rangle \langle v_i, v_j \rangle \\ &= \langle y, v_j \rangle - \langle y, v_j \rangle = 0\end{aligned}$$

이제 u와 z가 유일함을 보이자. $y = u + z = u' + z'$, $u' \in \mathbf{W}$, $z' \in \mathbf{W}^{\perp}$라 하면 $u - u' = z' - z \in \mathbf{W} \cap \mathbf{W}^{\perp} = \{0\}$이다. 즉 $u = u'$, $z = z'$이다. ◀

따름정리 정리 6.6의 표기법을 따를 때 벡터 u는 $\mathbf{W}$의 벡터 중 y에 가장 가까운 유일한 벡터이다. 다시 말해 임의의 $x \in \mathbf{W}$에 대하여 $\|y - x\| \geq \|y - u\|$이다. 등호는 $x = u$일 때만 성립한다.

증명 정리 6.6에서 $y = u + z$이고 $z \in \mathbf{W}^{\perp}$임을 보였다. $x \in \mathbf{W}$라 하면 $u - x$는 z와 직교한다. 6.1절 연습문제 10에 따르면 다음이 성립한다.

$$\begin{aligned}\|y - x\|^2 &= \|u + z - x\|^2 = \|(u - x) + z\|^2 = \|u - x\|^2 + \|z\|^2 \\ &\geq \|z\|^2 = \|y - u\|^2\end{aligned}$$

$\|y - x\| = \|y - u\|$라 하면 위 식의 부등호는 등호로 바뀐다. 즉 $\|u - x\|^2 + \|z\|^2 = \|z\|^2$이고 $\|u - x\| = 0 \iff x = u$를 얻는다.
이 증명의 역은 자명하다. ◀

위 따름정리의 벡터 u를 y의 $\mathbf{W}$에 대한 **정사영(orthogonal projection)**이라 한다. 벡터의 정사영은 6.3절의 최소제곱법(least squares)에서 다양하게 응용할 것이다.

예제 10 모든 함수 $f(x), g(x) \in \mathbf{V}$에 대하여 내적 $\langle f(x), g(x) \rangle = \int_{-1}^{1} f(t)g(t)\,dt$가 주어진 내적공간 $\mathbf{V} = \mathbf{P}_3(R)$를 생각하자. $f(x) = x^3$의 $\mathbf{P}_2(R)$에 대한 정사영 $f_1(x)$를 계산하려 한다.

예제 5에서 $\{u_1, u_2, u_3\} = \left\{ \frac{1}{\sqrt{2}}, \sqrt{\frac{3}{2}}\,x, \sqrt{\frac{5}{8}}\,(3x^2 - 1) \right\}$이 $\mathbf{P}_2(R)$의 정규직교기저임을 보였다. 이 벡터에 대하여 $\langle f(x), u_1 \rangle$, $\langle f(x), u_2 \rangle$, $\langle f(x), u_3 \rangle$은 각각 다음과 같다.

$$\begin{aligned}\langle f(x), u_1 \rangle &= \int_{-1}^{1} t^3 \frac{1}{\sqrt{2}}\,dt = 0, \\ \langle f(x), u_2 \rangle &= \int_{-1}^{1} t^3 \sqrt{\frac{3}{2}}\,t\,dt = \frac{\sqrt{6}}{5}, \\ \langle f(x), u_3 \rangle &= \int_{-1}^{1} t^3 \sqrt{\frac{5}{8}}\,(3t^2 - 1)\,dt = 0\end{aligned}$$

따라서 $f_1(x) = \langle f(x), u_1 \rangle\, u_1 + \langle f(x), u_2 \rangle\, u_2 + \langle f(x), u_3 \rangle\, u_3 = \frac{3}{5}x$이다.

대체정리의 따름정리 2(66쪽)에서 유한차원 벡터공간에서 임의의 일차독립인 부분집합을 기저로 확장할 수 있음을 보였다. 다음 정리는 유한차원 내적공간의 정규직교 부분집합에 대하여 비슷한 결과가 성립함을 설명한다.

정리 6.7 n차원 내적공간 V의 정규직교집합 $S = \{v_1, v_2, \ldots, v_k\}$에 대하여 다음이 성립한다.

(1) S를 확장하여 V의 정규직교기저 $\{v_1, v_2, \ldots, v_k, v_{k+1}, \ldots, v_n\}$을 얻을 수 있다.

(2) $\mathsf{W} = \text{span}(S)$일 때 $S_1 = \{v_{k+1}, v_{k+2}, \ldots, v_n\}$는 $\mathsf{W}^\perp$의 정규직교기저이다.

(3) V의 임의의 부분공간 W에 대하여 $\dim(\mathsf{V}) = \dim(\mathsf{W}) + \dim(\mathsf{W}^\perp)$이다.

증명 (1) 대체정리의 따름정리 2에 의해 S를 확장하여 V의 순서기저 $S' = \{v_1, v_2, \ldots, v_k, w_{k+1}, \ldots, w_n\}$을 얻을 수 있다. S'에 그람–슈미트 직교화를 적용하자. 이 과정에서 얻은 처음 k개 벡터는 S의 벡터와 같고(연습문제 8), 새로운 집합은 V를 생성한다. 이 집합에서 나머지 $n-k$개 벡터를 정규화하면 V를 생성하는 정규직교집합을 얻는다.

(2) S_1은 기저의 부분집합이므로 일차독립이다. S_1은 $\mathsf{W}^\perp$의 부분집합이므로 이 집합이 $\mathsf{W}^\perp$를 생성함만 보이면 된다.

임의의 $x \in \mathsf{V}$에 대하여 $x = \sum_{i=1}^{n} \langle x, v_i \rangle v_i$와 같이 나타낼 수 있다. $x \in \mathsf{W}^\perp$라면 $1 \le i \le k$에 대하여 $\langle x, v_i \rangle = 0$이며 다음이 성립한다.

$$x = \sum_{i=k+1}^{n} \langle x, v_i \rangle v_i \in \text{span}(S_1)$$

(3) V의 부분공간 W를 생각하자. V가 유한차원 내적공간이므로 W도 유한차원 내적공간이다. 즉 W는 정규직교기저 $\{v_1, v_2, \ldots, v_k\}$를 포함한다. (1), (2)에 의해 다음이 성립한다.

$$\dim(\mathsf{V}) = n = k + (n-k) = \dim(\mathsf{W}) + \dim(\mathsf{W}^\perp)$$ ◀

예제 11 벡터공간 F^3과 부분공간 $\mathsf{W} = \text{span}(\{e_1, e_2\})$를 생각하면 다음이 성립한다.

$$x = (a, b, c) \in \mathsf{W}^\perp \iff 0 = \langle x, e_1 \rangle = a \text{이고 } 0 = \langle x, e_2 \rangle = b$$

$x = (0, 0, c)$이므로 $\mathsf{W}^\perp = \text{span}(\{e_3\})$이다. 여기서 $e_3 \in \mathsf{W}^\perp$라 해도 같은 결과를 얻는다. 정리 6.7(3)에 따르면 $\dim(\mathsf{W}^\perp) = 3 - 2 = 1$이다.

6.2 연습문제

1. 다음 명제의 참-거짓을 판정하라.

(a) 그람–슈미트 직교화를 사용하면 임의의 일차독립인 집합에서 정규직교집합을 얻을 수 있다.

(b) 점공간이 아닌 유한차원 내적공간에는 정규직교기저가 있다.

(c) 임의의 집합의 직교여공간은 부분공간이다.

(d) 내적공간 V의 기저 $\{v_1, v_2, \ldots, v_n\}$과 임의의 $x \in \mathsf{V}$에 대하여 스칼라 $\langle x, v_i \rangle$는 x의 푸리에 계수이다.

(e) 정규직교기저는 반드시 순서기저이다.

(f) 모든 직교집합은 일차독립이다.

(g) 모든 정규직교집합은 일차독립이다.

2. 주어진 내적공간 V의 부분집합 S에 그람–슈미트 직교화를 적용하여 $\text{span}(S)$의 직교기저를 구하라. 이 직교기저의 각 벡터를 정규화하여 $\text{span}(S)$의 정규직교기저 β를 구하라. 주어진 벡터의 β에 대한 푸리에 계수를 구하라. 정리 6.5를 사용하여 결과를 확인하라.

(a) $\mathsf{V} = \mathsf{R}^3$, $S = \{(1,0,1), (0,1,1), (1,3,3)\}$, $x = (1,1,2)$

(b) $\mathsf{V} = \mathsf{R}^3$, $S = \{(1,1,1), (0,1,1), (0,0,1)\}$, $x = (1,0,1)$

(c) 내적 $\langle f(x), g(x) \rangle = \displaystyle\int_0^1 f(t)g(t)\,dt$가 주어진 $\mathsf{V} = \mathsf{P}_2(R)$, $S = \{1, x, x^2\}$, $h(x) = 1 + x$

(d) $\mathsf{V} = \text{span}(S)$, $S = \{(1, i, 0), (1-i, 2, 4i)\}$, $x = (3+i, 4i, -4)$

(e) $\mathsf{V} = \mathsf{R}^4$, $S = \{(2,-1,-2,4), (-2,1,-5,5), (-1,3,7,11)\}$, $x = (-11, 8, -4, 18)$

(f) $\mathsf{V} = \mathsf{R}^4$, $S = \{(1,-2,-1,3), (3,6,3,-1), (1,4,2,8)\}$, $x = (-1,2,1,1)$

(g) $\mathsf{V} = \mathsf{M}_{2\times 2}(R)$, $S = \left\{ \begin{pmatrix} 3 & 5 \\ -1 & 1 \end{pmatrix}, \begin{pmatrix} -1 & 9 \\ 5 & -1 \end{pmatrix}, \begin{pmatrix} 7 & -17 \\ 2 & -6 \end{pmatrix} \right\}$, $A = \begin{pmatrix} -1 & 27 \\ -4 & 8 \end{pmatrix}$

(h) $\mathsf{V} = \mathsf{M}_{2\times 2}(R)$, $S = \left\{ \begin{pmatrix} 2 & 2 \\ 2 & 1 \end{pmatrix}, \begin{pmatrix} 11 & 4 \\ 2 & 5 \end{pmatrix}, \begin{pmatrix} 4 & -12 \\ 3 & -16 \end{pmatrix} \right\}$, $A = \begin{pmatrix} 8 & 6 \\ 25 & -13 \end{pmatrix}$

(i) 내적 $\langle f, g \rangle = \displaystyle\int_0^{\pi} f(t)g(t)\,dt$가 주어진 $\mathsf{V} = \text{span}(S)$, $S = \{\sin t, \cos t, 1, t\}$, $h(t) = 2t + 1$

(j) $\mathsf{V} = \mathsf{C}^4$, $S = \{(1, i, 2-i, -1), (2+3i, 3i, 1-i, 2i), (-1+7i, 6+10i, 11-4i, 3+4i)\}$, $x = (-2+7i, 6+9i, 9-3i, 4+4i)$

(k) $\mathsf{V} = \mathsf{C}^4$, $S = \{(-4, 3-2i, i, 1-4i), (-1-5i, 5-4i, -3+5i, 7-2i), (-27-i, -7-6i, -15+25i, -7-6i)\}$, $x = (-13-7i, -12+3i, -39-11i, -26+5i)$

(l) $\mathsf{V} = \mathsf{M}_{2\times 2}(C)$, $S = \left\{ \begin{pmatrix} 1-i & -2-3i \\ 2+2i & 4+i \end{pmatrix}, \begin{pmatrix} 8i & 4 \\ -3-3i & -4+4i \end{pmatrix}, \begin{pmatrix} -25-38i & -2-13i \\ 12-78i & -7+24i \end{pmatrix} \right\}$, $A = \begin{pmatrix} -2+8i & -13+i \\ 10-10i & 9-9i \end{pmatrix}$

(m) $\mathsf{V} = \mathsf{M}_{2\times 2}(C)$, $S = \left\{ \begin{pmatrix} -1+i & -i \\ 2-i & 1+3i \end{pmatrix}, \begin{pmatrix} -1-7i & -9-8i \\ 1+10i & -6-2i \end{pmatrix}, \right.$
$\left. \begin{pmatrix} -11-132i & -34-31i \\ 7-126i & -71-5i \end{pmatrix} \right\}$, $A = \begin{pmatrix} -7+5i & 3+18i \\ 9-6i & -3+7i \end{pmatrix}$

3. 벡터공간 R^2과 $\beta = \left\{ \left(\frac{1}{\sqrt{2}}, \frac{1}{\sqrt{2}} \right), \left(\frac{1}{\sqrt{2}}, \frac{-1}{\sqrt{2}} \right) \right\}$을 생각하자. $(3,4)$의 β에 대한 푸리에계수를 구하라.

4. 집합 $S = \{(1,0,i),(1,2,1)\} \subset \mathsf{C}^3$에 대하여 $S^\perp$를 구하라.

5. 집합 $S_0 = \{x_0\}$에 대하여 $S_0^\perp$를 기하학적으로 설명하라. (단, $0 \neq x_0 \in \mathsf{R}^3$) R^3의 일차독립인 부분집합 $S = \{x_1, x_2\}$에 대하여 $S^\perp$를 기하학적으로 설명하라.

6. 내적공간 V와 (V의) 유한차원 부분공간 W를 생각하자. $x \notin \mathsf{W}$에 대하여 $y \in \mathsf{W}^\perp$이지만 $\langle x, y \rangle \neq 0$인 벡터 $y \in \mathsf{V}$가 존재함을 증명하라.

힌트 정리 6.6을 보라.

7. 내적공간 V의 부분공간 W의 기저 β와 벡터 $z \in \mathsf{V}$에 대한 다음 명제가 참임을 보여라.

> $z \in \mathsf{W}^\perp$이기 위한 필요충분조건은 모든 $v \in \beta$에 대하여 $\langle z, v \rangle = 0$인 것이다.

8. 집합 $\{w_1, w_2, \ldots, w_n\}$은 영이 아닌 벡터로 이루어진 직교집합이다. 이 집합에 그람–슈미트 직교화를 사용하여 얻은 벡터를 $v_1, v_2, \ldots, v_n$이라 할 때, $i = 1, 2, \ldots, n$에 대하여 $v_i = w_i$임을 증명하라.

힌트 수학적 귀납법을 사용한다.

9. 벡터공간 C^3의 부분공간 $\mathsf{W} = \operatorname{span}(\{(i,0,1)\})$에 대하여 W와 $\mathsf{W}^\perp$의 정규직교기저를 각각 구하라.

10. 다음 명제가 참임을 보여라.

(a) 내적공간 V의 유한차원 부분공간 W에 대하여 $\mathsf{V} = \mathsf{W} \oplus \mathsf{W}^\perp$이다.

(b) $\mathsf{N}(\mathsf{T}) = \mathsf{W}^\perp$를 만족하는 $\mathsf{W}^\perp$에 대한 W 위로의 (V의) 사영 T가 존재한다. (사영의 정의는 99쪽 참고)

(c) 모든 $x \in \mathsf{V}$에 대하여 $\|\mathsf{T}(x)\| \leq \|x\|$이다.

힌트 정리 6.6과 6.1절 연습문제 10을 보라.

11. 복소성분을 포함한 $n \times n$ 행렬 A에 대한 다음 명제가 참임을 보여라.

> $AA^* = I$이기 위한 필요충분조건은 A의 행이 C^n의 정규직교기저를 이루는 것이다.

12. 임의의 행렬 $A \in \mathsf{M}_{m \times n}(F)$에 대하여 $(\mathsf{R}(\mathsf{L}_{A^*}))^\perp = \mathsf{N}(\mathsf{L}_A)$임을 증명하라.

13. 내적공간 V의 두 부분집합 S와 S_0 그리고 V의 유한차원 부분공간 W에 대하여 다음 명제가 참임을 보여라.

(a) $S_0 \subseteq S$이면 $S^\perp \subseteq S_0^\perp$이다.

(b) $S \subseteq (S^\perp)^\perp$이다. 즉, $\text{span}(S) \subseteq (S^\perp)^\perp$이다.

(c) $\mathsf{W} = (\mathsf{W}^\perp)^\perp$이다.

힌트 연습문제 6을 보라.

(d) $\mathsf{V} = \mathsf{W} \oplus \mathsf{W}^\perp$이다.

힌트 $\oplus$의 정의는 1.3절 연습문제 참고

14. 유한차원 내적공간의 두 부분공간 W_1, W_2에 대하여 다음 두 식이 성립함을 보여라. (벡터공간의 두 부분집합의 합의 정의는 37쪽을 참고하라.)

$$(\mathsf{W}_1 + \mathsf{W}_2)^\perp = \mathsf{W}_1^\perp \cap \mathsf{W}_2^\perp, \quad (\mathsf{W}_1 \cap \mathsf{W}_2)^\perp = \mathsf{W}_1^\perp + \mathsf{W}_2^\perp$$

힌트 두 번째 식은 첫 번째 식에 연습문제 13(c)를 적용하라.

15. F-내적공간 V가 유한차원일 때, 다음 명제가 참임을 보여라.

(a) **파세발 항등식(Parseval's identity)** V의 정규직교기저 $\{v_1, v_2, \dots, v_n\}$과 임의의 $x, y \in \mathsf{V}$에 대하여 다음이 성립한다.

$$\langle x, y \rangle = \sum_{i=1}^{n} \langle x, v_i \rangle \overline{\langle y, v_i \rangle}$$

(b) 내적 $\langle \cdot, \cdot \rangle$가 주어진 내적공간 V의 정규직교기저 β에 대하여 다음이 성립한다. (이때, $\langle \cdot, \cdot \rangle'$은 F^n의 표준 내적)

$$\text{임의의 } x, y \in \mathsf{V}\text{에 대하여 } \langle \phi_\beta(x), \phi_\beta(y) \rangle' = \langle [x]_\beta, [y]_\beta \rangle' = \langle x, y \rangle$$

힌트 (a)의 결과를 적용한다.

16. 다음 명제가 참임을 보여라.

(a) **베셀 부등식(Bessel's inequality)** 내적공간 V와 (V의) 정규직교 부분집합 $S = \{v_1, v_2, \ldots, v_n\}$을 생각하자. 임의의 $x \in \mathsf{V}$에 대하여 다음이 성립한다.

$$\|x\|^2 \geq \sum_{i=1}^{n} |\langle x, v_i \rangle|^2$$

힌트 $x \in \mathsf{V}$와 $\mathsf{W} = \text{span}(S)$에 대하여 정리 6.6을 적용하고 6.1절 연습문제 10의 결과를 이용하라.

(b) (a)와 조건이 같을 때 베셀 부등식에서 등호가 성립하기 위한 필요충분조건은 $x \in \text{span}(S)$인 것이다.

17. 내적공간 V의 선형연산자 T를 생각하자. 모든 $x, y \in \mathsf{V}$에 대하여 $\langle \mathsf{T}(x), y \rangle = 0$일 때 $\mathsf{T} = \mathsf{T}_0$임을 증명하라. 또한 V의 기저에 속한 임의의 벡터 x, y에 대하여 $\langle \mathsf{T}(x), y \rangle = 0$일 때 $\mathsf{T} = \mathsf{T}_0$임을 증명하라.

18. 벡터공간 $\mathsf{V} = \mathsf{C}([-1, 1])$과 우함수로 이루어진 ($\mathsf{V}$의) 부분공간 W_e와 기함수로 이루어진 (V의) 부분공간 W_o를 생각하자(1.3절 연습문제 22). $\mathsf{W}_e^\perp = \mathsf{W}_o$임을 증명하라. 단, V의 내적은 $\langle f, g \rangle = \int_{-1}^{1} f(t)g(t)\,dt$로 주어진다고 가정한다.

19. 내적공간 V와 그 부분공간 W를 생각하자. 주어진 벡터에 대하여 이 벡터에서 W로의 정사영을 구하라.

(a) $\mathsf{V} = \mathsf{R}^2$, $u = (2, 6)$, $\mathsf{W} = \{(x, y) \colon y = 4x\}$

(b) $\mathsf{V} = \mathsf{R}^3$, $u = (2, 1, 3)$, $\mathsf{W} = \{(x, y, z) \colon x + 3y - 2z = 0\}$

(c) 내적 $\langle f(x), g(x) \rangle = \int_{0}^{1} f(t)g(t)\,dt$가 주어진 $\mathsf{V} = \mathsf{P}(R)$, $h(x) = 4 + 3x - 2x^2$, $\mathsf{W} = \mathsf{P}_1(R)$

20. 연습문제 19의 각 문제마다 주어진 벡터와 부분공간 W 사이의 거리를 구하라.

21. 내적 $\langle f, g \rangle = \int_{-1}^{1} f(t)g(t)\,dt$가 주어진 $\mathsf{V} = \mathsf{C}([-1, 1])$과 부분공간 $\mathsf{W} = \mathsf{P}_2(R)$(주어진 다항식공간을 함수공간으로 생각)에 대하여, 예제 5의 방법을 사용하여 정규직교기저를 찾고 구간 $[-1, 1]$에서 $h(t) = e^t$에 가장 가까운 이차식을 구하라.

22. 내적 $\langle f, g\rangle = \displaystyle\int_0^1 f(t)g(t)\,dt$가 주어진 $\mathsf{V} = \mathsf{C}([0,1])$과 일차독립인 집합 $\{t, \sqrt{t}\}$로 생성된 부분공간 W에 대한 다음 물음에 답하라.

(a) W의 정규직교기저를 찾아라.

(b) $h(t) = t^2$에 대하여 (a)에서 얻은 정규직교기저를 사용하여 W의 원소 중 h에 가장 가까운 함수를 찾아라.

23. 1.2절 예제 5에서 정의한 벡터공간 V를 생각하자. 다시 말해 V는 $F(F = R$ 또는 $F = C)$의 원소로 이루어져 있고 $\sigma(n) \neq 0$인 항이 유한개인 모든 수열 σ의 집합이다. $\sigma, \mu \in \mathsf{V}$에 대하여 $\langle \sigma, \mu\rangle = \displaystyle\sum_{n=1}^{\infty} \sigma(n)\overline{\mu(n)}$라 정의하자. 유한개의 항을 제외하면 모든 항의 값이 영이므로, 이 급수는 수렴한다. 다음 물음에 답하라.

(a) $\langle \cdot, \cdot\rangle$가 V의 내적임을 증명하라. 즉 V는 내적공간이다.

(b) 임의의 자연수 n에 대하여 e_n을 $e_n(k) = \delta_{nk}$라 정의하자. (단, δ_{nk}는 크로네커 델타) $\{e_1, e_2, \ldots\}$가 V의 정규직교기저임을 증명하라.

(c) $\sigma_n = e_1 + e_n$, $\mathsf{W} = \operatorname{span}(\{\sigma_n : n \geq 2\})$라 하자. 다음 물음에 답하라.

(i) $e_1 \notin \mathsf{W}$, 즉 $\mathsf{W} \neq \mathsf{V}$임을 증명하라.

(ii) $\mathsf{W}^{\perp} = \{\mathit{0}\}$임을 증명하고 이를 이용하여 $\mathsf{W} \neq (\mathsf{W}^{\perp})^{\perp}$임을 증명하라.

그러므로 연습문제 13(c)에서 W가 유한차원이라는 가정이 반드시 필요하다.

6.3 선형연산자의 수반연산자

6.1절에서 행렬 A의 켤레 전치행렬 A^*를 정의하였다. 내적공간 V의 선형연산자 T에 대하여, T의 수반연산자를 다음과 같이 정의한다.

> V의 임의의 정규직교기저 β에 대한 행렬표현이 $[\mathsf{T}]_\beta^*$인 (V의) 선형연산자를 T의 **수반연산자(adjoint)**라 한다.

복소수의 켤레복소수와 선형연산자의 수반연산자가 어떤 닮은 점이 있는지 확인할 것이다. 이에 앞서 기초적인 사실을 확인하자.

내적공간 V와 $y \in \mathsf{V}$에 대하여 $\mathsf{g}(x) = \langle x, y \rangle$로 정의한 함수 $\mathsf{g}: \mathsf{V} \to F$는 선형이다. 흥미롭게도 V가 유한차원이면 V에서 F로 가는 모든 선형변환은 모두 $\langle x, y \rangle$와 같은 꼴이다.

> **정리 6.8** 유한차원 F-내적공간 V와 선형변환 $\mathsf{g}: \mathsf{V} \to F$를 생각하자. 모든 $x \in \mathsf{V}$에 대하여 $\mathsf{g}(x) = \langle x, y \rangle$를 만족하는 벡터 $y \in \mathsf{V}$가 유일하게 존재한다.

증명 V의 정규직교기저 $\beta = \{v_1, v_2, \ldots, v_n\}$에 대하여 $y = \sum_{i=1}^{n} \overline{\mathsf{g}(v_i)} v_i$라 하자. 함수 $\mathsf{h}: \mathsf{V} \to F$를 $\mathsf{h}(x) = \langle x, y \rangle$라 정의하면 h는 선형이다. 또한 $1 \le j \le n$에 대하여 다음이 성립한다.

$$\begin{aligned} \mathsf{h}(v_j) = \langle v_j, y \rangle &= \left\langle v_j, \sum_{i=1}^{n} \overline{\mathsf{g}(v_i)} v_i \right\rangle \\ &= \sum_{i=1}^{n} \mathsf{g}(v_i) \langle v_j, v_i \rangle = \sum_{i=1}^{n} \mathsf{g}(v_i) \delta_{ji} = \mathsf{g}(v_j) \end{aligned}$$

g와 h는 β의 모든 원소에 대하여 함숫값이 같으므로 정리 2.6의 따름정리(95쪽)로부터 $\mathsf{g} = \mathsf{h}$이다.

y가 유일함을 보이자. 모든 x에 대하여 $\mathsf{g}(x) = \langle x, y' \rangle$이라 가정하자. 모든 x에 대하여 $\langle x, y \rangle = \langle x, y' \rangle$이므로 정리 6.1(5)에 의해 $y = y'$이다. ◀

예제 1 함수 $\mathsf{g}: \mathsf{R}^2 \to R$를 $\mathsf{g}(a_1, a_2) = 2a_1 + a_2$라 정의하자. g는 선형변환이다. $\beta = \{e_1, e_2\}$에 대하여 정리 6.8의 증명과 같이 $y = \mathsf{g}(e_1)e_1 + \mathsf{g}(e_2)e_2 = 2e_1 + e_2 = (2, 1)$이라 하자. $\mathsf{g}(a_1, a_2) = \langle (a_1, a_2), (2, 1) \rangle = 2a_1 + a_2$이다.

> **정리 6.9** 유한차원 내적공간 V와 선형연산자 $\mathsf{T}: \mathsf{V} \to \mathsf{V}$를 생각하자. 모든 $x, y \in \mathsf{V}$에 대하여 $\langle \mathsf{T}(x), y \rangle = \langle x, \mathsf{T}^*(y) \rangle$인 함수 $\mathsf{T}^*: \mathsf{V} \to \mathsf{V}$가 유일하게 존재한다. 특히 T^*는 선형변환이다.

증명 $y \in \mathsf{V}$를 고정하자. 모든 $x \in \mathsf{V}$에 대하여 함수 $\mathsf{g}: \mathsf{V} \to F$를 $\mathsf{g}(x) = \langle \mathsf{T}(x), y \rangle$라 정의하자.

(i) g가 선형임을 보이자. $x_1, x_2 \in \mathsf{V}$와 $c \in F$에 대하여 다음이 성립한다.

$$\begin{aligned} \mathsf{g}(cx_1 + x_2) &= \langle \mathsf{T}(cx_1 + x_2), y \rangle = \langle c\mathsf{T}(x_1) + \mathsf{T}(x_2), y \rangle \\ &= c \langle \mathsf{T}(x_1), y \rangle + \langle \mathsf{T}(x_2), y \rangle = c\mathsf{g}(x_1) + \mathsf{g}(x_2) \end{aligned}$$

즉 g는 선형이다.

정리 6.8에 의해 $\mathsf{g}(x) = \langle x, y' \rangle$ 인 유일한 벡터 $y' \in \mathsf{V}$가 존재하므로 모든 $x \in \mathsf{V}$에 대하여 $\langle \mathsf{T}(x), y \rangle = \langle x, y' \rangle$ 이다. 함수 $\mathsf{T}^*: \mathsf{V} \to \mathsf{V}$를 $\mathsf{T}^*(y) = y'$ 이라 정의하면 $\langle \mathsf{T}(x), y \rangle = \langle x, \mathsf{T}^*(y) \rangle$를 얻는다.

(ii) T^*가 선형임을 보이자. $y_1, y_2 \in \mathsf{V}$, $c \in F$를 고정하면 임의의 $x \in \mathsf{V}$에 대하여 다음이 성립한다.

$$\begin{aligned}\langle x, \mathsf{T}^*(cy_1 + y_2) \rangle &= \langle \mathsf{T}(x), cy_1 + y_2 \rangle \\ &= \bar{c} \langle \mathsf{T}(x), y_1 \rangle + \langle \mathsf{T}(x), y_2 \rangle \\ &= \bar{c} \langle x, \mathsf{T}^*(y_1) \rangle + \langle x, \mathsf{T}^*(y_2) \rangle \\ &= \langle x, c\mathsf{T}^*(y_1) + \mathsf{T}^*(y_2) \rangle\end{aligned}$$

x가 임의의 벡터이므로 정리 6.1(5)에 따라 $\mathsf{T}^*(cy_1 + y_2) = c\mathsf{T}^*(y_1) + \mathsf{T}^*(y_2)$이다.

(iii) T^*가 유일함을 보이자. $\mathsf{U}: \mathsf{V} \to \mathsf{V}$가 선형이고 모든 $x, y \in \mathsf{V}$에 대하여 $\langle \mathsf{T}(x), y \rangle = \langle x, \mathsf{U}(y) \rangle$를 만족한다고 가정하자. $x, y \in \mathsf{V}$에 대하여 $\langle x, \mathsf{T}^*(y) \rangle = \langle x, \mathsf{U}(y) \rangle$ 이므로 $\mathsf{T}^* = \mathsf{U}$이다.

(i)~(iii)으로부터 모든 $x, y \in \mathsf{V}$에 대하여 $\langle \mathsf{T}(x), y \rangle = \langle x, \mathsf{T}^*(y) \rangle$인 선형변환 $\mathsf{T}^*: \mathsf{V} \to \mathsf{V}$가 유일하게 존재한다. ◀

정리 6.9에서 소개한 선형연산자 T^*를 T의 **수반연산자(adjoint)**라 한다.[5] T^*는 모든 $x, y \in \mathsf{V}$에 대하여 $\langle \mathsf{T}(x), y \rangle = \langle x, \mathsf{T}^*(y) \rangle$를 만족하는 ($\mathsf{V}$의) 유일한 연산자이다. 또한 모든 $x, y \in \mathsf{V}$에 대하여 $\langle x, \mathsf{T}(y) \rangle = \langle \mathsf{T}^*(x), y \rangle$가 성립한다. 다음을 확인하자.

$$\langle x, \mathsf{T}(y) \rangle = \overline{\langle \mathsf{T}(y), x \rangle} = \overline{\langle y, \mathsf{T}^*(x) \rangle} = \langle \mathsf{T}^*(x), y \rangle$$

내적기호 안에서 T의 위치를 바꿀 때 $*$가 붙는다고 생각해도 나쁘지 않다.

무한차원 내적공간에서 선형변환 T의 수반연산자 T^*는 (존재한다면) 모든 $x, y \in \mathsf{V}$에 대하여 $\langle \mathsf{T}(x), y \rangle = \langle x, \mathsf{T}^*(y) \rangle$를 만족하는 함수로 정의한다. 앞서 T^*의 유일성과 선형성은 확인하였으나 선형변환의 수반연산자가 반드시 존재한다고 장담할 수는 없다(연습문제 24). 정리 6.8의 증명에서 유한차원이란 가정이 반드시 필요함을 각자 확인해 보자. 그러나 수반연산자에 대한 많은 정리들은 V가 유한차원일 것을 요구하지 않는다.

정리 6.10은 수반연산자를 계산하는 데 아주 유용하다.

---

5 기호 T^*는 T star라 읽는다.

정리 6.10 유한차원 벡터공간 V와 V의 정규직교기저 β, V의 선형연산자 T에 대하여 다음이 성립한다.

$$[\mathsf{T}^*]_\beta = [\mathsf{T}]_\beta^*$$

증명 $A = [\mathsf{T}]_\beta$, $B = [\mathsf{T}^*]_\beta$, $\beta = \{v_1, v_2, \ldots, v_n\}$이라 하자. 정리 6.5의 따름정리에 의해 다음이 성립한다.

$$B_{ij} = \langle \mathsf{T}^*(v_j), v_i \rangle = \overline{\langle v_i, \mathsf{T}^*(v_j) \rangle} = \overline{\langle \mathsf{T}(v_i), v_j \rangle} = \overline{A}_{ji} = (A^*)_{ij}$$

즉 $B = A^*$이다. ◀

따름정리 $n \times n$ 행렬 A에 대하여 $\mathsf{L}_{A^*} = (\mathsf{L}_A)^*$이다.

증명 F^n의 표준 순서기저를 β라 하자. 정리 2.15(1)에 의해 $[\mathsf{L}_A]_\beta = A$이므로 다음이 성립한다.

$$[(\mathsf{L}_A)^*]_\beta = [\mathsf{L}_A]_\beta^* = A^* = [\mathsf{L}_{A^*}]_\beta$$

즉 $(\mathsf{L}_A)^* = \mathsf{L}_{A^*}$이다. ◀

정리 6.10의 예로 특정한 선형연산자의 수반연산자를 계산해 보자.

예제 2 벡터공간 C^2의 선형연산자 T를 $\mathsf{T}(a_1, a_2) = (2ia_1 + 3a_2, a_1 - a_2)$라 정의하자. C^2의 표준 순서기저 β에 대하여 $[\mathsf{T}]_\beta = \begin{pmatrix} 2i & 3 \\ 1 & -1 \end{pmatrix}$이다. 즉 $[\mathsf{T}^*]_\beta = [\mathsf{T}]_\beta^* = \begin{pmatrix} -2i & 1 \\ 3 & -1 \end{pmatrix}$이므로 다음이 성립한다.

$$\mathsf{T}^*(a_1, a_2) = (-2ia_1 + a_2, 3a_1 - a_2)$$

다음 정리에서 복소수의 켤레복소수와 선형연산자의 수반연산자의 닮은 점을 확인해 보자.

정리 6.11 내적공간 V와 (V의) 수반연산자가 존재하는 선형연산자 T, U에 대하여 다음이 성립한다.

(1) $\mathsf{T} + \mathsf{U}$의 수반연산자가 존재하고 $(\mathsf{T} + \mathsf{U})^* = \mathsf{T}^* + \mathsf{U}^*$이다.

(2) 임의의 $c \in F$에 대하여 $c\mathsf{T}$의 수반연산자가 존재하고 $(c\mathsf{T})^* = \overline{c}\,\mathsf{T}^*$이다.

(3) TU의 수반연산자가 존재하고 $(\mathsf{TU})^* = \mathsf{U}^*\mathsf{T}^*$이다.

(4) T^*의 수반연산자가 존재하고 $\mathsf{T}^{**} = \mathsf{T}$이다.

(5) I의 수반연산자가 존재하고 $\mathsf{I}^* = \mathsf{I}$이다.

증명 여기서는 (1)과 (4)를 증명하겠다. 나머지도 비슷한 방식으로 증명할 수 있다.

(1) $x, y \in \mathsf{V}$에 대하여 다음이 성립한다.

$$\begin{aligned}\langle x, (\mathsf{T}+\mathsf{U})^*(y)\rangle &= \langle(\mathsf{T}+\mathsf{U})(x), y\rangle = \langle \mathsf{T}(x)+\mathsf{U}(x), y\rangle \\ &= \langle \mathsf{T}(x), y\rangle + \langle \mathsf{U}(x), y\rangle = \langle x, \mathsf{T}^*(y)\rangle + \langle x, \mathsf{U}^*(y)\rangle \\ &= \langle x, \mathsf{T}^*(y) + \mathsf{U}^*(y)\rangle = \langle x, (\mathsf{T}^*+\mathsf{U}^*)(y)\rangle\end{aligned}$$

$(\mathsf{T}+\mathsf{U})^*$가 존재하고 $(\mathsf{T}+\mathsf{U})^* = \mathsf{T}^*+\mathsf{U}^*$이다.

(4) $x, y \in \mathsf{V}$에 대하여 $\langle x, \mathsf{T}(y)\rangle = \langle \mathsf{T}^*(x), y\rangle = \langle x, \mathsf{T}^{**}(y)\rangle$이므로 (4)가 성립한다. ◀

별다른 언급이 없으면 이번 장이 끝날 때까지 무한차원 내적공간의 선형연산자의 수반연산자가 존재한다고 가정한다.

따름정리 $n \times n$ 행렬 A와 B에 대하여 다음이 성립한다.

(1) $(A+B)^* = A^* + B^*$

(2) $c \in F$에 대하여 $(cA)^* = \overline{c}A^*$

(3) $(AB)^* = B^*A^*$

(4) $A^{**} = A$

(5) $I^* = I$

증명 여기서는 (3)만 증명한다. 나머지도 비슷한 방식으로 증명할 수 있다.

$$\mathsf{L}_{(AB)^*} = (\mathsf{L}_{AB})^* = (\mathsf{L}_A\mathsf{L}_B)^* = (\mathsf{L}_B)^*(\mathsf{L}_A)^* = \mathsf{L}_{B^*}\mathsf{L}_{A^*} = \mathsf{L}_{B^*A^*}$$

즉 $(AB)^* = B^*A^*$이다. ◀

지금까지는 정리 6.10의 따름정리를 이용하여 증명하였다. 정사각행렬이 아닌 경우는 켤레 전치행렬의 정의를 직접 사용하여 증명할 수 있다(연습문제 5).

최소제곱법(least squares approximation)

다음 문제를 생각해 보자. 어느 실험자가 시각 $t_1, t_2, \ldots, t_m$에 각각 관측값 $y_1, y_2, \ldots, y_m$을 수집하였다. 이를테면 일정한 간격으로 매 시기마다 실업률을 조사한다고 가정하자. 그림 6.3과 같이 좌표평면 위에 데이터 $(t_1, y_1), (t_2, y_2), \ldots, (t_m, y_m)$을 나타낼 때, 실험자는 y와 t 사이에 선형 관계(즉 $y = ct + d$)가 성립한다는 인상을 받았다. 이제 직선 $y = ct + d$에 수집된 데이터가 가장 부합하도록 하는 상수 c, d를 찾아보자.

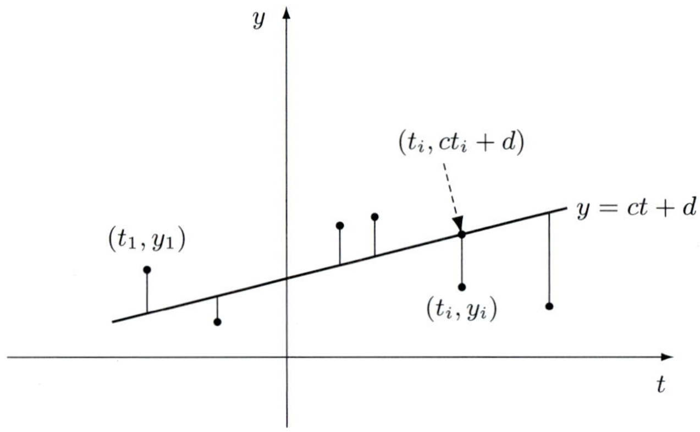

[그림 6.3] 일정한 간격으로 매 시기마다 실업률을 조사하는 최소제곱법

데이터의 각 점과 직선 사이에 'x축에 수직한 직선으로 주어지는 거리'의 제곱의 합을 오차 E라 하고 E의 값을 계산하여 직선의 적합도를 측정할 것이다. 즉 다음 식을 최소화하는 c, d를 찾고자 한다.

$$E = \sum_{i=1}^{m} (y_i - ct_i - d)^2$$

이런 이유로 $y = ct + d$를 **최소제곱 직선(least squares line)**이라 한다.

A, x, y를 각각 다음과 같이 나타내자.

$$A = \begin{pmatrix} t_1 & 1 \\ t_2 & 1 \\ \vdots & \vdots \\ t_m & 1 \end{pmatrix}, \quad x = \begin{pmatrix} c \\ d \end{pmatrix}, \quad y = \begin{pmatrix} y_1 \\ y_2 \\ \vdots \\ y_m \end{pmatrix}$$

오차 E는 $E = \|y - Ax\|^2$이라 나타낼 수 있다.

E를 최소화하는 특정한 벡터 $x_0 \in \mathsf{F}^n$을 찾는 방법을 알아보자. 주어진 $m \times n$ 행렬 A와 모든 벡터 $x \in \mathsf{F}^n$에 대하여 $\|y - Ax_0\| \leq \|y - Ax\|$를 만족하는 벡터 $x_0 \in \mathsf{F}^n$을 찾고자 한다. 데이터에

부합하는 최선의 일차함수를 찾으면 그 다음엔 임의의 자연수 k에 대하여 k 이하의 차수를 가지면서 주어진 데이터에 가장 부합하는 다항식도 찾을 수 있을 것이다.

먼저 표기법을 약속하고 두 개의 보조정리를 증명하겠다.

두 벡터 $x, y \in \mathsf{F}^n$의 표준 내적을 $\langle x, y \rangle_n$이라 표기한다. x와 y를 열벡터로 취급하면 $\langle x, y \rangle_n = y^* x$가 성립함을 확인하자.

보조정리 1 $A \in \mathsf{M}_{m \times n}(F)$, $x \in \mathsf{F}^n$, $y \in \mathsf{F}^m$에 대하여 다음이 성립한다.

$$\langle Ax, y \rangle_m = \langle x, A^* y \rangle_n$$

증명 정리 6.11의 따름정리를 일반화하면(연습문제 5(b)) 다음이 성립한다.

$$\langle Ax, y \rangle_m = y^*(Ax) = (y^* A)x = (A^* y)^* x = \langle x, A^* y \rangle_n$$ ◀

보조정리 2 $A \in \mathsf{M}_{m \times n}(F)$에 대하여 $\operatorname{rank}(A^* A) = \operatorname{rank}(A)$이다.

증명 차원정리(정리 2.3)로부터 $x \in \mathsf{F}^n$에 대하여 $A^* Ax = \mathit{0}$이기 위한 필요충분조건이 $Ax = \mathit{0}$임을 보이면 충분하다.[6] $Ax = \mathit{0}$은 $A^* Ax = \mathit{0}$을 함의하므로 $A^* Ax = \mathit{0}$이라 가정하면 다음을 보일 수 있다.

$$0 = \langle A^* Ax, x \rangle_n = \langle Ax, A^{**} x \rangle_m = \langle Ax, Ax \rangle_m$$

따라서 $Ax = \mathit{0}$이다. ◀

따름정리 $\operatorname{rank}(A) = n$인 $m \times n$ 행렬 A에 대하여 $A^* A$는 가역이다.

$m \times n$ 행렬 A와 $y \in \mathsf{F}^m$에 대하여 $\mathsf{W} = \{Ax \colon x \in \mathsf{F}^n\}$이라 정의하자. $\mathsf{W} = \mathsf{R}(\mathsf{L}_A)$이다. 정리 6.6의 따름정리에 의해 y에 가장 가까운 W의 벡터가 유일하게 존재한다. 이 벡터를 Ax_0이라 하자. (이때, $x_0 \in \mathsf{F}^n$) 모든 $x \in \mathsf{F}^n$에 대하여 $\|Ax_0 - y\| \le \|Ax - y\|$이다. x_0은 찾고자 하는, $E = \|Ax_0 - y\|$를 최소화하는 벡터이다.

이제 벡터 x_0을 찾는 구체적인 방법을 생각해 보자. 정리 6.6과 정리 6.6의 따름정리로부터 $Ax_0 - y \in \mathsf{W}^\perp$이다. 모든 $x \in \mathsf{F}^n$에 대하여 $\langle Ax, Ax_0 - y \rangle_m = 0$이다. 보조정리 1에 의해 모든 $x \in \mathsf{F}^n$에 대하여 $\langle x, A^*(Ax_0 - y) \rangle_n = 0$, $A^*(Ax_0 - y) = \mathit{0}$이다. 이제 방정식 $A^* Ax = A^* y$의 해 x_0을 구하면 충분하다. $\operatorname{rank}(A) = n$임을 추가로 가정하면 보조정리 2에 의해 $x_0 = (A^* A)^{-1} A^* y$이다.

6 (옮긴이) 즉, $A^* A$와 A의 영공간의 차원(nullity)이 같음을 보이면 충분하다.

지금까지 전개한 내용을 정리하면 정리 6.12가 된다.

> **정리 6.12** $A \in \mathsf{M}_{m\times n}(F)$, $y \in \mathsf{F}^m$이 주어지면, 모든 $x \in \mathsf{F}^n$에 대하여 $\|Ax_0 - y\| \leq \|Ax - y\|$이고, $(A^*A)x_0 = A^*y$인 벡터 $x_0 \in \mathsf{F}^n$이 존재한다. 특히 $\text{rank}(A) = n$이면 $x_0 = (A^*A)^{-1}A^*y$이다.

앞서 언급한 실업률 조사로 돌아가 수집한 데이터가 $(1,2)$, $(2,3)$, $(3,5)$, $(4,7)$이라 하자. A, y를 다음과 같이 나타낼 수 있다.

$$A = \begin{pmatrix} 1 & 1 \\ 2 & 1 \\ 3 & 1 \\ 4 & 1 \end{pmatrix}, \quad y = \begin{pmatrix} 2 \\ 3 \\ 5 \\ 7 \end{pmatrix}$$

A^*A와 역행렬을 각각 구하면 다음과 같다.

$$A^*A = \begin{pmatrix} 1 & 2 & 3 & 4 \\ 1 & 1 & 1 & 1 \end{pmatrix} \begin{pmatrix} 1 & 1 \\ 2 & 1 \\ 3 & 1 \\ 4 & 1 \end{pmatrix} = \begin{pmatrix} 30 & 10 \\ 10 & 4 \end{pmatrix}, \quad (A^*A)^{-1} = \frac{1}{20}\begin{pmatrix} 4 & -10 \\ -10 & 30 \end{pmatrix}$$

따라서 c, d의 값은 다음과 같이 구한다.

$$\begin{pmatrix} c \\ d \end{pmatrix} = x_0 = \frac{1}{20}\begin{pmatrix} 4 & -10 \\ -10 & 30 \end{pmatrix}\begin{pmatrix} 1 & 2 & 3 & 4 \\ 1 & 1 & 1 & 1 \end{pmatrix}\begin{pmatrix} 2 \\ 3 \\ 5 \\ 7 \end{pmatrix} = \begin{pmatrix} 1.7 \\ 0 \end{pmatrix}$$

최소제곱선은 $y = 1.7t$이다. 오차 E를 계산하면 $\|Ax_0 - y\|^2 = 0.3$이다.

실험자가 $\sum_{i=1}^{m} t_i = 0$을 만족하도록 시각 t_i $(1 \leq i \leq m)$를 선택했다고 가정하자. 그러면, A의 두 열은 직교하고 A^*A는 대각행렬이 된다(연습문제 19). 이 경우 계산이 간단해진다.

최소제곱법을 현실에 응용할 때 $m \times 2$ 행렬 A의 랭크는 대부분 2이므로 보조정리 2의 따름정리에 의해 A^*A는 가역이다. 행렬 A의 랭크가 2가 아니라면 A의 1열은 2열의 스칼라 배가 된다. 즉 2열의 모든 성분은 1이므로 실험자가 단 한 번 측정을 했다는 의미가 되어 현실성이 떨어진다.

지금까지 살펴본 방법은 어떤 자연수 k가 주어질 때 k 이하의 차수를 가지며 데이터에 가장 부합하는 다항식을 찾을 때도 적용할 수 있다. 예를 들어 2차 이하의 다항식 $y = ct^2 + dt + e$를 얻으려 할 때 다음과 같이 모델링하면 된다.

$$x = \begin{pmatrix} c \\ d \\ e \end{pmatrix}, \quad y = \begin{pmatrix} y_1 \\ y_2 \\ \vdots \\ y_m \end{pmatrix}, \quad A = \begin{pmatrix} t_1^2 & t_1 & 1 \\ \vdots & \vdots & \vdots \\ t_m^2 & t_m & 1 \end{pmatrix}$$

연립일차방정식의 최소해

모순이 없는 연립일차방정식 $Ax = b$가 해가 유일하지 않는 경우를 생각하자. 이때, 노름의 값이 가장 작은 해를 찾는 것이 바람직하다. 방정식 $Ax = b$의 임의의 해 u에 대하여 $\|s\| \le \|u\|$를 만족하는 해 s를 **최소해(minimal solution)**라 한다. 다음 정리에 따르면 모순이 없는 모든 연립일차방정식은 유일한 최소해가 있고 최소해를 구체적으로 구할 수 있다.

정리 6.13 $A \in \mathsf{M}_{m\times n}(F)$, $b \in \mathsf{F}^m$에 대하여 $Ax = b$가 모순이 없는 연립일차방정식이라 가정하자. 다음이 성립한다.

(1) $Ax = b$의 유일한 최소해 s가 존재하고 $s \in \mathsf{R}(\mathsf{L}_{A^*})$이다.

(2) s는 $\mathsf{R}(\mathsf{L}_{A^*})$에 속하는 ($Ax = b$의) 유일한 해이다. u가 $(AA^*)u = b$를 만족하면 $s = A^*u$이다.

증명 (1) 간단히 표기하기 위해 $\mathsf{W} = \mathsf{R}(\mathsf{L}_{A^*})$, $\mathsf{W}' = \mathsf{N}(\mathsf{L}_A)$라 하자. $Ax = b$의 임의의 해 x를 생각하자. 정리 6.6에 따르면 $x = s + y$가 되도록 하는 어떤 $s \in \mathsf{W}$와 $y \in \mathsf{W}^\perp$가 존재한다. 연습문제 12에 의해 $\mathsf{W}^\perp = \mathsf{W}'$이므로 $b = Ax = As + Ay = As$이다. 따라서 s는 방정식 $Ax = b$의 해이고 W에 속한다.

이제 s가 유일한 최소해임을 보이자. 방정식 $Ax = b$의 임의의 해를 v라 하자. 정리 3.9에 의해 $v = s + u$이다. (이때, $u \in \mathsf{W}'$) $s \in \mathsf{W} = \mathsf{W}'^\perp$이다.[7] 6.1절 연습문제 10에 의해 다음이 성립한다.

$$\|v\|^2 = \|s+u\|^2 = \|s\|^2 + \|u\|^2 \ge \|s\|^2$$

여기서 s는 최소해이다. 방금 계산에서 $\|v\| = \|s\|$이면 $u = 0$, 즉 $v = s$임도 확인할 수 있다. 따라서 s는 $Ax = b$의 유일한 최소해이다.

(2) $Ax = b$의 해이면서 W에 속하는 또 다른 벡터를 v라 하면 다음이 성립한다.

7 연습문제 12에 따르면 $\mathsf{W} = \mathsf{W}'^\perp$이다.

$$v - s \in \mathsf{W} \cap \mathsf{W}' = \mathsf{W} \cap \mathsf{W}^{\perp} = \{0\}$$

즉 $v = s$이다. $(AA^*)u = b$, $v = A^*u$라 하면 $v \in \mathsf{W}$이고 $Av = b$이다. 앞선 논의에 의해 $s = v = A^*u$이다. ◀

예제 3 다음 연립일차방정식을 생각하자.

$$\begin{aligned} x + 2y + \ \ z &= 4 \\ x - \ \ y + 2z &= -11 \\ x + 5y \qquad &= 19 \end{aligned}$$

A, b를 다음과 같이 나타낼 수 있다.

$$A = \begin{pmatrix} 1 & 2 & 1 \\ 1 & -1 & 2 \\ 1 & 5 & 0 \end{pmatrix}, \quad b = \begin{pmatrix} 4 \\ -11 \\ 19 \end{pmatrix}$$

주어진 연립일차방정식의 최소해를 찾기 위해 $AA^*x = b$의 해 u를 찾아야 한다. AA^*는 다음과 같다.

$$AA^* = \begin{pmatrix} 6 & 1 & 11 \\ 1 & 6 & -4 \\ 11 & -4 & 26 \end{pmatrix}$$

연립일차방정식 $AA^*x = b$를 풀면 여러 해 중 하나인 u를 다음과 같이 찾을 수 있다. (이 외에 다른 해를 선택하더라도 상관없다.)

$$\begin{aligned} 6x + \ \ y + 11z &= 4 \\ x + 6y - \ \ 4z &= -11 \\ 11x - 4y + 26z &= 19 \end{aligned} \quad \rightarrow \quad u = \begin{pmatrix} 1 \\ -2 \\ 0 \end{pmatrix}$$

따라서 벡터 $s = A^*u = \begin{pmatrix} -1 \\ 4 \\ -3 \end{pmatrix}$이 주어진 연립일차방정식의 최소해이다.

6.3 연습문제

1. 다음 명제의 참-거짓을 판정하라. 바탕이 되는 내적공간은 유한차원이라 가정한다.

(a) 모든 선형연산자에는 수반연산자가 있다.

(b) V의 모든 선형연산자는 적절한 $y \in \mathsf{V}$에 대하여 $x \to \langle x, y \rangle$ 꼴로 나타난다.

(c) V의 모든 선형연산자 T와 (V의) 임의의 순서기저 β에 대하여 $[\mathsf{T}^*]_\beta = ([\mathsf{T}]_\beta)^*$이다.

(d) 선형연산자마다 수반연산자는 유일하다.

(e) 임의의 선형연산자 T, U 그리고 스칼라 a, b에 대하여 다음이 성립한다.

$$(a\mathsf{T} + b\mathsf{U})^* = a\mathsf{T}^* + b\mathsf{U}^*$$

(f) 임의의 $n \times n$ 행렬 A에 대하여 $(\mathsf{L}_A)^* = \mathsf{L}_{A^*}$이다.

(g) 임의의 선형연산자 T에 대하여 $(\mathsf{T}^*)^* = \mathsf{T}$이다.

2. 각 F-내적공간 V와 선형변환 $\mathsf{g}: \mathsf{V} \to F$가 주어질 때, 임의의 벡터 $x \in \mathsf{V}$에 대하여 $\mathsf{g}(x) = \langle x, y \rangle$가 되도록 하는 벡터 y를 찾아라.

(a) $\mathsf{V} = \mathsf{R}^3$, $\mathsf{g}(a_1, a_2, a_3) = a_1 - 2a_2 + 4a_3$

(b) $\mathsf{V} = \mathsf{C}^2$, $\mathsf{g}(z_1, z_2) = z_1 - 2z_2$

(c) 내적 $\langle f(x), h(x) \rangle = \int_0^1 f(t)h(t)\,dt$가 주어진 $\mathsf{V} = \mathsf{P}_2(R)$와 $\mathsf{g}(f) = f(0) + f'(1)$

3. 주어진 내적공간 V와 (V의) 선형연산자 T가 주어질 때, V의 벡터에 대하여 T^*의 값을 구하라.

(a) $\mathsf{V} = \mathsf{R}^2$, $\mathsf{T}(a, b) = (2a + b, a - 3b)$, $x = (3, 5)$

(b) $\mathsf{V} = \mathsf{C}^2$, $\mathsf{T}(z_1, z_2) = (2z_1 + iz_2, (1 - i)z_1)$, $x = (3 - i, 1 + 2i)$

(c) 내적 $\langle f(x), g(x) \rangle = \int_{-1}^1 f(t)g(t)\,dt$가 주어진 $\mathsf{V} = \mathsf{P}_1(R)$, $\mathsf{T}(f) = f' + 3f$, $f(t) = 4 - 2t$

4. 정리 6.11의 증명을 완성하라.

5. 다음 물음에 답하라.

(a) 정리 6.11을 이용하여 정리 6.11(3)의 증명과 비슷한 방식으로 정리 6.11의 따름정리를 증명하라.

(b) 정사각행렬이 아닌 경우에 대하여 정리 6.11의 따름정리와 비슷한 결과를 서술하고 행렬을 이용하여 증명하라.

6. 내적공간 V와 선형연산자 T를 생각하자. $\mathsf{U}_1 = \mathsf{T} + \mathsf{T}^*$, $\mathsf{U}_2 = \mathsf{T}\mathsf{T}^*$라 할 때, $\mathsf{U}_1 = \mathsf{U}_1^*$, $\mathsf{U}_2 = \mathsf{U}_2^*$임을 증명하라.

7. $\mathsf{N}(\mathsf{T}) \neq \mathsf{N}(\mathsf{T}^*)$ 인 내적공간 V의 선형연산자 T의 예를 들어라.

8. 유한차원 내적공간 V와 (V의) 선형연산자 T를 생각하자. T가 가역이면 T^*도 가역이고 $(\mathsf{T}^*)^{-1} = (\mathsf{T}^{-1})^*$ 임을 증명하라.

9. $\mathsf{V} = \mathsf{W} \oplus \mathsf{W}^\perp$ 이고 T가 $\mathsf{W}^\perp$ 에 대한 W로의 사영일 때, $\mathsf{T} = \mathsf{T}^*$ 임을 증명하라.

힌트 $\mathsf{N}(\mathsf{T}) = \mathsf{W}^\perp$ (각 용어의 정의는 1.3절과 2.1절의 연습문제 참고)

10. 내적공간 V의 선형연산자 T에 대한 다음 명제가 참임을 보여라.

> 모든 $x \in \mathsf{V}$에 대하여 $\|\mathsf{T}(x)\| = \|x\|$이기 위한 필요충분조건은 모든 $x, y \in \mathsf{V}$에 대하여 $\langle \mathsf{T}(x), \mathsf{T}(y) \rangle = \langle x, y \rangle$ 인 것이다.

힌트 6.1절 연습문제 20을 보라.

11. 내적공간 V의 선형연산자 T에 대하여 $\mathsf{T}^*\mathsf{T} = \mathsf{T}_0$ 이면 $\mathsf{T} = \mathsf{T}_0$ 임을 증명하라. $\mathsf{T}\mathsf{T}^* = \mathsf{T}_0$ 일 때도 같은 결과가 성립할까?

12. 내적공간 V와 (V의) 선형연산자 T에 대하여 다음 명제가 참임을 보여라.

(a) $\mathsf{R}(\mathsf{T}^*)^\perp = \mathsf{N}(\mathsf{T})$

(b) V가 유한차원이면 $\mathsf{R}(\mathsf{T}^*) = \mathsf{N}(\mathsf{T})^\perp$ 이다.

힌트 6.2절 연습문제 13(c)를 보라.

13. 유한차원 내적공간 V의 선형연산자 T에 대하여 다음 명제가 참임을 증명하라.

(a) $\mathsf{N}(\mathsf{T}^*\mathsf{T}) = \mathsf{N}(\mathsf{T})$ 이다. $\text{rank}(\mathsf{T}^*\mathsf{T}) = \text{rank}(\mathsf{T})$ 임을 유도하라.

(b) $\text{rank}(\mathsf{T}) = \text{rank}(\mathsf{T}^*)$ 이다. (a)로부터 $\text{rank}(\mathsf{T}\mathsf{T}^*) = \text{rank}(\mathsf{T})$ 임을 유도하라.

(c) 임의의 $n \times n$ 행렬 A에 대하여 $\text{rank}(A^*A) = \text{rank}(AA^*) = \text{rank}(A)$ 이다.

14. 내적공간 V와 벡터 $y, z \in \mathsf{V}$에 대하여 함수 $\mathsf{T} \colon \mathsf{V} \to \mathsf{V}$를 다음과 같이 정의하자.

$$\text{모든 } x \in \mathsf{V}\text{에 대하여 } \mathsf{T}(x) = \langle x, y \rangle z$$

T가 선형임을 증명하라. 그 다음 T^*가 존재함을 보이고 표현식을 찾아라.

15~17. 선형연산자의 수반연산자 개념을 확장한 다음 정의를 이용하여 문제를 풀어 보자.

> **정의** 유한차원 내적공간 V, W에 내적이 각각 $\langle \cdot, \cdot \rangle_1$, $\langle \cdot, \cdot \rangle_2$로 주어져 있다. 선형변환 $\mathsf{T}: \mathsf{V} \to \mathsf{W}$와 모든 $x \in \mathsf{V}$와 모든 $y \in \mathsf{W}$에 대하여 $\langle \mathsf{T}(x), y \rangle_2 = \langle x, \mathsf{T}^*(y) \rangle_1$인 함수 $\mathsf{T}^*: \mathsf{W} \to \mathsf{V}$를 T의 **수반연산자**라 한다.

15. 유한차원 내적공간 V, W에 내적이 각각 $\langle \cdot, \cdot \rangle_1$, $\langle \cdot, \cdot \rangle_2$로 주어져 있다. 선형변환 $\mathsf{T}: \mathsf{V} \to \mathsf{W}$에 대한 다음 명제가 참임을 보여라.

(a) T의 수반연산자 T^*가 유일하게 존재하고 T^*는 선형이다.

(b) V의 정규직교기저 β와 W의 정규직교기저 γ에 대하여 $[\mathsf{T}^*]_\gamma^\beta = ([\mathsf{T}]_\beta^\gamma)^*$이다.

(c) $\mathrm{rank}(\mathsf{T}^*) = \mathrm{rank}(\mathsf{T})$

(d) 모든 $x \in \mathsf{W}$와 모든 $y \in \mathsf{V}$에 대하여 $\langle \mathsf{T}^*(x), y \rangle_1 = \langle x, \mathsf{T}(y) \rangle_2$이다.

(e) 모든 $x \in \mathsf{V}$에 대하여 $\mathsf{T}^*\mathsf{T}(x) = \mathit{0}$이기 위한 필요충분조건은 $\mathsf{T}(x) = \mathit{0}$이다.

16. 앞서 소개한 정의를 사용하여 정리 6.11의 (1)~(4)를 일반적인 경우로 확장하여 서술하고 증명하라.

17. 유한차원 내적공간 V, W와 선형변환 $\mathsf{T}: \mathsf{V} \to \mathsf{W}$에 대하여, 앞서 소개한 정의를 사용하여 $(\mathsf{R}(\mathsf{T}^*))^\perp = \mathsf{N}(\mathsf{T})$임을 증명하라.

18. $n \times n$ 행렬 A에 대하여 $\det(A^*) = \overline{\det(A)}$임을 증명하라. 6.4절, 6.5절, 6.6절

19. 임의의 두 열이 다른 $m \times n$ 행렬 A에 대한 다음 명제가 참임을 보여라.

> A^*A가 대각행렬이기 위한 필요충분조건은 A의 임의의 서로 다른 두 열이 서로 직교하는 것이다.

20. 각 데이터의 집합에 최소제곱법을 사용하여 가장 부합하는 (1) 일차함수 (2) 이차함수를 각각 구하라. 두 경우의 오차 E를 비교하라.

(a) $\{(-3, 9), (-2, 6), (0, 2), (1, 1)\}$

(b) $\{(1, 2), (3, 4), (5, 7), (7, 9), (9, 12)\}$

(c) $\{(-2, 4), (-1, 3), (0, 1), (1, -1), (2, -3)\}$

21. 물리학에서 **훅의 법칙(Hooke's law)**은 (일정한 범위까지) 용수철의 길이 x와 용수철에 가해지는 힘 y 사이에 일차함수 관계가 성립함을 의미한다. 즉, $y = cx + d$이고 이때 c를 **용수철 상수(spring constant)**라 한다. 다음 데이터를 사용하여 스프링 상수의 근삿값을 구하라. (단, 길이의 단위는 인치(in), 힘의 단위는 파운드(lb))

길이 x	힘 y
3.5	1.0
4.0	2.2
4.5	2.8
5.0	4.3

22. 다음 연립일차방정식의 최소해를 구하라.

(a) $x + 2y - z = 12$

(b)
$$\begin{aligned} x + 2y - z &= 1 \\ 2x + 3y + z &= 2 \\ 4x + 7y - z &= 4 \end{aligned}$$

(c)
$$\begin{aligned} x + y - z &= 0 \\ 2x - y + z &= 3 \\ x - y + z &= 2 \end{aligned}$$

(d)
$$\begin{aligned} x + y + z - w &= 1 \\ 2x - y \qquad + w &= 1 \end{aligned}$$

23. m개의 관측값 $(t_1, y_1), (t_2, y_2), \ldots, (t_m, y_m)$에 부합하는 최소제곱선 $y = ct + d$를 찾는 문제를 생각해 보자.

(a) 정리 6.12의 방정식 $(A^*A)x_0 = A^*y$가 다음과 같은 꼴임을 보여라.

$$\left(\sum_{i=1}^{m} t_i^2\right) c + \left(\sum_{i=1}^{m} t_i\right) d = \sum_{i=1}^{m} t_i y_i, \quad \left(\sum_{i=1}^{m} t_i\right) c + md = \sum_{i=1}^{m} y_i$$

이 방정식을 **정규방정식(normal equation)**이라 한다. 정규방정식은 오차 E를 c와 d 각각에 대하여 편미분한 값이 0과 같다고 하여 얻을 수도 있다.

(b) (a)의 두 번째 정규방정식을 사용하여 최소제곱선은 무게중심(center of mass) $(\bar{t}, \bar{y})$를 지남을 증명하라. 이때, $\bar{t}$, $\bar{y}$는 각각 다음과 같다.

$$\bar{t} = \frac{1}{m} \sum_{i=1}^{m} t_i, \qquad \bar{y} = \frac{1}{m} \sum_{i=1}^{m} y_i$$

24. V와 $\{e_1, e_2, \ldots\}$는 6.2절 연습문제 23에서 정의한 것과 같다. 모든 자연수 k에 대하여 함수 $\mathsf{T}: \mathsf{V} \to \mathsf{V}$를 다음과 같이 정의하자.

$$\mathsf{T}(\sigma)(k) = \sum_{i=k}^{\infty} \sigma(i)$$

유한개의 i에서만 $\sigma(i) \neq 0$이므로 T의 정의에 등장하는 무한급수는 수렴한다. 다음 명제가 참임을 보여라.

(a) T는 V의 선형연산자이다.

(b) 임의의 자연수 n에 대하여 $\mathsf{T}(e_n) = \sum_{i=1}^{n} e_i$이다.

(c) T의 수반연산자가 존재하지 않는다.

힌트 귀류법으로 증명한다. T^*가 존재한다고 가정하고 임의의 자연수 n에 대하여 $\mathsf{T}^*(e_n)(k) \neq 0$인 k가 무수히 많음을 보인다.

6.4 정규연산자와 자기수반연산자

5장에서 대각화가 중요한 이유를 학습하였다. 벡터공간 V의 연산자가 대각화가능하기 위한 필요충분조건은 '이 연산자의 고유벡터로 이루어진 (V의) 기저가 존재한다'는 것이다. 6장에서는 내적공간 V를 다루므로 고유벡터로 이루어진 (V의) 정규직교기저가 존재할 조건을 생각하는 것은 자연스럽다. 이때 슈어의 정리(정리 6.14)가 큰 도움을 줄 것이다. 이번 절은 선형연산자를 중심으로 학습한 뒤 6.5절에서 '행렬'의 입장에서 다시 살펴볼 예정이다.

보조정리 유한차원 내적공간 V의 선형연산자 T를 생각하자. T가 고유벡터를 포함하면 T^*도 고유벡터를 포함한다.

증명 고윳값 λ에 대응하는 (T의) 고유벡터를 v라 하자. 임의의 $x \in \mathsf{V}$에 대하여 다음이 성립한다.

$$0 = \langle \mathit{0}, x \rangle = \langle (\mathsf{T} - \lambda \mathsf{I})(v), x \rangle = \langle v, (\mathsf{T} - \lambda \mathsf{I})^*(x) \rangle = \langle v, (\mathsf{T}^* - \overline{\lambda} \mathsf{I})(x) \rangle$$

v는 $\mathsf{T}^* - \overline{\lambda}\mathsf{I}$의 치역에 직교한다. $\mathsf{T}^* - \overline{\lambda}\mathsf{I}$는 전사함수가 아니므로 단사함수도 아니다. 즉 $\mathsf{T}^* - \overline{\lambda}\mathsf{I}$는 점공간이 아닌 영공간을 가지고, 영공간에 속한 임의의 영이 아닌 벡터는 고윳값 $\overline{\lambda}$에 대응하는 (T^*의) 고유벡터이다. ◀

앞서 배운 내용을 상기시키자.

- V의 부분공간 W에 대하여 $\mathsf{T}(\mathsf{W})$가 W의 부분집합일 때, W를 **T-불변**이라 정의한다(2.1절 연습문제, 5.4절 연습문제). W가 T-불변이면 T의 제한 $\mathsf{T_W}: \mathsf{W} \to \mathsf{W}$를 다음과 같이 정의한다.

$$\text{모든 } x \in \mathsf{W}\text{에 대하여 } \mathsf{T_W}(x) = \mathsf{T}(x)$$

  이때, $\mathsf{T_W}$는 W의 선형연산자이다.
- 일차식의 곱으로 표현되는 다항식을 **완전히 인수분해**된다고 정의한다(5.2절).

정리 6.14 슈어의 정리(Schur's theorem)
유한차원 내적공간 V의 선형연산자 T를 생각하자. T의 특성다항식이 완전히 인수분해될 때, $[\mathsf{T}]_\gamma$가 상삼각행렬이 되도록 하는 (V의) 정규직교기저 γ가 존재한다.

증명 5.2절 연습문제 12(a)에 따르면 $[\mathsf{T}]_\beta$가 상삼각행렬이 되도록 하는 (V의) 순서기저 $\beta = \{w_1, w_2, \ldots, w_n\}$이 존재한다. β에 그람–슈미트 직교화를 사용하면 (V의) 직교기저 $\beta' = \{v_1, v_2, \ldots, v_n\}$을 얻는다. $1 \le k \le n$인 k에 대하여 S_k, S'_k이 각각 다음과 같다고 하자.

$$S_k = \{w_1, w_2, \ldots, w_k\}, \quad S'_k = \{v_1, v_2, \ldots, v_k\}$$

정리 6.4의 증명에서처럼 모든 k에 대하여 $\text{span}(S_k) = \text{span}(S'_k)$이다. 모든 k에 대하여 $\mathsf{T}(w_k) \in \text{span}(S_k)$이므로(2.2절 연습문제 12) $\mathsf{T}(v_k) \in \text{span}(S'_k)$이다. 다시 2.2절 연습문제 12로부터 $[\mathsf{T}]_{\beta'}$은 상삼각행렬이다.

마지막으로 모든 $1 \le i \le n$에 대하여 $z_i = \dfrac{1}{\|v_i\|}v_i$, $\gamma = \{z_1, z_2, \ldots, z_n\}$이라 하자. γ는 V의 정규직교기저이고 $[\mathsf{T}]_\gamma$는 상삼각행렬이다. ◀

유한차원 내적공간 V에서 선형연산자 T의 고유벡터로 이루어진 정규직교기저를 찾는 문제로 돌아오자. 이러한 정규직교기저 β가 존재하면 $[\mathsf{T}]_\beta$는 대각행렬이고 $[\mathsf{T}^*]_\beta = [\mathsf{T}]^*_\beta$는 대각행렬이다. 대각행렬은 가환적이므로 T와 T^*는 가환적이다. 이제 다음이 성립한다.

V가 T의 고유벡터로 이루어진 정규직교기저를 가지면 $\mathsf{TT}^* = \mathsf{T}^*\mathsf{T}$이다.

정의 내적공간 **V**와 (**V**의) 선형연산자 **T**를 생각하자. $\mathsf{TT}^* = \mathsf{T}^*\mathsf{T}$인 선형연산자 **T**를 **정규연산자(normal operator)**라 한다. $AA^* = A^*A$를 만족하는 $n \times n$ 실행렬 또는 복소행렬 A를 **정규행렬(normal matrix)**이라 한다.

정리 6.10에 따르면 **T**가 정규연산자이기 위한 필요충분조건은 $[\mathsf{T}]_\beta$가 정규행렬인 것이다. 이때, β는 정규직교기저이다.

예제 1 $\mathsf{T}: \mathsf{R}^2 \to \mathsf{R}^2$을 원점을 기준으로 하여 반시계방향으로 θ만큼 회전하는 선형변환이라 하자. (단, $0 < \theta < \pi$) 표준 순서기저에 대한 **T**의 행렬표현은 다음과 같이 나타낼 수 있다.

$$A = \begin{pmatrix} \cos\theta & -\sin\theta \\ \sin\theta & \cos\theta \end{pmatrix}$$

이때, $AA^* = I = A^*A$이다. A는 정규행렬이고 **T**는 정규연산자이다.

예제 2 행렬 A를 skew-symmetric인 실행렬이라 하면 $A^t = -A$이다. 이때, $AA^t = -A^2$, $A^tA = -A^2$이므로 A는 정규행렬이다.

예제 1의 연산자 **T**는 고유벡터를 가지지 않는다. 즉, 실내적공간에서 정규성(normality)은 고유벡터로 이루어진 정규직교기저가 존재하기 위한 충분조건이 아니다. 그러나 **V**가 실내적공간이 아니라면 이야기가 달라진다. **V**가 복소내적공간이면 정규성은 고유벡터로 이루어진 정규직교기저가 존재하기 위한 충분조건이 된다.

정규연산자의 일반적인 성질을 먼저 학습한 뒤, 위의 성질을 정리 6.16에서 살펴보자.

정리 6.15 내적공간 **V**와 (**V**의) 정규연산자 **T**에 대하여 다음이 성립한다.

(1) 모든 $x \in \mathsf{V}$에 대하여 $\|\mathsf{T}(x)\| = \|\mathsf{T}^*(x)\|$이다.

(2) 임의의 $c \in F$에 대하여 $\mathsf{T} - c\mathsf{I}$는 정규연산자이다.

(3) 고윳값 λ에 대응하는 (**T**의) 고유벡터 x는 고윳값 $\overline{\lambda}$에 대응하는 (T^*의) 고유벡터이기도 하다. $\mathsf{T}(x) = \lambda x$이면 $\mathsf{T}^*(x) = \overline{\lambda}x$이다.

(4) 고유벡터 x_1, x_2에 대응하는 (**T**의) 고윳값을 각각 λ_1, λ_2라 하자. $\lambda_1 \neq \lambda_2$이면 x_1과 x_2는 직교한다.

증명 (1) 임의의 $x \in \mathsf{V}$에 대하여 다음이 성립한다.

$$\begin{aligned}\|\mathsf{T}(x)\|^2 &= \langle \mathsf{T}(x), \mathsf{T}(x) \rangle = \langle \mathsf{T}^*\mathsf{T}(x), x \rangle = \langle \mathsf{TT}^*(x), x \rangle \\ &= \langle \mathsf{T}^*(x), \mathsf{T}^*(x) \rangle = \|\mathsf{T}^*(x)\|^2\end{aligned}$$

(2) 연습문제 5를 보라.

(3) 어떤 $x \in \mathsf{V}$에 대하여 $\mathsf{T}(x) = \lambda x$라 하자. $\mathsf{U} = \mathsf{T} - \lambda \mathsf{I}$라 하면 $\mathsf{U}(x) = \mathit{0}$이고 (2)로부터 U는 정규연산자이다. 이제 (1)을 이용하면 다음과 같이 나타낼 수 있다.

$$0 = \|\mathsf{U}(x)\| = \|\mathsf{U}^*(x)\| = \|(\mathsf{T}^* - \overline{\lambda}\mathsf{I})(x)\| = \|\mathsf{T}^*(x) - \overline{\lambda}x\|$$

즉 $\mathsf{T}^*(x) = \overline{\lambda}x$이다. 따라서 x는 T^*의 고유벡터이다.

(4) 고유벡터 x_1, x_2에 대응하는 (T의) 고윳값을 각각 λ_1, λ_2라 하자. (단, $\lambda_1 \neq \lambda_2$) (3)에 의해 다음이 성립한다.

$$\begin{aligned}\lambda_1 \langle x_1, x_2 \rangle &= \langle \lambda_1 x_1, x_2 \rangle = \langle \mathsf{T}(x_1), x_2 \rangle = \langle x_1, \mathsf{T}^*(x_2) \rangle \\ &= \left\langle x_1, \overline{\lambda}_2 x_2 \right\rangle = \lambda_2 \langle x_1, x_2 \rangle\end{aligned}$$

$\lambda_1 \neq \lambda_2$이므로 $\langle x_1, x_2 \rangle = 0$이다. ◀

> **정리 6.16** 유한차원 복소내적공간 V의 선형연산자 T를 생각하자. T가 정규연산자이기 위한 필요충분조건은 T의 고유벡터로 이루어진 (V의) 정규직교기저가 존재하는 것이다.

증명 T를 정규연산자라 하자. 대수학의 기본 정리(정리 D.4)에 의해 T의 특성다항식은 완전히 인수분해된다. 슈어의 정리를 사용하면 $[\mathsf{T}]_\beta = A$가 상삼각행렬이 되도록 하는 (V의) 정규직교기저 $\beta = \{v_1, v_2, \ldots, v_n\}$을 얻을 수 있다. A가 상삼각행렬이므로 v_1은 T의 고유벡터이다.

이제 $v_1, v_2, \ldots, v_{k-1}$이 T의 고유벡터이면 v_k도 T의 고유벡터임을 보이자. 이를 보이고 나면 (k에 대한) 수학적 귀납법에 의해 모든 v_i가 T의 고유벡터임이 증명된다.

임의의 $j < k$에 대하여 고유벡터 v_j에 대응하는 (T의) 고윳값을 λ_j라 하자. 정리 6.15로부터 $\mathsf{T}^*(v_j) = \overline{\lambda}_j v_j$이다. A는 상삼각행렬이므로 $\mathsf{T}(v_k)$는 다음과 같다.

$$\mathsf{T}(v_k) = A_{1k}v_1 + A_{2k}v_2 + \cdots + A_{jk}v_j + \cdots + A_{kk}v_k$$

정리 6.5의 따름정리에 의해 A의 성분 A_{jk}를 다음과 같이 쓸 수 있다.

$$A_{jk} = \langle \mathsf{T}(v_k), v_j \rangle = \langle v_k, \mathsf{T}^*(v_j) \rangle = \left\langle v_k, \overline{\lambda}_j v_j \right\rangle = \lambda_j \left\langle v_k, v_j \right\rangle = 0$$

즉 $\mathsf{T}(v_k) = A_{kk}v_k$ 이고 v_k 는 T의 고유벡터이다. 수학적 귀납법에 따르면 β의 모든 벡터는 T의 고유벡터이다.

역은 394쪽에서 이미 증명하였다. ◀

흥미롭게도 정리 6.16은 무한차원 복소내적공간에서는 성립하지 않는다. 다음 예제에서 확인하자.

예제 3 6.1절 예제 9에서 다룬 내적공간 H와 정규직교집합 S를 생각하자. 부분공간 $\mathsf{V} = \mathrm{span}(S)$에 대하여 ($\mathsf{V}$의) 선형연산자 T, U를 $\mathsf{T}(f) = f_1 f$, $\mathsf{U}(f) = f_{-1} f$로 정의하자. 모든 정수 n에 대하여 $\mathsf{T}(f_n) = f_{n+1}$, $\mathsf{U}(f_n) = f_{n-1}$이다. 이제 다음이 성립한다.

$$\langle \mathsf{T}(f_m), f_n \rangle = \langle f_{m+1}, f_n \rangle = \delta_{(m+1),n} = \delta_{m,(n-1)} = \langle f_m, f_{n-1} \rangle = \langle f_m, \mathsf{U}(f_n) \rangle$$

따라서 $\mathsf{U} = \mathsf{T}^*$ 이다. $\mathsf{TT}^* = \mathsf{I} = \mathsf{T}^*\mathsf{T}$ 이므로 T는 정규연산자이다.

T가 고유벡터를 가지지 않음을 보이자. T의 어떤 고윳값 λ에 대응하는 고유벡터 f가 존재한다고 가정하자. $\mathsf{T}(f) = \lambda f$라 나타낼 수 있다. V는 S로 생성된 집합이므로, f를 다음과 같이 나타낼 수 있다.

$$f = \sum_{i=n}^{m} a_i f_i \quad (\text{단, } a_m \neq 0)$$

여기에서 $\sum_{i=n}^{m} a_i f_{i+1} = \mathsf{T}(f) = \lambda f = \sum_{i=n}^{m} \lambda a_i f_i$ 이다. $a_m \neq 0$ 이므로 f_{m+1}은 $f_n, f_{n+1}, \ldots, f_m$의 일차결합이다. 이는 S가 일차독립이라는 사실에 모순이다.

예제 1에서 정규성이 실내적공간의 고유벡터로 이루어진 정규직교기저가 존재하기 위한 충분조건이 아님을 확인하였다. 실내적공간에서는 정규성을 더욱 강한 조건인 $\mathsf{T} = \mathsf{T}^*$로 바꾸면 이러한 기저가 존재하기 위한 충분조건을 얻을 수 있다.

정의 내적공간 V의 선형연산자 T를 생각하자.

- $\mathsf{T} = \mathsf{T}^*$ 인 T를 **자기수반연산자(self-adjoint)** 또는 **에르미트 연산자(Hermitian)**라 한다.
- $A = A^*$ 인 $n \times n$ 실행렬 또는 복소행렬 A를 **자기수반행렬(self-adjoint matrix)** 또는 **에르미트 행렬(Hermitian matrix)**이라 한다.

정규직교기저 β에 대하여 T가 자기수반연산자이기 위한 필요충분조건은 $[\mathsf{T}]_\beta$가 자기수반행렬인 것이다. 실행렬에서는 자기수반행렬인 조건을 'A가 대칭'인 것으로 간소화할 수 있다.

자기수반연산자와 관련된 중요한 결과를 공부하기 전에 몇 가지를 짚고 넘어가자.

정의에 따르면 실내적공간의 선형연산자에는 실수인 고윳값만 있다. 다음 보조정리에 따르면 복소내적공간의 실(real)자기수반연산자에 대해서도 같은 결과가 성립한다. 비슷하게 복소내적공간의 모든 선형연산자의 특성다항식은 완전히 인수분해된다. 실내적공간의 실(real)자기수반연산자에 대해서도 같은 결과가 성립한다.

보조정리 유한차원 내적공간 V의 자기수반연산자 T에 대하여 다음이 성립한다.

(1) T의 모든 고윳값은 실수이다.

(2) V가 실내적공간이면 T의 특성다항식은 완전히 인수분해된다.

증명 (1) $x \neq \mathit{0}$에 대하여 $\mathsf{T}(x) = \lambda x$가 성립한다고 가정하자. 자기수반연산자는 정규연산자이므로 정리 6.15(3)을 사용하여 $\lambda x = \mathsf{T}(x) = \mathsf{T}^*(x) = \overline{\lambda} x$라 할 수 있다. $\lambda = \overline{\lambda}$이므로 λ는 실수이다.

(2) $n = \dim(\mathsf{V})$라 하자. V의 정규직교기저 β와 $A = [\mathsf{T}]_\beta$를 생각하자. A는 자기수반행렬이다. C^n의 선형연산자 T_A를 다음과 같이 정의하자.

$$\text{모든 } x \in \mathsf{C}^n \text{에 대하여 } \mathsf{T}_A(x) = Ax$$

C^n의 표준순서 (정규직교) 기저 γ에 대하여 $[\mathsf{T}_A]_\gamma = A$이므로 T_A는 자기수반연산자이다. (1)에 따르면 T_A의 고윳값은 실수이다. 대수학의 기본 정리를 이용하면 T_A의 특성다항식은 $t - \lambda$의 곱으로 완전히 인수분해된다. 모든 λ가 실수이므로 특성다항식은 R에서 완전히 인수분해된다.

한편, T_A는 A와 특성다항식이 같다. 이는 T의 특성다항식이기도 하다. 따라서 T의 특성다항식은 완전히 인수분해된다. ◀

이제 6장의 주요한 결과 중 하나를 소개한다.

정리 6.17 유한차원 실내적공간 V의 선형연산자 T에 대하여 T가 자기수반연산자이기 위한 필요충분조건은 T의 고유벡터로 이루어진 (V의) 정규직교기저 β가 존재하는 것이다.

증명 T를 자기수반연산자라 하자. 보조정리에 따르면 슈어의 정리를 사용하여 $A = [\mathsf{T}]_\beta$가 상삼각행렬이 되도록 하는 (V의) 정규직교기저 β를 얻을 수 있다. 한편 다음이 성립한다.

$$A^* = [\mathsf{T}]_\beta^* = [\mathsf{T}^*]_\beta = [\mathsf{T}]_\beta = A$$

A와 A^*는 모두 상삼각행렬이므로 A는 대각행렬이다. 따라서 β는 T의 고유벡터로 이루어져 있다.

역을 증명하는 것은 여러분의 몫으로 남긴다. ◀

다음 절에서 우리는 이 정리를 행렬의 입장에서 다시 서술할 것이다(정리 6.20).

예제 4 정의에 따르면 실대칭행렬은 자기수반행렬이고, 자기수반행렬은 정규행렬이다. 복소수 성분을 포함한 대칭행렬 A를 생각하자.

$$A = \begin{pmatrix} i & i \\ i & 1 \end{pmatrix}, \quad A^* = \begin{pmatrix} -i & -i \\ -i & 1 \end{pmatrix}$$

A는 정규행렬이 아니다. $(AA^*)_{12} = 1+i$, $(A^*A)_{12} = 1-i$이기 때문이다. 따라서 복소 대칭행렬은 정규행렬이 아니다.

6.4 연습문제

1. 다음 명제의 참-거짓을 판정하라. 바탕이 되는 내적공간은 유한차원이라 가정한다.

(a) 모든 자기수반연산자는 정규연산자이다.

(b) 연산자와 수반연산자는 고윳값이 같다.

(c) 내적공간 V의 연산자 T에 대하여 T가 정규연산자이기 위한 필요충분조건은 $[\mathsf{T}]_\beta$가 정규행렬인 것이다. 이때 β는 V의 임의의 순서기저이다.

(d) 실행렬 또는 복소행렬 A가 정규행렬이기 위한 필요충분조건은 L_A가 정규연산자인 것이다.

(e) 자기수반연산자의 고윳값은 반드시 실수이다.

(f) 항등연산자 또는 영 연산자는 자기수반연산자이다.

(g) 모든 정규연산자는 대각화가능하다.

(h) 모든 자기수반연산자는 대각화가능하다.

2. 내적공간 V와 선형연산자 T가 다음과 같이 주어진다고 하자. T가 정규연산자, 자기수반연산자인지 판정하라. 가능하다면, T의 고유벡터로 이루어진 (V의) 정규직교기저와 각 고유벡터에 대응하는 고윳값을 각각 찾아라.

(a) $\mathsf{V} = \mathsf{R}^2$, $\mathsf{T}(a, b) = (2a - 2b, -2a + 5b)$

(b) $\mathsf{V} = \mathsf{R}^3$, $\mathsf{T}(a, b, c) = (-a + b, 5b, 4a - 2b + 5c)$

(c) $\mathsf{V} = \mathsf{C}^2$, $\mathsf{T}(a,b) = (2a+ib, a+2b)$

(d) $\mathsf{V} = \mathsf{P}_2(R)$, $\mathsf{T}(f) = f'$, $\langle f(x), g(x)\rangle = \int_0^1 f(t)g(t)\,dt$

(e) $\mathsf{V} = \mathsf{M}_{2\times 2}(R)$, $\mathsf{T}(A) = A^t$

(f) $\mathsf{V} = \mathsf{M}_{2\times 2}(R)$, $\mathsf{T}\begin{pmatrix} a & b \\ c & d \end{pmatrix} = \begin{pmatrix} c & d \\ a & b \end{pmatrix}$

3. 연습문제 1(c)의 반례가 되는 R^2의 선형연산자 T와 (R^2의) 순서기저를 하나 찾아라.

4. 내적공간 V의 자기수반연산자 T와 U를 생각하자. TU가 자기수반연산자이기 위한 필요충분조건은 $\mathsf{TU} = \mathsf{UT}$임을 증명하라.

5. 정리 6.15(2)를 증명하라.

6. 복소내적공간 V와 (V의) 선형연산자 T에 대하여 T_1, T_2를 각각 다음과 같이 정의하자.

$$\mathsf{T}_1 = \frac{1}{2}(\mathsf{T} + \mathsf{T}^*), \quad \mathsf{T}_2 = \frac{1}{2i}(\mathsf{T} - \mathsf{T}^*)$$

다음 물음에 답하라.

(a) T_1와 T_2가 자기수반연산자이고 $\mathsf{T} = \mathsf{T}_1 + i\,\mathsf{T}_2$임을 증명하라.

(b) $\mathsf{T} = \mathsf{U}_1 + i\mathsf{U}_2$임을 추가로 가정하자. 이때, U_1과 U_2는 자기수반연산자이다. $\mathsf{U}_1 = \mathsf{T}_1$, $\mathsf{U}_2 = \mathsf{T}_2$임을 증명하라.

(c) T가 정규연산자이기 위한 필요충분조건은 $\mathsf{T}_1\mathsf{T}_2 = \mathsf{T}_2\mathsf{T}_1$임을 증명하라.

7. 내적공간 V의 선형연산자 T와 (V의) T-불변 부분공간 W를 생각하자. 다음 명제가 참임을 보여라.

(a) T가 자기수반연산자이면 $\mathsf{T_W}$도 자기수반연산자이다.

(b) $\mathsf{W}^\perp$는 T^*-불변 부분공간이다.

(c) W가 T-불변이고 T^*-불변이면 $(\mathsf{T_W})^* = (\mathsf{T}^*)_\mathsf{W}$이다.

(d) W가 T-불변이자 T^*-불변이고 T가 정규연산자일 때, $\mathsf{T_W}$도 정규연산자이다.

8. 유한차원 복소내적공간 V의 정규연산자 T와 (V의) 부분공간 W를 생각하자. W가 T-불변이면 W는 T^*-불변이기도 함을 증명하라.

힌트 5.4절 연습문제 24를 보라.

9. 유한차원 내적공간 V의 정규연산자 T를 생각하자. $\mathsf{N}(\mathsf{T}) = \mathsf{N}(\mathsf{T}^*)$와 $\mathsf{R}(\mathsf{T}) = \mathsf{R}(\mathsf{T}^*)$가 성립함을 증명하라.

힌트 정리 6.15, 6.3절 연습문제 12를 보라.

10. 유한차원 내적공간 V의 자기수반연산자 T를 생각하자. 모든 $x \in \mathsf{V}$에 대하여 다음 관계식이 성립함을 증명하라.

$$\|\mathsf{T}(x) \pm ix\|^2 = \|\mathsf{T}(x)\|^2 + \|x\|^2$$

이를 통해 $\mathsf{T} - i\mathsf{I}$가 가역이며 $(\mathsf{T} - i\mathsf{I})^{-1}$의 수반연산자가 $(\mathsf{T} + i\mathsf{I})^{-1}$임을 이끌어내라.

11. 복소내적공간 V의 선형연산자 T와 수반연산자 T^*에 대하여 다음 명제가 참임을 보여라. (V는 유한차원이 아닐 수도 있다.)

(a) T가 자기수반연산자이면 모든 $x \in \mathsf{V}$에 대하여 $\langle \mathsf{T}(x), x \rangle$는 실수이다.

(b) 모든 $x \in \mathsf{V}$에 대하여 $\langle \mathsf{T}(x), x \rangle = 0$이면 $\mathsf{T} = \mathsf{T}_0$이다.

힌트 x를 $x + y$로 바꾼 경우와 $x + iy$로 바꾼 경우를 생각하고, 내적하여 얻은 결과를 전개하라.

(c) 모든 $x \in \mathsf{V}$에 대하여 $\langle \mathsf{T}(x), x \rangle$가 실수이면 T는 자기수반연산자이다.

12. 유한차원 실내적공간 V의 정규연산자 T에 대하여 T의 특성다항식이 완전히 인수분해된다고 가정하자. V가 T의 고유벡터로 이루어진 정규직교기저를 가짐을 증명하라. 이로부터 T는 자기수반연산자임을 증명하라.

13. 적절한 실행렬 B에 대하여 $A = B^tB$가 성립하는 $n \times n$ 실행렬 A를 **그람행렬(Gramian matrix)**이라 한다. (단, B는 정사각행렬) A가 그람행렬이기 위한 필요충분조건은 A가 대칭행렬이며 모든 고윳값이 음수가 아닌 것임을 증명하라.

힌트 정리 6.17을 $\mathsf{T} = \mathsf{L}_A$에 적용하여 정규직교기저 $\{v_1, v_2, \ldots, v_n\}$을 구한다. 이때 각 고유벡터에 대응하는 고윳값을 $\lambda_1, \lambda_2, \ldots, \lambda_n$이라 하자. 선형연산자 U를 $\mathsf{U}(v_i) = \sqrt{\lambda_i}v_i$라 정의하자.

14. **동시에 대각화(simultaneous diagonalization)** 유한차원 실내적공간 V와 $\mathsf{UT} = \mathsf{TU}$인 ($\mathsf{V}$의) 자기수반연산자 U와 T를 생각하자. U와 T 모두의 고유벡터로 이루어진 (V의) 정규직교기저가 존재함을 증명하라. (6.6절 연습문제 10에서 이 문제를 복소수로 다시 표현한다.)

힌트 T의 임의의 고유공간 $\mathsf{W} = \mathsf{E}_\lambda$에 대하여 W는 T-불변 부분공간이면서 U-불변 부분공간이다. 연습문제 7에 의해 $\mathsf{W}^\perp$는 T-불변 부분공간이면서 U-불변 부분공간이다. 이제 정리 6.17과 정리 6.6을 사용하라.

15. $AB = BA$인 $n \times n$ 대칭행렬 A, B를 생각하자. 연습문제 14를 사용하여 P^tAP와 P^tBP가 모두 대각행렬이 되도록 하는 직교행렬 P가 존재함을 증명하라.

16. $n \times n$ 복소행렬 A에 대한 **케일리-해밀턴 정리(Cayley-Hamilton theorem)**를 증명하라. A의 특성 다항식 $f(t)$에 대하여 $f(A) = O$임을 보이면 된다.

힌트 슈어의 정리(정리 6.14)를 사용하여 A를 상삼각행렬이라 가정할 수 있음을 보여라. $f(t) = \prod_{i=1}^{n}(A_{ii} - t)$라 할 수 있다. $\mathsf{T} = \mathsf{L}_A$라면 $j \geq 2$에 대하여 $(A_{jj}\mathsf{I} - \mathsf{T})(e_j) \in \text{span}(\{e_1, e_2, \ldots, e_{j-1}\})$이다. 이때, $\{e_1, e_2, \ldots, e_n\}$는 C^n의 표준 순서기저이다. (5.4절에서 일반적인 경우를 증명하였다.)

17~23. 다음 정의를 이용하여 문제를 풀어 보자.

> **정의** 유한차원 내적공간의 자기수반 선형연산자 T를 생각하자.
>
> - 모든 $x \neq \mathit{0}$에 대하여 $\langle \mathsf{T}(x), x \rangle > 0$이면 **양의 정부호(positive definite)**라 한다.
> - 모든 $x \neq \mathit{0}$에 대하여 $\langle \mathsf{T}(x), x \rangle \geq 0$이면 **양의 준정부호(positive semidefinite)**라 한다.
> - L_A가 양의 정부호를 가질 때 모든 성분이 실수 또는 복소수인 $n \times n$ 행렬 A를 **양의 정부호**라고 한다.
> - L_A가 양의 준정부호를 가질 때 모든 성분이 실수 또는 복소수인 $n \times n$ 행렬 A를 **양의 준정부호**라고 한다.

17. n차원 내적공간 V의 자기수반 선형연산자 T와 U, (V의) 정규직교기저 β, $A = [\mathsf{T}]_\beta$에 대하여 다음 명제가 참임을 보여라.

(a) T가 양의 정부호[양의 준정부호]이기 위한 필요충분조건은 모든 고윳값이 양수[음이 아닌 실수]인 것이다.

(b) T가 양의 정부호이기 위한 필요충분조건은 영이 아닌 임의의 n순서쌍 $(a_1, a_2, \ldots, a_n)$에 대하여 $\sum_{i,j} A_{ij} a_j \overline{a}_i > 0$인 것이다.

(c) T가 양의 준정부호이기 위한 필요충분조건은 적절한 정사각행렬 B에 대하여 $A = B^*B$가 성립하는 것이다.

(d) T와 U가 $\mathsf{T}^2 = \mathsf{U}^2$인 양의 준정부호인 연산자이면 $\mathsf{T} = \mathsf{U}$이다.

(e) T와 U가 $\mathsf{TU} = \mathsf{UT}$인 양의 정부호인 연산자이면 TU는 양의 정부호이다.

(f) T가 양의 정부호[양의 준정부호]이기 위한 필요충분조건은 A가 양의 정부호[양의 준정부호]인 것이다. [8]

8 (f)가 성립하므로 (a)~(d)를 행렬로 표현한 명제도 참이다.

18. 유한차원 내적공간 V, W와 선형변환 $\mathsf{T}: \mathsf{V} \to \mathsf{W}$에 대하여 다음 명제가 참임을 보여라.

(a) $\mathsf{T}^*\mathsf{T}$와 TT^*가 양의 준정부호이다(6.3절 연습문제 15).

(b) $\text{rank}(\mathsf{T}^*\mathsf{T}) = \text{rank}(\mathsf{TT}^*) = \text{rank}(\mathsf{T})$

19. 내적공간 V의 양의 정부호인 선형연산자 T와 U에 대하여 다음을 증명하라.

(a) $\mathsf{T} + \mathsf{U}$는 양의 정부호이다.

(b) $c > 0$일 때, $c\mathsf{T}$는 양의 정부호이다.

(c) T^{-1}는 양의 정부호이다.

20. 내적 $\langle \cdot, \cdot \rangle$가 주어진 내적공간 V와 (V의) 양의 정부호인 선형연산자 T를 생각하자. $\langle x, y \rangle' = \langle \mathsf{T}(x), y \rangle$가 V의 또 다른 내적이 됨을 증명하라.

21. 유한차원 내적공간 V와 (V의) 자기수반연산자 T와 U에 대하여 TU와 UT는 대각화가능하며 실수인 고윳값만을 가짐을 증명하라. (단, T는 양의 정부호이다.)

힌트 내적 $\langle x, y \rangle' = \langle \mathsf{T}(x), y \rangle$에 대하여 UT가 자기수반연산자임을 보여라. TU가 자기수반연산자임을 보이려면 앞의 과정에 T 대신 T^{-1}를 대입하여 반복한다.

22. **연습문제 20의 역** 내적 $\langle \cdot, \cdot \rangle$가 주어진 유한차원 내적공간 V의 또 다른 내적을 $\langle \cdot, \cdot \rangle'$이라 하자. 다음 명제가 참임을 보여라.

(a) 모든 x, $y \in \mathsf{V}$에 대하여 $\langle x, y \rangle' = \langle \mathsf{T}(x), y \rangle$를 만족하는 ($\mathsf{V}$의) 선형연산자 T가 유일하게 존재한다.

힌트 내적 $\langle \cdot, \cdot \rangle$에 대한 V의 정규직교기저 $\beta = \{v_1, v_2, \ldots, v_n\}$에 대하여 행렬 A를 다음과 같이 정의하자.

$$\text{모든 } i, j\text{에 대하여 } A_{ij} = \langle v_j, v_i \rangle'$$

V의 유일한 선형연산자 T를 $[\mathsf{T}]_\beta = A$라 정의한다.

(b) 두 내적 모두에 대하여 (a)의 연산자 T가 양의 정부호이다.

23. 유한차원 내적공간 V의 선형연산자 U를 생각하자. 다음 명제가 참임을 보여라.

> U의 모든 고윳값이 실수이고 대각화가능할 때, $\mathsf{U} = \mathsf{T}_2\mathsf{T}_1 = \mathsf{T}_1'\mathsf{T}_2'$인 양의 정부호인 선형연산자 T_1와 T_1', 자기수반 선형연산자 T_2와 T_2'이 존재한다.

힌트 V의 내적 $\langle \cdot, \cdot \rangle$, U의 고유벡터로 이루어진 기저 β, β를 정규직교기저가 되도록 하는 (V의) 내적 $\langle \cdot, \cdot \rangle'$(6.1절 연습문제 22(a)), 연습문제 22에서 얻은 양의 정부호인 연산자 T_1을 생각하자. U가 $\langle \cdot, \cdot \rangle'$에 대하여 자기수반연산자이고 $\mathsf{U} = \mathsf{T}_1^{-1}\mathsf{U}^*\mathsf{T}_1$($\langle \cdot, \cdot \rangle$에 대하여 수반연산자)임을 보여라. 그 다음 $\mathsf{T}_2 = \mathsf{T}_1{}^{-1}\mathsf{U}^*$라 하자.

6.5 연산자와 행렬 : 유니타리 연산자와 직교연산자

정리 6.11에서 살펴 본 수반연산자와 켤레복소수의 유사성을 상기하자. $z\overline{z} = 1$인 복소수 z의 크기는 1이다. 이번 절에서는 이와 유사한 선형연산자, 다시 말해 $\mathsf{TT}^* = \mathsf{T}^*\mathsf{T} = \mathsf{I}$인 내적공간 V의 선형연산자 T를 다룰 것이다. 여기에서 이러한 선형연산자는 '길이'를 보존하는 연산자임을 확인할 것이다(모든 $x \in \mathsf{V}$에 대하여 $\|\mathsf{T}(x)\| = \|x\|$). 이러한 연산자는 유한차원 복소내적공간에서 고윳값의 절댓값이 모두 1인 정규연산자라는 특징이 있다.

지난 장에서 공간의 구조를 보존하는 함수를 다루었다. 특히 선형연산자는 벡터 합과 스칼라 곱을 보존하고, 동형사상은 벡터공간의 모든 구조를 그대로 보존한다. 내적공간에서는 길이를 보존하는 선형연산자 T를 생각하는 것이 자연스럽다. 곧 T가 길이를 보존한다는 조건이 내적을 보존하기 위한 충분조건임을 확인하게 될 것이다.

> **정의** 유한차원 F-내적공간 V의 선형연산자 T를 생각하자.
> - $F = C$일 때 모든 $x \in \mathsf{V}$에 대하여 $\|\mathsf{T}(x)\| = \|x\|$인 T를 **유니타리 연산자(unitary operator)**라 한다.
> - $F = R$일 때 모든 $x \in \mathsf{V}$에 대하여 $\|\mathsf{T}(x)\| = \|x\|$인 T를 **직교연산자(orthogonal operator)**라 한다.

무한차원 벡터공간에서 길이를 보존하는 연산자는 단사이다. 만약 이 연산자가 전사이기도 하다면, 해당 연산자를 **유니타리 연산자** 또는 **직교연산자**라 한다.

$\mathbf{R}^2$ 에서 임의의 회전 연산자 또는 대칭 연산자는 길이를 보존하고 따라서 직교연산자이다. 이러한 연산자는 6.11절에서 자세히 다룰 것이다.

예제 1 355쪽에서 정의한 내적공간 H를 생각해 보자. 모든 x에 대하여 $|h(x)| = 1$인 $h \in \mathsf{H}$를 사용하여 (H의) 선형연산자 T를 $\mathsf{T}(f) = hf$라 정의하자. 모든 t에 대하여 $|h(t)|^2 = 1$이므로 $\|\mathsf{T}(f)\|^2 = \|f\|^2$이 성립한다. 다음을 확인하자.

$$\|\mathsf{T}(f)\|^2 = \|hf\|^2 = \frac{1}{2\pi}\int_0^{2\pi} h(t)f(t)\overline{h(t)f(t)}\,dt = \|f\|^2$$

T는 유니타리 연산자이다.

정리 6.18 유한차원 내적공간 V의 선형연산자 T에 대하여 다음 명제는 서로 동치이다.

(1) $\mathsf{T}^*\mathsf{T} = \mathsf{I}$

(2) $\mathsf{T}\mathsf{T}^* = \mathsf{I}$

(3) 모든 $x, y \in \mathsf{V}$에 대하여 $\langle \mathsf{T}(x), \mathsf{T}(y)\rangle = \langle x, y\rangle$이다.

(4) V의 정규직교기저 β에 대하여 $\mathsf{T}(\beta)$도 V의 정규직교기저이다.

(5) $\mathsf{T}(\beta)$가 V의 정규직교기저가 되도록 하는 (V의) 정규직교기저 β가 존재한다.

(6) 모든 $x \in \mathsf{V}$에 대하여 $\|\mathsf{T}(x)\| = \|x\|$이다.

조건 (1)~(6)은 모두 유니타리 연산자 또는 직교연산자의 정의와 동치이다. (1)과 (2)에 따르면 유니타리 연산자와 직교연산자는 정규연산자이다.

위 정리를 증명하기 전에 먼저 보조정리를 증명하자. 다음 보조정리를 6.4절 연습문제 11(b)와 비교해 보라.

보조정리 내적공간 V의 자기수반연산자 U를 생각하자. 모든 $x \in \mathsf{V}$에 대하여 $\langle x, \mathsf{U}(x)\rangle = 0$이면 $\mathsf{U} = \mathsf{T}_0$이다.

증명 임의의 $x \in \mathsf{V}$에 대하여 다음이 성립한다.

$$\begin{aligned} 0 &= \langle x + \mathsf{U}(x), \mathsf{U}(x + \mathsf{U}(x))\rangle \\ &= \langle x + \mathsf{U}(x), \mathsf{U}(x) + \mathsf{U}^2(x)\rangle \end{aligned}$$

$$\begin{aligned}
&= \langle x, \mathsf{U}(x)\rangle + \left\langle x, \mathsf{U}^2(x)\right\rangle + \langle \mathsf{U}(x), \mathsf{U}(x)\rangle + \left\langle \mathsf{U}(x), \mathsf{U}^2(x)\right\rangle \\
&= 0 + \left\langle x, \mathsf{U}^2(x)\right\rangle + \langle \mathsf{U}(x), \mathsf{U}(x)\rangle + 0 \\
&= \langle x, \mathsf{U}^*\mathsf{U}(x)\rangle + \|\mathsf{U}(x)\|^2 \\
&= 2\|\mathsf{U}(x)\|^2
\end{aligned}$$

임의의 $x \in \mathsf{V}$에 대하여 $\|\mathsf{U}(x)\| = 0$이므로 $\mathsf{U} = \mathsf{T}_0$이다. ◀

정리 6.18의 증명 (1)⟹(2) 정리 6.10과 2.4절 연습문제 10(c)로부터 성립한다.

(2)⟹(3) $x, y \in \mathsf{V}$라 하자. $\langle x, y\rangle = \langle \mathsf{T}^*\mathsf{T}(x), y\rangle = \langle \mathsf{T}(x), \mathsf{T}(y)\rangle$이다.

(3)⟹(4) V의 정규직교기저를 $\beta = \{v_1, v_2, \ldots, v_n\}$이라 하면 $\mathsf{T}(\beta) = \{\mathsf{T}(v_1), \mathsf{T}(v_2), \ldots, \mathsf{T}(v_n)\}$이다. $\langle \mathsf{T}(v_i), \mathsf{T}(v_j)\rangle = \langle v_i, v_j\rangle = \delta_{ij}$이므로 $\mathsf{T}(\beta)$는 V의 정규직교기저이다.

(4)⟹(5) 자명하다.

(5)⟹(6) $x \in \mathsf{V}$, $\beta = \{v_1, v_2, \ldots, v_n\}$이라 하자. 적절한 a_i에 대하여 $x = \sum_{i=1}^{n} a_i v_i$이다. β가 정규직교이므로 다음이 성립한다.

$$\begin{aligned}
\|x\|^2 = \left\langle \sum_{i=1}^{n} a_i v_i, \sum_{j=1}^{n} a_j v_j \right\rangle &= \sum_{i=1}^{n}\sum_{j=1}^{n} a_i \bar{a}_j \langle v_i, v_j\rangle \\
&= \sum_{i=1}^{n}\sum_{j=1}^{n} a_i \bar{a}_j \delta_{ij} = \sum_{i=1}^{n} |a_i|^2
\end{aligned}$$

방금과 같은 계산을 $\mathsf{T}(x) = \sum_{i=1}^{n} a_i \mathsf{T}(v_i)$에 적용하고 $\mathsf{T}(\beta)$가 정규직교임을 이용하면 다음이 성립한다.

$$\|\mathsf{T}(x)\|^2 = \sum_{i=1}^{n} |a_i|^2$$

즉 $\|\mathsf{T}(x)\| = \|x\|$이다.

(6)⟹(1) 임의의 $x \in \mathsf{V}$에 대하여 다음이 성립한다.

$$\langle x, x\rangle = \|x\|^2 = \|\mathsf{T}(x)\|^2 = \langle \mathsf{T}(x), \mathsf{T}(x)\rangle = \langle x, \mathsf{T}^*\mathsf{T}(x)\rangle$$

모든 $x \in \mathsf{V}$에 대하여 $\langle x, (\mathsf{I} - \mathsf{T}^*\mathsf{T})(x)\rangle = 0$이다. $\mathsf{U} = \mathsf{I} - \mathsf{T}^*\mathsf{T}$라 하자. U는 자기수반연산자이고 모든 $x \in \mathsf{V}$에 대하여 $\langle x, \mathsf{U}(x)\rangle = 0$이다. 보조정리로부터 $\mathsf{T}_0 = \mathsf{U} = \mathsf{I} - \mathsf{T}^*\mathsf{T}$이므로 $\mathsf{T}^*\mathsf{T} = \mathsf{I}$이다. ◀

정리 6.18(3)을 만족하는 T는 **내적을 보존한다**고 한다. 정리 6.18(6)을 만족하는 T는 **노름을 보존한다**고 한다.

유니타리 연산자 또는 직교연산자의 정의에 따라 모든 고윳값의 절댓값은 1임을 이끌어 낼 수 있다. 실제로 그보다 강한 사실이 성립한다.

따름정리 1 유한차원 실내적공간 V의 선형연산자 T를 생각하자. V가 (T의) 절댓값이 1인 고윳값에 대응하는 고유벡터로 이루어진 정규직교기저를 포함하기 위한 필요충분조건은 T가 자기수반 직교연산자인 것이다.

증명 모든 i에 대하여 V에 $\mathsf{T}(v_i) = \lambda_i v_i,\ |\lambda_i| = 1$인 정규직교기저 $\{v_1, v_2, \ldots, v_n\}$이 있다고 가정하자. 정리 6.17에 따르면 T는 자기수반이다. 각 i에 대하여 $(\mathsf{TT}^*)(v_i) = \mathsf{T}(\lambda_i v_i) = \lambda_i \lambda_i v_i = \lambda_i^2 v_i = v_i$이다. 따라서 $\mathsf{TT}^* = \mathsf{I}$이고 2.4절 연습문제 10과 정리 6.18(2)에 의해 T는 직교연산자이다.

역으로 T가 자기수반연산자라 가정하자. 정리 6.17에 따르면 V는 모든 i에 대하여 $\mathsf{T}(v_i) = \lambda_i v_i$인 정규직교기저 $\{v_1, v_2, \ldots, v_n\}$을 포함한다. T가 직교연산자이므로 다음이 성립한다.

$$|\lambda_i| \cdot \|v_i\| = \|\lambda_i v_i\| = \|\mathsf{T}(v_i)\| = \|v_i\|$$

즉 모든 i에 대하여 $|\lambda_i| = 1$이다. ◀

따름정리 2 유한차원 복소내적공간 V의 선형연산자 T를 생각하자. V가 (T의) 절댓값이 1인 고윳값에 대응하는 고유벡터로 이루어진 정규직교기저를 가지기 위한 필요충분조건은 T가 유니타리 연산자인 것이다.

증명 따름정리 1과 비슷하게 증명한다. ◀

예제 2 각 θ만큼 회전하는 변환 $\mathsf{T}\colon \mathsf{R}^2 \to \mathsf{R}^2$을 생각하자(이때, $0 < \theta < \pi$). T는 기하학적 '길이'를 보존한다. 모든 $x \in \mathsf{R}^2$에 대하여 $\|\mathsf{T}(x)\| = \|x\|$이다. 크기가 상수인 각에 대한 회전변환이 직교성(perpendicularity)을 보존한다는 사실은 그림에서뿐만 아니라 정리 6.18(3)에서도 확인할 수 있다. 회전변환이 내적을 보존함은 자명하지 않으나 정리 6.18(3)을 이용하면 유도할 수 있다. 마지막으로 표준 순서기저에 대한 T의 행렬표현 $\begin{pmatrix} \cos\theta & -\sin\theta \\ \sin\theta & \cos\theta \end{pmatrix}$에 따르면 T는 각 θ $(0 < \theta < \pi)$에 대하여 자기수반이 아니다. 앞서 언급한 것처럼 이 사실은 T가 고윳값을 가지지 않는다는 기하학적 관찰과 정리 6.15에서 이끌어낼 수 있다. 행렬표현에 따르면 T^*는 각 $-\theta$에 대한 회전변환이다.

정의 R^2의 1차원 부분공간 L을 생각하자. L은 평면 위 원점을 지나는 직선이다. 모든 $x \in \mathsf{L}$에 대하여 $\mathsf{T}(x) = x$이고, 모든 $x \in \mathsf{L}^\perp$에 대하여 $\mathsf{T}(x) = -x$로 정의한 R^2의 선형연산자 T를 L에 대한 R^2의 **대칭변환(reflection)**이라 한다.

대칭변환의 한 가지 예로 2.5절 예제 3에서 정의한 선형연산자가 있다.

예제 3 원점을 지나는 직선 L에 대한, R^2의 대칭변환 T를 생각하자. T가 직교연산자임을 보이려 한다. $\|v_1\| = \|v_2\| = 1$을 만족하는 $v_1 \in \mathsf{L}$, $v_2 \in \mathsf{L}^\perp$인 두 벡터를 선택한다. $\mathsf{T}(v_1) = v_1$, $\mathsf{T}(v_2) = -v_2$이므로 v_1와 v_2는 T의 고유벡터이고 대응하는 고윳값은 각각 1과 -1이다. 한 발 더 나가 $\{v_1, v_2\}$는 R^2의 정규직교기저이다. 정리 6.18의 따름정리 1로부터 T는 직교연산자이다.

이제 유니타리 변환과 직교변환에 대응하는 행렬을 다루어 보자.

정의 $A^tA = AA^t = I$인 정사각행렬 A를 **직교행렬(orthogonal matrix)**이라 하고, $A^*A = AA^* = I$인 정사각행렬 A를 **유니타리 행렬(unitary matrix)**이라 한다.

실행렬 A에 대하여 $A^* = A^t$이므로 실 유니타리 행렬은 직교행렬이다. 이 경우 A는 주로 유니타리 행렬보다 **직교행렬**이라 한다.

조건 $AA^* = I$는 A의 각 행이 F^n의 정규직교기저인 것과 동치이다. 다음 관계식이 성립하기 때문이다. 이때, 이 식의 마지막 항은 A의 i행과 j행의 내적이다.

$$\delta_{ij} = I_{ij} = (AA^*)_{ij} = \sum_{k=1}^{n} A_{ik}(A^*)_{kj} = \sum_{k=1}^{n} A_{ik}\overline{A}_{jk}$$

A의 각 열과 조건 $A^*A = I$ 사이에도 비슷한 관계가 성립한다.

직교행렬, 유니타리 행렬의 정의와 정리 6.10에 따르면 내적공간 V의 선형연산자 T가 유니타리[직교] 연산자이기 위한 필요충분조건은 V의 적절한 정규직교기저 β에 대하여 $[\mathsf{T}]_\beta$가 유니타리[직교] 행렬인 것이다.

예제 4 예제 2에서 다룬 행렬 $\begin{pmatrix} \cos\theta & -\sin\theta \\ \sin\theta & \cos\theta \end{pmatrix}$는 직교행렬이다. 이 행렬의 행벡터가 R^2의 정규직교기저를 이루기 때문이다. 비슷하게 이 행렬의 열벡터는 R^2의 정규직교기저를 이룬다.

예제 5 원점을 지나는 직선 L에 대한 R^2의 대칭변환 T를 생각하자. R^2의 표준 순서기저 β와 행렬 $A = [\mathsf{T}]_\beta$에 대하여 $\mathsf{T} = \mathsf{L}_A$이다. T가 직교연산자이고 β가 정규직교기저이므로 A는 직교행렬이다. 이제 A를 구체적으로 구하자.

직선 L이 x축의 양의 방향과 이루는 각을 α라 하자. $v_1 = (\cos\alpha, \sin\alpha)$, $v_2 = (-\sin\alpha, \cos\alpha)$라 하면 $\|v_1\| = \|v_2\| = 1$, $v_1 \in \mathsf{L}$, $v_2 \in \mathsf{L}^\perp$이다. $\gamma = \{v_1, v_2\}$는 R^2의 정규직교기저이다. $\mathsf{T}(v_1) = v_1$, $\mathsf{T}(v_2) = -v_2$이므로 다음이 성립한다.

$$[\mathsf{T}]_\gamma = [\mathsf{L}_A]_\gamma = \begin{pmatrix} 1 & 0 \\ 0 & -1 \end{pmatrix}$$

$Q = \begin{pmatrix} \cos\alpha & -\sin\alpha \\ \sin\alpha & \cos\alpha \end{pmatrix}$라 하면 행렬 A는 정리 2.23의 따름정리(140쪽)를 이용하여 다음과 같이 구할 수 있다.

$$\begin{aligned} A &= Q[\mathsf{L}_A]_\gamma Q^{-1} \\ &= \begin{pmatrix} \cos\alpha & -\sin\alpha \\ \sin\alpha & \cos\alpha \end{pmatrix} \begin{pmatrix} 1 & 0 \\ 0 & -1 \end{pmatrix} \begin{pmatrix} \cos\alpha & \sin\alpha \\ -\sin\alpha & \cos\alpha \end{pmatrix} \\ &= \begin{pmatrix} \cos^2\alpha - \sin^2\alpha & 2\sin\alpha\cos\alpha \\ 2\sin\alpha\cos\alpha & -(\cos^2\alpha - \sin^2\alpha) \end{pmatrix} \\ &= \begin{pmatrix} \cos 2\alpha & \sin 2\alpha \\ \sin 2\alpha & -\cos 2\alpha \end{pmatrix} \end{aligned}$$

복소정규[실대칭] 행렬 A에 대하여 A의 고유벡터로 이루어진 F^n의 정규직교기저 β가 존재한다. 따라서 A는 대각행렬 D와 닮음이다. 정리 2.23의 따름정리로부터 β의 벡터를 열로 가지며 $D = Q^{-1}AQ$를 만족하는 행렬 Q가 존재한다. 한편 Q의 열벡터는 F^n의 정규직교기저이므로 Q는 유니타리 행렬[직교행렬]이다. 이 경우 A를 D와 **유니타리 동치(unitarily equivalent)** 또는 **직교동치(orthogonally equivalent)**라고 한다. 이 관계는 $\mathsf{M}_{n\times n}(C)$ (또는 $\mathsf{M}_{n\times n}(R)$)의 동치관계이다(연습문제 18). 일반적으로 다음 명제가 성립한다.

> 두 행렬 A, B가 유니타리 동치[직교 동치]일 필요충분조건은 $A = P^*BP$인 유니타리 행렬[직교행렬] P가 존재하는 것이다.

앞선 논의는 다음 두 정리의 증명을 절반이나 한 것과 같다.

> **정리 6.19** $n \times n$ 복소행렬 A를 생각하자. A가 정규행렬이기 위한 필요충분조건은 A가 대각행렬과 유니타리 동치인 것이다.

증명 앞선 논의에 따르면 A가 대각행렬과 유니타리 동치일 때 A가 정규행렬임을 증명하기만 해도 충분하다. $A = P^*DP$이고 P는 유니타리 행렬, D는 대각행렬이라 가정하자. AA^*는 다음과 같다.

$$AA^* = (P^*DP)(P^*DP)^* = (P^*DP)(P^*D^*P) = P^*DID^*P = P^*DD^*P$$

비슷한 방식으로 $A^*A = P^*D^*DP$이다. D는 대각행렬이므로 $DD^* = D^*D$가 되어 $AA^* = A^*A$가 성립한다. ◀

> **정리 6.20** $n \times n$ 실행렬 A를 생각하자. A가 대칭행렬이기 위한 필요충분조건은 A가 실(real) 대각행렬과 직교 동치인 것이다.

증명 정리 6.19와 비슷하게 증명한다. 이 증명은 여러분의 몫으로 남긴다. ◀

정리 6.20은 수학과 통계학의 많은 분야에서 사용된다. 정리 6.20이 주성분 분석(Principal Component Analysis)에서 활용되는 예는 웹 사이트 goo.gl/cbqApK에서 확인하자.

예제 6 행렬 $A = \begin{pmatrix} 4 & 2 & 2 \\ 2 & 4 & 2 \\ 2 & 2 & 4 \end{pmatrix}$는 대칭행렬이다. 정리 6.20에 따르면 A는 대각행렬과 직교 동치이다. $P^tAP = D$인 직교행렬 P와 대각행렬 D를 구체적으로 구하자.

P를 찾으려면 먼저 고유벡터로 이루어진 정규직교기저를 구해야 한다. A의 고윳값은 2와 8이다.

고윳값 2에 대응하는 고유공간의 기저는 $\{(-1, 1, 0), (-1, 0, 1)\}$이다. 이 집합은 직교집합이 아니지만, 그람-슈미트 직교화를 사용하여 직교집합 $\{(-1, 1, 0), -\frac{1}{2}(1, 1, -2)\}$를 얻을 수 있다. 고윳값 8에 대응하는 고유공간의 기저는 $\{(1, 1, 1)\}$이다. 정리 6.15(4)에서 예상했듯이 $(1, 1, 1)$은 앞의 두 벡터와 수직이다. 두 기저의 합집합을 구한 뒤 각 벡터를 정규화하면 다음과 같이 A의 고윳값으로 이루어진 ($\mathbf{R}^3$의) 정규직교기저를 얻을 수 있다.

$$\left\{ \frac{1}{\sqrt{2}}(-1, 1, 0), \frac{1}{\sqrt{6}}(1, 1, -2), \frac{1}{\sqrt{3}}(1, 1, 1) \right\}$$

가능한 행렬 P의 한 가지 경우는 다음과 같다.

$$P = \begin{pmatrix} \frac{-1}{\sqrt{2}} & \frac{1}{\sqrt{6}} & \frac{1}{\sqrt{3}} \\ \frac{1}{\sqrt{2}} & \frac{1}{\sqrt{6}} & \frac{1}{\sqrt{3}} \\ 0 & \frac{-2}{\sqrt{6}} & \frac{1}{\sqrt{3}} \end{pmatrix}, \quad D = \begin{pmatrix} 2 & 0 & 0 \\ 0 & 2 & 0 \\ 0 & 0 & 8 \end{pmatrix}$$

슈어의 정리(정리 6.14)로부터 다음 결과를 바로 이끌어낼 수 있다. 슈어의 정리를 행렬로 바꾼 것에 불과한 이 정리도 슈어의 정리라 한다.

정리 6.21 슈어의 정리(Schur's theorem)

행렬 $A \in \mathsf{M}_{n \times n}(F)$의 특성다항식이 F 위에서 완전히 인수분해되면 다음이 성립한다.

(1) $F = C$이면 A는 복소 상삼각행렬과 유니타리 동치이다.

(2) $F = R$이면 A는 실 상삼각행렬과 직교 동치이다.

등장사상*

유한차원 실내적공간의 등장사상[9]을 파악해 보자. 직관적으로 생각하면 등장사상은 물체의 모양을 바꾸지 않는 운동이다. 여기에서 '강체(rigid)'란 표현이 유래했으리라 짐작된다. 등장사상의 핵심은 '길이'를 보존하는 것이다.

정의 실내적공간 V를 생각하자. 모든 $x, y \in \mathsf{V}$에 대하여 다음 관계식을 만족하는 함수 $f\colon \mathsf{V} \to \mathsf{V}$를 **등장사상(rigid motion)**이라 한다.

$$\|f(x) - f(y)\| = \|x - y\|$$

예를 들면 유한차원 실내적공간의 임의의 직교연산자는 등장사상이다.

등장사상의 또 다른 예로 평행이동이 있다. 실내적공간 V에서 모든 $x \in \mathsf{V}$에 대하여 $g(x) = x + v_0$인 벡터 $v_0 \in \mathsf{V}$가 존재하는 함수 $g\colon \mathsf{V} \to \mathsf{V}$를 **평행이동(translation)**이라 한다. 이때 함수 g를 **v_0에 의한 평행이동**이라 한다.

실내적공간에서 정의된 등장사상의 합성과 마찬가지로 평행이동이 등장사상임은 어렵지 않게 증명할 수 있다(연습문제 22). 유한차원 실내적공간 V의 직교연산자를 V의 평행이동에 합성하면 등장사상이다. 놀랍게도 V의 모든 등장사상은 이런 꼴로 표현할 수 있다.

정리 6.22 유한차원 실내적공간 V와 등장사상 $f\colon \mathsf{V} \to \mathsf{V}$를 생각하자. $f = g \circ \mathsf{T}$가 되도록 하는 (V의) 직교연산자 T와 (V의) 평행이동 g가 각각 유일하게 존재한다.

9 (옮긴이) rigid motion을 '강체운동'이라 번역하기도 한다. 이 책에서는 rigid motion 또는 rigid transformation과 같은 의미를 가진 수학 용어인 등장사상(isometry)으로 번역하였다.

임의의 직교연산자는 0에 의한 평행이동인 항등사상의 특수한 경우이다. 임의의 평행이동도 마찬가지로 직교연산자가 항등변환인 특수한 경우이다.

증명 모든 $x \in \mathsf{V}$에 대하여 $\mathsf{T}(x) = f(x) - f(0)$인 함수 $\mathsf{T}: \mathsf{V} \to \mathsf{V}$를 정의하자. g를 $f(0)$에 의한 평행이동이라 하면 $f = g \circ \mathsf{T}$이다. T는 f와 $-f(0)$에 의한 평행이동의 합성이다. 따라서 T는 등장사상이다.

이제 T가 내적을 보존하는 선형연산자임을 보이려고 한다. 우선, 임의의 $x \in \mathsf{V}$에 대하여 다음이 성립한다.

$$\|\mathsf{T}(x)\|^2 = \|f(x) - f(0)\|^2 = \|x - 0\|^2 = \|x\|^2$$

따라서 모든 $x \in \mathsf{V}$에 대하여 $\|\mathsf{T}(x)\| = \|x\|$이고 임의의 $x, y \in \mathsf{V}$에 대하여 다음이 성립한다.

$$\begin{aligned}\|\mathsf{T}(x) - \mathsf{T}(y)\|^2 &= \|\mathsf{T}(x)\|^2 - 2\langle \mathsf{T}(x), \mathsf{T}(y)\rangle + \|\mathsf{T}(y)\|^2 \\ &= \|x\|^2 - 2\langle \mathsf{T}(x), \mathsf{T}(y)\rangle + \|y\|^2\end{aligned}$$

한편 $\|x - y\|^2 = \|x\|^2 - 2\langle x, y\rangle + \|y\|^2$이다. $\|\mathsf{T}(x) - \mathsf{T}(y)\|^2 = \|x - y\|^2$이므로 모든 $x, y \in \mathsf{V}$에 대하여 $\langle \mathsf{T}(x), \mathsf{T}(y)\rangle = \langle x, y\rangle$이다.

이제 T가 선형변환임을 보이자. $x, y \in \mathsf{V}$와 $a \in R$에 대하여 다음이 성립한다.

$$\begin{aligned}\|\mathsf{T}(x + ay) - \mathsf{T}(x) - a\mathsf{T}(y)\|^2 &= \|[\mathsf{T}(x + ay) - \mathsf{T}(x)] - a\mathsf{T}(y)\|^2 \\ &= \|\mathsf{T}(x + ay) - \mathsf{T}(x)\|^2 + a^2\|\mathsf{T}(y)\|^2 - 2a\langle \mathsf{T}(x + ay) - \mathsf{T}(x), \mathsf{T}(y)\rangle \\ &= \|(x + ay) - x\|^2 + a^2\|y\|^2 - 2a[\langle \mathsf{T}(x + ay), \mathsf{T}(y)\rangle - \langle \mathsf{T}(x), \mathsf{T}(y)\rangle] \\ &= a^2\|y\|^2 + a^2\|y\|^2 - 2a[\langle x + ay, y\rangle - \langle x, y\rangle] \\ &= 2a^2\|y\|^2 - 2a[\langle x, y\rangle + a\|y\|^2 - \langle x, y\rangle] \\ &= 0\end{aligned}$$

$\mathsf{T}(x + ay) = \mathsf{T}(x) + a\mathsf{T}(y)$이므로 T는 선형변환이다. 앞서 T가 내적을 보존함을 보였으므로 T는 직교연산자이다.

T가 유일함을 보이기 위해 모든 $x \in \mathsf{V}$에 대하여 다음을 만족하는 u_0, $v_0 \in \mathsf{V}$와 V의 선형연산자 T, U를 생각하자.

$$f(x) = \mathsf{T}(x) + u_0 = \mathsf{U}(x) + v_0$$

이 식에 $x = 0$을 대입하면 $u_0 = v_0$이다. 즉 평행이동은 유일하다. 식을 간단히 (양변에서 $u_0 = v_0$을 소거)하면 모든 $x \in \mathsf{V}$에 대하여 $\mathsf{T}(x) = \mathsf{U}(x)$가 성립한다. 따라서 $\mathsf{T} = \mathsf{U}$이다. ◀

R^2의 직교연산자

등장사상을 다루는 문제는 정리 6.22에 의해 직교연산자를 다루는 문제로 바뀐다. 다음에 R^2의 직교연산자를 분류하였다. 일반적인 공간의 직교연산자를 분류하는 문제는 6.11절에서 자세히 살펴보자.

정리 6.23 R^2의 직교연산자 T와 행렬 $A = [\mathsf{T}]_\beta$를 생각하자. (이때, β는 R^2의 표준 순서기저이다.) 다음 중 한 가지만 성립한다.

(1) T는 회전변환이고 $\det(A) = 1$이다.

(2) T는 원점을 지나는 직선에 대한 대칭변환이고 $\det(A) = -1$이다.

증명 T가 직교연산자이므로 정리 6.18(3)에 따르면 $\mathsf{T}(\beta) = \{\mathsf{T}(e_1), \mathsf{T}(e_2)\}$는 R^2의 정규직교기저이다. $\mathsf{T}(e_1)$는 단위벡터이므로 $\mathsf{T}(e_1) = (\cos\theta, \sin\theta)$를 만족하는 유일한 각 θ가 존재한다. (단, $0 \leq \theta < 2\pi$) $\mathsf{T}(e_2)$는 단위벡터이고 $\mathsf{T}(e_1)$에 직교하므로 가능한 $\mathsf{T}(e_2)$의 성분은 두 가지이다.

$$\mathsf{T}(e_2) = (-\sin\theta, \cos\theta) \quad \text{또는} \quad \mathsf{T}(e_2) = (\sin\theta, -\cos\theta)$$

$\mathsf{T}(e_2) = (-\sin\theta, \cos\theta)$일 때, $A = \begin{pmatrix} \cos\theta & -\sin\theta \\ \sin\theta & \cos\theta \end{pmatrix}$이므로 T는 각 θ에 대한 회전변환이다(6.4절 예제 1). A의 행렬식은 다음과 같이 1이다.

$$\det(A) = \cos^2\theta + \sin^2\theta = 1$$

$\mathsf{T}(e_2) = (\sin\theta, -\cos\theta)$일 때, $A = \begin{pmatrix} \cos\theta & \sin\theta \\ \sin\theta & -\cos\theta \end{pmatrix}$이다. 이 행렬을 예제 5의 행렬 A와 비교하면, 이 변환은 x축의 양의 방향과 $\alpha = \dfrac{\theta}{2}$의 각을 이루는 직선 L에 대한 (R^2의) 대칭변환임을 알 수 있다. A의 행렬식은 다음과 같이 -1이다.

$$\det(A) = -\cos^2\theta - \sin^2\theta = -1$$ ◀

정리 6.22와 정리 6.23을 결합하면 R^2의 등장사상은 두 가지로 구분할 수 있다.

따름정리 R^2의 임의의 등장사상은 둘 중 하나이다.

(1) 회전변환과 평행이동의 합성

(2) 원점을 지나는 직선에 대한 대칭변환과 평행이동의 합성

예제 7 $A = \begin{pmatrix} \frac{1}{\sqrt{5}} & \frac{2}{\sqrt{5}} \\ \frac{2}{\sqrt{5}} & \frac{-1}{\sqrt{5}} \end{pmatrix}$에 대하여 L_A는 원점을 지나는 직선 L에 대한 (R^2의) 대칭변환임을 보이고 L을 구체적으로 구하자.

$AA^* = A^*A = I$이므로 A는 직교행렬이고 L_A도 직교연산자이다. 특히 A의 행렬식은 $\det(A) = -\frac{1}{5} - \frac{4}{5} = -1$이므로 정리 6.23에 의해 L_A는 원점을 지나는 직선 L에 대한 (R^2의) 대칭변환이다. L은 L_A의 고윳값 1에 대응하는 1차원 고유공간이므로 1에 대응하는 (L_A의) 고유벡터를 찾으면 된다. 예를 들어 $v = (2, \sqrt{5}-1)$이라 잡으면 L는 $\{v\}$로 생성된다. 바꾸어 말하면 L은 기울기가 $\frac{\sqrt{5}-1}{2}$이고 원점을 지나는 직선이고 방정식은 $y = \frac{\sqrt{5}-1}{2}x$이다.

원뿔곡선

정리 6.20의 응용으로 다음과 같은 이차방정식을 생각해 보자.

$$ax^2 + 2bxy + cy^2 + dx + ey + f = 0 \tag{6.2}$$

(6.2)의 계수를 적절히 정하면 원뿔곡선을 다양하게 얻을 수 있다. 예를 들어 $a = c = 1$, $b = d = e = 0$, $f = -1$이면 중심이 원점인 원 $x^2 + y^2 = 1$이다. 다른 원뿔곡선인 타원, 포물선, 쌍곡선 또한 계수를 적절히 정하여 얻을 수 있다. $b = 0$이면 xy항이 사라지므로 완전제곱식 꼴로 변형하여 방정식의 그래프를 쉽게 그릴 수 있다.

예를 들어 $x^2 + 2x + y^2 + 4y + 2 = 0$은 $(x+1)^2 + (y+2)^2 = 3$, 즉 반지름이 $\sqrt{3}$이고 중심이 $(-1, -2)$인 xy평면 위의 원에 대응한다. 좌표변환 $(x, y) \to (x', y')$을 $x' = x + 1$, $y' = y + 2$라 정의하면 주어진 방정식은 $(x')^2 + (y')^2 = 3$으로 단순하게 바뀐다. 좌표변환으로 x항과 y항을 소거할 수 있다.

이제 xy항을 소거하는 문제에 집중해 보자. 다음과 같은 꼴의 이차식을 생각할 수 있다.

$$ax^2 + 2bxy + cy^2 \tag{6.3}$$

이러한 이차식을 (6.2)에 **동반된 이차형식(associated quadratic form)**이라 한다. 이차형식은 6.8절에서 자세히 다룰 것이다. 두 행렬 A, X를 다음과 같이 나타내자.

$$A = \begin{pmatrix} a & b \\ b & c \end{pmatrix}, \quad X = \begin{pmatrix} x \\ y \end{pmatrix}$$

(6.3)은 $X^tAX = \langle AX, X\rangle$라 쓸 수 있다. 예를 들어 이차형식 $3x^2+4xy+6y^2$은 $X^t\begin{pmatrix} 3 & 2 \\ 2 & 6 \end{pmatrix}X$라 쓸 수 있다. A가 대칭행렬이란 사실은 앞으로 진행될 논의에서 아주 중요하게 사용될 것이다. 정리 6.20에 따르면 $P^tAP = D$를 만족하는 직교행렬 P와 대각성분이 실수 λ_1, λ_2인 대각행렬 D가 존재한다.

$X' = \begin{pmatrix} x' \\ y' \end{pmatrix}$을 $X' = P^tX$라 정의하면 $PX' = PP^tX = X$이다. 이제 다음이 성립한다.

$$X^tAX = (PX')^tA(PX') = X'^t(P^tAP)X' = X'^tDX' = \lambda_1(x')^2 + \lambda_2(y')^2$$

변환 $(x,y) \to (x',y')$을 하면 (6.3)의 xy항을 소거할 수 있다. (6.2) 또한 마찬가지이다.

더욱이 P가 직교행렬이므로 정리 6.23에 따르면($\mathsf{T} = \mathsf{L}_P$라 하자) $\det(P) = \pm 1$이다. 만약 $\det(P) = -1$이라면 P의 열의 위치를 바꾸어 얻은 행렬 Q를 생각하자. 행렬 P의 열벡터는 (A의 고유벡터로 이루어진) 정규직교기저를 이룬다. Q의 열에 대해서도 같은 결과가 성립한다. 따라서 $Q^tAQ = \begin{pmatrix} \lambda_2 & 0 \\ 0 & \lambda_1 \end{pmatrix}$이다. 이때, $\det(Q) = -\det(P) = 1$임을 유념하자. $\det(P) = -1$이면 Q를 새로운 P라 생각하면 된다. 다시 말해 $\det(P) = 1$이 되도록 P를 항상 잡을 수 있다. 정리 6.23에 의해($\mathsf{T} = \mathsf{L}_P$라 하자) P는 회전변환을 의미한다.

정리해 보면 (6.2)의 xy항은 ($X = PX'$으로 주어진) x축과 y축을 회전하여 새로운 x'축과 y'축을 얻는 과정에서 소거할 수 있었다. P는 $\det(P) = 1$인 직교행렬이다. 또한 $(x')^2$과 $(y')^2$의 계수는 $A = \begin{pmatrix} a & b \\ b & c \end{pmatrix}$의 고윳값이다.

이 결과는 R^2의 **주축정리(principal axis theorem)**라 알려진 결과를 다르게 표현한 것이다. 지금까지 논의한 내용은 n개 변수에 대한 이차방정식으로 확장할 수 있다. $n = 3$이면 계수를 적절히 선택하여 이차곡면인 타원뿔(elliptic cone), 타원면(ellipsoid), 쌍곡포물면(hyperbolic paraboloid) 등을 얻을 수 있다.

앞서 설명한 변환의 한 가지 예를 소개한다. 다음 이차방정식을 생각해 보자.

$$2x^2 - 4xy + 5y^2 - 36 = 0$$

이 방정식에 동반된 이차형식은 $2x^2 - 4xy + 5y^2$이다. 앞서 사용한 표기법으로 A를 나타내면 $A = \begin{pmatrix} 2 & -2 \\ -2 & 5 \end{pmatrix}$이다. A의 고윳값은 1과 6이고 대응하는 고유벡터는 각각 $\begin{pmatrix} 2 \\ 1 \end{pmatrix}$, $\begin{pmatrix} -1 \\ 2 \end{pmatrix}$이다.

정리 6.15(4)에서 살폈듯이 두 벡터는 서로 직교한다. 고유벡터에 대응하는 정규직교기저는 다음과 같다.

$$\beta = \left\{ \begin{pmatrix} \frac{2}{\sqrt{5}} \\ \frac{1}{\sqrt{5}} \end{pmatrix}, \begin{pmatrix} \frac{-1}{\sqrt{5}} \\ \frac{2}{\sqrt{5}} \end{pmatrix} \right\}$$

그림 6.4에서 묘사하는 새로운 축 x'과 y'을 결정할 수 있다. 행렬 P를 다음과 같이 두자.

$$P = \begin{pmatrix} \frac{2}{\sqrt{5}} & \frac{-1}{\sqrt{5}} \\ \frac{1}{\sqrt{5}} & \frac{2}{\sqrt{5}} \end{pmatrix} = \frac{1}{\sqrt{5}} \begin{pmatrix} 2 & -1 \\ 1 & 2 \end{pmatrix}$$

$P^t AP = \begin{pmatrix} 1 & 0 \\ 0 & 6 \end{pmatrix}$이다. 변환 $X = PX'$이 다음과 같다고 하자.

$$\begin{aligned} x &= \frac{2}{\sqrt{5}}x' - \frac{1}{\sqrt{5}}y' \\ y &= \frac{1}{\sqrt{5}}x' + \frac{2}{\sqrt{5}}y' \end{aligned}$$

이제 새로운 이차형식 $(x')^2 + 6(y')^2$을 얻을 수 있다. 처음 방정식 $2x^2 - 4xy + 5y^2 = 36$은 새로운 $x'y'$ 좌표계에서 $(x')^2 + 6(y')^2 = 36$이라 쓸 수 있다. 새 좌표계에서 x'축의 방향은 β의 첫 번째 벡터, y'축의 방향은 β의 두 번째 벡터와 같다.

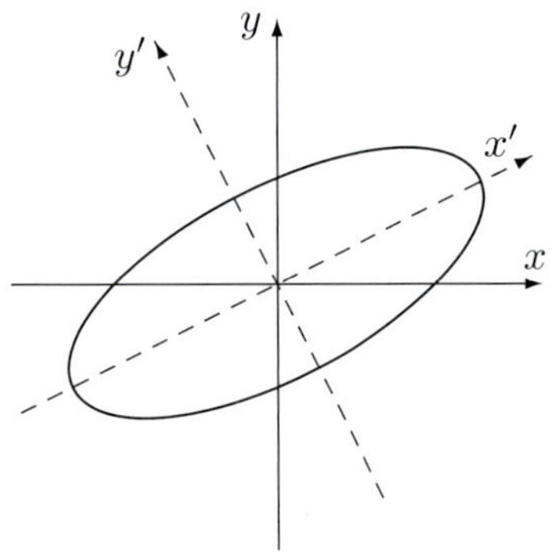

[그림 6.4] 점선 2개를 축으로 하면 타원의 방정식이 간단해진다.

바뀐 방정식은 타원이다(그림 6.4). 앞서 언급한 행렬 P는 다음과 같은 꼴이다.

$$\begin{pmatrix} \cos\theta & -\sin\theta \\ \sin\theta & \cos\theta \end{pmatrix}$$

이때, $\theta = \cos^{-1}\dfrac{2}{\sqrt{5}} \approx 26.6°$ 이다. 행렬 P는 각 θ에 대한 ($\mathbf{R}^2$의) 회전변환을 나타낸다. 여기서 변수변환 $X = PX'$은 x축과 y축을 θ만큼 회전시킨다.

가능한 P가 또 하나 있다. 고윳값 6에 대응하는 (A의) 고유벡터로 $(-1, 2)$ 대신 $(1, -2)$를 선택하자. 고윳값이 바뀌었으므로 행렬도 다음과 같이 바뀐다.

$$\begin{pmatrix} \dfrac{1}{\sqrt{5}} & \dfrac{2}{\sqrt{5}} \\ \dfrac{-2}{\sqrt{5}} & \dfrac{1}{\sqrt{5}} \end{pmatrix}$$

이 행렬표현은 각 $\theta = \sin^{-1}\left(-\dfrac{2}{\sqrt{5}}\right) \approx -63.4°$ 만큼 회전하는 변환을 나타낸다. 그림 6.4와 같은 타원이 나오지만 x'축과 y'축이 바뀐다.

6.5 연습문제

1. 다음 명제의 참-거짓을 판정하라. 바탕이 되는 내적공간은 유한차원이라 가정한다.

(a) 모든 유니타리 연산자는 정규연산자이다.

(b) 모든 직교연산자는 대각화가능하다.

(c) 유니타리 행렬의 필요충분조건은 가역행렬이다.

(d) 유니타리 동치인 두 행렬은 닮음이다.

(e) 유니타리 행렬의 합은 유니타리 행렬이다.

(f) 유니타리 연산자의 수반연산자는 유니타리이다.

(g) V의 직교연산자 T와 V의 임의의 순서기저 β에 대하여 $[\mathsf{T}]_\beta$는 직교행렬이다.

(h) 고윳값이 모두 1인 선형연산자는 유니타리 또는 직교연산자이다.

(i) 내적을 보존하지 않지만 노름을 보존하는 선형연산자가 존재한다.

2. 주어진 행렬 A에 대하여 $P^*AP = D$를 만족하는 직교행렬 또는 유니타리 행렬 P와 대각행렬 D를 찾아라.

(a) $\begin{pmatrix} 1 & 2 \\ 2 & 1 \end{pmatrix}$ (b) $\begin{pmatrix} 0 & -1 \\ 1 & 0 \end{pmatrix}$ (c) $\begin{pmatrix} 2 & 3-3i \\ 3+3i & 5 \end{pmatrix}$

(d) $\begin{pmatrix} 0 & 2 & 2 \\ 2 & 0 & 2 \\ 2 & 2 & 0 \end{pmatrix}$ (e) $\begin{pmatrix} 2 & 1 & 1 \\ 1 & 2 & 1 \\ 1 & 1 & 2 \end{pmatrix}$

3. 유니타리[직교] 연산자의 합성이 유니타리[직교] 연산자임을 증명하라.

4. 복소수 z에 대하여 함수 $\mathsf{T}_z : C \to C$를 $\mathsf{T}_z(u) = zu$라 정의하자. T_z가 정규연산자, 자기수반연산자, 유니타리 연산자가 되기 위한 z의 조건을 각각 구하라.

5. 주어진 두 행렬 중에서 유니타리 동치인 것만을 고르라.

(a) $\begin{pmatrix} 1 & 0 \\ 0 & 1 \end{pmatrix}, \begin{pmatrix} 0 & 1 \\ 1 & 0 \end{pmatrix}$ (b) $\begin{pmatrix} 0 & 1 \\ 1 & 0 \end{pmatrix}, \begin{pmatrix} 0 & \frac{1}{2} \\ \frac{1}{2} & 0 \end{pmatrix}$

(c) $\begin{pmatrix} 0 & 1 & 0 \\ -1 & 0 & 0 \\ 0 & 0 & 1 \end{pmatrix}, \begin{pmatrix} 2 & 0 & 0 \\ 0 & -1 & 0 \\ 0 & 0 & 0 \end{pmatrix}$ (d) $\begin{pmatrix} 0 & 1 & 0 \\ -1 & 0 & 0 \\ 0 & 0 & 1 \end{pmatrix}, \begin{pmatrix} 1 & 0 & 0 \\ 0 & i & 0 \\ 0 & 0 & -i \end{pmatrix}$

(e) $\begin{pmatrix} 1 & 1 & 0 \\ 0 & 2 & 2 \\ 0 & 0 & 3 \end{pmatrix}, \begin{pmatrix} 1 & 0 & 0 \\ 0 & 2 & 0 \\ 0 & 0 & 3 \end{pmatrix}$

6. 구간 $[0, 1]$에서 연속인 복소함수(complex-valued function)에 내적 $\langle f, g \rangle = \int_0^1 f(t)\overline{g(t)}\, dt$이 주어진 내적공간을 V라 하자. $h \in \mathsf{V}$에 대하여 함수 $\mathsf{T}: \mathsf{V} \to \mathsf{V}$를 $\mathsf{T}(f) = hf$라 정의하자. T가 유니타리 연산자이기 위한 필요충분조건은 $0 \le t \le 1$에 대하여, $|h(t)| = 1$인 것임을 증명하라.

힌트 $\Longrightarrow$ 방향으로 증명할 때, T가 유니타리 연산자라 가정하자. $f(t) = 1 - |h(t)|^2$, $g(t) = 1$이라 놓고 $\int_0^1 (1 - |h(t)|^2)^2\, dt = 0$임을 보인다. 음이 아닌 연속함수의 적분값이 0이면 $f(t)$는 영함수임을 이용한다.

7. 유한차원 내적공간 V의 유니타리 연산자 T에 대하여 T의 '유니타리 제곱근'이 존재함을 증명하라. $\mathsf{T} = \mathsf{U}^2$인 유니타리 연산자 U가 존재함을 보이면 된다.

8. 유한차원 내적공간의 자기수반 선형연산자 T를 생각하자. 6.4절 연습문제 10의 결과를 이용하여 $(\mathsf{T} + i\mathsf{I})(\mathsf{T} - i\mathsf{I})^{-1}$가 유니타리 연산자임을 증명하라.

9. 유한차원 내적공간 V의 선형연산자 U에 대한 다음 명제를 생각하자.

> V의 적당한 정규직교기저에 속한 임의의 x에 대하여 $\|\mathsf{U}(x)\| = \|x\|$를 만족하는 U는 반드시 유니타리 연산자이다.

명제가 참이면 증명하고, 거짓이면 반례를 제시하라.

10. $n \times n$ 실대칭(real symmetric) 또는 복소직교행렬 A를 생각하자. A의 고윳값을 λ_i(이 중 같은 값이 있을 수도 있다)라 할 때, 다음이 성립함을 보여라.

$$\text{tr}(A) = \sum_{i=1}^{n} \lambda_i, \quad \text{tr}(A^* A) = \sum_{i=1}^{n} |\lambda_i|^2$$

11. 1행이 $\left(\frac{1}{3}, \frac{2}{3}, \frac{2}{3}\right)$인 직교행렬을 찾아라.

12. $n \times n$ 실대칭(real symmetric) 또는 복소직교행렬 A를 생각하자. A의 고윳값을 λ_i(이 중 같은 값이 있을 수도 있다)라 할 때, 다음이 성립함을 보여라.

$$\det(A) = \prod_{i=1}^{n} \lambda_i$$

13. 대각화가능한 두 행렬 A, B에 대한 다음 명제를 생각하자.

> A와 B가 닮음이기 위한 필요충분조건이 A와 B가 유니타리 동치이다.

명제가 참이면 증명하고, 거짓이면 그 이유를 설명하라.

14. 유니타리 동치인 두 행렬 A와 B에 대하여, A가 양의 정부호[양의 준정부호]이기 위한 필요충분조건은 B가 양의 정부호[양의 준정부호]인 것임을 증명하라.

힌트 양의 정부호, 양의 준정부호의 정의는 6.4절 연습문제 참고

15. 내적공간 **V**의 유니타리 연산자 **U**와 유한차원 **U**-불변 부분공간 **W**($\subseteq$ **V**)에 대하여 다음 명제가 참임을 보여라.

(a) **U**(**W**) = **W**

(b) $\mathbf{W}^{\perp}$는 **U**-불변 부분공간이다.[10]

16. 다음 조건을 만족하는 내적공간의 유니타리 연산자 **U**와 **U**-불변 부분공간 **W**의 예를 들어라.

> $\mathbf{W}^{\perp}$는 **U**-불변 부분공간이 아니다.

17. 유니타리이자 상삼각인 행렬은 대각행렬임을 증명하라.

---

10 (b)를 연습문제 16과 비교해 보라.

18. '유니타리 동치'가 $\mathsf{M}_{n\times n}(C)$에서 동치관계임을 증명하라.

19. 내적공간 V의 유한차원 부분공간 W에 대하여 $\mathsf{V} = \mathsf{W} \oplus \mathsf{W}^{\perp}$이다(정리 6.7, 1.3절 연습문제). $v_1 \in \mathsf{W}$, $v_2 \in \mathsf{W}^{\perp}$일 때 함수 $\mathsf{U}: \mathsf{V} \to \mathsf{V}$를 $\mathsf{U}(v_1 + v_2) = v_1 - v_2$라 정의하면 U가 자기수반 유니타리 연산자임을 증명하라.

20. 유한차원 내적공간 V의 선형연산자 U를 생각하자. 모든 $x \in \mathsf{W}$에 대하여 $\|\mathsf{U}(x)\| = \|x\|$이고 모든 $x \in \mathsf{W}^{\perp}$에 대하여 $\mathsf{U}(x) = \mathit{0}$인 ($\mathsf{V}$의) 부분공간 W가 존재하면 U를 **국소적 등장사상(partial isometry)**이라 한다. W는 U-불변이 아닐 수 있다. U가 국소적 등장사상이고 $\{v_1, v_2, \ldots, v_k\}$가 W의 정규직교기저일 때 다음 명제가 참임을 보여라.[11]

(a) 모든 $x, y \in \mathsf{W}$에 대하여 $\langle \mathsf{U}(x), \mathsf{U}(y)\rangle = \langle x, y\rangle$이다.

힌트 6.1절 연습문제 20

(b) $\{\mathsf{U}(v_1), \mathsf{U}(v_2), \ldots, \mathsf{U}(v_k)\}$는 $\mathsf{R}(\mathsf{U})$의 정규직교기저이다.

(c) $[\mathsf{U}]_{\gamma}$의 처음 k개 열이 정규직교집합을 이루고, 나머지 열은 영인 (V의) 정규직교기저 γ가 존재한다.

(d) $\mathsf{R}(\mathsf{U})^{\perp}$의 정규직교기저를 $\{w_1, w_2, \ldots, w_j\}$라 하면 $\beta = \{\mathsf{U}(v_1), \mathsf{U}(v_2), \ldots, \mathsf{U}(v_k), w_1, \ldots, w_j\}$는 V의 정규직교기저이다.

(e) $\mathsf{T}(\mathsf{U}(v_i)) = v_i$ $(1 \le i \le k)$와 $\mathsf{T}(w_i) = \mathit{0}$ $(1 \le i \le j)$을 만족하는 (V의) 선형연산자 T를 생각하자. T는 잘 정의(well-defined)되어 있고 $\mathsf{T} = \mathsf{U}^*$이다.

힌트 모든 $x, y \in \beta$에 대하여 $\langle \mathsf{U}(x), y\rangle = \langle x, \mathsf{T}(y)\rangle$임을 보인다. 4가지 경우가 있다.

(f) U^*는 국소적 등장사상이다.

21. 유니타리 동치인 $n \times n$ 행렬 A, B에 대한 다음 명제가 참임을 보여라.

(a) $\mathrm{tr}(A^*A) = \mathrm{tr}(B^*B)$

(b) $\displaystyle\sum_{i,j=1}^{n} |A_{ij}|^2 = \sum_{i,j=1}^{n} |B_{ij}|^2$

힌트 (a)를 사용한다.

(c) 두 행렬 $\begin{pmatrix} 1 & 2 \\ 2 & i \end{pmatrix}$, $\begin{pmatrix} i & 4 \\ 1 & 1 \end{pmatrix}$은 유니타리 동치가 아니다.

힌트 (b)를 사용한다.

22. 실내적공간 V에 대한 다음 명제가 참임을 보여라.

---

11 이 연습문제는 6.6절 연습문제 9에서 계속된다.

(a) **V**의 임의의 평행이동은 등장사상이다.

(b) **V**의 임의의 등장사상의 합성은 (**V**의) 등장사상이다.

23. 정리 6.22의 변형인 다음 명제가 참임을 보여라. (정리 6.22의 결론은 $f = g \circ \mathsf{T}$이었다.)

> 유한차원 실내적공간 **V**의 등장사상 $f: \mathsf{V} \to \mathsf{V}$에 대하여 $f = \mathsf{T} \circ g$인 (**V**의) 직교연산자 **T**와 (**V**의) 평행이동 g가 각각 유일하게 존재한다.

24. R^2의 직교연산자 **T**와 **U**를 생각하자. 정리 6.23을 사용하여 다음 명제가 참임을 보여라.

(a) **T**와 **U**가 모두 원점을 지나는 직선에 대한 대칭변환이면 **UT**는 회전변환이다.

(b) **T**가 회전변환이고 **U**가 원점을 지나는 직선에 대한 대칭변환이면 **UT**와 **TU**는 모두 원점을 지나는 직선에 대한 대칭변환이다.

25. **T**와 **U**는 각각 원점을 지나는 직선 **L**, **L**′에 대한 (R^2의) 대칭변환이라 하자. 이때 x축의 양의 방향과 **L**, **L**′ 사이의 각은 각각 ϕ, ψ이다. 연습문제 24에 따르면 **UT**는 회전변환이다. 회전변환 **UT**의 각을 찾아라.

26. R^2의 직교연산자 **T**, **U**에 대하여 **T**는 각 ϕ에 대한 회전변환, **U**는 원점을 지나는 직선 **L**에 대한 대칭변환이라 하자. 이때, 직선 **L**과 x축의 양의 방향이 이루는 각은 ψ이다. 연습문제 24에 따르면 **UT**와 **TU**는 각각 원점을 지나는 직선 L_1과 L_2에 대한 대칭변환이다. 다음 물음에 답하라.

(a) 직선 L_1과 x축의 양의 방향이 이루는 각 θ의 크기를 구하라.

(b) 직선 L_2과 x축의 양의 방향이 이루는 각 θ의 크기를 구하라.

27. 주어진 이차형식을 $\lambda_1(x')^2 + \lambda_2(y')^2$ 꼴로 표현할 수 있는 새로운 좌표계 x', y'을 찾아라.

(a) $x^2 + 4xy + y^2$

(b) $2x^2 + 2xy + 2y^2$

(c) $x^2 - 12xy - 4y^2$

(d) $3x^2 + 2xy + 3y^2$

(e) $x^2 - 2xy + y^2$

28. 열벡터 $X^t = (x, y, z)$와 연습문제 2(e)에 주어진 행렬 A에 대하여 이차형식 X^tAX를 생각하자. 이 이차형식을 $\lambda_1(x')^2 + \lambda_2(y')^2 + \lambda_3(z')^2$ 꼴로 표현할 수 있는 좌표변환 x', y', z'을 찾아라.

29. **QR분해(QR factorization)** 벡터공간 F^n의 일차독립인 벡터 $w_1, w_2, \ldots, w_n$에 그람–슈미트 직교화를 적용하여 얻은 직교벡터를 $v_1, v_2, \ldots, v_n$이라 하고, 각 v_i를 정규화하여 얻은 정규직교기저를 $u_1, u_2, \ldots, u_n$이라 하자. 다음 물음에 답하라.

(a) 6.2절의 식 (6.1)에서 w_k를 u_k에 대하여 풀면 다음 식을 얻을 수 있음을 보여라.

$$w_k = \|v_k\| u_k + \sum_{j=1}^{k-1} \langle w_k, u_j \rangle u_j \quad (1 \le k \le n)$$

(b) k열이 w_k, u_k로 주어진 $n \times n$ 행렬을 각각 A, Q라 하자. 행렬 $R \in \mathsf{M}_{n\times n}(F)$의 성분을 다음과 같이 정의하면 $A = QR$가 성립함을 증명하라.

$$R_{jk} = \begin{cases} \|v_j\| & (j = k) \\ \langle w_k, u_j \rangle & (j < k) \\ 0 & (j > k) \end{cases}$$

(c) 각 열이 열벡터 $(1,1,0)$, $(2,0,1)$, $(2,2,1)$인 3×3 행렬 A에 대하여 (b)에서 정의한 Q와 R을 각각 구하라.

(d) (b)에서 Q가 유니타리[직교] 행렬이고 R가 상삼각행렬이므로 모든 가역행렬은 유니타리[직교] 행렬과 상삼각행렬의 곱으로 표현할 수 있음을 증명하였다. 가역행렬 $A \in \mathsf{M}_{n\times n}(F)$에 대하여 $A = Q_1R_1 = Q_2R_2$가 성립하면 $D = R_2R_1^{-1}$는 유니타리 대각행렬임을 증명하라. (이때, $Q_1, Q_2 \in \mathsf{M}_{n\times n}(F)$는 유니타리 행렬이고, $R_1, R_2 \in \mathsf{M}_{n\times n}(F)$는 상삼각행렬이다.)

힌트 연습문제 17을 보라.

(e) (b)에서 QR분해는 연립일차방정식 $Ax = b$(단, A는 가역행렬)의 '직교화를 사용한 해법'의 논리적 근거가 된다. 그람–슈미트 직교화 또는 다른 방법을 사용하여 A를 QR 꼴로 분해하면 $QRx = b$이므로 $Rx = Q^*b$이다. (이때, Q는 유니타리 행렬이고 R는 상삼각행렬이다.) R가 상삼각행렬이므로 마지막 연립방정식은 쉽게 풀린다.[12] 직교화 방법과 (c)를 사용하여 다음 연립일차방정식을 풀어라.

$$\begin{aligned} x_1 + 2x_2 + 2x_3 &= 1 \\ x_1 \phantom{{}+2x_2} + 2x_3 &= 11 \\ x_2 + x_3 &= -1 \end{aligned}$$

30. n차원 실[복소] 내적공간 V의 순서기저 β와 γ를 생각하자. γ좌표를 β좌표로 변환하는 $n \times n$ 행렬 Q가 직교[유니타리] 행렬일 때, β가 정규직교이기 위한 필요충분조건은 γ가 정규직교인 것임을 증명하라.

12 직교화 방법은 가우스 소거법보다 연산량이 3배 많지만 안정적이다. 큰 규모의 연립일차방정식을 컴퓨터로 풀 때, 한동안 직교화 방법이 더 우수하다고 인정받기도 했다. 이후 J. H. 윌킨슨(J. H. Wilkinson)은 가우스 소거법을 적절히 수행하면 직교화를 사용한 풀이법만큼 안정적임을 보였다.

31~32. 다음 정의를 이용하여 문제를 풀어 보자.

> **정의** 유한차원 복소[실] 내적공간 $\mathbf{V}$와 $\mathbf{V}$의 단위벡터 u, 모든 $x \in \mathbf{V}$에 대하여, 다음과 같이 정의된 연산자 $\mathbf{H}_u : \mathbf{V} \to \mathbf{V}$를 **하우스홀더 연산자(Householder operator)**라 한다.
>
> $$\mathbf{H}_u(x) = x - 2\langle x, u\rangle u$$

31. 유한차원 내적공간 $\mathbf{V}$의 하우스홀더 연산자 $\mathbf{H}_u$에 대하여 다음 명제가 참임을 보여라.[13]

(a) $\mathbf{H}_u$는 선형이다.

(b) $\mathbf{H}_u(x) = x$이기 위한 필요충분조건은 x가 u와 직교인 것이다.

(c) $\mathbf{H}_u(u) = -u$

(d) $\mathbf{H}_u^* = \mathbf{H}_u$, $\mathbf{H}_u^2 = \mathbf{I}$이다. 즉, $\mathbf{H}_u$는 $\mathbf{V}$의 유니타리[직교] 연산자이다.

32. 유한차원 F-내적공간 $\mathbf{V}$와 $\|x\| = \|y\|$이고 일차독립인 두 벡터 $x, y \in \mathbf{V}$를 생각하자. 다음 명제가 참임을 보여라.

(a) $F = C$일 때, $|\theta| = 1$이고 $\mathbf{H}_u(x) = \theta y$인 단위벡터 $u \in \mathbf{V}$와 복소수 θ가 존재한다.

힌트 $\langle x, \theta y\rangle$가 실수가 되도록 θ를 선택하고 $u = \dfrac{1}{\|x - \theta y\|}(x - \theta y)$라 잡는다.

(b) $F = R$일 때, $\mathbf{H}_u(x) = y$가 되도록 하는 단위벡터 $u \in \mathbf{V}$가 존재한다.

6.6 정사영과 스펙트럼 정리

이 절에서는 정리 6.16과 정리 6.17을 바탕으로 유한차원 내적공간의 정규연산자($F = C$일 때) 또는 자기수반연산자($F = R$일 때) $\mathbf{T}$를 우아하게 표현한다. 즉, $\mathbf{T}$는 $\lambda_1\mathbf{T}_1 + \lambda_2\mathbf{T}_2 + \cdots + \lambda_k\mathbf{T}_k$ 꼴로 나타낼 수 있다. 이때 $\lambda_1, \lambda_2, \ldots, \lambda_k$는 서로 다른 ($\mathbf{T}$의) 고윳값이고 $\mathbf{T}_1, \mathbf{T}_2, \ldots, \mathbf{T}_k$는 정사영이다. 이를 증명하기 위해 먼저 정사영과 관련있는 몇 가지 결과를 확인하자.

여기까지 선형대수학을 공부하였다면 직합(direct sum)을 알고 있을 것이다. 필요하면 5.2절(300쪽)을 참고하라. $\mathbf{V}$가 두 부분공간의 직합인 특수한 경우는 1.3절 연습문제에서 다루었다.

---

13 6.11절에서는 $\mathbf{V}$가 실내적공간일 때 $\mathbf{H}_u$를 대칭변환이라 한다.

2.1절 연습문제에서 $\mathsf{V} = \mathsf{W}_1 \oplus \mathsf{W}_2$일 때, $x = x_1 + x_2$(이때, $x_1 \in \mathsf{W}_1$, $x_2 \in \mathsf{W}_2$)에 대하여 $\mathsf{T}(x) = x_1$인 (V의) 선형연산자 T를 W_2에 대한 W_1 위로의 **사영**이라 정의하였다. 또한 2.1절 연습문제 27에서 $\mathsf{R}(\mathsf{T}) = \mathsf{W}_1 = \{x \in \mathsf{V}\colon \mathsf{T}(x) = x\}$, $\mathsf{N}(\mathsf{T}) = \mathsf{W}_2$이므로 $\mathsf{V} = \mathsf{R}(\mathsf{T}) \oplus \mathsf{N}(\mathsf{T})$임을 보였다. T를 'W_1로의 사영' 또는 단순히 '사영'이라 불러도 문제가 없다. T가 사영이기 위한 필요충분조건은 $\mathsf{T} = \mathsf{T}^2$인 것이다(2.3절 연습문제 17).

$\mathsf{V} = \mathsf{W}_1 \oplus \mathsf{W}_2 = \mathsf{W}_1 \oplus \mathsf{W}_3$이라고 해서 $\mathsf{W}_2 = \mathsf{W}_3$임을 보장하지는 않으므로 W_1은 T를 유일하게 결정하지 않는다. 그러나 **정사영** T는 치역에 의해 유일하게 결정된다.

정의 내적공간 V와 사영 $\mathsf{T}\colon \mathsf{V} \to \mathsf{V}$를 생각하자. $\mathsf{R}(\mathsf{T})^\perp = \mathsf{N}(\mathsf{T})$, $\mathsf{N}(\mathsf{T})^\perp = \mathsf{R}(\mathsf{T})$를 만족하는 T를 **정사영(orthogonal projection)**이라 한다.

6.2절 연습문제 13(c)에 따르면 V가 유한차원인 경우 위 정의 중 하나의 등식만 성립해도 된다. 예를 들어 $\mathsf{R}(\mathsf{T})^\perp = \mathsf{N}(\mathsf{T})$이면 $\mathsf{R}(\mathsf{T}) = \mathsf{R}(\mathsf{T})^{\perp\perp} = \mathsf{N}(\mathsf{T})^\perp$도 만족하기 때문이다.

정사영은 직교연산자와 다르다. 그림 6.5에서 T는 정사영이지만 직교연산자가 아니다. $\|\mathsf{T}(v)\| \neq \|v\|$이기 때문이다.

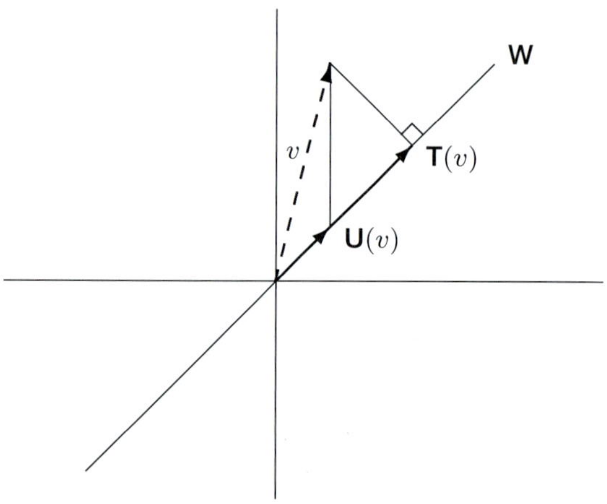

[그림 6.5] 부분공간 W 위로의 정사영 T와 사영 U

내적공간 V의 유한차원 부분공간 W를 생각하자. 정리 6.6의 표기법에 따라 함수 $\mathsf{T}\colon \mathsf{V} \to \mathsf{V}$를 $\mathsf{T}(y) = u$라 정의하자. T가 W로의 정사영임을 어렵지 않게 보일 수 있다. 사실 W로의 정사영은 유일하다. T와 U가 W로의 정사영이면 $\mathsf{R}(\mathsf{T}) = \mathsf{W} = \mathsf{R}(\mathsf{U})$이다. 따라서 $\mathsf{N}(\mathsf{T}) = \mathsf{R}(\mathsf{T})^\perp = \mathsf{R}(\mathsf{U})^\perp = \mathsf{N}(\mathsf{U})$이다. 모든 사영은 치역과 영공간에 의해 유일하게 결정되므로 $\mathsf{T} = \mathsf{U}$이다. T를 W로의 V의 **정사영**이라 한다.

W로의 임의의 사영과 정사영이 어떻게 다른지 기하학적으로 살펴보자. $\mathsf{V} = \mathsf{R}^2$, $\mathsf{W} = \text{span}\{(1,1)\}$일 때, **U**와 **T**를 그림 6.5처럼 정의하자. $\mathsf{T}(v)$는 v에서 직선 $y = x$에 내린 수선의 발이고, $\mathsf{U}(a_1, a_2) = (a_1, a_1)$이다. **T**는 **W**로의 **V**의 정사영이고 **U**는 **W**로의 또 다른 사영이다. $v - \mathsf{T}(v) \in \mathsf{W}^{\perp}$이지만 $v - \mathsf{U}(v) \notin \mathsf{W}^{\perp}$임을 주의하자.

그림 6.5에서 $\mathsf{T}(v)$는 'v의 **W**로의 최적근사'이다. $w \in \mathsf{W}$이면 $\|w - v\| \geq \|\mathsf{T}(v) - v\|$이다. 이러한 최적 근사성(approximation property)은 **T**에 대한 가장 중요한 성질이며 정리 6.6의 따름정리에서 바로 이끌어 낼 수 있다.

이제 푸리에 해석에 응용해 보자. 6.1절 예제 9에서 다룬 내적공간 **H**와 정규직교집합 S를 생각하고, 차수가 n인 **삼각 다항식(trigonometric polynomial)** $g \in \mathsf{H}$를 다음과 같이 정의하자.

$$g(t) = \sum_{j=-n}^{n} a_j f_j(t) = \sum_{j=-n}^{n} a_j e^{ijt}$$

이때, a_n 또는 a_{-n}은 영이 아니다.

임의의 함수 $f \in \mathsf{H}$를 차수가 n 이하인 삼각 다항식으로 최적근사하면 정규직교집합 S에 대하여 f의 푸리에 계수를 계수로 하는 삼각 다항식을 얻는다. $\mathsf{W} = \text{span}(\{f_j : |j| \leq n\})$, **W**로의 **H**의 정사영을 **T**라 표기하자. 정리 6.6의 따름정리에 의하면 **W**로의 f의 최적근사를 다음과 같이 나타낼 수 있다.

$$\mathsf{T}(f) = \sum_{j=-n}^{n} \langle f, f_j \rangle f_j$$

웹 사이트 `goo.gl/EN5Fai`는 전자 음악과 삼각 다항식에 의한 최적근사의 관계를 소개한다.

다음 정리는 정사영의 가장 중요한 대수적 특징을 설명한다.

> **정리 6.24** 내적공간 **V**와 (**V**의) 선형연산자 **T**를 생각하자. **T**가 정사영이기 위한 필요충분조건은 **T**의 수반연산자 T^*가 존재하고 $\mathsf{T}^2 = \mathsf{T} = \mathsf{T}^*$가 성립하는 것이다.

증명 **T**가 정사영이라 가정하자. **T**는 사영이므로 $\mathsf{T}^2 = \mathsf{T}$를 만족한다. T^*가 존재하고 $\mathsf{T} = \mathsf{T}^*$임을 보이면 충분하다. $\mathsf{V} = \mathsf{R}(\mathsf{T}) \oplus \mathsf{N}(\mathsf{T})$, $\mathsf{R}(\mathsf{T})^{\perp} = \mathsf{N}(\mathsf{T})$이다. $x, y \in \mathsf{V}$에 대하여 $x = x_1 + x_2$, $y = y_1 + y_2$라 쓸 수 있다. (이때, $x_1, y_1 \in \mathsf{R}(\mathsf{T})$, $x_2, y_2 \in \mathsf{N}(\mathsf{T})$) 이제 다음이 성립한다.

$$\langle x, \mathsf{T}(y) \rangle = \langle x_1 + x_2, y_1 \rangle = \langle x_1, y_1 \rangle + \langle x_2, y_1 \rangle = \langle x_1, y_1 \rangle$$

$$\langle \mathsf{T}(x), y \rangle = \langle x_1, y_1 + y_2 \rangle = \langle x_1, y_1 \rangle + \langle x_1, y_2 \rangle = \langle x_1, y_1 \rangle$$

모든 $x, y \in \mathsf{V}$에 대하여 $\langle x, \mathsf{T}(y)\rangle = \langle \mathsf{T}(x), y\rangle$이므로 T^*가 존재하고 $\mathsf{T} = \mathsf{T}^*$이다.

$\mathsf{T}^2 = \mathsf{T} = \mathsf{T}^*$라 가정하자. 2.3절 연습문제 17에 따르면 T는 사영이다. $\mathsf{R}(\mathsf{T}) = \mathsf{N}(\mathsf{T})^\perp$, $\mathsf{R}(\mathsf{T})^\perp = \mathsf{N}(\mathsf{T})$임을 보이자. $x \in \mathsf{R}(\mathsf{T})$, $y \in \mathsf{N}(\mathsf{T})$에 대하여 $x = \mathsf{T}(x) = \mathsf{T}^*(x)$이고 다음이 성립한다.

$$\langle x, y\rangle = \langle \mathsf{T}^*(x), y\rangle = \langle x, \mathsf{T}(y)\rangle = \langle x, \mathit{0}\rangle = 0$$

$x \in \mathsf{N}(\mathsf{T})^\perp$이므로 $\mathsf{R}(\mathsf{T}) \subseteq \mathsf{N}(\mathsf{T})^\perp$이다.

$y \in \mathsf{N}(\mathsf{T})^\perp$에 대하여 $y \in \mathsf{R}(\mathsf{T})$를 보이자. $\mathsf{T}(y) = y$를 보이면 된다. 이때 다음이 성립한다.

$$\begin{aligned}\|y - \mathsf{T}(y)\|^2 &= \langle y - \mathsf{T}(y), y - \mathsf{T}(y)\rangle \\ &= \langle y, y - \mathsf{T}(y)\rangle - \langle \mathsf{T}(y), y - \mathsf{T}(y)\rangle\end{aligned}$$

$y - \mathsf{T}(y) \in \mathsf{N}(\mathsf{T})$이므로 위 식의 첫 번째 항은 영이다. 두 번째 항을 살펴보자.

$$\langle \mathsf{T}(y), y - \mathsf{T}(y)\rangle = \langle y, \mathsf{T}^*(y - \mathsf{T}(y))\rangle = \langle y, \mathsf{T}(y - \mathsf{T}(y))\rangle = \langle y, \mathit{0}\rangle = 0$$

따라서 $y - \mathsf{T}(y) = \mathit{0}$이다. 다시 말해 $y = \mathsf{T}(y) \in \mathsf{R}(\mathsf{T})$이고 $\mathsf{R}(\mathsf{T}) = \mathsf{N}(\mathsf{T})^\perp$이다.

지금까지의 논의와 6.2절 연습문제 13(b)로부터 $\mathsf{R}(\mathsf{T})^\perp = \mathsf{N}(\mathsf{T})^{\perp\perp} \supseteq \mathsf{N}(\mathsf{T})$임을 알 수 있다. $x \in \mathsf{R}(\mathsf{T})^\perp$라 가정하자. 임의의 $y \in \mathsf{V}$에 대하여 $\langle \mathsf{T}(x), y\rangle = \langle x, \mathsf{T}^*(y)\rangle = \langle x, \mathsf{T}(y)\rangle = 0$이다. 이는 $\mathsf{T}(x) = \mathit{0}$이고 $x \in \mathsf{N}(\mathsf{T})$임을 뜻한다. 즉 $\mathsf{R}(\mathsf{T})^\perp = \mathsf{N}(\mathsf{T})$이다. ◀

유한차원 내적공간 V, (V의) 부분공간 W, W로의 V의 정사영 T를 생각하자. $\{v_1, v_2, \ldots, v_k\}$가 W의 기저가 되도록 V의 정규직교기저 $\beta = \{v_1, v_2, \ldots, v_n\}$을 잡으면 $[\mathsf{T}]_\beta$는 처음 k개 대각성분이 1이고 나머지 성분이 0인 대각행렬이다. 다시 말해 $[\mathsf{T}]_\beta$는 다음과 같은 꼴이다.

$$\begin{pmatrix} I_k & O_1 \\ O_2 & O_3 \end{pmatrix}$$

U가 W로의 임의의 사영일 때 $[\mathsf{U}]_\gamma$가 위와 같은 꼴이 되도록 하는 V의 기저 γ를 잡을 수 있다. 이때 γ는 정규직교가 아닐 수도 있다.

이번 절의 가장 중요한 정리를 소개한다.

정리 6.25 스펙트럼 정리 (spectral theorem)

유한차원 F-내적공간 V의 선형연산자 T의 서로 다른 고윳값을 $\lambda_1, \lambda_2, \ldots, \lambda_k$라 하자. $F = C$이면 T가 정규연산자, $F = R$면 T가 자기수반연산자라 가정한다. 각 i $(1 \leq i \leq k)$에 대하여

고윳값 λ_i에 대응하는 고유공간을 W_i라 표기하자. W_i로의 V의 정사영을 T_i라 할 때 다음이 성립한다.

(1) $\mathsf{V} = \mathsf{W}_1 \oplus \mathsf{W}_2 \oplus \cdots \oplus \mathsf{W}_k$

(2) $j \neq i$에 대하여 부분공간 W_j의 직합을 W_i'이라 표기하자. $\mathsf{W}_i^\perp = \mathsf{W}_i'$이다.

(3) $1 \leq i, j \leq k$에 대하여 $\mathsf{T}_i\mathsf{T}_j = \delta_{ij}\mathsf{T}_i$이다.

(4) $\mathsf{I} = \mathsf{T}_1 + \mathsf{T}_2 + \cdots + \mathsf{T}_k$

(5) $\mathsf{T} = \lambda_1\mathsf{T}_1 + \lambda_2\mathsf{T}_2 + \cdots + \lambda_k\mathsf{T}_k$

증명 (1) 정리 6.16과 정리 6.17에 따르면 T는 대각화가능하다. 정리 5.10을 이용하면 $\mathsf{V} = \mathsf{W}_1 \oplus \mathsf{W}_2 \oplus \cdots \oplus \mathsf{W}_k$라 나타낼 수 있다.

(2) $i \neq j$에 대하여 $x \in \mathsf{W}_i$, $y \in \mathsf{W}_j$라 하자. 정리 6.15(4)에 의해 $\langle x, y \rangle = 0$이고 $\mathsf{W}_i' \subseteq \mathsf{W}_i^\perp$이다. (1)을 이용하면 W_i'의 차원은 다음과 같다.

$$\dim(\mathsf{W}_i') = \sum_{j \neq i} \dim(\mathsf{W}_j) = \dim(\mathsf{V}) - \dim(\mathsf{W}_i)$$

정리 6.7(3)으로부터 $\dim(\mathsf{W}_i^\perp) = \dim(\mathsf{V}) - \dim(\mathsf{W}_i)$가 성립한다. 즉 $\mathsf{W}_i' = \mathsf{W}_i^\perp$이다.

(3) 연습문제 11을 보라.

(4) T_i가 W_i로의 V의 정사영이므로 (2)에 의해 $\mathsf{N}(\mathsf{T}_i) = \mathsf{R}(\mathsf{T}_i)^\perp = \mathsf{W}_i^\perp = \mathsf{W}_i'$이다. 즉 $x \in \mathsf{V}$에 대하여 $x = x_1 + x_2 + \cdots + x_k$이다. (이때, $\mathsf{T}_i(x) = x_i \in \mathsf{W}_i$)

(5) $x \in \mathsf{V}$를 $x = x_1 + x_2 + \cdots + x_k$라 쓰자. (이때, $x_i \in \mathsf{W}_i$) 다음이 성립한다.

$$\begin{aligned}\mathsf{T}(x) &= \mathsf{T}(x_1) + \mathsf{T}(x_2) + \cdots + \mathsf{T}(x_k) \\ &= \lambda_1 x_1 + \lambda_2 x_2 + \cdots + \lambda_k x_k \\ &= \lambda_1\mathsf{T}_1(x) + \lambda_2\mathsf{T}_2(x) + \cdots + \lambda_k\mathsf{T}_k(x) \\ &= (\lambda_1\mathsf{T}_1 + \lambda_2\mathsf{T}_2 + \cdots + \lambda_k\mathsf{T}_k)(x)\end{aligned}$$

◀

T의 고윳값으로 이루어진 집합 $\{\lambda_1, \lambda_2, \ldots, \lambda_k\}$를 T의 **스펙트럼(spectrum)**이라 하고, (4)에서 나온 합 $\mathsf{I} = \mathsf{T}_1 + \mathsf{T}_2 + \cdots + \mathsf{T}_k$를 T로 유도된 **항등연산자 분해(resolution of the identity operator)**라 하며, (5)에서 나온 합 $\mathsf{T} = \lambda_1\mathsf{T}_1 + \lambda_2\mathsf{T}_2 + \cdots + \lambda_k\mathsf{T}_k$를 T의 **스펙트럼 분해(spectral decomposition)**라 한다. 고윳값의 배열 순서를 무시하면 T의 스펙트럼 분해는 유일하다.

W_i의 정규직교기저의 합집합을 β, (W_i의) 차원을 m_i라 하자. (이때, m_i는 고윳값 λ_i의 중복도이다.) $[\mathsf{T}]_\beta$는 다음과 같은 꼴이다.

$$\begin{pmatrix} \lambda_1 I_{m_1} & O & \cdots & O \\ O & \lambda_2 I_{m_2} & \cdots & O \\ \vdots & \vdots & & \vdots \\ O & O & \cdots & \lambda_k I_{m_k} \end{pmatrix}$$

$[\mathsf{T}]_\beta$는 중복도가 m_i인 (T의) 고윳값 λ_i를 대각성분으로 하는 대각행렬이다. T의 스펙트럼 분해를 $\lambda_1\mathsf{T}_1 + \lambda_2\mathsf{T}_2 + \cdots + \lambda_k\mathsf{T}_k$라 하면 임의의 다항식 g에 대하여 $g(\mathsf{T}) = g(\lambda_1)\mathsf{T}_1 + g(\lambda_2)\mathsf{T}_2 + \cdots + g(\lambda_k)\mathsf{T}_k$가 성립한다(연습문제 7). 다음 논의에서 이 사실을 활용하자.

이제 스펙트럼 정리의 네 가지 따름정리를 소개한다. 이 밖에도 연습문제에서 스펙트럼 정리와 관계있는 여러 가지 결과를 확인할 수 있을 것이다. 따름정리에서 T는 유한차원 F-내적공간 V의 선형연산자라 가정한다.

따름정리 1 $F = C$일 때 T가 정규연산자이기 위한 필요충분조건은 적절한 다항식 g에 대하여 $\mathsf{T}^* = g(\mathsf{T})$인 것이다.

증명 T가 정규연산자라 가정하고 T의 스펙트럼 분해를 $\mathsf{T} = \lambda_1\mathsf{T}_1 + \lambda_2\mathsf{T}_2 + \cdots + \lambda_k\mathsf{T}_k$라 하자. 이 식의 양변에 수반연산자를 취하면 각 T_i는 자기수반연산자이므로 $\mathsf{T}^* = \overline{\lambda}_1\mathsf{T}_1 + \overline{\lambda}_2\mathsf{T}_2 + \cdots + \overline{\lambda}_k\mathsf{T}_k$이다. 라그랑주 보간법(71쪽)을 사용하면 $1 \le i \le k$에 대하여 $g(\lambda_i) = \overline{\lambda}_i$인 다항식 g를 찾을 수 있다. 이제 다음이 성립한다.

$$g(\mathsf{T}) = g(\lambda_1)\mathsf{T}_1 + g(\lambda_2)\mathsf{T}_2 + \cdots + g(\lambda_k)\mathsf{T}_k = \overline{\lambda}_1\mathsf{T}_1 + \overline{\lambda}_2\mathsf{T}_2 + \cdots + \overline{\lambda}_k\mathsf{T}_k = \mathsf{T}^*$$

역으로 어떤 다항식 g에 대하여 $\mathsf{T}^* = g(\mathsf{T})$라 가정하자. T는 T에 대한 임의의 다항식과 가환적이므로 T는 T^*와 가환적이다. 즉 T는 정규연산자이다. ◀

따름정리 2 $F = C$일 때 T가 유니타리이기 위한 필요충분조건은 T가 정규연산자이고 T의 모든 고윳값 λ에 대하여 $|\lambda| = 1$인 것이다.

증명 T가 유니타리면 T는 정규연산자이다. 정리 6.18의 따름정리로부터 T의 모든 고윳값의 절댓값이 1임을 알 수 있다.

한편, T의 스펙트럼 분해를 $\mathsf{T} = \lambda_1\mathsf{T}_1 + \lambda_2\mathsf{T}_2 + \cdots + \lambda_k\mathsf{T}_k$라 하자. T의 모든 고윳값 λ이 $|\lambda| = 1$이면 스펙트럼 정리의 (3)에 의해 다음이 성립한다.

$$\mathsf{TT}^* = (\lambda_1\mathsf{T}_1 + \lambda_2\mathsf{T}_2 + \cdots + \lambda_k\mathsf{T}_k)(\overline{\lambda}_1\mathsf{T}_1 + \overline{\lambda}_2\mathsf{T}_2 + \cdots + \overline{\lambda}_k\mathsf{T}_k)$$

$$\begin{aligned} &= |\lambda_1|^2\mathsf{T}_1 + |\lambda_2|^2\mathsf{T}_2 + \cdots + |\lambda_k|^2\mathsf{T}_k \\ &= \mathsf{T}_1 + \mathsf{T}_2 + \cdots + \mathsf{T}_k \\ &= \mathsf{I} \end{aligned}$$

T는 유니타리이다. ◀

따름정리 3 $F = C$일 때 T가 자기수반연산자이기 위한 필요충분조건은 T가 정규연산자이고 T의 모든 고윳값이 실수인 것이다.

증명 T가 정규연산자이고 모든 고윳값이 실수라 가정하자. T의 스펙트럼 분해를 $\mathsf{T} = \lambda_1\mathsf{T}_1 + \lambda_2\mathsf{T}_2 + \cdots + \lambda_k\mathsf{T}_k$라 하면 다음이 성립한다.

$$\mathsf{T}^* = \overline{\lambda}_1\mathsf{T}_1 + \overline{\lambda}_2\mathsf{T}_2 + \cdots + \overline{\lambda}_k\mathsf{T}_k = \lambda_1\mathsf{T}_1 + \lambda_2\mathsf{T}_2 + \cdots + \lambda_k\mathsf{T}_k = \mathsf{T}$$

T는 자기수반연산자이다.

역으로 T가 자기수반연산자라 가정하자. T는 정규연산자이다. 정리 6.17의 보조정리에 의해 고윳값은 모두 실수이다. ◀

따름정리 4 T의 스펙트럼 분해가 $\mathsf{T} = \lambda_1\mathsf{T}_1 + \lambda_2\mathsf{T}_2 + \cdots + \lambda_k\mathsf{T}_k$이면 각 T_j는 T에 대한 다항식이다.

증명 $g_j(\lambda_i) = \delta_{ij}\ (1 \leq j \leq k)$가 되도록 다항식 g_j를 잡는다. 이제 다음이 성립한다.

$$\begin{aligned} g_j(\mathsf{T}) &= g_j(\lambda_1)\mathsf{T}_1 + g_j(\lambda_2)\mathsf{T}_2 + \cdots + g_j(\lambda_k)\mathsf{T}_k \\ &= \delta_{1j}\mathsf{T}_1 + \delta_{2j}\mathsf{T}_2 + \cdots + \delta_{kj}\mathsf{T}_k = \mathsf{T}_j \end{aligned}$$ ◀

6.6 연습문제

1. 다음 명제의 참-거짓을 판정하라. 바탕이 되는 내적공간은 유한차원이라 가정한다.

(a) 모든 사영은 자기수반연산자이다.

(b) 정사영은 치역에 의해 유일하게 결정된다.

(c) 모든 자기수반연산자는 정사영의 일차결합이다.

(d) T가 W로의 사영이면 $\mathsf{T}(x)$는 W의 벡터 중 x에 가장 가까운 벡터이다.

(e) 모든 정사영은 유니타리 연산자이다.

2. $\mathsf{V} = \mathsf{R}^2$, $\mathsf{W} = \text{span}(\{(1,2)\})$라 하자. V의 표준 순서기저 β, W로의 V의 정사영 T에 대하여 $[\mathsf{T}]_\beta$를 계산하라. 같은 작업을 $\mathsf{V} = \mathsf{R}^3$, $\mathsf{W} = \text{span}(\{(1,0,1)\})$에 대하여 반복하라.

3. 주어진 행렬 A에 대하여

(1) L_A가 스펙트럼 분해를 가짐을 증명하라.

(2) L_A의 각 고윳값에 대응하는 고유공간 위로의 정사영을 구체적으로 정의하라.

(3) 스펙트럼 정리를 사용하여 결과가 참임을 보여라.

(a) $\begin{pmatrix} 1 & 2 \\ 2 & 1 \end{pmatrix}$　(b) $\begin{pmatrix} 0 & -1 \\ 1 & 0 \end{pmatrix}$　(c) $\begin{pmatrix} 2 & 3-3i \\ 3+3i & 5 \end{pmatrix}$

(d) $\begin{pmatrix} 0 & 2 & 2 \\ 2 & 0 & 2 \\ 2 & 2 & 0 \end{pmatrix}$　(e) $\begin{pmatrix} 2 & 1 & 1 \\ 1 & 2 & 1 \\ 1 & 1 & 2 \end{pmatrix}$

4. 내적공간 V의 유한차원 부분공간 W를 생각하자. W로의 V의 정사영을 T라 할 때 $\mathsf{I}-\mathsf{T}$는 $\mathsf{W}^\perp$로의 V의 정사영임을 증명하라.

5. 유한차원 내적공간 V의 선형연산자 T에 대한 다음 물음에 답하라.

(a) T가 정사영일 때 모든 $x \in \mathsf{V}$에 대하여 $\|\mathsf{T}(x)\| \le \|x\|$임을 증명하라. 이 부등식이 성립하지 않는 사영의 예를 하나 들어라. 모든 $x \in \mathsf{V}$에서 이 부등식의 등호가 성립하는 사영을 구하라.

(b) 모든 $x \in \mathsf{V}$에 대하여 $\|\mathsf{T}(x)\| \le \|x\|$를 만족하는 사영 T는 정사영임을 증명하라.

6. 유한차원 내적공간의 정규연산자 T를 생각하자. T가 사영이면 T는 정사영임을 증명하라.

7. 유한차원 복소내적공간 V와 정규연산자 T를 생각하자. T의 스펙트럼 분해가 $\lambda_1\mathsf{T}_1 + \lambda_2\mathsf{T}_2 + \cdots + \lambda_k\mathsf{T}_k$일 때 다음 명제가 참임을 보여라.

(a) 다항식 g에 대하여 $g(\mathsf{T}) = \sum_{i=1}^{k} g(\lambda_i)\mathsf{T}_i$이다.

(b) 어떤 자연수 n에 대하여 $\mathsf{T}^n = \mathsf{T}_0$이면 $\mathsf{T} = \mathsf{T}_0$이다.

(c) V의 선형연산자 U에 대하여 U와 T가 가환적일 필요충분조건은 U가 각 T_i와 가환적인 것이다.

(d) $\mathsf{U}^2 = \mathsf{T}$인 ($\mathsf{V}$의) 정규연산자 U가 존재한다.

(e) T가 가역이기 위한 필요충분조건은 $1 \le i \le k$에 대하여 $\lambda_i \ne 0$인 것이다.

(f) T가 사영이기 위한 필요충분조건은 T의 모든 고윳값이 1 또는 0인 것이다.

(g) $\mathsf{T} = -\mathsf{T}^*$이기 위한 필요충분조건은 모든 λ_i가 허수인 것이다.

8. 스펙트럼 정리의 따름정리 1을 사용하여 유한차원 복소내적공간의 정규연산자 T와 (T와) 가환적인 선형연산자 U에 대하여 U는 T^*와 가환적임을 보여라.

9. 6.5절 연습문제 20을 참고하여 국소적 등장사상 U에 대한 다음 명제가 참임을 보여라.

(a) $\mathsf{U}^*\mathsf{U}$는 W로의 정사영이다.

(b) $\mathsf{U}\mathsf{U}^*\mathsf{U} = \mathsf{U}$

10. **동시에 대각화(simultaneous diagonalization)** 유한차원 복소내적공간 V의 정규연산자 U와 T에 대하여 $\mathsf{TU} = \mathsf{UT}$가 성립한다고 가정하자. T와 U 모두의 고유벡터인 벡터로 이루어진 (V의) 정규직교기저가 존재함을 증명하라.

힌트 연습문제 8과 6.4절 연습문제 14의 힌트를 보라.

11. 스펙트럼 정리(3)을 증명하라.

6.7 특잇값 분해와 유사역행렬*

6.4절에서 복소공간의 정규연산자와 실공간의 자기수반연산자의 특징을 '고유벡터로 이루어진 정규직교기저'와 이에 대응하는 고윳값의 관점에서 살펴보았다(정리 6.16, 정리 6.17). 이번 절에서는 유한차원 복소[실]내적공간의 모든 종류의 선형변환에 적용할 수 있는 이와 비슷한 정리, 즉 선형변환의 특잇값 정리(정리 6.26)를 공부할 것이다. 이 정리들 사이에는 유사점도 있고, 다른 점도 있다. 모든 정리는 정규직교기저와 수치적인 불변량에 바탕을 두고 있다. 하지만 보편적인 선형변환에 적용된다는 점 때문에 특잇값 정리는 두 내적공간, 두 정규직교기저와 연관된다.[14] 만약 두 공간과 두 기저가 같다면 선형변환은 정규연산자나 자기수반연산자가 될 것이다. 또 다른 차이점은 특잇값 정리의 수치적 불변량이다. 고윳값은 이렇다 할 제약이 없는 반면 **특잇값**은 음수가 아니어야 한다. 이 조건은 특잇값의 유일성을 보장하기 위해 반드시 필요하다.

특잇값 정리는 실공간과 복소공간을 모두 망라한다. 간결성을 위해 이번 절에서는 **유니타리 연산자**와 **유니타리 행렬**이란 용어를 실내적공간에서의 직교연산자와 직교행렬을 포함하는 의미로 사용한다. 즉, 모든 x, y에 대하여, $\langle \mathsf{T}(x), \mathsf{T}(y)\rangle = \langle x, y\rangle$를 만족하는 임의의 연산자 T와 $\langle Ax, Ay\rangle = \langle x, y\rangle$를 만족하는 임의의 행렬 A를 이번 절에서는 **유니타리**라 한다.

14 여기에서 두 내적공간은 보통 다른 공간이며, 두 정규직교기저 역시 다를 것이다.

6.3절 연습문제 15에서 수반연산자의 정의를 임의의 선형변환 $\mathsf{T}: \mathsf{V} \to \mathsf{W}$로 확장하였다. (단, V와 W는 유한차원 내적공간) 이 연습문제에서 T의 수반사상 T^*는 W에서 V로 가는 선형변환이고, $[\mathsf{T}^*]_\gamma^\beta = ([\mathsf{T}]_\beta^\gamma)^*$이다. 이때 β와 γ는 각각 V와 W의 정규직교기저이다. 특히, V의 선형연산자 $\mathsf{T}^*\mathsf{T}$는 양의 준정부호를 가지고, $\text{rank}(\mathsf{T}^*\mathsf{T}) = \text{rank}(\mathsf{T})$임을 6.4절 연습문제 18에서 확인하였다.

이 사실을 상기하며, 이번 절의 주요 결과를 소개하겠다.

정리 6.26 선형변환의 특잇값 정리

유한차원 내적공간 V와 W, 랭크가 r인 선형변환 $\mathsf{T}: \mathsf{V} \to \mathsf{W}$를 생각하자.

$$\mathsf{T}(v_i) = \begin{cases} \sigma_i u_i & (1 \leq i \leq r) \\ \mathit{0} & (i > r) \end{cases} \tag{6.4}$$

이 되도록 하는 V의 정규직교기저 $\{v_1, v_2, \ldots, v_n\}$과 W의 정규직교기저 $\{u_1, u_2, \ldots, u_m\}$, 양의 스칼라 $\sigma_1 \geq \sigma_2 \geq \cdots \geq \sigma_r$가 존재한다.

역으로 앞서 언급한 조건을 만족한다면 $v_i (1 \leq i \leq n)$는 $\mathsf{T}^*\mathsf{T}$의 고유벡터가 되고, 각 고유벡터에 대응하는 고윳값은 $1 \leq i \leq r$일 때 σ_i^2이고 $i > r$일 때는 0이다. 즉, 스칼라 $\sigma_1, \sigma_2, \ldots, \sigma_r$는 T에 의해 유일하게 결정된다.

증명 우선 이러한 기저와 스칼라가 존재함부터 증명하자.

6.4절 연습문제 18과 6.3절 연습문제 15(d)에 의해, V의 선형연산자 $\mathsf{T}^*\mathsf{T}$는 랭크가 r이고 양의 준정부호이다. 즉, $\mathsf{T}^*\mathsf{T}$의 고윳값 λ_i에 대응하는 고유벡터로 이루어진 (V의) 정규직교기저 $\{v_1, v_2, \ldots, v_n\}$이 존재한다. 이때, $\lambda_1 \geq \lambda_2 \geq \cdots \geq \lambda_r > 0$이고, $i > r$일 때 $\lambda_i = 0$이다. $1 \leq i \leq r$에 대하여, $\sigma_i = \sqrt{\lambda_i}$, $u_i = \dfrac{1}{\sigma_i}\mathsf{T}(v_i)$라 정의하자. 이제 $\{u_1, u_2, \ldots, u_r\}$가 W의 정규직교 부분집합임을 보일 것이다. $1 \leq i, j \leq r$라 하면 다음이 성립한다.

$$\begin{aligned} \langle u_i, u_j \rangle &= \left\langle \frac{1}{\sigma_i}\mathsf{T}(v_i), \frac{1}{\sigma_j}\mathsf{T}(v_j) \right\rangle = \frac{1}{\sigma_i \sigma_j} \langle \mathsf{T}^*\mathsf{T}(v_i), v_j \rangle \\ &= \frac{1}{\sigma_i \sigma_j} \langle \lambda_i v_i, v_j \rangle = \frac{\sigma_i^2}{\sigma_i \sigma_j} \langle v_i, v_j \rangle \\ &= \delta_{ij} \end{aligned}$$

따라서 $\{u_1, u_2, \ldots, u_r\}$는 정규직교이다. 정리 6.7(1)에 의해, 이 집합을 확장하여 W의 정규직교기저 $\{u_1, u_2, \ldots, u_r, \ldots, u_m\}$을 얻을 수 있다. 명백히 $1 \leq i \leq r$일 때, $\mathsf{T}(v_i) = \sigma_i u_i$이다. $i > r$일 때 $\mathsf{T}^*\mathsf{T}(v_i) = \mathit{0}$이고 6.3절 연습문제 15(d)에 의해 $\mathsf{T}(v_i) = \mathit{0}$이다.

스칼라 σ_i의 유일성을 증명하기 위해 $\{v_1, v_2, \dots, v_n\}$, $\{u_1, u_2, \dots, u_m\}$, $\sigma_1 \geq \sigma_2 \geq \cdots \geq \sigma_r > 0$이 정리의 전반부에 서술된 조건을 만족한다고 가정하자. $1 \leq i \leq m$와 $1 \leq j \leq n$에 대하여 $\langle \mathsf{T}^*(u_i), v_j \rangle$는 다음과 같다.

$$\begin{aligned}\langle \mathsf{T}^*(u_i), v_j \rangle &= \langle u_i, \mathsf{T}(v_j) \rangle \\ &= \begin{cases} \sigma_i & (i = j \leq r) \\ 0 & (\text{그 외의 경우}) \end{cases}\end{aligned}$$

따라서 임의의 $1 \leq i \leq m$에 대하여, $\mathsf{T}^*(u_i)$는 다음과 같이 나타난다.

$$\mathsf{T}^*(u_i) = \sum_{j=1}^{n} \langle \mathsf{T}^*(u_i), v_j \rangle \, v_j = \begin{cases} \sigma_i v_i & (i = j \leq r) \\ 0 & (\text{그 외의 경우}) \end{cases} \tag{6.5}$$

즉, $i \leq r$일 때 $\mathsf{T}^*\mathsf{T}(v_i) = \mathsf{T}^*(\sigma_i u_i) = \sigma_i \mathsf{T}^*(u_i) = \sigma_i^2 v_i$이고, $i > r$일 때 $\mathsf{T}^*\mathsf{T}(v_i) = \mathsf{T}^*(0) = 0$이다. 따라서 각 v_i는 $i \leq r$일 때는 고윳값 σ_i^2에 대응하는 ($\mathsf{T}^*\mathsf{T}$의) 고유벡터이고, $i > r$일 때는 0이다. ◀

정의 정리 6.26에서 정의한 유일한 스칼라 $\sigma_1, \sigma_2, \dots, \sigma_r$를 T의 **특잇값(singular value)**이라 한다. $r < m$이고 $r < n$이면 특잇값은 $\sigma_{r+1} = \cdots = \sigma_k = 0$으로 확장할 수 있다. 이때, k는 m와 n의 최솟값이다.

선형변환 T의 특잇값은 T에 의해 유일하게 결정되지만, 정리 6.26에 등장하는 정규직교기저는 유일하게 결정되지 않는다. $\mathsf{T}^*\mathsf{T}$의 고유벡터로 이루어진 정규직교기저는 하나 이상 존재하기 때문이다.

식 (6.5)의 관점에서 볼 때, 선형변환 $\mathsf{T}\colon \mathsf{V} \to \mathsf{W}$와 수반연산자 T^*의 특잇값은 서로 같다. 또한, 정리 6.26에 등장하는 V와 W의 정규직교기저를 뒤집으면 T^*의 정규직교기저가 된다.

예제 1 내적이 다음과 같이 주어진 다항식 공간 $\mathsf{P}_2(R)$와 $\mathsf{P}_1(R)$를 생각하자.

$$\langle f(x), g(x) \rangle = \int_{-1}^{1} f(t)g(t)\, dt$$

선형변환 $\mathsf{T}\colon \mathsf{P}_2(R) \to \mathsf{P}_1(R)$를 $\mathsf{T}(f(x)) = f'(x)$라 정의하자. $\mathsf{T}(v_i) = \sigma_i u_i$ $(i = 1, 2)$, $\mathsf{T}(v_3) = 0$이 되도록 하는 ($\mathsf{P}_2(R)$의) 정규직교기저 $\beta = \{v_1, v_2, v_3\}$과 ($\mathsf{P}_1(R)$의) 정규직교기저 $\gamma = \{u_1, u_2\}$를 찾자. (이때, $\sigma_1 \geq \sigma_2 > 0$은 영이 아닌 ($\mathsf{T}$의) 특잇값이다.)

계산의 편의를 위해 T를 행렬에 대응하여 계산하자. 이때 아무 행렬표현이나 사용할 수 없으므로 주의가 필요하다. 내적의 관점에서 수반사상이 정의되므로, **T**의 행렬표현의 수반행렬이 **T**의 수반사상의 행렬표현과 같도록 ($\mathsf{P}_2(R)$와 $\mathsf{P}_1(R)$의) 정규직교기저에 대한 행렬표현을 사용해야 한다(6.3절 연습문제 15). 6.2절 연습문제 21의 결과를 이용하면, 이러한 목적에 부합하는 정규직교기저를 얻을 수 있다. 다음 α, α'은 각각 $\mathsf{P}_2(R)$와 $\mathsf{P}_1(R)$의 정규직교기저이다.

$$\alpha = \left\{\frac{1}{\sqrt{2}},\ \sqrt{\frac{3}{2}}\,x,\ \sqrt{\frac{5}{8}}\,(3x^2-1)\right\},\quad \alpha' = \left\{\frac{1}{\sqrt{2}},\ \sqrt{\frac{3}{2}}\,x\right\}$$

T의 행렬표현은 다음과 같이 얻을 수 있다.

$$A = [\mathsf{T}]_{\alpha}^{\alpha'} = \begin{pmatrix} 0 & \sqrt{3} & 0 \\ 0 & 0 & \sqrt{15} \end{pmatrix}$$

이때, A^*A는 다음과 같다.

$$A^*A = \begin{pmatrix} 0 & 0 \\ \sqrt{3} & 0 \\ 0 & \sqrt{15} \end{pmatrix} \begin{pmatrix} 0 & \sqrt{3} & 0 \\ 0 & 0 & \sqrt{15} \end{pmatrix} = \begin{pmatrix} 0 & 0 & 0 \\ 0 & 3 & 0 \\ 0 & 0 & 15 \end{pmatrix}$$

그리고 A^*A의 고윳값은 (크기에 대한 내림차순으로 정리하면) $\lambda_1 = 15$, $\lambda_2 = 3$, $\lambda_3 = 0$이다. 이 고윳값들은 각각 R^3의 정규직교 고유벡터 $e_3 = (0,0,1)$, $e_2 = (0,1,0)$, $e_1 = (1,0,0)$에 대응한다. 이를 **T**, $\mathsf{P}_2(R)$, $\mathsf{P}_1(R)$로 옮겨서 표현하자.

$$v_1 = \sqrt{\frac{5}{8}}\,(3x^2-1),\quad v_2 = \sqrt{\frac{3}{2}}\,x,\quad v_3 = \frac{1}{\sqrt{2}}$$

이다. 이제 $\beta = \{v_1, v_2, v_3\}$은 $\mathsf{T}^*\mathsf{T}$의 고윳값 λ_1, λ_2, λ_3에 대응하는 고유벡터로 이루어진 ($\mathsf{P}_2(R)$의) 정규직교기저이다. $\sigma_1 = \sqrt{\lambda_1} = \sqrt{15}$, $\sigma_2 = \sqrt{\lambda_2} = \sqrt{3}$이라 하면, **T**의 영이 아닌 특잇값이고 u_1, u_2는 각각 다음과 같다.

$$u_1 = \frac{1}{\sigma_1}\mathsf{T}(v_1) = \sqrt{\frac{3}{2}}\,x,\quad u_2 = \frac{1}{\sigma_2}\mathsf{T}(v_2) = \frac{1}{\sqrt{2}},$$

따라서 $\gamma = \{u_1, u_2\}$는 $\mathsf{P}_1(R)$의 정규직교기저이다.

선형변환에 의해 어떠한 수학적 대상이 벡터공간에서 어떻게 일그러지는지를 확인하는 데 특잇값을 사용할 것이다. 다음 예를 보자.

예제 2 R^2에 정의된 가역인 선형연산자 T와 R^2의 단위원 $S = \{x \in \mathsf{R}^2 : \|x\| = 1\}$을 생각하자. 정리 6.26을 사용하여 $S' = \mathsf{T}(S)$를 구하자.

T는 가역이므로 랭크는 2이고, 특잇값 $\sigma_1 \geq \sigma_2 > 0$이 있다. $\mathsf{T}(v_1) = \sigma_1 u_1$, $\mathsf{T}(v_2) = \sigma_2 u_2$가 되도록 하는 R^2의 두 정규직교기저 $\{v_1, v_2\}$, $\beta = \{u_1, u_2\}$를 잡자(정리 6.26에 의해 가능하다). 이제 β는 좌표계를 결정하며, 이 좌표계를 R^2의 $x'y'$ 좌표계라 부르자. x'축은 u_1을 포함하고, y'축은 u_2를 포함한다. 임의의 벡터 $u \in \mathsf{R}^2$에 대하여, $u = x_1' u_1 + x_2' u_2$라면 u의 β에 대한 좌표벡터는 $[u]_\beta = \begin{pmatrix} x_1' \\ x_2' \end{pmatrix}$이다. S'을 x_1'와 x_2'에 대한 식으로 묘사해 보자.

임의의 $v = x_1 v_1 + x_2 v_2 \in \mathsf{R}^2$에 대하여 $u = \mathsf{T}(v)$는 다음을 의미한다.

$$u = \mathsf{T}(x_1 v_1 + x_2 v_2) = x_1 \mathsf{T}(v_1) + x_2 \mathsf{T}(v_2) = x_1 \sigma_1 u_1 + x_2 \sigma_2 u_2$$

즉, $u = x_1' u_1 + x_2' u_2$에 대하여 $x_1' = x_1 \sigma_1$, $x_2' = x_2 \sigma_2$이다. 이제 $u \in S'$이기 위한 필요충분조건은 $v \in S$이고, 이는 다시 다음 관계식이 성립하는 것과 필요충분조건이다.

$$\frac{(x_1')^2}{\sigma_1^2} + \frac{(x_2')^2}{\sigma_2^2} = x_1^2 + x_2^2 = 1$$

$\sigma_1 = \sigma_2$라면, 이 방정식은 반지름이 σ_1인 원의 방정식이다. $\sigma_1 > \sigma_2$라면, 이 방정식은 장축과 단축이 각각 x'축과 y'축에 놓인 타원의 방정식이다(그림 6.6).

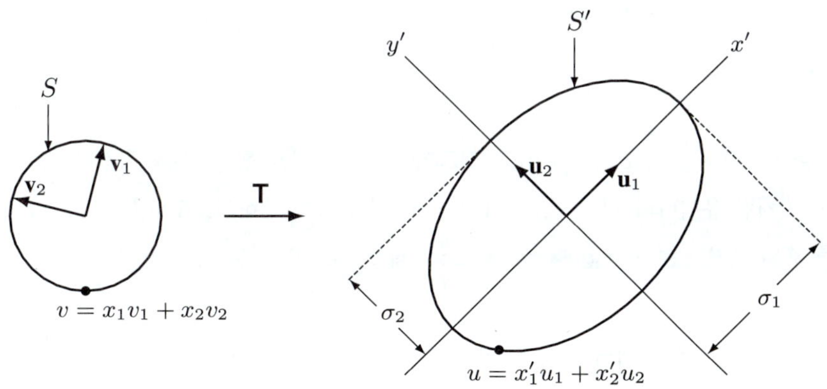

[그림 6.6] 예제 2에서 $\sigma_1 > \sigma_2$인 경우

특히 선형변환의 특잇값 정리는 선형변환을 행렬로 표현할 때 유용하다. 행렬을 수치해석적으로 계산할 수 있기 때문이다. 우선 행렬의 특잇값을 정의하자.

정의 $m \times n$ 행렬 A에 대하여 선형변환 L_A의 특잇값을 A의 **특잇값(singular value)**이라 정의한다.

정리 6.27 행렬의 특잇값 분해 정리

랭크가 r인 $m \times n$ 행렬 A를 생각하자. 이 행렬의 특잇값이 $\sigma_1 \geq \sigma_2 \geq \cdots \geq \sigma_r > 0$이라 할 때, $m \times n$ 행렬 Σ를 다음과 같이 정의하자.

$$\Sigma_{ij} = \begin{cases} \sigma_i & (i = j \leq r) \\ 0 & (\text{그 외의 경우}) \end{cases}$$

이제 $A = U\Sigma V^*$인 $m \times m$ 유니타리 행렬 U와 $n \times n$ 유니타리 행렬 V가 존재한다.

증명 $\mathsf{T} = \mathsf{L}_A : \mathsf{F}^n \to \mathsf{F}^m$이라 하자. 정리 6.26에 의해, $\mathsf{T}(v_i) = \sigma_i u_i$ $(1 \leq i \leq r)$, $\mathsf{T}(v_i) = 0$ $(i > r)$인 F^n의 정규직교기저 $\beta = \{v_1, v_2, \ldots, v_n\}$과 F^m의 정규직교기저 $\gamma = \{u_1, u_2, \ldots, u_m\}$이 존재한다. 모든 j에 대하여 j열이 u_j인 $m \times m$ 행렬을 U, 모든 j에 대하여 j열이 v_j인 $n \times n$ 행렬을 V라 하자. U와 V는 모두 유니타리 행렬이다.

정리 2.13(1)에 의해, AV의 j열은 $Av_j = \sigma_j u_j$이다.[15] Σ의 j열은 $\sigma_j e_j$이다. (이때 e_j는 F^m의 j번째 표준벡터) 정리 2.13(1), (2)에 의해, $U\Sigma$의 j열은 다음과 같다.

$$U(\sigma_j e_j) = \sigma_j U e_j = \sigma_j u_j$$

이때, AV와 $U\Sigma$는 $m \times n$ 행렬이고, 대응하는 열이 같다. 즉, $AV = U\Sigma$이므로 $A = AVV^* = U\Sigma V^*$이다(연습문제 9). ◀

정의 특잇값이 $\sigma_1 \geq \sigma_2 \geq \cdots \geq \sigma_r > 0$이고 랭크가 r인 $m \times n$ 행렬 A를 생각하자. 정리 6.27에서 정의한 것처럼 유니타리 행렬 U, V와 $m \times n$ 행렬 Σ에 대하여, $A = U\Sigma V^*$가 성립할 때, 이 분해를 A의 **특잇값 분해(singular value decomposition)**라 한다.

정리 6.27의 증명에서 V의 열은 β의 벡터이고, U의 열은 γ의 벡터이다. 또한 A의 영이 아닌 특잇값은 L_A의 영이 아닌 특잇값과 같다. 즉, 이 특잇값은 A^*A 또는 AA^*의 0이 아닌 고윳값의 제곱근이다(연습문제 9).

15 (옮긴이) $j > r$에 대하여 $\sigma_j = 0$이라 생각하자.

예제 3 행렬 $A = \begin{pmatrix} 1 & 1 & -1 \\ 1 & 1 & -1 \end{pmatrix}$ 의 특잇값 분해를 찾아보자. 우선, v_1, v_2, v_3 을 다음과 같이 두자.

$$v_1 = \frac{1}{\sqrt{3}}\begin{pmatrix} 1 \\ 1 \\ -1 \end{pmatrix}, \quad v_2 = \frac{1}{\sqrt{2}}\begin{pmatrix} 1 \\ -1 \\ 0 \end{pmatrix}, \quad v_3 = \frac{1}{\sqrt{6}}\begin{pmatrix} 1 \\ 1 \\ 2 \end{pmatrix}$$

집합 $\beta = \{v_1, v_2, v_3\}$는 A^*A의 고윳값 $\lambda_1 = 6$, $\lambda_2 = \lambda_3 = 0$에 대응하는 고유벡터로 이루어진 ($\mathsf{R}^3$ 의) 정규직교기저이다. 즉, $\sigma_1 = \sqrt{6}$는 A의 유일한 영이 아닌 특잇값이다. 정리 6.27의 증명에서처럼, β의 벡터를 열로 하는 행렬을 V라 하면 Σ와 V는 각각 다음과 같다.

$$\Sigma = \begin{pmatrix} \sqrt{6} & 0 & 0 \\ 0 & 0 & 0 \end{pmatrix}, \qquad V = \begin{pmatrix} \frac{1}{\sqrt{3}} & \frac{1}{\sqrt{2}} & \frac{1}{\sqrt{6}} \\ \frac{1}{\sqrt{3}} & \frac{-1}{\sqrt{2}} & \frac{1}{\sqrt{6}} \\ \frac{-1}{\sqrt{3}} & 0 & \frac{2}{\sqrt{6}} \end{pmatrix}$$

정리 6.27에서 했던 것처럼 $u_1 = \frac{1}{\sigma_1}\mathsf{L}_A(v_1) = \frac{1}{\sigma_1}Av_1 = \frac{1}{\sqrt{2}}\begin{pmatrix} 1 \\ 1 \end{pmatrix}$ 이라 하자. 그 다음 $u_2 = \frac{1}{\sqrt{2}}\begin{pmatrix} 1 \\ -1 \end{pmatrix}$ 을 u_1과 직교하는 단위벡터로 잡으면, R^2 의 정규직교기저 $\gamma = \{u_1, u_2\}$를 얻는다. U를 다음과 같이 두면, $A = U\Sigma V^*$가 찾으려 했던 특잇값 분해이다.

$$U = \begin{pmatrix} \frac{1}{\sqrt{2}} & \frac{1}{\sqrt{2}} \\ \frac{1}{\sqrt{2}} & \frac{-1}{\sqrt{2}} \end{pmatrix}$$

정사각행렬의 극분해

행렬의 특잇값 분해는 주어진 행렬을 정사각행렬의 곱으로 분해하는 과정인데 이는 어떤 복소수를 크기가 1인 복소수와 음이 아닌 실수의 곱으로 분해하는 것을 떠올리게 한다. 행렬의 경우, 크기가 1인 복소수 대신 유니타리 행렬, 음이 아닌 실수 대신 양의 준정부호 행렬을 사용했다고 이해할 수 있다.

> **정리 6.28 극분해**
> 임의의 정사각행렬 A에 대하여, $A = WP$를 만족하는 유니타리 행렬 W와 양의 준정부호 행렬 P가 존재한다. 또한 A가 가역이면 이 표현은 유일하다.

증명 정리 6.27에 의해, $A = U\Sigma V^*$를 만족하는 유니타리 행렬 U, V와 (성분이) 음이 아닌 대각 행렬 Σ이 존재한다. 즉, 다음이 성립한다.

$$A = U\Sigma V^* = UV^*V\Sigma V^* = WP$$

이때, $W = UV^*$, $P = V\Sigma V^*$이다. W는 유니타리 행렬의 곱이므로, 역시 유니타리이다. Σ는 양의 준정부호 행렬이고, P는 Σ와 유니타리 동치이므로, 6.5절 연습문제 14에 의해 P는 양의 준정부호이다.

이제 A가 가역이고 다음과 같이 분해되었다고 가정하자.

$$A = WP = ZQ$$

이때 W와 Z는 유니타리 행렬이고, P와 Q는 양의 준정부호 행렬이다. A가 가역이므로, P와 Q는 양의 정부호이며 가역이다. 즉, $Z^*W = QP^{-1}$이다. 이제 QP^{-1}는 유니타리이고 다음이 성립한다.

$$I = (QP^{-1})^*(QP^{-1}) = P^{-1}Q^2P^{-1}$$

즉, $P^2 = Q^2$이다. P와 Q가 모두 양의 정부호이므로, 6.4절 연습문제 17에 의해 $P = Q$이다. 따라서, $W = Z$이고, 그 분해는 유일하다. ◀

정사각행렬 A를 유니타리 행렬 W와 양의 준정부호 행렬 P의 곱 WP로 분해하는 것을 A의 **극분해 (polar decomposition)**라 한다.

예제 4 행렬 $A = \begin{pmatrix} 11 & -5 \\ -2 & 10 \end{pmatrix}$의 극분해를 찾아보자. 우선, A의 특잇값 분해 $U\Sigma V^*$를 구해야 한다. 이는 A^*A의 고유벡터로 이루어진 ($\mathbf{R}^2$의) 정규직교기저 β를 찾는 것부터 시작한다.

$$v_1 = \frac{1}{\sqrt{2}}\begin{pmatrix} 1 \\ -1 \end{pmatrix}, \qquad v_2 = \frac{1}{\sqrt{2}}\begin{pmatrix} 1 \\ 1 \end{pmatrix}$$

v_1, v_2는 A^*A의 고윳값 $\lambda_1 = 200$, $\lambda_2 = 50$에 대응하는 정규직교 고유벡터이다. 즉, $\beta = \{v_1, v_2\}$가 찾으려 했던 기저이다. 이제 $\sigma_1 = \sqrt{200} = 10\sqrt{2}$와 $\sigma_2 = \sqrt{50} = 5\sqrt{2}$가 A의 특잇값이고, V와 Σ는 각각 다음과 같다.

$$V = \begin{pmatrix} \frac{1}{\sqrt{2}} & \frac{1}{\sqrt{2}} \\ \frac{-1}{\sqrt{2}} & \frac{1}{\sqrt{2}} \end{pmatrix}, \qquad \Sigma = \begin{pmatrix} 10\sqrt{2} & 0 \\ 0 & 5\sqrt{2} \end{pmatrix}$$

U의 열벡터 u_1와 u_2를 찾자.

$$u_1 = \frac{1}{\sigma_1}Av_1 = \frac{1}{5}\begin{pmatrix} 4 \\ -3 \end{pmatrix}, \quad u_2 = \frac{1}{\sigma_2}Av_2 = \frac{1}{5}\begin{pmatrix} 3 \\ 4 \end{pmatrix}$$

이제 U를 구했다.

$$U = \begin{pmatrix} \frac{4}{5} & \frac{3}{5} \\ -\frac{3}{5} & \frac{4}{5} \end{pmatrix}$$

정리 6.28의 표기법을 따르면 W는 다음과 같다.

$$W = UV^* = \begin{pmatrix} \frac{4}{5} & \frac{3}{5} \\ -\frac{3}{5} & \frac{4}{5} \end{pmatrix}\begin{pmatrix} \frac{1}{\sqrt{2}} & \frac{-1}{\sqrt{2}} \\ \frac{1}{\sqrt{2}} & \frac{1}{\sqrt{2}} \end{pmatrix} = \frac{1}{5\sqrt{2}}\begin{pmatrix} 7 & -1 \\ 1 & 7 \end{pmatrix}$$

또한 P는 다음과 같이 얻을 수 있다.

$$P = V\Sigma V^* = \begin{pmatrix} \frac{1}{\sqrt{2}} & \frac{1}{\sqrt{2}} \\ \frac{-1}{\sqrt{2}} & \frac{1}{\sqrt{2}} \end{pmatrix}\begin{pmatrix} 10\sqrt{2} & 0 \\ 0 & 5\sqrt{2} \end{pmatrix}\begin{pmatrix} \frac{1}{\sqrt{2}} & \frac{-1}{\sqrt{2}} \\ \frac{1}{\sqrt{2}} & \frac{1}{\sqrt{2}} \end{pmatrix} = \frac{5}{\sqrt{2}}\begin{pmatrix} 3 & -1 \\ -1 & 3 \end{pmatrix}$$

유사역변환

유한차원 내적공간 V와 W, 선형변환 $\mathsf{T}: \mathsf{V} \to \mathsf{W}$를 생각하자. 이때, V와 W의 바탕이 되는 체는 같다. T가 가역이 아니어도 T의 역변환의 중요한 성질을 여전히 포함한 (W에서 V로 가는) 선형변환이 존재한다면 매우 기쁠 것이다. 이 문제를 해결하는 간단한 방법은 T가 가역이 되도록 하는 '부분'에 주목하는 것이다. 다시 말해, $\mathsf{N}(\mathsf{T})^\perp$로 T를 제한하자. 선형변환 $\mathsf{L}: \mathsf{N}(\mathsf{T})^\perp \to \mathsf{R}(\mathsf{T})$를 모든 $x \in \mathsf{N}(\mathsf{T})^\perp$에 대하여 $\mathsf{L}(x) = \mathsf{T}(x)$라 정의하면, L는 가역이다. L의 역변환을 이용하자. T의 역변환의 장점을 보존하며 W에서 V로 가는 선형변환을 구성할 수 있다.

정의 유한차원 내적공간 V, W, 선형변환 $\mathsf{T}: \mathsf{V} \to \mathsf{W}$를 생각하자. 이때, 두 내적공간의 바탕이 되는 체는 같다. 선형변환 $\mathsf{L}: \mathsf{N}(\mathsf{T})^\perp \to \mathsf{R}(\mathsf{T})$를 모든 $x \in \mathsf{N}(\mathsf{T})^\perp$에 대하여, $\mathsf{L}(x) = \mathsf{T}(x)$라 정의하자. 다음 조건을 만족하는 W에서 V로 가는 유일한 선형변환을 T의 **유사역변환(pseudoinverse)** 또는 **무어-펜로즈 유사역변환(Moore-Penrose generalized inverse)**이라 하고, $\mathsf{T}^\dagger$라 표기한다.[16]

$$\mathsf{T}^\dagger(y) = \begin{cases} \mathsf{L}^{-1}(y) & (y \in \mathsf{R}(\mathsf{T})) \\ 0 & (y \in \mathsf{R}(\mathsf{T})^\perp) \end{cases}$$

모든 $x \in \mathbf{N}(\mathbf{T})^{\perp}$에 대하여 $\mathbf{L}^{-1}\mathbf{T}(x) = x$임을 유의하자.

유한차원 내적공간의 선형변환 $\mathbf{T}$의 유사역변환은 $\mathbf{T}$가 가역이 아닐 때에도 존재한다. 또한, $\mathbf{T}$가 가역이면 $\mathbf{T}^{\dagger} = \mathbf{T}^{-1}$이다. $\mathbf{N}(\mathbf{T})^{\perp} = \mathbf{V}$이므로 앞서 정의한 $\mathbf{L}$이 $\mathbf{T}$와 같아지기 때문이다.

극단적인 경우로 두 유한차원 내적공간 $\mathbf{V}$, $\mathbf{W}$ 사이에 정의된 영변환 $\mathbf{T}_0: \mathbf{V} \to \mathbf{W}$를 생각하자. 이때, $\mathbf{R}(\mathbf{T}_0) = \{\mathit{0}\}$이므로 $\mathbf{T}^{\dagger}$는 $\mathbf{W}$에서 $\mathbf{V}$로 가는 영변환이다.

선형변환의 유사역변환을 구하는 과정에서 특잇값 정리가 사용된다. 유한차원 벡터공간 $\mathbf{V}$, $\mathbf{W}$, 랭크가 r인 선형변환 $\mathbf{T}: \mathbf{V} \to \mathbf{W}$를 생각하자. $\{v_1, v_2, \ldots, v_n\}$과 $\{u_1, u_2, \ldots, u_m\}$이 각각 $\mathbf{V}$와 $\mathbf{W}$의 정규직교기저라 하자. 정리 6.26의 (6.4)를 만족하는 $\mathbf{T}$의 영이 아닌 특잇값을 $\sigma_1 \geq \sigma_2 \geq \cdots \geq \sigma_r$라 하자. 이제 $\{v_1, v_2, \ldots, v_r\}$는 $\mathbf{N}(\mathbf{T})^{\perp}$의 기저, $\{v_{r+1}, v_{r+2}, \ldots, v_n\}$은 $\mathbf{N}(\mathbf{T})$의 기저, $\{u_1, u_2, \ldots, u_r\}$는 $\mathbf{R}(\mathbf{T})$의 기저, $\{u_{r+1}, u_{r+2}, \ldots, u_m\}$은 $\mathbf{R}(\mathbf{T})^{\perp}$의 기저이다. $\mathbf{N}(\mathbf{T})^{\perp}$로 $\mathbf{T}$를 제한하여 얻은 선형변환을 $\mathbf{L}$이라 하자. 이는 앞서 유사역변환의 정의에서 다룬 것과 같다. 이제 $1 \leq i \leq r$에 대하여, $\mathbf{L}^{-1}(u_i) = \dfrac{1}{\sigma_i}v_i$이므로 다음이 성립한다.

$$\mathbf{T}^{\dagger}(u_i) = \begin{cases} \dfrac{1}{\sigma_i}v_i & (1 \leq i \leq r) \\ \mathit{0} & (r < i \leq m) \end{cases} \tag{6.6}$$

예제 5 선형변환 $\mathbf{T}: \mathbf{P}_2(R) \to \mathbf{P}_1(R)$를 $\mathbf{T}(f(x)) = f'(x)$라 정의하자. 이는 예제 1과 같다. 역시 예제 1에서처럼 $\beta = \{v_1, v_2, v_3\}$과 $\gamma = \{u_1, u_2\}$를 각각 $\mathbf{P}_2(R)$와 $\mathbf{P}_1(R)$의 정규직교기저라 하자. $\mathbf{T}$의 영이 아닌 특잇값을 구하면 $\sigma_1 = \sqrt{15}$, $\sigma_2 = \sqrt{3}$이고 다음이 성립한다.

$$\mathbf{T}^{\dagger}\left(\sqrt{\frac{3}{2}}x\right) = \mathbf{T}^{\dagger}(u_1) = \frac{1}{\sigma_1}v_1 = \frac{1}{\sqrt{15}}\sqrt{\frac{5}{8}}(3x^2 - 1)$$

즉, $\mathbf{T}^{\dagger}(x) = \frac{1}{6}(3x^2 - 1)$이다. 비슷한 방식으로 $\mathbf{T}^{\dagger}(1) = x$임을 확인할 수 있고, 임의의 다항식 $a + bx \in \mathbf{P}_1(R)$에 대하여 다음이 성립한다.

$$\mathbf{T}^{\dagger}(a + bx) = a\mathbf{T}^{\dagger}(1) + b\mathbf{T}^{\dagger}(x) = ax + \frac{b}{6}(3x^2 - 1)$$

---

16 기호 $\mathbf{T}^{\dagger}$는 'T dagger'라 읽는다.

유사역행렬

$m \times n$ 행렬 A에 대하여, $(\mathsf{L}_A)^\dagger : \mathsf{F}^m \to \mathsf{F}^n$이 좌측 곱 변환 L_B와 같도록 하는 $n \times m$ 행렬 B가 유일하게 존재한다. 이 행렬 B를 A의 **유사역행렬(pseudoinverse)**이라 하고, $B = A^\dagger$라 표기한다. 즉, 다음이 성립한다.

$$(\mathsf{L}_A)^\dagger = \mathsf{L}_{A^\dagger}$$

랭크 r인 $m \times n$ 행렬 A의 유사역행렬은 특잇값 분해 $A = U\Sigma V^*$를 사용하여 구할 수 있다. V와 U의 열벡터로 이루어진 순서기저를 각각 β, γ라 하고, A의 0이 아닌 특잇값을 $\sigma_1 \geq \sigma_2 \geq \cdots \geq \sigma_r$라 하자. β와 γ는 각각 F^n와 F^m의 정규직교기저이다. $\mathsf{T} = \mathsf{L}_A$는 (6.4)와 (6.6)을 만족한다. 정리 6.27의 증명에서 β와 γ의 역할을 바꾸면 다음 결과를 얻는다.

정리 6.29 랭크가 r인 $m \times n$ 행렬 A의 특잇값 분해가 $A = U\Sigma V^*$이고, 영이 아닌 특잇값이 $\sigma_1 \geq \sigma_2 \geq \cdots \geq \sigma_r$라 하자. $n \times m$ 행렬 $\Sigma^\dagger$를 다음과 같이 정의하자.

$$\Sigma^\dagger_{ij} = \begin{cases} \dfrac{1}{\sigma_i} & (i = j \leq r) \\ 0 & (\text{그 외의 경우}) \end{cases}$$

$A^\dagger = V\Sigma^\dagger U^*$이다. 이는 $A^\dagger$의 특잇값 분해이다.

정리 6.29에서 정의한 $\Sigma^\dagger$는 실제로 Σ의 유사역행렬이다.

예제 6 행렬 $A = \begin{pmatrix} 1 & 1 & -1 \\ 1 & 1 & -1 \end{pmatrix}$의 유사역행렬 $A^\dagger$를 찾아보자. A가 예제 3에서 다룬 행렬이므로, 앞서 계산한 특잇값 분해를 이용하자.

$$A = U\Sigma V^* = \begin{pmatrix} \frac{1}{\sqrt{2}} & \frac{1}{\sqrt{2}} \\ \frac{1}{\sqrt{2}} & \frac{-1}{\sqrt{2}} \end{pmatrix} \begin{pmatrix} \sqrt{6} & 0 & 0 \\ 0 & 0 & 0 \end{pmatrix} \begin{pmatrix} \frac{1}{\sqrt{3}} & \frac{1}{\sqrt{2}} & \frac{1}{\sqrt{6}} \\ \frac{1}{\sqrt{3}} & \frac{-1}{\sqrt{2}} & \frac{1}{\sqrt{6}} \\ \frac{-1}{\sqrt{3}} & 0 & \frac{2}{\sqrt{6}} \end{pmatrix}^*$$

정리 6.29에 의해, 다음이 성립한다.

$$A^\dagger = V\Sigma^\dagger U^* = \begin{pmatrix} \frac{1}{\sqrt{3}} & \frac{1}{\sqrt{2}} & \frac{1}{\sqrt{6}} \\ \frac{1}{\sqrt{3}} & \frac{-1}{\sqrt{2}} & \frac{1}{\sqrt{6}} \\ \frac{-1}{\sqrt{3}} & 0 & \frac{2}{\sqrt{6}} \end{pmatrix} \begin{pmatrix} \frac{1}{\sqrt{6}} & 0 \\ 0 & 0 \\ 0 & 0 \end{pmatrix} \begin{pmatrix} \frac{1}{\sqrt{2}} & \frac{1}{\sqrt{2}} \\ \frac{1}{\sqrt{2}} & \frac{-1}{\sqrt{2}} \end{pmatrix} = \frac{1}{6} \begin{pmatrix} 1 & 1 \\ 1 & 1 \\ -1 & -1 \end{pmatrix}$$

예제 5의 선형변환 T는 L_A이다. 이때 A는 예제 6의 행렬이다. 즉, $\mathsf{T}^\dagger = \mathsf{L}_{A^\dagger}$이다.

유사역행렬과 연립일차방정식

성분이 F의 원소인 $m \times n$ 행렬 A를 생각하자. 임의의 $b \in \mathsf{F}^m$에 대하여, 행렬로 표현된 방정식 $Ax = b$는 연립일차방정식이다. 이 연립일차방정식은 해가 없거나, 해가 유일하거나, 무수히 많은 해가 있다. 임의의 $b \in \mathsf{F}^m$에 대하여 이 연립일차방정식이 해가 유일하기 위한 필요충분조건은 A가 가역행렬임을 이미 알고 있다. 이때, 해는 $A^{-1}b$이다. 또한, A가 가역이라면 $A^{-1} = A^\dagger$이므로, 해를 $x = A^\dagger b$라 쓸 수 있다. 만약 A가 가역이 아니거나 연립방정식 $Ax = b$에 모순이 있더라도, $A^\dagger b$는 여전히 존재한다. 이제 이런 의문을 생각하는 것은 자연스럽다. 일반적으로 $A^\dagger b$와 연립일차방정식 $Ax = b$는 어떤 관계가 있을까? 이 질문에 답하기 위해 다음 보조정리가 필요하다.

보조정리 유한차원 내적공간 V, W 선형변환 $\mathsf{T}: \mathsf{V} \to \mathsf{W}$에 대하여 다음이 성립한다.

(1) $\mathsf{T}^\dagger\mathsf{T}$는 $\mathsf{N}(\mathsf{T})^\perp$로의 ($\mathsf{V}$의) 정사영이다.

(2) $\mathsf{T}\mathsf{T}^\dagger$는 $\mathsf{R}(\mathsf{T})$로의 (W의) 정사영이다.

증명 (1) 앞선 논의에서처럼 선형변환 $\mathsf{L}: \mathsf{N}(\mathsf{T})^\perp \to \mathsf{W}$를 모든 $x \in \mathsf{N}(\mathsf{T})^\perp$에 대하여, $\mathsf{L}(x) = \mathsf{T}(x)$라 정의하자. $x \in \mathsf{N}(\mathsf{T})^\perp$일 때 $\mathsf{T}^\dagger\mathsf{T}(x) = \mathsf{L}^{-1}\mathsf{L}(x) = x$이고, $x \in \mathsf{N}(\mathsf{T})$일 때 $\mathsf{T}^\dagger\mathsf{T}(x) = \mathsf{T}^\dagger(\mathit{0}) = \mathit{0}$이다. 따라서 $\mathsf{T}^\dagger\mathsf{T}$는 $\mathsf{N}(\mathsf{T})^\perp$로의 ($\mathsf{V}$의) 정사영이고, (1)이 증명되었다.

(2) (1)과 비슷하게 증명한다. 연습문제 27을 보라. ◀

정리 6.30 연립일차방정식 $Ax = b$를 생각하자. 이때 A는 $m \times n$ 행렬이고, $b \in \mathsf{F}^m$이다. $z = A^\dagger b$라 하면, z는 다음 성질이 성립한다.

(1) $Ax = b$가 모순이 없다면, z는 연립일차방정식의 노름이 가장 작은 유일한 해이다. 다시 말해 z가 이 방정식의 해이고 y가 이 방정식의 또 다른 해일 때, $\|z\| \le \|y\|$이다. 등호가 성립하기 위한 필요충분조건은 $z = y$이다.

(2) $Ax = b$가 모순이 있다면, z는 노름이 가장 작은 유일한 최적근사이다. 다시 말해 임의의 $y \in \mathsf{F}^n$에 대하여 $\|Az - b\| \le \|Ay - b\|$이고, 등호가 성립하기 위한 필요충분조건은 $Az = Ay$이다. 또한 $Az = Ay$일 때, $\|z\| \le \|y\|$가 성립한다. 등호가 성립하기 위한 필요충분조건은 $z = y$이다.

증명 편의를 위해 $\mathsf{T} = \mathsf{L}_A$라 하자.

(1) $Ax = b$가 모순이 없다고 가정하고, $z = A^\dagger b$라 하자. 보조정리의 (2)에 의해 $b \in \mathsf{R}(\mathsf{T})$이므로 $Az = AA^\dagger b = \mathsf{T}\mathsf{T}^\dagger(b) = b$이다. 즉, z는 이 연립방정식의 해이다. 이제 y가 또 다른 해라 가정하자.

$$\mathsf{T}^\dagger\mathsf{T}(y) = A^\dagger Ay = A^\dagger b = z$$

보조정리의 (1)에 의해, z는 y의 $\mathsf{N(T)}^\perp$로의 정사영이다. 정리 6.6의 따름정리에 의해 $\|z\| \leq \|y\|$이고, 등호가 성립하기 위한 필요충분조건은 $z = y$이다.

(2) $Ax = b$가 모순이 있는 방정식이라 가정하자. 보조정리에 의해 $Az = AA^\dagger b = \mathsf{TT}^\dagger(b)$는 b의 $\mathsf{R(T)}$로의 정사영이다. 즉, 정리 6.6의 따름정리에 의해 Az는 $\mathsf{R(T)}$에 속한 벡터 중 b에 가장 가까운 벡터이다. 다시 말해 $\mathsf{R(T)}$에 속한 임의의 벡터 Ay에 대하여, $\|Az - b\| \leq \|Ay - b\|$이고 등호가 성립하기 위한 필요충분조건은 $Az = Ay$이다.

마지막으로, $y \in \mathsf{F}^n$이 $Az = Ay = c$를 만족하는 임의의 벡터라 하자. 연습문제 23에 의해 다음이 성립한다.

$$A^\dagger c = A^\dagger Az = A^\dagger AA^\dagger b = A^\dagger b = z$$

직전에 증명한 이 증명의 (1)을 $Ax = c$라는 연립일차방정식에 적용하면 $\|z\| \leq \|y\|$이고, 등호가 성립하기 위한 필요충분조건은 $z = y$임을 알 수 있다. ◀

정리 6.30의 벡터 $z = A^\dagger b$는 384쪽–387쪽에서 최소제곱법의 응용을 다루며 언급한 정리 6.12에서 묘사한 벡터 x_0이다.

예제 7 다음 연립방정식을 생각하자.

$$\begin{aligned} x_1 + x_2 - x_3 &= 1 \\ x_1 + x_2 - x_3 &= 1 \end{aligned}, \qquad \begin{aligned} x_1 + x_2 - x_3 &= 1 \\ x_1 + x_2 - x_3 &= 2 \end{aligned}$$

첫 번째 연립일차방정식은 무수히 많은 해가 있다. 이 연립방정식의 계수행렬을 $A = \begin{pmatrix} 1 & 1 & -1 \\ 1 & 1 & -1 \end{pmatrix}$라 하고, $b = \begin{pmatrix} 1 \\ 1 \end{pmatrix}$이라 하자. 예제 6에 의해, A의 유사역행렬 $A^\dagger$는 다음과 같다.

$$A^\dagger = \frac{1}{6}\begin{pmatrix} 1 & 1 \\ 1 & 1 \\ -1 & -1 \end{pmatrix}$$

따라서 다음 z는 정리 6.30(1)에서 언급한 노름이 가장 작은 해이다.

$$z = A^\dagger b = \frac{1}{6}\begin{pmatrix} 1 & 1 \\ 1 & 1 \\ -1 & -1 \end{pmatrix}\begin{pmatrix} 1 \\ 1 \end{pmatrix} = \frac{1}{3}\begin{pmatrix} 1 \\ 1 \\ -1 \end{pmatrix}$$

두 번째 방정식은 명백히 모순이 있다. $b = \begin{pmatrix} 1 \\ 2 \end{pmatrix}$ 라 하자.

$$z = A^\dagger b = \frac{1}{6}\begin{pmatrix} 1 & 1 \\ 1 & 1 \\ -1 & -1 \end{pmatrix}\begin{pmatrix} 1 \\ 2 \end{pmatrix} = \frac{1}{2}\begin{pmatrix} 1 \\ 1 \\ -1 \end{pmatrix}$$

이 z는 두 번째 연립일차방정식의 해는 아니지만, 정리 6.30(2)에서 설명한 것처럼 노름이 가장 작은 '최적근사'이다.

6.7 연습문제

1. 다음 명제의 참-거짓을 판정하라.

(a) 유한차원 내적공간의 임의의 선형연산자의 특잇값은 이 연산자의 고윳값이기도 하다.

(b) 임의의 행렬 A의 특잇값은 A^*A의 고윳값이다.

(c) 임의의 행렬 A와 임의의 스칼라 c를 생각하자. σ가 A의 특잇값이면, $|c|\sigma$도 cA의 특잇값이다.

(d) 임의의 선형연산자의 특잇값은 음이 아니다.

(e) 자기수반 행렬 A의 고윳값 λ는 A의 특잇값이기도 하다.

(f) 임의의 $m \times n$ 행렬 A와 임의의 $b \in \mathsf{F}^n$에 대하여, 벡터 $A^\dagger b$는 $Ax = b$의 해이다.

(g) 임의의 선형연산자에 대하여, 이 연산자가 가역이 아니더라도 유사역변환은 존재한다.

2. 유한차원 내적공간 V와 W, 랭크가 r인 선형변환 $\mathsf{T}\colon \mathsf{V} \to \mathsf{W}$를 생각하자. 각 문제마다 V의 정규직교기저 $\{v_1, v_2, \dots, v_n\}$, W의 정규직교기저 $\{u_1, u_2, \dots, u_m\}$, $\mathsf{T}(v_i) = \sigma_i u_i \ (1 \le i \le r)$를 만족하는 영이 아닌 ($\mathsf{T}$의) 특잇값 $\sigma_1 \ge \sigma_2 \ge \cdots \ge \sigma_r$를 구하라.

(a) 선형변환 $\mathsf{T}\colon \mathsf{R}^2 \to \mathsf{R}^3$, $\mathsf{T}(x_1, x_2) = (x_1,\ x_1 + x_2,\ x_1 - x_2)$

(b) 선형변환 $\mathsf{T}\colon \mathsf{P}_2(R) \to \mathsf{P}_1(R)$, $\mathsf{T}(f(x)) = f''(x)$, 내적공간은 예제 1에서 정의한 것과 같다.

(c) 내적 $\langle f, g \rangle = \int_0^{2\pi} f(t)g(t)\,dt$가 주어진 벡터공간 $\mathsf{V} = \mathsf{W} = \operatorname{span}(\{1, \sin x, \cos x\})$를 생각하자. 선형변환 T를 $\mathsf{T}(f) = f' + 2f$라 정의한다.

(d) 선형변환 $\mathsf{T}\colon \mathsf{C}^2 \to \mathsf{C}^2$, $\mathsf{T}(z_1, z_2) = ((1-i)z_2,\ (1+i)z_1 + z_2)$

3. 각 행렬마다 특잇값 분해를 구하라.

(a) $\begin{pmatrix} 1 & 1 \\ 1 & 1 \\ -1 & -1 \end{pmatrix}$ (b) $\begin{pmatrix} 1 & 0 & 1 \\ 1 & 0 & -1 \end{pmatrix}$ (c) $\begin{pmatrix} 1 & 1 \\ 0 & 1 \\ 1 & 0 \\ 1 & 1 \end{pmatrix}$

(d) $\begin{pmatrix} 1 & 1 & 1 \\ 1 & -1 & 0 \\ 1 & 0 & -1 \end{pmatrix}$ (e) $\begin{pmatrix} 1+i & 1 \\ 1-i & -i \end{pmatrix}$ (f) $\begin{pmatrix} 1 & 1 & 1 & 1 \\ 1 & 0 & -2 & 1 \\ 1 & -1 & 1 & 1 \end{pmatrix}$

4. 주어진 행렬의 극분해를 구하라.

(a) $\begin{pmatrix} 1 & 1 \\ 2 & -2 \end{pmatrix}$ (b) $\begin{pmatrix} 20 & 4 & 0 \\ 0 & 0 & 1 \\ 4 & 20 & 0 \end{pmatrix}$

5. 주어진 선형변환에 대하여, 유사역변환을 구체적으로 구하라.

(a) $\mathsf{T}^{\dagger}(x_1, x_2, x_3)$ 단, T는 연습문제 2(a)의 선형변환이다.

(b) $\mathsf{T}^{\dagger}(a + bx + cx^2)$ 단, T는 연습문제 2(b)의 선형변환이다.

(c) $\mathsf{T}^{\dagger}(a + b\sin x + c\cos x)$ 단, T는 연습문제 2(c)의 선형변환이다.

(d) $\mathsf{T}^{\dagger}(z_1, z_2)$ 단, T는 연습문제 2(d)의 선형변환이다.

6. 연습문제 3의 결과를 이용하여 다음 행렬의 유사역행렬을 구하라.

(a) $\begin{pmatrix} 1 & 1 \\ 1 & 1 \\ -1 & -1 \end{pmatrix}$ (b) $\begin{pmatrix} 1 & 0 & 1 \\ 1 & 0 & -1 \end{pmatrix}$ (c) $\begin{pmatrix} 1 & 1 \\ 0 & 1 \\ 1 & 0 \\ 1 & 1 \end{pmatrix}$

(d) $\begin{pmatrix} 1 & 1 & 1 \\ 1 & -1 & 0 \\ 1 & 0 & -1 \end{pmatrix}$ (e) $\begin{pmatrix} 1+i & 1 \\ 1-i & -i \end{pmatrix}$ (f) $\begin{pmatrix} 1 & 1 & 1 & 1 \\ 1 & 0 & -2 & 1 \\ 1 & -1 & 1 & 1 \end{pmatrix}$

7. 주어진 선형변환 $\mathsf{T}: \mathsf{V} \to \mathsf{W}$에 대하여

(1) $\mathsf{T}^{\dagger}\mathsf{T}$가 Z_1로의 (V)의 정사영이 되도록 하는 V의 부분공간 Z_1을 묘사하라.

(2) $\mathsf{T}\mathsf{T}^{\dagger}$가 Z_2로의 (W의) 정사영이 되도록 하는 W의 부분공간 Z_2을 묘사하라.

(a) T는 연습문제 2(a)의 선형변환이다.

(b) T는 연습문제 2(b)의 선형변환이다.

(c) T는 연습문제 2(c)의 선형변환이다.

(d) T는 연습문제 2(d)의 선형변환이다.

8. 각 연립일차방정식에 대하여

(1) 주어진 방정식이 모순이 없는 방정식이라면, 노름이 가장 작은 유일한 해를 구하라.

(2) 주어진 방정식의 모순이 있다면, 정리 6.30(2)에서 설명한 노름이 가장 작은 '최적근사'를 구하라.

(연습문제 6의 (a)와 (f)를 사용하라.)

(a) $\begin{aligned} x_1 + \quad x_2 &= 1 \\ x_1 + \quad x_2 &= 2 \\ -x_1 + -x_2 &= 0 \end{aligned}$ (b) $\begin{aligned} x_1 + x_2 + \quad x_3 + x_4 &= \ \ 2 \\ x_1 \qquad\quad - 2x_3 + x_4 &= -1 \\ x_1 - x_2 + \quad x_3 + x_4 &= \ \ 2 \end{aligned}$

9. 유한차원 F-내적공간 V, W, V의 정규직교기저 $\{v_1, v_2, \ldots, v_n\}$, W의 정규직교기저 $\{u_1, u_2, \ldots, u_m\}$, 랭크가 r인 선형변환 $\mathsf{T}: \mathsf{V} \to \mathsf{W}$를 생각하자.

$$\mathsf{T}(v_i) = \begin{cases} \sigma_i u_i & (1 \leq i \leq r) \\ 0 & (r < i) \end{cases}$$

위의 식을 만족하는 $\sigma_1 \geq \sigma_2 \geq \cdots \geq \sigma_r > 0$에 대하여 다음 물음에 답하라.

(a) $\{u_1, u_2, \ldots, u_m\}$가 TT^*의 고윳값 $\lambda_1, \lambda_2, \ldots, \lambda_m$에 대응하는 고유벡터로 이루어진 집합임을 증명하라. 단, 고윳값에 대하여 다음 식이 성립한다.

$$\lambda_i = \begin{cases} \sigma_i^2 & (1 \leq i \leq r) \\ 0 & (r < i) \end{cases}$$

(b) 성분이 실수 또는 복소수인 $m \times n$ 행렬 A를 생각하자. 중복도를 고려할 때, A의 영이 아닌 특잇값이 AA^*의 영이 아닌 고윳값의 양의 제곱근임을 증명하라.

(c) TT^*와 $\mathsf{T}^*\mathsf{T}$는 중복도를 고려할 때, 영이 아닌 고윳값이 같음을 증명하라.

(d) 행렬에 대하여 (c)와 유사한 명제를 서술하고 증명하라.

10. 2.5절 연습문제 8을 사용하여 행렬의 특잇값 분해 정리(정리 6.27)에 대한 또 다른 증명을 완성하라.

11. 이 연습문제는 바르게 작동하는(well behaved) 선형연산자 또는 행렬의 고윳값과 특잇값 사이의 연관성을 다룬다. 다음 물음에 답하라.

(a) n차원 내적공간의 정규 선형연산자 T의 고윳값이 $\lambda_1, \lambda_2, \ldots, \lambda_n$이라 하자. T의 특잇값은 $|\lambda_1|, |\lambda_2|, \ldots, |\lambda_n|$임을 보여라.

(b) 행렬에 대하여 (a)와 유사한 결과를 서술하고 증명하라.

12. 정규행렬 A의 고윳값 $\lambda_1, \lambda_2, \ldots, \lambda_n$에 대응하는 고유벡터로 이루어진 정규직교기저 $\beta = \{v_1, v_2, \ldots, v_n\}$과 β의 벡터를 열로 하는 $n \times n$ 행렬 V를 생각하자. 각 i에 대하여, 다음 조건을 만족하는 스칼라 θ_i가 존재함을 증명하라.

> **(i)** θ_i의 절댓값은 1이다.
>
> **(ii)** i열이 $\theta_i v_i$인 $n \times n$ 행렬 U와 각 i에 대하여, $\Sigma_{ii} = |\lambda_i|$인 대각행렬 Σ에 대하여, $U\Sigma V^*$는 A의 특잇값 분해이다.

13. A가 양의 준정부호 행렬일 때, A의 특잇값은 A의 고윳값과 같음을 증명하라.

14. A가 양의 정부호 행렬이고, $A = U\Sigma V^*$가 A의 특잇값 분해일 때, $U = V$임을 증명하라.

15. 정사각행렬 A의 극분해가 $A = WP$라 하자. 다음 물음에 답하라.

(a) A가 정규행렬이기 위한 필요충분조건은 $WP^2 = P^2W$임을 증명하라.

(b) (a)를 사용하여 A가 정규행렬이기 위한 필요충분조건은 $WP = PW$임을 증명하라.

16. A가 정사각행렬이라 하자. A의 극분해의 다른 형태를 증명하라. 즉, $A = PW$를 만족하는 유니타리 행렬 W, 양의 준정부호 행렬 P가 존재한다.

17. R^2의 선형연산자 T와 U를 다음과 같이 정의하자.

$$\text{모든 } (x_1, x_2) \in \mathsf{R}^2 \text{에 대하여 } \mathsf{T}(x_1, x_2) = (x_1, 0),\ \ \mathsf{U}(x_1, x_2) = (x_1 + x_2, 0)$$

다음 물음에 답하라.

(a) $(\mathsf{UT})^\dagger \neq \mathsf{T}^\dagger \mathsf{U}^\dagger$를 증명하라.

(b) AB가 정의되지만 $(AB)^\dagger \neq B^\dagger A^\dagger$인 행렬 A, B를 찾아라.

18. $m \times n$ 행렬 A에 대하여, 다음을 증명하라.

(a) 임의의 $m \times m$ 유니타리 행렬 G에 대하여, $(GA)^\dagger = A^\dagger G^*$이다.

(b) 임의의 $n \times n$ 유니타리 행렬 H에 대하여, $(AH)^\dagger = H^* A^\dagger$이다.

19. 성분이 실수 또는 복소수인 행렬 A에 대하여 다음을 증명하라.

(a) A의 영이 아닌 특잇값은 A^*의 영이 아닌 특잇값과 같고, 이는 A^t의 영이 아닌 특잇값과 같다.

(b) $(A^\dagger)^* = (A^*)^\dagger$

(c) $(A^{\dagger})^t = (A^t)^{\dagger}$

20. $A^2 = O$인 정사각행렬 A에 대하여, $(A^{\dagger})^2 = O$임을 증명하라.

21. 유한차원 내적공간 V와 W, 선형변환 $\mathsf{T}: \mathsf{V} \to \mathsf{W}$에 대하여, 다음을 증명하라.

(a) $\mathsf{TT^{\dagger}T} = \mathsf{T}$

(b) $\mathsf{T^{\dagger}TT^{\dagger}} = \mathsf{T^{\dagger}}$

(c) $\mathsf{T^{\dagger}T}$와 $\mathsf{TT^{\dagger}}$는 자기수반연산자이다.

이상의 세 명제를 **펜로즈 조건(Penrose conditions)**이라 한다. 연습문제 22에서 이 조건이 선형변환의 유사역변환의 아주 중요한 성질임을 보일 것이다.

22. 유한차원 내적공간 V, W, 선형변환 $\mathsf{T}: \mathsf{V} \to \mathsf{W}$, $\mathsf{U}: \mathsf{W} \to \mathsf{V}$에 대하여 $\mathsf{TUT} = \mathsf{T}$, $\mathsf{UTU} = \mathsf{U}$이고 UT와 TU가 모두 자기수반연산자라 하자. $\mathsf{U} = \mathsf{T^{\dagger}}$임을 증명하라.

23. 행렬에 대하여 연습문제 21과 유사한 명제를 서술하고 증명하라.

24. 행렬에 대하여 연습문제 22와 유사한 명제를 서술하고 증명하라.

25. 유한차원 내적공간 V와 W, 선형변환 $\mathsf{T}: \mathsf{V} \to \mathsf{W}$에 대하여, 다음을 증명하라.

(a) T가 단사이면 $\mathsf{T^*T}$는 가역이고 $\mathsf{T^{\dagger}} = (\mathsf{T^*T})^{-1}\mathsf{T^*}$이다.

(b) T가 전사이면 $\mathsf{TT^*}$는 가역이고 $\mathsf{T^{\dagger}} = \mathsf{T^*}(\mathsf{TT^*})^{-1}$이다.

26. 유한차원 내적공간 V, W와 각각의 정규직교기저 β, γ, 선형변환 $\mathsf{T}: \mathsf{V} \to \mathsf{W}$에 대하여 $([\mathsf{T}]_{\beta}^{\gamma})^{\dagger} = [\mathsf{T^{\dagger}}]_{\gamma}^{\beta}$임을 증명하라.

27. 유한차원 내적공간 V와 W, 선형변환 $\mathsf{T}: \mathsf{V} \to \mathsf{W}$에 대하여 정리 6.30의 보조정리 (2)를 증명하라.

> $\mathsf{TT^{\dagger}}$는 $\mathsf{R(T)}$로의 (W의) 정사영이다.

6.8 쌍선형과 이차형식*

벡터공간에서 정의된 2변수 스칼라함수(scalar-valued functions) 중 기하학, 다변수 미적분학 등 다양한 분야에 활용되는 함수가 있다. 이 중 하나가 쌍선형형식이라 불리는 함수이다. 이번 장에서는 대칭 쌍선형형식의 기본 성질을 공부하고, 이차곡면과 다변수 미적분학에서 이 내용이 어떻게 응용되는지 살펴본다. 이번 절에서 F는 지표가 2가 아닌 임의의 체를 의미한다(지표의 정의는 583쪽 참고).

쌍선형형식

정의 F-벡터공간 V에 대하여, 집합 $\mathsf{V} \times \mathsf{V}$를 정의역으로 하고 F를 공역으로 하는 함수 H를 생각하자. 다시 말해 함수 H의 입력값은 V의 두 벡터로 이루어진 순서쌍이다. 함수 H가 다른 변수를 고정하였을 때, 나머지 한 변수에 대하여 선형이면 V의 **쌍선형형식(bilinear form)**이라 한다. 다시 말해 V의 쌍선형형식 H는 다음을 만족한다.

- 모든 $x_1, x_2, y \in \mathsf{V}$와 모든 $a \in F$에 대하여 $H(ax_1 + x_2, y) = aH(x_1, y) + H(x_2, y)$
- 모든 $x, y_1, y_2 \in \mathsf{V}$와 모든 $a \in F$에 대하여 $H(x, ay_1 + y_2) = aH(x, y_1) + H(x, y_2)$

V에서 정의된 모든 쌍선형형식의 집합을 $\mathcal{B}(\mathsf{V})$라 표기한다. R-벡터공간의 내적은 쌍선형형식이지만, C-벡터공간의 내적은 쌍선형형식이 아님을 주의하기 바란다.

예제 1 함수 $H: \mathsf{R}^2 \times \mathsf{R}^2 \to R$를 $\begin{pmatrix} a_1 \\ a_2 \end{pmatrix}, \begin{pmatrix} b_1 \\ b_2 \end{pmatrix} \in \mathsf{R}^2$에 대하여 다음과 같이 정의하자.

$$H\left(\begin{pmatrix} a_1 \\ a_2 \end{pmatrix}, \begin{pmatrix} b_1 \\ b_2 \end{pmatrix}\right) = 2a_1b_1 + 3a_1b_2 + 4a_2b_1 - a_2b_2$$

H가 R^2에서 정의된 쌍선형형식임을 그 정의대로 직접 확인할 수 있다. 그러나 A, x, y가 다음과 같음을 알아차리고 $H(x, y) = x^t Ay$라 쓰면, 산뜻하게 확인할 수 있다.

$$A = \begin{pmatrix} 2 & 3 \\ 4 & -1 \end{pmatrix}, \quad x = \begin{pmatrix} a_1 \\ a_2 \end{pmatrix}, \quad y = \begin{pmatrix} b_1 \\ b_2 \end{pmatrix}$$

H가 쌍선형임은 행렬의 곱과 덧셈에 대하여 분배법칙이 성립한다는 사실을 바탕으로 바로 확인할 수 있다.

방금 확인한 쌍선형형식은 다음 소개하는 예제의 특수한 경우이다.

예제 2 벡터공간 $\mathsf{V} = \mathsf{F}^n$ 을 생각하자. 이때, 벡터는 열벡터로 생각한다. 임의의 $A \in \mathsf{M}_{n \times n}(F)$에 대하여, 함수 $H : \mathsf{V} \times \mathsf{V} \to F$를 $x, y \in \mathsf{V}$에 대하여 $H(x, y) = x^t A y$라 정의하자. x와 y는 $n \times 1$ 행렬이고 A는 $n \times n$ 행렬이므로 $H(x, y)$는 1×1 행렬이다. 이 행렬을 그 성분으로 동일시하면 된다. H의 쌍선형성은 예제 1에서 확인하였다. 예를 들어 $a \in F$와 $x_1, x_2, y \in \mathsf{V}$에 대하여 다음이 성립한다.

$$\begin{aligned} H(ax_1 + x_2, y) &= (ax_1 + x_2)^t Ay = (ax_1^t + x_2^t)Ay \\ &= ax_1^t Ay + x_2^t Ay \\ &= aH(x_1, y) + H(x_2, y) \end{aligned}$$

이제 쌍선형형식의 성질을 몇 가지 확인해 보자. 증명은 연습문제 2에서 다룬다.

F-벡터공간 V의 임의의 쌍선형형식 H에 대하여 다음 성질이 성립한다.

성질 1 임의의 $x, y \in \mathsf{V}$에 대하여 함수 $\mathsf{L}_x, \mathsf{R}_x : \mathsf{V} \to F$를 각각 다음과 같이 정의하자.

$$\mathsf{L}_x(y) = H(x, y), \quad \mathsf{R}_x(y) = H(y, x)$$

L_x와 R_x는 선형변환이다.

성질 2 모든 $x \in \mathsf{V}$에 대하여 $H(0, x) = H(x, 0) = 0$이다.

성질 3 임의의 $x, y, z, w \in \mathsf{V}$에 대하여 다음이 성립한다.

$$H(x + y, z + w) = H(x, z) + H(x, w) + H(y, z) + H(y, w)$$

성질 4 $J : \mathsf{V} \times \mathsf{V} \to F$를 $J(x, y) = H(y, x)$라 정의하면 J는 쌍선형형식이다.

정의 벡터공간 V의 쌍선형형식 H_1, H_2, 스칼라 a를 생각하자. 모든 $x, y \in \mathsf{V}$에 대하여 **합(sum)** $H_1 + H_2$와 **스칼라 곱(scalar product)** aH_1을 다음과 같이 정의한다.

- 합 : $(H_1 + H_2)(x, y) = H_1(x, y) + H_2(x, y)$
- 스칼라 곱 : $(aH_1)(x, y) = a(H_1(x, y))$

다음 정리는 정의에서 곧바로 이끌어낼 수 있다.

정리 6.31 임의의 벡터공간 V에 대하여 두 쌍선형형식의 합과 쌍선형형식의 스칼라 곱은 모두 V의 쌍선형형식이다. 즉, $\mathcal{B}(\mathsf{V})$는 이 두 연산에 대한 벡터공간이다.

증명 연습문제 3(c)를 보라. ◀

n차원 벡터공간 V의 순서기저 $\beta = \{v_1, v_2, \ldots, v_n\}$과 쌍선형형식 $H \in \mathcal{B}(\mathsf{V})$를 생각하자. H를 ij성분이 다음과 같이 정의되는 $n \times n$ 행렬 A에 대응할 수 있다.

$$A_{ij} = H(v_i, v_j) \qquad (i, j = 1, 2, \ldots, n)$$

정의 앞서 정의한 행렬 A를 순서기저 β에 대한 H의 **행렬표현(matrix representation)**이라 하고, $\psi_\beta(H)$라 표기한다.

이제 ψ_β를 $\mathcal{B}(\mathsf{V})$에서 $\mathsf{M}_{n\times n}(F)$로 가는 함수로 생각할 수 있다. 이때, F는 V의 바탕이 되는 체이다. 이 함수는 쌍선형형식 H를 행렬표현 $\psi_\beta(H)$에 대응시킨다. 다음 예제를 살펴본 뒤 ψ_β가 동형사상임을 증명하겠다.

예제 3 예제 1에서 다룬 쌍선형형식 H에 대하여 $\beta = \left\{\begin{pmatrix}1\\1\end{pmatrix}, \begin{pmatrix}1\\-1\end{pmatrix}\right\}$, $B = \psi_\beta(H)$라 하자. 다음이 성립한다.

$$B_{11} = H\left(\begin{pmatrix}1\\1\end{pmatrix}, \begin{pmatrix}1\\1\end{pmatrix}\right) = 2+3+4-1 = 8,$$

$$B_{12} = H\left(\begin{pmatrix}1\\1\end{pmatrix}, \begin{pmatrix}1\\-1\end{pmatrix}\right) = 2-3+4+1 = 4,$$

$$B_{21} = H\left(\begin{pmatrix}1\\-1\end{pmatrix}, \begin{pmatrix}1\\1\end{pmatrix}\right) = 2+3-4+1 = 2,$$

$$B_{22} = H\left(\begin{pmatrix}1\\-1\end{pmatrix}, \begin{pmatrix}1\\-1\end{pmatrix}\right) = 2-3-4-1 = -6$$

따라서 $\psi_\beta(H) = \begin{pmatrix}8 & 4\\2 & -6\end{pmatrix}$이다. 한편, R^2의 표준 순서기저 γ에 대한 행렬표현은 $\psi_\gamma(H) = \begin{pmatrix}2 & 3\\4 & -1\end{pmatrix}$이다. 각자 확인해 보라.

정리 6.32 임의의 n차원 F-벡터공간 V와 (V의) 임의의 순서기저 β에 대하여 $\psi_\beta : \mathcal{B}(\mathsf{V}) \to \mathsf{M}_{n\times n}(F)$는 동형사상이다.

증명 ψ_β가 선형임을 보이는 것은 여러분의 몫으로 남긴다.

ψ_β가 단사임을 보이기 위해 어떤 $H \in \mathcal{B}(\mathsf{V})$에 대하여 $\psi_\beta(H) = O$라 하자. $v_i \in \beta$를 고정하고, 450쪽 성질 1에서 확인했듯이 함수 $\mathsf{L}_{v_i} : \mathsf{V} \to F$는 선형이다. 가정으로부터 모든 $v_j \in \beta$에 대하여 $\mathsf{L}_{v_i}(v_j) = H(v_i, v_j) = 0$이다. 즉, L_{v_i}는 V에서 F로 가는 영변환이다. 따라서 모든 $x \in \mathsf{V}, v_i \in \beta$에 대하여 다음이 성립한다.

$$H(v_i, x) = \mathsf{L}_{v_i}(x) = 0 \tag{6.7}$$

이제 임의의 $y \in \mathsf{V}$를 고정하면 450쪽 성질 1에서 확인했듯이 $\mathsf{R}_y : \mathsf{V} \to F$는 선형이다. (6.7)에 의해 모든 $v_i \in \beta$에 대하여, $\mathsf{R}_y(v_i) = H(v_i, y) = 0$이다. 따라서 R_y는 영변환이다. 즉, 모든 $x, y \in \mathsf{V}$에 대하여 $H(x, y) = \mathsf{R}_y(x) = 0$이고, H는 0–쌍선형형식이다. 즉, ψ_β는 단사이다.

ψ_β가 전사임을 보이기 위해 임의의 $A \in \mathsf{M}_{n\times n}(F)$를 생각하자. 2.4절에서 정의한 $\phi_\beta : \mathsf{V} \to \mathsf{F}^n$은 동형사상임을 상기하자. $x \in \mathsf{V}$에 대하여 $\phi_\beta(x) \in \mathsf{F}^n$을 열벡터로 생각하자. 함수 $H : \mathsf{V} \times \mathsf{V} \to F$를 모든 $x, y \in \mathsf{V}$에 대하여 다음과 같이 정의하자.

$$H(x, y) = [\phi_\beta(x)]^t A [\phi_\beta(y)]$$

예제 2의 방법을 약간 다듬으면 $H \in \mathcal{B}(\mathsf{V})$임을 보일 수 있다. $\psi_\beta(H) = A$임을 보이자. $v_i, v_j \in \beta$라 하면 $\phi_\beta(v_i) = e_i$이고, $\phi_\beta(v_j) = e_j$이다. 따라서, 임의의 i와 j에 대하여 다음이 성립한다.

$$H(v_i, v_j) = [\phi_\beta(v_i)]^t A [\phi_\beta(v_j)] = e_i^t A e_j = A_{ij}$$

따라서 $\psi_\beta(H) = A$이고, ψ_β는 전사이다. ◀

따름정리 1 임의의 n차원 벡터공간 V에 대하여 $\mathcal{B}(\mathsf{V})$의 차원은 n^2이다.

증명 연습문제 9(a)를 보라. ◀

다음 따름정리는 정리 6.32의 증명을 다시 읽어보면 쉽게 증명할 수 있다.

따름정리 2 n차원 F-벡터공간을 V, 순서기저를 β라 하자. $H \in \mathcal{B}(\mathsf{V})$, $A \in \mathsf{M}_{n\times n}(F)$라 할 때, $\psi_\beta(H) = A$이기 위한 필요충분조건은 모든 $x, y \in \mathsf{V}$에 대하여 $H(x, y) = [\phi_\beta(x)]^t A [\phi_\beta(y)]$인 것이다.

다음 결과는 따름정리 2에서 바로 이끌어낼 수 있다.

따름정리 3 체 F와 자연수 n 그리고 F^n의 표준 순서기저 β를 생각하자. 임의의 $H \in \mathcal{B}(\mathsf{F}^n)$, 모든 $x, y \in \mathsf{F}^n$에 대하여 다음을 만족하는 행렬 $A \in \mathsf{M}_{n\times n}(F)$가 유일하게 존재한다.

$$H(x, y) = x^t Ay$$

이 행렬을 $A = \psi_\beta(H)$라 표기한다.

예제 4 함수 $H\colon \mathsf{R}^2 \times \mathsf{R}^2 \to R$를 $\begin{pmatrix} a_1 \\ a_2 \end{pmatrix}, \begin{pmatrix} b_1 \\ b_2 \end{pmatrix} \in \mathsf{R}^2$에 대하여 다음과 같이 정의하자.

$$H\left(\begin{pmatrix} a_1 \\ a_2 \end{pmatrix}, \begin{pmatrix} b_1 \\ b_2 \end{pmatrix}\right) = \det\begin{pmatrix} a_1 & b_1 \\ a_2 & b_2 \end{pmatrix} = a_1b_2 - a_2b_1$$

H는 쌍선형형식이다. 따름정리 3에 의해, 모든 $x, y \in \mathsf{R}^2$에 대하여 $H(x, y) = x^t Ay$인 행렬 A가 존재한다.

모든 i, j에 대하여, $A_{ij} = H(e_i, e_j)$이므로 다음이 성립한다.

$$A_{11} = \det\begin{pmatrix} 1 & 1 \\ 0 & 0 \end{pmatrix} = 0 \qquad A_{12} = \det\begin{pmatrix} 1 & 0 \\ 0 & 1 \end{pmatrix} = 1$$

$$A_{21} = \det\begin{pmatrix} 0 & 1 \\ 1 & 0 \end{pmatrix} = -1 \qquad A_{22} = \det\begin{pmatrix} 0 & 0 \\ 1 & 1 \end{pmatrix} = 0$$

즉, $A = \begin{pmatrix} 0 & 1 \\ -1 & 0 \end{pmatrix}$이다.

유한차원 벡터공간의 쌍선형형식과 선형연산자 사이에는 유사한 부분이 있다. 이 둘은 모두 유일한 정사각행렬에 대응하고, 이 대응관계는 벡터공간의 순서기저에 의존한다. 선형연산자에서의 경험을 바탕으로 이런 궁금증이 생길 수도 있겠다.

순서기저가 바뀌었을 때, (고정된) 쌍선형형식에 대응하는 행렬은 어떻게 변화하는가?

선형연산자의 행렬표현에 대한 이 질문을 답하는 과정에서 정사각행렬 사이의 닮음 관계를 정의하였다. 쌍선형형식의 경우 이 질문에 답하는 과정에서 정사각행렬 사이의 또 다른 관계인 **합동(congruence)** 관계를 얻게 된다.

정의 $A, B \in \mathsf{M}_{n\times n}(F)$를 생각하자. $B = Q^tAQ$를 만족하는 가역행렬 $Q \in \mathsf{M}_{n\times n}(F)$가 존재할 때, B는 A와 **합동(congruent)**이라 한다.

합동관계는 동치관계이다(연습문제 12).

다음 정리는 합동관계와 쌍선형형식의 행렬표현 사이의 연관성을 설명한다.

정리 6.33 유한차원 벡터공간 V와 순서기저 $\beta = \{v_1, v_2, \ldots, v_n\}$, $\gamma = \{w_1, w_2, \ldots, w_n\}$에 대하여, γ좌표를 β좌표로 바꾸어주는 좌표변환 행렬 Q를 생각하자. 임의의 $H \in \mathcal{B}(\mathsf{V})$에 대하여 $\psi_\gamma(H) = Q^t\psi_\beta(H)Q$이다. 즉, $\psi_\gamma(H)$는 $\psi_\beta(H)$와 합동이다.

증명 두 가지 증명법이 있다. 한 가지 방법은 직접 계산하는 것이고, 다른 하나는 눈썰미 있는 관찰을 이용하여 간단하게 이끌어내는 것이다. 여기에서는 직접 계산을 이용한 증명을 소개하고, 또 다른 증명은 연습문제 13에서 다루겠다.

$A = \psi_\beta(H)$, $B = \psi_\gamma(H)$라 하자. $1 \le i, j \le n$에 대하여 $w_i = \sum_{k=1}^{n} Q_{ki}v_k$, $w_j = \sum_{r=1}^{n} Q_{rj}v_r$다. 이제 B의 각 원소를 다음과 같이 나타낼 수 있다.

$$\begin{aligned}
B_{ij} = H(w_i, w_j) &= H\left(\sum_{k=1}^{n} Q_{ki}v_k, w_j\right) \\
&= \sum_{k=1}^{n} Q_{ki}H(v_k, w_j) \\
&= \sum_{k=1}^{n} Q_{ki}H\left(v_k, \sum_{r=1}^{n} Q_{rj}v_r\right) \\
&= \sum_{k=1}^{n} Q_{ki}\sum_{r=1}^{n} Q_{rj}H(v_k, v_r) \\
&= \sum_{k=1}^{n} Q_{ki}\sum_{r=1}^{n} Q_{rj}A_{kr} \\
&= \sum_{k=1}^{n} Q_{ki}\sum_{r=1}^{n} A_{kr}Q_{rj} \\
&= \sum_{k=1}^{n} Q_{ki}(AQ)_{kj} \\
&= \sum_{k=1}^{n} Q^t_{ik}(AQ)_{kj} = (Q^tAQ)_{ij}
\end{aligned}$$

따라서, $B = Q^t AQ$이다. ◀

다음 결과는 정리 6.33의 역이다.

따름정리 n차원 벡터공간 V와 순서기저 β, V의 쌍선형형식 H를 생각하자. 임의의 $n \times n$ 행렬 B에 대하여 B가 $\psi_\beta(H)$와 합동이라면, $\psi_\gamma(H) = B$인 (V의) 순서기저 γ가 존재한다. 행렬 Q가 $B = Q^t \psi_\beta(H) Q$를 만족하는 경우, Q는 γ좌표를 β좌표로 바꾸어주는 좌표변환 행렬이다.

증명 $B = Q^t \psi_\beta(H) Q$인 가역행렬 Q와 $\beta = \{v_1, v_2, \ldots, v_n\}$가 존재한다고 가정하자. $1 \leq j \leq n$에 대하여 $w_j = \sum_{i=1}^{n} Q_{ij} v_i$이고, $\gamma = \{w_1, w_2, \ldots, w_n\}$이라 하자. Q는 가역행렬이므로, γ는 V의 순서기저이고 Q는 γ좌표를 β좌표로 바꾸어주는 좌표변환 행렬이다. 즉, 정리 6.33에 의해 $B = Q^t \psi_\beta(H) Q = \psi_\gamma(H)$가 성립한다. ◀

대칭 쌍선형형식(symmetric bilinear form)

선형연산자의 대각화 문제처럼, 쌍선형형식에 대해서도 이와 유사한 **대각화** 문제가 있다. 다시 말해, 쌍선형형식의 행렬표현이 대각행렬이기 위한 조건을 찾으려 한다. 곧 보게 되겠지만, **대각화가능한** 쌍선형형식과 **대칭**이라 불리는 쌍선형형식 사이에는 밀접한 연관이 있다.

정의 벡터공간 V의 쌍선형형식 H를 생각하자. 모든 $x, y \in \mathsf{V}$에 대하여 $H(x, y) = H(y, x)$인 쌍선형형식 H를 **대칭(symmetric)**이라 한다.

그 이름에서 알 수 있듯이 대칭 쌍선형형식은 대칭행렬에 대응한다.

정리 6.34 유한차원 벡터공간 V의 쌍선형형식 H와 (V의) 순서기저 β를 생각하자. H가 대칭이기 위한 필요충분조건은 $\psi_\beta(H)$가 대칭행렬인 것이다.

증명 $\beta = \{v_1, v_2, \ldots, v_n\}$, $B = \psi_\beta(H)$라 하자.

우선 H가 대칭이라 가정하자. $1 \leq i, j \leq n$에 대하여 다음이 성립한다.

$$B_{ij} = H(v_i, v_j) = H(v_j, v_i) = B_{ji}$$

따라서 B는 대칭행렬이다.

역으로 B가 대칭행렬이라 가정하자. 함수 $J: \mathsf{V} \times \mathsf{V} \to F$를 (이때 F는 V의 바탕이 되는 체이다.) 모든 $x, y \in \mathsf{V}$에 대하여 $J(x, y) = H(y, x)$라 정의하자. 450쪽 성질 4에 의해, J는 쌍선형형식이다. $C = \psi_\beta(J)$라 하자. $1 \le i, j \le n$에 대하여 다음이 성립한다.

$$C_{ij} = J(v_i, v_j) = H(v_j, v_i) = B_{ji} = B_{ij}$$

즉, $C = B$이다. ψ_β는 단사함수이므로 $J = H$이다. 모든 $x, y \in \mathsf{V}$에 대하여 $H(y, x) = J(x, y) = H(x, y)$이고, H는 대칭이다. ◀

정의 유한차원 벡터공간 V의 쌍선형형식 H를 생각하자. $\psi_\beta(H)$가 대각행렬이 되도록 하는 (V의) 순서기저 β가 존재한다면 이 쌍선형형식을 **대각화가능(diagonalizable)**하다고 한다.

따름정리 유한차원 벡터공간 V의 대각화가능한 쌍선형형식 H는 대칭이다.

증명 H가 대각화가능하다고 가정하자. $\psi_\beta(H) = D$가 대각행렬이 되도록 하는 (V의) 순서기저 β가 존재한다. 명백히 D는 대칭행렬이다. 즉, 정리 6.34에 의해 H는 대칭이다. ◀

불행히도 이 따름정리의 역은 성립하지 않는다. 다음 예제를 통해 확인해 보자.

예제 5 $F = Z_2$, $\mathsf{V} = \mathsf{F}^2$를 생각하자. 쌍선형형식 $H: \mathsf{V} \times \mathsf{V} \to F$를 다음과 같이 정의하자.

$$H\left(\begin{pmatrix} a_1 \\ a_2 \end{pmatrix}, \begin{pmatrix} b_1 \\ b_2 \end{pmatrix}\right) = a_1 b_2 + a_2 b_1$$

명백히 H는 대칭이다. 사실 V의 표준 순서기저 β에 대하여 다음과 같은 A는 대칭행렬이다.

$$A = \psi_\beta(H) = \begin{pmatrix} 0 & 1 \\ 1 & 0 \end{pmatrix}$$

이제 H가 대각화가능하지 않음을 보이자.

귀류법을 사용하고자 한다. H가 대각화가능하다고 가정하자. $B = \psi_\gamma(H)$가 대각행렬인 (V의) 순서기저 γ가 존재한다. 이제 정리 6.33에 의해, $B = Q^t A Q$인 가역행렬 Q가 존재한다. Q가 가역이므로, $\mathrm{rank}(B) = \mathrm{rank}(A) = 2$이다. 즉, B의 대각성분은 모두 영이 아니다. F의 영이 아닌 스칼라는 1뿐이므로 $B = \begin{pmatrix} 1 & 0 \\ 0 & 1 \end{pmatrix}$이다. $Q = \begin{pmatrix} a & b \\ c & d \end{pmatrix}$라 놓고 계산하면 다음이 성립한다.

$$\begin{pmatrix} 1 & 0 \\ 0 & 1 \end{pmatrix} = B = Q^t AQ$$
$$= \begin{pmatrix} a & c \\ b & d \end{pmatrix} \begin{pmatrix} 0 & 1 \\ 1 & 0 \end{pmatrix} \begin{pmatrix} a & b \\ c & d \end{pmatrix} = \begin{pmatrix} ac+ac & bc+ad \\ bc+ad & bd+bd \end{pmatrix}$$

하지만 모든 $p \in F$에 대하여 $p+p=0$이다. 즉, $ac+ac=0$이다. 위 식의 1행 1열 성분을 비교하면 $1=0$을 얻고, 이는 모순이다. 따라서 H는 대각화가능하지 않다.

예제 5의 쌍선형형식은 다소 변칙적이다. 이 쌍선형형식이 대각화불가능한 이유는 스칼라 체 Z_2의 지표가 2이기 때문이다. 부록 C에서 $1+1=0 \in F$ 인 체 F를 **지표가 2(characteristic two)**라 정의하였다. 만약 F의 지표가 2가 아니면 $1+1=2$의 곱셈에 대한 역원은 $\frac{1}{2}$이다.

정리 6.34의 따름정리의 역을 증명하기 전에 지표가 2가 아닌 스칼라 체에 대하여 다음 보조정리를 증명하자.

보조정리 벡터공간 V의 영이 아닌 대칭 쌍선형형식 H를 생각하자. 이때 스칼라 체 F의 지표는 2가 아니다. $H(x,x) \neq 0$인 벡터 $x \in \mathsf{V}$가 존재한다.

증명 H가 영이 아니므로, $H(u,v) \neq 0$인 벡터 $u, v \in \mathsf{V}$를 고를 수 있다. $H(u,u) \neq 0$ 또는 $H(v,v) \neq 0$이면 더 이상 증명할 것이 없다. 그렇지 않다면 $x=u+v$라 하자. 이제 $2 \neq 0$, $H(u,v) \neq 0$이므로 다음이 성립한다.

$$H(x,x) = H(u,u) + H(u,v) + H(v,u) + H(v,v) = 2H(u,v) \neq 0$$ ◀

> **정리 6.35** 유한차원 F-벡터공간 V를 생각하자. 이때 F의 지표는 2가 아니다. V의 모든 대칭 쌍선형형식은 대각화가능하다.

증명 $n = \dim(\mathsf{V})$에 대한 수학적 귀납법을 사용한다.

$n=1$일 때, $\mathcal{B}(\mathsf{V})$의 모든 원소는 대각화가능하다.

$n>1$인 어떤 자연수 n에 대하여, 벡터공간의 차원이 n보다 작을 때 이 정리가 성립하며 $\dim(\mathsf{V})=n$이라 가정하자. H가 V의 0–쌍선형형식이라면 명백히 H는 대각화가능하다. 이제 H를 V의 영이 아닌 대칭 쌍선형형식이라 하자. 보조정리에 의해, $H(x,x) \neq 0$인 영이 아닌 벡터 $x \in \mathsf{V}$가 존재한다. 함수 $\mathsf{L}_x : \mathsf{V} \to F$를 모든 $y \in \mathsf{V}$에 대하여 $\mathsf{L}_x(y) = H(x,y)$라 정의하면, 450쪽 성질 1에 의해

L_x는 선형이다. 또한 $\mathsf{L}_x(x) = H(x, x) \neq 0$이므로 L_x는 영이 아니다. 따라서 $\text{rank}(\mathsf{L}_x) = 1$이고 $\dim(\mathsf{N}(\mathsf{L}_x)) = n - 1$이다.

H를 $\mathsf{N}(\mathsf{L}_x)$로 제한하면 H는 $n-1$차원 벡터공간의 대칭 쌍선형형식이다. 즉 수학적 귀납법의 가정에 의해, $i \neq j$ $(1 \leq i, j \leq n-1)$에 대하여 $H(v_i, v_j) = 0$인 ($\mathsf{N}(\mathsf{L}_x)$의) 순서기저 $\{v_1, v_2, \ldots, v_{n-1}\}$이 존재한다. $v_n = x$라 하자. $v_n \notin \mathsf{N}(\mathsf{L}_x)$이므로 $\beta = \{v_1, v_2, \ldots, v_n\}$은 V의 순서기저이다. 또한 $i = 1, 2, \ldots, n-1$에 대하여 $H(v_i, v_n) = H(v_n, v_i) = 0$이다. 즉, $\psi_\beta(H)$는 대각행렬이고 H는 대각화가능하다. ◀

따름정리 지표가 2가 아닌 체 F에 대하여 $A \in \mathsf{M}_{n \times n}(F)$가 대칭행렬이면 A는 대각행렬과 합동이다.

증명 연습문제 15(c)를 보라. ◀

대칭행렬의 대각화

A는 $n \times n$ 대칭행렬이고, 성분은 지표가 2가 아닌 체 F의 원소이다. 정리 6.35의 따름정리에 의해, $Q^tAQ = D$를 만족하는 행렬 $Q, D \in \mathsf{M}_{n \times n}(F)$가 존재한다. 이때, Q는 가역행렬이고 D는 대각행렬이다. 이제 Q와 D를 찾는 방법을 공부해 보자. 3.1절에서 다룬 기본행렬과 그 성질을 사용할 것이다.

E가 $n \times n$ 기본행렬일 때, AE는 A에 기본열연산을 적용한 것과 같다. 연습문제 21에 의해, E^tA는 같은 연산을 A의 열이 아닌 행에 적용한 것이다. 즉, E^tAE는 A에 기본열연산을 수행하고, 같은 연산을 AE의 행에 수행한 것이다. (행렬의 곱에 대하여 결합법칙이 성립하므로, 이 연산의 순서를 바꿀 수 있다.) $Q^tAQ = D$를 만족하는 Q가 가역행렬이고 D가 대각행렬이라 하자. 정리 3.6의 따름정리 3(182쪽)에 의해, Q는 기본행렬의 곱이다. 이를 $Q = E_1E_2 \cdots E_k$라 하자. 다음이 성립한다.

$$D = Q^tAQ = E_k^t E_{k-1}^t \cdots E_1^t A E_1 E_2 \cdots E_k$$

위 식에 따르면 **기본열연산과 이에 대응하는 기본행연산을 적용하여, A를 대각행렬 D로 바꿀 수 있다.** 또한, $E_1, E_2, \ldots, E_k$**가 각각의 기본열연산에 대응하는 기본행렬이고,** $Q = E_1E_2 \cdots E_k$**라면,** $Q^tAQ = D$**이다.**

예제 6 다음과 같은 대칭행렬 $A \in \mathsf{M}_{3\times 3}(R)$를 생각하자.

$$A = \begin{pmatrix} 1 & -1 & 3 \\ -1 & 2 & 1 \\ 3 & 1 & 1 \end{pmatrix}$$

앞서 설명한 방법을 통해 $Q^t AQ = D$인 가역행렬 Q와 대각행렬 D를 찾아보자.

우선 A_{11}을 제외하고 1행과 1열에서 영이 아닌 성분을 제거하자. A의 1열을 2열에 더하면 $A_{12} = 0$이 된다. 이러한 기본열연산에 대응하는 기본행렬은 다음과 같다.

$$E_1 = \begin{pmatrix} 1 & 1 & 0 \\ 0 & 1 & 0 \\ 0 & 0 & 1 \end{pmatrix}$$

AE_1에 이에 대응하는 기본행연산을 적용하면 다음 행렬을 얻는다.

$$E_1^t AE_1 = \begin{pmatrix} 1 & 0 & 3 \\ 0 & 1 & 4 \\ 3 & 4 & 1 \end{pmatrix}$$

$E_1^t AE_1$의 1열을 이용하여 A_{13} 성분의 3을 제거하고, 이에 대응하는 기본행연산을 적용하자. 대응하는 기본행렬 E_2와 기본연산의 결과 $E_2^t E_1^t AE_1 E_2$는 각각 다음과 같다.

$$E_2 = \begin{pmatrix} 1 & 0 & -3 \\ 0 & 1 & 0 \\ 0 & 0 & 1 \end{pmatrix}, \quad E_2^t E_1^t AE_1 E_2 = \begin{pmatrix} 1 & 0 & 0 \\ 0 & 1 & 4 \\ 0 & 4 & -8 \end{pmatrix}$$

마지막으로, $E_2^t E_1^t AE_1 E_2$의 2열의 4배를 3열에서 빼고, 이에 대응하는 기본행연산을 적용하자. 대응하는 기본행렬 E_3와 기본연산의 결과 $E_3^t E_2^t E_1^t AE_1 E_2 E_3$은 각각 다음과 같다.

$$E_3 = \begin{pmatrix} 1 & 0 & 0 \\ 0 & 1 & -4 \\ 0 & 0 & 1 \end{pmatrix}, \quad E_3^t E_2^t E_1^t AE_1 E_2 E_3 = \begin{pmatrix} 1 & 0 & 0 \\ 0 & 1 & 0 \\ 0 & 0 & -24 \end{pmatrix}$$

대각행렬을 얻었으므로 이 과정은 끝난다. Q, D를 다음과 같이 두자.

$$Q = E_1 E_2 E_3 = \begin{pmatrix} 1 & 1 & -7 \\ 0 & 1 & -4 \\ 0 & 0 & 1 \end{pmatrix}, \quad D = \begin{pmatrix} 1 & 0 & 0 \\ 0 & 1 & 0 \\ 0 & 0 & -24 \end{pmatrix}$$

바라던 대각화 $Q^t AQ = D$를 얻는다.

Q를 계산하는 과정에서 각각의 연산을 분리하여 기록할 필요가 없다. 이는 3.2절에서 다룬 역행렬을 구하는 알고리즘과 유사하다. 기본열연산과 그에 대응하는 기본행연산을 연달아 적용하면 $n \times 2n$ 행렬 $(A|I)$가 $(D|B)$로 바뀐다. 이때 D는 대각행렬이고, $B = Q^t$이다. 즉, $D = Q^tAQ$이다.

예제 6의 행렬 A를 가지고 이 방법을 이용하면 다음과 같이 행렬을 연달아 얻을 수 있다.

$$(A|I) = \left(\begin{array}{ccc|ccc} 1 & -1 & 3 & 1 & 0 & 0 \\ -1 & 2 & 1 & 0 & 1 & 0 \\ 3 & 1 & 1 & 0 & 0 & 1 \end{array}\right) \longrightarrow \left(\begin{array}{ccc|ccc} 1 & 0 & 3 & 1 & 0 & 0 \\ -1 & 1 & 1 & 0 & 1 & 0 \\ 3 & 4 & 1 & 0 & 0 & 1 \end{array}\right)$$

$$\longrightarrow \left(\begin{array}{ccc|ccc} 1 & 0 & 3 & 1 & 0 & 0 \\ 0 & 1 & 4 & 1 & 1 & 0 \\ 3 & 4 & 1 & 0 & 0 & 1 \end{array}\right) \longrightarrow \left(\begin{array}{ccc|ccc} 1 & 0 & 0 & 1 & 0 & 0 \\ 0 & 1 & 4 & 1 & 1 & 0 \\ 3 & 4 & -8 & 0 & 0 & 1 \end{array}\right)$$

$$\longrightarrow \left(\begin{array}{ccc|ccc} 1 & 0 & 0 & 1 & 0 & 0 \\ 0 & 1 & 4 & 1 & 1 & 0 \\ 0 & 4 & -8 & -3 & 0 & 1 \end{array}\right) \longrightarrow \left(\begin{array}{ccc|ccc} 1 & 0 & 0 & 1 & 0 & 0 \\ 0 & 1 & 0 & 1 & 1 & 0 \\ 0 & 4 & -24 & -3 & 0 & 1 \end{array}\right)$$

$$\longrightarrow \left(\begin{array}{ccc|ccc} 1 & 0 & 0 & 1 & 0 & 0 \\ 0 & 1 & 0 & 1 & 1 & 0 \\ 0 & 0 & -24 & -7 & -4 & 1 \end{array}\right) = (D|Q^t)$$

즉, 다음이 성립한다.

$$D = \begin{pmatrix} 1 & 0 & 0 \\ 0 & 1 & 0 \\ 0 & 0 & -24 \end{pmatrix}, \quad Q^t = \begin{pmatrix} 1 & 0 & 0 \\ 1 & 1 & 0 \\ -7 & -4 & 1 \end{pmatrix}, \quad Q = \begin{pmatrix} 1 & 1 & -7 \\ 0 & 1 & -4 \\ 0 & 0 & 1 \end{pmatrix}$$

이차형식

대칭 쌍선형형식에 대응하는 함수를 이차형식이라 한다.

정의 F-벡터공간 V를 생각하자. 이때, F의 지표는 2가 아니다.[17] 함수 $K : \mathsf{V} \to F$를 생각하자. 모든 $x \in \mathsf{V}$에 대하여 다음을 만족하는 대칭 쌍선형형식 $H \in \mathcal{B}(\mathsf{V})$가 존재하면, 함수 K를 V의 **이차형식(quadratic form)**이라 한다.

$$K(x) = H(x, x) \tag{6.8}$$

17 지표가 2인 체에서도 이차형식을 정의할 수 있지만, 이 책에서는 다루지 않는다.

식 (6.8)에 의해, 대칭 쌍선형형식과 이차형식은 일대일대응이다. 사실 K가 F-벡터공간 V의 이차형식이고(F의 지표는 2가 아님), 어떤 (V의) 쌍선형형식 H에 대하여 $K(x) = H(x, x)$일 때, K를 이용하여 H를 찾을 수 있다. 다음이 성립하기 때문이다(연습문제 16).

$$H(x, y) = \frac{1}{2}[K(x+y) - K(x) - K(y)] \tag{6.9}$$

예제 7 이차형식의 대표적인 예는 동차인 다변수 2차 다항식이다. 지표가 2가 아닌 체 F의 값을 가질 수 있는 변수 $t_1, t_2, \ldots, t_n$과 스칼라 a_{ij} ($1 \le i \le j \le n$이고 같은 값이 있을 수도 있다)에 대하여, 다음과 같은 다항식을 생각하자.

$$f(t_1, t_2, \ldots, t_n) = \sum_{i \le j} a_{ij} t_i t_j$$

이러한 꼴의 다항식은 이차형식이다. 사실 β가 (F^n의) 표준 순서기저일 때, 이차형식 f에 대응하는 대칭 쌍선형형식 H의 행렬표현은 $\psi_\beta(H) = A$이다. 다시 말해 A의 성분은 다음과 같이 나타난다.

$$A_{ij} = A_{ji} = \begin{cases} a_{ii} & (i = j) \\ \frac{1}{2} a_{ij} & (i \ne j) \end{cases}$$

이를 확인하기 위해 (6.9)를 이차형식 K에 적용해 보면 된다. $H(e_i, e_j) = A_{ij}$임을 확인할 수 있다. (6.8)에서 K 대신 f를 대입하면, f는 H를 사용하여 구체적으로 계산할 수 있는 꼴이 된다.

예를 들어, 계수가 실수인 다항식 $f(t_1, t_2, t_3) = 2t_1^2 - t_2^2 + 6t_1t_2 - 4t_2t_3$에 대하여 행렬 A를 $A = \begin{pmatrix} 2 & 3 & 0 \\ 3 & -1 & -2 \\ 0 & -2 & 0 \end{pmatrix}$이라 하자. 모든 $x, y \in \mathsf{R}^3$에 대하여, $H(x, y) = x^t A y$라 하자. $\begin{pmatrix} t_1 \\ t_2 \\ t_3 \end{pmatrix} \in \mathsf{R}^3$에 대하여 $f(t_1, t_2, t_3) = (t_1, t_2, t_3) A \begin{pmatrix} t_1 \\ t_2 \\ t_3 \end{pmatrix}$이 성립한다.

실내적공간의 이차형식

모든 성분이 실수인 대칭행렬은 직교 대각화가능하므로(정리 6.20), 유한차원 R-내적공간의 대칭 쌍선형형식과 이차형식에 대한 이론은 매우 깔끔하다. 다음 정리와 따름정리는 매우 유용하다.

> **정리 6.36** 유한차원 실내적공간 V와 (V의) 대칭 쌍선형형식 H를 생각하자. $\psi_\beta(H)$가 대각행렬이 되도록 하는 (V의) 정규직교기저 β가 존재한다.

증명 V의 임의의 정규직교기저 $\gamma = \{v_1, v_2, \dots, v_n\}$에 대하여, $A = \psi_\gamma(H)$라 하자. A는 대칭행렬이므로, 정리 6.20에 의해 $D = Q^t AQ$인 직교행렬 Q와 대각행렬 D가 존재한다. $\beta = \{w_1, w_2, \dots, w_n\}$을 다음과 같이 정의하자.

$$1 \le j \le n \text{일 때,} \quad w_j = \sum_{i=1}^{n} Q_{ij} v_i$$

정리 6.33에 의해 $\psi_\beta(H) = D$이다. 또한, Q는 직교행렬이고 γ는 정규직교이므로 6.5절 연습문제 30에 의해 β도 정규직교이다. ◀

따름정리 유한차원 실내적공간 V의 이차형식 K에 대하여, 다음 조건을 만족하는 V의 정규직교기저 $\beta = \{v_1, v_2, \dots, v_n\}$와 스칼라 $\lambda_1, \lambda_2, \dots, \lambda_n$(같은 값이 있을 수도 있다)가 존재한다.

$$x \in \mathsf{V}\text{이고 } x = \sum_{i=1}^{n} s_i v_i, s_i \in R\text{일 때, } K(x) = \sum_{i=1}^{n} \lambda_i s_i^2$$

사실 H가 K에 의해 결정되는 대칭 쌍선형형식이면, β는 $\psi_\beta(H)$가 대각행렬이 되도록 하는 임의의 (V의) 정규직교기저로 선택할 수 있다.

증명 모든 $x \in \mathsf{V}$에 대하여 $K(x) = H(x, x)$가 성립하는 대칭 쌍선형형식을 H라 하자. 정리 6.36에 의해, $\psi_\beta(H)$가 다음과 같은 대각행렬 D가 되도록 하는 (V의) 정규직교기저 $\beta = \{v_1, v_2, \dots, v_n\}$이 존재한다.

$$D = \begin{pmatrix} \lambda_1 & 0 & \cdots & 0 \\ 0 & \lambda_2 & \cdots & 0 \\ \vdots & \vdots & & \vdots \\ 0 & 0 & \cdots & \lambda_n \end{pmatrix}$$

$x = \sum_{i=1}^{n} s_i v_i$인 $x \in \mathsf{V}$에 대하여, 다음이 성립한다.

$$K(x) = H(x, x) = [\phi_\beta(x)]^t D [\phi_\beta(x)] = (s_1, s_2, \dots, s_n) D \begin{pmatrix} s_1 \\ s_2 \\ \vdots \\ s_n \end{pmatrix} = \sum_{i=1}^{n} \lambda_i s_i^2$$ ◀

예제 8 실수 계수를 가지고 동차인 2차 다항식을 다음과 같이 정의하자.

$$f(t_1, t_2) = 5t_1^2 + 2t_2^2 + 4t_1 t_2 \tag{6.10}$$

$\begin{pmatrix} t_1 \\ t_2 \end{pmatrix} \in \mathbf{R}^2$, $\begin{pmatrix} t_1 \\ t_2 \end{pmatrix} = s_1x_1 + s_2x_2$일 때, $f(t_1, t_2) = \lambda_1 s_1^2 + \lambda_2 s_2^2$이 되도록 하는 $\mathbf{R}^2$의 정규직교 기저 $\gamma = \{x_1, x_2\}$와 스칼라 λ_1, λ_2를 찾아보자.

s_1과 s_2를 점 (t_1, t_2)의 γ에 대한 좌표로 생각할 수 있다. 즉, $\mathbf{R}^2$의 표준 순서기저에 대한 좌표로 표현된 다항식 $f(t_1, t_2)$가 새 순서기저 γ에 대한 좌표로 표현된 다항식 $g(s_1, s_2) = \lambda_1 s_1^2 + \lambda_2 s_2^2$으로 변환된다.

(6.10)의 이차형식에 대응하는 대칭 쌍선형형식을 H, $\mathbf{R}^2$의 표준 순서기저를 β, $A = \psi_\beta(H)$라 하면 $A = \psi_\beta(H) = \begin{pmatrix} 5 & 2 \\ 2 & 2 \end{pmatrix}$이다. 그 다음 Q^tAQ가 대각행렬이 되도록 하는 직교행렬 Q를 찾자. $\lambda_1 = 6$, $\lambda_2 = 1$은 A의 고윳값이고, 대응하는 정규직교 고유벡터는 각각 다음과 같다.

$$v_1 = \frac{1}{\sqrt{5}}\begin{pmatrix} 2 \\ 1 \end{pmatrix}, \quad v_2 = \frac{1}{\sqrt{5}}\begin{pmatrix} 1 \\ -2 \end{pmatrix}$$

$\gamma = \{v_1, v_2\}$라 하면, A의 고유벡터로 이루어진 γ는 ($\mathbf{R}^2$의) 정규직교기저이다. 즉, $Q = \frac{1}{\sqrt{5}}\begin{pmatrix} 2 & 1 \\ 1 & -2 \end{pmatrix}$라 놓으면 Q는 직교행렬이고, $Q^tAQ = \begin{pmatrix} 6 & 0 \\ 0 & 1 \end{pmatrix}$이다. Q가 좌표변환 행렬임은 자명하다. 이때 $\psi_\gamma(H)$는 다음과 같다.

$$\psi_\gamma(H) = Q^t\psi_\beta(H)Q = Q^tAQ = \begin{pmatrix} 6 & 0 \\ 0 & 1 \end{pmatrix}$$

정리 6.36의 따름정리에 의해, 임의의 $x = s_1v_1 + s_2v_2 \in \mathbf{R}^2$에 대하여 $K(x)$는 다음과 같다.

$$K(x) = 6s_1^2 + s_2^2$$

또한 $g(s_1, s_2) = 6s_1^2 + s_2^2$이다.

다음 예제는 이차형식 이론이 $\mathbf{R}^3$의 이차곡면을 묘사하는 데 어떻게 응용되는지를 다룬다.

예제 9 다음 식에 의해 정의되는 $\mathbf{R}^3$ 위의 곡면 $\mathcal{S}$를 생각하자.

$$2t_1^2 + 6t_1t_2 + 5t_2^2 - 2t_2t_3 + 2t_3^2 + 3t_1 - 2t_2 - t_3 + 14 = 0 \tag{6.11}$$

(6.11)은 $\mathcal{S}$의 점을 $\mathbf{R}^3$의 표준 순서기저 β에 대한 좌표로 묘사하고 있다. $\mathcal{S}$의 점의 좌표가 보다 간단해지도록 하는 $\mathbf{R}^3$의 정규직교기저 γ를 찾아보자.

(6.11)의 좌변에 이차항이 존재하므로, 다음과 같은 $\mathbf{R}^3$의 이차형식 K를 떠올릴 수 있다.

$$K\begin{pmatrix}t_1\\t_2\\t_3\end{pmatrix} = 2t_1^2 + 6t_1t_2 + 5t_2^2 - 2t_2t_3 + 2t_3^2$$

그 다음 K를 대각화하자. K에 대응하는 대칭 쌍선형형식을 H라 하고, $A = \psi_\beta(H)$라 하자. A는 다음과 같다.

$$A = \begin{pmatrix}2 & 3 & 0\\3 & 5 & -1\\0 & -1 & 2\end{pmatrix}$$

A의 특성다항식은 $(-1)(t-2)(t-7)t$이므로, A의 고윳값은 $\lambda_1 = 2$, $\lambda_2 = 7$, $\lambda_3 = 0$이다. 이에 대응하는 단위 고유벡터는 다음과 같다.

$$v_1 = \frac{1}{\sqrt{10}}\begin{pmatrix}1\\0\\3\end{pmatrix}, \quad v_2 = \frac{1}{\sqrt{35}}\begin{pmatrix}3\\5\\-1\end{pmatrix}, \quad v_3 = \frac{1}{\sqrt{14}}\begin{pmatrix}-3\\2\\1\end{pmatrix}$$

$\gamma = \{v_1, v_2, v_3\}$이라 놓고, Q를 다음과 같이 두자.

$$Q = \begin{pmatrix}\frac{1}{\sqrt{10}} & \frac{3}{\sqrt{35}} & \frac{-3}{\sqrt{14}}\\ 0 & \frac{5}{\sqrt{35}} & \frac{2}{\sqrt{14}}\\ \frac{3}{\sqrt{10}} & \frac{-1}{\sqrt{35}} & \frac{1}{\sqrt{14}}\end{pmatrix}$$

예제 8에서처럼 Q는 γ좌표를 β좌표로 옮겨주는 좌표변환 행렬이다. 또한, 다음이 성립한다.

$$\psi_\gamma(H) = Q^t\psi_\beta(H)Q = Q^tAQ = \begin{pmatrix}2 & 0 & 0\\0 & 7 & 0\\0 & 0 & 0\end{pmatrix}$$

정리 6.36의 따름정리에 의해, $x = s_1v_1 + s_2v_2 + s_3v_3$에 대하여 다음이 성립한다.

$$K(x) = 2s_1^2 + 7s_2^2 \tag{6.12}$$

이제 (6.11)을 γ에 대한 새로운 좌표로 표현되는 간단한 방정식으로 나타낼 수 있다. $x = (t_1, t_2, t_3) \in \mathsf{R}^3$에 대하여 $x = s_1v_1 + s_2v_2 + s_3v_3$이라 가정하자. 정리 2.22에 의해 다음이 성립한다.

$$x = \begin{pmatrix} t_1 \\ t_2 \\ t_3 \end{pmatrix} = Q \begin{pmatrix} s_1 \\ s_2 \\ s_3 \end{pmatrix}$$

따라서, t_1, t_2, t_3은 각각 다음과 같이 나타낼 수 있다.

$$\begin{aligned} t_1 &= \frac{s_1}{\sqrt{10}} + \frac{3s_2}{\sqrt{35}} - \frac{3s_3}{\sqrt{14}}, \\ t_2 &= \qquad\quad \frac{5s_2}{\sqrt{35}} + \frac{2s_3}{\sqrt{14}}, \\ t_3 &= \frac{3s_1}{\sqrt{10}} - \frac{s_2}{\sqrt{35}} + \frac{s_3}{\sqrt{14}} \end{aligned}$$

즉, 다음이 성립한다.

$$3t_1 - 2t_2 - t_3 = -\frac{14s_3}{\sqrt{14}} = -\sqrt{14}s_3$$

(6.11)과 (6.12)를 결합하면 직전 식에 의해, $x = s_1v_1 + s_2v_2 + s_3v_3$인 $x \in \mathsf{R}^3$에 대하여, $x \in \mathcal{S}$이기 위한 필요충분조건은

$$2s_1^2 + 7s_2^2 - \sqrt{14}s_3 + 14 = 0 \quad \text{또는} \quad s_3 = \frac{\sqrt{14}}{7}s_1^2 + \frac{\sqrt{14}}{2}s_2^2 + \sqrt{14}$$

임을 알 수 있다. 즉, v_1, v_2, v_3을 각 방향으로 하는 새로운 좌표축 x', y', z'을 그리면, 주어진 방정식은 다음과 같이 바꾸어 쓸 수 있다.

$$z' = \frac{\sqrt{14}}{7}(x')^2 + \frac{\sqrt{14}}{2}(y')^2 + \sqrt{14}$$

이는 곡면 $\mathcal{S}$와 같다. 즉, $\mathcal{S}$는 타원포물면(elliptic paraboloid)이다.

그림 6.7은 벡터 v_1, v_2, v_3가 주방향이 되도록 곡면 $\mathcal{S}$의 그래프를 그린 것이다. 본문에서 그래프를 잘 확인할 수 있도록 z'축의 비율을 조절하였다.

다변수함수의 이계도함수 판정법

이차형식 이론이 다변수 미적분학에 어떻게 응용되는지 살펴보자. 이를테면 다변수함수의 극값에 대한 이계도함수 판정법이 있겠다. 이번 내용은 여러분이 다변수함수의 테일러 전개를 공부한 적이 있다고

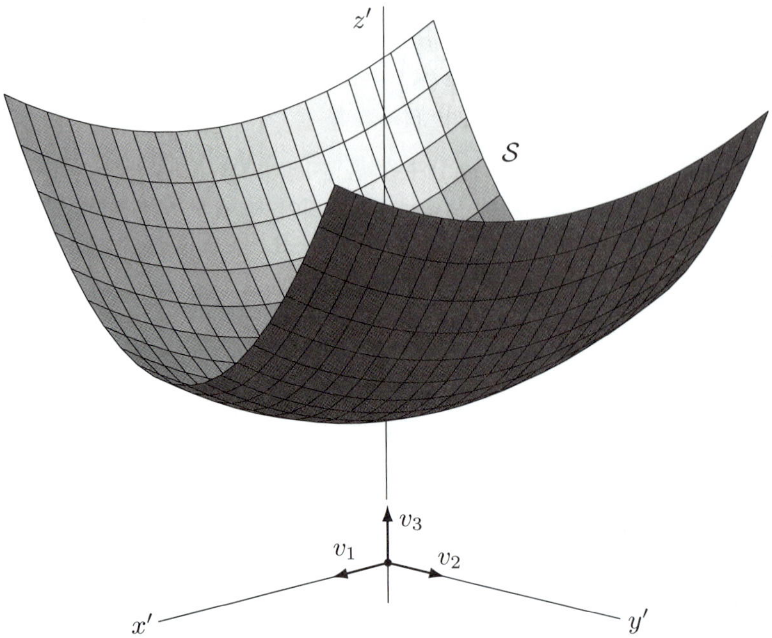

[그림 6.7] 예제 9의 방정식 (6.11)로 정의된 곡면 $\mathcal{S}$의 일부. 세 개의 축은 각각 x', y', z' 이다.

가정한다. 물론 여러분은 일변수함수의 테일러 전개를 익숙하게 다룰 것이다. 다변수함수의 테일러 전개의 명제와 증명을 보고 싶다면 다른 책을 참고하는 것도 나쁘지 않다.[18]

모든 3계 편도함수가 존재하고 연속인 n변수함수 $f\colon \mathsf{R}^n \to R$, $z = f(t_1, t_2, \ldots, t_n)$을 생각하자.

- $\|x-p\| < \delta$인 모든 $x \in \mathsf{R}^n$에 대하여 $f(p) \geq f(x)$가 성립하는 $\delta > 0$이 존재하면 함수 f는 점 $p \in \mathsf{R}^n$에서 **극댓값(local maximum)**이 있다고 한다.
- $\|x-p\| < \delta$인 모든 $x \in \mathsf{R}^n$에 대하여 $f(p) \leq f(x)$가 성립하는 $\delta > 0$이 존재하면 함수 f는 점 $p \in \mathsf{R}^n$에서 **극솟값(local minimum)**이 있다고 한다.
- 함수 f가 점 p에서 극댓값 또는 극솟값을 가질 때, f는 p에서 **극값(local extremum)**이 있다고 한다.
- 모든 $i = 1, 2, \ldots, n$에 대하여 $\partial f(p)/\partial t_i = 0$인 점 $p \in \mathsf{R}^n$을 f의 **임계점(critical point)**이라 한다.

f가 점 $p \in \mathsf{R}^n$에서 극값이 있으면 p는 f의 임계점이다. 왜 그럴까? 만약 f가 점 $p = (p_1, p_2, \ldots, p_n)$

18 *An Introduction to Analysis* 2d ed, by William R. Wade (Prentice Hall, Upper Saddle River, N.J., 2000

에서 극값이 있으면 임의의 $i = 1, 2, \ldots, n$에 대하여 $\phi_i(t) = f(p_1, p_2, \ldots, p_{i-1}, t, p_{i+1}, \ldots, p_n)$ 이라 정의한 함수 ϕ_i는 $t = p_i$에서 극값이 있다. 즉, 일변수함수의 기본 성질에 의해 다음이 성립한다.

$$\frac{\partial f(p)}{\partial t_i} = \frac{d\phi_i(p_i)}{dt} = 0$$

즉, p는 f의 임계점이다. 한편 임계점은 극값의 충분조건이 아니다.

임계점 p에서 f가 극값이 있는지 판정하기 위해 f의 이계편도함수 판정법이 종종 사용된다. 편도함수를 사용하여 행렬 $A(p)$의 ij성분이 다음과 같이 주어지는 행렬을 얻을 수 있다.

$$\frac{\partial^2 f(p)}{(\partial t_i)(\partial t_j)}$$

이 행렬을 점 p에서 함수 f의 **헤세행렬(Hessian matrix)**이라 한다. f의 3계 편도함수가 연속이라면 점 p에서 f의 혼합 2계 편도함수는 어느 변수에 대해서 먼저 편미분하였는지 그 순서에 영향을 받지 않는다. 즉, $A(p)$는 대칭행렬이다. 이 경우 $A(p)$의 모든 고윳값은 실수이다.

정리 6.37 이계도함수 판정법

n개의 변수로 이루어진 실함수(real valued function) $f(t_1, t_2, \ldots, t_n)$의 3계 편도함수가 존재하고, 연속이라 가정하자. 점 $p = (p_1, p_2, \ldots, p_n)$은 f의 임계점이고, $A(p)$는 점 p에서 f의 헤세행렬이다.

(1) $A(p)$의 모든 고윳값이 양수라면, f는 점 p에서 극솟값이 있다.

(2) $A(p)$의 모든 고윳값이 음수라면, f는 점 p에서 극댓값이 있다.

(3) $A(p)$가 양수인 고윳값과 음수인 고윳값이 동시에 있으면 f는 점 p에서 극값이 없다. 이때, 점 p를 f의 **안장점(saddle-point)**이라 한다.

(4) $\text{rank}(A(p)) < n$이고 $A(p)$가 양수인 고윳값과 음수인 고윳값이 동시에 있는 경우가 아니라면, 이 판정법은 사용할 수 없다.

증명 $p \neq \mathit{0}$일 때, 함수 $g: \mathbf{R}^n \to R$를 다음과 같이 정의하자.

$$g(t_1, t_2, \ldots, t_n) = f(t_1 + p_1, t_2 + p_2, \ldots, p_n + t_n) - f(p)$$

다음 사실을 쉽게 확인할 수 있다.

1 f가 p에서 극댓값[극솟값]이기 위한 필요충분조건은 g가 $\mathit{0} = (0, 0, \ldots, 0)$에서 극댓값[극솟값]인 것이다.

2 $\mathit{0}$에서 g의 편도함수는 대응하는 점 p에서 f의 편도함수와 같다.

3 0는 g의 임계점이다.

4 모든 i와 j에 대하여, $A_{ij}(p) = \dfrac{\partial^2 g(0)}{(\partial t_i)(\partial t_j)}$ 이다.

이 사실을 바탕으로 일반성을 잃지 않고, $p = 0$, $f(p) = 0$이라 가정할 수 있다.

점 0 근방에서 f를 테일러 전개하여 얻은 일차근사는 다음과 같다.

$$\begin{aligned} f(t_1, t_2, \ldots, t_n) &= f(0) + \sum_{i=1}^{n} \frac{\partial f(0)}{\partial t_i} t_i + \frac{1}{2} \sum_{i,j=1}^{n} \frac{\partial^2 f(0)}{(\partial t_i)(\partial t_j)} t_i t_j + S(t_1, t_2, \ldots, t_n) \\ &= \frac{1}{2} \sum_{i,j=1}^{n} \frac{\partial^2 f(0)}{(\partial t_i)(\partial t_j)} t_i t_j + S(t_1, t_2, \ldots, t_n) \end{aligned} \tag{6.13}$$

이때, S는 $\mathbf{R}^n$을 정의역으로 하는 실함수(real valued function)이고, 다음이 성립한다.

$$\lim_{x \to 0} \frac{S(x)}{||x||^2} = \lim_{(t_1, t_2, \ldots, t_n) \to 0} \frac{S(t_1, t_2, \ldots, t_n)}{t_1^2 + t_2^2 + \cdots + t_n^2} = 0 \tag{6.14}$$

이차형식 $K\colon \mathbf{R}^n \to R$를 다음과 같이 정의하자.

$$K \begin{pmatrix} t_1 \\ t_2 \\ \vdots \\ t_n \end{pmatrix} = \frac{1}{2} \sum_{i,j=1}^{n} \frac{\partial^2 f(0)}{(\partial t_i)(\partial t_j)} t_i t_j \tag{6.15}$$

K에 대응하는 대칭 쌍선형형식을 H, $\mathbf{R}^n$의 표준 순서기저를 β라 하자. $\psi_\beta(H) = \frac{1}{2} A(p)$임은 쉽게 확인할 수 있다. $A(p)$가 대칭행렬이므로, 정리 6.20에 의해 직교행렬 Q가 존재하고 다음 행렬은 대각성분이 $A(p)$의 고윳값인 대각행렬이다.

$$Q^t A(p) Q = \begin{pmatrix} \lambda_1 & 0 & \ldots & 0 \\ 0 & \lambda_2 & \ldots & 0 \\ \vdots & \vdots & & \vdots \\ 0 & 0 & \ldots & \lambda_n \end{pmatrix}$$

Q의 i열을 i번째 벡터로 하는 ($\mathbf{R}^n$의) 정규직교기저를 $\gamma = \{v_1, v_2, \ldots, v_n\}$이라 하자. Q는 γ 좌표를 β좌표로 바꾸어주는 좌표변환 행렬이다. 이제 정리 6.33에 의해 다음이 성립한다.

$$\psi_\gamma(H) = Q^t \psi_\beta(H) Q = \frac{1}{2} Q^t A(p) Q = \begin{pmatrix} \frac{\lambda_1}{2} & 0 & \ldots & 0 \\ 0 & \frac{\lambda_2}{2} & \ldots & 0 \\ \vdots & \vdots & & \vdots \\ 0 & 0 & \ldots & \frac{\lambda_n}{2} \end{pmatrix}$$

$A(p)$가 영행렬이 아니라 가정하자. $A(p)$에 영이 아닌 고윳값이 있다. 모든 $\lambda_i \neq 0$에 대하여 $\epsilon < \frac{|\lambda_i|}{2}$가 되도록 $\epsilon > 0$을 선택하자. (6.14)에 따르면 $0 < ||x|| < \delta$를 만족하는 임의의 $x \in \mathsf{R}^n$에 대하여 $|S(x)| < \epsilon ||x||^2$이 성립하게 만드는 $\delta > 0$이 존재한다. 그러므로 $0 < ||x|| < \delta$를 만족하는 임의의 $x \in \mathsf{R}^n$에 대하여 (6.13)과 (6.15)로부터 다음이 성립한다.

$$|f(x) - K(x)| = |S(x)| < \epsilon ||x||^2$$

따라서 절댓값을 풀면 다음이 성립한다.

$$K(x) - \epsilon ||x||^2 < f(x) < K(x) + \epsilon ||x||^2 \tag{6.16}$$

$x = \sum_{i=1}^{n} s_i v_i$라 하면, $||x||^2 = \sum_{i=1}^{n} s_i^2, K(x) = \frac{1}{2}\sum_{i=1}^{n} \lambda_i s_i^2$이다. 이 식과 (6.16)을 결합하면 다음 부등식을 얻는다.

$$\sum_{i=1}^{n} \left(\frac{1}{2}\lambda_i - \epsilon\right) s_i^2 < f(x) < \sum_{i=1}^{n} \left(\frac{1}{2}\lambda_i + \epsilon\right) s_i^2 \tag{6.17}$$

이제 $A(p)$의 모든 고윳값이 양수라 가정하자. 모든 i에 대하여 $\frac{1}{2}\lambda_i - \epsilon > 0$이고 (6.17)의 왼쪽 부등식에 의해 다음이 성립한다.

$$f(\mathit{0}) = 0 \leq \sum_{i=1}^{n} \left(\frac{1}{2}\lambda_i - \epsilon\right) s_i^2 < f(x)$$

따라서 모든 $||x|| < \delta$에 대하여 $f(\mathit{0}) \leq f(x)$이고 f는 $\mathit{0}$에서 극솟값이 있다. 이와 비슷한 방식으로 (6.17)의 오른쪽 부등식을 이용하면 $A(p)$의 모든 고윳값이 음수일 때, f는 $\mathit{0}$에서 극댓값을 가짐을 증명할 수 있다. 정리의 (1)과 (2)가 증명되었다.

그 다음으로 $A(p)$가 양수인 고윳값 λ_i와 음수인 고윳값 λ_j가 모두 있다고 가정하자. 따라서 $\frac{1}{2}\lambda_i - \epsilon > 0$이고, $\frac{1}{2}\lambda_j + \epsilon < 0$이다. $0 < |s| < \delta$인 임의의 실수 s에 대하여 $x = sv_i$와 $x = sv_j$를 각각 (6.17)의 왼쪽 부등식과 오른쪽 부등식에 대입하자. 그러면 다음 두 부등식을 얻는다.

$$f(\mathit{0}) = 0 < (\tfrac{1}{2}\lambda_i - \epsilon)s^2 < f(sv_i), \quad f(sv_j) < (\tfrac{1}{2}\lambda_j + \epsilon)s^2 < 0 = f(\mathit{0})$$

이제 f는 $\mathit{0}$의 임의의 근방에서 양수와 음수인 함숫값을 모두 있다. 즉, f는 $\mathit{0}$에서 극댓값도 극솟값도 가지지 않는다. (3)이 증명되었다.

(4)의 조건 하에서 이계도함수 판정법을 사용할 수 없음을 설명하겠다. $p = \mathit{0}$에서 다음 두 함수를 관찰해 보자.

$$f(t_1, t_2) = t_1^2 - t_2^4, \quad g(t_1, t_2) = t_1^2 + t_2^4$$

두 경우 모두 p는 임계점이고 $A(p) = \begin{pmatrix} 2 & 0 \\ 0 & 0 \end{pmatrix}$이다. f는 0에서 극값을 가지지 않는데 비해 g는 0에서 극솟값이 있다. ◀

실베스터의 관성법칙

쌍선형형식의 행렬표현은 유일하지 않지만 이들 행렬의 랭크는 모두 같다. 합동 관계인 두 행렬의 랭크는 동일하기 때문이다. 따라서, 쌍선형형식의 **랭크(rank)**는 이에 대응하는 임의의 행렬표현의 랭크로 정의할 수 있다. 만약 행렬표현이 대각행렬이라면, 랭크는 영이 아닌 대각성분의 개수와 같다.

우리는 유한차원 실내적공간의 대칭 쌍선형형식에 집중하고자 한다. 이 형식이 대각행렬로 표현되었다고 하면 대각성분은 양수, 음수, 0 중 하나다. 이때 여러가지 대각행렬표현이 가능하여 대각성분의 값은 유일하지 않지만 양수인 성분의 개수와 음수인 성분의 개수는 유일함을 보일 것이다. 다시 말해 이들은 대각행렬표현에 의존하지 않는다. 이 결과를 **실베스터의 관성법칙**이라 한다. 이를 증명하고, 이를 사용하여 실(real) 대칭행렬의 합동 관계에 의한 동치류[19]를 설명하겠다.

> **정리 6.38 실베스터의 관성법칙(Sylvester's law of inertia)**
> 유한차원 실내적공간 V의 대칭 쌍선형형식 H를 생각하자. H의 임의의 대각행렬표현에 대하여, 양수인 성분의 개수와 음수인 성분의 개수는 변하지 않는다.

증명 H의 대각행렬표현을 결정하는 (V의) 순서기저를 β, γ라 하자. 일반성을 잃지 않고, β와 γ는 대각성분이 양수, 음수, 0의 순서로 나오도록 하는 순서기저라 가정할 수 있다. 각 표현에 대하여 양수인 성분의 개수가 변하지 않음을 보이면 충분하다. 음수인 성분의 개수는 랭크와 양수인 성분의 개수의 '차'이기 때문이다. β에 대응하는 H의 대각행렬표현의 양수인 성분의 개수를 p, γ에 대응하는 H의 대각행렬표현의 양수인 성분의 개수를 q라 하자. $p \neq q$라 가정하고 모순을 이끌어 내고자 한다. 일반성을 잃지 않고, $p < q$라 가정할 수 있다. β, γ가 다음과 같다고 하자.

$$\beta = \{v_1, v_2, \dots, v_p, \dots, v_r, \dots, v_n\}, \quad \gamma = \{w_1, w_2, \dots, w_q, \dots, w_r, \dots, w_n\}$$

이때 r는 H의 랭크이고, $n = \dim(\mathsf{V})$이다. 함수 $\mathsf{L}\colon \mathsf{V} \to \mathsf{R}^{p+r-q}$을 다음과 같이 정의하자.

$$L(x) = (H(x, v_1), H(x, v_2), \dots, H(x, v_p), H(x, w_{q+1}), \dots, H(x, w_r))$$

19 (옮긴이) equivalence class를 동치류라 한다. 따라서 '실 대칭행렬의 합동 관계에 의한 동치류'를 서로 합동 관계가 성립하는 실 대칭행렬의 모음이라 이해해도 된다.

L이 선형이고, rank$(\mathsf{L}) \le p + r - q$임은 쉽게 증명할 수 있다. 따라서 다음이 성립한다.

$$\text{nullity}(\mathsf{L}) \ge n - (p + r - q) > n - r$$

이에 따라 $v_0 \notin \text{span}(\{v_{r+1}, v_{r+2}, \ldots, v_n\})$이지만 영이 아닌 벡터 $v_0 \in \mathsf{N}(\mathsf{L})$이 존재한다. $v_0 \in \mathsf{N}(\mathsf{L})$이므로 $i \le p$에 대하여 $H(v_0, v_i) = 0$이고 $q < i \le r$에 대하여 $H(v_0, w_i) = 0$이다. 이제 다음이 성립한다 가정하자.

$$v_0 = \sum_{j=1}^{n} a_j v_j = \sum_{j=1}^{n} b_j w_j$$

임의의 $i \le p$에 대하여 다음이 성립한다.

$$H(v_0, v_i) = H\left(\sum_{j=1}^{n} a_j v_j, v_i\right) = \sum_{j=1}^{n} a_j H(v_j, v_i) = a_i H(v_i, v_i)$$

한편, $i \le p$에 대하여 $H(v_i, v_i) > 0$이고 $H(v_0, v_i) = 0$이다. 즉, $a_i = 0$이다. 비슷한 방식으로 $q + 1 \le i \le r$에 대하여 $b_i = 0$이다. v_0이 $\{v_{r+1}, v_{r+2}, \ldots, v_n\}$으로 생성된 공간에 속하지 않기 때문에, 어떤 $p < i \le r$에 대하여 $a_i \ne 0$이다. 즉 다음 관계가 성립한다.

$$H(v_0, v_0) = H\left(\sum_{j=1}^{n} a_j v_j, \sum_{i=1}^{n} a_i v_i\right) = \sum_{j=1}^{n} a_j^2 H(v_j, v_j) = \sum_{j=p+1}^{r} a_j^2 H(v_j, v_j) < 0$$

또한 $H(v_0, v_0)$은 다음 관계가 성립한다.

$$H(v_0, v_0) = H\left(\sum_{j=1}^{n} b_j w_j, \sum_{i=1}^{n} b_i w_i\right) = \sum_{j=1}^{n} b_j^2 H(w_j, w_j) = \sum_{j=1}^{q} b_j^2 H(w_j, w_j) \ge 0$$

$H(v_0, v_0) < 0$이고 $H(v_0, v_0) \ge 0$이므로, 모순이다. $p = q$임을 증명하였다. ◀

정의 실내적공간의 대칭 쌍선형형식에 대하여

- 대각행렬표현의 양수인 성분의 개수를 이 형식의 **인덱스(index)**라 한다.
- 대각행렬표현의 양수인 성분의 개수와 음수인 성분의 개수의 차를 이 형식의 **부호수(signature)**라 한다.

세 가지 개념 **랭크**, **인덱스**, **부호수**를 쌍선형형식의 **불변량(invariants)**이라 한다. 이 셋은 행렬표현에 따라 바뀌지 않기 때문이다. 동반된 이차형식에 대해서도 이 정의를 사용한다. 세 불변량 중 임의의 두 값이 나머지 하나의 값을 결정한다.

예제 10 예제 9의 이차형식 K에 대응하는 쌍선형형식은 3×3 대각행렬표현을 가지고, 대각성분은 2, 7, 0이다. 따라서 K의 랭크, 인덱스, 부호수는 모두 2이다.

예제 11 $\mathbf{R}^2$의 이차형식 $K(x, y) = x^2 - y^2$에 대응하는 쌍선형형식을 생각하자. 표준 순서기저에 대한 행렬표현은 대각성분이 1과 -1인 대각행렬이다. K의 랭크는 2이고, 인덱스는 1, 부호수는 0이다.

합동관계는 쌍선형형식과 밀접하게 연관되어 있으므로, 실베스터의 관성법칙은 합동에 의한 실대칭행렬의 동치류를 이해하는 데 도움을 준다. $n \times n$ 실대칭행렬 A와 이와 합동인 대각행렬 D, E를 생각하자. 정리 6.32의 따름정리 3에 의해, A는 ($\mathbf{R}^n$의 표준순서기저에 대한) $H(x, y) = x^t Ay$로 정의된 ($\mathbf{R}^n$의) 쌍선형형식 H의 행렬표현이다. 실베스터의 관성법칙에 의해 D와 E는 양수인 대각성분의 개수가 같고, 음수인 대각성분의 개수도 같다. 이 결과는 행렬에 대한 실베스터 법칙으로 표현할 수 있다.

따름정리 1 행렬에 대한 실베스터 법칙 실대칭행렬 A를 생각하자. A와 합동인 임의의 대각행렬에 대하여, 양수인 대각성분의 개수와 음수인 대각성분의 개수는 변하지 않는다.

정의 실대칭행렬 A와 이와 합동인 대각행렬 D를 생각하자.

- D의 양수인 대각성분의 개수를 A의 **인덱스(index)**라 한다.
- D의 양수인 성분의 개수와 음수인 성분의 개수의 차를 A의 **부호수(signature)**라 한다.

쌍선형형식과 마찬가지로 행렬의 **랭크**, **인덱스**, **부호수**를 이 행렬의 **불변량(invariants)**이라 한다. 세 불변량 중 임의의 두 값이 나머지 하나의 값을 결정한다.

불변량 중 임의의 두 값은 실대칭행렬의 합동에 의한 동치류를 결정한다.

따름정리 2 두 $n \times n$ 실대칭행렬이 합동이기 위한 필요충분조건은 이 둘의 불변량이 같은 것이다.

증명 A와 B가 합동인 $n \times n$ 대칭행렬이라면, 두 행렬은 모두 같은 대각행렬과 합동이다. 따라서, 이 둘의 불변량은 같다.

역으로, A와 B가 불변량이 같은 $n \times n$ 대칭행렬이라 가정하자. A와 합동인 대각행렬을 D라 하고, B와 합동인 대각행렬을 E라 하자. 이때 대각성분은 양수, 음수, 0인 순서로 배열되어 있다. (연습문제 23에 의해 이러한 가정이 가능하다.) A와 B가 같은 불변량을 가지므로, D와 E도 그러하다.

D와 E의 (공통인) 인덱스와 랭크를 각각 p, r라 하자. D의 i번째 대각성분을 d_i라 하자. i번째 대각성분 q_i가 다음과 같이 주어지는 $n \times n$ 대각행렬을 Q라 하자.

$$q_i = \begin{cases} \dfrac{1}{\sqrt{d_i}} & (1 \leq i \leq p) \\ \dfrac{1}{\sqrt{-d_i}} & (p < i \leq r) \\ 1 & (r < i) \end{cases}$$

J_{pr}를 다음과 같이 두면 $Q^tDQ = J_{pr}$가 성립한다.

$$J_{pr} = \begin{pmatrix} I_p & O & O \\ O & -I_{r-p} & O \\ O & O & O \end{pmatrix}$$

즉, A는 J_{pr}와 합동이다. 비슷한 방식으로 B도 J_{pr}와 합동이다. 즉, A는 B와 합동이다. ◀

실대칭행렬을 다룰 때 J_{pr}는 **표준형(canonical form)**과 같은 역할을 한다. 다음 따름정리는 J_{pr}의 역할을 설명한다.

따름정리 3 $n \times n$ 실대칭행렬 A의 인덱스 p, 랭크가 r이기 위한 필요충분조건은 A가 J_{pr}와 합동인 것이다. 이때, J_{pr}는 위에서 정의한 것과 같다.

증명 이 증명은 따름정리 2의 증명에 포함되어 있다. ◀

예제 12 따름정리 2를 사용하여 다음 세 행렬 중 합동인 행렬을 판별해 보자.

$$A = \begin{pmatrix} 1 & 1 & -3 \\ -1 & 2 & 1 \\ 3 & 1 & 1 \end{pmatrix}, \quad B = \begin{pmatrix} 1 & 2 & 1 \\ 2 & 3 & 2 \\ 1 & 2 & 1 \end{pmatrix}, \quad C = \begin{pmatrix} 1 & 0 & 1 \\ 0 & 1 & 2 \\ 1 & 2 & 1 \end{pmatrix}$$

행렬 A는 예제 6에서 다룬 3×3 행렬이다. A는 대각성분이 1, 1, -24인 대각행렬과 합동이다. A의 랭크는 3이고, 인덱스는 2이다. 예제 6의 방법을 사용하면(Q를 구할 필요가 없다) B와 C는 각각 다음 대각행렬과 합동이다.

$$\begin{pmatrix} 1 & 0 & 0 \\ 0 & -1 & 0 \\ 0 & 0 & -1 \end{pmatrix}, \quad \begin{pmatrix} 1 & 0 & 0 \\ 0 & 1 & 0 \\ 0 & 0 & -4 \end{pmatrix}$$

A와 C의 랭크는 3이고 인덱스는 2이지만, B의 랭크는 3이고 인덱스는 1이다. A와 C는 합동이고, B는 나머지 두 행렬 중 무엇과도 합동이 아니다.

6.8 연습문제

1. 다음 명제의 참-거짓을 판정하라.

(a) 모든 이차형식은 쌍선형형식이다.

(b) 합동인 두 행렬의 고윳값은 같다.

(c) 대칭 쌍선형형식의 행렬표현은 대칭행렬이다.

(d) 임의의 대칭행렬은 대각행렬과 합동이다.

(e) 두 대칭 쌍선형형식의 합은 대칭 쌍선형형식이다.

(f) 지표가 2가 아닌 체의 원소를 성분으로 하는 두 대칭행렬의 특성다항식이 같다면, 이 둘은 같은 쌍선형형식의 행렬표현이다.

(g) 모든 x, y에 대하여, $H(x,y) \neq 0$인 쌍선형형식 H이 존재한다.

(h) n차원 벡터공간 V에 대하여, $\dim(\mathcal{B}(V)) = 2n$이다.

(i) $\dim(\mathsf{V}) > 1$인 유한차원 벡터공간 V의 쌍선형형식 H를 생각하자. 임의의 $x \in \mathsf{V}$에 대하여 $y \neq \mathit{0}$이지만 $H(x,y) = 0$인 $y \in \mathsf{V}$가 존재한다.

(j) 유한차원 실내적공간 V의 임의의 쌍선형형식 H에 대하여, $\psi_\beta(H)$가 대각행렬이 되도록 하는 (V의) 순서기저 β가 존재한다.

2. 450쪽 성질 1, 2, 3, 4를 각각 증명하라.

3. 다음 명제 또는 정리가 참임을 보여라.

(a) 두 쌍선형형식의 합은 쌍선형형식이다.

(b) 쌍선형형식의 스칼라 곱은 쌍선형형식이다.

(c) 정리 6.31

4. 다음 함수 중 쌍선형형식을 찾고, 근거를 서술하라.

(a) 닫힌구간 $[0,1]$에서 정의된 실(real valued) 연속함수로 이루어진 공간 $\mathsf{V} = \mathsf{C}[0,1]$과 $f, g \in \mathsf{V}$에 대하여, $H(f,g) = \displaystyle\int_0^1 f(t)g(t)dt$이다.

(b) F-벡터공간을 V, 영이 아닌 쌍선형형식을 $J \in \mathcal{B}(\mathsf{V})$라 하자. $H: \mathsf{V} \times \mathsf{V} \to F$를 모든 $x, y \in \mathsf{V}$에 대하여, $H(x,y) = [J(x,y)]^2$이라 정의한다.

(c) $H: R \times R \to R$를 $H(t_1, t_2) = t_1 + 2t_2$라 정의한다.

(d) R^2의 벡터를 열벡터로 생각하자. $H: \mathsf{R}^2 \to R$를 $H(x, y) = \det(x, y)$라 정의한다. 즉, x와 y를 열벡터로 하는 2×2 행렬의 행렬식이다.

(e) V가 실내적공간일 때, $H: \mathsf{V} \times \mathsf{V} \to R$를 모든 $x, y \in \mathsf{V}$에 대하여 $H(x, y) = \langle x, y \rangle$라 정의한다.

(f) V가 복소내적공간일 때, $H: \mathsf{V} \times \mathsf{V} \to C$를 모든 $x, y \in \mathsf{V}$에 대하여 $H(x, y) = \langle x, y \rangle$라 정의한다.

5. 다음 주어진 함수가 쌍선형형식임을 증명하고, 주어진 순서기저 β에 대한 행렬표현을 구하라.

(a) $H: \mathsf{R}^3 \times \mathsf{R}^3 \to R$와 β를 다음과 같이 정의하자.

$$H\left(\begin{pmatrix} a_1 \\ a_2 \\ a_3 \end{pmatrix}, \begin{pmatrix} b_1 \\ b_2 \\ b_3 \end{pmatrix}\right) = a_1b_1 - 2a_1b_2 + a_2b_1 - a_3b_3, \quad \beta = \left\{\begin{pmatrix} 1 \\ 0 \\ 1 \end{pmatrix}, \begin{pmatrix} 1 \\ 0 \\ -1 \end{pmatrix}, \begin{pmatrix} 0 \\ 1 \\ 0 \end{pmatrix}\right\}$$

(b) $\mathsf{V} = \mathsf{M}_{2\times 2}(R)$고, $\beta = \left\{\begin{pmatrix} 1 & 0 \\ 0 & 0 \end{pmatrix}, \begin{pmatrix} 0 & 1 \\ 0 & 0 \end{pmatrix}, \begin{pmatrix} 0 & 0 \\ 1 & 0 \end{pmatrix}, \begin{pmatrix} 0 & 0 \\ 0 & 1 \end{pmatrix}\right\}$이다. $H: \mathsf{V} \times \mathsf{V} \to R$를 $H(A, B) = \mathrm{tr}(A) \cdot \mathrm{tr}(B)$라 정의하자.

(c) $\beta = \{\cos t, \sin t, \cos 2t, \sin 2t\}$라 하자. β는 $\mathsf{V} = \mathrm{span}(\beta)$의 순서기저이다. V는 R에서 정의된 모든 연속함수로 이루어진 공간의 4차원 부분공간이다. $H: \mathsf{V} \times \mathsf{V} \to R$를 $H(f, g) = f'(0) \cdot g''(0)$이라 정의하자.

6. 함수 $H: \mathsf{R}^2 \times \mathsf{R}^2 \to R$를 모든 $\begin{pmatrix} a_1 \\ a_2 \end{pmatrix}, \begin{pmatrix} b_1 \\ b_2 \end{pmatrix} \in \mathsf{R}^2$에 대하여 다음과 같이 정의하자.

$$H\left(\begin{pmatrix} a_1 \\ a_2 \end{pmatrix}, \begin{pmatrix} b_1 \\ b_2 \end{pmatrix}\right) = a_1b_2 + a_2b_1$$

다음 물음에 답하라.

(a) H는 쌍선형형식임을 증명하라.

(b) 모든 $x, y \in \mathsf{R}^2$에 대하여, $H(x, y) = x^tAy$인 2×2 행렬 A를 찾아라.

7. V와 W는 같은 체 위에서 정의된 벡터공간이고, $\mathsf{T}: \mathsf{V} \to \mathsf{W}$를 선형변환이라 하자. 임의의 $H \in \mathcal{B}(\mathsf{W})$에 대하여 $\widehat{\mathsf{T}}(H): \mathsf{V} \times \mathsf{V} \to F$를 모든 $x, y \in \mathsf{V}$에 대하여 $\widehat{\mathsf{T}}(H)(x, y) = H(\mathsf{T}(x), \mathsf{T}(y))$라 정의하자. 다음을 증명하라.

(a) $H \in \mathcal{B}(\mathsf{W})$이면 $\widehat{\mathsf{T}}(H) \in \mathcal{B}(\mathsf{V})$이다.

(b) $\widehat{\mathsf{T}}: \mathcal{B}(\mathsf{W}) \to \mathcal{B}(\mathsf{V})$는 선형변환이다.

(c) T가 동형사상이면 $\widehat{\mathsf{T}}$도 동형사상이다.

8. 정리 6.32의 표기법을 그대로 따를 때, 다음 물음에 답하라.

(a) 임의의 순서기저 β에 대하여, ψ_β는 선형이다.

(b) n차원 F-벡터공간 V의 순서기저 β와 β에 대한 V의 표준표현 $\phi_\beta: \mathsf{V} \to \mathsf{F}^n$을 생각하자. $A \in \mathsf{M}_{n\times n}(F)$에 대하여, $H: \mathsf{V} \times \mathsf{V} \to F$를 $H(x, y) = [\phi_\beta(x)]^t A[\phi_\beta(y)]$라 정의하자. $H \in \mathcal{B}(\mathsf{V})$임을 증명하라. 이 내용을 연습문제 7의 따름정리라고 할 수 있겠는가?

(c) (b)의 역을 증명하라.

> H는 V의 쌍선형형식이라 하자. $A = \psi_\beta(H)$이면 $H(x, y) = [\phi_\beta(x)]^t A[\phi_\beta(y)]$이다.

9. 다음 물음에 답하라.

(a) 정리 6.32의 따름정리 1을 증명하라.

(b) 유한차원 벡터공간 V에 대하여, $\mathcal{B}(\mathsf{V})$의 순서기저를 찾는 방법을 설명하라.

10. 정리 6.32의 따름정리 2를 증명하라.

11. 정리 6.32의 따름정리 3을 증명하라.

12. 합동관계는 동치관계임을 증명하라.

13. 정리 6.32의 따름정리 2와 정리 2.22(2)를 사용하여, 정리 6.33의 또 다른 증명을 완성하라.

14. 유한차원 벡터공간 V와 $H \in \mathcal{B}(\mathsf{V})$를 생각하자. ($\mathsf{V}$의) 임의의 순서기저 β, γ에 대하여 $\text{rank}(\psi_\beta(H)) = \text{rank}(\psi_\gamma(H))$임을 증명하라.

15. 다음 명제 또는 따름정리가 참임을 보여라.

(a) 임의의 정사각 대각행렬은 대칭행렬이다.

(b) 대각행렬과 합동인 행렬은 대칭행렬이다.

(c) 정리 6.35의 따름정리

16. F-벡터공간 V를 생각하자. 이때, F의 지표는 2가 아니다. V의 대칭 쌍선형형식을 H라 하자. $K(x) = H(x, x)$가 H에 대응하는 이차형식이면 임의의 $x, y \in \mathsf{V}$에 대하여 다음이 성립함을 보여라.

$$H(x, y) = \frac{1}{2}[K(x+y) - K(x) - K(y)]$$

17. 실내적공간 V의 이차형식 K가 다음과 같다. 모든 $x \in \mathsf{V}$에 대하여 $K(x) = H(x, x)$인 대칭 쌍선형형식 H와 $\psi_\beta(H)$가 대각행렬이 되도록 하는 (V의) 정규직교기저 β를 각각 구하라.

(a) $K: \mathsf{R}^2 \to R,\ K\begin{pmatrix} t_1 \\ t_2 \end{pmatrix} = -2t_1^2 + 4t_1t_2 + t_2^2$

(b) $K: \mathsf{R}^2 \to R,\ K\begin{pmatrix} t_1 \\ t_2 \end{pmatrix} = 7t_1^2 - 8t_1t_2 + t_2^2$

(c) $K: \mathsf{R}^3 \to R,\ K\begin{pmatrix} t_1 \\ t_2 \\ t_3 \end{pmatrix} = 3t_1^2 + 3t_2^2 + 3t_3^2 - 2t_1t_3$

18. 다음 식을 만족하는 점 $(t_1, t_2, t_3) \in \mathsf{R}^3$의 집합을 $\mathcal{S}$라 하자.

$$3t_1^2 + 3t_2^2 + 3t_3^2 - 2t_1t_3 + 2\sqrt{2}(t_1 + t_3) + 1 = 0$$

β에 대한 좌표로 $\mathcal{S}$의 점을 표현한 방정식이 간단해지는 (R^3의) 정규직교기저 β를 찾아라. $\mathcal{S}$를 기하학적으로 묘사하라.

19. 정리 6.37(4)를 다듬은 다음 두 명제가 참임을 보여라.

(a) $0 < \text{rank}(A) < n$이고 A의 고윳값이 모두 음이 아니면 f는 p에서 극댓값을 가지지 않는다.

(b) $0 < \text{rank}(A) < n$이고 A의 고윳값이 모두 양이 아니면 f p에서 극솟값을 가지지 않는다.

20. $n = 2$일 때, 이계도함수 판정법을 변형한 다음 명제가 참임을 보여라. 이때, D는 다음과 같다.

$$D = \left[\frac{\partial^2 f(p)}{\partial t_1^2}\right]\left[\frac{\partial^2 f(p)}{\partial t_2^2}\right] - \left[\frac{\partial^2 f(p)}{\partial t_1 \partial t_2}\right]^2$$

(a) $D > 0$이고 $\partial^2 f(p)/\partial t_1^2 > 0$이면 f는 p에서 극솟값이 있다.

(b) $D > 0$이고 $\partial^2 f(p)/\partial t_1^2 < 0$이면 f는 p에서 극댓값이 있다.

(c) $D < 0$이면 f는 p에서 극값이 없다.

(d) $D = 0$이면 이 방법은 사용할 수 없다.

힌트 정리 6.37과 같이 A의 고윳값을 λ_1, λ_2라 할 때, $D = \det(A) = \lambda_1\lambda_2$이다.

21. A, $E \in \mathsf{M}_{n\times n}(F)$이고 E는 기본행렬이라 하자. 3.1절에서 A에 기본열연산을 적용하여 AE를 얻을 수 있음을 보였다. A의 열이 아닌 행에 같은 기본연산을 적용하여 E^tA를 얻을 수 있음을 증명하라.

힌트 $E^tA = (A^tE)^t$

22. R의 원소를 성분으로 하는 다음 행렬 A에 대하여 $Q^tAQ = D$가 되도록 하는 대각행렬 D와 가역행렬 Q를 찾아라.

(a) $\begin{pmatrix} 1 & 3 \\ 3 & 2 \end{pmatrix}$ (b) $\begin{pmatrix} 0 & 1 \\ 1 & 0 \end{pmatrix}$ (c) $\begin{pmatrix} 3 & 1 & 2 \\ 1 & 4 & 0 \\ 2 & 0 & -1 \end{pmatrix}$

힌트 (b)의 경우, 열을 바꾸는 것 이외의 기본연산을 사용하라.

23. 대각행렬의 대각성분의 위치를 바꾸어 얻은 새로운 대각행렬은 처음 대각행렬과 합동임을 증명하라.

24. 실내적공간 V의 선형연산자 T를 생각하자. $H: \mathsf{V} \times \mathsf{V} \to R$를 모든 $x, y \in \mathsf{V}$에 대하여 $H(x, y) = \langle x, \mathsf{T}(y) \rangle$라 정의하자. 다음 물음에 답하라.

(a) H는 쌍선형형식임을 증명하라.

(b) H가 대칭이기 위한 필요충분조건은 T가 자기수반인 것임을 증명하라.

(c) H가 V의 내적이기 위해서는 T에 어떤 조건이 필요한가?

(d) V가 복소내적공간일 때, H가 쌍선형형식이라 보장할 수 없는 이유를 설명하라.

25. 연습문제 24(a)의 역을 증명하라.

> 유한차원 실내적공간을 V라 하고, V의 쌍선형형식을 H라 하자. 모든 $x, y \in \mathsf{V}$에 대하여 $H(x, y) = \langle x, \mathsf{T}(y) \rangle$를 만족하는 유일한 ($\mathsf{V}$의) 선형연산자 T가 존재한다.

힌트 V의 정규직교기저 β를 선택한다. $A = \psi_\beta(H)$와 $[\mathsf{T}]_\beta = A$인 V의 선형연산자 T를 생각하자.

26. $n \times n$ 실대칭행렬의 집합에서 합동에 의한 서로 다른 동치류의 개수가 $\dfrac{(n+1)(n+2)}{2}$임을 증명하라.

6.9 아인슈타인의 특수상대성 이론*

19세기 후반에 진행된 물리 실험[20]을 통해 물리학자들은 광속 c를 측정한 결과는 관측자의 속도에 무관하다는 결론을 내렸다. 예를 들어, 지구에 있는 관측자가 태양에서 뻗어나오는 빛을 관측하여 그 속도가 초속 186,000 마일임을 얻었다고 하자. 이제 지구에서 출발하여 태양의 반대방향으로 초속 100,000 마일의 속도로 가는 우주선에 위치한 관측자가 태양에서 뻗어나는 빛의 속도를 측정하면 같은 결과를 얻는다. 우주선에서 보더라도 빛의 속도는 초속 186,000 마일이다. 많은 사람들이 초속 86,000 마일을 예상했겠지만!

이는 시공간(space–time)의 사건을 측정하는 좌표계에 대한 관점을 완전히 바꾸었다. 그 결과는 아인슈타인의 특수상대성 이론(special theory of relativity)이다. 이번 절에서는 선형대수학으로 아인슈타인 이론의 핵심을 논의한다.

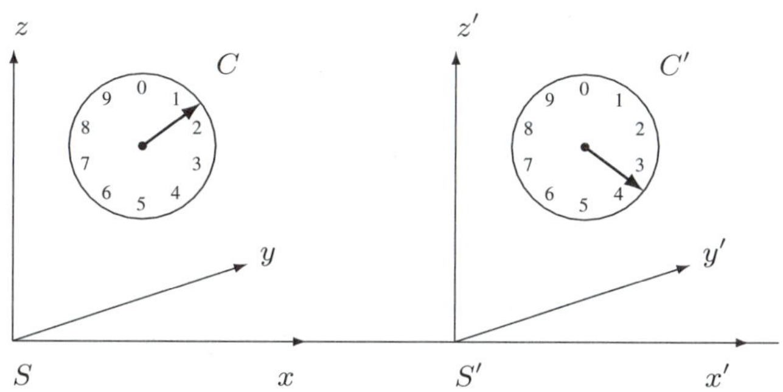

[그림 6.8] 서로 다른 두 관성 좌표계 S, S'

기본 문제는 서로 다른 두 관성 좌표계(비가속 좌표계) S, S'을 비교하는 것이다. 이때, 각 좌표계에서 측정한 빛의 속도가 같다고 가정하며 두 좌표계 S, S'은 서로에 대하여 움직인다. S에 대하여 S'이 S에서 측정한 일정한 속도로 움직인다고 가정하자.

상황을 단순화하기 위해 두 관성 좌표계의 축은 평행하고, x축은 같으며 S에 대한 S'의 운동이 공통축 위에서 이루어진다고 가정한다(그림 6.8). 또한 S 좌표계에 놓인 시계 C와 S' 좌표계에 놓인 시계 C'을 생각하자. 두 시계의 단위는 초이고 측정 값은 실수이며, S와 S'의 원점이 일치하는 순간의 시각은 0이 되도록 보정되어 있다.

20 1887년 마이컬슨–몰리(Michelson–Morley)의 실험이 대표적이다.

임의의 사건 p(발생한 위치와 시간을 명확히 특정할 수 있는 무엇)가 주어졌을 때, 이에 시공간좌표를 부여한다. 예를 들어, 사건 p가 S좌표계의 점 (x, y, z)에서 (시계 C가 측정한) 시각 t에 발발하였다면 p에 좌표를 다음과 같이 부여한다.

$$\begin{pmatrix} x \\ y \\ z \\ t \end{pmatrix}$$

이 4순서쌍을 S와 C에 대한 점 p의 **시공간좌표(space-time coordinates)**라 한다. 비슷한 방식으로 p는 S'과 C'에 대한 시공간좌표를 다음과 같이 둘 수 있다.

$$\begin{pmatrix} x' \\ y' \\ z' \\ t' \end{pmatrix}$$

운동은 공통인 x축을 따라 나타난다. x축은 xy평면에 포함되므로 p의 시공간좌표에서 세 번째 성분은 항상 영이다. p의 첫 번째, 두 번째, 네 번째 성분만 고려하여 S에 대한 p의 시공간좌표를 $\begin{pmatrix} x \\ y \\ t \end{pmatrix}$, S'에 대한 p의 시공간좌표를 $\begin{pmatrix} x' \\ y' \\ t' \end{pmatrix}$이라 놓을 수 있다.

앞서 언급한 것처럼 시간의 단위는 초이다. 물체의 속도 v를 이 물체의 속도(mi/s)와 광속(186,000 mi/s)의 비로 나타내자. 예를 들어, S'이 S에 대하여 초속 18,600 마일로 움직이고, 광속 c가 초속 186,000 마일이라면 S에 대한 S'의 속도 v는 $v = 0.1$이다. 이러한 이유로 광속 c는 1이다.

고정된 속도 v에 대하여 함수 $\mathsf{T}_v : \mathsf{R}^3 \to \mathsf{R}^3$을 다음과 같이 정의하자.

$$\mathsf{T}_v \begin{pmatrix} x \\ y \\ t \end{pmatrix} = \begin{pmatrix} x' \\ y' \\ t' \end{pmatrix}$$

이때, S와 C에 대한 시공간좌표는 $\begin{pmatrix} x \\ y \\ t \end{pmatrix}$, S'과 C'에 대한 시공간좌표는 $\begin{pmatrix} x' \\ y' \\ t' \end{pmatrix}$이다.

이제 다음 네 가지를 가정한다.

1 S'의 원점은 S에 대하여 공통인 x축의 양의 방향으로 등속운동($v > 0$)한다.

2 S의 원점은 S'에 대하여 공통인 x축의 음의 방향으로 등속운동($-v < 0$)한다.

3 T_v는 선형변환이고 동형사상이다.

4 임의의 광선의 속도는 측정한 좌표계와 시간에 관계 없이 항상 $c = 1$이다. 즉 S의 시계 C로 측정하건, S'의 시계 C'으로 측정하건 항상 $c = 1$이다.

운동은 오직 x축을 따라 일어나므로 y축에 무관하다고 할 수 있다. 즉, 임의의 x, y, t에 대하여 $\mathsf{T}_v \begin{pmatrix} x \\ y \\ t \end{pmatrix} = \begin{pmatrix} x' \\ y \\ t' \end{pmatrix}$이고 $\mathsf{T}_v \begin{pmatrix} 0 \\ y \\ 0 \end{pmatrix} = \begin{pmatrix} 0 \\ y \\ 0 \end{pmatrix}$인 x', t'이 존재한다.

이번 절의 목표는 $\mathbf{R}^3$의 표준 순서기저에 대한 T_v의 행렬표현을 구하는 것이다.

> **정리 6.39** $\mathbf{R}^3$의 표준 순서기저 $\{e_1, e_2, e_3\}$에 대하여 다음이 성립한다.
>
> **(1)** $\mathsf{T}_v(e_2) = e_2$
>
> **(2)** T_v에 의한 $\text{span}\{e_1, e_3\}$의 상은 자기자신이다.
>
> **(3)** T_v^*에 의한 $\text{span}\{e_1, e_3\}$의 상은 자기자신이다.

증명 (1), (2)는 T_v의 식에서 곧바로 이끌어 낼 수 있다.

(3) $i = 1$과 $i = 3$일 때, $\langle \mathsf{T}_v^*(e_i), e_2 \rangle = \langle e_i, \mathsf{T}_v(e_2) \rangle = \langle e_i, e_2 \rangle = 0$이다. ◀

S와 S'의 원점이 일치하는 순간, 공통인 원점에서 섬광이 번쩍였다고 가정하자. 섬광이 번쩍이는 순간의 시공간좌표는 S와 C에 대하여 측정하건 S'과 C'에 대하여 측정하건 상관없이 $\begin{pmatrix} 0 \\ 0 \\ 0 \end{pmatrix}$이다.

사건이 S와 C에 대한 시공간좌표를 가질 때, 섬광이 보이는 모든 사건의 집합을 P라 하자. 이때, S에서 측정한 xy평면 위의 점의 좌표는 (x, y), C로 측정한 시각은 t이다. S와 C에 대한 시공간좌표는 $\begin{pmatrix} x \\ y \\ t \end{pmatrix}$이다.

P를 x, y, t에 대하여 구체적으로 표현해 보자. 광속은 1이므로 임의의 시각 $t \geq 0$에서 섬광을 관측할 수 있는 (평면 위의) 점과 S의 원점 사이의 거리는 $t \cdot 1 = t$(S에서 측정)이다. 이러한 점들은 xy평면에서 정확히 $x^2 + y^2 = t^2$을 만족한다. 우변의 식을 이항하면 $x^2 + y^2 - t^2 = 0$이라 나타낼 수 있다.

어떤 사건이 P에 속하기 위한 필요충분조건은 S와 C에 대한 시공간좌표 $\begin{pmatrix} x \\ y \\ t \end{pmatrix}$ $(t \geq 0)$이 $x^2 + y^2 - t^2 = 0$을 만족하는 것이다. 빛의 속도는 어느 좌표계에서 측정하건 일정하다. 따라서 비슷한 방식으로 P를 S'과 C'에 대한 시공간좌표로 구체적으로 나타낼 수 있다. 어떤 사건이 P에 속하기 위한 필요충분조건은 S'과 C'에 대한 시공간좌표 $\begin{pmatrix} x' \\ y \\ t' \end{pmatrix}$ $(t' \geq 0)$이 $(x')^2 + y^2 - (t')^2 = 0$을 만족하는 것이다.

이제 행렬 A를 다음과 같이 놓자.

$$A = \begin{pmatrix} 1 & 0 & 0 \\ 0 & 1 & 0 \\ 0 & 0 & -1 \end{pmatrix}$$

정리 6.40 어떤 $w \in \mathsf{R}^3$에 대하여 $\langle \mathsf{L}_A(w), w \rangle = 0$이면 $\langle \mathsf{T}_v^* \mathsf{L}_A \mathsf{T}_v(w), w \rangle = 0$이다.

증명 w를 앞선 논의에서 사용된 x, y, t를 사용하여 $w = \begin{pmatrix} x \\ y \\ t \end{pmatrix} \in \mathsf{R}^3$이라 하고, $\langle \mathsf{L}_A(w), w \rangle = 0$을 만족한다고 하자.

$t \geq 0$인 경우, $\langle \mathsf{L}_A(w), w \rangle = x^2 + y^2 - t^2$이므로 벡터 w를 사용하여 P에 속한 사건의 S와 C에 대한 좌표를 알 수 있다. 같은 사건의 S'과 C'에 대한 시공간좌표가 $\begin{pmatrix} x' \\ y \\ t' \end{pmatrix}$이므로 정리 6.40 직전에 논의된 바와 같이 다음 관계가 성립한다.

$$(x')^2 + y^2 - (t')^2 = 0$$

따라서 $\langle \mathsf{T}_v^* \mathsf{L}_A \mathsf{T}_v(w), w \rangle = \langle \mathsf{L}_A \mathsf{T}_v(w), \mathsf{T}_v(w) \rangle = (x')^2 + y^2 - (t')^2 = 0$이다.

$t < 0$인 경우, $t \geq 0$인 식에 $-w$를 대입하면 증명할 수 있다. ◀

이제 T_v에 대한 정보를 얻어 보자. $w_1 = \begin{pmatrix} 1 \\ 0 \\ 1 \end{pmatrix}$, $w_2 = \begin{pmatrix} 1 \\ 0 \\ -1 \end{pmatrix}$이라 하면 $\{w_1, w_2\}$는 $\{e_1, e_3\}$의 생성공간의 직교기저이다. 다음 결과는 이를 명확하게 보여 준다.

정리 6.41 $\mathsf{T}_v^* \mathsf{L}_A \mathsf{T}_v(w_1) = aw_2$, $\mathsf{T}_v^* \mathsf{L}_A \mathsf{T}_v(w_2) = aw_1$을 만족하는 영이 아닌 스칼라 a가 존재한다.

증명 $\langle \mathsf{L}_A(w_1), w_1 \rangle = 0$이므로, 정리 6.40에 의해 $\langle \mathsf{T}_v^* \mathsf{L}_A \mathsf{T}_v(w_1), w_1 \rangle = 0$이다. 즉, $\mathsf{T}_v^* \mathsf{L}_A \mathsf{T}_v(w_1)$은 w_1와 직교이다. $\{w_1, w_2\}$는 $\text{span}\{e_1, e_3\}$의 직교기저이고, T_v^*, L_A, T_v는 각각 $\text{span}\{e_1, e_3\}$을 $\text{span}\{e_1, e_3\}$에 대응시키므로, $\mathsf{T}_v^* \mathsf{L}_A \mathsf{T}_v(w_1)$는 w_2의 스칼라 곱이다.

다시 말해, 어떤 스칼라 a에 대하여 $\mathsf{T}_v^*\mathsf{L}_A\mathsf{T}_v(w_1) = aw_2$이다. T_v와 A가 가역이므로 $\mathsf{T}_v^*\mathsf{L}_A\mathsf{T}_v$도 가역이다. 즉, $a \neq 0$이다.

비슷한 방식으로 $\mathsf{T}_v^*\mathsf{L}_A\mathsf{T}_v(w_2) = bw_1$을 만족하는 영이 아닌 스칼라 b가 존재한다.

마지막으로 $a = b$임을 보이자. $\mathsf{T}_v^*\mathsf{L}_A\mathsf{T}_v(w_1) = aw_2$이므로 다음이 성립한다.

$$2a = \langle \mathsf{T}_v^*\mathsf{L}_A\mathsf{T}_v(w_1), w_2\rangle = \langle w_1, \mathsf{T}_v^*\mathsf{L}_A\mathsf{T}_v(w_2)\rangle = \langle w_1, bw_1\rangle = 2b$$

따라서 $a = b$이다. ◀

실제로 $a = b = 1$이다. 다음 정리에서 확인할 수 있다.

이번 절의 남은 부분에서 β는 R^3의 표준 순서기저이고 $B_v = [\mathsf{T}_v]_\beta$라 가정한다.

정리 6.42 $B_v = [\mathsf{T}_v]_\beta$를 앞선 내용과 같이 정의하면 다음이 성립한다.

(1) $B_v^*AB_v = A$

(2) $\mathsf{T}_v^*\mathsf{L}_A\mathsf{T}_v = \mathsf{L}_A$

증명 (1) $e_1 = \frac{1}{2}(w_1 + w_2)$, $e_3 = \frac{1}{2}(w_1 - w_2)$이므로 정리 6.41에 의해 다음이 성립한다.

$$\mathsf{T}_v^*\mathsf{L}_A\mathsf{T}_v(e_1) = ae_1, \quad \mathsf{T}_v^*\mathsf{L}_A\mathsf{T}_v(e_3) = -ae_3$$

또한, $\mathsf{T}_v^*\mathsf{L}_A\mathsf{T}_v(e_2) = e_2$이다. 따라서 $B_v^*AB_v$는 다음과 같다.

$$B_v^*AB_v = \begin{pmatrix} a & 0 & 0 \\ 0 & 1 & 0 \\ 0 & 0 & -a \end{pmatrix}$$

여기서 $w = \begin{pmatrix} 0 \\ 1 \\ 1 \end{pmatrix}$이라 하면 $\langle \mathsf{L}_A(w), w\rangle = 0$이다. 정리 6.40에 의해 다음이 성립한다.

$$0 = \langle \mathsf{T}_v^*\mathsf{L}_A\mathsf{T}_v(w), w\rangle = \langle B_v^*AB_vw, w\rangle = 1 - a$$

$a = 1$이고 $B_v^*AB_v = A$이다.

(2) (1)과 마찬가지로 바로 증명할 수 있다. ◀

이제 S와 S'의 원점이 일치하는 순간의 (시계 C로 측정한) 1초 후를 생각하자. S'의 원점이 x축을 따라 S에서 측정한 속도 v로 움직이므로, S와 C에 대한 그 시공간좌표는 $\begin{pmatrix} v \\ 0 \\ 1 \end{pmatrix}$이다. 비슷한 방식으로 S'과 C'에 대한, S'의 원점의 시공간좌표는 어떤 $t' > 0$에 대하여 $\begin{pmatrix} 0 \\ 0 \\ t' \end{pmatrix}$이다. 따라서 어떤 $t' > 0$에 대하여 다음이 성립한다.

$$\mathsf{T}_v \begin{pmatrix} v \\ 0 \\ 1 \end{pmatrix} = \begin{pmatrix} 0 \\ 0 \\ t' \end{pmatrix} \tag{6.18}$$

정리 6.42로부터 다음이 성립한다.

$$\left\langle \mathsf{T}_v^* \mathsf{L}_A \mathsf{T}_v \begin{pmatrix} v \\ 0 \\ 1 \end{pmatrix}, \begin{pmatrix} v \\ 0 \\ 1 \end{pmatrix} \right\rangle = \left\langle \mathsf{L}_A \begin{pmatrix} v \\ 0 \\ 1 \end{pmatrix}, \begin{pmatrix} v \\ 0 \\ 1 \end{pmatrix} \right\rangle = v^2 - 1 \tag{6.19}$$

한편으로는 다음과 같이 나타낼 수도 있다.

$$\begin{aligned} \left\langle \mathsf{T}_v^* \mathsf{L}_A \mathsf{T}_v \begin{pmatrix} v \\ 0 \\ 1 \end{pmatrix}, \begin{pmatrix} v \\ 0 \\ 1 \end{pmatrix} \right\rangle &= \left\langle \mathsf{L}_A \mathsf{T}_v \begin{pmatrix} v \\ 0 \\ 1 \end{pmatrix}, \mathsf{T}_v \begin{pmatrix} v \\ 0 \\ 1 \end{pmatrix} \right\rangle \\ &= \left\langle \mathsf{L}_A \begin{pmatrix} 0 \\ 0 \\ t' \end{pmatrix}, \begin{pmatrix} 0 \\ 0 \\ t' \end{pmatrix} \right\rangle = -(t')^2 \end{aligned} \tag{6.20}$$

(6.19)와 (6.20)을 결합하면 $v^2 - 1 = -(t')^2$을 얻는다. t'에 대하여 정리하면 다음과 같다.

$$t' = \sqrt{1 - v^2} \tag{6.21}$$

(6.18)과 (6.21)로부터 다음 결과를 얻는다.

$$\mathsf{T}_v \begin{pmatrix} v \\ 0 \\ 1 \end{pmatrix} = \begin{pmatrix} 0 \\ 0 \\ \sqrt{1 - v^2} \end{pmatrix} \tag{6.22}$$

그 다음으로 S의 원점이 S'의 x'축을 따라 음의 방향으로 (S'에서 측정할 때) 등속운동함을 떠올려 보자$(-v < 0)$. S와 S'의 원점이 일치하고 (시계 C로 측정한) 1초 후 다음 식을 만족하는 (시계 C'으로 측정한) $t'' > 0$이 존재한다.

$$\mathsf{T}_v \begin{pmatrix} 0 \\ 0 \\ 1 \end{pmatrix} = \begin{pmatrix} -vt'' \\ 0 \\ t'' \end{pmatrix} \tag{6.23}$$

(6.23)으로부터 (6.22)를 유도한 것과 비슷한 방식으로 시각 t''을 얻을 수 있다.

$$t'' = \frac{1}{\sqrt{1-v^2}} \tag{6.24}$$

(6.23)과 (6.24)로부터 다음이 성립한다.

$$\mathsf{T}_v \begin{pmatrix} 0 \\ 0 \\ 1 \end{pmatrix} = \begin{pmatrix} \dfrac{-v}{\sqrt{1-v^2}} \\ 0 \\ \dfrac{1}{\sqrt{1-v^2}} \end{pmatrix} \tag{6.25}$$

다음 결과는 두 관계식 (6.22), (6.25)와 정리 6.39를 사용하여 쉽게 증명할 수 있다.

정리 6.43 R^3의 표준 순서기저 β에 대하여 다음이 성립한다.

$$[\mathsf{T}_v]_\beta = B_v = \begin{pmatrix} \dfrac{1}{\sqrt{1-v^2}} & 0 & \dfrac{-v}{\sqrt{1-v^2}} \\ 0 & 1 & 0 \\ \dfrac{-v}{\sqrt{1-v^2}} & 0 & \dfrac{1}{\sqrt{1-v^2}} \end{pmatrix}$$

시간수축

아인슈타인의 이론을 받아들일 때, 가장 신기하고 역설적으로 느껴지는 결론을 소개하고자 한다. 우주비행사가 우주선을 타고 (우리 태양계에서 측정한) 고정된 속도 v로 태양계를 떠난다고 가정하자. 아인슈타인의 이론에 따르면 지구에서 시간이 t만큼 흐를 때, 우주선에서는 시간이 $t\sqrt{1-v^2}$만큼만 흐른다.

이 결과를 증명하기 위해 앞서 설명한 좌표계 S와 S', 시계 C와 C'을 도입하자. S'의 원점은 우주선과 같고, S의 원점은 (태양에 대하여 고정된) 태양계의 어떤 점이다. 우주비행사가 출발하는 순간 S와 S'의 원점이 일치하고, 시계 C와 C'으로 측정한 시각이 0이라 하자.

S가 관측할 때 C로 측정한 임의의 시각 $t > 0$에서 우주선의 시공간좌표는 $\begin{pmatrix} vt \\ 0 \\ t \end{pmatrix}$이고, S'이 관측할 때 C'으로 측정한 시각 $t' > 0$에서 우주선의 시공간좌표는 $\begin{pmatrix} 0 \\ 0 \\ t' \end{pmatrix}$이다. 한편, 두 시공간좌표 $\begin{pmatrix} vt \\ 0 \\ t \end{pmatrix}$, $\begin{pmatrix} 0 \\ 0 \\ t' \end{pmatrix}$이 같은 사건을 묘사한다면 다음 관계식이 성립해야 한다.

$$\mathsf{T}_v \begin{pmatrix} vt \\ 0 \\ t \end{pmatrix} = \begin{pmatrix} 0 \\ 0 \\ t' \end{pmatrix} \quad \Rightarrow \quad \begin{pmatrix} \dfrac{1}{\sqrt{1-v^2}} & 0 & \dfrac{-v}{\sqrt{1-v^2}} \\ 0 & 1 & 0 \\ \dfrac{-v}{\sqrt{1-v^2}} & 0 & \dfrac{1}{\sqrt{1-v^2}} \end{pmatrix} \begin{pmatrix} vt \\ 0 \\ t \end{pmatrix} = \begin{pmatrix} 0 \\ 0 \\ t' \end{pmatrix}$$

위 식으로부터 $\dfrac{-v^2 t}{\sqrt{1-v^2}} + \dfrac{t}{\sqrt{1-v^2}} = t'$을 얻는다. 좌변을 정리하면 다음과 같이 원하는 결과를 이끌어낼 수 있다.

$$t' = t\sqrt{1-v^2} \tag{6.26}$$

시간수축은 직선 위의 운동에서 '거리수축'이라는 극적인 결과를 이끌어낸다(연습문제 7).

하나 더 짚고 넘어가자. 물체의 운동을 공부할 때 흔히 사용하는 거리와 시간의 단위(마일, 킬로미터, 초 등)를 사용한다고 가정하자. 우리가 사용한 속도 v는 같은 단위로 측정한 광속 c에 대한 비율(ratio)이었다. 이러한 이유로 이번 절의 임의의 식에서 등장하는 v를 $\dfrac{v}{c}$로 바꿀 수 있다. (이때, v와 c는 측정 단위가 같다.) 예를 들어, 거리와 시간의 단위가 같게 주어지면 (6.26)은 $t' = t\sqrt{1-\dfrac{v^2}{c^2}}$으로 바꿀 수 있다.

6.9 연습문제

1. 정리 6.40에서 $t < 0$인 경우의 증명을 완성하라.

2. 두 벡터 $w_1 = \begin{pmatrix} 1 \\ 0 \\ 1 \end{pmatrix}, w_2 = \begin{pmatrix} 1 \\ 0 \\ -1 \end{pmatrix}$에 대한 다음 명제가 참임을 보여라.

(a) $\{w_1, w_2\}$는 span$(\{e_1, e_3\})$의 직교기저이다.

(b) span$(\{e_1, e_3\})$은 $\mathsf{T}_v^* \mathsf{L}_A \mathsf{T}_v$-불변이다.

3. (6.24)를 유도하고 다음을 증명하라.

$$\mathsf{T}_v \begin{pmatrix} 0 \\ 0 \\ 1 \end{pmatrix} = \begin{pmatrix} \dfrac{-v}{\sqrt{1-v^2}} \\ 0 \\ \dfrac{1}{\sqrt{1-v^2}} \end{pmatrix} \tag{6.25}$$

힌트 (6.22)를 유도할 때와 비슷한 방법을 사용한다.

4. 세 좌표계 S, S', S''에 대응하는 좌표축이 각각 x, x', x''; y, y', y''; z, z', z''이고 서로 평행하며, x축, x'축, x''축은 일치한다고 가정하자. S'이 (S에서 측정한) 속도 $v_1 > 0$으로 S를 지나가고, S''는 (S'에서 측정한) 속도 $v_2 > 0$으로 S'을 지나가고, S''은 (S에서 측정한) 속도 $v_3 > 0$으로 S를 지나간다고 가정하자. 또한 S에 대하여 고정된 시계를 C, S'에 대하여 고정된 시계를 C', S''에 대하여 고정된 시계를 C''이라 하자. S, S', S''의 원점이 일치할 때, 세 시계의 시각이 0이라 가정한다. $\mathsf{T}_{v_3} = \mathsf{T}_{v_2}\mathsf{T}_{v_1}$(즉, $B_{v_3} = B_{v_2}B_{v_1}$)이라 가정한다. 다음 관계식이 성립함을 증명하라.

$$v_3 = \frac{v_1 + v_2}{1 + v_1 v_2}$$

위 식에서 $v_2 = 1$을 대입하면 $v_3 = 1$임을 유념하자. 이 결과는 S 또는 S'에서 측정한 빛의 속도가 일정함을 의미한다. 만약 그렇지 않다면 우리는 왜 놀라게 될까?

5. $(B_v)^{-1}$를 계산하고, $(B_v)^{-1} = B_{(-v)}$임을 보여라. S'이 S에 대한 음의 속도 v로 움직일 때, $[\mathsf{T}_v]_\beta = B_v$임을 유도하라. 이때, B_v는 정리 6.43에 제시한 것과 같다.

6. 2000년에 지구를 떠난 우주비행사가 99광년 떨어진 어느 별을 향해 광속의 99%의 속도로 출발하였다가 별에 도착하자마자 방향을 바꿔서 같은 속도로 지구에 귀환하였다. 아인슈타인의 특수상대성 이론을 가정하자. 우주비행사가 지구를 떠날 때 20세였다면, 지구에 귀환하는 2200년에 48.2세임을 보여라. 연습문제 4가 이 문제를 푸는 데 어떻게 사용되었는지 설명하라.

7. 시간수축을 설명한 우주선을 다시 생각하자. 이 우주선이 S의 x축 위에 고정된 별을 향해 움직이고 있다. S의 원점과 이 별 사이의 거리는 b이다. 우주선이 v의 속도로 별을 향해 움직일 때 지구인(S에 대하여 거의 고정되어 있는 인물)이 계산한, 우주선이 별에 도착하는 데 걸리는 시간은 $t = \dfrac{b}{v}$이다. 시간수축 현상 때문에 우주비행사는 시간이 $t' = t\sqrt{1-v^2} = \dfrac{b}{v}\sqrt{1-v^2}$만큼 흘렀다고 인식한다. 우주비행사가 인식한 시간흐름은 거리 b와 속도 v에 부합하지 않는 역설이 발생한다.

이 역설은 우주비행사가 인식한 태양계와 이 별 사이의 거리가 b보다 짧음을 확인하면 해결할 수 있다.

좌표계와 S와 S', 시계 C와 C'은 시간수축을 설명한 것과 같다고 하자. 다음 결과를 증명하라.

(a) (C로 측정한) 시각 t에서 S와 C에 대한 별의 시공간좌표는 $\begin{pmatrix} b \\ 0 \\ t \end{pmatrix}$이다.

(b) (C로 측정한) 시각 t에서 S'과 C'에 대한 별의 시공간좌표는 $\begin{pmatrix} \dfrac{b-vt}{\sqrt{1-v^2}} \\ 0 \\ \dfrac{t-bv}{\sqrt{1-v^2}} \end{pmatrix}$이다.

(c) $x' = \dfrac{b-tv}{\sqrt{1-v^2}}$, $t' = \dfrac{t-bv}{\sqrt{1-v^2}}$에 대하여 $x' = b\sqrt{1-v^2} - t'v$이다.

이 결과에 따르면 (우주비행사가 측정한) 시각 t'에서 (우주비행사가 측정한) 우주비행사와 별 사이의 거리는 $b\sqrt{1-v^2} - t'v$이다(그림 6.9).

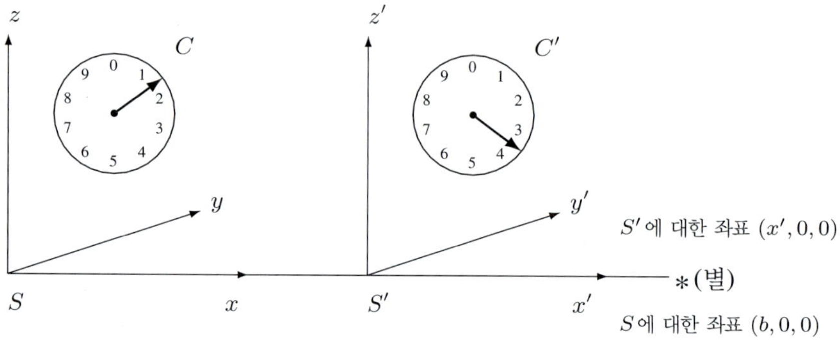

[그림 6.9] 연습문제 7(c)의 그림. 공통축 끝에 있는 별의 좌표를 제외하면 그림 6.8과 동일하다.

(d) 앞서 유도한 식을 사용하여 다음 명제가 참임을 보여라.

(i) (우주비행사가 측정한) 별에 대한 우주선의 속도는 v이다.

(ii) (우주비행사가 측정한) 지구와 별 사이의 거리는 $b\sqrt{1-v^2}$이다. 즉, 우주선이 이동한 직선 거리가 $\sqrt{1-v^2}$의 비율로 수축한 것처럼 보인다.

6.10 조건화와 레일리 몫*

A는 $m\times n$ 행렬이고, b는 $m\times 1$ 벡터일 때, 3.4절에서 $Ax=b$ 꼴로 주어진 연립일차방정식을 푸는 구체적인 기술을 다루었다. 이러한 연립방정식은 현실의 많은 문제를 푸는 데 등장한다. 연립방정식의 계수는 보통 실험의 결과로 얻는데, 해를 구하기에는 m과 n이 너무 커서 컴퓨터의 도움을 받아야 하는 경우가 많다. 이때, 오차가 발생할 수 있는 두 가지 상황을 고려해야 한다. 첫 번째는 실험 장비의 오차로 인해, 얻은 자료에 문제가 있을 수 있다. 두 번째는 컴퓨터가 반올림 오차를 낼 수 있다.

흔히 연립방정식의 계수가 아주 조금 바뀌면 해 또한 상대적으로 크게 달라지지 않을 것이라 생각한다. 이런 성질이 있는 연립방정식을 **좋은 조건이다(well-conditioned)**고 한다. 그렇지 않은 연립방정식은 **나쁜 조건이다(ill-conditioned)**고 한다.

이제 이러한 종류의 오차의 몇 가지 예를 살펴보고, A의 성분 변화보다 b가 변하는 것을 집중적으로 살펴보겠다. 대부분의 응용 분야에서 다루는 것처럼 A는 가역인 정사각행렬이고 성분은 복소수(또는 실수)임을 가정한다.

예제 1 연립일차방정식 $\begin{cases} x_1+x_2=5 \\ x_1-x_2=1\end{cases}$의 해는 $\begin{pmatrix}3\\2\end{pmatrix}$이다. 이 연립방정식을 살짝 바꾼 새로운 연립방정식 $\begin{cases} x_1+x_2=5 \\ x_1-x_2=1.0001\end{cases}$의 해는 $\begin{pmatrix}3.00005\\1.99995\end{pmatrix}$이다. 한 계수가 10^{-4}만큼 바뀌자 새로운 해에서는 각 성분마다 10^{-4} 미만의 변화가 발생하였다.

일반적으로 연립방정식 $\begin{cases} x_1+x_2=5 \\ x_1-x_2=1+\delta\end{cases}$의 해는 $\begin{pmatrix}3+\delta/2\\2-\delta/2\end{pmatrix}$이다. 즉, b가 작게 변화하면 마찬가지로 조금 변화했다. 물론 여기에서는 **상대적인 변화**에 주로 관심이 있다. 10^{-2} 자리의 수였던 해의 변화량이 10이면 변화량이 매우 크다고 느껴지지만, 10^6 자리의 수였던 해의 변화량이 10이면 변화량이 작게 느껴진다.

이제 벡터 $b'-b$를 δb라 표기하자. 이때, b는 처음 연립일차방정식의 벡터이고, b'은 바뀐 연립일차방정식의 벡터이다. 즉, 다음이 성립한다.

$$\delta b = \begin{pmatrix}5\\1+h\end{pmatrix} - \begin{pmatrix}5\\1\end{pmatrix} = \begin{pmatrix}0\\h\end{pmatrix}$$

또한 스칼라 $\dfrac{\|\delta b\|}{\|b\|}$를 b의 **상대적 변화량(relative change)**이라 정의한다. 이때, $\|\cdot\|$는 C^n(또는 R^n)의 표준 노름이다. 다시 말해, $\|b\|=\sqrt{\langle b,b\rangle}$이다. 우리는 지금 표준 노름을 사용하고 있지만, 이후에

다루는 대부분의 내용은 임의의 노름에 대해서도 성립한다. x에 대해서도 비슷하게 **상대적 변화량**을 정의한다. 예를 들면 다음과 같이 $\frac{\|\delta x\|}{\|x\|}$를 계산할 수 있다.

$$\frac{\|\delta b\|}{\|b\|} = \frac{|h|}{\sqrt{26}}, \qquad \frac{\|\delta x\|}{\|x\|} = \frac{\left\|\begin{pmatrix} 3+h/2 \\ 2-h/2 \end{pmatrix} - \begin{pmatrix} 3 \\ 2 \end{pmatrix}\right\|}{\left\|\begin{pmatrix} 3 \\ 2 \end{pmatrix}\right\|} = \frac{|h|}{\sqrt{26}}$$

x의 상대적 변화량과 b의 상대적 변화량이 같으므로 이 연립방정식은 좋은 조건이다.

예제 2 다음 연립일차방정식을 생각하자.

$$\begin{aligned} x_1 &+ \quad\quad x_2 &= 3 \\ x_1 &+ 1.00001x_2 &= 3.00001 \end{aligned}$$

해는 $\begin{pmatrix} 2 \\ 1 \end{pmatrix}$이다. 위 연립방정식을 살짝 바꾼 다음 연립방정식을 생각하자.

$$\begin{aligned} x_1 + \quad\quad x_2 &= 3 \\ x_1 + 1.00001x_2 &= 3.00001 + \delta \end{aligned}$$

해는 $\begin{pmatrix} 2-(10^5)h \\ 1+(10^5)h \end{pmatrix}$이다.

x의 상대적 변화량은 $\frac{\|\delta x\|}{\|x\|} = 10^5\sqrt{2/5}\,|h| \geq 10^4|h|$인 반면, b의 상대적 변화량은 $\frac{\|\delta b\|}{\|b\|} \approx \frac{|h|}{3\sqrt{2}}$이다. x의 상대적 변화량은 b의 상대적 변화량의 최소 10^4배이므로 이 연립방정식은 나쁜 조건이다. 왜 그럴까? 위 두 방정식에 대응하는 두 직선이 거의 나란하기 때문이다. 즉, 직선 중 하나가 아주 조금 바뀌면, 두 직선의 교점(=연립방정식의 해)이 크게 바뀌기 때문이다.

앞서 공부한 자기수반 행렬의 이론을 조건화(conditioning)에 적용하고자 한다. 우선 행렬의 노름을 정의하자. (행렬의 노름에 대한 다양한 성질을 확인하고 싶다면, 6.1절 연습문제 26–30을 보라.)

정의 성분이 복소수(또는 실수)인 $n \times n$ 행렬 A를 생각하자. A의 **노름(norm)**을 다음과 같이 정의한다.

$$\|A\|_E = \max_{x \neq 0} \frac{\|Ax\|}{\|x\|}$$

이때, $x \in \mathbf{C}^n$ 또는 $x \in \mathbf{R}^n$ 이다.

직관적으로 $\|A\|_E$ 는 행렬 A에 의해 벡터가 최대한 **확대(magnification)**된 정도를 의미한다. 그런데 이 최댓값은 과연 존재할까? 또한 존재한다면 어떻게 구할 수 있을까? 이에 대한 답은 레일리 몫을 사용하는 것이다.

정의 $n \times n$ 자기수반행렬 B에 대하여 $x \neq 0$의 **레일리 몫(Rayleigh quotient)**은 스칼라 $R(x) = \dfrac{\langle Bx, x\rangle}{\|x\|^2}$ 라 정의한다.

다음 결과는 자기수반행렬에 대한 레일리 몫의 극값이 가진 핵심을 다루고 있다.

정리 6.44 자기수반행렬 $B \in \mathbf{M}_{n\times n}(F)$에 대하여 $\max\limits_{x\neq 0} R(x)$는 B의 고윳값 중 최댓값이고, $\min\limits_{x\neq 0} R(x)$는 B의 고윳값 중 최솟값이다.

증명 정리 6.19와 정리 6.20에 의해, B의 고유벡터로 이루어지고 $Bv_i = \lambda_i v_i$ $(1 \leq i \leq n)$, $\lambda_1 \geq \lambda_2 \geq \cdots \geq \lambda_n$을 만족하는 정규직교기저 $\{v_1, v_2, \ldots, v_n\}$이 존재한다. (정리 6.17의 보조정리(398쪽)에 따르면 B의 고윳값은 실수이다.) 이제 $x \in \mathbf{F}^n$에 대하여, $x = \sum\limits_{i=1}^{n} a_i v_i$ 인 스칼라 $a_1, a_2, \ldots, a_n$이 존재한다. 따라서 $R(x)$를 계산하면 다음과 같다.

$$R(x) = \frac{\langle Bx, x\rangle}{\|x\|^2} = \frac{\left\langle \sum\limits_{i=1}^{n} a_i\lambda_i v_i, \sum\limits_{j=1}^{n} a_j v_j \right\rangle}{\|x\|^2}$$

$$= \frac{\sum\limits_{i=1}^{n} \lambda_i |a_i|^2}{\|x\|^2} \leq \frac{\lambda_1 \sum\limits_{i=1}^{n} |a_i|^2}{\|x\|^2} = \frac{\lambda_1 \|x\|^2}{\|x\|^2} = \lambda_1$$

또한 $R(v_1) = \lambda_1$ 이다. 즉, 정리의 전반부를 증명하였다. 후반부의 증명 또한 이와 비슷하다. ◀

따름정리 1 임의의 정사각행렬 A에 대하여 $\|A\|_E$ 는 유한한 값이다. 사실 그 값은 $\sqrt{\lambda}$와 같다. 이때, λ는 A^*A의 고윳값 중 가장 큰 값이다.

증명 자기수반행렬 A^*A를 B라 하자. 또한 B의 가장 큰 고윳값을 λ라 하자. $x \neq 0$에 대하여 다음이 성립한다.

$$0 \le \frac{\|Ax\|^2}{\|x\|^2} = \frac{\langle Ax, Ax\rangle}{\|x\|^2} = \frac{\langle A^*Ax, x\rangle}{\|x\|^2} = \frac{\langle Bx, x\rangle}{\|x\|^2} = R(x)$$

정리 6.44에 의해 $\|A\|_E^2 = \lambda$이다. ◀

따름정리 1의 증명에 의하면 A^*A의 모든 고윳값은 음이 아니다. 따름정리 2를 증명하기 전에 보조정리를 하나 다루겠다.

보조정리 임의의 정사각행렬 A에 대하여, λ가 A^*A의 고윳값이기 위한 필요충분조건은 λ가 AA^*의 고윳값인 것이다.

증명 λ를 A^*A의 고윳값이라 하자. $\lambda = 0$이라면, A^*A는 가역이 아니다. 즉, A와 A^*는 가역이 아니고, λ는 AA^*의 고윳값이다. 그 역의 증명 또한 이와 비슷하다.

$\lambda \neq 0$이라 가정하자. $A^*Ax = \lambda x$인 $x \neq \mathit{0}$이 존재한다. 위 식의 양변의 왼쪽에 A를 곱하면 $(AA^*)(Ax) = \lambda(Ax)$를 얻는다. $Ax \neq \mathit{0}(\lambda x = \mathit{0}$이 아니기 때문)이고, λ는 AA^*의 고윳값이다. 역을 증명하는 것은 연습문제로 남긴다(연습문제 8). ◀

따름정리 2 가역행렬 A에 대하여 $\|A^{-1}\|_E = \dfrac{1}{\sqrt{\lambda}}$이다. 이때 λ는 A^*A의 고윳값 중 최솟값이다.

증명 λ가 가역행렬의 고윳값이 되기 위한 필요충분조건은 λ^{-1}가 역행렬의 고윳값임을 상기하자.

A^*A의 고윳값을 $\lambda_1 \ge \lambda_2 \ge \cdots \ge \lambda_n$이라 하자. 이 고윳값은 보조정리에 의해 AA^*의 고윳값이다. 이제 $\|A^{-1}\|_E^2$는 $(A^{-1})^*A^{-1} = (AA^*)^{-1}$의 가장 큰 고윳값과 같고, 이는 $\dfrac{1}{\lambda_n}$과 같다. ◀

응용 분야에서는 고윳값 중 최댓값과 최솟값만 필요한 경우가 많다. 예를 들어, 진동문제(vibration problem)에서 가장 작은 고윳값은 진동이 일어날 수 있는 가장 낮은 주파수를 의미한다. 이제 조건화에서 두 고윳값이 어떤 역할을 하는지 확인해 보자.

예제 3 행렬 $A = \begin{pmatrix} 1 & 0 & 1 \\ -1 & 1 & 0 \\ 0 & 1 & 1 \end{pmatrix}$에 대하여 $B = A^*A = \begin{pmatrix} 2 & -1 & 1 \\ -1 & 2 & 1 \\ 1 & 1 & 2 \end{pmatrix}$라 하면 B의 고윳값은 $3, 3, 0$이다. 따라서 $\|A\|_E = \sqrt{3}$이다. 임의의 $x = \begin{pmatrix} a \\ b \\ c \end{pmatrix} \neq \mathit{0}$에 대하여 행렬 B의 레일리 몫 $R(x)$를 다음과 같이 계산할 수 있다.

$$3 \ge R(x) = \frac{\langle Bx, x\rangle}{\|x\|^2} = \frac{2(a^2+b^2+c^2-ab+ac+bc)}{a^2+b^2+c^2}$$

이제 임의의 정사각행렬 A에 대하여 $\|A\|_E$가 존재함을 알았다. 임의의 x에 대하여 부등식 $\|Ax\| \leq \|A\|_E \cdot \|x\|$가 성립함을 이용할 수 있다.

A가 가역행렬이며 $b \neq 0$, $Ax = b$라 가정하자. 주어진 δb에 대하여 $A(x+\delta x) = b+\delta b$을 만족하는 벡터를 δx라 하자. 즉, $A(\delta x) = \delta b$이고 $\delta x = A^{-1}(\delta b)$이다. 따라서 $\|b\|$와 $\|\delta x\|$는 다음과 같다.

$$\|b\| = \|Ax\| \leq \|A\|_E \cdot \|x\|, \quad \|\delta x\| = \|A^{-1}(\delta b)\| \leq \|A^{-1}\|_E \cdot \|\delta b\|$$

x의 상대적 변화량은 다음과 같다.

$$\frac{\|\delta x\|}{\|x\|} \leq \frac{\|A^{-1}\|_E \cdot \|\delta b\| \cdot \|A\|_E}{\|b\|} = \|A\|_E \cdot \|A^{-1}\|_E \cdot \left(\frac{\|\delta b\|}{\|b\|}\right)$$

비슷한 방식으로 다음이 성립한다(연습문제 9).

$$\frac{1}{\|A\|_E \cdot \|A^{-1}\|_E}\left(\frac{\|\delta b\|}{\|b\|}\right) \leq \frac{\|\delta x\|}{\|x\|}$$

값 $\|A\|_E \cdot \|A^{-1}\|_E$를 A의 **조건수(condition number)**라 하고, $\mathrm{cond}(A)$라 표기한다. 이상의 내용을 다음과 같이 정리하자.

> **정리 6.45** 연립일차방정식 $Ax = b$를 생각하자. 이때, A는 가역행렬이고, $b \neq 0$이다. 다음이 성립한다.
>
> **(1)** $\dfrac{1}{\mathrm{cond}(A)}\dfrac{\|\delta b\|}{\|b\|} \leq \dfrac{\|\delta x\|}{\|x\|} \leq \mathrm{cond}(A)\dfrac{\|\delta b\|}{\|b\|}$
>
> **(2)** λ_1와 λ_n이 각각 A^*A의 가장 큰 고윳값과 가장 작은 고윳값이라면, A의 조건수는 $\mathrm{cond}(A) = \sqrt{\lambda_1/\lambda_n}$이다.

증명 (1) 정리 6.45 직전의 부등식으로부터 이끌어 낼 수 있다.

(2) 정리 6.44의 따름정리 1과 따름정리 2에 의해 성립한다. ◀

$\mathrm{cond}(A)$의 정의는 A의 노름의 정의에 의존함을 유념하자. 행렬의 노름을 정의하는 여러 가지 합리적인 방법이 있다. 사실 정리 6.45(1)과 직전의 두 부등식을 얻기 위해 필요한 성질은 모든 x에 대하여 $\|Ax\| \leq \|A\|_E \cdot \|x\|$라는 것이다.

정리 6.45(1)에 의해, $\mathrm{cond}(A) \geq 1$임은 명백하다. $\mathrm{cond}(A) = 1$이기 위한 필요충분조건은 A가 유니타리 행렬 또는 직교행렬의 스칼라 곱인 것이다. 이를 증명하는 것은 연습문제로 남긴다(연습문제 11). 또한, b와 δb를 적절히 선택하면 정리 6.45(1)의 등호가 성립한다는 것도 확인해 보라.

(1)로부터 cond(A)가 1에 가까워지면 b의 상대오차가 작을 때 x의 상대오차도 작음을 곧바로 알 수 있다. 그러나 cond(A)가 크면 b의 상대오차가 크더라도 x의 상대오차는 작을 수 있다. 또는 b의 상대오차가 작더라도 x의 상대오차는 클 수 있다! 요약하자면 큰 cond(A)는 큰 상대오차가 **발생할 수 있음**을 암시한다.

지금까지는 b의 오차에 집중했다. 연립일차방정식 $Ax = b$의 계수행렬에 오차 δA가 있다면, 상황은 훨씬 복잡해진다. 예를 들어, $A + \delta A$는 가역이 아닐 수도 있다. 다행히도 적절히 가정을 추가하면, x의 상대오차의 상하한은 cond(A)에 대한 식으로 표현할 수 있다고 알려져 있다. 예를 들어 찰스 쿨렌(Charles Cullen)은 $A + \delta A$가 가역이면 다음이 성립함을 보였다.[21]

$$\frac{\|\delta x\|}{\|x + \delta x\|} \le \text{cond}(A)\frac{\|\delta A\|_E}{\|A\|_E}$$

응용 분야에서는 cond(A)를 정의대로 계산하지 않는다. 노름을 계산하기 위해 A^{-1}를 구하는 것은 굉장한 낭비이기 때문이다. 실제로 컴퓨터로 A^{-1}를 구하면 컴퓨터는 십중팔구 A^{-1}의 근사행렬을 구한다. 이때 오차는 cond(A)로 결정되므로 악순환이 거듭된다. 다행히도 cond(A)의 쓸만한 근삿값을 구할 수 있는 경우가 발견되었다. 대부분은 cond(A)의 추정치를 사용하여 x의 상대오차를 추정할 수 있다.

6.10 연습문제

1. 다음 명제의 참-거짓을 판정하라.

(a) $Ax = b$가 좋은 조건을 가지면 cond(A)는 작다.

(b) cond(A)가 크면 $Ax = b$는 나쁜 조건이다.

(c) cond(A)가 작으면 $Ax = b$는 좋은 조건이다.

(d) A의 노름은 레일리 몫과 같다.

(e) A의 노름은 반드시 A의 고윳값 중 가장 큰 값과 같다.

2. 다음 행렬의 노름을 계산하라.

(a) $\begin{pmatrix} 4 & 0 \\ 1 & 3 \end{pmatrix}$ (b) $\begin{pmatrix} 5 & 3 \\ -3 & 3 \end{pmatrix}$ (c) $\begin{pmatrix} 1 & \frac{-2}{\sqrt{3}} & 0 \\ 0 & \frac{-2}{\sqrt{3}} & 1 \\ 0 & \frac{2}{\sqrt{3}} & 1 \end{pmatrix}$

21 다음 문헌을 참고하라. Charles G. Cullen, *An Introduction to Numerical Linear Algebra*, PWS Publishing Co., Boston 1994, p. 60

3. B가 대칭행렬일 때, $\|B\|_E$는 B의 고윳값 중 가장 큰 값임을 증명하라.

4. A와 A^{-1}가 다음과 같이 주어졌다고 하자.

$$A = \begin{pmatrix} 6 & 13 & -17 \\ 13 & 29 & -38 \\ -17 & -38 & 50 \end{pmatrix}, \quad A^{-1} = \begin{pmatrix} 6 & -4 & 1 \\ -4 & 11 & 7 \\ -1 & 7 & 5 \end{pmatrix}$$

A의 고윳값은 근사적으로 84.74, 0.2007, 0.0588이다. 다음 물음에 답하라.

(a) $\|A\|_E$, $\|A^{-1}\|_E$, $\text{cond}(A)$의 근삿값을 구하라.

힌트 연습문제 3을 보라.

(b) 벡터 x, $\tilde{x}$는 $Ax = b$, $\|b - A\tilde{x}\| \le 0.001$을 만족한다고 가정하자. (a)를 사용하여 절대오차 $\|\tilde{x} - A^{-1}b\|$와 상대오차 $\dfrac{\|\tilde{x} - A^{-1}b\|}{\|A^{-1}b\|}$의 상한을 각각 구하라.

5. $Ax = b$의 실제 해를 x, 컴퓨터를 사용하여 얻은 근사해를 $\tilde{x}$라 하자. $\text{cond}(A) = 100$, $\|b\| = 1$, $\|b - A\tilde{x}\| = 0.1$일 때, $\dfrac{\|x - \tilde{x}\|}{\|x\|}$의 상한과 하한을 각각 구하라.

6. 행렬 $B = \begin{pmatrix} 2 & 1 & 1 \\ 1 & 2 & 1 \\ 1 & 1 & 2 \end{pmatrix}$에 대하여 $R\begin{pmatrix} 1 \\ -2 \\ 3 \end{pmatrix}$, $\|B\|_E$, $\text{cond}(B)$를 각각 구하라.

7. 대칭행렬 B에 대하여 $\min\limits_{x \neq 0} R(x)$는 B의 고윳값 중 가장 작은 값과 같음을 증명하라.

8. λ가 AA^*의 고윳값일 때, λ는 A^*A의 고윳값임을 증명하라. 이를 통해 정리 6.44의 따름정리 2의 보조정리의 증명이 끝난다.

9. A가 가역행렬이고 $Ax = b$일 때 다음 부등식을 증명하라.

$$\frac{1}{\|A\|_E \cdot \|A^{-1}\|_E}\left(\frac{\|\delta b\|}{\|b\|}\right) \le \frac{\|\delta x\|}{\|x\|}$$

10. 정리 6.45(1)의 왼쪽 부등식을 증명하라.

11. $\text{cond}(A) = 1$이기 위한 필요충분조건은 A가 유니타리 행렬 또는 직교행렬의 스칼라 곱임을 증명하라.

12. 다음 물음에 답하라.

(a) 유니타리 동치인 정사각행렬 A와 B를 생각하자. $\|A\|_E = \|B\|_E$가 성립함을 보여라.

(b) 유한차원 내적공간 V의 선형연산자 T에 대하여 $\|\mathsf{T}\|_E = \max_{x\neq 0}\dfrac{\|\mathsf{T}(x)\|}{\|x\|}$를 정의하자. 이때, $\|\mathsf{T}\|_E = \|[\mathsf{T}]_\beta\|_E$ 임을 증명하라. 단, β는 V의 임의의 정규직교기저이다.

(c) 무한차원 내적공간 V와 정규직교기저 $\{v_1, v_2, \dots\}$를 생각하자. V의 선형연산자 T에 대하여 $\mathsf{T}(v_k) = kv_k$가 성립할 때 (b)에서 정의한 $\|\mathsf{T}\|_E$가 존재하지 않음을 증명하라.

13. **특잇값**, **유사역행렬**의 정의와 6.7절의 내용을 이해했다면, 랭크가 r고 영이 아닌 특잇값 $\sigma_1 \geq \sigma_2 \geq \cdots \geq \sigma_r$이 있는 $n \times n$ 행렬 A를 생각하자. 다음 결과를 증명하라.

(a) $\|A\|_E = \sigma_1$

(b) $\|A^\dagger\|_E = \dfrac{1}{\sigma_r}$

(c) A가 가역이면(즉 $r = n$), $\text{cond}(A) = \dfrac{\sigma_1}{\sigma_n}$이다.

6.11 직교연산자와 기하학*

정리 6.22에 의해, 유한차원 실내적공간의 임의의 등장사상은 직교연산자와 평행이동의 합성이다. 직교연산자의 구조를 완벽히 파악하면 등장사상에 대한 기하학을 완전히 이해할 수 있다. 이번 절에서는 유한차원 실내적공간의 임의의 직교연산자를 회전변환과 대칭변환으로 설명할 수 있음을 보인다.

이번 절의 내용을 이해하기 위해서는 선형연산자의 행렬식의 정의(5.1절), 행렬식의 기본 성질(5.1절 연습문제 8)과 더불어 5.2절 말미에서 다룬 직합(direct sum)의 개념에 익숙해야 한다. 이제 R^2에서 정의한 회전변환과 대칭변환의 정의를 임의의 2차원 실내적공간으로 확장하겠다.

정의 2차원 실내적공간 V의 선형연산자 T를 생각하자.

- $\mathsf{T}(x_1) = (\cos\theta)x_1 + (\sin\theta)x_2,\quad \mathsf{T}(x_2) = (-\sin\theta)x_1 + (\cos\theta)x_2$인 ($\mathsf{V}$의) 정규직교기저 $\beta = \{x_1, x_2\}$와 실수 θ가 존재하면 T를 **회전변환(rotation)**이라 한다.
- 모든 $x \in \mathsf{W}$에 대하여 $\mathsf{T}(x) = -x$이고, 모든 $y \in \mathsf{W}^\perp$에 대하여 $\mathsf{T}(y) = y$인 (V의) 1차원 부분공간 W가 존재하면 T를 **대칭변환(reflection)**이라 한다. 정확히 말하면 T는 $\mathsf{W}^\perp$에 대한 V의 **대칭변환**이다.

편의를 위해 1차원 내적공간의 회전변환과 대칭변환은 다음과 같이 정의한다.

정의 1차원 내적공간 V의 선형연산자 T를 생각하자. T가 항등연산자이면 **회전변환**, 모든 $x \in \mathsf{V}$에 대하여 $\mathsf{T}(x) = -x$면 **대칭변환**이라 한다.

1차원 내적공간의 회전변환과 대칭변환은 직교연산자이다. 2차원 실내적공간의 회전변환과 대칭변환(또는 이들의 합성)은 직교연산자임을 기억할 필요가 있다(연습문제 2).

예제 1 몇 가지 대표적인 대칭변환을 살펴보자.

(a) $\mathsf{T}\colon \mathsf{R}^2 \to \mathsf{R}^2$을 $\mathsf{T}(a,b) = (-a,b)$라 정의하자. $\mathsf{W} = \text{span}(\{e_1\})$이라 하면, 모든 $x \in \mathsf{W}$에 대하여 $\mathsf{T}(x) = -x$이고, 모든 $y \in \mathsf{W}^\perp$에 대하여 $\mathsf{T}(y) = y$이다. T는 $\mathsf{W}^\perp = \text{span}(\{e_2\})$, 즉 y축에 대한 (R^2의) 대칭변환이다.

(b) $\mathsf{T}\colon \mathsf{R}^2 \to \mathsf{R}^2$을 $\mathsf{T}(a,b) = (b,a)$라 정의하자. $\mathsf{W} = \text{span}(\{(1,1)\})$이라 하면, 모든 $w \in \mathsf{W}$에 대하여 명백히 $\mathsf{T}(w) = w$이다. $(a,b) \in \mathsf{W}^\perp$라 하면 (a,b)는 $(1,1)$와 직교하므로 $a+b=0$에서 $b=-a$이다. 즉 $\mathsf{W}^\perp = \text{span}(\{(1,-1)\})$이고 $\mathsf{T}(a,b) = \mathsf{T}(a,-a) = (-a,a) = -(a,b)$이다. 결론적으로, T는 W에 대한 (R^2의) 대칭변환이다.

다음 정리는 2차원 실내적공간 V의 모든 직교연산자의 핵심적인 특징을 보여 준다. 모든 2차원 실내적공간은 본질적으로 같기 때문에 정리 6.23에서 증명을 이끌어낼 수 있다. 엄밀한 증명을 원한다면 정리 2.21을 사용하면 된다. V의 정규직교기저를 β라 할 때, 6.2절 연습문제 15에 의해, 동형사상 $\phi_\beta\colon \mathsf{V} \to \mathsf{R}^2$은 내적을 보존함을 사용하면 된다(연습문제 8).

정리 6.46 2차원 실내적공간 V의 직교연산자 T는 회전변환 또는 대칭변환이다. 또한, T가 회전변환이기 위한 필요충분조건은 $\det(\mathsf{T}) = 1$이고, T가 대칭변환이기 위한 필요충분조건은 $\det(\mathsf{T}) = -1$이다.

R^2의 대칭변환에 대한 완전한 묘사는 6.5절에서 다루었다.

따름정리 2차원 실내적공간 V를 생각하자.

(1) V의 대칭변환과 회전변환의 합성은 V의 대칭변환이다.
(2) V의 두 대칭변환의 합성은 V의 회전변환이다.
(3) V의 두 회전변환의 합성은 V의 회전변환이다.

증명 (1) T_1이 V의 대칭변환이고, T_2가 V의 회전변환일 때, 정리 6.46에 의해, $\det(\mathsf{T}_1) = 1$이고 $\det(\mathsf{T}_2) = -1$이다. 합성변환 $\mathsf{T} = \mathsf{T}_2\mathsf{T}_1$을 생각하자. T_2와 T_1이 모두 직교연산자이므로 T도 직교연산자이다. 또한, $\det(\mathsf{T}) = \det(\mathsf{T}_2)\cdot\det(\mathsf{T}_1) = -1$이다. 정리 6.46으로부터 T는 대칭변환이다. $\mathsf{T}_1\mathsf{T}_2$도 이와 비슷하게 증명한다.

(2)와 (3)은 (1)의 증명과 유사하게 증명한다. ◀

이제 높은 차원의 직교연산자를 공부해 보자.

보조정리 점공간이 아닌 유한차원 실내적공간 V의 선형연산자 T에 대하여 $1 \leq \dim(\mathsf{W}) \leq 2$인 ($\mathsf{V}$의) T-불변 부분공간 W가 존재한다.

증명 V의 순서기저를 $\beta = \{y_1, y_2, \ldots, y_n\}$이라 고정하고 $A = [\mathsf{T}]_\beta$라 하자. 선형변환 $\phi_\beta : \mathsf{V} \to \mathsf{R}^n$을 $\phi_\beta(y_i) = e_i$라 정의하자. (단, $i = 1, 2, \ldots, n$.) 2.4절에서 확인했듯이 ϕ_β는 동형사상이고, 그림 6.10의 다이어그램은 가환적이다. 다시 말해, $\mathsf{L}_A\phi_\beta = \phi_\beta\mathsf{T}$이다. 이제 $1 \leq \dim(\mathsf{Z}) \leq 2$인 ($\mathsf{R}^n$의) L_A-불변 부분공간 Z가 존재함을 보이면 충분하다. $\mathsf{W} = \phi_\beta^{-1}(\mathsf{Z})$라 정의하면 W는 보조정리의 결론을 만족한다(연습문제 12).

$$\begin{array}{ccc} \mathsf{V} & \xrightarrow{\mathsf{T}} & \mathsf{V} \\ \big\downarrow{\scriptstyle \beta} & & \big\downarrow{\scriptstyle \beta} \\ \mathsf{R}^n & \xrightarrow{\mathsf{L}_A} & \mathsf{R}^n \end{array}$$

[그림 6.10] 벡터공간 V, R^n 사이의 선형변환

행렬 A는 모든 성분이 복소수인 $n \times n$ 행렬로 취급할 수 있다. 즉, C^n의 선형연산자 U를 $\mathsf{U}(v) = Av$라 정의할 수 있다. U는 유한차원 C-벡터공간의 선형연산자이므로, 고윳값 $\lambda \in C$이 있다. λ에 대응하는 고유벡터를 $x \in \mathsf{C}^n$이라 하자. 어떤 실수 λ_1와 λ_2에 대하여, $\lambda = \lambda_1 + i\lambda_2$라 쓸 수 있다. 또한 모든 실수 a_i, b_i에 대하여 다음과 같이 나타낼 수 있다.

$$x = \begin{pmatrix} a_1 + ib_1 \\ a_2 + ib_2 \\ \vdots \\ a_n + ib_n \end{pmatrix}$$

이제 $x_1 = \begin{pmatrix} a_1 \\ a_2 \\ \vdots \\ a_n \end{pmatrix}$, $x_2 = \begin{pmatrix} b_1 \\ b_2 \\ \vdots \\ b_n \end{pmatrix}$ 이라 하면 실수 x_1, x_2에 대하여 $x = x_1 + ix_2$이다. $x \neq \mathit{0}$이므로 x_1와 x_2 중 적어도 하나는 영이 아니다. 즉, 다음이 성립한다.

$$\mathsf{U}(x) = \lambda x = (\lambda_1 + i\lambda_2)(x_1 + ix_2) = (\lambda_1 x_1 - \lambda_2 x_2) + i(\lambda_1 x_2 + \lambda_2 x_1)$$

비슷한 방식으로 $\mathsf{U}(x) = A(x_1 + ix_2) = Ax_1 + iAx_2$이다. $\mathsf{U}(x)$의 두 가지 표현의 실수부와 허수부를 각각 비교하면 다음과 같다.

$$Ax_1 = \lambda_1 x_1 - \lambda_2 x_2, \quad Ax_2 = \lambda_1 x_2 + \lambda_2 x_1$$

마지막으로 $\mathsf{Z} = \mathrm{span}(\{x_1, x_2\})$라 하면 이 생성공간은 R^n의 부분공간이다. $x_1 \neq \mathit{0}$ 또는 $x_2 \neq \mathit{0}$이므로 Z는 점공간이 아니다. $1 \leq \dim(\mathsf{Z}) \leq 2$이고 직전의 두 식에 따르면 Z는 L_A-불변 공간이다. ◀

정리 6.47 점공간이 아닌 유한차원 실내적공간 V의 직교연산자 T에 대하여, 다음 조건을 만족하는 T-불변 부분공간들의 집합족(collection) $\{\mathsf{W}_1, \mathsf{W}_2, \ldots, \mathsf{W}_m\}$이 존재한다. 이때, $\mathsf{W}_1, \mathsf{W}_2, \ldots, \mathsf{W}_m$에서 임의의 두 공간은 직교한다.

(1) $i = 1, 2, \ldots, m$에 대하여 $1 \leq \dim(\mathsf{W}_i) \leq 2$이다.

(2) $\mathsf{V} = \mathsf{W}_1 \oplus \mathsf{W}_2 \oplus \cdots \oplus \mathsf{W}_m$

증명 $\dim(\mathsf{V})$에 대한 수학적 귀납법을 사용한다.

$\dim(\mathsf{V}) = 1$인 경우는 자명히 성립한다.

어느 고정된 자연수 $n > 1$에 대하여, $\dim(\mathsf{V}) < n$일 때 이 정리가 성립한다고 가정하자.

$\dim(\mathsf{V}) = n$이라 하자. 보조정리에 의해, $1 \leq \dim(\mathsf{W}) \leq 2$인 ($\mathsf{V}$의) T-불변 부분공간 W_1이 존재한다. $\mathsf{W}_1 = \mathsf{V}$라면 증명은 끝난다. 그렇지 않은 경우 $\mathsf{W}_1^{\perp} \neq \{\mathit{0}\}$이다. 연습문제 13에 의해, $\mathsf{W}_1^{\perp}$는 T-불변 부분공간이고, T를 $\mathsf{W}_1^{\perp}$로 제한한 연산자는 직교연산자이다.

$\dim(\mathsf{W}_1^{\perp}) < n$이므로 수학적 귀납법의 가정을 $\mathsf{T}_{\mathsf{W}_1^{\perp}}$에 적용하면 임의로 선택한 두 부분공간이 서로 직교하는 ($\mathsf{W}_1^{\perp}$의) T-불변 부분공간 집합족(collection) $\{\mathsf{W}_2, \mathsf{W}_3, \ldots, \mathsf{W}_m\}$이 존재한다. 또한, $i = 2, 3, \ldots, m$에 대하여 $1 \leq \dim(\mathsf{W}_i) \leq 2$이고 $\mathsf{W}_1^{\perp} = \mathsf{W}_2 \oplus \mathsf{W}_3 \oplus \cdots \oplus \mathsf{W}_m$이다.

$\{\mathbf{W}_1, \mathbf{W}_2, \ldots, \mathbf{W}_m\}$도 마찬가지로 임의의 두 부분공간이 서로 직교한다. 6.2절 연습문제 13(d)에 의해, 다음이 성립한다.

$$\mathbf{V} = \mathbf{W}_1 \oplus \mathbf{W}_1^{\perp} = \mathbf{W}_1 \oplus \mathbf{W}_2 \oplus \cdots \oplus \mathbf{W}_m$$ ◀

정리 6.46을 정리 6.47의 증명 과정에 적용하면, $\mathbf{T}$를 $\mathbf{W}_i$로 제한한 연산자는 모든 $i = 1, 2, \ldots, m$에 대하여 회전변환 또는 대칭변환이다. 즉, $\mathbf{T}$는 회전변환과 대칭변환의 합성이라 할 수 있다. 불행히도 정리 6.47에서 $\mathbf{V}$를 분해한 방식의 유일성에 대해서는 말할 수 있는 것이 많지 않다. 예를 들어 부분공간 $\mathbf{W}_i$에서, 부분공간 $\mathbf{W}_i$의 개수 m, $\mathbf{T}_{\mathbf{W}_i}$가 대칭변환인 부분공간 $\mathbf{W}_i$의 개수는 모두 유일하지 않다. $\mathbf{T}_{\mathbf{W}_i}$가 대칭변환이 되도록 하는 $\mathbf{W}_i$의 개수는 유일하지 않지만, 그 개수가 홀수인지 짝수인지 여부는 $\mathbf{T}$에 내재된 성질이다. 또한, $\mathbf{T}_{\mathbf{W}_i}$가 대칭변환이 되도록 하는 $\mathbf{W}_i$는 최대 한 개 존재하도록 $\mathbf{V}$를 분해할 수 있다. 다음 정리에서 확인하자.

정리 6.48 $\mathbf{T}, \mathbf{V}, \mathbf{W}_1, \ldots, \mathbf{W}_m$은 정리 6.47과 같다고 하자.

(1) $\mathbf{T}_{\mathbf{W}_i}$가 대칭변환이 되도록 하는 $\mathbf{W}_i$의 개수는 $\det(\mathbf{T}) = 1$일 때 짝수, $\det(\mathbf{T}) = -1$일 때 홀수이다.

(2) 정리 6.47에서 $\mathbf{T}_{\mathbf{W}_i}$가 대칭변환이 되도록 하는 $\mathbf{W}_i$의 개수가 0 또는 1이 되도록 $\mathbf{V}$를 분해하는 것이 항상 가능하다. 이 값은 $\det(\mathbf{T}) = 1$인지, $\det(\mathbf{T}) = -1$인지에 따라 달라진다. 특히 $\mathbf{T}_{\mathbf{W}_i}$가 대칭변환이면 $\dim(\mathbf{W}_i) = 1$이다.

증명 (1) 분해하였을 때, $\mathbf{T}_{\mathbf{W}_i}$가 대칭변환이 되도록 하는 $\mathbf{W}_i$의 개수를 r라 하자. 연습문제 14에 따르면 다음 식이 성립하므로 증명이 끝난다.

$$\det(\mathbf{T}) = \det(\mathbf{T}_{\mathbf{W}_1}) \cdot \det(\mathbf{T}_{\mathbf{W}_2}) \cdot \cdots \cdot \det(\mathbf{T}_{\mathbf{W}_m}) = (-1)^r$$

(2) $\mathbf{E} = \{x \in \mathbf{V}\colon \mathbf{T}(x) = -x\}$라 하자. $\mathbf{E}$는 $\mathbf{V}$의 $\mathbf{T}$-불변 부분공간이다. $\mathbf{W} = \mathbf{E}^{\perp}$라 하면 $\mathbf{W}$는 $\mathbf{T}$-불변 부분공간이다. 정리 6.47을 $\mathbf{T}_{\mathbf{W}}$에 적용하면 임의의 둘이 서로 직교하는 ($\mathbf{W}$의) $\mathbf{T}$-불변 부분공간의 집합족(collection) $\{\mathbf{W}_1, \mathbf{W}_2, \ldots, \mathbf{W}_k\}$가 존재하고 $\mathbf{W} = \mathbf{W}_1 \oplus \mathbf{W}_2 \oplus \cdots \oplus \mathbf{W}_k$를 만족한다. $1 \le i \le k$에서 $\mathbf{W}_i$의 차원은 1 또는 2이다. 모든 $i = 1, 2, \ldots, k$에 대하여 $\mathbf{T}_{\mathbf{W}_i}$는 회전변환이다. 그렇지 않고 $\mathbf{T}_{\mathbf{W}_i}$가 대칭변환이면 $\mathbf{T}(x) = -x$인 영이 아닌 $x \in \mathbf{W}_i$가 존재해야 한다. 하지만 $x \in \mathbf{W}_i \cap \mathbf{E} \subseteq \mathbf{E}^{\perp} \cap \mathbf{E} = \{0\}$이므로 모순이다. $\mathbf{E} = \{0\}$이라면 증명이 끝난다. 그렇지 않다면 p개(이때 p는 자연수)의 벡터로 이루어진 $\mathbf{E}$의 정규직교기저 β를 생각하자. β의 분할 $\beta = \beta_1 \cup \beta_2 \cup \cdots \cup \beta_r$가 존재한다. 단, $i < r$이면 β_i는 정확히 두 개의 벡터가 있고, p가 짝수이면 β_r는 두 개의 벡터가 있고, p가 홀수이면 β_r는 하나의 벡터가 있다. 각 $i = 1, 2, \ldots, r$

에 대하여 $\mathsf{W}_{k+i} = \text{span}(\beta_i)$라 하자. 이제 명백히 $\{\mathsf{W}_1, \mathsf{W}_2, \ldots, \mathsf{W}_k, \ldots, \mathsf{W}_{k+r}\}$는 임의의 둘이 서로 수직이고 다음을 만족한다.

$$\mathsf{V} = \mathsf{W}_1 \oplus \mathsf{W}_2 \oplus \cdots \oplus \mathsf{W}_k \oplus \cdots \oplus \mathsf{W}_{k+r} \tag{6.27}$$

또한 임의의 β_i가 두 개의 벡터로 이루어져 있다면 다음을 만족한다.

$$\det(\mathsf{T}_{\mathsf{W}_{k+i}}) = \det([\mathsf{T}_{\mathsf{W}_{k+i}}]_{\beta_i}) = \det\begin{pmatrix} -1 & 0 \\ 0 & -1 \end{pmatrix} = 1$$

따라서 $\mathsf{T}_{\mathsf{W}_{k+i}}$는 회전변환이고 $j < k+r$일 때 $\mathsf{T}_{\mathsf{W}_j}$는 회전변환이다. β_r가 하나의 벡터로 이루어져 있으면 $\dim(\mathsf{W}_{k+r}) = 1$이고 다음을 만족한다.

$$\det(\mathsf{T}_{\mathsf{W}_{k+r}}) = \det([\mathsf{T}_{\mathsf{W}_{k+r}}]_{\beta_r}) = \det(-1) = -1$$

정리 6.47로부터 $\mathsf{T}_{\mathsf{W}_{k+r}}$는 대칭변환이고, 분해된 식 (6.27)은 (2)를 만족한다. ◀

예제 2 3차원 실내적공간 V의 직교연산자 T를 생각하자. 정리 6.48(2)에 따르면 V는 T-불변 직교부분공간의 직합으로 분해되고, 이때 각 부분공간으로의 T의 제한은 회전변환 또는 대칭변환이다. 이 중에 대칭변환은 최대 한 개이다. 이러한 조건을 만족하는 분해를 다음과 같이 놓자.

$$\mathsf{V} = \mathsf{W}_1 \oplus \mathsf{W}_2 \oplus \cdots \oplus \mathsf{W}_m$$

$m = 2$ 또는 $m = 3$이다.

$m = 2$이면 $\mathsf{V} = \mathsf{W}_1 \oplus \mathsf{W}_2$이다. 일반성을 잃지 않고 $\dim(\mathsf{W}_1) = 1$, $\dim(\mathsf{W}_2) = 2$라 놓을 수 있다. $\mathsf{T}_{\mathsf{W}_1}$은 W_1의 대칭변환 또는 항등변환이고, $\mathsf{T}_{\mathsf{W}_2}$는 회전변환이다.

$m = 3$이라면 $\mathsf{V} = \mathsf{W}_1 \oplus \mathsf{W}_2 \oplus \mathsf{W}_3$이고, 모든 i에 대하여 $\dim(\mathsf{W}_i) = 1$이다. $\mathsf{T}_{\mathsf{W}_i}$가 대칭변환이 아니라면 W_i의 항등변환이다. 어떤 $\mathsf{T}_{\mathsf{W}_i}$도 대칭변환이 아니라면 T는 항등연산자이다.

6.11 연습문제

1. 다음 명제의 참-거짓을 판정하라. 바탕이 되는 벡터공간은 1차원 또는 2차원 실내적공간이다.

(a) 임의의 직교연산자는 회전변환 또는 대칭변환이다.

(b) 임의의 회전변환의 합성은 회전변환이다.

(c) 항등연산자는 회전변환이다.

(d) 두 대칭변환의 합성은 대칭변환이다.

(e) 임의의 직교연산자는 회전변환의 합성이다.

(f) $\det(\mathsf{T}) = -1$ 인 임의의 직교연산자 T는 대칭변환이다.

(g) 대칭변환에는 항상 고윳값이 있다.

(h) 회전변환에는 항상 고윳값이 있다.

(i) 2차원 벡터공간 V의 연산자 T와 1차원 부분공간 W에 대하여, T가 $\mathsf{W}^{\perp}$에 대한 V의 대칭변환일 때, W는 고윳값 $\lambda = -1$에 대응하는 T의 고유공간이다.

(j) 직교연산자와 평행이동의 합성은 직교연산자이다.

2. 회전변환, 대칭변환, 회전변환과 대칭변환의 합성이 직교연산자임을 증명하라.

3. 두 행렬 $A = \begin{pmatrix} \frac{1}{2} & \frac{\sqrt{3}}{2} \\ \frac{\sqrt{3}}{2} & -\frac{1}{2} \end{pmatrix}$, $B = \begin{pmatrix} 1 & 0 \\ 0 & -1 \end{pmatrix}$에 대한 다음 물음에 답하라.

(a) L_A가 대칭변환임을 증명하라.

(b) L_A가 항등변환으로 작용하는 R^2의 부분공간을 찾아라.

(c) L_{AB}와 L_{BA}가 회전변환임을 증명하라.

4. 임의의 실수 ϕ에 대하여 행렬 $A = \begin{pmatrix} \cos\phi & \sin\phi \\ \sin\phi & -\cos\phi \end{pmatrix}$라 하자. 다음 물음에 답하라.

(a) L_A가 대칭변환임을 증명하라.

(b) L_A의 대칭축(원점을 지나는 R^2의 직선)을 찾아라.

5. 임의의 실수 ϕ에 대하여 $\mathsf{T}_\phi = \mathsf{L}_A$라 정의하자. 이때, $A = \begin{pmatrix} \cos\phi & -\sin\phi \\ \sin\phi & \cos\phi \end{pmatrix}$이다. 다음 물음에 답하라.

(a) R^2의 임의의 회전변환이 어떤 ϕ에 대하여 T_ϕ임을 증명하라.

(b) 임의의 $\phi, \psi \in R$에 대하여 $\mathsf{T}_\phi \mathsf{T}_\psi = \mathsf{T}_{(\phi+\psi)}$임을 증명하라.

(c) R^2의 임의의 두 회전변환은 가환적임을 유도하라.

6. T가 2차원 실내적공간의 회전변환이면 $-\mathsf{T}$도 회전변환임을 증명하라.

7. T가 2차원 실내적공간의 대칭변환이면 T^2은 항등연산자임을 증명하라.

8. 정리 6.46 직전에 서술한 명제를 바탕으로 정리 6.46을 증명하라.

9. 회전변환이면서 동시에 대칭변환인 직교연산자는 존재하지 않음을 증명하라.

10. 2차원 실내적공간 V에 대하여 V의 두 대칭변환의 합성은 V의 회전변환임을 증명하라.

11. 1차원 또는 2차원 실내적공간 V에 대하여 $\mathsf{T}: \mathsf{V} \to \mathsf{V}$를 $\mathsf{T}(x) = -x$라 정의하자. T가 회전변환이기 위한 필요충분조건은 $\dim(\mathsf{V}) = 2$임을 증명하라.

12. $\mathsf{W} = \phi_\beta^{-1}(\mathsf{Z})$가 요구하는 조건을 만족함을 보여 정리 6.47의 보조정리(498쪽)의 증명을 완성하라.

13. 유한차원 실[복소] 내적공간 V의 직교[유니타리] 연산자 T를 생각하자. W가 V의 T-불변 부분공간일 때, 다음을 증명하라.

(a) $\mathsf{T_W}$는 W의 직교[유니타리] 연산자이다.

(b) $\mathsf{W}^\perp$는 V의 T-불변 부분공간이다.

힌트 $\mathsf{T_W}$는 단사이고 전사이다. 임의의 $y \in \mathsf{W}$에 대하여, $\mathsf{T}^*(y) = \mathsf{T}^{-1}(y) \in \mathsf{W}$임을 보여라.

(c) $\mathsf{T}_{\mathsf{W}^\perp}$는 W의 직교[유니타리] 연산자이다.

14. 유한차원 벡터공간 V의 선형연산자 T에 대하여 V는 T-불변 부분공간의 직합, $\mathsf{V} = \mathsf{W}_1 \oplus \mathsf{W}_2 \oplus \cdots \oplus \mathsf{W}_k$라 하자. $\det(\mathsf{T}) = \det(\mathsf{T}_{\mathsf{W}_1}) \cdot \det(\mathsf{T}_{\mathsf{W}_2}) \cdot \cdots \cdot \det(\mathsf{T}_{\mathsf{W}_k})$임을 증명하라.

15. 2차원 실내적공간 V를 생각하자. $x \neq y$, $\|x\| = \|y\| = 1$인 임의의 $x, y \in \mathsf{V}$에 대하여, $\mathsf{T}(x) = y$인 V의 회전변환 T가 유일하게 존재함을 보여라.

7

표준형
Canonical Forms

5장에서 다룬 것처럼, 대각화가능한 선형연산자는 단순하게 표현할 수 있다는 장점이 있다. 이러한 연산자의 행렬표현은 대각행렬이다. 다시 말해 이 연산자의 고유벡터로 이루어진, 바탕이 되는 벡터공간의 순서기저가 존재한다. 그러나 모든 선형연산자가 대각화가능한 것은 아니다. 특성다항식이 완전히 인수분해되는 경우에도 대각화 불가능한 경우가 존재한다. 5.2절 예제 3에서 이러한 연산자를 다루었다.

이번 장에서는 연산자가 대각화 불가능한 경우에 대각행렬표현을 대체할 수 있는 행렬표현을 공부한다. 이러한 행렬표현을 **표준형(canonical form)**이라 한다. 표준형은 여러 가지 종류가 있으며 응용 방법에 따라 그 장점과 단점이 갈린다. 선형연산자의 모든 표준형은 순서기저를 적절히 선택해야 구할 수 있다. 대각화 불가능한 선형연산자의 표준형은 대각행렬이 아니다. 이는 자연스러운 결과이다.

이번 장에서는 보편적인 표준형 두 가지를 다룬다. 첫 번째는 7.1절과 7.2절에서 다루는 **조르당 표준형(Jordan canonical form)**이며, 연산자의 특성다항식이 완전히 인수분해될 때 구할 수 있다. 바탕이 되는 체가 대수적으로 닫혀있으면, 즉 주어진 체의 원소를 계수로 가지는 임의의 다항식이 완전히 인수분해되면 조르당 표준형을 항상 구할 수 있다. 예를 들어 복소수 체는 대수학의 기본 정리에 의해 대수적으로 닫혀있다(부록 D). 두 번째는 7.4절에서 다루는 **유리 표준형(rational canonical form)**이며, 특성다항식이 완전히 인수분해되지 않는 경우에 사용한다.

7.1 조르당 표준형 I : 이론적 측면

유한차원 벡터공간 **V**의 선형연산자 **T**의 특성다항식이 완전히 인수분해된다고 가정하자. 5.2절에서 **T**가 대각화가능한지는 **T**에 대응하는 (각 고유공간의) 순서기저의 합집합이 **V**의 순서기저가 되는지에 따라 결정됨을 공부하였다. 즉, 대각화 불가능하다는 것은 적어도 하나의 (**T**의) 고유공간이 너무 작다는 뜻이다.

이번 절에서는 고유공간을 일반화한, 일반화된 고유공간을 정의한다. 이 부분공간에서 순서기저를 적절히 선택하여 합집합하면 다음을 만족하는 **V**의 순서기저 β를 얻을 수 있다.

$$[\mathsf{T}]_\beta = \begin{pmatrix} A_1 & O & \cdots & O \\ O & A_2 & \cdots & O \\ \vdots & \vdots & & \vdots \\ O & O & \cdots & A_k \end{pmatrix}$$

이때 각 O는 영행렬이고, 각 A_i는 (λ) 또는 다음과 같은 꼴의 정사각행렬이다.

$$\begin{pmatrix} \lambda & 1 & 0 & \cdots & 0 & 0 \\ 0 & \lambda & 1 & \cdots & 0 & 0 \\ \vdots & \vdots & \vdots & & \vdots & \vdots \\ 0 & 0 & 0 & \cdots & \lambda & 1 \\ 0 & 0 & 0 & \cdots & 0 & \lambda \end{pmatrix}$$

이때 λ는 T의 고윳값이다. 이러한 행렬 A_i를 λ에 대응하는 **조르당 블록(Jordan block)**이라 하며, 행렬 $[\mathsf{T}]_\beta$를 T의 **조르당 표준형(Jordan canonical form)**이라 한다.[1] 또한 순서기저 β를 T의 **조르당 표준기저(Jordan canonical basis)**라 한다. 각 조르당 블록 A_i는 대각행렬과 아주 유사한 형태임을 유념하자. 실제로 $[\mathsf{T}]_\beta$가 대각행렬이기 위한 필요충분조건은 각 A_i가 (λ) 꼴인 것이다.

예제 1 C^8의 선형연산자 T와 C^8의 순서기저 $\beta = \{v_1, v_2, \ldots, v_8\}$에 대하여 행렬 J를 다음과 같이 두면, 이 행렬은 T의 조르당 표준형이다.

$$J = [\mathsf{T}]_\beta = \left(\begin{array}{ccc|c|cc|cc} 2 & 1 & 0 & 0 & 0 & 0 & 0 & 0 \\ 0 & 2 & 1 & 0 & 0 & 0 & 0 & 0 \\ 0 & 0 & 2 & 0 & 0 & 0 & 0 & 0 \\ \hline 0 & 0 & 0 & 2 & 0 & 0 & 0 & 0 \\ \hline 0 & 0 & 0 & 0 & 3 & 1 & 0 & 0 \\ 0 & 0 & 0 & 0 & 0 & 3 & 0 & 0 \\ \hline 0 & 0 & 0 & 0 & 0 & 0 & 0 & 1 \\ 0 & 0 & 0 & 0 & 0 & 0 & 0 & 0 \end{array}\right)$$

T의 특성다항식은 $\det(J - tI) = (t-2)^4(t-3)^2t^2$이고, 각 고윳값은 그 중복도만큼 J의 대각성분으로 등장한다. 또한 β에 속한 벡터 중 T의 고유벡터는 $v_1, v_4, v_5,\ v_7$뿐이다. 이 벡터들은 행렬 J에서 대각성분의 윗 성분에 1이 없는 열에 대응한다.

7.1절과 7.2절에서 완전히 인수분해되는 특성다항식을 가지는 모든 선형연산자는 조르당 블록을 배열하는 순서를 무시할 때 유일한 조르당 표준형을 가짐을 보일 것이다. 그렇다고 해서 조르당 표준형이 연산자의 특성다항식만으로 완전히 결정되는 것은 아니다. 예를 들어 예제 1에서 다룬 순서기저 β에 대하여 C^8의 선형연산자 T'의 행렬표현 $[\mathsf{T}']_\beta = J'$이 다음과 같다고 하자.

1 (옮긴이) 프랑스의 수학자 카미유 조르당(Camille Jordan)이 제안하였다.

$$J' = \begin{pmatrix} 2 & 0 & 0 & 0 & 0 & 0 & 0 & 0 \\ 0 & 2 & 0 & 0 & 0 & 0 & 0 & 0 \\ 0 & 0 & 2 & 0 & 0 & 0 & 0 & 0 \\ 0 & 0 & 0 & 2 & 0 & 0 & 0 & 0 \\ 0 & 0 & 0 & 0 & 3 & 0 & 0 & 0 \\ 0 & 0 & 0 & 0 & 0 & 3 & 0 & 0 \\ 0 & 0 & 0 & 0 & 0 & 0 & 0 & 0 \\ 0 & 0 & 0 & 0 & 0 & 0 & 0 & 0 \end{pmatrix}$$

T'의 특성다항식도 마찬가지로 $(t-2)^4(t-3)^2t^2$이지만 연산자 T'의 조르당 표준형 J'은 예제 1에서 확인한 T의 조르당 표준형 J와 다르다.

예제 1에서 다룬 순서기저 β와 행렬 J에 대하여, $\mathsf{T}(v_2) = v_1 + 2v_2$이고 $(\mathsf{T} - 2\mathsf{I})(v_2) = v_1$이다. 비슷한 방식으로 $(\mathsf{T} - 2\mathsf{I})(v_3) = v_2$이다. v_1과 v_4가 $\lambda = 2$에 대응하는 (T의) 고유벡터이므로, $i = 1, 2, 3, 4$에 대하여 $(\mathsf{T} - 2\mathsf{I})^3(v_i) = \mathit{0}$이 성립한다. 비슷한 방식으로 $i = 5, 6$에 대하여 $(\mathsf{T} - 3\mathsf{I})^2(v_i) = \mathit{0}$이고, $i = 7, 8$에 대하여 $(\mathsf{T} - 0\mathsf{I})^2(v_i) = \mathit{0}$이다.

조르당 표준형을 구성하는 조르당 블록의 구조를 유심히 관찰하면 다음 사실을 알아차릴 수 있다.

> 선형연산자 T의 조르당 표준기저에 속한 벡터 v, 이에 대응하는 $k \times k$ 조르당 블록과 그 대각성분 λ에 대하여 $(\mathsf{T} - \lambda\mathsf{I})^k(v) = \mathit{0}$이다.

$k = 1$이면 고유벡터이다.

> **정의** 벡터공간 V의 선형연산자 T와 스칼라 λ를 생각하자. 어떤 자연수 p에 대하여 $(\mathsf{T}-\lambda\mathsf{I})^p(x) = \mathit{0}$을 만족하는 영이 아닌 벡터 $x \in \mathsf{V}$를 고윳값 λ에 대응하는 T의 **일반화된 고유벡터(generalized eigenvector)**라 한다.

x가 λ에 대응하는 T의 일반화된 고유벡터이고 p가 $(\mathsf{T} - \lambda\mathsf{I})^p(x) = \mathit{0}$을 만족하는 가장 작은 자연수이면 $(\mathsf{T} - \lambda\mathsf{I})^{p-1}(x)$는 λ에 대응하는 T의 고유벡터임을 유념하자. 즉, λ는 T의 고윳값이다.

예제 1에서 β의 모든 원소는 T의 일반화된 고유벡터이다. 실제로 v_1, v_2, v_3, v_4는 고윳값 2에 대응하고, v_5, v_6은 고윳값 3에 대응하며, v_7, v_8은 고윳값 0에 대응한다.

고유벡터가 고유공간에 속하는 것처럼, 일반화된 고유벡터는 일반화된 고유공간에 속한다.

정의 벡터공간 $\mathbf{V}$의 선형연산자 $\mathbf{T}$와 ($\mathbf{T}$의) 고윳값 λ에 대하여, 다음과 같이 정의한 $\mathbf{V}$의 부분집합을 λ에 대응하는 $\mathbf{T}$의 **일반화된 고유공간(generalized eigenspace)**이라 하고, $\mathbf{K}_\lambda$라 표기한다.

$$\mathbf{K}_\lambda = \{x \in \mathbf{V} : \text{어떤 자연수 } p\text{에 대하여 } (\mathbf{T} - \lambda\mathbf{I})^p(x) = 0\}$$

$\mathbf{K}_\lambda$는 영벡터와 λ에 대응하는 일반화된 고유벡터를 모두 모은 집합임을 유념하자.

앞서 선형연산자 $\mathbf{T}$와 벡터공간 $\mathbf{V}$의 부분공간 $\mathbf{W}$에 대하여, $\mathbf{T}(\mathbf{W}) \subseteq \mathbf{W}$가 성립하면 $\mathbf{W}$를 '$\mathbf{T}$-불변 부분공간'이라 했다. 이제 이번 절의 내용은 5.4절 연습문제 3, 연습문제 4를 바탕으로 전개할 것이다. 특히 임의의 다항식 $g(x)$에 대하여, $\mathbf{W}$가 $\mathbf{T}$-불변이면 $\mathbf{W}$는 $g(\mathbf{T})$-불변임을 유념하자. 또한, 선형연산자 $\mathbf{T}$의 치역은 $\mathbf{T}$-불변이다.

정리 7.1 벡터공간 $\mathbf{V}$의 선형연산자 $\mathbf{T}$와 ($\mathbf{T}$의) 고윳값 λ에 대하여, 다음이 성립한다.

(1) $\mathbf{K}_\lambda$는 $\mathbf{E}_\lambda$를 포함하는 ($\mathbf{V}$의) $\mathbf{T}$-불변 부분공간이다. (이때, $\mathbf{E}_\lambda$는 λ에 대응하는 ($\mathbf{T}$의) 고유공간)

(2) μ가 $\mathbf{T}$의 임의의 고윳값이고 $\mu \neq \lambda$이면 $\mathbf{K}_\lambda \cap \mathbf{K}_\mu = \{0\}$이다.

(3) 임의의 스칼라 $\mu \neq \lambda$에 대하여, $\mathbf{T} - \mu\mathbf{I}$를 $\mathbf{K}_\lambda$로 제한하면 단사함수이고 전사함수이다.

증명 (1) $0 \in \mathbf{K}_\lambda$임은 명백하다. $x, y \in \mathbf{K}_\lambda$에 대하여 다음 식을 만족하는 자연수 p, q가 존재한다.

$$(\mathbf{T} - \lambda\mathbf{I})^p(x) = (\mathbf{T} - \lambda\mathbf{I})^q(y) = 0$$

$(\mathbf{T} - \lambda\mathbf{I})^{p+q}(x + y)$를 전개하면 다음과 같다.

$$\begin{aligned}(\mathbf{T} - \lambda\mathbf{I})^{p+q}(x + y) &= (\mathbf{T} - \lambda\mathbf{I})^{p+q}(x) + (\mathbf{T} - \lambda\mathbf{I})^{p+q}(y) \\ &= (\mathbf{T} - \lambda\mathbf{I})^{q}(0) + (\mathbf{T} - \lambda\mathbf{I})^{p}(0) \\ &= 0\end{aligned}$$

이로부터 $x + y \in \mathbf{K}_\lambda$이다. $\mathbf{K}_\lambda$가 스칼라 곱에 대하여 닫혀있음을 보이는 과정 역시 단순한 계산에 불과하다.

$\mathbf{K}_\lambda$가 $\mathbf{T}$-불변임을 보이기 위해, 임의의 $x \in \mathbf{K}_\lambda$에 대하여 $(\mathbf{T} - \lambda\mathbf{I})^p(x) = 0$인 자연수 p를 선택하자. 이제 다음이 성립한다.

$$(\mathbf{T}-\lambda\mathbf{I})^p\mathbf{T}(x)=\mathbf{T}(\mathbf{T}-\lambda\mathbf{I})^p(x)=\mathbf{T}(\mathit{0})=\mathit{0}$$

따라서 $\mathbf{T}(x)\in\mathbf{K}_\lambda$ 이다.

마지막으로 $\mathbf{E}_\lambda$ 가 $\mathbf{K}_\lambda$ 의 부분집합임은 두 집합의 정의로부터 자명하다.

(2) $w\in\mathbf{K}_\lambda\bigcap\mathbf{K}_\mu$ 라 하자. 다음을 만족하는 자연수 p와 q가 존재한다.

$$(\mathbf{T}-\lambda\mathbf{I})^p(w)=(\mathbf{T}-\mu\mathbf{I})^q(w)=\mathit{0}$$

t에 대한 다항식으로서 $(t-\lambda)^p$과 $(t-\mu)^q$은 서로소이다. 부록 E의 정리 E.2에 의해 다음을 만족하는 다항식 $q_1(t)$와 $q_2(t)$가 존재한다.

$$q_1(t)(t-\lambda)^p+q_2(t)(t-\mu)^q=1$$

즉, $q_1(\mathbf{T})(\mathbf{T}-\lambda\mathbf{I})^p(w)+q_2(\mathbf{T})(\mathbf{T}-\mu\mathbf{I})^q(w)=w$ 이고 따라서 $\mathit{0}=w$ 이다.

(3) 임의의 스칼라 $\mu(\mu\neq\lambda)$에 대하여, $\mathbf{K}_\lambda$ 는 $\mathbf{T}$-불변이므로 $\mathbf{K}_\lambda$ 는 '$(\mathbf{T}-\mu\mathbf{I})$-불변' 이기도 하다. 어떤 $w\in\mathbf{K}_\lambda$ 에 대하여 $(\mathbf{T}-\mu\mathbf{I})(w)=\mathit{0}$일 때 $w\in\mathbf{E}_\mu\subset\mathbf{K}_\mu$ 이다. 즉 (2)에 의해 $w=\mathit{0}$이고, $\mathbf{T}-\mu\mathbf{I}$를 $\mathbf{K}_\lambda$ 로 제한하면 단사함수임을 알 수 있다.

이제 $\mathbf{T}-\mu\mathbf{I}$를 $\mathbf{K}_\lambda$ 로 제한한 연산자가 전사임을 보이자. $x\in\mathbf{K}_\lambda$ 와 $(\mathbf{T}-\lambda\mathbf{I})^p(x)=\mathit{0}$을 만족하는 가장 작은 자연수 p에 대하여 $\mathbf{W}$를 다음과 같이 정의하자.

$$\mathbf{W}=\text{span}\{x,(\mathbf{T}-\lambda\mathbf{I})(x),\ldots,(\mathbf{T}-\lambda\mathbf{I})^{p-1}(x)\}$$

$\mathbf{W}$는 $\mathbf{K}_\lambda$ 의 $\mathbf{T}$-불변 부분공간임을 보일 수 있다. 따라서 $\mathbf{W}$는 $(\mathbf{T}-\mu\mathbf{I})$-불변이다. 즉, $(\mathbf{T}-\mu\mathbf{I})(\mathbf{W})\subset\mathbf{W}$이다. $\mathbf{T}-\mu\mathbf{I}$는 $\mathbf{K}_\lambda$ 에서 정의된 단사함수이므로 $\mathbf{W}$에서 정의된 단사함수이기도 하다. 또한 $\mathbf{W}$는 유한차원이므로 $\mathbf{T}-\mu\mathbf{I}:\mathbf{W}\to\mathbf{W}$는 전사함수이다. $(\mathbf{T}-\mu\mathbf{I})(y)=x$ 인 $y\in\mathbf{W}$가 존재하므로 $\mathbf{T}-\mu\mathbf{I}:\mathbf{K}_\lambda\to\mathbf{K}_\lambda$ 는 전사함수이다. ◀

정리 7.2 유한차원 벡터공간 $\mathbf{V}$의 선형연산자 $\mathbf{T}$의 특성다항식이 완전히 인수분해된다고 가정하자. 중복도가 m 인 $\mathbf{T}$의 고윳값 λ에 대하여, 다음이 성립한다.

(1) $\dim(\mathbf{K}_\lambda)\leq m$

(2) $\mathbf{K}_\lambda=\mathbf{N}((\mathbf{T}-\lambda\mathbf{I})^m)$

증명 (1) $\mathbf{W} = \mathbf{K}_\lambda$라 하자. $\mathbf{T}_\mathbf{W}$의 특성다항식 $h(t)$에 대하여, 정리 5.20에 의해, $h(t)$는 $\mathbf{T}$의 특성다항식을 나눈다. 정리 7.1(2)에 의해, λ는 $\mathbf{T}_\mathbf{W}$의 유일한 고윳값이다. 따라서 $d = \dim(\mathbf{W})$라 하면 $h(t) = (-1)^d(t-\lambda)^d$이고, 이에 따라 $d \leq m$이다.

(2) 명백히 $\mathbf{N}((\mathbf{T}-\lambda\mathbf{I})^m) \subseteq \mathbf{K}_\lambda$이다.

한편, $\mathbf{T}$의 특성다항식은 $f(t) = (t-\lambda)^m g(t)$ 꼴이다. (단, $g(t)$는 $\mu \neq \lambda$인 고윳값 μ에 대하여 $(t-\mu)$의 거듭제곱 꼴만 있다.) 정리 7.1(3)에 의해, $g(\mathbf{T})$는 $\mathbf{K}_\lambda$에서 정의된 단사함수이다. $\mathbf{K}_\lambda$는 유한차원이므로 $g(\mathbf{T})$는 전사함수이기도 하다. $x \in \mathbf{K}_\lambda$에 대하여, $g(\mathbf{T})(y) = x$인 $y \in \mathbf{K}_\lambda$가 존재한다. 즉, 케일리-해밀턴 정리에 의해 다음이 성립한다.

$$(\mathbf{T}-\lambda\mathbf{I})^m(x) = (\mathbf{T}-\lambda\mathbf{I})^m g(\mathbf{T})(y) = f(\mathbf{T})(y) = 0$$

따라서 $x \in \mathbf{N}((\mathbf{T}-\lambda\mathbf{I})^m)$이고, $\mathbf{K}_\lambda \subseteq \mathbf{N}((\mathbf{T}-\lambda\mathbf{I})^m)$이다. ◀

정리 7.3 유한차원 벡터공간 $\mathbf{V}$의 선형연산자 $\mathbf{T}$의 특성다항식이 완전히 인수분해된다고 가정하자. $\mathbf{T}$의 서로 다른 고윳값 $\lambda_1, \lambda_2, \ldots, \lambda_k$와 임의의 $x \in \mathbf{V}$에 대하여, 다음을 만족하는 벡터 $v_i \in \mathbf{K}_{\lambda_i}$가 유일하게 존재한다. (단, $i = 1, 2, \ldots, k$)

$$x = v_1 + v_2 + \cdots + v_k$$

증명 $\mathbf{T}$의 특성다항식으로부터 다음 식을 생각하자.

$$f(t) = (t-\lambda_1)^{n_1}(t-\lambda_2)^{n_2}\ldots(t-\lambda_k)^{n_k}$$

$j = 1, 2, \ldots, k$에 대하여 $f_j(t)$를 다음과 같이 놓자.

$$f_j(t) = \prod_{\substack{i \neq j \\ i=1}}^{k}(t-\lambda_i)^{n_i}$$

우선, 벡터 v_i가 존재함을 보이자. 다항식 $f_j(t)$들($j = 1, 2, \ldots, k$)은 서로소이므로, 정리 E.2에 의해 다음을 만족하는 다항식 $q_j(t)$ ($j = 1, 2, \ldots, k$)가 존재한다.

$$q_1(t)f_1(t) + q_2(t)f_2(t) + \cdots + q_k(t)f_k(t) = 1$$

이제 다음이 성립한다.

$$v = q_1(\mathsf{T})f_1(\mathsf{T})(v) + q_2(\mathsf{T})f_2(\mathsf{T})(v) + \cdots + q_k(\mathsf{T})f_k(\mathsf{T})(v)$$

$i = 1, 2, \ldots, k$에 대하여, $v_i = q_i(\mathsf{T})f_i(\mathsf{T})(v) = f_i(\mathsf{T})q_i(\mathsf{T})(v)$라 하자. 케일리–해밀턴 정리에 의해, 각 i에 대하여 다음이 성립한다.

$$(\mathsf{T} - \lambda_i \mathsf{I})^{n_i}(v_i) = f(\mathsf{T})(q_i(\mathsf{T})(v)) = 0$$

이제 $i = 1, 2, \ldots, k$에 대하여 $v_i \in \mathsf{K}_{\lambda_i}$이다.

이제 벡터 v_i의 유일성을 증명하자. 각 K_{λ_j}는 T-불변이므로, 각 K_{λ_j} $(j = 1, 2, \ldots, k)$는 $f_j(\mathsf{T})$-불변이다. 특히, 정리 7.1(3)에 따르면 $f_j(\mathsf{T})$는 K_{λ_j}에서 정의된 단사함수이고, 정리 7.2(2)에 따르면 $i \neq j$에 대하여 K_{λ_i}를 $\{0\}$으로 옮긴다.

$v_i, w_i \in \mathsf{K}_{\lambda_i} (i = 1, 2, \ldots, k)$에 대하여 $v = \sum_{i=1}^{k} v_i = \sum_{i=1}^{k} w_i$라 하자. 이제 $j = 1, 2, \ldots, k$에 대하여 다음이 성립한다.

$$f_j(\mathsf{T})(v) = \sum_{i=1}^{k} f_j(\mathsf{T})(v_i) = \sum_{i=1}^{k} f_j(\mathsf{T})(w_i)$$

$i \neq j$일 때, $f_j(\mathsf{T})(v_i) = f_j(\mathsf{T})(w_i) = 0$이므로 $f_j(\mathsf{T})(v_j) = f_j(\mathsf{T})(w_j)$이다. $f_j(\mathsf{T})$는 K_{λ_j}에서 정의된 단사함수이므로, $v_j = w_j$이다. ◀

다음 정리는 정리 5.8(2)를 특성다항식이 완전히 인수분해되는 모든 선형연산자에 대한 결과로 일반화한 것이다. 이 과정에서 고유공간은 일반화된 고유공간으로 바뀐다.

정리 7.4 유한차원 벡터공간 V의 선형연산자 T의 특성다항식이 $(\lambda_1 - t)^{m_1}(\lambda_2 - t)^{m_2} \ldots (\lambda_k - t)^{m_k}$으로 완전히 인수분해된다고 하자. $i = 1, 2, \ldots, k$일 때, K_{λ_i}의 순서기저 β_i에 대하여 다음이 성립한다.

(1) $i \neq j$에 대하여, $\beta_i \cap \beta_j = \varnothing$이다.

(2) $\beta = \beta_1 \cup \beta_2 \cup \cdots \cup \beta_k$는 V의 순서기저이다.

(3) 모든 i에 대하여, $\dim(\mathsf{K}_{\lambda_i}) = m_i$이다.

증명 (1) 정리 7.1(2)에서 이끌어낼 수 있다.

(2) 우선 β가 일차독립임을 보이자. β의 벡터로 이루어진 일차결합이 0과 같다고 가정하자. 각 i에 대하여, 이 일차결합 중 β_i에 속한 벡터들의 합을 v_i라 하자. 이제 다음이 성립한다.

$$v_1 + v_2 + \cdots + v_k = 0 = 0 + 0 + \cdots + 0$$

정리 7.3에 의해 모든 i에 대하여 $v_i = 0$이다. β_i는 일차독립이므로, 이 일차결합의 모든 계수는 영이다. 즉, β는 일차독립이다.

이제 β가 V의 생성집합임을 보이자. 임의의 벡터 $v \in \mathsf{V}$와 $i = 1, 2, \ldots, k$에 대하여, 정리 7.3에 의해 $v = v_1 + v_2 + \cdots + v_k$인 벡터 $v_i \in \mathsf{K}_{\lambda_i}$가 존재한다. 각 v_i는 β_i의 벡터로 이루어진 일차결합이므로 v는 β의 벡터로 이루어진 일차결합이다. 즉, β는 V를 생성한다.

(3) $\dim(\mathsf{V})$는 T의 특성다항식의 차수와 같으므로 $\dim(\mathsf{V}) = \sum_{i=1}^{k} m_i$이다. (2)로부터 $\dim(\mathsf{V}) = \sum_{i=1}^{k} \dim(\mathsf{K}_{\lambda_i})$이다. 즉, $\sum_{i=1}^{k}(m_i - \dim(\mathsf{K}_{\lambda_i})) = 0$이다. 정리 7.2(1)에 의해, 모든 i에 대하여 $m_i - \dim(\mathsf{K}_{\lambda_i}) \geq 0$이다. 즉, 모든 i에 대하여 $m_i - \dim(\mathsf{K}_{\lambda_i}) = 0$이고 원하는 바가 증명되었다. ◀

따름정리 유한차원 벡터공간 V의 선형연산자 T의 특성다항식이 완전히 인수분해된다고 가정하자. T가 대각화가능하기 위한 필요충분조건은 T의 임의의 고윳값 λ에 대하여 $\mathsf{E}_\lambda = \mathsf{K}_\lambda$인 것이다.

증명 정리 7.4와 정리 5.8(1)을 결합하면, T가 대각화가능하기 위한 필요충분조건은 T의 임의의 고윳값 λ에 대하여 $\dim(\mathsf{E}_\lambda) = \dim(\mathsf{K}_\lambda)$인 것이다. 한편 $\mathsf{E}_\lambda \subseteq \mathsf{K}_\lambda$이고, 모공간과 부분공간의 차원이 같기 위한 필요충분조건은 두 벡터공간이 같은 것이다. ◀

이제 주어진 선형연산자의 일반화된 고유공간을 묘사하는, 적절한 기저를 찾는 문제를 생각하자. 적절한 기저를 찾고나면 정리 7.4를 사용하여 이 연산자의 조르당 표준기저를 구할 수 있을 것이다. 이를 위해 예제 1에서 다룬 기저 β를 다시 생각하자. β의 앞 4개 벡터가 일반화된 고유공간 K_2에 속함을 확인할 수 있다. 이 벡터들은 J의 첫 번째 조르당 블록을 결정하고, 다음과 같은 꼴이다.

$$\{v_1, v_2, v_3\} = \{(\mathsf{T} - 2\mathsf{I})^2(v_3), (\mathsf{T} - 2\mathsf{I})(v_3), v_3\}$$

또한, $(\mathsf{T} - 2\mathsf{I})^3(v_3) = 0$임을 유념하자. 이 벡터들 사이의 이러한 관계는 조르당 표준기저를 찾는 결정적인 단서가 된다. 이제 다음 정의는 자연스럽다.

정의 벡터공간 V의 선형연산자 T와 고윳값 λ에 대응하는 (T의) 일반화된 고유벡터 x를 생각하자. $(\mathsf{T} - \lambda\mathsf{I})^p(x) = 0$을 만족하는 가장 작은 자연수 p에 대하여, 다음 순서집합을 λ에 대응하는 T의 일반화된 고유벡터의 **순환(cycle)**이라 한다.

$$\{(\mathsf{T}-\lambda\mathsf{I})^{p-1}(x), (\mathsf{T}-\lambda\mathsf{I})^{p-2}(x), \ldots, (\mathsf{T}-\lambda\mathsf{I})(x), x\}$$

벡터 $(\mathsf{T}-\lambda\mathsf{I})^{p-1}(x)$와 x를 각각 순환의 **시작벡터(initial vector)**와 **종료벡터(end vector)**라 하며, p를 순환의 **길이(length)**라 한다.

선형연산자 T의 일반화된 고유벡터의 순환에서 시작벡터는 이 순환에 속한 벡터 중 (T의) 유일한 고유벡터임을 유념하자. 또한 x가 고윳값 λ에 대응하는 T의 고유벡터라면, 집합 $\{x\}$는 길이가 1이며 고윳값 λ에 대응하는 T의 일반화된 고유벡터의 순환이다.

예제 1에서 부분집합 $\beta_1 = \{v_1, v_2, v_3\}$, $\beta_2 = \{v_4\}$, $\beta_3 = \{v_5, v_6\}$, $\beta_4 = \{v_7, v_8\}$은 β의 벡터로 이루어진 T의 일반화된 고유벡터의 순환이다. β는 이 순환들로 분할(disjoint union)된다.[2] 특히 $i = 1, 2, 3, 4$에 대하여 $\mathsf{W}_i = \text{span}(\beta_i)$라 하면 β_i는 W_i의 기저이고 $[\mathsf{T}_{\mathsf{W}_i}]_{\beta_i}$는 T의 조르당 표준형의 i번째 조르당 블록이다. 이는 바로 조르당 표준기저가 되기 위한 조건이다.

정리 7.5 유한차원 벡터공간 V의 선형연산자 T의 특성다항식이 완전히 인수분해된다고 가정하자. T의 일반화된 고유벡터의 순환의 분할로 표현되는 V의 기저 β에 대하여 다음이 성립한다.

(1) β에 속하는 일반화된 고유벡터로 이루어진 임의의 순환 γ에 대하여 $\mathsf{W} = \text{span}(\gamma)$는 T-불변 부분공간이고 $[\mathsf{T}_\mathsf{W}]_\gamma$는 조르당 블록이다.

(2) β는 V의 조르당 표준기저이다.

증명 (1) 고윳값 λ에 대응하고 길이가 p인 순환 γ와 γ의 종료벡터 x를 생각하자. 즉, $\gamma = \{v_1, v_2, \ldots, v_p\}$이고, 다음이 성립한다.

$$i < p\text{일 때} \quad v_i = (\mathsf{T}-\lambda\mathsf{I})^{p-i}(x), \quad v_p = x$$

따라서 $(\mathsf{T}-\lambda\mathsf{I})(v_1) = (\mathsf{T}-\lambda\mathsf{I})^p(x) = \mathit{0}$이고, $\mathsf{T}(v_1) = \lambda v_1$이다. $i > 1$이면 다음이 성립한다.

$$(\mathsf{T}-\lambda\mathsf{I})(v_i) = (\mathsf{T}-\lambda\mathsf{I})^{p-(i-1)}(x) = v_{i-1}$$

즉, $\mathsf{T}-\lambda\mathsf{I}$는 W를 W로 옮기고, T도 그러하다. 한편, 위의 식으로부터 $[\mathsf{T}_\mathsf{W}]_\gamma$는 조르당 블록임을 확인할 수 있다.

(2)를 증명하기 위해 (1)의 논리를 β의 각 순환에 대하여 반복하여 적용하고 $[\mathsf{T}]_\beta$를 구한다. 구체적 계산은 연습문제 9(a)로 남긴다. ◀

2 (옮긴이) β는 서로소인 순환들의 합집합으로 이루어진다는 뜻이다.

이 결과를 사용하려면 적절한 조건하에 일반화된 고유벡터의 순환의 분할로 표현되는 기저가 존재함을 보여야 할 것이다. 조르당 표준형의 특성다항식은 완전히 인수분해되므로, 이는 필요조건이다. 우리는 곧 이것이 충분조건임도 보일 것이다. 다음 정리의 도움을 받아 존재성 정리(정리 7.7)를 증명할 것이다.

정리 7.6 벡터공간 **V**의 선형연산자 **T**와 **T**의 고윳값 λ에 대하여 $\gamma_1, \gamma_2, \ldots, \gamma_q$는 각각 λ에 대한 (**T**의) 일반화된 고유벡터의 순환이라 하자. 만약 γ_i의 시작벡터들이 서로 다르고 이를 모두 모았을 때 일차독립인 집합을 이룬다고 하면, γ_i들은 서로소이고 합집합 $\gamma = \bigcup_{i=1}^{q} \gamma_i$는 일차독립이다.

증명 연습문제 5에서 γ_i들이 서로소임을 보인다.

γ가 일차독립임은 γ에 속한 벡터의 개수에 대한 수학적 귀납법을 사용하여 증명한다.

만약 벡터의 개수가 1이면, 결과는 자명하다.

이제 어떤 자연수 $n > 1$에 대하여, γ가 n개 미만의 벡터로 이루어졌을 때 결과가 참이라 가정하자. 이제 γ가 정확히 n개의 벡터가 있다고 가정하자. γ에 의해 생성된 (**V**의) 부분공간을 **W**라 하자. 명백히 **W**는 $(\mathbf{T}-\lambda\mathbf{I})$-불변이고, $\dim(\mathbf{W}) \le n$이다. $\mathbf{T}-\lambda\mathbf{I}$를 **W**로 제한한 연산자를 **U**라 표기하자.

각 i에 대하여, γ_i에서 종료벡터를 지워서 얻은 순환을 γ_i'이라 하자. γ_i의 길이가 1이라면 $\gamma_i' = \varnothing$이다. $\gamma_i' \ne \varnothing$인 경우 γ_i'의 각 벡터는 $\mathbf{U}(\gamma_i)$의 원소이다. 역으로 $\mathbf{U}(\gamma_i)$에 속한 영이 아닌 벡터는 γ_i'에 속한다. $\gamma' = \bigcup_i \gamma_i'$이라 하자. 직전에 논증한 바에 따르면, γ'은 $\mathbf{R}(\mathbf{U})$를 생성한다. γ'은 $n-q$개의 벡터로 이루어져 있고, γ_i'들의 시작벡터는 γ_i들의 시작벡터이기도 하다. 즉, 수학적 귀납법의 가정에 의해 γ'은 일차독립이고 γ'은 $\mathbf{R}(\mathbf{U})$의 기저이다. 따라서 $\dim(\mathbf{R}(\mathbf{U})) = n-q$이다. γ_i들의 q개의 시작벡터는 일차독립이고 $\mathbf{N}(\mathbf{U})$에 속하므로, $\dim(\mathbf{N}(\mathbf{U})) \ge q$이다. 이 부등식과 차원정리에 의해 다음이 성립한다.

$$\begin{aligned} n &\ge \dim(\mathbf{W}) \\ &= \dim(\mathbf{R}(\mathbf{U})) + \dim(\mathbf{N}(\mathbf{U})) \\ &\ge (n-q) + q \\ &= n \end{aligned}$$

즉, $\dim(\mathbf{W}) = n$이다. γ는 **W**를 생성하고 n개의 벡터를 가지므로 **W**의 기저이다. γ는 일차독립이다. ◀

따름정리 선형연산자의 일반화된 고유벡터의 순환은 일차독립이다.

> **정리 7.7** 유한차원 벡터공간 V의 선형연산자 T와 T의 고윳값 λ에 대하여, K_λ는 λ에 대응하는 일반화된 고유벡터의 순환으로 분할되는 순서기저가 있다.

증명 증명은 $n = \dim(\mathsf{K}_\lambda)$에 대한 수학적 귀납법을 이용한다.

$n = 1$인 경우는 자명하다.

어떤 자연수 $n > 1$에 대하여 $\dim(\mathsf{K}_\lambda) < n$일 때 결론이 성립한다고 가정하자. $\dim(\mathsf{K}_\lambda) = n$이고, $\mathsf{T} - \lambda\mathsf{I}$를 K_λ로 제한한 연산자를 U라 하자. 이제 $\mathsf{R}(\mathsf{U})$는 K_λ의 부분공간이고, 그 차원은 K_λ의 차원보다 작다. 또한 $\mathsf{R}(\mathsf{U})$는 T를 $\mathsf{R}(\mathsf{U})$로 제한한 연산자의 고윳값 λ에 대응하는, 일반화된 고유벡터로 이루어진 공간이다. 즉, 수학적 귀납법의 가정에 의해 (이 제한의) 일반화된 고유벡터의 서로소인 순환 $\gamma_1, \gamma_2, \ldots, \gamma_q$가 존재한다. 이 순환들은 λ에 대응하는 T의 일반화된 고유벡터의 서로소인 순환이며, $\gamma = \bigcup_{i=1}^{q} \gamma_i$는 $\mathsf{R}(\mathsf{U})$의 기저이다. $i = 1, 2, \ldots, q$에 대하여 γ_i의 종료벡터는 K_λ에 속한 어떤 v_i가 U에 의해 옮겨진 벡터이다. 그러므로 각 γ_i를 확장하여 λ에 대응하고, T의 일반화된 고유벡터로 이루어진 더 큰 순환 $\tilde{\gamma}_i = \gamma_i \cup \{v_i\}$를 얻을 수 있다. $i = 1, 2, \ldots, q$에 대하여 $\tilde{\gamma}_i$의 시작벡터를 w_i라 하자. (이는 γ_i의 시작벡터이기도 하다.) $\{w_1, w_2, \ldots, w_q\}$는 E_λ의 일차독립인 부분집합이므로 이 집합을 확장하여 E_λ의 기저 $\{w_1, w_2, \ldots, w_q, u_1, u_2, \ldots, u_s\}$를 얻을 수 있다. 이제 $\tilde{\gamma}_1, \tilde{\gamma}_2, \ldots, \tilde{\gamma}_q, \{u_1\}, \{u_2\}, \ldots, \{u_s\}$는 λ에 대응하고, T의 일반화된 고유벡터의 서로소인 순환이며 각 순환의 시작벡터는 일차독립이다. 따라서, 정리 7.6에 의해 그 합집합 $\tilde{\gamma}$는 K_λ의 일차독립인 부분집합이다.

마지막으로 $\tilde{\gamma}$가 K_λ의 기저임을 보이자. γ가 $r = \operatorname{rank}(\mathsf{U})$개의 벡터로 이루어져 있다고 가정하자. 그러면 $\tilde{\gamma}$는 $r + q + s$개의 벡터로 이루어져 있다. 또한, $\{w_1, w_2, \ldots, w_q, u_1, u_2, \ldots, u_s\}$는 $\mathsf{E}_\lambda = \mathsf{N}(\mathsf{U})$의 기저이므로 $\operatorname{nullity}(\mathsf{U}) = q + s$이다. 따라서 차원정리(정리 2.3)에 의해 다음 관계가 성립한다.

$$\dim(\mathsf{K}_\lambda) = \operatorname{rank}(\mathsf{U}) + \operatorname{nullity}(\mathsf{U}) = r + q + s$$

$\tilde{\gamma}$는 K_λ의 일차독립인 부분집합이고, $\dim(\mathsf{K}_\lambda)$개의 벡터가 있다. 따라서, $\tilde{\gamma}$는 K_λ의 기저이다. ◀

따름정리 1 유한차원 벡터공간 V의 선형연산자 T의 특성다항식이 완전히 인수분해된다면, T는 조르당 표준형을 가진다.

증명 T의 서로 다른 고윳값을 $\lambda_1, \lambda_2, \ldots, \lambda_k$라 표기하자. 정리 7.7에 의해 각 i에 대하여, λ_i에 대응하는 일반화된 고유벡터의 순환으로 분할되는 순서기저 β_i가 존재한다. $\beta = \beta_1 \cup \beta_2 \cup \cdots \cup \beta_k$라 하자. 정리 7.5(2)에 의해, β는 V의 조르당 표준기저이다. ◀

조르당 표준형은 행렬의 관점에서 다룰 수도 있다.

정의 행렬 $A \in \mathsf{M}_{n\times n}(F)$의 특성다항식이 완전히 인수분해된다고 하자. (따라서 L_A의 특성다항식도 완전히 인수분해된다.) F^n의 선형연산자 L_A의 조르당 표준형을 A의 **조르당 표준형(Jordan canonical form)**이라 한다.

다음 결과는 위 정의와 따름정리 1을 바탕으로 곧바로 확인할 수 있다.

따름정리 2 $n \times n$ 행렬 A의 특성다항식이 완전히 인수분해될 때, A는 조르당 표준형 J를 가지며, A는 J와 닮음이다.

증명 연습문제 11을 보라. ◀

다음 두 예제에서 단순한 경우에 한해 행렬과 선형연산자의 조르당 표준형을 계산해 보겠다. 일반적인 경우의 조르당 표준형을 구하는 데 사용되는 도구들은 다음 절에서 공부하겠다.

예제 2 다음 행렬 A의 조르당 표준형을 구하고자 한다.

$$A = \begin{pmatrix} 3 & 1 & -2 \\ -1 & 0 & 5 \\ -1 & -1 & 4 \end{pmatrix} \in \mathsf{M}_{3\times 3}(R)$$

$\mathsf{T} = \mathsf{L}_A$의 조르당 표준기저를 찾아야 한다. A의 특성다항식은 $f(t) = \det(A - tI) = -(t-3)(t-2)^2$이므로, $\lambda_1 = 3$과 $\lambda_2 = 2$가 A의 고윳값이고, 그 중복도는 각각 1과 2이다. 정리 7.4에 의해, $\dim(\mathsf{K}_{\lambda_1}) = 1$이고 $\dim(\mathsf{K}_{\lambda_2}) = 2$이다. 정리 7.2에 의해, $\mathsf{K}_{\lambda_1} = \mathsf{N}(\mathsf{T} - 3\mathsf{I})$, $\mathsf{K}_{\lambda_2} = \mathsf{N}((\mathsf{T} - 2\mathsf{I})^2)$이다. $\mathsf{E}_{\lambda_1} = \mathsf{N}(\mathsf{T} - 3\mathsf{I})$이므로, $\mathsf{E}_{\lambda_1} = \mathsf{K}_{\lambda_1}$이다. $(-1, 2, 1)$은 $\lambda_1 = 3$에 대응하는 (T의) 고유벡터이고, 다음 β_1은 K_{λ_1}의 기저이다.

$$\beta_1 = \left\{ \begin{pmatrix} -1 \\ 2 \\ 1 \end{pmatrix} \right\}$$

한편, $\dim(\mathsf{K}_{\lambda_2}) = 2$인 일반화된 고유공간 K_{λ_2}는 순환으로 분할되는 기저가 있다. 따라서 이 기저는 길이가 1인 두 순환의 합집합이거나 길이가 2인 한 순환일 것이다. $A - 2I$의 랭크가 2

이므로, $\dim(\mathsf{E}_{\lambda_2}) = 1$이다. 즉, 길이가 1인 두 순환의 합집합일 수 없다. $w = (1, -3, -1)$이 λ_2에 대응하는 (A의) 고유벡터임은 쉽게 확인할 수 있다. 이 벡터를 순환의 시작벡터로 잡자. 방정식 $(A-2I)v = w$의 임의의 해가 종료벡터가 될 것이다. 예를 들어, $v = (-1, 2, 0)$으로 잡으면 $\lambda_2 = 2$에 대한 일반화된 고유벡터의 순환은 다음과 같다.

$$\beta_2 = \{(A-2I)v, v\} = \left\{ \begin{pmatrix} 1 \\ -3 \\ -1 \end{pmatrix}, \begin{pmatrix} -1 \\ 2 \\ 0 \end{pmatrix} \right\}$$

마지막으로 두 기저를 합집합하면 다음과 같다.

$$\beta = \beta_1 \cup \beta_2 = \left\{ \begin{pmatrix} -1 \\ 2 \\ 1 \end{pmatrix}, \begin{pmatrix} 1 \\ -3 \\ -1 \end{pmatrix}, \begin{pmatrix} -1 \\ 2 \\ 0 \end{pmatrix} \right\}$$

이는 A의 조르당 표준기저이다. 따라서, 다음 행렬 J는 A의 조르당 표준형이다.

$$J = [\mathsf{T}]_\beta = \left(\begin{array}{c|cc} 3 & 0 & 0 \\ \hline 0 & 2 & 1 \\ 0 & 0 & 2 \end{array}\right)$$

A가 J와 닮음임을 유념하자. 사실 β의 벡터를 각 열로 가지는 행렬 Q에 대하여, $J = Q^{-1}AQ$이다.

예제 3 다항식공간 $\mathsf{P}_2(R)$의 선형연산자 T를 $\mathsf{T}(g(x)) = -g(x) - g'(x)$라 정의하자. T의 조르당 표준형과 T의 조르당 표준기저를 찾고자 한다.

$\mathsf{P}_2(R)$의 표준순서기저를 β라 하면 행렬표현은 다음과 같다.

$$[\mathsf{T}]_\beta = \begin{pmatrix} -1 & -1 & 0 \\ 0 & -1 & -2 \\ 0 & 0 & -1 \end{pmatrix}$$

특성다항식은 $f(t) = -(t+1)^3$이다. 따라서, $\lambda = -1$은 T의 유일한 고윳값이고, 정리 7.4에 의해 $\mathsf{K}_\lambda = \mathsf{P}_2(R)$이다. 즉, β는 K_λ의 기저이다. 이제 다음이 성립함을 확인하자.

$$\dim(\mathsf{E}_\lambda) = 3 - \operatorname{rank}(A+I) = 3 - \operatorname{rank}\begin{pmatrix} 0 & -1 & 0 \\ 0 & 0 & -2 \\ 0 & 0 & 0 \end{pmatrix} = 3 - 2 = 1$$

각 순환의 시작벡터는 고유벡터이고, 위 계산결과에 따르면 일차독립인 고유벡터가 두 개 이상 존재할 수 없으므로 K_λ 의 기저는 두 개 또는 세 개 순환의 합집합이 될 수 없다. 즉, 우리가 찾고자 하는 기저는 길이가 3인 순환 하나이다. γ가 이러한 순환이면, γ는 하나의 조르당 블록 $[\mathsf{T}]_\gamma$를 다음과 같이 결정한다.

$$[\mathsf{T}]_\gamma = \begin{pmatrix} -1 & 1 & 0 \\ 0 & -1 & 1 \\ 0 & 0 & -1 \end{pmatrix}$$

이는 T의 조르당 표준형이다.

이 순환의 종료벡터 $h(x)$는 $(\mathsf{T}+\mathsf{I})^2(h(x)) \neq \mathit{0}$을 만족해야 한다. K_λ 의 임의의 기저에 대하여 이러한 조건을 만족하는 벡터가 존재해야 한다. K_λ 에 이러한 벡터가 존재하지 않는다면 지금까지 공부한 내용과 모순이 된다. β의 벡터를 가지고 확인해 보면 $h(x) = x^2$이 조건을 만족함을 확인할 수 있다. 즉, 다음은 T의 조르당 표준기저이다.

$$\gamma = \{(\mathsf{T}+\mathsf{I})^2(x^2), (\mathsf{T}+\mathsf{I})(x^2), x^2\} = \{2, -2x, x^2\}$$

다음 절에서는 조르당 표준형과 조르당 표준기저를 찾는 실질적인 계산법을 공부한다. 이 과정에서 조르당 블록을 배열하는 순서를 무시할 때, 조르당 표준형이 유일하게 존재함을 증명할 것이다.

유한차원 벡터공간 V의 선형연산자 T의 특성다항식이 완전히 인수분해된다고 가정하자. 정리 5.10에 의해, T가 대각화가능하기 위한 필요충분조건은 V가 T의 고유공간의 직합인 것이다. T가 대각화가능하면 고유공간과 일반화된 고유공간은 같다.

대각화 불가능한 연산자에 대하여 정리 5.10을 일반화한 결과를 소개하며 이번 절을 마치겠다. 5.2절에 다룬 직합의 친숙한 성질을 활용할 것이다.

> **정리 7.8** 유한차원 벡터공간 V의 선형연산자 T의 특성다항식이 완전히 인수분해될 때, V는 T의 일반화된 고유공간의 직합이다.

증명 연습문제 14를 보라. ◀

7.1 연습문제

1. 다음 명제의 참-거짓을 판정하라.

(a) 선형연산자 T의 고유벡터는 T의 일반화된 고유벡터이기도 하다.

(b) 선형연산자 T의 일반화된 고유벡터가 T의 고윳값이 아닌 스칼라에 대응할 수 있다.

(c) 유한차원 벡터공간의 임의의 선형연산자에 대하여 조르당 표준형이 존재한다.

(d) 일반화된 고유벡터의 순환은 일차독립이다.

(e) 유한차원 벡터공간의 선형연산자의 각 고윳값마다 일반화된 고유벡터의 순환이 정확히 하나씩 존재한다.

(f) 유한차원 벡터공간의 선형연산자 T의 특성다항식이 완전히 인수분해된다고 가정하고 T의 서로 다른 고윳값을 $\lambda_1, \lambda_2, \ldots, \lambda_k$라 하자. 각 i에 대하여 K_{λ_i}의 기저를 β_i라 하면 $\beta_1 \cup \beta_2 \cup \cdots \cup \beta_k$는 T의 조르당 표준기저이다.

(g) 임의의 조르당 블록 J에 대하여 선형연산자 L_J는 조르당 표준형 J를 가진다.

(h) n차원 벡터공간의 선형연산자 T의 특성다항식이 완전히 인수분해될 때, T의 임의의 고윳값 λ에 대하여 $\mathsf{K}_\lambda = \mathsf{N}((\mathsf{T} - \lambda\mathsf{I})^n)$이다.

2. 각 행렬 A에 대하여 일반화된 고유벡터의 순환으로 분할되는 L_A의 일반화된 고유공간의 기저를 찾고, A의 조르당 표준형 J를 구하라.

(a) $A = \begin{pmatrix} 1 & 1 \\ -1 & 3 \end{pmatrix}$　　(b) $A = \begin{pmatrix} 1 & 2 \\ 3 & 2 \end{pmatrix}$

(c) $A = \begin{pmatrix} 11 & -4 & -5 \\ 21 & -8 & -11 \\ 3 & -1 & 0 \end{pmatrix}$　　(d) $A = \begin{pmatrix} 2 & 1 & 0 & 0 \\ 0 & 2 & 1 & 0 \\ 0 & 0 & 3 & 0 \\ 0 & 1 & -1 & 3 \end{pmatrix}$

3. 각 선형연산자 T에 대하여 일반화된 고유벡터의 순환으로 분할되는 T의 일반화된 고유공간의 기저를 찾고, T의 조르당 표준형 J를 구하라.

(a) $\mathsf{T}(f(x)) = 2f(x) - f'(x)$로 정의된 $\mathsf{P}_2(R)$의 선형연산자 T

(b) 실함수의 집합 $\{1, t, t^2, e^t, te^t\}$에 의해 생성된 실벡터공간 V와 $\mathsf{T}(f) = f'$으로 정의된 V의 선형연산자 T

(c) $B = \begin{pmatrix} 1 & 1 \\ 0 & 1 \end{pmatrix}$이라 하자. 임의의 $A \in \mathsf{M}_{2\times 2}(R)$에 대하여, $\mathsf{T}(A) = BA$로 정의된 ($\mathsf{M}_{2\times 2}(R)$의) 선형연산자 T

(d) 임의의 $A \in \mathsf{M}_{2\times 2}(R)$에 대하여 $\mathsf{T}(A) = 2A + A^t$로 정의된 선형연산자 T

4. 벡터공간 V의 선형연산자 T와 고윳값 λ에 대응하는 일반화된 고유벡터의 순환 γ를 생각하자. $\text{span}(\gamma)$는 V의 T-불변 부분공간임을 증명하라. 7.4절

5. 고윳값 λ에 대응하는 선형연산자 T와 일반화된 고유벡터의 순환 $\gamma_1, \gamma_2, \ldots, \gamma_p$를 생각하자. 각 순환의 시작벡터가 다르면, 이 순환들은 서로소임을 증명하라.

6. 선형변환 $\mathsf{T}: \mathsf{V} \to \mathsf{W}$에 대하여 다음 명제가 참임을 보여라.

(a) $\mathsf{N}(\mathsf{T}) = \mathsf{N}(-\mathsf{T})$

(b) $\mathsf{N}(\mathsf{T}^k) = \mathsf{N}((-\mathsf{T})^k)$

(c) $\mathsf{V} = \mathsf{W}$(즉, T는 V의 선형연산자)이고 λ가 T의 고윳값일 때, 임의의 자연수 k에 대하여 $\mathsf{N}((\mathsf{T} - \lambda\mathsf{I}_\mathsf{V})^k) = \mathsf{N}((\lambda\mathsf{I}_\mathsf{V} - \mathsf{T})^k)$이다.

7. 유한차원 벡터공간 V의 선형연산자 U에 대하여 다음 명제가 참임을 보여라.

(a) $\mathsf{N}(\mathsf{U}) \subseteq \mathsf{N}(\mathsf{U}^2) \subseteq \cdots \subseteq \mathsf{N}(\mathsf{U}^k) \subseteq \mathsf{N}(\mathsf{U}^{k+1}) \subseteq \cdots$

(b) 임의의 자연수 m에 대하여 $\text{rank}(\mathsf{U}^m) = \text{rank}(\mathsf{U}^{m+1})$일 때, 임의의 자연수 $k \geq m$에 대하여 $\text{rank}(\mathsf{U}^m) = \text{rank}(\mathsf{U}^k)$이다.

(c) 임의의 자연수 m에 대하여 $\text{rank}(\mathsf{U}^m) = \text{rank}(\mathsf{U}^{m+1})$일 때, 임의의 자연수 $k \geq m$에 대하여 $\mathsf{N}(\mathsf{U}^m) = \mathsf{N}(\mathsf{U}^k)$이다.

(d) V의 선형연산자를 T, T의 고윳값을 λ라 하자. 어느 자연수 m에 대하여 $\text{rank}((\mathsf{T} - \lambda\mathsf{I})^m) = \text{rank}((\mathsf{T} - \lambda\mathsf{I})^{m+1})$이면 $\mathsf{K}_\lambda = \mathsf{N}((\mathsf{T} - \lambda\mathsf{I})^m)$이다.

(e) **(대각화 가능성의 두 번째 판정법)** V의 선형연산자 T의 특성다항식이 완전히 인수분해된다고 가정하자. T의 서로 다른 고윳값을 $\lambda_1, \lambda_2, \ldots, \lambda_k$라 하자. T가 대각화가능하기 위한 필요충분조건은 $1 \leq i \leq k$에 대하여 $\text{rank}(\mathsf{T} - \lambda_i\mathsf{I}) = \text{rank}((\mathsf{T} - \lambda_i\mathsf{I})^2)$인 것이다.

(f) (e)를 사용하여 5.4절 연습문제 24의 쉬운 증명을 완성하라.

> 유한차원 벡터공간 V의 대각화가능한 선형연산자 T와 (V의) T-불변 부분공간 W에 대하여, T_W는 대각화가능하다.

8. 유한차원 벡터공간 V의 선형연산자 T의 특성다항식이 완전히 인수분해되고 조르당 표준형이 J라 하자. 영이 아닌 임의의 스칼라 c에 대하여 cJ는 $c\mathsf{T}$의 조르당 표준형임을 증명하라.

9. 유한차원 벡터공간 V의 선형연산자 T의 특성다항식이 완전히 인수분해된다고 가정할 때, 다음 정리 또는 명제가 참임을 보여라.

(a) 정리 7.5(2)

(b) T의 조르당 표준기저를 β, T의 고윳값을 λ, $\beta' = \beta \cap \mathsf{K}_\lambda$라 하자. β'은 K_λ의 기저이다.

10. 유한차원 벡터공간의 선형연산자 T의 특성다항식이 완전히 인수분해된다고 가정하자. T의 고윳값 λ에 대한 다음 명제가 참임을 보여라.

(a) q개의 일반화된 고유벡터의 순환으로 분할되는 K_λ의 기저 γ에 대하여 $q \leq \dim(\mathsf{E}_\lambda)$이다.

(b) T의 조르당 표준기저를 β라 하자. $J = [\mathsf{T}]_\beta$의 '대각성분이 λ인 조르당 블록'의 개수가 q일 때 $q \leq \dim(\mathsf{E}_\lambda)$이다.

11. 정리 7.7의 따름정리 2를 증명하라.

12. 유한차원 벡터공간 V의 선형연산자 T와 그 고윳값 λ를 생각하자. λ에 대응하는 T의 고유공간과 일반화된 고유공간을 각각 E_λ, K_λ라 하자. T와 가환이고($\mathsf{TU} = \mathsf{UT}$) 가역인 ($\mathsf{V}$의) 선형연산자 U에 대하여, $\mathsf{U}(\mathsf{E}_\lambda) = \mathsf{E}_\lambda$이고 $\mathsf{U}(\mathsf{K}_\lambda) = \mathsf{K}_\lambda$임을 증명하라.

13~14. 5.4절 341쪽에서 정의한 행렬의 직합(direct sum)을 이용하여 문제를 풀어 보자.

13. 정리 7.8을 증명하라.

14. 유한차원 벡터공간 V의 선형연산자 T의 특성다항식이 완전히 인수분해된다고 가정하고 T의 서로 다른 고윳값을 $\lambda_1, \lambda_2, \ldots, \lambda_k$라 하자. 각 i에 대하여 T를 K_{λ_i}로 제한한 연산자의 조르당 표준형을 J_i라 하자. $J = J_1 \oplus J_2 \oplus \cdots \oplus J_k$가 T의 조르당 표준형임을 증명하라.

7.2 조르당 표준형 II : 계산적 측면

이번 절에서는 n차원 벡터공간 V의 선형연산자 T의 특성다항식이 완전히 인수분해된다고 가정한다. T의 서로 다른 고윳값을 $\lambda_1, \lambda_2, \ldots, \lambda_k$ 라 표기하자.

정리 7.7에 의해, 일반화된 고유공간 K_{λ_i} 각각은 λ_i에 대응하는 일반화된 고유벡터의 순환으로 분할되는 순서기저 β_i를 포함한다. 이제 정리 7.4(2)와 정리 7.5에 의해, 합집합 $\beta = \bigcup_{i=1}^{k} \beta_i$는 T의 조르당 표준기저이다. 각 i에 대하여, T를 K_{λ_i}로 제한한 연산자를 T_i라 하고 $A_i = [\mathsf{T}_i]_{\beta_i}$ 라 하자. A_i는 T_i의 조르당 표준형이고 T의 조르당 표준형은 다음 행렬 J이다.

$$J = [\mathsf{T}]_\beta = \begin{pmatrix} A_1 & O & \cdots & O \\ O & A_2 & \cdots & O \\ \vdots & \vdots & & \vdots \\ O & O & \cdots & A_k \end{pmatrix}$$

행렬 J에서 각 O는 적절한 크기의 영행렬이다.

이번 절에서는 행렬 A_i와 기저 β_i를 구하고, 자연히 J와 β도 구할 것이다. J를 구하는 방법을 이해하면서, 어떠한 관점으로 볼 때 A_i가 유일하게 결정됨을 납득하게 될 것이다.

J의 유일성 정리를 쉽게 서술하기 위해 다음과 같은 관습을 따르자.

K_{λ_i}의 기저 β_i는 이제부터 순환의 길이에 대한 내림차순으로 정렬한다. 다시 말해 β_i가 순환 $\gamma_1, \gamma_2, \ldots, \gamma_{n_i}$로 분할되고 γ_j의 길이를 p_j라 하면, 각 순환을 $p_1 \geq p_2 \geq \cdots \geq p_{n_i}$가 되도록 정렬한다는 것이다.

순환을 이러한 순서로 정렬하는 것은 β_i의 벡터들의 배열 순서에 제약이 있음을 의미한다. A_i 또한 영향을 받을 것이다. 이런 의미로 A_i는 유일하다. 그렇다면 T의 조르당 표준형 역시 T의 고윳값의 정렬 순서를 무시할 때 유일할 것이다. 기저 β_i 또는 β에 대한 유일성 정리는 존재하지 않음을 곧 확인하게 될 것이다. 그러나 각각의 i에 대하여 β_i를 구성하는 순환의 개수 n_i와 각 순환의 길이 $p_j (j = 1, 2, \ldots, n_i)$는 T에 의해 완벽히 결정된다.

예제 1 직전의 설명을 구체적으로 적용하자. 어떤 i에 대하여 K_{λ_i}의 순서기저 β_i가 네 개 순환의 합집합 $\beta_i = \gamma_1 \cup \gamma_2 \cup \gamma_3 \cup \gamma_4$로 이루어져 있고, 각 순환의 길이는 $p_1 = 3$, $p_2 = 3$, $p_3 = 2$, $p_4 = 1$이라 하자. A_i는 다음과 같이 나타난다.

$$A_i = \left(\begin{array}{ccc|ccc|cc|c} \lambda_i & 1 & 0 & 0 & 0 & 0 & 0 & 0 & 0 \\ 0 & \lambda_i & 1 & 0 & 0 & 0 & 0 & 0 & 0 \\ 0 & 0 & \lambda_i & 0 & 0 & 0 & 0 & 0 & 0 \\ \hline 0 & 0 & 0 & \lambda_i & 1 & 0 & 0 & 0 & 0 \\ 0 & 0 & 0 & 0 & \lambda_i & 1 & 0 & 0 & 0 \\ 0 & 0 & 0 & 0 & 0 & \lambda_i & 0 & 0 & 0 \\ \hline 0 & 0 & 0 & 0 & 0 & 0 & \lambda_i & 1 & 0 \\ 0 & 0 & 0 & 0 & 0 & 0 & 0 & \lambda_i & 0 \\ \hline 0 & 0 & 0 & 0 & 0 & 0 & 0 & 0 & \lambda_i \end{array}\right)$$

각 행렬 A_i와 순서기저 β_i를 쉽게 시각화하기 위해, T_i의 **점 도표(dot diagram)**라 불리는 점의 2차원 배열을 이용한다. 이때, T를 K_{λ_i}로 제한한 연산자는 T_i이다. β_i가 일반화된 고유벡터의 순환 $\gamma_1, \gamma_2, \dots, \gamma_{n_i}$로 분할되고, 각 순환의 길이는 $p_1 \geq p_2 \geq \cdots \geq p_{n_i}$라 하자. T_i의 점 도표는 β_i를 이루는 벡터 개수만큼의 점으로 구성되어 있으며, 각 점은 다음 규칙을 따라 배열된다.

> **1** 배열에는 n_i개의 열이 있다(각 순환은 1개의 열에 대응한다).
>
> **2** 왼쪽부터 오른쪽으로 센다. j열은 p_j개의 점으로 이루어져 있다. 각 점은 위에서부터 아래로 γ_j의 시작벡터부터 종료벡터까지 순차적으로 대응한다.

각 순환의 종료벡터를 $v_1, v_2, \dots, v_{n_i}$라 표기하자. 다음 T_i의 점 도표에서, 각 점에 대응하는 β_i의 각 벡터를 쓴다.

$$\begin{array}{llll}
\bullet\,(\mathsf{T}-\lambda_i\mathsf{I})^{p_1-1}(v_1) & \bullet\,(\mathsf{T}-\lambda_i\mathsf{I})^{p_2-1}(v_2) & \cdots & \bullet\,(\mathsf{T}-\lambda_i\mathsf{I})^{p_{n_i}-1}(v_{n_i}) \\
\bullet\,(\mathsf{T}-\lambda_i\mathsf{I})^{p_1-2}(v_1) & \bullet\,(\mathsf{T}-\lambda_i\mathsf{I})^{p_2-2}(v_2) & \cdots & \bullet\,(\mathsf{T}-\lambda_i\mathsf{I})^{p_{n_i}-2}(v_{n_i}) \\
 & & & \vdots \\
 & \vdots & & \bullet\,(\mathsf{T}-\lambda_i\mathsf{I})(v_{n_i}) \\
\vdots & & & \bullet\, v_{n_i} \\
 & \bullet\,(\mathsf{T}-\lambda_i\mathsf{I})(v_2) & & \\
 & \bullet\, v_2 & & \\
\bullet\,(\mathsf{T}-\lambda_i\mathsf{I})(v_1) & & & \\
\bullet\, v_1 & & &
\end{array}$$

T_i의 점 도표는 열이 n_i개(각 열은 각 순환에 대응), 행이 p_1개임을 유념하자. $p_1 \geq p_2 \geq \cdots \geq p_{n_i}$이므로, 점 도표의 각 열은 왼쪽에서 오른쪽으로 가면서 점차 짧아진다(적어도 길어지지 않는다).

점 도표에서 j 행의 점의 개수를 r_j 라 하자. $r_1 \geq r_2 \geq \cdots \geq r_{p_1}$ 이다. 점 도표는 r_i 의 값에 따라 다시 구성할 수 있다. 이 내용은 조합론적으로 증명하며, 연습문제 9에서 다룬다.

예제 1에서 $n_i = 4$, $p_1 = p_2 = 3$, $p_3 = 2$, $p_4 = 1$ 이므로 T_i 의 점 도표는 다음과 같이 나타낸다.

$$\begin{array}{cccc} \bullet & \bullet & \bullet & \bullet \\ \bullet & \bullet & \bullet & \\ \bullet & \bullet & & \end{array}$$

또한 $r_1 = 4$, $r_2 = 3$, $r_3 = 2$ 이다.

이제 T와 λ_i 에 의해 결정되는 선형연산자의 랭크를 이용하여 T_i 의 점 도표를 구하는 방법을 소개하겠다. 이로부터 점 도표는 T에 의해 완벽히 결정됨을 알 수 있고, 점 도표가 유일함을 보일 수 있다. 한편, β_i 는 유일하지 않다. 연습문제 8을 보라. (이러한 이유로 점 도표를 β_i 가 아니라 T_i 에 관련지어 생각한다.)

T_i 의 점 도표를 결정하기 위해, T와 λ_i 만을 사용하여 각 r_j(점 도표의 j 행에 위치하는 점의 개수)를 얻는 방법을 소개하겠다. 곧 소개할 세 정리를 보자. 설명의 편의를 위해 K_{λ_i} 의 기저 β_i 는 일반화된 고유벡터의 순환 n_i 개의 서로소인 합집합으로 표현되며, 각 순환의 길이는 $p_1 \geq p_2 \geq \cdots \geq p_{n_i}$ 라 가정하겠다.

정리 7.9 임의의 자연수 r 에 대하여 (T_i 의) 점 도표의 처음 r 개 행에 대응하는 β_i 의 벡터는 $\mathsf{N}((\mathsf{T}-\lambda_i\mathsf{I})^r)$ 의 기저이다. 즉, 점 도표의 처음 r 개 행에 위치하는 점의 개수는 $\text{nullity}((\mathsf{T}-\lambda_i\mathsf{I})^r)$ 이다.

증명 명백히 $\mathsf{N}((\mathsf{T}-\lambda_i\mathsf{I})^r) \subseteq \mathsf{K}_{\lambda_i}$ 이고 K_{λ_i} 는 $(\mathsf{T}-\lambda_i\mathsf{I})^r$-불변 부분공간이다. $(\mathsf{T}-\lambda_i\mathsf{I})^r$ 을 K_{λ_i} 로 제한한 연산자를 U라 표기하자. 앞서 설명한 것처럼 $\mathsf{N}((\mathsf{T}-\lambda_i\mathsf{I})^r) = \mathsf{N}(\mathsf{U})$ 이므로, U에 대하여 이 정리를 증명하면 충분하다. 이제 S_1, S_2 를 다음과 같이 정의하자.

$$S_1 = \{x \in \beta_i : \mathsf{U}(x) = 0\}, \quad S_2 = \{x \in \beta_i : \mathsf{U}(x) \neq 0\}$$

S_1 과 S_2 에 속한 벡터의 개수를 각각 a, b 라 표기하자. $m_i = \dim(\mathsf{K}_{\lambda_i})$ 라 하면 $a + b = m_i$ 이다. 임의의 $x \in \beta_i$ 에 대하여 $x \in S_1$ 이기 위한 필요충분조건은 x 가 순환의 첫 r 개 벡터 중 하나인 것이다. 다시 말해 x 가 점 도표의 처음 r 개 행에 위치한 점에 대응하는지 여부에 따라 결정된다. 즉, a 는 점 도표의 첫 r 개 행에 위치한 점의 개수이다. 임의의 $x \in S_2$ 에 대하여 U를 씌우면 같은 열에서 r 행 위로 이동한다. U는 S_2 를 β_i 로 옮기는 단사함수로 생각할 수 있다. 즉, $\{\mathsf{U}(x) : x \in S_2\}$ 는 $\mathsf{R}(\mathsf{U})$ 의 기저이고 b 개의 벡터로 이루어져 있다. $\text{rank}(\mathsf{U}) = b$ 이므로 $\text{nullity}(\mathsf{U}) = m_i - b = a$ 이다.

한편, S_1은 $\mathsf{N}(\mathsf{U})$의 일차독립인 부분집합이며 a개의 벡터로 이루어져 있다. 따라서 S_1은 $\mathsf{N}(\mathsf{U})$의 기저이다. ◀

다음 따름정리는 정리 7.9에서 $r = 1$인 경우이다.

따름정리 E_{λ_i}의 차원은 n_i이다. 즉, T의 조르당 표준형에서 λ_i에 대응하는 조르당 블록의 개수는 E_{λ_i}의 차원과 같다.

증명 여러분의 몫으로 남긴다. ◀

이제 연산자의 랭크의 관점으로 점 도표를 작성할 수 있게 되었다.

> **정리 7.10** K_{λ_i}로의 T의 제한을 T_i, T_i의 점 도표의 j행에 위치한 점의 개수를 r_j라 하자. 다음이 성립한다.
>
> **(1)** $r_1 = \dim(\mathsf{V}) - \text{rank}(\mathsf{T} - \lambda_i \mathsf{I})$
>
> **(2)** $j > 1$일 때, $r_j = \text{rank}((\mathsf{T} - \lambda_i \mathsf{I})^{j-1}) - \text{rank}((\mathsf{T} - \lambda_i \mathsf{I})^j)$

증명 (1) 정리 7.9에 따르면 $j = 1, 2, \ldots, p-1$에 대하여 다음이 성립한다.

$$\begin{aligned} r_1 + r_2 + \cdots + r_j &= \text{nullity}((\mathsf{T} - \lambda_i \mathsf{I})^j) \\ &= \dim(\mathsf{V}) - \text{rank}((\mathsf{T} - \lambda_i \mathsf{I})^j) \end{aligned}$$

따라서 $r_1 = \dim(\mathsf{V}) - \text{rank}(\mathsf{T} - \lambda_i \mathsf{I})$이다.

(2) $j > 1$일 때, 다음이 성립한다.

$$\begin{aligned} r_j &= (r_1 + r_2 + \cdots + r_j) - (r_1 + r_2 + \cdots + r_{j-1}) \\ &= [\dim(\mathsf{V}) - \text{rank}((\mathsf{T} - \lambda_i \mathsf{I})^j)] - [\dim(\mathsf{V}) - \text{rank}((\mathsf{T} - \lambda_i \mathsf{I})^{j-1})] \\ &= \text{rank}((\mathsf{T} - \lambda_i \mathsf{I})^{j-1}) - \text{rank}((\mathsf{T} - \lambda_i \mathsf{I})^j) \end{aligned}$$

◀

정리 7.10은 T_i의 점 도표가 T와 λ_i에 의해 완전히 결정됨을 설명한다. 이제 다음 결과는 자명하다.

따름정리 T의 임의의 고윳값 λ_i에 대하여 T_i의 점 도표는 유일하다. 일반화된 고유공간의 기저에 대응하는 일반화된 고유벡터의 순환을 길이에 따라 내림차순으로 정렬할 때, 선형연산자 또는 행렬의 조르당 표준형은 유일하다. (단, 고윳값이 나열되는 순서는 무시한다.)

이제 이상의 결과를 사용하여, 두 행렬과 한 선형연산자의 조르당 표준형을 구해 보겠다.

예제 2 다음 행렬 A의 조르당 표준형과 $\mathsf{T} = \mathsf{L}_A$의 조르당 표준기저를 찾고자 한다.

$$A = \begin{pmatrix} 2 & -1 & 0 & 1 \\ 0 & 3 & -1 & 0 \\ 0 & 1 & 1 & 0 \\ 0 & -1 & 0 & 3 \end{pmatrix}$$

A의 특성다항식은 $\det(A - tI) = (t-2)^3(t-3)$이므로, A의 서로 다른 고윳값은 2개($\lambda_1 = 2$, $\lambda_2 = 3$)이고 각각의 중복도는 3과 1이다. L_A를 일반화된 고유공간 K_{λ_1}로 제한한 연산자를 T_1, L_A를 일반화된 고유공간 K_{λ_2}로 제한한 연산자를 T_2라 하자.

T_1의 조르당 표준기저를 β_1이라 하자. λ_1의 중복도가 3이므로, 정리 7.4(3)에 의해 $\dim(\mathsf{K}_{\lambda_1}) = 3$이다. 즉, T_1의 점 도표에 3개의 점이 있다. 앞서 했던 것처럼 이 점 도표의 j행에 위치한 점의 개수를 r_j라 표기하자. 정리 7.10에 의해 r_1과 r_2는 각각 다음과 같이 구한다.

$$r_1 = 4 - \operatorname{rank}(A - 2I) = 4 - \operatorname{rank}\begin{pmatrix} 0 & -1 & 0 & 1 \\ 0 & 1 & -1 & 0 \\ 0 & 1 & -1 & 0 \\ 0 & -1 & 0 & 1 \end{pmatrix} = 4 - 2 = 2$$

$$r_2 = \operatorname{rank}(A - 2I) - \operatorname{rank}((A-2I)^2) = 2 - 1 = 1$$

(사실 이 문제에서 r_2를 구하는 과정은 불필요하다. $r_1 = 2$이고, 점 도표는 3개의 점을 가지기 때문이다.) β_1에 대응하는 점 도표는 다음과 같다.

$$\begin{matrix} \bullet & \bullet \\ \bullet & \end{matrix}$$

즉, A_1은 다음과 같이 나타낸다.

$$A_1 = [\mathsf{T}_1]_{\beta_1} = \begin{pmatrix} 2 & 1 & 0 \\ 0 & 2 & 0 \\ 0 & 0 & 2 \end{pmatrix}$$

$\lambda_2 = 3$의 중복도는 1이므로 $\dim(\mathsf{K}_{\lambda_2}) = 1$이고, K_{λ_2}의 임의의 기저 β_2는 $\lambda_2 = 3$에 대응하는 고유벡터 하나로 이루어져 있다. 따라서 $A_2 = [\mathsf{T}_2]_{\beta_2} = (3)$이다. $\beta = \beta_1 \cup \beta_2$라 하면 다음 행렬 J는 A의 조르당 표준형이다.

$$J = [\mathsf{L}_A]_\beta = \begin{pmatrix} 2 & 1 & 0 & 0 \\ 0 & 2 & 0 & 0 \\ 0 & 0 & 2 & 0 \\ 0 & 0 & 0 & 3 \end{pmatrix}$$

이제 $\mathsf{T} = \mathsf{L}_A$ 의 조르당 표준기저를 구하자. T_1 의 조르당 표준기저 β_1 부터 구하면 된다. T_1 의 점 도표는 두 개의 열을 가지고, 각 열은 일반화된 고유벡터의 순환에 대응한다. 즉, 두 개의 순환이 존재한다. 첫 번째 순환과 두 번째 순환의 종료벡터를 각각 v_1, v_2 라 표기하자. 점 도표에서 각 점에 대응하는 벡터를 같이 표기하면 다음과 같다.

$$\begin{array}{ll} \bullet\, (\mathsf{T} - 2\mathsf{I})(v_1) & \bullet\, v_2 \\ \bullet\, v_1 & \end{array}$$

이 점 도표에서 $v_1 \in \mathsf{N}((\mathsf{T} - 2\mathsf{I})^2)$ 이지만 $v_1 \notin \mathsf{N}(\mathsf{T} - 2\mathsf{I})$ 임을 확인할 수 있다. 이제 $A - 2I$ 와 $(A - 2I)^2$ 은 각각 다음과 같다.

$$A - 2I = \begin{pmatrix} 0 & -1 & 0 & 1 \\ 0 & 1 & -1 & 0 \\ 0 & 1 & -1 & 0 \\ 0 & -1 & 0 & 1 \end{pmatrix}, \quad (A - 2I)^2 = \begin{pmatrix} 0 & -2 & 1 & 1 \\ 0 & 0 & 0 & 0 \\ 0 & 0 & 0 & 0 \\ 0 & -2 & 1 & 1 \end{pmatrix}$$

또한 다음 집합이 $\mathsf{N}((\mathsf{T} - 2\mathsf{I})^2) = \mathsf{K}_{\lambda_1}$ 의 기저임을 쉽게 확인할 수 있다.

$$\left\{ \begin{pmatrix} 1 \\ 0 \\ 0 \\ 0 \end{pmatrix}, \begin{pmatrix} 0 \\ 1 \\ 2 \\ 0 \end{pmatrix}, \begin{pmatrix} 0 \\ 1 \\ 0 \\ 2 \end{pmatrix} \right\}$$

이 기저의 세 벡터 중 마지막 두 개는 $\mathsf{N}(\mathsf{T} - 2\mathsf{I})$ 에 속하지 않는다. 즉, 이 둘 중 하나를 v_1 로 잡으면 된다. v_1 을 다음과 같이 선택하자.

$$v_1 = \begin{pmatrix} 0 \\ 1 \\ 2 \\ 0 \end{pmatrix}$$

$(\mathsf{T} - 2\mathsf{I})(v_1)$ 은 다음과 같다.

$$(\mathsf{T}-2\mathsf{I})(v_1)=(A-2I)(v_1)=\begin{pmatrix}0&-1&0&1\\0&1&-1&0\\0&1&-1&0\\0&-1&0&1\end{pmatrix}\begin{pmatrix}0\\1\\2\\0\end{pmatrix}=\begin{pmatrix}-1\\-1\\-1\\-1\end{pmatrix}$$

E_{λ_1} 의 벡터 중 $(\mathsf{T}-2\mathsf{I})(v_1)$과 일차독립인 벡터를 v_2로 잡으면 된다. v_2를 다음과 같이 선택하자.

$$v_2=\begin{pmatrix}1\\0\\0\\0\end{pmatrix}$$

이에 대응하는 조르당 표준기저는 다음과 같다.

$$\beta_1=\left\{\begin{pmatrix}-1\\-1\\-1\\-1\end{pmatrix},\ \begin{pmatrix}0\\1\\2\\0\end{pmatrix},\ \begin{pmatrix}1\\0\\0\\0\end{pmatrix}\right\}$$

점 도표는 다음과 같이 그려진다.

$$\begin{array}{ll}\bullet\begin{pmatrix}-1\\-1\\-1\\-1\end{pmatrix} & \bullet\begin{pmatrix}1\\0\\0\\0\end{pmatrix}\\ \bullet\begin{pmatrix}0\\1\\2\\0\end{pmatrix} & \end{array}$$

v_2는 $(\mathsf{T}-2\mathsf{I})(v_1)$과 일차독립이 되도록 선택하였으므로, 정리 7.6에 따르면 β_1은 일차독립이다.

$\lambda_2=3$의 중복도는 1이므로, $\dim(\mathsf{K}_{\lambda_2})=\dim(\mathsf{E}_{\lambda_2})=1$이다. $\lambda_2=3$에 대응하는 (L_A 의) 임의의 고유벡터는 여기에서 찾고자 하는 β_2를 이룬다. 예를 들어 β_2를 다음과 같이 생각하자.

$$\beta_2=\left\{\begin{pmatrix}1\\0\\0\\1\end{pmatrix}\right\}$$

다음 β는 L_A 의 조르당 표준기저이다.

$$\beta = \beta_1 \cup \beta_2 = \left\{ \begin{pmatrix} -1 \\ -1 \\ -1 \\ -1 \end{pmatrix}, \begin{pmatrix} 0 \\ 1 \\ 2 \\ 0 \end{pmatrix}, \begin{pmatrix} 1 \\ 0 \\ 0 \\ 0 \end{pmatrix}, \begin{pmatrix} 1 \\ 0 \\ 0 \\ 1 \end{pmatrix} \right\}$$

또한, Q를 다음과 같이 놓으면 $J = Q^{-1}AQ$이다.

$$Q = \begin{pmatrix} -1 & 0 & 1 & 1 \\ -1 & 1 & 0 & 0 \\ -1 & 2 & 0 & 0 \\ -1 & 0 & 0 & 1 \end{pmatrix}$$

예제 3 다음 행렬 A의 조르당 표준형 J, L_A의 조르당 표준기저, $J = Q^{-1}AQ$인 행렬 Q를 각각 구하려 한다.

$$A = \begin{pmatrix} 2 & -4 & 2 & 2 \\ -2 & 0 & 1 & 3 \\ -2 & -2 & 3 & 3 \\ -2 & -6 & 3 & 7 \end{pmatrix}$$

A의 특성다항식은 $\det(A - tI) = (t-2)^2(t-4)^2$이다. $\mathsf{T} = \mathsf{L}_A$라 하자. $\lambda_1 = 2$, $\lambda_2 = 4$이고 L_A를 K_{λ_i}로 제한한 연산자를 T_i라 하자. (단, $i = 1, 2$)

T_1의 점 도표를 구하자. 이 점 도표의 첫 번째 행에 위치한 점의 개수를 r_1이라 하자. r_1은 다음과 같이 구한다.

$$r_1 = 4 - \text{rank}(A - 2I) = 4 - 2 = 2$$

따라서 T_1의 점 도표는 다음과 같다.

즉, $A_1 = [\mathsf{T}_1]_{\beta_1} = \begin{pmatrix} 2 & 0 \\ 0 & 2 \end{pmatrix}$이다. 이때, β_1은 주어진 점에 대응하는 임의의 기저이다. 이 경우 β_1은 $\mathsf{E}_{\lambda_1} = \mathsf{N}(\mathsf{T} - 2\mathsf{I})$의 임의의 기저이다. 예를 들어, β_1을 다음과 같이 둘 수 있다.

$$\beta_1 = \left\{ \begin{pmatrix} 2 \\ 1 \\ 0 \\ 2 \end{pmatrix}, \begin{pmatrix} 0 \\ 1 \\ 2 \\ 0 \end{pmatrix} \right\}$$

그 다음으로 T_2의 점 도표를 구하자. $\operatorname{rank}(A-4I)=3$이므로, 점 도표의 첫 번째 행에는 $4-3=1$개의 점만 존재한다. $\lambda_2 = 4$의 중복도는 2이므로, $\dim(\mathsf{K}_{\lambda_2}) = 2$이다. 즉, 이 경우 점 도표는 다음과 같다.

$$\begin{matrix} \bullet \\ \bullet \end{matrix}$$

즉, $A_2 = [\mathsf{T}_2]_{\beta_2} = \begin{pmatrix} 4 & 1 \\ 0 & 4 \end{pmatrix}$이고 β_2는 각 점에 대응하는 벡터로 이루어진 K_{λ_2}의 임의의 기저이다. 이제 β_2는 길이가 2인 순환이다. 이 순환의 종료벡터는 $v \in \mathsf{K}_{\lambda_2} = \mathsf{N}((\mathsf{T}-4\mathsf{I})^2)$이고, $v \notin \mathsf{N}(\mathsf{T}-4\mathsf{I})$이다. 예제 2에서 벡터 v_1을 찾는 것과 같은 방식으로 이러한 벡터를 찾을 수 있다. 이번에는 다른 방법을 사용하자. 영공간 $\mathsf{L}_A - 4\mathsf{I}$의 기저는 다음과 같음을 쉽게 확인할 수 있다.

$$\left\{ \begin{pmatrix} 0 \\ 1 \\ 1 \\ 1 \end{pmatrix} \right\}$$

이제 다음 연립일차방정식의 임의의 해를 v로 잡으면 된다.

$$(A-4I)x = \begin{pmatrix} 0 \\ 1 \\ 1 \\ 1 \end{pmatrix}$$

예를 들어, v를 다음과 같이 선택하자.

$$v = \begin{pmatrix} 1 \\ -1 \\ -1 \\ 0 \end{pmatrix}$$

β_2는 다음과 같다.

$$\beta_2 = \{(\mathbf{L}_A - 4\mathbf{I})(v), v\} = \left\{ \begin{pmatrix} 0 \\ 1 \\ 1 \\ 1 \end{pmatrix}, \begin{pmatrix} 1 \\ -1 \\ -1 \\ 0 \end{pmatrix} \right\}$$

따라서 두 기저의 합집합인 다음 β는 $\mathbf{L}_A$의 조르당 표준기저이다.

$$\beta = \beta_1 \cup \beta_2 = \left\{ \begin{pmatrix} 2 \\ 1 \\ 0 \\ 2 \end{pmatrix}, \begin{pmatrix} 0 \\ 1 \\ 2 \\ 0 \end{pmatrix}, \begin{pmatrix} 0 \\ 1 \\ 1 \\ 1 \end{pmatrix}, \begin{pmatrix} 1 \\ -1 \\ -1 \\ 0 \end{pmatrix} \right\}$$

이에 대응하는 조르당 표준형은 다음과 같다.

$$J = [\mathbf{L}_A]_\beta = \begin{pmatrix} A_1 & O \\ O & A_2 \end{pmatrix} = \left(\begin{array}{cc|cc} 2 & 0 & 0 & 0 \\ 0 & 2 & 0 & 0 \\ \hline 0 & 0 & 4 & 1 \\ 0 & 0 & 0 & 4 \end{array}\right)$$

마지막으로, β의 각 벡터들을 순서대로 각 열로 가지는 행렬을 Q라 하자. 다음과 같은 Q에 대하여 $J = Q^{-1}AQ$이다.

$$Q = \begin{pmatrix} 2 & 0 & 0 & 1 \\ 1 & 1 & 1 & -1 \\ 0 & 2 & 1 & -1 \\ 2 & 0 & 1 & 0 \end{pmatrix}$$

예제 4 두 개의 실변수 x, y로 이루어져 있고, 2차 이하의 차수를 가지는 다항함수로 이루어진 벡터공간 $\mathbf{V}$를 생각하자. $\mathbf{V}$는 R-벡터공간이고, $\alpha = \{1, x, y, x^2, y^2, xy\}$는 $\mathbf{V}$의 순서기저이다. $\mathbf{V}$의 선형연산자 $\mathbf{T}$를 $\mathbf{T}(f(x,y)) = \frac{\partial}{\partial x} f(x,y)$라 정의하자. 예를 들어, $f(x,y) = x + 2x^2 - 3xy + y$이면 $\mathbf{T}(f(x,y))$는 다음과 같다.

$$\mathbf{T}(f(x,y)) = \frac{\partial}{\partial x}(x + 2x^2 - 3xy + y) = 1 + 4x - 3y$$

$\mathbf{T}$의 조르당 표준형과 조르당 표준기저를 찾아보자. $A = [\mathbf{T}]_\alpha$라 하면 다음과 같다.

$$A = \begin{pmatrix} 0 & 1 & 0 & 0 & 0 & 0 \\ 0 & 0 & 0 & 2 & 0 & 0 \\ 0 & 0 & 0 & 0 & 0 & 1 \\ 0 & 0 & 0 & 0 & 0 & 0 \\ 0 & 0 & 0 & 0 & 0 & 0 \\ 0 & 0 & 0 & 0 & 0 & 0 \end{pmatrix}$$

T의 특성다항식은 다음과 같이 구한다.

$$\det(A - tI) = \det \begin{pmatrix} -t & 1 & 0 & 0 & 0 & 0 \\ 0 & -t & 0 & 2 & 0 & 0 \\ 0 & 0 & -t & 0 & 0 & 1 \\ 0 & 0 & 0 & -t & 0 & 0 \\ 0 & 0 & 0 & 0 & -t & 0 \\ 0 & 0 & 0 & 0 & 0 & -t \end{pmatrix} = t^6$$

$\lambda = 0$은 **T**의 유일한 고윳값이고 $\mathsf{K}_\lambda = \mathsf{V}$이다. 각 j에 대하여, **T**의 점 도표의 j행에 위치한 점의 개수를 r_j라 표기하자. 정리 7.10에 따르면 $r_1 = 6 - \text{rank}(A) = 6 - 3 = 3$이다. 또한 A^2은 다음과 같다.

$$A^2 = \begin{pmatrix} 0 & 0 & 0 & 2 & 0 & 0 \\ 0 & 0 & 0 & 0 & 0 & 0 \\ 0 & 0 & 0 & 0 & 0 & 0 \\ 0 & 0 & 0 & 0 & 0 & 0 \\ 0 & 0 & 0 & 0 & 0 & 0 \\ 0 & 0 & 0 & 0 & 0 & 0 \end{pmatrix}$$

따라서 $r_2 = \text{rank}(A) - \text{rank}(A^2) = 3 - 1 = 2$이다.

이 점 도표에는 총 6개의 점이 있고 $r_1 = 3$, $r_2 = 2$이므로 $r_3 = 1$이다. **T**의 점 도표는 다음과 같다.

$$\begin{array}{lll} \bullet & \bullet & \bullet \\ \bullet & \bullet & \\ \bullet & & \end{array}$$

즉, **T**의 조르당 표준형은 다음과 같다.

$$J = \left(\begin{array}{ccc|ccc} 0 & 1 & 0 & 0 & 0 & 0 \\ 0 & 0 & 1 & 0 & 0 & 0 \\ 0 & 0 & 0 & 0 & 0 & 0 \\ \hline 0 & 0 & 0 & 0 & 1 & 0 \\ 0 & 0 & 0 & 0 & 0 & 0 \\ 0 & 0 & 0 & 0 & 0 & 0 \end{array}\right)$$

이제 T의 조르당 표준기저를 찾아보자. T의 점 도표의 1열은 3개의 점으로 이루어져 있으므로, $\dfrac{\partial^2}{\partial x^2} f_1(x,y) \neq 0$인 다항식 $f_1(x,y)$가 반드시 존재한다. $\mathsf{K}_\lambda = \mathsf{V}$의 기저 $\alpha = \{1, x, y, x^2, y^2, xy\}$로 확인할 때, x^2이 우리가 원하는 벡터인 듯 하다. $f_1(x,y) = x^2$이라 하자. 다음 두 식이 성립한다.

$$(\mathsf{T} - \lambda\mathsf{I})(f_1(x,y)) = \mathsf{T}(f_1(x,y)) = \frac{\partial}{\partial x}(x^2) = 2x$$
$$(\mathsf{T} - \lambda\mathsf{I})^2(f_1(x,y)) = \mathsf{T}^2(f_1(x,y)) = \frac{\partial^2}{\partial x^2}(x^2) = 2$$

같은 방식으로 점 도표의 2열은 2개의 점으로 이루어져 있으므로 $\dfrac{\partial}{\partial x}(f_2(x,y)) \neq 0$이지만 $\dfrac{\partial^2}{\partial x^2}(f_2(x,y)) = 0$인 다항식 $f_2(x,y)$를 찾아야 한다. 첫 번째 순환과 일차독립인 다항식을 찾아야 하므로, α의 벡터 중 xy만이 조건에 부합한다. $f_2(x,y) = xy$라 하자. 이제 다음이 성립한다.

$$(\mathsf{T} - \lambda\mathsf{I})(f_2(x,y)) = \mathsf{T}(f_2(x,y)) = \frac{\partial}{\partial x}(xy) = y$$

마지막으로 점 도표의 3열은 T의 영공간에 속하는 하나의 다항식으로 이루어져 있다. α에 속한 다항식에서 남은 것은 y^2뿐이고, 이러한 조건을 만족한다. $f_3(x,y) = y^2$이라 하자. 점 도표의 각 점에 다항식을 대응할 수 있다.

$$\begin{array}{lll} \bullet\, 2 & \bullet\, y & \bullet\, y^2 \\ \bullet\, 2x & \bullet\, xy & \\ \bullet\, x^2 & & \end{array}$$

$\beta = \{2, 2x, x^2, y, xy, y^2\}$은 T의 조르당 표준기저이다.

예제 2에서 예제 4까지 다소 기발한 발상과 문제의 문맥을 바탕으로 조르당 표준기저를 구하였다. 연습문제에서 조금 더 연습하자. 지금까지 다룬 문제는 일반화된 고유공간의 차원이 작기 때문에 이러한 방법이 통했다. 하지만, 조르당 표준기저를 구하는 일반적인 알고리즘을 짤 때는 다른 방법을 시도해야 한다. 이러한 알고리즘은 이러한 기저의 존재성(정리 7.7) 증명을 응용한다.

다음 결과는 정리 7.10의 따름정리로 이해할 수 있다.

정리 7.11 조르당 표준형을 가지는 $n \times n$ 행렬 A, B를 생각하자. (단, 조르당 표준형은 이번 절에서 약속한 규칙을 따른다.) A와 B가 닮음이기 위한 필요충분조건은 이 둘의 조르당 표준형이 같은 것이다. (이때, 고윳값의 배열 순서는 무시한다.)

증명 A와 B의 조르당 표준형이 J로 같으면 A와 B는 각각 J와 닮음이다. 따라서 A와 B는 서로 닮음이다.

역으로 A와 B가 닮음이라 가정하자. A와 B의 고윳값은 같다. A와 B의 조르당 표준형을 각각 J_A, J_B라 표기하자. 이때, 고윳값의 배열은 같다. 이제 A는 J_A와 J_B 모두 닮음이다. 즉, 정리 2.23의 따름정리(140쪽)에 의해, J_A와 J_B는 L_A의 행렬표현이다. 즉, J_A와 J_B는 L_A의 조르당 표준형이다. 정리 7.10의 따름정리에 의해 $J_A = J_B$이다. ◀

예제 5 다음 네 행렬 중에서 닮음인 행렬을 찾아보자.

$$A = \begin{pmatrix} -3 & 3 & -2 \\ -7 & 6 & -3 \\ 1 & -1 & 2 \end{pmatrix}, \qquad B = \begin{pmatrix} 0 & 1 & -1 \\ -4 & 4 & -2 \\ -2 & 1 & 1 \end{pmatrix},$$

$$C = \begin{pmatrix} 0 & -1 & -1 \\ -3 & -1 & -2 \\ 7 & 5 & 6 \end{pmatrix}, \qquad D = \begin{pmatrix} 0 & 1 & 2 \\ 0 & 1 & 1 \\ 0 & 0 & 2 \end{pmatrix}$$

A, B, C의 특성다항식은 $-(t-1)(t-2)^2$으로 같다. 반면 D의 특성다항식은 $-t(t-1)(t-2)$이다. 닮음인 행렬의 특성다항식은 같으므로, D는 A, B, C 중 그 무엇과도 닮음이 아니다. A, B, C의 조르당 표준형을 각각 J_A, J_B, J_C라 하자. 공통인 고윳값은 1, 2로 정렬한다. 이제 J_A, J_B, J_C는 다음과 같다(연습문제 4).

$$J_A = \begin{pmatrix} 1 & 0 & 0 \\ 0 & 2 & 1 \\ 0 & 0 & 2 \end{pmatrix}, \quad J_B = \begin{pmatrix} 1 & 0 & 0 \\ 0 & 2 & 0 \\ 0 & 0 & 2 \end{pmatrix}, \quad J_C = \begin{pmatrix} 1 & 0 & 0 \\ 0 & 2 & 1 \\ 0 & 0 & 2 \end{pmatrix}$$

$J_A = J_C$이므로 A는 C와 닮음이다. J_B는 $J_A = J_C$와 다르므로 B는 A, C 그 무엇과도 닮음이 아니다.

임의의 대각행렬은 조르당 표준형을 가진다. 유한차원 벡터공간 V의 선형연산자 T**가 대각화가능하기**

위한 필요충분조건은 조르당 표준형이 대각행렬인 것이다. 즉, **T가 대각화가능하기 위한 필요충분조건은 T의 조르당 표준기저가 T의 고유벡터로 이루어진 것이다.** 행렬에 대해서도 이와 비슷한 명제를 만들 수 있다. 예제 5의 행렬 A, B, C를 생각하자. A와 C의 조르당 표준형은 대각행렬이 아니므로 A와 C는 대각화가능하지 않다.

7.2 연습문제

1. 다음 명제의 참-거짓을 판정하라. 행렬 또는 선형연산자의 특성다항식은 완전히 인수분해된다고 가정한다.

(a) 대각행렬의 조르당 표준형은 자기 자신이다.

(b) 유한차원 벡터공간 V의 선형연산자 T의 조르당 표준형이 J라 하자. V의 임의의 기저 β에 대하여 $[\mathsf{T}]_\beta$의 조르당 표준형은 J이다.

(c) 특성다항식이 같은 선형연산자는 닮음이다.

(d) 조르당 표준형이 같은 행렬은 닮음이다.

(e) 모든 행렬은 그 조르당 표준형과 닮음이다.

(f) 특성다항식이 $(-1)^n(t-\lambda)^n$인 모든 선형연산자의 조르당 표준형은 같다.

(g) 유한차원 벡터공간의 임의의 선형연산자마다 조르당 표준기저는 유일하게 존재한다.

(h) 유한차원 벡터공간의 선형연산자의 점 도표는 유일하다.

2. 유한차원 벡터공간 V의 선형연산자 T의 특성다항식이 완전히 인수분해된다고 가정하자. T의 서로 다른 고윳값은 $\lambda_1 = 2$, $\lambda_2 = 4$, $\lambda_3 = -3$이고, T를 K_{λ_i} $(i = 1, 2, 3)$로 제한한 연산자의 점 도표가 다음과 같을 때, T의 조르당 표준형 J를 구하라.

$\lambda_1 = 2$ $\lambda_2 = 4$ $\lambda_3 = -3$

3. 유한차원 벡터공간 V의 선형연산자 T의 조르당 표준형이 다음과 같다.

$$\begin{pmatrix} 2 & 1 & 0 & 0 & 0 & 0 & 0 \\ 0 & 2 & 1 & 0 & 0 & 0 & 0 \\ 0 & 0 & 2 & 0 & 0 & 0 & 0 \\ 0 & 0 & 0 & 2 & 1 & 0 & 0 \\ 0 & 0 & 0 & 0 & 2 & 0 & 0 \\ 0 & 0 & 0 & 0 & 0 & 3 & 0 \\ 0 & 0 & 0 & 0 & 0 & 0 & 3 \end{pmatrix}$$

다음 물음에 답하라.

(a) T의 특성다항식을 구하라.

(b) T의 각 고윳값에 대응하는 점 도표를 그려라.

(c) 각 고윳값 λ_i에 대하여 $\mathsf{E}_{\lambda_i} = \mathsf{K}_{\lambda_i}$ 인지 답하라.

(d) 각 고윳값 λ_i에 대하여 $\mathsf{K}_{\lambda_i} = \mathsf{N}((\mathsf{T} - \lambda_i \mathsf{I})^{p_i})$ 인 가장 작은 자연수 p_i를 구하라.

(e) 각 i에 대하여 다음 값을 구하라. 이때, U_i는 $\mathsf{T} - \lambda_i \mathsf{I}$를 K_{λ_i}로 제한한 연산자이다.

(i) $\text{rank}(\mathsf{U}_i)$

(ii) $\text{rank}(\mathsf{U}_i^2)$

(iii) $\text{nullity}(\mathsf{U}_i)$

(iv) $\text{nullity}(\mathsf{U}_i^2)$

4. 각 행렬 A에 대하여 조르당 표준형 J와 $J = Q^{-1}AQ$인 가역행렬 Q를 각각 구하라. (a), (b), (c)의 행렬은 예제 5와 같다.

(a) $A = \begin{pmatrix} -3 & 3 & -2 \\ -7 & 6 & -3 \\ 1 & -1 & 2 \end{pmatrix}$ (b) $A = \begin{pmatrix} 0 & 1 & -1 \\ -4 & 4 & -2 \\ -2 & 1 & 1 \end{pmatrix}$

(c) $A = \begin{pmatrix} 0 & -1 & -1 \\ -3 & -1 & -2 \\ 7 & 5 & 6 \end{pmatrix}$ (d) $A = \begin{pmatrix} 0 & -3 & 1 & 2 \\ -2 & 1 & -1 & 2 \\ -2 & 1 & -1 & 2 \\ -2 & -3 & 1 & 4 \end{pmatrix}$

5. 각 선형연산자 T에 대하여, T의 조르당 표준형 J와 조르당 표준기저 β를 각각 구하라.

(a) 실함수의 집합 $\{e^t, te^t, t^2e^t, e^{2t}\}$에 의해 생성된 실벡터공간 V와 V에서 $\mathsf{T}(f) = f'$으로 정의된 선형연산자 T

(b) $\mathsf{P}_3(R)$에서 $\mathsf{T}(f(x)) = xf''(x)$라 정의된 선형연산자 T

(c) $\mathsf{P}_3(R)$에서 $\mathsf{T}(f(x)) = f''(x) + 2f(x)$라 정의된 선형연산자 T

(d) $\mathsf{M}_{2\times 2}(R)$에서 $\mathsf{T}(A) = \begin{pmatrix} 3 & 1 \\ 0 & 3 \end{pmatrix} \cdot A - A^t$라 정의된 선형연산자 T

(e) $\mathsf{M}_{2\times 2}(R)$에서 $\mathsf{T}(A) = \begin{pmatrix} 3 & 1 \\ 0 & 3 \end{pmatrix} \cdot (A - A^t)$라 정의된 선형연산자 T

(f) 두 개의 실변수 x, y로 이루어졌으며 2차 이하의 차수를 가지는 다항식을 모은 벡터공간 V(예제 4)와 V에서 다음과 같이 정의된 선형연산자 T

$$\mathsf{T}(f(x,y)) = \frac{\partial}{\partial x} f(x,y) + \frac{\partial}{\partial y} f(x,y)$$

6. 특성다항식이 완전히 인수분해되는 $n \times n$ 행렬 A를 생각하자. A와 A^t의 조르당 표준형이 같음을 증명하여 A와 A^t가 닮음임을 설명하라.

힌트 A와 A^t의 임의의 고윳값 λ와 임의의 자연수 r에 대하여, $\text{rank}((A-\lambda I)^r) = \text{rank}((A^t - \lambda I)^r)$임을 보여라.

7. 특성다항식이 완전히 인수분해되는 $n \times n$ 행렬 A와 고윳값 λ에 대응하는 일반화된 고유벡터의 순환 γ, γ에 의해 생성된 부분공간 W를 생각하자. γ의 벡터의 정렬 순서를 뒤집어 얻은 순서집합을 γ'이라 하자. 다음 물음에 답하라.

(a) $[\mathsf{T_W}]_{\gamma'} = ([\mathsf{T_W}]_{\gamma})^t$임을 증명하라.

(b) A의 조르당 표준형을 J라 하자. (a)를 사용하여 J와 J^t가 닮음임을 보여라.

(c) (b)를 사용하여 A와 A^t가 닮음임을 증명하라.

8. 유한차원 벡터공간의 선형연산자 T의 특성다항식이 완전히 인수분해된다고 가정하자. T의 조르당 표준기저를 β라 하자. 다음 물음에 답하라.

(a) 영이 아닌 임의의 스칼라 c에 대하여 $\{cx : x \in \beta\}$는 T의 조르당 표준기저임을 증명하라.

(b) β를 이루는 일반화된 고유벡터의 순환 중 하나인 γ가 고윳값 λ에 대응하고, 순환 γ의 길이는 1보다 크다고 가정하자. γ의 종료벡터를 x, E_λ의 영이 아닌 벡터를 y, γ에서 x를 $x+y$로 대체한 순서집합을 γ'이라 하자. γ'이 λ에 대응하는 일반화된 고유벡터의 순환임을 증명하라. 또한 합집합이 β가 되는 순환에서 γ를 γ'으로 대체했을 때, 새로운 합집합 역시 T의 조르당 표준기저임을 증명하라.

(c) 예제 2의 행렬 A에 (b)를 적용하여 예제 2에 주어진 기저와 다른, L_A의 조르당 표준기저를 구하라.

9. 점 도표가 k개의 열과 m개의 행으로 이루어져 있으며, j열에는 p_j개의 점이 있고 i행에는 r_i개의 점이 있다고 가정하자. 다음을 증명하라.

(a) $m = p_1$, $k = r_1$

(b) $1 \le j \le k$에 대하여 $p_j = \max\{i : r_i \ge j\}$이고, $1 \le i \le m$에 대하여 $r_i = \max\{j : p_j \ge i\}$이다.

힌트 m에 대한 수학적 귀납법을 사용하라.

(c) $r_1 \ge r_2 \ge \cdots \ge r_m$

(d) 점 도표의 각 열에 위치한 점의 개수가 각 행에 위치한 점의 개수에 의해 결정됨을 유도하라.

10. 특성다항식이 완전히 인수분해되는 선형연산자 **T**와 **T**의 고윳값 λ를 생각하자. 다음 물음에 답하라.

(a) $\dim(\mathsf{K}_\lambda)$는 **T**의 조르당 표준형에서 λ에 대응하는 모든 조르당 블록의 길이의 합임을 증명하라.

(b) $\mathsf{E}_\lambda = \mathsf{K}_\lambda$이기 위한 필요충분조건은 λ에 대응하는 모든 조르당 블록이 1×1 행렬임을 유도하라.

11~19. 다음 정의를 이용하여 문제를 풀어 보자.

정의

- 벡터공간 **V**의 선형연산자 **T**가 어떤 자연수 p에 대하여 $\mathsf{T}^p = \mathsf{T}_0$일 때, **nilpotent(멱영)**라 한다.
- $n \times n$ 행렬 A가 어떤 자연수 p에 대하여 $A^p = O$일 때, **nilpotent(멱영)**라 한다.

11. 유한차원 벡터공간 **V**의 선형연산자 **T**와 **V**의 순서기저 β에 대한 다음 명제를 증명하라.

> **T**가 nilpotent이기 위한 필요충분조건은 $[\mathsf{T}]_\beta$가 nilpotent인 것이다.

12. 대각성분이 0인 상삼각행렬은 nilpotent임을 증명하라.

13. n차원 벡터공간 **V**의 nilpotent 연산자 **T**와 $\mathsf{T}^p = \mathsf{T}_0$을 만족하는 가장 작은 자연수 p에 대하여 다음을 증명하라.

(a) 임의의 자연수 i에 대하여 $\mathsf{N}(\mathsf{T}^i) \subseteq \mathsf{N}(\mathsf{T}^{i+1})$이다.

(b) β_i는 $\mathsf{N}(\mathsf{T}^i)$의 기저이고 $1 \leq i \leq p-1$에 대하여 $\beta_i \subseteq \beta_{i+1}$인 순서기저의 열 $\beta_1, \beta_2, \dots, \beta_p$가 존재한다.

(c) (b)에서 다룬 $\mathsf{N}(\mathsf{T}^p) = \mathsf{V}$의 순서기저를 $\beta = \beta_p$라 하자. $[\mathsf{T}]_\beta$는 상삼각행렬이고 모든 대각성분은 0이다.

(d) **T**의 특성다항식은 $(-1)^n t^n$이다. 즉, **T**의 특성다항식은 완전히 인수분해되며 0은 **T**의 유일한 고윳값이다.

14. 연습문제 13(d)의 역을 증명하라.

> **T**가 n차원 벡터공간 **V**의 선형연산자이고 **T**의 특성다항식이 $(-1)^n t^n$이면 **T**는 nilpotent 이다.

15. 유한차원 R-벡터공간의 선형연산자 **T** 중에서 nilpotent가 아니고, 고윳값이 0뿐인 예를 들어라. 이러한 연산자를 빠짐없이 분류하라.

16. 유한차원 벡터공간 **V**의 nilpotent 선형연산자 **T**를 생각하자. 연습문제 13에서 $\lambda = 0$이 **T**의 유일한 고윳값임을 보였다. 즉, $\mathsf{V} = \mathsf{K}_\lambda$이다. **T**의 조르당 표준기저를 β라 하자. 임의의 자연수 i에 대하여 β의 점 도표의 각 열에서 마지막 i개 점에 대응하는 벡터를 β에서 삭제하여 얻은 집합은 $\mathsf{R}(\mathsf{T}^i)$의 기저임을 증명하라. (점 도표의 어떤 열에 속한 점이 i개 미만이면 이 열에 대응하는 모든 벡터를 β에서 지운다.)

17. 유한차원 벡터공간 **V**의 선형연산자 **T**의 특성다항식이 완전히 인수분해된다고 가정하자. **T**의 서로 다른 고윳값을 $\lambda_1, \lambda_2, \ldots, \lambda_k$라 하자. 각 i에 대하여, $x = v_1 + v_2 + \cdots + v_k$를 만족하는 K_{λ_i}의 유일한 벡터를 v_i라 표기하자. (이러한 표현이 유일함은 정리 7.3에서 확인하였다.) 함수 $\mathsf{S}: \mathsf{V} \to \mathsf{V}$를 다음과 같이 정의하자.

$$\mathsf{S}(x) = \lambda_1 v_1 + \lambda_2 v_2 + \cdots + \lambda_k v_k$$

다음 명제가 참임을 보여라.

(a) **S**가 **V**의 대각화가능한 선형연산자이다.

(b) $\mathsf{U} = \mathsf{T} - \mathsf{S}$라 하자. **U**는 nilpotent이며 **S**와 가환적($\mathsf{SU} = \mathsf{US}$)이다.

18. 유한차원 C-벡터공간 **V**의 선형연산자 **T**와 **T**의 조르당 표준형 J, J의 대각성분을 대각성분으로 가지는 대각행렬 D, $M = J - D$에 대하여 다음 명제가 참임을 보여라.

(a) M은 nilpotent이다.

(b) $MD = DM$

(c) $M^p = O$를 만족하는 가장 작은 자연수를 p라 하자. J^r은 임의의 자연수 $r < p$에 대하여 다음과 같다.

$$J^r = D^r + rD^{r-1}M + \frac{r(r-1)}{2!}D^{r-2}M^2 + \cdots + rDM^{r-1} + M^r$$

J^r은 임의의 자연수 $r \geq p$에 대하여 다음과 같다.

$$J^r = D^r + rD^{r-1}M + \frac{r(r-1)}{2!}D^{r-2}M^2 + \cdots + \frac{r!}{(r-p+1)!(p-1)!}D^{r-p+1}M^{p-1}$$

19. $F = C$이고 λ에 대응하는 $m \times m$ 조르당 블록 J가 다음과 같다고 하자.

$$J = \begin{pmatrix} \lambda & 1 & 0 & \cdots & 0 \\ 0 & \lambda & 1 & \cdots & 0 \\ 0 & 0 & \lambda & \cdots & 0 \\ \vdots & \vdots & \vdots & & \vdots \\ 0 & 0 & 0 & \cdots & 1 \\ 0 & 0 & 0 & \cdots & \lambda \end{pmatrix}$$

$N = J - \lambda I_m$에 대하여 다음을 증명하라.

(a) $N^m = O$이고 $1 \le r < m$일 때 N^r_{ij}는 다음과 같다.

$$N^r_{ij} = \begin{cases} 1 & (j = i + r) \\ 0 & (\text{그 외의 경우}) \end{cases}$$

(b) 임의의 정수 $r \ge m$에 대하여 J^r은 다음과 같다.

$$J^r = \begin{pmatrix} \lambda^r & r\lambda^{r-1} & \frac{r(r-1)}{2!}\lambda^{r-2} & \cdots & \frac{r(r-1)\cdots(r-m+2)}{(m-1)!}\lambda^{r-m+1} \\ 0 & \lambda^r & r\lambda^{r-1} & \cdots & \frac{r(r-1)\cdots(r-m+3)}{(m-2)!}\lambda^{r-m+2} \\ \vdots & \vdots & \vdots & & \vdots \\ 0 & 0 & 0 & \cdots & \lambda^r \end{pmatrix}$$

(c) $\lim_{r\to\infty} J^r$이 존재하기 위한 필요충분조건은 다음 중 하나가 성립하는 것이다.

(i) $|\lambda| < 1$

(ii) $\lambda = 1$이고 $m = 1$

($\lim_{r\to\infty} \lambda^r$은 이러한 조건 하에서 존재한다. 310쪽 정리 5.12 이전의 설명을 다시 한 번 읽어 보라.) 또한, (i)이 성립할 때 $\lim_{r\to\infty} J^r$은 영행렬이고, (ii)가 성립할 때 $\lim_{r\to\infty} J^r$은 1×1 행렬 (1)이다.

(d) 정리 5.12(310쪽)를 증명하라.

20~21. 다음 정의를 이용하여 문제를 풀어 보자.

> **정의** 임의의 $A \in \mathsf{M}_{n\times n}(C)$에 대하여 A의 노름을 다음과 같이 정의하자.
>
> $$\|A\|_m = \max\{|A_{ij}|: 1 \le i, j \le n\}$$

20. $A, B \in \mathsf{M}_{n\times n}(C)$에 대하여 다음을 증명하라.

(a) $\|A\|_m \ge 0$

(b) $\|A\|_m = 0$인 필요충분조건은 $A = O$인 것이다.

(c) 임의의 스칼라 c에 대하여 $\|cA\|_m = |c| \cdot \|A\|_m$

(d) $\|A + B\|_m \le \|A\|_m + \|B\|_m$

(e) $\|AB\|_m \le n\|A\|_m\|B\|_m$

21. 추이행렬 $A \in \mathsf{M}_{n\times n}(C)$를 생각하자(5.3절). C는 대수적으로 닫힌 체이기 때문에, A는 (A와 닮음인) 조르당 표준형 J를 가진다. $P^{-1}AP = J$인 가역행렬 P에 대하여 다음을 증명하라.

(a) 모든 자연수 k에 대하여 $\|A^k\|_m \le 1$이다.

(b) 모든 자연수 k에 대하여 $\|J^k\|_m \le c$인 양수 c가 존재한다.

(c) 고윳값 $\lambda = 1$에 대응하는 J의 조르당 블록은 1×1 행렬이다.

(d) $\lim_{k\to\infty} A^k$이 존재할 필요충분조건은 절댓값이 1인 A의 고윳값은 1뿐인 것이다.

(e) (c)와 정리 5.18을 사용하여 정리 5.19(1)을 증명하라.

22. 행렬 A에 대하여 e^A의 정의(334쪽)와 절대수렴하는 급수의 개념을 충분히 이해했다면, 연습문제 20(d)를 사용하여 모든 $A \in \mathsf{M}_{n\times n}(C)$에 대하여 e^A가 존재함을 증명하라.

23. n개의 식으로 이루어진 연립 선형 미분방정식 $x' = Ax$를 생각하자. 이때, x는 실변수 t에 대하여 미분가능한 함수 $x_1(t), x_2(t), \ldots, x_n(t)$를 성분으로 가지는 n순서쌍이다. A는 5.2절 연습문제 16과 같은 $n \times n$ 계수행렬이지만 대각화가능하지 않고, A의 특성다항식이 완전히 인수분해되며 A의 서로 다른 고윳값은 $\lambda_1, \lambda_2, \ldots, \lambda_k$라 가정하자. 다음 물음에 답하라.

(a) L_A의 일반화된 고유벡터의 순환의 길이는 p이고, 이 순환의 종료벡터를 u라 하자. 이때, u는 고윳값 λ_i에 대응한다. 차수가 p 미만인 다항식 $f(t)$에 대하여, 다음 함수가 연립 선형 미분방정식 $x' = Ax$의 해임을 증명하라.

$$e^{\lambda_i t}[f(t)(A - \lambda_i I)^{p-1} + f'(t)(A - \lambda_i I)^{p-2} + \cdots + f^{(p-1)}(t)]u$$

(b) $x' = Ax$ 의 일반해는 (a)에서 다룬 함수의 합임을 증명하라. 이때, 벡터 u는 L_A 의 고정된 조르당 표준기저를 이루는 서로 다른 순환의 종료벡터이다.

24. 연습문제 23의 결과를 이용하여 다음 연립 선형 미분방정식의 일반해를 구하라. 이때, x, y, z는 실변수 t에 대하여 미분가능한 실함수이다.

(a) $\begin{aligned} x' &= 2x + y \\ y' &= 2y - z \\ z' &= 3z \end{aligned}$ (b) $\begin{aligned} x' &= 2x + y \\ y' &= 2y + z \\ z' &= 2z \end{aligned}$

7.3 최소다항식

케일리–해밀턴 정리(정리 5.22)에 따르면 n차원 벡터공간의 임의의 선형연산자 T에 대하여, $f(\mathsf{T}) = \mathsf{T}_0$인 n차 다항식 $f(t)$가 존재한다. 정확히는 다항식 $f(t)$가 T의 특성다항식이다. 이제 이러한 성질을 가지는 가장 낮은 차수의 다항식을 생각할 수 있다. $g(t)$라 하자. 차수는 최대 n이다. $g(t)$를 최고차항의 계수로 나누면 최고차항의 계수가 1인 다항식 $p(t)$를 얻을 수 있다. $p(t)$는 모닉(monic) 다항식이다(부록 E).

정의 유한차원 벡터공간의 선형연산자 T에 대하여 다항식 $p(t)$가 $p(\mathsf{T}) = \mathsf{T}_0$을 만족하는 가장 낮은 차수의 모닉 다항식일 때, $p(t)$를 T의 **최소다항식(minimal polynomial)**이라 한다.

직전의 논의에 따르면, 유한차원 벡터공간의 모든 선형연산자는 최소다항식을 가진다. 다음 결과에 따르면 최소다항식은 유일하다.

정리 7.12 유한차원 벡터공간 V의 선형연산자 T의 최소다항식을 $p(t)$라 하자.

(1) $g(\mathsf{T}) = \mathsf{T}_0$인 임의의 다항식 $g(t)$에 대하여 $p(t)$는 $g(t)$를 나눈다. 특히, $p(t)$는 T의 특성다항식의 약수이다.

(2) T의 최소다항식은 유일하다.

증명 (1) $g(\mathsf{T}) = \mathsf{T}_0$ 인 다항식 $g(t)$를 생각하자. 다항식의 나눗셈 정리(정리 E.1)에 의해 다음을 만족하는 다항식 $q(t)$와 $r(t)$가 존재한다.

$$g(t) = q(t)p(t) + r(t) \tag{7.1}$$

이때, $r(t)$의 차수는 $p(t)$의 차수보다 작다. T를 (7.1)에 대입하고 $g(\mathsf{T}) = p(\mathsf{T}) = \mathsf{T}_0$ 임을 이용하면, $r(\mathsf{T}) = \mathsf{T}_0$ 이다. $r(t)$의 차수는 $p(t)$의 차수보다 작고 $p(t)$는 T의 최소다항식이므로 $r(t)$는 영다항식이다. 즉, (7.1)은 $g(t) = q(t)p(t)$가 되고 (1)이 증명되었다.

(2) $p_1(t)$와 $p_2(t)$가 각각 T의 최소다항식이라 가정하자. (1)에 의해 $p_1(t)$는 $p_2(t)$를 나눈다. $p_1(t)$와 $p_2(t)$의 차수는 같으므로 $p_2(t) = cp_1(t)$(c는 적절한 스칼라)라 쓸 수 있다. $p_1(t)$와 $p_2(t)$는 모두 모닉이므로 $c = 1$이다. 즉, $p_1(t) = p_2(t)$이다. ◀

선형연산자의 최소다항식으로부터 행렬의 최소다항식도 쉽게 정의할 수 있다.

정의 행렬 $A \in \mathsf{M}_{n\times n}(F)$에 대하여 $p(A) = O$를 만족하는 가장 낮은 차수의 모닉 다항식을 A의 **최소다항식** $p(t)$라 한다.

다음 결과는 당연하다.

정리 7.13 유한차원 벡터공간 V의 선형연산자 T와 V의 순서기저 β에 대하여 T의 최소다항식과 $[\mathsf{T}]_\beta$의 최소다항식은 같다.

증명 연습문제 6을 보라. ◀

따름정리 임의의 $A \in \mathsf{M}_{n\times n}(F)$에 대하여 A의 최소다항식은 L_A의 최소다항식과 같다.

증명 연습문제 6을 보라. ◀

정리 7.13과 따름정리에 의해 이번 절의 선형연산자에 대한 정리 7.12 및 파생되는 모든 정리는 행렬로 다시 표현할 수 있다.

이번 절의 남은 부분은 주로 특성다항식이 완전히 인수분해되는 연산자(또는 행렬)의 최소다항식을 다룬다. 7.4절에서 일반적인 경우의 최소다항식을 다룰 것이다.

정리 7.14 유한차원 벡터공간 V의 선형연산자 T와 T의 최소다항식 $p(t)$를 생각하자. 스칼라 λ가 T의 고윳값이기 위한 필요충분조건은 $p(\lambda) = 0$이다. 즉, T의 특성다항식과 최소다항식의 근은 같다.

증명 T의 특성다항식을 $f(t)$라 하자. $p(t)$는 $f(t)$를 나누므로 $f(t) = q(t)p(t)$인 다항식 $q(t)$가 존재한다. λ가 $p(t)$의 근이면 다음이 성립한다.

$$f(\lambda) = q(\lambda)p(\lambda) = q(\lambda)\cdot 0 = 0$$

λ는 $f(t)$의 근이다. 다시 말해 λ는 T의 고윳값이다.

역으로 λ가 T의 고윳값이라 가정하자. λ에 대응하는 고유벡터를 $x \in \mathsf{V}$라 하면 5.1절 연습문제 22에 따라 다음이 성립한다.

$$\mathit{0} = \mathsf{T}_0(x) = p(\mathsf{T})(x) = p(\lambda)x$$

$x \neq \mathit{0}$이므로 $p(\lambda) = 0$이고 λ는 $p(t)$의 근이다. ◀

다음 따름정리는 바로 설명할 수 있다.

따름정리 유한차원 벡터공간 V의 선형연산자 T와 그 최소다항식 $p(t)$, 특성다항식 $f(t)$를 생각하자. T의 서로 다른 고윳값 $\lambda_1, \lambda_2, \ldots, \lambda_k$에 대하여 $f(t)$가 다음과 같이 인수분해된다고 하자.

$$f(t) = (\lambda_1 - t)^{n_1}(\lambda_2 - t)^{n_2}\cdots(\lambda_k - t)^{n_k}$$

모든 i에 대하여 $1 \leq m_i \leq n_i$이고, 다음 관계식을 만족하는 정수 $m_1, m_2, \ldots, m_k$가 존재한다.

$$p(t) = (t - \lambda_1)^{m_1}(t - \lambda_2)^{m_2}\cdots(t - \lambda_k)^{m_k}$$

증명 연습문제 7을 보라. ◀

예제 1 다음 행렬의 최소다항식을 구하자.

$$A = \begin{pmatrix} 3 & -1 & 0 \\ 0 & 2 & 0 \\ 1 & -1 & 2 \end{pmatrix}$$

A의 특성다항식은 다음과 같다.

$$f(t) = \det\begin{pmatrix} 3-t & -1 & 0 \\ 0 & 2-t & 0 \\ 1 & -1 & 2-t \end{pmatrix} = -(t-2)^2(t-3)$$

정리 7.14의 따름정리에 의해 A의 최소다항식은 $(t-2)(t-3)$ 또는 $(t-2)^2(t-3)$이다. A를 $p(t) = (t-2)(t-3)$에 대입하면 $p(A) = O$이므로 $p(t)$는 A의 최소다항식이다.

예제 2 R^2의 선형연산자 T를 $\mathsf{T}(a, b) = (2a + 5b, 6a + b)$라 정의하자. R^2의 표준 순서기저를 β라 하면 $[\mathsf{T}]_\beta = \begin{pmatrix} 2 & 5 \\ 6 & 1 \end{pmatrix}$이다. T의 특성다항식은 다음과 같다.

$$f(t) = \det\begin{pmatrix} 2-t & 5 \\ 6 & 1-t \end{pmatrix} = (t-7)(t+4)$$

T의 최소다항식도 마찬가지로 $(t-7)(t+4)$이다.

예제 3 $\mathsf{P}_2(R)$의 선형연산자 D를 $\mathsf{D}(g(x)) = g'(x)$, 즉 $g(x)$의 도함수로 정의하자. T의 최소다항식은 어떻게 될까? $\mathsf{P}_2(R)$의 표준 순서기저를 β라 하면 $[\mathsf{D}]_\beta$는 다음과 같다.

$$[\mathsf{D}]_\beta = \begin{pmatrix} 0 & 1 & 0 \\ 0 & 0 & 2 \\ 0 & 0 & 0 \end{pmatrix}$$

D의 특성다항식은 $-t^3$이다. 정리 7.14의 따름정리로부터 D의 최소다항식은 t, t^2, t^3 중 하나이다. $\mathsf{D}^2(x^2) = 2 \neq \mathit{0}$이므로 $\mathsf{D}^2 \neq \mathsf{T}_0$이다. 즉, D의 최소다항식은 t^3이다.

예제 3에서 $\mathsf{P}_2(R)$는 자기 자신의 D-순환 부분공간임을 쉽게 확인할 수 있다. 이때, 최소다항식과 특성다항식의 차수가 같다. 이는 우연이 아니다.

> **정리 7.15** n차원 벡터공간 V의 선형연산자 T에 대하여 V가 자기 자신의 T-순환 부분공간이 될 경우, 특성다항식 $f(t)$와 최소다항식 $p(t)$의 차수는 같고 $f(t) = (-1)^n p(t)$이다.

증명 V는 T-순환 공간이므로 $\beta = \{x, \mathsf{T}(x), \ldots, \mathsf{T}^{n-1}(x)\}$가 V의 기저가 되도록 하는 $x \in \mathsf{V}$가 존재한다(정리 5.21). 차수가 $k < n$인 다항식 $g(t) = a_0 + a_1 t + \cdots + a_k t^k$을 생각하자. $a_k \neq 0$

이고 $g(\mathbf{T})(x) = a_0x + a_1\mathbf{T}(x) + \cdots + a_k\mathbf{T}^k(x)$ 이다. 즉, $g(\mathbf{T})(x)$ 는 β 의 벡터의 일차결합이고 계수 중 적어도 하나(즉, a_k)는 0이 아니다. β 는 일차독립이므로 $g(\mathbf{T})(x) \neq \mathit{0}$, $g(\mathbf{T}) \neq \mathbf{T}_0$ 이다. 그러므로 $\mathbf{T}$ 의 최소다항식의 차수는 n 이어야 하고, 이는 $\mathbf{T}$ 의 특성다항식의 차수이기도 하다. ◀

정리 7.15는 연산자의 최소다항식의 차수가 최대한 커질 수 있는 조건을 제시한다.

이제 또 다른 극단적인 경우를 살펴보자. 정리 7.14로부터 연산자의 최소다항식의 차수는 연산자의 서로 다른 고윳값의 개수보다 크거나 같음을 알 수 있다. 다음 정리에 따르면 최소다항식의 차수가 가장 작아지는 연산자는 바로 대각화가능한 연산자이다.

정리 7.16 유한차원 벡터공간 $\mathbf{V}$ 의 선형연산자 $\mathbf{T}$ 를 생각하자. $\mathbf{T}$ 가 대각화가능하기 위한 필요충분조건은 $\mathbf{T}$ 의 최소다항식이 다음과 같은 꼴인 것이다.

$$p(t) = (t - \lambda_1)(t - \lambda_2)\cdots(t - \lambda_k)$$

이때, $\lambda_1, \lambda_2, \ldots, \lambda_k$ 는 $\mathbf{T}$ 의 서로 다른 고윳값이다.

증명 $\mathbf{T}$ 가 대각화가능하다고 가정하자. $\mathbf{T}$ 의 서로 다른 고윳값을 $\lambda_1, \lambda_2, \ldots, \lambda_k$ 라 하자. $p(t)$ 를 다음과 같이 정의하자.

$$p(t) = (t - \lambda_1)(t - \lambda_2)\cdots(t - \lambda_k)$$

정리 7.14에 따르면 $p(t)$ 는 $\mathbf{T}$ 의 최소다항식을 나눈다. $\mathbf{T}$ 의 고유벡터로 이루어진, $\mathbf{V}$ 의 기저를 $\beta = \{v_1, v_2, \ldots, v_n\}$ 이라 하자. 임의의 $v_i \in \beta$ 에 대하여 $(\mathbf{T} - \lambda_j\mathbf{I})(v_i) = \mathit{0}$ 인 고윳값 λ_j 가 존재한다. $t - \lambda_j$ 가 $p(t)$ 를 나누므로 $p(t) = q_j(t)(t - \lambda_j)$ 인 다항식 $q_j(t)$ 가 존재한다. 즉, 다음이 성립한다.

$$p(\mathbf{T})(v_i) = q_j(\mathbf{T})(\mathbf{T} - \lambda_j\mathbf{I})(v_i) = \mathit{0}$$

$p(\mathbf{T})$ 는 $\mathbf{V}$ 의 기저에 속한 벡터를 $\mathit{0}$ 으로 옮기므로 $p(\mathbf{T}) = \mathbf{T}_0$ 이다. 즉, $p(t)$ 는 $\mathbf{T}$ 의 최소다항식이다.

역으로 $\mathbf{T}$ 의 최소다항식 $p(t)$ 가 다음과 같이 인수분해된다고 가정하자.

$$p(t) = (t - \lambda_1)(t - \lambda_2)\cdots(t - \lambda_k)$$

이때, $\lambda_1, \lambda_2, \ldots, \lambda_k$ 는 서로 다른 스칼라이다. 정리 7.14에 의해, λ_i 는 $\mathbf{T}$ 의 고윳값이다.

이제 $n = \dim(\mathbf{V})$ 에 대한 수학적 귀납법을 사용한다.

$n = 1$ 인 경우, 명백히 **T**는 대각화가능하다.

$n > 1$ 인 경우, $\dim(\mathsf{V}) < n$ 일 때 **T**가 대각화가능하다고 가정하자. $\dim(\mathsf{V}) = n$, $\mathsf{W} = \mathsf{R}(\mathsf{T} - \lambda_k \mathsf{I})$ 라 하자. λ_k 는 **T**의 고윳값이므로 명백히 $\mathsf{W} \neq \mathsf{V}$ 이다. $\mathsf{W} = \{0\}$ 일 때 $\mathsf{T} = \lambda_k \mathsf{I}$ 가 되므로 **T**는 명백히 대각화가능하다. 이제 $0 < \dim(\mathsf{W}) < n$ 이라 가정하자. **W**는 **T**-불변임을 보일 수 있다. 한편, 임의의 $x \in \mathsf{W}$ 에 대하여 다음이 성립한다.

$$(\mathsf{T} - \lambda_1 \mathsf{I})(\mathsf{T} - \lambda_2 \mathsf{I}) \cdots (\mathsf{T} - \lambda_{k-1} \mathsf{I})(x) = 0$$

$\mathsf{T_W}$ 의 최소다항식은 다항식 $(t-\lambda_1)(t-\lambda_2)\cdots(t-\lambda_{k-1})$ 을 나눈다. 수학적 귀납법의 가정에 의해 $\mathsf{T_W}$ 는 대각화가능하다. 정리 7.14에 의해 λ_k 는 $\mathsf{T_W}$ 의 고윳값이 아니다. 즉, $\mathsf{W} \cap \mathsf{N}(\mathsf{T} - \lambda_k \mathsf{I}) = \{0\}$ 이다. 이제 $\mathsf{T_W}$ 의 고유벡터(**T**의 고유벡터이기도 하다)로 이루어진, **W**의 기저를 $\beta_1 = \{v_1, v_2, \ldots, v_m\}$ 이라 하고, λ_k 에 대응하는 (**T**의) 고유공간 $\mathsf{N}(\mathsf{T} - \lambda_k \mathsf{I})$ 의 기저를 $\beta_2 = \{w_1, w_2, \ldots, w_p\}$ 라 하자. 직전의 설명에 따르면 β_1 과 β_2 는 서로소이다. 또한 $\mathsf{T} - \lambda_k \mathsf{I}$ 에 차원정리를 적용하면 $m + p = n$ 을 얻는다. $\beta = \beta_1 \cup \beta_2$ 가 일차독립임을 보이자.

다음 등식이 성립하는 스칼라 $a_1, a_2, \ldots, a_m$ 과 스칼라 $b_1, b_2, \ldots, b_p$ 를 생각하자.

$$a_1 v_1 + a_2 v_2 + \cdots + a_m v_m + b_1 w_1 + b_2 w_2 + \cdots + b_p w_p = 0$$

$x = \sum_{i=1}^{m} a_i v_i, y = \sum_{i=1}^{p} b_i w_i$ 라 하면 $x \in \mathsf{W}$, $y \in \mathsf{N}(\mathsf{T} - \lambda_k \mathsf{I})$ 이고 $x + y = 0$ 이다. $x = -y \in \mathsf{W} \cap \mathsf{N}(\mathsf{T} - \lambda_k \mathsf{I})$ 에서 $x = 0$ 을 얻는다. β_1 은 일차독립이므로 $a_1 = a_2 = \cdots = a_m = 0$ 이다. 비슷한 방식으로 $b_1 = b_2 = \cdots = b_p = 0$ 이다. β 는 **V**의 일차독립인 부분집합이고 n 개의 고유벡터가 있다. β 는 **T**의 고유벡터로 이루어진 **V**의 기저이다. 따라서 **T**는 대각화가능하다. ◀

대각화가능한 연산자와 더불어, 유한차원 벡터공간의 임의의 선형연산자의 최소다항식을 구하는 방법이 있다. 연산자의 특성다항식이 완전히 인수분해되면 조르당 표준형을 사용하여 최소다항식을 구한다(연습문제 13). 특성다항식이 완전히 인수분해되지 않으면 7.4절에서 다룰 유리 표준형(rational canonical form)을 사용하여 최소다항식을 구한다(7.4절 연습문제 7).

예제 4 $A^2 - 3A + 2I = O$ 를 만족하는 행렬 $A \in \mathsf{M}_{2\times 2}(R)$ 를 있는 대로 구하자. $g(t) = t^2 - 3t + 2 = (t-1)(t-2)$ 라 하면, $g(A) = O$ 이므로, A 의 최소다항식 $p(t)$ 는 $g(t)$ 를 나눈다. 즉, $p(t)$ 는 $t-1$, $t-2$, $(t-1)(t-2)$ 중 하나이다.

- $p(t) = t-1$이면 $A = I$이다.
- $p(t) = t-2$이면 $A = 2I$이다.
- $p(t) = (t-1)(t-2)$이면 A는 대각화가능하고 고윳값은 1과 2이다. A는 $D = \begin{pmatrix} 1 & 0 \\ 0 & 2 \end{pmatrix}$와 닮음이다. 즉, 적절한 가역행렬 Q에 대하여 $A = QDQ^{-1}$이다.

예제 5 $A^3 = A$를 만족하는 $A \in \mathsf{M}_{n\times n}(R)$가 대각화가능함을 증명하자. $g(t) = t^3 - t = t(t+1)(t-1)$이라 하면 $g(A) = O$이다. A의 최소다항식 $p(t)$는 $g(t)$를 나눈다. $g(t)$는 중근을 가지지 않으므로 $p(t)$도 중근을 가지지 않는다. 정리 7.16으로부터 A는 대각화가능하다.

예제 6 예제 3에서 $\mathsf{P}_2(R)$의 미분연산자 D의 최소다항식이 t^3임을 확인하였다. 정리 7.16에 따르면 D는 대각화가능하지 않다.

7.3 연습문제

1. 다음 명제의 참-거짓을 판정하라. 모든 벡터공간은 유한차원이라 가정한다.

(a) 임의의 선형연산자 T에 대하여, $p(\mathsf{T}) = \mathsf{T}_0$을 만족하는 가장 큰 차수의 다항식 $p(t)$가 존재한다.

(b) 임의의 선형연산자는 유일한 최소다항식을 가진다.

(c) 선형연산자의 특성다항식은 이 연산자의 최소다항식을 나눈다.

(d) 임의의 대각화가능한 연산자에 대하여 최소다항식과 특성다항식은 같다.

(e) n차원 벡터공간 V의 선형연산자 T의 최소다항식을 $p(t)$, 특성다항식을 $f(t)$라 하자. $f(t)$가 완전히 인수분해될 때, $f(t)$는 $[p(t)]^n$을 나눈다.

(f) 선형연산자의 최소다항식의 차수는 항상 이 연산자의 특성다항식의 차수와 같다.

(g) 선형연산자가 대각화가능하기 위한 필요충분조건은 최소다항식이 완전히 인수분해되는 것이다.

(h) 벡터공간 V의 선형연산자 T에 대하여, V가 자기자신의 T-순환 부분공간이라 하자. T의 최소다항식의 차수는 $\dim(\mathsf{V})$와 같다.

(i) 벡터공간 V의 선형연산자 T에 n개의 서로 다른 고윳값이 있다고 가정하자. (단, $n = \dim(\mathsf{V})$) T의 최소다항식의 차수는 n이다.

2. 다음 행렬의 최소다항식을 찾아라.

(a) $\begin{pmatrix} 2 & 1 \\ 1 & 2 \end{pmatrix}$ (b) $\begin{pmatrix} 1 & 1 \\ 0 & 1 \end{pmatrix}$

(c) $\begin{pmatrix} 4 & -14 & 5 \\ 1 & -4 & 2 \\ 1 & -6 & 4 \end{pmatrix}$ (d) $\begin{pmatrix} 3 & 0 & 1 \\ 2 & 2 & 2 \\ -1 & 0 & 1 \end{pmatrix}$

3. V의 선형연산자 T의 최소다항식을 찾아라.

(a) $\mathsf{V} = \mathsf{R}^2$, $\mathsf{T}(a, b) = (a + b, a - b)$

(b) $\mathsf{V} = \mathsf{P}_2(R)$, $\mathsf{T}(g(x)) = g'(x) + 2g(x)$

(c) $\mathsf{V} = \mathsf{P}_2(R)$, $\mathsf{T}(f(x)) = -xf''(x) + f'(x) + 2f(x)$

(d) $\mathsf{V} = \mathsf{M}_{n \times n}(R)$, $\mathsf{T}(A) = A^t$

힌트 $\mathsf{T}^2 = \mathsf{I}$

4. 연습문제 2, 연습문제 3에서 다룬 행렬과 연산자가 대각화가능한지 판정하라.

5. R^2의 선형연산자 중에서 대각화가능하고 $\mathsf{T}^3 - 2\mathsf{T}^2 + \mathsf{T} = \mathsf{T}_0$을 만족하는 T를 모두 찾아라.

6. 정리 7.13과 정리 7.13의 따름정리를 각각 증명하라.

7. 정리 7.14의 따름정리를 증명하라.

8. 유한차원 벡터공간의 선형연산자 T와 T의 최소다항식 $p(t)$에 대하여, 다음을 증명하라.

(a) T가 가역일 필요충분조건은 $p(0) \neq 0$인 것이다.

(b) T가 가역이고 $p(t) = t^m + a_{m-1}t^{m-1} + \cdots + a_1 t + a_0$이면 다음이 성립한다.

$$\mathsf{T}^{-1} = -\frac{1}{a_0}\left(\mathsf{T}^{m-1} + a_{m-1}\mathsf{T}^{m-2} + \cdots + a_2\mathsf{T} + a_1\mathsf{I}\right)$$

9. 유한차원 벡터공간 V의 대각화가능한 선형연산자 T를 생각하자. V가 T-순환 부분공간이기 위한 필요충분조건은 T의 각 고유공간이 1차원임을 증명하라.

10. 유한차원 벡터공간 V의 선형연산자 T, V의 T-불변 부분공간 W에 대하여, $\mathsf{T_W}$의 최소다항식은 T의 최소다항식을 나눔을 증명하라.

11. 계수가 상수인 동차 선형 미분방정식의 보조다항식을 $g(t)$라 하자(2.7절). 이 미분방정식의 해공간 V에 대하여 다음을 증명하라.

(a) V는 D-불변 부분공간이다. 이때 D는 C^∞의 미분연산자이다.

(b) D를 V로 제한한 $\mathsf{D_V}$의 최소다항식은 $g(t)$이다.

(c) $g(t)$의 차수가 n이면 $\mathsf{D_V}$의 특성다항식은 $(-1)^n g(t)$이다.

힌트 정리 2.32를 사용하여 (b)와 (c)를 해결하라.

12. R-다항식공간 $\mathsf{P}(R)$의 미분연산자 D를 생각하자. $g(\mathsf{D}) = \mathsf{T}_0$인 다항식 $g(t)$가 존재하지 않음을 증명하라. 즉, D는 최소다항식을 가지지 않는다.

13. 유한차원 벡터공간의 선형연산자 T의 특성다항식이 완전히 인수분해된다고 가정하고 T의 서로 다른 고윳값을 $\lambda_1, \lambda_2, \ldots, \lambda_k$라 하자. 각 i에 대하여 T의 조르당 표준형에서 λ_i에 대응하는 가장 큰 조르당 블록의 행의 개수를 p_i라 하자. T의 최소다항식이 다음과 같음을 증명하라.

$$(t-\lambda_1)^{p_1}(t-\lambda_2)^{p_2}\cdots(t-\lambda_k)^{p_k}$$

14. 5.2절에서 다룬 직합의 개념을 충분히 이해했다면, 유한차원 벡터공간 V의 선형연산자 T와 $\mathsf{V} = \mathsf{W}_1 \oplus \mathsf{W}_2$를 만족하는 ($\mathsf{V}$의) T-불변 부분공간 W_1, W_2를 생각하자. $\mathsf{T}_{\mathsf{W}_1}$와 $\mathsf{T}_{\mathsf{W}_2}$의 최소다항식을 각각 $p_1(t)$, $p_2(t)$라 할 때, T의 최소다항식 $f(t)$는 $p_1(t)p_2(t)$임을 증명하거나 $f(t) \neq p_1(t)p_2(t)$인 예를 들어라.

다음 정의를 이용하여 연습문제 15를 풀어 보자.

정의 유한차원 벡터공간 V의 선형연산자 T와 영이 아닌 벡터 $x \in \mathsf{V}$에 대하여, $p(\mathsf{T})(x) = 0$이고 가장 낮은 차수를 가지는 모닉 다항식 $p(t)$를 x의 **T–annihilator(소멸자)**라 한다.

15. 유한차원 벡터공간 V의 선형연산자 T와 V의 영이 아닌 벡터 x에 대하여 다음을 증명하라.

7.4절

(a) x의 T-annihilator는 유일하게 존재한다.

(b) x의 T-annihilator는 $g(\mathsf{T}) = \mathsf{T}_0$을 만족하는 임의의 다항식 $g(t)$를 나눈다.

(c) $p(t)$가 x의 T-annihilator이고 W가 x에 의해 생성된 T-순환 부분공간일 때, $p(t)$는 $\mathsf{T_W}$의 최소다항식이고 $\dim(\mathsf{W})$는 $p(t)$의 차수와 같다.

(d) x의 T-annihilator의 차수가 1이기 위한 필요충분조건은 x가 T의 고유벡터인 것이다.

16. 유한차원 벡터공간 V의 선형연산자 T와 V의 T-불변 부분공간 W_1, $x \notin \mathsf{W}_1$인 $x \in \mathsf{V}$에 대하여 다음을 증명하라.

(a) $g_1(\mathsf{T})(x) \in \mathsf{W}_1$이고 가장 낮은 차수를 가지는 모닉 다항식 $g_1(t)$가 유일하게 존재한다.

(b) $h(\mathsf{T})(x) \in \mathsf{W}_1$인 다항식 $h(t)$에 대하여 $g_1(t)$는 $h(t)$를 나눈다.

(c) $g_1(t)$는 T의 최소다항식과 특성다항식을 나눈다.

(d) $\mathsf{W}_2 \subseteq \mathsf{W}_1$인 ($\mathsf{V}$의) T-불변 부분공간 W_2와 $g_2(\mathsf{T})(x) \in \mathsf{W}_2$를 만족하는 가장 낮은 차수의 유일한 모닉 다항식 $g_2(t)$를 생각하자. $g_1(t)$는 $g_2(t)$를 나눈다.

7.4 유리 표준형*

지금까지 고윳값, 고유벡터, 일반화된 고유벡터를 사용하여 선형변환의 특성다항식이 완전히 인수분해되는 경우를 공부하였다. 일반적으로 특성다항식이 완전히 인수분해될 필요는 없다. 사실, 연산자가 고윳값을 가지지 않아도 된다. 다항식의 인수분해의 유일성(598쪽)에 의해, n차원 벡터공간의 임의의 선형연산자 T의 특성다항식 $f(t)$는 다음과 같은 꼴로 유일하게 인수분해된다.

$$f(t) = (-1)^n(\phi_1(t))^{n_1}(\phi_2(t))^{n_2}\cdots(\phi_k(t))^{n_k}$$

이때 $\phi_i(t)(1 \le i \le k)$는 서로 다른 기약 모닉 다항식이고, n_i는 자연수이다. $f(t)$가 완전히 인수분해되는 경우 각 기약 모닉 다항식의 인수는 $\phi_i(t) = t - \lambda_i$ 꼴이고(λ_i는 T의 고윳값), T의 고윳값과 특성다항식의 기약 모닉 인수는 일대일대응한다. 고윳값은 존재하지 않을 수 있지만 기약 모닉 인수는 항상 존재한다. 이번 절에서는 고윳값 대신 특성다항식의 기약 모닉 인수를 바탕으로 한 정리를 공부한다. 고유공간과 일반화된 고유공간 대신 다음 정의를 자주 사용할 것이다.

정의 유한차원 벡터공간 V의 선형연산자 T의 특성다항식이 다음과 같다고 하자.

$$f(t) = (-1)^n(\phi_1(t))^{n_1}(\phi_2(t))^{n_2}\cdots(\phi_k(t))^{n_k}$$

이때, $\phi_i(t)(1 \le i \le k)$는 서로 다른 기약 모닉 다항식이고, n_i는 자연수이다. $1 \le i \le k$에 대하여 V의 부분집합 K_{ϕ_i}를 다음과 같이 정의한다.

$$\mathsf{K}_{\phi_i} = \{x \in \mathsf{V}\text{: 어떤 자연수 } p\text{에 대하여 } (\phi_i(\mathsf{T}))^p(x) = 0\}$$

곧 각 K_{ϕ_i} 가 점공간이 아니고 V의 T-불변 부분공간임을 보일 것이다. $\phi_i(t) = t - \lambda$가 일차식일 때 K_{ϕ_i} 는 고윳값 λ에 대응하는 (T의) 일반화된 고유공간이다.

ϕ_i와 K_{ϕ_i} 가 각각 고윳값과 고유공간을 적절하게 일반화한 것임을 확인하였으니, 선형연산자의 표준형을 이 상황에 맞게 바꾸어 보자. 이를 **유리 표준형(rational canonical form)**이라 한다. 표준형이 선형연산자의 행렬표현이므로, 이러한 표현을 가능케 하는 순서기저에 대한 형식을 구체화하여 정의할 수 있다.

특정한 순환 부분공간의 생성원(generator)에서 자연스럽게 등장하는 흥미로운 기저가 있다. 이를 이해하기 위해서는 벡터에 의해 생성된 T-순환 부분공간의 정의와 정리 5.21(337쪽)을 정확히 알고 있어야 한다. 개념을 대략적으로 복습하고, 새로운 개념과 용어를 도입하겠다.

유한차원 벡터공간 V의 선형연산자 T와 영이 아닌 벡터 $x \in \mathsf{V}$에 대하여, x에 의해 생성된 T-순환 부분공간을 C_x 라 표기하자. 정리 5.21에 따르면 $\dim(\mathsf{C}_x) = k$일 때, 다음 집합은 C_x 의 순서기저이다.

$$\{x, \mathsf{T}(x), \mathsf{T}^2(x), \ldots, \mathsf{T}^{k-1}(x)\}$$

이 기저를 C_x 의 다른 모든 순서기저와 구분하여 x에 의해 생성된 **T–순환 기저(T–cyclic basis)**라 하고, β_x 라 표기한다. T를 C_x 로 제한하고 순서기저 β_x 에 대하여 행렬로 표현한 것을 A라 하자. 정리 5.21의 증명 과정을 되짚으면 다음 식이 성립함을 알 수 있다.

$$a_0 x + a_1 \mathsf{T}(x) + \cdots + a_{k-1}\mathsf{T}^{k-1}(x) + \mathsf{T}^k(x) = \mathit{0}$$

A는 다음과 같다.

$$A = \begin{pmatrix} 0 & 0 & \cdots & 0 & -a_0 \\ 1 & 0 & \cdots & 0 & -a_1 \\ 0 & 1 & \cdots & 0 & -a_2 \\ \vdots & \vdots & & \vdots & \vdots \\ 0 & 0 & \cdots & 1 & -a_{k-1} \end{pmatrix}$$

또한 A의 특성다항식은 $\det(A - tI) = (-1)^k(a_0 + a_1 t + \cdots + a_{k-1}t^{k-1} + t^k)$이다. 이 행렬 A를 모닉 다항식 $h(t) = a_0 + a_1 t + \cdots + a_{k-1}t^{k-1} + t^k$ 의 **동반행렬(companion matrix)**이라 한다. 모든 모닉 다항식은 동반행렬을 가지고, k차 모닉 다항식 $g(t)$에 대한 동반행렬의 특성다항식은 $(-1)^k g(t)$이다(5.4절 연습문제 19). 정리 7.15에 따르면 모닉 다항식 $h(t)$는 A의 최소다항식이기도 하다. T를 C_x 로 제한하여 행렬로 표현하면 A이므로, $h(t)$도 마찬가지로 이 제한의 최소다항식이다. 7.3절 연습문제 15에 의해, $h(t)$는 x의 T-annihilator이다.

이번 절의 목적은 유한차원 벡터공간 **V**의 모든 선형연산자 **T**에 대하여 행렬표현 $[\mathsf{T}]_\beta$가 다음과 같은 꼴이 되도록 하는 **V**의 순서기저 β가 존재함을 증명하는 것이다.

$$\begin{pmatrix} C_1 & O & \cdots & O \\ O & C_2 & \cdots & O \\ \vdots & \vdots & & \vdots \\ O & O & \cdots & C_r \end{pmatrix}$$

이때 C_i는 다항식 $(\phi(t))^m$(m은 자연수)의 동반행렬이고, $\phi(t)$는 **T**의 특성다항식의 모닉 기약 인수이다. 이런 종류의 행렬표현을 **T**의 **유리 표준형(rational canonical form)**이라 하고, 수반하는 기저를 **T**에 대한 (**V**의) **유리 표준기저(rational canonical basis)**라 한다.

다음 보조정리를 바탕으로 정리 7.17을 쉽게 증명할 수 있다. 보조정리를 증명하는 과정에서 7.3절 연습문제에서 소개한 **T**-annihilator의 개념을 사용한다.

보조정리 유한차원 벡터공간 **V**의 선형연산자를 **T**, 영이 아닌 벡터를 $x \in \mathsf{V}$라 하자. x의 **T**-annihilator가 $(\phi(t))^p$ 꼴이라 하자. (단, $\phi(t)$는 기약 모닉 다항식) $\phi(t)$는 **T**의 최소다항식을 나누며, $x \in \mathsf{K}_\phi$이다.

증명 7.3절 연습문제 15(b)에 의해 $(\phi(t))^p$은 **T**의 최소다항식을 나눈다. 즉, $\phi(t)$는 **T**의 최소다항식을 나눈다. 또한, K_ϕ의 정의에 의해 $x \in \mathsf{K}_\phi$이다. ◀

정리 7.17 유한차원 벡터공간 **V**의 선형연산자 **T**와 **V**의 순서기저 β를 생각하자. β가 **T**의 유리 표준기저이기 위한 필요충분조건은 β가 **T**-순환 기저 β_{v_i}로 분할되는 것이다. 이때, 각 $v_i \in \mathsf{K}_\phi$이고 $\phi(t)$는 **T**의 특성다항식의 어떤 기약 모닉 인수이다.

증명 여러분의 몫으로 남긴다. ◀

예제 1 R^8의 선형연산자 T가 있어 유리 표준기저 $\beta = \{v_1, v_2, v_3, v_4, v_5, v_6, v_7, v_8\}$을 가지고 다음과 같은 유리 표준형을 가진다고 하자.

$$C = [\mathsf{T}]_\beta = \left(\begin{array}{cc|cccc|cc} 0 & -3 & 0 & 0 & 0 & 0 & 0 & 0 \\ 1 & 1 & 0 & 0 & 0 & 0 & 0 & 0 \\ \hline 0 & 0 & 0 & 0 & 0 & -1 & 0 & 0 \\ 0 & 0 & 1 & 0 & 0 & 0 & 0 & 0 \\ 0 & 0 & 0 & 1 & 0 & -2 & 0 & 0 \\ 0 & 0 & 0 & 0 & 1 & 0 & 0 & 0 \\ \hline 0 & 0 & 0 & 0 & 0 & 0 & 0 & -1 \\ 0 & 0 & 0 & 0 & 0 & 0 & 1 & 0 \end{array}\right)$$

부분행렬 C_1, C_2, C_3은 각각 다항식 $\phi_1(t)$, $(\phi_2(t))^2$, $\phi_2(t)$의 동반행렬이며 $\phi_1(t) = t^2 - t + 3$, $\phi_2(t) = t^2 + 1$이다. 정리 7.17에 의하면 β는 T-순환 기저로 분할된다. 따라서 다음과 같이 나타낼 수 있다.

$$\begin{aligned} \beta &= \beta_{v_1} \cup \beta_{v_3} \cup \beta_{v_7} \\ &= \{v_1, v_2\} \cup \{v_3, v_4, v_5, v_6\} \cup \{v_7, v_8\} \end{aligned}$$

5.4절 연습문제 39에 따르면 T의 특성다항식 $f(t)$는 각 동반행렬의 특성다항식의 곱이다.

$$f(t) = \phi_1(t)(\phi_2(t))^2\phi_2(t) = \phi_1(t)(\phi_2(t))^3$$

예제 1의 선형연산자 T의 유리 표준형 C는 C_i 꼴 행렬로 구성되며, 각 C_i는 T의 특성다항식의 기약 모닉 인수의 어떤 거듭제곱에 대응하는 동반행렬이다. 또한, 특성다항식의 각 인수는 이러한 방식으로 한 번 이상 사용된다.

유한차원 벡터공간의 선형연산자 T가 유리 표준형 C를 반드시 가짐을 보이기 위해, C를 구성하는 동반행렬 C_i는 T의 특성다항식의 기약 모닉 인수의 거듭제곱으로 만들어짐을 보여야 한다. 부분공간 K_ϕ을 다루는 데 있어 가장 중요한 점은 $\phi(t)$가 T의 최소다항식의 기약 모닉 인수라는 점이다. 연산자의 최소다항식은 같은 연산자의 특성다항식을 나누므로, 최소다항식의 기약 인수는 특성다항식의 기약 인수이기도 하다. 이 명제의 역 또한 참임을 보일 것이다. 다시 말해, 최소다항식과 특성다항식의 기약 인수는 같다.

우선, 최소다항식의 기약 인수가 가지는 몇 가지 성질을 확인하자. 이 내용을 이해하기 위해서는 T-annihilator의 정의와 7.3절 연습문제 15의 결과를 숙지해야 한다.

정리 7.18 유한차원 벡터공간 V의 선형연산자 T의 최소다항식이 다음과 같다고 하자.

$$p(t) = (\phi_1(t))^{m_1}(\phi_2(t))^{m_2}\cdots(\phi_k(t))^{m_k}$$

이때 $\phi_i(t)(1 \leq i \leq k)$는 $p(t)$의 서로 다른 기약 모닉 인수이고, m_i는 자연수이다. 이제 다음이 성립한다.

(1) 각 i에 대하여 K_{ϕ_i}는 점공간이 아니며, V의 T-불변 부분공간이다.

(2) 영이 아닌 벡터 $x \in \mathsf{K}_{\phi_i}$에 대하여 x의 T-annihilator는 $(\phi_i(t))^p$ 꼴이다. (단, p는 정수)

(3) $i \neq j$일 때 $\mathsf{K}_{\phi_i} \cap \mathsf{K}_{\phi_j} = \{0\}$이다.

(4) $i \neq j$에 대하여 K_{ϕ_i}는 $\phi_j(\mathsf{T})$-불변이고 $\phi_j(\mathsf{T})$를 K_{ϕ_i}로 제한하면 단사함수이고 전사함수이다.

(5) 각 i에 대하여 $\mathsf{K}_{\phi_i} = \mathsf{N}((\phi_i(\mathsf{T}))^{m_i})$이다.

증명 $k = 1$일 때, (1), (2), (5)는 명백히 참이고, (3), (4)는 전제가 거짓이므로 참이다.[3] 이제 $k > 1$이라 가정하고 각각을 증명하자.

(1) K_{ϕ_i}가 V의 T-불변 부분공간임을 보이는 것은 여러분의 몫으로 남긴다. $p(t)$에서 인수 $(\phi_i(t))^{m_i}$을 제거하여 얻은 다항식을 $f_i(t)$라 하자. K_{ϕ_i}가 점공간이 아님을 보이기 위해 $f_i(t)$가 $f_i(t) \neq p(t)$를 만족하는 $p(t)$의 인수임에 주목하자. 즉, $x = f_i(\mathsf{T})(z) \neq 0$인 벡터 $z \in \mathsf{V}$가 존재한다.

$$(\phi_i(\mathsf{T}))^{m_i}(x) = (\phi_i(\mathsf{T}))^{m_i} f_i(\mathsf{T})(z) = p(\mathsf{T})(z) = 0$$

따라서 $x \in \mathsf{K}_{\phi_i}$이다.

(2) x가 어떤 K_{ϕ_i}에 속한다고 하자. 어떤 자연수 q에 대하여 $(\phi_i(\mathsf{T}))^q(x) = 0$이다. 7.3절 연습문제 15(b)에 따르면 x의 T-annihilator는 $(\phi_i(t))^q$를 나누므로 증명이 끝난다.

(3) $i \neq j$라 하자. 벡터 $x \in \mathsf{K}_{\phi_i} \cap \mathsf{K}_{\phi_j}$가 $x \neq 0$이라 하자. (2)에 따르면 x의 T-annihilator는 $\phi_i(t)$의 거듭제곱이자 동시에 $\phi_j(t)$의 거듭제곱 꼴이어야 한다. $\phi_i(t)$와 $\phi_j(t)$는 서로소이므로(부록 E) 모순에 빠진다. 즉, $x = 0$이다.

(4) $i \neq j$라 하자. K_{ϕ_i}는 T-불변이므로 $\phi_j(\mathsf{T})$-불변이기도 하다. 어떤 $x \in \mathsf{K}_{\phi_i}$에 대하여 $\phi_j(\mathsf{T})(x) = 0$이라 하자. (3)에 의해 $x \in \mathsf{K}_{\phi_i} \cap \mathsf{K}_{\phi_j} = \{0\}$이다. 따라서 $\phi_j(\mathsf{T})$를 K_{ϕ_i}로 제한하면 단사함수이다. V는 유한차원이므로 이 제한은 전사함수이기도 하다.

3 (옮긴이) 조건 p가 거짓이면 명제 $p \to q$는 무조건 참이다.

(5) $1 \le i \le k$라 하자. 명백히 $\mathsf{N}((\phi_i(\mathsf{T}))^{m_i}) \subseteq \mathsf{K}_{\phi_i}$이다. (1)에서 정의한 다항식 $f_i(t)$는 $\phi_j(t)$ $(j \ne i)$의 곱이므로 (4)를 이용하면 $f_i(\mathsf{T})$를 K_{ϕ_i}로 제한한 연산자는 전사함수이다. $x \in \mathsf{K}_{\phi_i}$에 대하여 $f_i(\mathsf{T})(y) = x$인 $y \in \mathsf{K}_{\phi_i}$가 존재한다. 이제 다음이 성립한다.

$$((\phi_i(\mathsf{T}))^{m_i})(x) = ((\phi_i(\mathsf{T}))^{m_i})f_i(\mathsf{T})(y) = p(\mathsf{T})(y) = \mathit{0}$$

따라서 $x \in \mathsf{N}((\phi_i(\mathsf{T}))^{m_i})$이고 $\mathsf{K}_{\phi_i} = \mathsf{N}((\phi_i(\mathsf{T}))^{m_i})$이다. ◀

연산자 T의 유리 표준기저는 T-순환 기저의 합집합이므로, 이러한 합집합이 언제 일차독립인지 확인해야 한다. 곧 살펴볼 정리 7.19에 따르면 이 문제는 K_ϕ의 T-순환 기저만 살펴보면 충분함을 알게 될 것이다. 이때, $\phi(t)$는 T의 최소다항식의 기약 모닉 인수이다. 다음 보조정리부터 증명하자.

보조정리 유한차원 벡터공간 V의 선형연산자 T에 대하여 T의 최소다항식 $p(t)$가 다음과 같다고 하자.

$$p(t) = (\phi_1(t))^{m_1}(\phi_2(t))^{m_2}\cdots(\phi_k(t))^{m_k}$$

이때, $\phi_i (1 \le i \le k)$는 $p(t)$의 서로 다른 기약 모닉 인수이고 m_i는 자연수이다. $1 \le i \le k$에 대하여 다음을 만족하는 $v_i \in \mathsf{K}_{\phi_i}$를 생각하자.

$$v_1 + v_2 + \cdots + v_k = \mathit{0} \tag{7.2}$$

모든 i에 대하여 $v_i = \mathit{0}$이다.

증명 $k = 1$일 때 이 결과는 참이다.

$k > 1$이라 가정하자. 임의의 i에 대하여 $p(t)$에서 $(\phi_i(t))^{m_i}$을 제외한 다항식을 $f_i(t)$라 하자. 정리 7.18에 따르면 $f_i(\mathsf{T})$는 K_{ϕ_i}에서 정의된 단사함수이고 $i \ne j$에 대하여 $f_i(\mathsf{T})(v_j) = \mathit{0}$이다. (7.2)의 양변에 $f_i(\mathsf{T})$를 씌우면 $f_i(\mathsf{T})(v_i) = \mathit{0}$이고 $v_i = \mathit{0}$이다. ◀

정리 7.19 유한차원 벡터공간 V의 선형연산자 T에 대하여 T의 최소다항식 $p(t)$가 다음과 같다고 하자.

$$p(t) = (\phi_1(t))^{m_1}(\phi_2(t))^{m_2}\cdots(\phi_k(t))^{m_k}$$

이때, $\phi_i (1 \le i \le k)$는 $p(t)$의 서로 다른 기약 모닉 인수이고 m_i는 자연수이다. $1 \le i \le k$에 대하여 K_{ϕ_i}의 일차독립인 부분집합 S_i를 생각하자. 다음이 성립한다.

(1) $i \neq j$일 때 $S_i \cap S_j = \varnothing$이다.

(2) $S_1 \cup S_2 \cup \cdots \cup S_k$는 일차독립이다.

증명 $k = 1$일 때, (1)은 전제가 거짓이므로 명제는 참이고 (2)는 자명하다.

$k > 1$이라 가정하자. 정리 7.18(3)으로부터 (1)이 성립한다. 정리 5.5(287쪽)의 증명에서 고유벡터를 일반화된 고유벡터로 바꾸면 거의 같은 방식으로 (2)를 증명할 수 있다. ◀

정리 7.19에 의해 K_ϕ 꼴인 공간을 각각 분리하여 다룰 수 있게 되었다. 이때, $\phi(t)$는 T의 최소다항식의 기약 모닉 인수이다. 다음 소개하는 몇 가지 결과는 이 공간에서 T-순환 기저의 합집합으로 이루어진 기저를 찾는 방법을 설명한다. 이로부터 유리 표준형의 존재성과 유리 표준기저를 찾는 방법을 알 수 있다.

정리 7.20, 정리 7.21, 정리 7.21의 따름정리에서 T는 유한차원 벡터공간 V의 선형연산자이고, $\phi(t)$는 T의 최소다항식의 기약 모닉 인수이다.

정리 7.20 K_ϕ의 서로 다른 벡터 $v_1, v_2, \ldots, v_k$에 대하여 $S_1 = \beta_{v_1} \cup \beta_{v_2} \cup \cdots \cup \beta_{v_k}$가 일차독립이라 가정하자. 각 i에 대하여, $\phi(\mathsf{T})(w_i) = v_i$인 $w_i \in \mathsf{V}$가 존재한다고 가정하자. $S_2 = \beta_{w_1} \cup \beta_{w_2} \cup \cdots \cup \beta_{w_k}$ 또한 일차독립이다.

증명 합이 영인 (S_2의) 임의의 일차결합을 생각하자.

$$\sum_{i=1}^{k} \sum_{j=0}^{n_i} a_{ij} \mathsf{T}^j(w_i) = 0 \tag{7.3}$$

각 i에 대하여 다항식 $f_i(t)$를 $f_i(t) = \sum_{j=0}^{n_i} a_{ij} t^j$라 정의하자. (7.3)은 다음과 같이 쓸 수 있다.

$$\sum_{i=1}^{k} f_i(\mathsf{T})(w_i) = 0 \tag{7.4}$$

(7.4)의 양변에 $\phi(\mathsf{T})$를 씌우면 다음과 같다.

$$\sum_{i=1}^{k} \phi(\mathsf{T}) f_i(\mathsf{T})(w_i) = \sum_{i=1}^{k} f_i(\mathsf{T})\phi(\mathsf{T})(w_i) = \sum_{i=1}^{k} f_i(\mathsf{T})(v_i) = 0$$

위 식의 마지막 합의 표현은 S_1에 속한 벡터의 일차결합으로 쓸 수 있고, 각 $f_i(\mathsf{T})(v_i)$는 β_{v_i}에 속한 벡터의 일차결합이다. S_1은 일차독립이므로 모든 i에 대하여 $f_i(\mathsf{T})(v_i) = 0$이다. 모든 i에 대하여 v_i의 T-annihilator는 $f_i(t)$를 나눈다(7.3절 연습문제 15). 정리 7.18(2)에 따르면 $\phi(t)$는 v_i의 T-annihilator를 나누고, 모든 i에 대하여 $\phi(t)$는 $f_i(t)$를 나눈다. 이제 각 i에 대하여 $f_i(t) = g_i(t)\phi(t)$인 다항식 $g_i(t)$가 존재한다. (7.4)는 다음과 같이 쓸 수 있다.

$$\sum_{i=1}^{k} g_i(\mathsf{T})\phi(\mathsf{T})(w_i) = \sum_{i=1}^{k} g_i(\mathsf{T})(v_i) = 0$$

S_1은 일차독립이므로 모든 i에 대하여 $f_i(\mathsf{T})(w_i) = g_i(\mathsf{T})(v_i) = 0$이 성립한다. 한편, (7.3)을 일차결합인 항별로 묶어서 얻은 결과가 $f_i(\mathsf{T})(w_i)$이고 β_{w_i}는 일차독립이므로 각 i와 모든 j에 대하여 $a_{ij} = 0$이다. S_2는 일차독립이다. ◀

이제 K_ϕ가 T-순환의 합집합으로 이루어진 기저를 가짐을 보이자.

보조정리 K_ϕ의 T-불변 부분공간 W와 W의 기저 β에 대하여, 다음이 성립한다.

(1) $x \notin \mathsf{W}$인 $x \in \mathsf{N}(\phi(\mathsf{T}))$에 대하여 $\beta \cup \beta_x$는 일차독립이다.

(2) 어떤 $w_1, w_2, \ldots, w_s \in \mathsf{N}(\phi(\mathsf{T}))$에 대하여 β를 확장하여 일차독립인 집합 β'을 다음과 같이 만들어 β'의 생성집합이 $\mathsf{N}(\phi(\mathsf{T}))$를 포함하도록 할 수 있다.

$$\beta' = \beta \cup \beta_{w_1} \cup \beta_{w_2} \cup \cdots \cup \beta_{w_s}$$

증명 (1) $\beta = \{v_1, v_2, \ldots, v_k\}$, $\sum_{i=1}^{k} a_i v_i + z = 0$, $z = \sum_{j=0}^{d-1} b_j \mathsf{T}^j(x)$라 하자. 이때, d는 $\phi(t)$의 차수이다. $z \in \mathsf{C}_x \cap \mathsf{W}$이고, 따라서 $\mathsf{C}_z \subseteq \mathsf{C}_x \cap \mathsf{W}$이다.

$z \neq 0$이라 하면 $\phi(t)$는 z의 T-annihilator이다. 따라서 다음이 성립한다.

$$d = \dim(\mathsf{C}_z) \leq \dim(\mathsf{C}_x \cap \mathsf{W}) \leq \dim(\mathsf{C}_x) = d$$

$\mathsf{C}_x \cap \mathsf{W} = \mathsf{C}_x$이므로 $x \in \mathsf{W}$이며 이는 가정에 모순이다. 따라서 $z = 0$이고 모든 j에 대하여 $b_j = 0$이다. β는 일차독립이므로 모든 i에 대하여 $a_i = 0$이다. 따라서 $\beta \cup \beta_x$는 일차독립이다.

(2) W가 $\mathsf{N}(\phi(\mathsf{T}))$를 포함하지 않는다고 가정하자. W에 속하지 않은 벡터 $w_1 \in \mathsf{N}(\phi(\mathsf{T}))$를 선택하자. (1)에 의하면 $\beta_1 = \beta \cup \beta_{w_1}$은 일차독립이다. $\mathsf{W}_1 = \text{span}(\beta_1)$이라 하자. 만약 W_1이 $\mathsf{N}(\phi(\mathsf{T}))$를 포함하지 않는다면, $w_2 \in \mathsf{N}(\phi(\mathsf{T}))$이지만 $w_2 \notin \mathsf{W}_1$인 벡터 w_2를 선택할 수 있다. 이제 $\beta_2 = \beta_1 \cup \beta_{w_2} = \beta \cup \beta_{w_1} \cup \beta_{w_2}$는 일차독립이다. 이 과정을 반복하면 합집합 $\beta' = \beta \cup \beta_{w_1} \cup \beta_{w_2} \cup \cdots \cup \beta_{w_s}$가 일차독립이며 생성공간이 $\mathsf{N}(\phi(\mathsf{T}))$를 포함하도록 만드는 벡터 $w_1, w_2, \ldots, w_s \in \mathsf{N}(\phi(\mathsf{T}))$를 얻을 수 있다. ◀

정리 7.21 T의 최소다항식이 $p(t) = (\phi(t))^m$ 꼴일 때, T의 유리 표준기저가 존재한다.

증명 m에 대한 수학적 귀납법을 이용한다.

$m = 1$이라 하자. 보조정리의 (2)를 $\mathsf{W} = \{0\}$에 적용하면 $\beta_{v_1} \cup \beta_{v_2} \cup \cdots \cup \beta_{v_k}$ 꼴로 표현되고 일차독립인, V의 부분집합을 얻을 수 있다. 이때, 생성공간은 $\mathsf{N}(\phi(\mathsf{T}))$를 포함한다. 이 경우에는 $\mathsf{V} = \mathsf{N}(\phi(\mathsf{T}))$이므로 이 집합은 V의 유리 표준기저이다.

이제 $m > 1$인 자연수에 대하여, $k < m$일 때 T의 최소다항식이 $(\phi(t))^k$ 꼴이면 결과가 성립한다고 가정하자. T의 최소다항식을 $p(t) = (\phi(t))^m$이라 하자. $\mathsf{R}(\phi(\mathsf{T}))$는 V의 T-불변 부분공간이고 T를 이 부분공간으로 제한하면 최소다항식은 $(\phi(t))^{m-1}$이다. 이제 수학적 귀납법의 가정에 의해 T를 $\mathsf{R}(\phi(\mathsf{T}))$로 제한한 연산자의 유리 표준기저가 존재한다. T-순환 기저를 생성하는 벡터를 $v_1, v_2, \ldots, v_k$라 하자. 이때, T-순환 기저는 유리 표준기저를 구성한다. 각 i에 대하여 $v_i = \phi(\mathsf{T})(w_i)$인 $w_i \in \mathsf{V}$를 선택하자. 정리 7.20에 의해 β_{w_i}의 합집합 β는 일차독립이다. $\mathsf{W} = \text{span}(\beta)$라 하면 W는 $\mathsf{N}(\phi(\mathsf{T}))$를 포함한다. 그렇지 않다면, 보조정리의 (2)를 적용하여 β에 T-순환 기저 $\beta_{w_{k+1}}, \beta_{w_{k+2}}, \ldots, \beta_{w_s}$를 추가하자. 단, $i > k$이면 $w_i \in \mathsf{N}(\phi(\mathsf{T}))$이다. 일차독립인 집합 $\beta' = \beta_{w_1} \cup \beta_{w_2} \cup \cdots \cup \beta_{w_k} \cup \cdots \cup \beta_{w_s}$를 얻었다. 이제 새 생성공간 W'은 W와 $\mathsf{N}(\phi(\mathsf{T}))$를 모두 포함한다.

이제 $\mathsf{W}' = \mathsf{V}$임을 보이자. $\phi(\mathsf{T})$를 ($\phi(\mathsf{T})$-불변 부분공간) W'으로 제한한 연산자를 U라 표기하자. $\mathsf{R}(\phi(\mathsf{T}))$에서 W'을 얻은 과정을 상기하면 $\mathsf{R}(\mathsf{U}) = \mathsf{R}(\phi(\mathsf{T}))$, $\mathsf{N}(\mathsf{U}) = \mathsf{N}(\phi(\mathsf{T}))$임을 확인할 수 있다. 따라서 다음이 성립한다.

$$\begin{aligned}\dim(\mathsf{W}') &= \text{rank}(\mathsf{U}) + \text{nullity}(\mathsf{U}) \\ &= \text{rank}(\phi(\mathsf{T})) + \text{nullity}(\phi(\mathsf{T})) \\ &= \dim(\mathsf{V})\end{aligned}$$

즉, $\mathsf{W}' = \mathsf{V}$이고 β'은 T의 유리 표준기저이다. ◀

따름정리 K_ϕ는 T-순환 기저의 합집합으로 이루어진 기저를 포함한다.

증명 T를 K_ϕ로 제한하고 정리 7.21을 적용하여 증명한다. ◀

이제 일반적인 경우를 다룰 모든 준비를 마쳤다.

정리 7.22 유한차원 벡터공간의 임의의 선형연산자는 유리 표준기저를 가지고, 이에 따라 유리 표준형을 가진다.

증명 유한차원 벡터공간 V의 선형연산자 T의 최소다항식이 $p(t) = (\phi_1(t))^{m_1}(\phi_2(t))^{m_2}\cdots(\phi_k(t))^{m_k}$이라 하자. 이때, $\phi_i(t)$는 $p(t)$의 서로 다른 기약 모닉 인수이고 모든 i에 대하여 $m_i > 0$이다. k에 대한 수학적 귀납법을 적용하자.

$k = 1$인 경우는 정리 7.21에서 증명하였다.

어떤 $k > 1$에 대하여, 최소다항식의 서로 다른 기약 인수가 k개 미만일 때 명제가 참이고 $p(t)$가 k개의 서로 다른 인수가 있다고 가정하자. T를 T-불변 부분공간 $\mathsf{W} = \mathsf{R}((\phi_k(\mathsf{T}))^{m_k})$으로 제한한 연산자를 U라 하자. U의 최소다항식을 $q(t)$라 하자. 7.3절 연습문제 10에 의해 $q(t)$는 $p(t)$를 나눈다.

$\phi_k(t)$는 $q(t)$를 나누지 않는다. 이를 부정하여 $\phi_k(t)$가 $q(t)$를 나눈다고 가정하자. $\phi_k(\mathsf{U})(x) = \mathit{0}$인 영이 아닌 벡터 $x \in \mathsf{W}$와 $x = (\phi_k(\mathsf{T}))^{m_k}(y)$인 벡터 $y \in \mathsf{V}$가 존재한다. 이로부터 $(\phi_k(\mathsf{T}))^{m_k+1}(y) = \mathit{0}$이고, 정리 7.18(5)에 따르면 $y \in \mathsf{K}_{\phi_k}$, $x = (\phi_k(\mathsf{T}))^{m_k}(y) = \mathit{0}$이다. 이는 모순이다. 따라서 $q(t)$의 서로 다른 기약 인수는 k개 미만이다.

수학적 귀납법의 가정에 따르면 U에는 부분공간 $\mathsf{K}_{\phi_i}(1 \leq i \leq k-1)$에서 꺼낸 벡터로 이루어진 U-순환 기저(이는 T-순환 기저이기도 하다)의 합집합인 유리 표준기저 β_1이 있다. 정리 7.21의 따름정리에 의해 K_{ϕ_k}에 T-순환 기저의 합집합으로 이루어진 기저 β_2가 있다. 정리 7.19에 의해 β_1과 β_2는 서로소이고 $\beta = \beta_1 \cup \beta_2$는 일차독립이다. β에 속한 벡터의 개수를 s라 하면 다음이 성립한다.

$$\begin{aligned} s &= \dim(\mathsf{R}((\phi_k(\mathsf{T}))^{m_k})) + \dim(\mathsf{K}_{\phi_k}) \\ &= \operatorname{rank}((\phi_k(\mathsf{T}))^{m_k}) + \operatorname{nullity}((\phi_k(\mathsf{T}))^{m_k}) \\ &= n \end{aligned}$$

β는 V의 기저이다. 즉, β는 유리 표준기저이고 T의 유리 표준형이 존재한다. ◀

유리 표준형을 다룰 때 주로 최소다항식을 이용하였다. 이제 유리 표준형과 특성다항식 사이의 관계를 살펴보자.

정리 7.23 n차원 벡터공간 V의 선형연산자 T의 특성다항식이 다음과 같다고 하자.

$$f(t) = (-1)^n(\phi_1(t))^{n_1}(\phi_2(t))^{n_2}\cdots(\phi_k(t))^{n_k}$$

이때, $\phi_i(t)(1 \leq i \leq k)$는 서로 다른 기약 모닉 다항식이고 n_i는 자연수이다. 이제 다음이 성립한다.

(1) $\phi_1(t), \phi_2(t), \ldots, \phi_k(t)$는 최소다항식의 기약 모닉 인수이다.
(2) 각 i에 대하여 $\dim(\mathsf{K}_{\phi_i}) = d_i n_i$이다. 이때, d_i는 $\phi_i(t)$의 차수이다.
(3) T의 유리 표준기저 β와 각 i에 대하여 $\beta_i = \beta \cap \mathsf{K}_{\phi_i}$는 K_{ϕ_i}의 기저이다.
(4) 각 i에 대하여, K_{ϕ_i}의 기저를 γ_i라 하자. $\gamma = \gamma_1 \cup \gamma_2 \cup \cdots \cup \gamma_k$는 V의 기저이다. 특히, 각 γ_i가 T-순환 기저로 분할될 때 γ는 T의 유리 표준기저이다.

증명 (1) 정리 7.22에 의해, T는 유리 표준형 C를 가진다. 5.4절 연습문제 39에 따르면 C의 특성다항식, 즉 T의 특성다항식은 C를 구성하는 동반행렬의 특성다항식의 곱이다. $f(t)$의 기약 모닉 인수 $\phi_i(t)$는 각각 동반행렬 중 적어도 하나의 특성다항식을 나눈다. 따라서 어떤 자연수 p에 대하여 $(\phi_i(t))^p$은 V에서 꺼낸 어떤 영이 아닌 벡터의 T-annihilator이다. $(\phi_i(t))^p$은($\phi_i(t)$도 마찬가지로) T의 최소다항식을 나눈다는 결론을 내릴 수 있다.

역으로, T의 최소다항식을 나누는 기약 모닉 다항식 $\phi(t)$는 T의 특성다항식을 나눈다. 최소다항식이 특성다항식을 나누기 때문이다.

(2), (3), (4) T의 유리 표준형을 $C = [\mathsf{T}]_\beta$라 하자. $1 \le i \le k$인 임의의 i에 대하여 $f(t)$는 C를 구성하는 동반행렬의 특성다항식의 곱이므로 β_i의 T-순환 기저에서 얻은 이 특성다항식을 곱해서 $f(t)$의 인수 $(\phi_i(t))^{n_i}$을 얻을 수 있다. 이 다항식의 차수는 $n_i d_i$이고, 이 기저들의 합집합 β_i는 K_{ϕ_i}의 일차독립인 부분집합이므로 다음이 성립한다.

$$n_i d_i \le \dim(\mathsf{K}_{\phi_i})$$

$n_i d_i$의 합은 $f(t)$의 차수와 같으므로 $n = \sum_{i=1}^{k} d_i n_i$이다. γ에 속한 벡터의 개수를 s라 하자. 정리 7.19에 의해, γ는 일차독립이다. 이제 다음이 성립한다.

$$n = \sum_{i=1}^{k} d_i n_i \le \sum_{i=1}^{k} \dim(\mathsf{K}_{\phi_i}) = s \le n$$

$n = s$이고 모든 i에 대하여 $d_i n_i = \dim(\mathsf{K}_{\phi_i})$이다. γ는 V의 기저이고 각 i에 대하여 β_i는 K_{ϕ_i}의 기저이다. ◀

유리 표준형의 유일성

유리 표준형의 존재성을 보였으니 유리 표준형의 유일성을 생각할 때가 되었다. 선형연산자 T의 유리 표준형에 대응하는 유리 표준기저를 구성하는, T-순환 기저의 순서를 바꾸면 유리 표준형도

변할 것이다. 이는 유리 표준형을 구성하는 동반행렬의 순서를 바꾸는 효과가 있다. 조르당 표준형을 다룰 때처럼 유리 표준기저는 유일하지 않지만, **T**-순환 기저의 배열 순서를 무시하면 유리 표준형은 유일하다.

이 문제를 간단히 하기 위해 모든 유리 표준기저를 정렬할 때 특성다항식의 같은 기약 모닉 인수에 대응하는 모든 **T**-순환 기저들을 함께 묶는 관습을 따르자. 또한, 이러한 묶음 속에서 **T**-순환 기저들은 크기에 따라 내림차순으로 정렬한다. 이러한 정렬 순서를 유지할 때, 기약 모닉 인수의 배열 순서를 무시하면 선형연산자의 유리 표준형은 유일하다.

조르당 표준형을 다룰 때와 마찬가지로 유리 표준형을 이해할 수 있게 도와주는 점의 2차원 배열을 도입하려 한다. 조르당 표준형에서는 주어진 연산자의 각 고윳값마다 점 도표를 그렸다. 유리 표준형에서는 주어진 연산자의 특성다항식의 기약 모닉 인수마다 점 도표를 정의한다. 연산자에 의해 점 도표가 완전히 결정된다는 증명은 유리 표준형이 유일하다는 증명이기도 하다.

이제부터 **T**는 유한차원 벡터공간의 선형연산자이고, 유리 표준기저를 β라 하자. **T**의 특성다항식의 기약 모닉 인수를 $\phi(t)$라 하자. K_ϕ에 포함되는 β의 **T**-순환 기저를 $\beta_{v_1}, \beta_{v_2}, \ldots, \beta_{v_k}$라 하자. 그리고 $\phi(t)$의 차수를 d라 하자. 각 j에 대하여 v_j의 annihilator를 $(\phi(t))^{p_j}$라 하자. 이 다항식의 차수는 dp_j이다. 7.3절 연습문제 15에 따르면 β_{v_j}에 dp_j개의 벡터가 있다. 또한, **T**-순환 기저는 크기에 대한 내림차순으로 정렬되므로 $p_1 \geq p_2 \geq \cdots \geq p_k$이다.

$\phi(t)$의 **점 도표(dot diagram)**를 k개의 열을 가지며, j열에는 위에서부터 차례대로 p_j개의 점이 위치한 2차원 배열이라 정의하자. 예를 들어 $k = 3$, $p_1 = 4$, $p_2 = 2$, $p_3 = 2$라면 점 도표는 다음과 같다.

점 도표의 각 열은 K_ϕ의 **T**-순환 기저 β_{v_i}에 대응하고, 각 열의 점의 개수는 기저에 속한 벡터의 개수보다 적다.

예제 2 예제 1에서 다룬 선형연산자 **T**와 유리 표준기저 β, 유리 표준형 $C = [\mathsf{T}]_\beta$를 생각하자. **T**의 특성다항식은 두 개의 기약 모닉 인수 $\phi_1(t) = t^2 - t + 3$, $\phi_2(t) = t^2 + 1$을 가지므로, 두 개의 점 도표를 고려해야 한다.

$\phi_1(t)$는 v_1의 **T**-annihilator이고 β_{v_1}은 K_{ϕ_1}의 기저이므로 $\phi_1(t)$의 점 도표는 점 한 개로 표현된다.

나머지 두 **T**-순환 기저인 β_{v_3}과 β_{v_7}은 K_{ϕ_2}에 포함된다. $(\phi_2(t))^2$은 v_3의 **T**-annihilator이고 $\phi_2(t)$는 v_7의 **T**-annihilator이므로 $\phi_2(t)$의 점 도표에서 $p_1 = 2$, $p_2 = 1$이다. 즉, 점 도표는 다음과 같다.

$\phi_1(t)$의 점 도표 $\phi_2(t)$의 점 도표

실제로 점 도표에서 알 수 있는 정보를 이용하여 연산자의 유리 표준형을 구할 수 있다. 다음 예제를 살펴보자.

예제 3 유한차원 R-벡터공간의 선형연산자를 **T**라 하자. **T**의 특성다항식의 기약 모닉 인수가 다음과 같다고 하자.

$$\phi_1(t) = t - 1, \quad \phi_2(t) = t^2 + 2, \quad \phi_3(t) = t^2 + t + 1$$

또한, 각 인수에 대응하는 점 도표가 다음과 같다고 가정하자.

$\phi_1(t)$의 점 도표 $\phi_2(t)$의 점 도표 $\phi_3(t)$의 점 도표

$\phi_1(t)$의 점 도표가 두 개의 열을 가지므로 유리 표준형은 두 개의 동반행렬로 이루어져 있다. 1열은 2개의 점을 가지므로, $(\phi_1(t))^2 = (t-1)^2$의 2×2 동반행렬 $C_1 = \begin{pmatrix} 0 & -1 \\ 1 & 2 \end{pmatrix}$에 대응한다. 2열은 1개의 점을 가지므로, $\phi_1(t) = t - 1$의 1×1 동반행렬 $C_2 = (1)$에 대응한다.

$\phi_2(t) = t^2 + 2$의 점 도표는 두 개의 열로 이루어져 있으며 각 열은 하나의 점을 포함한다. 즉, 이 점 도표는 $\phi_2(t)$의 2×2 동반행렬 $C_3 = C_4 = \begin{pmatrix} 0 & -2 \\ 1 & 0 \end{pmatrix}$에 대응한다.

$\phi_3(t) = t^2 + t + 1$의 점 도표는 하나의 열로 이루어져 있으며, 이 열에 점이 하나 있다. 즉, 이 점 도표는 2×2 동반행렬 $C_5 = \begin{pmatrix} 0 & -1 \\ 1 & -1 \end{pmatrix}$에 대응한다.

따라서 **T**의 유리 표준형은 다음의 9×9 행렬이다.

$$C = \begin{pmatrix} C_1 & O & O & O & O \\ O & C_2 & O & O & O \\ O & O & C_3 & O & O \\ O & O & O & C_4 & O \\ O & O & O & O & C_5 \end{pmatrix} = \left(\begin{array}{cc|c|cc|cc|cc} 0 & -1 & 0 & 0 & 0 & 0 & 0 & 0 & 0 \\ 1 & 2 & 0 & 0 & 0 & 0 & 0 & 0 & 0 \\ \hline 0 & 0 & 1 & 0 & 0 & 0 & 0 & 0 & 0 \\ \hline 0 & 0 & 0 & 0 & -2 & 0 & 0 & 0 & 0 \\ 0 & 0 & 0 & 1 & 0 & 0 & 0 & 0 & 0 \\ \hline 0 & 0 & 0 & 0 & 0 & 0 & -2 & 0 & 0 \\ 0 & 0 & 0 & 0 & 0 & 1 & 0 & 0 & 0 \\ \hline 0 & 0 & 0 & 0 & 0 & 0 & 0 & 0 & -1 \\ 0 & 0 & 0 & 0 & 0 & 0 & 0 & 1 & -1 \end{array}\right)$$

점 도표를 찾는 일반적인 문제로 돌아가자. 이전과 같이 유한차원 벡터공간의 선형연산자 T를 고정하자. $\phi(t)$는 T의 특성다항식의 기약 모닉 인수이다. 선형연산자 $\phi(\mathsf{T})$를 K_ϕ로 제한한 연산자를 U라 표기하자. 정리 7.18(5)에 의해 어떤 자연수 q에 대하여 $\mathsf{U}^q = \mathsf{T}_0$이다. 7.2절 연습문제 13(d)에 따르면 U의 특성다항식은 $(-1)^m t^m$이다. (단, $m = \dim(\mathsf{K}_\phi)$.) K_ϕ는 $\lambda = 0$에 대응하는 (U의) 일반화된 고유공간이고 U는 조르당 표준형을 가진다. U의 조르당 표준형에 대응하는 점 도표는 T의 점 도표, 다시 말해 $\phi(t)$에 대응하는 점 도표를 이해하는 데 결정적인 역할을 한다. 이 두 도표의 연관 관계를 생각하자.

T의 유리 표준기저를 β라 하고, K_ϕ에 포함되는 (β의) T-순환 기저를 $\beta_{v_1}, \beta_{v_2}, \ldots, \beta_{v_k}$라 하자. 이러한 T-순환 기저 중 하나인 β_{v_j}에 대하여 $(\phi(t))^{p_j}$이 v_j의 T-annihilator라 가정하자. β_{v_j}는 β에 속한 dp_j개의 벡터로 이루어져 있다. $0 \le i < d$에 대하여 γ_i는 $\mathsf{T}^i(v_j)$를 종료벡터로 가지는 U의 일반화된 고유벡터의 순환이라 하자. (단, $\mathsf{T}^0(v_j) = v_j$라 하자.) γ_i는 다음과 같다.

$$\gamma_i = \{(\phi(\mathsf{T}))^{p_j-1}\mathsf{T}^i(v_j), (\phi(\mathsf{T}))^{p_j-2}\mathsf{T}^i(v_j) \ldots, (\phi(\mathsf{T}))\mathsf{T}^i(v_j), \mathsf{T}^i(v_j)\}$$

정리 7.6의 따름정리에 의해 γ_i는 C_{v_j}의 일차독립인 부분집합이다. $\alpha_j = \gamma_0 \cup \gamma_1 \cup \cdots \cup \gamma_{d-1}$이라 하면 α_j는 dp_j개의 벡터가 있다.

보조정리 1 α_j는 C_{v_j}의 순서기저이다.

증명 이 증명의 핵심은 정리 7.6이다. α_j는 $\lambda = 0$에 대응하는 (U의) 일반화된 고유벡터의 순환으로 분할되므로, 다음과 같이 순환의 시작벡터를 모은 집합이 일차독립임을 보이면 충분하다.

$$\{(\phi(\mathsf{T}))^{p_j-1}(v_j), (\phi(\mathsf{T}))^{p_j-1}\mathsf{T}(v_j), \ldots, (\phi(\mathsf{T}))^{p_j-1}\mathsf{T}^{d-1}(v_j)\}$$

이 벡터들의 임의의 일차결합이 다음과 같고, 계수 중 영이 아닌 스칼라가 존재한다고 가정하자.

$$a_0(\phi(\mathsf{T}))^{p_j-1}(v_j) + a_1(\phi(\mathsf{T}))^{p_j-1}\mathsf{T}(v_j) + \cdots + a_{d-1}(\phi(\mathsf{T}))^{p_j-1}\mathsf{T}^{d-1}(v_j)$$

다항식 $g(t) = a_0 + a_1 t + \cdots + a_{d-1}t^{d-1}$ 을 생각하자. $g(t)$ 의 차수는 d 미만이고 영 다항식이 아니므로 $(\phi(t))^{p_j-1}g(t)$ 는 차수가 dp_j 미만이고 영이 아닌 다항식이다. $(\phi(t))^{p_j}$ 은 v_j 의 **T**-annihilator 이므로 $(\phi(\mathsf{T}))^{p_j-1}g(\mathsf{T})(v_j) \neq \mathit{0}$ 이다. 즉, 시작벡터의 집합은 일차독립이다. 정리 7.6에 의해 α_j 는 일차독립이고, γ_i 는 서로소이다. 따라서 α_j 는 C_{v_j} 에 속하고 일차독립인 벡터 dp_j 개로 이루어진다. C_{v_j} 의 차원은 dp_j 이므로 α_j 는 C_{v_j} 의 기저이다. ◀

이제 C_{v_j} 의 기저로 β_{v_j} 대신 α_j 를 생각할 수 있다. 이를 각 j 에 대하여 수행하면, K_ϕ 의 부분집합 $\alpha = \alpha_1 \cup \alpha_2 \cup \cdots \cup \alpha_k$ 를 얻는다.

보조정리 2 α 는 K_ϕ 의 조르당 표준기저이다.

증명 $\beta_{v_1} \cup \beta_{v_2} \cup \cdots \cup \beta_{v_k}$ 는 K_ϕ 의 기저이고 $\text{span}(\alpha_i) = \text{span}(\beta_{v_i}) = \mathsf{C}_{v_i}$ 이다. 연습문제 9에 따르면 α 는 K_ϕ 의 기저이다. α 는 **U**의 일반화된 고유벡터의 순환으로 분할되므로 α 는 조르당 표준기저이다. ◀

이제 $\phi(t)$ 에 대응하는 **T**의 점 도표와 **U**의 점 도표가 어떤 연관성을 가지는지 알아보자. 전자는 유리 표준형과 관계가 있고, 후자는 조르당 표준형과 관계가 있다. 편의를 위해 첫 번째 점 도표를 D_1, 두 번째 점 도표를 D_2 라 하자. 각 j 에 대하여 **T**-순환 기저 β_{x_j} 에 의해 D_1 의 j 열에 p_j 개의 점이 찍힌다. 보조정리 1에 따르면 이 기저는 **U**의 일반화된 고유벡터의 순환 d 개의 합집합 α_j 으로 대체할 수 있고 각 길이는 p_j 이다. α_j 는 **U**의 조르당 표준기저의 일부분이다. 사실상 α_j 는 d 개의 열을 결정하고 D_2 의 각 열에는 p_j 개의 점이 있다. D_1 의 각 열은 D_2 에서 같은 길이를 가지는 d 개 열을 결정하고 같은 방식으로 D_2 의 모든 열을 얻을 수 있다.

다른 방법으로는, D_2 의 각 행은 D_1 에서 대응하는 행보다 d 배 많은 점을 가짐을 이용한다. 정리 7.10에 의해 D_2 의 임의의 행에 찍힌 점의 개수를 알 수 있고, 이 정리에서 등장하는 수식을 d 로 나누어 D_1 에서 대응하는 행에 위치하는 점의 개수를 알 수 있다. 이상의 내용을 정리하면 다음과 같다.

정리 7.24 유한차원 벡터공간 **V**의 선형연산자를 **T**라 하자. **T**의 특성다항식의 기약 모닉 인수 중 하나를 $\phi(t)$ 라 하고, $\phi(t)$ 의 차수를 d 라 하자. 또한, **T**의 유리 표준기저에 대한 $\phi(t)$ 의 점 도표의 i 행에 위치하는 점의 개수를 r_i 라 하자. 다음이 성립한다.

(1) $r_1 = \frac{1}{d}[\dim(\mathsf{V}) - \text{rank}(\phi(\mathsf{T}))]$

(2) $i > 1$에 대하여 $r_i = \frac{1}{d}[\text{rank}((\phi(\mathsf{T}))^{i-1}) - \text{rank}((\phi(\mathsf{T}))^{i})]$이다.

즉, 선형연산자의 유리 표준형에 대응하는 점 도표는 이 연산자에 의해 완벽히 결정된다. 유리 표준형은 점 도표에 의해 완벽히 결정되므로, 다음과 같이 유일성 정리를 얻을 수 있다.

따름정리 선형연산자의 유리 표준형은 (이전에 서술한 관습을 따를 때) 특성다항식의 기약 모닉 인수의 배열 순서를 무시하면 유일하다.

선형연산자의 유리 표준형이 유일하므로, 유리 표준형을 결정하는 동반행렬에 대응하는 다항식도 마찬가지로 유일하다. 이 다항식은 기약 모닉 인수의 거듭제곱이고, 선형연산자의 **기본인수(elementary divisor)**라 한다. 동반행렬은 유리 표준형에서 여러 번 나올 수 있으므로, 기본인수 역시 여러 번 나올 수 있다. 이 등장 횟수를 기본인수의 **중복도(multiplicity)**라 한다.

역으로 기본인수와 그 중복도는 동반행렬을 결정하고, 선형연산자의 유리 표준형을 결정한다.

예제 4 다음 집합을 R를 정의역으로 하는 실함수로 이루어진 함수공간, 즉 $\mathcal{F}(R, R)$의 부분집합으로 보자.

$$\beta = \{e^x \cos 2x,\ e^x \sin 2x,\ xe^x \cos 2x,\ xe^x \sin 2x\}$$

$\mathsf{V} = \text{span}(\beta)$라 하면 V는 $\mathcal{F}(R, R)$의 4차원 부분공간이고 β는 V의 순서기저이다. V의 선형연산자 D를 $\mathsf{D}(y) = y'$ 즉, y의 도함수로 정의하자. $A = [\mathsf{D}]_\beta$는 다음과 같다.

$$A = \begin{pmatrix} 1 & 2 & 1 & 0 \\ -2 & 1 & 0 & 1 \\ 0 & 0 & 1 & 2 \\ 0 & 0 & -2 & 1 \end{pmatrix}$$

D의 특성다항식(이는 A의 특성다항식이기도 하다)은 $f(t) = (t^2 - 2t + 5)^2$이다. $\phi(t) = t^2 - 2t + 5$는 $f(t)$의 유일한 기약 모닉 인수이다. $\phi(t)$의 차수는 2이고 V는 4차원이므로 $\phi(t)$의 점 도표는 2개의 점으로 이루어져 있다. 즉, 1행에 위치한 점의 개수 r_1만 알면 점 도표를 완성할 수 있다. 랭크는 행렬표현에 대하여 보존되므로, 정리 7.24의 공식에서 D 대신 A를 사용할 수 있다. $\phi(A)$는 다음과 같다.

$$\phi(A) = \begin{pmatrix} 0 & 0 & 0 & 4 \\ 0 & 0 & -4 & 0 \\ 0 & 0 & 0 & 0 \\ 0 & 0 & 0 & 0 \end{pmatrix}$$

$r_1 = \frac{1}{2}[4 - \text{rank}(\phi(A))] = \frac{1}{2}[4-2] = 1$ 이므로 두 번째 점은 2행에 위치한다. 점 도표는 다음과 같다.

$$\vdots$$

그러므로 V는 D-annihilator $(\phi(t))^2$ 을 가지는 D-순환 공간이다. 또한, $(\phi(t))^2 = t^4 - 4t^3 + 14t^2 - 20t + 25$ 의 동반행렬에 의해 결정되는 유리 표준형은 다음과 같다.

$$\begin{pmatrix} 0 & 0 & 0 & -25 \\ 1 & 0 & 0 & 20 \\ 0 & 1 & 0 & -14 \\ 0 & 0 & 1 & 4 \end{pmatrix}$$

$(\phi(t))^2$ 은 D의 유일한 기본인수이고, 중복도는 1이다.

순환 생성원을 찾기 위해서는 $\phi(\mathsf{D})(g) \neq \mathit{0}$인 함수 $g \in \mathsf{V}$를 찾으면 충분하다. $\phi(A)(e_3) \neq \mathit{0}$이므로 $\phi(\mathsf{D})(xe^x \cos 2x) \neq \mathit{0}$이다. 즉 $g(x) = xe^x \cos 2x$를 순환 생성원으로 선택할 수 있다. 따라서 다음과 같은 β_g는 D의 유리 표준기저이다.

$$\beta_g = \{xe^x \cos 2x,\ \mathsf{D}(xe^x \cos 2x),\ \mathsf{D}^2(xe^x \cos 2x),\ \mathsf{D}^3(xe^x \cos 2x)\}$$

g 대신 함수 $h(x) = xe^x \sin 2x$를 사용할 수도 있음을 유념하자. 유리 표준기저는 유일하지 않다.

종종 행렬의 유리 표준형과 기본인수란 표현을 사용할 것이다.

정의 $A \in \mathsf{M}_{n\times n}(F)$라 하자.

- L_A의 유리 표준형을 A의 **유리 표준형(rational canonical form)**이라 한다.
- L_A의 기본인수와 중복도를 각각 A의 **기본인수(elementary divisor)**와 A의 **중복도(multiplicity)**라 한다.

$n \times n$ 행렬 A의 유리 표준형을 C, L_A의 적절한 유리 표준기저를 β라 하자. $C = [\mathsf{L}_A]_\beta$이고, A

는 C와 닮음이다. 사실 β의 벡터를 순서대로 각 열벡터로 가지는 행렬을 Q라 하면, $Q^{-1}AQ = C$이다.

예제 5 다음 실행렬 A의 유리 표준형 C와 $Q^{-1}AQ = C$가 되도록 하는 행렬 Q를 찾아보자.

$$A = \begin{pmatrix} 0 & 2 & 0 & -6 & 2 \\ 1 & -2 & 0 & 0 & 2 \\ 1 & 0 & 1 & -3 & 2 \\ 1 & -2 & 1 & -1 & 2 \\ 1 & -4 & 3 & -3 & 4 \end{pmatrix}$$

A의 특성다항식은 $f(t) = -(t^2+2)^2(t-2)$이므로 $f(t)$의 서로 다른 기약 모닉 인수는 $\phi_1(t) = t^2+2$, $\phi_2(t) = t-2$이다. 정리 7.23에 의해, $\dim(\mathsf{K}_{\phi_1}) = 4$이고 $\dim(\mathsf{K}_{\phi_2}) = 1$이다. $\phi_1(t)$의 차수가 2이고 $\phi_1(t)$의 점 도표에 위치하는 모든 점의 개수가 $\frac{4}{2} = 2$이므로, 1행에 위치하는 점의 개수 r_1은 다음과 같이 계산할 수 있다.

$$\begin{aligned} r_1 &= \frac{1}{2}[\dim(\mathsf{R}^5) - \text{rank}(\phi_1(A))] \\ &= \frac{1}{2}[5 - \text{rank}(A^2+2I)] \\ &= \frac{1}{2}[5-1] = 2 \end{aligned}$$

즉, $\phi_1(t)$의 점 도표는 다음과 같다.

• •

이제 $\phi_1(t) = t^2+2$의 동반행렬 $\begin{pmatrix} 0 & -2 \\ 1 & 0 \end{pmatrix}$이 유리 표준형 C의 각 열을 구성한다. $\phi_1(t)$는 중복도가 2인 기본인수이다.

$\dim(\mathsf{K}_{\phi_2}) = 1$이므로 $\phi_2(t) = t-2$의 점 도표는 하나의 점으로 이루어져 있고 1×1 행렬 (2)에 대응한다. $\phi_2(t)$는 중복도가 1인 기본인수이다. 즉, 유리 표준형 C는 다음과 같다.

$$C = \left(\begin{array}{cc|cc|c} 0 & -2 & 0 & 0 & 0 \\ 1 & 0 & 0 & 0 & 0 \\ \hline 0 & 0 & 0 & -2 & 0 \\ 0 & 0 & 1 & 0 & 0 \\ \hline 0 & 0 & 0 & 0 & 2 \end{array}\right)$$

$\phi_1(t)$의 점 도표로부터 β가 L_A의 유리 표준기저이면 $\beta \cap \mathsf{K}_{\phi_1}$은 두 순환 기저 β_{v_1}과 β_{v_2}의 합집합

임을 추론할 수 있다. 이때, v_1과 v_2의 annihilator는 모두 $\phi_1(t)$이다. v_1과 v_2는 모두 $\mathsf{N}(\phi_1(\mathsf{L}_A))$에 속한다. 다음 집합이 $\mathsf{N}(\phi_1(\mathsf{L}_A))$의 기저임은 쉽게 보일 수 있다.

$$\left\{\begin{pmatrix}1\\0\\0\\0\\0\end{pmatrix}, \begin{pmatrix}0\\1\\0\\0\\0\end{pmatrix}, \begin{pmatrix}0\\0\\2\\1\\0\end{pmatrix}, \begin{pmatrix}0\\0\\-1\\0\\1\end{pmatrix}\right\}$$

$v_1 = e_1$이라 하면 Av_1은 다음과 같다.

$$Av_1 = \begin{pmatrix}0\\1\\1\\1\\1\end{pmatrix}$$

그 다음으로 $v_2 \in \mathsf{K}_{\phi_1} = \mathsf{N}(\phi_1(\mathsf{L}_A))$이지만 $\beta_{v_1} = \{v_1, Av_1\}$의 생성공간에 속하지 않는 v_2를 선택한다. 예를 들어, $v_2 = e_2$라 하자. Av_2는 다음과 같다.

$$Av_2 = \begin{pmatrix}2\\-2\\0\\-2\\-4\end{pmatrix}$$

$\beta_{v_1} \cup \beta_{v_2}$는 K_{ϕ_1}의 기저이다.

$\phi_2(t) = t-2$의 점 도표는 하나의 점으로 이루어져 있으므로 K_{ϕ_2}에서 꺼낸 임의의 영이 아닌 벡터가 고윳값 $\lambda = 2$에 대응하는 A의 고유벡터이다. 예를 들어 v_3을 다음과 같이 선택하자.

$$v_3 = \begin{pmatrix}0\\1\\1\\1\\2\end{pmatrix}$$

정리 7.23에 의해, $\beta = \{v_1, Av_1, v_2, Av_2, v_3\}$은 L_A의 유리 표준기저이다. Q를 다음과 같이 두면 $Q^{-1}AQ = C$이다.

$$Q = \begin{pmatrix} 1 & 0 & 0 & 2 & 0 \\ 0 & 1 & 1 & -2 & 1 \\ 0 & 1 & 0 & 0 & 1 \\ 0 & 1 & 0 & -2 & 1 \\ 0 & 1 & 0 & -4 & 2 \end{pmatrix}$$

예제 6 다음 행렬 A에 대하여 유리 표준형 C와 $Q^{-1}AQ = C$인 행렬 Q를 찾아보자.

$$A = \begin{pmatrix} 2 & 1 & 0 & 0 \\ 0 & 2 & 1 & 0 \\ 0 & 0 & 2 & 0 \\ 0 & 0 & 0 & 2 \end{pmatrix}$$

A의 특성다항식이 $f(t) = (t-2)^4$이므로, $f(t)$의 유일한 기약 모닉 인수는 $\phi(t) = t - 2$이다. 따라서, $\mathsf{K}_\phi = \mathsf{R}^4$이다. 이 경우 $\phi(t)$의 차수는 1이다. $\phi(t)$의 점 도표를 얻기 위해 정리 7.24를 적용하면 점 도표의 i행에 위치하는 점의 개수 r_i는 다음과 같다.

$$r_1 = 4 - \text{rank}(\phi(A)) = 4 - 2 = 2,$$
$$r_2 = \text{rank}(\phi(A)) - \text{rank}((\phi(A))^2) = 2 - 1 = 1,$$
$$r_3 = \text{rank}((\phi(A))^2) - \text{rank}((\phi(A))^3) = 1 - 0 = 1$$

이 점 도표에는 $\dim(\mathsf{R}^4) = 4$개의 점이 존재하므로 r_3까지만 계산하면 충분하다. A의 점 도표는 다음과 같다.

$(t-2)^3$의 동반행렬은 다음과 같다.

$$\begin{pmatrix} 0 & 0 & 8 \\ 1 & 0 & -12 \\ 0 & 1 & 6 \end{pmatrix}$$

$(t-2)$의 동반행렬은 (2)이므로, A의 유리 표준형 C는 다음과 같다.

$$C = \left(\begin{array}{ccr|c} 0 & 0 & 8 & 0 \\ 1 & 0 & -12 & 0 \\ 0 & 1 & 6 & 0 \\ \hline 0 & 0 & 0 & 2 \end{array}\right)$$

이제 L_A 의 유리 표준기저를 찾아보자. 앞서 구한 점 도표로부터 $(\phi(t))^3$ 이 annihilator인 $v_1 \in \mathsf{R}^4$ 과 $\phi(t)$ 가 annihilator인 $v_2 \in \mathsf{R}^4$ 이 존재함을 알 수 있다. 이때, $\beta = \beta_{v_1} \cup \beta_{v_2} = \{v_1, Av_1, A^2v_1, v_2\}$ 는 L_A 의 유리 표준기저이다. $v_1 \notin \mathsf{N}((\mathsf{L}_A - 2\mathsf{I})^2)$ 이고 $v_2 \in \mathsf{N}(\mathsf{L}_A - 2\mathsf{I})$ 이다. 이제 아래 두 관계식이 성립함을 쉽게 보일 수 있다.

$$\mathsf{N}(\mathsf{L}_A - 2\mathsf{I}) = \text{span}(\{e_1, e_4\})$$
$$\mathsf{N}((\mathsf{L}_A - 2\mathsf{I})^2) = \text{span}(\{e_1, e_2, e_4\})$$

표준벡터 e_3 은 v_1 이 되기 위한 조건을 만족한다. $v_1 = e_3$ 이라 하자. Av_1, A^2v_1 은 각각 다음과 같다.

$$Av_1 = \begin{pmatrix} 0 \\ 1 \\ 2 \\ 0 \end{pmatrix}, \quad A^2v_1 = \begin{pmatrix} 1 \\ 4 \\ 4 \\ 0 \end{pmatrix}$$

그 다음으로 $v_2 \in \mathsf{N}(\mathsf{L}_A - 2\mathsf{I})$ 이고, β_{v_1} 의 생성공간에 속하지 않는 v_2 를 선택해야 한다. $v_2 = e_4$ 는 이 조건을 만족한다. 즉, 다음 집합은 L_A 의 유리 표준기저이다.

$$\left\{ \begin{pmatrix} 0 \\ 0 \\ 1 \\ 0 \end{pmatrix}, \begin{pmatrix} 0 \\ 1 \\ 2 \\ 0 \end{pmatrix}, \begin{pmatrix} 1 \\ 4 \\ 4 \\ 0 \end{pmatrix}, \begin{pmatrix} 0 \\ 0 \\ 0 \\ 1 \end{pmatrix} \right\}$$

마지막으로 β 의 벡터들을 순서대로 각 열벡터로 가지는 행렬 Q 를 생각하자.

$$Q = \begin{pmatrix} 0 & 0 & 1 & 0 \\ 0 & 1 & 4 & 0 \\ 1 & 2 & 4 & 0 \\ 0 & 0 & 0 & 1 \end{pmatrix}$$

$C = Q^{-1}AQ$ 이다.

직합(direct sum)*

다음 정리는 정리 7.23을 바탕으로 쉽게 이끌어 낼 수 있다.

정리 7.25 제1 분해정리(primary decomposition theorem)
n차원 벡터공간 **V**의 선형연산자 **T**의 특성다항식 $f(t)$가 다음과 같다고 하자.

$$f(t) = (-1)^n(\phi_1(t))^{n_1}(\phi_2(t))^{n_2}\cdots(\phi_k(t))^{n_k}$$

이때, $\phi_i(t)(1 \le i \le k)$는 서로 다른 기약 모닉 다항식이고, n_i는 자연수이다. 다음이 성립한다.

(1) $\mathsf{V} = \mathsf{K}_{\phi_1} \oplus \mathsf{K}_{\phi_2} \oplus \cdots \oplus \mathsf{K}_{\phi_k}$

(2) $1 \le i \le k$에 대하여 **T**를 K_{ϕ_i}로 제한한 연산자를 T_i 라 하고 T_i의 유리 표준형을 C_i라 하자. $C_1 \oplus C_2 \oplus \cdots \oplus C_k$는 **T**의 유리 표준형이다.

증명 연습문제 11을 보라. ◀

다음 정리는 정리 7.17을 바탕으로 쉽게 이끌어 낼 수 있다.

정리 7.26 유한차원 벡터공간 **V**의 선형연산자 **T**를 생각하자. **V**는 **T**-순환 부분공간 C_{v_i}의 직합이다. 이때, $v_i \in \mathsf{K}_\phi$이고 $\phi(t)$는 **T**의 특성다항식의 어떤 기약 모닉 인수이다.

증명 연습문제 12를 보라. ◀

7.4 연습문제

1. 다음 명제의 참-거짓을 판정하라.

(a) 선형연산자 **T**의 모든 유리 표준기저는 **T**-순환 기저의 합집합이다.

(b) 선형연산자 **T**에 대하여 **T**-순환 기저의 합집합으로 표현되는 기저는 **T**의 유리 표준기저이다.

(c) 유리 표준형이 없는 정사각행렬이 존재한다.

(d) 정사각행렬은 그 유리 표준형과 닮음이다.

(e) 유한차원 벡터공간의 임의의 선형연산자 **T**의 특성다항식의 임의의 모든 기약 인수는 **T**의 최소다항식을 나눈다.

(f) 선형연산자 **T**의 특성다항식의 기약 모닉 인수를 $\phi(t)$라 하자. **T**를 K_ϕ로 제한하여 유리 표준형을 찾을 때 사용한 점 도표의 각 점은 K_ϕ의 기저의 벡터와 일대일대응한다.

(g) 행렬이 조르당 표준형을 가지면 이 행렬의 조르당 표준형과 유리 표준형은 서로 닮음이다.

2. 다음 행렬 $A \in \mathsf{M}_{n\times n}(F)$에 대하여 A의 유리 표준형 C와 $Q^{-1}AQ = C$인 행렬 $Q \in \mathsf{M}_{n\times n}(F)$를 각각 구하라.

(a) $A = \begin{pmatrix} 3 & 1 & 0 \\ 0 & 3 & 1 \\ 0 & 0 & 3 \end{pmatrix}$, $F = R$

(b) $A = \begin{pmatrix} 0 & -1 \\ 1 & -1 \end{pmatrix}$, $F = R$

(c) $A = \begin{pmatrix} 0 & -1 \\ 1 & -1 \end{pmatrix}$, $F = C$

(d) $A = \begin{pmatrix} 0 & -7 & 14 & -6 \\ 1 & -4 & 6 & -3 \\ 0 & -4 & 9 & -4 \\ 0 & -4 & 11 & -5 \end{pmatrix}$, $F = R$

(e) $A = \begin{pmatrix} 0 & -4 & 12 & -7 \\ 1 & -1 & 3 & -3 \\ 0 & -1 & 6 & -4 \\ 0 & -1 & 8 & -5 \end{pmatrix}$, $F = R$

3. 다음 선형연산자 T에 대하여 기본인수, 유리 표준형 C, 유리 표준기저 β를 각각 찾아라.

(a) $\mathsf{P}_3(R)$에서 $\mathsf{T}(f(x)) = f(0)x - f'(1)$이라 정의한 선형연산자 T

(b) $\mathcal{F}(R, R)$의 부분집합 $S = \{\sin x, \cos x, x\sin x, x\cos x\}$, $\mathsf{V} = \text{span}(S)$에 대하여 V에서 $\mathsf{T}(f) = f'$이라 정의한 선형연산자 T

(c) $\mathsf{M}_{2\times 2}(R)$에서 $\mathsf{T}(A) = \begin{pmatrix} 0 & 1 \\ -1 & 1 \end{pmatrix} \cdot A$라 정의한 선형연산자 T

(d) $\mathcal{F}(R \times R, R)$의 부분집합 $S = \{\sin x \sin y, \sin x \cos y, \cos x \sin y, \cos x \cos y\}$, $\mathsf{V} = \text{span}(S)$, V에서 $\mathsf{T}(f)(x, y) = \dfrac{\partial f(x,y)}{\partial x} + \dfrac{\partial f(x,y)}{\partial y}$로 정의한 선형연산자 T

4. 유한차원 벡터공간 V의 선형연산자 T의 최소다항식이 $(\phi(t))^m$이다. (단, m은 자연수) 다음 물음에 답하라.

(a) $\mathsf{R}(\phi(\mathsf{T})) \subseteq \mathsf{N}((\phi(\mathsf{T}))^{m-1})$을 증명하라.

(b) (a)의 식에서 등호가 성립하지 않는 예를 들어라.

(c) T를 $\mathsf{R}(\phi(\mathsf{T}))$로 제한한 연산자의 최소다항식이 $(\phi(t))^{m-1}$임을 증명하라.

5. 유한차원 벡터공간의 선형연산자를 T라 하자. T의 유리 표준형이 대각행렬이기 위한 필요충분조건은 T가 대각화가능한 것임을 증명하라.

6. 유한차원 벡터공간 V의 선형연산자 T의 특성다항식이 $f(t) = (-1)^n \phi_1(t)\phi_2(t)$이라 하자. 이때, $\phi_1(t)$와 $\phi_2(t)$는 서로 다른 기약 모닉 다항식이고 $n = \dim(\mathsf{V})$이다. 다음 물음에 답하라.

(a) $\phi_1(t)$를 T-annihilator로 가지는 벡터 $v_1 \in \mathsf{V}$와 $\phi_2(t)$를 T-annihilator로 가지는 $v_2 \in \mathsf{V}$가 존재하고, $\beta_{v_1} \cup \beta_{v_2}$가 V의 기저임을 증명하라.

(b) $\phi_1(t)\phi_2(t)$를 T-annihilator로 가지는 벡터 $v_3 \in \mathsf{V}$가 존재하고, β_{v_3}이 V의 기저임을 증명하라.

(c) T의 $\beta_{v_1} \cup \beta_{v_2}$에 대한 행렬표현과 T의 β_{v_3}에 대한 행렬표현이 어떻게 다른지 설명하라.

유리 표준형의 유일성을 보장하기 위해서는 유리 표준기저를 구성하는 T-순환 기저의 생성원의 T-annihilator가 모두 T의 특성다항식의 기약 모닉 인수의 거듭제곱 꼴이어야 한다.

7. 유한차원 벡터공간의 선형연산자 T의 최소다항식 $f(t)$가 다음과 같다고 하자.

$$f(t) = (\phi_1(t))^{m_1}(\phi_2(t))^{m_2}\cdots(\phi_k(t))^{m_k}$$

이때, $\phi_i(t)$는 $f(t)$의 서로 다른 기약 모닉 인수이다. 각 i에 대하여 m_i는 $\phi_i(t)$의 점 도표에서 1열에 위치한 점의 개수와 같음을 증명하라.

8. 유한차원 벡터공간 V의 선형연산자 T를 생각하자. 임의의 기약 다항식 $\phi(t)$에 대하여 $\phi(\mathsf{T})$가 단사가 아니면 $\phi(t)$는 T의 특성다항식을 나눔을 증명하라.

힌트 7.3절 연습문제 15를 보라.

9. 벡터공간 V와 (V의) 기저의 분할 $\beta_1, \beta_2, \ldots, \beta_k$를 생각하자. 모든 i에 대하여 $\text{span}(\gamma_i) = \text{span}(\beta_i)$를 만족하고, V의 일차독립인 부분집합을 $\gamma_1, \gamma_2, \ldots, \gamma_k$라 하자. $\gamma_1 \cup \gamma_2 \cup \cdots \cup \gamma_k$가 V의 기저임을 증명하라.

10. 유한차원 벡터공간의 선형연산자를 T라 하자. T의 특성다항식의 기약 모닉 인수 $\phi(t)$를 생각하자. 다음 명제가 참임을 보여라.

> $\phi(t)$가 x와 y의 T-annihilator일 때, $x \in \mathsf{C}_y$일 필요충분조건은 $\mathsf{C}_x = \mathsf{C}_y$인 것이다.

11~12. 다음은 직합에 대한 문제이다.

11. 정리 7.25를 증명하라.

12. 정리 7.26을 증명하라.

A 집합

집합(set)은 (집합의) **원소(element)**라 불리는 대상의 모임이다.[1] x가 집합 A의 원소이면 $x \in A$, x가 집합 A의 원소가 아니면 $x \notin A$라 쓴다. 예를 들어 정수 집합 Z에 대하여 $3 \in Z$이고, $\frac{1}{2} \notin Z$이다.

이 책에 자주 등장하는 실수 집합은 R라 표기하겠다.

두 집합 A와 B의 원소가 일치하면 두 집합은 **같다(equal)**고 하며 $A = B$라 표기한다. 집합을 묘사하는 방법에는 두 가지가 있다.

1 중괄호 { } 사이에 집합의 원소를 나열

2 집합의 원소가 가진 특징을 서술

1, 2, 3, 4를 원소로 하는 집합은 $\{1, 2, 3, 4\}$라 쓰거나 $\{x: x$는 5보다 작은 자연수$\}$라 쓴다. 집합에서 원소가 배열되는 순서는 중요하지 않다. 같은 원소를 여러 번 써도 집합이 변하지 않는다. 즉 $\{1, 2, 3, 4\} = \{3, 1, 2, 4\} = \{1, 3, 1, 4, 2\}$이다.

예제 1 1보다 크고 2보다 작은 실수를 원소를 포함한 집합 A는 $A = \{x \in R: 1 < x < 2\}$라 쓸 수 있다.

집합 B의 모든 원소가 집합 A의 원소이면 집합 B를 A의 **부분집합(subset)**이라 하고, $B \subseteq A$ 또는 $A \supseteq B$라 표기한다. 예를 들어 $\{1, 2, 6\} \subseteq \{2, 8, 7, 6, 1\}$이다. $B \subseteq A$이고 $B \neq A$인 집합 B를 A의 **진부분집합(proper subset)**이라 한다. 특히 다음 사실은 두 집합이 같음을 보일 때 자주 사용한다.

$$A = B \quad \Longleftrightarrow \quad A \subseteq B\text{이고 } B \subseteq A$$

원소를 하나도 가지지 않는 집합을 **공집합(empty set)**이라 하며 $\varnothing$라 표기한다. 공집합은 모든 집합의 부분집합이다.

집합을 다른 집합과 결합시키는 기본적인 방법은 두 가지다. 집합 A의 원소, 집합 B의 원소, 두 집합에 모두 속한 원소로 이루어진 집합을 A와 B의 **합집합(union)**이라 하며 $A \cup B$라 표기한다. $A \cup B$를 다음과 같이 나타낼 수 있다.

1 집합은 더 근본적인 개념으로 정의할 수 없다. 여기에서는 이 책에서 사용할 집합의 개념과 성질을 설명한다.

$$A \cup B = \{x : x \in A \text{ 또는 } x \in B\}$$

A에도 속하고 B에도 속한 원소로 이루어진 집합을 A와 B의 **교집합(intersection)**이라 하며 $A \cap B$라 표기한다. $A \cap B$를 다음과 같이 나타낼 수 있다.

$$A \cap B = \{x : x \in A \text{이고 } x \in B\}$$

두 집합의 교집합이 공집합이면 두 집합은 **서로소(disjoint)**라 한다.

예제 2 두 집합 $A = \{1, 3, 5\}$와 $B = \{1, 5, 7, 8\}$에 대하여 합집합은 $A \cup B = \{1, 3, 5, 7, 8\}$, 교집합은 $A \cap B = \{1, 5\}$이다. 비슷한 방식으로 $X = \{1, 2, 8\}$과 $Y = \{3, 4, 5\}$에 대하여 합집합은 $X \cup Y = \{1, 2, 3, 4, 5, 8\}$, 교집합은 $X \cap Y = \varnothing$이다. 따라서 X와 Y는 서로소이다.

두 개 이상의 집합의 합집합과 교집합은 비슷한 방법으로 확장할 수 있다. 집합 $A_1, A_2, \ldots, A_n$의 합집합 $\bigcup_{i=1}^{n} A_i$와 교집합 $\bigcap_{i=1}^{n} A_i$는 각각 다음과 같이 정의한다.

$$\bigcup_{i=1}^{n} A_i = \{x : \text{어떤 } i = 1, 2, \ldots, n\text{에 대하여 } x \in A_i\}$$

$$\bigcap_{i=1}^{n} A_i = \{x : \text{모든 } i = 1, 2, \ldots, n\text{에 대하여 } x \in A_i\}$$

이때 각각의 $i \in \{1, 2, \ldots, n\}$마다 집합 A_i가 존재한다. 각각의 A_i는 집합 $I = \{1, 2, \ldots, n\}$으로 **색인(index)**을 매겼다고 생각하면 편리하다. 이때 I를 집합족(collection) $\{A_i : i \in I\}$의 **색인 집합(index set)**이라 한다.

색인 집합은 무한집합족(infinite collection)을 다룰 때 편리하다(예제 3). Λ가 색인 집합이고 $\{A_\alpha : \alpha \in \Lambda\}$가 집합족(collection)일 때 이 집합의 합집합 $\bigcup_{\alpha \in \Lambda} A_\alpha$와 교집합 $\bigcap_{\alpha \in \Lambda} A_\alpha$는 각각 다음과 같이 정의한다.

$$\bigcup_{\alpha \in \Lambda} A_\alpha = \{x : \text{어떤 } \alpha \in \Lambda\text{에 대하여 } x \in A_\alpha\}$$

$$\bigcap_{\alpha \in \Lambda} A_\alpha = \{x : \text{모든 } \alpha \in \Lambda\text{에 대하여 } x \in A_\alpha\}$$

예제 3 색인 집합 $\Lambda = \{\alpha \in R: \alpha > 1\}$과 각 $\alpha \in \Lambda$에 대하여 집합 A_α를 $A_\alpha = \left\{x \in R: \dfrac{-1}{\alpha} \le x \le 1+\alpha\right\}$라 정의하자. 다음이 성립한다.

$$\bigcup_{\alpha\in\Lambda} A_\alpha = \{x \in R: x > -1\}, \quad \bigcap_{\alpha\in\Lambda} A_\alpha = \{x \in R: 0 \le x \le 2\}$$

집합 A에서 정의된 관계는 A에 속한 임의의 원소 x, y에 대하여 x가 y와 연관되어 있는지 따지는 개념이다. 정확히 말하면 A의 **관계(relation)**는 A의 원소로 이루어진 순서쌍을 원소로 하는 임의의 집합 S이다. 집합 A의 원소 x와 y가 관계 S를 만족하기 위한 필요충분조건은 $(x, y) \in S$이다. S가 집합 A의 관계일 때, $(x, y) \in S$ 대신 $x \sim y$라 쓰기도 한다. 실수 집합에서 두 수를 비교할 때 사용하는 '같다', '미만', '이상'의 개념은 관계의 대표적인 예이다.

집합 A의 관계 S가 다음 세 조건을 만족하면 A의 **동치관계(equivalence relation)**라 한다.

- **반사성(reflexivity)** 모든 $x \in A$에 대하여 $x \sim x$이다.
- **대칭성(symmetry)** $x \sim y$이면 $y \sim x$이다.
- **추이성(transivity)** $x \sim y$이고 $y \sim z$이면 $x \sim z$이다.

예를 들어 $x - y$가 고정된 정수 n으로 나누어 떨어지는 것을 $x \sim y$라 정의하면 $\sim$은 정수 집합에서 정의된 동치관계이다.

B 함수

두 집합 A, B에 대하여 A의 각 원소 x에 B의 유일한 원소 $f(x)$를 대응시키는 규칙을 A에서 B로 가는 **함수(function)** f라 하고 $f: A \to B$라 표기한다. $f(x)$를 (f에 의한) x의 **상(image)**, x를 (f에 의한) $f(x)$의 **원상(preimage)**이라 한다. $f: A \to B$일 때, A를 f의 **정의역(domain)**, B를 f의 **공역(codomain)**, 집합 $\{f(x): x \in A\}$를 f의 **치역(range)**이라 한다. f의 치역은 B의 부분집합임을 유념하자.

$S \subseteq A$일 때, S의 모든 원소의 상을 원소로 하는 집합 $\{f(x): x \in S\}$를 $f(S)$라 표기한다. 비슷한 방식으로 $T \subseteq B$일 때, T의 모든 원소의 원상을 원소로 하는 집합 $\{x \in A: f(x) \in T\}$를 $f^{-1}(T)$

라 표기한다. 두 함수 $f: A \to B$, $g: A \to B$가 모든 $x \in A$에 대하여 $f(x) = g(x)$이면 두 함수는 **같다(equal)**고 하며, $f = g$라 표기한다.

예제 1 집합 $A = [-10, 10]$의 각 원소 x에 R의 원소 $x^2 + 1$을 대응시키는 함수 $f: A \to R$를 생각하자. 즉, f는 $f(x) = x^2 + 1$로 정의되었다. A는 f의 정의역, R는 f의 공역, $[1, 101]$은 f의 치역이다. $f(2) = 5$이므로 2의 상은 5이고 2는 5의 원상이다. -2는 5의 또 다른 원상이다.

$S = [1, 2]$와 $T = [82, 101]$에 대하여 $f(S) = [2, 5]$이고 $f^{-1}(T) = [-10, -9] \cup [9, 10]$이다.

예제 1과 같이 치역의 각 원소에 대한 원상은 유일하지 않을 수도 있다. 치역의 각 원소마다 유일한 원상을 가지는 함수를 **단사함수** 또는 **일대일함수(one-to-one)**라 한다. $f(x) = f(y)$가 $x = y$를 함의하면[2] $f: A \to B$는 단사함수이다.

함수 $f: A \to B$의 치역이 B일 때($f(A) = B$), f를 **전사함수** 또는 **위로의 함수(onto)**라 한다. f가 전사함수이기 위한 필요충분조건은 f의 치역이 f의 공역과 같은 것이다.

함수 $f: A \to B$와 집합 $S \subseteq A$가 주어질 때 각 $x \in S$에 대하여 $f_S(x) = f(x)$로 정의한 함수 $f_S: S \to B$를 f를 S로 **제한(restriction)**한 함수라 한다.

예제 2 함수 $f: [-1, 1] \to [0, 1]$을 $f(x) = x^2$이라 정의하자. 함수 f는 전사이지만 $f(-1) = f(1) = 1$이므로 단사는 아니다.

$S = [0, 1]$에 대하여 f_S는 전사이며 단사이다. $T = \left[\frac{1}{2}, 1\right]$에 대하여 f_T는 단사이지만 전사가 아니다.

세 집합 A, B, C와 두 함수 $f: A \to B$, $g: B \to C$를 생각하자. f와 g를 연결하여 얻은 함수 $g \circ f: A \to C$를 g와 f의 **합성(composition)**이라 한다. 모든 $x \in A$에 대하여 $(g \circ f)(x) = g(f(x))$이다.

예를 들어 $A = B = C = R$, $f(x) = \sin x$, $g(x) = x^2 + 3$이라 하자. $(g \circ f)(x) = (g(f(x)) = \sin^2 x + 3$이고, $(f \circ g)(x) = f(g(x)) = \sin(x^2 + 3)$이다. 이때 $g \circ f \neq f \circ g$이다.

한편 함수의 합성은 결합법칙이 성립한다. 함수 $h: C \to D$에 대하여 $h \circ (g \circ f) = (h \circ g) \circ f$이다.

2 이 명제는 명제 '$x \neq y$가 $f(x) \neq f(y)$를 함의한다.'와 동치이다.

함수 $f\colon A \to B$와 $y \in B$에 대하여 $(f \circ g)(y) = y$이고 $x \in A$에 대하여 $(g \circ f)(x) = x$인 함수 $g\colon B \to A$가 존재하면 함수 f를 **가역(invertible)**이라 한다. 또한 이러한 함수 g는 존재하면 유일하다. 이 함수를 f의 **역함수(inverse)**라 하며 f^{-1}라 표기한다. f가 가역이기 위한 필요충분조건은 f가 단사이고 전사인 것이다.

예제 3 함수 $f\colon R \to R$를 $f(x) = 3x + 1$이라 정의하면 f는 단사이고 전사이다. 즉 f는 가역이다. f의 역함수는 $f^{-1}(x) = \dfrac{x-1}{3}$이라 정의된 함수 $f^{-1}\colon R \to R$이다.

가역인 함수에 대한 다음 성질은 쉽게 증명할 수 있다.

1 $f\colon A \to B$가 가역이면 f^{-1}는 가역이고 $(f^{-1})^{-1} = f$이다.
2 $f\colon A \to B$와 $g\colon B \to C$가 가역이면 $g \circ f$는 가역이고 $(g \circ f)^{-1} = f^{-1} \circ g^{-1}$이다.

C 체

실수 집합은 **체(field)**라 불리는 수학적 구조의 대표적인 예이다. 기본적으로 체는 원소를 0으로 나누는 것을 제외하면 두 원소의 합, 차, 곱, 나눗셈이 여전히 주어진 집합의 원소가 되도록 사칙연산이 부여된 집합이다. 체의 정확한 정의는 다음과 같다.

정의 체 F는 두 연산 $+$와 $\cdot$(**덧셈**과 **곱셈**)이 주어진 집합이다. $x, y \in F$의 순서쌍에 대하여 $x + y$, $x \cdot y$가 F에 유일하게 존재한다. 그리고 모든 원소 $a, b, c \in F$에 대하여 다음 조건이 성립한다.

(F 1) **덧셈과 곱셈에 대한 교환법칙** $a + b = b + a$, $a \cdot b = b \cdot a$
(F 2) **덧셈과 곱셈에 대한 결합법칙** $(a + b) + c = a + (b + c)$, $(a \cdot b) \cdot c = a \cdot (b \cdot c)$
(F 3) **덧셈과 곱셈에 대한 항등원** $0 + a = a$, $1 \cdot a = a$인 $0 \in F$와 $1 \in F$(단, $1 \neq 0$)가 존재한다.
(F 4) **덧셈과 곱셈에 대한 역원** 각 $a \in F$와 영이 아닌 $b \in F$에 대하여 $a + c = 0$, $b \cdot d = 1$인 $c \in F$와 $d \in F$가 존재한다.
(F 5) **덧셈에 대한 곱셈의 분배법칙** $a \cdot (b + c) = a \cdot b + a \cdot c$

두 원소 $x+y$와 $x \cdot y$를 각각 x와 y의 **합(sum)**과 **곱(product)**이라 한다. (F 3)에서 언급한 0과 1을 각각 합과 곱에 대한 **항등원(identity element)**이라 한다. (F 4)에서 언급한 c와 d를 각각 a의 **덧셈에 대한 역원(additive inverse)**, b의 **곱셈에 대한 역원(multiplicative inverse)**이라 한다.

예제 1 실수 집합 R는 일반적인 덧셈과 곱셈에 대하여 체이다.

예제 2 유리수 집합은 일반적인 덧셈과 곱셈에 대하여 체이다.

예제 3 a, b가 유리수일 때 $a+b\sqrt{2}$ 꼴인 실수를 원소로 하는 집합은 R에서 정의한 일반적인 덧셈과 곱셈에 대하여 체이다.

예제 4 체 Z_2는 두 원소 0, 1로 이루어져 있으며 덧셈과 곱셈은 다음과 같이 정의한다.

$$0+0=0, \quad 0+1=1+0=1, \quad 1+1=0,$$
$$0 \cdot 0=0, \quad 0 \cdot 1=1 \cdot 0=0, \quad 1 \cdot 1=1$$

예제 5 자연수 집합과 정수 집합은 모두 일반적인 덧셈과 곱셈에 대하여 체가 아니다. (F 4)가 성립하지 않기 때문이다.

다음 정리에 따르면 (F 3)과 (F 4)가 보장하는 항등원과 역원은 유일하다.

정리 C.1 소거법칙(Cancellation Laws)

체의 임의의 원소 a, b, c에 대하여 다음이 성립한다.

(1) $a+b=c+b$이면 $a=c$이다.

(2) $a \cdot b=c \cdot b$이고 $b \neq 0$이면 $a=c$이다.

증명 (1) 여러분의 몫으로 남긴다.

(2) (F 4)에 따르면 $b \neq 0$이면 $b \cdot d = 1$인 (체의) 원소 d가 존재한다. $a \cdot b = c \cdot b$의 양변에 d를 곱하면 $(a \cdot b) \cdot d = (c \cdot b) \cdot d$이다. 이 식의 좌변은 (F 2)와 (F 3)에 의해 a가 된다.

$$(a \cdot b) \cdot d = a \cdot (b \cdot d) = a \cdot 1 = a$$

비슷한 방식으로 위 식의 우변은 c가 되어 $a = c$가 성립한다. ◀

따름정리 (F 3)의 0과 1, (F 4)의 c와 d는 유일하다.

증명 각 $a \in F$에 대하여 $0' + a = a$를 만족하는 $0' \in F$가 존재한다고 가정하자. 각 $a \in F$에 대하여 $0 + a = a$이므로 각 $a \in F$에 대하여 $0' + a = 0 + a$이다. 정리 C.1에 의해 $0' = 0$이다.

증명의 남은 부분도 비슷하게 전개한다. ◀

체의 각 원소 b마다 덧셈에 대한 역원은 유일하다. $b \neq 0$이면 곱셈에 대한 역원도 유일하다. (정리 C.2의 따름정리를 이용하면 0은 곱셈에 대한 역원이 존재하지 않음을 보일 수 있다.) b의 덧셈에 대한 역원과 곱셈에 대한 역원은 각각 $-b$, b^{-1}라 표기한다. $-(-b) = b$이고, $(b^{-1})^{-1} = b$임을 유념하자.

뺄셈과 나눗셈은 각각 덧셈의 역원과 곱셈의 역원을 사용하여 덧셈과 곱셈의 관점에서 정의한다. b를 빼는 것은 $-b$를 더하는 것, $b \neq 0$으로 나누는 것은 b^{-1}를 곱하는 것으로 정의하므로 다음과 같이 나타낸다.

$$a - b = a + (-b), \quad \frac{a}{b} = a \cdot b^{-1}$$

이때, b^{-1}를 $\frac{1}{b}$이라 표기한다. 0으로 나누는 것은 정의하지 않는다. 이 경우를 제외하면 체의 두 원소를 더하거나 빼거나 곱하거나 나누는 것은 항상 정의된다.

실수의 곱셈에서 등장하는 익숙한 성질은 임의의 체에서도 성립한다. 다음 정리를 확인해 보자.

정리 C.2 체의 임의의 원소 a와 b에 대하여 다음이 성립한다.

(1) $a \cdot 0 = 0$

(2) $(-a) \cdot b = a \cdot (-b) = -(a \cdot b)$

(3) $(-a) \cdot (-b) = a \cdot b$

증명 (1) $0 + 0 = 0$이므로 (F 5)에 의해 $0 + a \cdot 0 = a \cdot 0 = a \cdot (0 + 0) = a \cdot 0 + a \cdot 0$이다. 정리 C.1로부터 $0 = a \cdot 0$이다.

(2) $-(a \cdot b)$는 정의에 따르면 $a \cdot b + \{-(a \cdot b)\} = 0$을 만족하는 유일한 ($F$의) 원소이다. $(-a) \cdot b = -(a \cdot b)$를 증명하기 위해 $a \cdot b + (-a) \cdot b = 0$임을 보이자. $-a$는 $a + (-a) = 0$을 만족하는 (F의) 원소이므로 (F 5)와 (1)에 의해 다음이 성립한다.

$$a \cdot b + (-a) \cdot b = \{a + (-a)\} \cdot b = 0 \cdot b = b \cdot 0 = 0$$

즉 $(-a) \cdot b = -(a \cdot b)$이다. $a \cdot (-b) = -(a \cdot b)$도 비슷하게 증명한다.

(3) (2)를 두 번 적용하면 다음을 얻는다.

$$(-a) \cdot (-b) = -\{a \cdot (-b)\} = -\{-(a \cdot b)\} = a \cdot b$$ ◀

이 책의 나머지 부분에서 체의 두 원소 a와 b의 곱은 $a \cdot b$보다 ab라 많이 쓴다.

따름정리 체의 덧셈에 대한 항등원은 곱셈에 대한 역원을 가지지 않는다.

임의의 체 F를 생각하자. 이 체에서 $\underbrace{1 + 1 + \cdots + 1}_{p\text{번}} = 0$을 만족하는 자연수 p가 존재할 수도 있다. 예제 4에서 정의한 Z_2는 $1 + 1 = 0$이 성립한다. 1을 p번 더했을 때 0이 되도록 하는 가장 작은 자연수 p를 F의 **지표**(characteristic)라 한다. 이러한 자연수가 존재하지 않으면 F의 **지표는 0**(characteristic zero)이라 한다. Z_2의 지표는 2이고, R의 지표는 0이다. F의 지표가 $p \neq 0$이면 모든 $x \in F$에 대하여 $\underbrace{x + x + \cdots + x}_{p\text{번}} = 0$이다.

체의 지표가 0이 아니면(특히 지표가 2이면) 예상치 못한 일이 발생한다. 이러한 이유로 이 책에서 소개하는 벡터공간에 대한 정리 몇 가지는 체의 지표가 0인 경우(또는 지표가 2가 아님)에만 성립한다.

D 복소수

대수학에서는 실수체 만으로 이론을 전개하기 어려울 때가 많다. 계수가 실수이고 상수가 아닌 다항식은 실수체에서 해가 없을 수도 있다. $x^2 + 1$이 그렇다. 체의 원소를 계수로 가지고 상수항이 아닌 임의의 다항식이 이 체에서 해가 있어야 할 때가 있다. 실수체를 확장하면 조건을 만족하는 체를 얻을 수 있다.

정의 **복소수**(complex number)는 $z = a + bi$(단, a, b는 실수) 꼴로 표현되는 수이다. a를 z의 **실수부**(real part), b를 z의 **허수부**(imaginary part)라 한다.

두 복소수 $z = a + bi$와 $w = c + di$(단, a, b, c, d는 실수)의 **합**과 **곱**은 각각 다음과 같이 정의한다.

- 합 : $z + w = (a + bi) + (c + di) = (a + c) + (b + d)i$
- 곱 : $zw = (a + bi)(c + di) = (ac - bd) + (bc + ad)i$

예제 1 두 복소수 $z = 3 - 5i$와 $w = 9 + 7i$의 합과 곱은 각각 다음과 같다.

- 합 : $z + w = (3 - 5i) + (9 + 7i) = (3 + 9) + \{(-5) + 7\}i = 12 + 2i$
- 곱 : $zw = (3 - 5i)(9 + 7i) = \{3\cdot 9 - (-5)\cdot 7\} + \{(-5)\cdot 9 + 3\cdot 7\}i = 62 - 24i$

임의의 실수 c를 복소수 $c+0i$와 같다고 생각하면 '실수의 합과 곱'은 '복소수의 합과 곱'과 충돌하지 않는다. 다음 식에서 확인해 보자.

$$(c + 0i) + (d + 0i) = (c + d) + 0i, \quad (c + 0i)(d + 0i) = cd + 0i$$

$bi = 0 + bi$(단, b는 영이 아닌 실수) 꼴의 복소수를 **순허수**(imaginary)라 한다. 두 순허수의 곱은 실수이다.

$$(bi)(di) = (0 + bi)(0 + di) = (0 - bd) + (b\cdot 0 + 0\cdot d)i = -bd$$

특히 $i = 0 + 1i$이므로 $i \cdot i = -1$이다.

$i^2 = i\cdot i = -1$임에 주목하면 복소수의 곱셈을 쉽게 할 수 있다. 대수 성질에 따라 두 복소수를 곱한 뒤 i^2을 -1로 바꾸면 된다. 다음 예제에서 확인해 보자.

예제 2 $-5 + 2i$와 $1 - 3i$의 곱셈은 다음과 같다.

$$\begin{aligned}(-5 + 2i)(1 - 3i) &= -5(1 - 3i) + 2i(1 - 3i)\\ &= -5 + 15i + 2i - 6i^2\\ &= -5 + 15i + 2i - 6(-1)\\ &= 1 + 17i\end{aligned}$$

실수 0을 복소수로 생각하면 0은 복소수에서 덧셈에 대한 항등원이다. 다음 식에서 확인해 보자.

$$(a+bi)+0=(a+bi)+(0+0i)=(a+0)+(b+0)i=a+bi$$

비슷한 방식으로 실수 1을 복소수로 생각하면 1은 복소수에서 곱셈에 대한 항등원이다. 다음 식에서 확인해 보자.

$$(a+bi)\cdot 1=(a+bi)(1+0i)=(a\cdot 1-b\cdot 0)+(b\cdot 1+a\cdot 0)i=a+bi$$

임의의 복소수 $a+bi$에 대하여 덧셈에 대한 역원은 $(-a)+(-b)i$이다. 또한 0을 제외한 임의의 복소수에는 곱셈에 대한 역원이 있다. $a+bi$의 곱셈에 대한 역원은 다음과 같다.

$$(a+bi)^{-1}=\left(\frac{a}{a^2+b^2}\right)-\left(\frac{b}{a^2+b^2}\right)i$$

지금까지의 논의에 따르면 다음 정리는 매우 자연스러운 결과다.

정리 D.1 지금까지 설명한 덧셈과 곱셈이 정의된 복소수 집합은 체이다.

증명 여러분의 몫으로 남긴다. ◀

정의 $a+bi$의 **켤레복소수(complex conjugate)**는 $a-bi$라 정의하고, $\overline{z}$라 표기한다.

예제 3 다음 복소수의 켤레복소수를 구해 보자.

- $-3+2i$의 켤레복소수는 $\overline{-3+2i}=-3-2i$이다.
- $4-7i$의 켤레복소수는 $\overline{4-7i}=4+7i$이다.
- 6의 켤레복소수는 $\overline{6}=\overline{6+0i}=6-0i=6$이다.

다음 정리는 켤레복소수의 가장 중요한 성질을 설명한다.

정리 D.2 복소수 z와 w에 대하여 다음이 성립한다.

(1) $\overline{\overline{z}} = z$

(2) $\overline{(z+w)} = \overline{z} + \overline{w}$

(3) $\overline{zw} = \overline{z} \cdot \overline{w}$

(4) $w \neq 0$일 때, $\overline{\left(\frac{z}{w}\right)} = \frac{\overline{z}}{\overline{w}}$

(5) z가 실수 $\iff$ $\overline{z} = z$

증명 (1), (4), (5)의 증명은 여러분의 몫으로 남긴다.

(2) $z = a + bi$와 $w = c + di$ (단, $a, b, c, d \in R$)에 대하여 다음이 성립한다.

$$\begin{aligned}\overline{(z+w)} &= \overline{(a+c)+(b+d)i} = (a+c)-(b+d)i \\ &= (a-bi)+(c-di) = \overline{z}+\overline{w}\end{aligned}$$

(3) z와 w에 대하여 다음이 성립한다.

$$\begin{aligned}\overline{zw} &= \overline{(a+bi)(c+di)} = \overline{(ac-bd)+(ad+bc)i} \\ &= (ac-bd)-(ad+bc)i = (a-bi)(c-di) = \overline{z} \cdot \overline{w}\end{aligned}$$ ◀

임의의 복소수 $z = a + bi$에 대하여 $z\overline{z} = (a+bi)(a-bi) = a^2 + b^2$이므로 $z\overline{z}$는 음이 아닌 실수이다. 이 결과를 바탕으로 복소수의 절댓값을 정의한다.

정의 $z = a + bi$(단, $a, b \in R$)에 대하여 z의 **절댓값**(absolute value) 또는 **법**(modulus)은 실수 $\sqrt{a^2+b^2}$이다. z의 절댓값을 $|z|$라 표기한다.

$z\overline{z} = |z|^2$임을 기억하자. 복소수와 켤레복소수의 곱이 실수임을 이용하면 복소수의 나눗셈을 쉽게 할 수 있다. $c + di \neq 0$에 대하여 $a + bi$를 $c + di$로 나누면 다음과 같다.

$$\frac{a+bi}{c+di} = \frac{a+bi}{c+di} \cdot \frac{c-di}{c-di} = \frac{(ac+bd)+(bc-ad)i}{c^2+d^2} = \frac{ac+bd}{c^2+d^2} + \frac{bc-ad}{c^2+d^2}i$$

예제 4 $\frac{1+4i}{3-2i}$를 계산하면 다음과 같다.

$$\frac{1+4i}{3-2i} = \frac{1+4i}{3-2i} \cdot \frac{3+2i}{3+2i} = \frac{-5+14i}{9+4} = -\frac{5}{13} + \frac{14}{13}i$$

복소수의 절댓값은 실수의 절댓값과 비슷한 성질이 있다.

정리 D.3 두 복소수 z와 w에 대하여 다음이 성립한다.

(1) $|zw| = |z| \cdot |w|$

(2) $w \neq 0$에 대하여 $\left|\frac{z}{w}\right| = \frac{|z|}{|w|}$

(3) $|z+w| \leq |z| + |w|$

(4) $|z| - |w| \leq |z+w|$

증명 (1) 정리 D.2를 이용하여 다음과 같이 증명한다.

$$|zw|^2 = (zw)\overline{(zw)} = (zw)(\overline{z} \cdot \overline{w}) = (z\overline{z})(w\overline{w}) = |z|^2|w|^2$$

(2) $\left(\frac{z}{w}\right)w$에 (1)의 결과를 적용하면 (2)를 증명할 수 있다.

(3) 임의의 복소수 $x = a + bi$(단, $a, b \in R$)에 대하여 다음과 같은 관계가 성립한다.

$$x + \overline{x} = (a+bi) + (a-bi) = 2a \leq 2\sqrt{a^2+b^2} = 2|x|$$

즉 $x + \overline{x}$는 실수이고 $x + \overline{x} \leq 2|x|$를 만족한다. $x = w\overline{z}$라 하면 정리 D.2와 (1)에 의해 다음이 성립한다.

$$w\overline{z} + \overline{w}z \leq 2|w\overline{z}| = 2|w||\overline{z}| = 2|z||w|$$

정리 D.2를 사용하면 다음과 같은 결과를 얻는다.

$$\begin{aligned}|z+w|^2 &= (z+w)\overline{(z+w)} = (z+w)(\overline{z}+\overline{w}) = z\overline{z} + w\overline{z} + z\overline{w} + w\overline{w} \\ &\leq |z|^2 + 2|z||w| + |w|^2 = (|z|+|w|)^2\end{aligned}$$

위 식에 제곱근을 취하여 (3)을 얻는다.

(4) (1)과 (3)에 따르면 다음이 성립한다.

$$|z| = |(z+w) - w| \leq |z+w| + |-w| = |z+w| + |w|$$

즉 $|z| - |w| \leq |z+w|$이고 (4)를 증명하였다. ◀

복소수에 대수적, 기하학적 표현이 모두 있다는 사실은 흥미롭고 유용하다. a, b가 실수일 때 복소수 $z = a + bi$는 복소평면의 벡터로 생각할 수 있다(그림 D.1(a)). 복소평면은 $\mathbf{R}^2$과 마찬가지로 축이 두 개 있으며 각각을 **실수축(real axis)**, **허수축(imaginary axis)**이라 한다. z의 실수부와 허수부는 각각 복소수의 첫 번째 성분과 두 번째 성분에 대응한다. z의 절댓값은 벡터 z의 크기와 같다. 복소수의 덧셈은 $\mathbf{R}^2$ 평면에서 평행사변형 법칙을 사용한 두 벡터의 덧셈에 대응한다.

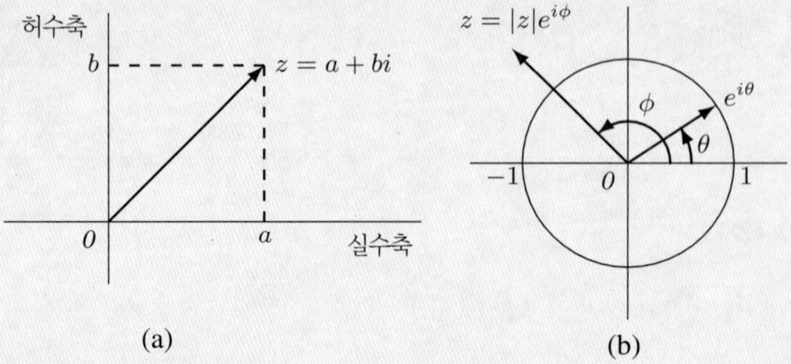

[그림 D.1] (a) 복소평면과 복소수 $z = a + bi$ (b) $e^{i\theta}$와 $z = |z|e^{i\theta}$의 표현

2.7절(157쪽)에서 소개한 오일러 식의 특별한 경우인 $e^{i\theta} = \cos\theta + i\sin\theta$는 각별히 중요하다.

그림 D.1(b)는 벡터 $e^{i\theta}$을 기하학적 표현으로 나타낸 것이다. $e^{i\theta}$은 실수축의 양의 방향과 이루는 각이 θ인 단위벡터이다. 이로부터 영이 아닌 임의의 복소수 z는 단위벡터의 실수배인 $z = |z|e^{i\phi}$(ϕ는 실수축의 양의 방향과 z가 이루는 각)으로 나타낼 수 있다.

덧셈과 같이 곱셈도 기하학적 의미가 있다. 영이 아닌 두 복소수 $z = |z|e^{i\theta}$, $w = |w|e^{i\omega}$에 대하여 2.7절과 정리 D.3의 성질에 의해 zw를 다음과 같이 나타낼 수 있다.

$$zw = |z|e^{i\theta} \cdot |w|e^{i\omega} = |zw|e^{i(\theta+\omega)}$$

벡터 zw의 크기는 z의 크기와 w의 크기의 곱이다. 이때, zw가 실수축의 양의 방향과 이루는 각은 $\theta + \omega$이다.

실수 집합을 복소수 집합으로 확장하면 상수가 아닌 모든 다항식이 해가 존재하는 체를 얻을 수 있다. 다음 정리는 복소수가 이러한 성질을 가지는 체임을 보장한다.

정리 D.4 대수학의 기본 정리(fundamental theorem of algebra)

$\mathsf{P}(C)$의 다항식 $p(z) = a_n z^n + a_{n-1}z^{n-1} + \cdots + a_1 z + a_0$의 차수가 $n \geq 1$이라 가정하자. $p(z)$는 해가 있다.

증명 $p(z_0)=0$인 복소수 z_0을 찾고자 한다. $\{|p(z)|: z\in C\}$의 하한을 m이라 하자. $|z|=s>0$에 대하여 $|p(z)|$는 다음과 같다.

$$\begin{aligned}|p(z)| &= |a_n z^n + a_{n-1}z^{n-1}+\cdots+a_0|\\ &\geq |a_n||z|^n - |a_{n-1}||z|^{n-1}-\cdots-|a_0|\\ &= |a_n|s^n - |a_{n-1}|s^{n-1}-\cdots-|a_0|\\ &= s^n\{|a_n|-|a_{n-1}|s^{-1}-\cdots-|a_0|s^{-n}\}\end{aligned}$$

$s\to\infty$일 때 $s^n\{|a_n|-|a_{n-1}|s^{-1}-\cdots-|a_0|s^{-n}\}\to\infty$이므로, 원점을 포함하는 어떤 닫힌 원판 D를 선택하여 $z\notin D$일 때 $|p(z)|>m+1$이 되도록 할 수 있다. 이제 m은 $\{|p(z)|: z\in D\}$의 하한이다. D는 닫힌 유계 집합이고 $p(z)$는 연속함수이므로 $|p(z_0)|=m$이 되도록 하는 $z_0\in D$가 존재한다. 이제 $m=0$임을 보이면 증명은 완성된다.

귀류법을 이용하기 위해 $m\neq 0$이라 가정하자. $q(z)=\dfrac{p(z+z_0)}{p(z_0)}$이라 하면 $q(z)$는 n차 다항식이고 $q(0)=1$이다. 모든 $z\in C$에 대하여 $|q(z)|\geq 1$이다. $q(z)$를 다음과 같이 나타내자. (단, $b_k\neq 0$)

$$q(z)=1+b_kz^k+b_{k+1}z^{k+1}+\cdots+b_nz^n$$

$-\dfrac{|b_k|}{b_k}$의 절댓값은 1이므로 $e^{ik\theta}=-\dfrac{|b_k|}{b_k}$ 또는 $e^{ik\theta}b_k=-|b_k|$인 실수 θ를 선택할 수 있다. 임의의 $r>0$에 대하여 $q(re^{i\theta})$을 다음과 같이 전개할 수 있다.

$$\begin{aligned}q(re^{i\theta}) &= 1+b_kr^ke^{ik\theta}+b_{k+1}r^{k+1}e^{i(k+1)\theta}+\cdots+b_nr^ne^{in\theta}\\ &= 1-|b_k|r^k+b_{k+1}r^{k+1}e^{i(k+1)\theta}+\cdots+b_nr^ne^{in\theta}\end{aligned}$$

$1-|b_k|r^k>0$이 되도록 충분히 작은 r를 잡으면 다음이 성립한다.

$$\begin{aligned}|q(re^{i\theta})| &\leq 1-|b_k|r^k+|b_{k+1}|r^{k+1}+\cdots+|b_n|r^n\\ &= 1-r^k\{|b_k|-|b_{k+1}|r-\cdots-|b_n|r^{n-k}\}\end{aligned}$$

r을 아무리 작게 잡더라도 위 식의 대괄호 부분이 양수이므로 $|q(re^{i\theta})|<1$이 되어 모순이다.[3] ◀

다음 소개하는 따름정리는 정리 D.4와 다항식의 나눗셈 정리(정리 E.1)에 의해 유도된다.

3 이 증명은 Walter Rudin의 <Principles of Mathematical Analysis(3판)>(McGraw-Hill Higher Education, New York, 1976)의 내용을 바탕으로 한다.

따름정리 차수가 $n \geq 1$이고 복소계수를 포함한 다항식 $p(z) = a_n z^n + a_{n-1}z^{n-1} + \cdots + a_1 z + a_0$에 대하여 다음을 만족하는 복소수 $c_1, c_2, \ldots, c_n$이 존재한다.

$$p(z) = a_n(z - c_1)(z - c_2)\cdots(z - c_n)$$

이때, $c_1, c_2, \ldots, c_n$은 중복될 수 있다.

증명 여러분의 몫으로 남긴다. ◀

체의 원소를 계수로 가지며, 차수가 자연수인 임의의 다항식이 일차식의 곱으로 표현되는 체를 가리켜 **대수적으로 닫힌(algebraically closed)** 체라 한다. 정리 D.4의 따름정리는 복소수체가 대수적으로 닫혀있음을 설명한다.

E 다항식

여기에서는 체의 원소를 계수로 가지는 다항식의 중요한 성질을 설명한다. 다항식의 정의는 1.2절을 참고하라. 부록을 통틀어 다항식의 모든 계수는 체 F의 원소이다.

정의 두 다항식 $f(x)$와 $g(x)$에 대하여 $g(x) = f(x)q(x)$인 다항식 $q(x)$가 존재하면 다항식 $f(x)$는 다항식 $g(x)$를 **나눈다**고 정의한다.

다음 소개하는 첫 번째 결과에 의하면, 실수계수 다항식에서 성립하는 다항식의 나눗셈 정리는 임의의 체의 원소를 계수로 하는 다항식에도 성립한다.

정리 E.1 다항식의 나눗셈 정리(division algorithm for polynomials)

n차 다항식 $f(x)$와 m차 다항식 $g(x)$에 대하여(단, $m \geq 0$), 다음을 만족하는 다항식 $q(x)$와 $r(x)$가 유일하게 존재한다.

$$f(x) = q(x)g(x) + r(x) \tag{E.1}$$

이때, $r(x)$의 차수는 m보다 작다.

증명 (E.1)을 만족하는 다항식 $q(x)$와 $r(x)$가 존재함을 보이자.

$n < m$일 때, $q(x) = 0$, $r(x) = f(x)$라 잡으면 (E.1)을 만족한다.

$0 \leq m \leq n$이라 가정하자. n에 대한 수학적 귀납법을 적용한다.

$n = 0$일 때, $m = 0$이므로 $f(x)$와 $g(x)$는 영이 아닌 상수이다. $q(x) = \dfrac{f(x)}{g(x)}$, $r(x) = 0$이라 놓으면 (E.1)을 만족한다.

$n > 0$일 때, n보다 낮은 차수의 모든 다항식에 대하여 결론이 성립한다고 가정하자. 차수가 n인 $f(x)$와 차수가 m인 $g(x)$를 다음과 같이 정의하자.

$$f(x) = a_n x^n + a_{n-1}x^{n-1} + \cdots + a_1 x + a_0$$
$$g(x) = b_m x^m + b_{m-1}x^{m-1} + \cdots + b_1 x + b_0$$

다항식 $h(x)$를 다음과 같이 정의하자.

$$h(x) = f(x) - a_n b_m^{-1} x^{n-m} g(x) \tag{E.2}$$

$h(x)$는 차수가 $k < n$인 다항식이다. 수학적 귀납법의 가정 또는 $k < m$인 경우의 증명(둘은 연관되어 있다)에 의해 다음을 만족하는 다항식 $q_1(x)$와 차수가 m 미만인 다항식 $r(x)$가 존재한다.

$$h(x) = q_1(x)g(x) + r(x) \tag{E.3}$$

(E.2)와 (E.3)을 결합하고 $f(x)$에 대하여 풀면 $f(x) = q(x)g(x) + r(x)$, $q(x) = a_n b_m^{-1} x^{n-m} + q_1(x)$이다. 수학적 귀납법의 가정에 의해 $q(x)$와 $r(x)$가 존재함이 증명되었다.

$q(x)$와 $r(x)$의 유일성을 증명하자.

다음을 만족하는 다항식 $q_1(x)$, $q_2(x)$, $r_1(x)$, $r_2(x)$가 존재한다고 가정하자.

$$f(x) = q_1(x)g(x) + r_1(x) = q_2(x)g(x) + r_2(x)$$

이때, $r_1(x)$와 $r_2(x)$의 차수는 m 미만이다. 이제 식을 $g(x)$에 대하여 정리하면 다음과 같다.

$$\{q_1(x) - q_2(x)\}g(x) = r_2(x) - r_1(x) \tag{E.4}$$

(E.4)의 우변의 차수는 m 미만이다. $g(x)$의 차수가 m이므로 $q_1(x) - q_2(x)$는 영 다항식이다. 즉 $q_1(x) = q_2(x)$이므로 (E.4)에 의해 $r_1(x) = r_2(x)$이다. ◀

정리 E.1에서 $q(x)$와 $r(x)$를 각각 $f(x)$를 $g(x)$로 나누었을 때의 **몫(quotient)**과 **나머지(remainder)**라 한다. 예를 들어 F가 복소수체이고 $f(x)$, $g(x)$가 다음과 같이 주어져 있다고 하자.

$$f(x) = (3+i)x^5 - (1-i)x^4 + 6x^3 + (-6+2i)x^2 + (2+i)x + 1$$
$$g(x) = (3+i)x^2 - 2ix + 4$$

$f(x)$를 $g(x)$로 나누었을 때 몫과 나머지는 각각 다음과 같다.

$$q(x) = x^3 + ix^2 - 2, \quad r(x) = (2-3i)x + 9$$

따름정리 1 차수가 1 이상인 다항식 $f(x)$와 $a \in F$에 대하여, $f(a) = 0$이기 위한 필요충분조건은 $x - a$가 $f(x)$를 나누는 것이다.

증명 $x - a$가 $f(x)$를 나눈다고 가정하자. $f(x) = (x-a)q(x)$인 다항식 $q(x)$가 존재하므로 $f(a) = (a-a)q(a) = 0 \cdot q(a) = 0$이다. 역으로, $f(a) = 0$이라 가정하자. 다항식의 나눗셈 정리에 의해 다음을 만족하는 다항식 $q(x)$와 $r(x)$가 존재한다.

$$f(x) = q(x)(x-a) + r(x)$$

이때, $r(x)$의 차수는 1 미만이다. 위 식의 x에 a를 대입하면 $r(a) = 0$을 얻는다. $r(x)$의 차수는 1 미만이므로 상수다항식 $r(x) = 0$이어야 한다. 즉 $f(x) = q(x)(x-a)$이다. ◀

F의 원소를 계수로 가지는 임의의 다항식 $f(x)$에 대하여 $f(a) = 0$을 만족하는 $a \in F$를 $f(x)$의 **해**(또는 **근**)이라 한다. 이 용어를 사용하면 정리 E.1의 따름정리 1을 다음과 같이 표현할 수 있다.

> a가 $f(x)$의 근이기 위한 필요충분조건은 $x - a$가 $f(x)$를 나누는 것이다.

따름정리 2 임의의 $n \geq 1$차 다항식은 최대 n개의 서로 다른 근이 있다.

증명 n에 대한 수학적 귀납법을 사용한다.

$n = 1$인 경우는 명백하다.

어떤 자연수 n에 대하여 이 명제가 성립한다고 가정하고 $f(x)$의 차수가 $n+1$인 경우를 생각하자. $f(x)$가 해가 없으면 명제는 자동으로 성립한다. a가 $f(x)$의 해이면 따름정리 1을 이용하여 적절한 다항식 $q(x)$를 선택하여 $f(x) = (x-a)q(x)$라 쓸 수 있다. 수학적 귀납법의 가정에 따르면 $q(x)$의 차수는 n이므로 $q(x)$는 최대 n개의 해가 있다. a와 다른 ($f(x)$의) 해는 $q(x)$의 해이므로 $f(x)$는 최대 $n+1$개의 해가 있다. ◀

공약수가 없는 다항식은 7장에서 **표준형(canonical form)**을 다룰 때 자연스럽게 등장한다.

정의 다항식 $f_1(x), f_2(x), \ldots, f_n(x)$를 동시에 나누는 다항식이 존재하지 않을 때, 다항식 $f_1(x), f_2(x), \ldots, f_n(x)$는 **서로소(relatively prime)**라 한다.

예를 들어 실수 계수를 포함한 두 다항식 $f(x) = x^2(x-1)$, $h(x) = (x-1)(x-2)$는 서로소가 아니다. $x-1$이 두 다항식을 모두 나누기 때문이다. 두 다항식 $f(x)$와 $g(x) = (x-2)(x-3)$은 공약수가 없다. $f(x)$와 $g(x)$를 다르게 인수분해하면 숨겨진 공약수가 나타나지 않을까? 그러나 정리 E.9에서 다항식을 인수분해하는 방법이 유일함을 알게 될 것이다. $f(x)$와 $g(x)$는 공약수가 없으므로 서로소이다.

보조정리 서로소인 두 다항식 $f_1(x)$와 $f_2(x)$에 대하여 $q_1(x)f_1(x) + q_2(x)f_2(x) = 1$을 만족하는 다항식 $q_1(x)$와 $q_2(x)$가 존재한다. 이때, 1은 크기가 1인 상수 다항식이다.

증명 일반성을 잃지 않고 $f_1(x)$의 차수가 $f_2(x)$의 차수보다 크거나 같다고 가정할 수 있다. $f_2(x)$의 차수에 대한 수학적 귀납법을 사용하자.

$f_2(x)$의 차수가 0이면 $f_2(x)$는 영이 아닌 상수 c이다. 이 경우 $q_1(x) = 0$, $q_2(x) = \dfrac{1}{c}$로 선택한다.

어떤 자연수 n 미만의 차수를 가지는 다항식 $f_2(x)$에 대하여 이 정리가 성립한다고 가정하자. $f_2(x)$의 차수가 n일 때 다항식의 나눗셈 정리로부터 다음을 만족하는 다항식 $q(x)$와 $r(x)$가 존재한다.

$$f_1(x) = q(x)f_2(x) + r(x) \tag{E.5}$$

이때, $r(x)$의 차수는 n 미만이다. $f_1(x)$와 $f_2(x)$가 서로소이므로 $r(x)$는 영 다항식이 아니다.

이제 $f_2(x)$와 $r(x)$가 서로소임을 보이려 한다. $f_2(x)$와 $r(x)$가 서로소가 아니라 가정하자. $f_2(x)$와 $r(x)$를 나누는, 차수가 자연수인 다항식 $g(x)$가 존재한다. (E.5)에 의해 $g(x)$는 $f_1(x)$를 나누므로 $f_1(x)$와 $f_2(x)$가 서로소라는 사실에 모순이다. $r(x)$의 차수가 n 미만이므로 수학적 귀납법의 가정에 따라 $f_2(x)$와 $r(x)$에 대하여 다음을 만족하는 다항식 $g_1(x)$와 $g_2(x)$가 존재한다.

$$g_1(x)f_2(x) + g_2(x)r(x) = 1 \tag{E.6}$$

(E.5)와 (E.6)을 결합하면 다음이 성립한다.

$$\begin{aligned} 1 &= g_1(x)f_2(x) + g_2(x)\{f_1(x) - q(x)f_2(x)\} \\ &= g_2(x)f_1(x) + \{g_1(x) - g_2(x)q(x)\}f_2(x) \end{aligned}$$

$q_1(x) = g_2(x)$, $q_2(x) = g_1(x) - g_2(x)q(x)$라 놓으면 증명이 끝난다. ◀

정리 E.2 서로소인 다항식 $f_1(x), f_2(x), \ldots, f_n(x)$에 대하여 다음을 만족하는 다항식 $q_1(x)$, $q_2(x)$, $\ldots, q_n(x)$가 존재한다.

$$q_1(x)f_1(x) + q_2(x)f_2(x) + \cdots + q_n(x)f_n(x) = 1$$

이때, 1은 크기가 1인 상수 다항식이다.

증명 다항식의 개수 n에 대한 수학적 귀납법을 사용한다.

$n = 2$인 경우는 보조정리로 증명하였다.

$n \geq 3$인 경우, n개 미만의 다항식에 대하여 이 정리가 성립한다고 가정하자. 처음 $n-1$개 다항식이 서로소인 경우를 생각하자. 수학적 귀납법의 가정에 의해 다음을 만족하는 다항식 $q_1(x)$, $q_2(x), \ldots, q_{n-1}(x)$가 존재한다.

$$q_1(x)f_1(x) + q_2(x)f_2(x) + \cdots + q_{n-1}(x)f_{n-1}(x) = 1$$

$q_n(x) = \mathit{0}$(영 다항식)이라 놓으면 $q_1(x)f_1(x) + q_2(x)f_2(x) + \cdots + q_n(x)f_n(x) = 1$이므로 처음 $n-1$개 다항식이 서로소인 경우의 증명이 완성된다.

처음 $n-1$개 다항식이 서로소가 아닌 경우를 생각하자. 이 다항식들을 모두 나누는, 가장 큰 차수를 가지고 최고차항의 계수가 1인 다항식을 $g(x)$라 하자. $k = 1, 2, \ldots, n-1$에 대하여 $f_k(x) = g(x)h_k(x)$인 다항식 $h_k(x)$를 생각하자. 이제 $h_1(x), h_2(x), \ldots, h_{n-1}(x)$는 서로소이다. 수학적 귀납법의 가정에 의해 다음을 만족하는 다항식 $\phi_1(x), \phi_2(x), \ldots, \phi_{n-1}(x)$가 존재한다.

$$\phi_1(x)h_1(x) + \phi_2(x)h_2(x) + \cdots + \phi_{n-1}(x)h_{n-1}(x) = 1$$

위 식의 양변에 $g(x)$를 곱하면 다음과 같다.

$$\phi_1(x)f_1(x) + \phi_2(x)f_2(x) + \cdots + \phi_{n-1}(x)f_{n-1}(x) = g(x)$$

$g(x)$와 $f_n(x)$는 서로소이므로 $p(x)g(x) + q_n(x)f_n(x) = 1$인 다항식 $p(x)$와 $q_n(x)$가 존재한다. $i = 1, 2, \ldots, n-1$에 대하여 $q_i(x) = p(x)\phi_i(x)$라 하자. 앞선 두 식을 결합하면 다음과 같다.

$$q_1(x)f_1(x) + q_2(x)f_2(x) + \cdots + q_{n-1}(x)f_{n-1}(x) + q_n(x)f_n(x) = 1$$ ◀

예제 1 실수 계수를 포함한 다항식 $f_1(x) = x - 1$, $f_2(x) = x^2 + x - 2$, $f_3(x) = x^2 - x - 1$, $f_4(x) = x + 1$을 생각하자. 이 다항식들은 서로소이다. $q_1(x) = -x^2$, $q_2(x) = x$, $q_3(x) = -3$, $q_4(x) = x - 2$라 하면 다음이 성립하여 정리 E.2를 만족한다.

$$q_1(x)f_1(x) + q_2(x)f_2(x) + q_3(x)f_3(x) + q_4(x)f_4(x) = 1$$

5장, 6장, 7장에서 우리는 특정한 선형연산자 $\mathbf{T}$에 대한 다항식으로 표현되는 선형연산자나, 특정한 행렬 A에 대하여 다항식으로 표현되는 행렬을 다룬다. 이러한 연산자와 행렬을 다룰 때, 다음과 같이 정의하면 편리하다.

정의 체 F의 원소를 계수로 하는 다항식 $f(x)$가 다음과 같다고 하자.

$$f(x) = a_0 + a_1(x) + \cdots + a_n x^n$$

F-벡터공간 $\mathbf{V}$의 선형연산자 $\mathbf{T}$에 대하여 $f(\mathbf{T})$를 다음과 같이 정의한다.

$$f(\mathbf{T}) = a_0\mathbf{I} + a_1\mathbf{T} + \cdots + a_n\mathbf{T}^n$$

이와 비슷하게 F의 원소를 성분으로 하는 $n \times n$ 행렬 A에 대하여 $f(A)$를 다음과 같이 정의한다.

$$f(A) = a_0 I + a_1 A + \cdots + a_n A^n$$

예제 2 $\mathbf{R}^2$의 선형연산자 $\mathbf{T}$를 $\mathbf{T}(a, b) = (2a + b, a - b)$라 정의하자. $f(x) = x^2 + 2x - 3$에 대하여 $\mathbf{T}^2(a, b) = (5a + b, a + 2b)$이다. 다음이 성립함을 확인하자.

$$\begin{aligned} f(\mathbf{T})(a,b) &= (\mathbf{T}^2 + 2\mathbf{T} - 3\mathbf{I})(a,b) \\ &= (5a + b, a + 2b) + (4a + 2b, 2a - 2b) - 3(a,b) \\ &= (6a + 3b, 3a - 3b) \end{aligned}$$

비슷한 방식으로 행렬 $A = \begin{pmatrix} 2 & 1 \\ 1 & -1 \end{pmatrix}$에 대하여 다음이 성립한다.

$$f(A) = A^2 + 2A - 3I = \begin{pmatrix} 5 & 1 \\ 1 & 2 \end{pmatrix} + 2\begin{pmatrix} 2 & 1 \\ 1 & -1 \end{pmatrix} - 3\begin{pmatrix} 1 & 0 \\ 0 & 1 \end{pmatrix} = \begin{pmatrix} 6 & 3 \\ 3 & -3 \end{pmatrix}$$

이 표기법을 사용한 정리 세 가지를 살펴보자.

정리 E.3 체 F의 원소를 계수로 하는 다항식 $f(x)$와 F-벡터공간 V의 선형연산자 T에 대하여 다음이 성립한다.

(1) $f(\mathsf{T})$는 V의 선형연산자이다.

(2) β가 V의 유한 순서기저이면 $A = [\mathsf{T}]_\beta$에 대하여 $[f(\mathsf{T})]_\beta = f(A)$이다.

증명 여러분의 몫으로 남긴다. ◀

정리 E.4 F-벡터공간 V의 선형연산자 T, F의 원소를 성분으로 하는 정사각행렬 A, F의 원소를 계수로 하는 임의의 다항식 $f_1(x)$와 $f_2(x)$에 대하여, 다음이 성립한다.

(1) $f_1(\mathsf{T})f_2(\mathsf{T}) = f_2(\mathsf{T})f_1(\mathsf{T})$

(2) $f_1(A)f_2(A) = f_2(A)f_1(A)$

증명 여러분의 몫으로 남긴다. ◀

정리 E.5 F-벡터공간 V의 선형연산자 T, F의 원소를 성분으로 하는 $n \times n$ 행렬 A, F의 원소를 계수로 하고 서로소인 두 다항식 $f_1(x)$, $f_2(x)$에 대하여, 다음을 만족하고 F의 원소를 계수로 하는 다항식 $q_1(x)$와 $q_2(x)$가 존재한다.

(1) $q_1(\mathsf{T})f_1(\mathsf{T}) + q_2(\mathsf{T})f_2(\mathsf{T}) = \mathsf{I}$

(2) $q_1(A)f_1(A) + q_2(A)f_2(A) = I$

증명 여러분의 몫으로 남긴다. ◀

5장과 7장에서 유한차원 벡터공간의 선형연산자 T가 언제 대각화가능한지, T의 단순한 (표준)표현이 무엇인지 등을 공부하게 될 것이다. 두 문제는 모두 T에 의해 결정되는 어떤 다항식(T의 특성다항식)의 인수분해 형태에 영향을 받는다. 이때 특정한 종류의 다항식이 중요한 역할을 한다.

정의 F의 원소를 계수로 가지는 다항식 $f(x)$를 생각하자. 다항식의 최고차항의 계수가 1인 다항식을 **모닉(monic)**이라 한다. 차수가 자연수인 $f(x)$가 F의 원소를 계수로 가지고 자연수 차수를 가지는 다항식의 곱으로 표현되지 않으면 $f(x)$를 **기약(irreducible)**이라 한다.

주어진 다항식이 기약인지 여부는 계수가 속한 체 F에 따라 달라진다. 예를 들어 $f(x) = x^2 + 1$은 실수체 위에서 기약이지만, 복소수체 위에서는 $x^2 + 1 = (x+i)(x-i)$이므로 기약다항식이 아니다.

차수가 1인 다항식은 기약이다. 대수적으로 닫힌 체의 원소를 계수로 하는 다항식이라면 차수가 1인 다항식만이 기약다항식이다.

정리 E.6 다항식 $\phi(x)$와 $f(x)$에 대하여 $\phi(x)$가 기약이고 $\phi(x)$가 $f(x)$를 나누지 않으면 $\phi(x)$와 $f(x)$는 서로소이다.

증명 여러분의 몫으로 남긴다. ◀

정리 E.7 서로 다른 기약 모닉 다항식은 서로소이다.

증명 여러분의 몫으로 남긴다. ◀

정리 E.8 다항식 $f(x)$, $g(x)$, $\phi(x)$에 대하여 $\phi(x)$가 기약이고 $\phi(x)$가 $f(x)g(x)$를 나누면 $\phi(x)$는 $f(x)$를 나누거나 $g(x)$를 나눈다.

증명 $\phi(x)$가 $f(x)$를 나누지 않는다고 가정하자. 정리 E.6에 의해, $\phi(x)$와 $f(x)$는 서로소이다. 즉 $1 = q_1(x)\phi(x) + q_2(x)f(x)$인 다항식 $q_1(x)$와 $q_2(x)$가 존재한다. 식의 양변에 $g(x)$를 곱하면 다음과 같다.

$$g(x) = q_1(x)\phi(x)g(x) + q_2(x)f(x)g(x) \tag{E.7}$$

$\phi(x)$는 $f(x)g(x)$를 나누므로 $f(x)g(x) = \phi(x)h(x)$인 다항식 $h(x)$가 존재한다. 이제 (E.7)은 다음과 같이 나타낼 수 있다.

$$g(x) = q_1(x)\phi(x)g(x) + q_2(x)\phi(x)h(x) = \phi(x)\left[q_1(x)g(x) + q_2(x)h(x)\right]$$

따라서 $\phi(x)$는 $g(x)$를 나눈다. ◀

따름정리 기약 모닉 다항식 $\phi(x), \phi_1(x), \phi_2(x), \ldots, \phi_n(x)$를 생각하자. $\phi(x)$가 다항식의 곱 $\phi_1(x)$ $\phi_2(x)\cdots\phi_n(x)$를 나누면 어떤 i $(i = 1, 2, \ldots, n)$에 대하여 $\phi(x) = \phi_i(x)$이다.

증명 n에 대한 수학적 귀납법으로 증명한다.

$n = 1$일 때, 정리 E.7에 의해 성립한다.

$n > 1$일 때, 이 따름정리가 임의의 $n-1$개의 기약 모닉 다항식에 대하여 성립한다고 가정하자. $\phi_1(x), \phi_2(x), \ldots, \phi_n(x)$를 n개의 기약다항식이라 하자. $\phi(x)$가 다음 식을 나눈다고 생각하자.

$$\phi_1(x)\phi_2(x)\cdots\phi_n(x) = \{\phi_1(x)\phi_2(x)\cdots\phi_{n-1}(x)\}\phi_n(x)$$

정리 E.8에 의해 $\phi(x)$가 $\phi_1(x)\phi_2(x)\cdots\phi_{n-1}(x)$를 나누거나 $\phi(x)$가 $\phi_n(x)$를 나눈다.

첫 번째 경우 수학적 귀납법의 가정에 의해 $i\ (i = 1, 2, \ldots, n-1)$에 대하여 $\phi(x) = \phi_i(x)$이다. 두 번째 경우 정리 E.7에 의해 $\phi(x) = \phi_n(x)$이다. ◀

이제 인수분해의 유일성을 증명할 준비를 마쳤다. 이 결과는 5장과 7장 전체에서 사용될 것이다. 다음 정리에 따르면 차수가 자연수인 임의의 다항식을 기약 모닉 다항식의 곱으로 표현하는 방법은 유일하다.

정리 E.9 다항식의 인수분해의 유일성

차수가 자연수인 임의의 다항식 $f(x)$에 대하여 다음을 만족하는 유일한 상수 c, 서로 다른 유일한 기약 모닉 다항식 $\phi_1(x), \phi_2(x), \ldots, \phi_k(x)$, 유일한 자연수 $n_1, n_2, \ldots, n_k$가 존재한다.

$$f(x) = c\{\phi_1(x)\}^{n_1}\{\phi_2(x)\}^{n_2}\cdots\{\phi_k(x)\}^{n_k}$$

증명 첫 번째로 인수분해의 존재성을 증명하자.

$f(x)$의 차수에 대한 수학적 귀납법을 사용한다.

$n = 1$일 때, 차수가 1인 $f(x)$는 어떤 상수 $a \neq 0$, b에 대하여 $f(x) = ax + b$라 쓸 수 있다. $\phi(x) = x + \frac{b}{a}$라 하면 $f(x) = a\phi(x)$이다. $\phi(x)$가 기약 모닉 다항식이므로 증명이 끝난다.
$n > 1$일 때, 차수가 n 미만인 임의의 다항식에 대하여 명제가 성립한다고 가정하자. $f(x)$의 차수를 n이라 하면 $a_n \neq 0$인 적당한 상수 a_i에 대하여 $f(x) = a_n x^n + \cdots + a_1 x + a_0$이라 쓸 수 있다. $f(x)$가 기약이면 다음과 같이 나타내자.

$$f(x) = a_n\left(x^n + \frac{a_{n-1}}{a_n}x^{n-1} + \cdots + \frac{a_1}{a_n}x + \frac{a_0}{a_n}\right)$$

$f(x)$는 a_n과 기약 모닉 다항식의 곱이다. $f(x)$가 기약이 아니면 차수가 n보다 작은 어떤 다항식 $g(x)$, $h(x)$에 대하여 $f(x) = g(x)h(x)$라 쓸 수 있다. 수학적 귀납법의 가정에 의해 $g(x)$와 $h(x)$는

상수와 기약 모닉 다항식의 거듭제곱의 곱으로 표현된다. 즉 $f(x) = g(x)h(x)$ 또한 이러한 방식으로 인수분해할 수 있다. 어떠한 경우에도 $f(x)$는 상수와 기약 모닉 다항식의 거듭제곱의 곱으로 표현된다.

두 번째로 인수분해의 유일성을 증명하자.

$f(x)$를 다음과 같이 나타내자.

$$\begin{aligned} f(x) &= c\{\phi_1(x)\}^{n_1}\{\phi_2(x)\}^{n_2}\cdots\{\phi_k(x)\}^{n_k} \\ &= d\{\psi_1(x)\}^{m_1}\{\psi_2(x)\}^{m_2}\cdots\{\psi_r(x)\}^{m_r} \end{aligned} \tag{E.8}$$

이때, c와 d는 상수이고 $\phi_i(x)$와 $\psi_j(x)$는 기약 모닉 다항식이며 n_i와 $m_j (i = 1, 2, \ldots, k,\ j = 1, 2, \ldots, r)$는 자연수이다. c와 d는 $f(x)$의 최고차항의 계수이므로 $c = d$이다. 양변을 c로 나누면 (E.8)은 다음과 같다.

$$\{\phi_1(x)\}^{n_1}\{\phi_2(x)\}^{n_2}\cdots\{\phi_k(x)\}^{n_k} = \{\psi_1(x)\}^{m_1}\{\psi_2(x)\}^{m_2}\cdots\{\psi_r(x)\}^{m_r} \tag{E.9}$$

즉 $i = 1, 2, \ldots, k$에 대하여 $\phi_i(x)$는 (E.9)의 우변을 나눈다. 정리 E.8의 따름정리에 의해 각 $\phi_i(x)$는 어떤 $\psi_j(x)$와 같다. 비슷한 방식으로 각 $\psi_j(x)$는 어떤 $\phi_i(x)$와 같다. 즉 $r = k$이고 다시 정렬해서 $i = 1, 2, \ldots, k$에 대하여 $\phi_i(x) = \psi_i(x)$라 할 수 있다. 적당한 i에 대하여 $n_i \neq m_i$라 가정하자. 일반성을 잃지 않고 $i = 1,\ n_1 > m_1$이라 할 수 있다. (E.9)의 양변에서 $\{\phi_1(x)\}^{m_1}$을 소거하면 다음과 같다.

$$\{\phi_1(x)\}^{n_1-m_1}\{\phi_2(x)\}^{n_2}\cdots\{\phi_k(x)\}^{n_k} = \{\phi_2(x)\}^{m_2}\cdots\{\phi_k(x)\}^{m_k} \tag{E.10}$$

$n_1 - m_1 > 0$이므로 $\phi_1(x)$는 (E.10)의 좌변과 우변을 모두 나눈다. 즉 정리 E.8의 따름정리에 의해 어떤 $i = 2, \ldots, k$에 대하여 $\phi_1(x) = \phi_i(x)$이다. 하지만 이는 $\phi_1(x), \phi_2(x), \ldots, \phi_k(x)$가 서로 다르다는 사실에 모순이다. 즉 (E.8)에서 $f(x)$의 두 인수분해는 같다. ◀

F의 원소를 계수로 하는 다항식 $f(x) = a_n x^n + \cdots + a_1 x + a_0$을 함수 $f\colon F \to F$로 보는 것이 편리할 때가 있다. 이 경우 $c \in F$에서 f의 값은 $f(c) = a_n c^n + \cdots + a_1 c + a_0$이다. 아쉽게도 임의의 체에 다항식과 다항함수 사이의 대응은 단사가 아니다. 부록 C 예제 4에서 정의한 체 Z_2에서 $f(x) = x^2$과 $g(x) = x$를 생각하자. $f(x)$와 $g(x)$는 차수가 다르므로 다른 다항식이다. 그러나 모든 $a \in Z_2$에 대하여 $f(a) = g(a)$이므로 f와 g는 같은 다항함수이다. 무한히 많은 원소를 가진 무한체에서는 이런 비정상적인 일이 벌어지지 않음을 증명하며 부록을 마치겠다.

정리 E.10 무한체 F의 원소를 계수로 하는 다항식 $f(x)$와 $g(x)$를 생각하자. 모든 $a \in F$에 대하여 $f(a) = g(a)$이면 $f(x)$와 $g(x)$는 같다.

증명 모든 $a \in F$에 대하여 $f(a) = g(a)$라 가정하자. $h(x) = f(x) - g(x)$이고 $h(x)$의 차수는 $n \geq 1$이라 하자. 정리 E.1의 따름정리 2에 의해 $h(x)$는 최대 n개의 해가 있다. 한편 모든 $a \in F$에 대하여 $h(a) = f(a) - g(a) = 0$이므로 $h(x)$의 차수가 자연수라는 가정에 모순이다. $h(x)$는 상수함수이고 모든 $a \in F$에 대하여 $h(a) = 0$이므로 $h(x)$는 영 다항식이다. 따라서 $f(x) = g(x)$이다. ◀

F 기호 목록

A_{ij}	행렬 A의 i행 j열에 위치한 성분	23쪽
A^{-1}	행렬 A의 역행렬	126쪽
$A^{\dagger}$	행렬 A의 유사역행렬	441쪽
A^*	행렬 A의 수반행렬	353쪽
$\tilde{A}_{ij}$	행렬 A의 i행과 j열을 지워서 얻은 행렬	234쪽
A^k	정사각행렬 A의 k제곱	114쪽
A^t	행렬 A의 전치행렬	32쪽
$(A\|B)$	행렬 A와 B에 대한 첨가행렬	184쪽
$B_1 \oplus \cdots \oplus B_k$	행렬 $B_1, \ldots, B_k$의 직합(direct sum)	341쪽
$\mathcal{B}(\mathsf{V})$	벡터공간 V에서 정의된 모든 쌍선형형식의 집합	449쪽
β^*	기저 β의 쌍대기저	145쪽
β_x	벡터 x에 의해 생성된 T-순환 기저	553쪽
C	복소수체, 복소수 집합	22쪽
$\mathsf{C}^n(R)$	연속인 n계 도함수가 있는 함수 $f : R \to R$의 집합	37쪽

기호	설명	쪽
$\mathcal{L}(\mathsf{V})$	벡터공간 **V**에서 벡터공간 **V**로 가는 모든 선형변환의 모임으로 이루어진 벡터공간	106쪽
$\mathcal{L}(\mathsf{V}, \mathsf{W})$	벡터공간 **V**에서 벡터공간 **W**로 가는 모든 선형변환의 모임으로 이루어진 벡터공간	106쪽
$\mathsf{M}_{m \times n}(F)$	성분이 체 F의 원소인 모든 $m \times n$ 행렬의 집합	23쪽
$\nu(A)$	행렬 A의 열 합(column sum)	319쪽
$\nu_j(A)$	행렬 A의 j열 성분의 절댓값의 합	319쪽
$\mathsf{N}(\mathsf{T})$	선형변환 **T**의 영공간	88쪽
nullity(T)	선형변환 **T**의 nullity(영공간의 차원)	91쪽
O	영행렬	23쪽
$\mathsf{P}(F)$	체 F에서 계수를 가져온 모든 다항식의 집합	25쪽
$\mathsf{P}_n(F)$	n 이하의 차수를 가진 $\mathsf{P}(F)$의 다항식	33쪽
ϕ_β	기저 β에 대한 표준표현	130쪽
$\psi_\beta(H)$	쌍선형형식 H의 행렬표현	451쪽
R	실수체, 실수 집합	22쪽
rank(A)	행렬 A의 랭크	175쪽
rank(T)	선형변환 **T**의 랭크	91쪽
$\rho(A)$	행렬 A의 행 합(row sum)	319쪽
$\rho_i(A)$	행렬 A의 i행 성분의 절댓값의 합	319쪽
$\mathsf{R}(\mathsf{T})$	선형변환 **T**의 상공간(range)	88쪽
$S_1 + S_2$	두 집합 S_1, S_2의 합	37쪽
span(S)	집합 S의 생성공간(span)	46쪽
$S^\perp$	집합 S의 직교여공간	371쪽
$[\mathsf{T}]_\beta$	순서기저 β에 대한 선형변환 **T**의 행렬표현	104쪽
$[\mathsf{T}]_\beta^\gamma$	순서기저 β와 γ에 대한 선형변환 **T**의 행렬표현	104쪽
T^{-1}	선형변환 **T**의 역변환	125쪽
$\mathsf{T}^\dagger$	선형변환 **T**의 유사역변환	439쪽
T^*	선형연산자 **T**의 수반연산자	380쪽

T^k	선형연산자 T를 k번 합성하여 얻은 연산자	111쪽
T_0	영변환	87쪽
T^t	선형연산자 T의 전치연산자	146쪽
T_θ	각 θ에 의한 회전변환	85쪽
T_W	연산자 T를 부분공간 W로 제한한 연산자	336쪽
$\mathrm{tr}(A)$	행렬 A의 대각합	34쪽
V^*	벡터공간 V의 쌍대공간	145쪽
V/W	법 W에 대한 V의 몫공간(quotient space)	39쪽
$\mathsf{W}_1 + \cdots + \mathsf{W}_k$	부분공간 $\mathsf{W}_1, \ldots, \mathsf{W}_k$의 합(sum)	300쪽
$\sum_{i=1}^{k} \mathsf{W}_i$	부분공간 $\mathsf{W}_1, \ldots, \mathsf{W}_k$의 합(sum)	300쪽
$\mathsf{W}_1 \oplus \mathsf{W}_2$	부분공간 W_1, W_2의 직합(direct sum)	38쪽
$\mathsf{W}_1 \oplus \cdots \oplus \mathsf{W}_k$	부분공간 $\mathsf{W}_1, \ldots, \mathsf{W}_k$의 직합(direct sum)	301쪽
$\lVert x \rVert$	벡터 x의 노름	356쪽
$[x]_\beta$	기저 β에 대한 x의 좌표벡터	103쪽
$\langle x, y \rangle$	두 벡터 x, y의 내적	352쪽
Z_2	두 원소 0, 1로 이루어진 체	581쪽
$\overline{z}$	복소수 z의 켤레복소수	585쪽
0	영벡터	21쪽

찾아보기

ㅈ

E

F

G

H

T

U